W0193787

Das Vertriebskompendium

Markus Milz, Frank Gebert (Hrsg.)

Das Vertriebskompendium

Entscheiderwissen aus der Praxis für die Praxis

1. Auflage

Haufe Group
Freiburg · München · Stuttgart

Bibliografische Information der Deutschen Nationalbibliothek

Die Deutsche Nationalbibliothek verzeichnet diese Publikation in der Deutschen Nationalbibliografie; detaillierte bibliografische Daten sind im Internet über http://dnb.dnb.de/ abrufbar.

Print:	ISBN 978-3-648-15532-5	Bestell-Nr. 12021-0001
ePub:	ISBN 978-3-648-15533-2	Bestell-Nr. 12021-0100
ePDF:	ISBN 978-3-648-15534-9	Bestell-Nr. 12021-0150

Markus Milz, Frank Gebert (Hrsg.)
Das Vertriebskompendium
1. Auflage 2021

© 2021 Haufe-Lexware GmbH & Co. KG, Freiburg
www.haufe.de
info@haufe.de

Covergestaltung: Verena Lorenz, München
Bildnachweis (Cover): teekid/istockfoto.com

Produktmanagement: Jürgen Fischer
Lektorat: Helmut Haunreiter, Marktl am Inn

Dieses Werk einschließlich aller seiner Teile ist urheberrechtlich geschützt. Alle Rechte, insbesondere die der Vervielfältigung, des auszugsweisen Nachdrucks, der Übersetzung und der Einspeicherung und Verarbeitung in elektronischen Systemen, vorbehalten. Alle Angaben/ Daten nach bestem Wissen, jedoch ohne Gewähr für Vollständigkeit und Richtigkeit.

Sofern diese Publikation ein ergänzendes Online-Angebot beinhaltet, stehen die Inhalte für 12 Monate nach Einstellen bzw. Abverkauf des Buches, mindestens aber für zwei Jahre nach Erscheinen des Buches, online zur Verfügung. Einen Anspruch auf Nutzung darüber hinaus besteht nicht.

Sollte dieses Buch bzw. das Online-Angebot Links auf Webseiten Dritter enthalten, so übernehmen wir für deren Inhalte und die Verfügbarkeit keine Haftung. Wir machen uns diese Inhalte nicht zu eigen und verweisen lediglich auf deren Stand zum Zeitpunkt der Erstveröffentlichung.

Inhaltsverzeichnis

Vorwort der Herausgeber

Markus Milz
Geschäftsführer
Milz & Comp. GmbH
Unternehmensberatung und
Unternehmensbeteiligung und
BERGEN GROUP Management
Consultants GmbH

Prof. Dr. Frank Gebert
Inhaber
Baelchenstein Management

Der Ansatz zum Buch

Erst war es nur eine gemeinsam entwickelte Idee, ein Experiment, das wir als Abgrenzung zum akademischen Lehrbetrieb entwickelt hatten. Es war Ende 2019 und wir saßen in einem Hörsaal der SRH Hochschule Heidelberg zusammen, um einigen Studenten des Masterstudiengangs Sales Management eine ihrer Prüfungen abzunehmen.

Wie wäre es, so fragten wir uns, inspiriert durch viele kreative und gute Ideen und Vertriebsansätze, die uns unsere Studenten in ihrer Praxisarbeit soeben präsentiert hatten, wenn wir einmal **kein** wissenschaftlich-akademisches Werk auf den Weg bringen, sondern die praktische Kreativität und Schwarmintelligenz vieler Experten zusammentragen würden? Wie wäre es, wenn wir 20 oder 30 unserer Kunden, Partner und Freunde – Experten in ihrer jeweiligen vertrieblichen Disziplin und Branche – bitten würden, uns **ihre** persönliche Erfolgsgeschichte im Vertrieb zu berichten?

Aus einer Idee wurde ein Projekt – und wir gingen mit folgender Aufgabenstellung auf unser Netzwerk zu bzw. stellten in unserem Kundenkreis exakt die folgende Frage:

»Wenn Sie auf die letzten Jahre Ihrer beruflichen Karriere zurückschauen, auf welches Projekt mit vertrieblicher Relevanz blicken Sie mit Stolz zurück? Zu welcher vertriebli-

chen Episode Ihres beruflichen Lebens können Sie retrospektiv sagen: ›Das ist uns ge-
lungen, das war erfolgreich! Das war wirklich ein Thema aus der vertrieblichen Praxis,
das im wahrsten Sinne des Wortes als **Best** *Practice gelten kann? Und das vielleicht ja*
auch als Blaupause anderen Unternehmern nützt, andere zum Nachahmen inspirieren
und das Thema Vertrieb einmal aus einem ganz anderen Blickwinkel beleuchten kann?'«

Die Resonanz hat uns schier überwältigt: Uns erreichten nicht die erwarteten 20 oder
30 – sondern 70 qualifizierte Einsendungen von berufserfahrenen Praktikern jeglicher
Couleur und quer durch alle Branchen. Die Autoren sind ausnahmslos führungserfah-
ren, meist auf den Ebenen Vorstand, Geschäftsführung, Inhaber, Vertriebsleitung o. ä.
Die Unternehmensgrößen bewegen sich vom kleinen Start-up bis zum Weltkonzern
mit 100.000 Mitarbeitern, wobei über 50 Branchen vertreten sind.

So bunt, breit und vielfältig sich die an diesem Werk Beteiligten zusammensetzen, so
unterschiedlich ist auch die Sprache und die »Flughöhe« der jeweiligen Beiträge: Mal
wird das Thema Vertrieb aus einer sehr visionären Perspektive beleuchtet, mal aus
den operativen Tiefen des verkäuferischen Alltags.

Wir haben lange darüber diskutiert und haben uns letztendlich dazu entschlossen,
an dieser Vielfalt nicht zu rütteln, die Beiträge **nicht** in einen einheitlichen Sprachstil
zu wandeln, der die Authentizität des jeweiligen Autors und seines Beitrags zerstört,
zumindest aber nicht »echt« wiedergegeben hätte. Auch teilen wir als Herausgeber
und Vertriebsexperten nicht in allen Fällen den konzeptionell vorgestellten Ansatz
oder die Meinung des jeweiligen Autors. Aber das müssen wir ja auch nicht, schließlich
handelt es sich um die Best-Practice-Beispiele und Erfolgsgeschichten der über 70 Autoren und nicht um unsere. Und der nachweisliche persönliche Erfolg aller Beteiligten
zeigt, dass deren Vorgehen durchaus zum Erfolg führt und es – natürlich – nicht **den**
einen Weg zum Vertriebserfolg geben kann.

Urteilen Sie selbst – und genießen Sie die Vielfalt und die mannigfaltigen Perspektiven, die das Thema Vertrieb zu bieten hat! Am Ende geht es darum, sich erfolgreich
am Markt zu behaupten und vieles, was Ihnen hierzu dienlich sein kann, finden Sie in
diesem Vertriebskompendium.

Die inhaltliche Logik

Wir hatten unseren Autoren – wie beschrieben – keine konkreten Aufgabenstellungen
im Hinblick darauf mitgegeben, zu welcher Facette der vertrieblichen Relevanzfelder
wir welche Beiträge suchen. Daher mussten wir uns notgedrungen ein wenig davon
»überraschen lassen«, welche Beiträge auf uns zukamen – und wie sich diese in einer
stringenten Struktur zu einem logischen Ganzen zusammenführen lassen.

Der Ordnungskompass, der uns schon in hunderten von Beratungsprojekten dienlich war, wurde zur Gliederungslogik: die Strategiepyramide.

Strategiepyramide

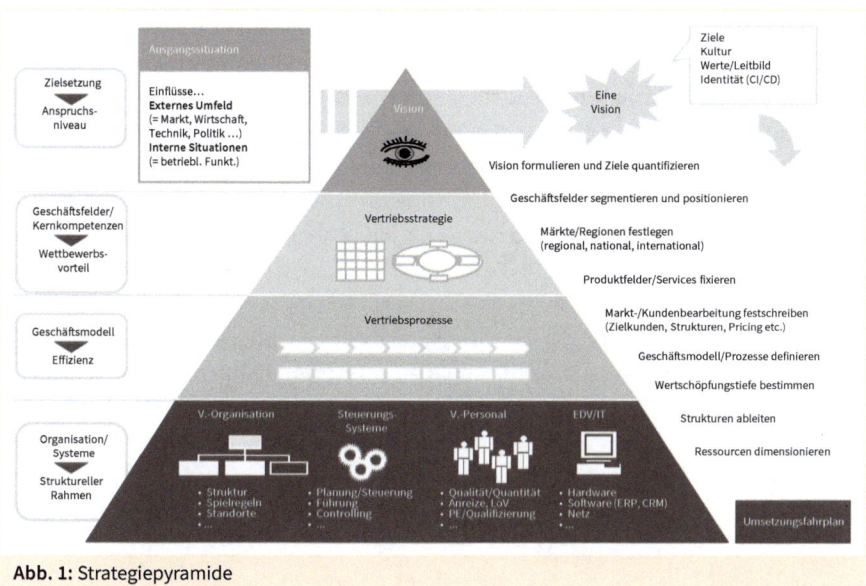

Abb. 1: Strategiepyramide

Die Strategiepyramide ist tatsächlich in jedem Fall als Blaupause und Leitfaden für gutes Unternehmertum hilfreich – für Start-ups auf der »grünen Wiese« ebenso wie für die Standortbestimmung und Optimierung etablierter Unternehmen. Handelt es sich hierbei doch um ein Vorgehen, das – ausgehend von einer ex ante durchgeführten Analyse der internen und externen Ausgangslage – in fünf Schritten beschrieben werden kann:

1. Definiere deine Vision, dein Ziel: »*Wohin willst du?*«
2. Definiere den Weg zu deinem Ziel, deine Strategie: »*Wie willst du dorthin gelangen?*«
3. Konkretisiere diesen Weg, deine Prozesse, dein Geschäftssystem: »*Wie konkret gedenkst du die Strategie umzusetzen?*«
4. Definiere die notwendigen Strukturen, den Rahmen, den du hierfür benötigst: »*Welche Organisationsstruktur ist die richtige, welche IT-Systeme benötigst du, welche Manpower und sonstigen (finanziellen) Ressourcen, welche Führungs- und Steuerungssysteme usw.?*«
5. Setze all dies in einen meilensteingespickten Maßnahmenplan und definiere konkret »*Wer macht was bis wann?*«

An der Spitze der Pyramide steht der Anfang jedes Geschäfts: die Vision. Es folgt die Strategie: Jegliche Strategie ist auf Wettbewerbsvorteile gerichtet, die sich aus der Kostenstruktur, aus der USP oder aus besonderen Fähigkeiten in den verschiedenen

Geschäftsfeldern ergeben. Die Strategie wird in folgerichtige Prozesse übersetzt, die ihrerseits bestimmte Strukturen und Ressourcen brauchen, mit denen sie erfolgreich verfolgt werden können.

Doch so wünschenswert und folgerichtig das klingt: Die Praxis ist oft eine andere und läuft bottom-up, von unten nach oben. Viele Unternehmen beurteilen ihre Chancen und ihr Potenzial insbesondere nach den aktuell vorhandenen Ressourcen und schöpfen ihre Potenziale deshalb nicht aus.

Aber nur, wer von oben nach unten agiert, gestaltet Zukunft – statt lediglich die Gegenwart zu verwalten –, weil er nur dann die verfügbaren Möglichkeiten des Unternehmens nutzt. Zukunft statt Vergangenheit: Genau darum geht es in diesem Buch und deshalb reflektiert die Gliederungsstruktur dieses Buches die Logik der Strategiepyramide.

Eine letzte Vorbemerkung ist uns an dieser Stelle noch wichtig: Aus Gründen der einfacheren Lesbarkeit und Verständlichkeit haben wir uns im Hinblick auf eine geschlechtergerechte Sprache für **eine** Schreibweise entschieden. Selbstverständlich gelten die gewählten personenbezogenen Bezeichnungen immer für beide Geschlechter!

Wir wünschen Ihnen viel Vergnügen bei der Lektüre und freuen uns auf Ihr Feedback!

Köln, im Juni 2021   Viernheim, im Juni 2021

Markus Milz   Prof. Dr. Frank Gebert

Hinweise zu den Herausgebern

MARKUS MILZ

Markus Milz ist Geschäftsführer der Milz & Comp. GmbH Unternehmensberatung und Unternehmensbeteiligung sowie der BERGEN GROUP Management Consultants GmbH. Seit über 20 Jahren ist er gefragter Trainer, Coach und Berater in den Themenfeldern Unternehmensstrategie, Führung und Vertrieb. Als Top 100 Speaker ist er in ganz Deutschland sowie international unterwegs. Vertrieb ist seine Passion. Sein erstes Unternehmen scheiterte an schlechten Vertriebsprozessen. Also machte er sich auf die Suche, fand bessere Lösungen und schrieb Bücher darüber, die alle Bestseller wurden.

PROF. DR. FRANK GEBERT

Herr Prof. Dr. Gebert hat seit 2013 eine Professur für Allgemeine Betriebswirtschaft an der SRH Hochschule Heidelberg mit den Schwerpunkten Strategische Unternehmensentwicklung und Internationales Marktmanagement. Weiterhin betreut Herr Prof. Dr. Gebert ausgesuchte nationale und internationale mittelständische Unternehmen bei der strategischen Entwicklung ihrer Geschäfte.

Herr Prof. Dr. Frank Gebert hat als Aufsichtsratsvorsitzender, Vorstandsvorsitzender und Geschäftsführungsvorsitzender bzw. Mitglied dieser Gremien jahrzehntelang Verantwortung getragen für die Entwicklung marktführender internationaler Konzerne bis zu einer Geschäftsgröße von 2,5 Mrd. EUR. Wichtige Managementstationen waren Bertelsmann AG, Boston Consulting Group GmbH, Eternit AG, Altana AG, Raab Karcher Baustoffe GmbH und Alno AG. Seine Geschäftsverantwortung war fokussiert auf Wachstums- und Effizienzmanagement sowie internationale Joint Ventures und Kooperationen mit Tätigkeitsschwerpunkten in Europa, China, Middle East und Indien.

Seinen beruflichen Werdegang hat Herr Prof. Dr. Gebert vor Beginn seines Studiums als Tennisspieler begonnen. Er stand im Finale des Jugendturniers von Wimbledon, gewann das internationale Jugendturnier von Monte Carlo, den Centropa-Cup sowie 15 nationale und internationale Meisterschaften. Herr Gebert spielte in verschiedenen Nationalmannschaften für Deutschland und kam in der Rangliste der weltbesten Tennis-Professionals bis auf Rang Nr. 42.

Kontaktdaten

Prof. Dr. Frank Gebert

Baelchenstein Management

E-Mail: baelchenstein@email.de

VISION, MISSION, LEITBILD UND WERTE: Wohin wollen wir, was treibt uns an?

Vom klassischen Großhändler zum Gesundheitsunternehmen

Ein Transformationsprozess, der zu einem völlig neuen Vertrieb führt

Andreas Thiede
Vorsitzender der Geschäftsführung
GEHE Pharma Handel GmbH

Vom Prozess zur Mission: Der Gesundheitsmarkt und unsere Rolle

Wissen Sie, warum mich als CEO eines führenden Pharmagroßhändlers der Gesundheitsmarkt so begeistert? Weil ich viel mehr als früher begriffen habe, dass die sichere und zuverlässige Verteilung von mehr als 100.000 verkehrsfähigen Arzneimitteln kein »Transport von Schachteln« ist, es ist ein elementarer Kern des Versprechens, zu heilen und zu lindern. Es ist kein Luxus, ein ausgefeiltes, abgestuftes Logistiksystem zu haben, das sich vor allem an der sicheren Versorgung der Patienten orientiert. Nein, daran müssen wir weiter hart arbeiten, das müssen wir garantieren! Und zwar mit absoluter Sicherheit. Ich bin sehr neugierig – und im Moment ist so viel im Umbruch, selbst im hoch regulierten Gesundheitsmarkt. Die Einführung des elektronischen Rezepts und der elektronischen Patientenakte sind dafür nur zwei Beispiele. In diesem Zusammenhang habe ich auch noch einiges zu lernen, aber so viel ist mir schon klar geworden: Das Gesundheitssystem ist sehr komplex. Für jede Regelung gibt es mindestens einen Grund, manchmal ist es sogar ein guter und ich habe Respekt vor dem System. Es funktioniert »im Prinzip« – aber es arbeitet nicht überall schlau, nicht zeitgemäß und ist nicht wirklich am Bedarf der Patienten, der Versicherten ausgerichtet.

Aktuell ist zu beobachten, dass einige Pfeiler des deutschen Gesundheitswesens bröckeln. Bereits vor der Coronapandemie befand sich die Branche in einem bedenklichen Zustand. Durch die Pandemie sind verborgene Schwachstellen des Systems ans Tageslicht gekommen und mittlerweile sollte allen klar sein: Ein Wandel dieses Systems ist nicht nur empfehlenswert, sondern existenziell notwendig.

Seit Jahrhunderten sind (Haus-)Ärzte die erste Anlaufstelle bei jeder Art von Symptomen oder Krankheitsverläufen.

In diesem Zusammenhang ist mir persönlich wichtig, dass in Anbetracht des demografischen Wandels die medizinische Grundversorgung auch weiterhin durch eine gute flächendeckende Erreichbarkeit sichergestellt ist. Leider beobachte ich aktuell einen gegenläufigen Trend, der sich ausschließlich auf Ballungszentren fokussiert und von Krankenhausgesellschaften maßgeblich beeinflusst wird, da diese ebenfalls unter einem erheblichen Kostendruck zu leiden haben und um jeden Patienten kämpfen. Ein weiterer Faktor ist, dass die junge Ärzteschaft das Risiko großer Investitionen in Praxisräume in ländlichen Gebieten scheuen und eher dem Aufruf von Zusammenschlüssen in sogenannten medizinische Versorgungszentren (MVZ) folgen. Dieser Umstand hat leider zur Folge, dass Arztpraxen in der dörflichen Gemeinschaft ein aussterbendes Leistungsangebot darstellen werden.

Dieser Trend führt in Flächenländern dazu, dass Patienten teilweise bis zu 50 Kilometer zum nächsten Arzt fahren müssen. Die gleiche Entwicklung sehen wir bei Krankenhäusern und Facharztpraxen. Ich persönlich bin z. B. ein großer Fan deutscher Inseln, so liebe ich etwa Sylt. Und in diesem Zusammenhang beschäftigt mich die Frage, wie vereinzelte Regionen, Inseln und Flächenländer in Zukunft überhaupt noch das Patientenwohl aufrechterhalten wollen? Die Dorfapotheke ist in Gefahr, weil es in diesen beschriebenen Regionen keine Ärzte mehr gibt, die Rezepte ausstellen, was sich wiederum auf die Patientenfrequenz auswirkt.

Generell verschwindet die Apotheke immer mehr aus der deutschen Gesundheitsinfrastruktur. In den letzten Jahren bedeutete dies das Schließen von bis zu 400 Apotheken jährlich. Nach aktuellen Prognosen in Pandemiezeiten sogar bis zu 600 von derzeit ca. 19.000 Apotheken. Geschuldet ist dies vor allem den eingeschränkten Aktivitätsmöglichkeiten in der Coronapandemie. Dadurch finden sich deutlich weniger Menschen in den typischen Frequenzlagen wieder wie z. B. in Einkaufszentren oder Fußgängerzonen. Dies hat erheblichen Einfluss auf die Apotheken in diesen Lagen, da eine Frequenzapotheke von frei verkäuflichen Produkten und Rezeptverordnungen lebt.

Ein weiterer Grund ist, dass während der Pandemie aus Angst weniger Patienten zum Arzt gehen und tendenziell sogar akute Krankheiten verschleppen, was zu erheblichen Spätfolgen führen wird. Das hat zur Folge, dass weniger Rezeptverordnungen in die Apotheken kommen, freiverkäufliche Produkte aus dem Sortiment fallen und dadurch den notwendigen Artikelmix für eine gute Ertragslage negativ beeinflussen. Zeitgleich bleiben hohe Personalkosten aufgrund langer Öffnungszeiten sowie die in der Regel hohen Miete bestehen und erhöhen den wirtschaftlichen Druck.

Auch wenn in der Pandemie Maskenverkäufe und Schnelltests den Apotheken positive Effekte brachten, bleibt festzuhalten, dass dieser kurzfristige Effekt nicht das Risiko eines weiteren Apothekensterbens verhindern wird.

Abgesehen von der abnehmenden Dichte an Ärzten in ländlichen Regionen sowie der fehlenden Laufkundschaft in Frequenzregionen stellt der Versandhandel ein weiteres Risiko für die Vor-Ort-Apotheken dar, weil sich viele Endverbraucher tendenziell dazu entscheiden, den unkomplizierten und oftmals günstigeren Bestellweg zu wählen. Um diesem Trend eine patientenorientierte Dienstleistung gegenüberzustellen, ist die Telemedizin (Videosprechstunde) eine gute Möglichkeit für die Vor-Ort-Apotheke, die Kundenbindung weiter auszubauen und den verlorenen Produktabsatz auszugleichen. Videosprechstunden sind eine gute Alternative für eine Erstdiagnose und erfreuen sich zunehmender Sympathie. Nicht umsonst steigt dieser Branchenzweig im zweistelligen Prozentbereich und gehört bereits in europäischen Nachbarländern zum etablierten Standardangebot.

Wie kann ich nun als Apothekengroßhändler mit einer führenden Apotheken-Kooperationen dazu beitragen, die Abwanderung der Endverbraucher in andere Vertriebskanäle wie etwa den Versandhandel zu verhindern? Dies insbesondere vor dem Hintergrund, dass die aktuellen Markttrends um den Patientenfokus herum ebenso zu berücksichtigen sind wie die erforderlichen Ziele eines Großhändlers, dabei profitablen Umsatz zu erzielen.

Wie könnten ein Lösungsansatz, ein neues Verständnis und eine neue Vision aussehen?

In meiner langen Zeit als Verantwortlicher eines Apothekengroßhandels habe ich zunächst auf vermeintlich rationaler Basis die Apotheken als meinen primären Kunden betrachtet – und mein gesamtes Handeln auf die Befriedigung ihrer Bedürfnisse ausgerichtet. Eines Tages fiel mir auf, dass wir auf diese Weise zukünftig niemals die Patientenbedürfnisse unter Anbetracht der zuvor genannten neuen Trends und Entwicklungen bedienen können. Wir diskutieren viel über den Erfolg von Amazon, Google & Co. und deren destruktive Einflüsse auf Einzelhändler oder kleinere Unternehmen. Doch wie haben es diese Giganten geschafft, so riesig und erfolgreich zu werden?

Amazon & Co. haben sich bereits früh von dem Gedanken lösen können, ihr gesamtes unternehmerisches Handeln auf Aspekte der Ertrags- und Prozesskostenoptimierung zu fokussieren, nur um anschließend lediglich »hoffen« zu können, dass dem Kunden das Kauferlebnis gefällt. Stattdessen waren sie mit die ersten, die ihre Prozesse nach den Kundenbedürfnissen ausgerichtet haben und anschließend eine prozessorientierte Supply-Chain, die auf Kosteneffizienz getrimmt ist, aufgebaut haben.

Und genau so müssen wir ebenfalls beginnen umzudenken und stärker auf die Patientenbedürfnisse und deren Alltagstauglichkeit eingehen. Ich persönlich habe mich deshalb vor drei Jahren mit dem Ziel und der Vision auf den Weg begeben, mich innerhalb der Apothekenlandschaft anders zu positionieren.

Peter Drucker formulierte einst die zentrale Frage: **Wer ist eigentlich mein Kunde?**

Nach Beantwortung dieser Frage war klar: Ein Perspektivwechsel war nötig, bei dem nicht mehr lediglich wie früher unsere Apotheken und Hersteller im Mittelpunkt stehen, sondern **vor allem der Patient mitsamt seinen Bedürfnissen**, gefolgt von den Ärzten und Apotheken, die diesen Bedürfnissen dienen. Aber auch die Leistungserbringer, die Krankenkassen, die letztlich das Patientenwohl finanzieren, betrachten wir mittlerweile verstärkt als unsere Kunden und Stakeholder. Sogar die Bundespolitik nimmt mittlerweile eine weitaus wichtigere Rolle in unseren Betrachtungen ein, da sie mit ihren Gesetzgebungsverfahren maßgeblichen Einfluss auf das Gesundheitssystem ausübt. Sie rückt dadurch vermehrt in unseren Fokus.

Dies alles ist gleichbedeutend damit, einen grundlegenden Systemwandel zu vollziehen. Und dabei wurde mir klar, dass es **unsere Vision ist, für das Sicherstellen der flächendeckenden Versorgung zu stehen, und somit das Patientenwohl im Vordergrund unseres Denkens und Handelns steht.**

Um dies realisieren zu können, müssen wir die folgenden Punkte konstitutiv berücksichtigen:
* Refokussierung von internen Prozessen hin zu mehr Beachtung der Kundenbedürfnisse und der externen Gegebenheiten
* Etablierung eines flexiblen und effizienten Systems, das
    - agile Strukturen aufweist, um auf äußere Veränderungen schnell reagieren zu können
    - Positionierungswechsel vom Großhändler zum Gesundheitsunternehmen

Die Grundvoraussetzungen für einen solchen patientenorientierten Systemwandel konnten bereits durch die Einführung des elektronischen Rezepts und der elektronischen Patientenakte sichergestellt werden. Mit der Patientenakte kann in Notfällen spezifischer auf das Patientenwohl eingegangen werden. Fehlbehandlungen und falsche Rückschlüsse aufgrund mangelnder Informationen werden zudem vermieden. Es kann nicht sein, dass Sonntagmorgens ein Patient in die Notaufnahme eingeliefert wird und die Ärzte *erfragen* müssen, welche Medikation der Patient benötigt oder konsumiert. Selbst der Patient weiß oft nicht genau Bescheid – oder ist in der jeweiligen Situation außerstande diese Frage zu beantworten. Solche Konstellationen und Szenarien sollten und müssen zukünftig durch die elektronische Patientenakte vermieden werden.

Wir setzen uns dementsprechend ganz klar für das Patientenwohl und die elektronische Patientenakte ein, damit man sowohl bei ambulanter als auch bei stationärer Versorgung jederzeit Zugriff auf alle patientenwohlbegünstigenden Informationen hat.

Leider sieht sich unsere Gesellschaft nach wie vor mit dem Dilemma »Datenschutz vs. Patientenwohl« konfrontiert. Wie kann es sein, dass wir bei Haustieren jederzeit Zugriff auf alle notwendigen Informationen für eine optimale Versorgung und Behandlung haben und bei Menschen nicht? Genau dadurch stoßen wir auf ein existenzielles Problem, welchem in der Gesundheitsbranche viel zu wenig Beachtung geschenkt wird. Das Thema **Prävention**. Wieso wird nicht mehr Wert darauf gelegt, den Menschen während seines **gesamten Lebenszyklus in Gesundheitsfragen zu begleiten?** Vor allem in der jetzigen Zeit der Digitalisierung steigt das ungenutzte Potenzial von Patientendatensätzen enorm an und gibt uns Zugriff auf die notwendigen Gesundheitsdaten. Nach dem aktuellen Stand der Technik können die Daten für Medikationsempfehlungen herangezogen werden und damit zu geringen Behandlungskosten, Behandlungszeiträumen und zu einer steigenden Lebensqualität der zu behandelnden Patienten beitragen.

Das ist einer der Gründe, wieso dieses Dilemma zwischen Datenschutz und Patientenwohl die Modernisierung und Verbesserung unseres Gesundheitssystems verhindert. Jeder Mensch ist unterschiedlich und deswegen muss auch im Krankheitsfalle jeder einzelne Mensch und damit Patient individuell und mit maßgeschneiderten Lösungen behandelt werden. Für dieses spezifische und individuelle Vorgehen sind schlichtweg mehr personenbezogene Informationen notwendig, die zu einer bestmöglichen Befriedigung der Patientenbedürfnisse führen.

Mir fällt es daher schwer, Argumente *gegen* die elektronische Patientenakte zu akzeptieren, obwohl diese schon seit Beginn des Jahres 2021 ein Pflichtbestandteil unseres Gesundheitssystem ist. Vor allem Argumente, die auf dem Aspekt des mangelnden Datenschutzes beruhen, sind im Zusammenhang mit der Gesundheit unangemessen. Den meisten Menschen ist Datenschutz schlichtweg egal, das ist Fakt, denn sonst wären gigantische Datenkraken wie Facebook, Instagram, LinkedIn & Co. nicht so erfolgreich. Wieso Daten nicht auch mal »sinnvoll« einsetzen, wenn es um das wichtigste Gut eines jeden Menschen geht, die eigene Gesundheit?

Was bedeutet dies für uns, unseren Vertrieb und unsere sonstigen Prozesse?

Der aktuelle Bundesgesundheitsminister Jens Spahn hat durch eine maßgebliche Änderung des Masernimpfschutzgesetztes schon vor der Coronapandemie einen wichtigen Anstoß für einen Systemwandel in die Wege geleitet.

Nach dieser Gesetzesänderung erhielten auch Apotheker die Berechtigung, eine Grippeschutzimpfung durchzuführen.

Viele Apotheken wollten diese Gelegenheit jedoch aus einem potenziellen Streitrisiko mit dem beiwohnenden Hausarzt nicht wahrnehmen.

Ich habe daraufhin den Entschluss getroffen, dieses Gesetz gemeinsam mit unseren Anwälten genauer »unter die Lupe zu nehmen«. Schnell mussten wir feststellen, dass wir tatsächlich doch in der Lage sind, als Apotheken-Kooperation einen Rahmenvertrag mit Krankenkassen abzuschließen. Vor zwei Jahren war es noch unvorstellbar, dass sich Krankenkassen auf Verhandlungen mit einem Großhändler einlassen. Durch viel Netzwerkarbeit, der Einführung des E-Rezeptes und der elektronischen Patientenakte als Pilotprojekt ist es uns gelungen, den Kassen aufzuzeigen, dass wir durchaus mit damals 6.500 Apotheken und heute mit 12.000 Apotheken in unserer Unternehmensgruppe in der Lage sind, ein flächendeckendes Apothekennetzwerk zu bedienen.

Wenn ich mir hierfür unseren Vertrieb und die dafür notwendige Logistik anschaue, dann sehe ich drei Dinge glasklar:

Erstens: Unser Verteilungssystem muss sicher sein. Denn wir liefern keine »Müslipackungen« aus, sondern Medikamente. Die werden zugelassen, überwacht und nur gegen Rezept abgegeben – und das ist auch gut so.

Zweitens: Wir fahren mittlerweile jede Apotheke im Schnitt dreimal am Werktag aus großen Zentrallagern an. Hätten wir jedoch zusätzlich standardisierte und zentral geführte Gesundheitszentren in Kombination mit den ärztlichen Versorgungsmöglichkeiten vor Ort, dann könnten wir die flächendeckende stationäre und ambulante Versorgung viel besser, einfacher und effizienter gewährleisten und so den Kostenträgern noch bessere versorgungsgarantierende »Lösungen und Leistungen« anbieten. Dieser Zustand könnte schon ab einer Anzahl von 250 vernetzten und nicht im Wettbewerb stehenden Gesundheitszentren herbeigeführt werden. Das wäre sowohl ein Meilenstein für uns, als auch für die Patienten in ganz Deutschland weil wir dadurch eine **flächendeckende Versorgungssicherheit** bis in den letzten Winkel Deutschlands sicherstellen, was mindestens genauso wichtig ist, wie eine 5G-Abdeckung an jeder »Milchkanne«.

Auch ohne die Realisierung der Gesundheitszentren ist es uns gelungen, mit der AOK Nord-West einen ersten Impf-Vertrag abzuschließen. Als führender pharmazeutischer Großhändler konnten wir die Krankenkasse davon überzeugen, gemeinsam mit den Vor-Ort-Apotheken die geforderte Patientenleistung abbilden zu können. Dabei haben wir die »Problematik« des Verimpfens mit dem Gedanken der Patientenversorgung verbunden und jegliche daraus resultierenden Vorteile hervorgehoben, während wir stellvertretend unsere Interessen als Großhändler und damit auch Impfstofflieferant vertreten haben.

Apotheken mit Interesse an der Erbringung von Impfleistungen können sich über die GEHE Akademie, unserer Fortbildungsakademie, für dieses Programm einschreiben und nach erfolgreicher Schulung an diesem Modellvorhaben teilnehmen und Ihren Patienten und Kunden ein neues Leistungsangebot anbieten. Momentan befinden wir uns in positiven Gesprächen mit weiteren Krankenkassen, um das Zeil der flächendeckenden Versorgung voranzutreiben. Hierbei kann man schon von einem kleinen Strukturwandel und einer **neuen Art des Vertriebs** sprechen, wenn man die Dimension des Potenzials von rund 73 Millionen Menschen in der gesetzlichen Krankenversicherung (GKV, Stand 2020) betrachtet.

Durch dieses Modellvorhaben werden nicht nur Apotheken aufgrund der leichten und schnellen Abwicklung attraktiver, sondern es ergibt sich auch die Möglichkeit, eine weitaus flächendeckendere Versorgung für neue Modellvorhaben wie bei z. B. bei COVID-Impfungen zu gewährleisten. Der Patient profitiert dadurch nicht nur durch eine bessere Versorgung, sondern auch durch vereinfachte Prozesse und kürzere Wartezeiten.

An dieser Stelle muss **noch einmal deutlich erwähnt werden, dass der Patient die Kundenrolle für uns einnimmt** und nicht die Apotheken. Wir mussten einen langen Weg mit zahlreichen Herausforderungen und Erfahrungen gehen, um im Endeffekt zur simplen Erkenntnis zu gelangen, dass letztendlich der Patient und nicht die Apotheke maßgeblich unseren Erfolg beeinflusst. Betritt der Patient nämlich gar nicht erst die Apotheke, dann sind jegliche Marketingmaßnahmen und platzierten Produkte wirkungslos und verschwendet.

Doch auch abgesehen davon wird die Laufkundschaft mit ihren Cross- und Up-Selling-Potenzialen, je nach Geschwindigkeit der voranschreitenden Digitalisierungsprozesse, in naher Zukunft zunehmend verschwinden. Apotheken sind gezwungen neue, auf die Kundenbedürfnisse zugeschnittene Serviceleistungen auf digitalem Wege anzubieten, um nicht ihre Daseinsberechtigung zu verlieren.

Was mich zu meinem **letzten** Punkt führt:
- unseren Vertriebskanal neu auszurichten, um die Erfordernisse der digitalen Transformation zu erfüllen,
- das Patientenwohl in den Vordergrund zu stellen und die Vor-Ort-Apotheke aktiv zu unterstützen

Aus den genannten Gründen brauchen wir eine Gesundheitsplattform, auf die Apotheken zugreifen können, um den Patienten ein adäquates und zeitgerechtes Angebot unterbreiten zu können. Denn ich sehe für Apotheken ohne digitale Patientenanbindung keine Zukunft. Schlicht und ergreifend, weil sie die Möglichkeit außer Acht lässt, den Endkunden auf sich aufmerksam zu machen, seine Bedürfnisse zu erfüllen, um ihn so an sich zu binden.

Dieses möchte ich Ihnen an folgendem Beispiel erläutern:

Eine junge alleinerziehende Mutter mit zwei Kindern ist an einem Montagmorgen krank. Anstatt sich zum Arzt zu schleppen und dort bis mittags im Wartezimmer bis zur Erstversorgung zu verweilen, könnte dieses Problem durch eine telemedizinische Erstversorgung (Videosprechstunde) in einem kleinen Nebenzimmer einer Apotheke gelöst werden. In der Schweiz gibt es teilweise schon solche Minipraxen in den Apotheken, die den Patienten eine schnelle Erstversorgung bieten können, um lange Wartezeiten und volle Wartezimmer im wahrsten Sinne zu umgehen. Hierbei übernimmt der Apotheker für den Arzt eine assistierende Rolle und hält auch in der fortlaufenden Behandlung den direkten Kontakt zum Patienten.

Durch diesen vereinfachten Prozess werden nicht nur Arztpraxen während der Stoßzeiten entlastet, sondern zusätzlich neue zufriedene und dankbare Kunden dazugewonnen, die durch eine telemedizinische Erstversorgung in einer Apotheke lange Wege und Wartezeiten bei/zu den Arztpraxen einsparen. Dadurch wird dem Patienten nicht nur ein komplett neues Entree in das Gesundheitswesen geboten, sondern den Apotheken auch eine zunehmend entscheidendere und wertschätzende Rolle als erste Anlaufstellen parallel zu Ärzten entgegengebracht.

Durch unser Skalierungspotenzial können wir beim Entwicklungsprozess von der traditionellen Apotheke zur modernen digitalen Apotheke mit Minipraxis unterstützen, weshalb unser Vertrieb als »digitaler Experte« solche Lösungen weiter entwickeln muss.

Im Zusammenhang der digitalen Patientenansprache entstehen für uns weitere **neue Vertriebskanäle**. Wir stellen unseren Apothekenpartnern bereits Screens mit kostenloser Endverbraucherwerbung zu Verfügung. In Zukunft könnte es sogar sein, dass Patienten mit dieser Art der Werbung an eher ungewöhnlichen Orten wie z. B. in öffentlichen Verkehrsmitteln gezielt angesprochen werden und so auf die neuen Serviceleistungen der Vor-Ort-Apotheken aufmerksam gemacht werden können. So tragen wir jetzt schon einen kleinen Teil zur Modernisierung der Apotheken bei und können zusätzlich flexibel entscheiden, welche Inhalte auf dem Screen zu sehen sind. Das ermöglicht uns, jederzeit auf Gegebenheiten oder Marktveränderungen zu reagieren und entsprechend mit dem Patienten in Kontakt zu treten. Da der Mensch jedoch nach wie vor »Greifbares« sehr attraktiv findet, **wird es unsere Aufgabe sein, die Beteiligten »digital« und »analog« zusammen zu bringen und die Apotheke der Zukunft zu entwickeln**. Dies erfüllt die Patientenbedürfnisse direkt am Point of Sale.

Fazit – meine persönlichen »Lessons Learned« der letzten Jahre

- Die aktuell größte Herausforderung ist aus meiner Sicht, die ambulante mit der stationären Versorgung zu verbinden.
- Erst wenn es dem Gesundheitswesen noch schlechter geht, d. h. mehr und mehr Apotheken insolvenzbedingt werden schließen müssen und weniger Ärzte flächendeckend tätig sind, wird es mutmaßlich mehr Freiräume zur Gestaltung des Gesundheitswesens geben, weil erst dann ausreichend Druck auf Politik und Krankenkassen ausgeübt werden wird, um notwendige Veränderungen zu »erzwingen«.
  Mit aktuell ca. 19.000 Apotheken und der digitalen Entwicklung im Gesundheitsmarkt können wir als pharmazeutischer Großhandel die flächendeckende Arzneimittelversorgung sicherstellen und einen maßgeblichen Beitrag zur Neuausrichtung des Gesundheitswesens beitragen, indem wir eine Gesundheitsplattform entwickeln und die Leistungsträger miteinander vernetzen und begleiten. Hier kommt unsere führende Apothekenkooperation ins Spiel und übernimmt eine gestalterische Rolle im Transformationsprozess zu einer neuen Gesundheitsplattform.
- An diesen Chancen und Entwicklung zu arbeiten, das macht mich zufrieden und ist mein Antrieb. In dieser Rolle stelle ich mich immer auf die Seite der Patientinnen und Patienten. Aus ihren Bedürfnissen leite ich Entscheidungen ab und setze für sie Impulse innerhalb des Systems und der Politik.

Hinweise zum Autor

ANDREAS THIEDE

Andreas Thiede ist seit knapp 20 Jahren Teil der GEHE Pharma Handel GmbH, die mit 18 Niederlassungen, 2.300 Mitarbeitern und einem Umsatz von mehr als fünf Milliarden Euro zu den führenden pharmazeutischen Großhändlern in Deutschland zählt. Seit dem 01. November 2020 ist er Vorsitzender der Geschäftsführung. In dieser Position vertritt er die GEHE im IQVIA Executive Board.

Der gebürtige Hamburger ist seit 2019 Mitglied im Ausschuss für Gesundheitswirtschaft der Handelskammer Hamburg sowie im Verein Gesundheitswirtschaft Hamburg e. V.

Vor seiner jetzigen Tätigkeit war er Geschäftsführer für Vertrieb & Marketing und hat u. a. die Apotheken-Qualitätsmarke »gesund leben« mit 2.100 Apotheken, die die stärkste im Bundesgebiet ist, verantwortet.

Seine Tätigkeiten im Bereich Organisation, Logistik und dem Vertrieb bilden die Schwerpunkte seiner langjährigen Erfahrungen.

Vom Produkt zum Lösungsgeschäft

Ein Beispiel aus der 3-D-Druckindustrie

Dr. Adrian Keppler
ehemals CEO EOS GmbH
aktuell Senior Advisor h&z
Unternehmensberatung AG

Bertrand Humel van der Lee
ehemals CRO EOS GmbH
aktuell Managing Director/
Aufsichtsratsmitglied

Vom Produktgeschäft zum Lösungsgeschäft – klingt eigentlich ziemlich einfach. Aber dieser Wechsel ist eine Transformation, die nicht nur die kundennahen Organisationseinheiten und Abläufe betrifft, sondern nahezu alle Bereiche und Prozesse eines Unternehmens miteinschließt.

Im Rahmen dieses Artikels haben wir versucht, diese sehr interessante, aber auch herausfordernde Reise am Beispiel eines Unternehmens zu beschreiben, der erfolgreich in der 3-D-Druckindustrie tätig ist.

Die 3-D-Druckindustrie: Wo steht sie heute?

Bahnbrechende technische Innovationen ergeben sich häufig durch einen »Technology Push«, das heißt: Für technische Produkte besteht anfangs oft noch kein explizites Kundenbedürfnis und daher auch kein definierter Markt. Die Technologie sucht sich ihre ersten Kunden – nicht umgekehrt.

Dies trifft auch auf den 3-D-Druck zu. Als Mitte der 1980er-Jahre die ersten 3-D-Drucker auf den Markt kamen, interessierten sich nur technische Pioniere und »Nerds«, meistens aus den Forschungs- und Entwicklungsabteilungen großer Unternehmen oder Universitäten, für diese neue Technologie.

Der erste Wachstumsschub für die 3-D-Druckindustrie kam in den 1990er-Jahren, als klar wurde, dass der Einsatz dieser Technologie die Herstellung von Prototypen und Einzelbauteilen deutlich vereinfachen und beschleunigen kann. Ein erster, klar beschreibbarer Kundennutzen war gefunden – damit gingen die Absatzzahlen für 3-D-Drucker deutlich nach oben und es entwickelte sich eine Industrie mit mittelständischen Dienstleistern, die größeren OEMs den Bau von Prototypen als Service anboten.

Ab der Jahrtausendwende erkannten erste Visionäre im 3-D-Druckmarkt, dass die Technologie das Potenzial hat, nicht nur den kleinen Markt des »Prototypenbaus«, sondern auch die Serienfertigung von Bauteilen und Komponenten aus Kunststoff oder Metall zu revolutionieren. Designfreiheit, Bionik, Leichtbau, Funktionsintegration, Individualisierung, aber auch die Nutzung konventionell schwer verarbeitbarer Materialien – all das sind Vorteile des 3-D-Drucks, die es ermöglicht haben, einen deutlich größeren Markt zu adressieren: den Markt der additiven Serienfertigung. Dies war der Anfang einer zweiten Wachstumsphase in der Industrie, mehr und mehr Kunden wollten die Technologie nutzen und haben in Drucker investiert. Gleichzeitig sind neue Technologieanbieter entstanden und etablierte Unternehmen aus dem konventionellen Maschinenbau haben 3-D-Druckfirmen gekauft, um ihr Portfolio zu erweitern und sich vom Wettbewerb zu differenzieren.

In den Jahren 2010 bis 2018 ist so eine kleine, aber schnell wachsende 3-D-Fertigungsindustrie entstanden.

Vertrieb in einem R&D- und prototyper-dominierten Markt

Die ersten Kunden für 3-D-Drucktechnologie, »Early Adopters«, die im Wesentlichen von der Technologie und deren Möglichkeiten fasziniert waren, hatten in der Regel spezielle Bedürfnisse:

- ein tiefgehendes technisches Verständnis hinsichtlich des Funktionsprinzips und der technischen Leistungsfähigkeit des Produkts,
- einen hohen Freiheitsgrad in der Nutzung des Produkts (z. B. individuelle Einstellungsmöglichkeiten),
- eine schnelle und unbürokratische Unterstützung im Problemfall.

Deshalb lag es anfangs nahe, den besten Entwicklungsingenieur mit dem größten Produktwissen zum Kunden zu schicken. »Der beste Entwickler ist der erste Vertriebsmann«, von »Nerd zu Nerd« – sofort war eine Kommunikations- und damit eine Vertrauensbasis gefunden. Eine gute Voraussetzung, um die ersten Produkte erfolgreich im Markt zu platzieren.

Leider ist ein solches Vertriebsmodell nicht skalierbar – Entwicklungsingenieure sollten sich auf die Weiterentwicklung des Produkts konzentrieren und nicht als Vertriebsmitarbeiter im Markt agieren. Darüber hinaus bringt dieses Vorgehen weitere Nachteile mit sich: Kommerzielle Themen sind weder die Passion noch die Stärke eines Entwicklungsingenieurs.

Für die nächste Wachstums- bzw. Entwicklungsphase eines Technologieunternehmens ist es notwendig, den Kundenangang, den Go-to-Market, zu strukturieren.

Schritt 1: Der technisch fundierte, zentrale Produktvertrieb

Um das Wachstum eines Unternehmens weiter zu stimulieren, ist die Professionalisierung des Kundenangangs, des Go-to-Market, entscheidend. Die Einführung eines dedizierten Vertriebs und einer produktorientierten Serviceorganisation sind hier die wesentlichen Schritte:

- Aufbau eines direkten Vertriebs mit eigenen, gut geschulten Mitarbeitern mit umfangreichem technischen Detailwissen bezüglich des Funktionsprinzips, der technischen Fähigkeiten und Limitierungen etc. des Produkts sowie der technischen Abgrenzung von Wettbewerbsprodukten.
- Aufbau einer produktnahen Serviceorganisation, die sehr eng mit der Vertriebsorganisation zusammenarbeitet. Im Fokus dieser Organisation steht die schnelle Lösung der Kundenprobleme (»Break-fix«).

In dieser Phase werden die Kunden, in der Regel eine überschaubare Anzahl, durch zentrale Vertriebs- und Servicemitarbeiter betreut. Diese sitzen direkt am Firmensitz, was eine einfache und schnelle Kommunikation und den Austausch relevanter, kundenspezifischer Informationen mit den Spezialisten in den Produktentwicklungseinheiten ermöglicht.

Die nächste Veränderungsstufe

Unternehmen müssen ständig auf Veränderungen reagieren. Wie bereits Darwin sagte: »Es überleben weder die Stärksten noch die intelligentesten, sondern diejenigen, die am schnellsten auf Veränderungen reagieren.« Die Treiber für Veränderungen sind vielfältig. Beispielsweise stellen der Markteintritt neuer Wettbewerber, die Einführung von Wettbewerbsprodukten oder neuen Technologien oder die Weiterentwicklung des Markts und der Kunden eine solche Veränderung dar.

In der 3-D-Druckindustrie veränderten sich die Kunden und damit die Anwendungsfelder der Technologie. Fertigungskunden, die begannen, die Technologie zur Herstellung von komplexen Serienbauteilen zu nutzen, rückten stärker in den Fokus der 3-D-Druckindustrie.

Ein wesentlicher Auslöser war die Entscheidung von General Electric Aviation, die Spitze der Treibstoffeinspritzdüse für ein Flugzeugtriebwerk mittels 3-D-Druck in Serie herzustellen. Ein komplexes und für die Leistungsfähigkeit der Turbine entscheidendes Bauteil. Seit 2015 werden auf ca. 40 Metalldruckern in den USA jährlich Tausende von Einspritzdüsen gefertigt. Das spezielle Design ermöglich einen deutlich verbesserten Wirkungsgrad des Triebwerks und damit einen signifikant reduzierten Treibstoffverbrauch und Schadstoffausstoß.

Diese »Erfolgsgeschichte« führte dazu, dass mehr und mehr technologiegetriebene Unternehmen sich mit dem Thema additive Fertigung auseinandersetzten und begannen, in die Technologie zu investieren.

Schritt 2: Regionalisierung von Produktvertrieb und Service

Mit zunehmender Marktdurchdringung und Anstieg der Kundenzahl mussten der Vertrieb und der technische Service dezentralisiert werden. Vor allem im Investitionsgütergeschäft fordern Kunden Präsenz vor Ort, lokale technisch fundierte Unterstützung und schnelle Reaktionszeiten. Dies führt zu einer Regionalisierung des Vertriebs und zu einer Präsenz eigener Vertriebs- und Serviceteams in den Schlüsselmärkten. In Summe ein hoher Vertriebsaufwand verbunden mit hohen Kosten in dieser frühen Unternehmensphase, in der sich das Geschäft im Hochlauf befindet und in der Regel nur geringe Umsätze erzielt werden. Jedoch ermöglicht dieser Ansatz, die eigenen Produkte früh bei möglichst vielen Kunden »einzuloggen«. Damit lässt sich ein Standard im Markt etablieren, der eine gute Basis für ein späteres Folgegeschäft bildet.

Unterstützt werden die Schritte 1 und 2 durch überregionale Marketingmaßnahmen wie die Professionalisierung von Internet- und Messeauftritten in Kombination mit der Einführung eines durchgängigen Leadmanagementsystems. Unweigerlich entsteht daraus die Notwendigkeit eines Customer-Relationship-Management-Systems (CRM-Systems), um systematisch relevante Kundeninformationen, Informationen zum Stand des Akquisitionsprozesses (z. B. Angebotsstatus) oder zu Projekten (z. B. Pipelinemanagement) zu erhalten.

Entscheidend ist in dieser initialen Phase der Professionalisierung und Digitalisierung des Vertriebsprozesses verbunden mit der Einführung entsprechender Tools die Balance zwischen dem Verfügbarmachen von Informationen, der Effizienzsteigerung und Standardisierung auf der einen Seite und der Usability und dem Aufwand in der Nutzung der Tools auf der anderen Seite. Diese neuen Prozesse und Tools müssen sich in den Alltag der Mitarbeiter »auf der Straße« integrieren lassen sowie schnell und einfach zu nutzen sein. Nur so werden die Maßnahmen Akzeptanz bei den Vertriebs- und Servicemitarbeitern finden, was die Grundlage für eine flächendeckende Nutzung ist.

Schritt 3: Kundensegmentierung – Trennung in Key Account und regionalen Vertrieb

Neben den technischen Pionieren (»Early Adopters«) mit einer kleinen installierten Basis an 3-D-Druckern entwickelten sich mehr und mehr Industriekunden, die die Technologie schneller adaptierten und stärker wuchsen. Diese potenziellen Großkunden bieten mittel- und langfristig ein sehr großes Geschäftspotenzial. Diese Kunden haben aber auch andere Forderungen und wollen anders bedient und unterstützt werden. Auf diese Veränderung in der Kundenbasis muss vertrieblich reagiert werden.

Unterschiedliche Kunden mit unterschiedlichen Anforderungen müssen in unterschiedliche Kundengruppen segmentiert und betreut werden:

- »Key Accounts« – Kunden mit bereits hohem Umsatz und/oder hohem Zukunftspotenzial: Betreuung durch dedizierte Accountmanager, die maximal fünf bis zehn Kunden betreuen.
- »Regional Accounts« – übrige Kunden: Betreuung durch den regionalen Vertrieb (»Area Sales Manager«), der eine definierte Fläche (z. B. ein Land) und damit alle übrigen Kunden in dieser Fläche verantwortet.

Dieser Aufsatz wird in der Serviceorganisation entsprechend gespiegelt – dedizierte Servicetechniker für Key Accounts, regional organisierte Techniker für die übrigen Kunden.

Trotz allem vertrieblichen Fokus, trotz ersten erfolgreichen Implementierungsprojekten, in denen nachgewiesen werden konnte, dass die 3-D-Drucktechnologie einen signifikanten Kundennutzen und Mehrwert bietet, blieb der große Durchbruch und Erfolg aus. Die Technologie steckte weiterhin in einer Nische – der richtungsweisende Weg zu einer »Mainstream-Fertigungstechnologie« war noch nicht eingeschlagen.

Warum war das so? Was hat gefehlt?

Um den Mainstreammarkt zu erobern, braucht es eine andere Art der Kundenansprache. Im Gegensatz zu den »Early Adopters« will sich die breite Masse potenzieller Nutzer (die häufig mehr als 90 % des Potenzials repräsentieren) nicht intensiv mit technischen Features und Details, Integrationsthemen etc. auseinandersetzen. Dieser Weg dauert zu lange, birgt zu viele Risiken und kostet zu viel. Diese Kundengruppe sucht eine Lösung für ein Problem – kein Portfolio an Einzelprodukten, die mühsam Fall für Fall ausgewählt und zu einer entsprechenden Lösung integriert werden müssen.

Schritt 4: Vom Produkt- zum Lösungsvertrieb

Daher bot es sich an, in dieser Phase von einem produktorientierten Vertrieb (Fokus auf den Verkauf einzelner Produkte mit einer definierten Konfiguration) zu einem lösungsorientierten Vertrieb (Fokus auf Gesamtlösungen bestehend aus Einzelprodukten und auf eine quantifizierbare Nutzenargumentation) zu migrieren. Häufig ändern sich dabei kundenseitig auch die verantwortlichen Ansprechpartner. In der Vergangenheit waren diese der Eigentümer eines kleineren Dienstleisters oder der R&D-Leiter eines Konzerns – die zukünftigen Zielkunden müssen top-down über die CxO-Ebene oder über die Einkaufsorganisation angesprochen werden. Diese Stakeholder erwarten eine quantifizierte, belegbare Nutzenargumentation mittels Return-on-Investment- oder Total-Cost-of-Ownership-Betrachtungen (RoI- bzw. TCO-Betrachtungen).

Jede Industriebranche hat ihre eigenen Herausforderungen: Gewichtsreduktion im Bereich Luft- und Raumfahrt, Steigerung des Wirkungsgrads und Reduktion des Schadstoffausstoßes im Bereich Energietechnik, Miniaturisierung und höhere Leistungsfähigkeit im Bereich Elektronik. Unternehmen wollen neue Technologien wie den 3-D-Druck nutzen, um Lösungen für diese Herausforderungen zu finden. Lösungen, mit denen entsprechend performantere Komponenten und Endprodukte hergestellt werden können – leichter, effizienter, langlebiger, nachhaltiger.

Damit steht nicht mehr die eigentliche Technologie, das Produkt, der 3-D-Drucker im Vordergrund, sondern dessen Anwendung zur Herstellung von Serienbauteilen in einem industrialisierten Fertigungsumfeld. Hierbei müssen andere Themenfelder mitbetrachtet werden, z. B. Fragen zur Qualifizierung der Technologie, Integration in eine bestehende Fertigung, Automatisierung und Qualitätssicherung.

Dies führt auch zu veränderten Anforderungen an die »Frontend-Organisation« – die Schnittstelle zum Kunden.

- Proaktives Business Development: Neue Kundengruppen müssen systematisch erschlossen werden. Dazu benötigt man Branchenexperten mit einem weitreichenden Verständnis hinsichtlich der Herausforderungen und Anforderungen einer Branche. Diese Geschäftsfeldentwickler, Business Developer, entwickeln proaktiv mit den notwendigen technischen Experten Lösungspakete für einzelne Anwendungsfälle, die dann den entsprechenden Zielkunden angeboten werden können.
- Veränderter Vertriebsansatz: Vom featureorientierten Produktverkäufer zum lösungsorientierten Kundenbetreuer und -berater. Vom Kundenproblem, der potenziellen Kundenanwendung, her kommend, entwickelt der Kundenbetreuer gemeinsam mit dem Kunden eine passende und wirtschaftlich attraktive Lösung – End-to-End mit allen notwendigen Einzelprodukten, verknüpft und integriert.
- Veränderter Serviceansatz: Der Kunde erwartet nicht nur eine schnelle Reaktionszeit im Problemfall, beispielsweise einem Maschinenausfall, er erwartet innovative Ansätze, um die Servicetätigkeiten weiter zu optimieren und effizienter zu gestalten (z. B. Remote Service, Preventive Maintenance) sowie neue Ideen und Konzepte, um die Verfügbarkeit der Anlagen und damit der gesamten Fertigung zu erhöhen. Diese veränderte Kundenerwartung eröffnet die Möglichkeit, das Servicegeschäft neu zu positionieren und auszubauen – vom »Enabler« des

Produktgeschäfts zum eigenständigen Geschäftsfeld, von einem »cost plus« zu einem »value based« Servicegeschäft. Dies erfordert entsprechend geschulte Vertriebsexperten (z. B. einen dedizierten Servicefachvertrieb), der mit dem Kunden individuell angepasste Servicepakete (z. B. Service Level Agreements – SLAs) entwickeln kann.

In vielen Fällen bietet es sich an, alle Kompetenzen, die zur Lösungsentwicklung benötigt werden, in einer Beratungseinheit innerhalb des Unternehmens kundennah zu bündeln. Solche Beratungsteams arbeiten eng verzahnt mit dem Business-Development- und dem Account-Manager sowie entsprechenden Kundenteams an Lösungsideen – von der Identifikation der richtigen Anwendung, der Anpassung der Auslegung oder der Konstruktion des Bauteils, über die Erstellung eines fundierten Business-Cases-/einer RoI-Betrachtung bis hin zur technischen Auslegung der Fertigungszelle, deren Qualifizierung und Inbetriebnahme. Damit reduzieren sich für den Kunden Einstiegsbarrieren, Zeitdauer, Kosten und im Endeffekt das Risiko bei der Einführung einer neuen Technologie.

Dieses Know-how, das über viele Jahre im Rahmen unterschiedlichster Projekte erarbeitet wurde, stellt für den Kunden einen hohen Wert dar – durch die Nutzung dieses Wissens können Fehler reduziert, Lernschleifen abgekürzt und die Technologieeinführung signifikant beschleunigt werden. Daher sollten diese Beratungsleistungen dem Kunden immer in Form eines zu bezahlenden Projekts angeboten und nicht als zusätzliche »Vertriebsaufwendungen« angesehen werden.

Alle diese Anpassungen in der Aufbauorganisation sind mit weiteren Optimierungen, Automatisierungen und Digitalisierungen in der Ablauforganisation verbunden. Um den Angebotsprozess zu vereinfachen und zu beschleunigen, bietet es sich an, einen digitalen Angebotskonfigurator (Configure, Price, Quote – CPQ) einzuführen. Dieser stellt sicher, dass Produkte richtig konfiguriert und bepreist werden, und automatisiert die Angebotserstellung und den weiteren Workflow der Angebots- und Auftragsbearbeitung. Die Professionalisierung des Auftragseingang- und Umsatz-Forecast-Prozesses sowie die Einführung eines agilen Projektmanagements sind weitere Beispiele. Idealerweise sind die entsprechenden Tools integriert, d. h., die Durchgängigkeit von Workflow und Daten zwischen dem CRM-, dem CPQ- und dem ERP-(Enterprise-Ressource-Planning)-System ist gewährleistet. Dies vermeidet manuelle Eingriffe im Rahmen der Abwicklung.

Diese Kundenzentriertheit in der »Frontend-Organisation« muss sich aber auch in den übrigen »Backend-Einheiten« widerspiegeln. Deshalb ist es wichtig, die Produktentwicklungs- und Produktmanagementeinheiten, aber auch die Auftragsabwicklung, spiegelbildlich zur Vertriebsorganisation aufzustellen. Crossfunktionale, kundenspezifische Teams stellen nicht nur die Ausrichtung auf den Kunden sicher – sie steigern auch die Motivation in der Gesamtorganisation. Direktes Kundenfeedback und das Bewusstsein, ein elementarer Teil des Teams zu sein, das wettbewerbsfähige Lösungen mit einem Kunden entwickelt und implementiert, geben den Mitarbeitern das Gefühl, einen direkten Beitrag zum Unternehmenserfolg zu leisten. Unterstützt wird dies durch eine regelmäßige Kommunikation von Vertriebserfolgen und kundenspezifischen Erfolgsgeschichten.

Schritt 5: Die »Frontend-Organisation« von morgen

Wettbewerbsfähigkeit kann langfristig nur erhalten werden, wenn der »Status quo« ständig hinterfragt wird. Nur durch permanente Innovationen auf der Produkt- und Lösungsseite, durch einen gesteigerten Kundennutzen infolge neuer Services sowie durch Effizienzsteigerungen in Kombination mit einem durchgängigen Kostenmanagement kann man sich im globalen Wettbewerb behaupten.

Wettbewerbsfähigkeit heißt gleichzeitig die kontinuierliche Weiterentwicklung der »Frontend-Organisation« und der entsprechenden Geschäftsmodelle. Das enge Zusammenspiel zwischen technischen, vertrieblichen und kaufmännischen Disziplinen, ein chancen- und risikobasiertes Financial Engineering sowie datenbasierte Serviceangebote ermöglichen den Transfer vom CAPEX-basierten Transaktionsgeschäft hin zum performance-orientierten, OPEX-basierten Geschäftsmodell. Diese Modelle bieten ein enormes Potenzial, den Kunden langfristig zu binden und die Kundenausschöpfung durch neue, werthaltige Angebote kontinuierlich zu steigern.

Vom Produkt über die Lösung hin zu neuen Geschäftsmodellen, neuen Services. Services sind das zukünftige Geschäft! Die Transformation geht weiter …

Die 3-D-Druckindustrie: Wo geht es hin?

Die prognostizierten Wachstumsraten für die 3-D-Druckindustrie in den letzten Jahren waren exorbitant – CAGR von 30-50 % führten zu einer Art Goldgräberstimmung. »Plug & Print«, die Fertigung zu Hause, große Druckerfarmen verteilt über die Welt nahe am Endkunden, virtuelle Lager – so stellte man sich die Industriewelt in nur wenigen Jahren vor.

Doch wo steht die 3-D-Druckindustrie heute? Sind diese Vorhersagen eingetreten? Nein – noch nicht!

Globale Handelskonflikte, eine schwächer werdende Konjunktur in Europa. COVID-19. Aber auch die unerfüllten Kundenerwartungen in Bezug auf technische Reife und Stabilität der Technologie. All das hat in den Jahren 2018 bis 2020 dazu geführt, dass der 3-D-Druckhype abgekühlt ist. Es herrschte Katerstimmung.

Was fehlt, um die Technologie zu einer Standardtechnologie in der modernen Fertigung zu machen? Stabilere Drucker, die einfach zu bedienen sind, und gleichbleibend gute Bauteilqualität liefern? Signifikant niedrigere Kosten für Technologie, Verbrauchsmaterialien und Betrieb, um Massenanwendungen z. B. in der Automobilindustrie zu erschließen? Eine bessere, flächendeckende Ausbildung von Ingenieuren und Fachpersonal, die die Vorteile des 3-D-Drucks verstehen und nutzen, um bessere Produkte zu entwickeln? Oder ein einschneidendes Ereignis, das der Welt zeigt, welches Potenzial die 3-D-Technologie besitzt?

Die Coronakrise könnte ein solches Ereignis sein. In den zurückliegenden Monaten haben wir alle als Betroffene oder Beobachter erfahren, wie abhängig wir von globalen Lieferketten sind. Wir haben in den letzten Jahrzenten viele Industrien mit ihren Fertigungen und Lieferketten globalisiert und optimiert. Das Ergebnis: wenige zentralisierte Megafabriken, mehrheitlich in China und asiatischen Niedriglohnländern. Dieser Aufsatz ist in der Regel starr und unflexibel und reagiert damit sehr empfindlich auf Veränderungen. Veränderungen wie Handelsembargos, Grenzschließungen oder Veränderungen der Nachfrage.

Fertigungen und damit verbundene Lieferketten müssen jedoch nicht so funktionieren. Additives Manufacturing bietet eine Alternative, Fertigungseinheiten deutlich flexibler und dezentraler aufzubauen und damit eine agile, dezentrale Versorgung über verteilte Produktionseinheiten (»Distributed Manufacturing«) nahe beim Endkunden sicherzustellen.

Dies konnte zu Beginn der COVID-19-Pandemie eindrücklich unter Beweis gestellt werden. Die Design- und Produktionsflexibilität der AM-Technologie wurde dazu genutzt, fehlende Medizinprodukte, die für die Behandlung von COVID-19-Patienten, aber auch den Schutz des medizinischen Personals, dringend benötigt wurden, lokal mithilfe von 3-D-Druckern herzustellen. Distributed Manufacturing – lokalisierte Fertigung dort, wo die Produkte benötigt wurden. Ein gutes Beispiel, das die Vorteile der 3-D-Drucktechnologie aufzeigt: Erste Gebrauchsmuster können mithilfe von Rapid Prototyping in wenigen Stunden hergestellt, anschließend getestet und weiter optimiert werden. Anstatt das produzierte Bauteil um die Welt zu transportieren, wird nur der digitale Datensatz versendet und lokal in Druckfarmen ausgedruckt, dort, wo das Bauteil benötigt wird. Einmal, einhundertmal, eintausendmal.

Der 3-D-Druck wird die klassischen Fertigungstechnologien nicht ersetzen, aber ergänzen. Die Dezentralisierung von zentralisierten, starren Lieferketten ist ein solcher Einsatzbereich. Auf diese Weise werden globale Risiken in der Lieferkette beseitigt, Lagerkosten (z. B. für Ersatzteile) gesenkt, Logistikkosten und Schadstoffausstoß reduziert und die Liefergeschwindigkeit erhöht.

Es gibt genügend Anwendungsfälle, die aufzeigen, dass der Einsatz der 3-D-Drucktechnologie Sinn macht und Zusatznutzen generiert – um das Potenzial flächendeckend zu heben müssen noch einige Barrieren aus dem Weg geräumt werden:

- Steigerung der technischen Reife, um eine wiederholbare Bauteilqualität zu erreichen,
- Reduktion der Produktionskosten durch Steigerung der Maschinenproduktivität, Reduktion der Preise für Verbrauchsmaterialien und verbesserte Integration in die Gesamtfertigung,
- Reduktion der Eintrittsbarrieren durch die Einführung neuer performancebasierter Geschäftsmodelle,
- Bereitstellung vorhandenen Know-hows, um Lernprozesse zu beschleunigen.

Diese Themenfelder sind angegangen und werden in den nächsten Jahren gelöst. Und dann wird sich der 3-D-Druck wie bereits vor einigen Jahren prognostiziert flächendeckend in modernen Fertigungen durchsetzen – das Marktumfeld ist positiv!

Dann gilt: schneller, flexibler, günstiger. Der 3-D-Druck wird die Fertigung von morgen verändern, vor allem in Verbindung mit der fortschreitenden Digitalisierung der Entwicklungs- und Produktionsprozesse.

Was haben wir gelernt?

Eine neue Technologie fasziniert – man gerät in einen Bann und lässt sich schnell begeistern. Entscheidend ist jedoch nicht die Technologie, sondern der Wert, der Kundennutzen, den ich mithilfe der Technologie schaffen kann. Dieser Wert ist die Basis des Geschäftserfolgs – des Erfolgs meines Kunden und damit des Erfolgs meines Unternehmens. Denn nur, wenn mein Kunde erfolgreich ist, werden langfristig auch ich und mein Unternehmen erfolgreich sein.

Wie bei jeder Transformation gilt:
- Zeit und Ressourcen sollten nicht unterschätzt werden. Menschen und die Bereitschaft und Fähigkeit der Menschen, sich selbst herauszufordern, stehen im Mittelpunkt jeder Transformation. Widerstände sind vorprogrammiert.
- Die Auslöser der Veränderung müssen klar kommuniziert werden. Menschen sind eher bereit, sich selbst herauszufordern, wenn sie verstehen, warum sie dies tun müssen.
- Mitarbeiter in die Erstellung der konkreten Maßnahmen einbeziehen und Zurückhaltungen direkt adressieren.
- Fokussieren Sie sich auf die Umsetzung. Kommunizieren Sie den Fortschritt und feiern Sie Erfolge – auch kleine. Das motiviert! Mangelnde Kommunikation wird oft als mangelnde Bedeutung interpretiert.

Wie Fjodor Dostojewski in »Schuld und Sühne« einst schrieb: »Einen neuen Schritt zu machen, ein neues Wort auszusprechen, ist das, was die Menschen am meisten fürchten.« Aber gleichzeitig ist es genau das, was uns fasziniert – Neues auszuprobieren und zu erleben. Zu lernen und uns weiterzuentwickeln.

Hinweise zu den Autoren

DR. ADRIAN KEPPLER

Schaffung von nachhaltig profitablem Wachstum – das ist es, was Adrian Keppler stets antreibt – in den letzten zehn Jahren als Geschäftsführer bei der EOS GmbH, einem weltweit führenden Unternehmen im Bereich industrieller 3-D-Druck. Mit dieser Erfahrung zählt Adrian Keppler global zu den wenigen Experten in der 3-D-Druckindustrie. Seine ganzheitliche Sicht auf die Branche, sein weltweites Netzwerk in der sich schnell verändernden High-Tech-Branche kombiniert mit seiner umfassenden Führungs- und Managementkompetenz sowie seine breite Erfahrung in Themenfeldern wie Strategie, Go-to-Market, Value Selling, Kundenservice sowie Digitalisierung von unterschiedlichen Geschäftsfeldern zeichnen ihn aus.

Kontaktdaten
Dr. Adrian Keppler
Senior Advisor
h&z Unternehmensberatung AG
D-80333 München
Max-Joseph-Straße 6
Tel.: +49 (0) 1733471842
E-Mail: Adrian.Keppler@huz.de

BERTRAND HUMEL VAN DER LEE

Ob bei multinationalen Konzernen oder beim schnell wachsenden Mittelständler, Bertrand Humel van der Lee steht für profitables Wachstum im Hightechsektor. Die erste Phase seiner 20 Jahre Digitalisierungserfahrung war er bei Siemens und Hewlett Packard tätig, wo er zuletzt als CEO strategische Business Units gesamtheitlich führen durfte. Danach konnte er durch seine Jahre als Geschäftsführer verantwortlich für Vertrieb, Services und Marketing bei den Firmen EOS GmbH und SLM Solutions und als Aufsichtsratsmitglied bei der Firma 9T Labs ein tiefes und breites Verständnis der 3-D-Druckindustrie gewinnen.

Kontaktdaten
E-Mail: Bertrand.humel@yahoo.com

Mit Persönlichkeit, Verbindlichkeit und PAPIROLLA

Wege aus der Vergleichbarkeit beim Handel mit »austauschbaren Produkten«

**Marion Müller,
Marketingleiterin
Kurt Müller GmbH**

Durchstarten mit 50 – Wettbewerbsfähigkeit durch Kostenführerschaft

Die Kurt Müller GmbH wurde 1983 vom damals 50-jährigen Kurt Müller in Köln als Großhandel für Hygienebedarf gegründet. Für den vertriebsstarken Praktiker stand in den Anfangsjahren die Neugewinnung von Kunden und die daraus resultierende stetige Umsatzsteigerung im Vordergrund. Schnelles Wachstum war ohnehin Pflicht, um das junge Unternehmen als weiteren Hygieneartikel-Großhandel zu etablieren und sich gleichzeitig im oligopolistischen Beschaffungsmarkt einen direkten Zugang zu den wesentlichen Herstellern von Hygienepapieren zu eröffnen.

In der Startphase bestand das Sortiment aus einfachem Krepp-Handtuchpapier im Preiseinstiegssegment, preisattraktivem Toilettenpapier, dem gebräuchlichsten blauen Müllsack Typ 60 und Kopierpapier – Letzteres als Türöffner, weil daran einfach jedes Unternehmen interessiert war und bei diesem Produkt zumeist keine bestehende Lieferantenbindung vorlag. Es handelte sich also ausschließlich um »austauschbare Produkte«, die einkaufende Unternehmen von zahlreichen Anbietern auf vielen Wegen beschaffen konnten und im Rahmen eines Preisvergleichs dem günstigsten Anbieter den Zuschlag gaben. Gerade aus diesem Grund konnte der vertriebsstarke und hartnäckige Neugründer, der als vorsichtiger Kaufmann mit einer minimalen Kostenstruktur voranging, im Wettbewerberumfeld auch gut »angreifen« und viele Neukunden gewinnen.

Ohne die besondere Gründerleistung mit absoluter Kostendisziplin, Fleiß, Beharrlichkeit und dem Willen zum Vertriebserfolg hätte das Unternehmen keinen Fuß in die Tür bekommen. 1998, mit Eintritt ins klassische Rentenalter, bekam der Gründer die erste Kaufanfrage für das sich mittlerweile schon 15 Jahre erfolgreich am Markt entwickelnde Unternehmen, das zu diesem Zeitpunkt mit zwölf Mitarbeitern 5 Mio. EUR umsetzte.

Professionalisierung und Differenzierung

Nun hielt Kurt Müller die Zeit für gekommen, seinen Sohn, der bislang die unternehmerische Tätigkeit des Vaters nur aus der Ferne verfolgt hatte, auf eine mögliche Nachfolge anzusprechen. Frank Müller, mein Ehemann und das einzige Kind von Kurt Müller, hatte nach einer Banklehre und einem BWL-Studium in Köln zwölf Jahre lang Vertriebs- und Führungserfahrung in der Markenartikelindustrie bei namhaften Konsumgüterherstellern gesammelt. Wir beide waren zu dieser Zeit auf der Suche nach höheren Freiheitsgraden vor dem Hintergrund einer geplanten Familienphase, die wir mit unseren damaligen Managerpositionen nur schwer vereinbaren konnten. Zudem beinhaltete unsere Karriereentwicklung häufige Standortwechsel und eine Wochenendbeziehung. Einen Versuch schien es wert zu sein, und so trat Frank Müller 1999 weniger als Sohn denn als Partner mit selbst verdientem Geld ins Unternehmen ein. Über eine Kapitalerhöhung erwarb er 49 % am Unternehmen mit der Option, die restlichen 51 % nach spätestens drei Jahren übernehmen zu können, wenn er sich bewähren sollte.

Für uns als »zweite Generation« mit theoretischem und praktischem Marketing- und Vertriebshintergrund aus dem Fast-Moving-Consumer-Umfeld mit starken Marken begann eine spannende Zeit: Die Aufgaben waren vielfältig, die Diskussionen zum Teil lautstark. Wir waren entschlossen, aus dem »austauschbaren Großhändler« für Hygienebedarf einen Spezialisten für Waschraumhygiene und Hygienepapierbedarf zu formen, der seine Kunden und deren Einkäufer überzeugt und für eine langfristige Zusammenarbeit begeistert durch:
- seine Einzigartigkeit im Angebot und in der individuellen Beratung,
- sein attraktives Preis-Leistungs-Verhältnis bedingt durch hohe Einkaufsvolumina und eine schlanke Kostenstruktur,
- zeitsparende Bestell- und Beschaffungsprozesse
- und last but not least die Freundlichkeit und Serviceorientierung persönlicher Betreuer und Ansprechpartner.

Frank Müller nahm sich die Bereiche Einkauf und Vertrieb vor und analysierte nach den Erkenntnissen seines Lieblingsratgebers Vilfredo Pareto das Sortiment und die Kundengruppen[1].

---

1   Weiterführende Literatur: Koch, R.: Das 80/20-Prinzip. 4. Aufl., Campus Verlag, 2015.

Das angebotene Sortiment bestand zu diesem Zeitpunkt noch wie in den Gründertagen aus Hygieneprodukten im Preiseinstiegssegment mit geringer Marge und logistisch teuer zu transportierendem Kopierpapier als »Türöffner«. In der Tat war dies in den Anfangsjahren eine erfolgreiche Strategie, um schnelle Umsätze zu generieren und das Unternehmen am Markt zu etablieren. Entstanden war ein weiterer Anbieter austauschbarer Artikel, meist einfache No-Name-Hygienepapiere aus Krepp, die von Einkäufern als C-Artikel »je günstiger, desto besser« beschafft wurden.

Eine professionelle Zielgruppensegmentierung führte nun zum Aufbau einer branchenspezialisierten Vertriebsorganisation. Wir suchten für den Außendienst keine »Auftragsabholer«, sondern Branchenspezialisten, die durch richtiges Fragen und noch besseres Zuhören – wie der Arzt im Anamnesegespräch – erkennen sollten, welche spezifischen Bedürfnisse und Notwendigkeiten beim jeweiligen Kunden in der jeweiligen Branche entscheidend sind, um aus der Vielzahl möglicher Produkte das für den Einkäufer bestmögliche Angebot zu erstellen.

Zum anderen ergab sich aus dieser Segmentierung eine differenzierte Sortimentsplanung und ein nach den jeweiligen Markterfordernissen regelmäßig anzupassendes Sortimentsmanagement. Eine berechenbare und vertrauensvolle Zusammenarbeit mit den wesentlichen Herstellern der Branche war, ist und bleibt dabei ein bedeutsamer Erfolgsfaktor.

Ich selbst nahm mir in der Startphase die Bereiche Unternehmensstrategie, Marketing und Prozesse vor. Beginnen wir mit den Prozessen: Vorgefunden haben wir ein ausgesprochen vertriebsoffensiv geführtes Unternehmen mit fleißigen Mitarbeitern, das aber bezüglich der eingesetzten Hard- und Software sowie der bestehenden Systeme Nachholbedarf hatte. Ein Warenwirtschaftssystem war zwar vorhanden, wurde aber lediglich zum Schreiben von Rechnungen genutzt. Alle Kundendaten und die gesamte Kundenkorrespondenz war in Mappen abgelegt, die sich in einer Hängeregistratur befanden. Der Ausruf »Wo ist die Mappe?« schallte permanent durch die Büroräume und wurde zum geflügelten Wort. Mein erstes Projekt mit dem Codenamen »Weg mit den Mappen!« war gefunden.

Marketing wurde mit Visitenkarten und Prospekten gleichgesetzt. Mein Verständnis von Marketing klang dagegen etwas »abgehoben«. Es war durch Prof. Dr. Hans Raffée geprägt, dem ich noch heute in meiner Eigenschaft als Leiterin der Regionalgruppe Rheinland von AbsolventUM, dem Ehemaligennetzwerk der Universität Mannheim, sehr verbunden bin. Hans Raffée, Gründer dieses ersten Alumninetzwerks an einer deutschen Universität, war zu meinen Studienzeiten Lehrstuhlinhaber für Marketing. Bei ihm habe ich gelernt und verinnerlicht, dass unter erfolgreichem Marketing das »Führen eines Unternehmens von den Märkten her auf diese hin« zu verstehen ist[2]. Darüber hinaus lehrte Hans Raffée seine Studierenden u. a. während gemeinsamer Exkursionen ins Kloster Maria Laach, dass das Führen eines Unternehmens in erster Linie große Verantwortung mit sich bringe und der Verantwortliche gut daran tue, sich auch für andere Dinge zu interessieren und sich über die reine Betriebswirtschaftslehre hinaus zu informieren, kurz gesagt: stets ein wenig »über den Tellerrand hinauszuschauen«.

Die Grundlage des Führens von den Märkten her auf diese hin beinhaltet zunächst eine klare Analyse des Marktumfelds:

Die Herstellung von Hygienepapieren ist ausgesprochen kapitalintensiv und findet – bedingt durch die vergleichsweise hohen Logistikkosten bezogen auf den Wert der sehr voluminösen Produkte – nahe an den Verbrauchermärkten statt. Ein »Made in Germany« bzw. »Made in Europe« statt eines »Made in China« garantiert dadurch auch eine hohe Liefersicherheit, die gerade während der Coronapandemie besonders bedeutsam war und ist. Darüber hinaus bilden die Anbieter ein klassisches Oligopol.

Gerade in den letzten zehn Jahren fanden weitere Konsolidierungen und Übernahmen kleinerer Produzenten durch die Marktführer statt. Diese Struktur erfordert auf Händlerseite neben einem vertriebsorientierten Customer-Relationship-Management auch ein professionelles Supplier-Relationship-Management.

Wir stellten uns zunächst die Fragen:
- Welche Hersteller haben welche Spezialkompetenz? Und aus der »Welt der Marken« kommend: Welche starken Marken sind im professionellen Away-from-Home-Markt verfügbar und welchen besonderen Nutzen bieten sie unseren Endkunden?
- Mit welcher Sortimentszusammenstellung können wir uns als spezialisierter Großhändler besonders gut aufstellen?

Und von der Kundenseite her betrachtet:
- Welche Branchen und welche Kundengruppen fragen welche besonderen Hygieneprodukte nach?
- Was ist ihnen dabei wichtig?
- Nach welchen Kriterien werden Einkaufsentscheidungen getroffen?
- Wie lassen sich diese Kundengruppen sinnvoll segmentieren?
- Wie positionieren wir uns erfolgreich und wie bauen wir uns ein Alleinstellungsmerkmal auf, um unsere Kunden langfristig zu begeistern und uns von unseren Mitbewerbern erkennbar abzugrenzen?

---

2   Raffée, H.: Marketing und Umwelt, in: Seidel, E./Strebel H. (Hrsg.): Umwelt und Ökonomie. Gabler Verlag, 1991.

Durch die Beantwortung dieser Fragen entwickelte sich auch aus ursprünglich eher zufällig entstandenen Beziehungen eine zunehmend partnerschaftliche, langfristig angelegte Zusammenarbeit mit einem klaren Fokus auf eine vertrauensvolle Vorteils- beratung. Von Anfang an haben wir dabei auch die »Schwarmintelligenz« unserer Mit- arbeiter und Führungskräfte genutzt, mit denen wir jedes Jahr zwei Tage lang für ein gemeinsames Strategiemeeting in Klausur gehen. Dabei vergegenwärtigen wir uns jedes Jahr aufs Neue, warum wir das tun.

Unter **Strategie** werden in der Betriebswirtschaftslehre die geplanten Verhaltens- weisen eines Unternehmens zur Erreichung seiner Ziele verstanden. Die strategische Planung ist dabei kein einmaliger Akt, sondern ein vielstufiger, immer wieder zu leis- tender Prozess. Die allgemeine Handlungsorientierung soll dabei aus unseren grund- sätzlichen Unternehmenszielen und dem strategischen Programm hervorgehen. Das strategische Programm legt fest, auf welchen Märkten und mit welchen Produkten wir aktiv sind und wie der Wettbewerb bestritten werden soll[3].

Mit einer klaren Vision, einem klarem Unternehmensleitbild, Fokus und Konzentration wollen wir einen Wettbewerbsvorteil entwickeln, der auf klaren Unterscheidungs- merkmalen beruht:

Wir sind die Spezialisten für Waschraumhygiene, die ihren Kunden die richtigen Fra- gen stellen und gut zuhören können, um die jeweils besten – auf langfristige und nach- haltige Zusammenarbeit angelegten – System- und Produktlösungen anzubieten!

Wir nehmen uns dann jeweils zwei Tage lang Zeit und konzentrieren uns auf unsere
• Ziele,
• Erfolgsfaktoren und
• Maßnahmen auf unserem Weg zum Marktführer von Waschraumhygiene mit dem Schwerpunkt Handabtrocknung (Auszug aus der Einleitung zu den Einladungen zum Strategiemeeting).

Starke Produktmarken und der Aufbau einer Unternehmensmarke

Auf der Produktebene haben wir Zug um Zug starke Marken in den Vordergrund ge- stellt. Marken stehen für gleichbleibende, sichere Qualität, eindeutige Identifizierbar- keit, Vertrauen und einen hohen Bekanntheitsgrad.

---

3   Der Klassiker zu diesem Themenbereich: Porter, M. E.: Wettbewerbsstrategie: Methoden zur Analyse von Branchen und Konkurrenten. 12. Aufl., Gabler Verlag, 2013.

Auch wenn wir heute für die wesentlichen Marken im Segment der professionellen Waschraumhygiene jeweils einer der größten Absatzmittler in Deutschland sind, ist es in unserer wettbewerbsintensiven Branche unverzichtbar, eine starke Unternehmensmarke aufzubauen, um aus der Vergleichbarkeit herauszukommen. Diese Unternehmensmarke muss von einer gelebten kundenorientierten Unternehmenskultur flankiert werden, die darauf abzielt, dass einem professionellen Einkäufer, wenn er einen Lieferanten für Hygienebedarf sucht, als Erstes eines in den Sinn kommt: die Kurt Müller GmbH mit den freundlich-kompetenten Mitarbeitern, der Fachgroßhändler, der individuell berät und dem man vertraut. Diese »weichen Eigenschaften« haben wir dadurch ergänzt, dass wir in Systeme und Prozesse zur Vereinfachung der digitalen Bestell- und Austauschprozesse mit bestehenden Kunden und zur Steigerung der Sichtbarkeit unserer Domain sowie der Auffindbarkeit unseres Angebots im Internet investiert haben. So begannen wir 2003 für einen Pilotkunden, individuelle Bestellshops für dessen Filialen in ganz Deutschland einzurichten. Insbesondere Unternehmen mit zahlreichen Niederlassungen, die bis dato alle ihre Waschraumhygiene eigenständig vor Ort beschafft haben, haben festgestellt, dass die auf diesem Weg eingesparten Prozesskosten die Kosten für die zu beschaffenden Hygieneprodukte nahezu decken.

2016 überarbeiteten wir die Unternehmenswebsite komplett und integrierten einen zentralen »Hub« für alle denkbaren E-Business-Austauschprozesse mit unseren Kunden. Der Einkaufsprozess sollte und soll auch künftig so einfach, effizient und zufriedenstellend wie möglich sein. Der Anteil elektronischer Bestellungen stieg im Zuge dessen um weitere 25 % an und die Anzahl kundenindividueller Shops stieg von 47 im Juni 2016 auf 440 im Oktober 2017 und lag Ende 2020 bei ca. 850.

Im zweiten Halbjahr 2017 setzten wir als erstes B2B-Unternehmen den damals neu verfügbaren GS1-Standard SmartSearch für eine optimierte Auffindbarkeit gesuchter Produkte im Internet ein. Das Ergebnis brachte einen deutlichen Qualitätssprung in unserem Website-Traffic, ein Nummer-eins-Ranking in der organischen Suche nach »Großhandel für Hygienebedarf«, ein Ranking unter den ersten drei in der organischen Suche nach »Großhandel für Hygienepapier« und eine im Branchenvergleich mit Herstellern und Wettbewerbern deutlich höhere Sichtbarkeit der Website insgesamt.

Wir sehen unseren USP (Unique Selling Point) in der gelungenen Verbindung von Professionalität in Systemen und Prozessen mit der Persönlichkeit im Kundenkontakt und der Verlässlichkeit eines nachhaltigen Familienunternehmens. Diesen USP wollten wir um einen ESP (Emotional Selling Proposition) erweitern. Um diesem emotionalen Aspekt ein Gesicht zu geben, haben wir ergänzend zu den von unseren Kunden so geschätzten persönlichen, freundlichen Ansprechpartnern eine virtuelle Sympathieträgerfigur namens PAPIROLLA geschaffen, die in der digitalen Welt, auf unserer Website, in den Kundenshops, auf unseren Lkws, Werbeschildern und in der weiteren

Außendarstellung und Kommunikation unsere Unternehmenskultur positiv verkörpert. Papirolla erzählt Geschichten, schafft Vertrauen und unterstreicht und verstärkt auf diesem Weg die Einzigartigkeit und Unterscheidbarkeit unseres Unternehmens im Mitbewerberumfeld sowohl bei unseren Kunden als auch bei unseren Lieferanten.

Auf unserem Strategiemeeting 2016 mit allen unseren Führungskräften war die Markenbildung und Sympathieoffensive mit PAPIROLLA ein erklärtes Ziel.

PAPIROLLA steht für: **P**ersönlich – **A**ttraktiv – **P**reisleistungsstark – **I**nnovativ – **R**heinland (integrativ und tolerant) – **O**ffen – **L**ösungsorientiert – **L**angfristig – **A**ufbauend.

Am eindrucksvollsten belegen Beispiele von Kundenrückmeldungen, wie sympathisch **PAPIROLLA** wirkt, positive Emotionen weckt und damit im von uns angestrebten Sinne zur Kundenbindung beiträgt:

1. Auszug aus einer E-Mail: »Ich finde übrigens Ihre ›Emoticons‹ mit der Toilettenpapierrolle sehr nett. Damit kommt einem ganz automatisch ein Lächeln auf die Lippen … Viele herzliche Grüße ins Rheinland«
2. Ein Kunde gab sich besondere Mühe mit einer Terminbestätigung, die eine unserer Key Account Managerinnen auf ihr Angebot mit Terminvorschlag zum persönlichen Kennenlernen erhielt. Er schickte als Antwort eine selbstgebastelte kleine Videosequenz mit unserer **PAPIROLLA** als Protagonistin.

Seit dem 08.02.2019 (und zunächst bis zum ersten coronabedingten Lockdown im März 2020) präsentiert **PAPIROLLA**, die immer am Ball ist, wenn es um Hygiene geht, die Eckbälle im meist ausverkauften Kölner RheinEnergieSTADION (50.000 Zuschauer) bei den Heimspielen des 1. FC Köln. Auf diese Weise erreichen wir viele Entscheider im Businessbereich, aktive und potenzielle Mitarbeiter im gesamten Stadion und steigern unseren Bekanntheitsgrad am Heimatstandort insgesamt.

Darüber hinaus flankieren wir damit unsere Sichtbarkeit in allen Waschräumen des RheinEnergieSTADION, die wir mit Hygienepapiersystemen des europäischen Marktführers TORK ausgestattet haben und die ein **PAPIROLLA**-Aufkleber ziert.

Abb. 1: PAPIROLLA im Stadion des 1. FC Köln

Gerade in den Zeiten der Coronapandemie ist uns besonders bewusst geworden, dass dank gelungener Digitalisierung viele Geschäftsprozesse recht gut weiterlaufen können. Wir Menschen sind und bleiben aber in erster Linie soziale Wesen, die neben allen technischen Möglichkeiten und effizienten Ergebnissen Emotionen und das soziale Miteinander brauchen – auch wenn es vorübergehend »nur« Videocalls und »Teams«-Zusammenkünfte sind. Aus genau diesen Gründen wurden und werden freundliches, verbindliches und verlässliches Auftreten und Handeln der persönlichen Ansprechpartner in unseren Vertriebsteams sehr geschätzt. Papirolla wird flankierend eingesetzt und unterstützt überall dort, wo der persönliche Kontakt nicht möglich ist.

Darüber hinaus stellen wir seit 2010 zunehmend bewusst und planvoll den Aspekt »Nachhaltigkeit« in unseren Unternehmensfokus. Der sparsame Umgang mit Ressourcen jeglicher Art lag zwar schon immer in den Unternehmensgenen, 2010 begannen wir dann aber systematischer, sinnvolle ökologische Maßnahmen umzusetzen.

2011 nahmen wir unsere erste Photovoltaikanlage in Betrieb, um Strom – primär für den Eigenverbrauch – auf unseren Hallendächern zu produzieren. 2019 wurde die Anlage erweitert und durch einen Speicher ergänzt. An sonnigen Tagen erreichen wir mittlerweile eine Autarkiequote von nahezu 100 %.

2019 erfassten wir erstmalig alle Aktivitäten, die zu unserem CO_2-Fußabdruck beitragen, und kompensieren seither in Kooperation mit ClimatePartner all die Emissionen, auf die wir derzeit noch nicht verzichten können – hier ist v. a. unsere Lkw-Flotte zu nennen, für die es noch keine gesamtökologisch sinnvollen und gleichzeitig wirtschaftlichen Alternativen zum Dieselantrieb gibt. Zumindest sind mittlerweile alle Lkws mit der Bluetec-Technologie ausgestattet. Bei Bluetec verbinden sich ökologische Anforderungen mit ökonomischen Aspekten. Gegenüber der davor gültigen Euro-3-Norm sind mindestens 80 % weniger Partikel und bis zu 60 % weniger Stickoxide im Abgas. Gleichzeitig verbrauchen BlueTec-Fahrzeuge zwischen 2 und 5 % weniger Dieselkraftstoff.

Durch die Kompensationsleistungen über ClimatePartner, im Rahmen derer wir ein Waldschutzprojekt unterstützen, dürfen wir uns seit 2019 klimaneutrales Unternehmen nennen.

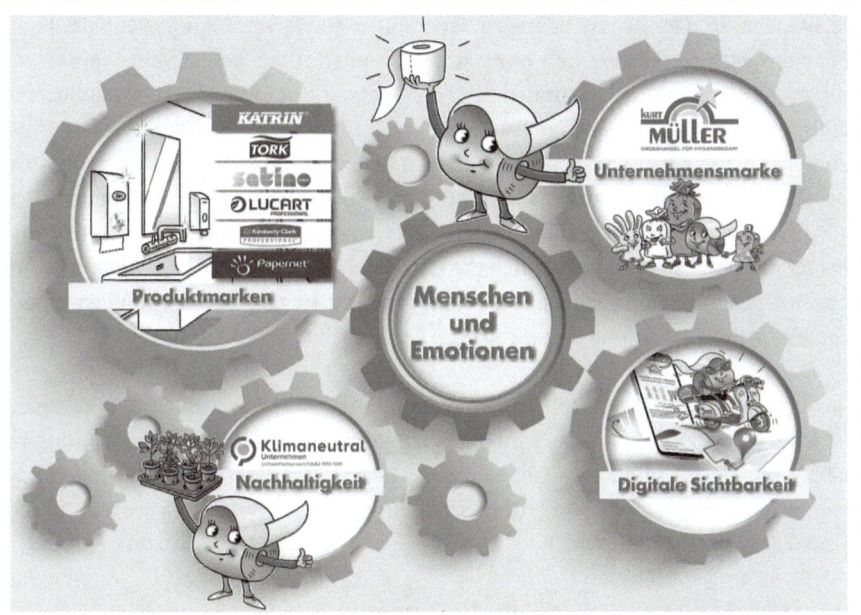

Abb. 2: Das Zusammenspiel der uns wichtigen Differenzierungsmerkmale; Quelle: eigene Darstellung im Rahmen des Strategiemeetings der Kurt Müller GmbH im November 2019

Der Weg ist das Ziel

Meilensteine des Vertrauen schaffenden Aufbaus unserer Unternehmensmarke mit klarer Unterscheidbarkeit und klarem Alleinstellungsmerkmal im Mitbewerberumfeld waren:

- 2013 die Auszeichnung als National Winner in der Kategorie Nachhaltigkeit der European Business Awards,
- Idee und Markenanmeldung unserer Sympathieträgerfigur PAPIROLLA 2015,
- die Auszeichnung zum ReLoader 2017 im Rahmen des ReLoad 2030 Projekts der Wirtschaftsförderung Rhein-Erft,
- die Best-Practice-Kampagne im Bereich Employer Branding mit dem Institut der Deutschen Wirtschaft 2017,
- die zweite Auszeichnung im Rahmen der European Business Awards in der Kategorie Markt- und Kundenengagement 2018,
- die Nominierung zum German Brand Award 2019,
- die dritte Auszeichnung der European Business Awards 2019 in der Kategorie Arbeitsplatz und Personalentwicklung,
- der Start in die Klimaneutralität in Zusammenarbeit mit ClimatePartner 2019,
- das erste CSR-Rating durch EcoVadis 2020 sowie
- der Beitritt zum UN Global Compact ebenfalls 2020.

Die Branche, in der wir uns bewegen, ist traditionell wenig markenorientiert. Hygienepapiere wurden und werden oftmals noch immer ausschließlich als C-Artikel-Verbrauchsgüter angesehen, die primär über den Preis eingekauft werden. Dabei wird aber häufig unterschätzt, in welchem Ausmaß Waschräume die Visitenkarte eines Unternehmens, eines Krankenhauses oder eines Restaurants darstellen. Mitarbeiter- und Besucherwohlbefinden werden von der Qualität der Waschraumausstattung stark beeinflusst. Die Sensibilität hierfür zu schärfen, ist unser Ziel. In dem Maße, in dem viele unserer Kunden seit März 2020 durch die Coronapandemie spürbar eingeschränkt und betroffen sind, wird deutlich, dass die Pandemie das Hygieneverhalten in allen Bereichen, Branchen und Segmenten *away from home* nachhaltig beeinflussen wird.

Bislang waren die Fragen nach den Motiven in Bezug auf Gesundheit, Wohlbefinden und Mitarbeiterzufriedenheit sowie in Bezug auf den Schutz vor der Verbreitung von Keimen und Viren lediglich Teilaspekte einer Befragung, die unser Vertriebsteam vor jeder Angebotserstellung durchführt. Im Rahmen dieser Befragung werden die folgenden Fragen gestellt:

Was ist für Sie wichtig und wesentlich beim Bezug Ihrer Hygieneprodukte?
- Einsparungen?
- Zeitgewinn?
- Sorgenfreiheit und Bequemlichkeit?
- Sicherheit und Schutz vor Vandalismus?
- Gesundheit, Wohlbefinden und Mitarbeiterzufriedenheit?
- Schutz vor der Verbreitung von Keimen und Viren?
- Design und Ästhetik?
- Prestige und besondere Außenwirkung?
- Innovation und überragende Technik?
- Gibt es bauliche Besonderheiten, z. B. zu Verstopfungen neigende Rohre?

Erst nachdem diese Fragen geklärt sind, können wir die für den jeweiligen Einsatzort optimale Hygieneausstattung anbieten. Unsere Kunden sollen nicht nur auf Dauer wirtschaftlich einkaufen, sondern dabei auch die Bedürfnisse ihrer Mitarbeiter, Kunden und Besucher bestmöglich zufriedenstellen. Ansteckungen und die Verbreitung von Keimen gilt es zu vermeiden. Waschräume sollen sich in gern besuchte »Wohlfühloasen« verwandeln.

Ausgehend von den Antworten unserer Kunden auf die zuvor genannten Fragen optimieren wir regelmäßig, in enger Zusammenarbeit mit unseren strategischen und wesentlichen Lieferanten, unser Sortiment, damit wir aus der Vielzahl der am Markt verfügbaren Produkte stets die für die jeweiligen Branchen und Einsatzzwecke am besten geeigneten Systeme anbieten können. Dabei beschränken wir uns – Pareto sei Dank – auf eine angemessene Auswahl und halten kein »Bauchladenangebot« bereit.

Die professionellen Einkäufer, mit denen wir es zu tun haben, wollen bewährte Produkte und Lösungen zu günstigen Konditionen einkaufen. Sie wollen sich im Beschaffungsprozess nicht in einem Gewirr von Möglichkeiten »verlieren«. Sie wollen auf einen persönlichen Ansprechpartner zurückgreifen, der ihre Branche und ihre Erfordernisse gut kennt und dem sie hinsichtlich der wirtschaftlichen Beratung vertrauen können. Diese Beratungsleistung wurde und wird von bestehenden Kunden wie auch von Neukunden außerordentlich geschätzt. Dieses Empfinden hat sich durch die Coronapandemie noch spürbar verstärkt.

Regelmäßiges Überprüfen der wesentlichen Leistungskriterien in der Wahrnehmung unserer Kunden verhindert den »Rotkäppchen-Effekt«

Um unser Sortiment, unsere Prozesse und unsere Beratungskompetenz systematisch zu überprüfen, fragen wir unsere Kunden regelmäßig, wie sie mit unserem Angebot und unserem Serviceverhalten zufrieden sind, was sie an der Zusammenarbeit mit uns besonders schätzen und was wir besser machen können. Dabei zeigt sich tatsächlich Jahr für Jahr ein ähnliches Bild, das bestätigt, dass wir mit der Positionierung unseres Unternehmens und unserer zielgruppenbezogenen Kommunikation und Werbung richtig liegen. Wir loben aus, dass unsere Kunden von qualifizierter, individueller Beratung durch persönliche Ansprechpartner profitieren, festangestellte Fahrer in eigenen Lkws die Waren im Rhein-Ruhr-Gebiet ausliefern und individuelle E-Business-Lösungen für eine schnelle Bestell- und Auftragsabwicklung sorgen.

Besonders wichtig ist uns, dass die Menschen, die bei uns arbeiten, sei es im Lager, im Büro oder im Lkw, durch spürbare Freundlichkeit, Kompetenz und Hilfsbereitschaft auffallen. Genau diese oder ähnliche Beschreibungen wurden uns im Rahmen unserer Kundenzufriedenheitsumfragen sowie im Rahmen der Teilnahme an einer Studie der Universität Mannheim zum Thema Cross-Selling, bei der die befragten Unternehmen zusätzliche Kommentare abgeben konnten, zurückgespielt.

Als Antworten auf die Frage »Was können wir besser machen?« erhielten wir wertvolle Hinweise wie z.B. »mehr Informationen und Newsletter versenden« oder die »telefonische Erreichbarkeit verbessern«, die wir zügig nach der Auswertung der Ergebnisse umgesetzt haben. So erreichen wir mittlerweile mit unseren themen- und branchenbezogenen Newslettern, die wir in der Regel in einem zweiwöchentlichen Abstand versenden, Öffnungsraten von bis zu 50% mit vergleichsweise hohen Klickraten auf verlinkte Informationen und Websiteinhalte. Dem Wunsch nach besserer telefonischer Erreichbarkeit sind wir dadurch nachgegangen, dass wir unsere virtuelle Mitarbeiterin Papirolla eingebunden und ihr eine Stimme gegeben haben. Seit dem Sommer 2018 begrüßt sie unsere Anrufer außerhalb unserer Geschäftszeiten und verkürzt unseren

Kunden – wenn während der Geschäftszeiten alle Leitungen belegt sind – die Wartezeit. Auch dafür haben wir positive Rückmeldungen von unseren Kunden erhalten und konnten den Anteil »verlorener« Anrufe auf ein Minimum reduzieren. Insgesamt erfreuen wir uns regelmäßig an Bewertungen in der Schulnotenskala zwischen sehr gut und gut. Darüber hinaus erreicht uns auch immer wieder spontanes Kundenfeedback der folgenden Art, über das wir uns immer sehr freuen:

Gesendet: Freitag, 8. Mai 2020 10:28

An: Kurt Müller GmbH, Betreff: Anlieferungsfahrer Lkw

»Sehr geehrtes Müller Team,

als langjähriger Kunde wollte ich auch mal ein Lob geben. Jeder telefonische Kontakt, bei Bestellung oder Nachfragen, ist immer wieder nur freundlich und nett. Dafür möchten wir uns bedanken. Auch der Fahrer M. B. ist einfach immer nur nett, freundlich und schnell.«

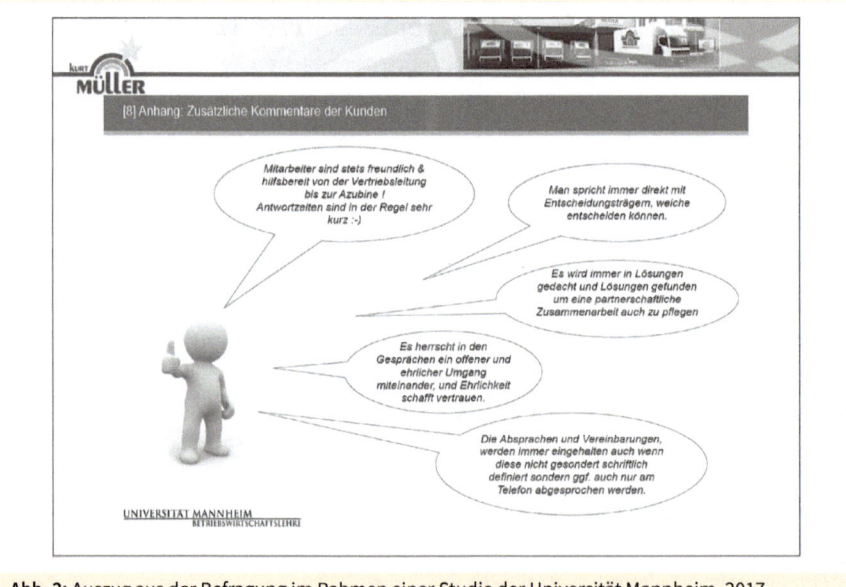

Abb. 3: Auszug aus der Befragung im Rahmen einer Studie der Universität Mannheim, 2017

Wesentliche Erkenntnisse und Learnings

Lessons Learned in der Gründungsphase:
- Achte auf deine Kostenstruktur.
- Achte auf deine Mitarbeiter.
- Baue gute Beziehungen zu deinen Lieferanten auf.

Lessons Learned in der Analyse- und Umsetzungsphase:
- Entwickle eine Strategie für dein Unternehmen: Mit welchen Produkten und Serviceleistungen willst du welche Zielgruppe bedienen?
- Stichwörter: Sortimentsmanagement und Zielgruppensegmentierung.
- Überprüfe deine Strategie regelmäßig.
- Bleibe technologisch stets am Ball und investiere in prozessvereinfachende und prozessverbessernde Systeme.
- Agiere ökologisch, ökonomisch und sozial nachhaltig – nicht, weil es trendy ist, sondern aus innerer Überzeugung.

Lessons Learned in der Ergebnis- und Zukunftsphase:
- Sei und bleibe nah an deinen Kunden, pflege den persönlichen Kontakt, frage deine Kunden, was ihnen wichtig ist, und höre ihnen gut zu.
- Keine digitale Bindung ohne persönliche Betreuung – werde digital, aber bleibe dabei stets persönlich und empathisch und lasse Emotionen zu.
- Wir Menschen sind primär soziale Wesen – dies gilt auch für geschäftliche Kontakte. Je mehr KI, Digitalisierung, Automatisierung und »Amazonisierung« uns umgeben, desto wichtiger wird auf der anderen Seite der Faktor Mensch im persönlichen Gespräch. In unserer digitalen Welt 24/7 sorgt Papirolla für ein Lächeln auf den Lippen.

Auf unserem Weg raus aus der Vergleichbarkeit haben wir uns zu einem der marktführenden Fachgroßhändler für Hygienebedarf mit einem Umsatz von 58 Mio. EUR im Jahr 2020 entwickelt, der die Branchen Gesundheitswesen, Industrie, Dienstleistungsunternehmen, Gebäudereiniger, HoReCA, öffentliche Unternehmen, spezialisierte Wiederverkäufer und alle anderen Orte, wo viele Menschen außer Haus arbeiten und zusammenkommen, betreut und beliefert.

Die Einzigartigkeit, mit der wir dabei punkten und die – wie das Feedback, das wir bekommen, belegt – von unseren Kunden mehrheitlich auch so wahrgenommen wird, lautet: der PROFESSIONELLE, PERSÖNLICHE, PREISLEISTUNGSSTARKE und nachhaltige Hygienepapier-Großhandel, bei dem die **Beschaffung einfach, unkompliziert und zuverlässig** funktioniert und die **Kommunikation Freude** bereitet.

Diese Kombination von USP (Unique Selling Propositon) und ESP (Emotional Selling Proposition) wird durch die im Unternehmen tätigen Menschen mit ihrer Persönlichkeit und Empathie genährt und in der digitalen Welt durch unsere Sympathieträgerin PAPIROLLA – die sympathische Papierrolle – repräsentiert.

Mit PAPIROLLA ist es uns gelungen, eine sympathische Hygienepapier-Darstellerin zu schaffen, die in allen Lebenslagen für positive Emotionen sorgt und seit 2019 auf einer eigenen Website www.papirolla.de über Daten und Fakten aus der Welt der Hygiene informiert.

Ich hoffe, Sie können die eine oder andere Erkenntnis auf Ihr Unternehmen übertragen und wünsche Ihnen viel Erfolg auf Ihrem individuellen Weg aus der Vergleichbarkeit in die Einzigartigkeit.

Abb. 4: Kurt Müller – Großhandel für Hygienebedarf

Hinweise zur Autorin

MARION MÜLLER

Marion Müller ist Marketingleiterin der Kurt Müller GmbH.

Nach dem Studium war sie zwölf Jahre lang in Marketing- und Vertriebsfunktionen in der Konzernwelt bei Jacobs-Suchard (heute Mondelez), Unilever und der Bosch-Siemens Hausgeräte (BSH) GmbH tätig, bevor sie nach der gelungenen Überführung eines BSH-Geschäftsbereichs zu einem Mittelständler in die Selbstständigkeit ging und seither im Familienunternehmen ihren Mann dabei unterstützt, das Unternehmen erfolgreich und nachhaltig von den Märkten her auf diese hinzuführen!

Inbound Sales & Marketing

Firmen zu smartem Wachstum verhelfen als Mission

Jens Kramer
Geschäftsführer
chocoBRAIN GmbH & Co. KG

Stellen Sie sich vor, Sie könnten Ihre Firma mit einem Fingerschnipp komplett neu aufstellen. Wie würde diese Firma aussehen? Welches Produkt würden Sie an welche Zielgruppe verkaufen? Wie wäre Ihr Vertrieb aufgestellt? Wie würden Sie Ihr Marketing durchführen?

Als wir die Firma chocoBRAIN 2009 gründeten, musste ich mir als Gründer zwangsläufig diese Fragen stellen. Vielleicht denken Sie nun »als Start-up ist dies selbstverständlich, aber ich arbeite in einem etablierten Unternehmen, in dem diese Fragen bereits geklärt sind.« Meiner Erfahrung nach ist dies eine Denkfalle. In diese Falle tappen momentan einige Unternehmen und im Vertrieb werden Sie die direkten Anzeichen voraussichtlich als Erstes z. B. in Form von rückläufigen Aufträgen bemerken. Der Grund für diese **schleichende oder gar abrupte Fehlausrichtung** ist Disruption am Markt, die u. a. durch neue Technologien oder ein verändertes Käuferverhalten ausgelöst wird.

Unternehmen und Vertrieb fortwährend ausrichten

Uns ist es bereits kurz nach der Gründung so ergangen. Heute ist nicht mehr erkennbar, dass wir chocoBRAIN von einer ursprünglich verbraucherorientierten Firma (B2C) in eine B2B-Firma transformiert haben. Wir hatten ursprünglich ein spezielles Content-Format entwickelt, bei dem man Video, Bild und Text smart miteinander kombinieren und dadurch Informationen verständlicher darstellen konnte. Das Business-Modell beruhte darauf, durch benutzergenerierte Inhalte Werbeeinnahmen zu erzielen und die Content-Ersteller an den Werbeeinnahmen zu beteiligen, vergleichbar mit dem Modell, das man bei YouTube finden kann. Das Problem war jedoch, dass die Werbeeinnahmen pro Werbeeinblendung immer weniger wurden. Der Markt veränderte sich, wodurch unser Business-Modell nicht mehr tragfähig wurde. Glücklicherweise erkannten wir den Trend zur Online-Leadgenerierung und zum Inbound-Marketing und **richteten unser junges Start-up komplett neu aus**. Dies war ein radikaler und anstrengender Schritt, aber auch ein notwendiger, um unser Überleben zu sichern. Bei größeren Firmen ist dies wesentlich schwieriger. Geschäftsführer scheuen sich oftmals davor, diese überlebenswichtigen Veränderungen herbeizuführen; oder sie erkennen nicht einmal die Notwendigkeit. Ein prominentes Beispiel hierfür ist Nokia. Das Unternehmen hat die Entwicklung des Smartphones nicht rechtzeitig erkannt und war als Marktführer innerhalb kürzester Zeit in der Bedeutungslosigkeit versunken. Der Leidensdruck ist in großen Firmen anfangs weniger direkt spürbar als in einem Start-up. Doch wie können Sie dieser Herausforderung frühzeitig begegnen?

Sensibilisierung für Veränderungen

Aus meiner heutigen Sicht eines etablierten Unternehmens sollte die Geschäftsführung und der Vertrieb ein sehr feines Gespür für sich verändernde Marktsituationen entwickeln, um diese frühzeitig auf dem persönlichen Radar zu haben. Bei choco-BRAIN hatten wir damals die Beobachtung gemacht, dass Kaufentscheidungen immer häufiger im Internet gefällt werden. Das war unser Wegweiser für die Neuausrichtung. Glücklicherweise landeten unsere Inhalte mit der chocoBRAIN-Technologie weit oben in der Google-Suche und wir hatten viel Wissen im Bereich Suchmaschinenoptimierung aufgebaut. So entwickelten wir die chocoBRAIN-Plattform zu einer All-in-One Inbound Marketing-Software für Unternehmen. Welche Trends vollziehen sich momentan in Ihrer Branche oder sind am Horizont absehbar? Welche Stärken besitzen Ihre Leistungen und Ihre Produkte, die vielleicht noch ganz andere Kundenprobleme lösen? Die Zeit für derartige Analysen ist gut investiert.

Bevor es zur eigentlichen Unternehmenstransformation kam, überarbeiteten wir unseren gesamten Businessplan und ließen unsere gewonnenen Marketing-Erfahrungen in die neue Software einfließen. In dieser Transformation kommen meist Fragen nach dem Kern oder den Werten des eigenen Unternehmens auf. Auch das Selbstverständnis der Firma ist hierbei ggf. neu zu überdenken. Versteht sich beispielsweise ein Automobilhersteller noch weiterhin als ein solcher oder ändert sich dieses Selbstverständnis hin zum Mobilitätsanbieter?

Bei chocoBRAIN war es unter anderem unser Firmenname, der uns beschäftigte. Ist dieser für ein B2B-Unternehmen überhaupt noch passend? Sie können sich sicherlich vorstellen, dass es bereits einige schlaflose Nächte gab, um eine B2C-Firma »choco-BRAIN« zu nennen. Aber jetzt eine Firma für Geschäftskunden so zu nennen – ist das wirklich klug …?

Zwei Punkte gaben schließlich den Ausschlag. Erstens: Der Name polarisiert und zaubert vielen Menschen ein Lächeln ins Gesicht. Gerade im Marketing und im Vertrieb ist es sehr hilfreich, ein positives Gefühl zu erzeugen – und unser Firmenname unterstützt dies erheblich: Ich habe bereits mit wildfremden Menschen in der ersten Minute am Telefon herzlich über unseren Firmennamen gelacht. Wenn ich Menschen nach einem Event ein zweites Mal wiedergesehen habe, wussten sie manchmal nicht mehr meinen Namen, aber »Mr. chocoBRAIN« blieb in Erinnerung. Sehen Sie das einmal aus einem Marketing- und Vertriebsblickwinkel. Es spart enorm viel Zeit und Geld. Versuchen Sie derartige Auswirkungen bei Ihren Fragestellungen für die Zukunft durchzudenken. Sie werden dadurch klügere Entscheidungen treffen.

Der zweite, ausschlaggebende Punkt war ein Gespräch mit einem Investor. Er konfrontierte mich auf einem Event damit, dass er unsere Geschäftsidee zwar sehr gut finde, aber unser Firmenname »völlig unpassend« wäre. Mir wurde schlagartig heiß und aus der spontanen Not heraus habe ich ihm entgegnet: »Mit chocoBRAIN bauen unsere Kunden ein Marketing auf, das so anziehend ist wie Schokolade und so smart wie ein Brain – deshalb chocoBRAIN.« Wir schauten uns beide mit großen Augen an und der verdutzte Investor revidierte nach einer unnatürlich langen Pause seine Meinung. Unser Firmenname stand nun endgültig fest. Dieser aus der Verlegenheit geborene Satz zum smarten Marketingaufbau wies zugleich in die Richtung unserer neuen **Firmen-Mission: Verhelfe Firmen zu smartem Wachstum**. Was Sie daraus für sich mitnehmen können ist, dass Sie in Gesprächen bewusst auf Formulierungen achten. Welche Formulierungen entwickeln sich in Gesprächen auf natürlich Weise? Welche Formulierungen verwenden Ihre Gesprächspartner? Welche Bilder und Fragen haben Menschen im Kopf, nachdem diese bspw. Ihre Website angeschaut haben? Die Antworten werden Ihnen im Vertrieb weiterhelfen.

Abb. 1: Die Überarbeitung des Firmenlogos im Zuge der Unternehmenstransformation

Gewonnene Erkenntnisse

Es ist keine einfache Aufgabe, eine aufkommende Fehlausrichtung eines Unternehmens zu erkennen und zu vermeiden. Nach meinen Erfahrungen und auf wenige Punkte heruntergebrochen würde ich jedem die folgenden Leitsätze mit auf den Weg geben:

- **Verstehen Sie Ihren Markt und beobachten Sie diesen fortwährend**
  Achten Sie dabei im Besonderen auf sich verändernde Rahmenbedingungen, ein sich veränderndes Käuferverhalten und auf mögliche technologische Innovationssprünge. Hören Sie in Gesprächen genau zu und achten Sie auf die Wortwahl Ihrer Gesprächspartner und auf Ihre spontan verwendeten Formulierungen.
- **Sensibilisieren Sie Ihre Kollegen für aufkommende Trends**
  Goethe hat es treffend auf den Punkt gebracht: »Man sieht nur, was man weiß.« Bringen Sie Ihren Kollegen das nötige Hintergrundwissen bei, um Veränderungen frühzeitig erkennen zu können.
- **Richten Sie Unternehmensprozesse auf Flexibilität und Schnelligkeit aus**
  Je flexibler und schneller Veränderungen durchgeführt werden können, desto wettbewerbsfähiger ist ein Unternehmen. Achten Sie im Besonderen auf Unternehmenskultur, Datenstrukturen sowie Prozesskonfigurierbarkeit und Prozessautomatisierungen.
- **Treffen Sie mutige Entscheidungen und halten Sie durch**

Das echte Kundenproblem

In der Zeit, in der wir chocoBRAIN von einer B2C- in eine B2B-Firma umgewandelt haben, war ich auf einer Veranstaltung für Gründer und Start-ups in Frankfurt. Etablierte Unternehmen können meines Erachtens viel von Start-ups lernen. Auf dem Event war eine hochkarätig und international besetzte Diskussionsrunde u. a. mit einem Vorstandsmitglied der SAP, meinem früheren Arbeitgeber. Mit mehr als 300 Leuten war der Raum voll. Stellen Sie sich nun einmal vor, Sie sind selbst Gründer, kämpfen um das Überleben Ihrer Firma und versuchen, die ersten Umsätze zu generieren. Währenddessen diskutiert eine Gruppe von Managern darüber, dass man als Start-up als Erstes eine gute Geschäftsidee benötigt und dass eine gute Idee erfolgsentscheidend wäre. Die Ausrichtung auf die Idee hatte ich damals schon viele Male auf Veranstaltungen gehört und ich wusste genau, dass diese Fokussierung viele Gründer ins Verderben schickt. Irgendwann konnte ich es nicht mehr mit anhören, hob impulsartig die Hand und bat um das Mikrofon: »Start-ups brauchen keine gute Idee – was Sie brauchen, ist ein PROBLEM!« Ich machte mit Absicht eine Pause und gefühlt 1.000 Leute fingen an zu lachen. »**Ein KUNDENPROBLEM! Und dieses Kundenproblem sollten sie mit einer guten Idee lösen**, denn sonst wird der Kunde nicht bereit sein, dafür zu bezahlen und das Start-up geht schlichtweg Bankrott!« Daraufhin wurde es so ruhig, dass Sie vermutlich ein Blatt Papier hätten fallen hören. Ich war die einzige stehende Person im gesamten Saal und schaute mit rasendem Herz zur Diskussionsgruppe, als der erste Manager laut zu klatschen begann. Daraufhin klatschte der gesamte Saal.

Fokus auf die Lösung des Kundenproblems

Der ein oder andere mag jetzt vielleicht denken, dass dies eine sprachliche Spitzfindigkeit wäre, aber dies ist nicht der Fall. Mit dieser Fehlausrichtung und Denkweise bin ich regelmäßig bei Firmen und Start-ups konfrontiert. Ob Sie sich als Firma auf eine (vermeintlich) gute Idee fokussieren oder auf ein Kundenproblem bzw. Kundenbedürfnis, ist ein erfolgskritischer Unterschied. Was Sie selbst als gute Idee erachten, kann in Wirklichkeit am Markt ein unbrauchbares Produkt sein, das Sie gar nicht oder nur mit viel Anstrengung verkauft bekommen. Es ist erfolgskritisch, die Fokussierung auf das wahre Kundenproblem zu richten. Vor allem Gründer verwenden beispielsweise gerne die Formulierung »das gibt es noch nicht«. Wenn Sie diesen Satz einem Investor sagen, läuten bei diesem bereits die Alarmglocken. Warum? Es gibt durchaus Gründe, warum es etwas noch nicht gibt. Dass Sie der Erste sind, der ein neues Kundenproblem löst, ist recht unwahrscheinlich. Insofern ist die Wahrscheinlichkeit viel höher, dass es für Ihre Produktidee schlichtweg keinen Markt gibt. Wenn Sie hingegen ein Kundenproblem durch Ihre Geschäftsidee schneller, besser oder kostensparender lösen, werden Sie Ihr neues Produkt mit hoher Wahrscheinlichkeit auch einfach verkauft bekommen. Airbnb löst bspw. das banale Kundenproblem, dass Menschen eine Unterkunft benötigen. Dabei ist das Angebot durch private Unterkünfte individueller, gastfreundlicher, spannender oder gar einzigartig besonders.

Doch diese Erkenntnis ist nicht nur für Start-ups entscheidend. Ich bin davon überzeugt, dass sich jede etablierte Firma bis zu einem gewissen Grad in ein Start-up wandeln muss. In keiner Zeit vor uns traten Innovationen derart gehäuft auf. Jedes Unternehmen befindet sich in einem Innovationszwang oder gar Hyperwettbewerb. Je innovationsfähiger, schneller und flexibler Sie als Unternehmen aufgestellt sind, desto wahrscheinlicher ist das Wachstum Ihres Unternehmens. Ein Start-up vereint in der Regel genau diese Eigenschaften. Und je besser Sie Ihre potenziellen Käufer verstehen und diese gezielt und schnell bedienen können, desto einfacher und schneller werden Sie verkaufen. Doch wie können Sie schnell und mit überschaubarem Aufwand herausfinden, ob Sie mit Ihrem Kundenproblem, Ihrer Lösungsidee und Ihrer Kundenansprache richtig liegen?

Onlinemarketing-Tools für schnelle und gezielte Tests

Erstellen Sie dazu eine Landing-Page für Ihre Problemlösung bzw. Ihr Kundenbedürfnis und leiten Sie auf diese Seite Menschen, die nach Ihrer Lösung suchen. Dies können Sie z. B. über Online-Werbung realisieren. Wenn Sie nun Conversions (z. B. Kontaktanfragen) erzielen, ist die Wahrscheinlichkeit hoch, dass Sie mit Ihrer Strategie richtig liegen. Verfeinern Sie Ihre Besucher- und Lead-Generierung durch Analysen und lassen Sie Erkenntnisse aus Ihren Vertriebsgesprächen in die Optimierung Ihrer Landing-Page übergehen. Erstellen Sie idealerweise zwei oder drei Varianten Ihrer Landing-Page und Ihrer Werbeanzeigen. Es könnte sein, dass eine gewisse Kombination funktioniert und eine andere nicht.

Sollten Sie auf Ihrer Landing-Page nur Leads generieren und nicht auf direkte Verkäufe abzielen, dann rufen Sie Ihre Leads an und testen den Verkaufsabschluss, selbst wenn Sie das Produkt oder die Dienstleistung noch nicht präsent haben. Nur so können Sie sicherstellen, dass Ihre potenziellen Käufer tatsächlich bereit sind, etwas für Ihre Problemlösung zu bezahlen.

Gewonnene Erkenntnisse

- **Recherchieren Sie nach passendem Suchvolumen auf Suchmaschinen**
  Wer sucht, hat Bedarf. Wenn Menschen nach Ihrer Problemlösung googeln, bedeutet dies, dass ein Markt für Ihre Geschäftsidee existiert.
- **Setzen Sie eine Landing-Page auf und schalten Sie Werbung darauf**
  Nutzen Sie das Suchvolumen von Suchmaschinen und schalten Sie dafür Werbung auf eine Landing-Page, die Ihre Geschäftsidee kommuniziert. Wenn diese Conversions erzielt, sind Sie auf dem richtigen Weg. Analysieren Sie die einzelnen Schritte genau.
- **Lösen Sie ein wahres Kundenproblem**
  Ihre Problemlösung wird dadurch zu einem wahren Kundenmagneten im Vertrieb. Wenn der Kunde sein Problem gelöst haben will, wird er selbst ein Interesse an einem Abschluss bzw. der Durchführung des Auftrages haben. Sie drehen dadurch Ihre Prozesse von Outbound zu Inbound um.

Die kostensparende Inbound-Methodik

Müssen bei Ihnen im Unternehmen Vertriebsmitarbeiter Leads generieren? Falls ja, warum ist das so? Stellen Sie sich einmal vor, die Vertriebsmitarbeiter würden Leads von ihren Marketingkollegen erhalten. Nun könnten sie sich gezielt auf den Verkaufsprozess und den Abschluss von Aufträgen konzentrieren. Was würde diese Situation für Ihr Unternehmen bedeuten?

Tatsächlich müssen noch viel zu oft **Vertriebsmitarbeiter Aufgaben wie z. B. Leadgenerierung übernehmen, die ihre Marketingkollegen mittlerweile kosten- und zeitsparender durchführen können.** Dies ist nicht zwangsläufig ein Problem, aber es wird ein großes Problem, wenn Ihre Konkurrenz erfolgreich Leads durch Online-Marketing generiert. Denn dann erleiden Sie einen **erfolgskritischen Kostennachteil.** Können Sie sich das dauerhaft leisten?

Damit einhergehend höre ich vor allem in B2B-Firmen oftmals, dass deren **Zielgruppe nicht online sucht und sich dort informiert**. Warum gibt es dann für diese Produktkategorien und Dienstleistungen Suchvolumen in Suchmaschinen? Warum gibt es B2B-Firmen, die bereits erfolgreich online Leads generieren? Auch **allgemeine, irreführende Glaubenssätze** wie »In der Branche kennt man uns – wir brauchen kein Online-Marketing«, »Bloggen lohnt sich für uns nicht« oder »Unserer Website ist nur zu Informationszwecken gedacht« sind klare Anzeichen für eine verschlafene Digitalisierung und eine fatale Fehlausrichtung. Was wäre, wenn Entscheider mit Ihren Glaubenssätzen falsch liegen und die Konkurrenz bereits unbemerkt davonzieht? Friedrich Nietzsche hat es einmal treffend auf den Punkt gebracht: »Das Tragische an jeder Erfahrung ist, dass man sie erst macht, nachdem man sie gebraucht hätte.«

Ausrichtung auf das Kaufverhalten

Käufer sind heutzutage wesentlich informierter im Kaufprozess. Auch kommt innerhalb des Kaufprozesses der Kontakt mit Verkäufern später zustande als noch vor einigen Jahren. Es ist deutlich einfacher geworden, Anbieter miteinander zu vergleichen und das Internet bietet eine Fülle an Informationen zu Produkten und Dienstleistungen. **Das bedeutet für Unternehmen, dass sie sich auf das neue Kaufverhalten einstellen müssen.** Stellen Sie sich einmal, vor Sie sehen eine attraktive Frau oder einen Mann und würden diese Person gerne kennenlernen. Würden Sie zu der Person hingehen und sie fragen, ob sie Sie heiraten möchte? Wohl kaum. Stattdessen würden Sie zuerst einmal nett den Kontakt aufnehmen, einen Kaffee trinken oder ins Kino gehen etc. Vergleichbar damit ist die Online-Leadgenerierung. Sie bauen schrittweise eine Beziehung und Vertrauen zu der suchenden, sich informierenden Person auf, denn wer sucht, hat Bedarf. Der Beziehungsaufbau bei dieser Kundenreise (Customer Journey) geschieht dabei über Ihre Website, Ihren Blog, Ihre Social-Media-Kanäle, Ihre Werbung, Ihre Landing-Pages, Ihre Newsletter etc. – also jegliche Berührungspunkte, die der Suchende online haben kann. Im Marketing gibt es die »Rule of 7«, die besagt, dass ein Käufer im Schnitt sieben Interaktionen mit Ihrer Brand haben muss, bevor er kauft. Für manche Branchen und Produkte liegt diese Zahl noch deutlich höher. Hier kann das Marketing dem Vertrieb z. B. manuelle Tätigkeiten wie Anrufe oder Mails abnehmen und die Abschlusswahrscheinlichkeit erhöhen.

Methodik, Technologie und Onlinemarketing-Prozesse sind entscheidend

Eine bewährte Strategie und Methodik ist dabei Inbound-Marketing. Hierbei stellen Anbieter potenziellen Käufern helfende Informationen z. B. in Form von Blogartikeln oder Videos zur Verfügung. Die bereitgestellten Inhalte beantworten dabei Fragen, die die potenziellen Käufer vor dem Kauf haben. Im Austausch für Premium-Informationen wie z. B. eBooks erhalten die Anbieter schließlich die Kontaktdaten. So kommen sie systematisch online an Leads. Jedes Unternehmen muss infolgedessen zu einem gewissen Teil zu einem Medienunternehmen werden. Haben Sie früher noch 70 % Vertrieb und 30 % Marketing durchgeführt, so kehrt sich dies in 70 % Inbound-Marketing/Inbound-Sales und 30 % klassischer Vertrieb um.

»Sieger erkennt man am Start – Verlierer auch.« Dieter Langes Zitat könnte hier nicht besser passen, denn Sie brauchen zur Umsetzung Softwarelösungen. Wenn Sie sich für eine Software entscheiden, ist dies eine strategische und langfristige Entscheidung. Sie sollten zuerst Ihre Ziele klären und davon abgeleitet die Anforderungen an eine Software. Ist Ihr Ziel bspw. eine informierende Website, Online-Leadgenerierung oder Online-Wachstum? Abhängig von Ihrer Zielausrichtung benötigen Sie eine Software, die Ihre Zielerreichung fördert. Sie können z. B. mit einem herkömmlichen Content-Management-System hervorragend Inhalte managen. Sie können auch Leadgenerierung aufbauen und online wachsen. Allerdings dürfen Sie sich auch fragen, wie kostensparend, wie flexibel, wie wirkungsvoll etwas funktioniert. Bei herkömmlichen Content-Management-Systemen haben Sie in der Regel unnötige Aufwände durch Plugins und es fehlen übergreifende Prozesse. Achten Sie daher bereits vor der Umsetzung Ihrer Strategie sowohl auf die Technologie als auch auf die Tools und die zielführenden Prozesse der Softwarelösung und ob diese auf Ihre Unternehmensgröße ausgerichtet ist.

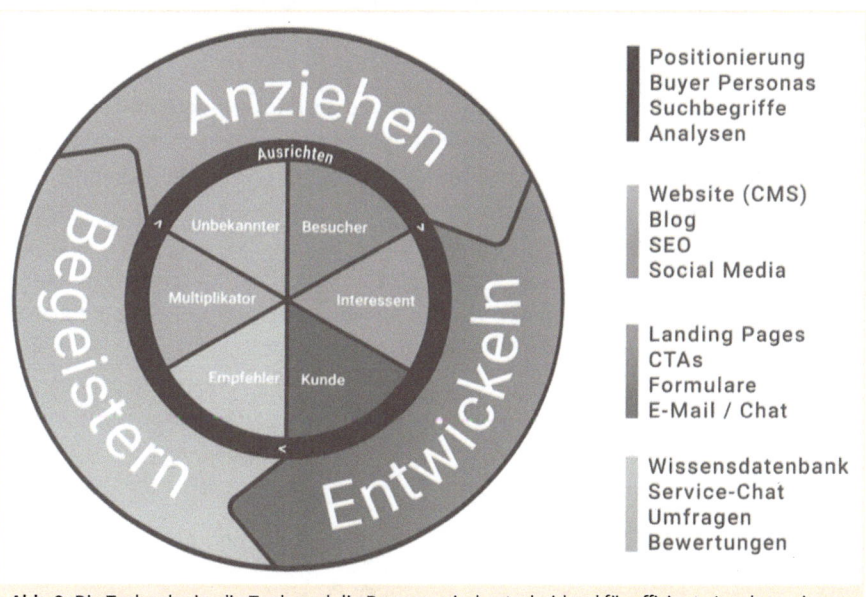

Abb. 2: Die Technologie, die Tools und die Prozesse sind entscheidend für effiziente Leadgenerierung und Kundengewinnung

Richtig eingesetzt ist Ihre Inbound-Marketing-Website ein 24-Stunden-Marketing- und Vertriebsmitarbeiter. Ihre Website ist der einzige Ort im Internet, an dem Sie sich als Anbieter individuell vorstellen, Ihre Produkte bestmöglich präsentieren und die höchste Flexibilität an digitalen, zeitsparenden Prozessen haben können. Und das Wichtigste überhaupt: Unter Ihrer eigenen Webadresse haben Sie als Firma Kontrolle über Ihren Besucher-Traffic – anders als etwa bei einer Social-Media-Plattform. So setzen Sie auf eine langfristige, bewährte Strategie. Als Facebook bspw. seinen Algorithmus geändert hat, erhielten Firmenseiten schlagartig weniger Zugriffe, denn die Posts wurden nicht mehr so stark verbreitet wie zuvor. Nutzen Sie in jeder Phase Ihrer Leadgenerierung und Kundengewinnung unterstützende Online-Tools wie z. B. Blogs, E-Mail oder Landing Pages (siehe Abbildung). Einmal automatisiert eingerichtet, arbeiten Ihnen diese fortwährend im Vertrieb erfolgversprechend zu.

Gewonnene Erkenntnisse

- **Bestimmen Sie zuerst Ihre Ziele**
  Klären Sie, ob Ihr Ziel z. B. eine informierende Website, Online-Leadgenerierung oder Online-Wachstum ist. Klären Sie, inwiefern die zu verwendende Software Ihre Ziele unterstützt und inwiefern sie zu Ihrer Unternehmensgröße passt.
- **Legen Sie Ihre Schwerpunkte auf Inbound-Marketing und Inbound-Sales**
  Inbound-Marketing und Inbound-Sales sparen langfristig Akquisitionskosten. Beginnen Sie vor Ihrer Konkurrenz mit dieser digitalen Unternehmensstrategie.
- **Beginnen Sie, zielgerichtet auf Ihrer Website zu bloggen bzw. Inhalte bereitzustellen**
  Ein Besucher-Traffic, der Ihnen gehört und den Sie dauerhaft erhalten, sichert Ihnen langfristig Neukunden. Traffic unter Ihrer Webadresse gehört Ihnen. Bauen Sie mithilfe von Inhalten Ihre Suchmaschinenoptimierung und eingehende, Besucher-generierende Verlinkungen auf.
- **Achten Sie auf Technologie, Tools und Prozesse**
  Die einzusetzende Technologie sollte sowohl auf einem aktuellen, modernen Stand sein als auch bleiben und flexibel und skalierbar sein. Die Tools sollten in Form von zielführenden Prozessen nahtlos zusammenspielen.

Hinweise zum Autor

JENS KRAMER

Jens Kramer ist ein Mann der Praxis. In seinen zwölf Jahren bei der SAP AG in der Beratung, im Produktmanagement und weltweiten Presales konnte er Erfahrungen in unterschiedlichen Branchen sammeln. 2009 gründete er das Marketing-Softwareunternehmen »chocoBRAIN«. Mit diesem verhilft er Firmen zu einem smarten Wachstum. »Wer Inbound-Marketing nicht kennt« meint Kramer, »hat die Digitalisierung verpennt.«

Wie heirate ich meine Kunden?

Unsere Vision: Lange und glückliche Ehen zu führen!

Marc Steinhaus
Geschäftsleitung
Steinhaus Informationssysteme GmbH

Wer sind wir und warum wollen wir Kunden heiraten?

Die Art der Beziehung zu den Kunden ist so vielfältig wie die Beziehungen zwischen Menschen. Je nach Geschäftsmodell ist auch die Art der Kundenbeziehung sehr unterschiedlich.

Unser Unternehmen, die Steinhaus Informationssysteme GmbH (im Folgenden »Steinhaus«) lebt von sehr langfristigen Kundenbeziehungen. Ich selbst bin zu unserem Familienunternehmen im Jahre 2002 gestoßen. Bis dato hatte ich mit vier Kommilitonen noch während meines Informatikstudiums die Audials AG gegründet (damals noch RapidSolution GmbH). Dort bin ich aktuell Aufsichtsratsvorsitzender.

Bei Steinhaus entwickelte ich in den ersten Jahren einige Software-Komponenten des Kernprodukts TeBIS®, wechselte dann in das Key Account Management und bin mittlerweile für alle kommerziellen Bereiche des Unternehmens, inklusive der Geschäftsfeldentwicklung und dem Vertrieb, verantwortlich.

Das Geschäftsmodell ist darauf ausgerichtet, produzierenden Unternehmen unsere Softwaresysteme zu verkaufen und dort lange zu betreiben. Die Software wird beim Kunden als Verbindung zwischen der Produktionsebene und der Informationsebene eingesetzt.

Daten aus der Produktionsebene werden aus unterschiedlichsten Quellen eingesammelt, archiviert, ausgewertet und online für alle Ebenen des Unternehmens bereitgestellt. Diese universelle Produktionsdatenbank stellt das Rückgrat der Dateninfrastruktur unserer Kunden dar. Häufig beginnen unsere Kunden mit der Anwendung in einem Bereich, bauen das System über Jahre hinweg aus, bis es schließlich alle Bereiche umfänglich mit den Daten versorgen kann. Mit der Zeit lässt also der Ausbau nach, die regelmäßige Nutzung nimmt zu.

Unsere Firma ist ein kleines, familiengeführtes Unternehmen, das am Markt mit rund 15 Mitarbeitern und zwei Millionen Jahresumsatz operiert. Wir haben einen guten Bestandskundenstamm und bieten Leistungen, die heute Elemente der Digitalisierung und der Industrie 4.0 sind, seit Anfang der 80er-Jahre an. Unsere Softwaresysteme haben wir in dieser Zeit kontinuierlich weiterentwickelt.

Aus einem missglückten Expansionsversuch Anfang der 90er-Jahre zogen die Eigentümer für sich die Lehre, dass ihnen ein kleines Unternehmen mit einem relativ konstanten Umsatz und Gewinn lieber ist als ein auf starkes Wachstum ausgerichtetes.

Dabei hat sich viel getan: Die produzierende Industrie betrachtete die Automatisierungswelt (heute als OT-Welt bezeichnet) und die Bürokommunikationswelt (heute IT-Welt genannt) lange als getrennte Bereiche.

In den letzten Jahren bewegte sich die IT-Welt mehr und mehr auf die OT-Welt zu und der Begriff Industrie 4.0 wurde dafür eingeführt.

Mit einem beginnenden Generationenwechsel leitete Steinhaus eine vorsichtige Wachstumsstrategie ein. Dies war der Zeitpunkt, das gewachsene Geschäftsmodell und die gewachsenen Vertriebsstrukturen genauer zu analysieren, auf den Prüfstand zu stellen und seine Potenziale auszuloten. Der Industrie-4.0-Markt ist ein globaler, milliardenschwerer Markt. Klar ist, dass unser Unternehmen nur einen sehr kleinen Bruchteil des Marktes bedient. Zum Kundenstamm in Deutschland gehören, neben einigen DAX-gelisteten Unternehmen, u. a. auch das Who is Who des Brauereimarktes.

Ein Hauptteil der Umsätze machen wir mit den Altkunden, also Kunden, die das System schon länger als ein Jahr im Einsatz haben. Dabei stützt sich das Altkundengeschäft auf drei Säulen:
- Softwarewartung
- Systemausbau bzw. Lizenzerweiterung
- Beratungsdienstleistungen und Customizing

Das Erfreuliche ist, dass wir sehr selten Altkunden verlieren. Falls doch, geschieht es meist durch Schließungen. Die Beziehung zu unseren Kunden ist wie eine gute Ehe. Sie beginnt als Liaison, hat eine Phase, in der man gemeinsam etwas aufbaut, und im Idealfall führt man ein für beide Seiten glückliches Zusammenleben.

Als Unternehmen bestehen wir bereits seit über 40 Jahren. Dabei ist die Gefahr gewachsen, in eingefahrenen Strukturen und Modellen zu verharren und den Wandel der Umwelt nicht mehr rechtzeitig wahrzunehmen. Auch die sehr geringe Mitarbeiterfluktuation im Unternehmen führte zu einem jetzt doch recht hohen Altersdurchschnitt.

Ausgehend von dieser Situation hätte ein »Weiter so« in einem langsamen Schrumpfungsprozess gemündet, bei dem die Altkunden noch eine Zeit gute Umsätze generiert hätten, die Mitarbeiter nach und nach in den Ruhestand gegangen wären und unser Unternehmen in einigen Jahren vom Markt verschwunden wäre.

Uns fit für die Zukunft zu machen bedeutete, auf mehreren Ebenen aktiv zu werden – was uns vor beachtliche Herausforderungen stellte und nach wie vor stellt. Dazu zählt der personelle Umbau: Neue Leute mit neuen Ideen müssen gefunden und integriert werden. Die internen Prozesse und Arbeitsmethoden müssen angepasst werden. Unser Unternehmen muss also so umgebaut werden, dass es auch wachstumsfähig ist.

In diesem Zuge galt es auch, unser Geschäftsmodell, das in den letzten Dekaden gewachsen ist, auf den Prüfstand zu stellen. Hierbei half es, sich die Beziehungen zu anderen Unternehmen einmal genauer anzuschauen und diese aus verschiedenen Perspektiven zu betrachten.

Für unser Geschäftsmodell hat sich die Analogie, dass eine Kundenbeziehung wie eine gute Ehe ist, als enorm hilfreich erwiesen.

Im Folgenden stelle ich das »Heiratsmodell« vor. Dieses beschreibt erstaunlich gut, welche Phasen unsere Kundenbeziehungen durchlaufen, »bis dass der Tod uns scheidet« und ist für die Mitarbeiter, die an den Kundenbeziehungen arbeiten, ein sehr hilfreiches Bild.

Im Anschluss daran stelle ich unsere siebenstufige Vertriebspipeline vor, die uns hilft, den Vertriebsprozess zu standardisieren. Dieses Vorgehen hat unsere Vertriebseffizienz stark gesteigert. Durch ihre Klarheit zeigt sie uns deutlich, auf welche Punkte wir unsere internen Ressourcen als nächstes fokussieren müssen, insbesondere, wenn man die »Theory of Constraints« von Goldratt anwendet.

Neben den Kundenbeziehungen sind auch Beziehungen zu kooperierenden Unternehmen ein Feld, welches, systematisch bewirtschaftet, großes Potenzial hat. Doch diesen Bereich werden wir erst in Zukunft in Angriff nehmen können, denn Zeit und Arbeitskraft sind ebenfalls knappe Ressourcen, die wir mittlerweile gezielt einsetzen.

Die Phasen eine Ehe

Das Bild der Ehe für eine Kundenbeziehung hat sich als sehr nützlich erwiesen. Glücklicherweise gilt für unser Unternehmen, dass wir keine »monogame« Firma sind. So sehen wir die Gewinnung eines Neukunden als Heirat mit einem neuen Partner und die Zeit der Ehe entscheidet, ob sie zu beiderseitigem Nutzen ist, ob es sich also um eine glückliche Ehe handelt.

Es ist sehr unwahrscheinlich, dass ein neuer Ehepartner an die Haustüre klopft und sagt »Heirate mich!« Auch die Liebe auf den ersten Blick ist kein Garant für eine glückliche Ehe. Also was ist zu tun, um einen Ehepartner zu finden, mit dem man eine lange Zeit an gemeinsamen Zielen arbeiten möchte?

Unser Geschäftsmodell zielt auf langjährige Kundenbeziehungen ab, während derer wir die Kunden immer enger an uns binden. Dies entspricht in etwa dem klassischen Ehemodell.

Unsere Wunschbeziehungen durchlaufen also folgende Phasen:
1. Partnersuche – »Tindern oder wie finde ich Kandidaten?«
2. Kennenlernen – »Daten oder wie lerne ich den Partner kennen?«
3. Verlieben – »Erste Liebe oder wie verlobe ich mich mit der Braut?«
4. Hochzeit – »Die ersten Ehejahre oder wie festige ich die Beziehung?«
5. Altwerden – »Das alte Ehepaar oder wie erhalte ich die Liebe?«

Nun gilt es darzustellen, wie sich diese Phasen in unseren Kundenbeziehungen widerspiegeln.

Tindern oder wie finde ich Kandidaten?

Der erste Schritt ist es, sich darüber Klarheit zu verschaffen, wie der Traumpartner aussieht. In unserem Falle haben wir die Branchen genauer benannt, die Mindestgröße des Unternehmens und die Art der Produktionsprozesse beschrieben. Diese haben wir dann nach weiteren Kriterien geclustert und fokussierten uns für gewisse Zeiträume auf ähnliche Unternehmen einer Branche. Nicht nur die Branche und Größe ist entscheidend, sondern auch, in welcher Situation der Kandidat gerade ist. Sein Beziehungsstatus also. Als Ergebnis erhalten wir eine Liste von attraktiven Partnern, die wir ansprechen.

Daten oder wie lerne ich den Partner kennen?

Die Liebe ist keine Einbahnstraße: Damit aus einem Match ein Kennenlernen wird, muss der Kandidat nach der Ansprache Interesse bekunden. Nun beginnt die Phase des »Näher-Kennenlernens.« Diese Phase haben wir mittlerweile ziemlich perfektioniert und ein »Standard-Dating-Programm« entwickelt.

Vereinfacht wurde die Entwicklung durch die Coronapandemie. Die Kandidaten erwarteten nicht mehr ein persönliches Kennenlernen vor Ort, welches mit mehr oder weniger aufwändigen Reisetätigkeiten verbunden war. Ein Vor-Ort-Treffen bedeutet, das Herz des Kandidaten nach Möglichkeit in einem Termin zu gewinnen. Diese waren früher auch für die Kandidaten sehr anstrengend, da sie eine große Menge an Informationen innerhalb kurzer Zeit verarbeiten mussten.

Durch die plötzliche, coronabedingte Akzeptanz der Videokonferenztechnik ergab sich die Chance, das Kennenlernen strukturiert auf mehrere kurze Termine aufzuteilen. Es hat sich gezeigt, dass drei Dates reichen, um in die Angebotsphase eintreten zu können.

1. Date: Wir zeigen, wer wir sind
2. Date: Wir zeigen, was wir können
3. Date: Wir lernen unseren Partner kennen

Diese Reihenfolge ist für uns und unser Geschäftsmodell sehr gut geeignet. Wir setzen bewusst darauf, dass der Kandidat uns zuerst kennenlernt und uns für attraktive und kompetente Partner hält. Ist er davon überzeugt, dass wir besser als er selbst wissen, was er benötigt, entgehen wir der Verlegenheit, den Kundenwunsch in den Vordergrund zu stellen, obwohl dieser in vielen Fällen nicht zum optimalen Kundennutzen führt. Und der langfristige Kundennutzen ist unser Schlüssel zu einer langen und guten Kundenbeziehung.

Erster Termin – Wir zeigen, wer wir sind

Im ersten Termin, den wir immer zu zweit absolvieren, stelle ich unsere Philosophie, unsere Leistung und unser Produkt auf einer recht abstrakten Ebene vor. Ich stelle die Breite der Einsatzmöglichkeiten heraus. Um dem Kunden unsere Kompetenz zu demonstrieren, ist ein breiteres Wissen um die Thematik erforderlich. Wichtig ist hier, dass Expertise gezeigt werden kann.

Die zweite Person beobachtet dabei die Reaktionen der Teilnehmer. Sie kann feststellen, bei welchen Themengebieten die Zuhörer interessiert wirken und bei welchen eher nicht.

Am Ende stimmen wir den Inhalt des Folgetermins mit dem Interessenten ab. Im Nachgang überprüfen wir dann, welche Bereiche bzw. Anwendungsfelder besonderes Interesse geweckt haben. Zudem erhalte ich konstruktive »Manöverkritik« von meinem Präsentationspartner, der die potenziellen Neukunden beobachtet hat. Dies führt zu einer kontinuierlichen Verbesserung der Erstpräsentation. Über die Zeit stellen wir dies auch an den Reaktionen der Teilnehmer fest.

Erreichen wir das Ziel, dass der Kandidat uns für ein passendes Unternehmen hält, ist der erste Pflock für die Beziehung eingeschlagen. Noch weiß er nur abstrakt, was wir können und kennt unsere Systeme nur aus Erzählungen.

Zweiter Termin – Wir zeigen, was wir können

Der zweite Termin wird in vertauschten Rollen durchgeführt. Ich beobachte und unser Chefkundenbetreuer nimmt den Interessenten auf eine Reise durch echte Kundenanwendungen mit. Sie ist ein virtueller Rundgang durch unsere Softwaresysteme.

Zur Vorbereitung nutzen wir die Zeit zwischen den Terminen und wählen anhand der Informationen des ersten Termins sorgfältig aus, welche Anwendungsbeispiele gezeigt werden.

Wir machen mit dem Partner, dessen Herz wir gewinnen wollen, sozusagen eine virtuelle Spritztour. Dabei haben wir vom ersten Termin zahlreiche Informationen erhalten, welche Bereiche ihn interessieren; also, ob wir besser einen Ausflug ins Grüne machen sollten oder vielleicht eher ein Museum besuchen.

Hier gelingt es uns häufig, dass der Interessent die präsentierten Anwendungsfälle bereits gedanklich auf sein Unternehmen überträgt und erste Ideen entwickelt.

Ziel ist es, dass der Interessent uns nicht nur, wie etwa nach dem ersten Date, für einen »tollen Typ« hält, sondern vor allem versteht, dass wir wissen, was der Kunde braucht und wie wir den Kunden glücklich machen können.

Dritter Termin – Wir lernen den Kunden noch etwas besser kennen

Ziel der ersten beiden Termine war es, den Partner »heiß« zu machen. Ist uns das gelungen, hat es also »gefunkt«, wird ein dritter Termin vereinbart. Nun gilt es zu überprüfen, ob unsere Beziehung eine Chance hat.

Konkret bedeutet das für uns, dass wir den Interessenten etwas besser kennenlernen müssen. Ist seine Infrastruktur geeignet, dass wir sie als Datenquelle verwenden können, oder hat er konkrete Anwendungsfälle, bei denen ihm unsere Leistungen einen zügigen Nutzen generieren können?

Auch gilt es hier zu zeigen, dass wir nicht der billige Partner sind, der jeden oder jede »nimmt«. Wir zeigen in diesem Termin verschiedene Modelle mit einem groben Kostenrahmen auf.

Nach diesem Termin kommt es zum Schwur, also »wollen wir es versuchen oder war es nur nett, sich kennengelernt zu haben?«

Erste Liebe oder wie verlobe ich mich mit der Braut?

Wir treten in eine neue Phase unserer Beziehung ein. Es wird ernster. Doch die wenigsten sagen nach den ersten drei Dates »Ja« und schließen langfristige Verträge ab. Insbesondere, wenn diese auch mit einigen Kosten verbunden sind. Und schon Schiller wusste: »Drum prüfe, wer sich ewig bindet, ob sich das Herz zum Herzen findet. Der Wahn ist kurz, die Reu‹ ist lang.«

Auch wenn die Fachbereiche gerne mit unserem System arbeiten wollen, ist der Einkauf nicht zwangsläufig davon überzeugt, eine langfristige und mit regelmäßigen Kosten verbundene Beziehung einzugehen. Das Herz der Schwiegereltern muss also auch noch erobert werden.

Auf der anderen Seite haben wir die Erfahrung gemacht, dass auch der Spruch »Was nichts kostet, ist nichts wert« gilt. Für die Beziehung heißt das, »es ist nichts Ernstes«. Schon vor vielen Jahren haben wir daher kostenlose Teststellungen verworfen.

In unserem klassischen Ehemodell geht der Ehe die Verlobungsphase voraus. Jeder Partner investiert in das Ziel einer gemeinsamen, langfristigen Zukunft, hat aber noch die Option, relativ einfach die Beziehung wieder zu lösen.

Also bieten wir den Interessenten die Verlobung an. In dieser Zeit (meist drei Monate) kann er die Zusammenarbeit mit uns und unserem System für einen relativ moderaten Betrag ausprobieren. Wir installieren unsere Software, nehmen sie in Betrieb, schulen den Kunden und versuchen, mit Ihm erste schnelle Erfolge zu erzielen.

Der Kunde zahlt uns einen angemessenen Betrag, der auf der einen Seite unsere Aufwände deckt, auf der anderen Seite eine Anzahlung auf die langfristige Lösung ist.

Das Erfreuliche: Uns ist noch kein Kunde in der Verlobungsphase davongelaufen. Vielmehr konnten wir die gemeinsame Zeit nutzen, unsere gemeinsame Zukunft zu planen.

Wir verkaufen an unsere Kunden hauptsächlich Lizenzen an unserem Produkt TeBIS®, und darauf aufbauend Dienstleistungen. Da wir Lizenzen auf eigene Software vergeben, sind wir nicht auf die Lizenzmodelle von Partnern angewiesen. Dies führt dazu, dass wir für unsere Kunden maßgeschneiderte Lizenzmodelle anbieten können. Diese reichen vom klassischen Lizenzkauf über Miet- oder Mietkaufmodelle bis hin zu diversen »Software as a Service« nebst »Add-on-Services«.

Auf den langen Zeitraum sind die Total Cost of Ownership (TCO) für den Kunden gleich, egal, ob wir ein langfristiges SaaS-Modell gestalten, eine Kooperation (Mietkauf + Services) oder es der klassische Softwarelizenzverkauf mit anschließendem Wartungsvertrag ist.

Die ersten Ehejahre oder wie festige ich die Beziehung?

Ist die Ehe eingegangen, wird ein gemeinsames Leben aufgebaut. Der Wohnort wird gewählt, die Partner einigen sich auf das Rollenmodell, vielleicht wird ein gemeinsames Haus gekauft und eine Familie gegründet. Die Aufgaben werden verteilt, und mit der Zeit spielt sich ein Eheleben ein. Der Alltag hält Einzug, das Haus ist gebaut, die Wohnung ist eingerichtet, die Kinder gehen zur Schule.

Ganz ähnlich ist es mit den Kunden. Der Kunde setzt das System in den ersten Bereichen ein, erzielt die ersten Erfolge, setzt es in weiteren Bereichen ein, baut es aus und etabliert immer mehr Prozesse rund um unsere Systeme. Anfangs wird er stärker begleitet, viele entwickeln eigene Anwendungen und die Zusammenarbeit wächst. Glücklich sind beide Seiten, wenn wir unsere Leistungen in Euro und Cent honoriert bekommen und der Kunde nachhaltige wertschöpfende Erfolge durch das Arbeiten mit uns und unserem System erzielt.

In je mehr Bereichen sich unser Kunde auf uns verlässt, desto tiefer und fester wird die Bindung und ein Anbieterwechsel wird schwieriger.

Das alte Ehepaar oder wie erhalte ich die Liebe?

In einer guten, langjährigen Ehe kennen sich die Partner gut. Jeder weiß vom anderen, was er braucht und was ihn stört, aber das Neue und Unerwartete hat stark abgenommen. Die Partner unterstützen und respektieren sich und genießen die Vertrautheit und Sicherheit, die sie einander bieten.

Wir streben mit unseren Kunden einen ähnlichen Zustand an. Sind unsere Systeme in allen Bereichen etabliert, ist die Zusammenarbeit mit dem Kunden eine angenehme Routine. Alle paar Jahre wird die Hardwareinfrastruktur erneuert, die Software wird regelmäßig im Rahmen der Wartung aktualisiert und da die Software ausgereift ist und stabil läuft, sind die Kosten für die Pflichten, die aus den Wartungsverträgen resultieren, sehr moderat.

Der Kunde hat eine leistungsfähige Dateninfrastruktur, deren Nutzung ihm wenig Aufwand bereitet und die im besten Falle seine internen Prozesse effizient und effektiv ablaufen lässt.

Nutzung des »Ehemodells« in der Organisation

Die Analogie der Ehe für die Kundenbeziehung veranschaulicht viele Aufgaben bei der Kundengewinnung und Kundenhaltung. Das Modell erlaubt es mir, mich sehr plakativ zu orientieren, wie wir in welchem Verhältnis zu welchem Kunden stehen. Doch auch in der internen Kommunikation hilft mir die Metapher, um herauszuarbeiten, was wir durch welche Interaktionen mit Kunden erreichen wollen. Wo stehen wir in der Beziehung, wo wollen wir hin und was müssen wir im aktuellen Stadium der Beziehung tun, um dorthin zu gelangen. Sie fungiert als Kompass.

Um zurück auf die Ausgangssituation zu kommen: Wir stehen in einer Umbruchsituation in einem kleinen Unternehmen – und wir beleuchten gezielt die geschäftlichen Beziehungen. Dies betrifft folgende Bereiche:
1. Neukundengewinnung
2. Altkundenpflege
3. Kooperationen

In dieser Reihenfolge arbeiten wir gerade an der Verbesserung unseres Vertriebs. Begonnen haben wir mit dem Thema der Neukundengewinnung. Wir haben unsere Vertriebspipeline in der dritten Iteration schon recht gut optimiert. Aktuell ist unser Engpass in der Pipeline das 3. Date und der Übergang zur Verlobung.

Im Bereich der Altkundenpflege sind wir gerade dabei, eine Beziehungsbewertung vorzunehmen, indem wir unsere Kundenbeziehung auf einer Skala von 1 bis 7 bewerten.

Ein weiterer Bereich sind die Beziehungen zu Kooperationspartnern. Dieser Bereich wird hier jedoch nicht näher beleuchtet.

Die **Neukundengewinnung** nimmt den größten Raum ein. Deren Standardisierung und Optimierung ist ein Schwerpunkt meiner Tätigkeit der letzten Zeit.

Für den Bereich der **Altkundenpflege** werde ich unser aktuelles Ratingmodell vorstellen. Dieses ist jedoch noch nicht ausgereift und besonders erprobt.

Neukundengewinnung oder »Die Eheanbahnung«

Die Neukundenakquise oder die Eheanbahnung ist enorm wichtig, um die Zukunft der Firma zu sichern und ein langfristiges Wachstum generieren zu können. Diesen Prozess haben wir in sieben Stufen organisiert.

Stufe 1 – Kontaktaufnahme

Stufe 1 ist die klassische Leadgenerierung. Aktuell wird diese durch einen Kooperationspartner von uns abgedeckt. Dieser Partner ist in der Lage, interessante Firmen selbstständig zu selektieren und zu kontaktieren. Seine Fähigkeiten in der Kaltakquise sind mittlerweile so gut, dass wir uns über einen Mangel an Interessenten nicht beschweren können.

Stufe 2 – Präsentationsphase

In der Präsentationsphase finden die ersten beiden Termine, das Kennenlernen und der virtuelle Rundgang statt, also das »Zeigen, wer wir sind« und das »Zeigen, was wir können«. Die Zielsetzung ist es, den Interessenten so weit zu begeistern, dass wir in Gespräche über eine konkrete Zusammenarbeit kommen.

Stufe 3 – Klärungsphase

Die Klärungsphase hat zwei Zielsetzungen.

Die erste Zielsetzung ist es, die technischen Rahmenbedingungen grob zu klären. In dieser Phase ist zum ersten Mal das Abwicklungsteam zu konsultieren.

Die zweite Zielsetzung ist es, auszuloten, welche Art der wirtschaftlichen Zusammenarbeitsmodelle dem Interessenten liegen.

Anmerkung: Aktuell stellt dies unseren Engpass in der Vertriebspipeline dar. Der Fokus meiner Tätigkeit liegt daher zum Zeitpunkt, da ich diesen Beitrag schreibe, darauf, die Zusammenarbeitsmodelle so zu optimieren, dass sie schnell dem Kunden unterbreitet werden können und darauf, dass wir das Abklopfen der Rahmenbedingungen, in dem wir dann installieren können, optimieren.

Stufe 4 – Angebotserstellungsphase

Nachdem genug Klarheit über die Rahmenbedingungen geschaffen ist, beginnt die Angebotserstellung. Dabei soll nach Möglichkeit auf die Standardangebote und Standardleistungen zurückgegriffen werden.

Die Zielsetzung ist es, einerseits ein möglichst attraktives Angebot zu erstellen, das den Interessenten den ersten Schritt machen lässt. Auch legen wir hier schon die Pflichten des Kunden fest, die ein möglichst effizientes Arbeiten für beide Seiten ermöglichen.

Der Versand des Angebots erfolgt nach einer technischen und kommerziellen Freigabe. Das Abwicklungsteam prüft, ob das, was wir anbieten, auch geliefert werden kann. Für die kommerziellen Aspekte ist sicherzustellen, dass das Angebot in einen langfristigen Zusammenarbeitsplan passt.

Stufe 5 – Verhandlungsphase

Hat der Kunde das Angebot erhalten, beginnt die Verhandlungsphase. Hierbei ist die Zielsetzung, dass das Angebot möglichst unverändert angenommen wird. In dieser Phase ist die Einwandbehandlung eine elementar wichtige Aufgabe. Häufig zeigt es sich, dass der Interessent das Angebot noch intern verkaufen muss und daher Argumente für die Angebotsannahme benötigt. Hierzu wird er regelmäßig kontaktiert; situationsbedingt werden ihm geeignete Argumentationshilfen an die Hand gegeben.

Stufe 6 – Prüfung der Bestellung

Ist der Kunde vom Angebot überzeugt, bestellt er. Im besten Falle bestellt er, was angeboten wurde. Tatsächlich ist es so, dass Bestellung und Angebot nicht deckungsgleich sind. Dies betrifft meist den Lieferumfang oder eine Abwandlung der Nutzungsrechte. Daher ist es wichtig, eine eingehende Bestellung zu prüfen und gegebenenfalls zu reklamieren.

Stufe 7 – Übergabe an die Abwicklung

Ist die Bestellung in Ordnung oder geändert und von uns angenommen, erfolgt die Übergabe des jetzt Neukunden in die Obhut der Auftragsabwicklung. Wir sind verlobt.

Die Kunst, eine glückliche Ehe zu führen oder das Problem der Altkundenpflege

Viele Ehen, die scheitern, scheitern daran, dass die Verliebten sich nicht im Klaren darüber sind, dass eine Ehe doch weit mehr ist, als nur verliebt zu sein und sich das Jawort zu geben. Man muss ein Leben lang an der Ehe arbeiten.

Genauso ist es mit den Neukunden: Natürlich liegt die meiste Arbeit nach der Angebotsannahme erst einmal beim Abwicklungsteam. Doch lehnt man sich nach der Hochzeit zurück, ohne gemeinsam daran zu arbeiten, ist das Scheitern der Ehe sehr wahrscheinlich.

So ist es wichtig, die Bestandskunden regelmäßig anzusprechen und auf ihre individuellen Bedürfnisse Rücksicht zu nehmen. Aufmerksamkeit für den Partner ist eine gute Basis. Für uns gilt es, einen Prozess zu etablieren, bei dem die aktuelle Beziehung regelmäßig bewertet wird und gegebenenfalls Handlungen und Maßnahmen abgeleitet werden.

Wir haben bei einigen Kunden begonnen, sie zu fragen, wann und wie sie ihre Budgetplanungen machen und festgestellt, dass sie sehr erfreut über diese Rückfragen waren. So haben wir bei dem ersten Kunden ein jährliches Jourfix etabliert, das ca. vier Wochen vor den Budgetplanungen stattfindet. In diesem Meeting sprechen wir gezielt über Ausbaumöglichkeiten unserer Systeme.

Da wir von verhältnismäßig wenigen Kunden relativ gut leben, ist für uns eine einfache ABC-Kundenanalyse kein geeignetes Mittel der Wahl. Wir experimentieren mit einer Kundenratingsystematik, die aktuell wie folgt aussieht: Eine Beziehung wird anhand der Kriterien
- aktive Kundenbeziehung,
- Referenzwert,
- Jahresumsatz,
- Ausbaupotenzial,
- Langzeitperspektive und
- Bonuskriterium

bewertet. Die Kunden können einen Punktewert auf einer Skala von 1 bis 7 erhalten. Aus dieser Wertigkeit der Kundenbeziehung ergibt sich dann, wie viele Ressourcen in die Altkundenpflege des jeweiligen Kunden investiert werden kann.

Aktive Kundenbeziehung

Jeder Kunde, mit dem wir eine aktive Kundenbeziehung haben, also jährlich Umsätze generieren, erhält einen Punkt. Wir sind also noch verheiratet.

Referenzwert für Steinhaus

Für unseren Erfolg ist unsere Reputation ein wesentlicher Faktor. Kunden mit einem hohen Referenzwert für die Steinhaus Informationssysteme GmbH erhalten einen Punkt für den Referenzwert. Mit einem eloquenten, attraktiven Ehepartner kann man selbst gut glänzen.

Jahresumsatz

Für den Jahresumsatz, den wir mit unseren Kunden generieren, kann der Kunde bis zu zwei Punkte erhalten. Kunden, die große Systeme betreiben, machen allein durch den Softwarewartungsvertrag einen hohen Umsatz, ohne dass sie große Aufwände verursachen. In diese Bewertung fließt auch der Aufwand, den der Kunde verursacht, mit ein. So werden etwa von Projektumsätzen die Projektkosten abgezogen. Natürlich ist es gut, wenn der Ehepartner auch einen ordentlichen Beitrag für die Haushaltskasse leistet und den Urlaub finanziert.

Ausbaupotenzial

Kunden, die ein Ausbaupotenzial für unser TeBIS®-System in absehbarer Zukunft aufweisen, erhalten einen weiteren Punkt. Der Partner hat einen Bauplatz in die Ehe eingebracht. Wir können also unser Traumhaus noch bauen.

Langzeitperspektive

Ist zu erwarten, dass der Kunde das System noch länger als drei Jahre betreiben wird, erhält er einen Punkt. Dass ein Kunde keine Langzeitperspektive hat, kann beispielsweise an einer terminierten Betriebsschließung liegen. Ist die Ehe glücklich und es sind keine Probleme am Horizont zu erkennen, verspricht die nächste Zeit mit diesem Partner gut zu werden.

Bonuspunkt

Nicht alle Gründe, warum ein Kunde besonders wertvoll für uns ist, können in einzelnen Kriterien erfasst werden. Einen Bonuspunkt vergeben wir, wenn weitere Gründe dafür sprechen, dass der Kunde besonders wertvoll für uns ist.

Fazit

In einem eingespielten und eingefahrenen Vertriebs- und Kundenbetreuungsprozess, bei dem vieles schon lange nicht mehr hinterfragt wurde, war für uns die geeignete Methode der Wahl, einen kontinuierlichen Verbesserungsprozess zu etablieren.

Für die Entwicklung eines Unternehmens ist eine klare Vision ein sehr starkes Hilfsmittel. Für uns ist ein klares Bild, wie unsere Kundenbeziehungen aussehen sollen, elementar, um die Prozesse der Kundengewinnung und Kundenbindung zu beschreiben und zu optimieren.

Nachdem wir erkannt haben, dass wir von der langen Kundenbeziehung leben, ist die Ehe das optimale Leitbild, um unseren Vertrieb und unsere Kundenbeziehungsentwicklung danach auszurichten. Wir befinden uns hier in einem spannenden Change-Prozess, der zunehmend Früchte abwirft.

Auch für andere Bereiche, wie den der Kooperationen mit anderen Unternehmen, werden wir Leitbilder entwerfen, die uns helfen, diese Art der Beziehungen zu entwickeln.

Hinweise zum Autor

MARC STEINHAUS

Dipl. Inform. Marc Steinhaus studierte an der Universität Karlsruhe Informatik. 1998 gründete er mit vier Kommilitonen die Audials AG (damals RapidSolution GmbH) und ist heute ihr Aufsichtsratsvorsitzender. 2002 wechselte er zum Familien-unternehmens Steinhaus Informationssysteme GmbH, das von seinem Vater gegrün-det wurde, und ist dort Partner und Prokurist.

Aktuell liegt der Schwerpunkt seiner Tätigkeit auf dem Business Development und der Strategieentwicklung. Sein Verantwortungsbereich umfasst die Vertriebsstra-tegie, das Marketing, und die PR sowie das Kundenmanagement. Weiter arbeitet am systematischen Aufbau eines Partnermanagements.

Kontaktdaten

Marc Steinhaus

Steinhaus Informationssysteme GmbH

E-Mail: marc.steinhaus@steinhaus.de

LinkedIn: linkedin.com/in/marc-steinhaus-b8677a137

Internet:

Steinhaus Informationssysteme GmbH: https://www.steinhaus.de

Audials AG: https://www.audials.com

STRATEGIE:
Wie kommen wir dort hin?

Strategische Erfolgsfaktoren, Differenzierung und Alleinstellungsmerkmale

Einfach machen: Auch so geht's

Frank Kuntze
Geschäftsführer
Kuntze Instruments GmbH

Andreas Auer
Geschäftsführer
Kuntze Instruments GmbH

Ausgangssituation und Problemstellung

Das Unternehmen

Die Kuntze Instruments GmbH ist ein kleines Familienunternehmen in der dritten Generation. Sie wurde 1945 gegründet und ist bis heute inhabergeführt. Wir entwickeln und produzieren Sensoren, Mess- und Regelgeräte sowie Komplettsysteme für die kontinuierliche Wasseranalytik. Unsere Schwerpunkte sind die Fertigung von pH-Elektroden sowie Komplettsysteme zur Messung und Regelung von Desinfektionsmitteln (typischerweise Chlor, aber auch Chlordioxid und Ozon). Der Hauptsitz des Unternehmens ist in Meerbusch, die Sensorfertigung erfolgt an einem zweiten Standort in Hartha.

Unsere Produkte werden in vielen Branchen eingesetzt, die wichtigsten sind Schwimmbäder, die Trinkwasser- und die Nahrungsmittelindustrie. Unsere Kunden sind ausschließlich gewerbliche Kunden, die als Distributoren agieren und ihr eigener Herr sind. Kuntze hat also keinen Einfluss auf die Geschäftspolitik des Distributors, sondern muss durch sein Produktportfolio und eine adäquate Preisgestaltung überzeugen.

Zwang zur Veränderung durch Verkauf des größten Kunden

Jahrzehntelang war der Kernmarkt unseres Unternehmens die Abwasserendkontrolle im Galvanikmarkt. Bei der Galvanotechnik geht es darum, Oberflächen chemisch oder elektrochemisch zu behandeln und zu beschichten, um bestimmte Anforderungen wie z. B. Schutz gegen Verschleiß und Korrosion oder ein dekoratives Aussehen zu erzielen. Mitte der 1980er-Jahre kamen Schwimmbäder als zweites Standbein hinzu, getrieben durch einen deutschen OEM-Kunden, der sich nach und nach zu unserem mit Abstand größten Kunden entwickelte und Mitte der 2000er-Jahre für knapp 50 % unseres Umsatzes stand.

2007 wurde dieser Kunde aus heiterem Himmel an ein ausländisches Unternehmen verkauft und nach und nach kristallisierte sich heraus, dass der neue Geschäftsführer Produkte, die er bisher von Kuntze bezog, zukünftig selbst entwickeln und herstellen wollte. Angesichts der Bedeutung dieses Kunden für unser Unternehmen war diese Entwicklung existenzbedrohend.

Zudem hatten wir uns in den vergangenen Jahren bei der Neukundenakquise in Deutschland gegenüber den – deutlich größeren – Konkurrenzunternehmen sehr schwergetan. Aus diesem Grund haben wir im Jahr 2012 die Entscheidung getroffen, unser Glück im Ausland zu versuchen und unseren Exportanteil von rund 27 % so weit wie möglich auszubauen. Diese Entscheidung war nicht das Ergebnis einer methodischen Analyse mithilfe teurer Berater und Strategiesitzungen, sondern das sich über Jahre entwickelte Gefühl, dass wir mit dem alten Kurs nicht erfolgreich sein werden. Es bestand also die dringende Notwendigkeit, vom alten Kurs abzuweichen. Auf Basis dieser Bewertung, also einem sich umorientierenden Großkunden und einem eher stagnierenden Erfolg im deutschen Markt, kamen wir zu dem Schluss, dass profitables Wachstum nur in internationalen Märkten möglich sein konnte.

Im Übrigen hatte das bereits laufende Engagement im US-Markt gezeigt, dass dort Kunden bereit waren, auch mal ein unbekanntes Produkt zu bevorzugen, wenn es technische Vorteile bietet (und preislich zumindest vergleichbar ist). Diese Erfahrung hatten wir in Deutschland so nicht gemacht: Hier kauften die Einkäufer insbesondere größerer und großer Unternehmen immer bei den »großen« Herstellern, auch wenn eine andere technische Lösung vielleicht Vorteile geboten hätte. Unser Eindruck war, dass deutsche Einkäufer sehr risikoavers sind – und man geht eben wenig Risiko ein, wenn man bei einem großen, bekannten Hersteller einkauft.

Problemlösung

Neue Kunden finden, aber nicht in Deutschland

Die Frage, die sich stellte, war: Was sollen wir machen? Durch den Verlust von ca. 50 % des Umsatzes war der Druck sehr hoch, schnell neue Kunden und Märkte zu gewinnen. Gleichzeitig stellten sich die bisherigen Akquisitionsmaßnahmen in Deutschland als nicht Erfolg versprechend dar. Logische Konsequenz war, unsere vertrieblichen Aktivitäten auf das Ausland zu konzentrieren, statt den Fokus auf Deutschland zu setzen. Aber wie sollten wir das umsetzen? Konkret haben wir im Jahr 2013 damit angefangen, bestehende ausländische Partner sowie potenzielle neue Partner (= Distributoren) im Ausland persönlich vor Ort zu besuchen und als Kunden zu gewinnen.

Wir haben einfach jeden besucht, den wir uns als Partner vorstellen konnten, eine Vorauswahl von Ländern gab es nicht. Unsere Reisen haben uns daher in viele verschiedene Regionen der Welt gebracht. Oft waren es Flugreisen, die in der Regel drei bis fünf Tage dauerten. Der erste Tag wurde meistens im Büro des Partners verbracht, an den anderen Tagen waren wir gemeinsam als Aussteller auf einer Messe oder haben mit ihm seine Kunden besucht. Für unsere Auslandsvertreter war es ausgesprochen wichtig, ihren Kunden zeigen zu können, dass der Hersteller hinter ihnen steht. In Summe waren wir jeder um die 80 Tage pro Jahr unterwegs, das Ganze war also sowohl sehr zeitaufwendig als auch kostenintensiv. Wir haben versucht, jeden Partner einmal im Jahr zu besuchen, größere Partner haben wir auch drei- oder viermal besucht. Rückblickend würde ich sagen, dass unsere Reisen im Wesentlichen dazu dienten, Vertrauen zuerst in uns als Personen und in der Folge in unser Unternehmen aufzubauen.

Unser Ziel war es, pro Land mit einem Partner zu arbeiten, den wir exklusiv mit Kuntze-Produkten beliefern und der innerhalb seines Landes den Weitervertrieb unserer Produkte übernimmt. Als kleines Unternehmen ist es für uns schlicht nicht möglich, zu viele Kunden aktiv zu betreuen, dazu war Exklusivität für unsere Auslandspartner sehr wichtig. Niemand möchte mühsam eine Marke in einem Land aufbauen und dann zusehen, wie das Geschäft später an andere Firmen geht.

Ein weiterer Baustein in diesem Distributorenmodell war es, dass die Partner einen direkten Zugriff auf die Fachexpertise bei Kuntze hatten. So wurde ihnen die Möglichkeit gegeben, bei komplexen und schwierigen Anwendungen gemeinsam mit uns als Hersteller Lösungen für ihre Kunden zu finden.

Alles nicht so einfach, da die Kulturen so unterschiedlich sind

Im internationalen Kontext zu agieren, bedarf jedoch auch der Fähigkeit, kulturelle Differenzen zu managen. Die dabei auftretenden Schwierigkeiten sind nahezu unausweichlich. Die jeweilige Kommunikation, notwendige Diskussionen, vom Prinzip her klare Absprachen und der Umgang mit Planungen sowie Konfliktbewältigung waren die Bereiche mit den größten Unterschieden und Herausforderungen in der internationalen Expansion. Auch wenn man meinte, sich vorbereitet zu haben, z. B. durch das Lesen entsprechender Literatur, war eine der größten Herausforderungen, die verschiedenen kulturellen Prägungen und damit andere Einstellungen und Erwartungen zu verstehen und damit umzugehen. Vorbereitungen halfen nur bedingt. Wir mussten schmerzlich erfahren, dass ein Ja nicht immer ein Ja und ein Nein nicht immer ein Nein ist.

Bevor in der Ukraine oder Russland überhaupt über ein Geschäft gesprochen wird, können Tage vergehen. Der neue Partner in den Ländern möchte erstmal ein tiefgreifendes Verständnis von einem bekommen, bevor miteinander ein Geschäft gemacht wird. Wenn man hier aber erfolgreich ist und Vertrauen aufbauen kann, wird man diese Verbindung fast nicht mehr los – bis hin zur sprichwörtlichen Nibelungentreue. Wichtigstes Element von vertrauensbildenden Maßnahmen ist das gemeinsame Essen und Trinken. Und so stereotyp sich dies auch anhört: Das ist der Schlüssel zum Vertrauen und schlussendlich zum Erfolg.

Bestes Beispiel ist das gemeinsame Essen mit ca. zwölf Personen in einem hervorragenden Restaurant in Kiew nach einem Messetag. Alle – und damit war auch die Übersetzerin gemeint –, wirklich alle haben sich neben dem Essen dem Genuss von Wodka gewidmet. Dies natürlich in Form gemeinsamen Zuprostens sowie dem Ausrufen improvisierter Trinksprüche. Wenn Sie einmal beim Trinkspruch etwas sehr Positives über das Gastland und über die anwesenden Partner gesagt haben, sind den nächsten Schritten einer gemeinsamen Tätigkeit Tür und Tor geöffnet. In Russland ist es bei tiefergehenden Beziehungen auch schon mal der gemeinsame Saunabesuch, der weiterhilft.

In Asien, z. B. in China, stellt sich diese Kennenlernkultur völlig anders dar. Auch hier sind das gemeinsame Essen und Trinken von überaus hoher Bedeutung, aber erst, nachdem man das Geschäftliche besprochen hat. Hier ist man auch nicht zimperlich und erwartet vom Gast aus Deutschland nach langer und aufwendiger Anreise erstmal eine mehrstündige Diskussion über Angebots- oder Vertragsdetails. Danach kann man ja immer noch essen. Auch hier ist zu ergänzen, dass keine Stereotypen bemüht werden sollen, sondern die Erwartungshaltung so war, dass erstmal Dinge der Zusammenarbeit geklärt wurden, bevor man sich dem Kulinarischen hingab. Apropos, wer denkt, dass dies auch nur annähernd etwas mit dem aus Europa bekannten Essen zu tun hat, der irrt. Bestimmte Mahlzeiten verlangen einem viel ab, man kann es auslassen, aber das kommt selten gut an.

Wozu sind nun diese zwei Geschichten aus völlig unterschiedlichen Kulturkreisen gut? Sie sollen zeigen, dass man im internationalen Kontext auf Umgangsformen und Rituale der Partnerländer eingehen muss. Selbstverständlich darf man seine eigene Art des Handelns und Managements nicht aufgeben, aber in der Vertrauensbildung hilft es, sich auf die jeweiligen Umgangsformen einzulassen.

Ein weiterer wesentlicher Aspekt einer erfolgreichen und dauerhaften, internationalen Partnerschaft ist, Präsenz beim Partner in dessen Land zu zeigen. Vor Ort sein und Themen gemeinsam bearbeiten, unterstreicht den hohen Stellenwert der Partnerschaft. Das merken die Partner und goutieren es auch. Auch wenn pandemisch bedingt die Videokonferenz sich einen hohen Stellenwert erarbeitet hat, gibt es nichts Wichtigeres als ein persönliches Gespräch, ein gemeinsames Essen oder gemeinsame Arbeitsrunden. Heutzutage ist dies sicherlich seltener der Fall, aber sich nur virtuell zu treffen, macht Vertrauensbildung sehr schwer.

Nicht nur die Kulturen sind verschieden, sondern auch die Vorgehensweisen

Unser hemdsärmeliges Vorgehen hatte auch Nachteile. Nach einiger Zeit wurde die Betreuung unserer Auslandspartner sehr komplex. Da wir sie nicht nach bestimmten Kriterien ausgewählt hatten, entstand ein Fundus sehr heterogener Firmen mit unterschiedlichen Vorgehensweisen, Erwartungen und Zielen. Einige Firmen nutzten jede Möglichkeit, einen Abschluss zu machen, und verkauften unsere Produkte auch in Anwendungen, für die sie nicht geeignet waren. Die anschließend auftretenden Probleme wurden dann massiv reklamiert und an uns durchgereicht. Für den Aufbau unserer Marke war das sehr nachteilig, da der Anwender nach unserer Erfahrung die Probleme mit dem Produkt und dem Hersteller verbindet und weniger mit einer möglicherweise falschen Beratung. Die fehlende Übereinstimmung in der strategischen und operativen Ausrichtung zwischen uns und manchen Partnern stellte sich als echtes Problem heraus, hier wäre eine gezielte Vorauswahl vermutlich sehr hilfreich gewesen. Als Konsequenz haben wir uns nach einer Weile von einzelnen Partnern getrennt und uns insgesamt mehr auf die Partner fokussiert, die strategisch und operativ in ihrer Vorgehensweise gut zu uns passen.

Da wir erklärungsbedürftige Produkte vertreiben, ist es normal, dass die Anwender After-Sales-Support benötigen. Auch hier haben wir sehr unterschiedliche Erfahrungen gemacht. Manche Partner sahen ihre Arbeit nach dem Produktverkauf als erledigt an und waren nur ungern bereit, einen Teil ihrer Zeit mit Support zu verbringen. Die Notwendigkeit von After-Sales-Support schien für sie nicht etwas zu sein, was unsere Märkte zwangsläufig mit sich bringen, sondern eine Schwäche der Produkte. Rückblickend waren diese Firmen anfänglich zwar zum Teil durchaus erfolgreich, nach einiger Zeit dann aber immer weniger.

Ein schönes Gegenbeispiel gab es in UK – unser dortiger Partner hat von Beginn an viel Zeit in den After-Sales-Support investiert. Ihm war klar, dass er für einen langfristigen Erfolg eine Marke aufbauen musste und dass es – neben dem Produkt – der Support ist, der dazu beiträgt. Support war für ihn immer auch Vertrieb. Bei ihm hat es zwar länger gedauert, bis sich Erfolge einstellten, aber über den Support hat er viel über seine Kunden, die Anwendungen und unsere Produkte gelernt und ist heute ein echter

Fachmann geworden. Mittlerweile ist er unser zweitgrößter Kunde und bekommt viele seiner Neukunden aufgrund von Empfehlungen.

Ergebnis

Es hat in etwa zwei Jahre gedauert, bis sich erste Erfolge eingestellt haben. Diese waren alles andere als gleichmäßig verteilt – in manchen Ländern hat sich nichts getan, in anderen gab es eine vorübergehende Belebung, die dann wieder eingeschlafen ist, und in manchen haben wir sehr große Erfolge erzielt: In den USA z. B. ist es uns gelungen, unseren Umsatz mit dem dortigen Partner von 2013 bis 2018 mehr als zu verzehnfachen. Insgesamt konnte unser Unternehmen seinen Umsatz von 2013 bis 2019 fast verdoppeln, was fast vollständig dem Export zu verdanken ist. Unser Exportanteil im Jahr 2019 lag bei 59 %.

Was war rückblickend der Grund für den Erfolg? Wir hatten keine ausgefeilte Vertriebsstrategie, die wir regelmäßig bewertet und angepasst haben. Wir waren nach langem erfolglosem Bemühen, in Deutschland zu wachsen, lediglich überzeugt, dass wir unser Glück im Ausland suchen müssen. Und dann haben wir einfach angefangen.

Heute hat Kuntze Partner in den folgenden Ländern und ist weiterhin auf Expansionskurs außerhalb von Deutschland: USA, Kanada, Frankreich, Vereinigtes Königreich, Schweden, Finnland, Norwegen, Niederlande, Belgien, Luxemburg, Spanien, Italien, Österreich, Griechenland, Polen, Ukraine, Russland, China, Taiwan, Vietnam, Australien, Neuseeland, Chile. Warum? Weil wir gemacht haben und nicht gewartet.

Wir sind in die Länder gegangen, haben uns dort Partner gesucht, denen wir und die uns vertraut haben. Es fing immer trivial an, man setzte sich zusammen und legte mögliche Ziele übereinander. Überschnitten sich diese, startete man einen Versuch. Diese Vorgehensweise führt aber nur dann zum Erfolg, wenn man sich auf die unterschiedlichen Kulturen einlassen kann. Der US-amerikanische Ansatz »Zeig mir ein Alleinstellungsmerkmal am Produkt und mach einen guten Preis« funktioniert in allen Ländern, wird aber dort anders formuliert. Wo der amerikanische Geschäftspartner diese Fragen schon nach einer Stunde gemeinsamer Besprechung stellt, kann es im asiatisch-pazifischen Raum schon mal ein paar Tage dauern. Und dann ist ein schlechter Preis oder eine fehlende Produkteigenschaft schon fast ein Liebesentzug. Aber auch diese Hindernisse können überwunden werden, wenn im Vorfeld eine Vertrauensbasis geschaffen wird.

Während dieser Zeit haben wir viel gelernt und unser Vorgehen angepasst. Der Kern dieses Vorgehens war eine gezielte Vorauswahl der potenziellen Partner. Ganz nach dem Motto: Weniger ist mehr. Es sollen also nicht viele Partner sein, sondern sie müssen zu unserem Unternehmen und Portfolio passen.

Lessons Learned

- Das Machen macht den Unterschied. Als wir nur in unserer Firma gesessen haben, hatten wir keinen Erfolg. Wir mussten raus zum Kunden und mit ihm vor Ort die Probleme seiner Kunden lösen. Wie heißt es so schön? Machen ist wie denken, nur krasser.

- Bei erklärungsbedürftigen Produkten, so wie bei uns, scheint die Motivation des Auslandspartners, After-Sales-Support zu leisten, sehr wichtig für den Erfolg zu sein. Firmen, die einen breiten Bauchladen verschiedener Marken und Produkte anbieten, sind nach unserer Erfahrung dazu weniger in der Lage oder bereit. Unsere erfolgreichsten Partner sind bis heute die, die sehr guten Support anbieten und die sehr fokussiert sind. Im besten Fall verkaufen sie in ihren Ländern ausschließlich Kuntze-Produkte.

- Wenn man zu verschiedene Partner hat, die z. B. völlig unterschiedliche Märkte bedienen, werden die Erwartungen dieser Partner an das eigene Unternehmen irgendwann zu vielfältig und zu komplex. Eine gewisse Vorauswahl ist nach unserer Erfahrung deshalb sehr hilfreich.

- Auch in einer globalisierten Welt und barrierefreier Kommunikation darf man sich nicht darauf verlassen, dass ein Gegenüber einen auch versteht und Vertrauensbildung automatisch funktioniert. Der Einstig in die jeweiligen Länder funktioniert nur, wenn man selbst vor Ort ist und den Partner verstehen lernt. Oft muss man mehr geben als nehmen, man möchte ja ein Geschäft in einem Land machen und nicht umgekehrt.

Hinweise zu den Autoren

FRANK KUNTZE

Frank Kuntze bekleidet aktuell die Position Geschäftsführer und Hauptgesellschafter. Werdegang: Abschluss als Diplom-Kaufmann an der Ludwig-Maximilians-Universität München. Nach dem anschließenden Zivildienst direkter Einstieg in das Familienunternehmen. Zum Zeitpunkt der Story fünf Jahre Aufbau unseres internationalen Vertriebs. 2018 Weitergabe dieser Aufgabe an Andreas Auer und seitdem Fokus auf Technologie und Digitalisierung des Produktangebots.

ANDREAS AUER

Andreas Auer aktuelle Position ist die des Geschäftsführers.
Werdegang: Abschluss Diplom-Ökonom Universität Wuppertal sowie Master of Business Administration Bradford University (UK); Business Development und Sales Management in internationalen Konzernen; Vertriebsleitung und Geschäftsführung deutsche KMUs; Fokus auf General Management, International Sales, Operations, Digital Transformation und Outsourcing. 2018 Übernahme des internationalen Vertriebs von Frank Kuntze.

Resilienz im Vertrieb – Vertriebserfolg ist die Folge des längsten Atems

Frieder Gänzle
Geschäftsführender Gesellschafter
F. Zimmermann GmbH

Wer wir sind

Maschinenbau. Mittelstand. Familie.

Beheimatet im schwäbischen Neuhausen auf den Fildern bei Stuttgart, entwickeln und bauen wir als inhabergeführtes Unternehmen mit weltweit rund 180 Mitarbeitern große Portal-Fräsmaschinen und Horizontalbearbeitungszentren. Basierend auf unserem eigens entwickelten Anlagenbaukasten entstehen maßgeschneiderte, kundenspezifisch konfigurierte Fräslösungen. Dabei handelt es sich um technisch komplexe und kapitalintensive Anlagen mit einer Lebensdauer von bis zu 20 Jahren. Mit einem Umsatzvolumen von bis zu 40 Mio. EUR gehört Zimmermann zum typischen deutschen Mittelstand.

Kundenstruktur und Vertriebsprozess

Unsere Kunden sind über den gesamten Globus verteilt, wobei unsere Schwerpunkte in Deutschland, Nordamerika und China liegen. Um möglichst nah »am Puls« unserer Kernmärkte zu sein, werden diese Märkte durch das Stammhaus und eigene Tochtergesellschaften betreut und bearbeitet. Bei den Niederlassungen handelt es sich um Vertriebs- und Servicegesellschaften. Die Produktion hingegen findet ausschließlich im Stammwerk in Neuhausen statt. Auslandsmärkte, die nicht über das Stammhaus oder durch unsere Tochtergesellschaften abgedeckt werden können, werden gemeinsam mit qualifizierten Vertriebspartnern oder Handelsvertretungen bearbeitet. Es ist eine Kernaufgabe der Vertriebsmitarbeiter, dieses Partnernetzwerk zu füttern, zu qualifizieren und zu fordern. In jährlich stattfindenden »Global Sales Meetings« werden diese Partner über Produktneuheiten, umgesetzte Projekte und allgemeine technische Neuerungen informiert.

Eine besondere vertriebliche Herausforderung ergibt sich aus unserer inhomogenen Kundenstruktur: Unsere Kunden sind ebenso ein inhabergeführter Fünfmannbetrieb auf der Schwäbischen Alb wie namhafte internationale Großkonzerne wie Boeing, Airbus, Toyota oder Daimler. Unser Ziel ist es, diesen unterschiedlichen Ansprüchen gleichermaßen gerecht zu werden, was jedoch auch bedeutet, den Vertriebsprozess auf jeden Kunden immer wieder neu und individuell anzupassen. Unabhängig davon lassen sich jedoch folgende wiederkehrende Kernelemente festhalten und in einem Basisvertriebsprozess zusammenfassen.

Der Vertriebsprozess bei Zimmermann besteht klassisch aus drei Phasen:
- der Phase der LEAD-Generierung/Kontaktaufnahme,
- der Verkaufsphase und
- der Auftragsphase.

Jede dieser Phasen ist wiederum in einzelne Segmente untergliedert und wird dann durch ein umfangreiches Maßnahmenpaket ergänzt (siehe Abb. 1).

Abb. 1: Vereinfachte Darstellung des Vertriebsbasisprozesses der F. Zimmermann GmbH

Ein häufiger Fehler in der Vertriebsarbeit ist nach unserer Auffassung, dass die **Auftragsphase** nach erfolgreichem Vertragsabschluss vernachlässigt wird. Dies ist zwar teilweise nicht mehr unmittelbar Aufgabe einer Vertriebsabteilung, trotzdem sind diese Prozesselemente wichtig für die Kundenzufriedenheit und wirken einer möglichen Buyer›s Remorse entgegen. Der Vertriebsprozess soll jedoch in diesem Beitrag nur ein Randthema sein und zum Verständnis beitragen, wie wir arbeiten.

Zu einem erfolgreichen Vertrieb im Maschinenbau gehört weitaus mehr als eine funktionierende Vertriebsabteilung. Eine Problemstellung des Kunden kann im Geschäft mit Portalmaschinen selten eins zu eins auf Basis der bestehenden Produktpalette abgebildet werden. Häufig ist die Lösung des Kundenproblems das Ergebnis aus der Zusammenarbeit eines ganzen Teams. Es bedarf einer kreativen Mannschaftsleistung mit der Expertise von Anwendern bzw. Applikationsingenieuren, Produktentwicklern, Vertriebsingenieuren und am wichtigsten – von den unterschiedlichen Stakeholdern auf Kundenseite. Die gesamte Organisation ist in den Vertriebsprozess miteinzubinden. Dies geschieht immer mit einem gemeinsamen Ziel: das Vertrauen der Kunden zu verdienen!

Vertrieb im Maschinenbau sollte immer ganzheitlich betrachtet werden. Der Fokus darf sich nicht isoliert auf die direkte Arbeit am Kunden richten. Auch jeder Servicetechniker sollte beim Kundenbesuch an den Vertrieb denken. Viele Abteilungen sind im Hintergrund besonders wichtig, um dem Vertrieb die Arbeit leichter zu machen. Man kann durchaus Parallelen zum Fußball herstellen. Das heißt, das Marketing ist verantwortlich für die Spieleröffnung. Die Bereiche Konstruktion und Entwicklung ziehen im Mittelfeld die Fäden und liefern gemeinsam mit den Flügelspielern (Anwendungstechniker) die Vorlage für den Stürmer (Vertrieb). Um bei dieser Analogie zu bleiben, könnte man sagen, die Serviceabteilung verhindert als Torhüter Angriffe auf das Image des Unternehmens.

Für den Vertrieb lassen sich viele Erfolgsfaktoren benennen und alle sind auf ihre Art wichtig. Eine einfache Aufzählung (ohne Anspruch auf Vollständigkeit) genügt hier, da dies nicht das Kernthema des Beitrags sein soll:
- Technologie
- Qualität
- Preis
- Timing
- Anlagenverfügbarkeit
- Kundenansprache/Werbung/Kommunikation
- Image
- Lieferzeit
- Kundenbeziehung
- Serviceverfügbarkeit/Reaktionszeiten
- Langlebigkeit/Wertbeständigkeit
- …

Neben diesen Erfolgsfaktoren ist es sicher in der Vertriebsarbeit wichtig, dem Kunden richtig zuzuhören, das Problem zu verstehen und dann eine Lösung zu erarbeiten. Doch wenn ich mich auf einen einzigen Erfolgsfaktor festlegen müsste, dann wäre es Resilienz. Anders formuliert kann man auch von Leidensfähigkeit oder Beharrlichkeit sprechen.

Resilienz im Vertrieb

Komplexe Vertriebsprojekte sind häufig geprägt von unzähligen Beratungsgesprächen, die ein finales Lastenheft als Ziel vorsehen. Nicht selten kommt es vor, dass ein Vertriebsmitarbeiter über mehrere Jahre hinweg an einem Projekt bzw. an einem Kunden arbeitet. Teil der Wahrheit ist auch, dass jahrelange Arbeit und unzählige Besuche bzw. investierte Zeit am Ende umsonst gewesen sein können, wenn sich ein Kunde für eine Lösung des Wettbewerbs entscheidet oder das gesamte Projekt aus strategischen Gründen absagt oder längerfristig auf Eis legt. Niederlagen und Rückschläge gehören zu diesem Geschäft genauso wie Erfolgsgeschichten. Um im Maschinenbau langfristigen Erfolg zu haben, ist Resilienz eine Grundvoraussetzung und ein Einstellungskriterium für Vertriebsmitarbeiter. Nur wer Misserfolge intensiv analysiert und die richtigen Schlüsse daraus zieht, kann auf lange Sicht erfolgreich sein.

Wie gehe ich mit Rückschlägen um? Wie kann ich mich jeden Tag neu motivieren, nachdem mein heißestes Projekt um ein Jahr verschoben wurde? Muss ich wirklich zum fünften Mal ins Flugzeug steigen, um einen Kunden in Japan zu besuchen? Warum soll ich den Kunden XY besuchen, wo ich doch weiß, dass der aktuell keine Beschaffung plant? Wie viele Ablehnungen am Telefon kann ich noch ertragen? Warum muss ich mir eine Woche lang zehn Stunden täglich auf einer Messe die Beine in den Bauch stehen?

Resilienz im Vertrieb bedeutet schließlich, den längsten Atem zu haben, beharrlich zu bleiben. Kunden möchten sich wertgeschätzt fühlen, dazu gehört nun mal auch beständiges Anklopfen oder regelmäßiges Feedback erfragen. Es bedarf innerer Stärke, um über Monate hinweg Ablehnung, Vertröstung und Verweigerung zu ertragen. Hierzu gehört eine gute Portion Optimismus, die jeder Vertriebsmitarbeiter von Grund auf an den Tag legen sollte. Gleichzeitig ist es hilfreich, sich auch als Teil eines in sich funktionierenden Teams zu fühlen. Ein Team unterstützt sich gegenseitig in Projekten und gibt wichtige Hinweise bei der Suche nach den besten Lösungen für die Kunden. Bei Besuchen vor Ort ist es immer von Vorteil, nicht auf sich allein gestellt zu sein, sondern einen »Flügelmann« neben sich zu wissen. Dieser kann in kritischen Situationen einspringen oder parallel Antworten auf technisch anspruchsvolle Fragestellungen recherchieren. Ein stabiles Team erzeugt so einen starken Rückhalt bzw. fängt einzelne Teammitglieder auch nach Misserfolgen auf. Für Führungskräfte heißt das, bei Misserfolgen sachlich und nüchtern die Gründe zu analysieren und den Mitarbeiter wieder neu zu motivieren.

Apropos nüchtern: Nächtelange Banketts mit chinesischen Kunden oder ein paar Gläschen Wodka mit dem russischen Vertreter gehören eben auch dazu. Man sollte sich daher für nichts zu schade sein und Freude am Pflegen von Beziehungen zu haben, ist unerlässlich und daher ein fester Bestandteil der Vertriebsarbeit. Auch dabei ist es im Übrigen von Vorteil, einen Kollegen als »Stütze« an seiner Seite zu haben: In China nehmen am abendlichen Geschäftsessen zumeist bis zu zehn Akteure aufseiten des Kunden teil und man möchte (muss) ja mit jedem einmal anstoßen. Übersetzt bedeutet das, man muss sich im Vertrieb auf die jeweilige Kultur des Kunden einlassen. Die ist in jedem Land unterschiedlich. Auch da ist ein gewisses Stehvermögen von Vorteil.

Vieles hat sich diesbezüglich in den vergangenen Jahren geändert. Unser Credo bleibt jedoch nach wie vor die intensive Pflege von persönlichen Kontakten und Kundenbeziehungen. Dies mag in wenigen Ausnahmefällen lästig sein, ganz überwiegend erleben wir unsere langjährigen Kundenbeziehungen in vielerlei Hinsicht aber als echte Bereicherung.

Praxisbeispiel 1:
Die erste Kontaktaufnahme erfolgte über eine Messe. Der Kunde stellte uns zunächst vor eine anspruchsvolle Aufgabe (hochpräzise Dreh-Fräsbearbeitung mit universeller Spannvorrichtung von Aluminiumringen mit einem Durchmesser von bis zu 6 m). Soweit, so gut. Der Vertriebsprozess funktioniert und nimmt seinen Lauf. Angebote werden erstellt, technische Nachfragen beantwortet. Gute drei Jahre, sieben 80-seitige Angebotsrevisionen, ca. 30 Kundenbesuche, 27.000 Autobahnkilometer und unzählige zusätzliche graue Haare später war der größte Einzelauftrag der Firmengeschichte unter Dach und Fach. Der zuständige Vertriebsleiter beantragte daraufhin ein Sabbatjahr. Der Antrag war in diesem Moment als Scherz gemeint, bringt er doch die nervliche Belastung dieses Projekts zum Ausdruck. Nein, im Ernst. Es hat unsere Firma in einem Maße strapaziert, wie wir es bis dato nicht kannten. Der finale Preis wurde letztendlich in einem zehnminütigen Telefonat zwischen CEO und CEO (damals noch Rudolf Gänzle, mein Vater) verhandelt. Gute Vorarbeit ist alles, kann man sagen. Wir haben in diesem Projekt nicht nur erfolgreich einen neuen Kunden akquiriert. Wir konnten Know-how aufbauen, unser Produktprogramm erweitern und jede Menge Anerkennung erfahren.

Praxisbeispiel 2:
Automobilkonzerne ticken anders. Große amerikanische Automobilkonzerne ticken radikal anders. Wie im Beispiel zuvor lief die Verkaufsphase bei einem dieser großen US-Konzerne über mehrere Jahre. Auch in diesem Beispiel gab es acht Angebotsrevisionen und viele Kundenbesuche. Die wesentliche Schwierigkeit in diesem Projekt war es, das »Buying Center« zu verstehen. In der Zusammenarbeit mit Automobilkonzernen hat man es oft mit vielen unterschiedlichen Interessenvertretern zu tun. Die Aufgabe des Vertriebs ist es, folgende Fragen zu beantworten:

»Wer spielt welche Rolle bei der Entscheidungsfindung? Wer entscheidet am Ende? Wer hat welchen Einfluss? Wen muss ich überzeugen?«

Wir hatten in diesem Projekt schnell die Vertreter der Fachabteilung überzeugt und auf unserer Seite. Doch bis wir den Entscheider identifiziert und überzeugt hatten, waren genau drei Fräsvorführungen und zwei Besuche des Managements in unserem Showroom in den USA notwendig. Zum Verständnis: Eine Fräsvorführung zur Herstellung eines spezifischen Kundenbauteils bedeutet die Beschaffung von Werkzeugen, Spannmitteln und – falls nicht schon geschehen – ca. drei Tage Programmierung, zwei Tage geometrische Optimierung einer Maschine, einen Tag Testlauf, einen Tag Fräsbearbeitung mit Videoaufnahmen, einen Tag Aufbereitung der Unterlagen und des Videomaterials, Versand der Bauteile zum Kunden und Nachbesprechung beim Kunden vor Ort.

Ein weiterer wesentlicher Bestandteil der Vertriebsarbeit bei Beschaffungsprojekten von Großkonzernen ist wie auch in diesem speziellen Fall die Prüfung und Verhandlung sämtlicher Dokumente, die man beim Start eines Projektes vom Kunden bereitgestellt bekommt. Wie eine Flutwelle wird man zu Beginn eines Projektes mit »Commercial Terms«, »Terms & Conditions«, »Health & Safety Policies« und sonstigen Unterlagen überschwemmt. Eine ordnungs- und sachgemäße Prüfung aller relevanten Unterlagen ist zwar erforderlich, die Betonung liegt jedoch auf »relevant«. Große, mächtige Konzerne sind diesbezüglich teilweise sehr bequem und schicken alles, was es an Unterlagen gibt, an den potenziellen Lieferanten. Eine interne Vorfiltrierung wäre wohl etwas zu viel verlangt.

Fazit

Resilienz ist nicht nur eine Eigenschaft, die man im Vertrieb von Werkzeugmaschinen benötigt. Resiliente Menschen sind erfolgreicher im Leben. Der Maschinenbau ist eine Branche, in der man Resilienz entweder erlangt – oder man wird nicht langfristig erfolgreich sein. Es gibt keine Alternative. Hier lässt sich leicht eine weitere Parallele zum Sport herstellen. Wenn man in verschiedenen Sportarten nach dem sogenannten »Greatest of All Time« sucht, kommt man nicht an Namen wie Roger Federer im Tennis, Tom Brady im American Football oder Michael Jordan im Basketball vorbei. Die drei Ausnahmesportler haben neben ihrem Talent vor allem eines gemeinsam: Nach Rückschlägen oder Niederlagen sind diese Ausnahmesportler wieder aufgestanden und haben große Erfolge gefeiert, auch wenn die weltweite Presse diese Sportler längst abgeschrieben und kein Experte der Welt mehr an ein erfolgreiches Comeback geglaubt hat. Sie haben gezeigt, dass Resilienz die Grundvoraussetzung für langfristigen Erfolg ist.

Dieser Grundsatz gilt auch ganz besonders für den langfristigen beruflichen Erfolg in der Welt des Maschinenbaus. Wie eingangs beschrieben, besteht der Vertriebsprozess aus mehreren Phasen. Die Praxisbeispiele veranschaulichen, welche Bedeutung Resilienz vor allem in den ersten beiden Phasen (LEAD-Phase und Verkaufsphase) hat.

Doch auch nach erfolgreicher Verkaufsphase, die mit der Vertragsunterzeichnung endet, ist Leidensfähigkeit und Beharrlichkeit die Basis für langfristigen Erfolg. In der Auftragsphase, mit Durchlaufzeiten von bis zu zwölf Monaten, treten immer wieder Unwägbarkeiten und Probleme auf. Das Lösen dieser Probleme ist unsere Berufung. Auch deshalb arbeiten wir getreu dem Motto: »Wenn es einfach wäre, könnte es ja jeder.« Je anspruchsvoller die Aufgabe, je länger die Verkaufsphase, je schwieriger die Umsetzung, desto größer ist am Ende auch die Freude und Genugtuung, wenn man einen Auftrag erhält oder ein Projekt erfolgreich zum Abschluss bringt. Wenn ich eines gelernt habe in meinen sieben Jahren im Maschinenbau, dann ist es die Tatsache, dass es für jedes technische Problem eine technische Lösung gibt (und wenn doch nicht, dann gibt es eine kaufmännische). Die Botschaft sollte klar sein: Wer sich in den Dschungel des weltweiten Maschinenbaus verirrt, sollte eine gute Portion Resilienz an den Tag legen.

Hinweise zum Autor

FRIEDER GÄNZLE

Nach dem Bachelor- und Masterstudium in Unternehmensführung trat Frieder Gänzle zunächst als Trainee in den Familienbetrieb ein. Nach verschiedenen Stationen in der Firma übernahm er anfangs die Verantwortung für den weltweiten Vertrieb. Nach insgesamt fünf Jahren Einarbeitung erfolgte dann die offizielle Staffelstabübergabe und Frieder Gänzle wurde 2018 zum Geschäftsführer bestellt. Er trat damit unmittelbar die Nachfolge seines Vaters Rudolf Gänzle an.

Multi-Brand-Vertrieb mit einer White-Label-Onlineplattform

Nils Brettschneider
Geschäftsführer
Taktsoft GmbH

Guter Vertrieb heißt, eine Brücke zwischen Kunden und Unternehmen zu schlagen. Das weiß man nicht erst, seit die Welt von »Customer Centricity« spricht.

Hier wird ein langjähriges digitales Vertriebsprojekt beschrieben, bei dem die Zeichen der Zeit erkannt wurden. Das Ergebnis ist ein *Multi-Brand-Vertrieb auf Basis einer White-Label-Onlineplattform*. In dieser Bezeichnung stecken zwei Aspekte, die in Kombination schon immer mächtig waren: Marke und Technologie. Doch warum kommt es auf diese Kombination mehr denn je an?

Die unternehmerischen Erfolgsfaktoren der 2020er

Technologie, Kundenzentriertheit und Umsetzungsgeschwindigkeit zusammen machen heute für Unternehmen den entscheidenden Unterschied.

Technologie als Erfolgsfaktor bedeutet, Technologie-Know-how zu haben. Damit ist insbesondere im Kontext der digitalen Transformation Software- und Digitaltechnologie gemeint. Bereits 2011 hat Marc Andreessen dies mit der Prophezeiung »Software is eating the world«[1] treffend ausgedrückt.

Kundenzentriertheit – den Kunden ins Zentrum zu stellen, heißt, Produkte, Prozesse und die eigene Organisation laufend nach den Wünschen und Präferenzen der Kunden auszurichten. Dies steht im starken Kontrast zum traditionellen Vorgehen, erst ein Produkt zu entwickeln, um es dann dem Kunden zu verkaufen.

---

1   Andreessen, M. (2011): Why Software Is Eating The World. In: The Wall Street Journal, 20. August 2011.

Umsetzungsgeschwindigkeit meint, die Fähigkeit von Organisationen Erkenntnisse und Know-how in Ergebnisse zu überführen. Das muss nicht nur an sich, sondern auch immer schneller erfolgen, um wettbewerbsfähig zu bleiben.

sparstrom: Ein Corporate-Start-up, viele neue Marken

Bei der badenova, dem großen Zusammenschluss von Energieversorgungsunternehmen aus der Region Baden mit Sitz in Freiburg, entstand seit 2016 eine neue Art des Vertriebs. Auf den ersten Blick glich die Gründung der Marke *sparstrom* in Form eines eigenen Unternehmens mit Sitz in Köln ähnlichen Projekten großer Konzerne. Doch statt nur eine weitere Marke zusätzlich zur Kernmarke zu gründen, wurde ein Corporate Startup geschaffen, das weit mehr als ein zusätzlicher Vertriebskanal werden sollte.

Bei der sparstrom werden **verschiedene Markenkonzepte** erdacht und direkt im Markt angewendet. Dazu gehört als Anker die eigene Marke sparstrom, die mit ihrem Produktangebot einer jungen Zielgruppe den Wechsel zu einem Ökostromtarif mit einer Kombination aus Leichtigkeit und Spaß nahebringt. Essenzieller Bestandteil ist die Möglichkeit, elektronische Geräte, Handy, Gadgets etc. mit dem Stromtarif zu erwerben bzw. zu finanzieren.

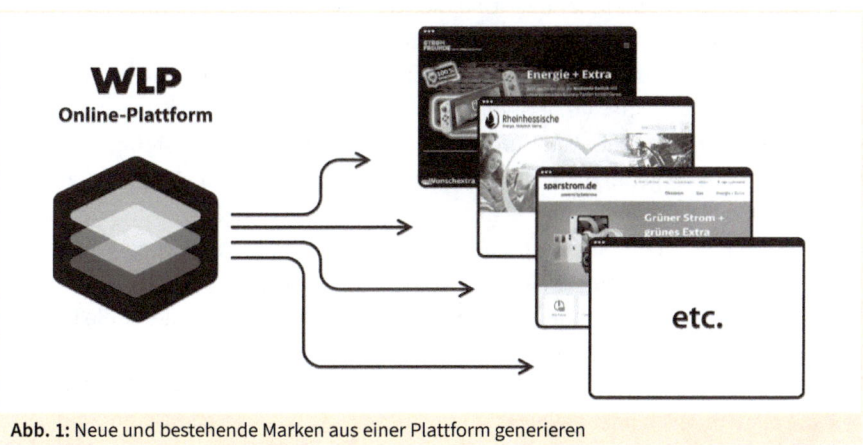

Abb. 1: Neue und bestehende Marken aus einer Plattform generieren

Diese Kombination aus einem Consumerprodukt und einem Laufzeitvertrag, also ein **Produkt-Bundle**, wird jedoch nicht nur für die eigene Marke sparstrom genutzt. Das Konzept wurde auch für die Kernmarke badenova ausgerollt und wird als Service anderen Energieversorgern und Stadtwerken zur Verfügung gestellt. Neben der neuen Marke sparstrom, der Marke badenova, einer neuen, eigens entwickelten Ökostrommarke und den Marken von verschiedenen Energieversorgern werden durch die sparstrom zudem Co-Branding-Projekte und -Projektmarken, z. B. in Zusammenarbeit mit der RTL-Gruppe umgesetzt (vgl. Abbildung 1).

Durch diese neuen Marken und ihre Positionierung kann zielgruppenspezifischer (Beispiel sparstrom) oder kanalspezifischer (Beispiel »Stromfreunde« mit RTL2) kommuniziert werden.

Zwischen starker Marke und personalisiertem Erlebnis: der Nutzen einer Multi-Brand-Strategie

Das Management erfolgreicher Marken beruht auf Erkenntnissen über den Markt (Insights), einer daraus abgeleiteten Positionierung und einer Umsetzung (Creativity), die in ein kontinuierliches Reagieren und Kalibrieren der Markenkommunikation mündet (Tracking). Eine so ausgerichtete und gesteuerte Marketingkommunikation ist der entscheidende Multiplikator für den Vertrieb und den Vertriebserfolg. Eine starke Marke ist ein Business Asset. Ihr Nutzen besteht in Relevanz, Differenzierung und einem nachvollziehbaren Preispremium.

Eine funktionierende Marke aufzubauen, kostet Zeit und Geld. Es erfordert Kontinuität, Ausdauer und Kohärenz, damit Markenwahrnehmung entsteht. Als Alternative zum Aufbau einer Marke werden Data-driven-Businessmethoden gehandelt. Sie werden genutzt, um auf der Basis personenbezogener Daten **personalisierte Erlebnisse** zu schaffen. Dies eröffnet umfassende Möglichkeiten der Kundenansprache. Für Bestandskunden können die vom Kunden zur Verfügung gestellten Daten gut und zum Vorteil des Kunden genutzt werden. Personalisierung ist folglich ein hervorragendes Instrument der Kundenbindung. Den Möglichkeiten datenbasierter Ansätze sind jedoch Grenzen gesetzt. Es gibt gerade im deutschen und europäischen Wirtschaftsraum nachvollziehbare Bedenken in Sachen Datenschutz und eine entsprechende Regulierung. Bei der Gewinnung von Neukunden über digitale Kanäle ist die Nutzung personenbezogener Daten kaum möglich. Hier spielen Marken wieder ihre besondere Stärke aus. Sie schaffen **Sympathie und Differenzierung**, auch wenn eine Personalisierung nicht möglich oder gewünscht ist.

Dennoch spricht eine einzelne Marke nicht jeden und jede Zielgruppe an. Unter einem einzigen Markennamen aufzutreten und zu verkaufen ist jedoch nicht die einzig mögliche Strategie. Will man verschiedenen Nutzern mit verschiedenen Wünschen, Bedürfnissen und Präferenzen, also den verschiedenen Werten und Milieus gerecht werden, kann man mehr als eine Marke nutzen. Verkauft man unter verschiedenen Markennamen und mit verschiedenen Markenkonzepten, spricht man auch von einer Mehrmarken- oder Multi-Brand-Strategie. Der Vorteil: Mehrere Marken lassen sich zielgruppenspezifischer positionieren. Außerdem lassen sich die Kommunikationskanäle, die die Zielgruppe benutzt, passgenau wählen.

Erfolg auf gesättigten Märkten: Worauf es ankommt, wenn alle nur noch Commodities sind

Der Erfolg einer Mehrmarkenstrategie hängt maßgeblich von Marktumfeld ab. Die Strategie, ähnliche und in mancher Hinsicht gleiche Produkte unter verschiedenen Marken anzubieten, ist häufig in wettbewerbsintensiven und gesättigten Märkten anzutreffen, insbesondere bei den sogenannten Commodities. Der hier thematisierte Energiemarkt ist ein ausgezeichnetes Beispiel dafür. Sind Mehrmarkenstrategien also ein Spezialfall für Commodity-Märkte? Das mag in der Vergangenheit so gewesen sein. Inzwischen befinden wir uns jedoch in einer globalen, digitalisierten und vernetzten Welt, in der der Wettbewerber für den Kunden lediglich einen Klick entfernt ist, egal, ob er aus der gleichen Stadt oder von einem anderen Kontinent kommt. Die Herausforderungen, denen sich bisher primär Commodities stellen mussten, werden entsprechend für immer mehr Unternehmen bedeutsam. In gewisser Hinsicht werden alle Produkte zu Commodities. Nachdem das World Wide Web über die letzten Jahre zu erheblich mehr **Transparenz für Kunden** geführt hat, werden aktuell die Hürden für den Anbieterwechsel durch digitale und nutzerfreundliche Prozesse immer niedriger. Gleichzeitig spielen Skaleneffekte immer mehr eine entscheidende Rolle.

Der Vorteil einer Multi-Brand-Strategie in diesem Kontext: Mehrere Marken zu führen heißt nicht, bei jeder Marke die Geschäftsprozesse neu zu entwickeln. Die meisten Strukturen und Ressourcen im Unternehmen von den Finanzen bis zum Fulfillment können gemeinsam genutzt werden. Mehr Kunden durch verschiedene Marken zu erreichen, führt entsprechend zu einer **Degression der Fixkosten** und einer besseren Wettbewerbsfähigkeit. Eine gemeinsame technische Basis und die Nutzung bereits entwickelter Standards, die bei allen Marken gleich sind, führt also pro Marke und pro Kunde zu geringeren Kosten.

Vergleichbar ist dies mit Plattformprinzipien wie man es von Automobilkonzernen kennt: VW und Seat sind unterschiedliche Marken, die Fahrzeuge basieren aber zu einem Großteil auf derselben Plattform. Für die Anwendbarkeit einer Mehrmarkenstrategie müssen die Produkte also nicht gleich sein, sondern nur ähnlich genug. Zudem sollten sie ähnlich genug produziert werden können. Verzahnt man eine solche Produktionsstrategie mit einer passenden Markenstrategie, entstehen ganz neue strategische Möglichkeiten für Unternehmen.

Innovation ist die Stärke neuer Marken

Für ihre konsequente Umsetzung braucht man neue Technologieplattformen

Die Einführung neuer Marken geht in vielen Fällen mit Innovationen beim Produkt oder bei der Produktherstellung einher. Eine Innovation lässt sich ausgezeichnet über eine neue Marke transportieren. Falls zudem organisatorisch auf ein Spin-off oder Start-up gesetzt wird, geht mit einem neuen Markennamen auch immer ein anderes Selbstverständnis einher. Startups sind agiler, können mehr wagen und mehr experimentieren. Die Idee ist, dass sich so neue Fähigkeiten entwickeln, die das Mutterunternehmen noch nicht hat. Es stellt sich dann jedoch irgendwann die Frage, wie das Start-up und seine neuen Fähigkeiten in die vorhandenen Unternehmensstrukturen und deren Leistungsfähigkeit, die dem Start-up in Sachen Produktqualität, Skalierung und effiziente Produktion meist überlegen sind, zurück integriert werden.

Im Fall von sparstrom wurde dies durch die Entwicklung einer neuen Technologieplattform ermöglicht, die als Brücke zwischen dem Start-up sparstrom und der badenova dient. Das Ziel für diese neu zu schaffende Onlineplattform war zum einen die Produkt- und Mehrmarkenstrategie von sparstrom mit einer **einheitlichen technischen Lösung** abbilden zu können. Zum anderen sollten die vorhandenen IT-Infrastrukturen angebunden und die Produkte und Strukturen der badenova genutzt werden. Der Vertrieb von Strom- und Gastarifen über Websites ist aufgrund der vorhandenen Regulierung und der damit einhergehenden Komplexität bei der Berechnung für einen konkreten Kunden oder Haushalt durchaus komplex. Den Prozess mit all den dabei notwendigen IT-Systemen komplett neu abzubilden, so, wie einige Start-ups es in anderen Wirtschaftsbereichen getan haben, ist wirtschaftlich nicht sinnvoll umsetzbar. In jedem Fall nicht in einem Schritt oder mit einer einzigen Softwarelösung.

Die Verbindung von Technologie und Marke in einer eigenen Onlineplattform

Die Aufgabenstellung eine Mehrmarkenstrategie in einem bestehenden Umfeld zu etablieren, erfordert die Kombination aus Expertise in Markenmanagement und IT-Systemen. Die Wahl der badenova für die Umsetzung der neuen Onlineplattform fiel auf eine Kooperation der Dienstleister Radikant als Branding und Corporate-Design-Agentur und Taktsoft als Softwareentwicklungsunternehmen. Beide Dienstleister arbeiten eng zusammen und führen ihre spezialisierte Expertise in gemeinsamen Teams zusammen. Organisiert werden die Teams nach der Scrummethode zur agilen Produktentwicklung.

Technisch machten die Anforderungen an die Mehrmarkenstrategie eine mandantenfähige Onlineplattform notwendig. In einem Vorprojekt wurden verschiedene vorhandene IT- und Onlineshopsysteme auf ihre Eignung hin untersucht. Abgesehen von der **Mandantenfähigkeit** mussten diverse Kriterien erfüllt werden, denn Stromtarife sind keine Standardprodukte und **Bundling** von Tarifen mit physischen Produkten keine Standardfunktion von Onlineshops. Von den verglichenen Shoplösungen konnte kein System die Anforderungen in Gänze erfüllen. Die Wahl fiel daher schließlich auf eine Softwarearchitektur, die möglichst viele darunter liegende Systeme direkt in einer neu zu entwickelnden Onlineplattform integriert. In dieser Onlineplattform werden Markenaspekte, E-Commerce-Funktionen und die darunter liegenden IT-Systeme in einer mandantenfähigen Webanwendung auf Basis des Ruby-on-Rails Frameworks zusammengeführt. Das so neu geschaffene User Interface, also die für den Erfolg der Plattform so entscheidende Kundenschnittstelle, ist folglich eine eigene, unabhängige Anwendung, deren Funktionalität vollständig nach dem zugrunde liegenden Business Case ausgerichtet werden kann. Aufgrund der tief in dieser Anwendung verankerten Mandantenfähigkeit und damit der Fähigkeit, eine White-Label-Kundenschnittstelle abbilden zu können, führte zum Begriff White-Label-Plattform oder kurz WLP als Bezeichnung der Onlineplattform (vgl. Abb. 1).

Eine neue Onlinekundenschnittstelle zur Integration der vorhandenen IT-Systeme

Eine Onlineplattform soll für den Nutzer möglichst einfach zu bedienen sein. Dient der darin enthaltene Onlineshop dem Vertrieb von Produkten, ist dies besonders wichtig. Dies gilt umso mehr, wenn kein physisches Produkt verkauft wird, sondern – wie im vorliegenden Beispiel – ein Vertrag bzw. Stromtarif. Der Kauf soll mit möglichst geringen Hürden verbunden sein. Der Onlineshop ist im besten Fall selbst schon ein Kundenerlebnis, bietet also eine tolle **User Experience (UX)**. Betrachtet man alle Faktoren und Kontaktpunkte des Kunden wie die Lieferung oder Kommunikation nach dem Kauf, geht es vielmehr sogar um eine tolle **Customer Experience (CX)**.

Damit ein Onlineshop eine ganzheitliche User und Customer Experience auf hohem Niveau bieten kann, muss eine Vielzahl an IT-Systemen funktionieren und ineinandergreifen. Beim Vertrieb von Strom- und Gastarifen ist schon die Berechnung des Preises eine Herausforderung, da der konkrete Preis von verschiedenen Faktoren abhängt, von denen einer beispielsweise die Anschrift des Kunden ist. Neben dieser Liveberechnung des Angebotspreises müssen andere vorgelagerte oder ausgelagerte Vorgänge wie die Preiskalkulation, verschiedene Zahlungsanbieter und Bonitätsberechnungen angebunden werden. Neben den IT-Systemen, die vor und rund um die Bestellung benötigt werden, spielen noch andere Softwaresysteme eine wichtige Rolle, denn nach der Bestellung müssen die Kundendaten weiterverarbeitet und an die Lieferlogistik und in die Systeme von Buchhaltung und Kundenservice übergeben werden.

Für eine exzellente Customer Experience müssen sämtliche Prozesse und Systeme mit Blick auf den Kunden aufeinander abgestimmt werden. Es muss »Ende zu Ende« gedacht werden. Das IT-System, das die Bestellung entgegennimmt, mag ein anderes sein als das System, das eine E-Mail an den Kunden verschickt, sobald die Lieferung des mit dem neu abgeschlossenen Gasvertrag als Bundle gekauften Handys auf dem Weg ist. Für den Kunden sind es jedoch nur die verschiedenen Schritte seiner Kommunikation mit dem Unternehmen. Für ihn ist es irrelevant, dass sich dahinter verschiedene IT-Systeme verbergen. Der Kunde erwartet einheitliche und zusammenhängende Kundenschnittstellen, einen unkomplizierten Ablauf und klare Kommunikation. Was für den Kunden einfach aussehen soll, ist jedoch unter der Haube nicht so einfach zu erreichen.

Verbindet man verschiedene IT-Systeme so miteinander, dass Prozesse über die Systeme hinweg abgebildet werden können, ergeben sich spezielle Herausforderungen. Zwischen den Systemen müssen technische Schnittstellen geschaffen oder angepasst werden. Systeme speichern Daten intern unterschiedlich, was geklärt und angeglichen werden muss. Sogar die Bedeutung und Interpretation eines Datensatzes kann in verschiedenen Softwareanwendungen unterschiedlich sein. Das Zusammenspiel von Daten und IT-Systemen wird also durchaus komplex, wenn mehrere IT-Systeme, die alle mit verschiedenen Hintergründen, Zielsetzungen und einer eigenen Historie entwickelt und aufgesetzt wurden, zusammen einen neuen Geschäftsprozess, ein neues Ganzes abbilden müssen.

Mehr Klarheit durch Anwendungslayer

IT-Projekte, die verschiedene Systeme integrieren, schaffen es manchmal nur mit Mühe, Prozesse erfolgreich abzubilden. Die Integration kann durch die verschlungene Realität und die gewachsenen Strukturen von IT-Systemen erheblich gebremst werden.

Um im vorliegenden Fall der WLP all die IT-Systeme so miteinander zu integrieren, dass der Kunde und die Customer Experience im Vordergrund stehen und nicht die IT-Systeme, hat bei der WLP ein Denkmodell aus der Softwarearchitektur geholfen[2]. Die verschiedenen Anwendungen und IT-Systeme werden dazu, wie in Abbildung 2 zu sehen ist, konzeptionell einer Ebene oder Schicht zugeordnet, aus der sich einerseits ihre Funktion und andererseits die Zuständigkeit einer bestimmten Organisationseinheit oder eines bestimmten Softwaredienstleisters ergibt.

---

2   Vgl. Synak, T./Thielking, M. (2018): Die IT der zwei Geschwindigkeiten & API-Managementlösungen vs. Legacy-IT. https://jaxenter.de/api-management-legacy-it-68202, Abrufdatum: 19.03.2021.

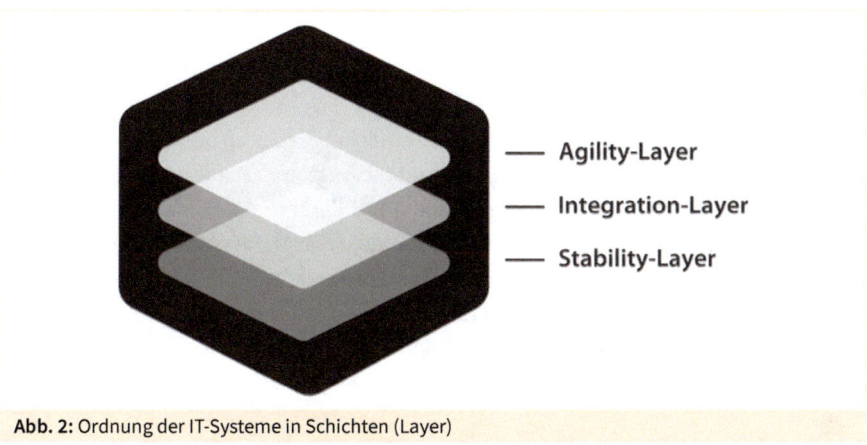

Abb. 2: Ordnung der IT-Systeme in Schichten (Layer)

Auf der untersten Ebene, dem **Stability-Layer**, werden die IT-Systeme eingeordnet, die Geschäftsvorfälle buchen, also z. B. ERP-Software (ERP = Enterprise Resource Planning). Bei der WLP sind dies verschiedene SAP-Systeme und das in der Energiebranche verbreitete ERP-System Lima. Bei diesen Systemen erwartet man Stabilität im Betrieb und in ihrer internen Logik. Sie sollen nicht für jede kleine kundengetriebene Anpassung geändert werden müssen.

Die oberste Ebene, der **Agility Layer**, ist dagegen für die Customer Experience zuständig. Im vorliegenden Fall ist die WLP das wesentliche System des Agility Layers. Hier können und sollen Änderungen schnell, agil und marktgetrieben umgesetzt werden, ohne dass dadurch zu viele andere IT-Systeme geändert werden müssen. Die Brücke zwischen diesen beiden Layern bildet der **Integration Layer**. In ihm werden Querschnittsaspekte wie z. B. der Kundenlogin abgebildet und Brücken zwischen den dynamischen Webanwendungen und Apps im Agility Layer und den Systemen im Stability Layer geschlagen. In Abbildung 3 ist die Funktion der drei Layer visualisiert.

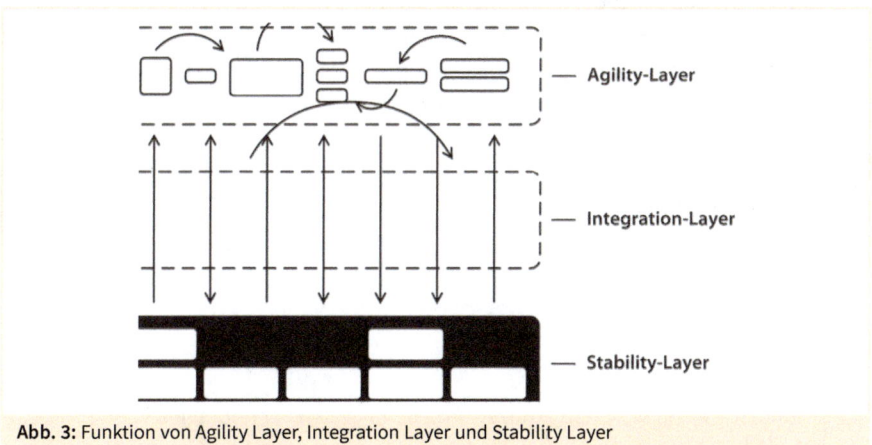

Abb. 3: Funktion von Agility Layer, Integration Layer und Stability Layer

Die Einteilung der IT-Systemlandschaft in diese drei Layer und die primäre Verortung der WLP im Agility Layer führten zu mehr Klarheit bezüglich der Ansprüche, der Rollen und der Verantwortlichkeiten der verschiedenen IT-Systeme. Das Zusammenführen dieser Systeme unter einer einheitlichen Oberfläche, die durch die WLP bereitgestellt wird, konnte so erfolgreich und mit Fokus auf die Customer Experience durchgeführt werden. Dies macht auch das Gesamtsystem modularer und flexibler. Beispielsweise wurde im Lauf der Jahre für einen der Mandanten der WLP nicht SAP, sondern ein anderes ERP-System angebunden. Um dies zu realisieren, musste nicht die komplette Anwendung neu oder parallel aufgesetzt werden. Stattdessen wurde eine neue Integration geschaffen, die sich gut in die WLP einfügen ließ.

Erfolg durch die Kombination von Effizienz und Kundenorientierung

Standardisierung und Effizienzgedanken können zu Lasten der Kundenorientierung gehen. Kundenzentriertheit sollte andersherum natürlich nicht zu schlechteren wirtschaftlichen Ergebnissen führen. Durch eine eigene Onlineplattform konnte die badenova Wettbewerbsvorteile implementieren, indem die Fähigkeiten verschiedener IT-Systeme in der WLP zusammengeführt wurden. Auf dieser einheitlichen Basis wurden verschiedene Marken und Markenkonzepte ausgerollt. Ermöglicht wurde dies durch die Mandantenfähigkeit der Onlineplattform. Die Marken verwenden die technischen Fähigkeiten der Plattform, um ein auf das jeweilige Zielgruppensegment zugeschnittenes Produktangebot zu schaffen. Dazu werden eigene, ganz neue Energietarife in Kombination mit passenden Konsumgütern als Produkt-Bundle exklusiv unter einem Mandanten und einer Marke angeboten. Durch das attraktive Angebot konnten **neue Zielgruppen und Kundensegmente** erschlossen werden. Hätte man entsprechende Produkte unter einer einzigen Marke angeboten, wäre dies für die Kunden weniger übersichtlich und nachvollziehbar. Durch ein markantes und attraktives Angebot konnte sparstrom verschiedene **Nischen rentabel besetzen**. Dies wäre der sparstrom nicht ohne die badenova im Hintergrund gelungen. Denn das Potenzial solcher Konzepte, die es schaffen, Skalierung im Hintergrund und Differenzierung im Vordergrund zusammenzubringen, lässt sich insbesondere durch etablierte Unternehmen erschließen, die bereits eine gewisse Produktqualität und ein ausreichendes Mengengerüst mitbringen.

Die digitalen Kundenschnittstellen als essenzielle Fähigkeit von Unternehmen

Die Kombination von Marketingkonzepten und digitalen Technologien bringt seit einigen Jahren in schnellem Takt neue Vertriebswege hervor. Dies wird getrieben und ermöglicht durch immer raffiniertere Formen vernetzter digitaler Kommunikation. Die Kundenkommunikation ist Teil der digitalen Transformation und für Unternehmen eine Herausforderung. Gerade die Kundenkommunikation sollte von Unternehmen jedoch als Chance wahrgenommen werden. Die hier vorgestellte White-Label-Plattform ist noch ein recht simples Beispiel für das Potenzial digitaler Kundenkommunikation. Denkt man an die Perspektiven, die beispielsweise maschinelles Lernen bietet, so wird es in den nächsten Jahren noch mehr Personalisierung und Automatisierung in Kommunikationsplattformen geben.

Das Aufkommen neuer Technologien ist mit großen Erwartungen verbunden, die nicht immer erfüllt werden. Manche Schritte der technologischen Entwicklung sollte man entsprechend abwarten. **Die Fähigkeit, Kunden über integrierte, digitale Plattformen bedienen zu können, ist jedoch als einzelnen Technologien übergeordnet zu betrachten und sollte in Unternehmen konsequent auf- und ausgebaut werden**. Software verschiedener Ebenen über Medienbrüche hinweg zu kombinieren, eröffnet Chancen für eine tatsächliche und vom Kunden wahrnehmbare Differenzierung am Markt. Ohne entsprechende Projekte wird sich in der Organisation kein Verständnis für die Feinheiten der Operationalisierung digitaler Vertriebswege und keine Erfahrung mit softwarebasierten Vertriebsmodellen aufbauen. Die badenova hat mit ihrem WLP-Projekt etwas unternommen. Andere sollten es auch tun, um den Kontakt mit Kunden und die Kundenbeziehung nicht an neue »digitale Player« zu verlieren. Es gilt vielmehr zu lernen, digitale Vertriebswege selbst erfolgreich aufzubauen und zu nutzen.

Lessons Learned

- Eine Mehrmarkenstrategie eröffnet Kooperationsmöglichkeiten mit Partnerunternehmen und erlaubt die zielgerichtete Ansprache neuer Kundensegmente über digitale Vertriebswege.
- Auch wenn eine neue Onlineplattform nicht alle vorhandenen IT-Systeme ersetzen kann und sollte, kann sie als einheitliche Kundenschnittstelle eine exzellente Customer Experience schaffen und die vorhandenen IT-Systeme integrieren.
- Die Einteilung in Layer und der modulare Aufbau einer Onlineplattform machen Integrationen mit vorhandenen IT-System-Landschaften einfacher möglich, da die IT-Systeme des jeweiligen Anwendungskontexts leichter angebunden werden können. Diese Flexibilität ist besonders wichtig, da sich eine Onlineplattform, getrieben durch den Markt, ständig weiterentwickeln und anpassen muss.
- Der Aufbau eigener digitaler Vertriebswege und die Beherrschung der Kundenschnittstelle ist gelebte digitale Transformation, macht Unternehmen handlungsfähiger und stellt die Weichen für Erfolg und Wachstum.

Literaturverzeichnis

Andreessen, M. (2011): Why Software Is Eating The World. In: The Wall Street Journal,
20. August 2011.

Synak, T./Thielking, M. (2018): Die IT der zwei Geschwindigkeiten & API-Managementlösungen vs. Legacy-IT. https://jaxenter.de/api-management-legacy-it-68202 Abrufdatum:
19.03.2021.

Hinweise zum Autor

NILS BRETTSCHNEIDER

Nils Brettschneider ist seit 2008 als Unternehmer und Geschäftsführer mit den Unternehmen Taktsoft, Radikant, ruhmesmeile und yellowborate im Umfeld der digitalen Transformation tätig. Durch seine Schnittstellenkompetenz zwischen Software und Marketing, Prozess- und Organisations-Know-how sorgt er für Synergie und das Gelingen in den verschiedensten firmenübergreifenden Projekten.

Im IT-Vertrieb ändern sich die Regeln

Volker Lopp
Unternehmensberater
Volker Lopp – OptimierungsManagement/Milz & Comp. Partner

Die IT-Beschaffung im Wandel

Vor über 15 Jahren habe ich meine Tätigkeit als selbstständiger Berater in der IT-Beschaffung begonnen. Zugegeben, am Anfang war ich selbst überrascht, dass es hierfür überhaupt einen Bedarf gibt. Bei meinen früheren Tätigkeiten im Vertrieb hatte ich ausnahmslos mit Mitarbeitern der IT-Abteilungen zu tun. Als ich dann selbst IT-Leiter wurde, musste ich bei einem Großprojekt meinen Einkaufsleiter fast dazu zwingen, überhaupt an den Verhandlungen teilzunehmen.

Als selbstständiger Unternehmensberater habe ich in den vergangenen Jahren zahlreichen großen Unternehmen dabei geholfen, einen IT-Einkauf aufzubauen. Bei den meisten Konzernen ist es inzwischen eine Selbstverständlichkeit, dass es einen IT-Einkauf gibt. Ebenso hat sich inzwischen der gehobene Mittelstand gut im Hinblick darauf positioniert, eine solche Abteilung bzw. ein solches Team zu schaffen.

Jedoch hängt, meiner Beobachtung nach, der IT-Vertrieb dieser Entwicklung deutlich hinterher. Während die Beschaffung von IT-Gütern und IT-Dienstleistungen auf ein völlig neues Level gehoben wird, ist dies vielen IT-Vertriebsmitarbeitern nicht wirklich bewusst, geschweige denn, dass sie eine Antwort darauf hätten.

Schauen wir uns kurz an, worin die Unterschiede bestehen, wenn es nur einen IT-Bereich gibt oder ein gemischtes Team aus IT-Bereich und IT-Einkauf. Der Klarheit halber sei hier darauf hingewiesen, dass IT-Bereich als Synonym zu verstehen ist für die Menschen, die fachlich und technisch die Auswahl eines Produktes oder Dienstleisters vornehmen. Dies kann also auch den »normalen« Fachbereich beinhalten.

Thema	IT-Bereich ohne IT-Einkauf	IT-Bereich mit IT-Einkauf
Bedarfsanalyse	Eher weniger strukturierte Bedarfsanalyse	Eher strukturierte Bedarfsanalyse
Lastenheft	Teilweise vorhanden	Meistens vorhanden
Auswahlprozess	Eher chaotisch organisiert, dafür aber an Funktionalität der Lösung orientiert, stark geprägt von den Vorlieben der Führungskraft	Eher klar strukturierter Prozess mit festen Terminen und Zeitvorgaben, Auswahl orientiert sich stark am Lastenheft
Vertragsverhandlungen	Eher einfach durchführbar	Eher herausfordernd
Preisverhandlungen	Eher gut vorhersehbar, mitunter aber irrationale Entscheidungen	Eher herausfordernd, aber rational
Operativer Beschaffungsprozess (Unterschriften, Bestellungen, Bezahlung ...)	Eher langwierig und chaotisch	Strukturiert, mit klarem Ansprechpartner

Tab. 1: Unterschiede bei der IT-Beschaffung

Tabelle 1 gibt eine grobe Orientierung über die unterschiedliche Vorgehensweise bei der IT-Beschaffung. Es gibt selbstverständlich auch IT-Abteilungen, die keinen IT-Einkauf haben und dennoch hervorragend organisiert sind. Nach meiner Erfahrung ist dies jedoch eher die Ausnahme. Umgekehrt gibt es natürlich auch IT-Einkaufsabteilungen, die »suboptimal« funktionieren. Die Unterschiede liegen vor allem darin begründet, dass die Aufgabe der IT-Abteilung in der technischen Bereitstellung von Hardware oder Software liegt. Eine strukturierte Vorgehensweise ist dabei nur bedingt gegeben und zudem werden die kaufmännischen und juristischen Themen eher als lästig empfunden. Ganz anders bei einem IT-Einkauf, der vor allem für die kaufmännischen und juristischen Themen verantwortlich ist und eher strukturiert vorgeht.

Für den IT-Vertrieb ergeben sich hieraus sowohl Chancen als auch Risiken. Die Chancen liegen darin, dass der gesamte Auswahl- und Beschaffungsprozess typischerweise deutlich strukturierter erfolgt. Es ist davon auszugehen, dass der Bedarf klarer formuliert wird und es einen Ansprechpartner gibt, der kompetent auf kaufmännische und juristische Fragen Antworten geben kann. Für die Angebotserstellung ergibt sich somit eine deutlich höherwertige Basis mit weniger Unwägbarkeiten. Daraus folgend sollte der Vertriebsaufwand sinken. Bei den Risiken ist vor allem das Thema Beziehungsmanagement hervorzuheben. Während herkömmlich noch recht gut durch ein erfolgreiches Beziehungsmanagement verkauft werden kann, wird dies in der »neuen« Welt deutlich schwieriger, wenn man nicht einige Regeln beachtet. Auch werden Preisgespräche und juristische Verhandlungen mit einem IT-Einkauf sicherlich intensiver geführt.

Doch was erlebe ich immer wieder? IT-Vertriebsmitarbeiter, die völlig überrascht sind, dass es einen IT-Einkäufer gibt und dieser über den Vertrag oder den Preis verhandeln will.

Positionierung des IT-Vertriebs

Was ist also zu tun, damit der IT-Vertrieb den größtmöglichen Nutzen generieren kann? Ergreifen Sie die bekannten Vertriebswerkzeuge! In diesem konkreten Fall geht es darum, das »Buying Center« zu benennen: Wer ist alles in die Beschaffung involviert, wer hat ein Mitspracherecht, wer hat die Entscheidungsbefugnis und wer kann die Entscheidung verzögern. Reden Sie mit Ihrem Ansprechpartner und fragen Sie ihn, wie der Beschaffungsprozess in seinem Unternehmen funktioniert. Sobald die entsprechenden Funktionen und die dazugehörigen Menschen bekannt sind, gilt es, sich eine Strategie zu erarbeiten, um diese Funktionen bzw. Menschen adäquat zu betreuen und zu beeinflussen.

Leider muss ich immer wieder erleben, dass Vertriebsmitarbeiter versuchen, mich, den IT-Einkäufer, von ihrem Produkt zu überzeugen. Hier muss mit einem klaren Mythos aufgeräumt werden: In der Regel ist der IT-Einkäufer weder in der Lage noch daran interessiert, ein Produkt oder eine Dienstleistung selbst bewerten zu können. Dafür benötigt er immer den einkaufenden Fachbereich. Der IT-Vertrieb sollte deshalb beim IT-Einkauf immer nur rudimentär die Vorzüge des Produktes oder der Dienstleistung anreißen. Der Schwerpunkt sollte an dieser Stelle vielmehr auf der eleganten Vertragsgestaltung, der flexiblen Unterstützung des Beschaffungsprozesses und der einfachen und transparenten Rechnungsstellung liegen. Erst vor Kurzem habe ich bei einem meiner Kunden eine größere Ausschreibung durchgeführt. Einer der Bieter hatte mit den Angebotsunterlagen zehn (!) weitere Dokumente beigefügt, die auf eine zukünftige Ausweitung der Geschäftsbeziehung aufmerksam machen sollten. Tatsächlich war genau dies kontraproduktiv. Denn ich musste aus den Unmengen von Dokumenten die aktuell relevanten heraussuchen. Meine Einstellung zu diesem Lieferanten war somit direkt negativ besetzt, da er bei mir Mehrarbeit verursacht hatte.

Der IT-Einkauf gliedert sich typischerweise in zwei Bereiche auf: den operativen und den strategischen IT-Einkauf. Während der operative IT-Einkauf sich um die administrativen Prozesse kümmert, liegt der Fokus des strategischen IT-Einkaufs auf der langfristigen Zusammenarbeit und den größeren Beschaffungen.

Im operativen IT-Einkauf werden die Routinetätigkeiten durchgeführt, die meist mit der Auftragserteilung beginnen. Dieser Bereich der Beschaffungsorganisation wird also eher Berührungspunkte mit dem Backoffice des Vertriebes haben. Eine gute Zusammenarbeit ist hier für eine prompte Auftragserteilung und spätere Bezahlung durchaus wichtig. Auch die immer weiter um sich greifende Flut an Portalen sollte hier aufgegriffen werden. Gibt es Portale, die für die kaufmännischen Themen genutzt werden sollen, so ist der operative IT-Einkauf meist der richtige Ansprechpartner. Die gute Kommunikation auf Sachbearbeiterebene gehört deshalb zur Kür der Zusammenarbeit.

Der strategische IT-Einkauf dagegen ist meist recht früh involviert. Im IT-Vertrieb wird man üblicherweise versuchen, entweder über den herausragenden Funktionsumfang oder ein vertrauensvolles Beziehungsmanagement zu verkaufen. In beiden Fällen ist der strategische IT-Einkauf eher hinderlich und sollte deshalb eher spät involviert werden. Je nachdem, wie stark jedoch der strategische IT-Einkauf beim Kunden aufgestellt ist, kann es passieren, dass sich der strategische IT-Einkäufer übergangen fühlt, wenn er zu spät einbezogen wird. Mögliche Reaktionen wären dann, das ganze Projekt zurück auf Los zu schicken und eine ergebnisoffene Ausschreibung durchzuführen oder das Projekt zu behindern, indem zunächst interne Grundsatzfragen geklärt werden. In beiden Fällen würden deutliche Vertriebsressourcen verschwendet und die Chance auf den Auftrag würde zumindest geringer werden. Es gilt also, den richtigen Zeitpunkt zu finden, den strategischen IT-Einkauf proaktiv einzubinden. Der gute strategische IT-Einkäufer wird es Ihnen danken und sicherlich vertrauensvoller mit Ihnen zusammenarbeiten.

Konkrete Umsetzung

Ist der Kontakt hergestellt, gilt es, den strategischen IT-Einkäufer früh nach seinen Bedürfnissen zu fragen. Natürlich gibt es hier auch eine gehörige Bandbreite. Allerdings ist vielen IT-Einkäufern ein einfaches Vertragswerk (vor allem bei Software) und eine einfache Abrechnungsmodalität wichtig. Sollte eines dieser beiden Themen vertriebsseitig nicht gegeben sein, sollte der Vertrieb entsprechende Hilfe anbieten. Bei meinen Kunden und Seminarteilnehmern beobachte ich, dass ca. 70 % der IT-Einkäufer aus dem kaufmännischen Umfeld kommen und lediglich ca. 30 % einen (IT-)technischen Hintergrund haben. Deshalb darf es nicht verwundern, dass sich die IT-Beschaffer eher um die kaufmännischen Themen kümmern. Funktionen des Produktes oder Alleinstellungsmerkmale gehören dabei nicht dazu. Dagegen werden ein professioneller Umgang, verbindliche Zusagen und gut strukturierte Angebote sehr wertgeschätzt. Der strategische IT-Einkäufer wird immer einen Rückschluss vom Angebot auf das Produkt ziehen. Überzeugen das Angebot oder die Kommunikation nicht, wird er dies auf das Produkt oder die Dienstleistung projizieren. Auch hier gilt: Machen Sie Ihren Kunden das Leben leicht. Es muss einfach sein, Ihr Angebot zu lesen und es muss einfach sein, bei Ihnen zu bestellen.

Selbstverständlich wird der IT-Einkauf auch mit Ihnen über den Preis reden. Aufgrund der deutlichen Unterschiede möchte ich deshalb hier auf die verschiedenen Felder des Pricings und der vorausschauenden Vertragsgestaltung eingehen.

Hardware

Bei der Hardware ist es für den Vertrieb wichtig, die durchaus vorhandene Vergleichbarkeit weitgehend zu negieren. Dabei ist der IT-Vertrieb sehr stark auf die Unterstützung der IT-Abteilung angewiesen. Diese sollte letztlich diejenige sein, die dem IT-Einkauf erklärt, warum die Produkte von Hersteller A und Hersteller B nicht austauschbar sind oder nur mit sehr großem und damit teurem Aufwand. Der Fokus muss sehr stark auf der Informationsvermittlung der Alleinstellungsmerkmale beim IT-Bereich liegen bzw. warum die eigenen Produkte viel einfacher zu implementieren sind als die Konkurrenzprodukte. Hierüber lässt sich dann auch ein (etwas) höherer Preis rechtfertigen. Ein guter IT-Einkauf wird dennoch versuchen, Sie immer wieder mit den anderen Herstellern zu vergleichen und deren Preise als Benchmark hinzuziehen. Der Vertrieb sollte also entsprechend vorbereitet sein und bei der Argumentation eine gewisse Beharrlichkeit an den Tag legen. Auf der Vertragsseite lohnt es sich, möglichst Jahresvereinbarungen zum Preis bzw. zum Discount zu treffen. Hier gilt wie bei den anderen Kategorien: Machen Sie es dem IT-Einkauf leicht, Ihre Produkte wieder und wieder zu bestellen, ohne jedes Mal neu verhandeln zu müssen. Aufgrund der Preisschwankungen bzw. der Preisdegression auf dem Hardwaremarkt eignen sich längere Laufzeiten meistens nicht. Aber so ist unterjährig ein geringerer Vertriebsaufwand gesetzt und ein höherer Umsatz wahrscheinlich.

Software

Nur in wenigen Fällen sind Softwareprodukte direkt vergleichbar. Meistens unterscheiden sich die Benutzerführung, der Funktionsumfang oder die technischen Voraussetzungen so deutlich, dass darin der Schlüssel zum Erfolg schlechthin liegt. Finden Sie also heraus, wofür das Herz des Fachbereiches schlägt und zeigen Sie die passenden Besonderheiten auf. Der IT-Einkauf hat dann fast keine Möglichkeit mehr, von dieser Wahrnehmung abzuweichen, sodass ein echter Preisvergleich nicht mehr durchführbar sein wird. Der geschulte IT-Einkäufer wird versuchen, wenigstens bei einigen kleineren Feldern noch etwas Rabatt oder ein anderes Entgegenkommen zu erhalten. Tun Sie ihm den Gefallen! Ist die Software bereits eingeführt, sollte der weitere Ausbau durch weitere Benutzer bzw. weitere Module für den geschulten IT-Vertrieb kein größeres Problem darstellen.

Um den Vertriebsaufwand für das Zukunftsgeschäft weiter zu reduzieren, sollten gezielt Preisvereinbarungen für weitere Nutzer, Standorte, Module o. ä. vereinbart werden. Damit entsteht zwar einmalig ein höherer Aufwand für die entsprechenden Themen, aber der Fachbereich kann im Anschluss sehr einfach aus diesem Katalog »abrufen« und der strategische IT-Einkauf wird sich nicht mehr einmischen. Dabei sollten die Themenfelder sehr großzügig ausgelegt und eher zu viele als zu wenige

Themen aufgenommen werden. Hier hilft es, deutlich langfristig und strategisch zu planen und die Vereinbarungen entsprechend zu gestalten. Der strategische IT-Einkauf wird dies wohlwollend unterstützen. Dies ist also ein klassischer Win-Win: Ist sie einmal erstellt, bedeutet diese Preisvereinbarung für den IT-Einkauf und den IT-Vertrieb weniger Arbeit. Für den IT-Vertrieb besteht darüber hinaus die Chance, über klassisches Beziehungsmanagement und coole Funktionen einfacher mehr Produkte oder Dienstleistungen platzieren zu können und ergo mehr Umsatz zu generieren.

Dienstleistung

Bei der Dienstleistung gilt es ebenso, großzügige Vereinbarungen zu treffen sowie langfristig und strategisch zu planen. Dem Fachbereich sollte es möglichst einfach gemacht werden, bei Ihnen die passende Dienstleistung abzurufen, ohne dass sich der strategische IT-Einkauf einschalten **will**. Eine langfristige Rahmenvereinbarung ist daher auch hier das Mittel der Wahl. Je nach genauem Themen- und Aufgabenspektrum bieten sich hier unterschiedliche Modelle an. Bei sehr unklarer Mengenabschätzung könnten Festpreise kombiniert mit Bonusmodellen ein gutes Werkzeug sein. Bei sehr stark schwankenden Projektgrößen hingegen Staffelpreise. Auch Naturalrabatte in Form von zusätzlichen Dienstleistungen, insbesondere solchen, die eigentlich nicht (direkt) auf der Agenda stehen, sind überzeugende Argumente, um die eigene Preisvorstellung für den IT-Vertrieb durchzusetzen und gleichzeitig den Dienstleistungsumfang langfristig auszudehnen.

IT-Einkäufer sind meistens deutlich überlastet, weshalb sie immer wieder versuchen, sich den Alltag in Form von langfristigen Vereinbarungen zu erleichtern. Andererseits ist das Verhandeln um den besten Vertrag und den besten Preis der eigene sportliche Antrieb. Nehmen Sie es also auch sportlich und ringen Sie gemeinsam um die beste Lösung und den besten Preis. Kreativität bei der Lösungsfindung zahlt sich aus. So können eigene Lizenzmodelle entwickelt werden, Preise in USD oder an die Entwicklung des USD vereinbart werden, Jahresverträge auf Drei-Jahres-Verträge ausgedehnt werden, statt einer jährlichen Verlängerung kann eine jährliche Kündigungsmöglichkeit vereinbart werden und vieles mehr. Insbesondere bei der langfristigen Zusammenarbeit lohnt sich die enge Kooperation mit dem strategischen IT-Einkauf. Durch die oben beschriebenen langfristigen Vereinbarungen sinkt der Vertriebsaufwand und gleichzeitig sollte der Umsatz steigen. Legen Sie dagegen Wert auf schnelle, kurzfristige Erfolge, dann wird Sie der strategische IT-Einkauf eher daran hindern.

Entweder über konkrete Zielvereinbarung oder über die allgemeine Wertschätzung werden IT-Einkäufer an den erzielten Verhandlungserfolgen gemessen. Also seien Sie darauf vorbereitet. Der gute Vertrieb hat immer etwas dabei, mit dem der IT-Einkauf »beglückt« werden kann. Vielleicht 5 % bei der Position 1, 7 % bei der Position 2,

Position 3 hat keinen Spielraum, »da legen wir schon fast drauf« etc. Sollte der IT-Einkauf entgegen den Erwartungen nicht auf einen Rabatt pochen, sollten Sie dies als Geschenk mitnehmen und bei der Lieferung bzw. Leistungserfüllung großzügig sein.

Alte Einkäuferweisheit:

Rabatt, lieber Einkäufer, lass dir sagen, wird vorher immer aufgeschlagen.

Genau diesen Rabatt will der IT-Einkäufer deshalb holen, gerne auch etwas mehr. Ohnehin ist es für den IT-Einkäufer kaum nachzuvollziehen, wie sich die Preise ermitteln. Zu groß ist die Bandbreite dessen, was der IT-Einkäufer beschafft. Heute eine Personalsoftware, morgen Entwickler und übermorgen neue Server für das Rechenzentrum. In aller Regel wird der IT-Einkauf deshalb versuchen, einen Marktpreis zu bekommen und mit anderen Wettbewerbern zu vergleichen. An dieser Stelle muss dann die IT-Abteilung für den Vertrieb sprechen können. »Bestes Produkt, überragende Eigenschaften, Alleinstellung am Markt« und ähnliches. Es gilt, sowohl die IT-Abteilung über die üblichen Wege wie Beziehungsmanagement, Funktionalität oder Coolness-Faktor als auch den IT-Einkauf mit klaren Prozessen, strukturierten Unterlagen und Nachlässen bei den Preisen zu überzeugen. Am Ende werden sich die IT-Abteilung und der IT-Einkauf an einen Tisch setzen und einstimmig für eine Lösung bzw. einen Lieferanten entscheiden (müssen). Andererseits bietet diese Vorgehensweise die Chance, sich bei neuen Kunden entsprechend zu platzieren. Hier kann sich der IT-Einkauf durchaus als Türöffner lohnen. Dies insbesondere im Massengeschäft, also bei Themen, die faktisch alle Unternehmen benötigen: PC, Server, externe Dienstleistungen, Kleinteile wie Mäuse und Kabel und vieles mehr. Für alle anderen Anforderungen braucht es schon eine Menge Glück, um bei der Kaltakquise über den IT-Einkauf einen Auftrag zu erhalten.

Ein wichtiger Faktor sind gute und faire Verträge. Der IT-Einkauf wird Ihre Verträge lesen und durcharbeiten, wahrscheinlich von der ersten bis zur letzten Zeile. Spätestens seit Inkrafttreten der DSGVO hat der Datenschutz eine gewichtige Rolle. Aber auch die sich immer stärker verbreitenden Lizenzaudits und intensive Compliancevorgaben erhöhen den Druck auf den IT-Einkauf immer weiter. Seien Sie darauf vorbereitet und kennen Sie Ihre Verträge. Nicht wenige im IT-Vertrieb wirken deutlich überfordert, wenn ich sie nach dem Anhang X der Anlage Y frage.

Da IT-Einkäufer häufig aus dem kaufmännischen Umfeld kommen, sind sie ordentliche und wohlstrukturierte Unterlagen gewohnt. Seien Sie also nicht überrascht, wenn Sie Ihr günstiges und tolles Angebot abgeben und der IT-Einkauf ungehalten reagiert, da die Form nicht seinen Erwartungen entspricht. Wenn nach A gefragt wird, so ist bitte auch A anzubieten und nicht A' oder B. Dies alles in einer strukturierten und übersichtlichen Form.

Andererseits werden Sie sich deutlich mehr an die vorgegebenen Zeitpläne halten können, denn Kaufleute sind aus ihrem inneren Verständnis heraus viel stärker an eigene Vorgaben gebunden. Der Handschlag hat an dieser Stelle noch eine Bedeutung (wenn auch nicht für alle). Die Planbarkeit für den Vertrieb sollte damit entsprechend steigen.

Lessons Learned

Durch Einführung eines IT-Einkaufs haben sich die Kundenorganisationen deutlich professionalisiert. Während früher gute Funktionen und ein starkes Beziehungsmanagement oft die wesentlichen Erfolgsgaranten für den IT-Vertrieb waren, kommt es jetzt zusätzlich auf ein professionelles Auftreten, Auskunftsfähigkeit zu den eigenen Verträgen und eine deutlich höhere Verhandlungskompetenz an, um langfristig erfolgreich am Markt zu bestehen. Der IT-Vertrieb sollte sich folglich entsprechend auf diese neue Wirklichkeit einstellen. Sie bietet dem Vertrieb klare Prozesse und die Möglichkeit, über den IT-Einkauf bei neuen Kunden einzusteigen. Bei langfristigen Verträgen sinkt der Vertriebsaufwand über die Zeit deutlich bei der gleichzeitigen Chance auf mehr Umsatz.

Key-Points:
1. Gibt es einen IT-Einkauf beim (potenziellen) Kunden? Involvieren Sie ihn frühzeitig!
2. Der IT-Einkauf ist nur rudimentär an der Funktionalität der Lösung orientiert.
3. Vereinbaren Sie langfristige Verträge und Rabattstaffeln. So ist es für die IT-Abteilung einfach, aus diesen Vereinbarungen »abzurufen«, ohne den IT-Einkauf involvieren zu müssen.
4. Kennen Sie ihre Verträge.

Seien Sie also informiert über Ihren Kunden und seine internen Beschaffungsprozesse. Sobald die Beschaffungsprozesse einigermaßen klar sind, gehen Sie auf die Menschen zu und versorgen diese zum richtigen Zeitpunkt mit den für sie passenden Informationen. Fragen Sie immer wieder nach, ob die Informationen hilfreich waren oder was noch fehlt, ob der Zeitplan noch stimmt und wo genau alle im Beschaffungsprozess gerade sind.

Mit dem richtigen Werkzeug im Rucksack können Sie in Zukunft entspannter auf Ihre Kunden zugehen und langfristige, gewinnbringende Partnerschaften aufbauen.

Hinweise zum Autor

VOLKER LOPP

Volker Lopp hat knapp 20 Jahre Erfahrung in der Informationstechnologie gesammelt. Dort war er als Programmierer, Projektleiter, in der Vertriebsunterstützung, im Key Account und als IT-Leiter tätig. In den nachfolgenden 17 Jahren hat er sich als Selbstständiger der Gegenseite – dem IT-Einkauf – gewidmet. Dort berät er jetzt größere Unternehmen beim Aufbau und der Strukturierung ihrer IT-Beschaffung.

Kontaktdaten

Volker Lopp – OptimierungsManagement, Montabaur
E-Mail: v.lopp@lopp-optimierung.de
Internet: www.lopp-optimierung.de

Nachhaltiger B2B-Vertrieb im Digitalisierungsumfeld

Erfahrungen aus über zehn Jahren IT-Vertrieb im Mittelstand

Frank M. Poth
Leiter Vertrieb Mittelstand Region West

Ausgangslage und Zielstellung

»Jeder muss digitalisieren«

»Wer nicht mit der Zeit geht, geht mit der Zeit«

»COVID-19 als Katalysator der Digitalisierung – die Krise als Chance!«

… das sind die Schlagzeilen, die jeden Geschäftsführer, CEO oder Gesellschafter mittlerweile umtreiben und dem einen oder anderen vielleicht sogar die Schweißperlen der Veränderungsnotwendigkeit ins Gesicht treiben.

Deshalb möchte ich gerne einen Blick in das aktuelle Umfeld des Digitalisierungsmarktes werfen, von meinen Erfahrungen und deren Umsetzung in den letzten zehn Jahren berichten und die Kriterien, die für einen erfolgreichen Vertriebsangang im Mittelstandsmarkt gelten, entwickeln und aufzeigen.

Zu Beginn meiner Tätigkeit im IT-Mittelstandsvertrieb Ende der 2000er-Jahre war mein Geschäft klar als Kunden-Lieferanten-Beziehung aufgebaut. Die Anforderung der Kunden von IT-Infrastrukturleistungen, speziell die der IT-Abteilung, wurde geliefert. Die klassischen Haupt-Differenzierer im Markt waren Preis und Liefergeschwindigkeit. Mein Ziel war es, mit meinen Kunden anders zu interagieren: nämlich auf Augenhöhe, vertrauensvoll und mit Mehrwert für beide Seiten.

Digitale Geschäftsmodelle sind nach mittlerweile herrschender Meinung für viele Mittelständler unabdingbar, um im globalen Wettrennen um Märkte, Geschwindigkeit und schnell wechselnde Kundenanforderungen auf Dauer vorne mit dabei zu sein. Anspruch des Digitalisierungsvertriebes muss es sein, Kunden zu inspirieren, partnerschaftlich und vollumfänglich auf Augenhöhe zu beraten und Lösungen professionell zu implementieren und zu betreiben.

Aber reichen diese schlagkräftigen Thesen aus, um erfolgreich Digitalisierungslösungen an mittelständische Kunden zu vertreiben oder gibt es weitere relevante Nutzenargumente?

Die Antwort ist sicherlich nicht schwer zu geben, tummeln sich zum einen mannigfaltige Mitbewerber auf dem IT-Markt, auf dem essenziel ist, sich positiv zu differenzieren, und zum anderen muss sich eine Digitalisierungslösung, so sinnhaft sie auch erscheinen mag, zum Schluss immer auf Wertigkeit, den Business-Plan oder schlicht auf den Return on Investment überprüfen und rechnen lassen.

Meine für diesen Beitrag betrachteten Kunden sind Mittelständler, großteils mit Hauptsitz in Deutschland, dem Land des Mittelstandes schlechthin – Job-, Export- und Innovationsmotoren Deutschlands, viele Hidden Champions und Symbol des »Made in Germany« in aller Welt. Hier müssten die Digitalisierungsargumente mit teils drastischen Beispielen von disruptierten Geschäftsmodellen wie analoge Filme (Kodak), einfache Handys (Nokia) oder Verbrennungsmotor versus E-Mobilität und autonomes Fahren doch zwangsläufig auf fruchtbaren Boden landen?

Meine Tätigkeit der letzten Jahre im B2B-IT-Vertrieb ließ mich auf zahlreiche hochinnovative Geschäftsführer und auf in letzter Zeit vermehrt neu eingesetzte CIOs stoßen, die uns mit offenen Armen zum Dialog über Digitalisierungsprojekte empfingen.

Schwerpunktthemen in vielen Gesprächen, denen ich beiwohnte, waren u. a.:
- Das Geschäftsmodell: Wie erschließe ich neue Geschäftsfelder und/oder wie bleibe ich im Wettbewerb relevant?
- Verbesserung der internen Leistungsprozesse: Effizienzsteigerung und Absicherung der Arbeitsfähigkeit in Zeiten von Fachkräftemangel
- Einführung von Zusammenarbeitstools zur Verbesserung der Projektarbeit, zur Steuerung des Außendienstes und aktuell zur dezentralen Aufrechterhaltung der Arbeitsfähigkeit in Pandemiezeiten
- Aufrechterhaltung und Verbesserung der Firmensicherheitspolitik im Sinne von Datenschutz und -sicherheit

Rückblende um einige Jahre:

Mitte der 2010er-Jahre war die Digitalisierung noch in einer frühen Marktphase, Technologien wie Public-, Private- und Hybrid-Clouds wurden eher als Datenrisiko denn als Skalierungs- und Flexibilisierungsmöglichkeit erkannt und wahrgenommen.

Innovative Referenzkunden überzeugen im Digitalisierungs-Netzwerk

In diesem noch jungen, hochdynamischen Markt mit exponentiellem Wachstum dominierten wenige innovationsfreudige Kunden, die die Chancen bei größerer Unsicherheit in den Vordergrund stellten.

Zunächst bot sich an, eine Gruppe offener, innovativer und durchsetzungsstarker Entscheider zu einem Netzwerk zusammenzubringen, um sich über Marktanforderungen und Lösungsmöglichkeiten auszutauschen.

Wichtig dabei waren folgende Kriterien:

Geeigneter Ort: Zum Beispiel in verschiedenen Büros der Teilnehmer, die abwechselnd ihre Firma und die Digitalisierungs- und IT-Architektur vorstellten und als Gastgeber des Abends fungieren.

Richtiger Zeitpunkt: Am besten geeignet war nach Feierabend, um keinen Termindruck aufkommen zu lassen und eine entspannte Atmosphäre für offenen und kreativen Austausch zu schaffen.

Geeignete Teilnehmerzusammensetzung und Wichtigkeit der Moderation: Bei der Auswahl des Teilnehmerfeldes, das miteinander kommunizieren und idealerweise harmonieren sollte, war eine gründliche Auswahl der passenden Menschen von hoher Wichtigkeit. Empathische Fähigkeiten und Moderationsgeschick waren entscheidend, um eine Klammer zwischen den Teilnehmern auf der Veranstaltung zu bilden und Menschen zum Zuhören und Mitmachen zu animieren.

Das Digitalisierungsnetzwerk wurde kontinuierlich um weitere Teilnehmer nach vorher festgelegten Kriterien erweitert, sodass der Lösungs- und Informationsaustausch immer neue Impulse erfuhr und die partnerschaftliche Beratung stieg. Hierbei hat sich gezeigt, dass branchenübergreifende Teilnehmer eher förderlich sind und die Diversität des Austausches erhöhten.

Im Rahmen des Netzwerkes ergaben sich viele nachhaltige Kundenbeziehungen, die partnerschaftlich zwischen Lösungsanbieter und -nachfrager entwickelt wurden.

Der **Referenzkundenstatus** war und ist für beide Partner von unschätzbarem Wert in innovativen Märkten wie der Digitalisierung. Der Referenzkunde konnte sich sicher sein, eine moderne, aber auch zuverlässige Lösung im gegenseitigen offenen Dialog zu bekommen. In der Implementierungs- und Betriebsphase wurden ihm »die letzten Prozente mehr Aufmerksamkeit« geschenkt und eine Innovationsgarantie in der Lösungsweiterentwicklung zusätzlich ins Angebotspaket gegeben.

In der Wechselwirkung bekam ich einen loyalen Kunden, der gerne im Rahmen von Kundenanfragen, gemeinsamer Pressearbeit, Hausmessen oder Social-Media-Artikeln über das gemeinsame Projekt authentisch referierte und einen glaubhaften und authentischen Sparringspartner in der Akquise neuer Kunden bot.

Kurz eingehen möchte ich an dieser Stelle auf die digitale Netzwerkbildung im Rahmen von Business Social Media. Zwar sind die wichtigsten Social-Media-Kanäle für Unternehmen aktuell Facebook, Instagram und Twitter (s. z. B. GRÜNDER.DE 9/2020) mit den reichweitenstärksten Zugängen zu Kunden, Partnern und der Öffentlichkeit, jedoch bilden Xing und LinkedIn aus meiner Sicht die geeignetsten Plattformen, um ein nachhaltiges Netzwerk aufzubauen und zu pflegen. Gerade LinkedIn wächst in Deutschland massiv, was die Zahl der Teilnehmer betrifft, und bietet eine hervorragende Plattform für schnelle und gezielte Informationen (Aufnahme und Abgabe) und Interaktionen mit Kunden, Partnern und Interessierten, da es die höchste Transparenz und Performance bietet.

Entwicklung vom Lieferanten zum Lösungspartner

Digitalisierung kann eine wichtige Ermöglicherfunktion für die 4Ps im Marketingmix (E. Jerome McCarthy) und besonders für die »moderneren« 4 Ms (Al Ries) einnehmen. Gerade im Bereich der Beratung der Digitalisierung des Geschäftsmodells und bei der Kommunikation mit Kunden ist eine hohe Vertrauensposition zwischen Kunden und Dienstleister von enormer Wichtigkeit.

Partnerschaft auf Augenhöhe ist hier das Stichwort, insbesondere wenn zwischen den beiden Parteien ein natürliches Ungleichgewicht zwischen zum Teil inhabergeführtem Mittelstand und z. B. Konzern vorherrscht.

Ausgehend von einer Supply-Strategie (s. z. B. Prof. Dr. Heß) ist es von Bedeutung, bereits zu Beginn der Projektkonzeption mit den Lieferanten zusammenzuarbeiten, die den Anspruch eines »**Preferred Suppliers**« entsprechen: Neben den durch den Einkauf bewertbaren Kriterien wie Qualität, Logistik, Technologie und Kosten spielen vor allem die weichen Faktoren wie Augenhöhe der Partnerschaft, Betreuungsgüte, Zuverlässigkeit sowie Innovationsfähigkeit eine große Rolle.

Im Umkehrschluss darf der »**Preferred Customer**« erwarten, von seinem Account Manager frühzeitig über Produktinnovationen z. B. auf Hausmessen zu erfahren, an Produkttests teilzunehmen, einen guten Zugang zum Management, Partnerlösungen und insgesamt zu relevanten Informationen zu erhalten (siehe auch »Digitalisierungsnetzwerk«). Selbstverständlich darf er im Rahmen der Preispolitik erwarten, immer auf Ballhöhe informiert zu sein und fair von aktuellen Konditionen zu profitieren.

So einfach sich dieses Modell anhört, so schwer ist das Ziel des »Lösungspartners« vor allem aus Lieferantensicht zu erreichen. Das Unternehmen bildet zunächst den Rahmen bzw. das Entrée, das der Kunde in der Außenwirkung etwa durch Medien, Werbung, Kontakten oder Gartner Quadrant (Darstellungsart von IT-Marktforschungsergebnissen und Analysen, s. a. »Gartner Magic Quadrant«) erfährt. Entscheidend ist das individuelle Erleben des Account Managers, der die Klammer aller Eindrücke vor dem Kunden bildet. Hierzu mehr unter »Solution Selling«.

Hier war mein Anspruch, meine Vertriebskollegen durch Schulung, Coaching und Mentoring in die Lage zu versetzen, möglichst viele ihrer Kunden von sich zu überzeugen. Geeignete Unterstützer sind und waren die Veranstaltung von Hausmessen, Seminaren und Workshops, um unsere Kunden von einer nachhaltigen Partnerschaft zu überzeugen.

Partnering in einem komplexen Umfeld

»For Microsoft to do well, you all as partners have to do well. That's ingrained in our business model.« Satya Nadella, CEO Microsoft

In einem derart schnellen und hochdynamischen Markt wie dem der Digitalisierungslösungen ist ein effizientes Partnering unerlässlich und muss in der Firmen-DNA tief verankert sein.

Es ist mir kein Unternehmen bekannt, so innovativ es auch sein mag, das in der Lage ist, Markt- bzw. Kundenanforderungen in allen Facetten der Lösungsbreite und -tiefe alleine zu erfassen, geschweige denn, Lösungen anzubieten. Dieses gilt besonders in unserem Business, bei dem sehr heterogene Kundenanforderungen effizient auf wenigen, möglichst hochskalierbaren, performanten Plattformen produziert und individuell angeboten werden müssen.

Somit ist es wichtig, strategische Partnerschaften zum Nutzen der eigenen Firma, des Partners und damit der profitierenden Kunden abzuschließen. Die Basis solcher Partnerschaften besteht in einer ehrlichen Auseinandersetzung mit

- Gemeinsamen Zielen
- Gemeinsam vereinbarten Methoden in Entscheidungsfindung und Problemlösung
- Streben nach kontinuierlicher Optimierung

In der Auswahl unserer Partner habe ich mich gerne an Adi Preißlers Aussage »Entscheidend ist auf'm Platz« erinnert: Wenn es vor unseren Kunden gelingt, die strategischen Gemeinsamkeiten als Wertsteigerung operativ, individuell und passgenau unter Beweis zu stellen, ist das Partnering gelungen.

Solution Selling

Digitalisierung ist Vertrauenssache!

Im Digitalisierungsumfeld zu arbeiten heißt auf den Punkt gebracht »am offenen Herzen zu operieren«. Die Arbeit am Geschäftsmodell, an den internen Unternehmensprozessen (z. B. ERP) oder an der IT-Sicherheit ist immer von höchster Relevanz für die betroffenen Unternehmen, da sie direkte businesskritische Auswirkungen haben. Hierbei ist es selbstredend, dass man sich als Kunde bei freier Wahlmöglichkeit und ohne Notfall-Drucksituation diejenigen Ansprechpartner sucht, zu denen man die höchste Vertrauensposition entwickelt hat.

Übertragen heißt das nichts anderes, als dass der Digitalisierungspartner zunächst einmal das Unternehmen ist, das dem potenziellen Interessenten gegenübertritt. Dies ist im Außenbild prägend für den Rahmen, die Leistungsfähigkeit an innovativer Lösungsfindung und Organisation des Erbringens der eigenen Leistungen und der des Partnerinstrumentariums. Von hoher Bedeutung ist ebenfalls die Weiterentwicklungsfähigkeit der Organisation in Zeiten sich permanent und schnell ändernder Anforderungen und Technologien.

Entscheidend aber ist der Account Manager als Repräsentant der Firma vor den Kunden, dem es gelingen muss, den Unternehmensrahmen vor dem Kunden mit Leben zu füllen, zu individualisieren und die Anforderungen passgenau in ein Lösungskonstrukt zu übersetzen.

Im Einzelnen halte ich folgende Eigenschaften eines guten Account Managers im Digitalisierungsgeschäft für wesentlich, die ich im Rahmen von Mitarbeiterakquise und -entwicklung versuche, konsequent zu verfolgen.

A Ausgeprägte Kompetenzen

- Mimikry-Fähigkeit, besonders emotional
  Frei übersetzt ist damit die Fähigkeit gemeint, sich auf unterschiedliche Gesprächs-partner und -situationen so einstellen zu können, dass Gespräche situationsan-gemessen, souverän und persönlich geführt werden können. Empathievermögen ist hier von entscheidender Bedeutung. Hierzu gehört im weiteren Sinne auch die Fähigkeit, komplizierte Sachverhalte bei unterschiedlichsten Stakeholdern ver-ständlich zu übersetzen und die Komplexität herausnehmen zu können.
- Analyse- und Synthesefähigkeit
  Komplexe, auch disziplinüberschreitende Probleme müssen mit den richtigen Fragen durchdrungen werden können, um die Problemstellung richtig zu erfassen und die geeigneten Lösungen anbieten zu können.
- Beschäftigungsfähigkeit
  Lebenslanges Lernen ist die Normalität. Dieses bedingt eine hohe Neugier und maximalen Wissensdurst.
- Teamfähigkeit
  Komplexe Problemstellungen sind nur in Teams durchdring- und realisierbar. Im Projektteam müssen Probleme und Lösungen offen diskutiert und entschieden werden. Die Rolle des Accountmanagers ist hier die des Projektleiters.

B Auszubildende Kompetenzen des Digitalisierungsvertriebs-Handwerks

- IT-Fachkompetenz
  Hierzu gehören die Grundlagen der IT-Infrastruktur sowie des Digitalisierungs- und Partner-Ökosystems.
  Moderne, eigenständige Weiterbildung aus zeitgemäßen Medien und Plattformen ist Pflicht – eine Weitergabe des Erlernten im Team als Multiplikator immens wichtig.
- Prozess- und Netzwerkkompetenz
  Die beste Lösung ist nur so gut wie die Implementierung und der Betrieb.
  Hierzu ist umfangreiches Wissen der Abläufe und Ansprechpartner im Projekt-team von Bedeutung. Auch eine bewusste No-Bid-Entscheidung in speziellen Si-tuationen kann die richtige Entscheidung sein.
- Effizientes Account Management
  Im Mittelstandsumfeld ist eine hohe Zahl von Kundenkontakten und Digitalisie-rungsprojekten Tagesgeschäft. Struktur, Priorisierung, Delegationsfähigkeit und Projektleitungskompetenzen sind auszubilden und zu trainieren.

»It doesn't make sense to hire smart people and then tell them what to to. We hire smart people so they can tell us what to do. « Steve Jobs

Dennoch bleibt der Erfolg im Vertrieb wie im Sport ein Produkt aus »Talent x Training«, was es zu entdecken, zu fördern und zu fordern gilt.

Lessons Learned

Ohne Digitalisierung kein Business!

Ich bin sehr dankbar, in einer der spannendsten Branchen arbeiten zu dürfen.

In meiner vertrieblichen Laufbahn habe ich viele heterogene Kunden kennenlernen dürfen, die es mir ermöglicht haben und weiter ermöglichen, mein Vertriebsgeschäft laufend zu optimieren. Der deutsche Mittelstand ist sicherlich einmalig in der Welt, viele sind hochinnovativ und schätzen einen offenen, zukunftsgerichteten Dialog, wie das Geschäft von Morgen Dank Digitalisierungslösungen besser funktionieren kann.

Meine wichtigsten Erkenntnisse sind:
- Eine sehr gut ausgebildete, neugierige Vertriebsmannschaft mit klarem Fokus auf partnerschaftliche Kundenbeziehungen ist entscheidend.
- Die Kundenbeziehungen müssen durch alle Elemente des Marketingmix nachhaltig angelegt werden.
- In einem komplexen Markt ist ein effizientes Partnering unerlässlich.

Hinweise zum Autor

FRANK M. POTH

Seit über 20 Jahren ist Frank M. Poth mit Leidenschaft in leitenden Vertriebspositionen im Retail, KMU- und Mittelstandssegment tätig.

Internationalisierung, Märkte und Regionen

Internationaler Vertrieb im Mittelstand

Erfolgreiche Vorbereitung eines Markteintritts

Christian Kastner
Sales Director

Only those who will risk going too far can possibly find out how far one can go.
T. S. Eliot

Aufbruchsstimmung. So könnte man die Situation im Jahr 2009 wiedergeben: Die Finanzkrise mit allen negativen Auswirkungen war am Abklingen. Bei einem mittelständischen Maschinenbauzulieferer war gerade ein neuer Geschäftsführer vom Eigentümer installiert worden. In den nächsten Monaten bereitete man eine umfassende Markterweiterung in gleich mehrere neue Länder vor. Länder, die sehr unterschiedlich waren, sowohl hinsichtlich ihrer Beschaffungsstruktur als auch hinsichtlich ihrer Geografie und Kultur. Nachdem der Strategiefokus des Unternehmens für viele Jahre auf einigen wenigen Großkunden gelegen hatte, sollte man nun in die Fläche expandieren.

Während sich das Wachstum in den bisherigen Märkten in Europa verlangsamt hatte, war es nun der Wunsch der Eigentümer, in neue, bisher vernachlässigte Märkte zu investieren. Ziel war es, sich von bisherigen Abhängigkeiten von einigen wenigen Großkunden zu befreien und neue Möglichkeiten für das Umsatzwachstum zu finden.

Im Folgenden werden einige grundsätzliche Überlegungen dazu beleuchtet, wie ein Markteintritt vorbereitet werden kann. Neben meinen persönlichen Erfahrungen präsentiere ich in diesem Kapitel einige Management-Analyse-Tools sowie einige hilfreiche Links am Ende dieses Kapitels.

Ich wünsche Ihnen viel Spaß beim Lesen und eine erfolgreiche Umsetzung!

Vier Schritte zum Erfolg in Auslandsmärkten

Jeder Auslandsmarkt ist anders. In Abbildung 1 habe ich die bereits beschriebene Ausgangssituation sowie den gewählten Lösungsansatz in einigen Märkten dargestellt, bei deren Markteintritt ich persönlich beteiligt war.

	U.S.A.	Indien	Indonesien
Ausgangssituation	Neuer Ansatz für bestehende Tochtergesellschaft Einstellung von mehreren Außendienst Mitarbeitern zur flächendeckenden Marktbearbeitung	Joint-Venture unbefriedigend, zu wenig Aktivität seitens des JV-Partners Keine landesweite Distribution, Vernachlässigung von Zielindustrien	Neuer Markt Bearbeitung einer Schlüsselindustrie durch Distributor
Vertriebsform	Direktvertrieb an Endkunden	Joint Venture	Distributor
Herausforderungen	Vertriebsform zu teuer Vertriebsaufbau dauert zu lange (nicht effektiv aufgrund großer Distanzen)	Uneffektive Marktbearbeitung, kein Wachstum möglich.	Margendruck seitens des Distributors an das Mutterunternehmen. Keine flächendeckende Marktbearbeitung
Lösungen	Abkehr von eigenem Flächenvertrieb, Konzentration auf einige wenige Schlüsselindustrien Vertrieb durch Stützpunkthändler und regionale Distributoren	Auflösung Joint Venture Gründung einer eigen 100% Tochterfirma mit lokaler Produktion für ASEAN-Markt Eigene Außendienstmitarbeiter und landesweite Stützpunkthändler	Auflösung Distributionsvertrag nach 3 Jahren. Gründung von Repräsentanz mit Ziel einer eigenen 100% Tochter mit Fokus auf Dienstleistung und Service

Abb. 1: Ausgangssituation in drei Zielmärkten mit Lösungsansatz

Das waren drei Märkte mit jeweils einer individuellen Problemstellung, Historie und möglichen Lösungsansätzen. Ich möchte Ihnen nun die Überlegungen vorstellen, die vor einem Markteintritt anzustellen sind, und einige Tipps für Ihren Erfolg an Sie weitergeben.

Schritt 1: Interne Überlegungen zur jetzigen Marktposition

Es gibt viele Gründe, die für eine Internationalisierung sprechen. Vordergründig handelt es sich natürlich um eine Möglichkeit des zusätzlichen Verkaufs von Produkten.

Leider verpassen es viele Firmen bei diesen Überlegungen größer zu denken: Wenn wir die Aktivitäten eines Unternehmens in kleine Teilabschnitte zerlegen (siehe Abbildung 2: Wertschöpfungskette nach Porter, 1985), sehen wir, dass es neben dem Vertrieb viele Tätigkeiten gibt, die im Zielmarkt genauso gut (oder sogar besser) erledigt werden können, und somit eine weitere Möglichkeit der lokalen Wertschöpfung bieten. Gerade im Bereich der Forschung/Entwicklung und des Service ergeben sich neue Möglichkeiten, da viele Zielmärkte außerhalb Europas über viele junge, hoch motivierte und gut ausgebildete Fachkräfte verfügen.

Aus Platzgründen konzentrieren wir uns in diesem Kapitel jedoch auf den Vertrieb durch den Export von Produkten, die im Heimatmarkt hergestellt werden:

- Vertrieb – Produkte und/oder Dienstleistungen
- Andere Teile der Wertschöpfungskette, z. B. Forschung/Entwicklung, der Einkauf von Rohmaterialien, das Anbieten von Produkten und Service als komplette Dienstleistung etc.

Praxisüberlegung

Warum möchte ich ins Ausland expandieren? Welcher Teil meiner Wertschöpfungskette soll weiterhin aus meinem Heimatmarkt heraus erfolgen? Was soll lokal angeboten werden?

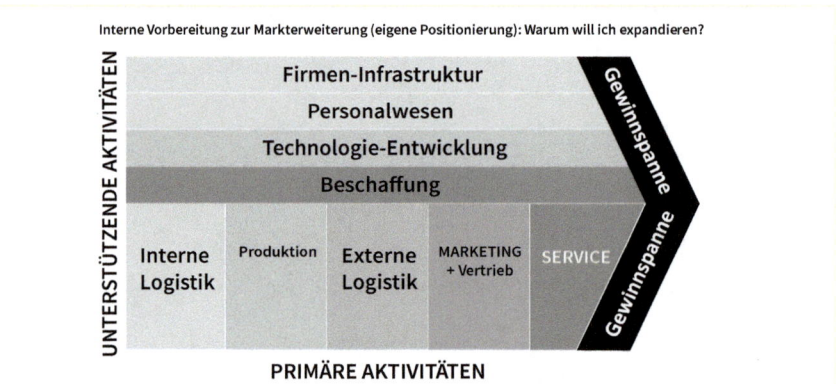

Abb. 2: Interne Vorüberlegungen zur Markterweiterung: Wertschöpfungskette eines Unternehmens nach Porter, 1985

Interne Vorbereitung zur Markterweiterung (eigene Positionierung): Was will ich anbieten?

	Bestehender Markt	Neuer Markt
Produkt Bestehendes	**Marktdurchdringung** Ein bestehender Markt wird mit bestehenden Produkten bedient. Verteidigung der Marktanteile. Z.B. im Heimatmarkt und in bestehenden Exportmärkten	**Markterweiterung** Ein neuer Markt wird mit Hilfe von bestehenden Produkten bedient
Neues Produkt	**Produktdifferenzierung** Neue Produkte werden entwickelt (hohe Entwicklungskosten?) um im bestehenden Markt wachsen zu können.	**Diversifikation** Neue Produkte werden entwickelt (evtl. sogar spezifisch für einen neuen Markt) und in einem neuen Markt verkauft

Abb. 3: Interne Vorüberlegungen zur Markterweiterung: Marktattraktivität nach Ansoff, 1965

Wie in dem Diagramm von Abbildung 3 (Marktattraktivität nach Ansoff, 1965) ersichtlich ist, bietet es sich im ersten Schritt an, zu untersuchen, ob es in dem Zielmarkt ein mögliches Potenzial für die bereits bestehenden Produkte gibt.

Üblicherweise wird dabei geprüft, ob im Zielmarkt dieselben Zielindustrien und/oder Schlüsselkunden existieren, an die man in bestehenden Märkten bereits erfolgreich verkauft hat. Damit besinnt sich das Unternehmen auf die eigenen Stärken und Möglichkeiten, vergisst aber nicht, die möglichen Schwächen und Bedrohungen (alles angepasst an die lokale Situation) zu bewerten. Oft reagiert ein neuer Zielmarkt positiv auf ein erweitertes bzw. neues Angebot (z. B. Service/Dienstleistung in Verbindung mit einem Produkt). Ein neuer Markt verschafft demnach eine Möglichkeit, Dinge auszuprobieren, die in bestehenden (oft »festgefahrenen«) Märkten bisher nicht möglich waren. Während dieses Schritts sollte auch der Rat bzw. das ehrliche Feedback von bestehenden Kunden, Lieferanten und Mitarbeitern eingeholt werden. Warum war das Unternehmen bisher erfolgreich? Was waren die Argumente oder Teilaspekte, die jeweils zum Auftragsabschluss geführt haben?

Ich habe bei meinen Marktuntersuchungen erlebt, dass trotz aller Recherche die Dinge in der Praxis doch anders als geplant verlaufen sind. So musste ich z. B. in den USA von einem Vertriebsmodell mit eigenem Außendienst auf ein Modell umstellen, das sich auf die Bearbeitung einiger Schlüsselkunden und Schlüsselindustrien konzentriert hat. Der Grund dafür war, dass ein eigener Außendienst aufgrund der räumlichen Distanz zwischen den Kunden nicht mit der gleichen Effizienz wie in Europa arbeiten kann. Aufgrund dieser Kostenreduktion und Konzentration auf eine kleinere geografische Region stellte sich bald der gewünschte Erfolg ein.

Praxistipp
Es ist in diesem Stadium kein Zeichen von Schwäche, die Hilfe Dritter in Anspruch zu nehmen oder deren Meinungen einzuholen. Kann ein Länderreferent der örtlichen IHK oder eines Industrieverbands (z. B. der VdMA) Tipps geben? Gibt es seitens der ortsansässigen Deutschen Botschaft einen Ansprechpartner für Wirtschaftsfragen? Gerade im Mittelstand werden diese fundamentalen Überlegungen entweder gar nicht oder zu spät angestellt, was sich später oft in teuren Fehlern niederschlägt.

Nachdem die interne Analyse soweit abgeschlossen ist, kann nun zur nächsten Stufe übergegangen werden. Hier werden die externen Faktoren im Zielmarkt analysiert.

Schritt 2: Externe Faktoren im Zielmarkt analysieren

Abb. 4: Externe Vorbereitung = Zielmarktanalyse: Wettbewerbsanalyse nach Porter – Porter's 5 Forces, nach Porter, 2004

Abb. 5: Externe Vorbereitung = Zielmarktanalyse: PESTLE Umfeldanalyse nach Johnson et al., 2011:81

Wettbewerb ist niemals homogen, d. h., es muss für jedes neue Zielland eine separate und ehrliche Analyse erstellt werden. Wie in Abbildung 4 (Wettbewerbsanalyse nach Porter – Porter's 5 Forces, 2004) dargestellt, konzentrieren sich viele Firmen meist nur auf die bisher bekannten Wettbewerber in ihrer eigenen Industrie. Ein Beispiel wäre ein Automobilhersteller (z. B. Audi), der sich einen neuen Markt erschließen möchte, dabei aber nur bestehende Mitbewerber wie Mercedes, Ford etc. beurteilt. Plötzlich sieht man sich nach dem Markteintritt mit neuen Mitbewerbern wie z. B. Tesla oder Mobilitätsanbietern (z. B. Carsharing) konfrontiert, die bisherige Strukturen und Situationen nachhaltig verändern. Es sind in diesem Fall nicht »nur« neue Mitbewerber. Es handelt sich vielmehr um eine tiefgreifende, **disruptive Veränderung** durch ein komplett neues Angebot (massentaugliche E-Mobilität) bzw. die Nutzung einer Leistung, ohne das Produkt (Auto) zu besitzen.

Aufbauend auf der in Abbildung 4 dargestellten Industrie und Wettbewerbsanalyse zeigt nun das Diagramm in Abbildung 5 (Umfeldanalyse nach PESTLE, Johnson et al 2011:81) eine Möglichkeit auf, Rahmenbedingungen und das Geschäftsumfeld in Zielmärkten zu analysieren und darzustellen. Falls am Anfang der Auslandsaktivität mit Agenten oder Distributoren zusammengearbeitet wird, haben diese Faktoren meist nur indirekt mit der Geschäftsentwicklung zu tun. Nichtsdestotrotz sollte man sie so genau wie möglich untersuchen. Gerade Genehmigungen und Laufzeiten von Vorgängen bei lokalen Behörden sowie ein nicht unerheblicher Einfluss der Politik auf die Wirtschaft sind Faktoren, die wir aus Deutschland so nicht kennen. Planen Sie ausreichend Zeit für Genehmigungen ein und fragen Sie mehr als einmal nach (am besten bei mehr als einer Quelle), um ein möglichst umfassendes Bild zu gewinnen.

Während der Verkauf von Produkten noch relativ einfach über einen Importeur oder Distributor bewerkstelligt werden kann, sind (aus Sicht der potenziellen Kunden) Produkte in der heutigen Zeit oft austauschbar. Darüber hinaus überlegen viele Firmen (besonders diejenigen, die auf der Produktseite durch Mitbewerber »bedroht« werden) ihre Schwerpunktaktivitäten auf Faktoren zu verlagern, die schwieriger oder unmöglich zu kopieren sind. Abbildung 6 zeigt eine neue, erweiterte Wertschöpfungskette, die weg von statischen Faktoren (wie Produktion und Produkten) hin zu »weichen« Faktoren wie z. B. Service und einer Kombination von Produkten und Service geht. Nur, was der Kunde als »Mehrwert« betrachtet, ist auch tatsächlich »mehr wert«. Genau dieser Faktor unterscheidet ihre Produkte und Dienstleistungen von denen der bereits bestehenden Wettbewerber.

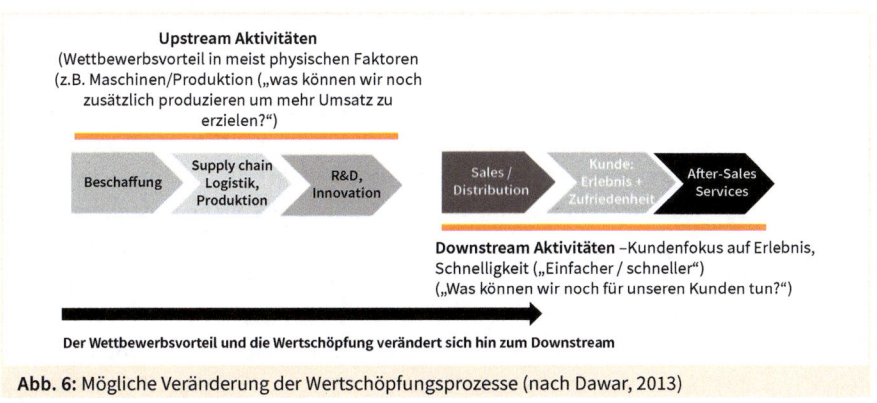

Abb. 6: Mögliche Veränderung der Wertschöpfungsprozesse (nach Dawar, 2013)

In dem Moment, in dem ein Unternehmen genau untersucht, was für Vorteile eine erweiterte Expansion ins Ausland bietet, steigt meist auch die Erfolgsaussicht. Ein opportunistischer Ansatz (weil »alle« in meinem Umfeld nun eine Niederlassung in einem Land eröffnen) wird keinen Erfolg bringen. Das heißt: Überlegen Sie sich, was Sie durch die Markterweiterung erreichen wollen und ob/wie diese Ziele messbar und erreichbar sind.

Zusammenfassung und Learnings

- Habe ich in diesem neuen Markt ein ähnliches Wettbewerbsumfeld wie in meinem Heimatmarkt? Kann ich Learnings aus meinem Heimatmarkt in den Zielmarkt transferieren? Kann ich Learnings aus dem Zielmarkt in meinen Heimatmarkt transferieren?
- Was unterscheidet mich von Mitbewerbern, was ist mein Mehrwert und was ist mein Alleinstellungsmerkmal?
- Wie nachhaltig (bzw. kopierbar) ist mein Wettbewerbsvorteil? Meine Konkurrenten schauen zu (sowohl die Mitbewerber in meinem Zielmarkt als auch die aus meinem Heimatmarkt) und können durch einen eigenen Markteintritt meine Wettbewerbsposition verändern.
- Was will ich anbieten? Führen Sie eine saubere Marktanalyse durch: Welches Segment und welche Gruppe will ich bedienen? Was ist das Problem der Zielgruppe im lokalen Kontext bzw. wofür wird bezahlt (z. B. Nutzen vs. Produkt)?
- Möchte ich den neuen Markt als Testmarkt für neue Angebote benutzen?
- Daten sind nicht alles. So sind die Märkte Indien und China aufgrund der Bevölkerungszahl sehr verlockend, aber schwierig aufzubauen. Hier sind ein langer Atem, enge Betreuung und das entsprechende Personal notwendig. Evtl. ist es einfacher, Märkte im näheren Umfeld (z. B. in Zentral- und Zentralmitteleuropa wie Polen, Tschechien und dem Baltikum) aufzubauen, bei denen ein ähnliches wirtschaftliches und kulturelles Umfeld wie im Heimatmarkt vorhanden ist.

Schritt 3: Praktische Vorbereitung

Nachdem nun (wenigstens ungefähr) feststeht, was man wohin exportieren will, sind nun erste Besuche im Zielland anzuraten. Ich empfehle immer, sich zuerst einen groben Überblick zu verschaffen, erste Kontakte zu knüpfen und dann zu selektieren.

Den Überblick über das Angebot im Zielland und mögliche Mitbewerber erhält man (nachdem man eine grobe Internetrecherche durchgeführt hat) am einfachsten auf einer Messe. Auf großen Fachmessen im Ausland gibt es meist eine Messebeteiligung von deutschen Firmen (organisiert vom Bundeswirtschaftsministerium oder von Industrieverbänden). Dort hat man dann die Gelegenheit, mit Firmenvertretern ins Gespräch zu kommen, die den Schritt ins Zielland bereits erfolgreich gemeistert haben. Es ergeben sich meist aber auch gute Kontakte zur Deutschen Botschaft und zur regionalen Deutschen Außenhandelskammer. Diese bieten auch z. B. **Markteintrittspakete**

(Recherche von möglichen Distributoren), die Organisation von Besuchen mit einem Dolmetscher und ähnliche Dienstleistungen an.

Eine weitere Möglichkeit, um erste Eindrücke zu gewinnen, sind sog. **Unternehmerreisen**, die vom Bundeswirtschaftsministerium und den Wirtschaftsministerien der Bundesländer regelmäßig organisiert werden. Diese finden länder- bzw. branchenspezifisch statt, sind meist sehr gut organisiert und sorgen für Gespräche mit hochrangigen Funktionären und möglichen Partnern im Zielland. Eine Auswahl der Kontaktmöglichkeiten befindet sich am Ende dieses Kapitels. Meine Erfahrungen in diesem Bereich sind fast rundum positiv – ich konnte auf diese Weise bereits mehrere Märkte erfolgreich und nachhaltig eröffnen. Besonders in Ländern, die auf den ersten Blick zwar viele Gemeinsamkeiten zu Deutschland haben, aber doch nicht ganz durchschaubar sind (z. B. Russland), können so kostspielige Fehler vermieden werden. Jedes Land hat eigene rechtliche Rahmenbedingungen und kulturelle Eigenarten. Diese sind Vertretern der lokalen Außenhandelskammer bekannt. Durch diesen Erfahrungsaustausch können in einem frühen Stadium des Markteintritts noch Änderungen und Anpassungen am eigenen Marktauftritt und Angebot vorgenommen und kostspielige Fehler (wenigstens zum Teil) vermieden werden.

Schritt 4: Die richtige Distributionsform wählen

Es gibt nicht »die« eine richtige Distributionsform. Die Distributionsform ist immer von den Zielen und finanziellen Möglichkeiten des Exporteurs sowie den rechtlichen Rahmenbedingungen des Ziellands abhängig.

Wahrscheinlich konnten Sie im Zuge der Marktrecherche bereits einen möglichen Importeur/Handelsvertreter oder Distributor identifizieren. Diese Art von Export ist ohne großes finanzielles Engagement möglich. Die nächste Stufe wäre dann die Eröffnung einer Repräsentanz, eines Joint Ventures, einer Vertriebsgesellschaft oder eine eigene 100 %ige Tochtergesellschaft mit eigener lokaler Produktion. Gerade Länder wie China präferieren in Zukunft lokal hergestellte Produkte, sodass diese Option zumindest zu einem späteren Zeitpunkt in Betracht gezogen werden sollte.

Praktische Tipps zur Auswahl eines Distributors und zum Markteintritt:
- Welches Bild vermittelt mir der mögliche Partner vom Zielmarkt? Hat er bereits Zugang zu meinen Industrien (Kundengruppen)?
- Hat er bereits andere ausländische Fabrikate im Portfolio bzw. hat er welche verloren? Wenn ja, warum (nachzufragen bei der Muttergesellschaft in Deutschland)?
- Ist mein Distributor bereit, sich finanziell/personell am Marktaufbau zu beteiligen?
- Wie hoch ist meine Beteiligung (Schulung, gemeinsame Kundenbesuche, gemeinsame Trainings für Endkunden/Anwender)?

Prüfen Sie genau, holen Sie finanzielle Informationen ein (z. B. EULER Hermes, D&B). **Meiner Erfahrung nach gehen Mittelständler zu schnell bei der Auswahl eines Partners vor und halten zu lange an schlechten Partnern fest.** Behalten Sie ein gesundes Maß an Misstrauen gegen allzu großen Versprechungen Ihres möglichen Partners, aber geben Sie auch einen Vertrauensvorschuss, wenn Sie sich festgelegt haben.

Können Sie einen Zahlungsausfall verkraften? Welche personellen, zeitlichen und finanziellen Ressourcen stehen zur Verfügung? Wie viel Zeit haben Sie für den Marktaufbau eingeplant? Meiner Erfahrung nach benötigt man mindestens drei Jahre, um einen gewissen Bekanntheitsgrad in einem Land zu erreichen, bei lokalen Ausschreibungen berücksichtigt zu werden und Referenzen/Folgeaufträge zu generieren. Erstellen Sie eine Roadmap über einen klaren Zeitrahmen (z. B. drei bis sechs Monate). In diesem Zeitrahmen können Sie sehr schnell erkennen, wie gut eine Zusammenarbeit mit Ihrem Wunschpartner funktioniert: Werden Zusagen eingehalten? Werden Informationen pünktlich und in der gewünschten Qualität geliefert?

Vermeiden Sie am Anfang langfristige Verträge und Exklusivität, denn falls sich die Partnerwahl als Fehlgriff erweist (und das wird passieren), kann eine Fehlentscheidung sehr teuer werden. Vermeiden Sie Ausgleichszahlungen bei einer Vertragsauflösung und lokale Schiedsgerichte. Konsultieren Sie vor dem Vertragsabschluss einen Fachanwalt für Handelsvertreterrecht bzw. einen Anwalt, der sich mit lokalen Distributionsverträgen auskennt. Jeder Euro, der im Vorfeld in diese rechtliche Prüfung investiert wird, spart im Zweifelsfall Tausende Euro.

Mein Tipp:
Vereinbaren Sie am Anfang Verträge auf Jahresbasis bzw. Letter of Intent. Darin ist meist ein klarer Ablaufplan mit entsprechenden Parametern von beiden Parteien vereinbart: Wenn x (messbares Ziel) bis dann (Datum) erreicht ist, gehen die beiden Parteien folgenden Schritt (klar benanntes Ziel). Ich empfehle, Exklusivität auf einen bestimmten Zeitrahmen zu begrenzen bzw. an einen zu erreichenden Mindestumsatz zu koppeln. Führen Sie neue Partner sehr eng, telefonieren Sie regelmäßig, dokumentieren Sie Projektfortschritte und wer für was zuständig ist. Besuche und Vertrauensaufbau sind in dieser Phase sehr wichtig, da in vielen Ländern die persönliche Beziehung wichtiger ist als das, was auf dem Papier steht.

Feiern Sie auch kleine Erfolge – ein Distributor hat meistens mehrere Produkte und Marken im Portfolio. Er wird immer die Marke präferieren und fördern, bei der er für sich den größten Vorteil (finanziell und/oder Prestige) sieht. Stellen Sie durch eine sehr enge Bindung und eine Win-win-Strategie sicher, dass beide Parteien ein gutes Geschäft machen

Zusammenfassung

In Krisenzeiten hat sich für Unternehmer eines herauskristallisiert: Firmen, die über ein weltweites Vertriebs- und/oder Produktionsnetz verfügen, sind im Vorteil, da sie, auch wenn Grenzen geschlossen werden, immer noch ihre lokalen Kunden bedienen können.

Abb. 7: Möglicher Ablauf eines Markteintritts

Mein Schlusstipp:
Planen und definieren Sie, wie ein erfolgreicher Markteintritt aussehen soll (Zielfoto). Unterteilen Sie den Prozess in einzelne und klare Schritte (Meilensteine). Handeln Sie entschlossen, geben Sie Dingen Zeit und Raum, aber zögern Sie schwierige Entscheidungen nicht hinaus. Scheuen Sie sich nicht, Rat und Hilfe von außen zu suchen und anzunehmen.

Ich wünsche Ihnen viel Erfolg!

Wichtige Links

Alle Links: abgerufen am 06.01.2021

Ausländische Handelskammern in Deutschland; https://www.stuttgart.ihk24.de/fuer-unternehmen/international/auslaendische-handelskammern-in-deutschland-664770

Auslandsförderung und Messen auf Ebene von Unternehmerverbänden am Beispiel des VDMA; https://www.vdma.org/v2viewer/-/v2article/render/26042122

Bundesministerium für Wirtschaft und Energie; https://www.bmwi.de/Navigation/DE/Home/home.html

Förderung von Auslandsmessen durch die Bundesrepublik Deutschland – AUMA; https://www.auma.de/de/ausstellen/foerderungen/foerderungen-im-ausland

Förderung von Messebeteiligungen auf Landesebene: NRW-Kleingruppenförderung für Auslandsmessen; https://www.nrwbank.de/de/themen/aussenwirtschaft/0632_Aussenwirtschaft_Kleingruppen_Auslandsmessen.html

Förderungen auf der Ebene des Bundeslands am Beispiel von Baden-Württemberg; https://www.bw-i.de/unternehmen-cluster/messebeteiligungen.html?tx_cal_controller%5Bgetdate%5D=20180420&tx_cal_controller%5Boffset%5D=1&cHash=05dc6e4f669e0fd112203d5b735530c5

Marktrecherche Tool von Unternehmensverbänden (länderspezifische Informationen am Beispiel des VDMA Österreich); http://www.vdma.at/web/guest/rechercheportal?p_p_id=vdma2dispatcherdetailportlet_WAR_vdma2dispatcher&p_p_lifecycle=0&p_p_state=normal&p_p_mode=view&p_p_col_id=column-1&p_p_col_count=1&_vdma2dispatcherdetailportlet_WAR_vdma2dispatcher_categoryId=17541713

Messeförderung auf Ebene der lokalen Industrie- und Handelskammern am Beispiel der IHK Köln; https://www.ihk-koeln.de/Mit_Messefoerderung_Auslandsmaerkte_erschliessen.AxCMS

Zuschüsse der Bundesländer zur Messebeteiligung am Beispiel von Niedersachsen; https://www.foerderdatenbank.de/FDB/Content/DE/Foerderprogramm/Land/Niedersachsen/messepraesentationen.html

Literaturverzeichnis

Ansoff, H. I. (1965) Corporate strategy: an analytical approach to business policy for growth and expansion. New York: McGraw-Hill.

Dawar, N. (2013) ›When Marketing is Strategy – Why you must shift your strategy downstream, from products to customers.‹ Harvard Business Review, HBR Reprint R1312G pp. 101–108.

Johnson, G., Scholes, K. und Whittington, R. (2011) Strategisches Management – Eine Einführung. Unternehmensführung: Analyse, Entscheidung und Umsetzung. München: Pearson Studium.

Kastner, C. (2020) Sales Leadership in internationalen Märkten. Bookboon-Online Buch erhältlich bei: https://bookboon.com/de/sales-leadership-in-internationalen-markten-ebook [Abrufdatum: 02.12.2020].

Mellahi, K., Meyer, K., Narula, R., Surdu, I. und Verbeke, A. (2021) The Oxford Handbook of International Business Strategy. Oxford: Oxford University Press.

Porter, M. E. (1985) Competitive advantage: creating and sustaining superior performance. New York: Free Press.

Porter, M. E. (2004) Competitive strategy. New York: Free Press.

Sachse, U. (2003) Wachsen durch internationale Expansion: Wie Sie Ihr Auslandsgeschäft erfolgreich ausbauen. Wiesbaden: Gabler.

Sinek, S. und Gonsa, C. (2019) Frag immer erst: warum: Wie Top-Firmen und Führungskräfte zum Erfolg inspirieren. München: Redline Verlag.

Singer, M. und Donoso, P. (2008) Upstream or downstream in the value chain? Journal of Business Research, 61(6), pp.669–677.

Hinweise zum Autor

CHRISTIAN KASTNER

Christian Kastner ist als Sales Director seit vielen Jahren im B2B-Vertrieb von erklärungsbedürftigen technischen Produkten tätig. Seine Erfahrungen im Aufbau von Auslandsmärkten in Osteuropa, den USA sowie in Asien bilden die Grundlage dieses Kapitels. Des Weiteren veröffentlicht er Bücher, Artikel und Beiträge (z. B. auf LinkedIn) über Leadership, Persönlichkeitsentwicklung und Verkaufen.

Kontaktdaten
ORCID-ID des Autors: https://orcid.org/0000-0002-3881-1058
LinkedIn: linkedin.com/in/christiankastner

Globaler Vertrieb im Sondermaschinenbau

Mit Handelsvertretungen arbeiten oder mit eigenen lokalen Mitarbeitern und deren Führung?

Reiner Lemperle
Vertriebsleiter/Prokurist
Gebrüder Lödige Maschinenbau GmbH

Ausgangssituation – Unser Vertrieb ist wie unser Umsatz: international ausgerichtet, komplex und stark schwankend

In einem mittelständischen Maschinenbauunternehmen wie z. B. dem Unternehmen Gebrüder Lödige Maschinenbau GmbH (im Folgenden als Lödige bezeichnet) werden Prozessmaschinen und Teilsysteme für ein sehr breites Anwendungsspektrum in vielen Branchen vertrieben, konstruiert und hergestellt. Diese reichen von der Schwer- und Baustoffindustrie über Anwendung im Umweltschutz und der Entsorgung bis hin zum weiten Feld der chemischen Industrie. Auch die Nahrungsmittel-, Kosmetik- und Pharmaindustrie sind Branchen, für die Maschinen geliefert werden. Die Aufgabenstellungen der Maschinen sind das Mischen, Granulieren, Trocknen, Reagieren und Coaten von Feststoffen. Die Projekte und Aufträge werden immer nach den technischen oder produktspezifischen Anforderungen der Kunden individuell projektiert, geplant, angeboten und im Auftragsfall gebaut. In 90 % der Fälle handelt es sich dabei um einzelne Maschinenbestellungen, also um eine Losgröße von eins. Dabei bewegen sich die Auftragswerte zwischen einem niedrigen fünfstelligen Betrag und mehreren Millionen Euro.

Der internationale Vertrieb, den ich neben dem Marketing seit 15 Jahren leite, ist entsprechend der oben beschriebenen Kundenanforderungen nach Branchen organisiert, da jede Branche ihre spezifischen Anforderungen hat. Eine regionale Organisation der Vertriebsmannschaft *für das Neugeschäft* hat sich über die Jahre insbesondere unter wirtschaftlichen Gesichtspunkten nicht bewährt. Es ist wichtig, dass jeder Vertriebsmitarbeiter sich mit seiner Branche und ihren spezifischen Ausprägungen identifizieren kann. Weiterhin sollte er Gefallen daran haben, sich mit Menschen und Produkten innerhalb der Branche auseinanderzusetzen, auch wenn die Produkte teilweise übel riechende, stark staubende oder andere unangenehme Eigenschaften besitzen. Die einzelnen Vertriebsmitarbeiter müssen eine hohe fachliche Kompetenz aufweisen bzgl. des geeigneten Maschinentyps für die branchenspezifischen Anwendungen. Die Produkte, die unsere Kunden in den Maschinen herstellen, sind in der Mehrzahl Zwischenprodukte, die dann weiterverarbeitet werden. Teilweise gehen die Produkte aber auch direkt in den B2C-Markt.

Lödige hatte in den letzten Jahren immer eine Exportquote von ca. 80 % im Neumaschinengeschäft. Geliefert wird nahezu in alle Regionen der Welt. Aufgrund der sehr stark variierenden Marktgrößen und Potenziale der verschiedenen Länder gibt es unterschiedliche Schwerpunkte. Beispielsweise macht es Sinn, sich in China, den USA und Russland im Gegensatz zur Schweiz oder zu den Beneluxländern unterschiedlich aufzustellen. Wie im Projektgeschäft üblich kann der Umsatz aus den einzelnen Regionen aber – abhängig von Investitionszyklen und politischen Einflüssen (z. B. der üblichen Fünfjahresplanung in China) – von Jahr zu Jahr sehr stark schwanken.

Die gelieferten Maschinen haben in der Regel eine lange Lebensdauer. Ein jährlich gleichbleibender Umsatz mit den gleichen Kunden in einer Region kann daher nicht sichergestellt werden. Für die Kunden ist es wichtig, immer eine gleichbleibende Produktqualität in den Maschinen herstellen zu können. Daher ist die Regel, dass der Kunde dem Lieferanten treu bleibt, wenn dieser mit der gelieferten Technologie die gewünschte Produktqualität garantieren kann. Dies ist auch dann der Fall, wenn bei den Kunden die Fertigungskapazität erhöht werden muss. Ein Wechsel des Lieferanten ist daher eher unüblich.

Die Kontaktpflege zu den *Bestandskunden*, aber auch die Suche nach neuen Interessenten in den verschiedenen Regionen macht indes – entgegen meinen obigen Ausführungen – eine regionale Vertretung unabdingbar. Regionale Vertretungen beherrschen die Landessprache, kennen die kulturellen Gepflogenheiten, besitzen lokale Netzwerke und haben Zugang zu lokalen Marketingwegen. Darüber hinaus ist – was das wesentliche Argument ist – die Bearbeitung der Märkte von regionalen Vertretungen aus in der Summe auch kostengünstiger als vom Stammhaus aus.

Wie also lässt sich dieses Dilemma lösen?

Lokale Präsenz – Arbeiten mit eigenen lokalen Mitarbeitern oder mit externen Handelsvertretungen?

Die regionale und fachspezifische Präsenz in einzelnen Ländern kann entweder durch eigene Mitarbeiter, beispielsweise aus lokalen Tochterunternehmen, oder durch externe Unternehmen, die etwa als Handelsvertretungen arbeiten, gefüllt werden. Beide Formen der Nutzung einer lokalen Organisation haben, wie wir im Laufe der Zeit lernten, ihre jeweiligen Vor- und Nachteile. Diese werden im Folgenden aus der Perspektive der eigenen Erfahrungen dargestellt.

Lokaler Vertrieb mit Tochterunternehmen

Die lokalen Vertriebsmitarbeiter sind exklusiv für das Unternehmen tätig. Es wird ausschließlich nach Anwendungen und Kunden für die eigenen Produkte in der Region Ausschau gehalten. Die Identifikation mit dem Stammhaus ist daher sehr hoch. Bei dieser Form des lokalen Vertriebs ist jedoch darauf zu achten, dass das Marktpotenzial einer Region eine eigene Organisation rechtfertigt, denn die laufenden Kosten (v. a. Lohn- und Reisekosten) sind in der Regel – speziell bei flächenmäßig großen Ländern – hoch. Durch das azyklische Investitionsverhalten der Kunden ist es üblich, dass über einen längeren Zeitraum keine Projekte vergabereif werden. Somit kann der Auftragseingang stark schwanken, die Kosten für die Mitarbeiter fallen aber durchgehend an.

Des Weiteren ist es bei einer sehr breiten Branchenabdeckung schwierig, eigene lokale Mitarbeiter zu finden, die alle Anwendungsbereiche und Maschinenausprägungen fachlich abdecken können. Die Konsequenz ist, dass ein einzelner Vertriebsmitarbeiter für die Abdeckung des gesamten Portfolios nicht ausreicht. Damit steigen die Kosten proportional zur Anzahl der eingestellten Mitarbeiter – oder das Stammhaus muss seine Unterstützung für die entsprechende Region intensivieren. Dies bindet Kapazitäten, wodurch andere Regionen weniger Aufmerksamkeit bekommen, sodass deren Marktbearbeitung leidet.

Einen Marktzugang zu allen Branchen zu erreichen ist daher mit viel Aufwand und hohen Kosten verbunden. Eine ausreichende Netzwerkabdeckung aufzubauen, bedarf eines längeren Zeitraums. Eine Möglichkeit, dies zu beschleunigen, besteht darin, Mitarbeiter von Wettbewerbern abzuwerben oder Personen aus dem eigenen Kundenkreis dafür zu gewinnen, auf die Seite des Lieferanten zu wechseln. Je besser das Netzwerk der neuen Mitarbeiter zum eigenen Portfolio passt, desto höher sind allerdings i. d. R. die Fixkosten wie Gehälter, Nebenkosten, sowie Reisekosten und Ähnliches.

Eine weitere strategische Überlegung kann es sein, dass aufgrund des Potenzials der Märkte ein eigener Service Hub oder sogar eine lokale Fertigung aufgebaut wird. Auf diese Weise kann für die Zukunft in dieser Region eine gute Marktdurchdringung erreicht werden. Dies ist dann aber erst der zweite oder dritte Schritt. Bei all diesen Überlegungen darf man nicht vergessen, dass ein eigenes lokales Tochterunternehmen immer auch Managementkapazitäten im Stammhaus bindet.

Handelsvertretungen

Handelsvertretungen arbeiten in aller Regel ausschließlich auf Provisionsbasis. Im Sondermaschinenbau von Prozessmaschinen belaufen sich die Provisionen, je nach Auftragswert, zwischen 4 und 10 %. Kosten fallen somit nur an, wenn ein Auftrag auch tatsächlich erteilt wird. Laufende Fixkosten wie Gehälter, Reisekosten etc. muss die Handelsvertretung selbst tragen. Solche Organisationen haben im Normalfall mehrere Lieferanten in ihrem Portfolio. Aus eigener Erfahrung sind dabei Firmen, die ähnliche Maschinen oder Komponenten vertreiben, die den eigenen Produkten vor- oder nachgeschaltet werden können, am besten geeignet. Weiterhin kann es auch Sinn machen, dass sich Firmen im Portfolio des lokalen Vertriebspartners befinden, die Rohstoffe vertreiben, die mit den eigenen Maschinen verarbeitet werden können.

Die so entstehenden Synergien sollten für beide Parteien als Vorteile bei der Zusammenarbeit genutzt werden. Wenn die Vertretung bereits weitere Firmen in einer relevanten Branche vertritt, besteht ein entsprechender Marktzugang sowie ein Netzwerk potenzieller Kunden. Ein ergänzendes oder neues Produkt kann bei Kundengesprächen leichter präsentiert werden und die Wahrscheinlichkeit eines Verkaufserfolgs erhöht sich deutlich.

Ein weiterer Vorteil von Handelsvertretungen besteht darin, dass häufig bereits eine breite Branchenabdeckung besteht, idealerweise sogar mit einer branchenspezifischen Zuordnung der Mitarbeiter. Sollte das betrachtete Land sehr groß sein, wie z. B. China oder die USA, oder die Vertretung nur eine geringe Branchenabdeckung und begrenzte Kapazitäten besitzen, kann es aber auch, wie wir gelernt haben, Sinn machen, mit mehreren unterschiedlichen Handelsvertretungen in einer Region zusammenzuarbeiten.

Zusammenarbeit und Führung

Unabhängig davon, für welche Form des internationalen Vertriebs man sich entscheidet, ist die tägliche Zusammenarbeit doch mit ähnlichen Anforderungen verbunden. Eigene lokale Mitarbeiter eines Tochterunternehmens lassen sich in der Regel etwas leichter führen, weil sie nur für das eigene Produkt verantwortlich sind. Handelsvertretungen sind zunächst einmal darauf fokussiert, ihre eigenen Kosten durch Provisionen zu decken. Es ist also gut möglich, dass sie erklärungsbedürftige neue Produkte nicht mit der gewünschten Priorität und Intensität betreuen wie einfacher zu verkaufende Produkte.

Bei beiden Formen ist es von Vorteil, wenn nicht sogar auf lange Sicht unerlässlich, wenn die »Chemie« zwischen den agierenden Mitarbeiter des lokalen Partners und den eigenen Vertriebsmitarbeitern stimmt. Die Erfahrung zeigt, dass die Zusammenarbeit viel besser funktioniert und sich der Erfolg deutlich schneller einstellt, wenn dabei sogar eine freundschaftliche Beziehung entsteht. Stimmt die zwischenmenschliche Komponente nicht, stellt sich – so unsere in manchen Situationen leidvolle Erfahrung – kein langfristiger Erfolg ein, und zwar auch dann nicht, wenn sonst alle anderen Parameter passen. Es kommt dann schnell zu Missstimmungen und Unzufriedenheiten auf beiden Seiten. Die Folge ist in aller Regel, dass der lokale Vertriebspartner nicht mehr so zügig wie sonst mit Antworten versorgt wird und die Motivation auf beiden Seiten sinkt.

Wie kann eine internationale Aufstellung aussehen und wie kann eine objektive Führung der lokalen Vertriebspartner realisiert werden?

Vorab möchte ich klarstellen, dass es für eine internationale Aufstellung nicht *die* eine richtige Form gibt. Am Anfang ist es wichtig zu entscheiden, mit welcher Strategie sich das eigene Unternehmen in den jeweiligen Regionen aufstellen möchte. Dabei muss klar sein, welche Marktposition das Unternehmen selbst in den verschiedenen Regionen besitzt und welche erreicht werden kann bzw. erreicht werden soll. Ein weiterer wichtiger Aspekt, der in die Überlegungen zwingend einbezogen werden muss, ist, welche Produkte (erklärungsbedürftig oder nicht, Volumen/Wert, Servicebedarf usw.) vertrieben werden, wie groß die eigene Organisation aktuell ist und ob mit der vorhandenen Managementkapazität ein Tochterunternehmen betreut werden kann. Abschließend ist es wichtig, einen lokalen Partner zu finden, der schlichtweg zum eigenen Unternehmen und zu den eigenen Produkten »passt«.

Wie sieht die Lösung bei Lödige aus?

In einem mittelständischen Unternehmen wie Lödige ist aufgrund der oben beschriebenen Ausführungen eine über die Jahre sehr uneinheitliche globale Aufstellung entstanden. Einige Länder werden ausschließlich mit Vertriebstöchtern und damit die lokalen Märkte exklusiv mit eigenen Produkten bearbeitet. Diese Tochterunternehmen wiederum haben, je nach Marktgröße, die Möglichkeit und die Freiheit, mit eigenen lokalen Vertretungen zusammenzuarbeiten, und dies unabhängig vom Stammhaus. Daneben gibt es ein Joint Venture, das einen regionalen Markt komplett eigenständig bearbeitet und auch eine eigene lokale Fertigung besitzt. Ausnahmen bilden Projekte, bei denen eine rein lokale Bearbeitung nicht möglich ist, z. B. aufgrund der Maschinengröße oder aufgrund geschützter Anwendungen. Diese werden dann an das Stammhaus übergeben und der Joint-Venture-Partner übernimmt die Rolle eines Handelsvertreters.

Ein weiteres Joint Venture wurde mit der Absicht gegründet, erst einmal eine lokale Vertriebsorganisation in dem Land zu besitzen. Von Beginn an war jedoch beabsichtigt, Maschinen zu einem späteren Zeitpunkt lokal herzustellen. Daneben besteht zusätzlich, historisch bedingt, im gleichen Land eine Zusammenarbeit mit einer Handelsvertretung für eine spezifische Anwendung.

In allen übrigen weltweiten Regionen wird versucht, die Marktdurchdringung mittels Vertretungen zu gewährleisten. Die übergeordnete Herausforderung ist es, unabhängig von der gewählten Organisationsform in allen Branchen einen guten Zugang zu bekommen. Dies gelingt nicht immer, sodass es notwendig ist, in regelmäßigen Abständen zu reflektieren, ob der Vertriebspartner oder die agierenden Menschen noch die richtigen Partner sind. Sollte dies nicht mehr der Fall sein, werden umgehend Maßnahmen in Richtung einer Verbesserung der Zusammenarbeit ergriffen. Gelingt dies nicht, wird die Zusammenarbeit beendet. Um dies objektiv bewerten und entscheiden zu können, muss ein passendes Werkzeug gewählt werden. Das Werkzeug, das Lödige nutzt, soll im Folgenden vorgestellt werden.

Der Weg zur objektiven Beurteilung der internationalen Vertriebspartner

Vor einigen Jahren haben wir entschieden, ein neues Tool zu entwickeln. Dieses Tool ermöglicht es uns, die internationalen Vertriebspartner enger zu führen und eine jährliche objektive Bewertung für beide Seiten zu liefern. Hierfür wurde für jeden Vertriebspartner ein individuelles, sogenanntes Agency Logbook, erstellt (siehe Abb. 1). Das Agency Logbook ist in drei Abschnitte aufgeteilt:
1. Gemeinsame Ziele
2. CRM-Reporting
3. Eintragungen über das Jahr hinweg durch die Vertriebskollegen im Headquarter

Gemeinsame Ziele
Zu Beginn eines Geschäftsjahres gibt es mit jedem lokalen Vertriebspartner ein Gespräch, in dem die Ziele für die jeweilige Region gemeinsam definiert werden. Es werden gemeinsam drei bis vier Ziele festgelegt. Das erste Ziel – ein regelmäßiges, vierteljährliches unaufgefordertes Reporting der Vertriebsprojekte an die Vertriebsleitung – ist dabei vorgegeben. Die weiteren Ziele sind unterschiedlicher Natur und variieren je nach Region, Vertretung und strategischer Ausrichtung. Beispiele dafür sind die Organisation von gemeinsamen Akquisitionsreisen, Präsenz in lokalen Medien (Social Media, Print etc.) oder die Organisation von Webmeetings.

Agency:

Agreed goals for 2021:		fulfilled	points
Goal 1	Quarterly project reporting to the head of sales without being asked		
Goal 2			
Goal 3			
Goal 4			

CRM Reporting			% share of agency	points
	Support by agency	No support by agency		
Projects in sales area	1	0	100,00	10
Orders in sales area	0	0	0,00	-10
Order volume in sales area	- 1	- 1	0,00	-10
Overall order volume		- 1	information only	
Commissions in 2021		- 1	added manually	

Logbook/notes/progress		valuation	points
Date:	Subject (Please indicate name abbreviation!)		
...	...	...	...

SUM			-30

	0 - 50 points	=	poor performance/immediate measures required
Result	51 - 100 points	=	improvable performance/measures to be agreed
	> 100 points	=	good performance/maintain this level

Comments and notes:

Abb. 1: Agency Logbook; Quelle: Gebrüder Lödige Maschinenbau GmbH

CRM-Reporting

In diesem Teil wird der tatsächliche Erfolg gemessen. Mithilfe des Customer-Relation-Managementsystems (CRM) werden die von der Vertretung akquirierten Neukontakte und Anfragen, die tatsächlich erreichte absolute Anzahl an Aufträgen und der summierte Auftragswert aus der Region aufgelistet.

Kontinuierliche Eintragungen

Im dritten Teil werden über das Jahr hinweg kontinuierlich positive und negative Vorgänge notiert. Dies geschieht durch die Vertriebsmitarbeiter im Stammhaus. Da unterschiedliche Mitarbeiter aus dem Stammhaus mit dem gleichen Vertriebspartner zusammenarbeiten, kann jeder Mitarbeiter Kommentare in das Logbuch eintragen. Die einzelnen Logbücher werden zentral abgelegt. Beispiele für Einträge sind etwa das schnelle und konsequente Nachfassen bei Anfragen oder bei versandten Angeboten. Es wird beispielsweise auch vermerkt, ob der Zugang zu einem neuen Interessenten mit großem Potenzial erreicht wurde. Wenn trotz mehrfachen Nachhakens seitens der Vertriebsmitarbeiter aus dem Stammhaus keine Rückmeldung des Vertriebspartners erfolgt, wird dies ebenfalls vermerkt. Jeder Eintrag wird entsprechend mit den Parametern positiv, neutral oder negativ bewertet. So entsteht im Jahresverlauf ein guter Überblick über positive und negative Ereignisse, der eine qualitativ objektive Beurteilung ermöglicht.

Bewertung

Alle drei Bereiche werden entsprechend eines vorgegebenen hinterlegten Schlüssels bewertet und am Ende des Jahres zu einer Gesamtpunktzahl summiert. Somit kann mithilfe von drei Bewertungsgrenzen, die für alle internationalen Partner gleich sind, eine Leistungsbewertung erfolgen. Die Grenzen sind wie folgt gewählt:

- 0–50 Punkte = schlechte Leistung, unbedingter Handlungsbedarf
- 51–100 Punkte = zufriedenstellende Leistung, bedingter Handlungsbedarf
- Mehr als 100 Punkte = gute Leistung

Diese Vorgehensweise ermöglicht eine sehr gute, objektive Bewertung der Zusammenarbeit über das gesamte Geschäftsjahr. Die anschließende Besprechung der Leistung mit den Vertretungen gestaltet sich dadurch unkompliziert und die Argumentation bei einer nicht zufriedenstellenden Leistung wird durch die aufgelisteten Punkte einfacher. Auch kann der Vertriebspartner anhand der dokumentierten Fakten leichter zu den entsprechenden Sachverhalten Stellung nehmen. Auf dieser Grundlage können die Ursachen und mögliche Verbesserungen gemeinsam besprochen werden. Daraus ergeben sich neue Ziele, es kann aber auch die gemeinsame Entscheidung getroffen werden, dass eine Beendigung der Zusammenarbeit sinnvoll ist.

Es hat sich seit der Einführung dieses Instruments gezeigt, dass die Führung und Bewertung der internationalen Vertriebspartner sehr viel leichter und objektiver geworden ist. Vor der Einführung des Logbuchs gab es keine genaue Dokumentation der Zusammenarbeit über das gesamte Jahr bzw. sie konnte höchstens auf der Basis der erreichten Aufträge resp. des erzielten Umsatzes oder Auftragseingangs vorgenommen werden, sagte aber wenig bis nichts über die Qualität der Zusammenarbeit aus. Somit konnte keine Bewertung anhand festgehaltener Vorgänge erfolgen. Die Diskussion zwischen der Vertretung und der Vertriebsleitung über nicht erbrachte Leistungen war demnach schwierig und hauptsächlich von subjektivem Empfinden geprägt.

Fazit

Aus meiner Erfahrung heraus gibt es nicht die eine richtige Form, wie sich der Vertrieb international aufstellen sollte. Bei der Entscheidung sind mehrere Aspekte zu berücksichtigen:

- Wie sehen die strategischen Ziele aus, die sich ein Unternehmen für eine Region oder ein Produkt gesetzt hat?
- Welcher Markt soll erreicht werden und wie groß ist er?
- Ist mit eigenen Produkten in dem spezifischen Markt überhaupt ein Erfolg möglich oder ist er bereits durch Wettbewerber besetzt?
- Wie ist das Netzwerk der möglichen potenziellen Vertriebspartner und in welchen Branchen sind diese gut aufgestellt?
- In welchen Branchen ist es möglicherweise notwendig, intensiv zu unterstützen oder zu schulen und wo muss man sich für einen weiteren Partner entscheiden?

Viele weitere Fragen sind natürlich möglich. Wichtig ist es auch zu berücksichtigen, wie es mit der eigenen Managementkapazität aussieht. Eigene Tochterunternehmen und auch Joint Ventures bedürfen einer intensiven Betreuung nicht nur durch den Vertrieb.

Unabhängig von der Organisationsstruktur benötigt man – wie bei der Führung der eigenen Mitarbeiter auch – ein Tool, das objektive und nachvollziehbare Bewertungen ermöglicht. Das von uns eingeführte **Agency Logbook** hat sich in meinen Augen als ein sehr gutes Tool bewährt. Die Ziele werden gemeinsam mit den internationalen Vertriebspartnern festgelegt und die Tätigkeiten mithilfe von CRM und kontinuierlicher Dokumentation über das gesamte Geschäftsjahr festgehalten. Am Ende des Jahres können Leistungen objektiv bewertet und notwendige Maßnahmen besprochen werden. Allerdings ist für das erfolgreiche Anwenden des Tools ausschlaggebend, dass die eigenen Vertriebsmitarbeiter im Stammhaus dieses nutzen und die Daten regelmäßig pflegen.

Darüber hinaus ist es für den gemeinsamen Erfolg immens wichtig, dass die internationalen Vertriebspartner mit den eigenen Vertriebskollegen menschlich harmonieren. Ist dies nicht gegeben, wird sich auf lange Sicht kein Erfolg einstellen, egal, wie gut der Vertriebspartner in der Region vernetzt ist. Als Konsequenz muss die Zusammenarbeit beendet oder die Betreuung durch einen anderen Vertriebsmitarbeiter übernommen werden, bei dem eine bessere Beziehung gewährleistet ist. Der regelmäße Austausch mit den internationalen Partnern, aber auch die Reflexion, ob die Zusammenarbeit mit den Partnern harmoniert, ist eine stetige und wichtige Aufgabe. Wenn sie vernachlässigt wird, reduziert sich der Erfolg und die Unzufriedenheit auf beiden Seiten steigt. In diesem Zusammenhang sagt die eigene Erfahrung:

»Um eine Vertretung muss man sich in gleicher Weise kümmern wie um einen Kunden oder einen potenziellen Interessenten.«

Hinweise zum Autor

REINER LEMPERLE

Dipl. Ing. Reiner Lemperle, Gesamtvertriebs- und Marketingleiter bei der Gebrüder Lödige Maschinenbau GmbH
Sein Weg führte Reiner Lemperle vom Studium der Verfahrenstechnik an der technischen Hochschule in Karlsruhe über die erste Anstellung in einem produzierenden Pharmaunternehmen und den anschließenden Wechsel in den Sondermaschinenbau ab 2002 zur Fa. Gebrüder Lödige Maschinenbau. Seit 2012 ist er dort für den weltweiten Vertrieb mit einem Auftragsvolumen von ca. 40 Mio. Euro verantwortlich.

Indien: Was ich über Kultur, Partnersuche und Vertrieb gelernt habe

Arndt Dung
Geschäftsführender Gesellschafter
FLOHE GmbH

Ausgangssituation

Als Geschäftsführender Gesellschafter eines mittelständischen Unternehmens in der Elektrotechnikbranche habe ich mich früh mit den unbekannten Märkten beschäftigt. Dazu hat Indien gehört, obwohl es dazu eine Vorgeschichte im Unternehmen aus dem letzten Jahrhundert gab. Seit meinem ersten Besuch im Jahre 2002 habe ich Indien regelmäßig jährlich besucht, manche Jahre auch mehrfach. Daraus ist in mehreren Versuchen eine Niederlassung entstanden, die immer noch meine große Aufmerksamkeit hat.

Einleitung

Indien ist nicht nur ein Land, sondern vielmehr ein Subkontinent, der knapp 1,4 Milliarden Einwohner hat, und bietet einen nahezu unerschöpflichen Markt.

Wer das erste Mal nach Indien mit dem Flugzeug reist, wird wahrscheinlich in der Nacht an einem der Flughäfen von Delhi, Mumbai oder Bangolore ankommen. Der erste Eindruck, der sich angesichts der exotischen Gerüche im Flugzeug schon erst einmal gebildet hat, wird beim nächtlichen Landeanflug leider wieder komplett ausgeblendet. Die Ansicht auf die Slums, den mörderischen Verkehr und den Smog bleibt erst einmal aus. Wer dann zum nahegelegenen Hotel reist, wird davon nichts mitbekommen, sondern fühlt sich bei der Ankunft im Hotel doch eher wie in einer westlichen Welt. Der nächste Morgen bringt die ersten Überraschungen, wenn man aus dem Hotelfenster schaut und in eine völlig andere Welt blickt. Davon sollten Sie sich aber nicht abschrecken lassen. Wer in Indien Geschäfte machen will, muss sich auf Land und Leute komplett einlassen. Nicht umsonst heißt es, dass man Indien entweder liebt oder hasst. Sollten Sie zu der zweiten Gruppe gehören, so lassen Sie die Finger vom Abenteuer Indien und beenden jetzt die Lektüre dieses Beitrags.

Reisen innerhalb Indiens – ein Abenteuer für sich, für das Sie VIEL Zeit brauchen …

Indien, ein Land mit einer Nord-Süd-Achse von 3.000 km und einer Ost-West-Entfernung von mehr als 2.000 km, bietet eine Vielfalt an unterschiedlichen Regionen, Bevölkerungsgruppen und Kulturen. Wer glaubt, dieses Land sei homogen, wird schon bei der Sprache scheitern. Dies ist eine der fundamentalen Voraussetzungen, die es zu berücksichtigen gilt. Mehr als 120 verschiedene Sprachen werden in Indien gesprochen, rund die Hälfte nennt Hindi ihre Muttersprache, Englisch wird als Muttersprache nur von einer Minderheit von wenigen Hunderttausend Menschen gesprochen und als Zweit- oder Drittsprache von nur rund 130 Millionen verwendet. Im Geschäftsleben mit ausländischen Unternehmen ist sicherlich Englisch die bevorzugte Sprache, aber machen Sie sich darauf gefasst, dass – je nach Englischlevel des Gesprächspartners – die Kommunikation manchmal nur noch mit Händen und Füßen weitergeht. Dies trifft insbesondere für das verarbeitende Gewerbe zu.

Mumbai, Delhi und Kolkata sind die größten Städte Indiens, die jede für sich eine Bevölkerung von mehr als zehn Millionen aufweisen. Daneben zählen Bangalore, Chennai, Hyderabad und Pune zu den uns in Europa bekannten Städten. Damit ist aber nicht das Ende der Aufzählung aller Millionenstädte erreicht. Es gibt mehr als 50 von diesen Millionenstädten. In Abhängigkeit von Ihrer Branche steht erst einmal das Geografiestudium des Landes an. Bei all Ihren Planungen sollten Sie eines immer im Blick haben: die Zeit. Alle Vorstellungen, Distanzen in europäischer Geschwindigkeit zu durchlaufen, werden gnadenlos scheitern. Das Reisen in Indien ist einmalig, seien Sie darauf vorbereitet, dass Sie selbst nicht Auto fahren werden, sondern ein Chauffeur Sie den ganzen Tag begleitet und für diese Zeit im Auto lebt. Distanzen bis zu 300 km kann man mit dem Auto an einem Tag jederzeit erledigen, aber gehen Sie bloß von der halben Durchschnittsgeschwindigkeit Europas aus. Sie werden schnell lernen, dass die »Hupe« das elementare Bauteil eines Fahrzeuges ist, und sollte diese einmal versagen, das Auto schnellstens in die Werkstatt muss. Die Nutzung des Sicherheitsgurtes kann ich Ihnen nur empfehlen, vielleicht schließen Sie auch die Augen während der Fahrt und lassen sich von Kopfhörern mit Musik berieseln. Nichts ist aufregender als eine Autofahrt in Indien. Bereiten Sie sich mit viel Zeit und einer großen Portion Gelassenheit auf Ihren Trip vor.

Distanzen innerhalb der Großstädte können Sie gerne mit dem lokalen Taxi erledigen, hilfreich ist hier die »Uber-App«. Ansonsten kann es Ihnen passieren, dass der kurze

Weg ins Büro, zum Kunden oder einfach nur zum Flughafen sehr teuer wird. Da unterscheidet sich Indien nicht von anderen Städten.

Das Reisen mit der Bahn auf einem der ältesten Streckennetze außerhalb von Europa, geschaffen von der ehemaligen Kolonialmacht England, ist von Gemütlichkeit geprägt. Vielfach starten Sie in einem viktorianischen Bahnhof und enden in einem schlichten Zweckbau. Da viele Züge weite Strecken fahren, empfiehlt es sich, die massiven Verspätungen mit einzukalkulieren. Auf jeden Fall sind für weitere Strecken durch die Nacht die Züge mit Schlafabteil zu empfehlen, aber bitte nur in der 1. Klasse.

Das Flugzeug, immer mehr auch in Indien in Mode gekommen, verbindet sehr viele Städte über mittlere und größere Distanzen. Indien hat in den letzten zehn Jahren sehr viel Geld in eine neue Infrastruktur für die Luftfahrt investiert. Viele Abfluggebäude, auch in abgelegenen Gegenden, sind komplett neu gebaut worden und entsprechen den gängigen Standards. Seien Sie darauf vorbereitet, dass nur Gäste mit einem gültigen Ticket die Gebäude betreten dürfen. Dies wird immer noch von Soldaten geprüft. Vor nicht mehr als fünf Jahren musste der Nachweis des Tickets immer in Papierform gebracht werden. Umbuchungen mussten vorher vom Reisebüro schriftlich bestätigt werden. Heutzutage ist die elektronische Form bei den Indern Standard, wie vielfach auch im privaten Leben. Machen Sie sich darauf gefasst, dass man sich bei der Sicherheitskontrolle gerne vordrängelt, es immer piepst und ein Soldat Sie nachher immer abtastet. Zum Thema Flugzeug berücksichtigen Sie bitte, dass bei Inlandsflügen die Freigrenzen für aufgegebenes Gepäck immer niedriger als im Rest der Welt liegen, dementsprechend »dürfen« Sie meistens nachzahlen.

Partnersuche: Finden Sie – oder werden Sie gefunden?

Wenn Sie das erste Mal nach Indien reisen, sollte man dies möglichst mit der Hilfe eines lokalen Partners in Angriff nehmen. Grundsätzlich ist es sinnvoll, einen Partner in Indien zu haben. Aber wie findet man einen indischen Partner?

Einer der wahrscheinlichsten Wege ist, dass Sie gefunden werden. Häufig sprechen indischstämmige Engländer oder auch Inder aus den Emiraten Firmen an und werben mit ihrer Kompetenz auf dem indischen Markt. Dabei ist in zweierlei Hinsicht Vorsicht geboten:

Die Ansprechpartner dieser Firmen überzeugen mit sehr guten Englischkenntnissen und haben sich sehr gut auf das Gespräch mit Ihnen vorbereitet. Alles, was elektronisch verfügbar ist, wird aufgesogen und mit lokalen Daten (aus dem Internet) verbunden. Damit wird eine Kompetenz vorgespielt, die den Eindruck erweckt, dass der Gesprächspartner der einzig richtige Geschäftspartner für Indien sein kann. Nehmen

Sie sich **viel Zeit** für ein solches Gespräch, verlangen Sie mindestens nach einem **zweiten Gespräch** und lassen Sie sich **Referenzen mit zeitlichem Bezug** geben. Hier ist es wichtig, in die Tiefe zu gehen und den zukünftigen **Partner auf Herz und Nieren zu prüfen**. Dabei sind auch die **Entfernungen und die kulturellen Unterschiede zu berücksichtigen**. Für viele mag es komfortabel sein, einen indischen Partner zu haben, aber vielfach ist es sinnvoller, eine regionale Differenzierung vorzunehmen, wie es sehr häufig in Ländern mit großen Entfernungen, zum Beispiel in den USA, gemacht wird.

Seien Sie darauf vorbereitet, dass die Gesprächspartner Sie nach den Gesprächen subtil mit einer gewissen Penetranz belästigen werden, um den Abschluss eines Vertretervertrages oder einer wie auch immer gearteten Partnerschaftsvereinbarung zu generieren. Diesem zeitlichen Druck sollten Sie in keiner Weise nachgeben. Ein Vertrösten, dass die Entscheidung noch nicht gefallen ist, hilft nur bedingt.

Mein Tipp:
Das Fordern von belastbaren Informationen über den Markt und nach Referenzen wird die Spreu vom Weizen trennen.

Daneben spricht gegen diese Art von Partnerunternehmen die kulturelle Ablehnung der lokalen Inder. Inder, die »ihr« Land verlassen haben, um auswärts zu studieren, und dann wieder zurückkehren, sind sehr willkommen. Hingegen sind die Inder, die ihr Land dauerhaft verlassen haben und nur noch temporär in Indien leben, um z.B. Geschäfte zu machen, nicht so hoch angesehen. Es besteht ein gewisser lokaler Neid gegen diese Leute. Die Einkäufer aufseiten der Kunden werden das nur indirekt eingestehen. Die Ablehnung wird spätestens dann sichtbar, wenn sie bei einer Auftragsvergabe nur als zweiter Sieger durchs Ziel kommen. Bei Preisgleichheit mit ihrem Wettbewerber wird dies das entscheidende Kriterium sein.

Das Finden von Partnerunternehmen geschieht häufig nur in Indien. Die Kultur des Landes ist so gestaltet, dass Geheimnisse nur selten verborgen bleiben. Vertrauliche Informationen werden häufig breit gestreut. Das bedeutet aber auch, **dass Sie an ausgewählten Stellen eine Partnersuche kommunizieren müssen**. Das indische Netzwerk, heutzutage beschleunigt durch WhatsApp, verteilt diese Informationen an allen Stellen so, dass Sie wiedergefunden werden. Wichtig ist, dass Sie sich dann viel Zeit für Ihren Gesprächspartner nehmen. Der indische Gesprächspartner will Sie erkunden, so viel wie möglich von Ihnen erfahren, um Sie letztendlich einschätzen zu können. Es wird ein Profil von Ihnen erstellt, von dem abhängt, ob eine Partnerschaft eingegangen wird. **Machen Sie nicht den Fehler, zu schnell und zu viel nur über das Business zu reden**. Konzentrieren Sie sich mehr auf Ihr Gegenüber, finden Sie heraus, welche gesellschaftliche Stellung er (oder sie) einnimmt. Das private Umfeld (Familie usw.)

sollte für Sie interessant sein, Ihr Gegenüber wird es auf jeden Fall interessieren. Die indische Kultur, insbesondere der Hindu, legt sehr viel Wert auf Familie, sodass immer die Familie vor dem Business kommt. **Seien Sie nicht überrascht, wenn Ihr Partner für die Pflege der Eltern das Geschäft für mehrere Wochen vernachlässigt oder ganz aufgibt**. Das muss eine gute Verbindung aushalten. Der indische Partner wird es Ihnen nachträglich, aber stillschweigend danken.

Je mehr Sie fragen, desto interessanter werden Sie. Partnerschaften zwischen Unternehmen werden ausschließlich auf der persönlichen Ebene abgeschlossen. Es ist zu berücksichtigen, dass die indische Firmenstruktur sehr stark eigentümerorientiert ist. Selbst große Unternehmen, die nur teilweise in privater Hand liegen und an der Börse gehandelt werden, sind sehr stark personengeführt. Daher sollte man **immer versuchen, mit dem Eigentümer zu sprechen und zu verhandeln**. Aber auch hier gilt: Nehmen Sie sich sehr viel Zeit, um den Gesprächspartner zu erkunden, und stellen Sie mehr das Private als das Geschäftliche in den Vordergrund.

In allen wichtigen Gesprächen, das gilt insbesondere auch für Verhandlungen mit Kunden, sollte man **nie den Eindruck entstehen lassen, dass die Zeit für die Gespräche limitiert ist**. Sobald der Gesprächspartner das Gefühl hat, man steht unter zeitlichem Druck – der nächste Termin ruft –, wird dies zu Ihren Ungunsten ausgenutzt. Sei es, dass man vertröstet wird, was aber letztendlich zu einer negativen Entscheidung führt, oder einfach in die Ecke getrieben wird. Zeitmangel bedeutet Stress, den Ihr Gegenüber eindeutig auszunutzen weiß. Nichts ist höher anzusetzen, als dass Ihr indischer Gesprächspartner das Gespräch beendet. Damit zeigen Sie, dass Sie sich so viel Zeit genommen haben, wie er benötigt, und ihm damit einen gewissen Respekt zollen. Man sollte auch darauf vorbereitet sein, dass ein »Meeting um 9 Uhr« nicht 9 Uhr bedeutet. Deutsche Pünktlichkeit wird von Ihnen erwartet, aber nicht von Ihrem indischen Partner goutiert. Er versucht eher, Sie unter zeitlichen Stress zu setzen, um erkennen zu können, wie Sie damit umgehen.

Der erste Schritt ist getan – wie geht es weiter?

Eine **Partnerschaft** zwischen zwei Unternehmen sollten Sie **auf jeden Fall schriftlich fixieren**. Indien ist weiterhin sehr stark bürokratisch organisiert. Damit sind schriftliche Vereinbarungen notwendig. Der indische Partner wird nachher verlangen, dass dies auch gegenüber den Kunden schriftlich mit Brief und Siegel angezeigt wird.

Wenn der richtige indische Partner gefunden ist, dann lassen sich viele Erfahrungen auf die Geschäfte mit indischen Unternehmen übertragen. An erster Stelle steht die **Zeitplanung. Eine enge Terminfolge ist der Tod jedes Geschäftes.**

Indien ist sehr stark kostengetrieben. Es besteht eine gewisse »**Geiz ist geil**«-**Mentalität. Den Begriff der Loyalität gibt es nicht.** Indische Unternehmen wechseln ihre Hausbank für eine Differenz von 0,01 % im Zinssatz. Dies muss man verinnerlichen. Selbst wenn man schon jahrelang oder seit Jahrzehnten erfolgreiche Geschäfte mit einem Kunden macht, so besteht nicht automatisch eine stabile Kundenbeziehung. Die Einkäufer sind zum größten Teil angehalten, beim billigsten (nicht dem preiswertesten) Anbieter zu kaufen. Selbst **wirtschaftliche Berechnungen, die einen schnellen ROI versprechen, werden größtenteils ignoriert. Das billigste Angebot erhält den Zuschlag.** Dem liegt zugrunde, dass die technischen Abteilungen immer mehrere Alternativen freigeben müssen, selbst wenn diese nicht vergleichbar sind. Der **Einkaufsprozess ist mehrstufig organisiert**, dies rührt aus der Angst vor der Korruption. **Einkauf und Technik sind immer getrennt, sodass die Einkaufsverhandlung ohne Techniker stattfindet.** Einsprüche wegen technisch nicht vergleichbarer Produkte laufen ins Leere. Diesem Phänomen ist schwer zu begegnen.

Ein indischer **Einkäufer erwartet immer einen zweistelligen Rabatt**. Alles darunter gilt als persönlicher Misserfolg. Der Einkäufer muss sich gegenüber seinem Vorgesetzten beweisen. Dazu gehört der zweistellige Rabatt. **Daher gilt es, diesen vorher einzupreisen**.

In der Verhandlung sollten Sie sich unter keinen Druck setzen lassen. **Geben Sie niemals Ihren Rabatt vollständig und am Anfang der Verhandlung. Inder lieben das Verhandeln**. Sie möchten mit Ihnen um den Preis ringen. Das erinnert vielfach an einen Basar oder die »Pro und Contra«-Diskussion im Deutschunterricht. Dabei werden **vielfältige Strategien** eingesetzt.

Meistens sitzen einem mehrere Leute gegenüber, die verschiedene Funktionen innerhalb der Verhandlung innehaben. Es ist wichtig, diese Funktionen zu Anfang durchschaut zu haben. **Prägen Sie sich die Rangfolge der teilnehmenden Gesprächspartner ein. Offiziell ist das »Kastensystem« nicht mehr existent, dennoch wird es vielfach praktiziert.** Dementsprechend wird **nur der ranghöchste Teilnehmer (gemäß Kastensystem) die Entscheidung treffen, auch wenn dieser Mitarbeiter nicht hierarchisch am höchsten angesiedelt ist.** Während der Verhandlungen wird der Verhandlungspartner immer wieder wechseln. Erst im Verlauf des Gesprächs erkennt man, dass dies einem bestimmten Muster entspricht. Man kann aber den Ablauf nur schwer beeinflussen, daher heißt es mitspielen, sehr zur Freude des Gegenübers. Der Spirale des Rabattes muss man schlagkräftige Argumente entgegensetzen oder zwischendurch Nebelkerzen werfen, sodass man auf einem anderen Spielfeld erst einmal weiterdiskutiert. Letztendlich dient alles dazu, den maximalen Rabatt aus Ihnen herauszuquetschen. Aber das Spiel nicht mitspielen zu wollen, bedeutet eine minimale Chance auf den Auftrag.

Lessons Learned

- Wer sich auf das Abenteuer Indien einlässt, muss viel Zeit und Geduld mitbringen. Insbesondere in Indien bestimmt der Kunde die Spielregeln.
- Verinnerlichen Sie, dass es in Indien Ressourcen und Wege gibt, die auf den ersten Blick nicht sichtbar sind.
- Indien hat ein anderes Lebensverständnis, das zum europäischen Modell vielfach divergent ist. Dazu trägt das alte Kastensystem immer noch bei. Für die Inder ist es einfacher, sich auf Europäer einzulassen, als umgekehrt.
- Die persönliche Beziehung zum Kunden/Partner ist der Schlüsselfaktor neben der Konstante Zeit, die Ihr Geschäft in Indien erfolgreich macht.
- Wenn Sie Spaß am Verhandeln haben, den »verbalen Fight« mit Ihrem Gegenüber lieben, dann sind Sie richtig in Indien.
- Wenn Sie dies alles berücksichtigen, dann steht Indien als ein Land der tausend Möglichkeiten für erfolgreiche Geschäfte offen. Scheuen Sie nicht den Weg dorthin.

Hinweise zum Autor

ARNDT DUNG

Nach dem Studium des Maschinenbaus und dem erfolgreichen Abschluss an der TU Dortmund erfolgte recht frühzeitig der Einstieg in das elterliche Unternehmen zur Restrukturierung des Betriebs. Seit mehr als zehn Jahren ist Arndt Dung als Gesellschafter und Geschäftsführer für die verschiedenen Unternehmen von FLOHE verantwortlich.

Direkter oder indirekter Vertrieb?

Vertriebsstrukturelle Entscheidungen im Rahmen der Internationalisierung von Born Globals

Matthias Trinker
Gesellschafter/Geschäftsführer
ficonTEC Service GmbH

Im Zuge der politischen und wirtschaftlichen Integration, des Konkurrenzdrucks auf heimischen Märkten sowie der zunehmenden Globalisierung ist das Thema der Internationalisierung in der unternehmerischen Praxis bereits seit vielen Jahren von herausragender Bedeutung. Wenn in diesem Zusammenhang von Global Playern gesprochen wird, assoziiert man damit meist große und weltweit bekannte Konzerne. Es ist jedoch immer häufiger zu beobachten, dass auch kleine innovative Unternehmen bereits unmittelbar nach ihrer Gründung eine weltweite Präsenz in unterschiedlichen Märkten aufbauen und international tätig sind. Die Anzahl und Verbreitung dieser sogenannten Born Globals hat dabei in den letzten Jahren stark zugenommen.

Im folgenden Praxisbeispiel handelt es sich bei der ficonTEC Service GmbH um ein solches Unternehmen, das bedingt durch seinen Geschäftsgegenstand von Beginn an global ausgerichtet war und einen Großteil seiner Umsätze im Ausland erzielte. Bereits mit der Gründung wurden internationale Kunden in den Hauptmärkten USA und China adressiert. Die Kernkompetenzen des Unternehmens mit Sitz in Achim bei Bremen befinden sich im Bereich der Entwicklung und Herstellung von Maschinen für die Produktion und Testung von Mikrosystemen. Im Speziellen handelt es sich dabei um die Bereiche Optik, Faseroptik und Optoelektronik. Heute ist die ficonTEC Service GmbH als mittelständisches Technologieunternehmen im Bereich der Automatisierung von Optoelektronik weltweit einer der führenden Hersteller von Maschinen für den Produktions- und Verarbeitungsprozess von Laserdioden und Diodenlasern.

Im betrachteten Unternehmen wurde der Vertrieb als eine der ersten Wertschöpfungsaktivitäten im Rahmen der Internationalisierung grenzüberschreitend realisiert. Dabei stellten sich in der konkreten betrieblichen Umsetzung zahlreiche vertriebsrelevante Fragen mit weitreichenden Folgen für den unternehmerischen Gesamterfolg.

Insbesondere die Wahl zwischen einer direkten oder indirekten Vertriebsform auf den jeweiligen Auslandsmärkten erforderte eine der wichtigsten vertriebsstrukturellen Entscheidungen bei der Internationalisierung der ficonTEC Service GmbH und wird aus diesem Grund im Folgenden anhand der Darstellung ausgewählter praxisrelevanter Aspekte im Mittelpunkt der Betrachtung stehen. Vor allem für Born Globals ist aufgrund der vergleichsweise geringen finanziellen, personellen und materiellen Ressourcen die Kenntnis der Faktoren, die einen Beitrag zur erfolgreichen Realisierung der jeweiligen Vertriebsform leisten können, von besonderer Relevanz.

Vorteile eines indirekten Vertriebs

Grundsätzlich kann im Rahmen der Internationalisierung des Vertriebs der Verkauf von Waren oder Dienstleistungen sowohl in direkter als auch indirekter Form erfolgen. Bei einem indirekten Vertrieb wird der Verkauf von Mittlerunternehmen wie zum Beispiel Agenten oder Zwischenhändlern übernommen. Diese Form des Vertriebs wird aufgrund der geringeren langfristigen Bindung von Ressourcen als die Internationalisierungsform mit dem niedrigsten Risiko angesehen. Sie erlaubt vor allem Born Globals die Erfahrungen und Fähigkeiten von Distributoren zu nutzen und dadurch ein schnelles internationales Wachstum zu erreichen. Insgesamt können Zwischenhändler jungen Unternehmen dabei helfen, wichtige Kontakte zu Schlüsselkunden herzustellen und die Chance eines erfolgreichen Eintritts in Auslandsmärkte erhöhen. Darüber hinaus zeichnet sich ein indirekter Vertrieb durch eine große Flexibilität aus. Diese ermöglichte es der ficonTEC Service GmbH, schnell auf Veränderungen des Wettbewerbsumfelds beziehungsweise der Kundenbedürfnisse zu reagieren. Darüber hinaus ergab sich daraus im Hinblick auf immer kürzer werdende Produktlebenszyklen im Bereich der Automatisierung von Optoelektronik eine effektive Möglichkeit zur schnellen internationalen Vermarktung und Etablierung neuer Technologien.

Gestaltung der Zusammenarbeit mit Zwischenhändlern

Den genannten Vorteilen des indirekten Auslandsvertriebs stehen in der Praxis jedoch ebenfalls vielfältige Herausforderungen bei der konkreten Umsetzung gegenüber. Beim Einschalten von Zwischenhändlern ist beispielsweise zu beachten, dass deren Einsatz zu einem Kontrollverlust hinsichtlich wichtiger Instrumente eines wirksamen Marketings führen kann. Darüber hinaus spielt in diesem Zusammenhang das sogenannte Beziehungsrisiko eine wichtige Rolle. So sind exportierende Unternehmen im Fall eines indirekten Vertriebs darauf angewiesen, ihnen unbekannten Distributoren, die geografisch weit entfernt sind und bei denen unter Umständen abweichende kulturelle Normen vorherrschen, zu vertrauen. Diese geografische und eventuell kulturelle Distanz erschwert in Verbindung mit den häufig begrenzten Ressourcen von Born

Globals die Kontrolle und Steuerung ihrer Geschäftsbeziehung. Die damit verbundenen Kosten und Risiken erhöhen sich somit. Um diese Risiken zu reduzieren, spielte bei der ficonTEC Service GmbH die Ausgestaltung von Verträgen eine besondere Rolle. Das Festlegen von Kündigungsmöglichkeiten, Verpflichtungen zur Schulung von Mitarbeitern beim Hersteller vor Ort oder die Beteiligung an Messen waren dabei relevante Aspekte.

Insbesondere der Definition einer verpflichtenden Berichterstattung in regelmäßigen Abständen zur besseren Nachvollziehbarkeit der Aktivitäten des Zwischenhändlers sowie dem Festlegen von Planzahlen ist eine besondere Bedeutung beizumessen. Über die Vertragsgestaltung hinaus kann dem vorherrschenden Beziehungsrisiko ebenfalls durch eine aktive Gestaltung der Zusammenarbeit begegnet werden. So ermöglicht beispielsweise die gemeinsame Realisierung von Roadshows dem Unternehmen, die Akzeptanz des Zwischenhändlers bei potenziellen Kunden besser einschätzen zu können. Darüber hinaus besteht in dieser Zeit die Chance, dem Geschäftspartner die Besonderheiten der eigenen Produkte noch besser zu erläutern und die persönliche Bindung zwischen den Entscheidungsträgern zu intensivieren. Dieses Vertrauen bildet eine wichtige Basis der weiteren Zusammenarbeit, die aufgrund der Entfernung ansonsten anhand unpersönlicherer Medien wie dem telefonischen Kontakt oder einer elektronischen Kommunikation erfolgt.

Wenn es gelungen ist, eine persönliche Bindung zu dem Zwischenhändler aufzubauen, gilt es jedoch weiterhin, diese geschäftliche Beziehung regelmäßig kritisch zu hinterfragen. Entwickelt sich zum Beispiel die Zusammenarbeit im Laufe der Zeit nicht entsprechend den eigenen Erwartungen, ist es wichtig, rechtzeitig entschlossen zu handeln und ggf. den Zwischenhändler zu wechseln. Dies setzt eine entsprechende Vorbereitung optionaler Alternativen voraus. So hätte im Fall der ficonTEC Service GmbH ohne ein zu langes Festhalten an einem asiatischen Distributor beispielsweise in Japan eine wesentlich bessere Marktposition erreicht werden können. Aufgrund der guten persönlichen Beziehungen zu diesem Zwischenhändler wurde der optimale Zeitpunkt eines notwendigen Wechsels verpasst und wertvolle Zeit ging verloren. Die Kunst besteht somit darin, nach einer sorgfältigen Analyse der Situation rechtzeitig die notwendigen Schritte einzuleiten, ohne jedoch eine grundsätzliche Tendenz zu entwickeln, seinen Geschäftspartnern zu früh das Vertrauen zu entziehen.

Was für Born Globals bei der Auswahl potenzieller Distributoren zu beachten ist

Die Suche und Auswahl potenzieller Distributoren wird von vielen Born Globals insbesondere in frühen Entwicklungsphasen des Unternehmens als eine weitere große Herausforderung empfunden und kann eines der bedeutenden Hindernisse bei der

Realisierung grenzüberschreitender Tätigkeiten in Form eines indirekten Vertriebs darstellen. In diesem Zusammenhang spielt vor allem die geringere Attraktivität einer Zusammenarbeit mit noch jungen Unternehmen aufgrund ihrer niedrigen Umsatzvolumina eine wichtige Rolle. So sind für einen effektiven Vertrieb von Produkten zunächst Investitionen seitens der Distributoren notwendig, die sich vor allem bei einem hohen zu erwartenden Absatzvolumen lohnen.

Um diese vergleichsweise ungünstige Verhandlungsposition zu verbessern, spielen die technologischen Vorteile von Born Globals eine zentrale Rolle. So wurde die innovative Technologie des Unternehmens im Fall der ficonTEC Service GmbH von den Distributoren als besonders attraktiv wahrgenommen. Dabei ist jedoch zu beachten, dass die Notwendigkeit des Aufbaus spezieller technologischer Fähigkeiten – beispielsweise für technischen After-Sales-Support, kundenspezifische Anpassungen oder Endkundentrainings – das Interesse von Zwischenhändlern an einer Aufnahme von Geschäftsbeziehungen mit Born Globals verringern kann. Bei der Auswahl von Distributoren kann es somit von Bedeutung sein, sich vor allem auf Anbieter zu konzentrieren, die vergleichbare Produkte beziehungsweise Technologien bereits in ihrem Portfolio führen und denen somit lediglich geringe Kosten beim Aufbau der notwendigen Fähigkeiten entstehen.

Bei der Auswahl eines geeigneten Zwischenhändlers sind gleichermaßen Aspekte wie Größe oder Marktzugang sowie ein ausgeprägtes Verständnis für die angestrebten Märkte und Kunden von besonderer Relevanz. Im Rahmen dieser Suche können internationale Messen zur Kontaktaufnahme mit Distributoren eine wichtige Rolle spielen und sich insbesondere für noch junge Unternehmen als erfolgreiche Maßnahme in diesem Zusammenhang erweisen. Über die dargestellten Aspekte hinaus ist der vorgesehene Zeithorizont seitens des Zwischenhändlers ebenfalls von zentraler Bedeutung. Wenn dieser eine langfristige Zusammenarbeit anstrebt, ist er in der Regel bereit, mehr Ressourcen für den Aufbau von Wissen zur besseren Vermarktung der Produkte zu investieren und hierzu beispielsweise seinen eigenen Mitarbeitern eine intensive Schulung beim Hersteller vor Ort zu ermöglichen.

Ferner wird eine indirekte Form des Vertriebs in der Praxis vor allem in Auslandsmärkten mit einer vergleichsweise großen Auswahl an potenziellen Distributoren gewählt. Im Fall der ficonTEC Service GmbH spielte der Einsatz von Zwischenhändlern unter anderem aus diesem Grund insbesondere in Asien bereits zu Beginn der Internationalisierung des Vertriebs eine wichtige Rolle. Als Alternative dazu, dass das Unternehmen selbst Geschäftspartner sucht, können Partner zur Herstellung von Kontakten eingeschaltet werden. Normalerweise handelt es sich dabei entweder um Unternehmen, die sich auf eine solche Tätigkeit spezialisiert haben oder um staatliche Stellen. In vielen Ländern organisieren Exportförderungsagenturen zudem Handelsmissionen oder internationale Messen, um inländische Firmen bei der Kontaktaufnahme mit ausländischen Geschäftspartnern zu unterstützen.

Aufbau eines direkten Vertriebs: Maximale Kontroll- und Steuerungsmöglichkeiten

Im Vergleich zur dargestellten indirekten Form wird bei dem Aufbau eines direkten Vertriebs darauf verzichtet, Intermediäre einzuschalten. Es erfolgt somit ein unmittelbarer Verkauf an ausländische Abnehmer. Dies eröffnet dem Unternehmen vor allem bessere Kontroll- und Steuerungsmöglichkeiten und führt langfristig zu niedrigeren Transaktionskosten. Außerdem lassen sich durch den Einsatz geeigneter lokaler Vertriebsmitarbeiter Herausforderungen wie etwa ein fehlender Zugang zu lokalen Netzwerken und regionalem Expertenwissen sowie sprachliche und kulturelle Barrieren leichter überwinden. Ferner kann die Zusammenarbeit mit den eigenen Mitarbeitern, anders als mit den Zwischenhändlern, frei gestaltet werden. Maßnahmen wie zum Beispiel die gemeinsame Durchführung von Roadshows oder eine intensive Schulung des ausländischen Vertriebs im Heimatland lassen sich somit noch besser realisieren.

Ein weiterer wichtiger Aspekt im Hinblick auf größere Kontroll- und Steuerungsmöglichkeiten liegt in der reduzierten Weitergabe von Wissen an Dritte. So ist insbesondere für Born Globals der Schutz von überlegenem technischen Wissen von großer Bedeutung. Dieses Wissen ist ein maßgeblicher Aspekt bei der Generierung internationaler Wettbewerbsvorteile. Zusammen mit der technologischen Kompetenz trägt es zur Entwicklung überlegener Produkte bei und hilft Born Globals durch die entstehenden Differenzierungs- und Kostenvorteile bei der Überwindung möglicher Vormachtstellungen lokaler Konkurrenten.

Vor diesem Hintergrund existieren durch den Einsatz eigener Mitarbeiter im Rahmen eines direkten Vertriebs bessere Möglichkeiten, diese Personen beispielsweise durch gezielte Anreizprogramme auch langfristig an das Unternehmen zu binden und somit das Risiko einer Abwanderung von Wissen zu reduzieren. Beim Aufbau eines neuen Auslandsvertriebs können in diesem Zusammenhang häufig ebenfalls positive motivationale Effekte aufgrund aussichtsreicher Perspektiven für diese Mitarbeiter beobachtet werden.

Grundsätzlich nutzen vor allem Born Globals mit technologisch hoch spezialisierten beziehungsweise kundenspezifischen Produkten einen direkten Vertrieb. In diesen Fällen misst das Unternehmen der Tatsache eine große Bedeutung bei, dass es als Hersteller selbst am besten mit der Kerntechnologie vertraut ist und somit potenzielle Kunden in besonders beratungsintensiven Branchen besser von den eigenen Produkten überzeugen kann. Im Rahmen des Einsatzes eigener lokaler Vertriebsmitarbeiter lässt sich – anders als beim Einschalten externer Distributoren – wesentlich besser gewährleisten, dass die eigenen Produkte mit der erforderlichen Leidenschaft den Kunden präsentiert werden und mögliche Akzeptanzprobleme von Intermediären bei den Abnehmern nicht entstehen. Der intensive Austausch mit der Firmenzentrale im Heimatland und die damit einhergehenden vertieften Fachkenntnisse ermöglichen darüber hinaus eine einfachere Anpassung von Produktspezifikationen an die konkreten Kundenbedürfnisse.

Neben den bereits angeführten Aspekten kann ferner eine mangelnde Auswahl möglicher Distributoren in einem speziellen Marktsegment beziehungsweise Land ausschlaggebend für die Wahl einer direkten Vertriebsform im Rahmen der Internationalisierung von Born Globals sein. Insbesondere im Zuge eines zunehmenden Protektionismus sind darüber hinaus immer wieder Auslandsmärkte zu beobachten, in denen Kunden es vorziehen, Produkte von Unternehmen mit einer Niederlassung im jeweiligen Land zu beziehen. Die Summe der dargestellten Argumente für den Einsatz eines direkten Vertriebs führte im Fall der ficonTEC Service GmbH dazu, dass sie sich beispielsweise in den USA für den Aufbau einer eigenen Vertriebsorganisation vor Ort entschied und somit dort einen anderen Weg geht als auf den bereits beschriebenen Auslandsmärkten.

Herausforderungen eines direkten Vertriebs für Born Globals

Den beschriebenen Vorzügen eines direkten Vertriebs stehen jedoch mögliche Herausforderungen gegenüber. In diesem Zusammenhang sind vor allem höhere Kosten beispielsweise für Gehälter oder Mieten im Vergleich zu einem indirekten Vertrieb anzuführen. Diese vergrößern das Risiko einer Internationalisierung des Vertriebs und stellen insbesondere für noch junge Born Globals eine große Herausforderung dar. Darüber hinaus geht mit den angeführten besseren Kontroll- und Steuerungsmöglichkeiten einer direkten Vertriebsform ebenfalls eine erhebliche Bindung zeitlicher und personeller Ressourcen einher. Neben einem erhöhten Aufwand für Koordination und Reisetätigkeiten gilt es eventuell bestehende Regelungen aus anderen Auslandsmärkten auf die Gegebenheiten des jeweiligen Landes anzupassen oder grundsätzlich neu zu definieren. Auf eine undifferenzierte Übertragung allgemeingültiger Regelwerke sollte dabei möglichst verzichtet werden, um den Besonderheiten des neuen Zielmarktes bestmöglich Rechnung zu tragen.

Im Zusammenhang mit den Erfolgsfaktoren einer Internationalisierung des Vertriebs von Born Globals in Form eines direkten Vertriebs ist an dieser Stelle noch auf die Bedeutung des Aufbaus geeigneter Vertriebsstrukturen in den jeweiligen Auslandsmärkten hinzuweisen. So sollten etwa zu starke Abhängigkeiten von einzelnen Mitarbeitern in einem Vertriebsgebiet vermieden werden. Insbesondere in wirtschaftlich erfolgreichen Phasen besteht darüber hinaus die Gefahr, notwendige Anpassungen zu spät vorzunehmen. Im Fall der ficonTEC Service GmbH wurde beispielsweise beim Aufbau des Vertriebs in den USA aufgrund sehr guter Verkaufszahlen zunächst auf den frühzeitigen Aufbau umfassender Kontrollstrukturen verzichtet. Der wirtschaftliche Erfolg in diesem Auslandsmarkt führte zudem dazu, dass notwendige Maßnahmen zum Ausbau der dortigen Vertriebsstrukturen verzögert eingeleitet wurden.

Infolgedessen kam es zu Herausforderungen, die durch ein rechtzeitiges Handeln hätten vermieden werden können. Diese Erfahrungen verdeutlichen die Notwendigkeit, bestehende Vertriebsstrukturen regelmäßig zu überprüfen und an Veränderungen der Unternehmenssituation oder des Marktumfeldes anzupassen. Um ein nachhaltiges Wachstum auf den jeweiligen Auslandsmärkten zu gewährleisten, stellt dieses permanente Hinterfragen bestehender Strukturen eine entscheidende Variable dar.

Eine weitere Herausforderung beim Aufbau eines direkten Vertriebs besteht in der Suche und Auswahl geeigneter Vertriebsmitarbeiter. Aufgrund der teilweise großen räumlichen Distanzen zu den jeweiligen Ländern kann beispielweise die Durchführung einer angemessenen Anzahl persönlicher Vorstellungsgespräche zu hohen Reisekosten sowie zur Bindung erheblicher personeller Ressourcen führen.

Bei der Suche nach neuen Vertriebsmitarbeitern können persönliche Ansprechpartner vor Ort von großem Vorteil sein. So ermöglichte der Zugriff auf bestehende Kontakte und Netzwerke der ficonTEC Service GmbH den Zugang zu vertrauenswürdigen Informationen, die ansonsten aufgrund der geografischen Entfernung nur schwer zu erhalten wären. Diese Informationen konnten beispielsweise zum besseren Einschätzen dessen, ob die Gehaltsvorstellungen der Mitarbeiter angemessen waren, im jeweiligen Land gewinnbringend eingesetzt werden.

Differenzierte Vertriebslösungen sind gefragt

Zusammenfassend kann somit festgestellt werden, dass sich direkter und indirekter Vertrieb sowohl durch zahlreiche Vorzüge als auch Herausforderungen auszeichnen. Eine generelle Einschätzung hinsichtlich der Vorteilhaftigkeit der jeweiligen Vertriebsform ist somit nicht möglich und wird der Komplexität dieser wichtigen vertriebsstrukturellen Entscheidung nicht gerecht. Im Rahmen der Internationalisierung des Vertriebs der ficonTEC Service GmbH war es vielmehr von entscheidender Bedeutung, für jeden Auslandsmarkt eine differenzierte Beurteilung auf Grundlage einer detaillierten Analyse vorzunehmen und die getroffenen Entscheidungen im Laufe der Zeit regelmäßig kritisch zu hinterfragen. So gilt es, frühzeitig auf mögliche Veränderungen des Unternehmens selbst, seiner Produkte oder der Marktbedingungen durch eine

Anpassung bestehender Vertriebsstrukturen zu reagieren, und so einen nachhaltigen Erfolg der Internationalisierung des Vertriebs zu ermöglichen.

Lessons Learned

- Wenn Distributoren eingeschaltet werden, ist eine intensive Zusammenarbeit von entscheidender Bedeutung. Der Aufbau einer persönlichen Bindung kann dabei helfen, fehlenden Kontroll- und Steuerungsmöglichkeiten aktiv entgegenzuwirken.
- Auch in wirtschaftlich erfolgreichen Phasen ist es wichtig, die bestehenden Vertriebsstrukturen regelmäßig zu hinterfragen und frühzeitig sinnvolle Anpassungen vorzunehmen.
- Die Erarbeitung differenzierter Vertriebslösungen sollte für jeden einzelnen Auslandsmarkt auf Basis einer umfassenden Analyse der jeweiligen Gegebenheiten sowie vor dem Hintergrund der individuellen Situation des Unternehmens erfolgen.

Hinweise zum Autor

MATTHIAS TRINKER

Matthias Trinker strebte ursprünglich eine Karriere als Profi-Skifahrer an. Mehrere Verletzungen in jungen Jahren zwangen ihn aber schließlich dazu, sich neuen Herausforderungen zu widmen. Nach einer Lehre als Einzelhandelskaufmann bei einem Sportausrüster absolvierte er die Bundeshandelsakademie für Berufstätige, um anschließend seine kaufmännische Ausbildung durch ein Studium der Betriebswirtschaftslehre an der Wirtschaftsuniversität Wien und der PFH Private Fachhochschule Göttingen zu vertiefen. In der Zeit seiner schulischen und universitären Ausbildung war er parallel als ausgebildeter Skilehrer tätig.

Zwischen dem Abschluss seines Studiums im Jahr 1997 und bevor er 2001 zusammen mit Torsten Vahrenkamp die ficonTEC Service GmbH gründete, arbeitete Matthias Trinker als Financial Controller für Siemens Thailand mit Sitz in Bangkok. Heute ist er als Chief Financial Officer bei ficonTEC aktiv am Wachstum und organisatorischen Ausbau des Unternehmens beteiligt.

Netzwerk und Partnermanagement

Firmenpool

Steigbügel für den erfolgreichen Aufbau und die Betreuung von Vertriebsnetzwerken für den Mittelstand? Erfahrungsbericht am Beispiel Asien

Peter Stabel
Kaufmännischer Geschäftsführer bei der SUCO
R. Scheuffele GmbH und Co. KG

1997 haben sich fünf baden-württembergische Unternehmen zu einer Interessengemeinschaft zusammengefunden, um sich die Märkte Asiens zu erschließen. Hierzu wurde der Firmenpool Power Transmission Germany (PTG) gegründet. Das Projekt wurde drei Jahre lang durch das RKW mit insgesamt 150.000 DM gefördert (drei Jahre à 50.000 DM). Es wurde ein Poolingenieur angestellt, der bei der AHK Singapur angesiedelt war. Die Interessen der Poolmitglieder wurden durch einen Poolsprecher koordiniert. Der PTG wurde zum erfolgreichsten Firmenpool der AHKs. Insgesamt acht Unternehmen waren über die Laufzeit Mitglied. Vier Unternehmen konnten ihre Ziele erfolgreich umsetzen. Zwei Unternehmen stellten die Bemühungen mangels Marktchancen ein. Ein Unternehmen verlor durch einen Flugzeugabsturz den Inhaber und damit die treibende Kraft. Ein Unternehmen konnte die notwendigen Kapazitäten nicht aufbringen, um den Firmenpool ausreichend zu begleiten. Er existierte insgesamt zwölf Jahre und wurde 2010 aufgelöst, nachdem alle noch verbliebenen Unternehmen ihre Ziele erreicht hatten.

Entwicklung des Firmenpools PTG von 1998 bis 2010

Firma	Gründung	1998	1999	2000	2001	2002	2003	2004	2005	2006	2007	2008	2009	2010
A	07 1997	X	X	X	X	X	X	X	X	X	X	X	X	X
B	07 1997	X	X	X	X	X	X	X	X	X	X	X	X	X
C	07 1997	X	X	X	X									
D	07 1997	X	X	X	X									
E	07 1997	X	X	X	X									
F						05 2002	X	X						
G							01 2003	X	X	X	X	X	X	X
H									01 2005	X	X			

Abb. 1: Entwicklung Mitgliederstand Firmenpool PTG

Die Firma A steht für die SUCO R. Scheuffele GmbH und Co. KG, vertreten durch Peter Stabel, kaufmännischer Geschäftsführer.

Die Firma B steht für die ATLANTA Antriebssysteme E. Seidenspinner GmbH & Co. KG, vertreten durch den Geschäftsführer Klaus Jäger. Klaus Jäger war Gründungsinitiator des Firmenpools PTG.

Ausgangssituation

SUCO hatte sich über Jahrzehnte in der Fluidtechnik (Drucküberwachung) und Antriebstechnik (Fliehkrafttechnologie) etabliert und zunehmend auch die europäischen Märkte erschlossen. Nun war eine weitergehende Internationalisierung geplant. Trotz der sich abzeichnenden Wirtschaftskrise in Asien im Jahr 1997 entschlossen wir uns, gerade jetzt die asiatischen Märkte intensiv zu bearbeiten. Im Nachhinein sollte sich herausstellen, dass dieser Zeitpunkt ideal war, da sich vor allem amerikanische Unternehmen kurzfristig aus den asiatischen Zielmärkten zurückzogen und somit das Interesse potenzieller asiatischer Kooperationspartner an neuen internationalen Geschäftsbeziehungen besonders groß war.

Vorüberlegungen

Anlässlich eines Treffens bei der IHK Stuttgart, zu dem diese interessierte Unternehmen eingeladen hatte, wurde die Idee eines Firmenpools erörtert. Grundlegende Überlegung war die Bündelung von Kapazitäten und Ressourcen in einer Interessengemeinschaft zur Erschließung der asiatischen Märkte. Aus den anwesenden Unternehmensvertretern wurde der mögliche Teilnehmerkreis ermittelt, der sich schließlich auf fünf Unternehmen festigte. Hier war entscheidend, dass die Poolmitglieder weitgehend identische Zielmärkte vor Augen hatten, also Übereinstimmung herrschen sollte, welche asiatischen Länder von Bedeutung waren. Die Prioritäten der Erschließung waren hier noch sekundär. Wichtig war uns auch eine Homogenität bei den zu bearbeitenden Industriesektoren und es war natürlich auch klar, dass Poolmitglieder keinesfalls technisch konkurrierende Produkte haben sollten. Idealerweise ergänzten sich Produkte in gleichen oder gleichartigen Applikationen.

Intensiv erörtert wurde auch die jeweilige Vertriebsstrategie, die von Land zu Land oder sogar von Markt zu Markt für jede Firma unterschiedlich sein konnte. Jedes Unternehmen machte sich daher zu folgenden Punkten Gedanken und erarbeitete ein firmenspezifisches Konzept:
1. Zielgruppe (Auswahl und Strukturierung)
2. Art der Kundenbeziehung

3. Wettbewerbsvorteile (die angestrebten, sofern noch keine vorhanden sind)
4. Definition der Vertriebswege
5. Definition des Vertriebsprozesses
6. Erarbeitung von Preisen und Konditionen
7. Festsetzen der Vertriebskompetenzen (Mitarbeiter)[1]

Hinsichtlich der Art der Marktbearbeitung setzten wir uns mit den typischen Vertriebswegen auseinander.

Ein Area-Sales-Manager mit Büro am Stammsitz in Deutschland war in den Vorüberlegungen für eine sinnvolle Marktbearbeitung in Asien ausgeschlossen worden, da eine Präsenz vor Ort als unumgänglich angesehen wurde. Dies hat sich auch im Nachhinein als richtig erwiesen.

Die Gründung von Tochtergesellschaften war unter Berücksichtigung der Firmengröße, der Kosten und der notwendigen Managementkapazitäten ebenfalls keine wirkliche Alternative.

Somit standen also noch die Vertriebswege
- Händler,
- Handelsvertreter – Zuteilung klar definierter Regionen pro Land,
- ein/mehrere nicht exklusive Vertriebshändler pro Land,
- exklusiver Vertriebshändler je Land oder Region
zur Disposition.

Das Unternehmen SUCO hatte schließlich nach reiflicher Überlegung die strategische Zielsetzung festgelegt, pro Land jeweils einen exklusiven Vertriebshändler zu ernennen.

Exkurs – Unter Berücksichtigung der Besonderheiten der Länder/Märkte gibt es hier keine eindeutig richtige Entscheidung

Im Laufe der Jahre hat sich herausgestellt, dass diese strategische Zielsetzung nicht für jedes Land die gleichen Erfolgsaussichten hatte. So ist z. B. der indische Markt durch geografische Handelszonen unterteilt, die innerhalb dieses großen Landes durch regionale Handelshemmnisse den Warenverkehr behindern können bzw. landesinterne Zölle erheben. Der zunächst etablierte einzige exklusive Vertriebshändler hatte seinen Sitz in Hyderabad und ein Vertriebsbüro in Bangalore. Nach und nach wurde deutlich, dass dies die Warenlieferungen und auch die Marktbearbeitung im Norden Indiens erschwerte. Der Umsatzerfolg blieb hinter den Erwartungen zurück.

---

1   In Anlehnung an: https://www.digital-sales.de/vertriebsstrategie/.

Durch die Etablierung eines weiteren exklusiven Vertriebshändlers im Norden konnte der Absatz innerhalb kürzester Zeit verdoppelt werden.

Auch für Japan stellte sich die Entscheidung für einen exklusiven Vertriebshändler letztlich als falsch heraus. In Japan gibt es ganz besondere Vertriebswege, die genau vorgegeben sind. Große Kunden haben meistens eigene Handelspartner (akkreditierte Einkaufsquellen), mit denen lange Geschäftsbeziehungen bestehen und die daher akzeptiert sind. An diese Strukturen ist man gebunden. Es ist daher notwendig, eine organisatorische Lösung herbeizuführen, die zum einen die Hürden des Imports meistert und zum anderen den Zugang zum allgemeinen Markt und auch zu den besonderen Vertriebsstrukturen großer Unternehmen findet.

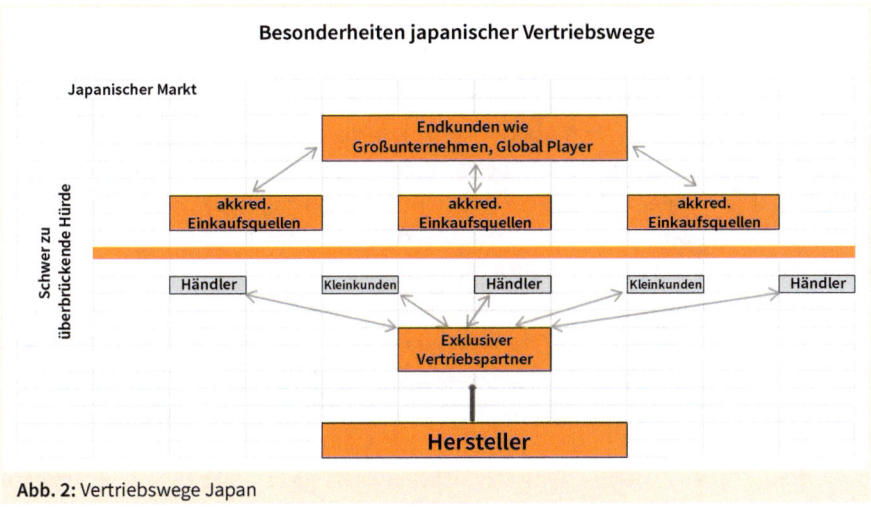

Abb. 2: Vertriebswege Japan

Schließlich signalisierten alle Poolmitglieder den Abschluss ihrer Vorüberlegungen zu dieser Thematik.

In den folgenden regelmäßigen Treffen an den Standorten der Mitgliedsunternehmen der Poolgemeinschaft konnten wir einen tieferen Einblick in die firmenspezifischen Ausprägungen gewinnen und die individuelle Interessenlage besser kennenlernen.

Unter Berücksichtigung der inzwischen ausgearbeiteten Vertriebsstrategien wurden auch Schwerpunkte hinsichtlich der Bedeutung der asiatischen Märkte für das jeweilige Poolmitglied festgelegt. Dies war für die Überlegungen zum geeigneten Standort eines Koordinators für die Poolmitglieder von Bedeutung.

Standortentscheidung

Eine eindeutige Standortentscheidung konnte nicht ohne Weiteres getroffen werden. Sie war von vielen Faktoren abhängig. Ich möchte hier nur auf die lokalen/kulturellen sowie rechtlichen und steuerlichen Überlegungen eingehen.

In Asien sind kulturelle Unterschiede, historische Ereignisse und große Distanzen Einflussfaktoren. Außerdem spielen die wichtigsten Zielmärkte eine tragende Rolle.

Möchte man z. B. Indien, China, Taiwan, Korea und Japan bearbeiten, könnte Thailand, das zentral gelegen ist, ein idealer Ausgangspunkt sein. Taiwan oder China bieten sich aufgrund der bestehenden Konfliktsituation zwischen den Ländern hinsichtlich der Unabhängigkeit Taiwans von China nicht unbedingt an. Korea und Japan sind ebenso wie Indien durch sehr große kulturelle Unterschiede gekennzeichnet.

Stehen die südostasiatischen Staaten im Fokus der Aktivitäten eines Firmenpools, kann Singapur der richtige Standort sein. Malaysia wäre ebenfalls ein möglicher Ausgangspunkt. Wenngleich das Land mehrheitlich islamisch geprägt ist, ist Kuala Lumpur heute eine internationale Großstadt, in der zahlreiche Kulturen und Religionen sehr friedlich und produktiv nebeneinander existieren.

Auch der Zugang zu China und Taiwan ist von diesen Ländern aus gut zu bewerkstelligen, da so gut wie alle Länder Südostasiens historisch bedingt signifikante Bevölkerungsanteile mit chinesischen Wurzeln aufweisen.

Unter sprachlichen Aspekten kommt man in den meisten Ländern Asiens mit Englisch zurecht. Ausnahmen sind Japan und Taiwan, in denen die herrschende Landessprache immer noch eine überragende Bedeutung hat. Auch China ist nicht flächendeckend englischsprachig zu bewältigen.

Unter steuerlichen Aspekten hatten wir in erster Linie zu beachten, dass es nicht unbeabsichtigt zur Bildung einer Betriebsstätte kommt, da sonst eventuelle Aufwendungen nicht mehr als Betriebsausgaben in Deutschland berücksichtigungsfähig gewesen wären. Hier holten wir Rat bei unseren Wirtschaftsprüfern ein.

Eine sehr angenehme Etablierung eines Pool Offices boten uns die asiatischen AHKs. Uns wurden Pakete angeboten, die bei überschaubaren Kosten die komplette Infrastruktur eines Offices, den Zugriff auf Datenbanken und Informationsträger und die gesamte administrative Abwicklung umfassten.

Da jedoch nicht alle AHKs dies als Service leisten durften – hier wurden über die Jahre Restriktionen erwirkt, um den ursprünglichen Zweck der AHKs nicht zu verfremden –, hatten manche ausgelagerte Servicegesellschaften gegründet, um diese Option trotzdem offerieren zu können. Inzwischen scheint dies aber wieder für die AHKs gelockert worden zu sein.

Auch die jeweiligen German Center boten in den asiatischen Ländern gleichartige Services als Pakete an. Auch hier wurde neben der administrativen Abwicklung der Personalangelegenheiten die Infrastruktur eines vollständig eingerichteten Offices abgedeckt.

Darüber hinaus gab es auch Rechtsanwaltskanzleien, die ihrerseits Servicegesellschaften etabliert hatten und ebenfalls solche Paketangebote bieten konnten.

Sichergestellt werden musste vor allem die korrekte Abwicklung der Entgeltabrechnung eines Poolingenieurs inklusive der Abführung der Steuer- und Sozialabgaben.

Daher wäre unter Kostenaspekten durchaus auch die Arbeit von einem Homeoffice aus denkbar gewesen. Der Service der Personalabwicklung hätte dann aber durch einen anderen Dienstleister sichergestellt werden müssen. Insbesondere war uns auch die Anstellung des Poolingenieurs bei einer gültigen Rechtseinheit vor Ort wichtig. Ohne eigene rechtliche Organisation vor Ort hätten wir sonst eine Anstellung des Poolingenieurs bei der Muttergesellschaft vornehmen müssen, was zwar möglich, aber auch deutlich komplizierter gewesen wäre.

Letztlich fiel unsere Entscheidung auf Singapur und hier auf die Inanspruchnahme der Unterstützung der AHK Singapur. Eine hervorragende Entscheidung, wie sich nach und nach herausstellte.

Zusätzlich zur Standortentscheidung wurden nun insbesondere auch die organisatorischen Voraussetzungen für das Gelingen einer Poolgemeinschaft intensiv erörtert. Dies betraf zum einen die Rolle eines Poolingenieurs, zum anderen die Rolle eines Poolsprechers.

Nachdem auch hier übereinstimmende Vorgehensweisen und Ansätze fixiert waren, konnten wir den Start des Pools und die Umsetzung unserer Ziele angehen. Die intensive Kommunikation, Vorbereitung und der Aufwand des gegenseitigen Kennenlernens hatten sich in jedem Fall schon ausgezahlt.

Umsetzung

Poolingenieur

Zunächst wollten wir einen geeigneten Poolingenieur finden, der möglichst von Asien aus die Koordination unserer Interessen verfolgte. Der Kontakt zur AHK Singapur war hergestellt und das Profil eines Poolingenieurs wurde festgelegt.

Wie bei allen anderen Bewerbern war auch beim Poolingenieur das Niveau seiner Kompetenzen die Grundlage für den Auswahlprozess. Die fachlichen Kompetenzen richteten sich nach den technischen Fähigkeiten, der technischen Ausbildung (in unserem Fall möglichst im Bereich »Maschinenbau«) sowie der kommunikativen Fähigkeiten im Sinne von Vertrieb und Marketing. Auch die üblichen sozialen und persönlichen Kompetenzen sollten einer grundlegenden Prüfung unterzogen werden. Von entscheidender Bedeutung war hier aber besonders das Cross-Culture-Management. Der Poolingenieur sollte die westeuropäische Mentalität idealerweise schon kennengelernt haben, etwa durch ein Studium in Europa, einen Aufenthalt in einer Arbeitsumwelt in Europa oder durch einen sonstigen Zugang zu europäischen Unternehmen (Learning on the Job). Daneben sollte unbedingt auch ein kulturelles Grundlagenverständnis der Zielländer vorhanden sein oder entsprechend vermittelt werden. Wie die Erfahrung zeigt, hat jedes Land seine Eigenheiten und Besonderheiten. Sie zu kennen und ein entsprechend richtiges Verhalten sicherzustellen ist von großem Vorteil. Hierzu gehören in jedem Fall auch entsprechende Sprachkenntnisse. In Asien ist es für einen Poolingenieur unabdingbar, fließende chinesische Sprachkenntnisse vorweisen zu können.

Bei der AHK gingen auf die Ausschreibung der Position zahllose Bewerbungen ein. Die AHK nahm eine Vorauswahl vor und ließ uns letztlich über sechs geeignete Kandidaten entscheiden. Ein Kandidat erfüllte quasi alle Voraussetzungen und war unsere erste Wahl. Nun galt es, ihn aus einem bestehenden Arbeitsverhältnis heraus für unsere Sache zu begeistern. Ein persönliches Gespräch wurde in Singapur organisiert und durch einen Firmenvertreter wahrgenommen. Die Rekrutierung gelang. Gleichzeitig wurde ein Vertrag mit der AHK Singapur über ein »Rundumpaket« – wie oben dargestellt – geschlossen. Nun war auch ein erstes wichtiges Controlling durch die AHK in Abstimmung mit dem Poolsprecher (siehe nachstehend) sichergestellt.

In den folgenden Wochen wurde der Poolingenieur in Deutschland bei den beteiligten Unternehmen hinsichtlich ihrer Produkte und Firmenspezifika geschult. Bezüglich der Aufgaben des Poolingenieurs sollten die Unternehmen klare Vorgaben machen und vermitteln. Durch die gleichgerichteten Schwerpunkte der Mitgliedsunternehmen hinsichtlich der Aufgabenzuteilung erhöhte sich die Effizienz und Wirtschaftlichkeit des Poolingenieurs.

Die wesentlichen Aufgaben sollten sein:

- Marktrecherchen
  - zu Kundenpotenzialen in definierten Anwendungsgebieten (Industriesektoren oder Applikationen),
  - zu lokalen und internationalen Wettbewerbern,
  - zum lokalen Preisgefüge je Produktbereich,
  - zu Marketingaspekten – um nur einige zu nennen.
- Das Etablieren und Betreuen von Vertriebspartnern. Hier sollte der Poolingenieur als Brücke zwischen Hersteller und lokaler Vertriebsorganisation, manchmal auch als Vermittler bzw. Schiedsrichter bei Interessenskonflikten zwischen Endkunden, Vertriebspartnern oder Herstellern fungieren.

Projektbetreuung, Produktschulung, Messebegleitung und Reklamationsabwicklung waren wichtige Aufgabenschwerpunkte. Es stellte sich auch die Frage, ob Kunden ausschließlich durch Vertriebspartner akquiriert werden sollten oder ob der Poolingenieur hier eingeschaltet werden sollte. Dies war von den Produkten oder den Projekten abhängig.

Der Besuch von Schlüsselkunden sollte durch den Poolingenieur begleitet werden. Wie sich herausstellte, war die Wissensvermittlung der Technik und der Produktkenntnisse an die Vertriebspartner eine ständige Herausforderung. Mehrmalige Schulungen waren immer notwendig, um ein Grundlagenwissen aufzubauen. Hohe Fluktuation erforderte ebenfalls stetigen Schulungsaufwand und Asiaten bestätigen auf Nachfrage immer, dass sie alles verstanden haben. Dies ist jedoch lediglich eine Schutzbehauptung, um das Gesicht zu wahren, wie sich immer wieder herausstellte.

Schließlich war auch die organisatorische Unterstützung von Veranstaltungen rund um das Vertriebsnetz von großer Bedeutung.

Exkurs: Erfahrungsbericht zur Vergütung des Poolingenieurs

- Die Vergütung des Poolingenieurs muss gemeinsam mit den Poolmitgliedern geregelt werden und orientiert sich an den üblichen Vergütungsverhältnissen am Sitz des Poolingenieurs. Dies hat unter Umständen auch einen wesentlichen Einfluss auf die Standortfrage.
- Von großer Bedeutung ist die Wertschätzung des Poolingenieurs durch eine erfolgsabhängige Vergütungskomponente. Hierbei ist zu beachten, dass ein Bonussystem alle Unternehmen gleichrangig macht. Das heißt: Die Höhe der Bonuskomponente darf im Zusammenhang mit den definierten Zielen nicht unterschiedlich ausfallen. Hier würde großes Konfliktpotenzial für den Poolsprecher entstehen, wenn es darum ginge, den Poolingenieur zu steuern.
- Zumindest in Asien – vermutlich aber auch weltweit – spielen »Windfall Profits« eine große Rolle und es wäre ein nachvollziehbares Verhalten, wenn ein Poolinge-

nieur seine Anstrengungen dort konzentrieren würde, wo sich für ihn der größte finanzielle Nutzen ergibt. Insofern ist ein gleichwertiges Bonussystem der Mitgliedsunternehmen essenziell.

- Letztlich spielt gerade in Asien eine attraktive Vergütung eine wichtige Rolle, da die Wechselbereitschaft zu anderen lukrativeren Jobs ungleich höher ist als in Europa.

Poolsprecher

Nachdem sämtliche Voraussetzungen in Asien getroffen worden waren und die Schulung des Poolingenieurs in Deutschland organisiert war, ging es darum, die internen Absprachen zu kanalisieren und die Interessen der Poolmitglieder zu koordinieren. Hierzu wurde ein Poolsprecher ernannt.

Typischerweise kommt ein Poolsprecher aus den Reihen der Mitgliedsunternehmen. Seine Aufgaben sind insbesondere in den Bereichen Organisation, Koordination, Mediation und Finanzen angesiedelt.

Die organisatorischen Herausforderungen umfassten die Etablierung des Pools mit zugehörigen Vertragsabsprachen innerhalb und außerhalb des Firmenpools. Hierbei waren rechtliche und steuerrechtliche Aspekte zu berücksichtigen. Zu diesen Themen wurden regelmäßig Fachleute hinzugezogen. Außerdem wurden Regeln hinsichtlich Meetings, deren Abhaltung, die Art der Berichterstattung, des Zyklus etc. diskutiert, beschlossen und festgeschrieben.

- Die Absprachen zwischen den Unternehmen und die Steuerung des Poolingenieurs erforderten die Koordination der individuellen Interessen sowie deren Adaption an die Möglichkeiten und Kapazitäten des Poolingenieurs. Hierbei waren die Wahrung größtmöglicher Effizienz und Wirtschaftlichkeit mit den jeweils vorgegebenen Zielen in Einklang zu bringen.
- Als Mediator hatte der Poolsprecher die Aufgabe, unterschiedliche Interessen zusammenzuführen und mögliche Konfliktherde oder -potenziale zu antizipieren und durch geeignete Vorschläge zu entschärfen. Dies war immer wieder sowohl zwischen den Unternehmen als auch zwischen einzelnen oder mehreren Unternehmen und dem Poolingenieur notwendig.
- Schließlich kümmerte sich der Poolsprecher auch um den Abgleich der finanziellen Transaktionen. Wir richteten ein eigenes Firmenpoolkonto ein, auf das alle Unternehmen Vorauszahlungen leisteten. Dies ermöglichte es dem Poolsprecher, von diesem Konto aus alle Verbindlichkeiten zeitgerecht zu begleichen, ohne vorher die Mitgliedsunternehmen zu individuellen Zahlungen auffordern zu müssen. Hierzu wurde auch der Umgang mit Währungsschwankungen geregelt. Der Poolsprecher erhielt hier weitgehende Handlungsvollmachten und wurde bei den Abschlussberichten regelmäßig für seine Handlungen entlastet.

Es ist eine fachlich nicht zu unterschätzende Aufgabe, die Finanzen im Griff zu behalten und die Abrechnungen korrekt darzustellen. Die Steuerung des Poolingenieurs und die Koordination der unterschiedlichen Interessen der Poolmitglieder stellten hohe Anforderungen an die soziale Kompetenz des Poolsprechers.

In den ersten drei Jahren übernahm Hr. Jäger, Geschäftsführer bei Atlanta Antriebssysteme, diese Aufgabe. Danach habe ich diese Verantwortung bis zum Ende des Pools im Jahr 2010 wahrgenommen.

Exkurs: Erfahrungsbericht hierzu

Aus der Erfahrung empfiehlt es sich, den gleichen Firmenpoolsprecher über eine mittlere Periode im Amt zu halten. Daher ist auch zu überlegen, inwieweit dieses zusätzliche Arbeitspensum – oder auch die zusätzlich erbrachte Dienstleistung gegenüber den anderen Poolmitgliedern – finanziell ausgeglichen werden soll. Da die Dauer des Bestands eines Pools nicht vorhergesagt werden kann, ist eine gleichmäßige Verteilung dieser Last durch einen turnusmäßigen Wechsel des Poolsprechers nicht gewährleistet. Eventuell würde es sich anbieten, dass das Unternehmen, das den Poolsprecher stellt, während dessen Amtszeit eine Entlastung bei der Umlage der Kosten erfährt. Beispiel: Bei drei Mitgliedsunternehmen trägt das Unternehmen des Poolsprechers 32 % der umlagefähigen Kosten, die anderen beiden Unternehmen je 34 %. Die Festlegung einer geeigneten Aufteilung, die natürlich frei bestimmt werden kann, richtet sich nach dem geschätzten Aufwand.

Lessons Learned

Das Bündeln der Kräfte in einem Firmenpool kann erhebliche Synergieeffekte erzeugen. In unserem Fall konnten wir die gesetzten Ziele erreichen und den asiatischen Markt sehr erfolgreich erschließen. Dies gilt bis heute. Wichtige Erkenntnisse in diesem Zusammenhang sind:

1. Toleranz

Einen Firmenpool zu etablieren erfordert bei allen Beteiligten ein hohes Maß an Toleranz. Selbst wenn die Kapazitäten des Poolingenieurs festgelegt sind, lassen sie sich in der Regel nicht genau einhalten. Zudem haben seine Handlungen oft für mehrere Mitglieder Bedeutung, was eine genaue Zeitzuordnung erschwert. Auch der Poolsprecher benötigt für seine Aufgaben Zeit. Ob und wie sie ausgeglichen wird, obliegt den Mitgliedern des Pools. Beim PTG wurde das Amt des Poolsprechers weder vergütet noch ausgeglichen.

2. Chefsache

Die Mitgliedschaft in einem Firmenpool hat m. E. nur Erfolgsaussichten, wenn die vor-
gegebenen Zielsetzungen und Aufgaben zur Chefsache erklärt werden. Nur wenn die
Entscheider klar hinter der Idee stehen, können die notwendige Toleranz und zeitnahe
Entscheidungen gewährleistet werden. Dies erfordert auch das Einbringen der erfor-
derlichen Managementkapazitäten für Besprechungen, Auswahlverfahren geeigneter
Vertriebspartner, Reisen in die Zielländer und vertrauensbildende Maßnahmen.

Im PTG hat sich herauskristallisiert, dass bei den vier Unternehmen, die ihre Ziele erfolgreich umsetzen konnten, die Inhaber bzw. Geschäftsführer persönliches Engagement gezeigt haben. Dieses Engagement war auch bei zwei weiteren der insgesamt
acht am Firmenpool beteiligten Unternehmen gegeben. Beide Unternehmen erkannten durch die Mitarbeit im Firmenpool jedoch, dass Asien für sie nur ein Beschaffungsmarkt, aber kein Absatzmarkt sein würde. Zwei weitere Poolmitglieder konnten die
benötigten Kapazitäten nicht dauerhaft zur Verfügung stellen. Ein Mitgliedsunternehmen stellte die Mitarbeit am Pool nach dem Tod des Firmeninhabers durch einen Flugzeugabsturz im Jahr 2001 ein. Ein weiteres Unternehmen musste andere Prioritäten
setzen.

Ein weiterer Aspekt, das Thema zur Chefsache zu erklären, ist die moralische Bindung
der gewählten Vertriebspartner. Es hat sich im Laufe der Zeit gezeigt, dass der persönliche Besuch des Geschäftsführers bzw. Gesellschafters zu einer moralischen Bindung – vielleicht sogar zu einer empfundenen moralischen Verpflichtung – führt und
somit die Vertriebsaktivitäten der Vertriebsstützpunkte erhöht.

Und letztlich ist es von großer Bedeutung, persönlich als Entscheider die Entwicklung
zu verfolgen und Informationen aus erster Hand zu den getätigten und notwendigen
Investitionen zu erhalten.

3. Richtige Größe und Zusammensetzung des Pools

- Anzahl
  Der PTG startete mit fünf Unternehmen. Im Laufe der Zeit schwankte der Mitgliederstand zwischen drei und fünf Unternehmen. Gegen Ende reduzierte sich der
  Mitgliederbestand auf drei Unternehmen (siehe Abbildung 1). Abhängig von den
  Voraussetzungen kann die Mitgliederzahl größer oder kleiner sein. Mindestens
  zwei, höchstens aber fünf Unternehmen scheinen ideal zu sein.
  Dabei gilt: Je größer die Homogenität der Unternehmen in Bezug auf Produkt-
  portfolio, Zielmärkte, Zielindustrien, Zielapplikationen und Aufgaben des Poolingenieurs ist, desto größer kann die Anzahl der beteiligten Unternehmen sein.
- Größe
  Hinsichtlich der Größe der beteiligten Unternehmen sollte die Spanne nicht zu
  weit gewählt werden. Im PTG hatte das kleinste Unternehmen ca. 50, das größte

ca. 500 Mitarbeiter. Das war erfolgreich darstellbar. Bei extremeren Abweichungen besteht die Gefahr, dass sich die unterschiedlichen Sichtweisen auf Geschäftsprozesse, Aufgabenstellungen, Entscheidungsgeschwindigkeiten und Akzeptanz nicht vereinbaren lassen.

4. Kosten/Return on Investment

Es hat sich gezeigt, dass man für den Aufbau von Vertriebsnetzwerken einen langen Atem braucht. Für das Unternehmen SUCO R. Scheuffele GmbH und Co. KG ergab sich folgendes Szenario:

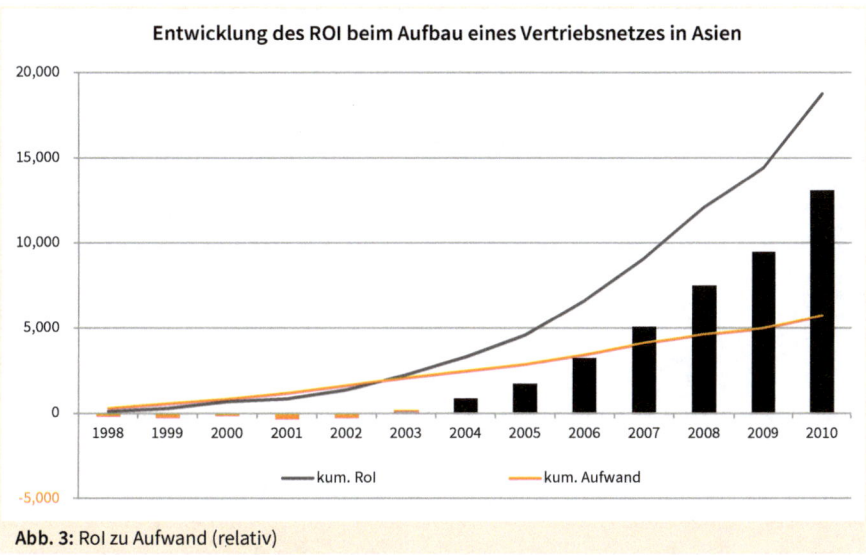

Abb. 3: RoI zu Aufwand (relativ)

Fünf Jahre lang, von 1998 bis 2002, lagen die Kosten über dem Return on Investment. Der RoI wurde dabei definiert als die Summe aus Vertriebsgemeinkosten und kalkulierter Marge bezogen auf den erzielten Umsatz. Die Kosten umfassten alle Kosten des Pools zuzüglich der Reisekosten des Geschäftsführers, jedoch ohne dessen Zeitaufwand. Ab 2003 profitierte das Unternehmen in zunehmendem Maße durch Überdeckung.

Fazit

Über einen Firmenpool kann kostengünstig herausgefunden werden,

- ob Märkte einen Absatz- oder einen Beschaffungscharakter haben,
- welche Umsatzpotenziale erschlossen werden können,
- welcher Vertriebsweg länderspezifisch der sinnvollste ist.

Falls es Überlegungen zu eigenen Tochtergesellschaften gibt, verringert der Weg über einen Vertriebspartner die Entscheidungsrisiken. Eventuell können Erkenntnisse dann schrittweise auch zu eigenen Produktionsstätten führen.

Als mittelständisches Unternehmen mit einem Vorsprung hinsichtlich des Produkt- und insbesondere auch des Prozess-Know-hows (was schwerer zu kopieren ist) ist in einer globalen Welt die Präsenz auf den wichtigsten Weltmärkten Pflicht. Für die SUCO R. Scheuffele GmbH und Co. KG hat sich der Weg über den Firmenpool voll ausgezahlt. Der Umsatz hat sich innerhalb von 13 Jahren um mehr als das Fünfzigfache erhöht. Asien wurde zu einem wichtigen Absatzmarkt für unser Unternehmen.

Es zeigte sich aber auch, dass die Betreuung vor Ort, also die Koordination aller Aufgaben durch eine lokal etablierte Fachkraft unabdingbar für die Nachhaltigkeit des Erfolgs ist. Dies zeigt insbesondere Abbildung 4.

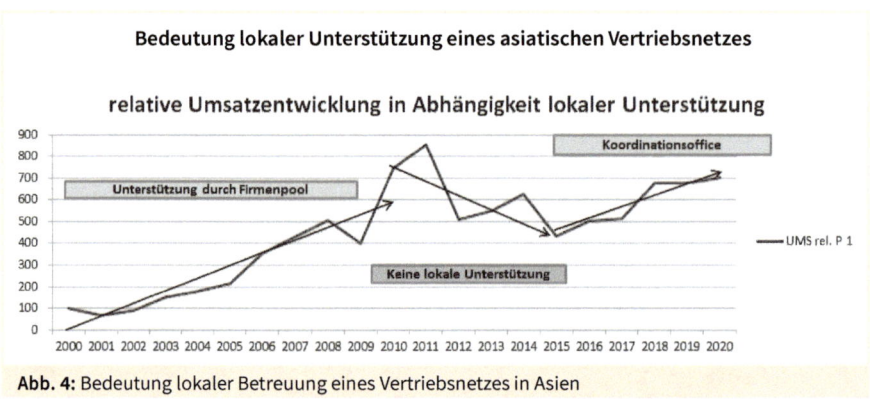

Abb. 4: Bedeutung lokaler Betreuung eines Vertriebsnetzes in Asien

Es ist klar erkennbar, dass positive Trends bei der Entwicklung in Asien eindeutig mit der Existenz einer Unterstützung vor Ort verbunden sind. In der ersten dargestellten Phase übernahm diese Aufgabe der Poolingenieur. In der Periode, in der keine lokale Unterstützung etabliert war, wies der Trend nach unten. Daraufhin wurde 2015 wieder ein Koordinationsoffice besetzt. Diese »Lessons Learned« sind gerade für die Entscheidungsträger im Mittelstand eine wesentliche Erkenntnis zur nachhaltigen Erfolgssicherung.

Anhang/Hilfestellung

Checkliste für die Auswahl der Vertriebspartner

Für die Auswahl geeigneter Vertriebspartner hatten sich die Mitgliedsunternehmen des PTG folgende Checkliste erarbeitet:

- Firmendaten des potenziellen Kandidaten mit Adresse, Kontaktdaten, Rechtsform, Eigentümerverhältnis
- Gebäude, Bürofläche, Größe Werkstatt, Größe Lager, Eindruck Ordnung und Sauberkeit
- Mitarbeiterstruktur, Anzahl Vertriebsmitarbeiter, Ausbildungsstand (technisch)
- Umsatz, Eigenkapital
- Welche Produkte werden bisher vertreten?
- In welchen Industriesektoren ist der potenzielle Vertriebspartner aktiv?
- Wie gliedert sich der Umsatz nach Produktbereichen bzw. Industriesektoren?
- Welche Erfahrungen bestehen mit internationalen Unternehmen? Gibt es hier bereits Kooperationen?
- Auf welchen Messen war man in den letzten fünf Jahren mit eigener Präsenz beteiligt?

Hinweise zum Autor

PETER STABEL

Peter Stabel ist kaufmännischer Geschäftsführer bei der SUCO R. Scheuffele GmbH und Co. KG

Nach dem Studium der BWL an der LMU München, trat er 1988 als Assistent der Geschäftsleitung bei Bauer Kompressoren München ein. 1990 wurde er zum Alleingeschäftsführer der französischen Tochtergesellschaft Bauer Compresseurs France ernannt.

Seit 1996 ist Peter Stabel kaufmännischer Geschäftsführer der Fa. SUCO; parallel hierzu ab 1999 Gérant von SVF France, ab 2007 im Board of Directors bei der amerikanischen, ab 2010 zusätzlich bei der englischen Tochtergesellschaft.

Internationales Verkaufen im Netzwerk

Andreas Hellriegel
Leiter Geschäftsfeldentwicklung
ARKU Maschinenbau GmbH

Mit Netzwerk sind hier ausnahmsweise einmal nicht die sozialen Netzwerke gemeint, die sich online zur Kontaktsuche und Netzwerkpflege etabliert haben. Sie sind hervorragend dafür geeignet, Aufmerksamkeit zu erzeugen, Akquise zu betreiben oder ein weitläufiges Netzwerk zu informieren.

Im B2B-Investitionsgüterbereich – präziser: im Werkzeugmaschinenbau, in dem wir als ARKU und ich persönlich als Leiter Geschäftsfeldentwicklung aktiv sind – haben wir schon lange vor Facebook, LinkedIn & Co. in Netzwerken verkauft. So verkaufen wir nur einen Teil unserer Maschinen direkt an unsere Endkunden. Dem gegenüber steht ein großer Anteil unserer Produktion, den wir als Baustein eines Gesamtsystems an einen Generalunternehmer oder in Zusammenhang mit anderen Anbietern an den Endkunden verkaufen. Mit jedem Verkaufsvorgang können sich neue Anbieter-Konstellationen in Richtung Endkunde bilden. Teilweise ist der Direktkontakt zum Endkunden verwehrt und wir sprechen im Verkaufsprozess nur mit dem Generalunternehmer. In anderen Fällen wünscht der Endkunde bewusst den Kontakt zu den Herstellern einzelner Anlagenteile. In wieder anderen Fällen treten die Vertreter der verschiedenen Anlagenteile gemeinsam beim Endkunden auf.

Das »Netzwerk« im Sinne von Anbieterpartnerschaften kann ein großer Verstärker im Verkaufsprozess sein. Wer es versteht, in Netzwerken zu verkaufen, kann davon profitieren. Es macht den Verkaufsprozess aber auch komplexer und verlangt den beteiligten Firmen etwas ab, was auf den ersten Blick nicht gleich ersichtlich ist: **Netzwerkfähigkeit**. Doch was verbirgt sich dahinter? Was braucht es, um erfolgreich Netzwerke aufzubauen?

Das Netzwerk entsteht

Wenn mehrere Hersteller Anlagenteile zu einem Gesamtsystem verkaufen, funktioniert das Gesamtsystem nur, wenn am Ende die einzelnen Anlagenteile harmonieren. Dies wird durch technische Schnittstellen definiert, die in der Regel schon in der Angebotsphase beschrieben sind. Entsprechend profitieren die Kunden im Projekt und später in der Produktion vom besten Gesamtsystem.

Unter den Anbietern entstehen damit über die Zeit wiederkehrende Anlagenkonstellationen und Kooperationen. Diese kann man als lose Netzwerke betrachten, die sich für Projekte zusammenfinden und nach getaner Arbeit wieder mehr oder weniger auflösen.

Darüber hinaus bilden sich neben den losen Netzwerken auch festere und längerfristige, partnerschaftliche Bindungen zwischen Firmen. Zum Beispiel passen diese Konstellationen für bestimmte Nischen (Kundengruppen, technische Lösungen, spezielle Märkte …) besonders gut zusammen. Diese entstehen in der Regel nur selten von langer Hand strategisch geplant – aber, wie ich es über viele Jahre erfahren habe, auch nicht zufällig. Sie sind das Ergebnis guter Zusammenarbeit und guter Ergebnisse für die Kunden, die wiederholt werden wollen. Diese Bindungen verfestigen sich über die Zeit und intensivieren sich auf verschiedenen Ebenen. Wir nennen diese Firmen, mit denen wir eine intensivere Zusammenarbeit haben, Netzwerkpartner.

Besonderheit Netzwerkpartner

Unsere Netzwerkpartner sind im Unternehmen bekannt und wir sind uns der besonderen Bedeutung unserer Netzwerkpartner bewusst. Für sie gehen wir eine Extrameile. Allem voran herrscht eine intensive Kommunikation mit unseren Netzwerkpartnern. So werden sie bei allen wichtigen Veränderungen im Unternehmen bevorzugt informiert. Handlungen, welche die Interessen der Netzwerkpartner verletzen könnten, werden mit ihnen abgestimmt.

Es bestehen feste Ansprechpartner zwischen den Unternehmen. Teilweise sind diese klar definiert, um eine gute und reibungslose Zusammenarbeit zu ermöglichen. Zum Teil handelt es sich auch um Beziehungen, die sich – nicht gesteuert – durch Aktivitäten Einzelner ergeben oder aufgrund von Arbeitspaketen, die sich z. B. bei der Abwicklung von Aufträgen gemeinsam ergeben haben.

Im Übrigen ergeben sich aus den losen Konstellationen nur selten neue Netzwerkpartner. Das heißt nicht, dass aus den losen Projekt-Konstellationen schlechte Resultate entsprungen sind oder die Beziehung unter den Firmen nicht gut waren. Aber es braucht wohl noch mehr, um aus guten Geschäftspartnern zwischen Firmen Netzwerkpartner zu machen.

Ein Ausflug nach China

Als ich zwischen 2009 und 2011 fast zwei Jahre in China war, um unseren Vertrieb aufzubauen, bekam ich ein Buch der Autorin Yang Liu geschenkt. Eine Abbildung darin illustrierte die Fähigkeit der Chinesen, große Netzwerke aufzubauen, die sie über lange Zeit – manchmal über ein ganzes Leben lang – pflegen.

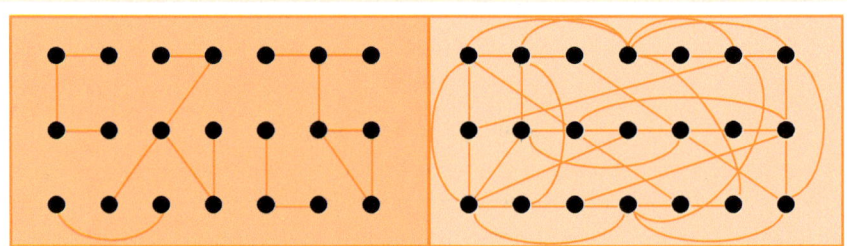

Abb. 1: Die Abbildung veranschaulicht die Intensität von Netzwerken in China und Europa.; Quelle: Eigene Darstellung in Anlehnung an »East meets West« von Yang Liu

Wir arbeiteten als Firma bereits in einem Netzwerk. Unser Netzwerk waren zum Beispiel die eingangs erwähnten Generalunternehmer oder unsere weltweiten Handelsvertreter. Aber auch ich selbst war schnell in ein Netzwerk eingebettet, ohne mir als junger Verkäufer viele Gedanken darüber gemacht zu haben. Ich musste mir in China ein Netzwerk aufbauen. Denn alleine hätte ich nicht kommunizieren, nicht verkaufen oder den Service für unsere Maschinen leisten können. Doch was hatte ich meinen potenziellen Netzwerkpartnern zu bieten? Neu in einem fremden Land, unerfahren in der fremden Kultur und ganz am Anfang unserer Geschäftstätigkeit in der Volksrepublik!? Ich war da. Vor Ort. Und ich bin geblieben. So wie viele Expats, die vor ähnlichen Herausforderungen standen. Das war schon etwas Besonderes und das verband mich mit meinen ersten Kontakten vor Ort. In gemeinsamen Seminaren, in Bars, Hotels oder Restaurants trafen sich die Expats und bauten langsam Beziehungen auf und tauschten so nützliche Informationen über das Leben in einem fremden Land oder das Business aus. Manche von ihnen sah man nie wieder. Aus anderen erwuchsen dauerhafte Kontakte oder sogar Freundschaften. Eine weitere Gruppe, die ich schnell in mein Netzwerk aufnehmen konnte, waren die Verkäufer der Firmen, die ich schon aus Deutschland kannte. Dort hatte ich bald den Vorteil, dass ich mich bereits in China zurechtfand, und so den einen oder anderen Kontakt vermitteln oder Hilfestellung leisten konnte. Und ich war da, wenn diese Partner China besuchten, sei es für konkrete Verkaufsprojekte oder zu deren Markterkundung im Land.

Selbst die deutschen Kunden oder Interessenten waren eine Gruppe, die ich schnell als mögliche Netzwerkpartner identifizierte. Durch die Besonderheit, dass wir Deutsche in einem fremden Land waren, war das Verhältnis schnell mehr als »nur« eine Kunden-Lieferanten-Beziehung. Auch wenn die geschäftlichen »Rollen« klar waren, entwickelten sich Beziehungen durch andere, verbindende Ebenen. Solche Ebenen konnten sein:

- Gemeinsame Interessen: z. B. die Herausforderungen einer fremden Umgebung, gleiche Kultur (Deutschland, Europa), geschäftlicher Erfolg …
- Sympathie
- Verbindlichkeit: z. B. persönliche Anwesenheit vor Ort, zuverlässige Qualifizierung und Bearbeitung der Anfragen vor Ort, Ausbildung der Handelspartner …
- Verlässlichkeit: z. B. Bekenntnis, dauerhaft vor Ort zu sein und stabile Strukturen aufzubauen …

Partnerschaften entstehen durch Aufträge

Die Fähigkeit der Chinesen, große Netzwerke aufzubauen, hat mich beeindruckt. Die Beziehungen basieren unter anderem auf kleinen Gefallen, in der Hoffnung, dafür etwas zurückzubekommen. Wir sollten keinen Hehl daraus machen, dass der Antrieb geschäftlicher Netzwerke darin liegt, dass beide Seiten einen besonderen Nutzen aus ihrem Netzwerkpartner ziehen. »Partnerschaften entstehen durch gemeinsame Aufträge«, war eine auf den Punkt gebrachte Botschaft eines Mentors, die gut in den Kontext passt. Es muss für beide Seiten ein geschäftlicher Nutzen daraus resultieren, wenn eine bedeutende Netzwerkpartnerschaft entstehen soll (oder zumindest die Erwartung darauf). Die Netzwerke zwischen Firmen möchte ich aber nochmals deutlich von den oben genannten (vor allem) persönlichen Netzwerken abgrenzen. Es gibt hervorragende Netzwerker. Menschen, die viele Beziehungen pflegen und die Gabe haben, andere Menschen zusammen zu bringen. Und dennoch sind Netzwerkpartnerschaften durch Firmen noch einmal durch weitere Charakteristika gekennzeichnet.

Charakteristika von Netzwerken

Die Erfahrungen aus meinem »Beispiel China« kann man auch auf Netzwerke im Verkauf übertragen. Wenn wir Maschinen im Verbund anbieten, so treffen wir immer wieder auf Firmen, die sich in ähnlichen Situationen wie wir befinden (z. B. Aufträge gewinnen möchten). Unternehmen haben möglicherweise eine ähnliche Stellung im Markt (indem sie z. B. Marktführer in ihrem Bereich sind) oder weisen andere Gemeinsamkeiten auf, etwa, wenn es sich um zwei Familienbetriebe handelt oder Firmen in ähnlicher Größe. Wenn wir genauer hinsehen, begegnen wir in den Verkaufsvorgängen nicht Firmen, sondern Personen dieser Firmen, die wiederum ganz individuelle

Gemeinsamkeiten oder gemeinsame Interessen haben. Etwa das gleiche Alter, eine ähnliche Berufserfahrung oder einfach gegenseitige Sympathie (die im Verkauf ohnehin nicht zu vernachlässigen ist).

Verbindlichkeit repräsentiert die Marke. Sie bildet das übergeordnete Vertrauen und die Werte, auf die sich der Kunde und eben auch der Netzwerkpartner verlassen kann. Ihre Repräsentanten sind die handelnden Personen. Sie leben die Werte der Marke und die Werte und Grundsätze, für die man gegenüber dem Netzwerkpartner einsteht. Eine Firma, die einen guten Service liefert, wird sich in einem Netzwerk verbundener mit einer Firma fühlen, die dies ebenfalls für wichtig hält. Natürlich können sich auch erfolgreiche Netzwerkkonstellationen ergeben, wenn sich bestimmte Kompetenzen ergänzen. So könnte eine Firma, die keinen Service anbietet, aber dafür kostengünstige Produkte, durchaus als Partner für eine Firma interessant sein, die Interesse hat, diese Schwäche zu kompensieren und den Service für das Partnerprodukt ebenfalls anzubieten. Bei zu ungleichen Konstellationen besteht aber die Gefahr, dass aus der Partnerschaft eine einseitige Abhängigkeit entstehen kann. Dann fehlt die nötige Augenhöhe, auf der man sich in starken Netzwerkpartnerschaften begegnen muss. Fakt ist, dass die Grundwerte in Netzwerkpartnerschaften zusammenpassen müssen. Gesunde Netzwerke brauchen Zeit. Vielleicht um zu prüfen, ob sich der erhoffte Nutzen einstellt und die gemeinsamen Wertvorstellungen zusammenpassen.

Netzwerke sind per se langfristig ausgerichtete Konstrukte. Für ein gesundes Netzwerk ist es wichtig, dass die Netzwerkpartner auf lange Sicht auf gesunden Füßen stehen und das langfristige dem kurzfristigen Denken zuvorkommt. Werkzeugmaschinenbau ist ohnehin mehr Marathonlauf als ein Sprint. Das habe ich früh gelernt. Daher können sich in unserer Branche in der Regel nur Netzwerke zwischen langfristig ausgerichteten Firmen bilden. In der Praxis ist das nicht immer einfach, wenn zum Beispiel aus Rücksicht auf den Netzwerkpartner auf einen kurzfristigen Gewinn verzichtet werden muss. Es braucht also eine hohe Stabilität im Unternehmen und Loyalität gegenüber dem Partner.

Aktiv Netzwerke aufbauen

Netzwerke entstehen nicht am Reißbrett, solche Konstellationen entstehen stattdessen oft durch Zufall. Aber natürlich gibt es Firmen, die man sich im eigenen Netzwerk wünscht. Man sollte sich als Unternehmen in seinen Strategieüberlegungen Gedanken dazu machen, wer die optimalen Netzwerkpartner sind. Das sind zum Beispiel Generalunternehmer (Wiederverkäufer der eigenen Produkte), Händler, Kunden (Referenzkunden), Leuchttürme im Markt (Verstärker) oder Lieferanten. Ich empfehle, die für sich optimalen Netzwerkpartner für verschiedene Produkte/Nischen möglichst konkret zu definieren. Die bestehenden Beziehungen gilt es auszubauen, und neue Partner sollten entsprechend der Strategieüberlegungen gezielt aufgebaut werden. Klassisch sind das zum Beispiel Handelspartner in Ländern, in denen man keinen Vertrieb hat oder Firmen in der Branche, die einen ähnlichen oder ergänzenden Kundenzugang haben. Wichtig dabei: Es sind nicht Verträge, mit denen die Netzwerke gefestigt werden. Lose, freiwillige Konstrukte, die über gemeinsame Geschäfte oder Erfolgserlebnisse funktionieren, können mindestens so stark sein wie eine vertraglich verankerte Zusammenarbeit. Die Stärke von funktionierenden, starken Netzwerken ist die Freiwilligkeit und dass beide Netzwerkpartner voneinander profitieren. Oder zumindest daran glauben.

Mitunter scheint es für Dritte, als gäbe es zwischen den Firmen Verträge oder feste Absprachen, z. B. gemeinsam vertrieblich aktiv zu werden. Tatsächlich sind sie in der Praxis aber einfach ein Ergebnis guter Zusammenarbeit und der Gewissheit, dass jeder Beteiligte, die anbietenden Firmen und der Endkunde, den bestmöglichen Nutzen erhält und zwar gepaart mit deren Fähigkeit, Netzwerke einzugehen.

Die Ebenen des Netzwerks

Auffällig und keine Überraschung ist, dass erfolgreiche Netzwerke stark von den handelnden Personen leben. Die Vernetzung ist umso intensiver, wenn sie über mehrere Ebenen stattfindet, und zwar über den Vertrieb bis in die Geschäftsleitungen der Firmen. Aber auch auf der Ebene der Projektleiter, Servicetechniker oder Handelspartner sollte die Vernetzung stattfinden. Das stärkt die Netzwerke.

Was ist also die strategische Herausforderung des (Vertriebs-)Managements, wenn man sich in Netzwerken bewegen und verkaufen will? Es ist die Eigenschaft, langfristig erfolgreiche Konstellationen zu identifizieren und diese mit Werten zu belegen, um die Netzwerkpartnerschaften zu beleben, zu festigen und auszubauen. Der Ausbau der Netzwerke muss auf verschiedenen Ebenen geschehen. Neben dem Vertrieb müssen auch die Geschäftsleitungen oder die technischen Abteilungen ihre Kontakte intensivieren.

Ein gutes Mittel dafür scheint mir im Übrigen auch ein gemeinsames Forum oder ein Branding für das Netzwerk, in dem man nach außen agiert. Allerdings fehlt mir hier die persönliche Erfahrung, um mir eine abschließende Meinung über die Vor- und Nachteile zu bilden.

Einzelne Situationen oder handelnde Personen werden die Netzwerkpartner immer wieder auf die Probe stellen – etwa der schnelle Auftrag, der winkt, wenn man einmal aus dem Netzwerk ausschert. Oder eine Absprache, die man vielleicht mal etwas zu sehr zu seinen Gunsten auslegt. Doch der langfristige Erfolg der Partnerschaft muss über dem kurzfristigen Erfolg eines Auftrags oder Profits stehen. Das ist im harten Wettbewerb um Aufträge nicht immer einfach. Aber gerade hier zeigt sich, welche Firmen netzwerkfähig sind und welche nicht bzw. welche Unternehmen ihre Werte entsprechend ausrichten können.

Fazit und Lessons Learned, um erfolgreich im Netzwerk zu verkaufen

1. Netzwerke leben von den handelnden Personen und den Werten, die sie und ihre Unternehmen verkörpern. Die Vertriebs- oder Unternehmensführung identifiziert die Netzwerkpartner aktiv und setzt die Leitplanken und Werte im Umgang mit Netzwerkpartnern.
2. Der Antrieb für erfolgreiche geschäftliche Netzwerke ist ein großer gemeinsamer Nutzen, der kontinuierlich gepflegt und ausgebaut werden muss.
3. Erfolgreiche Netzwerke funktionieren freiwillig, da sie auf Werten basieren.
4. Netzwerke sind stark, wenn sie auf mehreren Unternehmensebenen stattfinden.
5. Starke Firmen sind starke Netzwerkpartner, da sie langfristig orientiert sind und die langfristigen Interessen überwiegen.

Hinweise zum Autor

ANDREAS HELLRIEGEL

Andreas Hellriegel ist Leiter Business Development und Mitglied der Geschäftsleitung bei der ARKU Maschinenbau GmbH. Er verantwortete unterschiedliche Bereiche in Marketing & Vertrieb, u. a. den Aufbau der ARKU-Tochtergesellschaft in China.

Von lokal zu global – europaweiter Packaging-Vertrieb im Netzwerk

Thomas A. Baur
CEO
PackSynergy AG

Philipp Lahl
Manager Sales & Marketing
PackSynergy AG

Die Organisationsform des Verbundes

Die Zusammenarbeit von Unternehmen innerhalb von Netzwerken prägt zunehmend das Wettbewerbsverhalten. Die Bildung von Kooperationen und/oder Netzwerken stellt kein neues Phänomen dar: Beispiele hierzu gibt es seit über hundert Jahren, insbesondere im Bereich des Handels.

Wenn mittelständische Unternehmen Kräfte bündeln, sind sie leistungsfähiger. Hierbei ist u.a. auch ein Ziel, im Wettbewerb gegenüber großen (internationalen) »Playern« besser bestehen zu können. Kooperation und Koordination unternehmerischer Tätigkeit sind Schlüsselfaktoren des modernen Wettbewerbs. Unternehmen kooperieren, um eine notwendige wirtschaftliche Größe zu erreichen, Risiken zu minimieren oder um selbst Standards initiieren und setzen zu können. Synergien werden genutzt, um neue Märkte zu erschließen, aber auch, um alte Märkte behalten zu können. Darüber hinaus ist es das Ziel von Kooperationen, Kompetenzlücken zu schließen, neue Wege für Problemlösungen zu erschließen, Innovationen zu fördern und in der Gemeinschaft neues Wissen aufzubauen.

Jede Art der Kooperation hat ihr eigenes Profil. Leistungsfähigkeit, Entwicklungsstand und Erfolg variieren unabhängig von der Branchenzugehörigkeit. Es treten unterschiedliche Organisationsformen von Kooperationen im Bereich Verbundgruppen auf: klassische Einkaufsorganisationen, integrierte Systemverbünde und Clearingorganisationen.

Ein Großteil der Kooperationen versteht sich als Marketinggruppen mit einem breiten Spektrum an Marketingleistungen. Der Fokus richtet sich auf die allgemeine Orientierung in Richtung Absatzmärkte und die Transformation klassischer Einkaufsorganisationen zu modernen Einkaufs- und Absatzverbünden. Mit Blick auf die Absatzmärkte spielt der messbare Erfolg aus Vertriebssynergien – insbesondere in der Sicherung und Verbesserung des Wettbewerbs – eine bedeutende Rolle.

Das Ausschöpfen von zusätzlichen Vertriebspotenzialen im Bereich Packaging-Handel treibt insbesondere der Verbund PackSynergy voran. Der Mittelpunkt der absatzorientierten Strategie des Kooperationsnetzwerks: eine starke Fokussierung auf den europäischen Markt mit dem klar definierten Ziel, in allen europäischen Ländermärkten mit mindestens einem gut positionierten Handelspartner präsent zu sein – und insbesondere, auf neue Marktanforderungen im Vertrieb schneller reagieren und aktiv im Markt agieren zu können.

Vom Einkaufsverbund zur europäischen Marke – PackSynergy

In ganz Europa existieren mittelständische, in der Regel familiengeführte Verpackungshandels- und Servicebetriebe. 1998 gründete eine Gruppe visionärer Mittelständler aus der Verpackungsbranche – im deutschen Markt – jenes Netzwerk, das heute als einer der Innovatoren in Europa vorangeht. Die Vision des Miteinanders stand von Anfang an im Zentrum: »Gemeinsam erreichen wir mehr.« Mit der Übernahme der Geschäftsführung durch Herrn Thomas A. Baur 2014 begann der Weg in eine europäische Verbundgruppenstruktur.

Seit 2020 firmiert die PackSynergy AG unter: The European Packaging Network. Das »Produkt« ist die Koordination von Leistungsprozessen in den Bereichen: Beschaffung, Marketing & Vertrieb sowie Wissen & Innovation.

Als größtes Netzwerk mittelständischer, inhabergeführter Verpackungshändler vereint PackSynergy derzeit die Stärke von 20 erfolgreichen Familienunternehmen in einem schlagkräftigen europäischen Verbund. Internationale Kunden und Lieferanten erhalten über die Gruppe grenzübergreifend Zugang zu den Standorten und Märkten des europäischen Kontinents. Gleichzeitig formt der Verbund der PackSynergy-Mitglieder im erweiterten Netzwerk mit den Lieferanten und Industriepartnern einen wesentlichen Wissenspool und Branchen-Think-Tank.

Wie andere Verbundgruppen auch erbringt PackSynergy Dienstleistungen im klassischen Einkaufsgeschäft. Dies in erster Linie über europäische Rahmenverträge. Eine weitere wichtige Säule im Serviceportfolio ist der Bereich Knowledge Management. Hier werden, digital basiert, europaweit und firmenübergreifend Best-Practice-Ansätze, auch in der Zusammenarbeit mit der liefernden Packaging-Industrie, erarbeitet. Die Fokusbereiche sind:

- Vertrieb
- Logistik
- Nachhaltigkeit
- Digitalisierung

Als dritte Säule betreibt die PackSynergy-Gruppe ein konsequentes europaweites Branding. Ziel ist es, die Gruppe und damit ihre Mitgliedsunternehmen auf europäischer Ebene stärker zu platzieren und damit Ansprechpartner für Kunden zu sein, die immer stärker länderübergreifende Verpackungslösungen fordern. Bis dato bleibt dieses Feld einigen europaweit agierenden Filialisten überlassen.

Abb. 1: Säulen des Netzwerkverbundes

Ein weiterer wichtiger Effekt ist, dass das Netzwerk aus Verpackungsgroßhändlern so zu einem europäischen Vertriebsnetzwerk für die produzierende Industrie geworden ist. Was sich natürlich auch auf die Konditionierung und die Positionierung der einzelnen Mitglieder positiv auswirkt.

Die Mitgliedschaft als nationales bzw. regionales gut positioniertes Verpackungsunternehmen im größten europäischen Verpackungsnetzwerk ist strategisch ausgerichtet. Zur Kommunikation wird gezielt die Dachmarke PackSynergy eingesetzt. Die Brand und die damit verbundenen, insbesondere digitalen, Marketingaktivitäten bilden dabei die Grundlage für eine gezielte Positionierung im Markt.

Die Botschaft aller Partnerunternehmen an den Kunden ist klar formuliert: Neben der Expertise eines i.d.R. inhabergeführten »local players« mit jahrzehntelanger Erfahrung, nutzen sie für bestehende Kunden sowie in der Neukundengewinnung gezielt das Leistungsportfolio des europäischen Netzwerkes:

1. Preisvorteile durch Gruppeneinkauf
2. Zugriff auf ein umfangreiches Sortiment – im zum Teil virtuellen Lagerverbund; über 100.000 Artikel europaweit.
3. Wissensvorsprung im Bereich Packaging durch aktives Knowledge Management
4. Innovative Produkt- und Servicelösungen durch enge (Gruppen-)Industriekooperationen
5. Europaweite Belieferung innerhalb des Netzwerkes

Stärkung der Vertriebssynergien im Verpackungsmarkt

Ausgangssituation: Marktstruktur und Kundenanforderungen

Der Markt für Transport- und Industrieverpackung in Europa ist mittelständisch und geografisch lokal geprägt. Mit wenigen Ausnahmen sind die Strukturen in den einzelnen Ländermärkten Europas vergleichbar. In der Regel versorgen lokal agierende Großhändler den Markt im Umkreis von ca. 100 – 200 km; je nach Unternehmensausrichtung entweder hoch spezialisiert (z. B. Stretchfilm) oder breiter aufgestellt über mehrere Warengruppen (Kartonagen, Beutel, Folien, Klebebänder, Maschinen/Geräte etc.). Neben Standardverpackungen wächst der Anteil an kundenspezifischen Spezialsortimenten über verschiedene Branchen hinweg stetig.

Schon seit einigen Jahren lassen sich prägnante Entwicklungen, einige davon besonders in jüngster Zeit, beobachten:

- Weitere Lieferradien, internationale Belieferung
- Zunahme des Wettbewerbs
- Branchenkonzentration durch Filialisierung
- Steigende Ansprüche an Sortimentskompetenz
- Steigende Ansprüche an Lagerhaltung und Lieferschnelligkeit
- Forderungen nach innovativen Verpackungslösungen
- Forderungen nach nachhaltigen Verpackungslösungen

Die spezialisierte (Industrie-)Verpackung ist heute zunehmend Teil des Produktwertschöpfungsprozesses. Dabei stehen insbesondere komplexe Intralogistikprozesse im Fokus. Der Wandel von gesetzlichen Anforderungen, eine stärkere Bedeutung der CO_2-Bilanz sowie eine stringente Optimierung der Kreislaufwirtschaft erhöhen den Druck auf innovative und nachhaltigere Produkte. Mittelständische Händler und deren Vertriebsmannschaften stehen dabei vor der Herausforderung, aktuelle Entwicklungen und Kundenlösungen zeitgerecht abzubilden und anbieten zu können.

Insbesondere bei länderübergreifenden Kundenanforderungen ist es wichtig, eine einheitliche »Lösung« aus einem Guss liefern zu können. Lokalen Händlern fehlt meist das eigene Vertriebsnetzwerk, um dem gerecht zu werden. Ein kompetitives Umfeld – insbesondere durch entsprechende Einkaufskonditionen internationaler Anbieter – setzt eigenständige Unternehmen hierbei noch weiter unter Druck.

Vor diesem Hintergrund wurde die Entscheidung getroffen, die Strukturen der Pack-Synergy-Gruppe so weiterzuentwickeln, dass speziell langfristig auch vertriebliche Vorteile erzielt werden können.

Adaption des Netzwerkverbunds an sich wandelnde Märkte

Wesentliche Veränderungen im Markt bedeuten Struktur- und Prozessveränderungen im Netzwerkverbund. Eine zusätzliche europäische Ausrichtung des Verbundes hat zu wesentlichen, proaktiven Optimierungen in der Netzwerk- sowie auch in den Vertriebsstrukturen geführt:

1. Das schon seit Jahren insbesondere für den deutschen Markt betriebene Zentrallager wurde ergänzt um ein virtuelles Lager. Hierbei werden einzelne Händlerlager zu einem virtuellen Verbund über geeignete Strukturen und Datennetze zusammengeschlossen. Damit haben die einzelnen Betriebe online Zugriff auf Teile der Lager von Partnerunternehmen. Damit wird die Sortimentskompetenz und Lieferfähigkeit deutlich verbessert. Projektsortimente können firmenübergreifend gemanagt werden.
2. Durch die Einführung von salesbasiertem Knowledge Management wird den Mitgliedern Zugang zu modernen Vertriebstechniken geboten. Gleichzeitig erfolgt ein gezielter Projekt- und Wissensaustausch im Sinne von Best-Practice-Lösungen.

Insbesondere große Kunden fordern zunehmend übergreifende, auch zunehmend europaweite Versorgungslösungen. Dies auch vor dem Hintergrund, dass mit dem liefernden Handel spezifische Verpackungslösungen, z. T. angepasst an die internationale Wertschöpfungskette, entwickelt werden. So war dieser Aspekt, über reine Wachstumsziele hinaus, wesentlich für die europäische Entwicklung der PackSynergy-Gruppe in den letzten Jahren.

Zusätzliche Triebfeder waren auch Anforderungen und bessere Angebote von Lieferantenseite zur Abdeckung größerer bzw. europäischer Marktgebiete. Damit positioniert sich das Kooperationsnetzwerk langfristig als strategischer und zuverlässiger Industriepartner für den europäischen Markt.

So entstand, insbesondere in den letzten fünf Jahren, bis heute ein Verpackungsnetzwerk aus derzeit 20 mittelständischen Betrieben, das schon erhebliche Teile Europas abdeckt.

Effektiver Ausbau des Vertriebsnetzwerks in Europa

Das Angebot – resultierend aus dem Netzwerkverbund – an Kunden und Lieferanten ist auf dem europäischen Markt in seiner Größe und Marktbedeutung einzigartig. Basierend auf dem Erfahrungsschatz der bisherigen europäischen Expansion ist es Ziel, bis 2025 alle relevanten Ländermärkte zu erfassen.

Mit der aktuellen Struktur sowie dem weiteren Ausbau des Netzwerkes ziehen die Mitgliedsbetriebe wichtige strategische Synergien aus dem Vertriebsnetz:
*   Anforderungen bestehender Kunden europaweit zu erfüllen,
*   gezielt Neukunden anzusprechen und
*   an europaweiten Ausschreibungen teilzunehmen.

Abb. 2: Das Vertriebsnetzwerk im Jahr 2020

Aber auch die Vertriebsstrukturen innerhalb des Netzes bergen wesentliche Vorteile für den einzelnen Vertriebsmitarbeiter. Im Juli 2019 wurden Vertriebsmitarbeiter aus Europa gefragt, welche Benefits sie aus dem Netzwerk ziehen. Die Kernbotschaften dabei: Die teilnehmenden Vertriebsmitarbeiter empfinden eine Netzwerkmitgliedschaft als großen Vorteil. Sie stufen das Netzwerk als Plattform ein, die größere Kaufkraft, einen enormen Wissens- und Erfahrungspool und Produktexpertise bietet. Die Zugehörigkeit hilft, »in einem hart umkämpften Geschäftsumfeld richtige Geschäftsentscheidungen zu treffen«. Und wesentlich ist: »Der Verbund steht für die Zukunft.« So wird unter den Vertriebsmitarbeitern geschätzt, Teil eines größeren Netzwerks mit einem einheitlichen Erscheinungsbild über den eigenen Markt hinaus zu sein.

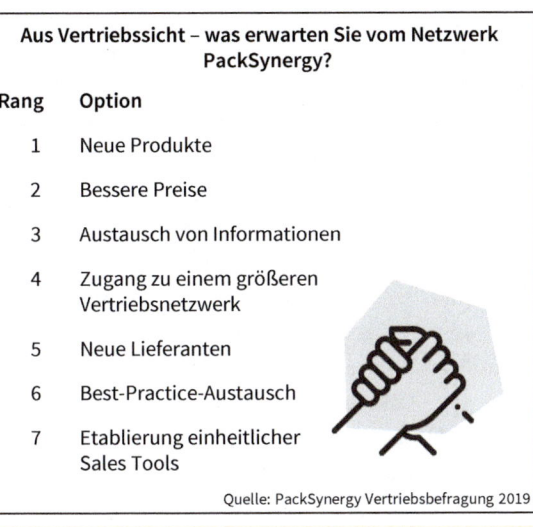

Aus Vertriebssicht – was erwarten Sie vom Netzwerk PackSynergy?

Rang	Option
1	Neue Produkte
2	Bessere Preise
3	Austausch von Informationen
4	Zugang zu einem größeren Vertriebsnetzwerk
5	Neue Lieferanten
6	Best-Practice-Austausch
7	Etablierung einheitlicher Sales Tools

Quelle: PackSynergy Vertriebsbefragung 2019

Abb. 3: Rangfolge des Netzwerknutzens aus Vertriebssicht

Die Marke im Vertrieb

Als wesentlicher Faktor der festgelegten Neuausrichtung des Verbundes und zur gleichzeitigen Stärkung des Vertriebes in einem sich wandelnden Wettbewerbsumfeld wurde auch die Marke PackSynergy analysiert und neu ausgerichtet. Neben den Säulen des Strategic Purchase und Knowledge Management nimmt das Thema Corporate Branding und Product Branding einen bedeutenden Stellenwert ein.

Die Internationalität von regionalen Anbietern braucht »einen Namen«, um länderübergreifend erkannt zu werden und im Markt Fuß zu fassen. Mit PackSynergy – The European Packaging Network – stand schon früh ein Name zur Verfügung der bestens geeignet ist, um:
- die Aktivitäten von über 20 nationalen/regionalen Verpackungsgroßhändlern unter einem Dach zu bündeln,
- die gemeinsame Leistung in den Markt zu transportieren, zu dokumentieren und sich zu positionieren,

- die Netzwerkkompetenz von einzelnen Händlern gezielt bei bestehenden Kunden und bei der Neukundenakquise zu transportieren,
- bei Großkunden und Einkaufsberatern im Rahmen von europäischen Tendern mit einer einheitlichen Marke präsenter zu sein.

Mit dem Ziel einer Markenrepositionierung und einheitlichen Vision für alle Partnerunternehmen wurden in den Jahren 2019 und 2020 Workshops durchgeführt zur paneuropäischen Zusammenarbeit der Partnerunternehmen hinsichtlich der Positionierung des Netzwerks. Der Aufbau eines starken Markenkerns und das damit verbundene Marketing selbst, die klare Definition von Unternehmenswerten und der Unternehmensidentität wurden gemeinsam konkretisiert – insbesondere mit dem Ziel, im Vertrieb stärker von einer klar definierten Marke zu profitieren.

Ein Brand Guide bildet seit 2020 die gemeinsame Basis für die europäische Zusammenarbeit und das gemeinsame Markenverständnis. Insbesondere für den Vertrieb bietet die mittlerweile europaweit einheitliche Marke ein wichtiges Vertriebs- und Wettbewerbsinstrument.

Ohne eine stringente Marke wäre der Ausbau eines europaweiten Vertriebsmodells nur schwer möglich. Die Marke bzw. Brand drückt die innerste Haltung des Netzwerks – seinen Charakter – aus. Dabei bietet sie die Wiedererkennung als lokal verankertes und international agierendes Unternehmen gegenüber Kunden.

Ein starkes Markenbild schafft im Vertrieb Vorteile sowohl bei der Kundenbindung wie auch bei der Neukundengewinnung. Die Grundlage dabei: Vertrauen. Das einheitliche Markenbild – insbesondere im Product Branding – erhöht nicht nur den Wiedererkennungswert, sondern ist auch bei späteren Up-Sellings oder Cross-Sellings von erheblichem Vorteil.

Je stärker die emotionalen und sozialen Werte des Netzwerks durch den Markenkern transportiert werden, desto stärker wird dieser Effekt wahrgenommen. Aus diesem Grund fokussierte man sich schon früh auf das »Why« des Netzwerks. Warum gibt es die Gruppe, die gemeinsam gebrandeten Produkte? Was ist die gemeinsame Vision? Ebenso Teil dieses Prozesses war eine klare Definition des täglichen Antriebs, der Überzeugungen und Werte.

Diese Definition ist wichtig, da die Marke insbesondere im Netzwerkverbund als Motivator dient. Sie ist das Sinnbild des gemeinsamen Netzwerkverständnisses und ist Orientierungspunkt für Vertriebsmitarbeiter europaweit für ein »One-Company-Feeling«. Innerhalb der Branche schafft die Marke eine Wiedererkennung auf Beschaffungs- und Absatzmärkten und die Möglichkeit, an internationalen Tendern teilzunehmen.

Gegenüber Lieferanten bietet die europäische Marke die Grundlage für gemeinsame Verhandlungen und Vertriebsaktivitäten der europaweit ansässigen Partner. Sie steigert das Wahrgenommenwerden im stark kompetitiven Umfeld und hilft, als eine Gruppe im Markt aufzutreten.

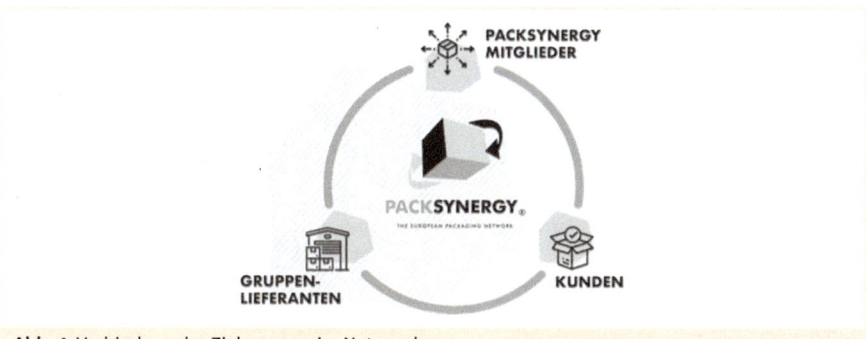

Abb. 4: Verbindung der Zielgruppen im Netzwerk

Im europaweiten Vertrieb wird durch die einzelnen Vertriebsmannschaften PackSynergy als Marke vorangetrieben und weiterentwickelt. In jedem der europäischen Mitgliedsunternehmen ist die Geschäftsführung aktiv in diese Entwicklung eingebunden, engagiert sich und ist wichtiger Repräsentant der Marke vor Ort.

Das einheitliche Markenverständnis bildet abschließend die Grundlage für gezielte, digital basierte Marketingkampagnen und unterstützt so die Vertriebsaktivitäten der Mitglieder.

Erfolgsfaktoren und Barrieren in der Umsetzung

In der internationalen Zusammenarbeit ist es wichtig, sich auf gemeinsame Werte, Vereinbarungen und Ziele zu verständigen. Innerhalb des Verbundes der PackSynergy wurden wesentliche Punkte als Basis einer effizienten Umsetzung des Netzwerkgedankens und der gemeinsamen Vertriebsarbeit verankert:

1. **Anforderungen an neue Partner**: Das Bekenntnis zur Gestaltung der Zukunft mit Partnern auf Augenhöhe, mit ähnlichen Anforderungen, Themen und Erfahrungen, bildet die Grundlage für ein wirkungsvolles Netzwerk. Gemeinsam wurden sechs wichtige Eckpfeiler formuliert, die als Anforderungen an neue (und auch bestehende) Partner adressiert sind. Neben umfangreicher Erfahrung, dem Willen zur Leistung und dazu, auch als aktiver Netzwerkpartner einen Beitrag zu leisten, ist vor allem das Mindset ein entscheidendes Kriterium.
   Diese Anforderungen an neue Partner sind gleichzeitig die Chance, sich an ihnen zu messen und in unserer bestehenden Community noch besser zu werden.

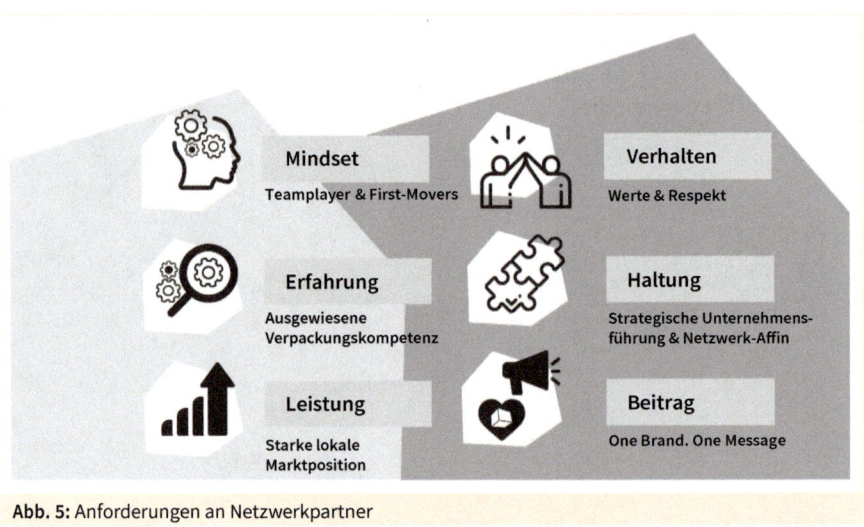

Abb. 5: Anforderungen an Netzwerkpartner

2. **Gemeinsame Werte und Regeln**: Die eigenständigen Unternehmen sind stolz darauf, anders zu sein. Anders in der Verortung ihres Heimatlandes, im jeweiligen Geschäftsansatz und in deren Kulturen. Was das Netzwerk im Miteinander und im Umgang mit Gruppenlieferanten und Kunden vereint, sind gemeinsame Werte, für die sich jeder Mitarbeiter verpflichtet fühlt. Dabei stehen Authentizität und Integrität im Zentrum des Handelns. Die Zusammenarbeit der Unternehmen ist geprägt von Fairness, Verantwortlichkeit und einer ausgewogenen Balance zwischen der eigenen Marke und der Netzwerkmarke. Vertrauen ist der Beginn und die Grundlage von echten, gelebten Partnerschaften. Sie ist die Basis, um sich weiterzuentwickeln, zu wachsen und die Gemeinschaft aktiv am Leben zu erhalten. Professionalität ist eine Triebfeder: So kann das Netzwerk schnell reagieren, das Handeln überdenken und kontinuierlich lernen. Gemeinsam sollen Erlebnisse für Mitarbeiter, Partner und Kunden geschaffen werden. Authentizität und Integrität, Vertrauen und Partnerschaft sowie Professionalität und Erfahrungen sind die Eckpfeiler der erfolgreichen Zusammenarbeit im Netzwerk. Trotz aller Unterschiede bekennen sich die Mitglieder und ausgewählte Gruppenlieferanten zu den Werten und Zielen von PackSynergy. Durch gemeinsam niedergeschriebene Vereinbarungen wurden der notwendige pragmatische und unternehmerische Handlungsraum geschaffen. Die Umsetzung eines im Wesentlichen auf Vertrauen basierenden Prozess- und Regelwerks im Rahmen einzelner Vertriebsprojekte stellt den Kern des Verständnisses »We are family« dar.

3. **Gezielte Schulung & Motivation**: Sie findet durch einen permanenten Wissens- und Erfahrungsaustausch für internationale Vertriebsteams statt. Wöchentlich stattfindende »Knowledge-Management«-Sessions bilden die Grundlage für einen einheitlichen, konstanten Wissensfluss innerhalb des Netzwerks. Pack-Synergy-Partner, Lieferanten sowie externe »Speaker« informieren u. a. über aktuelle Produktentwicklungen, Nachhaltigkeitsthemen, Marktveränderungen, Best Practices, digitale Tools sowie Marketing- und Vertriebstechniken. Jeder Mitarbeiter eines Unternehmens erhält durch das Netzwerk eine Plattform außerhalb des eigenen Unternehmens, um seine Best Practice zu teilen, eigene Motivation zu schöpfen und sich fortzubilden.

4. **Digitalisierungsstrategie**: Die im Netzwerk verankerte digitale Strategie ist wesentlicher Basisfaktor für die Zukunft: »Best & fast communication«. Entsprechende Projekte und digitale Optimierungen im Netzwerk sowie auch in den Partnerstrukturen werden über Projektgruppen – bestehend aus Mitarbeitern der Mitglieder – digital erarbeitet. Anfang 2020 wurde als Teil der Strategie eine exklusive Stretchfilm Kalkulator App vorgestellt. Die App soll effektiv Kunststoffverbrauch reduzieren und Händlern im Verpackungsmarkt helfen, mit gemindertem CO_2-Ausstoß umweltfreundlicher zu agieren. Die App war mit ihrer Einführung das erste erfolgreich entwickelte Produkt der PackSynergy-Gruppe, das von einer rein digital arbeitenden Projektgruppe realisiert wurde.

Beachtet werden sollten jedoch auch strukturbedingte Barrieren. Im Vergleich zu Konzernstrukturen gibt es Informationsdefizite, die aufgrund der Eigenständigkeit der Mitglieder entstehen und nicht ausgleichbar sind. Die Unternehmensführung bleibt immer individuell. Insbesondere sind folgende Punkte beispielhaft zu nennen:

- Flaschenhals Systemgrenzen
- Kein einheitliches Kundenmanagementsystem
- Keine firmenübergreifenden Echtzeitdaten aus dem Markt

Aufgrund der Unabhängigkeit und Individualität einzelner Mitglieder werden auf absehbare Zeit Systemgrenzen bestehen bleiben, wodurch Prozesse und Abwicklungen in Teilen erschwert bleiben.

Lessons Learned – Vertriebssynergien im Verbund

Arbeiten in organisierten Netzwerken gehört mit Sicherheit zu den Arbeits- und Organisationsmethoden von heute und morgen. Einerseits ist es notwendig aufgrund zunehmender Komplexität der Geschäftsstrukturen und steigender Kundenansprüche. Andererseits ist es möglich durch immer bessere IT-Strukturen und moderne Kommunikations- und Marketinginstrumente. Im Einzelnen gilt:

Allgemein im Verbundbereich:
- Eine Netzwerkstrategie sollte heute Teil jeder Unternehmensstrategie sein. Wie diese gelebt und praktiziert wird, obliegt dem Einzelfall und den gebotenen Möglichkeiten.
- Neben nationalen Strukturen sind europäische Konzepte von Netzwerkorganisationen zukunftsweisend.
- Moderne IT-Strukturen sollten gezielt genutzt werden, um neue Potenziale zu erschließen.
- Markeninstrumente unterstützen insbesondere übergreifende vertriebliche Aktivitäten.

In Bezug auf den Verbund PackSynergy (Packaging-Business):
- Verbindliche, gemeinsam erarbeitete Regeln und Werte bilden das Grundgerüst unserer Netzwerkarbeit.
- Die Mitgliedschaft im Netzwerk ist Teil der jeweiligen Unternehmensstrategie.
- Das hieraus entstehende gemeinsame Mindset der Gruppe ermöglicht die offene und vertrauensvolle Zusammenarbeit.
- Digital praktiziertes Wissens-/Informationsmanagement ist ein wesentlicher Erfolgsfaktor.
- Der Netzwerkverbund positioniert sich langfristig als Branchen-Think-Tank.
- Das gemeinsam entwickelte Markenverständnis dient als internationale Klammer und als Vertriebsinstrument.
- Wettbewerbsstrukturen werden im Netzwerk vermieden.
- Last, but not least ist die Chemie zwischen den handelnden Personen entscheidend.

Hinweise zu den Autoren

THOMAS A. BAUR

Thomas A. Baur ist CEO der PackSynergy AG. Nach dem Studium der Forst- und Betriebswirtschaft war er als Berater bei der Roland Berger Unternehmensberatung tätig. Danach bekleidete er verschiedene Positionen als Geschäftsführer und Delegierter des Verwaltungsrates. Heute ist er im Vorstand der PackSynergy AG.

Kontaktdaten

Thomas A. Baur
PACKSYNERGY AG
Möttelinstraße 22
88212 Ravensburg
E-Mail: thomas.baur@packsynergy.com
Internet: www.packsynergy.com

PHILIPP LAHL

Philipp Lahl ist Manager Sales & Marketing bei der PackSynergy AG. Nach dem Studium der Betriebswirtschaft war er Leiter Kooperationen und internationaler Marketing Manager bei der Ravensburger AG. Heute ist er Marketing & Sales Manager der PackSynergy AG.

Kontaktdaten

Philipp Lahl
PACKSYNERGY AG
Möttelinstraße 22
88212 Ravensburg
Internet: www.packsynergy.com

Ein etwas anderer Ökosystemansatz in der Kundenbeziehung

Coopetition statt Competition

Michel Nicolai
Gründer & CEO
epilot

Rahmendaten epilot

epilot wurde im August 2017 gegründet. Wir verhelfen der traditionsbewussten und systemrelevanten Energiebranche mit einer cloudbasierten eCommerce-Plattform zu mehr Innovationen und moderneren Geschäftsmodellen. Das ist eine Herausforderung, da die Branche historisch betrachtet von monopolistischen Strukturen sowie starken Regulierungen durch den Gesetzgeber geprägt ist.

Im Kern bietet epilot Energieversorgungsunternehmen (EVU) erstmalig die Möglichkeit, das sehr breite und heterogene Produktportfolio – von Strom und Gas über Solaranlagen, Ladestationen, Breitbandtarife bis zum Hausanschluss – im Rahmen eines Software-as-a-Service-Lizenzmodells (SaaS-Lizenzmodell) vollständig abzubilden und zu vermarkten. epilot bietet hierfür End-to-End-Prozesse an, die einfache Cross- und Upsellingroutinen ermöglichen, die bisher aufgrund der starren und regulatorisch geprägten Softwarelandschaft undenkbar waren. Eine weitere Stärke ist die parallele Koordinierung unterschiedlicher Marktpartner innerhalb der Prozessroutinen. Denn gerade für die vielen unterschiedlichen und komplexen technischen Aufgaben werden in der Regel externe Marktpartner wie Tiefbauer, Solarteure, Elektrofachbetriebe oder auch SHK-Betriebe beauftragt.

Zusätzlich legt epilot Wert auf eine Community, in der sich EVU auf Augenhöhe austauschen können, um an gemeinsamen Projekten zu arbeiten.

Ausgangssituation/Problembehandlung

Auf Branchenveranstaltungen wurde in der Vergangenheit stets folgende Frage zur Diskussion gestellt: »Was kommt eigentlich nach Strom und Gas?« Diese Frage ist seit weit über einem Jahrzehnt nicht nur zentrales Thema in der Branche, sondern auch in der Politik. Alle Beteiligten wissen, dass es sich bei Strom und Gas um Commodities handelt. Durch solch standardisierte und homogene Rohstoffe, die in einer Marktwirtschaft erworben werden können, ist ein hoher Wettbewerbsdruck durch die geringen Differenzierungsmöglichkeiten vorprogrammiert. Das heißt: Es wird immer schwieriger, ein rentables Geschäftsmodell bei zunehmendem Wettbewerbsdruck aufzubauen.

Innovationen und neue Entwicklungs- und Digitalisierungsmaßnahmen werden jedoch weiterhin zu zaghaft umgesetzt. Der Grund hierfür ist vor allem, dass die etablierten Energieversorger aus gewohnt komfortablen Monopol- und Oligopolstrukturen agieren. In Köln war es früher beispielsweise aufgrund regulatorischer Restriktionen gar nicht möglich, Strom von den Stadtwerken Düsseldorf zu beziehen. Das änderte sich Ende der 1990er-Jahre: Auf der Basis von EU-Beschlüssen erfolgte in Deutschland die Marktöffnung, mit dem klaren Ziel, den Wettbewerb unter Energieversorgern zu stärken. Trotzdem bestehen nach wie vor die tief verankerten alten Strukturen mit monopolistisch veranlagten Schwergewichten.

Es ist also nachvollziehbar, dass EVU den seit eh und je eingeschlagenen bequemen und profitablen Weg des »Brot und Butter«-Geschäfts mit den Commodities nicht konsequent genug verlassen wollen. Die meisten Anbieter arbeiten durch die monatlichen Strom- und Gasabschläge im Grunde mit Subscriptionmodellen, vergleichbar mit denen des Streamingdienstleisters Netflix. Die Kombination aus überschaubarem Wettbewerbsdruck und Dauerschuldverhältnissen ist weiterhin sehr komfortabel. Aber auch gefährlich: Aufgrund von Trägheit und fehlender Handlungsnotwendigkeit versäumen viele Marktteilnehmer dringend notwendige Anpassungs- und Erneuerungsprozesse alter Strukturen. Das Resultat: mangelnder Innovationsdruck in der Branche.

Dies wirft die eigentliche zentrale Frage auf, welches die für die Zukunft relevanten neuen Geschäftsfelder sind. Leider wird dieser Frage vielfach nicht mit letzter Konsequenz nachgegangen. Unsere Erfahrung ist, dass viele Versorger, die sich an neuen Geschäftsmodellen probierten, gescheitert sind. Das Problem war meist eine Kombination aus mangelnder Skalierbarkeit von Prozessen und komplexen Produktangeboten, die Kunden häufig schlicht überforderten.

Bei unseren Neuentwicklungen spielte daher auch stets das Thema Standardisierung eine existenziell wichtige Rolle. Die in der Branche vielfach verbreiteten Excel-basierten Prozessansätze sind nicht mehr zeitgemäß. An genau dieser Stelle haben wir erfolgreich angesetzt, der Standardisierung eine zentrale Rolle zugeschrieben und vor allem entsprechende IT-Systeme, z. B. für Abrechnungsprozesse, integriert.

Problemlösung

Unser Ansatz: Wir wollen das bestehende von Strom und Gas dominierte Geschäft mit neuen zukunftsorientierten und profitablen Geschäftsmodellen wie E-Mobilitätslösungen und Photovoltaik zusammenbringen. Außerdem rücken wir die Endkunden in den Fokus des Versorgerinteresses, denn nur, indem wir die Kunden für dieses erweiterte und zukunftsgerichtete Produktportfolio sensibilisieren, können sie die gesamte Palette an Versorgungs- und Problemlösungsmöglichkeiten erfassen und begreifen, die ein EVU anbieten kann. Denn vielen Endkunden ist überhaupt nicht bewusst, dass ihr Anbieter auch abseits von Strom und Gas zahlreiche innovative und zukunftsfähige Lösungen anbietet. Dieser Umstand ist nicht zuletzt der Tatsache zuzuschreiben, dass das Produktangebot von Versorgern aus Kundensicht häufig als zu unübersichtlich, komplex und mit weiteren arbeitsaufwendigen Zusatzschritten verbunden wird. Hierdurch wird Cross- und Upselling, der Zusatzverkauf von Produkten, oft eher verhindert als ermöglicht.

Anbietern wie Amazon ist es beispielsweise viel besser gelungen, die eigenen Produkte in unterschiedlichen Kategorien zu clustern. Auch der Verkaufsprozess ist immer der gleiche, egal ob Buch, Fernseher oder Kaffeemaschine: Alle diese Artikel durchlaufen immer die gleichen standardisierten Prozesse, im One-Klick-Einkauf ebenso wie in der Logistik. Die Artikel werden mit den gleichen Klickroutinen in den Einkaufswagen gelegt, bezahlt, von Amazon kommissioniert, verpackt, anschließend hochgelagert und zu einem Spediteur verfrachtet.

Auch im Energiegeschäft muss sich der vom Endkunden durchlaufene Verkaufsprozess vom Ergebnis her genauso leicht wie bei Amazon gestalten – und sich für ihn vor allem auch so anfühlen. Es ist nicht die Aufgabe des Kunden, sich mit den komplexen Hintergrundprozessen eines Kaufs zu beschäftigen, sondern die des EVU. Der Endkunde muss verstehen, welche Produkte ihm zur Verfügung stehen und welche er davon wie miteinander kombinieren kann. Das war und ist oft immer noch viel zu kompliziert. Diese Komplexität während des gesamten Verkaufsprozesses schreckt letzten Endes in zu vielen Fällen vom Kauf ab. Und genau dabei helfen wir mit unserer Cloudplattform epilot.

Coopetition statt Competition lautete hierbei von Anfang an das Stichwort. In einer Branche, in der fast jeder potenzielle Kunde in der Zielregion auch tatsächlich Kunde ist und in der nach wie vor Platzhirsche mit bis zu 90-prozentigen Marktanteilen agieren, bräuchten sich diese weiterhin nur wenige Sorgen um mögliche Wettbewerber zu machen. Es war in der Branche zudem auch schon immer gang und gäbe, dass die Versorger im regen Austausch stehen und sich untereinander helfen. Nach wie vor wird häufig der Nachbarversorger besucht, um Lücken, Fehler oder redundante und veraltete Prozesse in den eigenen Systemen in sogenannten Arbeitskreisen ausfindig zu machen, indem die Vorgehensweisen der EVU miteinander verglichen werden. Die gegenseitige Hilfe war also nur mit Vorteilen verbunden: Von dem Austausch profitieren letztlich alle Beteiligten und können ihre Marktstellung dadurch noch besser nutzen. Grundsätzlich ist also auch heute noch das Mindset für Coopetition stark vertreten. Und das, obwohl der Wettbewerb in den letzten Jahren zugenommen hat.

Allerdings hat dieses partnerschaftliche Verhältnis nicht dazu beigetragen, gemeinsame Projekte zu starten oder zusammen bahnbrechende Veränderungen in der Branche herbeizuführen. Diese Marktgegebenheiten haben uns aufgezeigt, welche entscheidende Rolle wir in dieser Coopetition einnehmen können. Unser Ziel war es hierbei nicht, den vorgezeichneten Weg weiterzugehen. Wir hatten und haben das klare Ziel vor Augen, die alten Strukturformen der Branche aufzubrechen und das Geschehen in neue, moderne und effizientere Bahnen zu lenken.

Ergebnis und Umsetzung

Wie man heute sieht, hat sich unser Engagement gelohnt. Die früheren Arbeitskreise heißen mittlerweile Community Meetings, finden unter der Flagge von epilot statt und sind sehr stark von unserer digitalen Natur geprägt. Sie finden auch virtuell statt: Einerseits pandemiebedingt, aber auch, weil sie sich so effizienter gestalten lassen und nicht alle Teilnehmer quer durchs Land reisen müssen.

Welchen Vorteil sehen Versorger in den Communitytreffen – obwohl der Wettbewerb von heute aufgrund verschärfter Richtlinien doch deutlich intensiver ist als in vergangenen Jahren? Ganz einfach: Der einhergehende Nutzen für EVU übersteigt das potenzielle Risiko durch vermeintlichen Wettbewerb deutlich. Unsere Kunden haben schnell verstanden, dass durch mehr Versorger auf der epilot-Plattform der Nutzen für alle Beteiligten steigt: Durch ihr Wachstum wird auch sie kontinuierlich schneller, stärker und besser, wovon wiederum jeder einzelne Teilnehmer profitiert.

Unsere 90 Kunden haben gegenüber anderen Versorgern bereits heute einen essenziellen Vorteil. Denn wir setzen auf eine nachhaltige Kundenbeziehung: Sie endet nicht mit der erfolgreichen Implementierung unserer Cloudsoftware. Durch intensiven Austausch in der After-Sales-Phase erhalten wir regelmäßig Feedback von unseren Kunden und bitten sie, ihre Erfahrungswerte offen mit der Community zu teilen. Es soll jedem ermöglicht werden zu verstehen, wie andere Teilnehmer epilot sehen und nutzen. Genau dies erzeugt Kundenbindung, stellt unseren Mehrwert heraus und lässt uns täglich die Branche besser verstehen. Darüber hinaus eröffnet uns dieses Vorgehen ständig neue Ideen und Marktchancen.

Das kann wie folgt geschehen: Im Rahmen eines Community Meetings stellt der Kunde die Idee bis hin zur vollendeten Softwarelösung konkret vor und zeigt den Nutzen für ihn und seine Kunden auf. Dabei werden Fragen geklärt wie: Was waren die Kerngedanken hinter der Lösung? Was sind deren Vor- und Nachteile? Was hat sich im Vergleich zu vorher verändert? Was hat die Lösung bewirkt? Um wie viel Prozent konnte die Abwicklungseffizienz gesteigert werden? Wie stark hat die Kundenbindung durch die neue Lösung zugenommen? Welche Impulse sind ausschlaggebend für weitere Innovationen in der Zukunft? Welche KPIs und Benchmarks werden verwendet? Wie hoch ist die Prozesseffizienz und wie kann man sie messen?

Unsere Kunden agieren dabei sehr frei. Sie gehen offen aufeinander zu und präsentieren ihre Ergebnisse und Erfahrungen. Auch ihre eigenen Ideen hinsichtlich Innovationen, die zu einem potenziellen Marktdurchbruch führen könnten, werden präsentiert. Dabei finden sich häufig weitere Unternehmen aus der Community und deren Umfeld, die an einer gemeinsamen Umsetzung interessiert sind – auch wenn sie noch kein epilot-Kunde sind. In solchen Fällen helfen wir dabei, die Akteure zusammenzubringen. Wir unterstützen beispielsweise auch bei der Vermittlung von Experten wie z. B. strategischen Beratern, technischen Umsetzungspartnern oder Integrationshäusern, um das epilot-Leistungsangebot mit Expertise von außen zu vervollständigen. Nach den Community Meetings kommen unsere Kunden regelmäßig auf uns zu, um sich nach neuen standardisierten Prozessen oder Ideen zu erkundigen, die vorgestellt wurden. Das hilft uns dabei, Kunden mit Up- und Cross-Selling-Potenzialen zu identifizieren, unseren Vertrieb weiterzuentwickeln und wertvolles Kundenfeedback für unsere Produktentwicklung zu sammeln.

Die Community Meetings sind aber auch ein Ort, an dem neue gemeinsame und größere Projekte in die Wege geleitet werden. Hier arbeiten wir mit interessierten Versorgern systematisch an gemeinsamen Lösungen. So können wir durch gemeinsame Investitionen, Projekte und Entwicklungen die Risiken und Kosten der Einzelunternehmen schmälern – das ist insbesondere für kleinere Marktteilnehmer interessant. Wir fördern unter den Teilnehmern ein Netzwerk und tragen so dazu bei, die allgemeine nachhaltige Modernisierung der gesamten Branche voranzutreiben.

Daher ist uns der offene Austausch über die Zukunftsplanung ebenso wichtig: Wir möchten wissen, was unsere Kunden für das kommende Jahr geplant haben. Nur so können wir ihnen bestmögliche Impulse geben, die auch unserer Arbeit wiederum zugutekommen. Gleichzeitig wollen wir auch ein Feedback unserer Kunden hinsichtlich ihrer Wünsche und Erwartungen haben. Wir sehen uns als Trendsetter und möchten unseren Kunden zukunftsfähige Lösungen bieten.

Lessons Learned

Der Communityansatz ist für uns Dreh- und Angelpunkt unseres Geschäftsmodells. Zusammen mit unserer Plattform erzeugt er Kundenbindung, Kundenzufriedenheit, vertriebliche Weiterentwicklung und generiert neue Aufträge – somit steigen unsere Cross- und Upselling-Potenziale fast von allein. Außerdem fördern wir durch unsere Plattform Innovationen, bringen Themen voran, die ohne uns so nie gestartet worden wären. Durch sie haben wir den notwendigen Austausch mit unseren Kunden und können neue Ideen und Marktchancen entwickeln. Darüber hinaus ermöglichen unsere Community Meetings es, unsere Lösungen weiterzuentwickeln, indem wir das Kundenfeedback für unsere Produktentwicklung nutzen. Auch unser internationales Team mit diverser Branchenerfahrung steht unseren Kunden auf den Community Meetings mit Rat und Tat zur Seite. Da wir nicht nur Eigengewächse aus der Energiewirtschaft beschäftigen, können wir vieles aus einer anderen Perspektive sehen und bewerten. Gerade unsere eCommerce-Experten bringen für die Branche bisweilen ungewohnte Ideen ein oder heben Schwachstellen ganz anders hervor.

Daher – mit Blick auf unsere epilot Experten – ein weiteres Learning für uns: Gutes Personal ist ein Muss! Dafür tun wir aber auch viel: Unser HR-Team behandelt neue wie auch potenzielle Mitarbeiter wie Kunden. Nur ein Beispiel: Die Reaktionszeit bei Personalprozessen ist genauso wichtig wie bei Kundenprozessen. Auch ein neuer Mitarbeiter ist nachhaltig beeindruckt, wenn er den Anstellungsvertrag bereits fünf Minuten nach Ende des Vorstellungsgesprächs in seinem Postfach findet. Man muss immer im Blick haben: Gute Leute haben immer noch andere Optionen und durch solche Feinheiten könnten wir den Unterschied ausmachen. Daher sind wir auch nicht umsonst einer der am besten bewerteten Techarbeitgeber Kölns. Und das merken wiederum auch unsere Kunden.

Hinweise zum Autor

MICHEL NICOLAI

Michel Nicolai ist Gründer, Gesellschafter und Geschäftsführer von epilot. Seine Mission: »Unsere Kunden zu den erfolgreichsten und effizientesten Playern in einer digitalen Energiewelt machen.« In der Branche ist er kein Unbekannter: Bevor der Wirtschaftsingenieur epilot gründete, hat er bei Trianel als Fachbereichsleiter die digitale Plattform Energiedienstleistungen »T-PED« (heute: VLink) ins Leben gerufen und das Geschäft bis zum Verkauf an Vattenfall verantwortet. Zuvor entwickelte er das E-Mobility-Geschäft bei LichtBlick in Kooperation mit Volkswagen und war beim Fraunhofer-Institut für Solare Energiesysteme (ISE) tätig.

Kundensegmentierung und Marktbearbeitung

Die Potenzialorientierte Kundenlandschaft

Daniel Hesmer
Head of Sales

Zum Einstieg

Lassen Sie uns mal den Blick auf eine der typischen Alltagsdiskussionen zwischen Geschäftsführung, Produktmanagement, Vertrieb und Marketing werfen. Unterschiedlichste Bedürfnisse und Perspektiven sitzen am Tisch. Die Geschäftsführung sitzt im Cockpit der Gesamtstrategie und fragt am Ende nach Zukunft, Wachstum, Neukundengeschäft und Ertrag. Die Sichtweise von Produktmanagement ist letztendlich und zu Recht geprägt vom Produktlebenszyklus, Produkten von morgen und möglichst punktgenauen Forecasts. Marketing schielt mit aller Expertise auf Bekanntheitsgrad, qualitativer und quantitativer Leadgenerierung und den eigentlichen Übergabeprozess des Kunden an den Vertrieb. Und wir im Vertrieb? In der heutigen Zeit scheint Neukundenakquise das bevorzugte Mittel für Wachstum und bessere Ergebnisse zu sein. Umsatzplanung und effiziente Steuerung der Verkaufsprozesse im Neukundengeschäft bestimmen daher den Vertriebsalltag.

Die Liste ist am Ende nahezu beliebig erweiterbar. Was allerdings hier signifikant auffällt: Nicht immer oder zumindest sehr selten steht das Thema Bestandskundenmanagement und seine Optimierung auf der strategischen Tagesordnung.

Also darf folgende Frage erlaubt sein: Wie können Umsätze bei Bestandskunden ausgeschöpft, das Kunden-Verlust-Risiko reduziert und gleichzeitig der Ertrag erhöht werden? Zusammengefasst also: Besteht ein klares, potenzialorientiertes Bild der vorhandenen Kundenlandschaft?

In belastbaren Studien, z. B. dem Fan-Prinzip, wurde sehr eindeutig nachgewiesen, dass der Ertrag mit loyalen Kunden (proaktiven Empfehlungsgebern) um ein Vielfaches höher liegt als das eines »Söldner«-Kunden, also einem, der schnell den Anbieter bzw. Lieferanten wechselt. Nicht nur, aber vor allem aus solchen Gründen, sollten doch genau diese »Söldner« in der Kundenlandschaft bekannt sein.

Welches Potenzial also bergen Ihre Bestandskunden überhaupt? Welche Wachstums- und Entwicklungsmöglichkeiten bestehen mit Ihrem vorhandenen Kundenstamm? Kennen Sie Ihre Kunden überhaupt so genau und können diese in allen relevanten Dimensionen beurteilen? Sind Sie in der Kundenbearbeitung effektiv und dabei auch effizient? Tun Sie also die richtigen Dinge und machen diese auch noch wirklich richtig?

Diese Fragen und noch viele mehr haben wir zum Anlass genommen, uns bewusst und vertieft mit dem Thema der potenzialorientierten Kundenlandschaft (PKL) zu befassen. Wohlgemerkt nicht, um die Neukundenquote o. ä. zu senken, sondern um unser Unternehmen durch potenzialorientiertes und ertragreiches Bestandskundengeschäft stabil und robuster zu machen. Denn eins sollte uns die aktuelle Situation einmal mehr gelehrt haben: »Nichts ist so beständig wie der Wandel« (Heraklit von Ephesos).

Lassen Sie mich nun auf den nächsten Seiten die Methodik der PKL, den Aufbau und die Entwicklung anhand einfacher Beispiele erklären sowie am Ende durch die Lessons Learned eine optimale Umsetzung in Ihrem Unternehmen ermöglichen.

Die Methode und ihre Einordnung in die Marktbearbeitung

Um in die Methode bestmöglich und verständlich einzutauchen, müssen wir vorerst einen kleinen Exkurs in die klassische Marktbearbeitung vornehmen. Welche Grundlagen braucht eigentlich Marktbearbeitung und über welche Themen reden wir? Eine Einordnung …

Eine kundenorientierte Marktbearbeitung muss in der heutigen Zeit sehr stark entlang der Kundenbedürfnisse koordiniert werden. Sie folgt dabei in ihren jeweiligen Schritten den unterschiedlichen Kundenzuständen in der Customer Journey.

Philip Kotler beschreibt in seinem Buch »Marketing 4.0« die »neue Customer Journey« und baut diese auf einem über die Jahre veränderten Kaufverhalten auf. Er geht hierbei von den nachfolgenden Zuständen aus:

Aware
»**Aware**«, also das »**Kennen**« oder die »**Bekanntheit**« ist hier als der erste Halt auf der Reise zu nennen. Hierbei stellt der Kunde einen Zustand fest und erlangt lediglich ein Bewusstsein gegenüber einer Marke oder eines Unternehmens. Er wird also passiv aufmerksam.

Appeal

»**Appeal**« bezeichnet den nächsten Zustand. Hier verarbeitet der Kunde die aufgenommenen Botschaften und formt daraus für sich ein erstes Bild. Hier nehmen Attraktivität und Vertrauen ihren Anfang.

Ask

Im Kundenzustand »**Ask**« ist die Neugier des Kunden geweckt und er begibt sich aktiv auf die Suche nach weitergehenden Informationen. Um den nächsten Zustand zu erlangen, will er ja überzeugt werden. Das Ergebnis am Ende dieses Schrittes ist also Vertrauen in die Marke oder das Unternehmen.

Act

Der nächste Zustand ist dann mit »**Act**« erreicht. Act beschreibt den eigentlichen Kaufprozess und ist somit die logische Konsequenz aus den ersten drei Zuständen.

Advocate

Mit »**Advocate**« wird der wertvollste Kundenzustand beschrieben, nämlich der der Loyalität. Loyale Kunden kaufen wieder, empfehlen weiter und zahlen somit positiv und vor allem proaktiv und nachhaltig auf die Marke ein.

Um mithilfe der 5 As der Customer Journey nun ein Marktbearbeitungsmodell zu erhalten, muss noch eine weitere Dimension bzw. weitere Handlungskorridore hinzugefügt werden.

Mit **Marktvorbereitung**, **Marktgewinnung** und **Marktsicherung** oder **Kundenbindung** kommen jetzt ergänzend **Marketing**, **Vertrieb** und **Service** ins Spiel. Sie beschreiben über alle Zustände hinweg Aufgaben und Handlungen.

Betrachtet man in Abbildung 1 dieses Modell genauer, so fällt sofort auf, dass sowohl Marketing, Vertrieb als auch Service in allen fünf Kundenzuständen bereits von Anfang an involviert sind. Das ist logisch, denn eine Marktbearbeitung und darüber hinaus auch die Arbeit am bzw. mit dem Kunden sollte interdisziplinär organisiert sein.

Das gesamte Vorgehen in der Marktbearbeitung wird natürlich noch von vielen weiteren Themen, wie z. B. Geschäftsmodell, Marktwissen oder Marktkommunikation flankiert, die hier aber nicht weiter betrachtet werden sollen.

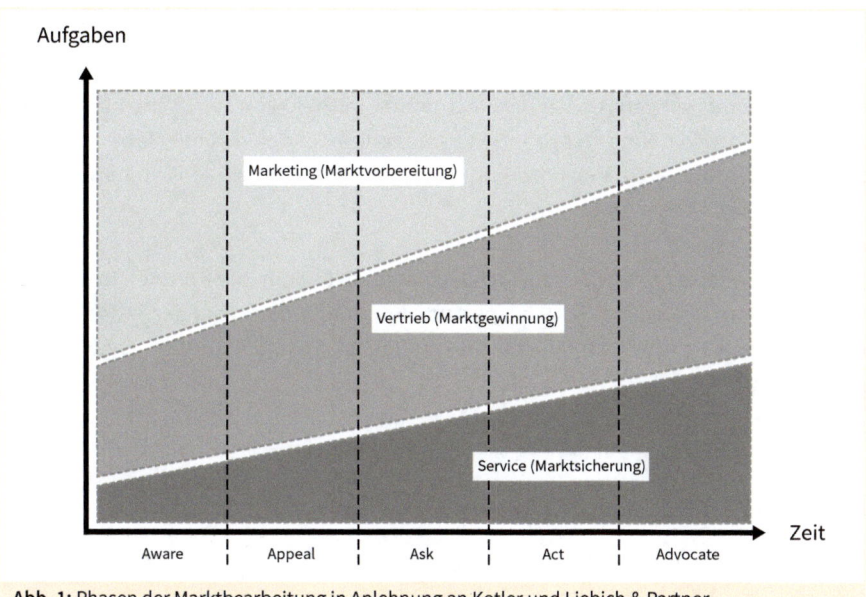

Abb. 1: Phasen der Marktbearbeitung in Anlehnung an Kotler und Liebich & Partner

Wenn wir jetzt weiter in die Beschreibung der PKL einsteigen, ist es nochmals wichtig zu verstehen, dass diese, wie oben bereits erwähnt, hauptsächlich im Bereich der Bestandskunden stattfindet, also primär in den Zuständen »Act« und »Advocate« (siehe hierzu auch Abbildung 2). Und diese gilt es letztendlich in der Landschaft anhand ihrer strategischen Potenziale zu bewerten.

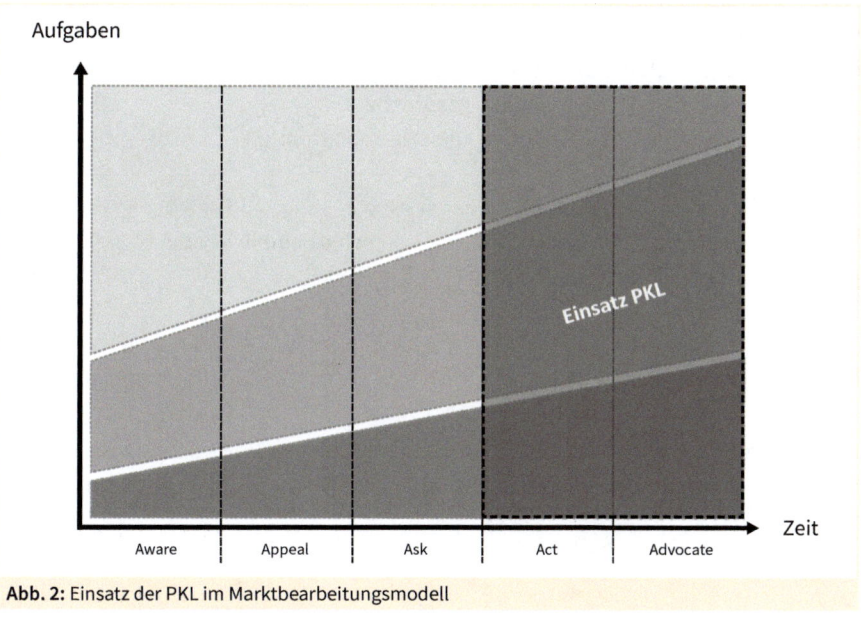

Abb. 2: Einsatz der PKL im Marktbearbeitungsmodell

Die PKL-Matrix

Einfach gesprochen geht es bei der PKL darum, mithilfe von zwei Dimensionen und anhand im Vorfeld definierter Kriterien bestehende Kunden in einer Matrix zu bewerten und in Kundentypen einzuordnen, um daraus entsprechende Handlungsstränge ableiten zu können.

Die Dimensionen sind bewusst auf Achsen dargestellt, denn die Kriterien folgen einer Einordnung von 0 = »keine« bis 9 = »sehr gute Kundenbindung« auf der Achse Kundenbindung sowie 0 = »überhaupt nicht« bis 9 = »höchst attraktiv« auf der Achse Kundenattraktivität.

Aber starten wir zuerst mit der Betrachtung der beiden Dimensionen.

Die x-Achse: Attraktivität

Mit der x-Achse Kundenattraktivität wird die Attraktivität eines Kunden beschrieben und somit ein potenzialorientierter Ansatz verknüpft. Hier ist wichtig, dass **nicht ausschließlich ein Umsatzpotenzial gemeint sein darf, sondern eine ganzheitliche Betrachtung des strategischen Potenzials notwendig ist.**

Sie sollten sich somit in der späteren Phase der Kriterienentwicklung von folgenden Fragen leiten lassen:
- »Was macht einen Kunden für das Unternehmen attraktiv?«
- »Welche Eigenschaften muss ein Kunde mitbringen, um für das Unternehmen attraktiv zu sein?« oder aber einfach gesprochen:
- »Welches Potenzial hat der Kunde mittel- bis langfristig?«

Die Attraktivität eines Kunden ist immer stark von externen Faktoren getrieben. Sie kann daher nur festgestellt oder überprüft, aber schlussendlich kaum bis gar nicht von einem selbst beeinflusst werden.

Die y-Achse: Kundenbindung

Mit der Kundenbindung oder auch dem Kundenwert wird die Beziehung zum Kunden beschrieben. Kundenbindung ist in der Regel messbar und daher auch einfacher zu beschreiben.

Wie in Abbildung 3 dargestellt, ergeben sich damit aus den Dimensionen »Kundenbindung« und »Attraktivität« vier Quadranten zur Einordnung der Kundentypen.

Die vier Quadranten

Starten wir mit dem oberen linken Quadranten (1). Hier finden sich Kunden wieder, zu denen eine sehr hohe Kundenbindung besteht, die z. B. durch eine langjährige, stabile, aber vor allem loyale Zusammenarbeit definiert werden kann. Zugleich besteht aber weniger Attraktivität, also ist das strategische Potenzial dieser Kunden eher gering einzuschätzen. Dieser Kundentyp wird im Modell als »**Aktivkunde**« bezeichnet.

Betrachten wir nun den unteren linken Quadranten (2). Die Kombination aus schwacher Kundenbindung sowie wenig strategischem Potenzial, also geringer Attraktivität, ergibt den Kundentyp »**Bestandskunde**«. Bestandskunden sind klassischerweise niedrig bis mittel attraktiv, aber man hat es bis jetzt nicht geschafft, diesen Kunden stärker ans Unternehmen zu binden, z. B. aufgrund fehlender Kommunikationsstrategien.

Innerhalb dieses Quadranten könnte noch eine weitere Einordnung nach unten vorgenommen werden und zwar für diejenigen Kunden, die sich in der Bewertung sehr stark am Schnittpunkt der Achsen orientieren. Dieser Kundentyp wird als »Passivkunde« bezeichnet. Im Ergebnis heißt das, dass in diesen Kundentyp nicht allzu viele Kapazitäten investiert werden sollten.

Eine hohe Kundenbindung in Kombination mit einer hohen Attraktivität (3) ergibt innerhalb des Modells den Kundentyp »**Partnerkunde**«. Hier finden sich z. B. die loyalsten Kunden wieder, also diejenigen, die sich in der Customer Journey im Zustand «Advocate» befinden. Gepaart mit einem hohen strategischen Potenzial ist dieser Zustand für das Unternehmen das höchste Ziel, denn diese Kunden steuern in der Regel, neben den höchsten Umsätzen, auch die höchsten Margen zum Unternehmenserfolg bei.

Der letzte Quadrant unten rechts definiert sich über eine hohe Attraktivität, aber eine relativ niedrige Kundenbindung. Hier sprechen wir von einem sogenannten »**Ausbaukunden**«. Durch die sehr niedrige Kundenbindung sind hier die Kunden zu finden, die z. B. schon bei einem geringfügig besseren Angebot den Anbieter wechseln. Man könnte sie durchaus auch als Söldner bezeichnen. Trotzdem bleiben sie in ihrem strategischen Potenzial höchst attraktiv.

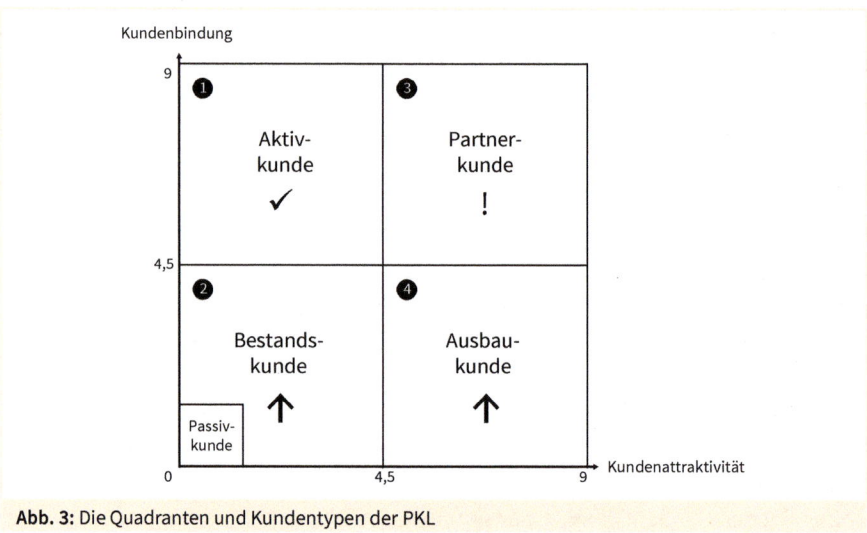

Abb. 3: Die Quadranten und Kundentypen der PKL

Wie bereits erwähnt, ist die Attraktivität eines Kunden lediglich feststellbar, aber nicht zu beeinflussen, oder zumindest nur indirekt. Die entscheidende Botschaft lautet hier also: **Entwicklung von Kunden innerhalb der Matrix ist nur von unten nach oben, also in Richtung der y-Achse, möglich!** So kann z. B. ein Bestandskunde mit niedriger bis mittlerer Attraktivität zu einem Aktivkunden entwickelt werden, indem intensiv an der Kundenbindung gearbeitet wird. Gleiches gilt ebenfalls für die Ausbaukunden. Hier ist natürlich die Gewichtung aufgrund des hohen strategischen Potenzials ungleich größer und diese Kunden stellen somit das erste Ziel des Vertriebs dar.

Jeder dieser Quadranten folgt natürlich entsprechenden Marktbearbeitungsregeln, d. h., es dürfte klar sein, dass z. B. die Kommunikationsstrategien oder das angebotene Preis-Leistungs-Portfolio bei Bestandskunden ein anderes ist als bei Partnerkunden. Bitte sehen Sie mir nach, dass aufgrund des Umfangs hier nicht weiter auf diese Regeln eingegangen werden kann.

Methodisches Vorgehen

Als wichtigste Maßnahme bei der Entwicklung der Kriterien und der weiteren Punkte ist Folgendes zu nennen: **Entwickeln Sie die Matrix grundsätzlich im Team, um Subjektivität und Ablehnung vorzubeugen.** Allein durchgeführt, entsteht schnell ein «Mein Kunde ist ...« oder »Mein Kunde hat ...«. Dies muss um jeden Preis verhindert werden. Ebenso ist es auch ratsam, die späteren Bewertungen und Einordnungen niemals allein durchzuführen.

Wir haben in der Entwicklung unserer Matrix abteilungsübergreifend mit Marketing, Vertrieb und Vertriebsinnendienst zusammengearbeitet, um ein objektives Bild zu erhalten. Auch in den späteren Bewertungen haben wir auf übergreifende Teams gesetzt. Hier hat jeder seine persönliche Sichtweise und Erfahrung mit dem einzelnen Kunden eingebracht und wir haben somit einen umfassenden Einblick erhalten.

Schritt 1: Kriterien finden und definieren

Das Erste, was also methodisch getan werden muss, um diese Matrix mit Leben zu füllen, ist das Sammeln von Bewertungskriterien in den Dimensionen Kundenbindung und Attraktivität.

Wichtig dabei ist, dass nur Kriterien herangezogen werden, die innerhalb Ihres Unternehmens, Ihres Geschäftsmodells und Ihrer Branche Relevanz haben. Wenn Sie sich z. B. klar als Leistungsführer positionieren, sollten keine Kriterien herangezogen werden, die auf eine Preisführerschaft einzahlen. Versuchen Sie also in einem Brainstorming, für jede Dimension Faktoren zu finden, die für Sie und Ihr Umfeld eine Rolle spielen.

Einige typische Beispiele für Kriterien innerhalb der Dimensionen wären etwa:

x-Achse Attraktivität
- Geschäftsmodell
- Umsatzpotenzial
- Regionale Struktur
- Aufbau und Anzahl Vertriebskanäle
- Umsetzen von geforderten Qualitätsstandards
- Entwicklungspartnerschaft bzw. Offenheit für Innovationen
- Zertifizierung

y-Achse Kundenbindung
- Umsatzentwicklung über Zeitraum x Jahre
- Generelle Kontaktfrequenz
- Lieferanteil am Gesamtportfolio
- Dauer der Zusammenarbeit
- Gemeinsame Marktbearbeitung (Beispiele hierzu weiter unten)
- Kundenbeziehung

Arbeiten Sie, wo möglich, mit objektiven und messbaren Zahlen im Hintergrund der Kriterien. Dies lässt bei der späteren Bewertung und Einordnung weniger Handlungsspielraum. Das ist natürlich nicht für jedes der Kriterien umsetzbar, sollte aber oberstes Ziel sein.

Ein weiterer wichtiger Punkt: **Geben Sie jedem einzelnen Kriterium eine klare Definition**, sodass alle Beteiligten das gleiche Verständnis haben. Eine Definition zu Beginn schafft Klarheit in der Umsetzung am Ende. Bei uns war dies klar von Vorteil, da es Kolleginnen und Kollegen geholfen hat, mit dem Tool zu arbeiten, auch wenn sie selber nicht an der Entstehung der Kriterien beteiligt waren.

Nochmal als Hinweis: **Bei der Entscheidung für die Kriterien der Attraktivität denken Sie nicht im aktuellen Zustand, sondern immer im strategischen Potenzial des Kunden.**

Als Beispiel einer Definition möchte ich unser Kriterium »Gemeinsame Marktbearbeitung« auf der Achse der Kundenbindung nennen (die jeweiligen Ausprägungen finden Sie als Beispiel weiter unten).

»Wir beurteilen hier die Intensität der Zusammenarbeit in der Marktbearbeitung. Gibt es z. B. eine gemeinsame Marketingkommunikation und/oder technische oder kaufmännische Schulungen? Tauschen wir uns mit dem Kunden über neue Vertriebswege, -kanäle (online, offline) oder Strategiethemen aus? Wie fest ist dieser Austausch in der Partnerschaft verankert?«

Durch diese Definition ist uns klar geworden, was wir mit dem Kriterium meinen. Dadurch fiel es uns leichter, pro Kunde eine Einordnung vorzunehmen.

Nachdem nun Kriterien gefunden und per Definition klar beschrieben wurden, sind noch die Ausprägungen der jeweiligen Kriterien zu bestimmen. Die Ausprägungen entsprechen am Ende den Punkten von 1 bis 9, die Sie je Kriterium an den jeweiligen Kunden vergeben. Den Umfang der Ausprägung bestimmt hierbei das jeweilige Kriterium. Handelt es sich beispielsweise um ein zahlengetriebenes Kriterium, so bestimmen Sie Mindest- und Maximal-Wert und stufen in den Zwischenschritten ab. Handelt es sich um ein beschreibendes Kriterium, sollten Sie sinnvolle Zwischenschritte gefunden werden, wobei auch in Dreierschritten zusammengefasst werden kann. Dies gilt natürlich auch für Zahlen-Kriterien.

Abbildung 4 zeigt zwei Beispiele für Kriterien der Kundenbindung und ihre jeweiligen Ausprägungen:

Kriterium Kundenbindung	Ausprägung								
	1	2	3	4	5	6	7	8	9
Umsatzentwicklung	-20%	-15%	-10%	-5%	0%	+5%	+10%	+15%	+20%
Gemeinsame Marktbearbeitung	Passiv - Kaum bis gar keine gemeinsamen Aktivitäten. Keine gemeinsamen Marketing-aktionen, Kunden- bzw. Marktveranstaltungen.			Reaktiv - Partner nimmt vorformulierte Aktivitäten wahr und setzt sie um. Bringt keine eigenen Ideen und Aktivitäten ein. Einfaches Umsetzen. Kaum strategischer Austausch.			Proaktiv - Vollumfängliche Zusammen-arbeit in den Bereichen Marketingkommunikation, Schulungen, Service, Endkunde etc. Geht aktiv „neue Wege" in der Marktbearbeitung und sucht hierzu den Austausch.		

Abb. 4: Beispiele für Kriterien der Kundenbindung inkl. Ausprägungen

Wählen Sie für ein oder mehrere Kriterien eine Zusammenfassung in Dreierschritten, sollten Sie bei den späteren Bewertungen der Kunden und der Punktevergabe darauf achten, dass Sie aus mathematischen Gründen grundsätzlich immer den gleichen Wert ansetzen. Hier bieten sich die jeweiligen mittleren Werte, also 2, 5 oder 8, an.

Schritt 2: Entscheidung und Gewichtung der Kriterien

Im nächsten Schritt sollten Sie diejenigen Kriterien priorisieren, die für Ihr Unternehmen wirklich praxisrelevant und entscheidend sind. Wir haben uns in unserer Diskussion auf eine Auswahl von fünf bis acht Kriterien je Dimension fokussiert, um allen wichtigen Themen Platz zu bieten, aber am Ende die Komplexität nicht zu groß werden zu lassen.

Weiter gilt: **Keine Kriterien ohne entsprechende Gewichtung!** Arbeiten Sie diese auch im Team heraus und folgen dabei je Kriterium einer Einstufung von 1 = »weniger wichtig« bis 5 = »sehr wichtig«. Achten Sie darauf, dass Sie nicht alle Faktoren gleich gewichten, denn das macht methodisch wenig Sinn und bildet am Ende auch nicht Ihre Realität ab.

Schritt 3: Darstellung und Zusammenfassung der Ergebnisse

Die Kriterien, die jeweiligen Definitionen und Gewichtungen sowie die einzelnen Ausprägungen sollten übersichtlich in einer Tabelle zusammengefasst werden. Abbildung 5 zeigt exemplarisch, wie so etwas aussehen kann.

Nr.	Kriterien Kundenbindung	Definition	Gewichtung	Ausprägung 1	2	3	4	5	6	7	8	9
1	Umsatzentwicklung	Hier betrachten wir den Durchschnitt eines Fünf-Jahres-Zeitraums und vergleichen mit dem letzten vollen Jahr. Bsp.: Im Jahr 2020 vergleichen wir 2019 mit dem Durchschnitt von 2014 – 2018.	5	-20%	-15%	-10%	-5%	0%	+5%	+10%	+15%	+20%
2	Gemeinsame Marktbearbeitung	Wir beurteilen hier die Intensität der Zusammenarbeit in der Marktbearbeitung. Gibt es z. B. eine gemeinsame Marketingkommunikation und/oder technische, kaufmännische Schulungen? Tauschen wir uns mit dem Kunden über neue Vertriebswege, -kanäle (online, offline) oder Strategiethemen aus? Wie fest ist dieser Austausch in der Partnerschaft verankert?	4	Passiv - - Kaum bis gar keine gemeinsamen Aktivitäten. Keine gemeinsamen Marketingaktionen, Kunden- bzw. Marktveranstaltungen.			Reaktiv - - Partner nimmt vorformulierte Aktivitäten wahr und setzt sie um. Bringt keine eigenen Ideen und Aktivitäten ein. Einfaches Umsetzen. Kaum strategischer Austausch.			Proaktiv - - Vollumfängliche Zusammenarbeit in den Bereichen Marketing-kommunikation, Schulungen, Service, Endkunde etc. Geht aktiv „neue Wege" in der Markt-bearbeitung und sucht hierzu den Austausch.		
3	Länge der Geschäftsbeziehung	Wie lange besteht die Partnerschaft?	2	<5 Jahre			5 – 15 Jahre			>15 Jahre		
...	...	...	...	...	...	...	...	...	...	...	...	...

Abb. 5: Zusammenfassung der Kriterien in einer übersichtlichen Tabelle

Ebenso sollten in Tabellenform die Bewertungen und die mathematischen Auswertungen vorgenommen werden, aus denen sich dann die Position des Kunden innerhalb der Matrix ergibt (Position x-Achse zur y-Achse). In der nachfolgenden Abbildung 6 ist beispielhaft eine Berechnung für die Kriterien der Kundenbindung (y-Achse) eines Kunden dargestellt.

Die Berechnung erfolgt dabei für die Summe Gewichtung über eine Addition. Multipliziert mit den Werten der Bewertungen ergeben sich die jeweiligen Ergebnisse für die Kriterien, die dann wiederum über eine Addition zusammengefasst werden. Am Ende steht das Verhältnis der Summen Ergebnis und Gewichtung in der Division als gewichteter Wert für die y-Achse fest.

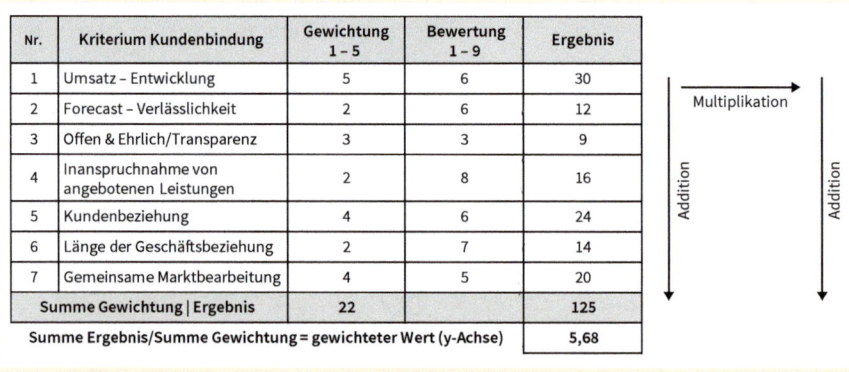

Nr.	Kriterium Kundenbindung	Gewichtung 1 – 5	Bewertung 1 – 9	Ergebnis
1	Umsatz – Entwicklung	5	6	30
2	Forecast – Verlässlichkeit	2	6	12
3	Offen & Ehrlich/Transparenz	3	3	9
4	Inanspruchnahme von angebotenen Leistungen	2	8	16
5	Kundenbeziehung	4	6	24
6	Länge der Geschäftsbeziehung	2	7	14
7	Gemeinsame Marktbearbeitung	4	5	20
Summe Gewichtung | Ergebnis		**22**		**125**
Summe Ergebnis/Summe Gewichtung = gewichteter Wert (y-Achse)				5,68

Abb. 6: Beispielhafte Berechnung des Wertes der Kundenbindung (y-Achse)

Spielen Sie nun Gleiches mit den Kriterien der Kundenattraktivität durch, so erhalten Sie den gewichteten Wert auf der x-Achse. Nehmen wir an, dieser beträgt x = 4,25, so erhalten Sie dann genau einen Punkt, der die Einordnung des Kunden in den jeweiligen Kundentyp wiedergibt. Mit den beiden Werten x = 4,25 und y = 5,68 läge dieser im Beispiel in Quadrant 1, also Kundentyp »Aktivkunde«.

Nachdem nun alle notwendigen Vorarbeiten geleistet sind, gehen Sie mit den gesammelten und gewichteten Kriterien in eine Testbewertung. Nehmen Sie z. B. 20 Kunden und spielen Sie das komplette Szenario durch. Achten Sie dabei bewusst auf die Sinnhaftigkeit und die Relevanz der ausgewählten Kriterien für Ihr Geschäftsmodell. Und nochmal: Bewerten Sie im Team, denn nur so entkommen Sie der Subjektivitätsfalle. Justieren Sie falls nötig bei einzelnen Kriterien nach oder gewichten Sie neu und finden so das für Sie und Ihr Unternehmen passende Modell.

Haben Sie dieses gefunden und umgesetzt, liegt es an Ihnen, welche Schlüsse Sie aus Ihrer Kundenlandschaft ziehen und wie Ihre zukünftigen Bearbeitungsstrategien aussehen. Vielleicht führt es auch zu einem Umdenken in der Organisation, denn vor allem das Segment der Ausbaukunden sollte vertrieblich in den Fokus rücken. Am Ende ist genau das der Charme dieses praxisorientierten Modells: Für jeden Kundentypen lassen sich Maßnahmen, Handlungsfelder und Strategien entwickeln. Somit hilft das Modell dabei, Ressourcen und Budget zielgerichtet, aber vor allem ergebnisorientiert einzusetzen.

Lessons Learned

Wie eingangs schon erwähnt, möchte ich Ihnen zum Abschluss wichtige Erkenntnisse und Erfahrungen aus der Entwicklung und dem Arbeiten mit der Methode darstellen. In unserer Arbeit haben sich hier fünf Punkte als sehr wichtig herauskristallisiert.

Vorweg sei hierzu gesagt, dass das Tool niemals fertig entwickelt sein wird, denn es ist ein lebendes System, welches aufgrund interner und externer Faktoren einer permanenten Anpassung unterliegt.

Tipp 1: Entwicklung der Kriterien im Team – Bewertung der Kunden im Team

Dieser Punkt ist bereits bei der Methodenbeschreibung einige Male genannt worden. **Für den Erfolg in der Umsetzung der PKL ist es von entscheidender Bedeutung, dass Sie alle Kriterien der Kundenbindung als auch -attraktivität im Team entwickeln.** Wir haben hier bewusst ein interdisziplinäres Team aus Marketing, Vertrieb und Vertriebsinnendienst gewählt. Dies hat uns geholfen, alle wichtigen Facetten des Kunden zu beleuchten und einzuordnen. Ebenfalls muss die Bewertung der Kunden im Team erfolgen, denn die unterschiedlichen Sichtweisen auf den Kunden bestimmen schlussendlich den Erfolg. Sie entgehen so ebenfalls Subjektivität und auch Ablehnung, denn gerade im Außendienst wird ein Kunde gerne als attraktiver bewertet als er vielleicht ist. Als positiver Nebeneffekt stärkt ein gemeinsames Vorgehen ungemein die Zusammenarbeit der Abteilungen und fördert so auch ein Auflösen des Silodenkens.

Tipp 2: Entwickeln Sie objektive und verständliche Kriterien

Egal ob auf der Kundenbindungs- oder der Kundenattraktivitätsachse, Sie sollten immer einfach verständliche und nachvollziehbare Kriterien entwickeln. Die oberste Prämisse lautet grundsätzlich: **Die Kriterien der Kundenbindung können Sie beeinflussen, die der Attraktivität lediglich feststellen!** Dies ist entscheidend und wichtig zu verstehen, auch bei der späteren Einordnung von Kunden in die Landschaft. Lassen Sie sich des Weiteren immer von Objektivität leiten und setzen Sie, wo machbar, harte messbare Zahlen als Kriterium ein. Bauen Sie z. B. interne oder externe Datenbanken ein und sichern so die optimale Flughöhe ab. Einigen Sie sich auch in der Priorisierung und Gewichtung besser auf fünf Kriterien, die klar und eindeutig definiert und skalierbar sind statt mit zehn »wachsweich« formulierten Kriterien zu arbeiten.

Tipp 3: Integration in den Vertriebsprozess

Auch wenn die Methode in erster Linie für die Analyse und Bewertung von Bestandskunden angewendet wird, soll es nicht heißen, dass nicht auch Neukunden oder potenzielle Neukunden bewertet werden können. Jeder Vertriebsmitarbeiter sollte also die Methode in den laufenden Vertriebsprozess integrieren und Neukunden direkt bewerten, sodass sich von Anfang an eine entsprechende Klassifizierung in einen der Kundentypen ergibt.

Übrigens lässt sich die Methode auch sehr gut im internationalen Kontext einsetzen. Warum sollte z. B. ein Kunde in Russland auf Basis der definierten Kriterien weniger attraktiv sein als ein Kunde in Deutschland? Sicherlich spielen hier lokale Besonderheiten im Markt wie Wettbewerbssituation etc. eine wesentliche Rolle, aber die Methode ist international übertragbar. Der Vorteil für Ihre Organisation: Bei einer Diskussion über Kunden reden alle vom Gleichen.

Tipp 4: Regelmäßige Bewertung von Kunden

Kunden ändern Geschäftsmodelle und ihr Vorgehen im Markt und können so für Sie weniger oder mehr attraktiv werden. Veränderungen bei internen oder externen Rahmenbedingungen müssen daher auch bei Ihnen unmittelbar zu Anpassungen der PKL führen. **Daher sollten Sie mindestens zweimal jährlich eine Bewertung Ihrer Kundenlandschaft vornehmen.** Auch hier gilt: Setzen Sie dies im Team um!

Tipp 5: Justierung der Landschaft

Aber nicht nur Kunden verändern sich, sondern auch Sie müssen Ihre Organisation an sich verändernde Märkte und Bedingungen anpassen. **Von daher sollten nicht nur die Kunden mehrfach im Jahr neu bewertet werden, sondern Sie sollten auch die Landschaft von Zeit zu Zeit neu justieren.** Passen die Kriterien bei Kundenbindung und -attraktivität noch? Haben sich Bedingungen intern verändert? Gibt es neue Produkte oder neue Geschäftsfelder? Sollte die Gewichtung vielleicht verändert werden? All diese Fragen sollten Sie sich mindestens einmal pro Jahr stellen. Ein gut investierter Tag.

Zum Schluss

Ich hoffe, ich konnte Ihnen mit diesem praxisorientierten Modell aufzeigen, wie einfach und mit welch überschaubarem Zeitaufwand Bestandskunden analysiert und bewertet werden können. Welche Handlungsstränge und -maßnahmen Sie aus den jeweiligen Eingruppierungen Ihrer Kunden in die Kundentypen ableiten, liegt nun in Ihrer Verantwortung.

Schreiben Sie mir gerne, sollten Sie hierzu oder auch zur PKL an sich weitere Fragen haben. Sehr gerne können wir dann die Umsetzung der Methode bei Ihnen im Unternehmen diskutieren, gemeinsam relevante Kriterien finden und individuelle Maßnahmen zur Entwicklung Ihrer Kundentypen definieren.

So bleibt mir am Schluss nur noch, Ihnen viel Erfolg und Spaß bei der Entwicklung und Umsetzung Ihrer eigenen potenzialorientierten Kundenlandschaft zu wünschen.

Ich freue mich auf unseren Austausch.

Literaturverzeichnis

Becker, R., Daschmann, G. (2016), Das Fan-Prinzip – Mit emotionaler Kundenbindung Unternehmen erfolgreich steuern, 2. Auflage, Springer Gabler

Kotler, P., Kartajaya, H., Setiawan, I. (2017), Marketing 4.0: Der Leitfaden für das Marketing der Zukunft, Campus Verlag

Liebich & Partner Management- und Personalberatung AG, Baden-Baden
Die potenzialorientierte Kundenlandschaft, https://bit.ly/3pmfhee

Liebich & Partner Management- und Personalberatung AG, Baden-Baden
Märkte von Morgen gewinnen, https://bit.ly/3jRU1vy

Hinweise zum Autor

DANIEL HESMER

Daniel Hesmer, Jahrgang 1977, lebt mit seiner Familie in der Nähe von Würzburg. Er hat in Münster und Bochum Bau- und Wirtschaftsingenieurwesen studiert und ist seit über 15 Jahren in unterschiedlichen vertrieblichen Positionen tätig. Durch mehrere Jahre Leben und Arbeiten in China liegt sein Fokus vor allem auf dem internationalen Umfeld. Seinen Branchenschwerpunkt hat er in der B2B-Landschaft der Bauzuliefer- sowie Werkzeugindustrie.

Daniel Hesmer verantwortet aktuell den weltweiten Vertrieb eines Maschinenbauunternehmens in der Bauzulieferindustrie. Das Unternehmen ist Teil einer global aufgestellten Unternehmensgruppe und bedient Märkte in über 100 Ländern. Zu seinen Hauptaufgaben zählen neben der Vertriebssteuerung auch internationale Wachstumsstrategien sowie Digitalisierung von Vertriebsprozessen.

Wie ein effizientes Bestandskundenmanagement funktionieren kann

Eine erfolgreiche Case Study

Stephan Hellwig
Head of Regional Sales
OPED GmbH

Das Kundenbeziehungsmanagement

Das veränderte Kundenverhalten

Die digitale Transformation wandelt die Art, wie wir miteinander kommunizieren: globaler, schneller und informierter. Ein Geschäftsbereich, in dem die Digitalisierung allerdings nur langsam vorankommt, ist der B2B-Vertrieb. Unsere Kunden im Gesundheitswesen haben jetzt schon Zugang zu weit mehr Informationen als noch vor einigen Jahren. Durch Social Media nehmen sie zunehmend die Möglichkeit wahr, mit Unternehmen, Organisationen und anderen Kunden zu interagieren.

Der Kaufprozess beginnt demnach schon lange bevor unser Vertrieb von dem Interesse weiß und reagieren kann. So fallen 95 % aller Kaufentscheidungen heute im Web. Wir haben erkannt, dass wir hier mit zuverlässigen und beständigen Informationen dem Kunden bei seiner Entscheidung helfen können und müssen. Dementsprechend verändert sich auch das Verkaufsverhalten in unserem Vertrieb. Unser Verkäufer muss heute nicht mehr zwingend der Produktexperte sein. Stattdessen ist Kundenexpertise wichtiger. Als Kundenexperte begleitet der Verkäufer die strategische Entwicklung unserer Kunden.

Aber je komplexer das Geschäft, desto größer ist die Vielfalt der Wertschöpfungsflüsse, desto komplizierter sind die Prozesse, desto mehr Abweichung von der Realität gibt es, desto weniger ist machbar. Es gibt immer mehr Meetings, immer mehr Widerstand, immer größere Stäbe, immer mehr Konflikte zwischen den Bereichen, immer mehr Leute, die Informationen hin und her schieben.

Mit der zunehmenden Veränderungsdynamik von Märkten bestand auch für uns die Gefahr, immer langsamer und unflexibler zu werden. Die relevanten Vertriebsaktivitäten liefen unternehmensintern beispielsweise häufig unkoordiniert nebeneinander. Hier das Verkaufsgespräch, da die Social-Media-Kampagne, dort der Kundenservice am Telefon. »Der Vertrieb sitzt nur beim Kunden und trinkt Kaffee«, hieß es aus dem Marketing. »Die Marketingleute suchen bloß die Farben für die Werbeanzeige aus«, tönte es aus dem Vertrieb.

Manches wurde doppelt erledigt, vieles passierte gar nicht und häufig stimmte einfach die Qualität nicht. Die linke Hand wusste nicht was die rechte tut und das merkte auch der Kunde.

Die gegenseitigen Beschuldigungen und Konflikte sind absolut kontraproduktiv und behindern das Erreichen der Unternehmensziele. Sie sind schlicht teuer. Jede Leistung, die nicht nachweisbar einen relevanten Nutzen für den Kunden hat, ist eine überflüssige, teure Aktivität. Es gibt nichts, was Angebot und Nachfrage besser koordiniert und damit Systeme effizienter macht, als Marktmechanismen. Und der Kunde ist eben nur noch einen Klick vom nächsten Angebot entfernt.

Herausforderungen in der Entwicklung der Mitarbeiter-Kunde-Beziehung

Während Produktion, Lieferung und Verwaltung festgelegten Prozessen folgten, dominierte in unserem B2B-Vertrieb jahrelang das Bauchgefühl. Der Vertriebler, mehr ein freischaffender Künstler, dem viele Freiheitsgrade zugesprochen wurden, agierte auf Basis seiner Erfahrungen und seines Fingerspitzengefühls, seiner hochentwickelten kommunikativen Fähigkeiten und seiner Intuition. Wir haben uns auf das Talent und die Persönlichkeit verlassen: Die Vertriebsaktivitäten wurden aus dem Bauch heraus geplant und das Ergebnis zunehmend dem Zufall überlassen.

Das ist auch eine ganze Weile lang richtig gut gegangen. Volle Terminkalender im Outlook der Verkäufer, eine hohe Anzahl an Neukunden und stetig steigende Umsätze. Bis die steile Kurve etwas abflachte. Und die ersten großen Kunden abgesprungen waren. Aber woran lag es?

Bei gründlicher Analyse mussten wir feststellen, dass unser Vertrieb Verkaufsgespräche auf hohem Niveau führt und dass unsere Kunden grundsätzlich mit unseren Mitarbeitern zufrieden sind. Deswegen konnten wir auch eine sehr gute Abschlussquote nachweisen. Die jährlichen Umsatzsteigerungen lagen im Soll. Bemerkenswert auch das Netzwerk zu den Entscheidern, Einflussnehmern und Anwendern. Der Marktanteil mit unserem Hauptprodukt war nach wie vor – verglichen mit dem Wettbewerb – mit Abstand sehr hoch. Mit der steigenden Anzahl der Neukunden haben wir auch zusätzliche Vertriebler eingestellt, um weiterhin erstklassigen Service zu bieten. Die Rücklaufquoten waren unverändert niedrig und auch die Anzahl der Beschwerden bewegte sich in einem vertretbaren Rahmen.

So weit so gut. Und trotzdem hatten wir das Gefühl, dass wir nicht genug in die Beziehung zum Kunden investiert haben. Und zum ersten Mal haben wir gelernt, was es bedeutet, wenn sich für beide Seiten eine gegenseitige Gewöhnung einstellt.

Die Zufriedenheit des Kunden sank stillschweigend. Objektiv, weil Fehler gemacht wurden. Subjektiv, weil der Kunde durch hohe Gewöhnungseffekte, Außergewöhnliches für normal hielt und neue Reize vermisste.

Gegenseitige Gewöhnung hat Auswirkungen auf beide Seiten. Die Aufmerksamkeit sank auch im Unternehmen und Schlendrian schlich sich ein. Das Ausbügeln von Versäumnissen und die Zahlung von Entschädigungen sollte aber lediglich das Minimum an Vertriebsaktivitäten sein, was ohnehin zu erwarten ist, wenn der Kunde unzufrieden ist.

Die Ziele eines professionellen Bestandskundenmanagement

Ein dauerhaft verlorener Kunde mit seinen regelmäßigen Aufträgen wird im Unternehmen schmerzlich vermisst. Wir können mit einem Bestandskunden denselben Deckungsbeitrag erzielen, wie mit sieben Neukunden. Das liegt ganz einfach daran, dass treue Kunden regelmäßige Kunden sind. Unregelmäßige Kunden sind hingegen schwer planbar. Treue Kunden empfehlen uns weiter. Kunden von anderen Firmen empfehlen andere. Treue Kunden erzeugen weniger Kosten im Marketing-Mix. Neukundenakquise erfordert dagegen hohe Aufwendungen. Treue Kunden zahlen ggf. höhere Preise für Qualität und Leistung. Im Wettbewerb um Neukunden auf einem gesättigten Markt wird ein harter Preiskampf geführt. Treue Kunden lassen sich häufig zu Mehrverkäufen bewegen. Ein Produktmix mit vielen kleinen Kunden frisst hingegen Zeit und Geld.

Aus dem Schmerz über verloren gegangene Kunden und der Chance mit einer Optimierung der Abläufe im Kundenkontakt heraus, haben wir unseren Bestandskundenmanagementprozess entwickelt. Unsere Herangehensweise orientierte sich dabei stark an dem Buch »Praxisbuch Vertrieb« von Markus Milz (Markus Milz, Praxisbuch Vertrieb, 2017, S. 93 ff.). Das waren unsere Ziele:
- Erzielung eines höheren Deckungsbeitrags pro Kunde
- Ertragsverbesserung durch Ausschöpfung des Kundenpotenzials
- Fokussierung auf profitable Kunden
- Verstärkung der Kundenbindung

Ein komplexes Bestandskundenmanagement umfasst also mehr, als nur die Kunden zu betreuen, um sie nicht zu verlieren. Mit unserem Prozess wollten wir über die messbaren Ziele hinaus herausfinden, aus welchem Grund sich treue Kunden für uns entschieden haben, welche Gründe es ggf. für ein anfängliches Zögern gab, welchen Service sie vermissen würden, wenn es uns nicht mehr gibt und an wen sie uns weiterempfehlen würden.

Grundlagen eines Bestandskundenmanagementprozesses

Kundenwertanalyse

Am Anfang der Optimierung haben wir unsere Kunden bewertet. Bei der Kundenwertanalyse wird die wirtschaftliche Bedeutung des Kunden für das Unternehmen ermittelt. Der Kundenwert lässt sich durch bestimmte Indikatoren bestimmen. Die Indikatoren sollen sich durch eine Reihe von Faktoren quantifizieren lassen. So kann z. B. der Kundenwert für das Unternehmen unter anderem von der Rentabilität der Branche und der Wettbewerbsintensität abhängen. Mit dem Ergebnis der Analyse können Kunden dann nach ihrem Wert segmentiert werden. In welchem Segment der Kunde am Ende der Kundenwertanalyse landet, wird demnach von zahlreichen Kriterien und Indikatoren bestimmt. Diese sind z. B.:

- der Umsatz
- der Deckungsbeitrag
- das Bestellverhalten des Kunden
- die Größe des Kunden (Anzahl Mitarbeiter/Filialen/ …)
- das relative Forschungs- und Entwicklungspotenzial
- das relative Empfehlungsverhalten des Kunden
- der eingesetzte Produktmix
- das zusätzliche Potenzial
- die Stärke der Mitarbeiter-Kunde-Beziehung
- die Dauer der Kundenbeziehung

Um den Wert und das Segment der der Kunden im Unternehmen zu bestimmen, müssen die jeweils relevanten Indikatoren nach ihrer Bedeutung für die strategischen Geschäftseinheiten gewichtet und entsprechend der Gegebenheiten bewertet werden. Für den Gesamtwert der Kundenbeziehung hat uns die klassische ABC-Analyse nicht ausgereicht, denn dabei wird nur der Umsatz aus der Vergangenheit berücksichtigt. Gleichzeitig wollten wir die Bewertung für den Praxisalltag nicht zu komplex gestalten. Deshalb haben wir zunächst anhand der Kriterien Umsatz und zukünftiges Umsatzpotenzial ein zweidimensionales Modell entworfen. Durch die Unterteilung der Ordinate und der Abszisse entsteht die sogenannte »Vier-Felder-Matrix«. Anhand der Position in der Matrix, lassen sich vier Typen von strategischen Geschäftseinheiten unterscheiden. In unserem Fall haben wir uns für die Bezeichnungen *Topkunde, Entwicklungskunde, Kleinkunde* und *Premiumkunde* entschieden.

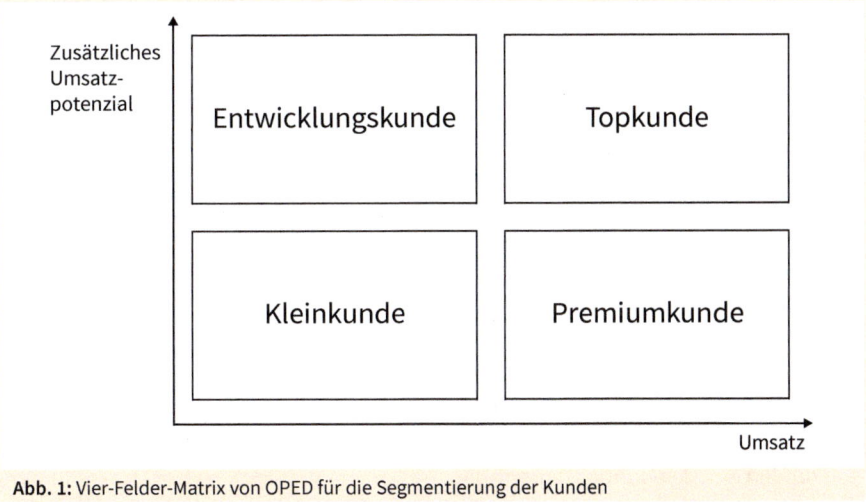

Abb. 1: Vier-Felder-Matrix von OPED für die Segmentierung der Kunden

- **Topkunden** sind nach unserer Definition die wichtigsten Kunden, mit denen wir bereits viel Umsatz machen, deren zusätzliches Potenzial aber noch nicht ausgeschöpft ist. Wir setzen hier auf eine Investitionsstrategie, um unsere Marktanteilsposition weiter auszubauen.
- In unserem Fokus stehen auch die **Entwicklungskunden**, mit denen wir aktuell noch keinen großen Umsatz machen, die aber ein großes Potenzial haben, das wir gerne heben möchten. Wir setzen hier auf eine Investitionsstrategie, um unsere Marktanteilsposition zu verbessern.
- Unsere **Premiumkunden** sind große Kunden, die bereits sehr viel Umsatz machen, bei denen die Möglichkeiten für neue Geschäfte aber weitgehend ausgereizt sind. Manchmal sind wir hier sogar alleiniger Lieferant für das gesamte Produktportfolio. Diese Kunden tragen in hohem Maße zum Wachstum und zur Existenzsicherung des Unternehmens bei. In einem stark wachsenden Markt setzen wir auch hier auf eine Investitionsstrategie, um die relativen Kostenvorteile für die Zukunft zu erhalten und die Konkurrenten vom Markt fernzuhalten.
- Mit unseren **Kleinkunden** machen wir verhältnismäßig wenig Umsatz. Sie liefern aufgrund der ungünstigen Kostenposition i.d.R. nur geringe Finanzmittel. Wir prüfen deshalb stetig, ob in absehbarer Zeit eine positive Entwicklung zu erwarten ist. Wenn auch das Potenzial sehr begrenzt bleibt, versuchen wir den Betreuungsaufwand so gering wie möglich zu halten und setzen auf eine Desinvestitionsstrategie.

Wie bereits oben erwähnt, gibt es zahlreiche Bestimmungsgrößen und Faktoren, die für eine Einordnung der Kunden herbeigezogen werden können. Ein zentraler Kritikpunkt der Vier-Felder-Matrix ist deshalb, dass andere Dimensionen wie bspw. Markteintrittsbarrieren, Wettbewerbsintensität usw. nicht berücksichtigt werden.

Zudem berücksichtigt unsere Matrix vordergründig nur die Erlösseite, vernachlässigt aber die Kostenseite, d. h die Ausgaben und Aufwendungen für die Vertriebsaktivitäten.

Externe Einflussgrößen, wie bspw. Referenzwert, Empfehlungsmarketing oder auch konjunkturelle Faktoren, die starken Einfluss auf den Kundenstatus haben können, werden nicht berücksichtig.

Besonders herausfordernd stellte sich die strategische Abgrenzung der Kundenwerte dar. Unterschiedliche Aggregationsniveaus bei der Abgrenzung können dazu führen, dass sich unterschiedliche Werte für Kunden ergeben. So könnte plötzlich aus einem Topkunden ein Kleinkunde werden.

Deshalb dürfen die Vier-Felder-Matrix und die dazugehörigen Normstrategien der Einheiten nicht isoliert betrachtet werden. Mithilfe der Matrix lassen sich Ist- und Soll-Positionen zwar einfach veranschaulichen. Für eine strategische Planung, die sämtliche Vertriebsaktivitäten berücksichtigen und ausrichten soll, bedarf es aber einer Kombination von Analysen und Methoden.

Die Vorteile der Kundenwertanalyse mit lediglich zwei Dimensionen liegen sicherlich in ihrer Anschaulichkeit und in dem geringen Aufwand zur Beschaffung der Informationen sowie ihrer leichten Handhabung im CRM. Somit ermöglicht die Vier-Felder-Matrix zwar eine übersichtliche Darstellung der strategischen Geschäftseinheiten des Unternehmens, ist aber nicht in der Lage, die Unternehmens- bzw. Umweltanalyse zu ersetzen. In der Realität sind die Wettbewerbsverhältnisse aber zu komplex, um die Situation der Geschäftsbereiche ausschließlich anhand von Umsatz und Potenzial zu erfassen. Unser Ansatz ist somit eher ein Hilfsmittel der strategischen Planung und besitzt in dieser Funktion folgende Vorzüge:

- Das stark vereinfachte und reduzierte Vorgehen eröffnet die Chance, im Rahmen der Bestandskundenmanagement-Planung, einen komprimierten Überblick über sämtliche Kunden zu erlangen, und das mit zwei zentralen absatzmarktgerichteten Messgrößen.
- Der Planungsprozess wird von der einfachen Abgrenzung bis zu möglichen Sollstrategien durchlaufen und bietet erste Anhaltspunkte, die gewonnenen Erkenntnisse kritisch zu hinterfragen.
- Die Kundenwertanalyse ebnet einer sachlichen Kommunikation unter den beteiligten Akteuren der Planung den Weg

Insbesondere der letzte Punkt spricht für mich immer für die Anwendung von zunächst nur zwei Dimensionen – allerdings unter der Berücksichtigung der vorstehend genannten Kritikpunkte.

Phasen der Kundenbeziehung

Weitere für uns wichtige Kriterien, um die Bedeutung des Kunden für unser Unternehmen zu ermitteln, haben wir in die Definition der Phasen der Kundenbeziehung einfließen lassen. Diese Einteilung in Phasen gab uns eine Referenz, um die Beziehung zu unseren Kunden genauer einordnen zu können.

- **Anbahnung/Erstkontakt**
  Ziel der ersten Ansprache ist es, neue Kunden zu akquiriren oder bestehende Kunden zu erneuten Käufen zu animieren. Die Geschäftsanbahnung kann sich auch in unserem Fall über einen längeren Zeitraum ziehen.
- **Startphase**
  Kommt das Geschäft zustande, werden in der Startphase Produkte und Prozesse beim Kunden eingeführt. Das Geschäft beginnt und unsere Produkte und Dienstleitungen stehen auf dem Prüfstand. In dieser Phase ist eine engmaschige Betreuung ebenso notwendig wie eine beständige Rückversicherung, dass alles zur höchsten Kundenzufriedenheit funktioniert.
- **Wachstumsphase**
  Wenn die Prozesse (wie bspw. Lieferung und Bestellung) einer gewissen Automatisierung folgen und die Geschäfte gut laufen, nimmt der Kundenkontakt für gewöhnlich etwas ab. Wir nennen das Wachstumsphase, denn in diesem Stadium wollen wir das Vertrauen ausbauen und den Umsatz steigern. Alles muss reibungslos klappen.
- **Reifephase**
  Das Kundenvertrauen ist maximal ausgewachsen und das Geschäft hat seinen höchsten Wert erreicht. In dieser Phase ist die gegenseitige Zufriedenheit hoch. Hier ist es von Bedeutung, Wechselbarrieren aufzubauen und die Effizienz zu steigern. Da der Kontakt über den gewöhnlichen Eingang von Aufträgen gering ist, sind andere Kontakte von Bedeutung. Gerade jetzt ist es wichtig, gegen die sich einstellende Gewöhnung zu arbeiten, da jetzt viele Extrameilen im Kopf des Kunden als Selbstverständlichkeiten gesehen werden können. Für diese Phase haben wir Servicealternativen entwickelt, die helfen, die Mitarbeiter-Kunde-Beziehung zu stärken. Wir wollen unsere Kunden aktiv führen und sie damit zu echten Geschäftsfreunden machen.
- **Krisenphase**
  Die Gründe für Unzufriedenheit beim Kunden können objektiv sein, weil Fehler gemacht wurden oder subjektiv, weil der Kunde durch Gewöhnungseffekte Außerordentliches für normal hält und neue Reize vermisst. Wir haben festgestellt, dass es

Gewöhnungseffekte auf beiden Seiten gibt. Denn auch im Unternehmen sinkt mit dem Erfolg der Kundenbeziehung die Aufmerksamkeit. Manchmal schleicht sich dann sogar ein Schlendrian ein, wenn bspw. nur noch Versäumnisse ausgebügelt und Beschwerden prozessual abgearbeitet werden. Bei Kunden, die man halten möchte, muss man aber über das Minimum der ohnehin zu erwartenden Maßnahmen hinaus aktiv an der Beziehung arbeiten. Häufig ist in dieser Phase bereits mit einem Umsatzrückgang zu rechnen.

- **Trennungsphase**
  Der Umsatz geht weiter zurück und bleibt schließlich ganz aus. Manchmal lohnt es sich, sofort aktiv zu werden. Und manchmal braucht es auch eine gewisse Zeit der Abkühlung, bevor der Kontakt wieder aufgenommen wird.

Wer immer weiß, welchen Status der Kunde in der Vier-Felder-Matrix hat und in welcher Phase der Beziehung sich der Kunde befindet, ist jederzeit in der Lage, die nächsten Schritte richtig einzuleiten.

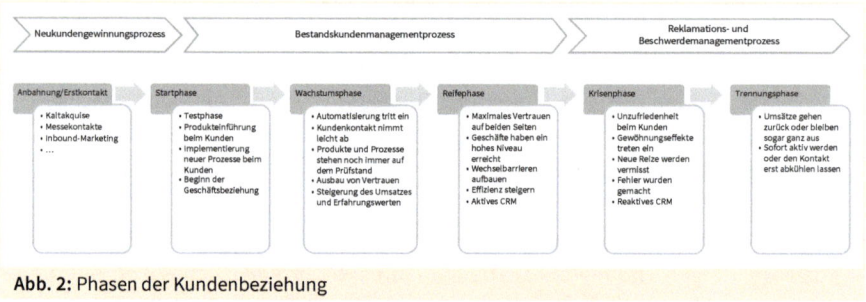

Abb. 2: Phasen der Kundenbeziehung

Entwicklung eines Musterprozesses für OPED

Best-Practice

In der Folge beschreibe ich das Vorgehen in unserem Unternehmen. Das skizzierte Schema ist kein allgemeingültiger Vorschlag, eignet sich aber als Vorbild für kleine und mittelständische Unternehmen, da es sich mehr als bewährt hat.

Kundenwertanalyse

Um die strategischen Geschäftseinheiten in der Matrix positionieren zu können, mussten wir für jeden Kunden den Umsatz des vergangenen Jahres und das zusätzliche Umsatzpotenzial ermitteln. Der Umsatz wird in der Matrix auf der Ordinate eingetragen. Das Potenzial wird in der Matrix auf der Abszisse eingetragen. Für die Ermittlung des Potenzials fließen auch Informationen aus Kundenbefragungen ein.

Betreuungsturnus und -rythmus

Die Maßnahmen für jedes Kundensegment haben wir nach Qualität und Quantität separat bestimmt. Das ist ganz individuell nach Abstimmung mit den Vertriebsmitarbeitern erfolgt. Das Kundenbeziehungsmanagement ist eben deutlich komplexer als die Neukundegewinnung und das Anfragemanagement.

Im zweiten Schritt haben wir deshalb gemeinsam mit dem Vertriebsteam den idealen Betreuungsturnus und -rhythmus evaluiert und dazu die Kunden nach ihrer Zufriedenheit befragt. Neben einem standardisierten Fragebogen wurden die Ergebnisse durch persönliche Gespräche mit Top- und Premiumkunden verifiziert. Diese Recherchen liefern im Übrigen nicht nur wichtige Daten für das Geschäft, sondern demonstrieren beim Kunden zugleich auch, dass man Wert auf sie und ihre Meinung legt. Daraus entwickelten wir einen Best-Practice-Prozess für den idealen Betreuungsturnus und -rythmus für jede Phase der Kundenbeziehung.

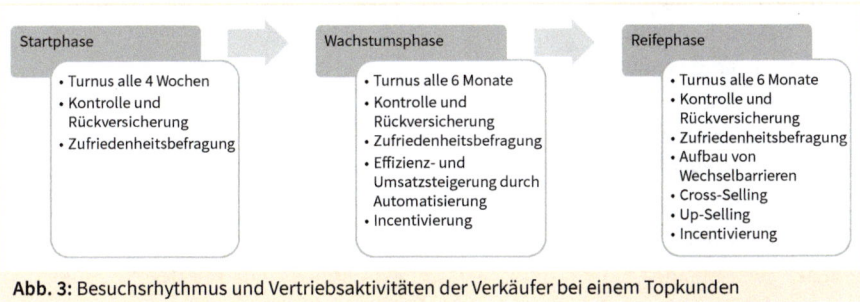

Abb. 3: Besuchsrhythmus und Vertriebsaktivitäten der Verkäufer bei einem Topkunden

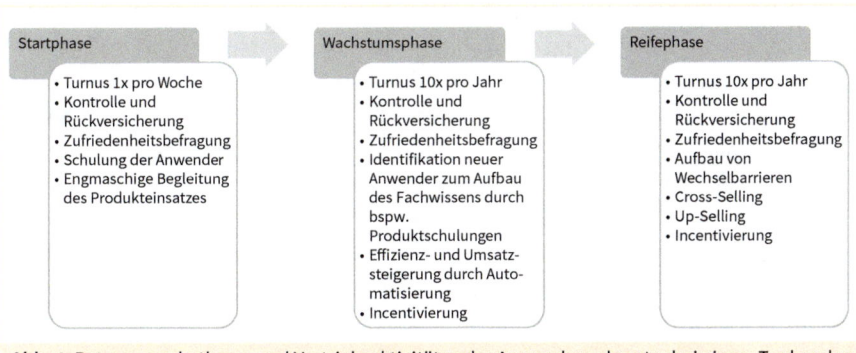

Abb. 4: Betreuungsrhythmus und Vertriebsaktivitäten der Anwendungsberater bei einem Topkunden

Kundenbeziehungsphasen

Die Phasen der Kundenbeziehung wurden von den jeweiligen Vertriebsmitarbeitern bestimmt. Sie konnten anhand der einfachen Beschreibung ihre Kunden schnell zuordnen.

Kundenbindung und -treue

Mit zahlreichen Topkunden in der Reifephase war der Übergang von einem reaktiven CRM zu einem aktiven CRM obligatirisch. In den Workshops mit den Teams, die nah am Kunden sind, stellte sich schnell heraus, dass geglaubte Leistungs- oder Begeisterungsmerkmale vom Kunden gar nicht so wahrgenommen werden. Das war ein erster Indikator dafür, dass die Frage nach der Zufriedenheit fester Bestandteil eines »normalen« Betreuungsgespräches sein muss. »Wie wahrscheinlich ist es auf einer Skala von 0 bis 10, dass Sie unser Unternehmen einem Geschäftspartner weiterempfehlen?« gehört deshalb seitdem zu den wichtigsten Fragen im Kundengespräch. Neben zahlreichen wertschätzenden Fragen gehören auch konkrete Vertriebsaktivitäten zu unserem aktiven CRM. Das sind einige davon:

- Cross-Selling
- Up-Selling
- Events, Incentives ...
- Wiederholte Kaufanreize
- Gemeinsame Studien
- Gemeinsame Produktentwicklung
- Strategische Partnerschaft
- Empfehlungsmarketing
- Wartungspauschalen

Ganz im Allgemeinen bedarf es einer erhöhten Wahnehmung und Antizipationsfähigkeit der Vertriebsmitarbeiter. Selbstverständlich können alle Kundenbindungsmaßnahmen effizient standardisiert, entsprechenden Mitarbeitern zugeordnet und alle Ausführungsbestimmungen transparent und schriftlich fixiert werden.

Damit unsere Kundenbindungsmaßnahmen nicht die Aufmerksamkeit und kostbare Zeit unser Kunden stehlen, entwickeln wir diesen Bereich stetig weiter. Unser Ziel ist es, erwartete, persönliche und relevante Botschaften an die Menschen zu senden, die sie haben wollen. Aufmerksamkeit ist zu einem wichtigen Kapital geworden, etwas, das wertgeschätzt und nicht verschwendet werden sollte.

Die Begegnungen mit unseren Kunden sind mehr wie ein Rendezvous. Unsere Kunden gehen mit uns eine Verbindung ein, weil sie es möchten und weil sie von uns hören wollen.

Beschwerde- und Reklamationsmanagement

Mit dem Beschwerde- und Reklamationsmanagement beginnt das reaktive CRM. In der Krisenphase sind Schnelligkeit und konzentriertes Handeln Pflicht. Zum einen hat der unzufriedene Kunden natürlich das Recht, dass sein Anliegen zügig und zufriedenstellend bearbeitet wird. Zum anderen haben Untersuchungen gezeigt, dass die Wahrscheinlichkeit hoch ist, selbst unzufriedene Kunden noch zu halten, wenn das

Problem innerhalb von fünf Tagen gelöst wird. Aus diesem Grund haben wir den Bereich stark reglementiert, um ein einheitliches und verlässliches Verfahren zu gewährleisten. Tools und Protokollierungsverfahren sind hier selbstverständlich.

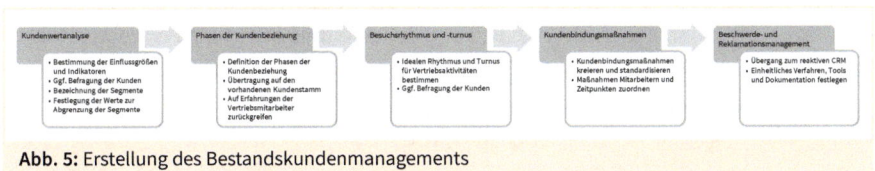

Abb. 5: Erstellung des Bestandskundenmanagements

Implementierung in die CRM-Software

Mithilfe der erfassten Kundeninteraktionen in unserem CRM-System soll der Customer-Lifetime-Value erhöht werden. Um für das Kundenbeziehungsmanagement nützliche verwertbare Einblicke zu erhalten, haben wir unsere Clusterung und die Phasen der Kundenbeziehung in die Software übertragen. Durch unser cloudbasiertes System kann der Mitarbeiter von jedem Ort und über jedes Device auf die Informationen zurückgreifen. Jedes Telefonat, jede gesendete E-Mail, jedes durchgeführte Gespräch und jede gehaltene Präsentation wird als Kundenkontakt registriert. Der vorprogrammierte Betreuungsrythmus je Phase und die Positionierung des Kunden in der Matrix geben dem Mitarbeiter ein Feedback, wann der Kunde wieder aktiv für eine Kundenbindungsmaßnahmen kontaktiert werden soll. Inzwischen sind Cross- und Up-Selling Möglichkeiten leichter erkennbar.

Lessons Learned

Kritik am Verfahren

Alle Faktoren für die Bestimmung der Kundenwerte und sich daraus abzuleitenden Vertriebsaktivitäten vollständig zu erfassen, ist für uns nicht möglich. Insofern suggerieren solche Analysen und Methoden einen Vollständigkeitsanspruch, der nicht einzulösen ist.

Die berücksichtigten Faktoren müssen voneinander unabhängig sein, d.h., es darf kein Zusammenhang zwischen ihnen geben, damit sie einzeln bewertet werden können.

Die Bewertung der Faktoren ist besonders problematisch, da es keine einheitlichen Richtlinien für eine Bewertung gibt. Das gleiche gilt für die Gewichtung der Indikatoren. Eine objektive Bewertung der einzelnen Variablen und eine objektive Ermittlung der Koordinatenwerte sind daher wahrscheinlich selten möglich. Daraus ergibt sich die Schwierigkeit, die einzelnen Segmente und Phasen voneinander abzugrenzen.

Aber nicht nur die Abgrenzung der Phasen ist problematisch, sondern auch die mangelnde Kenntnis darüber, in welcher Phase sich eine Kundenbeziehung gerade befindet. Es gibt Kundenbeziehungen, die sind schon nach wenigen Wochen so fest wie andere, die Jahrzehnte für die starke Robustheit gebraucht haben. Wie soll man bei diesen Kunden die Phase bestimmen, wenn die Beziehung keinem »idealtypischen« Verlauf folgt?

Eine Verbesserung dieses Konzeptes kann erst erreicht werden, wenn die Scoring-Verfahren verfeinert und weiterentwickelt worden sind.

Vor Allem erscheint es wichtig, dass die Anwender die Schwächen des Modells kennen und diese bei der Strategieplanung berücksichtigen.

Wesentliche Vorteile und wichtige Ergebnisse

Das wesentliche Ziel des Bestandskundenmanagements ist die Ermittlung der Faktoren, die die Kundenbeziehung für den wirtschaftlichen Erfolg stärkt. Diese Art der Informationsbeschaffung bindet wenig Unternehmensressourcen. Der Kosten- und Zeitaufwand ist somit relativ gering. Unternehmen können (unter bestimmten Umständen) die Erfahrungen anderer Unternehmen als Entscheidungshilfe nutzen (z. B. im Rahmen von Akquisitionsstrategien).

Mit dem Erfahrungsansatz können Prognosen und Handlungsempfehlungen erarbeitet werden. Der positive Zusammenhang zwischen Umsatz und zusätzlichem Potenzial von Kunden hat sich in verschiedenen Teiluntersuchungen bestätigt. Wir erreichen mit dem Bestandskundenmanagementprozess eine größere Effizienz in der Marktbearbeitung und lernen aus Erfahrungskurveneffekten schneller dazu. Wir vermeiden durch den professionellen Ansatz das Risiko, dass die Kunden bei anderen Anbietern kaufen, und erweitern damit unsere Machtposition auf dem Markt.

Der Zusammenhang von Umsatz und zusätzlichem Potenzial ist unter Umständen auch dadurch erklärbar, dass weitere Faktoren wie bspw. die Qualität des Sales Managers beide Variablen beeinflusst.

Neben der Qualität des Prozesses und des Mitarbeiters bestimmen selbstverständlich auch die Produktqualität und die relative Serviceleistung den wirtschaftlichen Erfolg.

In der Konsequenz sind mögliche Gründe für die Steigerung des wirtschaftlichen Erfolges:
- Die größere Loyalität des Kunden
- Mehr Wiederholungskäufe
- Eine geringere Verwundbarkeit bei Preiskämpfen
- Eine leichtere Durchsetzbarkeit höherer Preise ohne Marktanteilsverluste
- Marktanteil gewinnen aufgrund einer überlegenen Leistung.

Der gemeinsame Einfluss der Faktoren auf den wirtschaftlichen Erfolg ist sicher stärker, als die Summe der isoliert genannten Einflüsse.

Fazit

Das Bestandskundenmanagement ist ein Werkzeug, das im Vertrieb jeden Tag zum Einsatz kommt. Wirksame Vertriebler greifen deshalb zu einem kleinen Trick, der ihnen bei der Umsetzung hilft: Sie tragen sich zusätzlich einen Vermerk in ihren Kalender ein. Manche legen sich einzelne Themen für das Kundengespräch auf Wiedervorlage. Andere planen jede Woche ein festes Zeitfenster für das Bestandskundenmanagement ein. Die Beherrschung dieses Werkzeuges ist das Rückgrat der methodischen Kompetenz im Vertrieb. Der professionelle Einsatz bildet die Verbindung zwischen Effektivität und Effizienz. Ohne die Beherrschung solcher methodischen Grundlagen kann es weder Produktivität noch Profitabilität im Unternehmen geben. Es kann auch keine vernünftige Teamarbeit geben. Die Beherrschung des Handwerks ist die Voraussetzung für Funktionsfähigkeit und Leistung im Vertrieb.

Hinweise zum Autor

STEPHAN HELLWIG

Stephan Hellwig hat Sozialwissenschaften an der Heinrich-Heine-Universität Düsseldorf und Betriebswirtschaft mit dem Schwerpunkt »Digital Business« an der FernUniversität Hagen studiert. 2006 hat er bei der OPED GmbH im B2B-Vertrieb von beratungsintensiven Medizinprodukten angefangen. Seit 2014 ist er als Head of Regional Sales verantwortlich für ein 10-köpfiges Vertriebsteam. Von 2017 bis 2019 entwickelte er als Prozessleiter das Bestandskundenmanagement für OPED.

Kontaktdaten
OPED GmbH
Medizinpark 1
83626 Valley/Oberlaindern
Tel.: +49(0)8024/60818-210
E-Mail: s.hellwig@oped.de
Internet: www.oped.de

Cross-Selling und neue Applikationen

Effizienter verkaufen

Wie Cross-Selling Ihnen dabei hilft, die Umsatzpotenziale Ihrer Kunden auszuschöpfen

Claudia Gerlach
Senior Consultant
Key Account
MATOSO-CONSULTING GmbH

Jörg Stümer
Geschäftsführer
RIW Dienstleistungs-GmbH &
MATOSO-CONSULTING GmbH

Ausgangssituation

Die RIW Unternehmensgruppe besitzt acht eigenständige GmbHs aus den Bereichen Industrieservice, Gebäudeservice, Anlagenbau, Personalservice und Erwachsenenbildung (siehe Abbildung 1). Es handelt sich bei den Leistungen der Unternehmensgruppe um spezialisierte Services, die meist individuell an den Kunden angepasst werden.

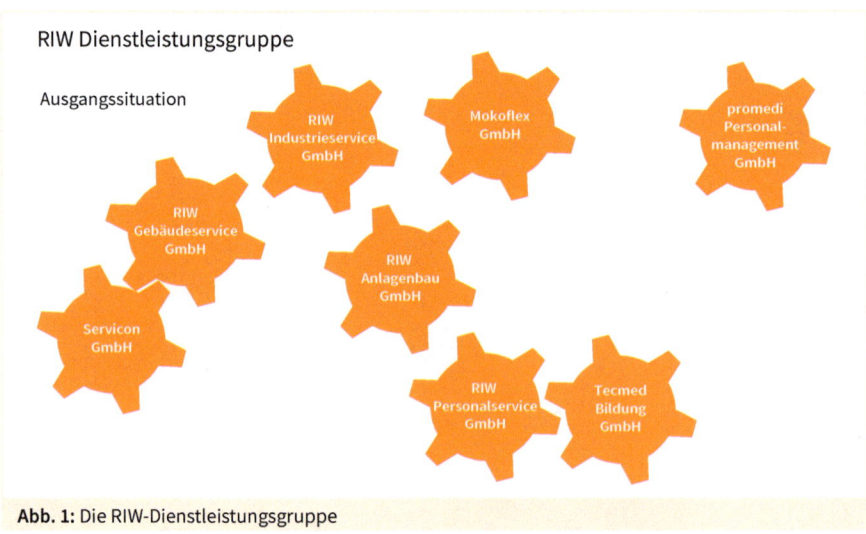

Abb. 1: Die RIW-Dienstleistungsgruppe

Jede Gesellschaft kümmert sich autark um die Bestandskundenbetreuung und die Akquise von Neukunden. Ein Austausch zwischen den Gesellschaften erfolgt bisher eher selten und wenn, dann eher zufällig, wie z.B., wenn Geschäftsbereiche im gleichen Gebäude untergebracht sind oder der gleichen operativen Führung unterstehen.

Daraus ergab sich für uns in der Geschäftsleitung schon vor einigen Jahren die diesem Beitrag zugrundeliegende Grundannahme: Die Umsatzpotenziale der Bestandskunden werden von uns aktuell bei Weitem nicht ausgeschöpft!

Problemstellung

Wie kann man aus bestehenden Kundenbeziehungen mehr Rendite ziehen? Ganz klar – mit Cross-Selling! Und wie? Ganz einfach, oder?

Zunächst einmal eine kurze Begriffsdefinition: Unter Cross-Selling versteht man eine Vertriebs- bzw. Marketingtechnik, mit der erreicht werden soll, dass ein Bestandskunde weitere Aufträge erteilt. Es handelt sich dabei also um eine Strategie, die Umsätze aus den Bestandskunden heraus zu steigern und das Wachstum voranzutreiben.

Theoretisch lässt sich Cross-Selling relativ simpel umsetzen, denn Sie bieten Ihrem Kunden zu dem bereits gekauften Produkt ein ergänzendes Produkt an.

Beispiel
Bei einem Bohrmaschinenhersteller wäre beispielsweise ein Ersatzakku sein Cross-Selling-Produkt. Im Dienstleistungsbereich innerhalb eines Unternehmens gestaltet sich das Ganze ähnlich. So wird ein Softwarehersteller vielleicht eine 24-Stunden-Servicehotline als kostenpflichtigen Zusatzservice im Cross-Selling anbieten.

Aber wie gestaltet sich das Ganze, wenn in einer Unternehmensgruppe wie der RIW eine Vielzahl verschiedener Services mit unterschiedlichen Spezifikationen und Besonderheiten von unterschiedlichen handelnden Personen und Einheiten angeboten werden?

Es ist gar nicht so leicht für einen Vertriebsmitarbeiter, den Überblick zu behalten. Bevor Ihnen aufgrund der Vielzahl an Möglichkeiten der Kopf raucht, geben wir Ihnen einen Überblick über die wichtigsten »Dos« und »Don'ts« für ein erfolgreiches Cross-Selling in einer Unternehmensgruppe mit Dienstleistungsschwerpunkt bzw. zeigen Ihnen auf, wie *wir* dieses Problem gelöst haben.

Unser Lösungsansatz

Zu Beginn wurden unserseits Gespräche mit den verantwortlichen Entscheidungsträgern der einzelnen Gesellschaften geführt. Von allen Verantwortlichen wurde der Wunsch geäußert, die bestehenden Kundenbeziehungen so auszuweiten, dass auch bisher unbeteiligte Teile der Dienstleistungsgruppe Umsätze bei diesen Kunden erzielen sollten.

Idee: Der Bestandskunde der *einen* Gesellschaft wird auch zum Kunden der Schwestergesellschaft.

So weit, so gut. »Das kann ja nicht so schwer sein«, könnten Sie nun denken. Schließlich müssen die einzelnen Akteure gar nicht so viel tun, um dieses Ziel kurzfristig zu erreichen. Ein fataler Irrtum. Denn für ein erfolgreiches Cross-Selling gilt es, wie uns unsere Vorgeschichte lehrt, einige wichtige Dinge zu beachten.

In den letzten zehn Jahren gab es einige Versuche, die zumeist weniger von Erfolg gekrönt waren, aber dennoch die herausragenden Potenziale sichtbar machten. Wir konnten unsere Optimierungspunkte definieren, dazu aber später mehr.

Der erste Versuch

Beim ersten Anlauf fanden umfangreiche Maßnahmen statt, wie z. B. eine zentrale Informationsveranstaltung zum Thema Cross-Selling. Es wurden weder Kosten noch Mühen gescheut, um die Anwesenden von den Vorzügen dieser Strategie zu überzeugen. So wurden gemeinsam mit einem professionellen Unternehmensberater Punktesysteme, Benefits, Rankings entwickelt und ein Jackpot benannt, um bei den ausführenden Personen einen Anreiz zu schaffen. In diesen Veranstaltungen waren alle Beteiligten davon überzeugt, dass Cross-Selling der Weg zum stetig wachsenden Erfolg der Unternehmensgruppe sein würde.

Nach der Veranstaltung reisten die Mitarbeiter zurück zu ihren Standorten und es begann der aktive Teil: die Bestandskundenansprache.

Dabei war es die Aufgabe des zuständigen Kundenbetreuers, mögliche Umsatzpotenziale zu ergründen und dem Kollegen den Hinweis auf ein mögliches Geschäft zu geben. Kontaktdaten und weitere Informationen wurden an die anderen Geschäftsbereiche weitergegeben, die ersten Termine vereinbart. Hoch motiviert starteten die ersten Gespräche, doch die anfängliche Euphorie wich alsbald der Ernüchterung: Es folgte nahezu kein Abschluss und in den seltensten Fällen konnte im Nachgang noch ein Geschäft aufgebaut werden.

Diese wenig zufriedenstellenden Ergebnisse zogen sich durch alle Bereiche. Die Bemühungen der ausführenden Personen ebbten als Folge spürbar ab und kamen gänzlich zum Erliegen.

Fazit: Der erste Versuch war gescheitert.

Der zweite Versuch

Noch immer von der Sache überzeugt machten wir uns auf zu einem weiteren Versuch. Dabei erhoben wir es zur Chefsache, jeden einzelnen Entscheidungsträger und Verantwortlichen der verschiedenen Sparten persönlich aufzusuchen. Um im zweiten Versuch die Bemühungen der einzelnen Personen erfassen und nachhalten zu können, wurde eine zentrale E-Mail-Adresse eingerichtet, an die alle Kontaktaufnahmen und Ergebnisse weitergeleitet werden sollten.

Das Postfach füllte sich mit verheißungsvollen Nachrichten, in denen Potenziale erkennbar waren – zunächst einmal hinsichtlich der Bereitschaft einzelner Kundengruppen, sich weiterer Services zu bedienen. Zudem kristallisierte sich schnell heraus, welche Mitarbeiter und Dienstleistungssparten überhaupt aktiv daran teilnahmen und sich für das gemeinsame Ziel erwärmen konnten.

Wieder kamen Termine zustande – aber leider blieben auch diesmal die Bemühungen nahezu erfolglos.

Fazit: Der gewählte Weg führte erneut nicht einmal ansatzweise zum gewünschten Ziel.

Erste Erkenntnisse

Nach einiger Zeit schaute man nüchtern auf das kaum erkennbare Ergebnis und begann mit einer Analyse, um den Ursachen auf den Grund zu gehen. Dabei konnten folgende Gründe für den Misserfolg festgehalten werden:

Fehlende Kapazitäten

In den Nachgesprächen stellte sich häufig heraus, dass die Vertriebsmechanismen zwar angestoßen, aber häufig nicht nachgefasst und somit zu Ende gebracht wurden. Die ausführenden Personen waren mit ihrem Tagesgeschäft so ausgelastet, dass keine ausreichenden Kapazitäten vorhanden waren, um Geschäftsanbahnungen weiterzuverfolgen. Gerade in arbeitsintensiven Phasen konnte man feststellen, dass keinerlei Cross-Selling mehr stattfand. Diese Erkenntnis zog sich durch alle Unternehmensebenen.

Fehlender Überblick

Jeder Entscheidungsträger im Unternehmen ist Experte auf *seinem* Gebiet. Das ist auch gut so. Jedoch können die Bestrebungen innerhalb einer Dienstleistungsgruppe völlig unterschiedlich sein. Um im Cross-Selling Erfolg zu haben, sollte man die Dienstleistung des anderen zumindest kennen, die Grenzen des Machbaren verstehen und Strategien entwickeln, nach denen gemeinsam gehandelt wird.

Fehlende vertriebliche Orientierung

Nicht alle Mitarbeiter, die mit dem Cross-Selling beauftragt wurden, waren auch im eigentlichen Sinne Vertriebsmitarbeiter. Dadurch fehlte es an der nötigen Ausdauer und den Vertriebstechniken, die erforderlich sind, um einen Auftrag festzuziehen.

Fehlende Kontinuität

Steter Tropfen höhlt den Stein! Eine Grundregel im Vertrieb. Jedoch wurde bei den einzelnen angestoßenen Kontakten nicht nachgefasst. Cross-Selling fand nie kontinuierlich statt und nach kleinen Misserfolgen wurden die Bemühungen schließlich gänzlich eingestellt.

Fehlende Kommunikation

Eine weitere Ursache für den Misserfolg war – wie so häufig – fehlende Kommunikation. Bei erfolgten Abschlüssen gab es kein Feedback. Auch nach Weitergabe des Kontakts gab es keine Rückmeldungen zu den Fortschritten. Kunden wurden ohne vorherige Absprache der Strategie angesprochen.

Fazit: Abschließend kann festgehalten werden, dass wir durch den Verzicht auf vorherige gründliche Analysen der einzelnen Bereiche in Bezug auf Kompetenzen und Kapazitäten keine eindeutige Marschroute vorgeben konnten. Dadurch wurde die erforderliche Cross-Selling-Kontinuität nicht erreicht.

Strategieanpassung

Schritt 1: Einrichtung einer zentralen Stelle für das Cross-Selling

Durch die Schaffung einer zusätzlichen Stelle wird sichergestellt, dass kontinuierlich Cross-Selling betrieben werden kann. Dabei werden die Kapazitäten der operativen Personen der einzelnen Unternehmensteile nur rudimentär angezapft. Die einzelnen Unternehmensteile kümmern sich nur noch ausschließlich um ihr Kerngeschäft und Cross-Selling findet künftig zentral statt. Durch die Anpassung der Strategie hinsichtlich der Herangehensweise im Cross-Selling gelangen wir zu mehr Nachhaltigkeit und Konzentration im Hinblick auf das Generieren von Neugeschäften. Darüber hinaus entsteht in der Cross-Selling-Abteilung ein Gesamtüberblick aller Leistungen und Anfragen in der Dienstleistungsgruppe. Durch das zentrale Cross-Selling findet ein regelmäßiger Austausch zwischen den einzelnen Entscheidungsträgern statt, sodass die eigenständigen Unternehmensteile stärker miteinander vernetzt werden.

Schritt 2: Kompetenzbereiche der einzelnen Unternehmensteile definieren

Zuallererst nimmt die zentrale Stelle für jeden Unternehmensteil jene Dienstleistungen auf, die das größtmögliche Interesse des jeweiligen Unternehmensteils in Bezug auf die Neukundengewinnung wecken. Dabei kann mit Wunschkunden gearbeitet werden. Die Cross-Selling-Abteilung kann dann innerhalb der Dienstleistungsgruppe recherchieren, wer vielleicht schon einen Fuß in der Tür hat.

Ein wesentliches Ziel dieser Maßnahme ist vor allem, einen Überblick über die möglichen Tätigkeitsfelder innerhalb der Dienstleistungsgruppe zu gewinnen. Dies erspart den einzelnen Entscheidungsträgern innerhalb der Gruppe ungefilterte Kontaktaufnahmen hinsichtlich der gleichen Sachverhalte.

> **Beispiel**
>
> Der Unternehmensteil Gebäudeservice definiert mit der übergeordneten Stelle eine Marschroute hinsichtlich der Dienstleistungen, die vorrangig vermarktet werden sollen. Dabei werden Machbarkeitsgrenzen und wirtschaftliche Parameter hinzugezogen. Die zentrale Stelle kann vorfiltern, ob dies eine Anfrage von Potenzial ist, ohne dass der Gebäudeservice nochmals durch eine Schwester angesprochen werden muss.

Schritt 3: Erarbeitung schlanker Kommunikationswege

Damit die entwickelte Strategie in höchstem Maße Ansehen in der Dienstleistungsgruppe genießt, ist die Kommunikation ein wichtiger Bestandteil. Dafür braucht es kurze Wege, schnelle Reaktionen und kontinuierliche Meetings in gewissen Abständen. Dies sorgt für die notwendige Transparenz bei allen Beteiligten und schafft Vertrauen. Dadurch wird erreicht, dass der jeweilige Unternehmensteil immer im Bilde ist, welche Dienstleistungen durch den gemeinsamen Kunden abgenommen werden. Diese Meetings werden durch die zentrale Stelle koordiniert und in enger Zusammenarbeit mit dem Gesellschafter und den einzelnen Beteiligten weiterentwickelt. Neben dem reinen Informationsaustausch ergibt sich ein weiterer charmanter Vorteil: Durch diesen regelmäßigen Austausch werden Schwachstellen innerhalb der Prozesse schneller erkannt und Optimierungspunkte definiert. So wird kontinuierlich an der Dienstleistungs- und Prozessqualität in der Gemeinschaft gearbeitet.

Schritt 4: Ausführung des Cross-Sellings ausschließlich durch Vertriebsmitarbeiter

Bisher waren auch Projektleiter, Bereichsleiter und Kundenberater mit dem Cross-Selling beauftragt. Künftig werden diese Tätigkeiten ausschließlich von Vertriebsmitarbeitern verrichtet. Dadurch werden Mitarbeiter/innen, die nicht für den Vertrieb zuständig sind, entlastet und widmen sich dem Fachgebiet, in dem sie effizienter sind. Dies schafft zusätzliche Kapazitäten in der Auftragsabarbeitung.

Um die Effizienz des Cross-Sellings zu erhöhen, werden die Vertriebsorgane aller Unternehmensteile eingebunden. Dabei wird bereits im Neukundenvertrieb durch die Vertriebler der einzelnen Geschäftsbereiche ein Hinweis auf die zentrale Stelle gegeben und das Einverständnis abgefragt, ob eine Kontaktaufnahme durch diese erfolgen kann.

Beispiel
»Vielen Dank für die Möglichkeit, unsere Dienstleistungen bei Ihnen anzubieten. Gerne würde ich Ihre Telefonnummer an meinen Kollegen weiterleiten. Denn wir haben noch weitere Services innerhalb der Dienstleistungsgruppe, die Sie brennend interessieren werden. Ist Ihnen das recht?«

Neue Vertriebsmitarbeiter werden im Rahmen des Onboardings vom ersten Tag an in die gewünschte Vertriebsstrategie einbezogen. Regelmäßige Meetings zum Austausch decken Schwachstellen in den Prozessen auf und helfen dabei, Hindernisse schnellstmöglich abzustellen. Auch durch diese Strategieanpassung wird die Qualität des Cross-Sellings und des Vertriebs kontinuierlich optimiert.

Ergebnis

Durch die Bündelung der Informationen zu den einzelnen Kompetenzbereichen sowie dem kontinuierlichen Austausch über mögliche Umsatzpotenziale der Bestandskunden, wird erreicht, dass die Dienstleistungsgruppe zu einer hocheffizienten Vertriebsmaschine wird (siehe Abbildung 2).

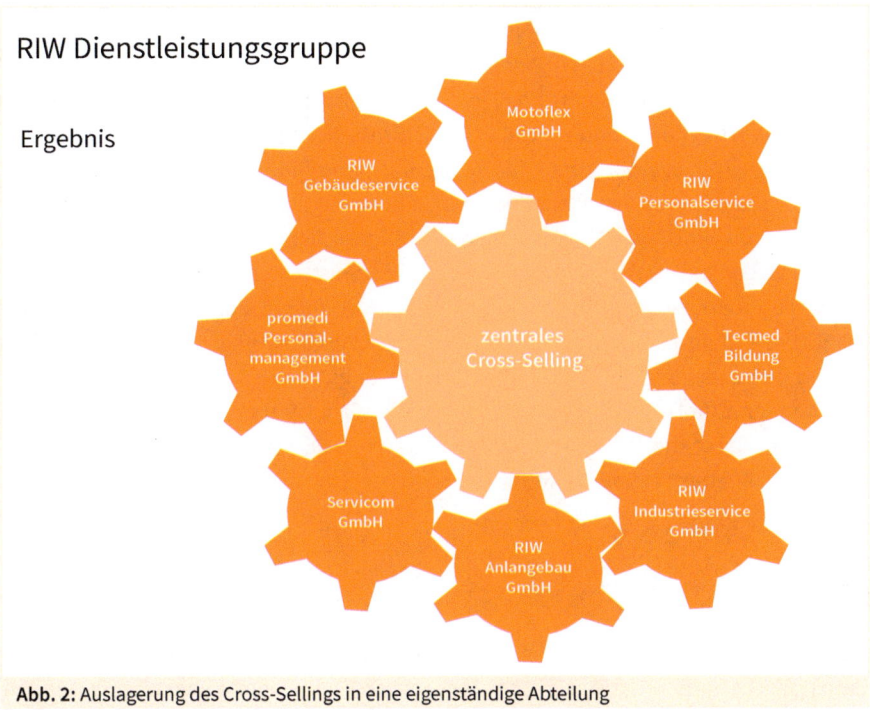

Abb. 2: Auslagerung des Cross-Sellings in eine eigenständige Abteilung

Die geschaffenen Strukturen ermöglichten es uns, unseren Vertrieb innerhalb kürzester Zeit in folgende Vertriebsstrategien umzugestalten:

- Bereits in der Phase der **Neukundenakquise** durch die einzelnen GmbHs wird die Vernetzung mit der zentralen Stelle gemeinsam angeboten; es wurden Gesprächsleitfäden und Formulierungen entwickelt, die dies ermöglicht haben, wie etwa: »Wir können Ihnen noch viel mehr bieten! Gerne leite ich Sie an unser zentrales Cross-Selling weiter! Ich bin davon überzeugt, dass dies ein wertvoller Kontakt für Sie ist!«

  Dies wird nur in den seltensten Fällen abgelehnt, denn der potenzielle Neukunde ist nicht selten daran interessiert, mehr über seinen künftigen Lieferanten zu erfahren. Nach Zustimmung des Interessenten erfolgt die Kontaktaufnahme durch das zentralisierte Cross-Selling. Weitere Ansprechpartner des Interessenten werden ermittelt. In Gesprächen mit den verschiedenen Fachabteilungen werden dann vorhandene Bedarfspotenziale aufgedeckt und einer intensiven Prüfung unterzogen. Lassen sich realistische Umsatzpotenziale erkennen, erfolgt eine Terminierung. Die zentrale Stelle übernimmt bis dahin die Kommunikation mit dem passenden Ansprechpartner und der entsprechenden GmbH der RIW Dienstleistungsgruppe.

- In der **Bestandskundenbetreuung** gehört es nun zum festen Bestandteil der täglichen Arbeit, die Kunden über die weiteren Möglichkeiten einer Zusammenarbeit zu informieren. Die Ermittlung der richtigen Ansprechpartner für die anderen GmbHs erfolgt auch hier zentral über die Cross-Selling-Abteilung. Häufig ergeben sich dabei Umsatzpotenziale für mehrere Unternehmensteile. Die Informationen fließen aus den Bestandskunden an die zentrale Stelle. Dort werden sie gesplittet und an die einzelnen Spezialisten in den GmbHs weitergeleitet. Die Rückmeldungen zu den angefragten Produkten und Dienstleistungen werden in der zentralen Stelle gebündelt. Nach erfolgter Selektion und Aufbereitung erhält der Kunde eine Rückmeldung zu den gewünschten Themen **durch eine Person**. Erst, wenn der Kunde echtes Interesse an den Angeboten zeigt, wird er direkt mit der entsprechenden GmbH vernetzt. Erteilt der Kunde nicht direkt einen weiteren Auftrag, wird er durch die zentrale Stelle weiter betreut, bis eine weitere Geschäftsbeziehung aufgebaut werden konnte.

Win-win-win

Als wir das Projekt seinerzeit gestartet haben, war uns durchaus bewusst, dass wir damit deutlich mehr Aufträge generieren würden. Heute können wir aber festhalten, dass es sich dabei sogar um einen der wichtigsten vertrieblichen Wendepunkte innerhalb der Dienstleistungsgruppe gehandelt hat. Mit dem Wissen von heute, würden wir keine Sekunde mehr zögern.

Folgende Erfolgsparameter wurden insbesondere bis heute erreicht:
- **Steigerung der Effizienz im Vertrieb**: Durch die Reduzierung der Kosten für Akquise und Neukundengewinnung können neue Kunden mit deutlich weniger Aufwand gewonnen werden.
- **Erhöhung der Kundenbindung und -zufriedenheit:** Wir treten als Problemlöser und nicht als reiner Verkäufer auf.
- **Ermittlung von Wachstumspotenzialen** hinsichtlich einer künftigen Expansion.
- **Stärkung der Beziehung zwischen allen Gesellschaften innerhalb der Gruppe** durch Vernetzung untereinander.
- **Reduzierung der Fremdbezugskosten** durch Dienstleistungen, die durch Schwestergesellschaften erbracht werden können.
- **Imagesteigerung der Dienstleistungsgruppe**.

Fazit: Unsere Lessons Learned

Analyse statt Aktionismus

Cross-Selling ist nicht gleich Cross-Selling: Definieren Sie, was Sie verkaufen *können* und das, was Sie verkaufen *wollen*. Je nach Produkt- und Leistungsportfolio, Unternehmensstruktur und vorhandener Infrastruktur sind differenzierte Herangehensweisen erforderlich.

Nicht jede/r Mitarbeiter/in ist ein Verkäufer: Definieren Sie, wer verkaufen *kann* und prüfen Sie, ob diejenigen noch freie Kapazitäten haben. Beauftragen Sie nur vertriebsaffine Mitarbeiter/innen mit Ihrem Cross-Selling.

Ihr Cross-Selling ist nur so gut wie Ihre Infra- und Personalstruktur

Schaffen Sie klare Kommunikationswege und Prozessstrukturen. Definieren Sie genau:
- Wer ist für das Cross-Selling verantwortlich?
    - zentralisiert und konzentriert
- Wer redet mit wem?
    - kurze Wege
- Wer macht was bis wann?
    - Prozesssteuerung
- Welche Termine sind fest?
    - Kontinuität und Abschluss

Schaffen Sie Prozesse, die gut verständlich und unkompliziert sind. Unklarheiten vorab zu beseitigen, wird Ihren handelnden Mitarbeitern dabei helfen, die anfängliche Skepsis in Bezug auf die veränderten Abläufe und Strukturen zu überwinden.

Lösen Sie Kapazitätsfragen, *bevor* Sie den Auftrag holen

Klären Sie, in welchen Unternehmensteilen noch freie Kapazitäten für weitere Aufträge vorhanden sind. Prüfen Sie, ob zum Zeitpunkt des Cross-Sellings ausreichend Ressourcen für eine einwandfreie Dienstleistungserbringung zur Verfügung stehen.

Bleiben Sie stets am Ball

Cross-Selling funktioniert nicht über Nacht. Durch entsprechende Nachhaltigkeit der zentralen Stelle etablieren Sie langfristig den Cross-Selling-Gedanken in den Köpfen Ihrer Mitarbeiter. Cross-Selling wird zur Selbstverständlichkeit.

Hinweise zu den Autoren

CLAUDIA GERLACH

Als staatlich geprüfte Betriebswirtin und Ausbilderin nach IHK ist Claudia Gerlach mit ihren langjährigen Erfahrungen aus Vertrieb, Networking und Produktvermarktung Expertin für die Bereiche Trouble-Management, Cross-Selling, Neukundengewinnung/Expansion und Prozessoptimierung. Durch ihre effiziente und serviceorientierte Ausrichtung erarbeitet sie mit ihren Kunden und Netzwerkpartnern Konzepte zur vertrieblichen Effizienzsteigerung. Individuelle Vertriebsstrategien und die Zufriedenheit aller Parteien stehen dabei im Mittelpunkt.

JÖRG STÜMER

Als Gesellschafter der RIW Dienstleistungsgruppe hat Jörg Stümer es sich zur Aufgabe gemacht, das im Jahr 1981 durch seinen Vater gegründete Familienunternehmen als multifunktionale Dienstleistungsgruppe am Markt zu etablieren. Durch seine starke Vernetzung innerhalb der verschiedensten Branchen ist es ihm mit Erfolg gelungen, ein hocheffizientes Netz an Experten aus den Bereichen Industrie- und Gebäudeservices, Qualitätsmanagement und HR unter dem Dach der RIW Dienstleistungsgruppe zu vereinen. Auch heute wächst das Kölner Unternehmen stetig weiter, ohne den Blick für Kunden- und Mitarbeiterzufriedenheit aus dem Auge zu verlieren.

Neue Applikationen entwickeln und damit in neue Märkte vordringen

Case Study eines Maschinenbauunternehmens

Thomas Weismantel
Stellvertretender Vertriebsleiter
Boll & Kirch Filterbau GmbH

Das Unternehmen

Die Boll & Kirch Filterbau GmbH ist ein klassisches Maschinenbauunternehmen mit Stammsitz in Kerpen bei Köln. Im Jahr 2020 feierten wir unseren 70. Geburtstag. Wir bauen Filter für die Reinigung einer Vielzahl von Flüssigkeiten. Die Marke BOLL ist weltweit bekannt. In der Anwendung der Filtration von Schmierölen und Brennstoffen, die überwiegend im Schiffs- und Motorenbau eingesetzt werden, sind wir Weltmarktführer.

Über die Jahre haben wir uns auch einen Namen in der Wasserfiltration erarbeitet. Wasser wird u. a. in einer Vielzahl unterschiedlichster Industrieanwendungen benötigt. Aber auch die Filtration weiterer Flüssigkeiten stehen im Mittelpunkt unseres täglichen Handelns. Filter schützen nachgelagerte Anlagen und tragen zum Umweltschutz bei.

An unseren beiden Produktionsstandorten in Deutschland und China und den eigenen Vertriebsgesellschaften beschäftigen wir weltweit ca. 900 Mitarbeitende. In Kürze werden wir unser Werk 2 am Standort Kerpen eröffnen.

Das Produkt und sein Einsatzzweck

Wenn wir das Wort *Filter* hören, haben die meisten von uns eine Vorstellung. Eine nicht immer sichtbar verschmutzte Flüssigkeit läuft durch den Filter/ein Filtermedium, wie z. B. Papier, Vlies, Edelstahlgewebe, der Schmutz bleibt auf der Schmutzseite des Filtermediums haften und die saubere Flüssigkeit fließt auf der anderen Seite, der Sauberseite des Filters heraus. Je nach Flüssigkeit und zu filtrierender Menge hat der Filter eine entsprechende Größe. Unter Beachtung von entsprechenden Betriebsdrücken, mit denen das Medium bzw. die Flüssigkeit durch den Filter gepumpt oder gesaugt wird, werden die Wandstärken des Druckbehälters berechnet und gem. Druckgeräterichtlinie festgelegt.

Die Organisation des Vertriebes: Komplex!

Im Vertrieb am Stammsitz von BOLL & KIRCH sind ca. 90 Mitarbeitende beschäftigt. Unterhalb der Vertriebsleitung gibt es folgende Abteilungen mit Applikationsschwerpunkten:

- ENG – Filtration von Schmier- und Brennstoffen für Großmotoren und Schiffe
- COM – Filtration von Gasen für Kompressoren und Großturbinen
- WAT – Filtration von Wasser
- IND – Filtration von Flüssigkeiten, die in den anderen Abteilungen nicht abgebildet werden
- SPA – Vertrieb von Ersatzteilen für BOLL Filter
- FFT – Vertrieb von Anlagen für die Membranfiltration
- GCC – Betreuung der Kunden im Bereich Service/Wartung/Reklamationen/Academy (Schulungen)

Hinzu kommen weltweit 11 *BOLLFILTER* Gesellschaften, bei denen der Hauptgesellschafter die Boll & Kirch Filterbau GmbH ist. Diese Vertriebsgesellschaften betreuen die Kunden vor Ort, haben in der Regel eigene Servicemitarbeiter und ein Ersatzteillager. Jede Gesellschaft ist nach einem ähnlichen Muster wie das Stammhaus organisiert. Je nach Land und Ausrichtung der Gesellschaften gibt es unterschiedliche Schwerpunkte in der Bearbeitung der Märkte. Dennoch sind wir in jeder Gesellschaft in der Lage, das gesamte Produktportfolio zu verkaufen.

Ferner gibt es noch über 20 Vertriebspartner (Handelsvertreter), die unsere Produkte in verschiedenen Ländern der Welt vertreiben. Die Partner haben in der Regel noch weitere sich ergänzende Produkte in ihrem Portfolio.

Es musste sich etwas ändern

Wenn man sich in einem relativ kleinen Markt bewegt und in manchen Anwendungen Weltmarktführer ist, weckt das bei den Wettbewerbern Begehrlichkeiten, einen Teil des Marktes übernehmen zu wollen. Im Laufe der letzten Jahre wurde dieser Druck größer, sodass eine Neuausrichtung des Vertriebs notwendig wurde, um neue Betätigungsfelder zu finden. Zu den bekannten Wettbewerbern kommen in der globalisierten Welt auch immer mehr neue Unternehmen speziell aus dem asiatischen Raum hinzu, die den Kunden versprechen, zu viel günstigeren Preisen ein gleichwertiges Produkt liefern zu können. Die Preisspirale nach unten kommt damit automatisch in Bewegung – und damit entsteht eine weitere Herausforderung für die Produktionsstandorte.

BOLL & KIRCH ist wie wohl die überwiegende Zahl aller Unternehmen auf Wachstum ausgerichtet. Die angestammten Märkte müssen verteidigt, ausgebaut und neue Märkte und Anwendungen müssen gefunden werden. Neben der wirtschaftlichen Notwendigkeit, neue Applikationen zu finden, liegt es im Interesse des Unternehmens, neue Einsatzmöglichkeiten für seine Produkte zu finden.

Unser Lösungsansatz

Vor ca. vier Jahren haben wir unseren Vertrieb umstrukturiert. Anstatt mit einem »Bauchladen« an Produkten zum Kunden zu fahren und zu sehen, welches Produkt zum Einsatz kommen könnte, haben wir ein sogenanntes »Application Management« eingeführt. Die Idee dahinter ist, in jedem Vertriebsbereich Spezialisten auszubilden, die in der Lage sind, für den Filter in seinen ursprünglichen und weiteren Anwendungen vertieftes Wissen zu erlangen und weitere Anwendungsbereiche zu finden. Diese Application Manager sollen dann ihr Wissen gezielt an das Netzwerk (Tochtergesellschaften und Partner) weitergeben, Informationen aus den einzelnen Ländern zusammenführen und wieder zurück ins Netzwerk transferieren. Hierdurch entstehen Synergien und ein großes (Spezialisten-)Wissen. Dieses Wissen dokumentiert Erfahrung in der jeweiligen Applikation und kann beim Kunden genutzt werden.

Der Vertrieb kann die potenziellen neuen Anwendungen aber nicht immer allein identifizieren und technisch lösen. Eine enge Zusammenarbeit mit den Abteilungen Technik und Forschung & Entwicklung ist erforderlich, um theoretisch entwickelte Ideen in der Praxis beim Kunden umzusetzen und zu testen.

Von der Theorie zur Praxis

In der Praxis benötigen wir gut ausgebildete Vertriebsmitarbeiterinnen und -mitarbeiter, die immer auf der Suche nach neuen Kunden sind, dessen technische Herausforderungen zu lösen sind.

Ein Beispiel: jede Anwendung kann aufgrund technischer Begebenheiten zu einer neuen Herausforderung werden. So auch in einem Projekt für eine bekannte Anwendung zur Wasserfiltration zum Schutz einer nachgestalteten Komponente.

Aufgrund von starkem Schmutz im Filter, der eine regelmäßige manuelle Reinigung des Filtermittels erforderlich machte – weder wir noch der Kunde waren mit dem Filtrationsergebnis und der Standzeit des Filters zufrieden – wurde eine Testreihe mit verschiedenen Filtermitteln initiiert und durchgeführt.

Ein sogenannter »Feldtest« ist in der Regel sehr aufwendig und bindet Ressourcen in den verschiedenen Abteilungen eines Unternehmens: Vertrieb, Technik, ggf. Forschung & Entwicklung, Labor, Servicemonteure usw. Jeder Feldtest muss für die Nachvollziehbarkeit entsprechend dokumentiert werden. In der Regel unterstützen einzelne Abteilungen des Kunden die Feldtests, sodass nicht immer ein eigener Mitarbeiter vor Ort sein muss. In der digitalen Welt besteht bei manchen Anwendungen die Möglichkeit, über ein »Remote Control« Daten zu erfassen und auszuwerten. Diese Möglichkeit kann Besuche vor Ort und Kosten für den Test reduzieren.

Eine gewisse Flexibilität in der Betreuung ist dennoch notwendig, denn unvorhersehbare Ereignisse bedürfen schneller Reaktionen. Als Lohn winken in der Regel neue Erkenntnisse, die in das Produkt und die Anwendung einfließen können. Natürlich kann ein Feldtest auch damit enden, dass man keine zufriedenstellenden Ergebnisse erhält und die Installation wird abgebaut, der Filter wird zurückgenommen.

Die in dem Beispiel beschriebene Testreihe brachte dem Kunden den gewünschten Erfolg. In wiederkehrenden Gesprächen wurden auch weitere mögliche Anwendungen angesprochen, die für BOLL & KIRCH bisher eher unbekannt waren. In der Theorie schien diese Anwendung – die Filtration einer Lauge – nichts Unbekanntes, lediglich das vom Kunden gewünschte Ergebnis wurde zur Herausforderung. Eine neue Versuchsreihe wurde bei dem Kunden gestartet, ohne zu wissen, ob das gewünschte Ergebnis – eine sogenannte »verlängerte Standzeit der Lauge« – zu erreichen ist.

Vor der Entscheidung, die Versuchsreihe zu starten, wurden neben einem festgelegten (Investitions-)Budget für die Versuchsreihe parallel eine Marktrecherche gestartet. Ziel dieser Recherche waren:

- im eigenen Netzwerk abzufragen, ob die Anwendung bekannt ist,
- etwaige bisher unbekannte Marktbegleiter zu finden, die an dem Projekt schon »gescheitert« sind oder Teilerfolge erzielt haben,
- einen Zielmarkt für die Filtrationslösung in Deutschland und Europa (und der Welt) zu identifizieren,
- mit dem Hersteller der Anlage, in der die Lauge genutzt wird, ins Gespräch zu kommen,
- die Attraktivität der Applikation für BOLL & KIRCH zu verifizieren.

In diesem Fall war der Kontakt zum Anlagenhersteller (OEM – Original Equipment Manufacturer), in der die Lauge verwendet wurde, sehr wichtig. In gemeinsamen Gesprächen mit dem Anlagenhersteller und dem Betreiber wurden Eckpunkte festgelegt, die für einen erfolgreichen Einsatz des Filters notwendig sind.

Der Filter wurde ausgelegt und geliefert, die Einbindung des Filters in die Anlage (Rohrleitungsbau und Steuerung) wurde durch den OEM umgesetzt.

Die Testreihe zog sich über mehr als ein Jahr hin, bevor sich erste spürbare Erfolge für alle Beteiligten abzeichneten. Aus den Erfolgen konnten sukzessive weitere Verbesserungen erarbeitet werden.

Das Ergebnis der gemeinsam durchgeführten Testreihe konnte sich sehen lassen. Die Standzeit der Lauge konnte um das Zwei- bis Dreifache verlängert werden, d. h., die Lauge konnte vom Kunden zwei bis drei Mal länger genutzt werden. Die verlängerte Standzeit hat viele Vorteile:

- Die Lauge musste nicht so oft erneuert werden, somit gab es erhebliche Kosteneinsparungen.
- Die Anlage kann länger ohne Unterbrechung genutzt werden und damit steht mehr Produktionszeit zur Verfügung.
- Die Umwelt wird geschont. Die Entsorgung einer Lauge ist kostenintensiv und aufwendig.
- Die Investitionskosten für einen Filter und kleinere Anpassungen haben einen ROI < 1 Jahr.

Folgende Vorteile ergeben sich für die einzelnen Teilnehmer

Für den Anwender:
- längere Standzeit der Lauge
- weniger Wartungsintervalle
- Kosteneinsparungen
- Wettbewerbsvorteil durch längere Produktionszyklen

Für den OEM
- neuer Kooperationspartner
- mögliche Ausstattungserweiterung für Neuanlagen
- Erweiterungsmöglichkeit vorhandener Anlagen (Nachrüstgeschäft)

Für BOLL & KIRCH
- eine neue Applikation im Portfolio
- »Case Study« über die Testreihe zur Vermarktung der Applikation – in diesem Fall »erster Anbieter der Applikation im Markt«

- als »erster Anbieter der Applikation im Markt« kann eine gute Marge erwirtschaftet werden
- schnelle Verbreitung der Erfahrung im Netzwerk und damit Wachstumsmöglichkeiten – hiermit startet der Prozess der Marktrecherche in jedem Ländermarkt von vorne!
- direkter Kontakt zu einem OEM mit
  - Neuanlagen- und Nachrüstgeschäft
  - neues Ersatzteil- und Servicegeschäft
  - möglicher Zugang zu den Kunden des OEM
  - stetige Produktverbesserungsmöglichkeiten
  - potenzielle weitere Anwendungen in den Anlagen des OEM
- zwei Wege in den Markt – über den OEM und in Direktansprache der Anlagenbetreiber
- mehr Marktpräsenz
- Erweiterung des After-Sales-Geschäftes (Ersatzteilvertrieb und Service)

Vor allen eine *Case Study* und die ersten Referenzen in Zusammenarbeit mit dem OEM öffnen viele Türen. Je nach Applikation bewegt man sich in einem engen Umfeld, in dem »man« sich kennt und die »Mund-zu-Mund-Propaganda« sehr hilfreich sein kann. Aber, so schnell ein Erfolg kommuniziert wird, passiert es auch mit einem Misserfolg!

Die Zusammenarbeit mit dem OEM brachte uns viele Vorteile. In regelmäßigen Treffen wurde eine Strategie für das Neu- und Nachrüstgeschäft erarbeitet. Auch das Thema »After-Sales« wurde ausführlich besprochen. Über den OEM-Vertriebsweg konnte eine Vielzahl zusätzlicher Filter in den Markt gebracht werden.

Über entsprechende Marketingtools wurden die Standorte der Filter registriert, um damit eine weitere direkte Betreuung des Betreibers zu gewährleisten. Ebenso wurde die Applikation dem (Vertriebs-)Netzwerk des Anlagenherstellers (OEM) vorgestellt. Eine breite Streuung in die Welt war geplant, konnte aber aus verschiedenen Gründen nur bedingt umgesetzt werden.

Die Kontakte zum OEM und damit auch zu den Betreibern ermöglichten:
- die Teilnahme an Messen mit der Ausstellung eines eigenen Exponats auf dem Messestand des OEM
- die Durchführung von Produktschulungen in Theorie und Praxis auf Veranstaltungen des OEM
- weitere Anwendungen für Filtertechnik zu finden

Natürlich darf nicht verschwiegen werden, dass ein OEM im Vergleich zu einem mittelständigen Maschinenbauer seine ureigensten Interessen hat und in der Kommunikation und gemeinsamen Erarbeitung von Projektfortschritten eher etwas träge ist. Hier tritt wieder der Vertriebsmitarbeiter in den Mittelpunkt, der die Applikation und den Erfolg vermarkten möchte und die »Fäden in der Hand halten muss«. Ein persönlicher Kontakt zu den Schlüsselpersonen des OEM ist unerlässlich.

Aus der Erfolgsgeschichte mit der neuen Applikation in Zusammenarbeit mit dem OEM und einer Vielzahl neuer Kontakt zu Betreibern, die wir so nicht bekommen hätten, entwickelt sich gerade eine weitere neue Applikation.

In dieser Applikation tritt BOLL & KIRCH erstmals als Anlagenbauer auf, der ein Gesamtkonzept liefert, also nicht nur die Komponente Filter, sondern eine Anlage mit Filter, Pumpen, Ventilen, Steuerungstechnik usw. Das ist ein neuer Weg für das Unternehmen, der erst nach Marktrecherche und Prüfung der Machbarkeit eingeschlagen wurde.

Auch hier startet alles mit einer Testreihe bei einem Betreiber, der als Referenzpartner im Markt gilt und bereit ist, weitere Anlagen zu bestellen, wenn der Test erfolgreich ist.

Lessons Learned

Folgende wichtige Erkenntnisse können wir zusammenfassen:
- Die Bereitschaft, den Vertrieb umzustrukturieren und in Applikationen zu segmentieren, war der Startpunkt, um sich eingehender mit dem Filter in der Anwendung zu beschäftigen und neue Einsatzmöglichkeiten zu finden. Mit mehr Hintergrundwissen rund um die Anwendung und Anlage der Kunden, in der der Filter eingesetzt werden soll, zeigen wir den Kunden, dass sie mit einem Fachmann zusammenarbeiten. Das erlangte Wissen sollte bestmöglich in das Netzwerk transferiert werden, um das Spezialistenwissen zu vervielfältigen und vom Wissen der anderen auch zu profitieren.
- Die Neugierde der Vertriebsmitarbeiterinnen und -mitarbeiter, neue Einsatzbereiche für »ihr« Produkt zu finden, ist unerlässlich. Nicht jede Idee wird zum Erfolg, doch diejenigen, die es werden, eröffnen neue Märkte mit entsprechenden Potenzialen.
- Tritt man als Komponentenhersteller mit einer neuen Applikation auf, ist eine der ersten Fragen der Kunden die nach »Referenzen« für die Anwendung. Die Zusammenarbeit mit einem OEM ist hier von Vorteil und kann ein Türöffner sein. Auch Case Studies dokumentieren entsprechende Erfolge und sind zeitnah zu erstellen.

- Um erfolgreich eine neue Applikation am Markt zu finden und zu etablieren, sind drei Dinge entscheidend:
  - engagierte Mitarbeiter
  - eine entsprechende Vorbereitung mit Marktrecherche, Budgetplan, Testreihen und Plänen etc.
  - Ausdauer und Zeit. Je mehr Unternehmen eingebunden sind, desto komplexer werden Organisation und Abwicklung. Das Projekt sollte immer vom Applikation Manager gesteuert und betreut werden.
- Die Bereitschaft vom Komponentenhersteller zum Anlagenbauer zu werden, ermöglicht neue Märkte und Kunden zu erschließen.

Das alles funktioniert nur, wenn der Kunde immer im Mittelpunkt steht.

Hinweise zum Autor

THOMAS WEISMANTEL

Der Autor Thomas Weismantel ist über 33 Jahre bei BOLL & KIRCH beschäftigt, stellvertretender Vertriebsleiter, Prokurist und verantwortet die internationale Standortplanung und Gründung neuer Tochtergesellschaften, u. a. auch das Werk in China. Der Werdegang von Thomas Weismantel im Haus:

- Ausbildung zum Industriekaufmann bei BOLL & KIRCH mit Weiterbildung zum Industriefachwirt,
- zeitweise Ausbilder der kfm. Auszubildenden,
- berufsbegleitendes Studium zum Dipl. Betriebsökonom in St. Gallen,
- über all die Jahre fast ausschließlich im Vertrieb tätig – vom Sachbearbeiter zum Abteilungsleiter.

Wenn Technik & Vertrieb Hand in Hand gehen!

Lernen beim Lieferanten – eine Lösung für den Zielkonflikt von Technologie und Preis bei innovativen Fahrwerksprodukten?

Thomas Schrüllkamp
Leiter F&E Fahrwerksysteme | Leiter R&D Chassis Systems
Mubea Fahrwerksfedern GmbH

Motivation – wenn sich Vertrieb, Technik, Markt und Kunde ändern, was dann?

MUBEA gehört mit seinen Fahrwerksfedern zu den Weltmarktführern im Bereich von Achsfedern und Stabilisatoren für den Pkw-Markt. Als Tier-1-Lieferant produzieren und liefern wir weltweit direkt an die Fahrzeughersteller mit allen Konsequenzen im hart umworbenen Zuliefermarkt. Im Jahr 2020 waren dies über 90 Millionen Achsfedern und mehr als 23 Millionen Stabilisatoren für rund 100 Millionen Fahrzeuge weltweit.

Der Weg zu einem weltweit agierenden Unternehmen ist geprägt von technischem Vertrieb und der Schnelligkeit, neue Märkte zu bedienen. Dies führt im besten Fall dazu, dass die MUBEA-Produkte so stark im Markt etabliert sind, dass bei neuen Fahrzeugprojekten automatisch eine Anfrage beim Vertrieb platziert wird.

Aus Vertriebssicht erscheint das zunächst sehr positiv, da der Kunde ja »eh« anfragt und sich damit die Vertriebsarbeit in Form einer Neukundenakquise stark reduziert. Die große Herausforderung besteht jedoch darin, einen Preiskampf abzuwehren und vor allem den Technologiewandel immer wieder bestmöglich in die technische Entwicklung einfließen zu lassen.

Der mitunter wichtigste Technologiewandel hin zur Elektromobilität mit globalen Lieferstrukturen ist seit Jahren in vollem Gange. Der zusätzliche Preiswettbewerb für Produkte, die über keine Software verfügen und vor allem für manche nur ein Stück Stahl sind, ist keineswegs neu und erschwert die Situation. Wenn also die Kernprodukte auf dem Weg zur Commodity sind und es augenscheinlich keine Entwicklungssprünge mehr gibt, heißt es für einige »Houston, wir haben ein Problem«, für andere hingegen ist es ein direkter Ansporn, Wege zu finden, den Zielkonflikt von Technologie- und Preisentwicklung aufzulösen.

Dieser Beitrag behandelt genau diesen Zielkonflikt und gibt Antworten auf folgende Fragen und Thesen:

- Fahrzeughersteller als Kunde, 1st-Tier-Lieferant – Segen oder Fluch?
- Commodity als Falle für technische Weiterentwicklungen?
- Einkaufs- vs. Techniksicht – der Spagat zwischen technisch Möglichem und technisch Nötigem
- Funktionssicht anstelle von Produktsicht – ist das für mein Produkt und den Kunden relevant?
- Was bedeutet es, wenn der Lieferant von den Systemeigenschaften beim Kunden abhängig ist?
- Reichen Produktpräsentationen für einen Preiswettbewerb beim Kunden aus?
- Aus- und Weiterbildung der Kunden als Lösung für die Abgrenzung von Wettbewerbern?
- Vertrieb – Wissenstransfer und Netzwerk als pragmatische Lösung?

Ziel des Beitrags ist es, eine pragmatische Vertriebsstrategie im hart umkämpften Zuliefermarkt vorzustellen und die Potenziale durch Vernetzung von Anforderung, Vertrieb, Technik und Kunde zu diskutieren.

Ausgangsbasis: Markt – Kunde – Produkt

Zum Einstieg ist es hilfreich, die Hintergründe zu den meist voneinander getrennten Themen Markt, Kunde und Technik zu erläutern.

Der sich verändernde Markt und die Kundenanforderungen

Der Automobilmarkt ist weltweit vernetzt und die Fahrzeughersteller (OEM-Original Equipment Manufacturer) produzieren weltweit. Je nach Region und Kunde unterscheiden sich die Anforderungen an die Fahrzeugeigenschaften dementsprechend stark. So sind z. B. in den USA große Pickups beliebt, in Japan hingegen sind Microcars gewünscht.

Dies hat dazu geführt, dass in den letzten 20 Jahren eine Vielzahl von verschiedenen Derivaten auf den Markt gekommen ist, um die unterschiedlichen Käuferschichten zu bedienen. Die geforderten unterschiedlichen Antriebsvarianten auf dem Weg zur Elektromobilität erweitern noch einmal das Produktspektrum und die Kundenauswahlmöglichkeiten.

Demgegenüber steht der Gleichteileansatz, um möglichst wenige Varianten einer Komponente mit größtmöglicher Stückzahl produzieren zu können. Weiter werden teils Fahrwerkkomponenten als »Carry over« übernommen und sind damit auf dem Weg zur Commodity. Das heißt, insbesondere Fahrwerksfedern sind seit Langem im Einsatz und werden beim Endkunden nicht spürbar wahrgenommen.

Für einen Zulieferer bedeutet das vor allem, dass er ein weltweites Vertriebs- und Produktionsnetz aufstellen muss. Zumal auch der Wettbewerb stark zugenommen hat, sodass Innovationen und Produktverbesserungen schwieriger umzusetzen sind.

Der OEM als Kunde – Preis vs. Technik

Aufgrund der Größe einiger OEM und der damit verbundenen Marktmacht haben sich in der Zulieferindustrie deutliche Strukturen herausgebildet. Es gibt eine klare Trennung von Einkauf und Technik auf der OEM-Seite. Für den Einkauf sind der Verkaufspreis und die Herstellkosten entscheidend. Produktkostenoptimierungen sind während einer Serie üblich und die sogenannten »Cost Estimater« bewerten den gesamten Herstellprozess. Dies sind Randbedingungen, die größtenteils hingenommen werden müssen. Allerdings können der eigene Umgang damit und die Entwicklungen technischer Lösungen dem deutlich entgegenwirken.

Dies zu lösen kann ein Vertrieb niemals allein schaffen. Es ist auch Aufgabe des Engineerings von innovativen Produkten, mit dem wir Einkauf und Technik vernetzen. Im Grunde ist das nichts Neues und hört sich einfach an, aber die Schwierigkeit besteht darin, die Sichtweisen von Einkäufern, Entwicklern und Kunden auf Systemebene zu verstehen und daraus gezielt die relevanten Produkteigenschaften auf Komponentenebene zu identifizieren.

Zur Verdeutlichung ist der sich daraus ergebende Kreislauf von Leistung, Qualität und Kosten in Abbildung 1 dargestellt. Die sechs Spannungsfelder, beginnend mit den Eigenschaften über die erforderlichen Kompetenzen bis hin zu Technologie, müssen wiederkehrend durchschritten und im Hinblick auf Leistung, Qualität und Kosten verbessert werden. Die Zeitkomponente ist dabei ebenfalls zu berücksichtigen, da Entwicklungszeit und Produktionszeit direkt mit den Kosten verknüpft sind.

Abb. 1: Kreislauf von Leistung, Qualität und Kosten für die Entwicklung von Produkten (Thomas Schrüllkamp 2013/21)

Im Allgemeinen ist für die iterative Verbesserung der Ein- und Ausstiegspunkt meist der Markt/Kunde (Spannungsfeld Nr. 5), woraus Innovationen abgeleitet werden. Größere Bedeutung kommt aber den Funktionen bzw. Eigenschaften zu, denn wenn diese Merkmale nicht zur Anwendung passen, geht die Entwicklung am Ziel vorbei und das Geschäft ist verloren, bevor es angefangen hat.

Problembeschreibung und Lösungsweg

Damit kommen wir zur eigentlichen Problemstellung und zu dem, was wir daraus machen, um am Ende eine umsetzbare Vertriebsstrategie zu erhalten. Schritt 1 ist es, die richtigen Fragen zu stellen und sie wirklich zu vergemeinschaften und erst dann bewährte und/oder neue Lösungen für die Produktgestaltung und den Preiswettbewerb zu finden.

Fragestellungen – für jede Frage ein Problem

Für die Fahrwerksfedern, hier Achsfedern und Wankstabilisatoren, sind detaillierte Komponentenkenntnisse bei MUBEA vorhanden und die Expertise bei verschiedenen Mitarbeitern erstreckt sich über den gesamten Entstehungsprozess vom Rohmaterial bis zum fertigen Produkt. Das ist eine der Kernkompetenzen, die zwingend erforderlich sind. Entscheidend für die Weiterentwicklung sind aber auch System- und Funktionskenntnisse, vor allem, wie Fahrwerksfedern im Gesamtsystem Fahrzeug einen positiven Beitrag auf die Fahrdynamik und den Fahrkomfort leisten.

Konkret sind es folgende Fragen, die in die Problembeschreibung münden:

1. Welche Funktion haben Achsfedern/Stabilisatoren auf Systemebene? Welche Komponentenkennwerte sind für den Einsatz im Fahrzeug zusätzlich relevant? Welche Wirkzusammenhänge gibt es und vor allem, sind diese den Komponentenentwicklern bekannt?
2. Wie werden Fahrwerksfedern beim OEM integriert? Woher nehmen die Fachabteilungen beim OEM Ihr Wissen für die Komponentenebene?
3. Wie können wir uns vom Wettbewerb differenzieren, wenn der Preis anscheinend so ausschlaggebend ist?
4. Wie viel Wissen ist intern und extern vorhanden und was geht durch Fluktuation verloren? Auf welches Wissen stützt der OEM sein Komponentenwissen? Woher kommen die Spezifikationen?
5. Wie können wir unser Detailwissen bündeln? Wie können wir neue Mitarbeiter beim Kunden und bei uns einführen und in das Vorgehen integrieren?
6. Welchen Mehrwert können wir für die Fahrwerkentwickler und Einkäufer beim Kunden generieren?

Diese Fragen sind nicht neu und grundsätzlich wurde und wird an den Themen kontinuierlich gearbeitet. Besonderen Charme in der Herangehensweise hat aber die Kombination von bewährtem Detailwissen, einer Systembetrachtung und der Einarbeitung neuer Mitarbeiter.

Herangehensweise und Problemlösung: Das war doch schon immer so! – Oder auch nicht?

Um die Themenkomplexe zu beantworten und einen pragmatischen Ansatz zu wählen, sind wir mit einem Sechspunkteplan folgendermaßen gestartet:

1. Systemverhalten verstehen – weg von der Produktsicht hin zu einer Funktionssicht inkl. der Sensibilisierung für die Fahrwerkfunktionen.
2. Ausgezeichnete interne Experten zusammenbringen und Wissen im Team teilen – das ist die Wissensbasis für eine Weiterbildung und ein internes Netzwerk (»Gelbe Seiten«).
3. Mitarbeitertraining kontinuierlich verbessern und in Richtung Systemverständnis erweitern.
4. »Lernen beim Lieferanten«-Workshop etablieren und gezielt Fahrwerkentwickler mit Wissen weiterbilden, um Potenziale für den Einsatz unserer Produkte aufzuzeigen.
5. Rückführung des Wissensaustauschs in die Komponentenentwicklung und die Sensibilisierung von Leistung, Qualität und Kosten als Ebenen, die für alle Produkteigenschaften gelten.
6. Übertrag als Vertriebsvorgehen auf neue Produkte.

Umsetzung – wie haben wir das ohne Raketenwissenschaft angestellt?

Systemverhalten verstehen – von der Produktsicht hin zur Funktionssicht auf Fahrwerksysteme

Wie beschrieben, ist es essenziell, ausgehend von den Federkomponenten, die direkt mit ihnen verbundenen Systemmerkmale zu kennen. Hinzu kommen die Wechselwirkungen mit den Fahrwerk-, Fahrzeug- und Umfeldeigenschaften, die zum Gesamtverständnis erforderlich sind.

Die in Abbildung 2 dargestellte Produktsicht unterteilt die Merkmale und Eigenschaften für die Komponenten und das Zusammenbausystem. Die jeweiligen Merkmale sind exemplarisch für die Achsfeder- und Stabilisatorsysteme beschrieben.

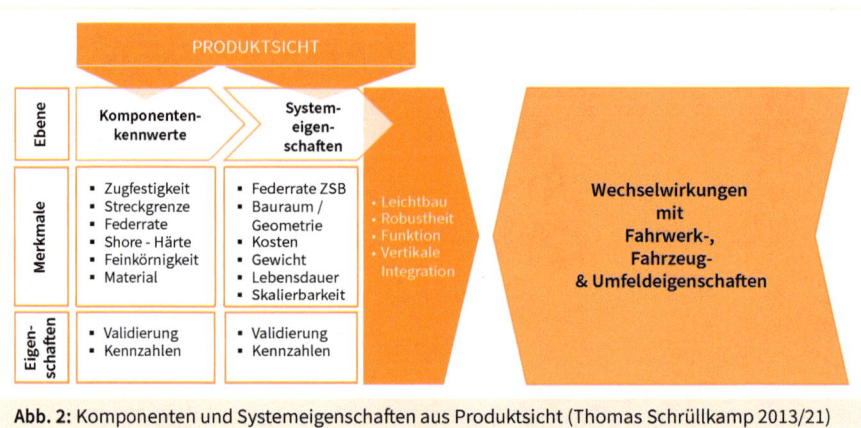

Abb. 2: Komponenten und Systemeigenschaften aus Produktsicht (Thomas Schrüllkamp 2013/21)

Dies ist aber nur die reine Produktsicht, die Einschätzung der Wechselwirkungen mit den Fahreigenschaften ist im Allgemeinen dem OEM vorbehalten. Damit werden dem Komponentenentwickler die Kennwerte vorgegeben und der Lösungsraum für kostengünstige Produktentwicklungen wird eingeschränkt.

Gelingt es hier, gemeinsam mit den OEM (Technik und Einkauf) die Wechselwirkungen zu verstehen und für die Wirkketten zu sensibilisieren, ergeben sich bisher nicht genutzte technische Lösungsmöglichkeiten. Weiterhin sind diese Wechselwirkungen aus Sicht des Endkunden zu bewerten. So kann der direkte Kundennutzen abgeleitet werden. In Abbildung 3 sind die Wechselwirkungen für Achsfedern und Stabilisatoren dargestellt.

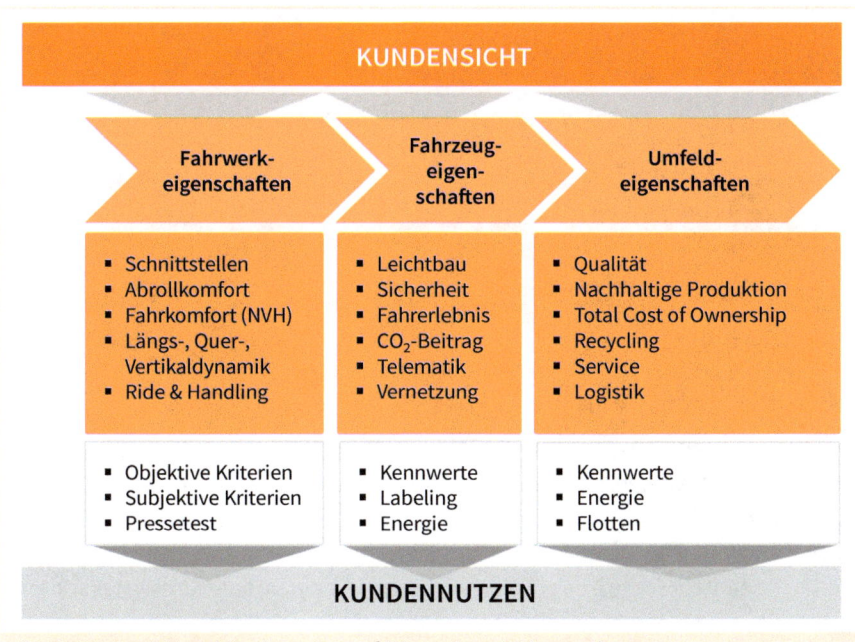

Abb. 3: Kundensicht und Kundennutzen auf Fahrwerk- und Fahrzeugebene
(Thomas Schrüllkamp 2013/21)

Direkt greifbare Wechselwirkungen sind u. a. die bekannten Einflüsse auf die Quer- und Vertikaldynamik von Fahrzeugen. Eine härtere Federabstimmung führt zu einer besseren Wankabstützung und zu einer geringeren Seitenneigung bei Kurvenfahrt. Der Fahrkomfort wird aber negativ beeinträchtigt. Diese Unterschiede fallen jedem Autofahrer auf – sie sind direkt als Fahreindruck spürbar. Im Grunde wird ein Auto subjektiv als sicherer oder komfortabler wahrgenommen, ohne dass Sie als Lenker oder Passagier den technischen Hintergrund verstanden haben müssen.

In Abbildung 4 ist diese Wirkkette entlang den Punkten 1 bis 3 gekennzeichnet und genau hierin liegt das Potenzial für die Verbindung von Produktsicht und Kundennutzen.

Dass die Fahreigenschaften natürlich noch von vielen weiteren Faktoren abhängen, ist nachvollziehbar, und dass der OEM über die Spezifikationen dem Komponentenlieferanten Vorgaben macht, ist auch unverändert. Jedoch durch das Systemverständnis des Lieferanten werden die Produkte mit einem Kundennutzen verbunden und die Produktentwicklung wird in eine Eigenschaftsentwicklung überführt.

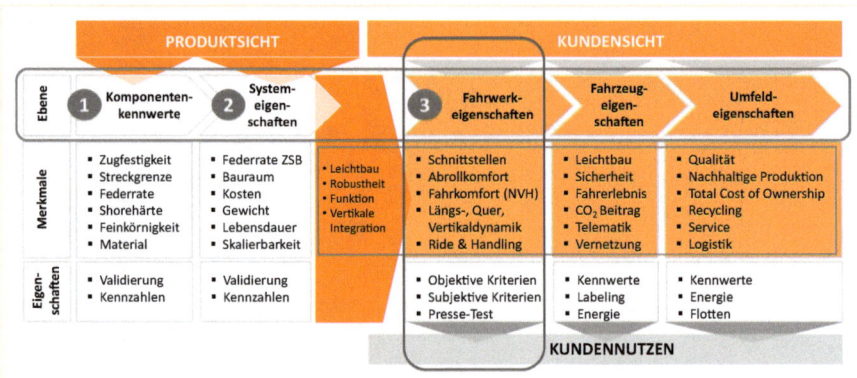

Abb. 4: Zusammenbringen von Produkt-/Kundensicht und Kundennutzen (Thomas Schrüllkamp 2013/21)

Um das Produktwissen nun mit Systemverständnis zu ergänzen, ist es im ersten Schritt erforderlich, die Kernkompetenzen und die eigenen Know-how-Grundlagen zu den Produkten im Detail zu schaffen. Denn nach wie vor gilt: Ohne ein detailliertes Komponentenwissen ist es nicht zielführend, mit einem Fahrwerksystem oder mit mehrteiligen Systemanforderungen anzufangen.

Grundlagen – Wissensbasis und ein internes Netzwerk von ausgezeichneten Experten schaffen

In jedem Unternehmen gibt es Trainings- und Schulungsunterlagen, die meist über Jahre gewachsen und weit verteilt sind. Auffallend ist, dass sie meist auf das Engagement einzelner Personen zurückgehen. Umso schwieriger ist es, Kollegen neben dem Tagesgeschäft dafür zu begeistern, Trainingsunterlagen zu gestalten und gesammeltes Wissen zu teilen.

Das eröffnet aber auch die Chance, neue Kollegen, die quer eingestiegen sind, genau hier einzubinden und sukzessive Erfahrungen und Wissen zu ergänzen. So ist es uns gelungen, eine Gesamtstruktur mit Fachreferenten aufzubauen und entlang der Themenfelder ein modulares Schulungskonzept zu erweitern.

Die Referenten sind mit ihren Fachkompetenzen zusammengekommen und haben sich inhaltlich aufeinander abgestimmt, sodass jeder Vortrag für sich abgeschlossen ist und ein vollständiges Kompendium zu den Kernprodukten entstanden ist.

Angefangen mit einer allgemeinen Vorstellung des Unternehmens über die Organisation, das Wertebild und die Geschäftsprozesse geht es immer tiefer in die jeweiligen Fachgebiete der Kernprodukte Achsfeder und Stabilisatoren. Dazu zählen alle Aspekte der Wertschöpfung und des Produktentstehungsprozesses. Unterteilt in Basiswissen, Engineering, Produktion und Qualität sowie die CAE-Anwenderschulungen. Auf diese

Weise ist ein umfassendes Portfolio gewachsen. Hinzu kommen praktische Besichtigungen von Fertigungsstätten und Laboren, wie Materialprüfung und Testing.

Die größte Herausforderung dabei war und ist es nach wie vor, die Inhalte zu aktualisieren und die Vortragenden aus den Fachgebieten dafür zu begeistern. Die Koordination und Erstellung der Unterlagen ist ein anderer Punkt und gehört eher zu den Pflichten.

In der Retrospektive wurde klar, dass einer der Erfolgsfaktoren die enge Anlehnung an bekannte Strukturen bzw. die Organisation ist, in die sich auch neue Referenten einbringen können. Die Themen sind klar den Arbeitsgebieten der Referenten zugeordnet und es ist leicht zu entscheiden, ob das Thema die tägliche Arbeit betrifft oder nicht. Vor allem hat sich die sequenzielle Teilnahmemöglichkeit für Zuhörer und Wissensträger als Riesenvorteil bewährt. Man kann auch nur an einem Slot teilnehmen, um Wissen aufzufrischen oder auch als Fachexperte mitzudiskutieren.

Das so aufgestellte Seminar wird für alle neuen Mitarbeiter angeboten, dauert bis zu zweieinhalb Wochen und wird zweimal im Jahr durchgeführt. Besonders dabei ist der internationale Aufschlag, sodass aus den verschiedenen Teilen der Welt die Mubeaner zusammenkommen können und von Anfang an auch ein Netzwerk entsteht.

Mitarbeitertraining kontinuierlich in Richtung Systemverständnis und »Wer weiß was?« verbessern

Gute Referenten gefunden und Vortragsunterlagen einmal erstellt zu haben, ist eine Seite der Medaille, aber diese weiter zu verbessern und stetig zu aktualisieren ist genauso wichtig. Ein guter Ansatz war dabei, dass Referenten erkannt haben, hier eine Bühne zu haben, um sich auch selbst weiterzubilden und zu üben. Es ist ein großer Unterschied, ob man vor einem internen Publikum über sein Fachgebiet spricht oder ob man im direkten »Kundenverhör« Rede und Antwort mit Konsequenzen stehen muss. Ein Lerneffekt ergibt sich also nicht nur bei den Zuhörern, sondern auch bei den Referenten.

Im zweiten Zug wurde das Training inhaltlich mit dem Wissen aus dem Kapitel »Systemverhalten verstehen – von der Produktsicht hin zur Funktionssicht auf Fahrwerksysteme« in Richtung Systemverständnis von Fahrwerksystemen erweitert. Hier verbirgt sich auch ein wichtiger Schlüssel für die technische Begeisterung und das Interesse an Fahrwerkprodukten. In der subjektiven Wahrnehmung der Fahrer sind Achsfedern und Stabilisatoren ohnehin da und für den normalen Autofahrer nicht sichtbar. Wer weiß schon, was er in seinem Fahrzeug eingebaut hat, und ist das von Interesse?

Gerade die junge Generation fragt eher nach der Bluetooth-Verbindung als nach der Art der Federn oder Wankstabilisatoren. Natürlich ist der Vergleich nicht wirklich zulässig, denn Bluetooth funktioniert bereits im Stillstand und Federn verrichten ihre Arbeit erst im Fahrbetrieb. Schnell sind aber die Zusammenhänge zwischen Elektromobilität, autonomem Fahren und den Fahrwerkeigenschaften hergestellt.

Denn jeder Automobillenker kauft eine Funktion, nämlich das Antreiben, Bremsen, Lenken und Federn, und nicht eine Produktart. Ob ein Auto gut federt/wankt oder nicht, ist direkt proportional zum Sicherheitsempfinden und der Agilität eines Fahrzeugs. Somit sind wir direkt bei Begriffen wie Motion Sickness oder dem Autopiloten. Das alles hängt u. a. von den Eigenschaften der Achsfedern und Wankstabilisatoren ab und diese Parameter haben wir als Unternehmen in der Hand. Das heißt, manchmal ist einfache Fahrphysik auch spannend, wenn man den Blickwinkel etwas ändert.

Die große Chance besteht darin, die Technik aus Sicht des einzelnen Nutzers zu sehen und die eigenen Erfahrungen einzubinden. Getreu dem Motto: »Wer weiß was?«, also her damit und wir ergänzen kontinuierlich die Inhalte.

Als weiterer Schritt kommt die Verbindung mit den Herstellervorgaben dazu, denn nur so verstehen die Produktentwickler, warum und wofür die Angaben im Fahrwerksystem sind und wie sich die Produkteigenschaften in den Systemeigenschaften widerspiegeln.

Am Ende ist das Ziel nicht ein blindes Erfüllen von technischen Vorgaben, sondern ein Verständnis dafür zu entwickeln, warum ein Kennwert/Merkmal erforderlich ist, und genau hier Potenziale für die Verbesserung zu suchen.

»Lernen beim Lieferanten«-Workshop etablieren und gezielt Fahrwerkentwickler mit Wissen weiterbilden, um Potenziale für den Einsatz unserer Produkte aufzuzeigen

Getrieben durch den Zielkonflikt von Kosten – Qualität – Zeit ist der »Lernen beim Lieferanten«-Workshop eine sehr gute Methode, sowohl die Einkaufs- als auch die Entwicklungsabteilungen beim Fahrzeughersteller dafür zu sensibilisieren.

Der große Vorteil besteht nun darin, in kurzer Zeit kundenindividuell aus dem Kompendium etwas zusammenstellen zu können. Der Teilnehmerkreis beim Kunden entscheidet entsprechend über die Länge und den Detailgrad des Trainings.

Inhalte der Trainings für den Kunden sind auch vorwettbewerbliche Inhalte, denn es ist immer zu bedenken, dass eine Zweilieferantenstrategie üblich ist. So wird bewusst der Vergleich gesucht, um eine sachliche Diskussion zu starten, welche Technologie welche Vor- und Nachteile mit sich bringt. Und spätestens an diesem Punkt ist ein Dialog in vollem Gang, der gemeinsam und partnerschaftlich die stetige Verbesserung in den Feldern Qualität – Kosten – Zeit zum Ziel hat. Damit einher geht die Sensibilisierung von Einkauf und Technik für die Wechselwirkungen zwischen den Produkt- und den Systemeigenschaften beim Lieferanten. Das eröffnet neue Perspektiven und Freiheiten für die Produktanwendung.

Als einfaches Beispiel sei hier das Routing, also der Biegeverlauf eines Stabilisators, genannt. Es ist nachvollziehbar, dass eine hohe Anzahl von Biegungen kostenintensiv ist. Nur das Routing wird in der Regel durch andere Komponenten im Fahrzeug vorgegeben und der Stabilisator ist das letzte Glied in der Kette und muss sich dem zur Verfügung stehenden Platz anpassen. Damit ist eine Reduktion von Biegeradien nicht mehr möglich und die Kosten sind auch nachvollziehbar höher. Ein Ausweg ist hier der Einsatz von Technologien, die dem Produktentwickler mehr Freiheit in der Anordnung, Gestaltung und Auslegung geben. So können in einer Frühphase des Designprozesses unmittelbar Kosten für die spätere Produktion vermieden werden.

Der Schlüssel liegt im gemeinsamen Verständnis, wie das Produkt entsteht und durch das »Lernen beim Lieferanten« wird das Einbringen, Zuhören und Verstehen klar gefördert.

Der Wissensaustausch geht in beide Richtungen, denn einerseits ist es ideal für neue Mitarbeiter beim Kunden, die Produkttechnologie kennenzulernen, und andererseits ist es ideal für »alte Hasen« den Input zum Lieferanten zu spiegeln, was er aus Sicht des Kunden verbessern sollte.

Rückführung des Wissensaustauschs in die Komponentenentwicklung (Leistung, Qualität und Kosten)

»Lernen beim Lieferanten« ist nur ein Teil der Lösung und die Rückführung der gewonnenen Erkenntnisse in die eigene Forschungs- und Entwicklungsabteilung ist nicht zu vernachlässigen, um eine richtige Funktion für den Kunden und Anwender zu generieren.

Der Austausch mit dem Vertrieb, der Produktion und dem Einkauf ist essenziell und hier wirkt das Netzwerk der internen Trainings und Referenten erneut positiv. Und damit beginnt wieder der erste Schritt, denn ein Netzwerk mit Wissen und Systemverständnis ist die Grundlage für dieses Vorgehen.

Ergebnis: Einfach machen und los? – So einfach war das dann auch nicht!

Die Umsetzung der einzelnen Schritte für sich allein ist bereits ein großer Erfolg und zusammengefasst sind folgende Ergebnisse entstanden:

1. Vertriebsstrategie mit »Lernen beim Lieferanten«
2. Systemverständnis für den Einsatz der Kernprodukte in Fahrwerksystemen
3. Wissensnetzwerk vom Detail entlang der gesamten Wertschöpfungskette bis zur Anwendung beim Kunden
4. modulare Mitarbeitertrainings mit dem Ziel der Qualifikation und der Begeisterung fürs Team
5. »Lernen beim Lieferanten«-Schulungskonzept mit direktem Zugang zur Technik und zum Einkauf beim Kunden
6. flexibel einsetzbares und einfach zu aktualisierendes Kompendium als technischer Leitfaden für die Sensibilisierung von Technik und Kosten

Auf dem Weg zu den Ergebnissen gibt es auch immer Hemmnisse und Stolpersteine. Eine unterschätzte Herausforderung ist die Organisation der Referenten und vor allem die von internationalen Schulungsteilnehmern, insbesondere, wenn sie aus verschiedenen Kontinenten kommen. Hier liegt aber auch der Reiz, denn der Netzwerkgedanke und die Kulturvielfalt gehören zu den großen Vorteilen des Aufeinanderzugehens.

Es ist relativ einfach, Folien zu Fachgebieten von den Referenten zu erhalten, schwieriger war und ist es aber, die Inhalte in einen Rahmen einzubinden und für Vertraulichkeit zu sorgen. Denn mit einem technischen Kompendium ist auch das Basiswissen zentral zusammengefasst und das darf für die Marktbegleiter nicht zugänglich sein. Andererseits soll und muss Wissen geteilt werden, daher war es wichtig die GHV-Unternehmensrichtlinien an den Anfang von internen Trainings zu stellen. Die Losung kann ja nicht sein: »Wasch mich, aber mach mich nicht nass!«

Für das »Lernen beim Lieferanten«-Konzept, genauso wie für die internen Trainings, ist der Wiederholcharakter ebenfalls zentral, denn nur durch die Wiederverwendung und die iterative Verbesserung entsteht Akzeptanz. Ein nicht zu unterschätzender Aspekt für die freiwillige Einbindung der Kollegen.

Zum Schluss bleibt natürlich die fortwährende Vernetzung von Vertrieb und Technik bzw. von Entwicklungsabteilungen und Kundenteams.

Gelerntes – bleibt der Erfolg? Wird das angenommen?

Im Resümee stellt sich die Frage nach dem, was bleibt und übertragbar ist. Um den Zielkonflikt bei der technischen Produktentwicklung zwischen Commodity und dem kostengetriebenen Wettbewerb abzuschwächen, konnten wir in der Praxis mit folgenden Handlungsempfehlungen positive Erfahrungen sammeln:

- Direkte Kundenanforderungen und Endverbraucheranforderungen bewusst verstehen. Warum- und Wofür-Kultur stets fördern.
- Technisch bekannte Grundlagen zum Einzelprodukt reichen nicht aus. Auch die Funktionsausprägung und der Umgang beim Anwender im System ist entscheidend.
- Einen funktionsbasierten Ansatz verfolgen. Die Funktionssicht anstelle der Produktsicht in den Mittelpunkt des Kundennutzens stellen.
- Wissenstransfer und »Eigenmotivation« als Grundlage für interne Mitarbeiterqualifizierung. Ein Netzwerk von Referenten, getreu dem Motto: »Gelbe Seiten« schaffen.
- Den Kundendialog über die Vermittlung von Wissen suchen und die operativen Abteilungen zusammenbringen – »Lernen beim Lieferanten«-Konzept.
- Einkäufern und Entwicklern beim Kunden wettbewerbsunabhängig Hilfestellung geben – den Beitrag durch das Handeln vom Kunden auf die Produktmerkmale und deren Auswirkungen beim Lieferanten darstellen.

Perspektivisch ist zu beachten, dass jede Form von Ideen und Umsetzung immer nur mit handelnden Personen funktioniert. Eine hierarchische Verordnung für ein Netzwerk, in dem Wissen und Begeisterung für die eigenen Produkte entstehen soll, wird eher scheitern als eine von operativen Teams initiierte Vorgehensweise.

Daher stehen die Sichtweisen auf Leistung – Qualität – Kosten – Zeit sowohl aus Lieferanten- als auch aus Kundenperspektive stets im Mittelpunkt von Vertriebs- und Entwicklungsaktivitäten.

Hinweise zum Autor

THOMAS SCHRÜLLKAMP

Dipl.-Ing. Thomas Schrüllkamp, Jahrgang 1968, ist seit über 25 Jahren in der Automobil- und Zulieferbranche mit Schwerpunkt Fahrwerk- und strategischer Produktentwicklung tätig. Nach Engineering, Eigenschaftsentwicklung und technischem Marketing in verschiedene Leitungspositionen ist er aktuell bei der Mubea Fahrwerksfedern GmbH für neue Fahrwerksysteme verantwortlich.

Kontaktdaten

Mubea Fahrwerksfedern GmbH
Thomas Schrüllkamp
Leiter F&E Fahrwerksysteme | Leiter R&D Chassis Systems
P.O. Box 246, 57426 Attendorn, Germany
Tel.: +49 2722 62 6340
Mobil: +49 151 185 645 35
E-Mail: thomas.schruellkamp@mubea.com
Internet: www.mubea.com

Cross-Selling – Krise zur Chance machen

Alessandro Sibilio
OEM Liaison Manager
PETRONAS Lubricants International

Besonders in Krisenzeiten hebt sich ein guter Vertrieb hervor, was sich jüngst in Zeiten von SARS-CoV-2 erneut bestätigt hat. Die globale Pandemie hat ihre Spuren hinterlassen, wobei einige Unternehmen in der Lage waren, die Situation optimal zu gestalten. Eine wirkungsvolle Methode, in einer solch schwierigen Marktphase zu agieren, bietet sich im Cross-Selling.

> Cross-Selling (Überkreuzverkauf) ist das gezielte Anbieten weiterer Produkte (des Anbieters) an Kunden, die bereits ihre Dienstleistungen oder Sachgüter bezogen haben oder gerade dabei sind, diese zu beziehen (vgl. Homburg/Bruhn 2000).

»*Cross-Selling zielt demnach auf die Realisierung produktübergreifender Verkaufschancen in Geschäftsbeziehungen ab.*« (Schulz, 1995) Die Frage, mit der sich Unternehmen konfrontiert sehen, könnte etwa wie folgt formuliert werden: »Was können wir tun, um trotz der allgemeinen unsicheren Lage, trotz des Zögerns hinsichtlich neuer Investitionen unsere Kunden zu halten und sogar neue zu gewinnen?« (Vgl. Wolf, 2020)

Von der Masse hebt sich ab, wer sich diese Frage schon **vor** einer globalen Pandemie gestellt hat und bereits in ihren frühen Anfängen eine Lösung präsentiert. Die hier beschriebene Case Study, an der ich verantwortlich beteiligt war, hat sich bereits zu Zeiten der Vogelgrippe H5n1 bewährt.

Case Study – Sicherheitstechnik

Ein Unternehmen aus der Sicherheits- und Medizintechnik hatte erst kürzlich eine neue Produktreihe auf den Markt gebracht und erfolgreich ausgerollt. Das Hauptklientel meines Bereiches bediente sich aus dem Sortiment der Sicherheitstechnik, wozu beispielsweise Staubschutzmasken, die Ausstattung für Betriebsfeuerwehren, spezielle Messtechniken für Gase oder Alkoholtester gehören. Im Rahmen der verkaufsfördernden Maßnahmen überlegte sich der Vertrieb, wie man die Absatzmenge erhöhen könne und neue Kunden erreicht. Eine umfassende Markt- und Bedürfnisanalyse wurde durchgeführt. Dabei wurde festgestellt, dass es mit einem Produkt aus der Medizintechnik Absatzpotenziale im Pandemieschutz gibt. Besonders hohes Potenzial wurde bei B2B-Kunden gefunden, die eine erhöhte Abnahmemenge anstrebten. Es ergaben sich überdurchschnittliche Skaleneffekte durch große Losgrößen und reduzierte Logistikkosten. Es konnte sogar eine neue Verpackungsart eingeführt werden, mit der sich weitere Kosteneinsparungen realisieren ließen – was dem Kunden zudem neben einem Preisvorteil auch einen Platzvorteil einbrachte.

Vor allem B2B-Kunden bieten ein besonderes Potenzial für Cross-Selling, da ein bereits gelisteter Lieferant kaum formale Hürden zu überwinden hat. Im Rahmen der Vogelgrippe konnte – analog zu SARS-CoV-2 – eine partikelfiltrierende Einweghalbmaske als Pandemieschutz qualifiziert, vertrieben und vermarktet werden. Die letzte Hürde bestand somit darin, das vorhandene Cross-Selling korrekt aufzusetzen, da dies nicht nur Vorteile, sondern ebenfalls einige Herausforderungen mit sich bringt. Im Folgenden soll näher auf Cross-Selling und seine Ausprägungen (sowohl im B2B als auch im B2C) eingegangen werden.

Cross-Selling verstehen und im Vertrieb erfolgreich einsetzen

Für Vertriebsorganisationen ist es wichtig, Chancen nicht zu verpassen und sich mit einer systematisch durchdachten Planung der Vertriebsaktivitäten auf neue Zeiten vorzubereiten und einzustellen (vgl. Krah, 2020).

In der Coronakrise hat sich gezeigt, dass es sinnvoll ist, Wiederholungs- oder Erweiterungskäufe bei Bestandskunden zu stärken, denn der Vertriebsaufwand für Erweiterungsgeschäfte ist in der Regel geringer als bei der Neukundenakquise (vgl. Krah, 2020). In einer Studie von Kearney wurde angeführt, dass die Spitzenreiter in B2B-Märkten über einen Zeitraum von drei Jahren einen souveränen Vorsprung gegenüber Durchschnittsunternehmen genießen. Es zeigte sich ein doppelt so hohes Umsatzwachstum und ein 2,3-mal so hohes Produktivitätswachstum (vgl. Gervet und Oder, 2014). Der Schlüssel zum Erfolg lag in der gezielten Kombination von Hauptprodukten, zusätzlichen Produkten und Dienstleistungen oder im Angebot von ganzheitlichen Lösungen für den Kunden (vgl. Handschuh et al., 2015).

Belz und You-Cheong postulieren, dass Cross-Selling die gesamte Leistungsfähigkeit des Unternehmens seinen Kunden näherbringt. »Cross-Selling überwindet Distanz.« (Vgl. Belz & Lee, 2007, S. 125) Insbesondere bei komplexeren und größeren Anbietern sei das Cross-Selling-Potenzial enorm.

Was ist Cross-Selling?

Um ein tieferes Verständnis für »Cross-Selling« zu erlangen, ist es ratsam, die Begrifflichkeit genauer zu betrachten. Das neudeutsche Wort Cross-Selling kann mit »Querverkauf« oder »Überkreuzverkauf« übersetzt werden.

Aus Sicht des Marketings bedeutet dies, dass Kunden zusätzlich zu den bisher erworbenen Sachgütern oder bezogenen Dienstleistungen gezielt weitere Produkte des Anbieters offeriert werden. Die Ausschöpfung von internen Synergiepotenzialen verspricht günstige und attraktive Wachstumsmöglichkeiten (vgl. Malms & Schmitz, 2009). Cross-Selling erfüllt somit die Aufgabe, alle potenziellen Leistungen des Unternehmens für Kunden sichtbar und verfügbar zu machen. Dies geschieht, indem dem Kunden bei Betrachtung oder gar Kauf eines benötigten Artikels zusätzliche, verwandte oder ergänzende Produkte und Dienstleistungen präsentiert werden, die zu seinem Bedarf passen könnten (vgl. Gabler, 2009). Es wird dabei vor allem ein Ziel verfolgt: Das Potenzial von bereits bestehenden Kunden, aber auch Neukunden soll so geschickt genutzt werden, dass der Umsatz durch die Empfehlung zusätzlicher Produkte maximiert wird. Es geht um die Effizienzsteigerung in vielerlei Hinsicht. Denn wo Cross-Selling mit den richtigen Strategien angewandt wird, entsteht mehr als nur ein höherer Umsatz. Zusätzlich entstehen auch Chancen zum Ausbau und zur Intensivierung der Kundenbeziehungen, Skaleneffekte in Losgrößen und Logistikkosten bis hin zur reduzierten Preissensitivität der Kunden (vgl. Belz, 2007). Im Bereich des Marketings herrscht ein großes Interesse an der Nähe zum Kunden – und vor allem an dessen Bindung. Das Besondere bei der Kundenbindung mit Cross-Selling ist, dass Unternehmen auf bereits vorhandenes Kundenpotenzial zurückgreifen können. Es ist kein Geheimnis, dass sich Unternehmen, die für ihre guten Kundenbeziehungen und ihre konsequente Ausrichtung nach Kundenbedürfnissen bekannt sind, häufig an dauerhaft engen Geschäftsbeziehungen mit wirtschaftlich attraktiven Kunden erfreuen können. Auch Cross-Selling verfolgt dieses Ziel. Dessen Optimierung ist Teil der Bemühungen, die »Customer Experience« zu verbessern und zu individualisieren. Denn mit langen Geschäftsbeziehungen lässt sich wiederum die Profitabilität steigern.

Aus Sicht des Kunden lässt sich folglich festhalten, dass die Wirkung des Cross-Sellings im besten Fall die Reputation und damit den Erfolg eines Unternehmens positiv beeinflusst. Prominente Beispiele hierfür sind Amazon oder Staples im B2C-Bereich. So bietet Amazon automatisch alternative und ergänzende Produkte zu dem vom Kunden angesehenen Produkt. Staples hingegen ist es gelungen, mit einem breiten Portfolio vom Schreibtisch über den Bürostuhl bis hin zu Stift und Papier alles zu liefern, und benötigt dafür nur einen einzigen Account.

In der Unternehmenspraxis nutzt der Vertrieb zunehmend Cross-Selling als Marketingstrategie. Es kann sogar als zentrales Maß des Vertriebserfolgs gesehen werden, wie sich im Finanzdienstleistungsbereich zeigt. Eine Befragung US-amerikanischer Bankmanager ergab, dass rund 80 % der Befragten die Cross-Selling-Rate als aussagekräftigste Kennzahl zur Beurteilung des Vertriebserfolgs eines Unternehmens sahen (vgl. o. V. 2001a, S. 16).

Halten wir fest, der Vertrieb läuft weiter, doch die Art und Weise, wie er dies tut, wird zukünftig eine andere sein (vgl. Wolf, 2020). Betrachten wir als Nächstes die Vor- und Nachteile.

Vor- und Nachteile für den Anbieter/Händler:	
Vorteile	Nachteile
+ Gesteigerter Umsatz	- Koordinations- bzw. Kommunikationsschwierigkeiten
+ Bessere Kundenzufriedenheit/-bindung	- Mögliche Überforderung des Kunden
+ Niedrige Akquisitionskosten	- Reputationsverlust durch falsche Empfehlungen
+ Reduziertes Lieferantenportfolio des Kunden	- Zusätzliches Engagement zur Mobilisierung innerer Kräfte
+ Geringe Preissensibilität	

Abb. 1: Vor- und Nachteile des Cross-Sellings; Quelle: eigene Darstellung

Im Folgenden werden die einzelnen in der Grafik genannten Punkte genauer erläutert.

Die wesentlichen Vorteile, die sich aus einer erfolgreichen Cross-Selling-Strategie ergeben, sind oben in Abbildung 1 erkennbar. Vor allem bei B2B-Geschäften ergibt sich neben einem gesteigerten Umsatz eine bessere Kundenbindung durch engere Verzahnung mit dem Unternehmen des Kunden.

Der Grundgedanke des Cross-Sellings ist hier zentral: Es soll durch den Verkauf zusätzlicher Produkte und Leistungen für bestehende Kunden ein Mehrwert geschaffen werden. Im Idealfall wird der Kunde durch das Cross-Selling erst auf ein Produkt aufmerksam gemacht, das für ihn interessant ist, ohne dass er dies zuvor wusste.

Aus Sicht der Kunden – insbesondere im B2B – liegen mögliche Vorteile darin, ihr Lieferantenportfolio zu reduzieren, da unterschiedliche Produkte von einer einzigen Lieferantenquelle bezogen werden können (vgl. Homburg & Kuester, 2001). Des Weiteren profitiert er von der Zusammenarbeit mit erprobten und guten Lieferanten, kann diese Zusammenarbeit erweitern und letztlich bessere Preise und Leistungen auf Basis eines größeren Einkaufsvolumens erzielen. So werden auf Kunden- wie auch auf Anbieterseite Beschaffungskosten gesenkt (vgl. Belz & Lee, 2007). Spätestens an dieser Stelle entfaltet die oben erwähnte Pflege von Bestandskunden ihre Wirkung.

Betrachtet man die Preise der querverkauften Artikel in der Praxis genauer, liegen diese häufig nur knapp über oder sogar unter dem Selbstkostenpreis. Im Rahmen von Cross-Selling Maßnahmen kann man sukzessive Paketpreise für Produktkombinationen z. B. A + B anbieten und damit eine Preisverbesserung erzielen. Durch das Vertrauen der teilweise langjährigen Kundenbeziehungen sinkt die Preissensibilität und die Kunden sind eher bereit dazu, höhere Preise zu akzeptieren. Für den Anbieter ist es sinnvoll, mit möglichst hohen Gewinnspannen zu verkaufen, was durch niedrige Akquisitionskosten auch verstärkt möglich sein wird. Neue Ressourcen in der Produktion und im Vertrieb müssen nur marginal aufgebracht werden, um höhere Umsatzziele zu erreichen, da die zusätzlich verkauften Artikel meist aus dem bereits vorhandenen Sortiment stammen. Nicht zuletzt kann in diesem Zuge der Abverkauf von älterer Ware optimiert werden und es können neue Produkte schneller und einfacher eingeführt werden (vgl. Homburg & Schäfer, 2006).

Herausforderungen im Cross-Selling

Cross-Selling ist eine Kunst, die beherrscht sein will, um diese im Sinne von Umsatz- und Ergebnissteigerung auch zielführend anzuwenden. Verblendet von dieser simplen Idee wird oft vergessen, dass der Anbieter die Verantwortung übernimmt, dem Kunden das passende Produkt anzubieten. Ein (Quer-)Verkauf ist letztlich nur dann erfolgreich und sinnvoll, wenn die Käufer zufrieden sind.

Eine schlecht koordinierte Cross-Selling-Strategie kann somit fatale Auswirkungen haben. Gängige Beispiele sind häufig Koordinations- bzw. Kommunikationsschwierigkeiten innerhalb des Unternehmens gegenüber dem Kunden. Werden zu viele verschiedene Ansprechpartner aktiviert, dem Kunden »falsche«, also nicht zu seinen Bedürfnissen passende Produkte vorgeschlagen oder wird der Kunde mit zu vielen Angeboten überfordert, lässt sich schnell überhaupt nichts mehr verkaufen (vgl. Malms & Schmitz, 2009). Cross-Selling erfordert also zusätzliches Engagement des Vertriebs für die Mobilisierung interner Kräfte und die Interaktion mit dem Kunden (vgl. Belz, 2016).

Zusammenfassend lässt sich festhalten, dass eine erfolgreiche Implementierung einer durchdachten Cross-Selling-Strategie bedarf.

Für den Kunden bietet Cross-Selling ein potenzielles Risiko: Es entsteht eine stärkere Abhängigkeit von einem Lieferanten (vgl. Belz, 2007).

Systematik der Einführung Ihrer Cross-Selling-Strategie

Um das volle Potenzial des Cross-Sellings nutzen zu können, ist es hilfreich, es systematisch einzuführen (vgl. Kuscher, 2007, S. 35). Nur so kann sichergestellt werden, dass der Verwaltungs- und Koordinationsaufwand so gering wie möglich gehalten wird und nur die für das Cross-Selling attraktiven Kundensegmente angesprochen werden. Als erster Schritt empfiehlt sich, eine gründliche **Set-up- und Analysephase** durchzuführen, in der potenzielle Kundensegmente identifiziert und analysiert werden. Da es das Hauptziel des Cross-Sellings ist, das Potenzial vorhandener Kundenbeziehungen maximal auszuschöpfen, ist es von essenzieller Bedeutung, die Strategie primär an den passenden Kunden auszurichten (vgl. Belz, 2020, S. 8). Das Cross-Selling-Potenzial eines Kunden liegt in dessen Zusatzkaufabsicht bzw. -bereitschaft (vgl. Homburg, 2002, S. 2).

Anschließend ist zu prüfen, inwieweit eine Deckung der Kundenbedürfnisse mit dem eigenen Sortiment besteht. Hierfür wird eine **Analyse der Bedarfsdeckung** der Kunden durchgeführt. Unterschieden wird zwischen gedecktem, fremdgedecktem und ungedecktem Kundenbedarf. Auch dies hat Einfluss auf das Cross-Selling-Potenzial:

Bedarf des Kunden			
gedeckt	fremdgedeckt	**ungedeckt**	**neuer Bedarf**
Durch Produkt des aktuellen Anbieters	Durch Produkt von Wettbewerbern	Noch keine Anbieterauswahl getroffen oder Produkte nicht verfügbar	Neu entstandenes Kundenbedürfnis
Cross-Selling Potenzial			
niedrig	mittel	**mittel/hoch**	**hoch**

Abb. 2: Bedeutung des Kundenbedarfs für das Cross-Selling-Potenzial; Quelle: eigene Darstellung in Anlehnung an Nufer, 2011

Der Cross-Selling-Erfolg eines Anbieters bei einem Kunden ist somit der Umfang, zu dem der Kunde zusätzliche, mit dem Hauptprodukt verbundene Produkte aus dem Leistungsangebot des Anbieters zur Bedarfsdeckung in Anspruch nimmt (vgl. Homburg, 2002, S. 10).

Nachdem geklärt ist, an welchen Kundensegmenten das Cross-Selling auszurichten ist, kann nun eine fundierte **Verkaufsstrategie** für das Cross-Sellings entwickelt werden. Da in den vorherigen Schritten bereits analysiert wurde, inwiefern die Kundenwünsche von dem eigenen Leistungsangebot abgedeckt werden, wird nun versucht, diese Schnittmenge weitestgehend zu maximieren. Hier können teilweise auch Zukäufe von Dritten oder der Ausbau der angebotenen Leistungen und Produkte sinnvoll sein (vgl. Kuscher, 2007, S. 37).

Generell gibt es nicht nur *eine* Art des Cross-Sellings, da die Verkaufsstrategie gezielt auf das jeweilige Unternehmen abgestimmt sein will. Grundsätzlich sollte man jedoch zusätzlich folgende Aspekte beachten:

Organisation

Wie lassen sich Distanzen zwischen verschiedenen Fachbereichen im Verkauf und Management überwinden?

Wie erwähnt ist für erfolgreiches Cross-Selling eine funktionierende Kommunikation zwischen verschiedenen Fachbereichen nicht nur im Vertrieb, sondern bis hin zum Management essenziell. Produkte und Dienstleistungen müssen aufeinander abgestimmt werden, sodass sich für den Kunden attraktive Produktbündel ergeben. Weiterführend müssen auch das Marketing und die Preissetzung der einzelnen Produkte so abgestimmt sein, dass sich der kombinierte Kauf zweier Produkte für den Kunden als vorteilhaft präsentiert. Weiter muss der zusätzliche Koordinationsaufwand in der Preisfindung berücksichtigt werden. Auf der Managementebene können asymmetrische Informationen sowie Vorurteile gegenüber anderen Fachbereichen durch interne Schulungen verbessert werden. Ein aktiver Anreiz für Kooperation und Innovation, der bereits bei der Produktentwicklung gesetzt wird, hilft bei der Organisation.

Im Verkauf sind meist zusätzliche Schulungen notwendig, um über das Sortiment aufzuklären. Es empfehlen sich Boni für den Verkauf von Produkten außerhalb des engen Zuständigkeitsbereichs und das Einsetzen von funktionsübergreifenden Verkaufsteams (vgl. Belz, 2020, S. 18).

Kundenbeziehung

In umfassenden Studien zeigt sich, dass Unternehmen mit hohem Cross-Selling-Erfolg tendenziell einen ausgeprägten Kundenkontakt suchen (vgl. Homburg, 2002, S. 22). Dies ist von zentraler Bedeutung, da Kunden meist nicht nach Produktbündeln *suchen*, sondern auf diese hingewiesen werden müssen. Durch individuelle Cross-Selling-Angebote kann ein Unternehmen die bestmögliche Bedarfsdeckung der Kunden erzielen und sich von Wettbewerbern abheben. Weiter schafft dies eine breitere Zusammenarbeit mit diesem Kunden und ermöglicht, Synergieeffekte zu nutzen (vgl. Belz, 2020, S. 8).

Wird dem Kunden das Level der Zusammenarbeit freigestellt, so kann dieser individuelle Lösungen für seinen Bedarf wählen. Dadurch kann ein breiterer Kundenbedarf gedeckt werden. Dies erstreckt sich meist auf zusätzliche Serviceangebote und andere Dienstleistungen (vgl. Belz, 2020, S. 14).

Sortiment

Grundlegend für die Art des Cross-Sellings ist natürlich auch die Breite des Sortiments eines Anbieters. Kann ein Unternehmen viele attraktive Marktsegmente abdecken, kann es dem Kunden umfassendere und individuellere Lösungen anbieten, was es von Wettbewerbern abhebt. Auch ermöglicht ein breites Produktprogramm dem Kunden, sich auf weniger Anbieter zur Deckung seines Bedarfs zu konzentrieren, was ihn veranlassen kann, höhere Preise zu akzeptieren. Der Anbieter stärkt dadurch seine Verhandlungsposition. Wie bereits erwähnt, kann es sinnvoll sein, Produkte von Drittanbietern einzukaufen oder sein Sortiment durch neue Produkte zu vergrößern (vgl. Nufer, 2011, S. 10).

Fazit und Lessons Learned

Cross-Selling kann dabei helfen, Umsätze und insbesondere Ergebnisse zu steigern und Kundenpotenziale voll auszunutzen. Unerlässlich hierfür ist es, eine Strategie zu wählen, die auf einer ausgeprägten Markt- und Bedürfnisanalyse beruht. Obgleich Cross-Selling im Hinblick auf seine Umsetzung einfach wirkt, sollte man sich darüber im Klaren sein, dass eine falsche Implementierung häufig mehr Schaden als Nutzen bringt. Werden die falschen Kunden adressiert, bietet man die falschen Produkte an oder fährt eine ungünstige Preisstrategie oder Marketingkampagne, so wird Cross-Selling keine positiven Effekte erzielen. Wie Belz postulierte, muss der Fokus darauf liegen, dass sich Cross-Selling konsequent durch alle Bereiche des Unternehmens zieht. Dadurch lässt sich beim Kunden Vertrauen und ein Gefühl von Transparenz erzielen. Hier hat der Vertrieb die Chance, seine Kernkompetenzen auszuspielen.

Auch in der dargestellten Case Study aus der Sicherheits- und Medizintechnik war dies zu beobachten. Das Potenzial des Produktes für Pandemieschutz wurde erkannt. Jedoch war es nur durch die enge Vernetzung zwischen den Fachbereichen Vertrieb, Marketing, Produktion und Logistik möglich, schnell die passenden Kunden für diese Masken zu finden und diese zu beliefern. So konnten an existierende Firmenkunden große Mengen abgesetzt werden, ohne dass neue Kunden akquiriert werden mussten.

Abschließend wollen die Autoren für Sie folgende Lessons Learned zusammenfassen:
1. Basierend auf einer aussagekräftigen Markt- und Bedürfnisanalyse bietet Cross-Selling das Potenzial, Kundenbeziehungen voll auszuschöpfen.

2. Schnell auf veränderte Marktanforderungen zu reagieren und dem Kunden einen Mehrwert aufzuzeigen, erhöht die Absatzmenge.
3. Cross-Selling, richtig angewandt, versetzt Sie in die Position, in Ihrem Kunden neue Bedürfnisse zu wecken und diesen auch langfristig an Sie zu binden.
4. Cross-Selling falsch angewendet oder nicht bereichsübergreifend eingeführt kann zu Reputationsschaden bis hin zum Kundenverlust führen.

Danksagung

Ein besonderer Dank geht an die beiden Studierenden **Franziska Schuster** und **Fiona Brandl**. Ihre wertvolle Arbeit diente dazu, das ursprüngliche Cross-Selling-Konzept zu aktualisieren und aktuelle Wege der Umsetzung aufzuzeigen. Durch ein Herausarbeiten der Herausforderungen und Chancen kann dieser Beitrag den Leser dabei unterstützen, Cross-Selling-Potenziale für sein Unternehmen zu entdecken.

Literaturverzeichnis

A.T. Kearney: Kearney (2014): The future of B2B sales.

Belz, Christian; Lee, You-Cheong (2020): Cross-Selling überwindet Distanz. In: Führung von Vertriebsorganisationen, Auflage 1, Universität St.Gallen, Institut für Marketing, St.Gallen, Springer Gabler, Wiesbaden.

Homburg, Christian; Schäfer, Heiko (2002): Die Erschließung von Kundenpotential durch Cross-Selling: Konzeptionelle Grundlagen und empirische Ergebnisse. In: Marketing ZFP, Auflage 1, Gabler Verlag, Wiesbaden.

Homburg, Christian; Schäfer, Heiko (2006): Die Erschließung von Kundenwertpotenzialen durch Cross-Selling. In: Günter B., Auflage 3, Gabler Verlag, Wiesbaden.

Krah, Eva-Susanne (2020): Erfolg trotz Krise. In: Sales Excellence, Nr. 29, Ausgabe 6

Kuester, Sabine; Homburg, Christian; Robertson, Thomas; Schäfer, Heiko (2001): Verteidigungsstrategien gegen neue Wettbewerber – Bestandsaufnahme und empirische Untersuchung. In: Zeitschrift für Betriebswirtschaft, Nr. 10, Gabler Verlag, Wiesbaden.

Kuscher, Dirk (2007): Möglichkeiten und Hindernisse des Cross-Selling in einem Unternehmen der Wohnungswirtschaft, Diplomarbeit, Fachhochschule für Ökonomie und Management, Essen.

Malms, Oliver; Dr. Schmitz, Christian (2009): Synergien nutzen durch Cross Selling. In: Wirtschaftsmagazin, Nr. 13 500, Effingerhof AG, Brugg.

Nufer, Gerd; Kelm, Daniel (2011): Cross Selling Manager. In: Reutlinger Diskussionsbeiträge zu Marketing & Management, Nr. 5, Hochschule Reutlingen, ESB Business School, Reutlingen.

Schäfer, Heiko (2002): Einleitung. In: Die Erschließung von Kundenpotentialen durch Cross-Selling, Deutscher Universitätsverlag, Wiesbaden.

Schawel Christian; Billing Fabian (2012): Cross Selling. In: Top 100 Management Tools, 6. Auflage, Gabler Verlag, Wiesbaden.

Wolf, Daniel: Corona-Pandemie: Welche Zukunft steht dem Vertrieb bevor? Online. https://qymatix.de/de/corona-pandemie-zukunft-vertrieb/. Zuletzt aufgerufen am 19.03.2021

Hinweise zum Autor

ALESSANDRO SIBILIO

Alessandro Sibilio ist OEM Liaison Manager bei PETRONAS Lubricants International und fungiert als globale Schnittstelle für die technische Kundenbeziehung zur Daimler AG und BMW AG. Daneben ist er als Dozent an der ESB Business School der Hochschule Reutlingen tätig, an der er mit dem Fakultäts-Lehr-Preis 2021 ausgezeichnet wurde. Weiterhin nimmt er einen Lehrauftrag an der DHBW Baden-Württemberg im Studiengang »Unternehmertum« wahr. Er ist Mitglied des Promotionskollegs der Leadership-Kultur-Stiftung und promoviert nebenberuflich am KIT (Karlsruher Institut für Technologie). Sein Diplom in Betriebswirtschaftslehre an der School of Business Administration & Management der AKAD University beendete er als Jahrgangsbester mit der Auszeichnung »Award of Excellence«.

Co-Autorinnen

Franziska Schuster

Fiona Brandl

Franziska Schuster und Fiona Brandl sind Studentinnen an der ESB Business School der Hochschule Reutlingen. Sie studieren im zweiten Semester International Management Double Degree und haben im Rahmen einer außercurricularen Tätigkeit die Cross-Selling-Strategie der Case Study auf Aktualität und Implementierungsfähigkeit evaluiert.

Service

Service als differenzierender USP im Kundenmanagement

Rainer Pumpe
vormals CEO
IDEAL-Werk C.+ E. Jungeblodt GmbH + Co. KG

Ausgangssituation: Wie kann ich mich vom Wettbewerb differenzieren?

Im Sonder-/Einzelmaschinenbau/-anlagenbau, also in der Investitionsgüterindustrie (B2B), ist – im Gegensatz zur Konsumgüterindustrie (B2C) – die Anzahl der potenziellen Kunden eher begrenzt. Sind sie dann wie IDEAL-Werk C. + E. Jungeblodt GmbH + Co. KG (»IDEAL-Werk«), einem der Weltmarktführer im Bereich der Widerstandsschweißmaschinen (u. a. für Drahtprodukte), zudem noch in einer engen Nische mit wenigen Wettbewerbern und mit einer geringen Zahl von Geschäftsmöglichkeiten tätig, dann wird es schwierig, sich durch technische Lösungen gegenüber dem Wettbewerb zu differenzieren, da sich mit der Zeit die Lösungen für dieselben Probleme immer weiter angleichen. Die Innovationskraft liegt daher in der immer weitergehenden Optimierung des Portfolios. Echte Produktinnovationen sind eher selten. Trotzdem gelingt es häufig, durch pfiffige Detaillösungen dem Wettbewerb wenigstens für eine kurze Zeit voraus zu sein.

Durch auffällige Werbung verkaufen sich Maschinen eher nicht, sondern vielmehr mit einem hohen und intensiven Aufwand an Beratungsleistungen. Es geht schließlich um eine Industrieanlage mit einer Nutzungsdauer von deutlich über zehn Jahren. Der Kunde meldet sich in dieser Industrie mit seiner Problemstellung: »Ich möchte das folgende Produkt herstellen …«. Und dann beginnt die Kundenbetreuung. Die technische Lösung wird gemeinsam mit dem Kunden in mehreren Iterationsschritten erarbeitet und für seine Produkte entwickelt. Hierbei wird in der Regel auf bekannte Lösungsmodule (Maschinensektionen) zurückgegriffen, die in der richtigen Kombination die passende Maschine für den geforderten Anwendungszweck ergeben. In nicht wenigen Fällen sind zusätzliche neue Module oder eine Modifikation von bestehenden Modulen zur Lösung der Aufgabe nötig. Sie werden dann durch die Entwicklung/ Konstruktion »erschaffen«. In der Regel dauert der Prozess vom Erstkontakt bis zum Vertragsabschluss mehrere Monate, in Ausnahmefällen auch Jahre. Der Kunde muss entwickelt werden. Der Aufwand kann bereits im Vorfeld mehrere Mannwochen alleine in der Anwendungstechnik zur Lösungsfindung und zur Kostenabschätzung betragen. Der Liefer- und Leistungsumfang muss genau spezifiziert und letztendlich in einem individuellen Vertrag beschrieben werden. Auch eine Abstimmung bei den kommerziellen Punkten ist notwendig. Das alles kostet viel Zeit …

Leider gleichen sich die technischen Lösungen der verschiedenen Wettbewerber immer weiter aneinander an und werden austauschbarer. Es gilt daher, den (Bestands-) Kunden möglichst früh und stark an sich zu binden, damit er erst gar nicht auf den Gedanken kommt, »fremdzugehen«. Das Schlagwort ist »Service« (der Bestandsmaschinen). Mit einem herausragenden Service sollen außerdem Kunden vom Wettbewerb weggelockt werden. Der Vertrieb einer weiteren Maschine beginnt also bereits mit der Auslieferung/Inbetriebnahme des aktuellen Auftrags.

Was heißt Service?

Unter Service sind sämtliche Maßnahmen zu verstehen, die den Kunden dabei unterstützen, seine Maschine bzw. Anlage möglichst effektiv und effizient einzusetzen. Dies kann eine in regelmäßigen Zeitabständen durchgeführte Maschineninspektion mit anschließender entsprechend den Ergebnissen der Analyse durchgeführter Wartung bzw. der Austausch von Maschinenkomponenten oder die Prozessanalyse sämtlicher Bearbeitungsschritte sowie der Rüstvorgänge sein. Aus dieser Prozessanalyse lassen sich dann Maßnahmen ableiten, um die Effizienz zu steigern. Solche Analysen können auch fortlaufend durchgeführt werden, indem verschiedene Maschinenparameter digital aufgezeichnet, automatisch ausgewertet und Maßnahmenempfehlungen abgeleitet werden (»Industrie 4.0«).

Die Maschinen müssen laufen! Die Lieferfähigkeit muss gewährleistet bleiben! Ungeplante Stillstandszeiten sind möglichst zu eliminieren. Qualität und Quantität, d. h. der Output, müssen stets auf dem gleichen hohen Niveau bleiben. Maschinenbediener und Wartungspersonal sind bei Fluktuation möglichst schnell und bestenfalls ohne Einfluss auf die Produktivität zu ersetzen.

Die Dokumentation, d. h. die Bedienungs- und Wartungsanleitung, ist bereits als Service zu verstehen. An diese Maßnahme schließt sich das Ersatzteilwesen, die Wartung und Reparatur sowie die Störungsbehebung an.

Vielleicht denken Sie, dass das gar nicht so schwer ist. Dann formulieren wir doch noch einige Randbedingungen, die im Fall von IDEAL-Werk eine Rolle spielen:

- Weltweit verteilte, stark diversifizierte Maschinenpopulation bei nur einigen Dutzend verkauften Maschinen pro Jahr. Der Preis pro Maschine beträgt je nach Umfang einige 100.000 bis zu zwei Millionen Euro oder sogar darüber.
- Durch das höchst individuelle Projektgeschäft (Sonder-/Einzelmaschinenbau) gleicht im Wesentlichen keine Maschine der anderen, obwohl die Konstruktion auf standardisierten und einigen wenigen neuen Modulen basiert. Auch die Entwicklung geht unablässig weiter. Es gibt keine Maschinen-Baureihen, die nahezu identisch sind.
- Ein sehr breites Maschinenportfolio mit hoher Individualisierung, aufgeteilt in mehrere Maschinen-/Produktgruppen, die unterschiedliche Anwendungszwecke haben und unterschiedliche Industrien bedienen.
- Sehr lange Nutzungsdauer der Maschinen und Anlagen (deutlich über zehn Jahre). Daraus ergibt sich eine technisch sehr heterogene Maschinenbasis.

Aus der heterogenen Komplexität erwachsen besondere Herausforderungen für das Servicepersonal: Aufgrund eines großen und unterschiedlichen Maschinenportfolios ist es einem einzigen Mitarbeiter kaum möglich, das gesamte Spektrum an unterschiedlichen Maschinen, Maschinenbaureihen und Technologien alleine und komplett abzudecken. Eine Spezialisierung wird zwingend erforderlich. Bei IDEAL-Werk bedeutet dies, dass sich Mitarbeiter auf eine bestimmte Maschinenbaureihe oder spezielle Schweißtechnologien konzentrieren, aber auch »ihre« Maschine (einer bestimmten Baureihe) betreuen. Diese wurde zum Beginn der Karriere von dem jeweiligen Servicetechniker bereits als Neumaschine in Betrieb genommen – und er kennt sie somit bereits gut. Mit wachsendem Erfahrungsschatz können Mitarbeiter auch den Service von anderen Maschinen einer bestimmten Baureihe/Technologie übernehmen. Eine Einarbeitungsphase kann so ungemein lang werden (mitunter mehrere Jahre), da Maschinen verschiedener Baujahre mit unterschiedlichen Entwicklungsständen und Ausstattungsvarianten betreut werden müssen. Dazu kommen weltweite, z. T. mehrwöchige Reisetätigkeiten.

Erfolgsfaktor Mobilität: Warum will keiner mehr reisen?

Für den Maschinenhersteller wird es damit aber auch nicht unbedingt leichter. Es muss geeignetes Personal gefunden werden. Allein schon aufgrund der Reisetätigkeiten ist dies nicht gerade einfach. Die Bereitschaft und Begeisterung für Geschäfts-/Auslandsreisen nimmt seit vielen Jahren ab. Daher ist es eine gute Idee, das Personal nicht nur im Außendienst, sondern auch im Werk einzusetzen, um den Reiseanteil zu reduzieren. Das löst aber nicht alle Probleme!

Ist geeignetes Personal erst einmal gefunden, gilt es, Know-how aufzubauen und vor allem zu sichern. Schwierig ist es ebenfalls, eine ausreichende Anzahl von Mitarbeitern vorzuhalten, um auch bei Ausfall (Urlaub, Krankheit, Fluktuation) handlungsfähig zu bleiben. Dem allen stehen die Personalkosten gegenüber. Die lange Zeit der Einarbeitung reduziert die Wertschöpfung und kann zu Unzufriedenheit bei den Kunden führen, da ggf. der neue Techniker die spezielle Kundenmaschine nicht in- und auswendig kennt.

Ein Aufbau regionaler Servicestützpunkte wäre aufgrund der relativ geringen Dichte an installierten Maschinen in den verschiedenen Regionen nicht wirtschaftlich. Selbst wenn regionale Servicestützpunkte vorhanden wären, gestaltet sich der Auf- und Ausbau sowie die Aktualisierung von Wissen schwierig, da die räumliche Nähe zum Produktionsstandort fehlt. Man kann nicht »mal eben« in die Produktion gehen, um neue Maschinen kennenzulernen oder sich mit Fachleuten über bestimmt Problemstellungen auszutauschen oder neue Lösungsansätze kennenzulernen oder gar in Entwicklungsprojekte einbezogen zu werden ...

Was bedeutet das alles nun für den Kunden/Maschinenbetreiber? Gerade, wenn kein regionaler Service zur Verfügung steht, heißt das:
- Schwierigkeiten bei der Kontaktaufnahme mit dem Herstellerwerk bedingt durch Zeitdifferenzen. Gerade bei kleineren Herstellern gibt es keine Möglichkeit der 24/7-Kontaktaufnahme. Im Zweifelsfall muss gewartet werden, bis der Arbeitstag beim Hersteller beginnt.
- Falls ein Einsatz vor Ort im Kundenwerk nötig ist, entstehen Wartezeiten nicht nur wegen der Zeitverschiebung, sondern auch aufgrund langer Reisezeiten oder zunehmend infolge von Visa-Bearbeitung oder gar Reisebeschränkungen. Manchmal steht aber auch der passende Servicetechniker nicht zur Verfügung, weil er gerade durch andere Jobs gebunden ist. Das Konfliktpotenzial zwischen Kunden und Hersteller steigt!
- Je größer die räumliche Distanz zum Kunden, desto stärker steigen leider auch die Kosten für den Serviceeinsatz, da der Kunde die Reisekosten i. d. R. auch zu tragen hat.
- Dann haben beide Seiten auch noch mit Sprachbarrieren zu kämpfen.

Zusammenfassend heißt das: Probleme, wohin man nur blickt ...

Problemlösung: Kundenbindung durch Service – schnell gesagt, aber wie umsetzen?

Probleme müssen gelöst werden: Es gilt, einen Schritt zurücktreten und sich auf die eigentliche Aufgabe bzw. die Kundenwünsche/-anforderungen zu konzentrieren. Einige Randbedingungen wie z. B. fehlende Techniker oder lange Einarbeitungszeiten müssen akzeptiert werden. Es ist einfach so! Durch Jammern und Klagen wird es auch nicht besser. Lösungen werden daraus jedenfalls nicht geboren. Also: Let's face the facts!

Was will der Kunde für seine Maschinen?

- Möglichst kurze Reaktionszeiten – gerade bei ungeplantem Maschinenstillstand – unabhängig von der Distanz zum Herstellerwerk.
- Sofortige Verfügbarkeit von Spezialisten, die ihm weiterhelfen können.
- Angemessene Kosten auch bei größeren Entfernungen zum Maschinenhersteller. Bestenfalls sollte es eine Kostenneutralität in Bezug auf die Distanz zum Hersteller geben.
- Verfügbarkeit von regionalen Servicespezialisten mit (relativ) kurzen Anfahrtszeiten.

Zusammengefasst lautet die Aufgabe: Sofortige Verfügbarkeit des Spezialisten im Servicefall – mit der Erschwernis, dass es nicht genügend reisewillige Spezialisten gibt!

Wie soll man das hinbekommen? Mit dem oben genannten »klassischen Ansatz«, d. h. Vor-Ort-Service kann es nicht funktionieren: Regionale Servicestützpunkte scheiden auch aus, weil sich so weder genügend Geschäft erwirtschaften lässt noch das Personal adäquat auf dem aktuellen Wissensstand gehalten werden kann. Also muss wohl ein neuer Ansatz her.

Und der ist eigentlich ganz einfach: Eine Kombination aus klassischem Service und Digitalisierung.

Engpass Personal: Digitalisierung des Kundendienstes – nur: Wie geht das?

Der »klassische« Service (Vor-Ort-Einsätze sowie Reparatur- und Austauschservices) wird um digitale Ansätze erweitert – und hierbei ist nicht nur der Remote-Service gemeint.

Dabei sollte man immer im Kopf behalten, dass sich im Einzel-/Sondermaschinenbau i. W. keine Maschine oder Anlage bis ins letzte Detail gleicht. Und dennoch, so geht's:

- **Schritt 1: Modularisierung der Produktpalette**
  In einem ersten Schritt wurde die Produktpalette modularisiert, d. h. die jeweilige Maschinengruppe mit all ihren unterschiedlichen Ausprägungen wurde in kombinierbare Maschinensektionen unterteilt. Die Schnittstellen von einer Maschinensektion (mit unterschiedlichen Ausprägungen/Eigenschaften, d. h. Varianten) zur nächsten (die ebenfalls zweckorientiert in verschiedenen Varianten ausgeführt werden) wurden standardisiert. Nachdem dieser Schritt abgeschlossen bzw. festgelegt war (es sind im Übrigen je nach Komplexität der Maschine tausende Kombinationen möglich), konnte mit dem ersten Baustein der Digitalisierung des Services begonnen werden – der Bedienungsanleitung.

- **Schritt 2: Anpassung der Bedienungsanleitung**

  Die Bedienungsanleitung wurde so ausgearbeitet, dass sie der Aufbaustruktur der Maschine folgend in entsprechender Modulstruktur verfasst wird. Für internationale Geschäfte wird zusätzlich ein Übersetzungsmanagementsystem (TMS = Translation Management System) eingebunden, um den Aufwand und die Kosten für die Übersetzungen auch bei der Überarbeitung der Module zu minimieren.

  Somit waren die Grundlagen, eine modularisierte Maschinenstruktur mit Abbildung sämtlicher vorhandener Lösungen und der Möglichkeit, jederzeit neue Lösungen hinzuzufügen, geschaffen. Jetzt konnten für die bereits genannten Problemstellungen im Service Verbesserungen erarbeitet werden.

- **Schritt 3: Optimierung der Vor-Ort-Betreuung**

  Die modularisierte Bedienungsanleitung wird je Modul um die für dieses Modul maßgeblichen Wartungs- und Reparaturanleitungen erweitert. Über Berechtigungsstufen wird dies entweder Teil der mitzuliefernden Bedienungsanleitung für Standardtätigkeiten oder Teil einer gesonderten Anweisung für die Servicetechniker nur für den internen Gebrauch. Die Anleitungen sind als geführte Anleitungen vorgesehen, d. h. die einzelnen Arbeitsschritte werden erklärt und der Techniker in seiner Arbeit geführt. Idealerweise wird diese Anleitung nicht in Papierform, sondern ausschließlich digital (mit Kopierschutz und nur verfügbar auf dem Endgerät des Servicetechnikers) ausgeführt. So kann vermieden werden, dass die Anleitungen beim Kunden verbleiben und er so in die Lage versetzt wird, die Arbeiten selbst auszuführen.

  Die Modularisierung der Wartungs- und Serviceanleitung harmonisiert und standardisiert den Serviceeinsatz und wird zu einem standardisierten, aber flexiblen Leitsystem für Reparatur und Wartung: Der Kunde erhält unabhängig vom Kenntnisstand des Technikers immer die gleiche Serviceleistung. Zusätzlich wird die Einarbeitungszeit des Servicetechnikers reduziert.

  Des Weiteren sollte die Bedienungsanleitung auch die benötigen Werkzeuge und Ersatzteile beinhalten. So kann mit den geeigneten Systemen (= Digitalisierung) der Service erst dann freigegeben werden, wenn auch die Ersatzteile bereitstehen. Die Ausführung der Serviceanleitung kann je nach Komplexität der Arbeiten sowohl rein verbal beschreibend sein als auch mit Bildern und Videos ergänzt werden. Techniken wie Virtual Reality und Augmented Reality können ebenfalls zum Einsatz kommen und haben ihre Berechtigung bei komplexen Tätigkeiten.

- **Schritt 4: Erweiterung der Dienstleistungskapazität**

  Die Verfügbarkeit der modularisierten Reparatur- und Wartungsanleitung macht es jetzt möglich, weniger erfahrene Mitarbeiter, auch von Extern, für Servicetätigkeiten einzusetzen: Konsequent weiterführend gedacht sollte es möglich sein, auf Basis der neu spezifizierten Anleitungslogik Servicetätigkeiten auch von Personen qualifiziert ausführen zu lassen, die eine einschlägige handwerkliche Grundkompetenz haben, jedoch nicht über eine auf die Maschinen spezialisierte Zusatzausbildung verfügen. Dies bedeutet die grundsätzliche Einsatzfähigkeit von in obigem

Sinne basisqualifizierten Personen, die nicht zum Hersteller gehören. Damit wird die Basis an verfügbaren Servicetechnikern schlagartig vergrößert. Spezialwissen ist nur noch in schwierigen Situationen vonnöten.

Bleiben wir bei dem Gedanken, den Service nicht mehr mit eigenen, sondern Dank der beschriebenen Vorgehensweise auch mit externen Personen durchzuführen. Mit diesem Ansatz ist man nicht mehr an eigene Fachkräfte gebunden, die nahe des Herstellerwerks verfügbar sind, sondern kann weltweit auf Personen mit den entsprechenden Fähigkeiten, welche in Kundennähe tätig sind, zugreifen. Der Abstand zum Herstellerwerk als Kostenkriterium ist damit aufgehoben und die Reaktionszeiten sind deutlich verkürzt. Reise- und Vorbereitungszeiten entfallen nahezu komplett. Für eine durchgängige Qualitätskontrolle durch den Hersteller wird systematisch Sorge getragen.

Der Vertriebsansatz der erwerbbaren Serviceexpertise ist geboren – sozusagen Servicebefähigung als Franchisemodell, bei dem der Servicepartner Reparatur- und Wartungsanleitungen für den konkreten Fall kaufen kann und für die Durchführung, d. h. die Erbringung des Services beim Kunden in »seiner« Region, bezahlt wird. Aus Haftungsgründen sollte mit qualifizierten Servicepartnern gearbeitet werden.

Hierdurch ergibt sich die nötige regionale Nähe zum Kunden, die Kosten durch Reisen etc. reduzieren sich deutlich, und die Sprachbarrieren sind aufgehoben. Idealerweise nutzen die in den Regionen beheimateten Vertretungen die Möglichkeit, um ihr Portfolio zu erweitern und sich als Servicepartner in der Region zu qualifizieren. Eine Win-win-win-Situation, die alle oben ausgeführten Probleme löst. Der Maschinenbetreiber erhält eine Dienstleistung zu fairen Preisen und in angemessener Zeit, die Vertretung erhält die Möglichkeit neben häufigeren Besuchen beim Kunden über den Serviceeinsatz zusätzliche Geschäftsmöglichkeiten anzubahnen (die Anzahl an Stunden und der Stundensatz sind mit der Anleitung festgelegt) und der Hersteller kommt aus dem Personaldilemma heraus und erhält eine Kompensation für jede verwendete Serviceanleitung sowie zusätzliches Ersatzteilgeschäft.

- **Schritt 5: Vermarktung der neuen Dienstleistungskompetenz**
  Die Herausforderungen des Betreuungsengpasses sind gemeistert. Die neue Leistungsfähigkeit muss akquisitorisch genutzt werden, aber wie? Der Ansatz: Das digitale Kundenportal als zentrales Instrument der Vermarktung und Kundenbindung.

Da wir bereits mitten in der Digitalisierung stecken, ist ein weiterer konsequenter Schritt die Einführung eines Katalogsystems für die interaktive Identifikation und Bestellung von Ersatz- und Verschleißteilen. Da wir im Bereich des Einzel- und Sondermaschinenbaus »unterwegs« sind, bedeutet dies nichts anderes als individuelle Ersatzteilkataloge für jede Maschine und Anlage. Hiermit können auch Umbauten oder Modifikationen der Maschine/Anlage nachgehalten werden. Mit der Einführung dieses Systems erhält der Kunde einen Zugang mit den Ersatzteilinformationen zu seiner Maschine/Anlage: Das Kundenportal ist geschaffen. Dieses Portal wird idealerweise nicht nur durch den Kunden im Self-Service, sondern auch durch Vertretungen und durch die eigenen Servicetechniker zur Identifikation von Ersatzteilen und Verbrauchsmaterialien genutzt.

Es wäre eine vergebene Chance, dieses Kundenportal nicht für weitere Dinge wie die Kundenbindung zu nutzen. So können in diesem Bereich zusätzliche Information zu der jeweiligen Maschine, zu ähnlichen Maschinen oder Neuigkeiten angeboten werden. Das Interesse bzw. die Neugierde des Kunden muss geweckt werden, damit er regelmäßig nach Neuem Ausschau hält. Bei der Kundenbindung sind dabei der Fantasie keine Grenzen gesetzt: Tutorials, Erfahrungsaustausch, Nutzergruppen, Umbau- und Retrofit-Möglichkeiten etc.

Um auf unsere Aufgabenstellung zurückzukommen: Dieses Portal wird auch für die Vermarktung der Servicedienstleistungen genutzt. Der Kunde kann das jeweilige Servicepaket, bestehend aus Dienstleistungen und Ersatzteilen, im Webshop buchen. Die verschiedenen Servicepakete orientieren sich dabei an der Nutzungsdauer der Maschine.

Die weitere Koordination, d. h. die Buchung der Servicetechniker und die Bereitstellung der nötigen Ersatz- und Verschleißteile geschieht im Herstellerwerk, auch wenn der konkrete Service durch einen regionalen Servicepartner durchgeführt werden kann und soll. Die Serviceanleitungen können ausschließlich von einem festgelegten Personenkreis auf bestimmten Endgeräten und mit einer bestimmten Software aus dem Kundenportal kopiert werden. Dabei ist von Bedeutung, dass die Serviceanleitungen nach dem konkreten Einsatz nicht mehr nutzbar sein sollen. Diese Anleitungen stehen erst zur Verfügung, wenn auch die Ersatzteilversorgung gesichert ist. So wird gewährleistet, dass der Serviceeinsatz nur bei Vorhandensein sämtlicher Bauteile durchgeführt wird. Die Nachverfolgbarkeit des Serviceeinsatzes und der generellen Kundenbetreuung sowie die Erfolgskontrolle nach durchgeführtem Service ist so gesichert. Auch kann über Auswertungen festgestellt werden, ob ein Servicepartner vertragskonform arbeitet.

Was tun, wenn maßgeschneiderter Standard nicht ausreicht?

Nach wie vor wird es Fälle geben, in denen hoch spezialisiertes Wissen zur Problemlösung bereitgestellt werden muss. Der gesamte beschriebene Ansatz geht von einer standardisierten Herangehensweise bei Wartungs- und Reparaturtätigkeiten aus. Es gibt aber auch Situationen, in denen dieser Ansatz nicht zum Erfolg führt, wie z. B. bei einem unerwarteten Maschinenstillstand oder wenn der Techniker nicht mehr weiter weiß, weil die Maschine/die Anlage einfach nicht zum Laufen gebracht werden kann, es Probleme bei der Ausführung der beschriebenen Tätigkeiten gibt oder die Qualität der gefertigten Produkte plötzlich gesunken ist. In diesen Fällen wird Know-how und Erfahrung benötigt. Dies wird mithilfe des Einsatzes von Datenbrillen/Smart Glasses zur Verfügung gestellt. Konkret: Der Servicetechniker bzw. der Kunde wird von den Spezialisten im Herstellerwerk geführt, sodass das Problem eingegrenzt und gelöst werden kann. Die Datenbrille könnte auch vorbereitend zum Serviceeinsatz genutzt werden, um den Umfang des Schadens und die benötigten Ersatzteile besser einzugrenzen.

Durch den Einsatz von Datenbrillen/Smart Glasses ergeben sich viele Vorteile:
- Schneller, geführter Service
- Verfügbarkeit von Top-Spezialisten ohne wesentliche Wartezeiten
- keine Reisezeiten/-kosten
- Know-how-»Entlastung« der Vor-Ort-Techniker (keine lange Einarbeitungzeit)
- Faire Kosten für den Kunden
- Es entstehen attraktive Arbeitsplätze beim Hersteller.

Beim Einsatz der Datenbrille können die erstellten Dokumente/Werkzeuge wie Bedienungs-, Wartungs- und Reparaturanweisungen genutzt werden.

Zusammenfassung und Lessons Learned

Was gab es an dieser Stelle zu lernen?

Mit dem Einsatz von Webshops/Kundenportalen und der Digitalisierung der Serviceorganisation entstehen neue und profitable Geschäftsmodelle, mit denen die Kundenbindung erhöht werden kann, aber auch Servicedienstleistungen, die für Kundengruppen erschwinglich werden, die diese Angebote vorher aus Kostengründen nicht wahrnehmen konnten. Die Digitalisierung bietet darüber hinaus Möglichkeiten, auf aktuelle Problemstellungen wie z. B. den Fachkräftemangel, der ein Geschäftsmodell oder die Erweiterung des Geschäfts gefährden kann, Antworten zu finden. Dies geschieht nicht unter Aufgabe des klassischen, personengebundenen Services, sondern in Ergänzung zu bereits bestehenden Angeboten wie Vor-Ort-Service, Inhouse-Reparaturservice und Austauschservice.

Schnelle und weltweite Verfügbarkeit von hochspezialisierten Technikern bei angemessenen Kosten ist das Ziel zum Sicherstellen der Kundenzufriedenheit – nur so wird Service ein differenzierender USP für den Verkauf neuer Maschinen.

Bei diesen Ansätzen gewinnt der Bereich der Erstellung der Kundendokumentation/ Bedienungsanleitung wesentlich an Bedeutung, wird in eine zentrale Position gerückt und zum Bestandteil der Service-/Ersatzteilorganisation. Sie bildet die Grundlage für das zukünftige Service- und Ersatzteilgeschäft und damit für das Neumaschingenge-schäft. Möglich ist dies nur, wenn von allen beteiligten Unternehmensbereichen ver-standen wird, dass dies ein sehr integrativer Ansatz ist, der mit der Modularisierung und Standardisierung des Maschinenprogramms beginnt. Diese Struktur muss sich in den weiteren Werkzeugen zur Beschreibung des Serviceangebots und der digitalen Werkzeuge wiederfinden.

Danke

Ich möchte mich an dieser Stelle bei meinen beiden Mitarbeitern Herrn Olaf Rittgeroth und Frau Sandra Osthues bedanken, die mit ihrem Einsatz und ihrer Unterstützung dieses Projekt wesentlich vorangetrieben haben und es letztendlich Realität werden ließen.

Hinweise zum Autor

RAINER PUMPE

Rainer Pumpe, Diplom-Ingenieur, ist Vorstand der Dr. Hönle AG und verantwortlich für Technik und Produktion.
Nach Abschluss eines Maschinenbaustudiums an der Ruhr-Universität Bochum als Diplom-Ingenieur begann Rainer Pumpe seine Karriere 1995 bei Voith Paper GmbH in Krefeld, wo er sich zunächst als Konstruktions-/und Entwicklungsingenieur mit dem Kalander- und Rollenschneidmaschinenbau beschäftigte. 2004 wurde er Geschäfts-führer der Voith Paper Finishing Inc. in Springfield, MA, USA und übernahm 2007 die Geschäftsführung von Voith Paper Air Systems mit Standorten in Mönchengladbach, Bayreuth und Montreal, Kanada. 2017 wechselte Herr Pumpe als Geschäftsführer in das mittelständische Familienunternehmen IDEAL-Werk C. + E. Jungeblodt GmbH + Co. KG in Lippstadt, Westfalen. Seit dem 1. Januar 2021 ist er als Vorstand Technik und Produktion bei der Dr. Hönle AG, München tätig.

Vom Produkt zum digitalen Service

… und für die Vermarktung ändert sich fast alles

Dr. Felix Pütz
Head of Business Unit »Mobility & Smart City«
LEGIC Identsystems AG

Ein Unternehmen verkauft jahrzehntelang ein qualitativ hochwertiges Produkt-Portfolio, das sich wachsender Beliebtheit erfreut und in Qualität und Funktion höchsten Ansprüchen genügt. Nun wechselt der Schwerpunkt der zukünftigen strategischen Positionierung in Richtung Software und Servicegeschäft, gleichzeitig werden die Märkte härter umkämpft, weil sich neue Player und »alte Bekannte« recht schnell bewegen. Wie löse ich das Spannungsfeld zwischen Produktperfektion und Serviceschwerpunkt nach extern und intern auf und stelle mich der Herausforderung Service in der Vermarktung?

Unternehmen und Leistungsangebot: Die Ausgangslage

Als Pionier für kontaktlose Personenidentifikation engagiert sich LEGIC seit Beginn der 1990er-Jahre als Basistechnologieanbieter im Bereich RFID. Während bis in die 90er-Jahre Daten in der Regel über Magnetstreifen von Karten an Lesegeräte übertragen wurden, ermöglicht RFID – Radio Frequency Identification – eine kontaktlose Kommunikation, die Daten werden folglich kontaktlos über die Luft übermittelt. Mit Hilfe eines großen Partnernetzwerks entstehen auf Basis von LEGIC-Technologiekomponenten Smartcards und Lesegeräte, deren Sicherheitskonzept für Kunden und Geschäftspartner wichtiger Teil der Technologieplattform ist.

Bei Technologieanbietern wie LEGIC führen immer erst mehrere Veredelungsstufen zum fertigen Produkt, was zunächst Distanz zum Endanwender der Technologie bedeutet. Durch ein Sicherheitskonzept, das die komplizierte Verwaltung des kryptografischen Schlüsselmaterials der RFID-Lösung stark vereinfachte, konnten direkte Geschäftsbeziehungen mit Endanwendern eingegangen werden. Mit der Zeit rückten neben den Bedürfnissen der Hardware-Partner mehr und mehr die Applikationen aus Endanwendersicht in den Fokus von LEGICs Portfoliogestaltung.

Seit 2016 gehört neben den Hardware-Produkten mit LEGIC Connect ein neues Software-Service-Produkt zum Portfolio und ermöglicht die Integration von Smartphones in mobile Geschäftsmodelle. Mit LEGIC Connect werden unterschiedliche Arten von Schlüsseln, IDs, Profilen, digitalen Prozessen oder Nutzungsdaten digitalisiert. Mit LEGIC Connect wurde ein Service geschaffen, der es ermöglicht, unterschiedlichste Applikationen mit verschiedenen User Journeys gegen Angriffe von außen abzusichern und gleichzeitig die Komplexität der Technologien an allen Schnittstellen zu minimieren.

Die Geschichte von LEGIC Connect, und damit die anfangs unbemerkte Verschiebung vom Hardware- in Richtung Servicegeschäft, entstand im Produktmanagement. Bis Vertrieb und Marketing in das Thema eingeweiht wurden, dauerte es, bis alles fertig entwickelt war.

Service entwickeln vs. Service verkaufen

Um dem Neuen ausreichend Raum in der Entwicklung zu geben und unabhängig vom Bestandsgeschäft entwickeln zu können, wurde für LEGIC Connect eine neue Unternehmenseinheit aufgebaut, die alle notwendigen Funktionen eines großen Entwicklungsvorhabens beinhaltet. So konnte der neue Service möglichst unabhängig vom Bestandsgeschäft definiert und entwickelt werden. Weitere zentrale Punkte während der Entwicklung waren die Themen Skalierbarkeit und Schnittstellen – digitale Services sind erfolgreich, wenn sie konzeptionell so aufgebaut sind, dass eine Skalierung über mehrere Kunden problemlos möglich ist und der Dienst jederzeit stabil zur Verfügung steht. Außerdem wird bestenfalls von Anfang an darauf geachtet, dass die Schnittstellen zu benachbarter Hardware oder Software und insbesondere zu Kundensystemen klar und möglichst einfach definiert sind.

Nach ca. drei Jahren Entwicklungszeit war LEGIC Connect fast fertig und die organisatorisch getrennte Einheit sowie deren Teams wurden in die »alte« LEGIC integriert, sodass der Service LEGIC Connect zusammen mit den bestehenden Produkten eine stimmige Technologieplattform bildete. Nachdem also das Portfolio technisch aufeinander abgestimmt und damit LEGIC Connect als neuer Bestandteil des LEGIC-Offerings integriert war, stand die Vermarktung des Ganzen an. Da jedoch bisher das Projekt »LEGIC Connect« nur wenig Aufmerksamkeit von Marketing und Vertrieb erhalten hatte, musste hier im Schnellgang nachgearbeitet werden.

Es sollte sich herausstellen, dass sich die Vermarktung eines Services vom Produktverkauf deutlich unterscheidet.

Es ist – neben der Servicebereitschaft, Freundlichkeit, Qualität etc. – nicht zuletzt die Erwartungshaltung des Kunden, die zu Erfolg oder Misserfolg führt.

Um ein Beispiel aus der Gastronomie zu bemühen:

> Vom Besuch eines Fast-Food-Imbisses erwartet der Kunde vor allem, ein Produkt zu einem bestimmten Preis in angemessener Qualität zu erhalten, während der Servicegedanke des Betreibers eine untergeordnete Rolle spielt. Beim Besuch eines Sterne-Restaurants ist es jedoch meist völlig anders: Hier möchte man einen »erstklassigen Service« erfahren, verstanden werden und seine individuellen Bedürfnisse gut bedient wissen; das Produkt ist zwar nicht unwichtig geworden, der Service spielt aber eine mindestens genauso entscheidende Rolle.

> Wichtig ist auch, dass im Servicegeschäft jede Besserstellung eines Kunden gegenüber anderen falsch ist, jeder Kunde ist König. In der Vermarktung von LEGIC Connect wurde an mehreren Stellen klar, dass im Servicegeschäft andere Erwartungen erfüllt werden müssen, andere Geschichten erzählt werden sollten, und dass auch bei den involvierten Mitarbeitern ein Umdenken stattfinden muss.

Der Pilotkunde ist ein wichtiger Startpunkt in den Markt, aber nicht repräsentativ

Im Fall von LEGIC Connect war der erste Kunde ein sehr wichtiger Schritt, um den Service zusammen mit dem Kunden zur Marktreife zu entwickeln. Hier ist allerdings der Begriff Marktreife nicht korrekt, da der Markt deutlich breitere Anforderungen stellt als ein einzelner Kunde. Insbesondere wenn ein Dienst – so wie im Fall von LEGIC Connect – für unterschiedlichste Anwendungsfälle eingesetzt werden und somit verschiedene Kunden mit verschiedenen Anwendungen und unterschiedlichen Ansprüchen gleichwohl bedienen soll. Konkret bedeutete dies für LEGIC, dass der Pilotkunde mit LEGIC Connect Hotelzimmerschlüssel virtualisiert und den Gästen per App zur Verfügung stellt. Ein Hotelreservierungssystem ist relativ einfach aufgebaut, während beispielsweise das Verwaltungssystem eines Unternehmens für Mitarbeiter, und damit auch die Abbildung eines Unternehmensausweises mit verschiedenen Funktionen im Smartphone, deutlich komplexer ist. Soll beispielsweise eine Nutzungsberechtigung für eine Carsharing-Anwendung im Smartphone hinterlegt werden, sind die Ansprüche des Kunden nochmals anders.

So sehr man auf die Wünsche des ersten Kunden eingehen sollte, darf nicht in Vergessenheit geraten, dass zum Marktstart auch andere Kunden mit weiteren Anforderungen bedient werden müssen. Services sollten also von Anfang an möglichst für eine breite Kundengruppe angelegt werden, wobei ausreichend Möglichkeit zur Individualisierung gegeben sein sollte.

Servicemarketing – Von der Feature-Liste zur Customer Success Story

Bereits während der Entwicklung von LEGIC Connect hat die Marketingabteilung erste Broschüren, Website-Inhalte und Videos von Prototypen erstellt und publiziert, bei Markteinführung sollte möglichst das Marketing-Portfolio stehen.

Im Rahmen der ersten Gespräche mit Kunden und durch interne Diskussionen ist für den Marketing-Fachbereich klar geworden, dass die Eigenschaften des LEGIC Connect Services – völlig anders als die Produkte von LEGIC – nicht durch die Beschreibung technischer Details und Funktionen oder durch die etwas verständlichere Formulierung des Lastenhefts ausreichend beworben sind. Für hochtechnische Produkte wie bspw. die Sicherheitsmodule von LEGIC konzentriert sich die Vermarktung vor allem darauf, dass Funktionalitäten und Kompatibilitäten, also technische Eigenschaften kommuniziert werden. Damit weiß ein Kunde meist, was er mit den Produkten erreichen kann. Im Fall vom LEGIC Connect Service musste das Marketing viel mehr auf die mögliche Anwendung des Dienstes ausgerichtet und die technischen Features mussten in Customer Benefits »übersetzt« werden. In diesem Fall sollten diese Kundenvorteile abhängig von der avisierten Applikation unterschiedlich sein.

In der Ausarbeitung der Value Proposition, anfangs basierend auf einem ersten Kunden und dessen gespürten Mehrwerts formuliert, kann es ebenso gut vorkommen, dass man im ersten Entwurf falsch und der echte Mehrwert für die meisten Kunden tatsächlich an ganz anderer Stelle liegt. Die Positionierung eines Services muss sich am echten Kundenerfolg orientieren, es geht nicht nur um Kostenersparnis, Flexibilität oder Geschwindigkeit. Darum ist es wichtig, die Customer Success Storys zu verstehen und den Dienst konsequent daran auszurichten – hier wird es mit verschiedenen Kunden auch unterschiedliche Ansprüche geben, die erfüllt werden sollen. Folglich ist die Vermarktung eines Services häufig deutlich breiter angelegt, da in der Ansprache verschiedener Zielgruppen deren unterschiedliche Motive bedient werden sollten.

In unserem Restaurantvergleich findet sich hier die Parallele darin, dass neben dem guten Essen insbesondere die Atmosphäre, die Einrichtung, die Freundlichkeit der Mitarbeiter, die Sauberkeit etc. zu einem guten Serviceerlebnis beitragen und darum auch wichtiger Teil der Vermarktung sind.

Die Pricing Challenge

In der Halbleiterindustrie sind die Kosten für Hardware relativ transparent, sodass auch das Pricing der Komponenten sich in der Regel an einem klassischen Cost-Plus-Ansatz orientiert. Hier werden die Materialkosten mit Zuschlägen für Programmierung, Handling, Overhead ergänzt, sodass ein marktfähiger Preispunkt entsteht, der sich an einer Preisstaffel entlang der Volumina des einzelnen Kunden verändert.

Das »Je-mehr,-desto-günstiger«-Prinzip findet in der Regel auch bei Services Anwendung, häufig ist aber bei der Bepreisung eines Service erst einmal zu klären, wofür der Kunde überhaupt zahlt, also welche Leistungsgröße er erwartet. Die Herausforderung ist es, eine Messgröße zu finden, die zum einen die tatsächliche Verwendung des Service – bei digitalen Services also die Beanspruchung der Infrastruktur – zur Grundlage der Verrechnung macht, zum anderen nur dann die Kosten steigen, wenn Partner und Kunden durch die Nutzung des Services einen Mehrwert empfinden. Servicepreise im B2B-Umfeld orientieren sich also nicht nur an Kostenblöcken wie Infrastrukturkosten, Personalkosten für Betrieb, Wartung, Weiterentwicklung etc., sondern sollten im Preismodell immer den seitens des Kunden empfundenen Mehrwert berücksichtigen. **Das kann auch bedeuten, dass neu entwickelte B2B-Services häufig in den ersten Monaten oder sogar Jahren defizitär betrieben werden, da die Kundenbasis noch nicht ausreicht, um die Gesamtkosten zu decken, höhere Preise jedoch dem Kundennutzen nicht entsprechen würden und so die Einstiegshürde zu hoch wäre.** Ein weiterer wichtiger Punkt in der Verrechnung von Services, die möglichst skalieren sollen, ist die automatisierte Verrechnung. Hier lässt sich von Anfang an viel Aufwand sparen und Fehlerquellen eliminieren.

Im Fall von LEGIC Connect hat sich schlussendlich ein Verrechnungsmodell durchgesetzt, das auf Transaktionen, die durch API Calls beim Service Aktionen auslösen, basiert. Jedoch zählt nur ein Teil dieser API Calls tatsächlich als verrechnete Transaktion, sodass nur diejenigen API Calls verrechnet werden, die dem Nutzer des Dienstes einen direkten Benefit stiften. Im Transaktionspreis sind sämtliche Kosten für Entwicklung, Betrieb und Inbetriebnahme für den Kunden enthalten, es gibt keine Projektkosten.

> Im Restaurant würde dies bedeuten, dass zwar jedes Mal, wenn der Kellner an den Tisch kommt, gezählt, jedoch nur dann verrechnet wird, wenn er etwas bringt. Dies entspricht in gewisser Weise auch der Realität, da der Service in Speisen und Getränkepreisen enthalten ist. Zudem gilt für den Restaurantbesuch meist auch, dass die Leistungen des Küchenpersonals für Vorbereitung, Zubereitung, Spülen etc. ebenfalls im Preis inbegriffen ist.

Der Markteinstieg – schneller Erfolg von Kunden sollte kein Geheimnis bleiben

Wie ein neues Produkt eröffnet auch ein neuer Service Märkte und Kundengruppen, die früher nicht bedient werden konnten. Der Einstieg ins Servicegeschäft fällt den Bestandskunden in aller Regel relativ schwer, wenn nicht ohnehin ein Bedürfnis nach neuen Geschäftsmodellen vorhanden ist. Einen traditionellen Hardware-Kunden jedoch davon zu überzeugen, jetzt neu auch in digitale Dienste zu investieren, ist meist eine schwierige Aufgabe. Auf der anderen Seite ermöglicht der Service die Ansprache von Kundengruppen, die wahrscheinlich nur mit dem Produkt-Portfolio nicht begeistert werden können. Da im Servicevertrag meist Recurring Revenues, also monatlich oder jährlich wiederkehrende Einnahmen, möglich sind, ist ein Neukunde, der sich vor allem für den Service interessiert, genau die richtige Nachricht nach intern und nach extern. **Der Wandel einer Firma vom Produktgeschäft in Richtung Service muss anhand von positiven Beispielen, klaren Botschaften und mehrfach wiederholt im Markt untermauert werden**, sodass sowohl im Markt, aber auch intern zwischen den Abteilungen das Vertrauen geschaffen wird, dass im Servicegeschäft mindestens so viel Ernsthaftigkeit steckt wie seit jeher in den Produkten. Im Fall von LEGIC wurden immer wieder Erfolgsgeschichten und neue Kunden intern und extern kommuniziert, was zum einen der Wahrnehmung als auch der Positionierung des Produkts im Markt am meisten hilft – nichts vermarktet besser als Erfolgsgeschichten. Im Fall von LEGIC Connect ist die Integration mit einem großen Kunden und die damit verbundenen Erfolge des Kunden bzgl. User Experience sowie der problemlose weltweite Rollout der Lösung seit Markteinführung ein wichtiges Zugpferd der Vermarktung und zieht weitere Integrationen nach sich.

> Für ein Restaurant wäre dies vergleichbar mit dem Lob der Gäste, gerne auch hinterlassen bei Yelp, Tripadvisor oder ähnlichen Portalen – hier verlassen sich neue Kunden sehr gerne auf die Einschätzung von Kunden bzw. Gästen, egal, wie die Darstellung des Anbieters bzw. Inhabers ausfällt.

Der Service-Vertriebler kennt seine Kunden und deren Bedürfnisse NOCH BESSER als dies Produktverkäufer tun

Im Vertrieb muss man seinen Kunden kennen – das weiß jeder. Wer das Geschäft seines Kunden verstanden hat und seine Bedürfnisse kennt, kann sich entsprechend leichter als Partner oder Lieferant positionieren. Der Service-Vertriebler weiß häufig schon, was der Kunde in Zukunft braucht, bevor der Kunde es selbst wirklich weiß – hier wird Gestaltungsspielraum ausgebaut, in den der eigene Service perfekt integriert werden kann.

Da digitale Services Softwarelösungen sind, können Optionen zur Individualisierung, das Abbilden kundenspezifischer Wünsche und Bedürfnisse, viel einfacher realisiert werden als bei Hardware-Produkten. Aber jede Individualisierung bedingt, dass der Kunde seine Möglichkeiten versteht, dass der Umgang offen und von partnerschaftlichem Dialog geprägt ist. Der partnerschaftliche Dialog wird im Hardware-Geschäft, also klassischen Kunden-Lieferanten-Beziehungen im »Geld-gegen-Ware-Austausch« nur selten gelebt; Service hingegen bietet die Möglichkeit, viel enger mit Kunden zusammenzuarbeiten. Die Geschäftsmodelle werden stärker miteinander verbunden, aber dies fordert den **Service-Vertriebler auch heraus, sodass er mehr Berater, Advokat und Mitgestalter der Kundenlösung wird**. Diese Eigenschaften zu entwickeln fordert von der gesamten Unternehmung ein Umdenken, wird reflektiert in der Vertriebsorganisation und der Incentivierung der Vertriebsmitarbeiter.

Sobald der Service-Vertriebler sich mit den neuen Services vertraut gemacht hat und versteht, dass Servicegeschäft in einigen Bereichen anders funktioniert als Produktgeschäft, werden die Kundenbeziehungen enger, Informationen fließen besser hin und her, das Vertrauen der Kunden wächst und die Wahrnehmung des gesamten Unternehmens als innovativer und vertrauensvoller Partner steigt.

Im Produktgeschäft fließen die Informationen typischerweise in Form von Funktionsbeschreibungen und Datenblättern vom Vertrieb in Richtung Kunde, dieser entscheidet anhand dieser Informationen über ein Design-In. Eine iterative, gemeinsame Lösungsfindung und der Aufbau gemeinsamer Geschäftsmodelle fällt im Produktgeschäft schwerer.

Zentrale Elemente der erfolgreichen Servicevermarktung und Lessons Learned

Abschließend bleibt festzuhalten, dass der Schritt in Richtung Servicegeschäft durch ein frühes und klares Bewusstsein der damit verbundenen Veränderungen und Herausforderungen deutlich leichter fällt. Im Fall der Vermarktung von LEGIC Connect war sicherlich auch nicht alles perfekt aufeinander abgestimmt, sondern viele Themen entstanden ad hoc oder getrieben durch externe Nachfragen. Die Möglichkeit, in unterschiedlichen beteiligten Funktionen wie Produktmanagement, Marketing oder Vertrieb kurzfristig zu reagieren, ist bei Veränderungen immer gefragt, jedoch ist es sinnvoll, die wichtigen Eckpunkte der Servicevermarktung frühzeitig zu definieren, mit ausgewählten Kunden zu testen und somit zum Zeitpunkt des Produktlaunches auch auf Marktseite gut aufgestellt zu sein. Zentrale Eckpunkte zur Servicevermarktung, die nicht in Vergessenheit geraten sollten, sind:

- **Value Proposition so früh wie möglich für alle verständlich machen**: Kunden kennen meist keine Hightech-Details, darum überzeugen Services mit klar verständlichen Botschaften – auch komplexe technische Details müssen für Kunden (und häufig auch Kollegen) »übersetzt« werden.

- **Komplexe Services einfach über deren Anwendungen erklären**: Kunden erwarten die Lösung ihres Problems und sollten genau diese in der Kundenansprache wiederfinden; komplizierte technische Features stehen bei Services hinter Customer Success Storys zurück.
- **Contracting und Pricing dauern lange und brauchen Input seitens der Märkte**: Service ist ein permanentes Geschäft, kein Einmalverkauf. Dies muss in Vertragswerk und Preismodell berücksichtigt werden, es darf am Anfang auch unterschiedliche Preismodelle geben – irgendwo zwischen »Cost+« und »Value-based« findet sich meist ein guter Weg.
- **Tu Gutes und sprich darüber**: Produkte werden in der Regel gelauncht, wenn sie fertig sind und zum Verkauf bereitstehen. Services starten besser in den Markt, wenn vorab schon Kunden eingebunden wurden. Das Design muss klar sein, aber nach 50 % Fertigstellung sollten unbedingt mehrere Pilotkunden involviert werden, damit es zum offiziellen Service-Launch auch richtig losgeht.
- **Servicevertrieb ist kein Vortrag, sondern Dialog – im Service geht es (fast) nur noch um gegenseitiges Vertrauen**: Ein Vertriebsteam muss auf Service vorbereitet werden, die Kundenansprache ändert sich, nicht jeder gute Produktverkäufer kann genauso gut Services verkaufen. Das gilt auch für die interne Kommunikation, nur die kontinuierliche Abstimmung zwischen marktorientierten Funktionen und internen Stakeholdern ermöglicht eine gute Reaktion auf Anfragen von Servicekunden.
- **Service beginnt im ersten Kundengespräch und endet nie**

Hinweise zum Autor

DR. FELIX PÜTZ

Dr. Felix Pütz startete 2017 bei LEGIC, um LEGIC-Technologie in offenen Ökosystemen wie Carsharing, City Cards oder City Apps zu etablieren. Mit der Business Unit »Mobility & Smart City« entwickeln Felix Pütz und sein Team gemeinsam mit Partnern und Endkunden innovative Ideen für sichere mobile Geschäftsmodelle, die das tägliche Leben der Nutzer smart unterstützen. Nach dem Studium am KIT und Promotion an der HSG setzt sich Felix Pütz seit über zehn Jahren für mehr Markt- und Kundenorientierung in der Industrie ein. Mit Engagements in der Luftfahrt, bei Marketing-IT-Unternehmen und aktuell bei LEGIC als Head of Business Unit »Mobility & Smart City« steht für Felix Pütz immer der Kunde im Zentrum des Handels einer Organisation.

Pricing

Klare Preisstrukturen schaffen Vertrauen

Cornelius Trimborn
Geschäftsführer
Joh. Franz König GmbH & Co. KG

Das Unternehmen: In der Region zu Hause, unsere lokale DNA

Die Firma Joh. Franz König GmbH & Co. KG ist ein familiengeführtes, regional tätiges Großhandelsunternehmen der Bauzulieferindustrie.

Das Unternehmen beschäftigt derzeit ca. 30 Mitarbeiter, wovon 4 Personen aktiv im Vertrieb arbeiten, 6 Mitarbeiter vervollständigen die kaufmännische Abteilung, 11 Mitarbeiter beschäftigen sich mit der Be- und Verarbeitung von Flachglas und 9 weitere sind mit der Kommissionierung und Auslieferung der fertigen Produkte betraut. Das Liefergebiet beschränkt sich auf ca. 75 km rund um den Standort.

Ausgangslage: Wie reagiere ich richtig, auf sich verändernde Märkte? Der Getriebene sucht die Optionen

Der Markt war 2004 geprägt von Überkapazitäten. Der daraus resultierende Marktdruck führte zu einem sehr starken Preisverfall. Der Kunde wurde zunehmend preissensibel und der Preis damit das entscheidende Kaufkriterium.

Unsere Strategie war es zu diesem Zeitpunkt, über Qualität und ein hohes Servicelevel Preisstabilität zu erhalten und Preise im oberen Marktniveau zu erzielen.

Dies war allerdings, unter den gegebenen Umständen, nicht zu kostendeckenden Konditionen möglich. Die Folge waren rückläufige Umsatzzahlen und stark sinkende Erträge.

Fusionsverhandlungen mit einem Wettbewerber, um Synergien und Kosteneinsparungen zu generieren, scheiterten. Im gleichen Zeitraum haben von der neun Mitarbeiter starken kaufmännischen Abteilung vier Mitarbeiter das Unternehmen verlassen, davon zwei aktive Vertriebler.

Mit den neu gewonnenen Mitarbeitern war der Weg frei für einen Kurswechsel. Die neuen Kollegen brachten neue Ideen mit, wir agierten fortan deutlich preisaggressiver am Markt, ohne unser Servicelevel vollständig zu vernachlässigen.

Eine Neuerung war der Abschied von einem reinen, sehr kostenintensiven Vertriebsaußendienst hin zu einem Außendienst auf Kundenanforderung.

Die Umsätze konnten in den folgenden Jahren gesteigert und das Unternehmen, trotz prozentual gesunkener Rohgewinne, in die Gewinnzone geführt werden. Die Gewinne wurden in die Modernisierung und Erweiterung der Eigenproduktion gesteckt, um in Teilbereichen unabhängiger von Vorlieferanten zu sein und die Wertschöpfung im eigenen Haus zu erhöhen.

Eine negative Begleiterscheinung war die Preisfindung, die zunehmend einen »Börsencharakter« erhielt und auf Tagespreisen basierte, ohne jedoch einen Bezug zu unternehmensspezifischen Gegebenheiten (z. B. Kapazitätsauslastung oder Verschnittquote) aufzuweisen. Jeder Mitarbeiter führte seine eigene Kalkulation durch und so kam es häufiger vor, dass Kunden für ein und dieselbe Anfrage verschiedene Preise aus unserem Haus erhielten. Dies wiederum führte auf Kundenseite zu mangelndem Vertrauen in die Preisstabilität und so wurden wir mit Anfragen überhäuft. Die kaufmännische Abwicklung war also sehr aufwendig und fehleranfällig.

Was also war zu tun?

Die Anpassung an Marktveränderung als geplante Variante

Aus dieser Situation heraus sollte 2012 ein Strategiewechsel durchgeführt werden, bei dem folgende Punkte berücksichtigt werden sollten:
- Kalkulation einer aktuellen Preisliste mit den neuen Fertigungsmöglichkeiten
- Clusterung der Kunden nach Umsatz und Umsatzpotenzial
- Zuordnung von Konditionsvereinbarungen zu der Clusterung
- Vereinheitlichung der Abwicklungsabläufe
- Fokussierung auf marktrelevante Serviceaktivitäten im Vertrieb
- Erweiterung der Bearbeitungsmöglichkeiten mit regionalen Alleinstellungsmerkmalen

Die vertrieblichen Ziele wurden sehr schleppend umgesetzt, da sich die vorherigen Strukturen schon zu sehr verfestigt hatten. Erst nachdem wir neue, branchenerfahrene Mitarbeiter gewonnen hatten, konnte die alte Struktur aufgebrochen werden. 2016 gelang dann mit weiteren personellen Lösungen der Durchbruch, da Hemmnisse im Wandlungsprozess beseitigt wurden.

Die folgende Beschreibung soll kurz die Herausforderungen skizzieren, denen wir uns stellen mussten.

Wenn aus Planung Umsetzung werden soll, müssen alle Beteiligten den Weg mitgehen

Um die neuen Fertigungsmöglichkeiten auch nach außen zu kommunizieren, haben wir neue umfassende Brutto-Preislisten kalkuliert. Hierzu orientierten wir uns auch an den Marktpreisen, um eine hohe Akzeptanz der neuen Listen zu erzielen.

Bei den Handelsartikeln entschieden wir uns für einen zweistufigen Prozess. Als erstes wurde ein Einkaufspreisvergleich für die einzelnen Produkte und Bearbeitungen erstellt. Aus dieser Übersicht wurde der jeweils höchste Einkaufspreis in die Grundkalkulation als Basis übernommen.

Parallel wurden kostendeckende prozentuale Mindestzuschlagssätze erarbeitet, die dann auf die Basispreise aufgeschlagen wurden. Dies stellte die Grundlage für eine Aufschlagskalkulation nach Konditionsgruppen dar.

Ein weiterer Vorteil war hierbei, dass einzelne Preise angepasst werden konnten, ohne dass die Auswirkungen beim Kunden sofort offensichtlich wurden.

Im nächsten Schritt war die Bewertung der Kunden notwendig. Hierzu wurden die Umsätze nach Produktgruppen der letzten drei Jahre herangezogen, wodurch wir auch eine Aussage zur Loyalität des Kunden erhielten. Zusätzlich wurde jedem Kunden ein Umsatzpotenzial zugeordnet. Diese Potenziale wurden aus Gesprächen mit dem Kunden sowie den Kenntnissen der Mitarbeiter und der Wettbewerbssituation entwickelt. Durch die Betrachtung auf Produktgruppen-Ebene hatten wir auch sofort Anhaltspunkte für das Cross-Selling-Potenzial.

Gleichzeitig wurden 10 »Rabattgruppen« erarbeitet, für die für alle Produktbereiche Konditionen festgelegt wurden. Somit war auch die Grundlage für eine zukünftige Erhöhung der Cross-Selling-Quote geschaffen.

Im nächsten Schritt mussten die Kunden den einzelnen Konditionsgruppen zugeordnet werden. Hier wurde sowohl der Preisstellungsdurchschnitt aus der Vergangenheit als auch das neu erstellte Potenzial berücksichtigt.

Ein Großteil der Kunden war so schnell zugeordnet. Jetzt galt es für die Sondersituationen Lösungen zu finden.

Beispielhaft sei hier eine solche Lösung angeführt: Der Kunde gehört hinsichtlich seines Potenzials und der Umsatzmenge in die Konditionskategorie 4 (1 = höchster Rabattsatz; 10 = niedrigster Rabattsatz). Da er aber nahezu nur Produkte aus einem Produktsegment benötigt und hier dann in die Kategorie 1 fallen würde, musste ein Kompromiss gefunden werden. Er erhielt für die benötigten Artikel Sonderkonditionen, die der Kategorie 1 entsprachen und wurde für die restlichen Produkte in die Kategorie 3 eingruppiert. Dies erfolgte, um den Preisabstand im Vergleich nicht zu hoch anzusetzen und keinen Vertrauensverlust zu riskieren.

Im ganzen Prozess wurde versucht, alle Preisstellungen über Rabattsätze auf Preislisten bzw. prozentuale Zuschläge auf Basispreise darzustellen. Dies hatte den Hintergrund, dass die zukünftige Stammdatenverwaltung deutlich vereinfacht wurde und Anpassungen effizienter durchzuführen sind.

Nachdem alle Kunden zugeordnet waren, wurden die neuen Brutto-Preislisten veröffentlicht und den Kunden ihre Rabattsätze mitgeteilt. Dies geschah entweder per Anschreiben oder im persönlichen Gespräch.

Neben den Produkten wurden in einem weiteren Prozess die Servicedienstleistungen überprüft. Hierzu wurden Serviceleistungen herausgearbeitet und neu definiert. Danach erfolgte ein Vergleich mit den Leistungen der Wettbewerber. Unterschiede wurden augenscheinlich und das Serviceniveau konnte im Vergleich mit den Wettbewerbern bewertet werden. Hieraus konnten wir je nach Wettbewerbssituation beim Kunden eine Nutzen-Argumentation aufbauen und unsere individuelle Preisstellung erklären.

Wenn sich Planungen durch erreichte Ziele bestätigen
Oder: Die Guten ins Töpfchen, die Schlechten ins Kröpfchen

Dies führte zu einer starken Veränderung im Kundenstamm. Die preissensiblen Kunden wechselten zu den preisgünstigeren Wettbewerbern, die jedoch ein niedrigeres Serviceniveau anboten.

Neue Kunden konnten durch unsere Leistungsfähigkeit in Service und Produktion gewonnen werden, da sie bei den Wettbewerbern latent unzufrieden waren.

Das Cross-Selling konnten wir deutlich steigern, da wir durch die durchgängige Konditionsvergabe sofort marktgerechte Preise anboten.

Mit zunehmender Umsetzung unserer Maßnahmen konnten wir auch Alleinstellungs-merkmale feststellen, die unsere Wettbewerber so nicht zu bieten hatten. Hier konnten wir kundenspezifisch unsere Vertriebsaktivitäten forcieren.

Einer der größten Effekte zeigte sich erst mit einiger Zeitverzögerung: Die interne Abwicklung wurde deutlich einfacher und flexibler. Das Arbeitsaufkommen konnte besser abgearbeitet werden und die Fehleranfälligkeit ging deutlich zurück.

Zudem erreichten wir bei unseren Kunden ein erhöhtes Vertrauen in unsere Preisstellung, sodass Anfragen abnahmen und »blinde« Bestellungen deutlich zunahmen.

Von 2016 bis heute konnte der Umsatz um ca. 12 % gesteigert werden. Gleichzeitig stieg der prozentuale Rohgewinn um 4 % an. Mit weiteren Optimierungen in allen Betriebsteilen soll dieser Trend fortgesetzt werden.

Unsere Alleinstellungsmerkmale und Servicestärken werden kalkulatorisch neu bewertet, um den Rohgewinn weiter zu stützen.

Zusammenfassung und Lessons Learned

Können wirtschaftliche Zwänge Veränderungsprozesse zum Scheitern bringen?

Vertriebsaktivitäten müssen regelmäßig kritisch hinterfragt und an die Markterfordernisse angepasst werden. Hierbei ist natürlich auch die eigene Leistungsfähigkeit zu berücksichtigen. Externe Berater oder ein Erfahrungsaustausch sind sehr hilfreich, um die eigenen »Scheuklappen zu beseitigen«. Viele Änderungen benötigen Geduld und Durchhaltevermögen, da alte Strukturen aufgelöst werden müssen und der Mensch i. d. R. mit Veränderungen schwer umgehen kann.

Alte personelle Situationen müssen auf die neuen Anforderungen hin überprüft und gegebenenfalls angepasst werden. Hier ist Sensibilität und Konsequenz gleichermaßen gefragt. Je mehr Hierarchieebenen vorhanden sind, desto aufwendiger und komplexer gestaltet sich der Prozess.

Achten Sie darauf, dass Sie nicht durch wirtschaftliche Zwänge zum Handeln gezwungen werden, denn dann sind sensible Mitarbeiterführung und Geduld nur noch schwer aufzubringen.

Hinweise zum Autor

CORNELIUS TRIMBORN

Als geschäftsführender Gesellschafter hat Cornelius Trimborn das Familienunternehmen Joh. Franz König GmbH & Co. KG zu einem führenden Unternehmen der Flachglas-Branche in der Region Köln aufgebaut. Durch mutige Investitionen und gelungene Personalführung konnte er auch in der sechsten Generation den Standort festigen.

Kontaktdaten
Joh. Franz König GmbH & Co. KG
Poll-Vingster-Str. 99
51105 Köln
E-Mail: trimborn@glaskoenig.de
Internet: www.glaskoenig.de

Preisniveauerosion als Anstoß für ein neues Preissystem

Ganzheitliche Preisniveaugestaltung im B2B-Handel und die Erfolgsfaktoren

Rainer Geschwandtner
Geschäftsführer
Geschwandtner + Felgemacher Bedachungshandel GmbH

Vorstellung des Unternehmens und Ausgangslage

Die Firmengruppe »Geschwandtner + Felgemacher« mit Hauptsitz in Bocholt im Westmünsterland ist im Schwerpunkt ein Bedachungs-, Holz- und Ausbaustoffe-Großhandel mit zwölf Lagerstandorten in Nordrhein-Westfalen, Sachsen-Anhalt und Sachsen.

Wir gestalten unser Geschäft nach von den Gesellschaftern festgelegten Grundsätzen, die in unserem Leitbild ausdrücklich formuliert sind. Wir sind der festen Überzeugung, dass ein Leitbild auch Auswirkungen auf die Profitabilität der Unternehmung hat.

Firmenleitbild der Unternehmensgruppe Geschwandtner + Felgemacher

Inhaberstruktur:
Die Firmengruppe Geschwandtner + Felgemacher wird als mittelständisches inhabergeführtes Unternehmen betrieben.

Zielgruppendefinition:
Wir sind ein Großhandel für Bedachung, Fassade, Klempnereibedarf, Holz- und Ausbaustoffe. Alle Betriebe, die diese Materialien verarbeiten, sind unsere Kunden.

Vision:
Wir wollen führend sein im Markt bei der Erbringung unserer Leistung gegenüber unserer Zielgruppe. Wir setzen auf eine langfristige Zusammenarbeit mit unseren Kunden.

Gegenseitiger Respekt:
Wir behandeln andere so, wie wir selbst behandelt werden wollen. Wir respektieren einander und arbeiten teamorientiert. Wir erkennen Initiative, Kreativität und die Übernahme von Verantwortung an.

Verbesserungen:
Wir gestalten die Zukunft, indem wir die Fähigkeit entwickeln, uns ständig zu verbessern.

Unternehmenserfolg:
Wir sind eine wirtschaftliche Gemeinschaft und setzen uns alle für die nachhaltige Rentabilität der Unternehmensgruppe ein. Das sichert langfristig die Arbeitsplätze.

Im Folgenden möchte ich beschreiben, wie wir für unsere Unternehmen ein neues Preissystem entwickelten – ein Preissystem, das sich zum einen an der Leistungsfähigkeit der Gesamtstruktur orientieren sollte und gleichzeitig auf unser Leitbild abgestimmt ist. Das neue Preissystem musste so gestaltet sein, dass die Unternehmung marktfähig ist und gute kapitalbildende Ergebnisse erwirtschaften kann.

In den Jahren 2013 und 2014 bemerkte ich eine schleichende Preisniveauerosion in allen Standorten unserer Unternehmensgruppe. Dies führte trotz aller Bemühungen auf der Einkaufsseite dann auch dazu, dass die Handelsspanne immer mehr unter Druck geriet.

Zwar erwirtschafteten wir keine bilanziellen Verluste, aber es war absehbar, dass sich die Ergebnisse in einen nicht mehr tolerierbaren Bereich nach unten entwickeln würden.

Auch wir gehörten damals zu den Unternehmen, bei denen *Preise primär auf der Basis von Intuition, Erfahrung und Faustregeln*[1] gebildet wurden. Zwar nutzten wir schon seit einigen Jahren als Datenbasis die Artikelstammdaten des Dachdatenpools (DDP), aber die dort mitgelieferte Preisbasis war eine Bruttobasis und konnte nur dann genutzt werden, wenn im Markt die entsprechende Bruttopreisliste des Lieferanten und die Bruttopreise des Dachdatenpools identisch waren.

Tatsächlich aber gab es für jeden oft verkauften Artikel eine unüberschaubare Menge an für die verschiedenen Kunden individuell kalkulierten Preisen. Unser ERP-System schlug beim Erfassen einer Auftragszeile unabhängig von der erfassten Menge die zuletzt berechneten Preise für die Kunden vor. So verharrte die Kalkulation bestenfalls auf diesem historisch gewachsenen Kalkulationsniveau. Da sich aber durch Angebotsanfragen aus dem Markt die Basis der berechneten Preise nach und nach schleichend

---

1   Vgl. Hermann Simon/Martin Fassnacht, Preismanagement, 3. Auflage, 2009, S. 471.

nach unten verschob, ergab sich für uns die dringende Notwendigkeit, hier entschlossen gegenzusteuern.

Die Praxis der Preisbildung im Handel verharrt dennoch überwiegend bei herkömmlichen Methoden[2]. Das klingt als Fazit zunächst recht entmutigend, zeigt aber, dass gerade im B2B-Handel die *Gewinnsteigerungspotenziale durch Professionalisierung des Preismanagements*[3] immens hoch sind.

Die Preisbildung im Großhandel ist zu alledem nicht nur ein rein EDV-technisches Problem, vielmehr ist es ein mindestens genauso schwieriges Unterfangen, die Mitarbeiter in diese Aufgabe einzubinden, herkömmliches Denken aufzubrechen und im Sinne unserer Aufgabe der Margenverbesserung positiv zu verändern.

Wie die Umsetzung unseres Vorhabens geschah und in welchen Schritten, möchte ich im Folgenden schildern.

Entwicklung und Umsetzung eines Konzeptes für ein Preissystem

Zunächst haben wir den Istzustand, von dem wir gestartet sind, betrachtet. Wir hatten und haben noch heute die Artikelstammdaten des Dachdatenpools. Dieser liefert für mehrere Hunderttausend Artikel Stammdaten inklusive eines unter bestimmten Annahmen kalkulierten Katalogpreises. In einigen Fällen, für bestimmte Hersteller, sind diese Katalogpreise identisch mit den Werksbruttopreisen des Industriepartners. Ist dies so, werden in der Regel die Kunden mit bestimmten individuellen Rabatten auf die Preise dieser Werksliste eingestuft.

In einem ersten Schritt entschieden wir uns, die Katalogpreise des Dachdatenpools für in unserem Sortiment befindliche Hersteller zu kalkulieren, das heißt, sie mit für uns margenmäßig auskömmlichen Orientierungsrabatten zu versehen.

Außerdem sollten am Ende alle Lagerartikel, die nicht auf Katalogpreisbasis mit Rabatten verkauft werden, mit einem fest hinterlegten kalkulierten Nettopreis, der dem Mitarbeiter immer beim Erfassen eines Auftrages anstelle eines historischen Preises vorgeschlagen wird, versehen sein. Damit wollten wir für Preisstabilität Sorge tragen und auch dafür, dass die Umsetzung von Preiserhöhungen sichergestellt war. Da wir

---

2 Vgl. ebenda, S. 506.
3 Vgl. ebenda, S. 506.

an etlichen Standorten, für die regional verschiedene Bedingungen herrschen, tätig sind, haben wir diese Nettopreise deshalb auch verschieden kalkulieren müssen.

Diese Nettopreise sind lediglich als Richtschnur für das alltägliche Grundgeschäft zu sehen und sind die Preise, die somit für geringe Abhol- oder Anliefermengen gelten sollen. Ebenso wurde bei der Preisermittlung die Lagerumschlagshäufigkeit berücksichtigt. Artikel mit geringer Umschlagshäufigkeit sind mit einem höheren Preis kalkuliert als die sogenannten Topseller. Der Grad der Anerkennung und Durchsetzung dieses Preissystemkonzepts entscheidet in erheblichem Maße über die Handelsspanne in Euro.

Insgesamt haben wir – über alle Filialen gerechnet – ca. 18.000 Artikel in den Lägern. *Eine verursachungsgerechte Zurechnung aller Kosten ist angesichts der großen Sortimentsumfänge im Handel kaum erreichbar. Als Basis für die Kalkulation der Verkaufspreise dienen deshalb in der Regel die Einstandspreise.*[4] So haben wir für jeden Lagerartikel die bisher fakturierten Preise aus der Datenbank ausgelesen und uns dann am oberen mittleren Durchschnitt bei der neuen Preisfestsetzung orientiert. Geringe Modifizierungen nach oben sollten dann leichte Verbesserungen ermöglichen.

Dieses Konzept zu realisieren war eine Fleißaufgabe, aber es war relativ planbar. Dies ist in den letzten Jahren geschehen und ist heute Bestandteil der täglichen Arbeit der Mitarbeiter.

Ein vorhandenes Preissystem ist aber meiner festen Ansicht nach nur ein, wenn auch ganz wesentlicher, Bestandteil des Gesamterfolges eines Großhandels. Im Gesamtkontext des Erscheinungsbildes der Unternehmung spielt das Leitbild eine tragende Rolle. Insbesondere das ausgewogene Zusammenspiel seiner Bestandteile ist meiner Meinung nach erst der endgültig ausschlaggebende Faktor für den Gesamterfolg.

Deshalb war es wichtig, das Unternehmen »allumfänglich ausgewogen« in den Markt zu stellen. Im Laufe der Zeit habe ich das Unternehmen deshalb insgesamt umgebaut. Hier geht es nicht um einen radikalen Umbau, vielmehr spielen Nuancierungen eine große Rolle. Deshalb habe ich, um strukturiert vorgehen zu können, bestimmte Gestaltungskreise gebildet und diese im Hinblick auf einen eventuellen Änderungs- und Anpassungsbedarf überprüft.

---

4   Vgl. Hermann Simon/Martin Fassnacht, Preismanagement, 3. Auflage, 2009, S. 505.

Gestaltungskreise

Mitarbeiter

Die Mitarbeiter sind das wichtigste »Kapital« in unserer Branche. Als Fachgroßhandel bieten wir gemäß unserem Leitbild dem Handwerkskunden Sortimente an. Um fachlich mit dem Wissen der Kunden mithalten zu können, brauchen wir gut ausgebildetes Personal, das auf Augenhöhe mit den Kunden spricht. Damit die nötige Konstanz erreicht wird, ist es essenziell wichtig, dass gut geschultes Fachpersonal eine hohe Verweildauer im Betrieb hat. Unsere Kundschaft schätzt es, nicht ständig wechselnde Mitarbeiter als Partner zu haben, vielmehr geht man partnerschaftlich durch die Zeit. Dies ist aber nicht selbstverständlich so, sondern es erfordert vonseiten der Geschäftsleitung ein hohes Maß an Führungskompetenz, um das Ziel einer langen Betriebszugehörigkeit bei für die Unternehmung geeigneten Mitarbeitern zu gewährleisten. Alle Abteilungen sind mit Mitarbeitern so besetzt, dass es die Personalstärke erlaubt, die Handwerkerkunden gut und professionell zu betreuen. Bewusst ist hier getreu unserer Fokussierung auf das Handwerk gehandelt worden und es ist kein spezielles Personal zur Beratung von Privatkunden vorgesehen. Insofern hat unsere Vertriebsaussage im Leitbild unmittelbar Einfluss auf den Block der Personalkosten. Nur so können wir uns preislich überhaupt richtig im Markt positionieren und am Ende mit dem sich ergebenden Personalkostenblock erfolgreich sein.

Dafür, wie die Unternehmung im Markt wahrgenommen wird, ist es wichtig, wie groß der Kompetenzspielraum, der den Mitarbeitern insbesondere auch in Bezug auf die Preissetzung eingeräumt wird, ist. Weil unsere Mitarbeiter gegenüber den Kunden bei der Preissetzung jederzeit aussagefähig sein sollen, hat jeder Mitarbeiter die Möglichkeit, den Preis so zu gestalten, dass der Auftrag mit dem für uns optimalen Preis gewonnen werden kann. Das ist ein sehr großes Vertrauen, das die Geschäftsleitung jedem Mitarbeiter im Verkauf schenkt. Eine von den Mitarbeitern getroffene Preisentscheidung gegenüber dem Kunden wird nicht mehr nachträglich von der Geschäftsleitung korrigiert, es sei denn, dass ein offensichtlicher Fehler vorliegt. Die Erfahrung hat aber deutlich gezeigt, dass die Unternehmung damit sehr gut fährt und die Mitarbeiter viel Vertrauen zurückgeben.

Ein ständig gepflegtes Preissystem gibt für das tägliche Geschäft und die Preisgestaltung einen festgesetzten Rahmen, der die Orientierung für alle Mitarbeiter erleichtert. Preisniveausteuerung auf der einen Seite und Preiskompetenz der Mitarbeiter auf der anderen Seite bilden unserer Meinung nach keinen Gegensatz. Vielmehr wirkt geschenktes Vertrauen insgesamt förderlich für das Preisniveau. Die Ausgewogenheit zwischen Preisfestigkeit im normalen Tagesgeschäft und zwischen im Wettbewerb erzielten Aufträgen mit nach unten abweichenden Preisen wird von der Geschäftsführung laufend überwacht und genauestens überprüft.

Außendienst

Zugegeben, nicht alle Fachgroßhandlungen haben einen Außendienst. Unserer Meinung nach ist es aber unbedingt erforderlich, Mitarbeiter im Außendienst zu beschäftigen. *Persönlicher Verkauf ist das wichtigste Kommunikationsinstrument im Großhandel.*[5]

Unsere Außendienstmitarbeiter betreuen vor Ort die Kunden und führen dabei regelmäßig persönliche Gespräche. Auch heute noch schätzt es, trotz aller Digitalisierung, der Handwerkskunde, wenn neben dem Kontakt zu einem Ansprechpartner im Innendienst auch der direkte persönliche Kontakt zum Außendienst gegeben ist. Vertrauen wird ganz sicher in erster Linie in direkten Gesprächen aufgebaut. Und Vertrauen stärkt die Bindung zum Unternehmen. Auch die Industrie hat insbesondere in den letzten zwei Jahrzehnten ein immer dichteres Netz mit Fachberatern aufgebaut und *versucht Präferenzen für das eigene industrielle Produktprogramm aufzubauen.*[6] Im Markt entsteht damit ein Dreiecksverhältnis zwischen Handwerk, Handel und Industrie. In der Regel ist es aber so, dass die Fachberatergebiete der Industrie größer sind als die Außendienstgebiete des Großhandels. Dies führt automatisch dazu, dass die Besuchsfrequenz des Fachgroßhandels höher ist als die der Industrie.

Nur wenigen Industrieunternehmen gelingt es, ihre Fachberater so lange an sich zu binden, wie es dem Großhandel gelingt, den Außendienst an sich zu binden. Idealerweise arbeiten Industrie und Großhandel im Markt partnerschaftlich zusammen und nutzen die gemeinsame Beziehung zum Kunden, um die Umsätze zu stärken. Meistens geht dies dann mit einer Einlagerung der Sortimente des betreffenden Industrieunternehmens einher. Sicher kommt es oft vor, dass Sortimente konkurrierender Industrien beim Großhandel eingelagert sind. Dort aber, wo die Zusammenarbeit zwischen dem Großhandel und der Industrie funktioniert und gleichzeitig eine Lagerhaltung im Großhandel erfolgt, gehen die Industrieunternehmen dazu über, weniger den Handwerker zu besuchen, sondern stattdessen Architekten und Planer, um ihre Produkte in Ausschreibungen zu platzieren. Achtet der Großhandel im Markt diese Arbeit der Industriefachberater und versucht nicht, andere Produkte alternativ mit anzubieten, kann eine Preisstellung des Großhandels in der Regel durch entsprechende Einkaufspreise nicht nur wettbewerbsfähig, sondern auch margenmäßig auskömmlicher gestaltet werden. Am Ende trägt somit ein permanent vorhandener Außendienst des Großhandels zur Stabilisierung des Preisniveaus bei, wobei gleichzeitig die Umsätze des Handels ausgebaut werden können.

---

5   Vgl. Martin Creutzig, Neue Großhandelsbetriebslehre, 2009, S. 36.
6   Vgl. Martin Creutzig, Neue Großhandelsbetriebslehre, 2009, S. 35.

Die Kompetenz des Großhandels im Markt führt bei lagermäßig geführten Sortimenten von Industrieunternehmen mit weniger personeller Präsenz beim Handwerker dann tendenziell zu besseren Margen, weil der Industriepartner die Marktpräsenz des Handels für sich nutzen will. Insofern trägt der Außendienst aktiv zur Stabilisierung des kalkulierten Preissystems bei.

So ist festzustellen, dass auch der Außendienst ein entscheidender Einflussfaktor für das für den Erfolg nötige Niveau eines Preissystems ist. Die Beziehung zum Handwerker ist so stark entwickelt, dass der Hersteller nicht die Preishoheit des Großhandels entscheidend untergraben kann. Das Risiko für den Großhandel, dass ein Vorverkauf von Sortimenten durch die Industrie gelingen kann, ist in diesem Fall bedeutend kleiner als ohne Außendienst.

Kommunikation

Weiter oben in der Abhandlung wurde schon festgestellt, wie wichtig die ständige Kommunikation mit den Kunden ist. Sie findet auf allen Ebenen statt, von der Geschäftsleitung über den Innendienst, den Außendienst, die Lagermitarbeiter bis zum Auslieferungsfahrer oder zur Buchhaltung.

Technisch gesehen tritt neben das Telefon, das Faxgerät oder die E-Mail immer mehr ein webbasiertes Portal für den Kunden zu seinen im Großhandel existierenden Daten. Somit stellen wir unserer Kundschaft die ganze Bandbreite der heute bestehenden Kommunikationsmöglichkeiten zur Verfügung.

Wichtiger Bestandteil des Portals ist neben vielfältigen Auskunftsfunktionen die Möglichkeit, sich über das gesamte Sortiment zu informieren und neben der preislichen Auskunft auch die unverbindlichen Lagerbestände abfragen zu können. Für die lagermäßig geführten Artikel erscheinen die kalkulierten Nettopreise. Diese werden auch angezeigt, wenn der Kunde eine Bestellung absetzt, und automatisch als Preis in die Rechnung übernommen. Insofern wirkt das Portal unmittelbar preisfestigend.

Ein Portal ist nur dann sinnvoll, wenn eine umfangreiche, ständig gepflegte Datenbasis zur Verfügung steht. Hier war es unbedingt notwendig, sich von Anfang an dem Dachdatenpool anzuschließen. Wenn der Kunde nicht umfangreiche Artikeldaten zur Verfügung hat, wird die Akzeptanz dieser wichtigen Kommunikationsmöglichkeit schnell zurückgehen und er würde bestenfalls bei uns auf bewährte Kommunikationsmöglichkeiten zurückgreifen oder sich im schlechtesten Fall der Internetpräsenz der Wettbewerber zuwenden.

Durch die allmähliche Umschichtung von Tätigkeiten, die bisher im Großhandel erledigt werden, hin zum Kunden, ergibt sich eine Entlastung der Mitarbeiter im Handel. Letztendlich wird so die Zeit für qualifizierte Beratung und das Bemühen um Aufträge erhöht; aber es wird sich tendenziell auch eine Kostenentlastung zugunsten des Unternehmenserfolgs ergeben.

Als Fazit kann festgestellt werden, dass das Portal neben der Entlastung der Mitarbeiter preisstabilisierend wirkt. Insofern ist der digitale Unternehmensauftritt langfristig durch die positive Veränderung der Organisationsstrukturen preisniveau- und umsatzrelevant.

Lieferanten und Sortimente

Einhergehend mit der Einführung eines neuen Preissystems mussten wir auch unseren Lieferantenmix mit den dazugehörigen Sortimenten, insbesondere für unsere Lagerhaltung, überprüfen.

Im Ergebnis haben wir, um es vorweg zu nehmen, ca. 10 % mehr Lieferanten im Portfolio und unser Lagerbestand ist in allen Häusern durch Ausweitung der Sortimentsbreite und -tiefe um ca. 30 % gestiegen. In den meisten Fällen haben wir gegenüber vorher für die einzelnen Produktgruppen nun mindestens zwei Lieferanten. Wir arbeiten mit allen Marktführern zusammen. Die Preise sind hier in der Regel im Wettbewerb umkämpft und das Preisniveau ist folgerichtig in unserer gepflegten Lager-Nettopreisliste entsprechend fair und marktgerecht gestaltet. Es gibt aber neben den Marktführern Lieferanten mit geringeren Marktanteilen, bei denen wir für ähnliche, gleichwertige Artikel eine bessere Rendite erreichen können. Diese, vom Umsatz her gesehen, B-Lieferanten heben den Kalkulationsschnitt in der jeweiligen Warengruppe so an, dass eine bessere durchschnittliche Rendite gegeben ist.

Ein weiterer Aspekt bei der Ausweitung der Lagerbestände ist der bessere Einkauf durch eine Ausweitung der Bestellmengen über die Frachtfreigrenzen hinaus bis hin zu ganzen Ladungen. Dies haben wir z. B. bei Dachziegeln an allen Standorten praktiziert. Der Anteil der Lieferungen mit eigenem Lkw direkt von unserem Lager zur Baustelle des Kunden ist dadurch erheblich gestiegen. Diese Entscheidungen haben insgesamt unsere Kalkulation bei der Erstellung unseres neuen Preissystems positiv beeinflusst.

Serviceleistungen und Mietservice

In Zeiten des Fachkräftemangels haben wir ein Service- und Mietkonzept entwickelt und wollen dies in der Zukunft konsequent ausbauen. Das ist nicht an allen Standorten möglich, vielmehr haben wir in den größeren Häusern investiert und die kleineren Filialen bedienen sich dort.

So haben wir Maschinen für die Umformung von Zink-, Kupfer- und Alublechen und in Bocholt eine Anlage für die EPS-Konfektionierung kleiner Gefälledächer und Balkone. Ferner vermieten wir in Bocholt, und damit auch für die Standorte Ahaus, Marl und Geldern, die vielfältigsten Dachbaugeräte bis hin zu einem großen Autokran incl. Fahrer. Das wird sehr gut von der Kundschaft angenommen und zeigt uns, dass dieser Service- und Mietbereich noch weiter ausgebaut werden sollte.

Durch die so sicherlich erzeugte hohe Bindung der Kunden an unser Unternehmen wird ein erhöhter Umsatz auch im Großhandelsbereich erzielt, der für eine höhere Auslastung des Unternehmens sorgt und somit auch für unser Preissystem fördernd wirkt.

Fuhrpark

In jedem Standort haben wir – angepasst an den jeweiligen Umsatz – eine leistungsfähige Lkw-Flotte für die zeitnahe Auslieferung der vom Kunden bestellten Ware. Zeitnahe Auslieferung bedeutet für uns, dass der Kunde, wenn gewünscht, Ware, die er morgens bis 9.00 Uhr bestellt, am gleichen Tag noch angeliefert bekommt. Das bekommen selbst die schnellsten Onlinehändler nicht hin.

Diese gute Lieferbereitschaft, so sind wir der festen Überzeugung, ist ein Grund für die gute Frequentierung unserer Läger. Dieser Service wird gern genutzt und sichert uns einen hohen Anteil an Umsatz, der entsprechend mit den kalkulierten Nettopreisen berechnet werden kann. Gleichzeitig versetzt uns diese Tatsache in die Lage, einen Teil dieses Ertrags in die Auftragsakquise bei größeren Objekten fließen zu lassen. Dies geschieht kontrolliert mit der ständigen Überwachung durch die Geschäftsleitung, um ein ausgewogenes Verhältnis zu gewährleisten. Hier spielt natürlich die schon erwähnte Erfahrung eine große Rolle.

Kooperation

Seit 1987 gehören wir als Gründungsgesellschafter der horizontalen Kooperation FDF (Fachhändler Dach + Fassade) mit Sitz in Wilnsdorf bei Siegen an. Gesellschafter sind mittelständische, privat geführte Unternehmen. Die Kooperation hat heute über 50 Gesellschafter an über 70 Standorten in ganz Deutschland. Das Motto »Gemeinsam mit der Industrie, für das Dachdeckerhandwerk« beschreibt die grundsätzliche Zielsetzung.

Wichtigster Zweck einer Kooperation ist, neben dem persönlichen Erfahrungsaustausch, ganz sicher die Bündelung von Umsätzen gegenüber Lieferanten, um damit einhergehend zusätzlich bessere Konditionen für alle Mitglieder zu erreichen. Die so gewonnenen *Ertragssicherungen sind verdeckte Kalkulationsbestandteile, die im Markt nur bei Gefahr zum Einsatz kommen.*[7] Folgerichtig kennt bei uns im Unternehmen nur ein kleiner Kreis von Mitarbeitern die Vereinbarungen der Kooperation mit der Industrie. Ebenso verhält es sich mit den zusätzlich für unser Unternehmen vereinbarten Jahresrückvergütungen. Wichtig ist ein ausgewogenes Verhältnis zwischen allen Jahreskonditionen und der Gestaltung der Tagespreissituation. Zu hohe Jahresvereinbarungen haben in der Regel auch höhere Tagespreise zur Folge. Dadurch kann sich leicht ein Wettbewerbsnachteil durch zu hohe Verkaufspreise im Markt ergeben. Dieses Problemfeld mussten wir bei der Gestaltung unseres neuen Preissystems sehr genau betrachten und die Lösungen mit einfließen lassen.

Fazit

Die über einen langen Zeitraum erfolgte konkrete Kalkulation von Tausenden Nettopreisen für unsere Lagersortimente haben wir immer unter Berücksichtigung der erörterten Gestaltungskreise vorgenommen. Meistens mussten wir nur geringe Anpassungen vornehmen, aber einige Gestaltungskreise, z. B. der Mietservice, sind auch zur Abrundung völlig neu eingeführt worden.

Kalkulation im Großhandel bedeutet ein ständiges Austesten von möglichen leichten Preisanpassungen nach oben. Damit diese Preisanpassungen akzeptiert werden, hilft sicher das Gesamtkonzept des Unternehmens. Aber es sind aufgrund des Wettbewerbs enge, ganz sicher entscheidende Grenzen gesetzt.

Heute sind wir gegenüber früher so weit, dass unsere Kundschaft wirklich alles, was für den Betrieb eines Handwerksbetriebes notwendig ist, bei uns erwerben kann. Unser Erscheinungsbild im Markt hat sich dahingehend geändert, dass wir für den Kunden in allen Belangen ein vollwertiger Fachgroßhandel sind und für alle Probleme eine Lösung bieten können.

Diese Tatsache war und ist, ohne dass man es genau beziffern könnte, in jedem Fall umsatzfördernd. Berücksichtigt man, dass im Großhandel die wenigsten Kosten di-

---

7   Vgl. Martin Creutzig, Neue Großhandelsbetriebslehre, 2009, S. 153.

rekt einem Artikel bzw. Auftrag zuzuordnen sind, sondern dass es sich stattdessen in der Regel um fixe bzw. höchstens mittelfristig variable Kosten handelt, ist festzustellen, dass durch alle Maßnahmen zusammen die Auslastung der Gesamtorganisation der Unternehmung gesteigert und somit deutlich optimaler in Bezug auf die Kostenbelastung des Umsatzes (in %) gestaltet werden konnte.

Aristoteles schrieb einmal: »Wir können den Wind nicht ändern, aber wir können die Segel richtig setzen.« Wir hoffen, dass wir die Segel richtig gesetzt haben, und werden versuchen, diese auch in Zukunft immer richtig anzupassen.

Hinweise zum Autor

RAINER GESCHWANDTNER

Als Mitinhaber und Geschäftsführer ist Dipl.-Kfm. Rainer Geschwandtner seit über 40 Jahren bei der Firma Geschwandtner + Felgemacher Bedachungshandel GmbH aktiv. Einer der gewichtigsten Schwerpunkte seiner Tätigkeit im B2B-Handel ist die tägliche Arbeit an den Marktpreisen und deren Optimierung in einer passenden Unternehmensstruktur.

Der Preis ist heiß!

Einführung eines Preisqualitätssystem im Bermudadreieck Industrie – Handel – Handwerk

Holger S. Manske
Geschäftsführer
STORCH Malerwerkzeuge & Profigeräte GmbH

Der Preis ist heiß – so nannte sich ein Fernsehformat aus den frühen Zeiten des Privatfernsehens. Ein schwergewichtiger Niederländer stellte alle möglichen Produkte vor und die Teilnehmer mussten deren Preise möglichst exakt einschätzen. Eine Dauerwerbesendung, die sich meines Wissens großer Beliebtheit erfreute.

Ich war ebenfalls fasziniert – aber nicht wegen des freundlichen Holländers. Mir machte die Sendung sehr deutlich, wie wenig Preiskenntnisse Menschen tatsächlich haben und das sogar bei Produkten des täglichen Bedarfs. Mein Interesse am Pricing von Produkten und Dienstleistungen war geweckt und hat mich meine gesamte berufliche Laufbahn in den unterschiedlichen Verantwortungen begleitet. Denn ohne ein nachvollziehbares Pricing ist die Profitabilität jeder unternehmerischen Tätigkeit infrage gestellt.

Auf zu neuen Ufern

Im Jahr 2016 übernahm ich die vertriebliche Verantwortung bei Europas marktführendem Produzenten und Vertreiber von Malerwerkzeugen mit der Zielgruppe professionelle Endanwender. Bei den Vorstellungsrunden mit den Holding-Geschäftsführern und dem Beirat berichtete ich, dass ich in meiner vorherigen Funktion ein neues Preis- und Konditionensystem entwickelt und eingeführt hatte. Meine Ansprechpartner waren ausgesprochen interessiert, da man selbst eine Systementwicklung vorangetrieben hatte, die Ergebnisse aber in der Schublade schlummerten. Nach den berühmten 100 Tagen in der neuen Verantwortung sichtete ich die Unterlagen, die mit einem der führenden Beratungsunternehmen im Pricing-Bereich im Jahr 2013 entwickelt worden waren.

Nach dem Studium der Ausarbeitungen und der freundlichen Unterstützung unserer Sales-Excellence-Beauftragten war ich baff.

Malerwerkzeuge – die komplizierteste Branche der Welt?

Wir vertreiben international ein Vollsortiment von ca. 3.500 Referenzen im Teamvertrieb an Maler und Stuckateure. Unter Teamvertrieb verstehen wir dabei, dass wir mit Leit-Großhändlern arbeiten, diese sich auf unser Programm fokussieren und wir im Gegenzug über unsere eigene Vertriebsorganisation (ca. 100 Vertriebsmitarbeiter) sogenannte Überweisungsaufträge/Streckengeschäfte generieren. Diese Aufträge werden im Regelfall komplett von uns abgewickelt, unser Handelspartner schreibt die Rechnung und treibt die Forderung ein. Die bei dem Geschäft entstehende Handelsmarge ist signifikant. In Summe eine strategische Partnerschaft zwischen Industrie und Handel, die uns als Produzenten den direkten Kontakt zum Endanwender ermöglicht und unsere POS-Präsenz sicherstellt. Für den Handelspartner bedeutet dies eine Stärkung seiner vertrieblichen Aktivitäten im Markt, die zur erhöhten Potenzialausschöpfung, Kundenbindung und Neukundenakquise führt.

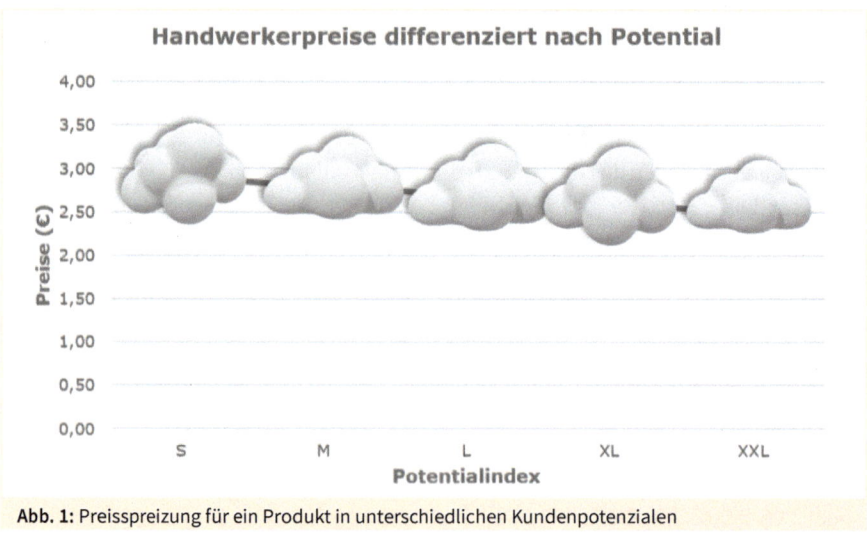

Abb. 1: Preisspreizung für ein Produkt in unterschiedlichen Kundenpotenzialen

Und jetzt wird es kompliziert: Unsere Vertriebler haben die Preishoheit beim Handwerker und kurz gesagt, niedrige Preise führten in der Vergangenheit zu geringeren Provisionen und Prämien. Der Umsatz oder das Potenzial des Kunden spielten dabei keine Rolle. Ein über Jahre gewachsenes System, in dem oftmals der Kunde die besten Preise erhielt, der am heftigsten forderte. Unsere Kunden sind mit ihrem Einkaufspotenzial dokumentiert und wir hatten die Erwartung, dass potenzialstärkere Kunden günstiger einkauften als Kleinstbetriebe.

Weit gefehlt. Die Spreizung der Preise war nahezu willkürlich und unabhängig vom Potenzial und Umsatz der Kunden. Wir nannten die Spreizung »Preiswolken«, die offen gesagt noch viel größer war als im obigen Schaubild. Und da die Preisfindung im Teamvertrieb zu unseren Handelspartnern die Handelsmarge bestimmt und die Preistransparenz im Zuge der Digitalisierung weiter zunimmt, war dringender Handlungsbedarf gegeben.

Preisqualität – wie geht das?

Die Empfehlung der Berater war die Einführung eines neuen Preis- und Konditionssystems mithilfe des Preisqualitäts-Modells. Preisqualität: Was muss man darunter verstehen?

Wir teilten unsere Endkunden in unterschiedliche Cluster ein, die sich am Umsatz des Vorjahres orientierten. Natürlich hatten wir auch die Orientierung am Potenzial des Kunden diskutiert, davon nahmen wir jedoch Abstand, da unsere Vertriebsmitarbeiter das Potenzial beim Kunden selbst hinterlegen können. Also entschieden wir uns für den Umsatz des Vorjahres. Der Listenpreis des Produktes ist dabei die Absprungbasis. Hat der Kunde im Vorjahr z. B. 10.000 Euro Umsatz generiert, dann erhält er einen definierten Vorschlagspreis-Rabatt – nehmen wir an 10 %. Der Listenpreis des Produktes beträgt 10 Euro – der Vorschlagspreis demnach 10 Euro minus 10 % = 9 Euro. Macht der Vertriebler in diesem Beispiel einen Nettopreis von 9 Euro, erreicht er eine Preisqualität von 100 %. Höhere Preise führen zu Preisqualitäten größer 100 %, niedrigere Preise zu Preisqualitäten kleiner als 100 %. Einfach und logisch, nahezu banal.

Das folgende Schaubild gibt einen schematischen Überblick zur Ermittlung der Preisqualität nach dem vorher beschriebenen Schema:

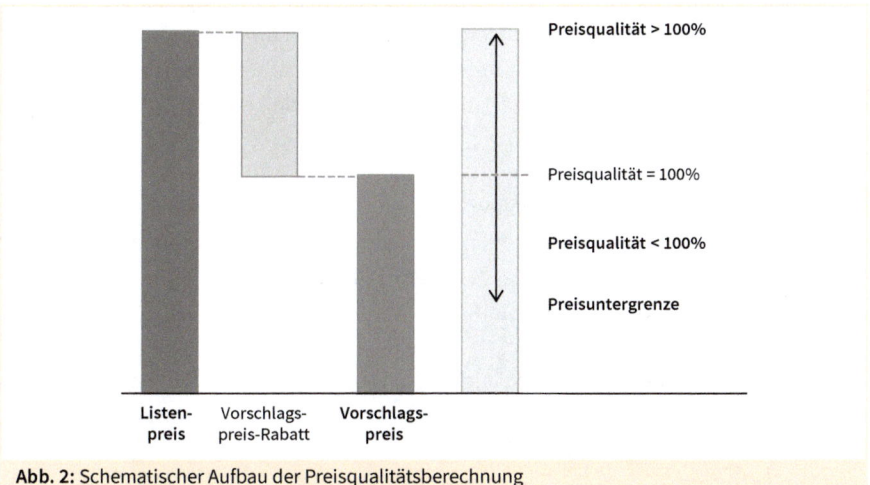

Abb. 2: Schematischer Aufbau der Preisqualitätsberechnung

Nach einer Reihe von Diskussionen mit dem Projekt-Kernteam, bestehend aus Mitarbeitern aus Vertrieb, Controlling, IT und Customer Service, stand die Entscheidung: Wir wollen mehr Sicherheit und Nachvollziehbarkeit im Rahmen eines leistungsorientierten Pricings mithilfe des Preisqualitäts-Modells umsetzen.

Doch dann hob das IT-Department den Arm und machte darauf aufmerksam, dass man keine freien Kapazitäten für ein solch umfassendes Projekt habe – rückblickend betrachtet ein Glücksfall.

Eine App macht Appetit

Wir überlegten uns also, wie wir das eine Jahr bis zum geplanten Going-Live-Termin im Januar 2018 sinnvoll überbrücken könnten. Also, wie können wir den Vertrieb schon jetzt mit der neuen Preismethodik vertraut machen, ohne den Rollout in unserem ERP-System umgesetzt zu haben?

Wir entwickelten eine Preis-Vorschlags-App, an der sich unsere Außendienstler in puncto Preisfindung nach Preisqualitäten mit Beginn 2017 orientieren konnten. Die Mitarbeiter hatten somit fast ein ganzes Jahr die Gelegenheit, sich mit der Methodik vertraut zu machen und wir bekamen reichlich Feedback, welche Optimierungsmöglichkeiten noch zu berücksichtigen sind. Monatlich stellten wir die Entwicklung der Preisqualität pro Mitarbeiter dar, sodass jeder Vertriebler seine Performance und Entwicklung nachvollziehen konnte.

Im Frühjahr 2017 ging es dann mit der wirklichen Projektarbeit los – analysieren, kalkulieren, kritisch prüfen – neue Preismodelle können bei missglücktem Setup wie Ergebniskiller wirken – Szenarien rechnen und im iterativen Prozess mehr Sicherheit für die richtige Justierung finden. In unserem Teamvertriebsmodell muss das Pricing für den Handel und beim Handwerkskunden perfekt aufeinander abgestimmt sein – ansonsten besteht die Gefahr, dass Erträge unserer Handelspartner arrondieren. Das Going-Live hatten wir für Januar 2018 geplant.

Parallel begannen die umfangreichen Programmierungen in unserem ERP-System. Diese Art des Pricings ist natürlich kein Standard und musste dementsprechend von unserem Dienstleister und unseren eigenen IT-Kollegen entsprechend umgesetzt werden. Ein wahrer Ritt auf der Rasierklinge.

Ich erspare Ihnen, werte Leser, die vielen Details und Fallstricke, die uns auf dem Weg der IT-technischen Umsetzung ereilten – nur so viel, mit der Programmierung waren reichlich schlaflose Nächte verbunden.

Rollout und Revolte

Im Januar 2018 war es dann so weit und wir führten den Rollout wie geplant durch. Mit der neuen Pricing-Methodik war auch eine neue Art der Auftragsübermittlung durch unseren Außendienst verbunden – früher gaben die Kollegen die Aufträge im Offlinemodus in unser CRM-System ein. Diese Möglichkeit bestand mit der neuen Mechanik nicht mehr und Aufträge werden seit dem Start des Systems in unser sogenanntes Enterprise-Portal eingespeist – eine Onlinelösung mit Preisfindungsunterstützung und Warenverfügbarkeits-Prüfung. Dies ist an sich ein moderner und zeitgemäßer Ansatz, wenn da nicht die sehr schwankende Netzabdeckung in unseren Kernländern wäre. Wir waren tatsächlich am Rande einer »Außendienst-Revolte«: Aufträge wurden durch den Außendienst mühsam erfasst, um sich dann plötzlich im Rahmen einer Offline-Phase im Nichts aufzulösen. Ein Graus für jeden Verkäufer. Nach einer Reihe von Krisensitzungen konnten wir die wesentlichen Fehler beheben und brachten das System stabiler zum Laufen. Auch heute besteht offen gesagt noch Verbesserungsbedarf, mit dem wir uns aktuell beschäftigen.

Ein Preis- und Konditionssystem ist wie ein lebender Organismus – Stillstand kann es nicht geben, mit der Justierung der strategischen Ziele verändert sich auch das System: Mission started – not completed!

Lessons Learned

Welche Erfahrungen haben wir nach über drei Jahren gesammelt?
1. Denken in Preisqualitäten – nicht in Roherträgen
   Es ist uns gelungen, dass das Preisqualitätsdenken in den vertrieblichen Alltag übernommen wurde und entsprechend gelebt wird. Schritt für Schritt haben wir unsere variablen Vergütungssysteme justiert, sodass sich eine hohe Preisqualität finanziell für unsere Mitarbeiter auszahlt. Die Frage an den Vorgesetzten oder den Customer Service, nämlich »Was ist der äußerste Preis, den ich machen kann?« gehört der Vergangenheit an.
2. Zum Bermudadreieck gehört auch der Handel
   Wir haben im Rahmen des Projektes sehr viel Fokus auf die Preisfindung bei unseren Handwerkskunden gelegt, der Handel wurde aus meiner heutigen Einschätzung in unserem Bermudadreieck nicht ausreichend berücksichtigt – ein Folgeprojekt für das Jahr 2022.
3. Auf dem Weg der Optimierung
   2019 haben wir eine sogenannte Fakturierungsschleife eingeführt – durch den Außendienst erfasste Aufträge werden an den Kunden ausgeliefert und bleiben für 72 Stunden zur Korrektur des Pricings im Zugriff des Vertrieblers. Der Vertriebler hat die Möglichkeit, das Pricing innerhalb der drei Tage anzupassen und erst anschließend wird die finale Faktura ausgelöst.

Die Einführung dieses Tools hat sich als ausgesprochen sinnvoll herausgestellt, da die Mitarbeiter zur zügigen Auftragserfassung nur die Referenzen und Mengen notieren und das finale Pricing nachgelagert am Schreibtisch durchführen können. Wir konnten einen signifikanten Ertragseffekt messen.

Im Jahr 2020 haben wir eine Preisuntergrenze (PUG) für ausgesuchte Eckartikel installiert. Der Vertriebler hat unter Berücksichtigung der Preisqualität Spielraum bis zur PUG – Unterschreitungen sind genehmigungspflichtig und führen im Regelfall zu Provisions- und Prämienverlusten. Hier nehmen wir heute sicherlich den ein oder anderen Umsatz nicht mehr mit, was aber für die Profitabilität ein Segen ist.

4. Der Weg zum nachhaltigen Erfolg: dranbleiben

Einer der wichtigsten Erfolgsfaktoren im Zusammenhang mit der Einführung des neuen Preis- und Konditionssystems war die Entwicklung eines neuen KPI-Sets. Anhand von wenigen KPIs führen wir mit den Führungsverantwortlichen im Vertrieb über die verschiedenen Hierachieebenen monatliche Vertriebstracking-Gespräche und beurteilen jedes Verkaufsgebiet mithilfe einer Ampel-Funktion. Somit ist es gelungen, sehr genau den notwendigen Coachingbedarf eines jeden Vertrieblers einzuschätzen und entsprechende Weiterbildungsmaßnahmen einzuleiten.

Nach über drei Jahren können wir feststellen, dass sich unsere Vertriebsmannschaft qualitativ nachhaltig entwickelt hat – u. a. hat die Einführung unseres Preisqualitäts-Systems dazu geführt, dass sich sowohl die Effektivität (die richtigen Dinge tun) wie auch die Effizienz (die Dinge richtig tun) unserer vertrieblichen Aktivitäten deutlich verbessert hat.

Mit Markus Milz haben wir im Anschluss noch ein Kundensegmentierungsprojekt durchgeführt und clusterspezifische Normstrategien abgeleitet – die Kombination aus beiden Projekten hat dazu geführt, dass wir ein nachhaltiges, profitables Wachstum erreicht haben – eine Blaupause für erfolgreiche Vertriebsentwicklung.

Der Preis ist heiß – der Aufwand hat sich gelohnt!

Hinweise zum Autor

HOLGER S. MANSKE

Holger S. Manske ist seit 2016 Geschäftsführer der STORCH Malerwerkzeuge & Profigeräte GmbH. Er verfügt über besondere Fähigkeiten und Kenntnisse in den Bereichen Management, Vertrieb und Marketing. Nach seinem erfolgreichen Abschluss des Studiums der Wirtschaftswissenschaften in Bielefeld und Hannover begann er seine berufliche Karriere als Verkaufsleiter bei der Erismann & Cie. GmbH. Vor seiner aktuellen Position war Manske Geschäftsführer Marketing & Vertrieb der ERFURT & Sohn KG, dem Weltmarktführer für überstreichbare Wandbeläge.

Preisanpassungen mit dem Rückhalt des Vertriebsteams umsetzen

Marc Bayer
Commercial Director
Blycolin Textile Services GmbH

Ausgangssituation

Blycolin bietet seit 50 Jahren umfassendes Wäschemanagement für die Hotellerie in Deutschland, Belgien, den Niederlanden, in Luxemburg, Österreich, der Schweiz und Polen. Zu unseren Kunden gehören neben Hotelketten, die wir länderübergreifend mit einheitlichen Standards bedienen, auch individuelle Privathotels und Familienbetriebe.

Als Leasinganbieter für Hotelwäsche schließen wir üblicherweise Verträge über einen Zeitraum von mindestens vier Jahren. Wir finanzieren die Wäsche, statten Hotels auf Grundlage einer Kalkulation, in die eine Vielzahl von Erfahrungswerten und regionalen Erkenntnissen einfließt, aus und passen die Ausstattung stetig den Bedürfnissen an. Wir sind erster Ansprechpartner, betreuen und steuern die Abläufe rund um die Hotelwäsche, die Dienstleistung des Waschens übernehmen Partnerwäschereien. Die Kunden zahlen für den tatsächlichen Verbrauch, das heißt, jedes sauber gelieferte Teil wird abgerechnet, eine Mietzahlung für eine zeitlich begrenzte Nutzung gibt es in diesem Sinne nicht. Feste Ansprechpartner im Kundenservice kennen ihre Kunden mit allen Besonderheiten. Der Außendienst besucht unsere Kunden regelmäßig, berät und unterstützt in allen Belangen vor Ort. Unsere Kunden wählen aus einer umfangreichen Wäschekollektion ihre nachhaltige und biologische Wäsche, die ausschließlich in ihrem Hotel eingesetzt wird.

Wir berechnen den optimalen Wäscheeinsatz sowie die erforderliche Logistik und passen die Wäschemengen kontinuierlich für einen reibungslosen Ablauf bei unseren Kunden an. Hierbei sind wir in der Lage, gemeinsam mit unseren dezentralen Partnerwäschereien Komplettlösungen in fast jeder Region anbieten zu können. Im Sinne einer belastbaren Qualitätssicherung werden unsere Wäschereipartner regelmäßig bezüglich Arbeitsqualität, Nachhaltigkeit und Hygienestandards von unserem Wäschereiberater auditiert und unterstützt.

Die Kosten für die Dienstleistung des Waschens steigen seit einigen Jahren stetig aufgrund extern getriebener Einflüsse wie Lohnkosten und Energiekosten. Weiterhin wurde die Beschaffung der Wäsche selbst durch eine Vielzahl von zumeist sinnvollen Regularien ebenfalls teurer. Die dargestellten Preiserhöhungen treffen auf einen Markt, der einerseits von der Verringerung der Gesamtkapazität der Wäschereidienstleister und den hierdurch bedingten Preiserhöhungen gekennzeichnet ist. Andererseits hat im Hotelleriebereich zwischen 2009 und 2019 ein erhebliches Wachstum stattgefunden, sodass sich die Nachfrage bei sinkendem Angebot vergrößert hat. Unter dem Strich sanken die Margen, sodass im Sinne einer zukunftsorientierten Stabilisierung des Unternehmens eine Überarbeitung des Preismodells notwendig war.

In der Vergangenheit wurden Preise eher zaghaft erhöht. Auf Grundlage aller anfallenden und zu erwartenden Preissteigerungen, die unsere Dienstleistung in Gänze betreffen, wurden entsprechende Prozentsätze kalkuliert und diese mit den Außendienstmitarbeitern, die die Kunden betreuen, diskutiert.

Im Ergebnis hat dies dazu geführt, dass ein Teil der Erhöhungen aufgrund akuter oftmals kleinerer Reklamationen nicht im gewünschten Maße umgesetzt wurden – aus Angst, den Kunden zu verärgern, und sicherlich auch aufgrund einer geringen Bereitschaft, ein unangenehmes Gespräch mit Kunden zu führen.

Es gibt das berühmte Beispiel mit dem maximalen Rabatt, den der Vertriebsmitarbeiter vergeben darf. Wenn er 10 % geben darf, wird er stolz verkünden, dass er das Projekt mit einem Rabatt von nur 8 % umsetzen konnte. Was, wenn er eine Freigabe von nur 3 % gehabt hätte? Was, wenn dem Kunden anstelle des Rabatts ein realistischer Mehrwert (z. B. Garantie) gegeben wird, von dem er unter Umständen mehr und langfristiger profitiert als von einem kurzen monetären Effekt? Was, wenn dieser Mehrwert für uns ohne große Kosten realisierbar ist …?

Mit den Erfahrungen der Vergangenheit sind wir in Analogie zu obigen Überlegungen das Thema Preiserhöhung angegangen, wohl wissend, dass die größte und schwierigste Veränderung in den Köpfen der handelnden Personen stattfinden muss.

Problemlösung

Ein Problem zu erkennen, ist der erste Schritt zu einer Lösung, daher haben wir nach Analyse der Gesamtsituation zwei Kernthemen herausgearbeitet:

- Die Kalkulationen waren pauschal, zu allgemein und zu wenig auf die einzelnen Kunden und Projekte bezogen. Individuelle Faktoren wie Aufwand im Verhältnis zum Ertrag wurden nicht ausreichend berücksichtigt.
- Die Einstellung der Mitarbeiter zur Preisanpassung war zu wenig optimistisch (»Ich muss leider eine Preiserhöhung umsetzen …«) und zu ängstlich.

Wir haben die Kunden genau analysiert und haben den Faktor »Aufwand« mit einkalkuliert. Zudem haben wir bewusst die Kunden auch so kategorisiert, dass ein gewisser Ausfall nicht optimal passender Kunden als Risiko berücksichtigt und in Kauf genommen wurde. Ein hoher Aufwand bei geringem Umsatz und geringer Marge bedeutet infolgedessen einen deutlich höheren Aufschlag.

Einen wesentlich größeren Hebel haben wir allerdings bei unseren Mitarbeitern gesehen. Ein gut gecoachter Mitarbeiter mit der richtigen Einstellung kann in einem professionellen Gespräch eine Menge erreichen. Wir haben daher die interne Diskussion um die Preiserhöhung der Kunden durch Trainings und Coachings ergänzt. Fokus war die Akzeptanz der Erhöhung.

Vom »Wir müssen leider« hin zum »Wir brauchen« mit Rückgrat!

Umsetzung

Wie wollen wir kalkulieren?

Wir haben die entstehenden Prozesskosten, die ein Kunde unabhängig von seiner Größe intern verursacht, beziffert. Hierbei haben wir festgestellt, dass der prozentuale Prozesskostenanteil bei kleinen Kunden wesentlich höher ist als bei größeren. So weit ist das keine Überraschung. Allerdings haben wir diesen Aspekt in der Vergangenheit zwar bei neuen Verträgen, nicht jedoch bei Preiserhöhungen explizit einfließen lassen. Eine Kalkulation auf Kundenbasis hat diese Aspekte berücksichtigt und für jeden Kunden einen »passenden« Aufschlag aufgezeigt, der dann eingesetzt wurde.

Zudem haben wir in der Vergangenheit bei Kunden, die eine höhere Marge erzielt haben, tendenziell eher zaghaft erhöht. Die Angst davor, besonders ertragsstarke Verträge zu gefährden, war hier unser Antrieb. In der internen Diskussion wurde uns jedoch bewusst, dass der Kunde – der das natürlich nicht weiß – mit der passenden Erhöhung noch ertragsstärker gemacht werden kann.

Darüber hinaus haben wir uns für die Zukunft zum Ziel gesetzt, jedes Jahr konsequent eine Erhöhung der Preise durchzuführen, um die Kunden hieran zu »gewöhnen«.

Selbst eine kleine Erhöhung bringt auf lange Sicht deutlich mehr als keine, denn nachholen kann man dies nicht.

Diese Erhöhung zu kommunizieren, hat eine wichtige Funktion. Wir setzen beispielsweise einen Anker, indem wir die Erhöhung grundsätzlich mit einer Nachkommastelle darstellen. Werte wie z. B. 5 % wirken gerundet, ungerade Werte wie z. B. 5,3 % wirken kalkuliert. Hinzu kommt, dass man in vielen Fällen die Verhandlungen auf die Nachkommastelle verschiebt und eher um Zehntel, als um ganze Prozente verhandelt.

Wie gehen wir vor?

In einem ersten Workshop haben wir uns explizit die Frage gestellt, was wir erreichen wollen und wie die passende Roadmap dorthin aussehen soll. Aus der Analyse ergaben sich drei Faktoren, mit denen wir das Ergebnis verbessern wollten:

- Gründliche Vorbereitung
- An der Einstellung der Mitarbeiter gegenüber der Preiserhöhung arbeiten
- Methodenkompetenz

Erfolgsfaktor 1: Gründliche Vorbereitung

Grundsätzlich sollte man möglichst besser vorbereitet als sein Gegenüber ins Gespräch gehen und die passenden Argumente und Antworten bereit haben. Wir haben bereits bei der Planung die Außendienstmitarbeiter einbezogen und transparent kommuniziert, welche Faktoren welchen Einfluss auf die jeweilige Erhöhung haben. So wussten die Mitarbeiter genau, aus welchen Bestandteilen sich die Erhöhung zusammensetzt und was welchen Anteil an der Gesamtheit hat.

Darüber hinaus ist es für den Mitarbeiter überaus wichtig zu wissen, welche Person in welcher Funktion welche Entscheidung trifft. Immer wieder werden Gespräche mit Entscheidern geführt, die grundsätzlich gut verlaufen. Der Vertriebler ist zufrieden und fest davon überzeugt, eine Einigung erreicht zu haben. Das berichtet er seinem Vorgesetzten – und im Nachgang klappt es doch nicht, obschon man sich ja mit dem vermeintlichen Entscheider einig war. Was ist passiert?

Der Mitarbeiter ist häufig so auf den Entscheider fokussiert, dass der in der Regel übergeordnete »Genehmiger« übersehen wird. Sein »Segen« ist aber für die Umsetzung entscheidend. Der Genehmiger befasst sich in vielen Fällen nicht in voller Tiefe mit Projekten und lässt sich von Anwendern und Entscheidern briefen. Jeder Vertriebsmitarbeiter sollte sich ähnlich einem »Elevator Pitch« verhalten: Für die Situation, dass er dem Genehmiger gegenübersitzt oder ihn im Rahmen eines Kundentermins trifft, sollte er sich ein paar kurze und prägnante Sätze bereitlegen, die den Sachverhalt auch dann, wenn das Gegenüber keine vertieften Kenntnisse hat, über das gesamte Projekt auf den Punkt bringen.

Ein anderer wichtiger Teil der Vorbereitung ist die Kenntnis über die aktuelle Kundenzufriedenheit. Wohl dem, der die Zufriedenheit seiner Kunden regelmäßig abfragt und somit ggf. auf einen längeren Zeitraum zurückblicken kann. Gibt es aktuelle Reklamationen oder Beschwerden, ist etwas besonders gut gelaufen? Reklamationen dokumentieren wir in unserem CRM-System, diese werden bis zum Abschluss weiterverfolgt und hierdurch wird sichergestellt, dass die Themen erledigt werden. Wir befragen unsere Kunden zudem jährlich nach einem festen Fragenkatalog nach ihrer Zufriedenheit und können so auch über Jahre hinweg Trends bei einzelnen Kunden erkennen. Bei den Vorbereitungen für eine Preiserhöhung helfen diese Instrumente ungemein.

Zudem ist es von Vorteil, wenn der Mitarbeiter sich über Wechselbarrieren und Wechselkosten im Klaren ist. Barrieren können vertraglicher oder technologischer Natur sein, eine genaue Kalkulation über die für einen Wechsel entstehenden Kosten sollte man vor einem Preiserhöhungsgespräch gemacht haben. Liegen die Wechselkosten über den durch die Preiserhöhung zu erwartenden Kosten, wird die Wechselandrohung zu einem Säbelrasseln, das in den meisten Fällen ohne Folgen bleibt.

Die Vertragssituation muss natürlich bekannt sein. Mit einem Kunden, der einen noch über längere Zeit laufenden Vertrag hat, wird man womöglich anders umgehen als mit einem Kunden, der kurz vor der Möglichkeit der Kündigung steht. Darüber hinaus ist es entscheidend zu wissen, ob der Kunde beim Wettbewerb eine vergleichbare Dienstleistung erhalten kann oder ob er hierdurch Abstriche machen müsste. Zudem sollte man mögliche Wechselkosten grob überschlagen. Auch wenn man damit niemals argumentieren sollte, ist es hilfreich zu wissen, was ein Wechsel des Anbieters in etwa kosten würde. Hierbei sollte man sich allerdings nie zu sicher wähnen, da es immer wieder Kunden gibt, die dies entweder einfach nicht berücksichtigen oder billigend in Kauf nehmen.

Wichtigster Teil der Vorbereitung ist jedoch die Frage nach dem Verhältnis des Vertrieblers zu seinem Kunden: Die gute persönliche Bindung lässt vieles verzeihen! Auch wenn wir noch so professionell sind, kaufen wir im B2B von Menschen und nicht nur deren Produkte oder Dienstleistungen. Diese Bindung aufzubauen, verlangt nach regelmäßigen persönlichen Kontakten. Sei es ein Telefonat oder das persönliche Treffen, wichtig ist das richtige Maß.

Erfolgsfaktor 2: Einstellung der Mitarbeiter hin zum »Wir brauchen!«
Die innere Haltung der Mitarbeiter beeinflusst die äußere Wirkung. Wenn das vormals schlechte Gewissen bei Preiserhöhungen einer selbstbewussten Haltung weicht, Verlustängste in positives Denken umgewandelt sowie Stress vor einem Gespräch abgebaut werden kann, schafft man eine stabile Grundlage für sehr gute Ergebnisse.

So weit, so gut, aber wie vermittelt man den Mitarbeitern diese Einstellung?

Erst einmal ist es entscheidend zu vermitteln, dass der Kunde nicht Gegner, sondern Freund ist. Auch wenn man in gewissen Punkten wie beispielsweise der beabsichtigten Preiserhöhung nicht einer Meinung ist, ändert das an der Grundeinstellung erst einmal nichts. Zudem sind viele Kunden bereits seit vielen Jahren unter Vertrag und man konnte gemeinsam schon einiges erleben und vieles bewältigen.

Erfolgsfaktor 3: Methodentraining

Entscheidend für den selbstbewussten Auftritt des Mitarbeiters ist zudem eine entsprechende Methodenkompetenz, die durch ein Training vermittelt wurde.

Wir haben unsere Vertriebsmitarbeiter zu einem Training eingeladen und wurden hier von einem professionellen Trainer begleitet. Nachdem wir uns die unterschiedlichen Entscheider- und Genehmigerrollen in der Vorbereitung genauer angesehen haben, die Rollen sowie die entsprechenden Reaktionen trainiert haben und wir anhand der Zufriedenheitsanalysen und anhand aktueller Vorgänge und ggf. Reklamationen Fragen über die aktuelle Kundenbeziehung beantwortet haben, beschäftigen wir uns nun explizit mir der Botschaft, die vermittelt werden soll: »Wir brauchen diese Preiserhöhung!«

Wir haben den Mitarbeitern anhand von Beispielkalkulationen und passenden Grafiken explizit aufgezeigt, dass eine entgangene Preiserhöhung nie wieder eingeholt werden kann. In die grundlegende Kalkulation hatten wir sie ja bereits miteinbezogen.

Nachdem für alle nachvollziehbar das »Wir brauchen« vermittelt war, ging es an die Methodik und somit an den »handwerklichen Teil« des Trainings.

Erst einmal ist es wichtig, sich vor Augen zu führen, dass man gemeinsam mit seinem Kunden eine gemeinsame Mission verfolgt. In unserem Fall als Zulieferer der Hotellerie wollen auch wir zufriedene Gäste, denn unterm Strich bezahlen sie unsere Dienstleistung. Zufriedene Hotelgäste schaffen zufriedene Hoteliers. Ohne unsere Dienstleistung ist das Hotel nicht in der Lage, sein Angebot aufrechtzuerhalten. Wir sind auf symbiotische Art und Weise miteinander verbunden und verfolgen ein gemeinsames Ziel.

Bei der Erläuterung der Preiserhöhung geht es zunächst erst einmal darum, schlüssige Argumentationsketten aufzubauen und auf Einstiegsfragen mit der richtigen Frage zu kontern. Der Haltung des Mitarbeiters wird einiges abgefordert, da er sofort im nächsten Schritt gleich mit einer Argumentationskette den Nutzen unserer Dienstleistung als Antwort auf die Ursprungsfrage nennen muss. Das verlangt Selbstbewusstsein und Rückgrat.

Wir haben uns im Workshop mögliche Einwände der Kunden genau überlegt und dazu mögliche Argumentationsketten als Antwort bereitgelegt. Im Training haben wir zahlreiche Ketten durchgespielt und trainiert, die Argumentationsketten saßen zum Ende des Trainings bei allen Mitarbeitern. Dies konnte wie folgt aussehen:

Kunde: »Die Erhöhung ist zu hoch.«
Mitarbeiter: »Im Gegensatz wozu?«
Kunde: »Im Gegensatz zu Ihrem Wettbewerber XY, der erhöht die Preise nicht derartig.«

Säbelrasseln des Kunden. Den Mitarbeiter, der die Wechselbarrieren kennt, lässt das aber erst einmal kalt. Er beginnt mit der Argumentationskette:

Mitarbeiter: »Bekommen Sie beim Wettbewerber denn auch einen Inklusivpreis, der auch Anlieferung und Abholung abdeckt?«
Kunde: »Ja, die Dienstleistung ist vergleichbar.«
Mitarbeiter: »Bekommen Sie denn auch einen festen Ansprechpartner? Wie Sie wissen, sprechen Sie immer direkt mit Herrn/Frau xx, der/die ihr Haus kennt, sofort im Thema ist und schnell eine Lösung herbeiführen kann.«

usw.

Eine solche Argumentationskette kann man zwei- bis dreimal einsetzen, danach geht es in die eigentliche Verhandlung. Durch die ersten Konter hat man eine Basis für die Verhandlung geschaffen, bei der jetzt schon klar ist, dass man nicht sofort klein beigibt.

Dem Mitarbeiter muss bewusst gemacht werden, dass die meisten Nachlässe in Preiserhöhungsverhandlungen ungerechtfertigt aus Angst vor Kündigung gegeben werden oder um sich schnell aus dem oftmals wenig angenehmen Gespräch zu befreien. Das muss so nicht sein.

Wir haben den Mitarbeitern zwei ergebnisorientierte Verhandlungsstrategien mit an die Hand gegeben, die in unterschiedlichen Situationen eingesetzt werden können:
- Harte Verhandlungsstrategie »win-loose«
- Kooperative Verhandlungsstrategie »win-win«

Die harte Verhandlungsstrategie kann nur sehr eingeschränkt eingesetzt werden, da sie die persönliche Beziehung zum Kunden ernsthaft in Gefahr bringen kann. Ein harte Verhandlungsstrategie kann man bei Kunden fahren, bei denen man »um jeden Preis« seine Forderung durchsetzen will, auch wenn das persönliche Band danach beschädigt ist. Sie eignet sich also nur für Kunden, die nicht wirtschaftlich sind und bei denen eine Kündigung unterm Strich verschmerzbar wäre, da eine Zusammenarbeit auf der bisherigen Grundlage nicht zielführend ist.

Die kooperative Verhandlungsstrategie »win-win« nach dem Harvard-Prinzip ist in den allermeisten Fällen das Mittel der Wahl. Ziel ist es natürlich, die eigene Forderung durchzusetzen, allerdings nicht »um jeden Preis«. Vielmehr geht es darum, die Wertigkeit der Dienstleistung nicht durch eine Preisreduktion zu mindern, sondern durch geschicktes Verhandeln bei Zugeständnissen die Dienstleistung entweder zu kürzen oder eine Gegenleistung zu verlangen. Alle Beteiligten sollen im Nachgang das Gefühl haben, aus der Verhandlung für sich selbst einen Gewinn verbuchen zu können. Bei geschicktem Einsatz ergibt sich hieraus ein für beide Seiten attraktives Modell. Im Kern geht es darum, sich auf gemeinsame Interessen statt auf Positionen zu fokussieren und gemeinsam ans Lösungsansätzen zu arbeiten.

Bei unserer Dienstleistung wären ein Zugeständnis beispielsweise vorsortierte Wäsche, eine Verringerung des Lieferrhythmus oder zentrale Liefer- und Abholorte. Eine Gegenleistung wäre z. B. eine vorzeitige Vertragsverlängerung, die Nennung als Referenz oder eine Erweiterung des eingesetzten Sortiments.

Wir haben die Mitarbeiter darauf gedrillt, niemals auf ein Zugeständnis oder eine Gegenleistung zu verzichten, selbst in den Fällen, in denen diese Gegenleistung unter Umständen gar keinen so großen Mehrwert hat. Es ging einzig um das Prinzip, die Wertigkeit der Dienstleistung hierdurch zu erhalten.

Abschließend nicht vergessen: Auch bei Preiserhöhungsdiskussionen ist es wichtig, im richtigen Moment den Sack zuzumachen und eine verbindliche Einigung herbeizuführen. Die klassischen Methoden, die aus dem Verkauf bekannt sind, sollten auch hier Anwendung finden und das Gespräch zu einem Abschluss bringen. So lautet ein Satz wie z. B. »Gibt es noch offene Punkte …« oder »Der nächste Schritt wäre dann …« den Abschluss ein. Nun muss eine verbindliche Einigung getroffen werden, die dann auch Bestand hat.

Lessons Learned

Die Einstellung der Mitarbeiter entscheidet über den Erfolg der Preiserhöhung.

Wir haben den Vertrieb, der in unserem Konstrukt sowohl Kunden betreut als auch neue Kunden für das Unternehmen gewinnt, von Anfang an mit auf die Reise genommen. Ab dem Moment der Entscheidung über die Zusammensetzung und Höhe des Preises waren die Mitarbeiter stets in den Prozess involviert.

Wir haben uns gemeinsam mit den Mitarbeitern ausgiebig vorbereitet und uns jedes Projekt im Vorfeld genau angesehen. Ein externer Coach hat noch einmal explizit das herausgearbeitet, worauf es uns ankam.

Wir haben das Projekt vor drei Jahren in Angriff genommen und über einen Zeitraum von zwei Jahren umgesetzt. Heute sind die Mitarbeiter in Ihre Rolle hineingewachsen und wissen sehr gut, wie sie mit den Kunden in solchen Situationen umzugehen haben. Unter dem Strich haben wir bei Preiserhöhungen insgesamt deutlich bessere Prozentsätze umgesetzt als in der Vergangenheit, und das ohne eine überproportionale Abwanderung von Kunden.

Die Position des Unternehmens musste stabilisiert werden. Ohne die beschriebenen Maßnahmen wären wir durch die steigenden Kosten in Kombination mit unzureichenden Preiserhöhungen zunehmend unter Druck geraten. Unterm Strich konnten wir durch das erfolgreiche Umsetzen der Preiserhöhungen die Erlösmargen auf ein belastbares auskömmliches Niveau bringen.

Ich kann Ihnen nur raten: Seien Sie mutig und probieren Sie das Modell der mentalen Mitarbeitereinbindung aus. Das Resultat wird Sie überraschen – natürlich nur mit gut vorbereiteten und gecoachten Mitarbeitern!

Hinweis zum Autor

MARC BAYER

Marc Bayer ist Jahrgang 1978, verheiratet und Vater von zwei Töchtern. Beruflich folgten nach dem Abitur in Belgien Ausbildungen zum Koch und Hotelfachmann sowie weiterführende kaufmännische Ausbildungen. Nach unterschiedlichen Führungspositionen in der Hotellerie folgte 2009 der Wechsel in den Vertrieb im Messebau, seit 2011 als Vertriebsleiter. 2017 wechselte Bayer als Commercial Director zu Blycolin in die Zulieferbranche der Hotellerie. Er zeichnet für Vertrieb und Marketing in Deutschland verantwortlich und leitet ein Team von zehn Mitarbeitern. Bayer konnte den Marktanteil von Blycolin in dieser Zeit erfolgreich ausbauen.

Interne und externe Preispsychologie im Vertrieb

Dr. Michael Höfelmeier
Gründer und Geschäftsführer
Pluris Consulting GmbH und Milz & Comp. Partner

Ausgangssituation

Ein Handelsunternehmen aus dem Bereich Food-/Nonfood-Lieferservice für Gastronomie und Großküchen, für das wir bereits mehrere Preisoptimierungsprojekte durchgeführt hatten, sprach uns auf eine »preisliche Schieflage« an, die seitens des Vertriebs geäußert worden war. Man hatte dort die Wahrnehmung bzw. das Gefühl, man sei zu teuer, letztlich wusste man es aber nicht genau. Dieses hartnäckige »Bauchgefühl« war zu überprüfen, und zwar zunächst, indem Transparenz darüber geschaffen wurde, wie man preislich im Wettbewerb aufgestellt war.

Ein Großteil der gesetzten Preise waren zu diesem Zeitpunkt Sonderpreise, die individuell durch den Vertrieb mit den Kunden ausgehandelt worden waren. Die Sonderpreise dominierten sowohl die Anzahl der Artikel als auch das zugrundeliegende Umsatzvolumen.

Dadurch, dass der Vertrieb generell das Gefühl hatte, mit seinen Listenpreisen zu teuer zu sein, wurden oft direkt günstigere Sonderpreise in großem Umfang gewährt. Eine zentrale Aufgabe war es somit, diese Entwicklung zu stoppen und letztlich auch höhere Listen- und Sonderpreise über geeignete Maßnahmen und Preisstrategien durchzusetzen.

Problemlösung

Strukturierung des Problems

Aufgrund der vielen offenen Fragen und Unklarheiten war Transparenz ein primäres Projektziel. Erforderlich war externe Transparenz, die den Preisvergleich im Wettbewerb beinhaltete. Aber auch interne Transparenz über die Aufstellung des Vertriebs bezüglich der eigenen Preisdurchsetzungsfähigkeit war von elementarer Bedeutung.

Beim Thema der externen Transparenz stellten sich zunächst Fragen zum genauen Vorgehen beim externen Preisvergleich. Das Vorgehen konnte durch vier »W«-Fragen konkretisiert werden:

- Mit **wem** vergleiche ich mich?
- **Welche** Artikel und **welche** Leistungen wähle ich für den Vergleich?
- **Welche** Preisschwellen sind zu verwenden?
- **Wie** lautet die Preisstrategie?

Mit wem der Preisvergleich erfolgen soll, war eine strategische Frage: Vergleiche ich mich mit lokalen Anbietern oder mit Wettbewerbern aus den nationalen Top-10? Letztlich sollte der Vergleich mit wenigen vergleichbaren Wettbewerbern erfolgen, und zwar genau die, die Kunden häufig zum Vergleich heranziehen, z. B. bei Verhandlungen oder Ausschreibungen.

Für den Vergleich sollten sinnvollerweise die Artikel gewählt werden, auf die der Kunde seinen Fokus richtet. Üblicherweise hat der Vertrieb eine gute Kenntnis darüber, welche Artikel im Kundenfokus stehen. Diese Artikel korrelieren zwar mit den umsatzstarken Artikeln, sind aber nicht zwangsweise deckungsgleich mit diesen. Historisch bedeutsame Artikel stehen oft länger im Kundenfokus, als ihre aktuelle Umsatzbedeutung es zuließe. Neben den oft vergleichbaren oder sogar gleichen Artikeln sind häufig auch die zugehörigen Leistungen wie Lieferzeiten, Bestellzeiten und Liefertreue von Bedeutung. Auch hier gilt es, sich am Kundenbedarf und -fokus zu orientieren. Die wichtigsten Forderungen der Kunden sind nicht nur unbedingt zu erfüllen, sie bieten sich oft auch zur Profilierung an. Bei vergleichbaren Produkten/Artikeln sind es idealerweise zusätzliche Leistungen, die eine unmittelbare Vergleichbarkeit erschweren. So können beispielsweise flexiblere Lieferzeiten manchmal etwas höhere Artikelpreise rechtfertigen.

Die Nutzung der »kaufpsychologisch« optimalen Preisschwellen stellt einen wesentlichen Stellhebel beim Pricing dar, der zum einen zusätzliche Erträge generieren und zum anderen ein Image von Preisgünstigkeit fördern kann. Dieser Punkt ist im nächsten Abschnitt vertieft.

Die Preisstrategie sollte ein zentrales Element jedes Unternehmens sein, sie wird aber oft gar nicht wirklich definiert. Es entsteht häufig eher ein Pricing nach »diffusem Bauchgefühl« ohne definierte Regeln oder Maßstäbe. Und wenn es Regeln gibt, so sind diese oft nicht optimal. So ist zum Beispiel eine pauschal-exakte Preisorientierung am Wettbewerb selten sinnvoll. Zudem wird häufig zusätzlicher Umsatz durch zu günstige Preise »erkauft«.

Externe Preispsychologie über kaufpsychologische Preisschwellen

Beim Pricing wird insbesondere im Handel gerne und häufig von Schwellenpreisen und Preisschwellen gesprochen, zumeist ist damit jedoch allein die Preisendung auf Neuner-Centbeträge wie 0,99 EUR gemeint, die Preise knapp unterhalb eines glatten Preises günstiger wirken lassen. Interessanter als diese relativ banale Erkenntnis, dass 0,99 EUR günstiger ist als 1 EUR, ist jedoch die Frage, wie genau Preise vom Kunden wahrgenommen werden, wie also die tatsächlich »empfundenen« Preisschwellen im Detail aussehen.

Wenn wir über Preisschwellen sprechen, so ist den meisten klar, dass Preise wie 5, 10 oder 20 EUR wichtige oder auch »grobe« Preisschwellen darstellen. Werden diese überschritten, führt dies fast immer zu massiven Absatzeinbußen. Welches die tatsächlich »empfundenen« und damit auch feineren Preisschwellen sind und was bei diesen passiert, ist weniger bekannt, aber mindestens genauso wichtig.

Hier ein kurzer Exkurs zum wissenschaftlichen Hintergrund: Der Lösungsweg liegt darin, wie Menschen üblicherweise Entscheidungen unter Unsicherheit fällen. Dabei kommt im Gehirn das Prinzip der iterierten Halbierung zur Anwendung, das eine Frage immer wieder in zwei gleiche Hälften aufteilt und sich dabei mit einer Ja-Nein-Entscheidung sukzessive der Lösung annähert. Dieses Prinzip lässt sich auch als »Nadel-Heuhaufen-Problem« veranschaulichen: Ein Heuhaufen wird mittels eines Metalldetektors immer wieder halbiert, bis man die Nadel gefunden hat. Wendet man dies auf die Preiswahrnehmung bzw. die Preise an, so wird ein Preisbereich so lange halbiert, bis der preisliche Unterschied in der Wahrnehmung des Kunden nicht mehr spürbar ist. Dies ist dann eine erforderliche Abbruchbedingung. Nehmen wir als Beispiel den Preisbereich zwischen 2 EUR und 3 EUR, für den der erste »spürbare« Preis über 2 EUR gefunden werden soll. Eine erste Halbierung ergibt, dass der Preis zwischen 2,00 EUR und 2,50 EUR liegt. Rechnerisch wären das dann 2,25 EUR, das Gehirn konstruiert jedoch etwas gröber auf 2,30 EUR. Zudem signalisiert die hier nicht näher beschriebene Abbruchbedingung, dass eine weitere Halbierung nicht nötig ist und somit bei 2,30 EUR das Verfahren endet und das gewünschte Ergebnis erzielt wurde. Dieses Beispiel und die Analogie zum Heuhaufenproblem dient hier lediglich der

Veranschaulichung und beschreibt nicht den exakten Vorgang. Dessen Beschreibung würde an dieser Stelle zu weit führen.

Mit diesen Fragestellungen hat sich Pluris Consulting intensiv beschäftigt und dafür das Consumer-Price-Optimization-(CPO)-Verfahren entwickelt. Dieses identifiziert die relevanten Preisschwellen in einem Markt und wendet sie beim Pricing ertragssteigernd an. Diese CPO-Preisschwellen, im Folgenden nur noch als Preisschwellen bezeichnet, entsprechen dann exakt der üblichen Kundenwahrnehmung und sind kaufpsychologisch optimal, weil sie effektiv und effizient sind. Effektiv sind die Preisschwellen, weil sie durch ihre Preisoptik grundsätzlich bereits Preisgünstigkeit suggerieren. Sie sind effizient, weil sie genau an der »empfundenen« Preisschwelle liegen und eine weitere Preiserhöhung ohne Überschreitung der nächsthöheren Preisschwelle nicht möglich ist.

Die Wirkung und der Nutzen der kaufpsychologischen Preisschwellen ist am besten an einem Beispiel erklärt: Liegt ein Preis heute bei 2,19 EUR, so kann er normalerweise risikolos auf 2,29 EUR erhöht werden, weil bei 2,30 EUR die nächste kaufpsychologische Preisschwelle liegt. Der Preis von 2,29 EUR wirkt kaufpsychologisch optimal, weil er genau der Preiswahrnehmung entspricht, die zwischen 2,00 EUR und 2,50 EUR nur eine Schwelle, und zwar 2,30 EUR, vorsieht. Diese kaufpsychologischen Preisschwellen sind nicht allgemein bekannt und ein von Pluris Consulting entwickeltes Instrumentarium.

Die durch das CPO-Verfahren ermittelten kaufpsychologisch optimalen Preisschwellen sollten auch bei diesem Kunden risikolose Zusatzerträge generieren und für eine optimale Preisoptik sorgen.

Interne Preispsychologie als Erklärung für vermeintliche Schieflage

Um das Problem der vermeintlichen »Preisschieflage« mit dem erforderlichen Knowhow zielgerichteter gemäß den vier Ws analysieren und lösen zu können, wurden entsprechend geeignete Teams nach Kundengruppen gebildet. In moderierten Diskussionsrunden mit Vertriebsmitarbeitern wurden die ersten zwei W-Fragen bearbeitet und zu einem Konsens geführt. Der Vergleich sollte zukünftig nur noch mit drei definierten Hauptwettbewerbern erfolgen, um sich auf diese zu konzentrieren und eine Verzettelung zu vermeiden. Zudem wurden wenige Fokusartikel für den Preisvergleich ausgewählt, nämlich eben solche, die aus Vertriebssicht im Fokus ihrer Kunden stehen. Generell gilt, dass die Preisgünstigkeitswahrnehmung der Kunden auf Basis weniger Artikel (meist wenige Hundert) erfolgt. Bei den Leistungen zeigte sich, dass die Hauptwettbewerber ähnliche Leistungen anboten, was wiederum bedeutete, dass die Leistungen kein geeignetes Differenzierungsmerkmal darstellten und fortan in den Hintergrund rückten.

Nachdem passende Vergleichsartikel und deren Preise für die festgelegten Fokus-artikel bei den Hauptwettbewerbern erhoben waren, erfolgte der Vergleich des Preisindex. Der Preisindex wurde dabei so gebildet, dass jeder Wettbewerbspreis ins Verhältnis zum eigenen Preis gesetzt wurde, ein Preisindex von 110 % bedeutet somit, dass der Wettbewerber 10 % teurer ist. Im Mittel zeigte sich, dass man keineswegs teurer war als die Konkurrenz. Man war sogar leicht günstiger, jedoch war die Bandbreite der Abweichungen erheblich, von deutlich teurer bis deutlich günstiger.

Diese Ergebnisse waren zunächst verwirrend und passten nicht zur eindeutigen Wahrnehmung der Vertriebsmannschaft, dass man zu teuer sei. Warum aber war dieser Eindruck entstanden? Konnten sich die Vertriebsprofis wirklich so irren?

Bei der Analyse von Risikobewertungen von Individuen[1] zeigten Kahneman und Tversky schon 1979, dass diese nicht symmetrisch sind. Verluste werden anders bewertet als Gewinne, dies zeigte sich dort bei der Bewertung unterschiedlicher Situationen durch Versuchspersonen.

Doch was bedeuten diese wissenschaftlichen Erkenntnisse übertragen auf den Vertrieb?

Für einen Vertriebsverantwortlichen ist jeder direkte Vergleich mit einem Wettbewerbspreis mit einer psychologischen Bewertung bzw. Wahrnehmung verbunden. Ist das eigene Unternehmen günstiger als die Konkurrenz, so wird dies in der eigenen Wahrnehmung positiv bewertet. Falls jedoch das eigene Unternehmen teurer ist, wird das als Verlust empfunden und dieser wird gemäß den genannten Erkenntnissen nicht einfach, sondern doppelt negativ bewertet. Es gibt somit eine Asymmetrie in der »gefühlten« Bewertung. Als 100 %-Basis dient dabei hier immer der eigene Preis. Dazu ein Beispiel, in dem »teurer als der Wettbewerb« mit einem Wert unter 100 % und »günstiger als der Wettbewerb« entsprechend als über 100 % dargestellt wird: Ist man bei einem Artikel 10 % teurer (der Wettbewerb liegt dann bei 90 %) und bei einem anderen Artikel 10 % günstiger (der Wettbewerb liegt dann bei 110 %), so ist das »gefühlte« Ergebnis nicht ausgeglichen, sondern klar negativ, denn (110 % + 80 %) / 2 = 95 %, d. h. 5 % teurer, weil der teurere Artikel doppelt so viel Gewicht in der »gefühlten« Bewertung hat. In der Abbildung 1 sind diese Gewichtungen bzw. Bewertungen schematisch dargestellt.

Es kommt somit auf die Perspektive an, wie Preisunterschiede wahrgenommen werden: Bin ich als Vertriebsverantwortlicher mit günstigeren Preisen des Wettbewerbs

---

1   Kahneman D., Tversky A. (1979): Prospect Theory: An Analysis of Decision under Risk, Econometrica 47, 263–291.

konfrontiert, entsteht ein negatives »Gefühl«. Dies wird jedoch doppelt so stark wahrgenommen wie das entsprechende Pendant, wenn man selbst günstiger ist. Die Situation, dass der Vertrieb kundenseitig mit günstigeren Preisen konfrontiert wird, tritt durchaus häufig auf und ist deshalb von besonderer Bedeutung. Außerdem wird der Vertrieb sicherlich schon naturgemäß häufig kundenseitig mit dem Vorwurf konfrontiert, dass er zu teuer sei, und zwar allein schon aus verhandlungstaktischen Gründen. Ein »Ihr seid zu günstig!« wird er bestimmt nie hören. Bei einem derartigen »Einprasseln« von Kundenbeschwerden und preispsychologisch bedingten negativen »Gefühlen« ist es also gar kein Wunder, dass der Vertrieb irgendwann fest davon überzeugt ist, zu teuer zu sein, und dann auch eher bereit ist, Sonderpreise zu gewähren.

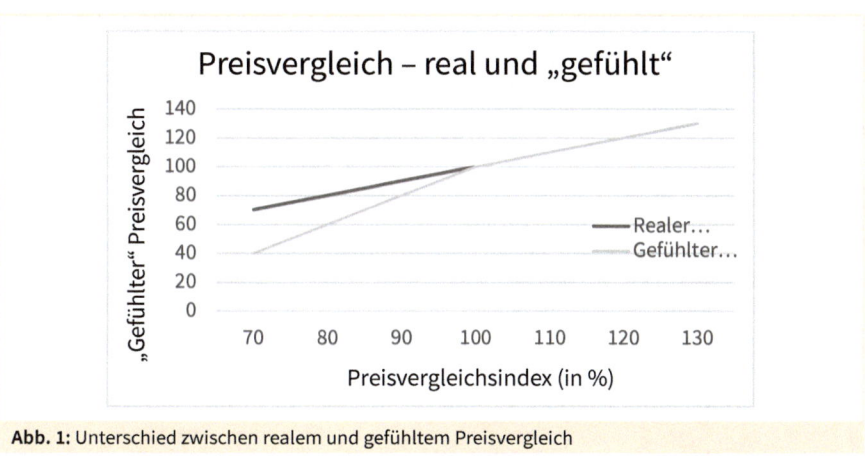

Abb. 1: Unterschied zwischen realem und gefühltem Preisvergleich

Mit diesen Erkenntnissen wurde der »gefühlte« Preisindex im Mittel berechnet und so ergab sich erstaunlicherweise ein ganz anderes Bild. Der vorher relativ ausgeglichene Preisvergleichsindex wurde durch die doppelt negative Bewertung der – aus Vertriebssicht – teureren Artikel deutlich ins Negative verschoben. Der gefühlte Preisvergleichsindex lag im Mittel nun plötzlich bei 96 %, was bedeutete, dass der Wettbewerb »gefühlt« 4 % günstiger war, was letztlich auch der geäußerten Wahrnehmung des Vertriebs entsprach.

In der Konsequenz war die Preissituation somit weitaus weniger kritisch als zu Beginn vermutet: Die vermeintliche »preisliche Schieflage« entpuppte sich als preispsychologisches Phänomen und der »echte« Preisvergleichsindex zeigte, dass man im Mittel durchaus wettbewerbsfähige, sogar günstigere Preise als der Wettbewerb hatte.

Was bedeutete diese Erkenntnis nun für die Preisstrategie?

Entwicklung einer preispsychologisch differenzierten Preisstrategie

Gemeinsam mit Vertrieb und Geschäftsführung wurde eine differenzierte Preisstrategie für die Listenpreise, unterschieden nach (wenigen) Fokusartikeln und dem Hauptsortiment, entwickelt (siehe Abbildung 2). Aufgrund der im vorherigen Abschnitt gewonnenen Erkenntnisse wurde nur für die Fokusartikel eine preisaggressive Preisstrategie festgelegt, bei der sich der Preis eng an den Preisen der vorab definierten Hauptwettbewerber orientierte. Dieses Vorgehen entspricht der Preiswahrnehmung der Kunden, die ihr Urteil über Preisgünstigkeit zumeist schwerpunktmäßig auf wenige Fokusartikel reduzieren.

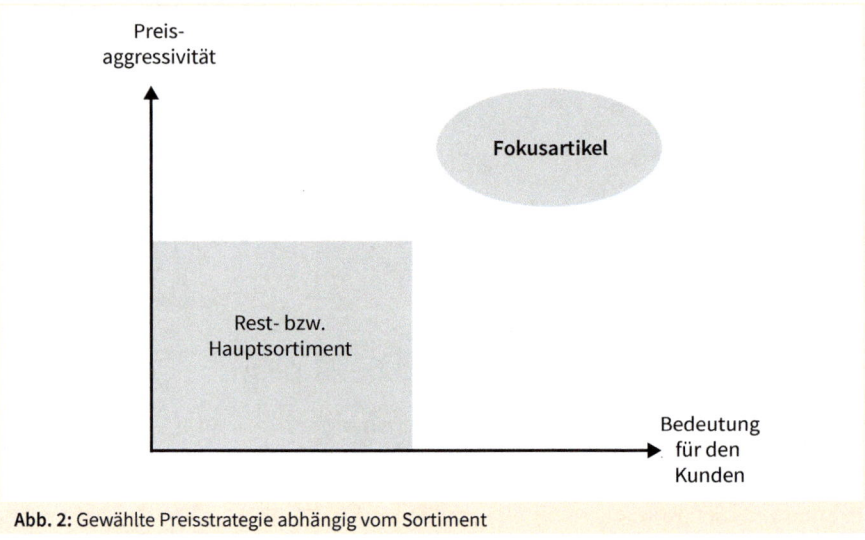

Abb. 2: Gewählte Preisstrategie abhängig vom Sortiment

In beiden Fällen kamen die von Pluris Consulting entwickelten kaufpsychologischen Preisschwellen zum Einsatz, die bei den Kunden grundsätzlich ein Preisgünstigkeitsgefühl erzeugen.

Beim Hauptsortiment wurde der Preis – indem die kaufpsychologischen Preisschwellen genutzt wurden – ertragsorientiert mit preisgünstiger Preisoptik optimiert, was weitere risikolose Erträge ermöglichte.

Um die externe preispsychologische Wahrnehmung zu optimieren, wurde der Preis bei den prominenten Fokusartikeln preisaggressiv gesetzt, wodurch teilweise auch Erträge wieder reinvestiert wurden.

Zusammenfassung – Maßnahmen und erzielte Ergebnisse

Zusammenfassend wurden folgende Maßnahmen bei unserem Kunden umgesetzt:

- Anwendung einer preispsychologisch differenzierten Preisstrategie mit der Unterscheidung Fokusartikel und Hauptsortiment
- Konsequente Verwendung kaufpsychologischer Preisschwellen bei Listenpreisen und soweit möglich auch bei Sonderpreisen
- Transparente Darstellung und Erklärung der realen und der gefühlten Preisvergleichsergebnisse für den Vertrieb und damit Stärkung des Selbstbewusstseins des Vertriebs bezüglich besserer Preisdurchsetzung und gleichzeitiger Reduktion des Anteils von Sonderpreisen
- Preispsychologische Schulung des Vertriebs inkl. Tipps und Tricks zum Vorgehen beim Wettbewerbspreisvergleich beim Kunden

In der Summe konnte durch die obigen Maßnahmen eine Margenverbesserung um ca. 1,7 Prozentpunkte zum Vorjahr erzielt werden, was in diesem margenschwachen Wettbewerbsumfeld eine massive Ergebnisverbesserung darstellte. Zudem traten keine Kundenbeschwerden auf und auch beim Vertrieb selbst wurde das Vorgehen sehr positiv aufgenommen.

Die obigen Maßnahmen führten somit knapp formuliert zu folgenden Ergebnissen:

- Die Preisstrategie wurde mit der Geschäftsführung erstmals preispsychologisch und wettbewerbsabhängig mit klaren Regeln formuliert und ertragssteigernd ausgerichtet.
- Dem Vertrieb wurde durch den objektiven Preisvergleich mit preispsychologischer Erklärung das Gefühl genommen, insgesamt zu teuer zu sein, und somit der Rücken für zukünftige Preisverhandlungen gestärkt.
- Der Vertrieb wurde durch preispsychologisches Handwerkszeug und durch Tricks so befähigt, dass er deutlich bessere Margen erzielen konnte.
- Die Preise auf kaufpsychologische Preisschwellen zu setzen, ermöglichte erhebliche Zusatzerträge ohne Absatzeinbußen.

Lessons Learned

Durch die erzielten Margenverbesserungen war das Projekt ein großer Erfolg und übertraf die Erwartungen des Kunden und auch seines Vertriebs deutlich. Die wesentlichen Erfolgsfaktoren des Projekts und die damit verbundenen »Learnings« lassen sich folgendermaßen zusammenfassen:

- Der Vertrieb muss bei Pricingthemen frühzeitig aktiv eingebunden sein, nur so schafft man nachhaltige Akzeptanz!
- Transparenz kommt vor Bauchgefühl! Nur mit eindeutiger Preistransparenz lässt sich das Bauchgefühl entweder bestärken oder wie in diesem Fall widerlegen, nur durch das Schaffen von Transparenz lassen sich »interne Mythen« entkräften!
- Preispsychologisch erklärbare Wahrnehmungseffekte können dazu führen, dass ein Preisvergleich ganz anders »gefühlt« wird, als er tatsächlich ist!
- Kaufpsychologische Preisschwellen lassen Preise günstiger aussehen und generieren risikolose Ertragspotenziale!
- Preispsychologisch differenzierte Preisstrategien ermöglichen deutliche Margensteigerungen und vermeiden teure Preiskämpfe!

Hinweise zum Autor

DR. MICHAEL HÖFELMEIER

Dr. Michael Höfelmeier ist Gründer und Geschäftsführer der Pluris Consulting GmbH, die über langjährige Erfahrungen in der Pricing-Optimierung im Handel und im B2B-Bereich verfügt. Auf Basis wissenschaftlicher Erkenntnisse und vor allem vielfältiger praktischer Erfahrungen werden durch optimierte Preise zusätzliche Erträge generiert. Durch Consumer bzw. Customer Insights wie kaufpsychologische Preisschwellen und weitere innovative Pricing Insights wird Bauchgefühl ergebniswirksam durch Wissen ersetzt.

Pluris Consulting GmbH
Herforder Str. 69
33602 Bielefeld
Tel.: +49 521 3906 770
www.pluris.de
hoefelmeier@pluris.de

Vertriebsherausforderung in einem sich verhärtenden Versicherungsmarkt

Das Partizipationsmodell: Wie kann ich mir Beratungsleistungen honorieren lassen?

Jürgen Seiring
Geschäftsführer
VSMA GmbH

Ausgangssituation

Als 100%ige Dienstleistungstochter des VDMA, haben wir für die Branche des Maschinen- und Anlagenbaus bereits seit 1926 maßgeschneiderte Konzepte entwickelt, die einen wettbewerbsrelevanten Vorteil für unseren Vertrieb mit sich bringen.

Als Geschäftsführer der VSMA GmbH ist es für mich von besonders großer Wichtigkeit, diese branchenorientierten Produkte außerdem noch auf die individuelle Risikosituation der VDMA-Mitglieder abzustimmen. Erreichbarkeit, fachliche Kompetenz und Zeit für eine individuelle Betreuung sind die Eigenschaften, die einen guten Versicherungsmakler ausmachen – deswegen legen wir darauf besonderen Wert.

Jedem Kunden stellen wir im Innen- und Außendienst jeweils eine direkte Ansprechpartnerin bzw. einen Ansprechpartner zur Seite, die sich um alle Angelegenheiten, vom Vertragsservice bis zur Schadenregulierung, kümmern.

»Der Kunde wollte nur unser Fachwissen ausnutzen und die Prämien bei seinem bisherigen Betreuer/Versicherer durch unser Angebot reduzieren«, das haben wir in den vergangenen Jahren seitens unseres Vertriebs immer öfter gehört.

Vergleichbarkeit von Versicherungsbedingungen und Tarifen

Ein einfaches Beispiel aus der Kfz-Versicherung verdeutlicht die nachstehende Situation: Wurde die Prämie früher nach der Schadenfreiheitsklasse (SFR), dem Fahrzeugtyp, PS bzw. KW und der Region/Stadt, wo das Fahrzeug zugelassen war, berechnet, können Versicherer jetzt die Prämie völlig frei neu kalkulieren. Dies führte dazu, dass sich neben den vorgenannten Tarifmerkmalen die Prämie teilweise nach dem Geschlecht/Alter, der Fahrleistung, Garage und/oder Eigentum orientierte und dadurch erheblich abweichend tarifiert wurde. Mit den Vergleichsportalen wurde dieser Trend noch beschleunigt.

Das ist gut für den Verbraucher, um günstig Versicherungsschutz einzukaufen, nachteilig ist es jedoch, da sich die Versicherungsgesellschaften eigene Bedingungen für die Kfz-Verträge genehmigen ließen. Dies konnte dazu führen, dass z. B. im Schadenfall der Versicherer teilweise leistungsfrei war, wenn eine unrichtige Anzeige der vorgenannten Kriterien erfolgte.

Situation im industriellen Versicherungsbereich

Die EU hat mittlerweile für das Versicherungswesen eine sogenannte Grundfreiheit geschaffen, dass alle Versicherer auf dem europäischen Binnenmarkt Dienstleistungen anbieten dürfen. Diese geben einem Versicherungsunternehmen mit Sitz oder Niederlassung in einem Mitgliedsstaat die Möglichkeit, grenzüberschreitend in anderen Mitgliedstaaten tätig zu werden. Die Versicherer müssen in dem jeweiligen Land keine eigene Niederlassung gründen.

Dies führte im industriellen Versicherungsmarkt dazu, dass seit ca. 15 Jahren auch »ausländische« Versicherungsgesellschaften versuchten, auf dem deutschen Markt Fuß zu fassen. Diese neu gewonnenen Kapazitäten für die Versicherungsnehmer brachten jedoch auch einige Unübersichtlichkeiten bei den Tarifen und Bedingungen mit sich.

In der Vergangenheit konnte sich ein Industrieunternehmen in Deutschland darauf verlassen: Die Verbände würden dafür sorgen, dass für alle Unternehmen annähernd vergleichbarer Versicherungsschutz gewährleistet wird. Die Dienstleistungsfreiheit führte dazu, dass einige deutsche Versicherer nicht mehr bereit waren, dem Gesamtverband der Versicherungsindustrie (GDV) statistisches Material zu liefern oder ihre Bedingungen in Zusammenarbeit mit dem Bundesverband der deutschen Industrie (BDI) und mit dem Gesamtverband der versicherungsnehmenden Wirtschaft (GVNW) bzw. den dortigen Gremien abzustimmen.

Welche Bedeutung hatte dies auf dem Industrieversicherungs-Markt? Es dauerte nicht lange, dass führende Industrieversicherer zum einen nicht bereits waren, die schon erwähnten Statistiken an den Gesamtverband der deutschen Versicherungsindustrie zu liefern, sondern sattdessen dazu übergingen, auch im Industriebereich eigene Versicherungsbedingungen zu kreieren. Dies führte – wie auch im Privatbereich anhand des Kfz-Beispiels beschrieben – neben undurchsichtigen Tarifierungsgrundlagen zu teilweise weitergehenden Versicherungsbedingungen aber auch zu weitergehenden Versicherungsausschlüssen.

Marktverhalten in der Vergangenheit

Die Folge im industriellen Versicherungsmarkt war, dass Versicherer versuchten, entweder über den Preis oder über branchenspezialisierte Versicherungskonzepte, die Kunden von Ihrer jeweiligen Dienstleistung zu überzeugen. Ab dem Jahr 2010 bis heute führte dies dazu, dass viele Industrieunternehmen – um Vergleichsangebote zu erhalten – Versicherungsmakler mit der Aufgabe betrauten, bestehende Versicherungen hinsichtlich möglicher Deckungslücken analysieren zu lassen, unter gleichzeitiger Maßgabe, nach Möglichkeit ein günstigeres Angebot zu erhalten. Der Aufwand derartiger Analysen bedeutete besonders bei den Industriesparten Sach-, Haftpflicht-, Transport- und technische Versicherungen, dass ein hohes Know-how, um die Versicherungsbedingungen zu analysieren und zu vergleichen, und zudem ein enormer zeitlicher Aufwand erforderlich waren. In der Regel müssen 70 bis 100 Seiten individuell formulierter Versicherungsbedingungen gesichtet und die Unterschiede pro Sparte herausgearbeitet werden. Aufgrund der Komplexität der Industrie musste für die Angebotsanfrage bei den Versicherungsgesellschaften umfangreiche Risikoinformationen entweder schriftlich abgefragt oder in einem persönlichen Gespräch mit einer Betriebsbegehung beim potenziellen Kunden aufgenommen werden. In den letzten Jahren war die Versicherungswirtschaft nicht mehr bereit, nur anhand von Kennzahlen und dem Verweis auf die Homepage des Unternehmens, Angebote abzugeben.

Folgen dieses Marktverhaltens

Die potenziellen Kunden waren in der Vergangenheit nur noch bereit, einen Wechsel des Versicherers und/oder Makler vorzunehmen, wenn inhaltliche Verbesserungen aufgezeigt wurden, und diese nach Möglichkeit auch zu einer günstigeren Prämie erzielbar waren. Diese Ausarbeitungen wurden teilweise dazu genutzt, den besitzenden Versicherer oder Makler unter Druck zu setzen, mit dem Hinweis, dass, wenn auf die neuen Bedingungen oder verbesserten Prämien nicht eingegangen werde, ein Wechsel vorgenommen würde.

Das Partizipationsprinzip

Im Vertrieb wurde daher folgendes neu eingeführt:

Um zu prosperieren, werden dem Interessenten – wie bei den olympischen Spielen – folgende Möglichkeiten vorgeschlagen: Der potenzielle Kunde kann sich zwischen Gold, Silber oder Bronze entscheiden.

Die Bronzemedaille

Bei Bronze bezieht sich unsere Leistung auf die Sichtung der derzeitigen Versicherungskonzeption. Es wird eine mündliche Einschätzung des Optimierungspotenzials hinsichtlich des Deckungsumfangs und der Kosten vorgenommen. Der Nutzen für das Mitgliedsunternehmen ist eine unabhängige, verbandsorientierte Bewertung. Der Aufwand für die Kunden ist gering, da lediglich Kopien der Policen zur Verfügung gestellt werden müssen. Diese Grobeinschätzung erfolgt ohne Kostenbeteiligung für das Unternehmen. Dies ist eine reine Serviceleistung im Rahmen der VDMA-Mitgliedschaft.

Die Silbermedaille

Bei Silber besteht unsere Leistung in einer individuellen Risikoermittlung, der Analyse der derzeitigen Versicherungskonzeption, der Ausarbeitung einer branchenorientierten Versicherungslösung, der Vorstellung der Ergebnisse im persönlichen Gespräch sowie der schriftlichen Ausarbeitung von:
- Vergleichsangeboten
- Neuordnungsangeboten
- Aufzeigen von Deckungslücken sowie Optimierungspotenzial

Der Nutzen für das Verbandsmitglied besteht in einer unabhängigen, verbandsorientierten Bewertung, einer Identifizierung möglicher Deckungslücken und einer Anleitung zur optimalen Risikoabsicherung/Kostenoptimierung.

Der Aufwand für den Kunden besteht lediglich darin, aktuelle Policen-Kopien auszuhändigen und bei der Risikoermittlung zu unterstützen.

Für diese Dienstleistung der Analyse bestehender Versicherungskonzeptionen wird pro Sparte ein Honorar erhoben; für den Aufwand der Risikoermittlung ein Stundenhonorar und es wird eine schriftliche Vereinbarung getroffen, dass beim Aufzeigen einer Prämienreduzierung eine 50 %ige Beteiligung an den aufgezeigten Ersparnissen erfolgt. Dieses Partizipationsprinzip hat den Vorteil, den Kunden bereits im Vorfeld darüber aufzuklären, dass die Dienstleistung einer Versicherungsanalyse honoriert werden muss, da damit die Möglichkeit besteht, eventuelle Deckungslücken zu schließen. Da bei einer Prämienreduzierung der Kunde auf Jahre daran partizipiert, ist es gerechtfertigt, im ersten Jahr der Partizipation 50 % der Prämienersparnis einzufordern. Bei der Erteilung des Gesamtmandates entfällt diese Vereinbarung rückwirkend.

Die Goldmedaille

Der goldene Weg ist die »Maklermandats Erteilung«. Die Leistungen hierbei sind folgende:

Eine individuelle Risikoermittlung erfolgt. Die derzeitige Versicherungskonzeption wird analysiert und es wird eine branchenorientierte Versicherungslösung entwickelt. Im Anschluss hieran folgen eine Ausschreibung zur Optimierung von Umfang und Prämien sowie die Verhandlungen mit geeigneten Versicherern. Nachdem die Versicherungskonzeption vorgestellt wurde, wird diese umgesetzt, wozu dann auch die Übernahme laufender Schadenfälle gehört. Eine kontinuierliche, branchenorientierte Betreuung erfolgt durch:

- eine regelmäßige Risikoüberprüfung,
- eine dauerhafte Anpassung der Versicherungskonzeption an die Marktverhältnisse und
- eine komplette Schadenabwicklung sowie spezialisierte Beratung im Tagesgeschäft.

Der Kunden-Nutzen besteht in einer unabhängigen und verbandsorientierten Bewertung, einer Identifizierung möglicher Deckungslücken sowie der garantierten Umsetzung der ausgesprochenen Empfehlungen. In der Regel erfolgt zudem eine Kostenoptimierung durch VDMA-Rahmenkonzepte. Gewährleistet wird eine optimale Risikoabsicherung durch eine individuelle Erstellung der Versicherungskonzeption. Dies führt zu einer administrativen Entlastung des Kunden.

Mit dieser eingeschlagenen Vertriebsstrategie sehen wir die Resilienz der VSMA GmbH für die Zukunft gesichert.

Lessons Learned

Da sich die VSMA darauf spezialisierte, die ca. 3.600 VDMA-Mitgliedsunternehmen zu betreuen, und man nicht mehr gewillt war, das alte »Spiel« mitzuspielen, reüssierte VSMA vertriebsseitig den olympischen Gedanken und deren Vorgaben entsprechend »Gold, Silber oder Bronze« zu vergeben.

Mit dieser eingeschlagenen Vertriebsstrategie sehen wir die Resilienz der VSMA GmbH für die Zukunft gesichert.

> *Im Grunde ist es mit Versicherungen wie mit Sonnencreme:*
> *Sie riecht mittelmäßig, ist meist fettig und man hat nie Lust,*
> *sich mit ihr zu befassen, aber man braucht sie.*
> Jürgen Seiring

Hinweise zum Autor

JÜRGEN SEIRING

Jürgen Seiring, Jahrgang 1961, begann seine berufliche Laufbahn mit einer Ausbildung zum Versicherungskaufmann beim Gerling Konzern in Essen. Nach seinem Studium zum Versicherungsfachwirt begann er 1989 bei der VSMA GmbH, deren Standort in Frankfurt am Main ist, zu arbeiten. Die VSMA ist ein 100 %iges Tochterunternehmen des größten Wirtschaftsverbandes in Europa, dem VDMA in Frankfurt. Seit 1.1.2000 trägt er als Geschäftsführer die Verantwortung für die Haftpflichtsparte und ist zudem für den gesamten Vertrieb der VSMA zuständig. Für den VDMA vertritt er dessen Interessen in Berlin beim BDI im Versicherungsausschuss als Vorstandsmitglied.

KERNPROZESSE IM VERTRIEB:
Wie gehen wir konkret vor?

Neukunden-/Neuprojektakquise

Vertrieb neu aufgestellt – von Push zu Pull

Warum wir unsere Kunden nicht mehr pushen dürfen

Dirk Schmaus
Vorstand
Bitech AG – Leverkusen

Wer sind wir, wer bin ich und was befähigt den Autor, dieses Kapitel schreiben zu dürfen?

Seien Sie unbesorgt, das ist keine verunglückte esoterische Selbstfindung, sondern dies war der Hinweis aus dem Lektorat zu diesem Kapitel an mich als Autor dieser Zeilen. Erlauben Sie mir daher, mich und unsere Firma kurz vorzustellen.

Mein Name ist Dirk Schmaus, Jahrgang 1970. Den Einstieg in die IT (damals EDV genannt) fand ich nach dem Abitur und als gelernter IT-Kaufmann in der Holding eines Handelskonzerns. Im Jahr 1994 starteten wir als »Early customer« mit der Handelslösung der SAP und Ende 1998 wechselte ich in die Beratung bei der Bitech AG. Der Bereich der SAP-Beratung wurde zum 1.1.1999 eine eigenständige AG mit Sitz in Leverkusen. Nach vielen Jahren als Entwickler mit dem Fokus auf logistische Prozesse spezialisierte ich mich zusätzlich auf die Prozessberatung im SAP WM, trieb innerhalb der Bitech die Spezialisierung über die EKS-Methodik voran und leitete den Bereich Mobile Business. 2013 wurde ich in den Vorstand der Bitech AG berufen und bin dort aktuell als Vorstandsvorsitzender für die Ressorts Marketing und Vertrieb verantwortlich.

Die Bitech AG ist auf Beratungsleistungen zu den SAP-Produkten spezialisiert und dies sowohl betriebswirtschaftlich wie technisch. Wir haben uns bewusst regional zentriert auf NRW aufgestellt, womit wir kurze Wege zu unseren Kunden haben und für unsere Mitarbeiter den Spagat zwischen spannenden Projekten und deutlich reduzierter Reisetätigkeit bieten. Mit einer Mitarbeiterstärke von 50 Kolleginnen und Kollegen müssen und wollen wir uns spezialisieren und nutzen dabei die Flexibilität und die kurzen Entscheidungswege eines mittelständischen Unternehmens. Unser Kundenkreis weist keine Branchenspezialisierung auf, gleichwohl gibt es 3 Kernkompetenzfelder und eine Ausrichtung auf die innovativen Themen und Techniken innerhalb des

SAP-Ökosystems. Wir betreiben weder Near- noch Offshoring und gehören mit unserer Personalstärke nicht zu den Big Playern im Markt. Unser USP ist die Kombination aus Qualität und Erfahrung, denn aufgrund unseres regionalen Fokus sind wir für die erfahrenen Beraterinnen und Berater ein attraktives Unternehmen.

Unsere Ausgangssituation

Und damit sind wir bei unserer Ausgangslage: Wie erzeugen wir in diesem Umfeld Aufmerksamkeit und wie transportieren wir Erfahrung und Qualität als Entscheidungsmoment zu unseren Kunden? Unser heterogener Kundenkreis aus DAX-Unternehmen und Mittelständlern macht dieses Ansinnen nicht leichter. Albert Einstein hat einmal gesagt »Wissen ist Erfahrung – alles andere ist Information«. Die Erfahrung unserer Mitarbeiterinnen und Mitarbeiter ist unser Kapital und unser Produkt. Sie merken schon, mit einer Plakatwand im Großstadtdschungel kommen wir hier nicht weiter. Die Kernfrage lautet also »**Wie transportieren wir Qualität und Erfahrung im Marketing?**«. Etwas salopper und provokanter: »**Wir sind gut, aber wieso weiß das eigentlich niemand?**«.

Was bedeutet PUSH und PULL in diesem Kontext?

Bevor wir uns mit der Frage nach dem Warum beschäftigen, lassen Sie uns einen Blick auf die Begriffsdefinitionen zu Push und Pull werfen, um ein gemeinsames Verständnis für deren Bedeutung im Marketing und im Vertrieb zu bekommen.

Häufig wird die Push-Methodik dafür, neue Produkte auf den Markt zu bringen, beschrieben. Bringt also ein Autohersteller ein neues Modell auf den Markt, macht er dies über die Händler bekannt. Das kann über klassische Werbung, kostenfreie Probefahrten, attraktive Preisgestaltung und entsprechende Provisionen für die Händler geschehen. Der Handel wird also mit attraktiven Konditionen zum Verkauf der Waren motiviert.

Mit der Pull-Methodik erarbeitet sich der Hersteller ein Image und wird bekannt für bestimmte Produkte und deren Qualitäten. Die Ansprache erfolgt somit direkt an den Endkunden, der mit seinem Interesse und seiner Nachfrage den Handel bewegt, das Produkt ins Sortiment aufzunehmen.

Push adressiert also in der klassischen Definition das Händlernetz und Pull den Endkunden. **Die Definition dieser beiden Ansätze für Ihre Branche, Situation und Ihr Portfolio sollten Sie jedoch prüfen und nachjustieren.** In der Dienstleistungsbranche, konkret bei uns in einer Unternehmensberatung, haben wir die Definitionen geschärft.

Bedeutet der Wechsel von Push zu Pull die Abkehr von unseren bisherigen Vertriebswegen?

Klassischerweise wird in der Branche mit einer Telefonakquise gearbeitet. Unsere Dienstleistung wird vorgestellt und optimalerweise wird ein Termin vereinbart. Wir gehen mit unseren Leistungen auf einen definierten Kundenkreis zu und sprechen den Kunden aktiv an. Die Erfolgsquoten waren jedoch rückläufig und so machten wir uns an die Analyse dieses Prozesses und an eine ergebnisoffene Eruierung neuer Vertriebskanäle.

Um die Frage aus dem Titel aufzunehmen, warum wir unsere Kunden nicht mehr pushen dürfen:Ddie Antwort ist zunächst recht simpel. **Weil sich die Kunden nicht mehr pushen lassen.** Unsere potenziellen Kunden sind in aller Regel gut informiert und haben sich über uns als Firma und zu unseren Dienstleistungen bereits kundig gemacht. Immer mehr suchen sich Kunden Ihre Anbieter aktiv aus. Dies ist im B2C oder besser C2B bereits der Standard. Ob man sich einen neuen Fernseher aussucht oder einen passenden Handwerker sucht, immer mehr wird die Webrecherche zum üblichen Einstieg in den Kaufprozess. Damit entsteht die Notwendigkeit, den Schritt zum Pull-Vertrieb über die Digitalisierung zu gehen.

Wenn wir nicht pushen dürfen, wie pullen wir denn nun?

Um Kunden auf diesem Wege zu interessieren und zu binden, bedarf es interessanter oder wertiger Informationen. Kurz gesagt wird dem Kunden ein Mehrwert angeboten, den er mehr oder weniger direkt verwerten kann. Die Kunst besteht dann darin, einen nutzbaren Wert zu liefern, ohne die komplette Produktpalette kostenfrei zur Verfügung zu stellen. Abhängig von Branche, Ausrichtung Ihres Unternehmens, Kundenkreis und angestrebtem Bild in der Außendarstellung können auch Spaß, Unterhaltung oder ein Einkauferlebnis diesen Mehrwert bilden. Mir war für unser Unternehmen wichtig, den Fokus auf das Bild eines seriösen, innovativen und verlässlichen Partners zu richten. Aus diesem Grunde haben wir uns für den Weg über die oben erwähnten wertigen Informationen entschieden.

An dieser Stelle dürfen Sie nun gerne laut aufbegehren und wild gestikulierend den Raum abschreiten. Sicher wissend, dass für Ihr Unternehmen und Ihren Zielkundenkreis eine deutlich dynamischere Ansprache notwendig ist und mein beschriebenes Vorgehen diese Adressaten maximal zu einem herzhaften Gähnen ermuntert. Gut so, Bewegung ist in diesem frühen Stadium des Kapitels doch ein Fortschritt (entschuldigen Sie das Wortspiel). Der nun folgende Satz beschreibt das Ziel der Bemühungen, wie Sie den Weg dorthin gestalten, hängt von den oben beschriebenen Faktoren und – vor allem – von Ihnen selbst ab: **Das Ziel ist es, die Kunden über diese Mehrwerte** dauerhaft zu binden und auf diese Weise einen durchgängigen Vertriebskanal zu schaffen und zu unterhalten.

Unser Weg über die Digitalisierung zum passenden Pull-Konzept

Besonders mittelständische Unternehmen haben ihre Schwierigkeiten mit der Digitalisierung. Hört man – sagt man. Solche absoluten Aussagen stimmen in den seltensten Fällen, aber ein Funken Wahrheit ist dann doch meist dabei. Als mittelständisches Unternehmen in der IT-Unternehmensberatung mit Spezialisierung auf SAP schauen wir bei diesen und ähnlichen Aussagen reflexartig auf unsere Kunden.

Glücklicherweise nehmen wir an einem moderierten Erfahrungsaustausch mit anderen Mittelständlern aus unserer Branche teil. Dort werden wir regelmäßig gezwungen, die Sicht nach innen auf die eigenen Prozesse zu richten und zu schauen, wie wir eigentlich bei uns aufgestellt sind. **Die Zeit, die eigenen Prozesse und deren Struktur im Unternehmen zu analysieren, ist gut investiert.** Das betrifft alle internen Abläufe, von der E-Rechnung bis zu unserer Zeiterfassung und den Collaboration Tools. Damit endet dieses Thema für uns als Dienstleistungsunternehmen jedoch nicht, ganz im Gegenteil.

Der Vertrieb ist für uns als spezialisiertes, technisches und regional fokussiertes Beratungshaus die zentrale Komponente. Hier müssen wir unsere Leistungen zunächst erklären. Das klingt vielleicht einfach, ist jedoch immer wieder eine echte Herausforderung. Die SAP bietet mittlerweile hunderte Lösungen als On-premise und Cloud-Variante an. Wir suchen mit und für unsere Kunden die passenden Einzelkomponenten aus und richten diese auf die individuellen Bedürfnisse der Kunden ein. Diese Projekte haben immer einen betriebswirtschaftlichen und einen technischen Teil; schließlich sprechen wir hier von teils hochvernetzten ERP-Systemen. Die Kunden und Anwender sind sowohl international agierende Konzerne wie auch der gehobene Mittelstand, Städte oder Kommunen.

Unsere Aufgabe besteht also darin, aus einer Summe von verfügbaren Einzelteilen eine einerseits standardisierte und andererseits individuelle Gesamtlösung zu erstellen. Für den Vertrieb bedeutet dies, mit Referenzen und Projektstorys zu arbeiten. Im Gegensatz zum Produktvertrieb ist hier keine Leistung identisch und daher nur bedingt vergleichbar. Unsere Leistungen sind darüber hinaus auch in hohem Maße erklärungsbedürftig, womit wir ständig auf der Suche nach dem direkten Kontakt zu unseren Kunden und Interessenten sind.

In diese Ausgangslage kam dann die Nachricht »Die Telefonakquise ist tot«, »Kaffee-trinktermine wird es nicht mehr geben« und wenn wir schon dabei sind, alle Push-Methodiken sind kalter Kaffee und werden zum »Sistema non grata« der Vertriebseitelkeiten erklärt. Inmitten der üblichen Langeweile eines IT-Unternehmens sollten wir also die Chance bekommen, endlich etwas Sinnvolles mit unserer Zeit anzustellen und den gesamten bisher bekannten und gelebten Vertriebsprozess schlicht über den Haufen zu werfen.

Deutschland gilt im internationalen Austausch gerne als die »Yes-butter« und »Why-notter«. Dieser Einschätzung muss man ein Stück weit folgen, wenn ein Austausch über die Abkehr von seit Jahrzehnten bewährten (oder zumindest gelebten) Praktiken beginnt. Bei uns war dies alles kein Thema, die Punkte wurden zügig eruiert, diskutiert, entschieden und umgesetzt. Heute haben wir eine komplett renovierte Website, posten regelmäßig auf LinkedIn und Xing, erstellen Webinare und befüllen damit unseren eigenen YouTube-Kanal. Vielen Dank, dass Sie meinem Kapitel in diesem Buch soweit (hoffentlich interessiert) gefolgt sind. – Ende –

Ist das wirklich ernst gemeint? (...meine ich, Sie sagen zu hören...)

Nein, natürlich sind wir noch nicht am Ende ...

Erkenntnis ist der erste Schritt zur Besserung – nun geht es von der Konzeption zur Realisierung

Nun, eigentlich sind wir noch nicht am Ende, aber doch ein wenig. Was führt mich zu dieser präzisen Äußerung? Und wie ging es nun wirklich weiter? Recht simpel, denn zu einigen Entscheidungen im Leben wird man schlichtweg gezwungen. Wenn es denn dann schon nicht die komplette Entscheidung ist, dann wird einem zumindest einmal das Tempo vorgegeben. Als Taktgeber, erbarmungsloser Einpeitscher oder Galeeren-Trommler hat sich bei uns die Corona-Krise gezeigt.

Lessons learned No. 1: orientiert an der Gründermentalität in den USA; weniger Vorbehalte pflegen, einfach starten und etwas riskieren. Das größte Risiko liegt darin, nichts zu tun.

Damit beginnt die Geschichte also im März 2020. Genau zu diesem Zeitpunkt findet jedes Jahr unsere größte Kundenveranstaltung statt, ganztägig und mit 6 bis 8 Vorträgen (Powerpoint und Live-Demos). Dieses Mal mussten wir die Veranstaltung absagen. Natürlich wollten wir nicht auf die Möglichkeit verzichten, unser Portfolio umfänglich zu präsentieren, und wir haben in den vergangenen Jahren auch sehr viele interessante und gewinnbringende Gespräche geführt. Wie lässt sich dies nun alternativ bewerkstelligen? Typisch deutsch waren wir zunächst auf der 100 %-Suche: **alle Vorteile wie bisher, maximal professionell und bloß keine Kompromisse. Zum Glück hatten wir die Zeit dazu (diesmal) nicht.**

Jetzt wird es pragmatisch

Wir haben uns, gemeinsam mit unserer Marketingagentur dazu entschieden, die bereits ausgearbeiteten Vorträge als Webinare zu präsentieren. Was lag näher, als mich und meine Keynote als Versuchskaninchen zu nutzen? Also ein Hintergrundbild gedruckt und an die Wand gepinnt, die Webcam aufgebaut und den Konferenzstern als Mikrofon genutzt. Schnell noch die Schweißperlen abgewischt und los geht's. Mit unserem Konferenztool haben wir das Webinar aufgezeichnet und das Video wurde im Nachgang geschnitten und mit einem Vor- und Nachspann versehen.

Heute haben wir einen YouTube-Channel mit über 20 Videos, die unserem Kundenkreis einen Einblick in teils komplexe Sachzusammenhänge geben.

Lessons learned No. 2: think big, start small; lieber schnell mit einem Video bei YouTube starten, als monatelang den Content sammeln und dabei viel Zeit verlieren; jeder fängt mal an, das gilt nicht nur im privaten Umfeld.

Alle Ansprüche haben wir auf diesem Wege nicht befriedigen können, den direkten Kontakt und die Gespräche bei unseren Präsenzveranstaltungen konnten wir nicht ersetzen. Darüber haben wir lange diskutiert ... typisch deutsch, es war nicht optimal. Erst später wurde uns klar, dass wir auch positive Änderungen erreicht hatten. Wir hatten zwar pro Webinar weniger Besucher als bei unserer Präsenzveranstaltung, aber über alle Webinare aus dieser Reihe hinweg deutlich mehr. Offenbar haben unsere Kunden zwar »nur« die Webinare besucht, die sie konkret interessierten, aber Sie haben sich auch einmal schnell die eine Stunde Zeit dafür genommen. Wäre jeder Kunde den ganzen Tag zu unserer Großveranstaltung gekommen? Sicher nicht. **Bei allem Drängen nach vorne führt auch der Blick zurück zu wichtigen Erkenntnissen.**

Lessons learned No. 3: Kopieren Sie nicht die »alte« Realität, schaffen Sie eine neue. Sie werden nicht alle Vorzüge mitnehmen können, aber Sie werden neue erzielen können.

Die Business-Netzwerke – eine Frage der Sichtweise

Schon länger wollten wir auf den businessrelevanten sozialen Medien wie LinkedIn und Xing präsenter sein. Aber **was können wir hier posten,** woher soll der Content kommen und wie sollen wir diesen Content dauerhaft erzeugen können? Nun, die Webinare haben hier einen weiteren Verwendungszweck bekommen. Sie ahnen es, wir haben diese Themen und die Videos selbst natürlich gepostet. Sucht man nach relevanten und seriösen Inhalten, schmort man gerne im eigenen Saft. Schließlich kann ja auch niemand diese komplexen fachlichen Themen ausreichend durchdringen.

Zu dieser Zeit haben wir eine Studentin für Medieninformatik an der TH Köln auf einer Karrieremesse kennengelernt und als Werksstudentin an Bord genommen. Damit hatten wir eine neue, unverbrauchte und unvoreingenommene Sicht auf die Dinge, die wirklich interessant sind. Es begann damit, dass wir erst einmal erklären sollten, was denn ein Berater, ein Vertriebsleiter und ein Vorstand so tun.

Wir haben auf diese Weise gemeinsam die Sicht auf LinkedIn und Co. erweitert und auch die Chance für ein Recruiting gesehen. Daraus sind dann Interviews unserer Mitarbeiterinnen und Mitarbeiter entstanden, die einen Einblick in unser Unternehmen gewähren.

Lessons learned No. 4: Erweitern Sie den Blick auf Ihre Situation und Ihre Ziele, dazu braucht es nicht immer den hochkompetenten Coach. Viel lässt sich alleine schon aus den Fragen von »Unbeteiligten« ziehen. Dabei nimmt man zwangsläufig eine neue oder geänderte Position ein und sieht die Dinge mit anderen Augen.

Auf dem Weg von Push zu Pull – ein Projekt oder ein Prozess?

Als Unternehmensberatung sind wir es gewohnt, in Projekten zu denken. Was definiert ein Projekt? Ein fester Start und ein definiertes Ende. Was ist somit der Wechsel auf eine Pull-Vertriebsmethodik **nicht**? Genau, ein Projekt.

Wird von außen oder innen ein Abschluss dieses Prozesses erwartet und diese Forderung vielleicht mit Kennzahlen untermauert, dann wird dies an der Erwartungshaltung scheitern müssen. Zu der Aussage, dass es (in unserem Business) gerne bis zu zwei Jahre dauern kann, bis eine neue Kundenbeziehung in einem Projekt mündet, ernte ich von erfahrenen Vertriebsprofis zustimmendes Kopfnicken und unverständliches Kopfschütteln von vielen anderen.

Der Wechsel von Push auf Pull ist kein Projekt, es ist ein immerwährender Prozess, der ständig erweitert, optimiert und neu gedacht werden muss. Die Welt, die Kommunikation und die Techniken ändern sich rasant und stetig und so kommt man diesem Prozess tatsächlich am besten mit Trial-and-Error bei.

Lessons learned No. 5: Haben Sie keine Angst zu scheitern, haben Sie lieber Angst vor dem Nichtstun. Starten Sie überlegt, aber verschwenden Sie die Zeit nicht für die optimale Planung (die es per se nie geben wird). Fehler sind bei uns in Deutschland ein Malus, in den USA gehört Scheitern zum Erfolg. Bewerten Sie Ihr Risiko und starten Sie dann die ersten Gehversuche.

Ich hoffe, Sie haben in diesem Kapitel nicht die Schritt-für-Schritt-Anleitung zur erfolgreichen und allgemeingültigen Transformation vom Push-Vertrieb auf einen Pull-Vertrieb gesucht. Sollten Sie sie an anderer Stelle finden, dann teilen Sie diesen heiligen Gral doch bitte mit mir, meine Kontaktdaten finden Sie gleich am Ende meines Beitrags.

Mein Ziel in diesem Kapitel ist es, Sie an einem Praxisbeispiel teilhaben zu lassen und Sie auf diese Weise zu eigenen Überlegungen, Einschätzungen und Ideen zu inspirieren. Ich selbst war und bin ein Anhänger von praxisnahen Strategien. Dies nicht erst, aber durchaus bestärkt durch das Studium der »Engpasskonzentrierten Strategie (EKS)« von Wolfgang Mewes.

Unser Weg zur Pull-Methodik ist noch lange nicht vorbei und, wie ich zuvor schon erwähnte, wird er es auch nie sein. Aber natürlich gibt es Meilensteine, die wir erreicht haben und noch erreichen wollen. **Dabei gilt es, diese neuen Konzepte zu nutzen, ohne die bewährten zu unterlassen.** Natürlich unter dem Vorbehalt der Prüfung auf Eignung im aktuellen Zeitgeschehen.

Lessons learned No. 6: Das eine tun ohne das andere zu lassen, der Wechsel hin zur Pull-Methodik ist kein 180°-Schwenk auf dem Weg zur zeitgemäßen Kundenorientierung und -ansprache. Werfen Sie nicht sofort alles über Bord, aber hinterfragen Sie alles. Manches aus alt und neu lässt sich trefflich kombinieren. Was für Sie und Ihre Branche am besten funktioniert, müssen und dürfen Sie selbst herausfinden. Am besten fangen Sie heute damit an, der Markt wartet nicht und die Corona-Situation hat diese Dynamik enorm beschleunigt.

Ist Pull ein Hype oder Teil der Erkenntnis oder gar Teil der Lösung?

Sollten Sie sich nun die Frage stellen, ob Sie mit dem Pull-Konzept erfolgreich sein werden oder ob Sie nicht einfach abwarten und sich den zeitlichen und finanziellen Aufwand sparen sollten, dann erlauben Sie mir die folgenden beiden Zitate:

> *Natürlich gibt es kein Rezept für den Erfolg. Außer vielleicht die bedingungslose Akzeptanz des Lebens und all dessen, was es bringt.*
> Arthur Rubinstein

> *Nichts ist so beständig wie der Wandel.*
> Heraklit von Ephesus, 535-475 v. Chr.

Es hat sich viel geändert, es wird sich viel ändern und all dies ändert sich nicht. Es bleibt uns allen im Vertrieb nichts anderes übrig, als uns stetig anzupassen. Den persönlichen und menschlichen Kontakt mit unseren Kunden werden wir weiter pflegen, so wie immer und so wie bisher. Den ersten Schritt, der uns überhaupt in die Lage dazu versetzt, werden wir aber weiter modernisieren und digitalisieren. Unser Geschäft ist ein People-Business und dieses lässt sich glücklicherweise nicht über einen Webshop digitalisieren. **Die Kunst besteht darin, für die einzelnen Schritte in der Kunden- und Projektakquise die passende Methodik zu finden und diese individuell auszugestalten.**

Lessons Learned – kurz & kompakt ohne Prosa

1. **Weniger Vorbehalte pflegen, einfach starten und etwas riskieren.** Das größte Risiko liegt darin, nichts zu tun (orientiert an der Gründermentalität in den USA).
2. **Think big, start small**; lieber schnell mit einem Video bei YouTube starten, als monatelang den Content sammeln und dabei viel Zeit verlieren; jeder fängt mal an, das gilt nicht nur im privaten Umfeld.
3. **Kopieren Sie nicht die »alte« Realität,** schaffen Sie eine neue. Sie werden nicht alle Vorzüge mitnehmen können, aber Sie werden neue erzielen können.
4. **Erweitern Sie den Blick** auf Ihre Situation und Ihre Ziele, dazu braucht es nicht immer den hochkompetenten Coach. Viel lässt sich alleine schon aus den Fragen von »Unbeteiligten« ziehen. Dabei nimmt man zwangsläufig eine neue oder geänderte Position ein und sieht die Dinge mit anderen Augen.
5. Haben Sie **keine Angst zu scheitern**, haben Sie lieber **Angst vor dem Nichtstun**. Starten Sie überlegt, aber verschwenden Sie die Zeit nicht für die optimale Planung (die es per se nie geben wird). Fehler sind bei uns in Deutschland ein Malus, in den USA gehört Scheitern zum Erfolg. Bewerten Sie Ihr Risiko und starten Sie dann die ersten Gehversuche.
6. **Das eine tun ohne das andere zu lassen**, der Wechsel hin zur Pull-Methodik ist kein 180°-Schwenk auf dem Weg zur zeitgemäßen Kundenorientierung und -ansprache. Werfen Sie nicht sofort alles über Bord, aber hinterfragen Sie alles. Manches aus alt und neu lässt sich trefflich kombinieren. Was für Sie und Ihre Branche am besten funktioniert, müssen und dürfen Sie selbst herausfinden. Am besten fangen Sie heute damit an, der Markt wartet nicht.

Zum Ende dieses Kapitels darf ich Ihnen bei Ihren Bemühungen, Aufgaben und Herausforderungen viel Erfolg wünschen. Sollten Sie die Zeit finden, freue ich mich, wenn Sie mich an Ihren Erkenntnissen teilhaben lassen und wir unsere Erfahrungen auf diesem Wege erweitern können.

Hinweise zum Autor

DIRK SCHMAUS

Dirk Schmaus ist Vorstandsvorsitzender der Bitech AG in Leverkusen. Verantwortlich für das Ressort Marketing & Vertrieb, richtet Dirk Schmaus den SAP-Spezialisten Bitech AG in Leverkusen konsequent auf die Bedürfnisse und Anforderungen des IT-Marktes aus. Mit über 20 Jahren Beratungserfahrung ist der SAP-Experte und sein Team aus Vorstand, Vertrieb und Beratung ein kompetenter Partner für den Mittelstand bis hin zum Konzern.

Kontaktdaten

Bitech AG
An der Schusterinsel 15
51379 Leverkusen
E-Mail: dirk.schmaus@bitech.ag
Internet: https://www.bitech.ag/

Über den Kuchen zum Kunden –
das Vertriebskunststück

Constanze Steinbüchel
Geschäftsführung Konzept & Kreation
Atelier Steinbüchel & Partner

Christoph v. Forstner
Partner
Atelier Steinbüchel & Partner

Die Agentur und ihre Spezialisierung

Mit über 20 Jahren Agenturerfahrung bietet das Atelier Steinbüchel & Partner (AS&P) Marken- und Vertriebskommunikation auf höchstem Niveau. Mit einem hohen Maß an Kreativität und Wissensdrang erarbeitet das Team immer neue Konzepte für Kunden aus verschiedensten Branchen und Dienstleistungen. So können Kunden von übertragbaren Erfahrungen profitieren, die in anderen Branchen gemacht wurden. Ein Schwerpunkt der Agentur ist z. B. die Versicherungsbranche – ein Paradebeispiel für die Notwendigkeit, erklärungsbedürftige und komplexe Produkte einfach und knackig für die Zielgruppe aufzubereiten. Genau das kann AS&P und erarbeitet gemeinsam mit dem Kunden lösungsorientierte Konzepte, die die Marke perfekt positionieren, die Kunden auf deren Bedürfnisse ansprechen und die passenden Lösungen bieten.

Über den Kuchen zum Kunden – das Vertriebskunststück

Es gibt Produkte, die verkaufen Vertriebsprofis wie geschnitten Brot. Sofort verständliche Vorteile für Kunden, leicht zu erklären – ein *easy win*. Es gibt aber auch komplexere Produkte, die eine Herausforderung für den Vertrieb darstellen. Und es gibt Hindernisse, mit denen niemand rechnet und die alle bisherigen Muster über den Haufen werfen. Dann heißt es: Außergewöhnliche Umstände brauchen eine außergewöhnliche Kampagne mit einem Überraschungseffekt. Über den Kuchen zum Kunden!

Die Herausforderung: ein unsicheres (Corona-)Jahr und ein sicheres, aber erklärungsintensives Geldanlageprodukt

Im Jahr 2020 hatte die Gothaer Versicherung einen besonderen Grund zu feiern und gleichzeitig eine Herausforderung zu meistern. 200 Jahre Gothaer Gemeinschaft galt es zu zelebrieren – ein großes Jubiläum in keinem leichten Jahr. Die Coronapandemie hat die gesamte Geschäftswelt vor eine bisher unbekannte Ausnahmesituation gestellt und ganz Deutschland 2020 in Atem gehalten: Kontaktbeschränkungen, Homeoffice … Die Liste der Veränderungen wird seitdem mit jedem Monat länger.

Zeitgleich hatte der Versicherer ein Anlageprodukt entwickelt, das zwar jede Menge Renditechancen bei bis zu null Risiko für seine Kunden bereithielt, dem Vertrieb aber auch Respekt vor seiner Komplexität einflößte. Warum? Kompliziertes Produkt und viel notwendiges fachliches Vorwissen, um es dem Kunden zu vermitteln – so vermuteten es die Vertriebsmitarbeiter. Schwer zu erklären, noch schwerer zu verkaufen.

Nun gab es also ein Jubiläum und ein hochwertiges Produkt zu feiern, aber gleichzeitig eine weltweite Pandemie. Für unseren Kunden hieß das zusätzlich: Keine großen Vertriebsevents, bei denen die Vertriebsmitarbeiter normalerweise über neue Produkte informiert und vor allem dazu motiviert werden, diese erfolgreich zu verkaufen.

Wie also damit umgehen? Umso mehr war es unsere Aufgabe, uns dieser Herausforderung zu stellen. Mit einer außergewöhnlichen Vertriebsaktion. Lebendig. Digital. Persönlich. Einfach. Unter Pandemiebedingungen. Und mit den richtigen Zutaten!

Die Idee: Wir feiern 200-jähriges Jubiläum und entwickeln ein Rezept, das allen schmeckt – so schmeckt nicht nur der Geburtstagskuchen

Die Voraussetzungen für die Entwicklung einer außergewöhnlichen Vertriebsaktion erscheinen auf den ersten Blick schwierig. Ein herausforderndes Produkt, fehlende Sales-Events und vor allem keine Face-to-Face-Kundenberatung, die der Vertrieb für ein komplexes Produkt besonders benötigt. Für uns war klar: Es muss uns gelingen, eine digitale Vertriebsaktion zu entwickeln, die die widrigen Umstände als Chance begreift und in eine besondere Kampagne verwandelt.

Die Idee: Wir nehmen das 200-jährige Jubiläum unseres Kunden zum Anlass und verbinden den Erfolg mit der Herausforderung. Das Ziel: Nicht nur den Geburtstagskuchen, sondern auch das Anlageprodukt für den Vertrieb »lecker« machen. Die Pandemiebedingungen konnten wir so tatsächlich für ein Überraschungsmoment der besonderen Art nutzen. Hierfür hat unser Team eine zweistufige Jubiläumsaktion entwickelt, die es nicht nur schafft, dem Vertrieb trotz Distanz ein komplexes Produkt verständlich zu vermitteln, sondern auch eine digitale und dennoch persönliche Beratungssituation ermöglicht. So ist es uns gelungen, das Produkt bei einem gemeinsamen Erlebnis so schmackhaft zu machen, dass es sich wie von allein verkauft.

Abb. 1: Unsere zweistufige Jubiläumsaktion

Die Umsetzung: Wir machen Geldanlage lecker!

Schritt 1: Das richtige Rezept ist der Schlüssel!

Im ersten Schritt wurde der Vertrieb in einem Mailing eingeladen, an der limitierten Aktion teilzunehmen. Ein E-Mail-Anschreiben, das neugierig macht, ohne durch zu viel Inhalt zum Produkt abzuschrecken. Von hier gelangten die Vertriebsmitarbeiter auf eine eigens für unsere Jubiläumsaktion entwickelte Landingpage.

Die Konzeption der Landingpage hatte zum Ziel, das bislang als komplex empfundene Anlageprodukt so herunterzubrechen, dass es in drei Schritten verstanden und erklärt werden konnte – für Vertriebsmitarbeiter, und damit auch deren Kunden. Die wichtigsten Merkmale und USPs des Produkts sollten so leicht verstanden werden, dass alle weiteren Unterlagen zwar hilfreich, aber nicht zwingend notwendig sein würden. Natürlich wurden auf dieser Seite auch alle gewohnten Informationen, wie Sales Story und Verkaufsunterlagen, zur Verfügung gestellt. Für alle, die beim Besuch der Landingpage direkt Lust darauf bekommen haben, sich eingehender mit dem Produkt zu beschäftigen.

Denn über der gesamten Kampagne schwebte immer das übergeordnete Ziel: Wir machen den Vertrieb selbstsicher. Geben die Sicherheit, auch über ein vermeintlich komplexes Produkt beraten zu können. Gelingen musste uns daher, etwas Komplexität rauszunehmen – gegenüber dem Vertrieb, aber auch aus dessen Argumentation gegenüber dem Kunden.

In diesen anspruchsvollen Zeiten kommen Sie in nur drei Schritten zu einer Online-Beratung mit sympathischem Gesprächseinstieg:

1 Kunden aktivieren

Ein außergewöhnliches Print-Mailing zieht den Kunden auf die Aktionswebseite:

1. Vorstellung des Gothaer Jubiläums und des Jubiläumsproduktes Gothaer Index Protect.

2. Mit einem einmaligen persönlichen Code kommen Ihre Kunden auf die Kunden-Aktionsseite.

2 Kunden doppelt überraschen

Die Kunden werden personalisiert angesprochen, informiert und sind begeistert:

1. Nur drei einfache Fragen zum Produkt trennen Ihre Kunden noch vom Jubiläumskuchen.

2. Ihre Kunden erhalten ihren persönlichen Kuchen und weitere Informationen zum Jubiläumsprodukt.

3 Kunden persönlich beraten

Die Kunden erhalten termingerecht ihren Wunschkuchen und der Barater trifft seinen Kunden online zum Beratungsgespräch:

1. Für einen tollen Gesprächseinstieg rund um Gothaer Index Protect!

2. Für persönliche und „coronakonforme" Beratung & Vertragsabschluss!

www.atelier-steinbuechel.de

Abb. 2: Die Kampagne im Überblick

Schritt 2: Ein bisschen Spaß muss sein – mit Gamification zum Produktabschluss

Ein zweites Anliegen des E-Mail-Anschreibens war, die Vertriebsmitarbeiter mit ein wenig Gamification zu aktivieren. Die Beratung zum Jubiläumsprodukt sollte für sie und die ausgewählten Kunden auf besondere Weise versüßt werden. Wir erinnern noch einmal daran, dass wir weiterhin vor der Herausforderung standen, dass eine direkte persönliche Beratung Face-to-Face nicht möglich war. Unsere Idee: Persönliche Beratung bei Kaffee und Kuchen geht auch coronakonform.

Neben dem Link zur Kampagnen-Landingpage bekam jeder Vertriebsmitarbeiter mit dem E-Mail-Anschreiben einen persönlichen Link, mit dem er sich nicht nur einen von 200 limitierten Gothaer-Geburtstagskuchen sichern, sondern auch ausgewählten Kunden für eine einmalige und ebenfalls limitierte »Regalkampagne« nominieren konnte. Mit einem Klick auf den Aktionslink landete der Vertrieb auf einer gebrandeten und personalisierten Versandseite. Nach der Beantwortung dreier inhaltlicher Fragen zum Produkt, konnten sie sich dann einen von 200 limitierten Jubiläumskuchen sichern.

Der Clou: Kuchen ist lecker, klar. Wir wollten dem Vertrieb jedoch die Möglichkeit verschaffen, trotz verschärfter Pandemiebedingungen und Kontaktbeschränkungen ein einzigartiges und persönliches Beratungsgespräch führen zu können.

Die schnellsten Vertriebler konnten also nicht nur für sich, sondern auch für ihre ausgewählten Kunden einen Kuchen sichern. Hatten sie die »Regalkampagne« einmal angestoßen, erhielten ihre Kunden ein ausgefallenes Print-Mailing mit der Einladung, sich einen für sie reservierten Kuchen zu bestellen.

Warum Print?

Jeder von uns erhält täglich eine Flut von E-Mails. Und sind wir ehrlich: Wie viele E-Mails liegen bei allen von uns ungelesen im Postfach – oder sogar im virtuellen Papierkorb?

Und unsere Post hingegen besteht heutzutage hauptsächlich aus was? Richtig, Rechnungen. Eine freundliche Nachricht und eine Einladung, sich einen kostenlosen Kuchen nach Hause liefern zu lassen, liegt vermutlich selten bis nie in unseren Briefkästen. Würden wir uns selbst nicht darüber freuen und uns schnell einen Kuchen sichern? Ganz bestimmt!

Sind die Kunden also dieser Einladung gefolgt, erhielt der Vertriebsmitarbeiter zeitgleich die Information, zu welchem Termin sich ihre Kunden den Kuchen haben schicken lassen.

Voilá: Alle Zutaten für eine coronakonforme Beratung mit Überraschungseffekt bei Kaffee und Kuchen – auf außergewöhnliche Art und Weise.

Die Kunden erhielten natürlich zu ihrem Kuchen kurze und knackige Informationen zum Jubiläumsprodukt, womit ein insgesamt optimaler Gesprächseinstieg garantiert war.

Natürlich wissen wir: Auch die beste Vertriebsaktion muss messbar sein. An der Anzahl der aktivierten Vertriebsmitarbeiter, der Seitenaufrufe der Landingpage, der Bestellmenge der limitierten Kundenkuchen – bis zum erfolgreichen Produktverkauf. Der Erfolg der Aktion war messbar riesig.

Die Learnings: Es gibt keine schwierigen Produkte, nur die falschen Zutaten zum optimalen Beratungsgespräch

Wir haben bei der Entwicklung und Umsetzung dieser außergewöhnlichen Kampagne viel gelernt. Was waren unsere Ziele? Wir wollten unsere Kunden dazu motivieren, ein herausforderndes, aber auch einzigartiges und hochwertiges Produkt zu verkaufen. Dafür wollten wir den Vertrieb digital schulen und den Mitarbeitern das gleiche sinnliche Erlebnis und Überraschungsmoment bieten, das sie später auch den Kunden ermöglichen konnten. Ein solches Produkt zu verkaufen, benötigt kompetente und persönliche Beratung, egal, wie die äußeren Umstände sind. Und bei all der Unsicherheit, die diese Zeiten mit sich brachten, haben wir dennoch eines gelernt: Außergewöhnliche Situationen erfordern außergewöhnliche Konzepte, die vereinen. Denn durch die Mühen, die eine coronakonforme und dennoch persönliche Beratung bedeutet, wird diese gleichzeitig zu einem sehr besonderen Erlebnis.

Unsere Jubiläumsaktion war eine der erfolgreichsten »Regalkampagnen« der Gothaer Versicherung. Sie wurde nicht nur vielfach aufgerufen, sondern hat auch das übergeordnete »Wunschziel« eines deutlichen Anstiegs von Produktverkäufen erreicht.

Warum? Weil unsere Kampagne mehr getan hat, als komplexe Informationen »snackable« zu machen. Wir wollten, dass die Menschen selbst in Aktion treten, miteinander interagieren und allen widrigen Umständen zum Trotz ein gemeinsames, echtes Beratungserlebnis miteinander teilen können. Diese Lebendigkeit und Erlebbarkeit hat die Aktion am Ende so erfolgreich gemacht.

So wurde mit einer besonderen Aktion zu anspruchsvollen Zeiten auch das komplexe Anlageprodukt zum Bestseller. Und der beste Nebeneffekt: In der Vorbereitungszeit galt es jede Menge Kuchen zu testen – auch diese Herausforderung haben wir mit Freude und Enthusiasmus gemeistert.

Guten Appetit!

Hinweise zu den Autoren

CONSTANZE STEINBÜCHEL

Constanze Steinbüchel, Atelier Steinbüchel & Partner, Geschäftsführung Konzept & Kreation.

Im Agenturteam berate ich zu den Themen Markenkommunikation und Vertriebs-unterstützung. Meine Schwerpunkte sind Konzeption und Kreation – meine Vor-lieben: verständliche Darstellung und Visualisierung von erklärungsbedürftigen Leistungen oder Produkten.

Im Ehrenamt bin ich als zweite Vorsitzende für den Kölner Verein KölleAlarm e. V. tätig. KölleAlarm e. V. ist eine Mischung aus karnevalistischer Brauchtumspflege und Alkoholprävention bei Jugendlichen. www.koellealarm.de

Seit 2016 bin ich IHK-Ausbilderin für die Berufe Mediengestalter:in und Kaufmann/-frau Marketing.

2021 habe ich die Ausbildung zur Natur-Resilienz-Trainerin erfolgreich bei der Deut-schen Akademie für Waldbaden & Gesundheit abgeschlossen.

Ich bin ein Familienmensch und lebe mit meinem Mann und zwei wundervollen Kin-dern im Umland von Köln, ganz nahe der Brauweiler Abtei. In meiner Freizeit erkunde ich gerne neue Gegenden oder treffe mich mit Freunden. Zudem liebe ich die Teilnah-me an Laufveranstaltungen und Livekonzerten.

CHRISTOPH V. FORSTNER

Christoph v. Forstner, Atelier Steinbüchel & Partner, Partner, Konzept & Beratung.

Seit vielen Jahren bin ich Partner in der Agentur und Spezialist für crossmediale Kommunikation mit einer starken vertrieblichen Ausrichtung. Durch verschiedene Führungspositionen (Marketing, Vertrieb und Produktmanagement) innerhalb der Versicherungsbranche bringe ich umfangreiches Spezialwissen für den Bereich Versi-cherung und Finanzen mit. Der interessante Kundenkontakt mit möglichst kniffligen konzeptionellen Herausforderungen steht bei mir besonders im Fokus.

Ehrenamtlich engagiere ich mich stark im Johanniterorden und bin Kurator eines Pflegeheims in Köln. Als Ausgleich zur Arbeit liebe ich den Wind um die Nase beim Motorradfahren und Golfspielen.

Mit meiner Frau lebe ich gemeinsam in Hilden, unsere zwei Jungs sind bereits ausgezogen.

Kontaktdaten
Atelier Steinbüchel & Partner, Werbeagentur Köln
Sperberweg 2
50858 Köln
Tel.: +49 221 442398
Fax: +49 221 419793,
E-Mail: info@atelier-steinbuechel.de
Internet: www.atelier-steinbuechel.de

Erfolge durch Telefonakquise im Sonder-Maschinenbau

Ulf Kapitza
Leiter Vertrieb + Marketing
AGTOS Gesellschaft für technische Oberflächensysteme mbH

Ausgangssituation/Problembehandlung

Wie findet man Interessenten für ein erklärungsbedürftiges Nischenprodukt im B2B-Sektor?

Dieser Bericht basiert auf Erfahrungen, die ich beim Maschinenbau-Unternehmen AGTOS Gesellschaft für technische Oberflächensysteme mbH gemacht habe. Das 2001 gegründete Unternehmen liefert neue Schleuderrad-Strahlanlagen im Sonder-maschinenbau sowie gebrauchte Strahlmaschinen. Ersatz- und Verschleißteile für Schleuderrad-Strahlmaschinen aus eigener Fertigung und auch für Fremdprodukte sowie Serviceleistungen, Inspektionen, Umbauten und Modernisierungen von Strahl-anlagen aller Art ergänzen das Lieferprogramm.

Als Leiter des Bereichs Business Development & Marketing bin ich an der Definition und Umsetzung von Zielen und Aktionen im Vertrieb beteiligt. Worum geht es bei den Produkten von AGTOS? Schleuderrad-Strahlanlagen werden bspw. zum Entrosten von Blechen und Profilen, Reinigen und Entgraten von Gussteilen, Verfestigen von Ge-triebeteilen, Aufrauen von Blechteilen vor der Pulverbeschichtung, Reinigen ganzer Konstruktionen vor der Beschichtung, aber auch für die Aufwertung von z. B. Beton-pflastersteinen verwendet.

Durch den Strahlprozess wird den Werkstücken also ein konkreter Mehrwert hinzu-gefügt.

Nicht jeder Betrieb, der gestrahltes Material einsetzt, benötigt eine oder mehrere Schleuderrad-Strahlanlagen. Es kommen auch andere Arten der Oberflächenbearbeitung und damit andere Maschinen infrage. Häufig wird bereits gestrahltes Material von Zulieferern zur Verfügung gestellt. Zudem gibt es auch Lohnunternehmen, die das Strahlen als Dienstleistung anbieten.

Das Wettbewerbsspektrum bei Schleuderrad-Strahlanlagen ist vielschichtig und international. Es gibt Anbieter kostengünstiger Standardmaschinen und Hersteller wie AGTOS, die sich auf hochwertige Sonderlösungen konzentrieren. Einige Hersteller haben sich auf bestimmte Branchen fokussiert.

Aufgrund der vielfältigen Einsetzbarkeit der Maschinen hat der Vertrieb viele Industriebranchen als Zielgruppen zu bearbeiten. Von den OEMs und Zulieferern im Automotive-Bereich über den gesamten Maschinenbau bis hin zu Gießereien, Schmieden, Stahlbetrieben und Stahlverarbeitungsbetrieben, die Landmaschinenbranche, der Bausektor, um nur einige zu nennen.

Nach der Gründung des Maschinenbau-Unternehmens AGTOS, das seinen Platz am Markt noch finden musste, stellten sich verschiedene Aufgaben für die Akquise. Zunächst galt es, regionale Märkte zu definieren und die Marke dort bekannt zu machen. Hier trug die Telefonakquise viel zur Expansion des Unternehmens bei. Die Zahl der Länder und Regionen wuchs ständig, mittlerweile sind wir weltweit tätig.

Mit der Zeit kam im Vertrieb des Unternehmens AGTOS der gesamte Marketingmix zum Einsatz. Dazu gehörte eine umfangreiche Pressearbeit (Anzeigen und Fachberichte), später ergänzt um digitale Medien, Portale und Social Media. Die Präsentation auf (inter-)nationalen Messen wurde ebenso ausgebaut wie die Ausweitung des Vertriebsnetzes mit Vertretungen und Wiederverkäufern.

Nachfolgend wuchs der Wunsch, bestimmte Branchen stärker zu durchdringen. Auch hier kommen die Möglichkeiten des Direct Marketings und damit der Telefonakquise zum Einsatz. So wurden zunächst gedruckte Mailings entworfen und versendet. Später wurden sie durch digitale ergänzt. Ein eigener Newsletter, der in mehreren Sprachen versendet wird, wurde eingeführt. Nicht zuletzt hat bei der intensiven Durchdringung der Branchen das Telefonmarketing eine wichtige Funktion.

Problemlösung

Telefonmarketing als effektives Instrument bei der Generierung und Qualifizierung von Anfragen

In der Literatur wird die Telefonakquise, ähnlich der persönlichen Kaltakquise, gern als überholt dargestellt. Immerhin gibt es den kompletten klassischen Marketingmix im B2B. Hinzu kommen die »neuen« digitalen Medien inklusive des Social-Media-Hypes. Doch was bringt dieses Tool einem Maschinenbau-Unternehmen konkret?

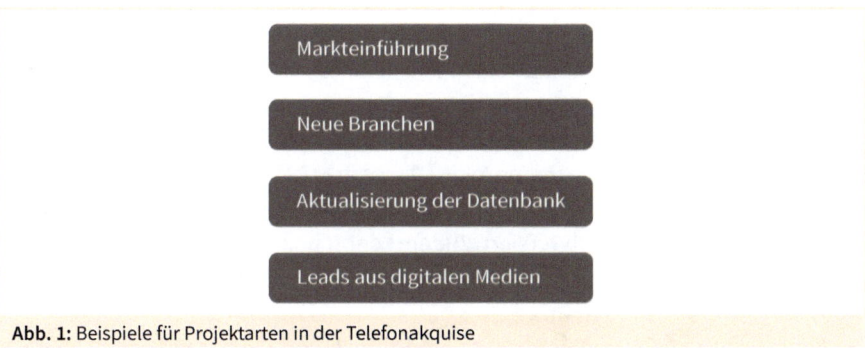

Abb. 1: Beispiele für Projektarten in der Telefonakquise

Basics der Telefonakquise

Um die Frage nach den Basics der Telefonakquise beantworten zu können, ist ein detaillierter Blick auf die Telefonakquise zu richten. In diesem Zusammenhang soll nicht auf die Feinheiten der Gesprächsführung, auf die Arten der Fragestellungen und auf psychologische Faktoren eingegangen werden. Vielmehr wird erläutert, was planende und ausführende Verantwortliche können sollten, um in der Lage zu sein, erfolgreiche Gespräche zu führen.

Wichtig ist es, klare Ziele für die gesamte Aktion und auch für die einzelnen Gespräche zu definieren. Diese Ziele werden mittels einer konkreten Struktur für den Gesprächsaufbau erreicht. So kann der Anrufer das Gespräch bewusst lenken und korrigierend eingreifen, wenn es einen nicht gewollten Verlauf nimmt. Soll das Gespräch eine vollständige Anfrage bringen, oder zunächst ein informatives Gespräch sein? Die vorherige Festlegung ermöglicht es, die Ergebnisse zu bewerten und korrigierend einzugreifen.

Grundsätzlich ist bei der Telefonakquise das Gesamtkonzept sehr wichtig. Die einzelnen Phasen des Gesprächs müssen definiert, vorgedacht und Inhalte müssen abgestimmt werden. Begrüßung und Unternehmensvorstellung sollten einheitlich sein. Nur wenn die Inhalte klar und passend portioniert sind, kann der Gesprächspartner diese aufnehmen, verstehen und behalten.

Auch Antworten auf vorhersehbare technische und unternehmensbezogene Fragen sollten vorbereitet sein. Dabei darf der Anrufer durchaus »eigene« Worte und Begriffe verwenden. So wird er von seinem Gesprächspartner kompetent und authentisch wahrgenommen. Vorformulierte Texte werden als »Vorlesen« interpretiert und damit auch schlechter verstanden sowie weniger wertgeschätzt.

Ergebnis & Umsetzung

Vorstellung eines neuen Unternehmens am Markt

Bei der Präsentation eines völlig neuen, unbekannten Maschinenbau-Unternehmens am Markt war es wichtig, die angebotene Leistung zu beschreiben und Vertrauen aufzubauen. Natürlich waren in den ersten Wochen und Monaten die Ressourcen begrenzt und die Lieferkapazitäten klein. Daher arbeiteten wir zu diesem Zeitpunkt mit eigenen Mitarbeitern in der Akquise. Diese kannten die Technik, das Produktprogramm und waren sprachlich versiert. Zudem konnten sie aufgrund kurzer Hierarchiewege Fragen umgehend klären.

So konnte das neue Unternehmen sehr individuell und umfassend vorgestellt werden. Vertrauen wurde schnell aufgebaut und sofort eine persönliche Beziehung hergestellt. Bedenken des Gesprächspartners wurden verstanden und Lösungen direkt skizziert. Das Ergebnis waren kontinuierliche, organisch steigende Anfragezahlen. Zudem stellte sich eine gute Kundenbindung ein, sodass schnell Folgegeschäfte generiert werden konnten.

Ein nicht zu vernachlässigender Nebeneffekt bei der Telefonakquise ist die Tatsache, dass der Anrufer oftmals Zusatzinformationen erhält, die für die Beurteilung des Gesprächs wichtig sind. Dies können Hinweise zur konjunkturellen Lage des angerufenen Unternehmens oder seiner Branche sein. Aber auch Probleme bei der täglichen Arbeit oder Vorteile durch bestimmte Produkte oder Maßnahmen im Fertigungsprozess werden häufig offen kommuniziert. So ergibt sich ein vollständiges Profil, das es dem Anrufer ermöglicht, passgenaue Angebote zu erarbeiten.

In unserem Fall wurde sogar der Bedarf für ein vorher für das Unternehmen AGTOS nicht geplantes Geschäftsfeld entdeckt. Ein Effekt, der ohne Telefonakquise wahrscheinlich nicht, zumindest aber erst später entdeckt worden wäre.

Nachdem einige Gesprächspartner ihre Strahlanlage nicht mehr betreiben wollten, andere aber ein zu knappes Budget für eine dringend benötigte Neuanlage hatten, lag die Lösung auf der Hand: Unser Unternehmen startete den Handel mit gebrauchten Strahlanlagen.

Dabei unterscheidet sich die Leistung eines Unternehmens, das diese Maschinen auch selbst baut, im Vergleich zu Maschinenhändlern deutlich. Denn im Gegensatz zu nicht spezifizierten Händlern konzentriert sich AGTOS ausschließlich auf Schleuderrad-Strahlanlagen. Daher ist ein breites Fachwissen vorhanden, um die Maschinen fachgerecht aufarbeiten und bestenfalls direkt an die Anforderungen des Kunden anpassen zu können.

Nach dem Kauf unterstützt AGTOS die Kunden umfassend durch die Lieferung von Verschleiß- und Ersatzteilen sowie Serviceleistungen. Viele Kunden von Gebraucht-maschinen nehmen ebenso wie die Kunden von Neumaschinen die Vorteile eines War-tungsvertrages wahr.

Ausweitung der Aktivitäten in neue Branchen

Dass die Telefonakquise gut einzusetzen ist, um ein Unternehmen in ihm bislang frem-den Branchen vorzustellen, zeigt das nächste Beispiel:

Nachdem die Entscheidung gefallen war, dass bestimmte Maschinen in für das Unter-nehmen neuen Branchen angeboten werden sollen, erfolgte eine eigene Adress-Re-cherche. Diese basierte auf Online- und gedruckten Verzeichnissen.

Es wurde deutlich, dass viele neue Unternehmen kontaktiert werden mussten, was mit dem vorhandenen Personal nicht zu schaffen war. Daher wurde die Unterstützung durch einen Dienstleister in Betracht gezogen. Dabei handelte es sich um ein renom-miertes Unternehmen, das für seriöse Anrufe bekannt ist. Schon in den Erstgesprä-chen wurde deutlich, dass den recherchierten Adressen der neuen Zielgruppen vom Dienstleister weitere Adressen hinzugefügt werden konnten.

Zu Beginn der Zusammenarbeit fand zunächst ein umfangreiches Briefing mit der Projektleitung statt. Als Ergebnis erstellte diese ein Projektbuch, das als Basis der Zu-sammenarbeit dienen sollte.

Später wurde ein Vor-Ort-Termin in unserem Haus vereinbart, denn die Mitarbeiter des Dienstleisters sollten einen Eindruck von den Maschinen und den Resultaten des Strahlprozesses erhalten. Zunächst wurde das Projektbuch gemeinsam durchge-arbeitet, das Themen und Ziele der Zusammenarbeit enthielt.

Grundsätzlich wurde vereinbart, dass die Mitarbeiter des Dienstleisters sich als Mit-arbeiter unseres Unternehmens vorstellen. Aufgrund der Tatsache, dass es sich bei unseren Produkten um Sonderanlagen in einem Nischenbereich handelt, wurde fest-gelegt, dass keine Detailberatung während der Telefonakquise stattfindet. Vielmehr verweisen die Mitarbeiter bei konkretem Bedarf auf den Rückruf eines Kollegen aus dem Verkauf.

Allerdings verfügten die Mitarbeiter des Dienstleisters über einen E-Mail-Account unseres Hauses, der es ihnen ermöglichte, Basisinformationen mit AGTOS-Signatur zu versenden. So konnten auch erste, allgemeinere Rückfragen beantwortet werden.

Auch Anfragen wurden auf diesem Weg entgegengenommen. Über beide Aktionen wurden wir als Auftraggeber umgehend informiert.

Im Projektbuch war u. a. definiert, welche Ziele und Inhalte ein Telefontermin hat und wie dieser seitens AGTOS verteilt, erledigt und zurückgemeldet wird. Das Feedback ist für die Entwicklung der Zusammenarbeit mit dem Dienstleister essenziell. Ferner war festgelegt, wie das Reporting erfolgt. Kontaktinformationen erfolgen tagesaktuell, Statusberichte werden monatlich erstellt und ebenfalls monatlich wird eine Gesamtauflistung aller im Projekt bearbeiteten Adressen geliefert.

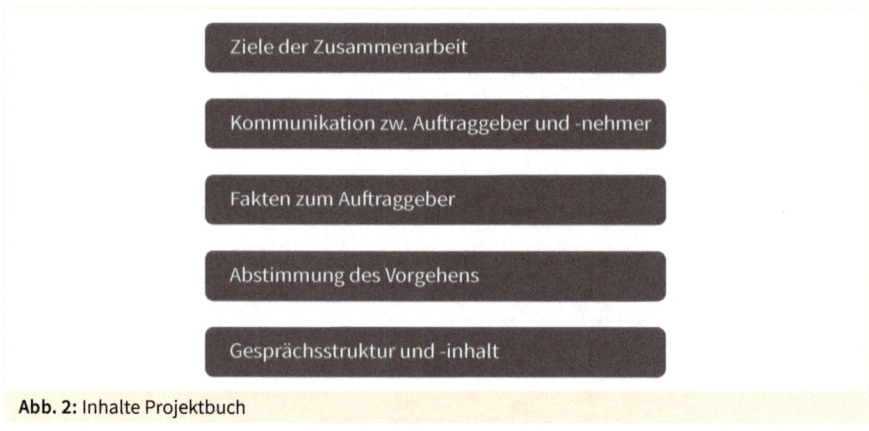

Abb. 2: Inhalte Projektbuch

Um die erste Argumentation der Akquise-Mitarbeiter zu ermöglichen, wurden für die Projekte relevante USPs erarbeitet und festgelegt. Ebenso wurden diese den wichtigsten Wettbewerbern gegenübergestellt.

Im Rahmen der Festlegung der Vorgehensweise wurden zwei Ziele der Neukundenansprache definiert. Die Potenzialermittlung diente der Feststellung, wie interessant die Unternehmen für die Leistungen von AGTOS sind. Als zweites Ziel wurde die Nutzenargumentation vorbereitet. Darin wird dem Gesprächspartner ein Überblick über die besonderen Leistungsmerkmale und Nutzenvorteile von AGTOS vermittelt. Hier erhalten wir Informationen über typische Herausforderungen, Probleme, mit denen sich der Angerufene täglich auseinandersetzt und die Antwort auf die Frage, ob er Lösungen dafür kennt oder nicht.

Im Projektbuch finden sich konkrete Angaben zur Vorgehensweise bei der Akquise. Es beschreibt, wie der richtigen Ansprechpartner ermittelt wird und wie man an seine Kontaktdaten gelangt, auch bei Abwesenheit. Jedes Gespräch startet mit dem Abgleich der Zuständigkeit. Dies spart Zeit und Ressourcen.

Da die Potenzialeinschätzung eine zentrale Aufgabe ist, wird hierauf besonderer Wert gelegt. Bestimmte Fragetechniken helfen bei der Gewinnung der benötigten Informationen. Das Ergebnis der Potenzialeinschätzung zeigt, dass die wesentlichen Fragen geklärt wurden, weitere Anknüpfungspunkte gefunden wurden und Basisinformationen für das anschließende Fachgespräch des Verkäufers ermittelt wurden.

Nach dem theoretischen Teil fehlte für die erfolgreiche Gesprächsführung der Mitarbeiter des Telefonmarketingdienstleisters nun noch der fachliche Teil. Im Rahmen einer Betriebsbesichtigung wurde ihnen die Funktionsweise unserer Maschinen erklärt. Es folgten Anwendungsbeispiele und einige technische Details, die vermutlich in den Gesprächen, wenn auch nur am Rande, eine Rolle spielen könnten.

Hinsichtlich der Ergebnis-Erwartungen muss berücksichtigt werden, dass es im B2B-Sektor und dann auch noch bei erklärungsbedürftigen Nischenprodukten unwahrscheinlich ist, sofort Ergebnisse in Form von Maschinenverkäufen zu erlangen. Der Erfolg der Gespräche sollte klar definiert sein. In der zuvor beschriebenen Akquise sprechen wir von einem Erfolg, wenn es gelingt, für die Verkäufer im Hause AGTOS einen Termin mit dem richtigen Ansprechpartner anzubahnen, der eine konkrete Fragestellung für den Maschinenverkauf oder für die Serviceabteilung hat. Wie zuvor erläutert, werden Prospektanfragen im Rahmen der Akquise bearbeitet. Diese werden noch nicht als Erfolg gewertet.

Neben der reinen Erfolgsmeldung bringt die Telefonakquise weitere Ergebnisse, die für die Marktbearbeitung essenziell sind. Zunächst erhält man die vollständigen Adressen und Kontaktdaten der wichtigsten Ansprechpartner. Dies ermöglicht die spätere, gezielte Kontaktaufnahme seitens des Unternehmens.

Im Gegenzug hat aber auch der Ansprechpartner die eigenen Kontaktdaten und kann sich im Bedarfsfall melden. Beides ist eine gute Voraussetzung für spätere Geschäfte. Zudem prägt sich der eigene Firmenname und das Logo einigen Mitarbeitern in den adressierten Unternehmen ein. Sie werden auch über weitere verschiedene analoge und digitale Medien, auf Messen und in Gesprächen mit Fachkollegen auf den Firmennamen und/oder das Logo treffen. So wird die Marke bekannt und kann sich im Markt verfestigen.

Digitales Marketing und Telefonakquise

Die Kernfrage eines jeden Telefonmarketers ist die nach den Adressen. Sicherlich gibt es viele seriöse Quellen, bei denen man gut recherchierte, aktuelle Adressen kaufen kann. Dies ist bereits eine gute Basis. Doch viele Unternehmen verfügen in der eigenen Datenbank bereits über gute Adressen, die nicht beschafft werden müssen. Vielleicht sind sie nur nicht auf dem aktuellen Stand. Da der Adresskauf ebenfalls Geld kostet, ist es eine Überlegung wert, die eigene Datenbank mittels Telefonmarketing zu aktualisieren und dabei gleich Bedarfe der Ansprechpartner abzufragen.

Täglich erhält fast jedes Unternehmen Adressen, die der Start einer Kundenbeziehung sein könnten: Schätze, die gehoben werden wollen. So können völlig legal ein Teil der Unternehmen identifiziert werden, die die Unternehmenswebsite oder einen Portalauftritt besucht haben. Diese Leads sollte man bewerten. Zunächst sollten sie aus den eigenen Zielbranchen kommen. Zudem wird geprüft, ob die Unternehmen bereits Kunden sind oder schon anderweitig Kontakt zum eigenen Unternehmen haben. Ist dies nicht der Fall, steht der Aufnahme in die To-do-Liste der Anrufer nichts im Wege. Die Tatsache, dass man aufgrund der bestehenden Datenschutzrichtlinien keine persönlichen Daten von End-Usern erhält, ist zu verschmerzen, denn es ist die Aufgabe der Telefonmarketer, den korrekten Ansprechpartner zur erfragen.

Lessons Learned

Erkenntnisse und Erfahrungen im Praxisalltag bei der Planung und Durchführung von Telefonmarketing im Maschinenbau

Nach der Entscheidung zum Start mit der Telefonakquise steht sicherlich die Frage nach dem »Make or Buy« im Vordergrund. Häufig wird die Leistung, die professionelle Telefon-Akquisiteure bringen, unterschätzt. Sie müssen mehrere Skills haben, um erfolgreich zu sein. Dazu gehören Beharrlichkeit, Einfühlungsvermögen, Freundlichkeit, Sachverstand und nicht zu vergessen das technische Verständnis sowie die Affinität, wenn nicht gar Begeisterung für die Produkte. Und dies alles tagtäglich, mehrere Stunden lang. Zudem ist die Projektvorbereitung und die Planung der Gespräche zielgerichteter, wenn sie von Dienstleistern durchgeführt werden, denn sie müssen sich daran messen lassen.

Für den ungeübten Auftraggeber ist es vorteilhaft, wenn er selbst Gespräche testhalber durchführt. Dann kann er objektiv beurteilen und verstehen, wo in der Praxis Probleme auftreten und schneller Lösungen finden.

Grundsätzlich ist das Telefonieren zu Recht ein eigener Beruf. Professionelle Dienstleister verfügen über beste Telefonanlagen, Software und Adressquellen. Zudem haben sie geeignete Räumlichkeiten für die Tätigkeit und die Entspannung. Dies ist in vielen Unternehmen nicht gegeben. Hier wird das Telefonieren eher als Pausentätigkeit gesehen und ebenso bewertet. Daher spricht vieles für das Outsourcen der Telefonakquise.

Es muss vermieden werden, dass ein »Callcenter-Charakter« entsteht. Die eigene Erfahrung zeigt, dass die Bereitschaft zur aktiven Mitarbeit fällt, wenn der Angerufene den Eindruck erhält, dass er nur »einer von vielen« ist. Daher sollten die Gespräche in schallgedämmten Räumen geführt werden.

Die Definition klarer Ziele wird die Bewertung der Aktivitäten vereinfachen. Ebenso kann schon im laufenden Projekt leichter justiert werden, wenn die Ziele nicht erreicht werden. Wir haben festgestellt, dass Modifikationen in den Formulierungen der Fragen bessere Ergebnisse bringen. In anderen Fällen konnten Verbesserungen durch die wiederholte Schulung des Personals erzielt werden.

Selbst bei Vergabe an externe Stellen wird im eigenen Unternehmen Zeit benötigt, um die Projekte komplett vorzubereiten. Zudem sollte viel Wert auf die Nachbearbeitung gelegt werden. Die aktuellen Daten müssen eingepflegt werden. Die neuen, hochwertigen Anfragen sollten im Hause termingerecht weiterverfolgt und professionell zum Ziel geführt werden.

Der ständige persönliche Kontakt zum Dienstleister ist sehr wichtig. Die Anrufenden sollten mindestens einmal im Unternehmen gewesen sein, um die Atmosphäre mitzuerleben, Details zu den Produkten kennenzulernen und auch weitere Mitarbeiter des Hauses zu treffen. Weitere Meetings mit Informationen zu technischen Entwicklungen und neuen Aufgaben halten das Interesse der Anrufer wach.

Aussagen zur Erfolgsquote der Telefonakquise hängen von der Definition des Begriffs Erfolg ab. Im Fall der für die Firma AGTOS erfolgten Akquise wurde eine Erfolgsquote von ca. 9% erzielt. Dies ist die Basis für erfolgreiche Verkaufsgespräche mit Interessenten für neue Maschinen und Serviceleistungen. Nicht mitgezählt sind Datenbankkorrekturen, Brancheninformationen und Markterkenntnisse, die in den Gesprächen erzielt wurden.

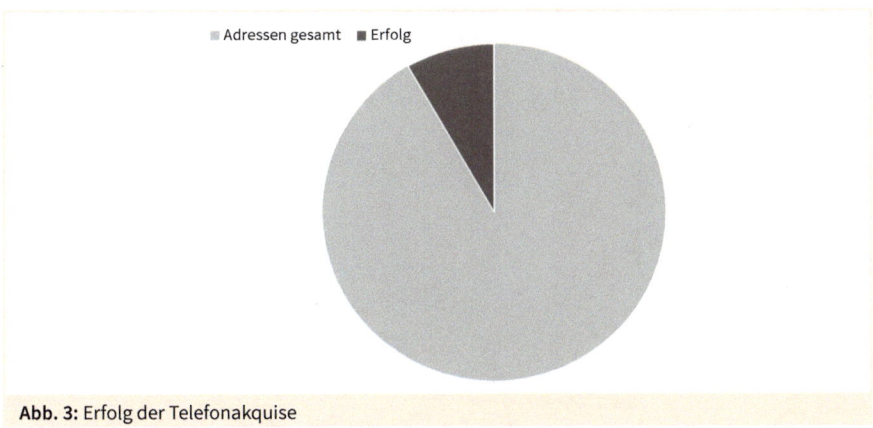

Abb. 3: Erfolg der Telefonakquise

Hinweise zum Autor

ULF KAPITZA

Aufbauend auf einer kaufmännischen Ausbildung und einem betriebswirtschaftlichen Studium mit den Schwerpunkten Marketing und Controlling war Ulf Kapitza
in mehreren Betrieben und Branchen im Bereich Marketing/Vertrieb beschäftigt. Vor
ca. 20 Jahren war er Mitgründer des Maschinenbau-Unternehmens AGTOS, dessen
Serviceabteilung er mit aufbaute. Das Marketing sowie das Vertriebsnetz betreut er
ebenso seit Unternehmensgründung.

Erfolgreiche Betreuung von MEDICAL OFFICE

Damit »Vertrieb« keine Kunden vertreibt

Thomas Kuth
Geschäftsführer
MEDICTEAM GmbH

MEDICAL OFFICE ist eine Software zur Verwaltung von Arztpraxen. Sämtliche Tätigkeiten, die in einer Arztpraxis für die Behandlung und Betreuung des Patienten anfallen, lassen sich mit diesem Programm abbilden: Angefangen bei der Vereinbarung von Behandlungsterminen, dem Einlesen der elektronischen Gesundheitskarte über die Dokumentation der Untersuchung, der Verordnung der Medikamente, dem Ausstellen zahlreicher Formulare und Bescheinigungen bis hin zur Kontrolle der abzurechnenden Leistungen auf Vollständigkeit und deren Abrechnung gegenüber den verschiedenen Kostenträgern im Gesundheitswesen.

Ein solches Programm ist aufgrund der Komplexität des deutschen Gesundheitssystems derart umfangreich, dass ein einzelner Programmierer für die Entwicklung einer solchen Software rund 80 Jahre benötigen würde.

Der potenzielle Kundenkreis für ein Praxisverwaltungssystem erstreckt sich vom einzelnen Arzt, der ganz allein ohne Personal seine Praxis führt, bis hin zu großen Medizinischen Versorgungszentren, die an mehreren Standorten ärztliche Leistungen meist fachübergreifend anbieten.

Solche großen Institutionen dürfen seit einigen Jahren in der Rechtsform einer GmbH geführt werden. Meist sind vier bis acht Ärzte die Gesellschafter. Medizinische Versorgungszentren mit mehr als 30 angestellten Ärzten und mehr als 200 Mitarbeitern sind zwar noch selten, werden jedoch zunehmend den Gesundheitsmarkt erobern.

Seit vielen Jahren geht die Tendenz weg von Einzelpraxen hin zu »ortsübergreifenden Berufsausübungsgemeinschaften« – wie diese Praxen offiziell bezeichnet werden. Viele junge Ärzte wollen nicht die Verantwortung für eine eigene Praxis übernehmen, sondern suchen die Vorteile und die Sicherheit eines Angestelltenverhältnisses – und dies oft als Teilzeitmodell oder im Jobsharing.

Arztpraxen ohne EDV gibt es nicht mehr. Insofern ist der Vertrieb von MEDICAL OFFICE ein reiner Verdrängungswettbewerb. Abgesehen von wenigen Neugründungen ist es unser Kerngeschäft, eine Arztpraxis von einem Softwaresystem auf das von uns betreute MEDICAL OFFICE umzustellen. Entscheidend dabei ist, dass die umfangreichen Daten aus dem bisher verwendeten System möglichst vollständig ausgelesen und in die Software MEDICAL OFFICE übertragen werden.

Je nach Größe der Praxis und der Intensität der Nutzung ist dies ein recht aufwendiger Prozess, da jeder Arbeitsschritt, der bisher mit dem alten System erledigt wurde, im MEDICAL OFFICE nachgebildet und von Ärzten und Mitarbeitern neu gelernt werden muss.

Für viele Ärzte ist die EDV ein notwendiges Übel, mit dem sie sich am liebsten nicht beschäftigen möchten. Die Bereitschaft, sich mit einer solchen Thematik zu befassen, ist daher meist gering. Umso wichtiger ist, dass die Bestandskunden mit der Anwendung eines solchen Programmes zufrieden sind – und dies im Kollegenkreis weitererzählen. Daher gilt, wie eigentlich immer:

Gute Arbeit bei der Ausführung eines Auftrages ist die beste und einfachste Werbung!
Vertrieb beginnt in diesem Marktsegment am einfachsten bei einem Kunden, der das Programm gerade gekauft hat. Ist er zufrieden, empfiehlt er das Programm und den Betreuer gerne seinen Kollegen weiter.

In den Jahren unseres Bestehens haben wir als Unternehmen und ich als Geschäftsführer im Besonderen sicherlich einiges an »Lehrgeld« zahlen müssen, bis wir einen für uns optimalen Vertriebsprozess definiert hatten. Doch nach einigen Jahren des »Trial and Error« hat sich für uns ein Prozess bestehend aus sieben Phasen als optimal herauskristallisiert.

Die sieben Phasen unseres erfolgreichen Vertriebs- und Betreuungskonzeptes

Erste Phase: Auf sich aufmerksam machen: Dies geschieht am besten über die eigene Website mit Unterstützung von Google AdWords – und über gute Arbeit bei Bestandskunden.

Zweite Phase: Das erste, fundierte Beratungsgespräch, in dem die Bedürfnisse, die Wünsche, die Absichten des potenziellen Kunden genau hinterfragt werden.

Dritte Phase: Die ausführliche Analysephase. Basis ist eine erste Konvertierung der Daten.

Vierte Phase: In dieser Phase werden die besprochenen Funktionen in MEDICAL OFFICE eingerichtet – auch Customizing genannt.

Fünfte Phase: Die eigentliche Umstellung auf MEDICAL OFFICE.

Sechste Phase: Erst nach vier bis acht Wochen sollte die Praxis nach und nach an die zusätzlichen Funktionen von MEDICAL OFFICE herangeführt werden.

Siebte Phase: Die Langzeitbetreuung in der Zeit »danach«.

Auf was muss, meiner Meinung nach, in den einzelnen Phasen geachtet werden?

Erste Phase: Wie finden mich meine potenziellen Kunden?

Meine Theorie: Heute sucht sich der Interessent »sein« Produkt selbst.

Was macht heutzutage jemand, der etwas kaufen möchte? Die meisten werden ihr Smartphone zur Hand nehmen oder sich an ihren Computer setzen und ein paar Stichworte in die Suchmaske eingeben. In der Regel liefert Google in Bruchteilen einer Sekunde zahlreiche Websites, auf denen diese Suchbegriffe auftauchen.

Mit Google AdWords werden diese Anfragen gezielt auf die Websites unseres Unternehmens gelenkt. Zu jedem Suchbegriff gibt es dort eine Landingpage mit vertiefenden Informationen und der Möglichkeit, ein Kontaktformular auszufüllen. So meldet sich der potenzielle Kunde von ganz alleine bei uns.

Sehr wichtig und entscheidend ist: Auf eine solche Anfrage muss schnell reagiert werden – am besten noch am selben Tag. Eine derart schnelle Kontaktaufnahme sind die Interessenten in der Regel nicht gewöhnt – und reagieren meist angenehm überrascht.

Eine andere, sehr ergiebige Quelle sind die zufriedenen Bestandskunden: Ein großer Anteil unserer Neukunden nimmt aufgrund einer Empfehlung einer anderen Praxis mit uns Kontakt auf.

Zweite Phase: Die Beratung vor Ort in der Praxis

Diese erste Begegnung muss auf Augenhöhe erfolgen. Je besser und je schneller sich der Berater auf sein Gegenüber einstellt und erkennt, wie sein potenzieller Kunde »tickt«: umso besser.

Oft finden diese Präsentationen vor dem gesamten Praxisteam statt. Wichtig ist es, möglichst auch die Arzthelfer am Gespräch zu beteiligen. Diese haben oft entscheidenden Einfluss auf die Entscheidung, da viele Ärzte ihr Team in die Entscheidung einbeziehen.

Was zeige ich einem Interessenten – die ideale Präsentation

Entscheidend für eine optimale Präsentation ist das Wissen über die Praxis und ihre Arbeitsweise.

Viele Verkäufer machen m. E. den Fehler, dass sie dem potenziellen Kunden ungefragt sämtliche Vorzüge des Produktes zeigen – ohne im Vorfeld zu hinterfragen, was für diesen Interessenten wichtig ist. Ich habe mir daher angewöhnt, als Erstes den Interessenten ausführlich nach seinen Beweggründen, nach seinen Zielen und nach seiner Erwartungshaltung bzgl. des neuen Produktes zu befragen.

Von großer Bedeutung sind bei uns z. B. folgende Fragen: »Wie intensiv nutzen Sie das vorhandene System?«, »Wie dokumentieren Sie Ihre Behandlungen? Noch in einer Karteikarte oder bereits am Rechner?«, »Welche Schwächen hat das aktuell genutzte System?«, »Was schätzen Sie an Ihrem aktuellen Programm besonders?«, »Welche Funktionen und Eigenschaften müssen in jedem Fall auch zukünftig zur Verfügung stehen?« und ganz wichtig: »Welche Erwartungshaltung haben Sie an die Zusammenarbeit mit uns – Ihrem neuen Partner?«

All diese Fragen sind insofern von elementarer Bedeutung, da viele Kunden der Meinung sind, dass mit dem neuen Programm alles wie bisher funktioniert. Aber auch: »Es ist ja ein neues Programm – das kann alles, was ich mir vorstelle!«

Am Anfang meiner vertrieblichen Karriere habe ich einmal den Fehler gemacht, genau das nicht zu hinterfragen. Dieser Kunde hatte so spezielle Vorstellungen, die wirklich nicht realisiert werden konnten. Also musste dieser Auftrag rückabgewickelt werden. Einerseits schmerzlich – andererseits jedoch sehr lehrreich – so etwas ist mir seitdem nie wieder passiert.

Der aufmerksame Leser mag sich nun die Frage stellen: »Wie gehe ich denn damit um, wenn der potenzielle Kunde Funktionen und Fähigkeiten wünscht, die das Programm nicht erfüllen kann?« Die Antwort ist relativ einfach: Dieser Sachverhalt muss mit dem Interessenten offen und klar erörtert werden. Entscheidend ist, welches Ziel der Interessent verfolgt. Meist kann ein solches Ziel auf einem anderen Weg oder über eine andere Funktion annähernd erreicht werden.

Lässt sich kein entsprechender Kompromiss finden, muss der Interessent selbst entscheiden, wie wichtig ihm die gewünschte Funktion ist. Meistens überwiegen die zahlreichen Vorteile der anderen Funktionen, sodass der Interessent diese eine »Kröte« gerne schluckt.

Ein souveräner Umgang mit dieser Thematik ist entscheidend für den Erfolg oder Misserfolg der weiteren Zusammenarbeit: Werden an dieser Stelle des Verkaufsprozesses falsche Zusagen gegeben, ist der Streit und die Unzufriedenheit des auf Basis dieser falschen Angaben gewonnenen Kunden vorprogrammiert. Daher: Auch hier ist weniger mehr – lieber einen Kunden weniger als einen Kunden, der im Zweifel in seinem Kollegenkreis berichtet, er sei über den Tisch gezogen worden. Dies ist absolut schädlich und wirkt sich insgesamt negativ auf den Ruf des Produktes und des Beraters aus.

Wie gestalte ich eine optimale Präsentation?

Mit den Informationen aus der Fragerunde stelle ich als Erstes mein Unternehmen sowie die Hintergründe zu MEDICAL OFFICE und dem Hersteller INDAMED auf Basis einer professionell gestalteten PowerPoint-Präsentation vor. So vermittle ich entscheidende Hintergrundinformationen zum Produkt, die in der nachfolgenden Produktpräsentation nicht zu sehen sind.

Im MEDICAL OFFICE präsentiere ich zunächst nur die Bereiche, die die Praxis mit ihrem bisherigen System nutzt. Ich zeige dabei die zuvor erfragten Punkte und baue an den entsprechenden Stellen die Vorteile von MEDICAL OFFICE ein. So erkennen die Ärzte und ihre Mitarbeiter schnell, welche Vorzüge das Programm für ihre Praxis hat. Genial und ein echter Wettbewerbsvorteil ist, wenn eine solche Präsentation an einer real eingerichteten und genutzten Version gezeigt werden kann.

Ein wichtiger Faktor ist die Kompetenz des Beraters. Dieser muss sein Produkt perfekt kennen und die Fragen der Ärzte und der Mitarbeiter kompetent beantworten können. Dies ist aufgrund der eingangs geschilderten Komplexität nur mit langjähriger Erfahrung möglich.

Noch ein Erfolgsfaktor: Die umfassende Betreuung der Praxis-EDV aus einer Hand

MEDICTEAM bietet die »Betreuung aus einer Hand« an. Dies bezieht sich einerseits auf die Betreuung der Software MEDICAL OFFICE sowie auf die EDV-Hardware. Daher ist eine erste Analyse der vorhandenen Hardware unabdingbar.

Oftmals werden Arztpraxen von EDV-Anbietern betreut, die die Besonderheiten einer Arztpraxis nicht kennen. Nadeldrucker sollten gegen Blankoformular-Drucker ausgetauscht werden. Der Internet-Zugang einer Arztpraxis MUSS mit einer professionellen Firewall geschützt sein. Die Rechner müssen mit einem guten AntiVirus-Schutz ausgestattet sein. Die Daten müssen so gesichert werden, dass mindestens eine Kopie außerhalb der Praxisräume aufbewahrt wird. Der Server muss so gesichert werden, dass im Notfall das System innerhalb weniger Stunden wieder lauffähig ist. Diese Thematik würde den Umfang dieses Beitrages sprengen – daher verzichte ich auf eine weitere Darstellung.

Geheimtipp: Bieten Sie Ihren potenziellen Kunden »Schnupperkurse« an!

Eine Software zur Praxisverwaltung ist für die Arbeitsabläufe einer Arztpraxis elementarer Dreh- und Angelpunkt. Viele Praxen scheuen daher den Aufwand, die Umstellung aller Arbeitsabläufe auf ein neues System durchzuführen. Sie sind zunächst oft skeptisch und lehnen eine Veränderung ab – auch weil sie im Kollegenkreis schon viel Negatives gehört haben.

Solchen Praxen bieten wir sogenannte »Schnupperkurse« in unserem Schulungsraum an. Unter fachkundiger Anleitung werden die essenziellen Bedienungsschritte von den Teilnehmern nachvollzogen. Im Laufe eines Mittwochnachmittages probieren die Ärzte und ihre Mitarbeiter MEDICAL OFFICE in aller Ruhe aus – und stellen fest, wie leicht, einfach und schnell sich das Programm bedienen lässt.

Viele, zunächst skeptische und eher ablehnende Praxisteams konnte ich so von den Vorteilen einer Umstellung auf MEDICAL OFFICE überzeugen und die »Angst« vor einer Umstellung nehmen.

Das optimale Angebot: Es muss fair sein!

Die Preise von MEDICAL OFFICE werden öffentlich nicht genannt. Die Preisgestaltung ist den Vertriebspartnern überlassen. Da Ärzte untereinander einen regen Gedanken- und Informationsaustausch pflegen, empfehle ich allen Anbietern, ausschließlich die empfohlenen Listenverkaufspreise in den Angeboten anzusetzen. Abweichungen davon führen zu unangenehmen Nebenwirkungen und in weiterer Folge meist dazu, dass der Auftrag nicht erteilt wird.

Auch sollten die Dienstleistungen vollständig und zu fairen Preisen im Angebot ausgewiesen werden. Dabei darf die umfangreiche Analyse nicht außen vor bleiben. Darauf aus Kostengründen zu verzichten wird schnell zum Bumerang. Auch wenn bei der Angebotserstellung der exakte Umfang der zu erbringenden Arbeiten noch nicht bekannt ist, gebe ich immer eine Bandbreite an – und setze den Mittelwert als Betrag an.

Eigenartigerweise werde ich nur ganz selten nach Zugeständnissen oder Nachlässen gefragt. Das mag daran liegen, dass ich von mir aus bei jedem Angebot einen Nachlass von 3 bis 5 % »freiwillig« als Position ausweise.

Mein Erfolgsrezept: Ich verkaufe meinen Kunden nur das und zu den Preisen, was ich mir selbst kaufen würde!

Die Erfolgsquote nach diesem Konzept liegt bei deutlich über 80 %!

Nach erteiltem Auftrag erfolgt die weitere Abarbeitung des Auftrages durch unsere Mitarbeiterinnen.

Dritte Phase: Ein wesentlicher Punkt ist die Übernahme der vorhandenen Daten aus dem bisherigen Praxisverwaltungssystem in das MEDICAL OFFICE. Hierzu werden die Daten mit einen speziellen Konvertierungstool aus dem bisherigen System in ein neutrales Datenformat ausgelesen und in ein leeres MEDICAL OFFICE importiert.

Diese Konvertierung ist ein entscheidender Schritt, der einem Umzug von einer Wohnung in eine neue gleichkommt. Teilweise müssen die Daten angepasst, neu sortiert und in andere Bereiche einsortiert werden. Dieser Vorgang erfolgt in enger Abstimmung mit der Praxis. Die Sorgfalt entscheidet über den Erfolg. Das Ergebnis wird zunächst von uns geprüft. Eine finale Prüfung kann nur durch die Praxis selbst erfolgen und muss uns gegenüber schriftlich bestätigt werden.

Der so konvertierte Datenbestand wird parallel zum vorhandenen System in der Arztpraxis installiert. Die Praxis arbeitet in dieser Zeit mit dem bisherigen System weiter. Zeitgleich wird das neue MEDICAL OFFICE nach und nach an die Anforderung der Praxis angepasst.

Um diese Anforderungen im Detail zu erfassen, findet ein enger Austausch mit der Praxis statt. Basis ist eine tiefgreifende Analyse der Arbeitsweise vor Ort während des laufenden Praxisbetriebes. So erkennen unsere Mitarbeiter, was dem Team vor Ort wichtig ist.

Vierte Phase: Die so gewonnenen Erkenntnisse werden nun nach und nach in das MEDICAL OFFICE der Praxis eingearbeitet. Diese Arbeiten erfolgen meist per Fernwartung von unserem Büro in Meerbusch aus. Viele Anpassungen und Einrichtungsarbeiten sind so simpel, dass diese von den Praxismitarbeiterinnen in Eigenleistung selbst erbracht werden.

Der Praxisbetrieb läuft während dieser Arbeiten mit dem alten System weiter. Der große Vorteil dieser Vorgehensweise ist, dass VOR der eigentlichen Umstellung die allermeisten Arbeiten in Ruhe und ohne Stress erbracht werden.

Ein weiterer entscheidender Vorteil ist, dass zum Zeitpunkt der Umstellung das neue MEDICAL OFFICE vollständig eingerichtet ist. Dies ist eine Besonderheit von MEDICAL OFFICE, die es so meines Wissens bei keinem anderen Praxisverwaltungsprogramm gibt.

Für den Kunden bedeutet dies, dass die Praxis in der Regel nur einen Tag geschlossen werden muss, während beim Mitwettbewerb Praxen bei einer solchen Umstellung bis zu einer Woche geschlossen werden müssen.

Fünfte Phase: Die eigentliche Umstellung findet in den allermeisten Fällen nach entsprechender Vereinbarung an einem Mittwoch, Donnerstag und Freitag statt.

Mittwoch: Die Praxis arbeitet meist bis mittags. Per Fernwartung starten wir das Auslesen des aktuellen Datenbestandes aus dem bisher genutzten System. Danach kommt die Praxis zu uns nach Meerbusch zur Schulung.

Ein entscheidender Faktor für den Erfolg einer solchen Umstellung ist die Schulung der Ärzte und der Mitarbeiterinnen. Seit Beginn meiner unternehmerischen Tätigkeit setzen wir dabei auf ein spezielles Training in unserem eigenen Schulungsraum. Auch wenn dieser Schulungsraum meist nur an Mittwochnachmittagen genutzt wird, lohnt sich diese Investition auf jeden Fall. Nur so stellen wir sicher, dass das gesamte Team die Arbeitsschritte mit MEDICAL OFFICE mindestens einmal selbst an einem Rechner nach entsprechender Anleitung durchgeführt hat. Oftmals muss die Notwendigkeit, dass diese Schulung bei uns im Schulungsraum stattfindet, den Ärzten gegenüber gesondert erläutert werden, denn die Praxen möchten gerne die Anfahrt sparen. Wenn ich jedoch die Alternative darstelle, dass immer nur zwei oder maximal drei Damen an den Rechnern der Praxis ausgebildet werden und der Rest meist nur zuschauen kann, erkennen die Ärzte meist schnell den Vorteil einer Schulung bei uns im Schulungsraum.

Am Abend ist das Auslesen der Daten meistens beendet. Unsere Mitarbeiter starten per Fernwartung das Einlesen in MEDICAL OFFICE. Bei extrem großen Datenbeständen muss die Konvertierung entweder an einem Wochenende oder in zwei Schritten erfolgen.

Ein weiterer Vorteil von MEDICAL OFFICE ist, dass die Konvertierung an jedem Tag des Jahres stattfinden kann. Bei den meisten anderen Programmen ist dies nicht der Fall: Bei diesen Produkten können Umstellungen nur exakt zum Quartalswechsel durchgeführt werden.

Donnerstag: Die Praxis wird nur diesen einen Tag geschlossen

Es gibt einige wenige Arbeiten, die nicht im Vorfeld erbracht werden können. Dies sind die Anbindungen der diagnostischen Geräte und die Konfiguration der Drucker.

Ferner finden an diesem Tag letzte Anpassungen stand. Entscheidend ist eine Art Generalprobe: Sämtliche Arbeitsschritte, der Ausdruck aller Formulare, Bescheinigungen und der Arztbriefe werden noch einmal getestet. Jede Mitarbeiterin prüft, ob der eigene Arbeitsbereich fehlerfrei konfiguriert ist.

Nach einem erfolgreichen Testbetrieb startet die Praxis am nächsten Morgen mit der neuen Praxisverwaltungssoftware.

Freitag: »Händchenhalten« am ersten Arbeitstag mit MEDICAL OFFICE

Am ersten Arbeitstag mit MEDICAL OFFICE ist eine Mitarbeiterin von uns vor Ort. Fragen des Praxisteams werden so direkt beantwortet und kleinere Korrekturen der Einrichtung werden im laufenden Betrieb vorgenommen.

Entscheidend für den Erfolg dieser Phase ist, dass in den ersten vier bis acht Wochen nach der Umstellung mit MEDICAL OFFICE zunächst lediglich in dem Funktionsumfang gearbeitet wird wie zuvor mit dem »alten« Praxisverwaltungsprogramm.

Eine teilweise schmerzliche Erfahrung für Praxen, aber auch für uns, war, dass Ärzte sofort zusätzliche Funktionen nutzen wollten – ihre Mitarbeiterinnen – und teilweise auch einige Ärzte selbst – jedoch mit der Doppelbelastung aus der Einarbeitung in das neue Programm UND der Nutzung weiterer Funktionen überfordert waren.

Sechste Phase: Bereits in den vorherigen Phasen haben wir mit den Praxen gründlich analysiert, welche Funktionen und Module den Praxen den größtmöglichen Nutzen bieten. So verfügt MEDICAL OFFICE über zahlreiche Funktionen, die den wirtschaftlichen Erfolg der Praxis merklich unterstützen. Um dies zu erreichen, müssen in der Praxis meist die Arbeitsabläufe organisatorisch optimiert werden. Eine Beratung in dieser Thematik ist bei uns möglich, da unsere Mitarbeiterinnen, die selbst einige Jahre in Praxen gearbeitet haben, die optimalen Arbeitsabläufe einer Praxis kennen und diese den neu gewonnenen Praxen so perfekt »aus eigener Erfahrung« vermitteln können.

MEDICAL OFFICE wird z. B. so eingerichtet, dass das Programm den Arzt auf mögliche Untersuchungen des Patienten aufmerksam macht. In der Regel sind dies regelmäßig wiederkehrende Maßnahmen wie Checkups oder Untersuchungen im Rahmen der Disease-Management-Programme (DMP) für chronisch erkrankte Patienten. Mit dem Modul »Dokumentations-Assistent« lassen sich komplexe Arbeitsabläufe mit wenigen Mausklicks komfortabel abbilden.

Siebte Phase: Die gute und kontinuierliche Betreuung des Kunden »danach«: Hierzu gehören eine permanente Information über neue Funktionen und Module des MEDICAL OFFICE – am sinnvollsten über Newsletter realisierbar – sowie ein persönlicher Kontakt im Rahmen von Workshops und regelmäßigen Anwendertreffen.

Anwendertreffen schätzen unsere Kunden sehr. In den ersten drei bis vier Stunden vermitteln wir Tipps und Tricks über die optimale Anwendung von MEDICAL OFFICE. Gastreferenten stellen aktuelle Themen des Gesundheitswesens, wie z.B. die Optimierung der Abrechnung, vor. Der Hersteller des Programms, die Firma INDAMED, beteiligt sich häufig mit einem der beiden Geschäftsführer, die einen Ausblick über die geplanten Weiterentwicklungen des Programmes geben. Die Geschäftsführer nutzen diese Treffen, um selbst Kontakt mit den Anwendern des Programmes zu halten und zu erfahren, was noch verbessert werden kann: »Ich programmiere ja nicht für mich, sondern für Sie und Ihre Praxis.« Hoch erfreut sind die Kunden, wenn die von ihnen vorgeschlagenen Verbesserungen bereits wenige Wochen später im nächsten Update umgesetzt wurden.

Im zweiten Teil des Anwendertreffens laden wir die Kunden zu einem Abendessen ein. Gerne nehmen die Praxen diese Gelegenheit zum Gedankenaustausch untereinander wahr. Hierbei sind bereits Freundschaften unter Praxisinhabern entstanden, durch die wiederum sehr gute, kreative Ideen entwickelt wurden.

Auch wenn ein solches Anwendertreffen eine aufwändige Investition darstellt, zeigt unsere Erfahrung, dass sich sowohl der personelle als auch der finanzielle Aufwand auf Dauer lohnen. Letztlich sind solche Ereignisse in dieser Branche eher außergewöhnlich.

Zu Zeiten, als diese Beiträge geschrieben wurden, bestand die besondere Herausforderung darin, dass all diese Kontakte nur digital erfolgen konnten. Möge sich dies bis zu dem Zeitpunkt, an dem diese Zeilen gelesen werden, wieder geändert haben.

Der Erfolg

Als wir uns im Jahre 2010 für das Produkt MEDICAL OFFICE entschieden haben und Vertriebspartner der Firma INDAMED wurden, war das Produkt deutschlandweit gerade mal in etwas weniger als 500 Praxen installiert. Im Jahre 2021 wird aller Voraussicht nach die 3.000. Praxis mit dieser Software arbeiten. Dies bedeutet eine Versechsfachung des Kundenkreises innerhalb von elf Jahren.

Durch die von mir im Laufe der Zeit entwickelte Vertriebsmethodik hat MEDICTEAM bis März 2021 insgesamt 273 Praxen auf MEDICAL OFFICE umgestellt. Dies entspricht einem Anteil von rund 13 % am deutschlandweiten Zuwachs des Produktes.

Was hat den Erfolg ausgemacht?

Letztlich hat sich der Erfolg im Laufe der Zeit aus dem Zusammenspiel aller hier dargestellten Themenbereiche eingestellt. Ein wichtiger Faktor mag sein, dass wir alle im MEDICTEAM jeden einzelnen Kunden mit seinen Belangen und seinen Bedürfnissen ernst nehmen und die Kunden als Partner betrachten.

Hinweise zum Autor

THOMAS KUTH

Thomas Kuth ist Gründer und Geschäftsführer der MEDICTEAM GmbH. Er hat sich über viele Jahre autodidaktisch in die komplexe Welt des Deutschen Gesundheitswesens sowie der EDV in Arztpraxen eingearbeitet und berät mit diesem Know-how niedergelassene Ärzte bei der optimalen Nutzung des Praxisverwaltungsprogrammes MEDICAL OFFICE. Der Schwerpunkt liegt dabei auf der Optimierung der Arbeitsabläufe und der Abrechnungsmechanismen, die bei diesem Produkt besonders stark ausgeprägt sind.

Kontaktdaten

Thomas Kuth

MEDICTEAM GmbH

Necklenbroicher Straße 11

40667 Meerbusch

Tel.: +49 2132 9383-10

E-Mail: thomas.kuth@medicteam.de

Internet: www.medicteam.de

Neukundenakquise in Zeiten einer Pandemie

Die Gründerszene in Deutschland

Andreas Deppermann
Vertriebsmanager
Euforma AG

Wo stehen wir?

Der erste Corona-Fall in Deutschland wurde am 27. Januar 2020 gemeldet, daraufhin folgte der erste Lockdown im März. Es ist zum Zeitpunkt der Niederschrift dieses Beitrages (April 2021) nicht einzuschätzen, wie lange die Einschränkungen für Privathaushalte und Unternehmen anhalten werden und welche Veränderungen sich daraus ergeben. Sicher ist, dass die Corona-Krise und die daraus resultierenden Maßnahmen der Regierung, Anpassungen in Unternehmen und vor allem aufseiten des Vertriebs erfordern, um Kundenakquisition auch in Krisenzeiten bestmöglich durchführen zu können.

Im Mai 2020 begann meine Reise mit der Euforma AG, einem Kölner Unternehmen für das Forderungsmanagement in Europa. Ein großer Teil des Vertriebs zeichnete sich durch die Teilnahme an deutschlandweiten Präsenzveranstaltungen wie beispielsweise Messen, aus. Ungeachtet der bereits überholten Weisheit »Never change a running system« funktionierte das zielgruppenorientierte System gut, sodass man von der Teilnahme an diesen Events stets profitierte.

Unsere Aufgabe ist es nun, eine an die Pandemie-Situation angepasste Vertriebsstrategie zu entwickeln, die sich in erster Linie durch Erschließen neuer Zielgruppen ausrichtet. Ferner müssen neue Vertriebskanäle geschaffen und schließlich Abschlüsse erzielt werden. Die besondere Herausforderung beim Vertrieb von Inkassodienstleistungen ist es, Unternehmen davon zu überzeugen, Kunde zu werden, obwohl sie zumeist noch keinen akuten Bedarf haben.

Die vermeintliche Route

Inkassounternehmen genießen im Allgemeinen nicht die größte gesellschaftliche Anerkennung – in der Regel haben sie eher einen schlechten Ruf. Folglich haben wir uns zum Ziel gesetzt, unsere neue Vertriebsstrategie in der Form zu gestalten, dass die Corona-Krise nicht als vertriebliches Instrument, sondern vielmehr als Handlungsinitiative für eine starke Gemeinschaft in der Krise zu verstehen ist. Die Unternehmensphilosophie und Preispolitik der Euforma AG passen zu dieser Strategie; keinerlei Vertragsbindung, kein Dauerschuldverhältnis, keine Mindestabnahme und geringe Kosten zahlen auf unser Vorhaben ein.

Die deutsche Wirtschaft wurde im Jahr 2020 von einer starken Rezession getroffen. Die Maßnahmen der Regierung, durch den Lockdown zu Beginn der Pandemie und den zweiten Lockdown zum Jahresende führen schließlich zu einem Rückgang des BIP um -5,0 %.[1]

Als Gründer und ehemaliger Geschäftsführer einer Personalvermittlungsagentur ist mir die finanzielle Situation neu gegründeter Unternehmen bekannt. Die Priorität nach der Gründung ist, dass alle laufenden Kosten und eine etwaige Tilgung von Starter-Darlehen durch Umsätze gedeckt sind. Die Wirtschaftslage macht zwar vielen Unternehmen zu schaffen, jedoch können sich insbesondere Start-ups und Jungunternehmen keine Zahlungsausfälle leisten, die ihre Liquidität schmälern. Dieser Grundgedanke legt die neue Zielgruppe fest. Ziel ist es, die Gründerszene in Deutschland mit einem professionellen Forderungsmanagement zu unterstützen, damit sich die Geschäftsführer auf ihre Kernaufgaben konzentrieren können – die Zahlungsmoral der Kunden ist unser Anliegen. Innerhalb dieser Zielgruppe gibt es keine weitere Differenzierung nach Branchen, sodass wir uns ein breites Spektrum an potenziellen Neukunden schaffen.

Die Neukundenakquise

Der Prozess der Akquise nimmt bei dieser Kampagne mehr Zeit in Anspruch als üblich, denn wir testen nicht nur die neue Zielgruppe, sondern versuchen im Zuge dieser Kampagne auch herauszufiltern, welche Art der Kontaktaufnahme sich als erfolgreichste herausstellt. Zunächst müssen wir jedoch die Adressaten der Kampagne ermitteln:

Die branchenunabhängige Zielgruppe erleichtert die Kontaktermittlung ungemein. Zur Suche der potenziellen Neukunden haben wir über das Online-Registerportal

---

1   Auswertung des statistischen Bundesamtes (2020).

unter den Neueintragungen bundesweit neue Unternehmen recherchieren können. Der größte Vorteil des Online-Registers liegt in der Vollständigkeit der Angaben. Zur Verfügung stehen die vollständigen Namen der Unternehmen, die Adresse, die Namen der Geschäftsführer, der Tag der Ersteintragung und schließlich die Gesellschaftsform. Letzteres ist ein wichtiger Bestandteil, da die Kampagne ausschließlich auf Kapitalgesellschaften ausgerichtet ist. Zugegebenermaßen ist die Recherche aufwendig, jedoch konnten wir binnen 2 Wochen über 1.000 qualifizierte Adressen ermitteln, die nach Bundesländern sortiert in eine Tabelle eingetragen wurden.

Erste Kontaktaufnahme – Anschreiben und Flyer

Jeder hatte bereits diese Post im Briefkasten – ein Anschreiben mit einem Flyer, um auf das Angebot des Werbenden aufmerksam zu machen. Die Meinungen über diese Methode der Kontaktaufnahme gehen weit auseinander, aber es lässt sich bekanntlich über vieles streiten. Da wir nichts unversucht lassen wollten, hatten wir ein Anschreiben aufgesetzt, das sowohl aus Text- als auch aus grafischen Elementen besteht, denn zu lange Texte liest kaum jemand in Gänze durch. Der Leser soll auf einen Blick erkennen, worum genau es sich handelt und welchem Zweck dieses Schreiben dient. Wenn das Interesse geweckt wurde, dient der Flyer im Nachgang als Instrument zur Konkretisierung des Angebots. Die auf der Rückseite des Anschreibens befindliche Fax-/E-Mail-Antwort rundet die klassische Werbeaktion ab.

Wir hatten letztlich 1.000 Briefe versendet und dabei lediglich 30 Retouren aufgrund nicht zu ermittelnder Adressaten zurückerhalten. Rückmeldungen blieben aus den beschriebenen Gründen wie fast erwartet bedauerlicherweise beinahe vollständig aus.

Telefonakquise

Eine selbst heute noch sehr gängige Vertriebsmethode ist die Telefonakquise. Da das Handelsregister über die oben genannten Kontaktdaten keinerlei Informationen bereitstellt, steht zunächst die Online-Recherche der ermittelten Adressen an. Ziel ist es, Telefonnummern und E-Mailadressen herauszufinden. Knapp die Hälfte der Unternehmen hatten bereits einen Internetauftritt, aus welchem wir uns besagte Informationen beschaffen konnten.

Die Telefonakquise selbst wird von unserem Callcenter übernommen. Obgleich das Callcenter geschult darin ist, Akquisegespräche durchzuführen und Abschlüsse zu generieren, sollten unsere Kollegen vorerst die Kaltakquise übernehmen. Wir haben im Vorfeld einen Gesprächsleitfaden entwickelt, welcher im Groben festlegt, welches Ziel das Telefonat haben soll: Die Erlaubnis zur erneuten Kontaktaufnahme.

Wir schicken unserem Interessenten im Anschluss an das Erstgespräch entweder eine E-Mail mit Infomaterial zur Euforma AG und der aktuell laufenden Kampagne oder vereinbaren ein persönliches Gespräch via Telefon, bestenfalls Videokonferenz, um im direkten Austausch Angebote vorzustellen und Fragen zu beantworten.

Social Media

Die letzte und sicherlich modernste unserer Methoden zur Neukundengewinnung im Rahmen dieser Kampagne ist die Direktansprache über Social-Media-Plattformen wie beispielsweise LinkedIn. Die Suche unserer im Vorfeld erfassten Ansprechpartner ist einfach: Suche – Vor- und Nachname – Bingo! Das Profil kann weiterhin mit den anderen, bereits recherchierten Daten abgeglichen werden, sollten mehrere Suchergebnisse vorhanden sein.

Die Ansprache ist denkbar simpel: Man verlinkt sich mit der Person und verfasst im Zweifel noch eine Eingangsnachricht, die der Empfänger vor Annahme der Verlinkungsanfrage lesen kann. Wie bei allen anderen Methoden der Neukundengewinnung sollte man auch auf diesen Plattformen kurz und knapp Hintergründe der Kontaktaufnahme darstellen. Wahlweise übermittelt man zugleich ein Whitepaper oder eine kurze Präsentation, das erleichtert dem Leser oftmals die Zuordnung des Sachverhalts. Ferner ist darauf zu achten, die Ansprache zu individualisieren. Derweil werden häufig Anfragen und Angebote per Nachricht versendet, sodass die kontaktierten User auch hier dazu neigen, Pitches zu ignorieren.

Die Mehrzahl unserer erfassten Ansprechpartner haben tatsächlich ein LinkedIn-Profil. Mit einer Vielzahl der kontaktierten Personen konnten wir in den Dialog gehen und unsere Kampagne vorstellen. Kein Interesse? Kein Problem! Die Vernetzung bleibt bestehen, sodass ein Austausch zu einem späteren Zeitpunkt nochmals stattfinden kann. Eine bestehende Vernetzung mit einem potenziellen Kunden birgt insbesondere auf solchen Business-Plattformen viele Vorteile. Vor dem Hintergrund, dass der Vertrieb ohnehin stark mit dem Marketing verzweigt ist, kann man seine Kontakte stets mit interessantem Content versorgen. Darüber hinaus erhöhen Likes, Comments und Shares die Beitragsreichweite, welches unweigerlich neue potenzielle Kunden auf das Geschäft und gleichzeitig auf das Dienstleistungsangebot aufmerksam macht.

Resümee

So viel vorab: Die Kampagne war ein voller Erfolg. Der besondere Aspekt unserer Kampagne war es, unvoreingenommen verschiedene Methoden der Neukundenakquise aufzugreifen und diese zu testen.

Wie bereits erwähnt hatten wir mit dem Briefversand zunächst keinen Erfolg. Zukünftig würden wir davon absehen, Briefe mit Informationsmaterial zu verschicken, ausgenommen diese sind explizit erwünscht. Es kommen verschiedene Gründe in Frage, weshalb die Methodik nicht funktioniert hat. Die Post von unbekannten Absendern mit Werbezweck führt vermutlich in den meisten Fällen dazu, dass der Brief im Altpapiercontainer landet. Andererseits kann es ebenso gut sein, dass die Ansprache nicht zielgruppenorientiert war, zumal unsere Ansprechpartner mit einem Durchschnittsalter von ca. 30 Jahren sehr jung sind und daher auch fast ausschließlich digital arbeiten.

Die Telefonakquise hingegen führte zu mehr Resonanz. Wir konnten uns im Zuge der Telefonate und Videokonferenzen eingehend mit unseren potenziellen Neukunden austauschen und darüber hinaus detailliert auf ihre jeweilige Situation eingehen. Das Feedback – ob es nun direkt zum Abschluss kam oder nicht – war durchweg positiv. Die mehrstufige Ausführung im Sinne der Kalt- und Warmakquise birgt meines Erachtens ebenfalls Vorteile. Der potenzielle Neukunde hat Vorwissen, er kennt das Produkt und die Thematik des Anrufs. Darüber hinaus besteht Interesse an einer Zusammenarbeit, sodass der Grundstein für den Abschluss gelegt ist.

Die Arbeit auf den Social-Media-Plattformen vereint viele Kompetenzen des Vertriebs und ist damit mein Favorit unter den Akquisemethoden. Ungeachtet der Tatsache, dass man sich in den sozialen Medien wunderbar vernetzen und austauschen kann, dienen solche Plattformen ebenfalls zur Verbreitung seines eigenen Contents, in diesem Fall News und aktuelle Informationen zur Euforma AG. Es ist individuell gestaltbar und frei von Grenzen. Mit vielen Millionen Nutzern in der DACH-Region ist der gewünschte Ansprechpartner schnell gefunden. Das Feedback der neuen Kontakte, die ich im Zuge dieser Kampagne geknüpft habe, bestätigt mich in meiner Überzeugung, dass der Vertrieb und das damit einhergehende Marketing in Berufsnetzwerken einen festen Platz haben.

Lessons Learned

- Neukundenakquise per Briefversand ist nicht veraltet, der Inhalt wird einfach nicht wahrgenommen.
- Persönlicher Austausch schafft Vertrauen und ist maßgeblich im Vertrieb.
- Digitaler Vertrieb bietet ein breites Spektrum an Möglichkeiten, sein Produkt richtig und nachhaltig zu platzieren.

Hinweise zum Autor

ANDREAS DEPPERMANN

Als Vertriebsmanager der in Köln ansässigen Euforma AG, die als Dienstleistungsprovider alle für die Wirtschaft wichtigen Funktionen zur Realisierung von Forderungen und zur Vermeidung von Forderungsausfällen anbietet, ist Andreas Deppermann der richtige Ansprechpartner, wenn es um wirtschaftliche Absicherung geht. Als ehemaliger Gründer und Geschäftsführer einer Personalvermittlungsagentur zählen insbesondere die Beratung und Betreuung von Start-ups zu seinen Kernkompetenzen.

Back to basics

Durch die Kombination von analogem und digitalem Mailing zu mehr Response in der Akquise

Karen Schadek
Business Development Manager
Frankfurt am Main

Die Aufmerksamkeit des Kunden gewinnen

Wer aus dem Vertrieb kennt es nicht: Neukundenakquise oder Kundenreaktivierung durch Mailings oder über Social-Media-Kanäle? Wir aus den Vertriebsabteilungen geben uns sehr viel Mühe, die richtigen Ansprechpartner auf der Kundenseite zu evaluieren sowie, anschließend ein ansprechendes Anschreiben in Form einer E-Mail oder einer direkten Nachricht via Social Media an den Kunden zu verfassen – und doch bleibt in den meisten Fällen eine Antwort des Kunden aus.

Doch wie schafft man es, die Aufmerksamkeit der potenziellen Kunden zu gewinnen? Diese Frage habe ich mir gestellt und damit gestartet, mein eigenes Verhalten in Bezug auf Werbemailings zu reflektieren.

Beinahe täglich flattern unpersönliche E-Mails mit Kaufangeboten, in denen manchmal sogar noch ein falscher Ansprechpartner in der Anrede steht, in mein Postfach. Über die Jahre hinweg habe ich mir daher angewöhnt, diese Mailings grob zu überfliegen und sie, ohne sie weiter zu beachten oder zu hinterfragen, direkt zu löschen. Denn die Ressource, die uns allen am wertvollsten ist, ist unsere Zeit. Wieso sollte ich sie also dafür verschwenden, jemandem zu antworten, der meinen Namen falsch schreibt und mir Angebote unterbreitet, die überhaupt nicht in das Unternehmensportfolio und zu meinen Interessen passen?

Aus meinen schlechten Erfahrungen und meiner daraus resultierenden »Sofort-löschen«-Haltung kann es sehr gut sein, dass mir bereits wirklich interessante Angebote entgangen sind. Im direkten Vergleich der Zeit, die ich hätte aufbringen müssen, jedes Werbemailing sorgfältig zu lesen und zu prüfen, ist das meiner Meinung nach allerdings vertretbar.

Soweit zu meinen eigenen Erfahrungen und Beobachtungen und zurück zur Ausgangsfrage: Wie schaffe ich es, die Aufmerksamkeit meiner (potenziellen) Kunden in der medialen Flut an Informationen zu erlangen? Meine Antwort darauf: Auffallen! Denn wäre auch nur eine dieser vielen E-Mails aus dem bekannten »Raster« gefallen, hätte ich ihr meine Aufmerksamkeit geschenkt.

Auffallen lautet die Devise! Aber wie?

Um aus dem gewohnten Raster zu fallen und die Aufmerksamkeit meiner Ansprechpartner zu erlangen, überlegte ich mir, **handschriftliche Briefe zu versenden**. Die Entscheidung klingt bei unserem technologischen Fortschritt vielleicht nach einem Rückschritt. Doch stellen Sie sich selbst die Frage, wie viele Briefe Sie noch erhalten und ob Sie einen handgeschriebenen sowie persönlich adressierten Brief ungelesen in den Papierkorb werfen würden? Ich denke, Sie ahnen, worauf ich hinaus möchte. Durch den Medienwechsel und den damit verbundenen Mehraufwand drücken wir den Adressaten unsere Wertschätzung aus und vermitteln, wie gerne wir sie als Kunden gewinnen oder erhalten möchten.

Neben diesen positiven Aspekten gibt es zusätzlich noch einen betriebswirtschaftlichen Vorteil für uns als Versender, denn die Kosten für eine analoge Mailing-Kampagne halten sich gegenüber anderen, gängigen Methoden zur Neukundengewinnung in Grenzen. So können auch schon mit kleinem Werbebudget viele Kunden erreicht werden.

In meinem Fall als Business Development Manager in der IT-Branche hatte ich eine Kampagne zur Neukundengewinnung von Digitalagenturen durchzuführen. Die ermittelten Ansprechpartner erhielten einen Brief, in dem ein persönliches, handgeschriebenes Anschreiben enthalten war, worin ich auf unser Partnerprogramm und dessen Mehrwerte für Digitalagenturen aufmerksam machte. Zudem war eine Informationsbroschüre über dieses Partnerprogramm sowie ein kleines, aber nettes Give-away beigelegt.

Dabei verzichtete ich im Anschreiben bewusst auf eine ausschweifende Unternehmensvorstellung und große Worte über unsere Expertise im Bereich der Digitalagenturen, da ich es vorzog, das Hauptaugenmerk des Anschreibens auf einen **emotionalen Nutzen** für die Adressaten und eine **Kommunikation auf Augenhöhe** zu legen. Um den emotionalen Nutzen einer Zielgruppe ausfindig zu machen, muss sich mit deren Herausforderungen und Problemen beschäftigt werden, um anschließend daraus resultierend ein attraktives und für die Zielgruppe gewinnbringendes Angebot erstellen zu können. Dies erlangt man vor allem durch Zuhören und Erfahrung in deren Geschäftsbereichen. So verpackte ich in mein Anschreiben ein unwiderstehliches Angebot mit hohem Nutzen für die Empfänger.

Neben dem Postmailing wurden vorab gemeinsam mit der Marketingabteilung zehn Social-Media-Postings geplant, da ich vorsah, mich mit den Adressaten einige Tage nach dem Versenden des Postmailings auf den gängigen Businessportalen digital zu vernetzen. Durch das Vernetzen wurden den Adressaten meine Posts angezeigt und ich hatte dadurch die Chance, weiter in ihren Gedächtnissen zu bleiben und mir durch permanenten, qualitativ hochwertigen, fachspezifischen Content auch künftig ihre Aufmerksamkeit zu sichern.

Damit der geplante Content auch von vielen Nutzern auf den Social-Media-Plattformen gesehen wurde, informierte ich mich darüber hinaus über die besten Zeiten hinsichtlich der Reichweite geteilter Beiträge. Diese liegt Statistiken zufolge mittwochs zwischen 12 Uhr und 14 Uhr sowie freitags zwischen 13 Uhr und 16 Uhr.

Ergebnis & Umsetzung: Es funktioniert tatsächlich!

Nachdem alle Vorbereitungen abgeschlossen waren, startete der Versand der Briefe. In meiner Kampagne waren es 115. Im Anschluss begann ich mich wie geplant mit den Adressaten auf den gängigen Businessplattformen zu vernetzen. Natürlich nahm nicht jeder meine Kontaktanfrage an, doch davon war ich auch nicht ausgegangen.

Gemäß vorherrschenden Meinungen war davon auszugehen, dass gerade bei Digitalagenturen, die wenig mit analogen Medien zu tun haben, so ein schnöder, fast schon altbacken wirkender Brief keine große Wirkung zeigen werde. Ich wurde aber überrascht: Es dauerte nicht lange, bis ich erste, sehr positive Antworten in meinem E-Mail-Postfach erhielt. Zu dem positiven Feedback via E-Mail posteten einige Adressaten sogar ein Bild meines Briefes mit ihrer Anerkennung auf Social-Media-Plattformen. Ich war begeistert! Denn nichts wirkt auf Dritte authentischer als ein ungezwungenes Lob beziehungsweise die Anerkennung von Geschäftspartnern. **Ein weiterer Vorteil eines solchen Postings ist, dass es das gesamte Netzwerk des Beitragsverfassers erreicht und so die Reichweite der Botschaft noch einmal exponentiell erhöht wird.**

Nach dem erfolgreichen Erstkontakt und dem Aufzeigen meiner Wertschätzung dem Adressaten gegenüber war die Kommunikation fast schon freundschaftlich, obwohl ich die meisten kontaktierten Personen nicht kannte und noch nie zuvor gesehen hatte.

Um das Interesse an meinem Partnerprogramm und den angebotenen Leistungen aufrechtzuerhalten, postete ich planmäßig zweimal die Woche zu den evaluierten bestmöglichen Uhrzeiten den vorbereiteten Content auf den Social-Media-Kanälen.

Über die gesamte Kampagne erhielt ich von 13 Adressaten ein positives Feedback sowie aufrichtiges Interesse an dem vorgestellten Programm, was einem prozentualen Wert von 11,3 entspricht. Im Vergleich zu einem herkömmlichen Massenmailing via E-Mail, bei dem die Response Rate erfahrungsgemäß bei circa 1 bis 2 % liegt, zeigt sich, dass der Mehraufwand für ein gut geplantes Postmailing durchaus lohnend im Hinblick auf die signifikant höhere Response ist.

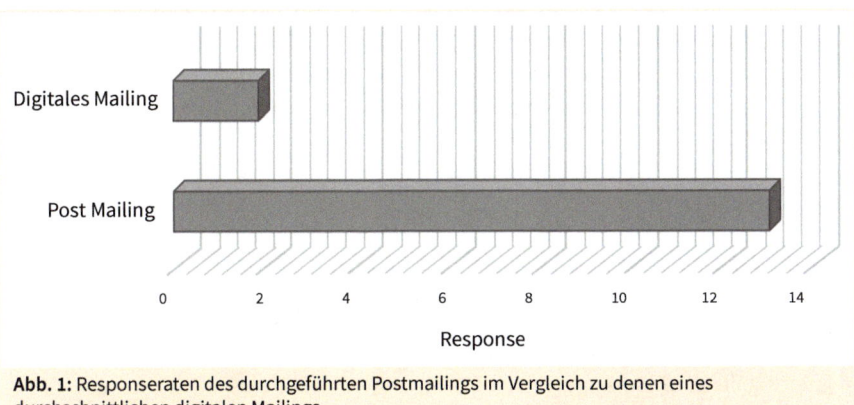

Abb. 1: Responseraten des durchgeführten Postmailings im Vergleich zu denen eines durchschnittlichen digitalen Mailings

Lessons Learned: Tipps für erfolgreiche Postmailing-Kampagnen

Abschließend möchte ich Ihnen gerne aus meiner persönlichen Erfahrung Tipps für eine erfolgreiche Postmailing-Kampagne an die Hand geben.

1. Zielgruppe analysieren und emotionalen Nutzen ausarbeiten

   Da 90 % der Entscheidungen, die wir Menschen tagtäglich treffen, emotionaler Herkunft sind, ist es von besonderer Bedeutung, einen emotionalen Nutzen für die potenzielle Käufergruppe oder Branche herauszuarbeiten, um diesen in das spätere Anschreiben einarbeiten zu können. Sollten bisher wenig Kontakte zur gewünschten Zielgruppe vorhanden sein, sodass ein persönlicher Austausch zur Informationsgewinnung nicht stattfinden kann, empfiehlt es sich, durch branchenspezifische Fachartikel sowie Podcasts einen Eindruck von den möglichen Herausforderungen der Adressaten zu gewinnen.

2. Form des Briefes

   Auch wenn es schneller und einfacher geht, einen Brief am Computer zu erstellen, anschließend in entsprechender Stückzahl auszudrucken und zu unterschreiben, empfehle ich, die Briefe sowie die Adresse auf dem Briefumschlag handschriftlich zu verfassen. Diese Geste unterstreicht die Wertschätzung gegenüber den Adressaten und verleiht dem Anschreiben eine persönlichere Note.

3. Social-Media-Postings planen

   Schon im Voraus sollte gemeinsam mit der Marketingabteilung relevanter Content für die gewünschte Zielgruppe erstellt werden, da es gar nicht so einfach ist, spannende, auf ein Thema ausgerichtete Inhalte zu produzieren. Für einen späteren reibungs- und stresslosen Ablauf empfehle ich, mindestens acht Beiträge vorzubereiten, die sich über einen Zeitraum von zwei Monaten nach dem Versenden des Postmailings verteilen. Idealerweise sollten die Beiträge und Aktivitäten auf den genutzten Social-Media-Plattformen nach Kampagnenabschluss nicht abrupt stoppen. Posten Sie auch weiterhin – in größeren, aber regelmäßigen Abständen – Beiträge, die Ihre Adressaten betreffen und weiterbringen können.

Hinweise zur Autorin

KAREN SCHADEK

Als Business Development Managerin mit einem starken vertrieblichen Fokus in der IT-Branche identifiziert Karen Schadek (M.Sc. Sales Management) mit enormer Begeisterung die Veränderungen in der Gesellschaft und in den Märkten, um gezielt darauf zu reagieren und sie in Chancen umzuwandeln.

Verkaufen und Verhandeln

Neukundengewinnung im B2B-Direktvertrieb

Ein Stufenplan mit detaillierten Handlungsempfehlungen

Dirk Gleisner
Inhaber DG SalesDevelopment

Ausgangssituation

Liebe Leser, hier schreibt ein Verkäufer. Ich bin stolz darauf, Verkäufer zu sein, unabhängig davon, welcher Titel auf der Visitenkarte steht. Verkaufsleiter, Vertriebsleiter, Geschäftsführer, Head of Sales, CSO, völlig egal. Am Ende werden Sie daran gemessen, welchen Beitrag Sie mit Ihrer Mannschaft leisten, damit Ihr Unternehmen neue Kunden gewinnt oder Umsätze mit bestehenden Kunden ausbaut. Dies ist ein wichtiges Kriterium, das über Erfolg und die weitere Karriere entscheidet. In meiner letzten Position als Geschäftsführer war ich für die Führung von über 300 Mitarbeitern im B2B-Direktvertrieb verantwortlich und dies ausschließlich dafür, neue Kunden für erklärungsbedürftige Dienstleistungen zu gewinnen. Heute unterstütze ich mit meiner eigenen Firma Unternehmen, um deren Vertrieb weiterzuentwickeln.

Denn: Entwicklung verbessert Ergebnisse.

Ich bin davon überzeugt, dass der Vertrieb einen klaren »Stufenplan« braucht, um Verkaufsgespräche so zu gestalten, dass sie erfolgreich abgeschlossen werden.

Verkäufer betonen gern die Einzigartigkeit der jeweiligen Verkaufssituationen und die Unterschiedlichkeit der Käufertypen, die sie im persönlichen Verkaufsgespräch erleben.

»Jeder Kunde und jede Situation ist anders, darauf muss ich mich einlassen und reagieren ...« Wie häufig habe ich diesen Satz von Verkäufern gehört. Wollen Sie wirklich lediglich reagieren, anstatt zu agieren? Sie werden für Ergebnisse bezahlt, für Verlässlichkeit in der Erfüllung der an Sie formulierten Ziele. Dafür hat Ihr Unternehmen Sie eingestellt. Und genau deshalb brauchen Sie einen Plan, eine Methode, damit Sie ihre Ergebnisse steuern und skalieren können und nicht vom Prinzip Zufall abhängig sind.

Problemlösung

Als Vertriebsleiter, verantwortlich für die Neukundengewinnung im B2B-Bereich, ergaben sich folgende Herausforderungen:

- Die Ergebnisse der Verkäufer fielen sehr unterschiedlich aus. Die Gründe, die dafür genannt wurden, ebenso. Mal lag es an der Betriebszugehörigkeit des Verkäufers, mal am Produkt oder an der Verkaufsregion.
- Jeder Verkäufer steuerte seine Verkaufsgespräche so, wie er es persönlich für richtig empfand.
- Eine einheitliche Vorgehensweise war nicht erkennbar.
- Eine Bewertung der Qualität der Verkaufsgespräche war schwierig, da keine einheitliche Vorgehensweise bestand.

Bei dieser Ausgangssituation beschloss ich, einen neuen Weg zu gehen. Mein Ziel war es, den Ablauf von Verkaufsgesprächen so zu gestalten, dass jeder Verkäufer seine Gespräche in identischer Art und Weise führt. Somit wurde gewährleistet, den Gesprächen einen Rahmen und eine Struktur zu geben. Als Führungskraft fällt es Ihnen leicht, die Qualität der Gespräche zu beurteilen, da Sie einzelne Phasen bewerten. Somit können Sie Verbesserungen sehr konkret und zeitnah umsetzen.

Gemeinsam mit den Verkäufern wurde ein »Gesprächskonzept« entwickelt. Es ist hilfreich und wichtig, die Verkäufer in den Prozess miteinzubinden, da sie den ganzen Tag mit potenziellen Kunden über die von Ihrem Unternehmen angebotene Lösung sprechen. Darüber hinaus erhalten Sie durch die Einbindung Ihrer Mannschaft enorme Zustimmung und Bereitschaft, diese Veränderungen auch umzusetzen.

Das Ergebnis war ein Stufenplan, der das Verkaufsgespräch in sieben Phasen unterteilt.

Jede Stufe beinhaltet konkrete und detaillierte Handlungsempfehlungen. Achten Sie darauf, dass Ihre Verkäufer Schritt für Schritt nach oben gehen und auf jeder Stufe das »Ja« ihres Gesprächspartners erhalten. Abkürzungen auf dem Weg nach oben gibt es nicht. Ziel ist es, am Ende eines Gespräches zu einem Ergebnis zu kommen. Nachstehende Abbildung zeigt die sieben Phasen eines Verkaufsgespräches, von der Vorbereitung bis zum Abschluss. Die anschließenden Ausführungen beschreiben die Inhalte der jeweiligen Stufen.

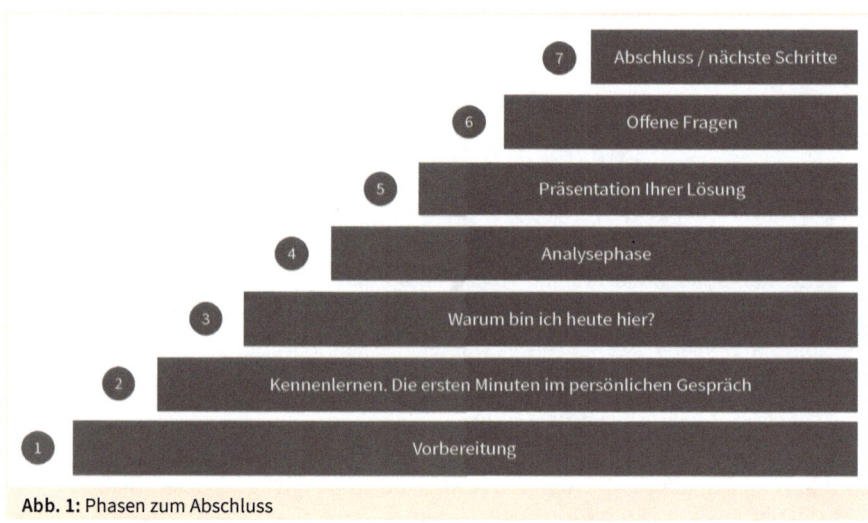

Abb. 1: Phasen zum Abschluss

Das persönliche Verkaufsgespräch: Umsetzung in sieben Stufen

Stufe 1 – Vorbereitung

Vorbereitung ist die halbe Miete für einen erfolgreichen Gesprächseinstieg

Bevor Sie das erste Gespräch mit einem potenziellen Kunden führen, holen Sie möglichst viele Informationen über Ihren Interessenten ein. Das war noch nie einfacher als jetzt.

Die Homepage eines Unternehmens liefert hilfreiche und wichtige Informationen:
- Wer steht im Impressum?
- Wann wurde das Unternehmen gegründet?
- Welche Produkte bietet das Unternehmen an?
- Wird das komplette Team und dessen Aufgaben aufgeführt?
- Worüber berichten die Blogeinträge?
- Von welchem Datum sind die letzten »News«?

Diese Informationen sind sehr hilfreich zur Vorbereitung der ersten Kontaktaufnahme.

Aus den Formulierungen erfahren Sie bereits eine Menge über Kultur und »Mindset« eines Unternehmens. Es ist nun mal ein Unterschied, ob jemand schreibt:

»Wir sind ein traditionelles, seit Jahren etabliertes Unternehmen und sind stolz auf die Mitarbeiter, die uns schon viele Jahre begleiten …«

oder aber:

»Wir sind Technologieführer und setzen alles daran, Standards in unserer Branche zu etablieren ...!«

Das alles sind interessante und spannende Hinweise.

Was wissen Sie über die Branche, in der Ihr potenzieller Kunde tätig ist? Welche Trends beschäftigen die Branche, welche Technologien werden eingesetzt? Hat die Branche Zukunft? Sie brauchen solide und umfassende Marktinformationen.

Sie haben vielleicht den Eindruck, diese Informationsbeschaffung ist extrem aufwendig und Ihr Verkäufer kommt gar nicht zum Verkaufen. Die Recherche ist ein sehr wichtiger Faktor für Ihr Erstgespräch, insbesondere für die ersten Minuten des Kennenlernens. Wenn Sie nicht informiert sind, womit sich das Unternehmen, das Sie gewinnen wollen, beschäftigt bzw. wenn Sie die Herausforderungen des Kunden und der Branche nicht sehr genau kennen, führt dies dazu, dass Ihr Verkaufsgespräch bereits beendet ist, bevor es richtig anfängt. Im Übrigen gibt es heute bereits Anbieter, die digital sämtliche Veröffentlichungen, die es aktuell über Unternehmen gibt, sammeln. Vorbereitung ist die halbe Miete auf Ihrem Weg zu erfolgreichen Verkaufsgesprächen.

Stufe 2 – Kennenlernen: Die ersten Minuten im persönlichen Gespräch

Die Sache mit dem ersten Eindruck und warum er so extrem wichtig ist

Ihr Verkäufer hat einen Ersttermin bei einem potenziellen Neukunden. Glückwunsch, die erste Hürde der Kontaktanbahnung ist geschafft. Die Art, wie diese erfolgt, ist an dieser Stelle zweitrangig. Die ersten Minuten – und damit der berühmte erste Eindruck – sind die wichtigsten des Verkaufsgespräches. Keine Phase ist so wichtig wie diese!

Schafft es Ihr Verkäufer nicht, eine Beziehung aufzubauen, werden sämtliche Produkt-, Preis- und Logistikvorteile bedeutungslos. Ihr Interessent wird nicht kaufen! In vielen Verkaufsratgebern lesen Sie, wie wichtig es ist, Einwände zu behandeln, Abschlusssignale zu erkennen und zum richtigen Zeitpunkt die Abschlussfrage zu stellen. Alle Punkte haben ihre Berechtigung. Für mich persönlich werden viele Gespräche aber bereits in den ersten Minuten »verloren«, da der Verkäufer es nicht schafft, eine emotionale Beziehung herzustellen.

Wann beginnt dieses »persönliche Kennenlernen«? Früher als Sie vielleicht denken. Es beginnt in dem Moment, in dem Ihr Verkäufer auf das Firmengelände fährt. Wo stellt er sein Auto ab? Direkt auf dem Mitarbeiterparkplatz vor dem Eingang? Keine gute

Idee! Ist das Auto sauber? Wie schnell steigt Ihr Verkäufer aus dem Auto aus? Steht er zunächst am Kofferraum, sortiert noch seine Unterlagen und raucht noch eine Zigarette, bevor es losgeht? Ihr Verkäufer hat noch nicht einmal »Guten Tag« gesagt, aber eine Vielzahl von Signalen sind bereits gesendet. Der potenzielle Kunde überträgt den ersten Eindruck von Ihrem Verkäufer auf die Leistungsfähigkeit Ihres Unternehmens. Sie denken, ich übertreibe? Ich betone diese Punkte deshalb so sehr, da es die Kleinigkeiten sind, die in Summe den Erfolg ausmachen. Und leider schleichen sich Kleinigkeiten im Tagesgeschäft immer wieder ein. Thematisieren Sie die Dos und Don'ts mit Ihren Verkäufern.

Der Verkäufer bekommt natürlich auch eine Menge mit, wenn er auf dem Firmengelände ankommt. Gibt es reservierte Parkplätze lediglich für die Geschäftsführung oder auch für Mitarbeiter? Wie sieht der Empfang beim Kunden aus? Ist dieser hinter einer Glasscheibe oder freundlich offen? Hängen Zertifikate an der Wand und wenn ja welche? Die üblichen ISO-Zertifkate, Auszeichungen aus der Vergangenheit und das Unternehmensleitbild gerahmt direkt neben der Abstellkammer? Was ist mit den Mitarbeitern? Grüßen diese freundlich oder laufen sie mit hängendem Kopf wortlos vorbei? Sie wissen vermutlich, worauf ich hinaus will. Es lässt sich bereits so viel erkennen, bevor Ihre Verkäufer ihren Ansprechpartner persönlich begrüßen. Aber dazu kommen wir jetzt.

Es ist soweit: Ihr Ansprechpartner begrüßt Ihren Verkäufer und bittet ihn in sein Büro. Wie ist die Begrüßung? Distanziert, freundlich, herzlich, flüchtig? Was sieht er, wenn er sich umschaut? Auf dem Schreibtisch stapeln sich Schriftstücke und eine Vielzahl von Akten. An der Wand hängen selbstgemalte Bilder der Kinder und bunte Souvenirs aus vergangenen Urlauben. Oder sieht das Büro aus, als wenn dort niemand arbeitet? Es liegen keine Unterlagen auf dem Schreibtisch. Die Kugelschreiber liegen im rechten Winkel zur Tischplatte. Der Raum wirkt kühl, nüchtern und sachlich.

An dieser Stelle könnte ich eine Menge zu Persönlichkeiten und Verhaltenstypologien schreiben. Das würde meinen Beitrag zu diesem Buch sprengen. Beschäftigen Sie sich mit den unterschiedlichen Verhaltenstypologien, zum Beispiel nach dem DISC-(deutsch: DISG-)Modell. Reden Sie mit Ihren Verkäufern darüber. Erarbeiten Sie gemeinsam, wie Sie Menschen und deren Verhalten erkennen, wie Sie einen Zugang zu den jeweiligen Typen bekommen. Es geht in dieser Phase der Begrüßung ausschließlich darum, zu Ihrem Gesprächspartner eine Beziehung aufzubauen, damit sie emotional einander verstehen. Aus diesem Grund ist die Vorbereitung so extrem wichtig, damit Ihr Verkäufer viele Anknüpfungspunkte für einen zielgerichteten Smalltalk hat. Aber bitte im »Plauderton«, so als wenn er sich mit einem guten Bekannten bei einer Tasse Kaffee austauscht.

Und diesen Smalltalk bitte mit Sinn und Verstand!

Hier ein Beispiel von einem Erlebnis, das ich hatte, als ich einen Verkäufer begleitet habe:

Wir waren mit dem Inhaber einer freien KFZ-Werkstatt verabredet. Hier wurde noch »richtig« gearbeitet, Struktur und Ordnung in der Werkstatt waren eher zweitrangig und dementsprechend sah es aus wie »Kraut und Rüben«. Die Begrüßung des Verkäufers lautete: »Mensch, tolle Werkstatt haben Sie, was machen Sie hier genau …?« Ich war froh, dass keine Werkzeuge in unsere Richtung flogen, was ich gut verstanden hätte. Solche Peinlichkeiten bleiben einem erspart, wenn man sich im Vorfeld gut informiert.

Stufe 3 – Warum bin ich heute hier?

Ihr perfekter Pitch, damit der Kunde mehr erfahren möchte

Ihr Verkäufer hat den Kunden begrüßt, sich emotional auf ihn eingeschwungen, vielleicht gemeinsam gelacht, Kaffee und Kekse schmecken. Jetzt wird es Zeit, »die Katze aus dem Sack« zu lassen. Warum sind Sie hier? Sie brauchen jetzt die perfekte Story. Und diese Story hat nur ein Ziel: Ihr Gesprächspartner kommt zu der Erkenntnis, dass er mehr erfahren möchte, nämlich, wie Ihr Verkäufer ihm helfen könnte, sein Problem, das er bisher nicht gesehen hat, zu lösen.

Setzen Sie für Ihre Story Bilder ein. Nichts geht so sehr in den Kopf des Kunden wie Bilder bzw. bildhafte Sprache. Sie müssen Kopfkino bei Ihrem Kunden auslösen. Dafür brauchen Sie keine 35-seitige Ausführung Ihrer Marketingabteilung oder einer Agentur, sondern wenige, simple Bilder mit einer einfachen Geschichte. Ihr Kunde muss die Story verstehen; und Ihr Verkäufer muss diese Story umsetzen. Beziehen Sie den Kunden mit ein, indem Sie Interaktion schaffen, denn das macht diesen Teil lebendig.

Inhalte einer Mini-Story:
- Beschreibung einer Alltagssituation
- Aufzeigen eines Problems, das plötzlich auftritt
- Konsequenzen, die sich daraus ergeben
- Darstellung der möglichen Lösung
- Vorteile der Lösung und der Verbesserung

Versuchen wir es anhand eines Beispiels:

Ihr Kunde ist ein Handwerksunternehmen mit ständig wechselnden Baustellen und führt umfangreiche Sanierungsarbeiten durch. Hierzu ist eine Vielzahl von unterschiedlichsten Werkzeugen notwendig. Ein wesentlicher Faktor für Ihren Kunden ist Zeit.

Sie sind Anbieter einer Dienstleistung, die digital den Bestand des Werkzeugparks verwaltet.

Beginnen wir jetzt mit der Story:

Beschreibung einer Alltagssituation	*»Ihre Mitarbeiter sind bei dem Projekt XY auf der Baustelle Z eingeteilt …«*
Aufzeigen eines Problems, das plötzlich auftritt	*»Plötzlich stellt Ihr Mitarbeiter fest, dass ein wichtiges Werkzeug fehlt. Offensichtlich wurde es nicht mit eingeladen«.*
Konsequenzen, die sich daraus ergeben	*»Sie kommen ohne dieses Werkzeug nicht weiter. Es droht hierdurch Verzug, die nachfolgenden Handwerker sind bereits terminiert und warten. Es muss jemand zurück in die Firma fahren. Es vergehen vier Stunden, bis Sie weitermachen können«.*
Darstellung der möglichen Lösung	*»Sie verfügen über eine digitale Lösung, die Ihnen garantiert, dass Sie sämtliche Werkzeuge im Auto haben«.*
Vorteile der Lösung und der Verbesserung	*»Das Thema vergessener Werkzeuge wird Sie in der Zukunft nicht mehr beschäftigen. Keine Ausfallzeiten, kein Verzug«.*

Die Entwicklung einer solchen »Mini-Story« ist Arbeit. Sie müssen diese erstellen, verbessern, ergänzen, streichen, umbauen, ausprobieren. Machen Sie das gemeinsam mit Ihren Verkäufern und Kollegen aus dem Marketing. Dies fördert das gemeinsame Verständnis. Bleiben Sie dabei einfach und simpel. Das ist die größte Hürde. Denn Ihr Verkäufer muss die Story umsetzen. Spielerisch, im »Plauderton«.

Was spricht für eine Story, die provoziert und inspiriert? Sie bleibt im Gedächtnis Ihres potenziellen Kunden. Er erinnert sich an Sie und Ihre Story.

Bedenken Sie: Alles, was keine Emotion bei Ihrem Gegenüber auslöst, wird vergessen. Und Sie wollen doch nicht vergessen werden, oder?

Am Ende Ihrer Story, die nicht länger als fünf bis zehn Minuten dauert, fragen Sie Ihren Gesprächspartner ganz konkret:

»Habe ich Sie im Boot? Können Sie mir zustimmen? Wollen Sie mehr erfahren?«

Lieber Lesende, bemerken Sie es? Ich frage erneut, ob wir gemeinsam die nächste Stufe nehmen wollen.

Stufe 4 – Analysephase

Keine Therapie ohne ausführliche Diagnose

Um zu erfahren, wie die perfekte Lösung für den Kunden aussieht, muss der Verkäufer in dieser Phase vor allem eins: Fragen stellen, zuhören, nochmals mit seinen eigenen Worten wiedergeben, ob er die Anforderungen und Wünsche des Kunden tatsächlich verstanden hat. Ihr Verkäufer braucht Fragekompetenz. Verschaffen Sie sich einen Überblick über die aktuelle Situation beim Kunden:

- Wie ist der aktuelle Status quo? (Zahlen, Daten, Fakten)
- Welche Anforderung wünscht der Kunde sich von einer neuen Lösung?
- Was ist der Grund, dass diese Anforderung so wichtig ist?
- Welche Verbesserungen wünscht sich der Kunde?

Ihnen werden für Ihre Branche und Ihr Unternehmen eine Vielzahl von Fragen einfallen, die Sie als Basis Ihrer Bedarfsanalyse benötigen.

Es ist aus meiner Sicht sinnvoll, hier eine »Checkliste« zu haben, damit nichts vergessen wird. Darüber hinaus dokumentiert dies Professionalität und Kompetenz in den Augen des Käufers.

Für Ihren Verkäufer ist »aktives Zuhören« besonders wichtig. »Aktives Zuhören« bedeutet, Ihr Verkäufer unterstützt verbal durch Zustimmung, Nachfragen und Pausen den Gesprächspartner. Dies ergänzt er durch nonverbales Verhalten wie Blickkontakt, Notizen-Machen und einen offenen Blick.

Ganz wichtig: Trainieren Sie das mit Ihren Verkäufern. Immer und immer wieder.

Am Schluss der Bedarfsanalyse fasst der Verkäufer kurz zusammen, was er verstanden hat und was für den Kunden besonders wichtig ist. Dies ist die notwendige Grundlage für die nächste Stufe, nämlich die Präsentation Ihrer Lösung für den Kunden.

> **Beispiel**
> »Herr Interessent. Vielen Dank für Ihre Ausführungen. Ich fasse nochmals zusammen, was ich verstanden habe: Sie suchen eine Lösung, die einfach zu bedienen ist. Einfach bedeutet, Ihre Mitarbeiter kommen ohne großartigen Schulungsaufwand mit dem System zurecht. Darüber hinaus ist Ihnen wichtig, dass eine Lösung flexibel ist. Flexibel bedeutet für Sie, dass neben Standards auch individuelle Prozesse abgebildet werden können.
>
> Hab ich das so richtig wiedergegeben? Sind das die wichtigsten Anforderungen oder habe ich etwas übersehen?«

Stufe 5 – Präsentation Ihrer Lösung

It‹s showtime!

Sie haben alle vorherigen Stufen erreicht. Jetzt präsentieren Sie in Stufe 5 die Lösung für den Kunden. Leider erlebe ich es sehr oft, dass Verkäufer glauben, das Produkt spricht für sich. Kurze Begrüßung und schon liegt das Produkt auf dem Tisch. Die Produktvorteile werden aufgezählt und der Preis viel zu schnell genannt. Und das alles in gefühlten 12,3 Minuten.

Die häufige Reaktion des Kunden: »Prima, ich denke mal drüber nach und melde mich bei Ihnen«. Auf den Anruf des potenziellen Kunden wartet der Verkäufer heute noch. Sie müssen Schritt für Schritt jede Stufe erreichen. Etage für Etage, bis Sie oben ankommen. Schließlich springen Sie auch nicht direkt vom Erdgeschoß in die siebte Etage.

So gestalten Sie konkret Ihre Produktpräsentation:

Bauen Sie einen Spannungsbogen auf. In dieser Phase sind Sie der Entertainer Ihrer Lösung. Es versteht sich von selbst, dass Sie begeistert sind und für Ihre Lösung brennen. Hoffe ich! Die Besonderheit einer wirklich gelungenen Produktpräsentation ist das Aufzeigen der hohen Relevanz der wichtigsten Punkte für Ihren Gesprächspartner. Ihr Marketing oder Produktmanagement hat Ihnen vermutlich die 36 Produktvorteile Ihrer Lösung gut aufgeschlüsselt. Widerstehen Sie der Gefahr, jetzt all diese 36 Produktvorteile aufzuzählen. Neudeutsch nennt man das »Featurefucking«. Das führt zu Kopfschmerzen und Langeweile bei Ihrem Gegenüber. Nennen Sie die relevanten Punkte, die für den Kunden von wirklichem Interesse sind. Woher nehmen Sie diese? Gehen sie nochmal zur Stufe 4. Hier haben Sie eine ausführliche und saubere Bedarfsanalyse durchgeführt. Ihr Gesprächspartner hat Ihnen die für ihn wichtigsten Punkte genannt. Aus meiner Erfahrung sind dies drei bis vier Anforderungen. Darauf gehen Sie besonders ein und geben alles, als gäbe es kein Morgen.

Nochmals als Merksatz, weil es so wichtig ist: Jedes Produktmerkmal hat einen Nutzen!

Beispiel

»Herr Kunde, Sie haben mir vor einigen Minuten gesagt, dass Sie von einem Produkt erwarten, dass es effiziente Abläufe gewährleistet.«

Merkmal: Dieses Modell hat eine deutlich höhere Akkuleistung.

Nutzen: Das bedeutet für Sie, dass Sie am Tag nicht so häufig laden müssen und Ihre Mitarbeiter effizient und durchgängig arbeiten können.

Es gibt unzählige Formulierungen, die Sie wählen können, um den Nutzen zu beschreiben:

Das bedeutet für Sie …
Das garantiert Ihnen …
Dadurch erhalten Sie …
Dies sichert Ihnen …
Das vereinfacht Ihnen …
Das spart Ihnen …

Lassen Sie Ihren Verkäufern die Freiheit, hier die persönliche Formulierung zu finden. Fordern Sie allerdings ein, dass in der Produktpräsentation genau nach diesem Schema gearbeitet wird.

Bei Produktpräsentationen achten Sie darauf, dass der Kunde zwischen zwei Alternativen entscheiden kann. Eine zum Ablehnen, eine zum Annehmen. Halten Sie die Produktauswahl entsprechend klein. Je mehr Alternativen Sie zeigen, desto schwieriger kann der Kunde sich entscheiden. Prüfen Sie das mal an sich selbst, wenn Sie demnächst im Supermarkt stehen. Für welche der 45 Marmeladensorten entscheiden Sie sich? Vermutlich für die, die Sie beim letzten Einkauf auch genommen haben.

Schließen Sie die Produktpräsentation ab, indem Sie den Kunden, wie in den vorherigen Stufen, fragen: »Herr Kunde, entspricht das Produkt Ihren Wünschen und Anforderungen?« Erst bei einem »Ja« geht es in die nächste Stufe.

Stufe 6 – offene Fragen

Behandlung offener Fragen und Punkte

Ihr Verkäufer hat jetzt schon viele Stufen auf dem Weg zum Ziel genommen. Er ist mit einer guten Vorbereitung gestartet, ist beim »Kennenlernen« gut in das Gespräch gekommen, hat eine perfekte Story aufgebaut und dem Interessenten Lust auf »mehr« gemacht. Seine Produktpräsentation hat aufgrund seiner vorher durchgeführten Bedarfsanalyse überzeugt. Bei jeder dieser Stufen hat er zum Abschluss den Kunden mit ins Boot genommen, sein »OK« abgeholt und ist gemeinsam mit ihm auf die nächste Stufe gegangen. In der Stufe 6 geht es jetzt um die noch offenen Punkte. Es geht um Aspekte, die bisher für Ihren Ansprechpartner nicht klar waren und bei denen er seinerseits noch Informationen benötigt. Natürlich will der Interessent wissen, was die Lösung kostet.

In dieser Phase braucht der Verkäufer die volle Konzentration, denn er muss ruhig und besonnen auf die Fragen des Kunden eingehen. Wenn er die Stufen 1 bis 5 korrekt und umfassend geklärt hat, dann hat er bereits eine Vielzahl von möglichen Fragen im Vorfeld beantwortet. Er braucht jetzt die Souveränität, auf jede Frage kompetent zu reagieren. Menschen fällt es schwer, Entscheidungen zu treffen. Der Wunsch, etwas Neues haben zu wollen, muss größer sein, als es in der bisherigen Form zu belassen. Ihr Verkäufer hat die Aufgabe, den potenziellen Kunden darin zu unterstützen. Zu schnell auf den Abschluss zu drängen, kann Ihre zuvor geleistete Arbeit zunichtemachen. Käufer sind »scheue Rehe«, die Sie schnell verschrecken können. Lassen Sie sich in dieser Phase Zeit. Erst wenn alle Fragen geklärt sind, geht es zur letzten Stufe, dem Abschluss.

Stufe 7 – Abschluss und nächste Schritte

Vereinbarung von Folgeaktivitäten

Ihr Verkäufer ist am Ziel: Sämtliche Fragen zu Ihrem Produkt, Ihrer Lösung, zu Produkteigenschaften und damit verbundenen Services, Lieferzeiten, Konditionen und Weiteres sind beantwortet. Der Abschluss ist jetzt die logische Konsequenz aus den Stufen 1 bis 6. Jetzt kann Ihr Verkäufer, je nach Besonderheit und Umfang Ihres Produktes, die notwendigen Formalitäten dokumentieren. Jetzt sofort, werden Sie sich fragen? Ja, warum nicht, wenn es Ihr Vertriebsprozess zulässt! Dies setzt natürlich voraus, dass es formal und technisch umsetzbar ist.

Es gibt sicherlich Fälle, bei denen es nicht möglich ist, sofort am Ende eines Gespräches eine Entscheidung in Form eines Auftrages herbeizuführen. Dies ist abhängig vom Produkt, der Investitionssumme oder von organisatorischen, formalen Besonderheiten im Unternehmen. Es ist allerdings wichtig, dass kein Gespräch ohne eine konkrete, nächste Vereinbarung/Handlung abgeschlossen wird. Es darf kein offenes Ende geben. Hat Ihr Verkäufer überzeugt, geht der Prozess weiter. Diese nächsten Schritte muss er verbindlich vereinbaren.

»Wer macht was bis wann?« Diese Fragestellung muss konkret beantwortet werden, sowohl auf der Kundenseite als auch auf der Ihres Verkäufers. Dies schafft Verbindlichkeit für beide Seiten.

Sollte Ihr Verkäufer den Eindruck haben, der Gesprächspartner will sich auf nichts festlegen, dann ist in dem Gespräch irgendetwas schiefgelaufen. Der Kunde ist höflich und traut sich nicht, dies offen auszusprechen:

»Machen Sie mir mal ein schriftliches Angebot. Ich schaue es mir gern an und melde mich bei Ihnen.«

Konkret übersetzt könnte das auch bedeuten, das Angebot hat Ihren Kunden nicht überzeugt, aber er möchte Ihnen dies nicht direkt sagen.

Ihr Verkäufer verkauft auf Augenhöhe. Somit kann er auch mit einem »Nein« umgehen. Schließlich schafft das Klarheit und zeitliche Ressourcen für andere Interessenten, um diese von Ihrer Lösung zu begeistern. Rennen Sie keiner Hoffnung hinterher. »Hoffen« bringt Ihnen im Vertrieb keine Abschlüsse und Erfolge.

Wichtige Punkte in der Umsetzung

Die Schritte auf dem Weg zu erfolgreichen und wirksamen Verkaufsgesprächen kennen Sie nun. Das Konzept soll Ihnen helfen, dies individuell für Ihre persönliche Situation in Ihrem Unternehmen zu adaptieren. Die folgenden Punkte sind in diesem Zusammenhang aus meiner Erfahrung besonders zu berücksichtigen:

Die Rolle Ihrer Führungsmannschaft/Ihrer Führung

Über Führung gibt es unzählige Ratgeber und Bücher. Führung im B2B-Direktvertrieb ist eine Besonderheit. All diese Punkte, die Sie in meinen Ausführungen finden, sollten Sie gemeinsam mit Ihren Verkäufern erarbeiten. Überprüfen Sie die Umsetzung Ihrer Vorgehensweise im Selbstversuch. Verlassen Sie sich nicht darauf, was Ihre Verkäufer über den Erfolg der Vorgehensweise berichten. Seien Sie »Vorbild«. Mit keiner Maßnahme erreichen Sie so viel Respekt und Anerkennung bei Ihrer Mannschaft, als wenn Sie aus eigenen Erfahrungen sprechen.

Die Bedeutung von Kennzahlen für Ihren Vertriebserfolg
Denken Sie in Abschlüssen und nicht in Umsatz …

Ziele im Vertrieb sind gut und wichtig. Sie haben als Vertriebsverantwortlicher schließlich eine Verantwortung zur Erfüllung Ihres Beitrages gegenüber Ihren Kollegen aus der Managementfamilie. Ihr Ziel muss es sein, diese »Zahl« für Ihre Verkäufer greifbar zu machen. Was bedeutet eine Umsatzvorgabe von 1,2 Millionen im Jahr? Klar, 100.000 Euro pro Monat linear gerechnet. Diese Berechnung auf Jahresziele, Quartalsziele, Monatsziele, Wochenziele usw. werden Sie vermutlich heute bereits machen. Gehen Sie noch einen Schritt weiter. Sie wissen, wie der durchschnittliche Umsatz eines Neukunden ist. Nehmen Sie diesen als Maßstab für die weitere Berechnung. Wie viele Gespräche mit Kunden muss Ihr Verkäufer für einen Abschluss führen? Denken Sie in Abschlüssen und rechnen Sie dies aus. Was bedeutet das für ein Wochenergebnis? Wenn der Verkäufer weiß, dass er vier Abschlüsse pro Woche für die Erreichung seiner Ziele benötigt, werden die erwähnten 1,2 Millionen Jahresumsatz deutlich greifbarer.

Sie müssen Ihre Ergebniszahlen kennen, rauf und runter. Das Gleiche gilt für jeden Ihrer Verkäufer. Woher will er sonst wissen, wo er steht? Geben Sie die Anforderungen für den Ergebnisbericht an Ihren Controller. Er wird sich freuen. Aber übertreiben Sie es nicht. Beschränken Sie sich auf die wichtigsten fünf bis sieben Kennzahlen. Diesen Ergebnisbericht lassen Sie sich jeden Morgen geben. Er ist eine wichtige Grundlage für die täglichen Gespräche mit Ihren Verkäufern über deren Tagesergebnisse. Wie, Sie reden nicht jeden Tag mit Ihren Verkäufern über deren Erlebnisse und Ergebnisse? Wenn dies bisher nicht zu Ihrem Tagesgeschäft gehörte, denken Sie darüber nach, das ab sofort zu übernehmen.

Permanentes Training sichert den Erfolg!

Warum die 10.000-Stunden-Regel auch für den Vertrieb gilt

Vielleicht haben Sie schon von der 10.000-Stunden-Regel gehört. So lange braucht es, bis man ein wahrer Meister seines Fachs ist. Profis trainieren häufiger, intensiver und regelmäßiger als Amateure. Wenn Sie einen Profi-Vertrieb haben wollen, müssen Sie ihn auch professionell trainieren. Je besser, routinierter, souveräner Ihr Verkäufer den Stufenplan verinnerlicht hat, desto mehr Erfolg wird er haben. Es geht nicht darum, dass alle Verkäufer völlig »gleich klingen«. Jeder Verkäufer ist in seiner Persönlichkeit einzigartig. Das ist auch gut so. Aber alle Ihre Verkäufer »singen vom gleichen Blatt«.

Fordern Sie von Ihrer Mannschaft die Umsetzung und überprüfen Sie diese

Überprüfen Sie die Umsetzung bei Ihren Verkäufern. Wenn Sie ein Modell mit den beschriebenen sieben Stufen einsetzen, können Sie konkret und sofort Ihrem Verkäufer Hilfestellung anbieten. Verkäufer A ist exzellent in der Vermittlung Ihrer Story, hat aber Defizite bei der Bedarfsanalyse. Dann lassen Sie Ihn bei dem Verkäufer mitfahren, der die Bedarfsanalyse perfekt beherrscht. Somit erfolgt auch der Austausch unter den Kollegen. Die Dynamik, die Sie durch solche Maßnahmen erzielen, spüren Sie schnell.

Flexibilität
Wenn etwas zu verbessern ist, ändern Sie es. Sofort!

Wenn Sie Ihr Gesprächskonzept erstellt haben, müssen Sie ständig dranbleiben. Das bedeutet, Sie müssen die Umsetzbarkeit überprüfen, aber auch darauf schauen, dass die Inhalte tatsächlich den aktuellen Anforderungen entsprechen. Kundenanforderungen, Bedürfnisse, Märkte ändern sich in einer enormen Geschwindigkeit. Aber wem erzähle ich das? Sie sind im Vertrieb. Hören Sie zu, was Ihnen Ihre Verkäufer erzählen. Ein Verkäufer hat eine neue Idee, eine neue Formulierung, die gut funktioniert. Übernehmen Sie diese in Ihr Gesprächskonzept. So bleibt es auf dem aktuellen Stand.

Ich hoffe, ich konnte Ihnen einige Anregungen und Impulse auf dem Weg zur erfolgreichen Umsetzung eines Konzeptes für Ihren Vertrieb geben. Sollten Sie Fragen haben, melden Sie sich gern unter info@dirkgleisner.com oder schreiben Sie mir auf LinkedIn unter http://linkedin.com/in/dirk-gleisner. Ich freue mich über Ihre Nachricht.

Lessons Learned

- Entwickeln Sie Ihren individuellen Stufenplan.
- Beziehen Sie Ihre Verkäufer hierbei mit ein.
- Trainieren Sie die Umsetzung regelmäßig.
- Kontrollieren Sie die Ausführung im Verkaufsalltag.
- Entwickeln Sie Ihren Stufenplan kontinuierlich weiter.

Hinweise zum Autor

DIRK GLEISNER

Dirk Gleisner, Inhaber der Vertriebsberatung DG SalesDevelopment, bringt über drei Jahrzehnte Vertriebs- und Führungserfahrung im Bereich B2B mit.

Sein Fokus und seine nachweislichen Erfolge – Konzeption bis Rollout – liegen im Gewinnen neuer Kunden. Dirk Gleisner berät und begleitet Vertriebsorganisationen im gesamten deutschsprachigen Raum in ihrer Entwicklung.

Von der Anbahnung zur Auslieferung zwei Jahre

Vertriebliche Erfolgsfaktoren bei Großprojekten für KMUs

Patrick Hofacker
Managing Director
müller quadax gmbh

»Ist Vertrieb immer gleich Vertrieb?«
JA und NEIN.

Vertrieb hat grundsätzlich immer eines gemeinsam – es geht um Menschen und das erfolgreiche Aufbauen und Pflegen von Beziehungen.

Vertrieb kann aber im Hinblick auf seine Komplexität trotzdem sehr verschieden sein. So ist es ein gewaltiger Unterschied, ob man mehr im Standard- oder im Projektvertrieb tätig ist, es sich also um einen standardisierten Vertriebsprozess oder um eine komplexe Lösung handelt, die es zu verkaufen gilt. Außerdem ist es weiterhin essenziell, in welchem Preisgefüge sich die Produkte befinden. Es hat große Auswirkungen auf den Vertriebsprozess, ob sich das Umsatzvolumen zwischen 5 und 500 EUR befindet oder beispielsweise zwischen 50.000 EUR und 500.000 EUR. In diesem Artikel werden die Erfolgsfaktoren beim Projektvertrieb von Investitionen > 500.000 EUR beleuchtet – aus unserer Sicht ein Wert, der in der gängigen Praxis eine wichtige Schwelle beschreibt.

Anbahnung

In der Anbahnungsphase eines Projektes ist es für mich als Vertriebler des Lieferanten entscheidend herauszufinden, ob ich auf Kundenseite mit den richtigen Menschen kommuniziere: Wer sammelt lediglich Informationen? Wer ist für die technischen und sicherheitsrelevanten Aspekte verantwortlich? Wer verfügt über das Budget, wer entscheidet? Entsprechend dieser Identifikation sollte ich meine begrenzten Ressourcen einsetzen.

Inhaltlich geht es um Entscheidendes in dieser Phase: um hinterfragen und genau zuhören. Wo drückt der Schuh beim Kunden? Warum stehen wir überhaupt in Kontakt? Will er lediglich ein Drittangebot, um auf die Standardlieferanten hinsichtlich des Preises und der Lieferzeit Druck auszuüben, oder hat er ein Problem, das wir lösen sollen? Wir haben uns auf Letzteres bei unserer Vertriebsstrategie spezialisiert. Es geht darum, Kundenprobleme sichtbar besser zu lösen als unser Wettbewerb – und zwar in jeder Phase des Kaufprozesses.

Das Credo für diese Phase:
Schauen Sie genau hin und identifizieren Sie die Rollen beim Kunden. Hinterfragen Sie! Geben Sie den Rollen **nur** die Informationen, die Sie wirklich benötigen (time is money!). Zeigen Sie Ihre Problemlösungskompetenz mit technischer Expertise und Referenzen. Seien Sie hartnäckig, bleiben Sie am Ball und legen Sie Wert darauf, vor dem »zu viel« aufzuhören, also nicht zu **nerven** – das ist übrigens ein schmaler Grat.

Verhandlung

»Arrogant sein: nein – selbstbewusst sein: **unbedingt***!«*

In dieser Verhandlungsphase ist es entscheidend, seine Stärken, Kernkompetenzen und Wettbewerbsvorteile zu kennen. Hier kommt der »Teufel« der Austauschbarkeit zum Tragen. Wenn Sie keine Differenzierungsmerkmale gegenüber dem Wettbewerb aufzeigen konnten, die dem Kunden einen Mehrwert bieten, dann sind Sie drin – in der Preisspirale. Idealerweise haben Sie es bereits in der Anbahnungsphase geschafft, mit Ihrem speziellen Mehrwert vom Endkunden wahrgenommen zu werden und das Feld der Wettbewerber deutlich auszudünnen.

Auch in der Verhandlung ist es entscheidend, allen Rollen des Kunden gerecht zu werden – auch den zunächst nicht ganz offensichtlichen. Bei größeren Investitionen gibt es manchmal mehr Stakeholder, als man glaubt, und oftmals unterschätzt man auch den Einfluss mancher Stellen. Sie müssen hier mit gezielter Kommunikation sicherstellen, dass sich alle Stakeholder in ihren Bedürfnissen wahrgenommen fühlen, wenn der Auftrag bei Ihnen platziert werden soll.

Das Credo für diese Phase:
Beachten Sie die verschiedenen Rollen und beachten Sie Mentalitäten. Stellen Sie sicher, dass der Kunde Ihre Differenzierungsmerkmale zum Wettbewerb verstanden hat und auch den daraus resultierenden Nutzen erkennen kann. Schaffen Sie Vertrauen über Referenzbeispiele und absolvierte technische Tests. Bei großen Investitionen und vor allem bei sicherheitskritischen Komponenten gibt es meist eine »Weisheit«: Safety first – keiner will die Verantwortung übernehmen! Falls etwas schiefgeht, müs-

sen sich die Personen intern rechtfertigen und riskieren sogar ihren Job. Je mehr Sicherheit Sie durch Tests und Referenzen vorweisen können, desto mehr nehmen Sie diese Verantwortung von den Schultern der Entscheider. Fangen Sie das »Cover my ass«-Prinzip in größeren Konzernen gekonnt ab.

Vertragsabschluss

Kommt es zur finalen Verhandlung, sind Sie entweder der letzte oder zumindest unter den letzten zwei Anbietern. Auch in dieser Phase geht es darum, für beide Parteien die bestmögliche Lösung zu finden. Im Idealfall schafft man es, die Beziehungsebene auf ein partnerschaftliches Verhältnis zu heben und die Risiken zu verteilen. Es geht um Gewährleistungsthemen, Vertragsstrafen, Zahlungsbedingungen, Bankgarantien etc. Sie müssen in dieser Phase unbedingt selbstbewusst bleiben und die Risiken zwischen Auftraggeber und Auftragnehmer für beide wahrnehmbar fair verteilen. Es bringt Ihnen nichts, hier sämtliche Zugeständnisse zu machen und jegliche Vertragsbedingung des großen Endkunden zu akzeptieren. Noch einmal: Verhandlungen in dieser Phase schaffen Raum für Optionen – im Idealfall Optionen und Entscheidungen, die für beide eine bestmögliche Balance darstellen. Viele Anbieter akzeptieren hier fast alles, nur weil das Projekt so attraktiv erscheint und man sich mit solch einer Projektakquise intern profilieren kann. Wenn Sie aber am Ende die Lieferzeiten nicht halten können, hohe Vertragsstrafen zahlen müssen, Ihre Vorleistungen nicht vorfinanziert werden etc., dann kann es sehr schnell passieren, dass das Projekt unprofitabel wird, und die scheinbare Attraktivität schwindet Stück für Stück. Hinzu kommt, dass Sie, weil Sie zunächst eine Kundenzufriedenheit geschaffen haben, das Risiko eingehen, diese zu einem späteren Zeitpunkt doppelt und dreifach zu riskieren – inklusive großer finanzieller Schäden.

Das Credo für diese Phase:
Verhandeln Sie mit dem Kunden auf Augenhöhe und im Idealfall bereits partnerschaftlich. Verteilen Sie die Risiken fair. Finden Sie für beide die beste Lösung. Achten Sie auf Ihre Zugeständnisse. Geben Sie nur dann nach, wenn Sie wissen, dass Sie die Qualität in allen Aspekten des Projektes sichern können.

Projektabwicklung

Glückwunsch! Sie haben den Auftrag mit fairen Vertragsbedingungen gewonnen! Jetzt sind alle happy – die Bücher sind für eine Weile gefüllt. Feiern Sie diesen Erfolg. Sie haben es sich verdient. Und denken Sie dann schnell wieder daran, die »PS auf die Straße zu bringen«. Die Uhr tickt und je länger Sie warten, Dinge intern voranzutreiben, desto enger wird der Zeitplan am Ende des Projekts.

Ab jetzt ist ein professionelles Projektmanagement gefragt, im Rahmen dessen mit dem Kunden auf Augenhöhe und im Idealfall partnerschaftlich zusammengearbeitet wird. Denken Sie daran, dass Sie sich jetzt in einer gegenseitigen Abhängigkeit befinden. Schaffen Sie ein **Teamklima** mit dem Kunden. Die Erfahrung zeigt, dass solche großen Projekte beide Seiten immer wieder auf die Probe stellen. Je besser die Beziehung, desto effizienter kann auch einmal »die Kuh vom Eis gebracht werden«. Auch intern ist es wichtig, klare Rollen und Verantwortungen festzulegen, regelmäßig zu informieren, Aufgaben zu verteilen etc. Ein kleiner Tipp: Nicht immer ist der Verkäufer des Projekts automatisch die beste Wahl für den Projektmanager. Ab hier sind andere Qualitäten gefragt.

Das Credo für diese Phase:
Schaffen Sie ein vertrauensvolles Klima mit dem Kunden. Bauen Sie eine enge Partnerschaft auf. Denken Sie daran, dass Sie sich nun in einer gegenseitigen Abhängigkeit befinden. Sorgen Sie intern für ein proaktives Projektmanagement mit klaren Rollen und Verantwortlichkeiten. Achten Sie auf die Besetzung der Rolle des Projektmanagers. Nicht jeder gute Vertriebler ist hierfür geboren.

Projektabschluss und After Sales Service

Ein wichtiger Schritt in Projekten dieser Größenordnung ist natürlich, wenn die Montage die Fertigstellung meldet. Damit ist Ihr Job aber noch lange nicht erledigt: Im Idealfall begleiten Sie den Einbau vor Ort. Es ist wichtig, dass die Qualität von Anfang an optimal ist – so sichern Sie langfristig die Kundenzufriedenheit.

Das Credo für diese Phase:
Das Projekt ist **nicht** abgeschlossen, wenn Ihre Produkte fertig verpackt auf der Palette stehen. Bieten Sie dem Kunden einen Vor-Ort-Service an. Und sei es, dass jemand nur beratend vor Ort bei der Inbetriebnahme dabei ist. Jeder »Fehler«, der vermieden werden kann, verbessert die Prozesssicherheit und vermeidet einen Imageschaden am Markt. Je weniger Probleme Sie mit Ihren Produkten haben, desto mehr Aufträge werden den Weg zu Ihnen finden. Marketingsog statt druck. Es gibt **keine** bessere Werbung als die positive Referenz eines Anwenders. Da können Sie Marketingmaterial produzieren so viel Sie wollen.

Lessons Learned

- Stellen Sie sicher, dass der Kunde Ihre Differenzierungsmerkmale versteht und den Nutzen, der daraus für ihn resultiert. Im Idealfall bringen Sie diese technischen Vorteile in die Spezifikation ein. Damit heben Sie sich vom Wettbewerber ab.

- Hören Sie gut zu! Beachten Sie Mentalitäten und Rollen bei Ihrem Kunden und kommunizieren Sie zielgruppenorientiert. Zeigen Sie den verschiedenen Rollen, dass Sie die Probleme erkennbar besser lösen können als der Wettbewerb.
- Unterstreichen Sie Ihre Qualitäten mit Referenzen und technischen Ausdauertests. In Konzernen gilt das Credo: cover my ass. Schaffen Sie also Vertrauen bei allen Prozessschritten.
- Schaffen Sie ein partnerschaftliches Verhältnis mit dem Kunden und kommunizieren Sie auf Augenhöhe. Seien Sie selbstbewusst, aber nicht arrogant. Das ist manchmal ein schmaler Grat – üben Sie sich darin!
- Das Projekt endet nicht mit der Fertigstellung des Produkts. Stellen Sie mit Vor-Ort-Beratung sicher, dass auch beim Einbau und bei der Inbetriebnahme der Produkte die Qualität gesichert ist. Das zahlt positiv auf das potenzielle »Word of Mouth« des Kunden ein.

Hinweise zum Autor

PATRICK HOFACKER

Patrick Hofacker ist Geschäftsführer der müller quadax gmbh und Vertriebler aus Leidenschaft. Die müller quadax gmbh ist ein Hersteller von innovativen und hochwertigen Industriearmaturen – Made in Germany.

Das Kundenproblem erkennen, verstehen und lösen

Ein Leitfaden zur Vorgehensweise und zu den »richtigen« Fragen

Frank Stefan Scholz
Vertriebsleiter, stellv. Geschäftsführer und Gesellschafter
scholz.msconsulting GmbH

Die Vorgeschichte

Mein Name ist Frank Stefan Scholz und ich bin seit mehr als 28 Jahren im Softwarelösungsvertrieb tätig. Seit knapp 20 Jahren leite ich den Vertrieb im eigenen Unternehmen im Direkt- und Partnervertrieb. Zusammen mit meinen beiden Brüdern Michael und Christian leite ich erfolgreich ein Software- und Beratungsunternehmen. Unser Vater Einar war bis zu seinem Tod jeden Tag im Hintergrund aktiv und versorgte meine Brüder und mich mit stets neuen Ideen – teilweise nicht mehr zeitgemäß. Aber hinter jeder Idee verbirgt sich eine weitere Idee.

Ich kann mich noch genau an meine ersten Tage in meiner heutigen Firma erinnern. Es war ein Samstag – nur wenige Tage nach meinem Start im Jahr 2001. Ich stand mit meinem Vater auf dem Balkon und diskutierte die nächsten Schritte, die ich bei den aktuellen Interessenten plante. So, wie ich es in den Jahren zuvor gelernt hatte, wollte ich schnellstmöglich einen Präsentationstermin für unsere CRM- und Projektmanagementlösung mit unseren Interessenten vereinbaren. Dann eine ausführliche Präsentation der wichtigsten Alleinstellungsmerkmale vom Stapel reißen, das Projekt kalkulieren und schnellstmöglich zum Abschluss kommen.

Schnell musste ich feststellen, dass es offenbar nicht so einfach war, neue Kunden für unsere Lösung Vemas.NET zu gewinnen. Es lag nicht an der Vielzahl der Termine, die ich vereinbarte. Auch die Anzahl der Präsentationen war überdurchschnittlich. Natürlich war ich sehr fleißig und wollte schnellstmöglich auch im eigenen Unternehmen erfolgreich werden. Doch woran lag es, dass ich zwar sehr fleißig war – die Abschlussquote allerdings reichlich Potenzial nach oben bot?

An diesem Samstag war herrlichstes Wetter. Ich stand rauchend auf dem Balkon und hörte meinen Vater mal wieder einen Monolog halten: »Sohnemann«, sagte er, »wenn du langfristig erfolgreich sein möchtest, musst du in die Interessenten reinkriechen, sie verstehen und die passende Lösung anbieten und präsentieren. Es bringt nichts, dem Interessenten stundenlang deine Lösung zu präsentieren, wenn du zu wenig über ihn und seinen Leidensdruck weißt.« Oh Mann, dachte ich: jetzt kommt mal wieder ein stundenlanger Vortrag vom alten Herrn …

Die Bedarfsanalyse

Um das Gespräch abzukürzen, fragte ich ihn, was er mit »reinkriechen« meine. Nun sagte er: »Du musst den Kunden und vor allem seine Probleme, die er lösen will, verstehen.« »Und wie?«, fragte ich. »Ganz einfach«, sagte mein alter Herr: »Stelle dir vor, dass du der Interessent bist, und frage dich erstmal Folgendes selbst:

- Für welches Problem suche ich eine Lösung/einen Ersatz?
- Wann ist es die richtige Zeit für die Problemlösung?
- Welche Anforderung habe ich?
- Welches Budget steht mir zur Verfügung?
- Was passiert (mir), wenn ich die Probleme nicht lösen werde?
- In welchen Bereichen schmerzt es am meisten?
- …«

Ich merkte, dass ich über diese Fragen in der Vergangenheit viel zu wenig nachgedacht hatte. Und wie soll ich den Interessenten das fragen? Einfach anrufen und ihn mit Fragen bombardieren? Kann mir mein Interessent denn alle Fragen beantworten?

Nun sagte mein alter Herr:

»Vorbereitung und Nachdenken ist das halbe Leben und gilt auch im Vertrieb. Wenn du etwas erreichen willst, musst du dich gut vorbereiten. Erstelle daher eine Fragenliste für dein kommendes Gespräch:

- Kläre mit deinem Interessenten, wann er für dich und deine Fragen Zeit hat.
- Finde heraus, ob er für dich der richtige Ansprechpartner ist.
- Finde heraus, wer im Hintergrund die »Fäden« zieht und die Entscheidungen fällt.
- Finde heraus, wie viel Budget dein Interessent für die Lösung seiner Probleme zu investieren bereit ist.
- Ermittle mit deinen Interessenten den Nutzen, und der sollte im Verhältnis von 1 : 5, besser 1 : 10 oder noch höher liegen.«

Oh, Mann, geht der Alte mir auf den Sender, dachte ich. Dann sagte mein Vater: »Für heute machen wir Schluss. Überlege dir bis morgen deine Fragen für das kommende

Gespräch mit dem Interessenten. Morgen nach dem Mittagessen machen wir weiter.« Sprich: am »heiligen Sonntag«.

Nun kam die Stunde nach dem Mittagessen. Schon während des gemeinsamen Mittagessens löcherte mich mein Vater mit den ersten Fragen: »Und – was hast du dir überlegt?«

Nun, über Nacht war ich wahrlich nicht schlauer geworden. Nur eine Idee hat mich den Tag zuvor bewegt: Welche Fragen sind für die Bedarfsanalyse die richtigen und wann ist der beste Zeitpunkt sie zu stellen?

Das Mittagessen lag mir etwas schwer im Magen – doch es half nicht. Nach dem Mittagessen löcherte mich mein alter Herr mit seinen Fragen. Wir erarbeiteten daher folgende Phasen für die kommenden Verkaufsgespräche mit Interessenten:
* Bedarf analysieren,
* heutige Lösungen in Erfahrung bringen,
* herausfinden, wo der »Schuh« am meisten drückt,
* vor allem den Leidensdruck herausfinden,
* herausfinden, wer und wann die Entscheidung treffen wird,
* herausfinden, was die Entscheidungskriterien sind,
* Budget klären,
* zeitlichen Rahmen klären,
* nächste Vorgehensweisen absprechen.

Das klang für mich erst einmal sehr logisch. Ich konnte daher mein kommendes Verkaufsgespräch gar nicht mehr abwarten. Mit meiner Liste »bewaffnet« qualifizierte ich direkt am kommenden Dienstag den neuen Interessenten. Ich erstellte hier vor dem Gespräch meine Fragenliste, erfasste diese als *to do*, ging dann sehr systematisch durch und versuchte, alle Fragen direkt »abzufeuern«. Der erste Interessent fühlte sich damals ganz schön von mir ausgehorcht, weil ich versuchte, schnellstmöglich alle Fragen in einem Gespräch zu klären, statt schrittweise in den Interessenten »reinzukriechen« und so mehr in Erfahrung zu bringen. Übung macht bekanntlich den Meister. Also perfektionierte ich meine Fragen, begann mehr offene Fragen zu stellen und erhielt so schrittweise die gewünschten Antworten.

Eines Tages kam ich dann auf die Idee, genauer die Anforderungen zu erfragen, und wünschte mir hierzu Einblicke in die heutigen Lösungen und Prozesse. Hierzu vereinbarte ich mit meinem Interessenten einen Termin, startete meine Fernwartungssoftware und erhielt einen umfassenden Einblick in die heutigen Lösungen. Dank des visuellen Einblicks in die Kundenlösungen erkannte ich sehr schnell, wie aufwendig die heutigen Prozesse in den Teillösungen waren und wie viele manuelle Prozesse notwendig waren, um die gewünschten Sollprozesse zu erreichen.

Der Einblick in die heutigen Lösungen brachte mich in meiner Bedarfsanalyse ein großes Stück voran. Ich erkannte, dass die Prozessschritte in der Regel meistens manuell waren und dass unsere Lösung die Wunschprozesse optimieren und vereinfachen könnten. Also begann ich, Aufzeichnungen von den heutigen Prozessen anzufertigen und legte diese in der Kundenakte ab, sodass ich mich für die zukünftigen Präsentationen besser vorbereiten konnte. Anhand meiner Aufzeichnungen und Notizen konnte ich jederzeit meine Erinnerung auffrischen und mich viel besser in den Kunden und seine Anforderungen reindenken. Teilweise teilte ich die Informationen mit meinen Kollegen und holte mir Tipps ab, wie sich die Wunschprozesse des Interessenten am besten mit unserer Software abbilden ließen.

Musterunterlagen/Präsentation

Die nächste Onlinepräsentation lief besser als geplant. Ich bereitete mich intensiv auf die nächste Präsentation vor und schaute mir davor noch einmal meine Aufzeichnungen durch:

- Ich erstellte Kundenmuster.
- Ich ließ mir Musterdokumente meiner Kunden zusenden.
- Ich verwendete deren Artikel in meiner Demoumgebung.
- Ich recherchierte die Kunden meines Interessenten und legte diese zu Demozwecken an.
- Ich bildete in unserer Softwarelösung die Prozesse nach, die ich während der Online-Sessions kennengelernt hatte, und zeigte so dem Interessenten auf, dass unsere Software seine Prozesse verschlankt und optimiert und dass ich seine Prozesse verstanden habe.
- Ich begann endlich mit dem Lösungsverkauf.

Das Feedback auf die vorbereiteten Präsentationen war für mich überraschend. »Super vorbereitet«, »Sie haben uns und unsere Anforderungen verstanden«, »Endlich mal eine Präsentation, in der man sich wiederfindet«, »Sie haben uns überzeugt«, lautete u. a. das Feedback der weiteren Interessenten, bei denen ich strukturiert vorging. Selbst heute – 20 Jahre später – bitte ich teilweise unsere Interessenten um einen detaillierten Einblick in die heutigen Lösungen und Prozesse, damit ich die Anforderungen und Prozesse besser verstehen kann.

Seit diesem Zeitpunkt lasse ich mir in der Regel immer Musterunterlagen zusenden und stelle gezielt Rückfragen zu den Unterlagen und den heutigen/zukünftigen Prozessen. Dies hilft mir, die Interessenten und deren Anforderungen besser zu verstehen. Ferner gewinnen meine Interessenten auf diesem Weg Vertrauen in mich und meine Lösung. Sie schätzen die gezielten Rückfragen und den Umstand, dass ihre Prozesse in den Präsentationen dargestellt werden.

Vorbereitend auf jede Präsentation erfrage ich Folgendes:

- die Anforderungen und Ziele der Präsentation,
- den Teilnehmerkreis,
- die Erwartungshaltungen,
- den Zeitrahmen,
- den aktuellen Stand der Marktbegleiter.

In der Regel bespreche ich diese Fragen mit dem Projektleiter und vertrauten Personen, die daran interessiert sind, eine Lösung zu finden. Hierbei spielt das Thema Vertrauen und die Kommunikation eine sehr große Rolle.

Nicht alle Fragen können in einem Gespräch geklärt werden – auch der Projektleiter ist nicht allwissend und muss daher auch intern Rückfragen klären. Erst wenn die wichtigsten Fragen geklärt und die Musterprozesse in unserer Software vorbereitet sind, folgt die Präsentation. Meist vergehen von der ersten Anfrage bis zur Präsentation mehrere Wochen – teilweise auch zwei bis drei Monate. Früher ging das bei mir alles viel schneller: Kurz den Bedarf analysieren und dann ein Feuerwerk an Masken und Prozessen in einer Präsentation darstellen. Allerdings funktionierte es so mit den Abschlüssen nur sehr selten.

Heute dauert der Vertragsabschluss wesentlich länger – allerdings ist die Quote der Abschlüsse im Verhältnis um ein Vielfaches besser geworden. Was hat sich nun in der Präsentation verändert?

- Ich halte in der Regel die Firmenpräsentation sehr knapp,
- habe meine Argumentation bedeutend verbessert,
- stelle mehr offene Fragen,
- präsentiere Lösungen und im Fokus die gewünschten Sollprozesse,
- nehme mir viel Zeit für Rückfragen,
- erkläre besser und viel fokussierter als früher,
- erstelle für meine Präsentationen einen Ablaufplan, sodass ich den Fokus selbst bei vielen Rückfragen nicht mehr verliere.

Zusammengefasst: Ich erarbeite eine Lösungspräsentation.

Die Präsentation und der gezielte Einblick in unsere Softwarelösung haben einen bedeutenden Anteil am Erfolg. Ist die Präsentation erfolgreich verlaufen, folgen in der Regel die nächsten Schritte. War sie nicht erfolgreich, endet in der Regel das Projekt.

Daher ist für mich die Präsentation ein sehr wichtiger Baustein in der Interessentengewinnung. Das führt allerdings zu einem hohen Zeitaufwand in der Vorbereitung und Wissensbeschaffung.

Nach der Präsentation

Wie geht es nach der Präsentation nun weiter? Das hängt im Wesentlichen vom Interessenten ab:

- In der Regel wünscht der Interessent ein Angebot auf der Basis der Vorgespräche und der Präsentation, sofern diese erfolgreich verlaufen ist.
- In der Regel lässt sich der Interessent mehrere Lösungen präsentieren und bewertet die Präsentation nach verschiedenen Kriterien:

Sachliche Fragen:
- Konnten die Anforderungen erfüllt werden?
- Welches Feedback kam von den Kollegen?
- Passt die Lösung auch aus Sicht des Budgets zum Unternehmen?
- Welche Einsparungen oder welchen Mehrumsatz erbringt die präsentierte Lösung?
- Welchen Mehrwert bietet die jeweilige Lösung?
- Konnte der Präsentator überzeugen und alle Fragen wie gewünscht, beantworten?
- Welche Fragen sind noch offen?

Persönliche Fragen:
- Welche Vorteile bringt mir als Mitentscheider die neue Lösung?
- Bringt mich die neue Lösung persönlich/finanziell/beruflich weiter?
- Bedeutet die neue Lösung mehr oder weniger Arbeit für mich?
- Welche Vorteile bringt die eine oder die andere Lösung?
- Hat mich die Präsentation überzeugt?
- Konnte ich mich in der Präsentation wiederfinden? …

Die persönlichen Belange der Entscheider sind die wichtigsten Entscheidungskriterien im gesamten Vertriebsprozess. Daher gilt es, diese im Laufe des Salesprozess herauszufinden. Hierauf werde ich an dieser Stelle nicht weiter eingehen, da Sie sich hiermit sicher im Detail auskennen: Zum richtigen Zeitpunkt die richtigen Fragen stellen und so herausfinden, wer für Ihren Verkaufsprozess positiv ist und wer sich gegen Sie und Ihre Lösung einsetzt.

Vertiefend möchte ich an dieser Stelle auf das Thema »Sympathiegewinnung rund um die Präsentation« eingehen und darauf, was Sie im Rahmen Ihrer Vorbereitung alles unternehmen können, damit sich Ihre Präsentationserfolge verbessern:

- Fordern Sie Kundenmuster an und studieren Sie sie aufmerksam.
- Bilden Sie Kundendaten und Muster in Ihrer Softwarelösung nach.
- Präsentieren Sie bekannte Kundenprozesse und zeigen Sie auf, wie Ihr zukünftiger Neukunde Zeit und Geld einsparen und Prozesse verschlanken kann und welche Vorteile das bietet.

- Denken Sie sich in die Probleme und Herausforderungen Ihres Kunden rein und stellen Sie sich vor, dass Sie einer der Entscheider sind.
- Sammeln Sie Pluspunkte und präsentieren Sie Lösungen auf der Basis von Kundendaten. Ihr Mitbewerber macht das in der Regel nicht.
- Lernen Sie den Kunden verstehen – nutzen Sie das Internet für Ihre Recherchen und erfahren Sie mehr über die Lösungen/Produkte des Kunden und schlüpfen Sie in die Rolle des jeweiligen Kundenmitarbeiters. Stellen Sie sich einfach vor, dass Sie Mitarbeiter Ihres Kunden sind, und fragen Sie sich, ob die angebotene Softwarelösung Ihre Aufgaben und Anforderungen löst und was Ihnen/Ihrem Unternehmen dies bringt. Schärfen Sie Ihre Sinne und verlassen Sie Ihre Komfortzone. »Der Wurm muss dem Fisch schmecken, nicht dem Angler!«

Je besser es Ihnen gelingt, sich mit der Rolle des Kundenarbeiters zu identifizieren, und je mehr Sie über Ihren Interessenten in Erfahrung bringen, umso besser verstehen Sie Ihren Interessenten, dessen Anforderungen und Beweggründe, eine neue Lösung einzuführen.

Sicherlich spielt auch das Thema »Preis« eine wichtige Rolle in der Entscheidungsphase. Je besser Sie jedoch Ihre »Hausaufgaben« gemacht und Informationen über die Entscheidungsgründe, Einsparpotenziale und die allgemeinen und persönlichen Vorteile beschafft haben, können Sie hinsichtlich Ihres Preises argumentieren und vermitteln, dass sich die Entscheidung für Ihre Lösung für Ihren Interessenten absolut »auszahlen« wird.

Selbstverständlich muss der Preis Ihres Angebots zum Budget des Kunden passen. Daher gilt es auch, das Kundenbudget/den Kundennutzen vor der Angebotsabgabe in Erfahrung zu bringen und ggf. auch einmal den Mut aufzubringen, ein Projekt einzustellen, wenn es finanziell immense Unterschiede zwischen Ihren Forderungen und den Vorstellungen des Interessenten gibt.

Ziel eines jeden Verkaufsabschlusses sollte es sein, einen zufriedenen Kunden zu gewinnen und selbst auch mit dem Abschluss zufrieden zu sein. Je besser Ihre Vorbereitungsarbeiten und Ihr Zuhören in den vorherigen Phasen vor dem Abschluss waren, umso zufriedener werden Ihr Kunde und Sie sein.

Zusammenfassung

- Ich hoffe, dass ich darstellen konnte, wie wichtig Zuhören, Kundenmuster und eine gezielte Präsentation inkl. Präsentationsvorbereitung für Ihren zukünftigen Vertriebsprozess ist.

- Ich würde mich sehr freuen, wenn auch Sie zukünftig mehr Abschlüsse zu bedeutend besseren Konditionen erreichen und Ihre Kunden noch zufriedener mit Ihnen und Ihren Lösungen werden.
- Ich hoffe, dass ich Ihnen dank meinem alten Herrn vermitteln konnte, dass es sich lohnt, in den Interessenten »reinzukriechen«.

Ich wünsche Ihnen für den weiteren Vertriebsweg die allerbesten Ergebnisse.

Ihr
Frank Stefan Scholz

Hinweise zum Autor

FRANK STEFAN SCHOLZ

Frank Stefan Scholz ist Vertriebsleiter, stellv. Geschäftsführer und Gesellschafter der scholz.msconsulting GmbH.
Als Vertriebsleiter und Gesellschafter der scholz.msconsulting GmbH versteht sich Frank Stefan Scholz seit über 20 Jahren als Prozess- und Vertriebsberater. Er berät seine Kunden umfänglich im Direkt- und Partnergeschäft rund um die ERP – Lösung Vemas.NET, die speziell für Dienstleister entwickelt wurde. Mit Vemas.NET optimieren Beratungsunternehmen ganzheitlich die Unternehmensprozesse.

Kontaktdaten
scholz.msconsulting GmbH
Moerser Straße 660
47802 Krefeld
Tel.: +49 2151 5697-23
LinkedIn: http://linkedin.com/company/scholz-msconsulting-gmbh
E-Mail: sscholz@msconsulting.de
Internet: www.msconsulting.de

Angebotsnachverfolgung: Akquirieren Sie noch, oder ernten Sie schon?

Claudia Schaumburg
Claudia Schaumburg Training & Coaching/
Milz & Comp. Partner

Was macht Sie erfolgreich?

»Was ist es, was Sie erfolgreich macht? Was machen Sie anders als die anderen?« Diese Fragen trafen mich wie ein Vorwurf. Was machte ich anders als andere? Ich wusste es nicht. »Keine Ahnung.« »Aber das müssen Sie wissen. Sie müssen wissen, was Sie erfolgreich macht.« Wäre ich nicht mit 25 Jahren eine der jüngsten und erfolgreichsten Vertrieblerinnen gewesen, mochte man meinen, ich befände mich gerade inmitten eines Kritikgesprächs. Abrupt stand mein Gegenüber auf. »Denken Sie darüber nach.« Und verließ mein Büro.

Was machte mich eigentlich erfolgreich? Ich entschloss, mich auf die Suche nach Antworten zu begeben und befreundete Kollegen, manche erfolgreich, manche weniger erfolgreich, zu befragen. Was machte den Unterschied in der Vorgehensweise im Vertrieb zwischen Erfolg und Misserfolg aus?

»Ich telefoniere zwischendurch.« Der Kollege strahlte mich an. »Das passt, um so über die Runden zu kommen. Und wenn die Terminanzahl mal nicht passen sollte, sag ich dem Chef, dass es nächste Woche wieder besser werde. Das wirkt eigentlich immer.« Ich schrieb seine Antwort auf. »Wie machst du das?« Quid pro quo. Ich sah ihn an. »Ich habe tägliche Telefoniezeiten. Ich arbeite gerne stukturiert und nach der Uhr.« »Oh. Und kommst du auf deine Termine?« »Ja, ich liege bei knapp 150 % Zielerreichung.« »Oh mein Gott, haben die neben dem Silber- und Goldstatus für dich einen Platinstatus eingeführt?« Er lächelte. Er war nicht neidisch. Seine Freude war echt. »Wie viele Termine hast du dann pro Tag?«, bohrte ich weiter nach. »So zwei Kundengespräche. Eines am Vormittag und eines am Nachmittag. Das reicht für den Bronzestatus. Mehr will ich gar nicht.« »Bei durchschnittlich 10 Gesprächen die Woche, wie viele Abschlüsse hast du da?« »So 2–3.« »Und der Rest?« »Der überlegt es sich noch.« »Und dann?« »Dann nichts.« Er seufzte. »Wenn die Kunden nicht wollen, dann wollen sie halt nicht. Sie haben das Angebot ja erhalten.« Ich schrieb: »Kunden melden sich nicht.« Und umkringelte es rot. »Kunden melden sich laut meiner bisherigen Erfahrung nicht wirklich von sich aus.« Ich sah ihn an. »Ja, mag sein, aber das ist ja dann nicht meine Schuld.«

Mit meinen Notizen aus meinen Interviews mit inzwischen 15 Kollegen saß ich in meinem Büro und verglich die Antworten der erfolgreichen mit den weniger erfolgreichen. Es gab einige Hinweise, allerdings fiel einer besonders ins Auge. Alle erfolgreichen Kollegen hatten eins gemeinsam: Sie telefonierten diszipliniert, hinterlegten Kundeninformationen, um in weiteren Gesprächen darauf zurückgreifen zu können, und legten sich die offenen Angebote nicht nur auf Wiedervorlage, sondern hatten im Gespräch mit den jeweiligen Kunden auch Termine für die nächsten Schritte vereinbart. Keiner von ihnen überließ den Kunden die Aktivität. Wenn wir also davon ausgingen, dass wir alle im Schnitt zehn Termine pro Woche hätten und dass durchschnittlich drei zur sofortigen Unterschrift führten, kamen durch die Planung der nächsten Schritte bei den Erfolgreichen noch vier weitere Abschlüsse hinzu. Ein absoluter Hebel. Diese Erkenntnis war es wert, ihr weiter auf den Grund zu gehen und vor allem meinem Chef die offene Frage zu beantworten. Der Erfolg entsprang zum großen Teil der Angebotsnachverfolgung!

Kapitelzusammenfassung/Wichtige Schlussfolgerungen

1. Sprechen Sie mit erfolgreichen und weniger erfolgreichen Vertrieblern und schauen Sie sich die konkreten Unterschiede an.
2. Lassen Sie sich nicht von Worten irritieren, schauen Sie, ob das Gesagte auch tatsächlich umgesetzt wird.
3. Man ist nie zu erfolgreich, um nicht zu überlegen, wie es noch effizienter oder effektiver gehen könnte.

Die Analyse

21 Jahre später habe ich unzählige Vertriebseinheiten aus Konzernen und dem Mittelstand beobachten und betreuen dürfen. Vielen Unternehmen war klar, dass ihre Hitrate nicht ausreichend war, taten sich jedoch schwer mit der Ursachenfindung. »Wir machen doch alles«, »Wir sprechen unsere Kunden doch alle an«, »Wir telefonieren regelmäßig« waren die ersten Impulse. Mit einem Werkzeughersteller gingen wir diesen ersten Aussagen einmal gemeinsam auf den Grund. Wir nutzten dazu die Fragen:

- Wie kommt es zu Anfragen? Welche Wege nutzen die Kunden?
- Wie werden diese Anfragen bearbeitet (Standards, Zeiten etc.)?
- Wie werden potenziell hochwertige Anfragen von Fakeanfragen unterschieden?
- Wie stellen wir sicher, dass der Kunde das erhält, was er benötigt?

- Wie erhält der Kunde sein Angebot?
- Wer fasst wann nach?
- Was wird wie wo festgehalten?
- Wer ist für was zuständig?
- Wie sieht die Vertretungsregelung aus?
- Welche Technik (Telefonanlage, Headset, Schreibprogramme und CRM-System) stehen zur Verfügung?
- Wie hoch ist die genaue Hitrate?

Diese Aufgabe nahm sich das Projektteam vor, das sich aus Geschäftsführern, Abteilungsleitern, Vertrieblern sowie Kollegen aus der Fertigung und mir zusammensetzte. Ein Nebeneffekt dieser Zusammensetzung war, dass die Bereiche Vertrieb und Fertigung sich nach dem Projekt enger abstimmten und aus »die da« ein »wir« wurde. Aber das ist ein anderes Thema. ☺

Ernüchternde Erkenntnis

Aus Glauben Wissen zu machen, kann sehr hart sein. Aber es ist vor allem auch eins: klärend.

Vier Wochen standen für die Beobachtungen und Analysen zur Verfügung. Ein morgendliches zehnminütiges Stand-up-Meeting unterstützte dabei, dass a) die Aufgabe nicht im Alltag unterging und b) aufkommende Fragen geklärt werden konnten.

Das Ergebnis:
- Anfragen kamen über E-Mails und Telefon rein.
- Die Anfragen wurden im Akkord abgearbeitet, Zuständigkeiten oder eine Auswahl gab es nicht.
- Jeder Vertriebler hatte seinen eigenen Prozess. Die einen hielten die Angebote per Papier im Ordner vor, die anderen in Excel-Tabellen und ein paar wenige nutzten das CRM-System, ergänzt um einen Auftragsordner in Outlook.
- Es wurde vor dem Angebot nicht mit dem Kunden gesprochen.
- Nachgefasst wurde, wenn ein Vertriebler noch eine Frage oder Zeit hatte. Was allerdings aufgrund der Menge an reinkommenden Anfragen kaum der Fall war.
- Die Hitrate lag bei 10 %.
- In 98 % der Fälle war im CRM nichts hinterlegt.
- Die Mitarbeiter hatten das Gefühl, nicht nachfassen zu können, da sie so viele Angebote zu schreiben hatten.
- Kein klar vorgegebener Prozess – jeder machte es so, wie er es für richtig hielt.
- Keine klare Zuordnung.
- Der Preis lag im Schnitt der Mitbewerber. Einige Werkzeuge waren etwas teurer.
- Die Mitarbeiter hatten das Gefühl, dass das Unternehmen deutlich teuer wäre als andere Mitbewerber.

Das Ziel

Wer sein Ziel nicht kennt, wird den Weg dorthin nicht finden.
Laotse

Das Projektteam hatte jetzt den Status quo. Jetzt galt es ein genaues Ziel zu vereinbaren. Was wollten sie konkret erreichen?

Hitrate: von 10 % auf 40 % zum Ende des Jahres steigern (Month-to-date)

Dazu waren folgende Schritte notwendig:
- Zuordnung konkreter Aufgaben: Jeder Mitarbeiter hat ein klar umrissenes Aufgabengebiet – inkl. Vertretungsplan
- Erarbeiten eines End-to-End-Prozesses zum Anfragemanagement
- Planung einer Testphase für den neuen Prozess
- Ausrollen des neuen Prozesses inkl. Schulung der Mitarbeiter
- Implementierung eines CRM-Systems mit genau definierten Anforderungen
- Erstellung eines Coachingplans zur Sicherstellung der Qualität und Umsetzung
- Implementierung von Stand-up-Meetings zur kurzen Status-quo-Besprechung (max. 15 Minuten)

Über ein Kanban-Board wurden die einzelnen Aufgaben in Teilschritte unterteilt und die Verantwortlichen zugeordnet. In den Stand-up-Meetings konnte ab sofort der aktuelle Stand besprochen werden. Aufgrund der beschränkten Zeit (max. 15 Minuten, hier wurde ein Timer gestellt) gewöhnten sich die Meetingteilnehmer daran, kurz und auf dem Punkt zu bleiben. Wurden diskussionsfähige Themen gefunden, wurde dafür ein Gespräch terminiert.

Kapitelzusammenfassung/Wichtige Schlussfolgerungen

1. Bilden Sie Projektgruppen, indem Sie Mitarbeiter einbinden. Denn diese tragen die Ergebnisse später mit. Trauen Sie sich, auch Mitarbeiter einzuladen, die bekannt dafür sind, häufig Kontra zu geben. Somit haben Sie den Advocatus diaboli mit am Tisch und können Bedenken berücksichtigen und/oder klären. Können diese Mitarbeiter mitgestalten, erhalten Sie die Chance, aus einem »Gegner« einen »Fürsprecher« zu machen. Schwer: ja, aber wirkungsvoll.
2. Formulieren Sie knackige Analysefragen.
3. Sorgen Sie neben der Zahlenanalyse für Beobachtungen. Machen wir das wirklich so? Wo liegen die Vertretungsunterlagen? Verlassen Sie sich hierbei nicht auf einen Beobachtungspunkt, sondern beobachten Sie jeden Prozesspunkt bei verschiedenen Mitarbeitern. Wo arbeiten sie gleich, wo arbeiten sie unterschiedlich? Wo ist der Prozess bekannt und wo wird er auch umgesetzt? Wo fehlen noch Prozesse?

4. Sorgen Sie für klare Ziele: konkret, messbar und terminiert.
5. Sorgen Sie für regelmäßige Updateimpulse (z. B. tägliche oder wöchentliche Stand-up-Meetings, damit die besprochenen Aufgaben nicht in Vergessenheit geraten).

Im nächsten Kapitel können Sie nachlesen, wie Sie Blickwinkel verändern können, um daraus Motivation zur Umsetzung zu schaffen.

Erst mal bei sich selbst anfangen – die eigene Einstellung

Was hält uns ab?

Die Mitarbeiter des Unternehmens waren, wie es so häufig der Fall ist, der Schlüssel zum Erfolg. Die Geschäftsführung konnte sich überlegen, was sie wollte – wenn sie die Mitarbeiter nicht erreichte, würde die Umsetzung scheitern. Daher war eine der wichtigsten Aufgaben, die Mitarbeiter miteinzubinden sowie ihre volle und ehrliche Zustimmung zu erhalten.

In gemeinsamen Workshops erarbeiteten wir die nächsten Punkte, angefangen mit der Motivation. Konkret sahen unsere Übungen hier etwa so aus:

»Stellen Sie sich vor, Sie möchten Ihr Badezimmer renovieren lassen. Oder wenn Sie Kinder haben, dann kommt sanieren lassen der Sache wahrscheinlich näher. Sie sprechen mit fünf verschiedenen Anbietern und lassen sich Angebote zusenden. Die Angebote ähneln sich alle. Ein Anbieter ruft Sie an und spricht mit Ihnen nett und locker über Ihr Badezimmerprojekt. Von den anderen hören Sie nichts. Was denken Sie über die Anbieter, die sich nicht bei Ihnen melden? Schreiben Sie einfach auf, was Sie denken …«

Hier die typischen Antworten aus den Workshops:
- »Der hat es nicht nötig.«
- »Ich bin dem egal.«
- »Der ist wohl schon satt.«
- »Ja, dann halt nicht.«

Die wenigsten denken: »Och, der Arme. Der traut sich bestimmt nicht, weil er mir nicht auf den Wecker gehen will.«

Warum melden wir uns als Vertriebler nicht? Schauen wir uns mal die andere Seite an. Stellen Sie sich vor, Sie haben ein Angebot rausgegeben. Jetzt warten Sie auf eine Reaktion des Kunden. Was könnte Ihnen durch den Kopf gehen, warum Sie nicht zum Hörer greifen?

Hier die typischen Antworten von Vertrieblern aus der Praxis:

- »Ich möchte nicht stören.«
- »Ich möchte nicht aufdringlich wirken.«
- »Vielleicht braucht der Kunde Zeit, um sich die Sache zu überlegen.«
- »Wenn ich ihn dränge, dann verliere ich ihn nachher vielleicht.«

Interessant, oder? Wir unterlassen etwas, weil wir den Kunden nicht verlieren oder verärgern wollen, und erreichen damit das Gegenteil. Ein weiterer Grund, sich um die Angebotsnachverfolgung zu kümmern. Zeigen Sie Ihren Kunden, dass sie Ihnen wichtig sind.

»Man kann Menschen nicht von außen motivieren«, sagte schon Reinhard Sprenger. Laut Sprenger in »Mythos Motivation« ist es notwendig, Faktoren, die zur Demotivation führen können, auszuschließen. Darüber hinaus können wir Menschen auch noch die Augen für einen anderen Blickwinkel öffnen. Durch Fragen heißt es einen »Aha-Effekt« bzw. einen sogenannten »magic moment« zu bewirken. Das bedeutet, dass Sie als Führungskraft vor solchen Meetings sich gut auf die kommenden Situationen vorbereiten sollten. Listen Sie alle Widerstände und Einwände auf, die von den Mitarbeitern kommen können, und überlegen Sie sich, wie Sie mit Fragen den Blickwinkel ändern können. Hier ein Beispiel anhand des Einwandes: »Ich will den Kunden nicht stören.«

Mitarbeiter:	*»Ich will als Kunde auch nicht gestört werden.«*
Sie:	*»Das heißt, Sie sagen, es hätte Vorteile, den Kunden anzurufen (siehe Ergebnis oben), aber Sie hätten Sorge, dass es den Kunden stört?«*
Mitarbeiter:	*»Ja.«*
Sie:	*»Was müsste passieren, damit der Kunde den Anruf wertschätzend und nicht als Störung empfindet?«*
Mitarbeiter:	*»Das Telefonat müsste angekündigt sein.«*
Sie:	*»An welcher Stelle wäre es aus Ihrer Sicht sinnvoll, die Ankündigung einzubauen?«*
Mitarbeiter:	*»In der Auftragsbesprechung.«*
Sie:	*»Was würden Sie da sagen?«*
Mitarbeiter:	*»Lieber Kunde, ich lasse Ihnen das Angebot zusenden. Sie erhalten es Anfang nächster Woche. Wann macht es in Ihren Augen Sinn, dass wir uns dazu dann unterhalten?«*

Der Mitarbeiter führt selbst durch geschicktes Fragen die Lösung herbei. Dies kann für viele weitere Einwände der Mitarbeiter vorbereitet werden.

Wie motiviere ich mich oder meine Mitarbeiter?

Wir können es uns leider nicht leisten, den Hörer zur Seite zu legen und zu sagen: »Ist heute nicht so mein Tag, ich telefoniere heute nicht.« Genau das ist Ihnen schon mal durch den Kopf gegangen? Manchmal hat man halt solche Tage?

Dann stellen Sie sich mal vor, Sie hätten Karten für die ganze Familie für das Musical »König der Löwen«. Sie haben die Karten gekauft, natürlich nicht die günstigsten, denn Sie wollen sich ja mal was gönnen. Sie haben ein Hotel in Hamburg gebucht und freuen sich, eine solche Veranstaltung erleben zu dürfen. Dafür haben Sie ja auch lange gearbeitet, um sich so was leisten zu können. Jetzt stellen Sie sich weiter vor, der Affe, der am Anfang des Musicals auf die Bühne gehüpft kommt, würde sagen: »Ist heute nicht meins.« Statt laut zu singen, leiert er seinen Song runter. Was würden Sie als zahlender Gast sagen? Ist o. k., jeder hat mal einen schlechten Tag? Oder würden Sie sagen: Schlecht drauf? Shit happens … but the show must go on? Wahrscheinlich wären Sie enttäuscht über diese magere Vorstellung. Automatisch erwarten wir professionelles Verhalten. Sollten Ihnen die Kunden freiwillig die Bude so einrennen, dass Sie gar nicht mehr wissen, wohin mit dem verdienten Geld, dann dürfen Sie getrost sagen: »Ich telefoniere heute nicht.« In allen anderen Fällen: Finden Sie etwas, mit dem Sie sich motivieren können, denn the show must go on.

Dazu eine Story aus der Praxis. Ich hatte mal einen Mitarbeiter, der war wirklich gut in der Telefonie. Zumindest, solange kein Kunde dran war, der ungehalten war. Danach war er kaum noch in der Lage zu telefonieren und demotiviert. Blöd, wenn ein solcher Kunde bereits am Anfang der Telefonie dranging. Ihn störte das selbst so sehr, dass seine Performance nach einem unangenehmeren Kunden einbrach wie ein Kartenhaus. Also sprachen wir darüber, was er zu Hause am liebsten machte, wenn er dort mal nicht gut drauf sei. AC/DC hören, kam mit vor Begeisterung glühenden Augen die Antwort. Also einigten wir uns, dass er testen sollte, ob es besser würde, wenn er nach einem unangenehmeren Kunden sich eine Runde Heavy Metal über sein iPod (ja, ist schon eine Weile her) anhörte. Das Ergebnis: Es war besser. Jetzt können Sie dieses Erfolgsrezept nicht auf alle gleichermaßen übertragen. Es soll auch Menschen geben, die lieber Helene Fischer hören. Angeblich. Also überlegen Sie für sich: Was motiviert Sie? Musik? Schokolade? Kleiner Gang um den Block? Lassen Sie Ihrer Fantasie freien Lauf und testen Sie Ihre Ideen.

Kapitelzusammenfassung/Wichtige Schlussfolgerungen

1. Die Einstellung der Mitarbeiter macht den Unterschied, ob besprochene Maßnahmen umgesetzt werden. Nehmen Sie Beispiele aus dem Leben, um den Menschen die Kundenseite zu vermitteln.
2. Testen Sie, womit Sie sich motivieren können.

3. Bereiten Sie sich vor.
4. Bereiten Sie sich vor.
5. Bereiten Sie sich vor.

Im nächsten Kapitel können Sie nachlesen, welche Rahmenbedingungen geschaffen und geklärt werden sollten, um einen reibungslosen Angebotsnachverfolgungsprozess zu erhalten.

Welche Rahmenbedingungen sind zu beachten?

Welcher Kanal ist wirksam?

Viele Wege führen nach Rom und ebenso viele zum Kunden. Telefon, E-Mail, Fax, Vis-á-vis, Brief, WhatsApp, Videokonferenz u. v. m. Doch welcher davon ist für die Angebotsnachverfolgung geeignet? Liegt das nicht auf der Hand? Und warum schreibe ich darüber überhaupt einen Beitrag? Ganz einfach: In über zehn Jahren der Angebotsnachverfolgungstrainings kommt es immer wieder zu der Aussage: »Ich schreibe den Kunden per Mail an. Das geht am schnellsten und ist am effektivsten.« Punkt 1: Schnelligkeit: ja. Punkt 2: Effektivität: nein.

Der Kunde erhält jeden Tag viele Mails. Viele davon sind bei Privatkunden Spammails und bei Businesskunden Mails, bei denen irgendjemand ihnen was verkaufen möchte. Das Ergebnis: Die Mails werden ungelesen gelöscht oder einfach ohne Reaktion im Posteingang stehen gelassen. Einige Kunden gaben auch an, dass sie die Mail nicht wahrgenommen oder versehentlich gelöscht haben.

Warum schreiben dann so viele Vertriebler E-Mails?

Weil es das Gefühl vermittelt, etwas getan zu haben, ohne sich mit dem Kunden auseinandergesetzt haben zu müssen. Der Vertriebler läuft bei der Mailvariante nicht Gefahr, auf schlecht gelaunte Kunden zu stoßen oder das Gefühl zu haben zu stören. Schnell eine Mail raus, am besten noch mit Standardtext – und schon ist die Angebotsnachverfolgung erledigt. Sollte der Kunde sich nicht melden – ist ja dann seine Entscheidung. Der Ball wird auf die Seite des Kunden gelegt und man kann sich selbst geruhsam schlafen legen. Nur spielen die Kunden die Bälle nicht. Dem Kunden die Aktion zu überlassen ist meist eine fatale Entscheidung. Die Kunden reagieren aus unterschiedlichsten Gründen nicht.

Hier ein paar Kundenaussagen aus der Praxis:
*   »Ich habe die Mail wohl überlesen.«
*   »Oh, ist wohl im Spamordner gelandet.«

- »Ja, hatte ich auf dem Schirm, bin ich aber noch nicht dazu gekommen.«
- »Ich hatte viel zu viel zu tun in der letzten Zeit, da ist mir das völlig durchgegangen.«

Ein Traum. Also: Finger weg von E-Mails, wenn Sie Angebote nachfassen möchten. Es sei denn, Sie möchten statt Erfolg nur Ihr Gewissen beruhigen, etwas getan zu haben. Dann schreiben Sie los.

Aber was ist nun der richtige Weg? Teilen wir die Kommunikationsmöglichkeiten einmal nach Effektivität auf:

Top 1) Vis -á-vis

Den Kunden zu treffen, mit ihm zu reden, seine Reaktionen zu sehen gehört zu den effektivsten Wegen in der Angebotsnachverfolgung. NUR: Effektiv ist nicht immer effizient. Nicht immer lohnt es sich, zum Kunden rauszufahren. Vor allem nicht, wenn man viele Angebote mit kleineren Beträgen rausgeschickt hat.

Top 2) Telefon/virtuelle Plattformen

Das Telefon stellt eine Möglichkeit dar, direkt mit dem Kunden auf kurzem Weg in Kontakt zu gehen. Darunter fällt das klassische Telefonieren ebenso wie auch das Nutzen der digitalen Wege mit Videounterstützung, um den Kunden zu kontaktieren. Skype, Zoom, Webex, Gotomeeting … sind nur ein paar Möglichkeiten in der heutigen Zeit.

Top 3) Brief/Mail/Fax

Brief/Mail/Fax: All diese Wege sind Teile einer einseitigen Kommunikation. Sie haben keine Möglichkeit, die Reaktion darauf beim Kunden zu sehen oder zu hören. Die Kosten sind gering, jedoch die Effektivität, wie oben schon erwähnt, auch.

Die Vertriebler unseres Werkzeugherstellers entschieden sich, die Kunden anzurufen.

Wann ist der richtige Zeitpunkt für die Angebotsnachverfolgung?

Diese Frage wird sehr häufig in Unternehmen gestellt. Die Projektteilnehmer rätseln dann über die wirkungsvollsten zeitlichen Abstände zwischen Angebotsabgabe und -nachverfolgung. Dabei ist die Lösung einfach.

Stellen Sie sich vor, Sie haben sich zu oben genannter Badezimmerrenovierung ein Angebot zusenden lassen. Wann passt Ihnen ein Anruf am besten? Abends, wenn Sie von der Arbeit kommen? Morgens, wenn die Kinder aus dem Haus sind? Wann passt es Ihnen am wenigsten? Dienstagabend, wenn Sie beim Sport sind? Vormittags, weil Sie dort meist Meetings haben? Und wären die Antworten Ihres Nachbarn die gleichen? Nein? Dann könnte das daran liegen, dass die weißen Felder im Kalender sehr individuell und personenbezogen sind. Woher soll ein Verkäufer das also wissen? Richtig, von Ihnen. Und zwar, indem er Sie schon im Angebotsklärungsgespräch fragt. Hier ein Beispiel:

Sie:	»… und dann hätte ich gerne die Fliesen aus Marmor.«
Vertriebler:	»Ja, dann haben Sie was für die Ewigkeit. Es sei denn, Sie arbeiten mit Essigreiniger. Das ist nicht zu empfehlen bei Marmorböden.«
Sie:	»Oh, ja. Danke.«
Vertriebler:	»So, ich stelle Ihnen das Ganze als Angebot zusammen. Sie haben es in zwei Tagen in der Post. Wann sollen wir uns darüber am besten unterhalten?«
Sie:	»Anfang nächste Woche wäre gut. Dann kann ich das am Wochenende mit meiner Familie besprechen.«
Vertriebler:	»Ja, die wollen wahrscheinlich auch was dazu sagen. ☺ Wann passt es Ihnen besser, Montag vormittags oder nachmittags?«
Sie:	»Montagnachmittag wäre passend.«
Vertriebler:	»Nachmittags könnte ich noch um 15 oder um 16 Uhr. Was passt da bei Ihnen am besten?«
Sie:	»15:00 Uhr.«
Vertriebler:	»Gut, ich rufe Sie an.«

Sie sehen, ein Auftragsklärungsgespräch zu führen kann aus mehreren Aspekten wertvoll sein:
- Sie können offene Fragen klären.
- Sie können Alternativen besprechen, an die der Kunde bisher nicht gedacht hat.
- Sie können den Zeitpunkt der Angebotsnachverfolgung definieren.
- Das Abklären des nächsten Kontaktes ist bei B2B ebenso wie auch bei B2C sinnvoll.

Bei einem anderen Unternehmen hatten sich die Vertriebler ebenfalls dazu entschieden, die eingehenden Anfragen zur Auftragsklärung anzurufen. Dabei waren einige Vertriebler sehr kreativ, um ihren Anruf zu begründen. Am Ende waren sie sich einig, dass sie ihre Angebote qualifizierter stellen konnten, da sie genau wussten, was der Kunde vorhatte. Ferner brachte dies schon ihre Hitrate ein Stück nach oben, da Einwände schon vorab ausgeräumt werden konnten. Die Kunden gaben an, sich gut betreut und aufgehoben zu fühlen. Ein weiterer Vorteil: Sie konnten sich von den Mitbewerbern positiv unterscheiden.

Ein Beispiel aus einem Unternehmen:

Kunde:	»Ja, ich hatte nach einem Angebot gefragt, aber ganz ehrlich, Sie sind meist teurer als die anderen.«
Vertriebler:	»Danke für Ihre Offenheit. Was genau haben Sie denn mit den angefragten Schrauben vor? Ggf. können wir hier Alternativen anbieten.«
Kunde:	»Die Schrauben sind für eine Maschine, die in Feuchträumen arbeiten muss. Meist im Dauerbetrieb.«
Vertriebler:	»Ah, ich verstehe. Haben Sie dazu schon ein weiteres Angebot vorliegen?«
Kunde:	»Ja, und das ist billiger.«
Vertriebler:	»Aus welchem Material sind dort die Schrauben?«
Kunde:	»Ähm … Moment. Hier … gefunden, aus Aluminium.«
Vertriebler:	»Dann haben wir jetzt zwei Möglichkeiten. Schrauben aus Aluminium sind günstiger, müssen jedoch nach zwei Jahren in Feuchträumen wieder ausgetauscht werden. Oder Sie nehmen die aus Edelstahl, die sind zwar etwas teurer, da haben Sie aber die nächsten zehn Jahre Ruhe. Was meinen Sie?«
Kunde:	»Ah, o. k., das wusste ich nicht. Nee, da machen ja die aus Edelstahl mehr Sinn. Wie viel kosten die denn?«
Vertriebler:	»Die kosten _____ EUR. Dann haben Sie erst mal Ruhe.«
Kunde:	»Das macht Sinn, das machen wir. Danke für den Hinweis. Sind Sie so nett und senden mir dazu ein Angebot zu?«
Vertriebler:	»Ja, klar gerne. Sie haben es morgen vorliegen. Wann sollen wir uns wieder darüber unterhalten?«
Kunde:	»Wenn es morgen schon vorliegt, dann nächste Woche.«
Vertriebler:	(Terminvereinbarung …)

Sie sehen, das Gespräch hat sich schon gelohnt. Allerdings lohnt es sich nicht bei jedem Kunden. Daher macht es Sinn, sich zu überlegen: Bei welchen Kunden ist ein Anruf effizient und was mache ich konkret bei den anderen Kunden? Hierzu lesen Sie auch bitte gerne das Kapitel »Bei welchen Kunden lohnt es sich?«.

Es gibt unterschiedliche Möglichkeiten mit unterschiedlichen Wirksamkeiten. In der folgenden Darstellung sehen Sie diese nach Wirksamkeit sortiert.

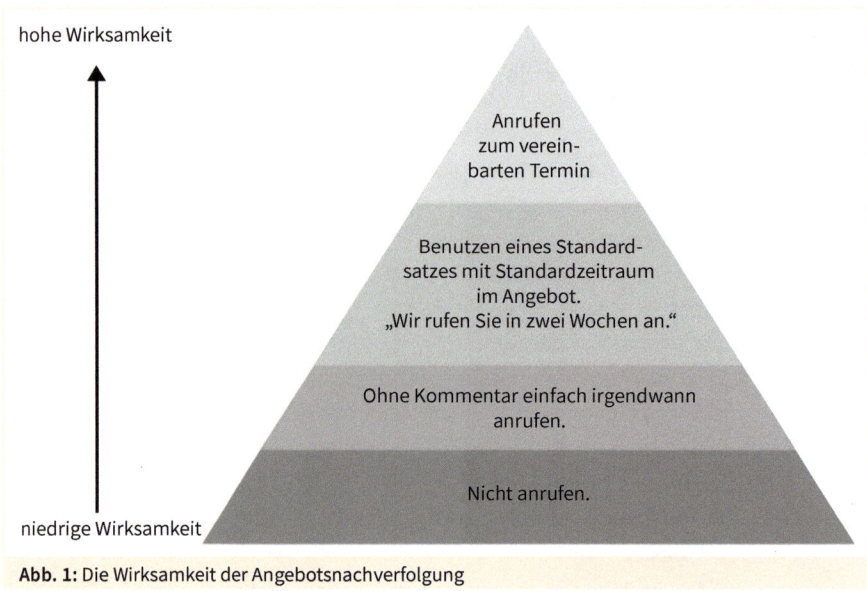

hohe Wirksamkeit

Anrufen
zum verein-
barten Termin

Benutzen eines Standard-
satzes mit Standardzeitraum
im Angebot.
„Wir rufen Sie in zwei Wochen an."

Ohne Kommentar einfach irgendwann
anrufen.

Nicht anrufen.

niedrige Wirksamkeit

Abb. 1: Die Wirksamkeit der Angebotsnachverfolgung

Wichtig ist: Sie entscheiden! Je näher Sie an der Spitze sind, desto wirksamer ist Ihre Angebotsnachverfolgung. Bei den unteren beiden Schichten ist es Glückssache:

- ob wir den Kunden erreichen,
- ob er dann auch Zeit hat,
- ob er gerade den Kopf dafür frei hat, sich damit auseinanderzusetzen.

In der zweiten Schicht von unten kommt noch hinzu:

- ob er sich das Angebot schon angeschaut hat.

Wenn der Kunde sich falsch erwischt fühlt, merken Sie es an den folgenden Sätzen des Kunden:

- »Ist gerade schlecht, ich melde mich später wieder bei Ihnen.«
- »Ich bin noch nicht dazu gekommen, mir das Angebot anzuschauen.«
- »Wir haben das Budget im Haus noch nicht geklärt.« (Sehr peinlich, die Frage nach dem Budget sollte man im B2B-Geschäft auf jeden Fall im Angebotsklärungsge-spräch stellen.)
- »Nein, ich muss mir da noch Gedanken machen.«
- »Das muss ich noch ins Gremium geben.« (Auch peinlich, wenn ein Buying Center dahintersteht und man das nicht wusste.)

Bekomme ich mit dem individuellen Termin solche Aussagen nicht?

Der Vertriebsgral ist leider noch nicht gefunden. Aber mit dem individuellen Termin senken Sie das Risiko, dass es zu solchen Äußerungen kommt. Auch wenn manche Autoren behaupten, man könne Einwände zu 100 % vermeiden, kann man dies nicht. Wir sind alle unterschiedlich. Manche müssen eine Entscheidung noch mal überschlafen oder hatten einen privaten Vorfall, der Sie davon abgehalten hat, sich mit dem Angebot auseinanderzusetzen.

Was können Sie tun?

Beispiel 1 (die Spitze der Pyramide):
Individuellen Termin mit dem Kunden im Angebotsklärungsgespräch abstimmen und im Angebot mit aufnehmen. »Ich rufe Sie, wie besprochen, am _____ um _____ an, um Fragen klären zu können, damit Sie schnell Ihr neues Badezimmer genießen können.«

Beispiel 2 (die zweite Ebene von oben):
Standardsatz: »Ich rufe Sie in zwei Wochen an, damit wir Fragen klären können und Sie schnell Ihr neues Badezimmer genießen können.«

Beispiel 3 und 4 (die dritte und vierte Ebene von oben) lasse ich außen vor. Wer einfach zwischendurch oder gar nicht anrufen möchte: Good luck on your mission!

Wie Sie sehen, fängt der Prozess der Angebotsverfolgung vorne an: beim Angebotsklärungsgespräch. Der Griff zum Hörer kann gleich mehrere positive Aspekte beinhalten.

Bei welchen Kunden lohnt sich der Aufwand?

Das kommt auf Ihr Produkt an. Sie verkaufen einzelne Stifte für 1,50 EUR an täglich Hunderte von Kunden. Dann ist der Aufwand, jeden anzurufen, mit Sicherheit nicht gerechtfertigt. Sie verkaufen 1.000 Stifte an täglich drei Kunden – dann lohnt sich der Aufwand schon. Der Einfluss des Ausfalls eines Kunden ist hier deutlich höher. Verkaufen Sie die Tunnelbohrmaschinen, dann brauchen wir nicht darüber zu sprechen, dass so ein Millionenauftrag nachgefasst werden sollte. Hier kommen Sie auch mit einem Standardsatz wie »Wir rufen Sie in zwei Wochen an!« nicht weiter. Solche Verkäufe können sich aufgrund Budgetbesprechungen, Einkaufsgremien etc. über

Um Klarheit darüber zu erlangen, bei welchen Kunden sie einen Anruf getätigt wissen wollen, greifen viele Unternehmen auf die Kundenkategorisierung A-, B-, C-Kunden zurück.

A sind z. B. gute Kunden oder Neukunden mit geschätztem hohem Potenzial und hohem Deckungsbeitrag. Hier empfehle ich, auch das Bezahlverhalten der Kunden mit zu berücksichtigen. Es nützt Ihnen gar nichts, wenn Sie einen guten Verkauf getätigt haben, Ihr Gegenüber aber nicht zahlt.

B sind etwa Kunden mit geringerem, aber treuem Kaufverhalten, Neukunden, bei denen Sie ein mittleres Potenzial sehen, mit durchschnittlichem Deckungsbeitrag und durchschnittlichem Zahlungsverhalten.

C-Kunden sind dann vielleicht Kunden, die einen geringen Deckungsbeitrag bringen, schlechtes Zahlungsverhalten an den Tag legen oder nur Kleinstmengen abnehmen.

Überlegen Sie in Ihrem Unternehmen, nach welchen Kriterien Sie nach A-, B- oder C-Kunden unterscheiden wollen. Dies hilft Ihnen, den Angebotsnachverfolgungsprozess zu definieren. Darunter auch die Frage, wer ruft die Kunden wann an.

Ein Beispiel aus einem Unternehmen:
A-Kunden werden dort vom Vertriebler selbst angerufen. Er führt mit den Kunden ein Vorangebotsgespräch und legt den Angebotsnachverfolgungstermin fest.
B-Kunden werden bei ihm von den Assistenten bzw. vom Innendienst angerufen, um die wichtigsten Fragen zu klären. Sie legen den Angebotsnachverfolgungstermin fest und rufen den Kunden wieder an.
C-Kunden erhalten nur ein Angebot, wenn es als Standardangebot ohne Aufwand rausgehen kann. Hier gibt es keine Angebotsnachverfolgung.

Im Vergleich dazu ein anderes Unternehmen:
A-Kunden werden auch hier direkt vom Vertriebler angerufen und ein Termin zum Nachfassen geklärt.
B-Kunde erhalten ein Angebot mit dem Standardsatz: »Wir rufen Sie in ... Wochen an.«
C-Kunden erhalten eine sofortige Absage, wenn ihr bisheriges Zahlungsverhalten nicht stimmt. Alle anderen erhalten nur ein Angebot, wenn es im Standardverfahren möglich ist.

Überlegen Sie, was bei Ihnen am besten passt, und testen Sie es aus. Stellen Sie fest, wie Ihre Hitrate (Anzahl der abgegebenen Angebote/abgeschlossenen Aufträge) heute aussieht. Dann können Sie an der Veränderung feststellen, ob Sie auf dem richtigen Weg sind oder nicht. Beide oben genannten Unternehmen konnten durch die Maßnahmen ihre Hitrate deutlich steigern.

Kapitelzusammenfassung/Wichtige Schlussfolgerungen

- Definieren Sie, welche Vorgehensweise Sie für Ihre Kunden implementieren wollen (siehe Pyramide).
- Erarbeiten Sie mit Ihren Mitarbeitern konkrete Vorgehensweisen. inkl. Formulierungen für Fragen.

- Überlegen Sie, ob es sich lohnt, Ihre Kunden in Kundensegmente einzuteilen und mit entsprechenden Angebotsnachverfolgungsprozessen zu hinterlegen.
- Überlegen Sie, was die konsequente Umsetzung des Prozesses begünstigt.

Im nächsten Kapitel können Sie nachlesen, wie das Kundengespräch zur Angebotsnachverfolgung aufgebaut werden kann.

Das Gespräch

Die Gesprächsvorbereitung

Ein geschätzter Kollege von mir sagte einmal: »Keine Vorbereitung ist auch eine Vorbereitung, nämlich darauf, dass es scheiße wird.« Harsche Worte, jedoch nicht ohne Wahrheitsgehalt. Die Vorbereitung fängt bei der Angebotsklärung an. Hier kann schon festgelegt werden, wann mit wem wieder gesprochen wird. Gehen die Angebote per Mail ein und es soll kein Angebotsklärungsgespräch erfolgen, dann muss aber dennoch hier das Angebotsnachverfolgungsgespräch vorbereitet werden.

Mit wem spreche ich?

Immer mit dem Entscheider! Oder wenn Sie ein Buying Center identifiziert haben, dann mit dem Hauptentscheider. (Als Buying Center bezeichnet man die Gruppe derer, die an einer Kaufentscheidung beteiligt sind. Hier ist es wichtig herauszubekommen, wer welche Rolle in dieser Gruppe hat. In der Regel gibt es den Genehmiger, den Entscheider, den Prüfer, den Anwender und den Coach. Wir sollten auf jeden Fall den Entscheider kennen, im besten Fall auch den Genehmiger.)

Was mache ich, wenn ich den Entscheider nicht kenne?

Dann gehen wir auf die Suche. Das Internet gibt uns viele Möglichkeiten zu recherchieren, wer in dem Unternehmen die sogenannte Pen-Power (Pen-Power: die Fähigkeit, rechtsgültig einen Vertrag unterschreiben zu können) haben könnte. Bei LinkedIn und Xing können Sie z. B. das Unternehmen aufrufen und schauen, welche Mitarbeiter dort arbeiten. Sie sehen Namen und häufig die Funktionen.

Oder Sie schauen in alten Aufträgen nach, wer dort die Unterschriften geleistet hat. Wenn Ihr CRM gut gepflegt ist, dann sehen Sie solche Informationen auch dort. Ups, ist bei Ihnen nicht gepflegt, ja dann ran.

Wenn ich den Ansprechpartner habe, wie komme ich an den Assistenzen vorbei?

Mit Wertschätzung. Ein »Schätzelein, die Erwachsenen müssen mal reden, lauf mal los und sag deinem Chef, dass ich dran bin« hilft hier niemandem. Sie lachen – ist schon vorgekommen. Die Assistenz ist der Schlüssel zum Ansprechpartner. Die Assistenz entscheidet, wen sie vorlässt und wen nicht. Diese Position hat die wahre Macht. Ein gut und ehrlich gemeintes »Ah, Frau/Herr yx, Sie können mir bestimmt weiterhelfen. Herr/Frau … – wie lange ist er/sie noch im Meeting? Wir wollten noch etwas abklären« kann wahre Wunder wirken. Geschummelt? Sie haben keine Ahnung, ob es ein Meeting gibt oder nicht? Das macht nichts. Was wir damit erreichen, ist, ein Gefühl von »Normalität« zu erzielen. So, als ob wir täglich mit unserem Ansprechpartner sprechen würden.

Wie rufe ich an? Wirkung ist Trumpf!

Wie oben beschrieben ist das Anrufen zu einem festen Termin am besten geeignet. Was jetzt zählt, ist als 93-7-Regel bekannt. 93 % ist die Wirkung, die wir mit Tonalität, Körpersprache und Mimik ausdrücken, 7 % der Wirkung machen den Inhalt aus. Auch wenn ich am Telefon keine Körpersprache sehen kann, so kann ich sie doch hören. Im Ernst. Was die meisten kennen werden, ist, dass ein Lächeln am Telefon hörbar ist. Was man jedoch auch hören kann, ist, ob sich das Gegenüber im Stuhl fläzt oder aufrecht, konzentriert und gerade sitzt. Also lächeln, gerade sitzen oder stehen – und dann zum Hörer greifen. Wenn Sie im Stehen telefonieren, haben Sie noch den zusätzlichen Vorteil, dass Ihre Stimme voller klingt. Die Lunge liefert Ihnen mehr Volumen im Stehen als im Sitzen. Auch Headsets sind empfehlenswert. Sie haben beide Hände frei zum Schreiben und vermeiden Nackenschmerzen, wenn Sie den ganzen Tag den Hörer zwischen Ohr und Schulter einklemmen.

Ganz wichtig an dieser Stelle ist die eigene innere Einstellung. Henry Ford sagte schon: »Ob du glaubst, du kannst es, oder ob du glaubst, du kannst es nicht, du wirst immer recht behalten.« Es ist die Frage der selbsterfüllenden Prophezeiung. Wenn Sie sich sagen »Ich habe keinen Bock auf Telefonie heute, die Kunden sind eh alle doof«, dann werden Sie das unbewusst über die 93-%-Wirkung rüberbringen. Das Ergebnis: Die Kunden merken unbewusst, dass Sie nicht gerade vor Freude sprühen. Sie wittern jetzt entweder Schwäche oder haben Sorge, dass irgendwas nicht stimmt. Beide Fälle sind für den Vertriebler ungünstig.

Beispiel aus der Praxis eines unmotivierten Vertrieblers:

Kunde: »Nee, also wenn Sie nicht so schnell liefern können, dann sind Sie nicht
             der richtige Vertragspartner für uns.«

Vertriebler: »Ja, das geht leider bei uns nicht schneller.«

Und schon steht das Gespräch vor dem Aus. Davon gibt es noch Hunderte von weiteren Varianten von Gesprächsausgängen aufgrund unmotivierter Vertriebler. Sie können bei sich einmal schauen, welche *Sie* bei sich im Unternehmen entdecken. Beim Thema Einwandbehandlung schauen wir, welche Reaktion zielführender ist.

Die Wirkung ist also immens wichtig. Eine souveräne Wirkung wird unterstrichen durch:

- Aufrechtes Sitzen oder Stehen
- Lächeln
- Kurze Sätze
- Keine Füllwörter
- Verzicht von Weichmachern wie: hätte, würde, könnte, vielleicht, eventuell …

Wirkung kann vorbereitet werden!

Im Fernsehen sieht es so leicht aus. Auf der Bühne steht ein Stand-up-Comedian und reagiert auf schlagfertigste Art und Weise auf die Zurufe aus dem Publikum. Was hat er dafür getan? Einen Kurs zum Erlernen von Schlagfertigkeit besucht? Wohl eher nicht. Vor allem hat er sich gut vorbereitet. Er ist vorher durchgegangen, welche Antworten aus dem Publikum kommen können und wie er damit umgeht. Der ein oder andere Leser wird wahrscheinlich noch Heinz Erhardt kennen. Er bat das Publikum, ihm einen Buchstaben zu nennen. Seine Intention: in seinem nächsten Gedicht jedes Wort mit diesem einen Buchstaben anfangen zu lassen. Er wusste, dass die Leute ihm Buchstaben wie y, q oder x zurufen würden, und antwortete: »Y nicht, das hatten wir doch gestern schon … Ja, ich geh ja gleich … Ach G, Sie meinen G. Dann nehmen wir G.« Und schon hatte er den von ihm favorisierten Buchstaben. Kein Mensch weiß, ob wirklich jemand G gerufen hat. Er wusste, in dem Durcheinander von Buchstaben würde keiner die einzelnen heraushören. Das Gleiche gilt auch für uns Vertriebler. Wir müssen uns vorbereiten, überlegen, was der andere sagen könnte und wie wir darauf reagieren. Um dabei kompetent zu wirken, braucht es:

- Ausstrahlen von Zuversicht
- Kundengerechte Sprache
- Kurze Sätze

Kurze Sätze zeigen, dass Sie die Sachen auf den Punkt bringen können. Das strahlt Souveränität und Kompetenz aus. Lange Sätze, mit vielen Nebensätzen, werden häufig von den Menschen als wirr und schwer nachvollziehbar wahrgenommen.

Kundengerechte Sprache heißt, die Wörter zu benutzen, die der Kunde versteht. Sie sind IT-Experte, Ihr Kunde aber nicht, dann verwirren Sie ihn nicht mit Abkürzungen und IT-Slang.

Mit Ausstrahlen von Zuversicht ist Folgendes gemeint. Lust auf ein kleines Experiment? Stellen Sie sich vor, Sie bestellen einen Techniker für Ihre Waschmaschine. Der schaut sich die Maschine an und erklärt Ihnen: *»Oh, das ist ja schon ein etwas älteres Modell. Ja, wissen Sie, ich gehöre nicht zu den besten Technikern, keine Ahnung, ob ich das Ding wieder zum Laufen bekomme.«*

Auf einer Skala von 1 (niedrig) bis 10 (hoch), wie schätzen Sie die Kompetenz des Technikers ein? Schreiben Sie, ohne groß nachzudenken, die erste Zahl auf, die Ihnen in den Sinn kommt.

Jetzt stellen Sie sich vor, der Techniker sagt Ihnen: *»Oh, das ist schon ein älteres Schätzchen. Ja, das bekommen wir wieder hin. In einer Stunde schnurrt die alte Lady wieder wie an ihren besten Tagen.«*

Auf einer Skala von 1 (niedrig) bis 10 (hoch), wie schätzen Sie nun die Kompetenz ein?

Der Großteil der Menschen schätzt den zweiten Techniker als kompetenter ein. Sein Geheimnis: Er strahlt Zuversicht aus. Der Erste ist wahrscheinlich gar nicht schlechter, er »verkauft« sich nur nicht. Er zieht »Versagen« schon vor dem Start der Reparatur in Betracht. Und wir reden hier nicht von der ehrlichen Einschätzung: *»Ihre Waschmaschine ist dahin, Sie benötigen eine neue.«* Er strahlt, indem er seine eigene Kompetenz infrage stellt, Unsicherheit aus. Die wenigsten Menschen arbeiten gerne mit unsicheren Menschen zusammen. Jetzt noch ein lustiger Fun Fact: Ist die Maschine wirklich nicht zu reparieren, wird dies beim ersten Techniker als Bestätigung seiner Hilflosigkeit gesehen, beim zweiten Techniker als eine Tatsache, dass selbst er die Maschine nicht mehr reparieren konnte. Indem Sie Ihr Licht unter den Scheffel stellen, schaden Sie sich also zweimal: einmal bei der Auftragsanbahnung und auch, wenn mal was schiefgehen sollte. Und manchmal gehen Sachen nun mal schief.

Wie fange ich das Gespräch an?

Hier kann ich nur empfehlen, legen Sie sich eine Übersicht mit diversen Gesprächseinstiegen und mit verschiedenen Fragen zurecht. Bitte nicht zum Ablesen nutzen. Ihr Gegenüber merkt sofort, wenn Sie von einem Blatt ablesen. Das ist für Ihre Kompetenzwahrnehmung nicht gerade sehr förderlich. Stattdessen nutzen Sie eine Aufstellung verschiedener Einstiege zu Ihrer Vorbereitung. Gehen Sie die Sätze vor dem Spiegel oder in Gedanken durch, bis Sie das Gefühl haben, dass sie gut klingen. Telefonate stellen in den meisten Fällen leichte bis stärkere Stresssituationen dar. In Stresssituationen wird das Stresshormon Cortisol ausgeschüttet. Dieses sorgt dafür, dass sich das Kreativitätszentrum zusetzt, sodass wir nicht schlagfertig reagieren können. Sie kennen das, nach einem wichtigen Gespräch mit einem Chef, Partner etc. fällt einem meist erst danach ein, was man alles noch hätte sagen können. Diese Schlagfertigkeit sollten wir uns im Kundengespräch nicht nehmen lassen, daher ist es wichtig, das Ganze gut vorzubereiten.

Wichtig: Hören Sie gut zu, wer sich am anderen Ende meldet. Ja, das ist manchmal nicht leicht, aber schulen Sie sich darauf zu hören, welchen Namen das Gegenüber nennt, und nutzen Sie den Namen in Ihrem weiteren Gesprächsverlauf.

Ein Beispiel, wie ein Ansprachebogen aussehen kann:

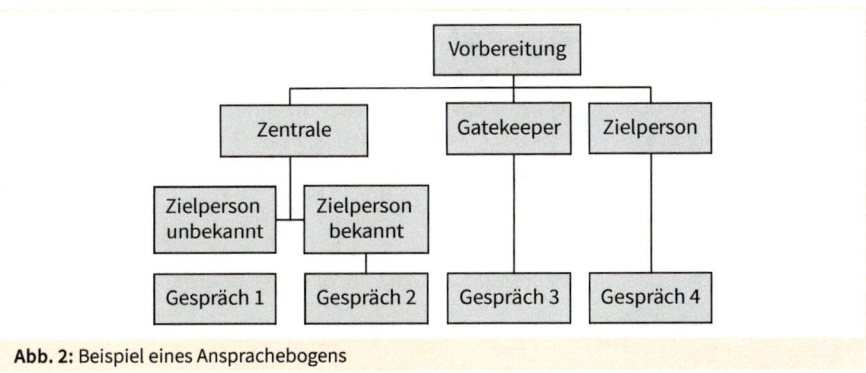

Abb. 2: Beispiel eines Ansprachebogens

Die in der Abbildung genannten Gespräche 1 bis 4 könnten folgendermaßen ablaufen:

Gespräch 1:
»Guten Tag, Frau/Herr …, ich grüße Sie.« (Pause)
»Sie können mir doch bestimmt weiterhelfen. Wer entscheidet in ihrem Haus über …?«
oder
»Ich habe eine Frage, die Sie sicher beantworten können. Wer ist bei Ihnen der (Funktion)?«

Gespräch 2:
»Guten Tag, Frau/Herr …, ich grüße Sie.« (Pause)
»Ich hätte gerne Herrn X gesprochen.« (Wichtig: Es muss souverän klingen, so, als ob wir täglich mit der Person telefonieren würden.)

Gespräch 3:
»Guten Tag, Herr/Frau XY (eigener Vorname + Firma), ich grüße Sie.« (Pause, ggf. Smalltalk)
»Ist Herr/Frau XY noch im Termin oder kann ich ihn/sie erreichen?« (So souverän klingen lassen, als ob sie täglich mit der Person telefonieren würden.)

Auf die Frage, worum es geht: »Es geht um die Anfrage, die er/sie hatte. Da wollte er/sie eine schnelle Rückmeldung.«

Gespräch 4:
»Guten Tag, Herr/Frau XY (eigener Vorname + Firma), ich grüße Sie.« (Pause)
1. Wenn vorher ein Termin abgestimmt war: »Wie versprochen, melde ich mich bei ihnen.« (Eventuell Smalltalk) »Wie sieht es denn aus, wann wollen Sie (Kundennutzen) denn haben?«
2. Wenn ein Termin vorher nicht abgestimmt war: »Sie hatten am … bezüglich … Ihres (Kundennutzen) ein Angebot erhalten. Bis wann benötigen Sie (Kundennutzen)?«

> **Und schließlich noch ein Hinweis:**
> Falls man auf die info@Adresse verwiesen wird, um dort Unterlagen hinzusenden: »Sie sagten, der Herr Meyer (echter Name, der vorher auf die Frage, wer zuständig ist, genannt wurde) ist zuständig. Das ist doch der Herr Andreas Meyer (Vorname ausdenken).« Es ist eine typische Reaktion des Gegenübers, den Vornamen zu korrigieren. »Nee, Herr Michael Meyer.« »Oh verzeihen Sie, da hatte ich den falschen Namen im Kopf.« Jetzt haben Sie alle Daten, um über die E-Mail-Logik des Unternehmens die persönliche E-Mail-Adresse zu entwickeln.

Typische Fehler bei der Ansprache
Vertriebler: »Ich wollte mal nachfragen, ob Sie unser Angebot erhalten haben.«

Besser:
Vertriebler: »Welche Fragen haben Sie noch?«

Fangen Sie nicht mit sich selbst an. Stellen Sie den Kunden in den Mittelpunkt.
Kunde: »Ich melde mich:«
Vertriebler: »Ja, prima. Und wenn Sie zwischendurch noch Fragen haben, melden Sie sich bitte gerne.«

Besser:
Kunde: »Ich melde mich:«
Vertriebler: »Das ist prima. Bis wann werden Sie sich melden?«
Kunde: »In zwei Wochen.«
Vertriebler: »Gut, sollten Sie mich nicht erreichen können, da ich viel in Terminen bin, versuche ich es dann am Ende der zwei Wochen auch noch mal. Wann passt es Ihnen am besten?«

Behalten Sie die Aktivität auf Ihrer Seite. Die Chance, dass Kunden die Initiative ergreifen, ist gering. Selbst wenn in Ihrem Kalender gähnende Leere herrscht, hilft die kleine Schummelei »da ich viel in Terminen bin«, um die Wirkung der eigenen Kompetenz zu steigern. Glauben Sie nicht? Hier ein Beispiel: Sie ziehen in eine neue Stadt. Abends wollen Sie mit Ihrem Partner zum erfolgreichen Einzug essen gehen. Auf der anderen Straßenseite sehen Sie zwei Restaurants. Das eine ist offensichtlich sehr gut besucht. Das andere ist bis auf einen gelangweilten Kellner leer. Wo gehen Sie eher hin? Wenn es Ihnen wie den meisten Menschen geht, wenden Sie sich wahrscheinlich dem vollen Restaurant zu. Warum machen wir das? Weil der Herde zu folgen früher ein lebenswichtiger Impuls war. Wenn einem die anderen schreiend entgegenrannten, war es nicht sehr clever, einfach stehen zu bleiben, um zu schauen, was die anderen so in Angst und Schrecken versetzt hat. Heute ist dieser Impuls nicht mehr so wichtig, dennoch besteht er.

Vertriebler: Statt »Hat Ihnen unser Angebot gefallen?« besser:
Vertriebler: »Was war Ihnen besonders wichtig?«

Geschlossene Fragen, auf die der Kunde mit ja oder nein antworten kann, sind in dieser Gesprächsphase nicht empfehlenswert. Mit einem einfachen Nein kickt der Kunde Sie aus dem Gespräch. Daher achten Sie darauf, dass Ihre Fragen offen sind. Geschlossene Fragen können Sie am Ende nutzen, wenn Sie vom Kunden eine Entscheidung haben wollen.

Vertriebler: Statt »Liegt es am Preis?« besser:
Vertriebler: »Woran liegt es?«

Raten Sie nicht die einzelnen Möglichkeiten durch, die der Grund für eine Ablehnung sein könnten. Fragen Sie offen danach.

Vertriebler: Statt »Wir haben Ihnen ein Angebot geschickt. Haben Sie es erhalten?«
               besser:
Vertriebler: »Welche Fragen zum Angebot haben Sie?«

Hier geht es wieder um die Zuversichtswirkung. »Haben Sie es erhalten?« klingt, als wären wir unsicher, ob es angekommen wäre. Wenn wir etwas zustellen, dann kommt es in der Regel auch an. Und wenn nicht, so sagt uns der Kunde das schon.

Weichmacher – Fallen im Gespräch

»Es wäre total schön, wenn Sie, also nur wenn es Ihnen passt, dieses Kapitel noch zu Ende lesen könnten, wenn es Ihnen nichts ausmacht.«

»Bitte lesen Sie das Kapitel bis zum Ende.«

Sie bemerken den Unterschied? Konjunktive wurden uns früher als Höflichkeitsform beigebracht. Im Business wirken Sie jedoch eher devot. Keine Position, die Ihnen als Vertriebler schmeichelt. Also weg damit. Wie man sich das abtrainiert? Schreiben Sie die typischen Sätze, die Sie zu Kunden sagen, einmal auf und formulieren Sie sie schriftlich um.

»Wann hätten Sie besser Zeit?« wird zu »Wann haben Sie Zeit?«.
»Wann könnten Sie sich das vielleicht anschauen?« wird zu »Wann haben Sie drübergeschaut?«.

Wiederholen Sie die neuen Sätze immer wieder im Kopf. Wenn Sie dann telefonieren, bringen Sie sie ein. Klappt nicht beim ersten Mal? Don't worry. Es braucht einige Wiederholungen, bis etwas sitzt. Und 10.000 Wiederholungen, bis ein Automatismus entsteht. Also bleiben Sie ruhig, reflektieren Sie Ihr Gespräch, formulieren Sie bewusst um und greifen Sie erneut zum Hörer.

Die Einwandbehandlung

Stellen Sie sich vor, Sie wollen sich einen Laptop für zu Hause kaufen. Den Laptop möchten Sie für die Beantwortung Ihrer E-Mails nutzen, außerdem benötigen Sie ein Office-Paket, damit Sie in Excel Ihr Haushaltsbuch führen können. Sie gehen zu einem Anbieter Ihres Vertrauens. Als Sie einen Berater dort gefunden haben, der nicht zur Waschmaschinenabteilung gehört, erzählen Sie ihm, dass Sie sich einen neuen Laptop zulegen wollen. Der Berater schaut Sie an und stellt Sie kurzerhand vor eines der teuersten Geräte. Sie zucken unwillkürlich zusammen und gestehen ihm, dass dies etwas außerhalb Ihrer Preisvorstellung liegt. Was erwarten Sie jetzt vom Berater für eine Reaktion?

Die meisten geben häufig folgende Antworten: Er soll eine Lösung anbieten. Er soll fragen, was ich mir preislich vorgestellt habe. Und er soll nicht einfach sagen: Ja, aber der Laptop ist es wert, weil …

Die Technik der professionellen Distanz berücksichtigt genau diese Wünsche, die wir bei einem Einwand an den Verkäufer haben.

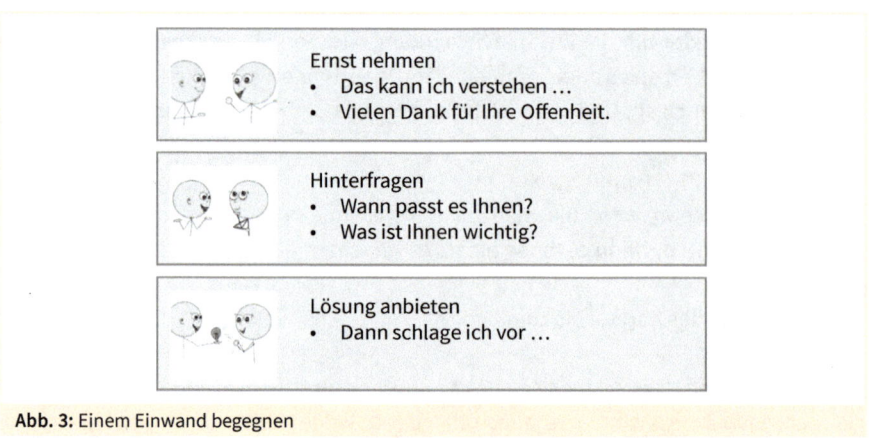

Abb. 3: Einem Einwand begegnen

Durch das richtige Hinterfragen bekommen wir ebenso heraus, ob es sich um einen Vor- oder einen Einwand handelt. Der Vorwand ist vor-geschoben, der Einwand ist echt.

Stellen Sie sich vor, ich frage Sie, ob wir heute Abend gemeinsam ins Kino gehen. Sie antworten mir: »Keine Zeit.« Einwand oder Vorwand?

Das wissen nur Sie! Anhand des Satzes bekommen wir nicht heraus, ob es sich um einen Vor- oder Einwand handelt. Es könnte sein, dass Sie zwar Lust auf einen gemeinsamen Kinoabend haben, aber heute Abend tatsächlich nicht können. Und es könnte sein, dass Sie keine Lust haben und mich einfach höflich abwimmeln wollen.

Aber wie bekommen Sie das heraus, ob es sich um einen Vor- oder Einwand bei Ihrem Gegenüber handelt? Mit dem richtigen Hinterfragen. Nehmen wir mal das Beispiel mit dem Kino:

Ich. »Magst du mit mir heute Abend ins Kino gehen?«

Sie: »Keine Zeit.«

Ich: »Ja, das ist auch in der Tat ein wenig kurzfristig (ernst nehmen). Wann passt es dir denn besser? (hinterfragen)

Was sagen Sie, wenn Sie tatsächlich heute nicht können? Wahrscheinlich werden Sie einen anderen Tag vorschlagen.

Was sagen Sie, wenn es ein Vorwand war und Sie einfach keine Lust haben? So was wie: »*Ah, du, das ist momentan echt schlecht. Die Kinder sind in letzter Zeit abends so aufgekratzt, da kann ich gerade gar nichts planen. Sorry, das können wir ja dann mal später machen oder so.*« Kommen Ihnen das oder ähnliche Aussagen bekannt vor?

Aber wie geht man jetzt damit um. Hier einmal ein Beispiel für einen echten Einwand:

Sie: »Keine Zeit.«

Ich: »Ja, das ist auch in der Tat ein wenig kurzfristig (ernst nehmen). Wann passt es dir denn besser?« (hinterfragen)

Sie: »Heute nicht, aber morgen ginge.«

Ich: »Gut, dann schlage ich vor, wir treffen uns morgen um 20 Uhr am Kino in ……« (Lösung anbieten)

Schon ist man durch. Souverän kurz und knackig.

Machen wir das Gleiche mal mit einem Vorwand:

Sie: »Keine Zeit.«

Ich: »Ja, das ist auch in der Tat ein wenig kurzfristig (ernst nehmen). Wann passt es dir denn besser?« (hinterfragen)

Sie: »Ah, du, das ist momentan echt schlecht. Die Kinder sind in letzter Zeit abends so aufgekratzt, da kann ich gerade gar nichts planen. Sorry, das können wir ja dann mal später machen oder so.«

Es besteht der Verdacht, dass es sich um einen Vorwand handelt. Daher wechseln wir jetzt die Ebene. Wir sprechen über eine Vermutung und hinterfragen sie.

Ich: »Ich habe das Gefühl, es wäre dir nicht ganz recht, wenn wir ins Kino gingen. Liegt es am Kino oder möchtest du ungerne den Businesskontakt auf die private Ebene ziehen?«

Wichtig: Die Frage muss so gestellt werden, dass der andere bei der Beantwortung nicht sein Gesicht verliert. Die Frage: »*Oder magst du mich nicht?*« ist demnach nicht zu empfehlen.

Hier sprechen wir über unsere Vermutungen, Befürchtungen etc. Diese können vom Gegenüber nicht verneint werden. Wenn Sie etwa zu Ihrem Partner sagen, dass Sie das Gefühl haben, dass er schlecht gelaunt sei, kann er schlecht antworten: »*Nein, das Gefühl hast du nicht.*«

Jetzt noch eine gute Nachricht: Es gibt gar nicht so viele verschiedene Einwände. Die meisten wiederholen sich. Die Einwände können wir in drei grobe Kategorien unterteilen:
- Zeit
- Preis
- Bedarf

Sehen Sie es wie ein Comedian. Sie wirken schlagfertig und spontan und nur Sie wissen, dass Sie sich einfach nur gut vorbereitet haben. Je besser Sie sich auf Einwände vorbereiten, desto souveräner und kompetenter wirken Sie.

Gehen wir die Einwände einmal mit der Technik durch. (Achtung, dies sind Beispiele und entbinden nicht vom eigenen Nachdenken und Entwickeln von Einwandbehandlungsfragen ☺!)

Einwände aus der Kategorie: Zeit

Kunde: **»Passt gerade nicht.«**

Sie: »Kann ich verstehen, Sie sind sicher sehr beschäftigt. (ernst nehmen) Wann passt es Ihnen besser?« (hinterfragen)

Kunde: »Heute Abend ab 17:00 Uhr.«

Sie: »Dann schlage ich vor, ich rufe Sie heute Abend um 17:00 Uhr an. Passt?« (Lösung anbieten)

Kunde: **»Noch keine Entscheidung getroffen.«**

Sie: »Das sollte man auch nicht übers Knie brechen. (ernst nehmen) Bis wann haben Sie denn wahrscheinlich eine Entscheidung getroffen?« (hinterfragen)

Kunde: »In zwei Wochen.«

Sie: »Dann schlage ich vor, wir telefonieren in zwei Wochen wieder. Wann passt es Ihnen am ehesten, vormittags oder nachmittags?« (Lösung anbieten)

Kleiner Trick: Der Zusatz »am ehesten« führt dazu, dass die Kunden direkt antworten können. Wenn ich frage »Wann passt es Ihnen nächste Woche, vormittags oder nachmittags?«, kann es passieren, dass der Kunde erst mal seine Termine checken möchte. Und sich ggf. später dazu meldet. Mit dem Zusatz »am ehesten« verringern Sie das Risiko.

Kunde: **»Lieferzeit passt nicht.«**

Sie: »Dann sollten wir sehen, dass wir die Lieferzeit passend hinbekommen. (ernst nehmen) Bis wann benötigen Sie denn (Produktnennung)?« (Kundenantwort abwarten.) Ggf. können Sie auch noch fragen: »Wie viele (Produktnennungen) benötigen Sie innerhalb (Zeitraum nennen) und wie viele reichen Ihnen auch später?« (Teillieferung anbieten, falls möglich.)

Kunde: »Ich benötige die Hälfte schon in drei Wochen.«

Sie: »Dann schlage ich vor, ich spreche eben mit der Produktion und dem Versand und melde mich in einer Stunde wieder bei Ihnen. Passt das?«

Sehen Sie die Gemeinsamkeiten in der Kategorie Zeit? Es geht beim Hinterfragen immer um die Frage: wann, bis wann, ab wann ... Legen Sie sich gerne dazu ein paar Fragen zurecht und Sie sind gut gerüstet für die Einwände rund um die Zeit.

Einwände aus der Kategorie: Preis

Kunde: **»Zu teuer.«**

Sie: »Das verstehe ich, dass es auf den ersten Blick so wirkt. (ernst nehmen) Was ist Ihnen denn besonders wichtig?« oder »Was genau von den Unterpunkten erscheint Ihnen teuer?« (hinterfragen)

Kunde: »Die Anzahl der Technikerstunden scheint mir sehr hoch zu sein.« (Achtung Falle! Bitte geben Sie jetzt nicht dem Gefühl der Rechtfertigung nach! Ein »Ja, aber wir haben übliche Technikerpeise und meist sind sie auch schneller fertig« will der Kunde nicht hören. Daher lieber so:)

Sie: »Dann schlage ich vor, wir schauen mal drüber, wo Sie Technikerstunden benötigen und wo nicht. O. k.?«

Kunde: **»Passt nicht ins Budget.«**

Sie: »Das kenn ich. (ernst nehmen) Wie hoch ist denn das Budget?« oder »Was muss denn heute ins Budget rein und was kann auf später verschoben werden?« (hinterfragen)

Kunde: »Das Budget gibt nicht mehr als ... EUR her.« (ACHTUNG FALLE! Bitte widerstehen Sie dem Impuls, direkt mit dem Preis runterzugehen. Stellen Sie sich vor, wenn Sie ein Auto kaufen und der Verkäufer als Erstes den Preis senkt, was denken Sie dann über den ersten Preis?)

Sie: »Dann schlage ich vor, wir gehen einmal gemeinsam das Angebot durch und besprechen, was Sie jetzt benötigen und was ggf. mit einem späteren Budget erledigt werden kann.«

Kunde: »Wir haben einen günstigeren Anbieter.«

Sie: »Danke für Ihre Offenheit.« (ernst nehmen) »Haben Sie das Angebot bereits vorliegen?« (hinterfragen) Hier liegt eine geschlossene Frage vor, weil Sie eine Ja-oder-Nein Antwort haben wollen.

Kunde: »Ja.«

Sie: »Dann schlage ich vor, wir schauen einmal gemeinsam drüber, wo ggf. Unterschiede sind. Und dann können Sie entspannt entscheiden.«

Kunde: »Wir benötigen mehr/weniger/was anderes.«

Sie: »Danke für die Information.« (ernst nehmen) »Wie viel genau benötigen Sie?«

Kunde: »100 Stück.«

Sie: »Dann ändere ich das im Angebot ab und sende es Ihnen aktualisiert zu.«

Machen wir das Gleiche mit folgender Kategorie.

Einwände aus dem Bereich: Bedarf

Wenn Sie Einwände aus dem Bereich Bedarf hören, wie »Wir brauchen das momentan noch nicht«, »Dafür haben wir keinen Bedarf«, »Wir haben schon genügend Lieferanten, wir brauchen keinen weiteren«, dann benötigen Sie keine Einwandbehandlung, sondern ein Verkaufstraining, denn dann haben Sie in der Analyse gepatzt. So ist das Leben. Aber zur Übung und damit Sie nicht einfach auflegen müssen, hier noch ein paar Ansätze:

Kunde: »Wir brauchen das momentan noch nicht.«

Sie: »Danke für die Information.« (ernst nehmen) »Wann brauchen Sie es denn?« (erstes mal hinterfragen)

Kunde: »Nicht vor nächstem Jahr.«

Sie: »Wann macht das dann in Ihren Augen Sinn, dass wir dazu telefonieren?« (zweites mal hinterfragen)

Kunde: »Anfang Dezember macht Sinn.«

Sie: »Dann schlage ich vor, ich rufe Sie Anfang Dezember wieder an. Eher vormittags oder eher nachmittags?«

Kunde: »Dafür haben wir keinen Bedarf.«

(Typischer Analysefehler, so weit sollte es nie kommen, dass der Kunde so was sagt. Wenn der Kunde so was sagt, haben Sie ein Angebot gemacht ohne eine saubere Bedarfsanalyse.)

Sie: »Danke für Ihre Offenheit.« (ernst nehmen.) »Wenn es eine Sache rund um (Produktbereich nennen) gibt, die Sie verbessern könnten, was wäre das dann?«

Kunde: »Es wäre gut, wenn die Sachen schneller geliefert werden würden. Dann bräuchten wir nicht so viel auf Lager zu halten.«

Sie: »Wenn ich das ermöglichen könnte, wäre das interessant für Sie?«

Für alle, die jetzt aufschreien »Konjunktiv, sie hat einen Konjunktiv benutzt!« Jepp. Der wird hier bewusst genutzt, um eine Situation in der Zukunft abzubilden.

Wie oft sollte man Einwände hintereinander beim gleichen Kunden behandeln? Manchmal führen verschiedene Vorwände zum eigentlichen Einwand. Manchmal bleiben es Vorwände. Daher lohnt es sich, bis zu **dreimal** die Einwandbehandlung zu tätigen. Danach wird es aufdringlich.

Ein Beispiel aus einem Unternehmen:

Kunde: »Tut mir leid, aber ich habe gerade keine Zeit.« (1. Einwand oder Vorwand)

Vertriebler: »Kann ich verstehen, dass Sie gerade viel zu tun haben. Wann passt es Ihnen besser?«

Kunde: »Das macht momentan noch keinen Sinn zu telefonieren. Ich hatte noch keine Zeit, mir das Angebot anzusehen.« (2. Einwand oder Vorwand)

Vertriebler: »Sie haben bestimmt viel zu tun. Bis wann, denken Sie, haben Sie denn Zeit, sich das Angebot anzusehen?«

Kunde: »Im Moment echt schlecht. Kann ich gerade gar nicht abschätzen.« (3. Vorwand?)

Zur Vorwandbehandlung lohnt es sich, wie eben schon mal erwähnt, die Ebene zu wechseln. In die sogenannte Metaebene. Das heißt, die Situation wird von »oben« betrachtet. Es geht dann nicht um die fehlende Zeit, sondern um die Einschätzung der Situation.

Vertriebler: »Ich habe das Gefühl, so ganz konnte ich Sie nicht überzeugen. Woran liegt das?«

Beim dritten Ein- oder Vorwand empfiehlt es sich loszulassen. Bis dahin lohnt sich der Weg jedoch. Manchmal kommt man nach den ersten Vorwänden an den echten Einwand. Ein echter Einwand liegt vor, wenn Sie eine Lösung mit dem Kunden herbeiführen konnten.

Kapitelzusammenfassung/Wichtige Schlussfolgerungen

- Bereiten Sie Ihre eigene Einstellung vor.
- Sprechen Sie mit dem Entscheider.
- Bereiten Sie das Gespräch vor.
- Überlegen Sie, welche Einwände kommen können, und bereiten Sie Fragen zur Einwandbehandlung vor.
- Üben Sie, auf Weichmacher im Gespräch zu verzichten.

Epilog/Fazit

Seit mein Chef mir vor über 20 Jahren die Frage stellte, was mich erfolgreich machen würde, widme ich mich der Identifizierung von Erfolgsfaktoren in Führung und Vertrieb. In den 20 Jahren hat sich viel getan und sehr viel verändert. Überall entstehen neue Erfolgsfaktoren, die es herauszufinden gilt, um sie dann mit denjenigen zu teilen, die ihren Vertrieb und ihre Führung weiter optimieren wollen.

Hinweise zur Autorin

CLAUDIA SCHAUMBURG

Während ihrer langjährigen Vertriebstätigkeit kristallisierte sich für Claudia Schaumburg klar heraus: Die Angebotsverfolgung ist die Achillesferse beim Vertriebserfolg. Und der Schlüssel, um sich gegen den Wettbewerb durchzusetzen. Über Jahre hinweg ergänzte und testete sie ihre Techniken – und verfeinerte diese schließlich zur Perfektion. In verschiedenen Positionen, vom Vertriebler zur Regionalleitung bis hin zum Trainer, beobachtete und perfektionierte sie Erfolgsfaktoren im Vertrieb.
Claudia Schaumburg ist **die** Trainerin für Vertrieb und Kommunikation im deutschsprachigen Raum. Sie verfügt übe mehr als 15 Jahre Erfahrung als Trainerin, Beraterin und Coach in den Bereichen Vertrieb und Kommunikation sowie Führung.
Sie ist Dozentin der Deutschen Bildungsakademie sowie der Deutschen Angestellten Akademie.
Zusatzqualifikationen: LIFO-Analyst, GPOP-Profiler und Scrum Master, zertifizierter DISG-Trainer.

Das erfolgreiche Verkaufsgespräch für den Underdog

Oder: Wie ich durch die Anwendung von Fußballweisheiten meinen wichtigsten Kunden geknackt habe

Ralf Hoppe
Leiter Vertrieb und Marketing D-A-CH
Bauck GmbH

Vor über 20 Jahren bin ich eher zufällig in die Biobranche gekommen, da der Hersteller von Milchalternativen »Alpro« einen Verkaufsprofi suchte, der die Biomarke »Provamel« in Deutschland aufbaut. Daher kenne ich nur zu gut die Situation, dass meine Marke und meine Produkte beim Einkäufer, insbesondere im Lebensmitteleinzelhandel (LEH), nicht bekannt sind. Aus dieser vermeintlichen Underdogposition habe ich eine Tugend gemacht, mit der ich zwischenzeitlich auch erfolgreich bei der Allos Hof-Manufaktur GmbH war und heute bei der Bauck GmbH.

Als Vertriebsleiter dieser mittelständischen Unternehmen, die zwar in der Naturkostbranche sehr bekannt, aber im LEH eher nicht geläufig sind, ist es eine besondere Herausforderung, attraktive Listungen bei den führenden deutschen Lebensmitteleinzelhändlern zu erzielen. Diese kleinen Biounternehmen sind nicht ohne Weiteres in der Lage, die Forderungen des LEHs in Gänze zu erfüllen. Daher müssen sie in erster Linie mit ihren Produkten und ihrer Story punkten. Auch wenn sich die Situation in den letzten fünf Jahren positiv entwickelt hat, da der LEH Bio-Produkten gegenüber aufgeschlossener ist, ist ein nachhaltiger Erfolg als kleines Biounternehmen im LEH immer noch eine echte Erfolgsgeschichte.

»Das war erst das Hinspiel«

Wir kamen aus der Zentrale einer großen Lebensmittelhandelskette und waren enttäuscht vom Ergebnis des ersten Termins bei diesem neuen Kunden. Es war kein untypisches Gespräch, aber der Einkäufer blockte extrem ab und war unseren Produkten gegenüber sehr negativ eingestellt. Überhaupt gefiel ihm die Produktgruppe nicht, obwohl er genau diese für sein Unternehmen betreute. Er war keinen Argumenten gegenüber offen eingestellt. Es war offensichtlich nicht sein Tag und damit auch nicht unserer.

Wir hatten ein Problem, der Einkäufer kannte unser Unternehmen und unsere Produkte nicht und wollte uns auch nicht kennenlernen. An eine Listung unserer Artikel war vorerst nicht zu denken.

Da dachte ich daran, wie ich in meiner aktiven Zeit als Fußballprofi reagiert hätte. Aufgeben und die Schuhe an den Nagel hängen? Die Mannschaft absteigen lassen oder lieber gleich abmelden? Nein, denn wir hatten nur ein Spiel verloren, aber die Meisterschaft war noch nicht entschieden!

»Nach dem Spiel ist vor dem Spiel«

Der nächste Termin würde kommen und da würden wir besser vorbereitet sein. Es galt, sich nun zu schütteln und einen neuen Versuch zu starten. Eine neue Verhandlung unter besseren Vorzeichen, mit einer durchdachten Argumentation, unter Berücksichtigung der Interessen des Kunden. Wir mussten verstehen, was nicht gut gelaufen war, und stellten uns daher folgende Fragen:

- Waren die Rahmenbedingungen gut gewählt?
- Wie war unser Einstieg?
- Warum sind unsere Argumente nicht zum Tragen gekommen?
- Ab wann und wodurch kippte das Gespräch?
- War unser Exit dennoch positiv?

»90 % des Erfolges ist die Vorbereitung«

Auf dieser Grundlage begannen wir das Gespräch zu analysieren und es für den nächsten Termin neu aufzusetzen. Diesmal nahmen wir uns genügend Zeit und nutzten die wenigen Erkenntnisse aus dem ersten Termin. Entscheidend war, zu wissen und zu verstehen, was wir wirklich wollen und was die genauen Ziele sind. Denn wenn wir uns nicht genau im Klaren darüber waren, wie sollte der Kunde diese nachvollziehen. Also definierten wir Antworten zu diesen Themen:

- Was ist das genaue Ziel?
- Welche Artikel aus unserem Sortiment wollen wir listen?
- Welche Distribution streben wir an bzw. in welchen Baustein des Kunden wollen wir rein?
- Was sind wir bereit, dafür zu geben?
- Welches Budget steht uns zur Verfügung?
- Welche Ressourcen bzw. welche Unterstützung benötigen wir dafür?
- Welchen Zeithorizont sehen wir für die Erreichung der Ziele?

»Ein gutes Scouting macht den Gegner gläsern«

Unter diesen klar definierten Rahmenbedingungen begannen wir, Informationen von Marktbegleitern und aus dem Netz über den Kunden und den Einkäufer zu sammeln. Für eine positive Verhandlungsatmosphäre benötigten wir ein grundlegendes Wissen, das dazu dienen sollte, auf unsere eigentlichen Ziele hinzusteuern. Daher recherchierten wir die Antworten zu diesen Punkten:

- Was interessiert den Einkäufer wirklich bezüglich seiner zu verantwortenden Produktgruppe?
- Welche Wettbewerber haben ihre Produkte bereits im Regal stehen und welche USPs bieten sie den Endverbrauchern?
- Welche Vorteile bieten die Wettbewerber dem Kunden bzw. dem Einkäufer?
- Wo liegt der Schwerpunkt seines Interesses: beim Produkt, dem Preis oder dem Marketing?
- Sind Nachhaltigkeit und/oder ernährungswissenschaftliche Erkenntnisse wichtig für ihn?
- Woran wird er gemessen?
- Wie lange ist er schon in dieser Position und wie lange in diesem Unternehmen?
- Wer ist sein Chef und welches Verhältnis hat er zu ihm?
- Wo hat er vorher gearbeitet?
- Wie sieht sein privater Background aus?
- Was sind seine Vorlieben und Abneigungen?

Mit diesen Erkenntnissen gingen wir wieder auf den Kunden zu und erbaten uns einen neuen Termin, um diesen entsprechend anzuteasern. Als Erstes kontaktierten wir den Einkäufer telefonisch und erläuterten, dass wir für einen neuen Termin interessante und vor allen Dingen neue Informationen hätten. Diesbezüglich schickten wir anschließend eine E-Mail mit mehreren Terminmöglichkeiten und einer kurzen Präsentation (2–3 Seiten) mit den wichtigsten USPs. Dann übten wir uns in Geduld und gaben dem Einkäufer eine Woche Zeit zu antworten. Erst dann hakten wir nach … Unsere Beharrlichkeit zahlte sich aus und schließlich hatten wir einen neuen Termin.

»Nicht die elf Besten sollen spielen, sondern die beste Elf«

Da wir nun besser wussten, worauf es im Gespräch bei diesem Kunden ankommt, musste ich jetzt den richtigen Verhandlungspartner auswählen. Entsprechend den Schwerpunkten des Einkäufers benötigte ich einen Kollegen oder eine Kollegin, um eventuelle Detailfragen sicher beantworten zu können. Kompetenz und Empathie gegenüber dem Einkäufer sind dabei ausschlaggebend für die Entscheidung, wer die bzw. der Richtige ist. Die Auswahl habe ich aus diesen aufgeführten Abteilungen getroffen:

- Produktentwickler
- Marketingleiterin
- Nachhaltigkeitsbeauftragter
- Ökotrophologin

»Training ist alles«

Da wir herausgefunden hatten, dass die Einkaufsabteilung des Kunden immer mehr angehalten wurde, den Fokus mehr auf Nachhaltigkeit zu legen, nahm ich zu diesem Termin unsere Nachhaltigkeitsbeauftragte mit. Mit ihr hatte ich die entsprechende Kompetenz, um alle Antworten zu diesem Thema adäquat zu vermitteln.

Entsprechend der Wichtigkeit des Gespräches begannen meine Kollegin und ich gemeinsam, den kommenden Termin durchzuspielen. Wir trainierten im Team den Umgang mit dem Einkäufer und unsere Reaktionen auf die Wendungen im Verkaufsgespräch. Erste Punkte, die geklärt wurden, waren die Abstimmung bezüglich dieser Aspekte:

- Niemals schlechter gekleidet sein als der Einkäufer, aber auch nicht overdressed
- Verhandlungsteam ist ähnlich gekleidet
- Formelle Vorstellung: Vor- und Zuname, Funktion in der Firma
- Wir warten, bis der Kunde uns die Hand reicht
- Wir setzen uns erst nach Aufforderung
- Das Gespräch beginnt der Kunde

»Jeder Spieler hat eine Rolle zu erfüllen, vom Torwart über den Spielmacher bis zum Torjäger«

Die jeweilige Rolle im Verhandlungsteam sollte gut gewählt sein und auf die entsprechende Person ausgelegt werden. Dabei geht es nicht darum, die »Good cop – Bad cop«-Nummer abzuziehen, sondern sich im Team zu ergänzen. Denn wenn einer sich verrannt hat, kann der andere ihn noch rechtzeitig ausbremsen und das Gespräch neu kalibrieren.

Da wir die Nachhaltigkeit unseres Unternehmens und unserer Produkte in den Vordergrund stellen wollten, trug meine Kollegin den Hauptteil vor. Im Vorfeld verteilten wir unsere Rollen und Aufgaben und setzten diese entsprechend um:

- Wir stellten uns noch einmal vor, wobei ich meiner Kollegin den Vortritt gab.
- Nach einer kurzen Einführung meinerseits startete meine Kollegin das inhaltliche Gespräch.
- Sie hielt die Präsentation und zeigte dem Einkäufer auf, wie nachhaltig unsere Produkte und unser Unternehmen sind.
- Ich behielt die grundsätzliche Führung des Gespräches, um den Rahmen zu halten.
- Sobald das Thema auf Angebot, Produkt und Preis ging, antwortete ich dem Kunden, wobei ich immer wieder meiner Kollegin das Wort übergab, um auf unser Thema, unsere USPs, zurückzukommen.
- Am Ende gab ich das konkrete Angebot an den Einkäufer.

»Taktik ist keine Pfefferminzsorte«

Bei der Kunst des Verhandelns sind Fakten über das Produkt mit nur 10–20 % der Zeit zu veranschlagen. Es war uns gelungen, diesen Part kurz und prägnant umzusetzen. Der Hauptteil der Verhandlung ging über unsere USPs, unsere Argumente für eine Zusammenarbeit und die Vorteile für den Kunden, wenn er unsere Produkte listet.

»Fußball ist ein einfaches Spiel ...«

Die Kunst des Verkaufsgesprächs besteht darin, mit geschickten Fragen, aktivem Zuhören, richtigem Umgang mit Einwänden auf das gewünschte Ziel zuzugehen. Dabei gilt es, diese drei Ziele gemeinsam mit dem Einkäufer prinzipiell zu erreichen:

- Einigung, Lösung und gemeinsamer Entschluss
- Gewinn durch Konsens
- Win-Win
- Gemeinsame Vorteile erzielen
- Eine aktive Beziehung aufrechterhalten

Um in der Zukunft weiter mit dem Kunden in Verhandlungen treten zu können, bleibt dies der zentrale Punkt, der auch bei schlechtem Gesprächsverlauf erreicht werden sollte.

»Viererkette, Dreierkette, Hauptsache, wir haben die richtige Taktik, die uns den Sieg bringt«

Als Grundlage des Verhandlungsdrehbuchs nutzen wir einen »Verhandlungsbaum«. Hier haben wir jeden Schritt des Prozesses mit allen möglichen Optionen aufgeschrieben und vorab definiert, welche Antworten wir geben oder wie weit wir dem Einkäufer Zugeständnisse machen können. Diese festen Strukturen halfen uns, keinen unbedachten Impulsen während der Verhandlung zu folgen.

»Von der Einstellung her waren wir gut aufgestellt«

Da die richtige Einstellung die Grundlage für ein erfolgreiches Gespräch ist, hatten wir uns diese Dinge fest vorgenommen:

- Eine positive Grundhaltung, da sie den Erfolg bestimmt
- »JA« zur Person des Einkäufers, auch wenn im Gespräch ein »NEIN« zur Sache angebracht ist
- Respekt und Aufrichtigkeit gegenüber dem Einkäufer und dem Unternehmen

»Den Ball erst einmal in den eigenen Reihen halten«

Im Gespräch mit dem Kunden galt es zunächst einen ersten guten Eindruck zu machen, um das Eis zu brechen. Das ist leicht gesagt, jedoch ist die Umsetzung nicht weniger schwierig wie wichtig. Denn »wir wirken immer« und jede Kleinigkeit kann alles in eine positive oder negative Richtung verändern. Diese Verhandlungstechniken sollten dabei immer die Grundlage sein:

- Dem Einkäufer zuhören und beobachten
- »Die Macht des Schweigens« hilft, dass der Kunde als erstes SEIN Thema anbringen kann
- Aktives Zuhören durch bewusstes Verhalten, Lächeln, Augenkontakt, positive Gesten und nickende Zustimmung
- Offene Frage stellen und sich mit seinem Verhandlungspartner die Bälle zuspielen
- Bedarfe und Wünsche des Einkäufers erfragen
- Notizen machen, um auf diese später nötigenfalls zurückzukommen

Es zeigte sich, dass diese Taktik uns schnell zu unserem eigentlichen Anliegen brachte. Nachdem der Einkäufer sich »abgeholt« fühlte, waren wir an der Reihe.

»Ein gutes Umschaltspiel ist entscheidend«
Jetzt war es an der Zeit, unsere Ziele und Wünsche beim Kunden zu platzieren. Entscheidend für den Erfolg sind hierbei, gute Argumente vorzubringen und USPs überzeugend darzustellen. Dies gelang meiner Kollegin mit ihrer Präsentation und der Art des Vortrages hervorragend. Es gelang ihr, das Beste und stärkste Verkaufsargument zum richtigen Zeitpunkt mit einer prägnanten Klarheit auf den Tisch zu bringen, sodass der Einkäufer überzeugt wurde. Wir waren jetzt für ihn der richtige Partner, der Nachhaltigkeit ernst meint und diese auch konsequent lebt.

»Das Runde gehört ins Eckige«
Jetzt war der Zeitpunkt gekommen, zu dem ich dem Einkäufer ein klar formuliertes Angebot unterbreitete, das er nicht mehr ablehnen konnte. Denn am Ende zählt der Abschluss des Geschäftes, also die Listung und Distribution unserer Produkte im Regal des Händlers. Dieses Angebot musste innerhalb des vorher gesteckten Rahmens und unter Berücksichtigung des Verkaufsgesprächsverlaufes definiert sein. Ich hatte mir dazu einen Leitfaden aufgeschrieben, den ich konsequent umsetzte.
- Direkt auf das Ziel losgehen
  »Wir haben entschieden, Ihnen folgendes Angebot zu machen«
- Angebot kurz und knapp aufzeigen
  »Wir bieten Ihnen ... und wünschen uns von Ihnen ...«
- Angebot knapp und konkret begründen
  »Die Gründe hierfür sind 1., 2., 3. ....«
- Zusage einholen
  »Können wir auf Sie zählen?«
- Antwort quittieren
  »Wir schätzen Ihre Reaktion.«
- Weitere Vorgehensweise konkretisieren
  »Was schlagen Sie als nächsten Schritt vor?«
- Die Entscheidung und die weitere Vorgehensweise zusammenfassen
  »Diese Punkte haben wir besprochen: 1., 2., 3. ....«

»Aus, aus! Das Spiel ist aus! Deutschland ist Weltmeister«

Der Einkäufer konnte das gut formulierte und perfekt vorbereitete Angebot nicht ausschlagen. Das war der Beginn einer erfolgreichen Zusammenarbeit.

Unsere gemeinsame Euphorie war sichtlich zu spüren und wir zeigten unsere Begeisterung und Freude über das gemeinsame Geschäft dem Einkäufer. Diese Solidarität wurde auch die Grundlage für unsere nächsten Verhandlungsrunden. Als solides Fundament, das als Grundlage für den Ausbau unserer Geschäftsbeziehung für die Zukunft diente.

Unsere Ziele hatten wir erreicht, obwohl wir in der vermeintlich schwächeren Verhandlungsposition waren. Aus dieser Verhandlung habe ich grundsätzliche Lehren mitgenommen, die ich heute immer wieder anwende. Denn es gilt immer noch »nach dem Spiel ist vor dem Spiel«.

Lessons Learned

- Auch als vermeintlicher Underdog, als unbekanntes Unternehmen mit einer noch unbekannten Marke, kannst du dennoch große Handelsketten dazu bringen, dir eine Chance zu geben.
  »Spiele werden im Kopf entschieden«
- Eine gute Vorbereitung macht 90 % des Erfolges aus.
  »Training ist alles«
- Je mehr ich vom Einkäufer, seinem Unternehmen und über meine Wettbewerber weiß, desto leichter ist es, die richtigen Argumente für den Verkaufserfolg auf den Tisch zu bringen.
  »Studiere deinen Gegner«
- Das richtige Verhandlungsteam ist entscheidend für den Auftritt beim Kunden.
  »Eine geschlossene Mannschaftsleistung bringt den Erfolg«.
- Verhandlungstechniken und Argumentationsleitfäden kann und sollte man sich aneignen. Sie sind ein wichtiger Bestandteil des Verkaufserfolgs.
  »Taktik kann man lernen«

Hinweise zum Autor

RALF HOPPE

Ralf Hoppe ist Vertriebs- und Marketingleiter D-A-CH bei der Bauck GmbH in Rosche. Werdegang und jeweils letzte Position:

- 2013–2020 Allos Hof-Manufaktur GmbH Bremen; Geschäftsführer Vertrieb
- 2002–2013 Alpro GmbH Düsseldorf; Vertriebsleiter Healthfood D-A-CH
- 1996–2002 Bauknecht Hausgeräte Schorndorf; Vertriebsleiter KAM
- 1992–1996 Mars GmbH Viersen; Teamleiter Impuls Einzelhandel

Der Nutzen hinter dem Nutzen – die Wertewelt

Uli Baum
Coach und Trainer
Uli Baum/Milz & Comp. Partner

Schon während meines Studiums begann ich damit, Dienstleistungen zu verkaufen. Ich hatte das große Glück, von solchen »Lehrmeistern« geprägt zu werden, die das Verkaufen immer unter ethischen Gesichtspunkten vermittelt haben. Dennoch stieß ich in meiner Anfangszeit immer wieder auf Widerstände, die ich mir zunächst nicht erklären konnte. Ich hatte doch **immer die bedeutenden Vorteile** meines Produktes genannt und die mussten doch einfach **für jeden Kunden** ausschlaggebend sein, oder? Meine ebenso einfache wie unsinnige Erklärung war: Der Preis stimmt nicht. Bis ich irgendwann dahinterkam, dass es nicht der Preis war, sondern der **Preis** war es den Kunden **nicht wert**.

Ich musste also herausfinden, welche Werte die Kunden hatten, um diese in eine Relation zu meinem Preis zu bringen. Und nachdem ich das verstanden hatte, war das Verkaufen auf einmal so unglaublich viel leichter. Und dieser Fakt ist für uns Verkäufer alle gleich; der Unterschied besteht nur und ausschließlich in den Werten unserer Kunden. Und die sind so individuell wie ein Fingerabdruck.

Herausforderungen für einen Verkäufer

Die uralte und ständig wiederkehrende Herausforderung für jeden Verkäufer ist, wie er am einfachsten sein Produkt – egal ob Ware oder Dienstleistung – an potenzielle Kunden verkaufen kann. Dabei gehen die meisten Verkäufer immer noch davon aus, dass am Ende allein der Preis ausschlaggebend ist.

Vorab: Dies ist ein Mythos. Und ich werde diesen Mythos in meinem Kapitel widerlegen. Denn der **Preis allein sagt zunächst einmal nichts aus**, rein gar nichts. Ein Preis wird erst in Relation zu anderen Faktoren zu einem Kriterium. Einer dieser anderen Faktoren, um nicht zu sagen der wichtigste überhaupt, ist die Werte- und Motivwelt unserer potenziellen Kunden. Wie aber können wir diese »Welt« unserer Kunden betreten? Ziemlich einfach: Wir stellen die richtigen Fragen. Und genau hier liegt für die meisten Verkäufer die größte Herausforderung, denn sie meinen, der Kunde brauche ein Maximum an Informationen, um die Entscheidung für ihr Angebot zu treffen. Und das ist gelinde gesagt Unsinn. Denn die Inhalte Ihres Produktes oder Ihrer Dienstleistung interessieren die wenigsten Kunden. Sie interessieren sich nur für den Nutzen, den ihnen Ihr Angebot bringt. Und Ihre Aufgabe ist es, diesen individuellen Nutzen zu finden – durch Fragen!

Bedenken Sie: *»Es ist viel schwieriger, kluge Fragen zu stellen als kluge Antworten zu geben!«*

Welche Fragen stellen Sie sich vor einem Termin mit einem potenziellen Kunden? Und wie können Sie sicher sein, dass es die »richtigen Fragen« sind? Was wissen Sie von Ihrem potenziellen Kunden, **bevor** Sie ihn zum ersten Mal kontaktieren? Wie kommen Sie an wirklich zielführende Informationen? Zum Unternehmen? Zu Ihrem Gesprächspartner? Ist er der Entscheider?

Der Fragenkatalog ließe sich noch endlos weiterführen, aber dieses Kapitel soll ja keine 1:1-Anleitung für das Akquirieren von Kunden werden, sondern vielmehr mögliche Zugänge in die Wertewelt unserer Kunden beschreiben. Dennoch ist es wichtig, auch auf die Vorgänge vor dem Kundentermin zu verweisen, da diese eine erhebliche Bedeutung haben. Schon allein deswegen, um meinen Kunden von Anfang meine Professionalität und vor allem mein **aufrichtiges Interesse** an ihnen zu demonstrieren!

Wenn ich auf der Suche nach meinen »Lieblingskunden« bin, benötige ich im Schnitt etwa eine Stunde, bis ich fündig werde. Wohlgemerkt für **einen** potenziellen Lieblingskunden. In der ersten halben Stunde finde ich das womöglich zu meinen Werten passende Unternehmen. Danach fängt die richtige Recherche erst an. Ich brauche als Erstes meinen Ansprechpartner. Den herauszufinden ist in der Regel das Leichteste, denn ich gehe immer abwärts. Das heißt, ich fange ganz oben in der Hierarchie an, also beim Inhaber, Geschäftsführer oder Personalleiter.

Warum spreche ich von »Lieblingskunden«? Nun, Lieblingskunden machen das Geschäft einfacher und besonders nachhaltig. Meine Definition von Lieblingskunden hat immer mit gemeinsamen Werten zu tun. Hier begegnet mir schon der erste Baustein, den es zu sammeln gilt. Haben Sie schon mal auf Websites nach wahren Werten eines Unternehmens gesucht? Ich sage Ihnen, es ist ein Grauen. Gefühlt 90 % aller Homepages sagen wenig bis nichts über das Unternehmensleitbild oder die Philosophie eines Unternehmens aus. Meistens finden Sie dort einschlägige Begriffe wie Nachhaltigkeit und Umweltbewusstsein und das war's auch schon. Am besten gleich neben den Öffnungszeiten. Auf meiner Homepage finden Sie im Menü »Über mich« mein Leitbild. Schauen Sie gerne mal rein und Sie werden feststellen, dass ich meine Werte sehr ausführlich beschreibe. Ein kleiner Auszug:

»Das Fundament meines Denkens und Handelns ist geprägt von Achtsamkeit und Wertschätzung gegenüber Menschen aller Kulturen.«

Und:

»Ich bin offen für alle, deren Ziel ebenfalls eine sozial gerechte Gesellschaft ist und die dafür mit mir in Netzwerken zusammenarbeiten wollen.«

Weiter:

»Durch eine bewusste und entwicklungsorientierte Ausrichtung gestalte ich mit meinen Kunden eine nachhaltige Geschäftsentwicklung und stehe nicht nur für Gespräche über die Qualität meiner Dienstleistungen, über Freundlichkeit, Schnelligkeit, Erreichbarkeit und fachliche Kompetenz zur Verfügung, sondern biete sehr gezielt auch Kommunikation über die gesellschaftliche Relevanz meiner Tätigkeit an.«

Zu guter Letzt:

»Bei meinem unternehmerischen Handeln steht grundsätzlich der Sinn vor dem Gewinn. Der gemeinsamen, kontinuierlichen Weiterentwicklung bei einem sinnvollen Aufwand-Ertrags-Verhältnis gilt meine besondere Achtsamkeit.«

Derartig konkrete Werte auf einer Webpage zu finden ist eine echte Herausforderung. Mir ist es bisher genau vier Mal gelungen und ich beschäftige mich täglich damit. Allerdings sind diese vier Unternehmen auch **sofort** zu Kunden geworden. Es passte von Anfang an, denn ich kannte deren wahre Werte.

Wesentlich mehr finde ich in der Regel über »meine Ansprechpartner«. Da gibt es dann oft Interviews, Artikel oder Veranstaltungen, zu denen sie als Ehrengast geladen waren. Und so erfahre ich oft ganz viel über deren Persönlichkeit.

Mit diesem Wissen schreibe ich meine potenziellen Kunden an. Nicht per Mail. Das macht jeder. Ich bevorzuge den guten alten Postweg. Mit 3-D-Marketing. Meine Anschreiben sind immer individuell und mit einer zusätzlichen Aufmerksamkeit (z. B. einem biegsamen Stift, der »geknotet« ist) versehen. Der Vorteil ist, dass die Sekretärin bei meinem Anruf schon einen Bezug hat, wenn ich nur meinen Namen nenne, weil meine Post so außergewöhnlich ist, dass sie einen nachhaltigen Erinnerungswert besitzt. Und zwar nicht nur wegen des kleinen Geschenks, das ich beilege, sondern aufgrund der Kombination mit dem individuellen Anschreiben. Sie ist dann nicht mehr der »Abfangjäger«, sondern meine Freundin. Selbst wenn ich nicht sofort ans Ziel, sprich zu meinem Ansprechpartner komme, ist es fast niemals ein frustrierender Anruf und lässt in den allermeisten Fällen einen zweiten Anlauf zu. Oft erhalte ich sogar einen Tipp, wann es am besten ist. Die Erfolgsquote der Weiterleitung beträgt satte 50 bis 60 %.

Dies alles ist eine wichtige Voraussetzung, um die wahre Motiv- und Wertewelt meines Ansprechpartners kennenzulernen. Sie schafft ein Stück weit Vertrauen durch echtes Interesse und Professionalität. Da ich eine hochwertige Dienstleistung anbiete, benötige ich nicht so viele Kunden. Das versetzt mich in die Lage, diesen immensen Aufwand – allein das Erstellen des Anschreibens inklusive der Individualrecherche nimmt mindestens zwei Stunden in Anspruch – zu betreiben. Verkäufer, die Kaltakquise betreiben, haben diesen Aufwand natürlich nicht. Sie suchen gemeinhin auch nicht ihre Lieblingskunden. Aber auch für sie gilt: Wollen sie möglichst häufig zum Abschluss kommen, ist das Entdecken der Wertewelt ihrer Kunden unerlässlich.

Der Zutritt (in seine Wertewelt) oder »Wie öffne ich die Tür?«

Wie gelange ich also nun in die Motiv- und Wertewelt meiner Kunden? Die Frage: »Was sind Ihre Motive?« oder »Welche Werte treiben Sie an?« wäre am einfachsten; sie verbietet sich aber schon aufgrund ihrer Plumpheit. Egal, welchem Typ Mensch Sie gegenüberstehen, er hat Sie nicht zu einem Termin geladen, um mit Ihnen zu philosophieren. Er ist Geschäftsmann und will einen Nutzen aus dem Gespräch mit Ihnen ziehen. Und genau diesen Nutzen zu finden ist Ihre Aufgabe als Verkäufer.

Sie sollten schon ein wenig empathischer vorgehen. Dazu gebe ich Ihnen gerne ein Beispiel aus meiner Herangehensweise:

Ein Termin bei einem Großhändler für Motorradzubehör steht an. Aufseiten des Kunden sind der CEO, der Personalleiter und der Vertriebsleiter anwesend. Gegenstand des Gesprächs ist ein Verkaufstraining für die Außendienstmitarbeiter.

Nach einer kurzen Vorstellung meiner Person und ein paar Minuten vertrauensbildenden Gesprächs leite ich ohne weitere Umschweife über zu meiner ersten Frage, der nach den wichtigsten aktuellen vertrieblichen Herausforderungen.

Auf dem Flipchart (Bild) sammle ich alle aktuellen »Probleme«, die meine Ansprechpartner mir nennen. Wenn Sie das Bild betrachten, erkennen Sie, dass dort von aktuellen Herausforderungen die Rede ist. Ich vermeide tunlichst das Wort »Problem«, auch wenn mein potenzieller Kunde dies selbst als ein solches bezeichnet. Ich bleibe **immer** bei dem Begriff **Herausforderung**. Probieren Sie es einmal aus und Sie werden feststellen, dass Ihr Gegenüber sehr schnell vom problemorientierten zum lösungsorientierten Denken übergeht. Klappt auch im privaten Bereich.

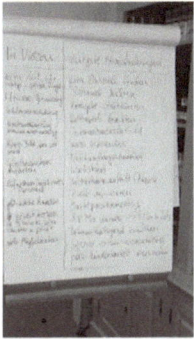

Abb. 1: Herausforderung-Nutzen-Chart

Nachdem alle aktuellen Herausforderungen von meinem potenziellen Kunden benannt wurden und ich mich noch einmal versichert habe, indem ich ihn frage, ob dies **nun wirklich alle sind**, gehe ich in den Lösungsteil über:

»Zum jetzigen Zeitpunkt kann ich noch nicht definitiv sagen, ob wir alle diese Herausforderungen bewältigen können, aber einmal angenommen, wir schaffen das: Was haben Sie davon?«

So und genau so ist meine Fragestellung, um die ersten Nutzen vom potenziellen Kunden zu erfahren. Das Beste daran ist, er sagt sie mir freiwillig und das sehr gerne, denn er ist jetzt schon vollkommen **auf sein Ziel fokussiert**. Gedanklich hat er **mich schon als Lösung akzeptiert**, weil er sehr genau spürt, dass ich mich ehrlich für ihn und seine Belange interessiere! Bis hierher hat er noch nichts von meinem Konzept zu hören bekommen.

Kommen wir zurück zu meiner Frage »Was haben Sie davon?«. Alle Antworten trage ich nun in die linke Spalte des Flipcharts ein. Hier ist noch zu erwähnen, dass die Spaltenbezeichnung »Ihr Nutzen« noch nicht eingetragen wird. Das kommt erst am Ende, wenn ich alle positiven Gedanken des Kunden gesammelt habe. Ich beende das wieder mit der Frage, ob wir jetzt alle Nutzen notiert haben oder ob noch etwas fehlt. Aus »Was haben Sie davon?« wird also nun sein vordergründiger Nutzen.

Warum schreibe ich an dieser Stelle vom »vordergründigen Nutzen«?

Sehen wir uns doch mal ein paar Aussagen dieses potenziellen Kunden etwas genauer an, und zwar genau die drei, die ihm am wichtigsten sind. Das finde ich heraus, indem ich ihn einfach danach frage: »Welche drei dieser Nutzen sind Ihnen die wichtigsten?« Er spricht dann z. B. von »mehr Zeit für wichtige und private Dinge«. Oder auch »selbstbewusstes Auftreten«. Und auch von »zufriedenem/motiviertem Personal«.

Den meisten meiner Kollegen im Trainingsgeschäft reicht das nun aus (wenn sie überhaupt so vorgehen) und sie denken, sie kennen nun seine Motive und Ziele. Also legen sie jetzt sofort los und präsentieren ihr Konzept in den schillerndsten Farben. Sie wollen ihren potenziellen Kunden unbedingt davon überzeugen, dass sie ihn mit ihrem – natürlich einzigartigen – Training zu seinen Zielen führen werden. Natürlich hat er nach dem Training motiviertere Mitarbeiter, ist doch selbstverständlich. Und er wird auch mehr Zeit für wichtige und private Dinge gewinnen. Dass alle Trainingsteilnehmer hinterher ein selbstbewussteres Auftreten zeigen, ist doch ohnehin Inhalt ihres Trainings, oder etwa nicht? Sie erfüllen also alle seine Wünsche und müssen ihn jetzt nur noch davon überzeugen, dass er auch einen gewissen Preis dafür zu zahlen hat …

Wirklich? So einfach ist das? Na, dann mal los.

Wenn du mit deinem Kunden wirklich ins Bett willst, dann solltest du vom Wohnzimmer ins Schlafzimmer kommen.

Die Preisverhandlung ist gescheitert? Warum nur? Wir hatten doch alles so schön präsentiert und exakt auf seine Ziele ausgerichtet.

Im 2. Akt sind wir im Wohnzimmer des potenziellen Kunden. Dort bekommen wir allerhand Informationen. Wir sehen und hören, wie er sein Wohnzimmer eingerichtet hat und welche Veränderungen er vornehmen will. Aber **warum** er sein Wohnzimmer so eingerichtet hat und **warum** er Veränderungen wünscht, wissen wir bisher nur oberflächlich. Und was ist mit dem Rest des Hauses oder der Wohnung? Jetzt heißt es, tiefer einzutauchen oder, anders ausgedrückt, einen Blick in seinen intimsten Bereich, gewissermaßen in sein Schlafzimmer, zu erhalten. Wie kommen wir da rein?

Wie schon beschrieben kennen wir die Ziele/Nutzen des Kunden. Wenn wir ein wenig genauer hinschauen, fällt uns aber auf, dass wir im Grunde nicht wirklich wissen, was den Kunden bewegt hat, diese Ziele/Nutzen zu benennen. Gehen wir also ein wenig weiter und hinterfragen.

Was meint er denn genau mit »mehr Zeit für wichtige und private Dinge«, mit »selbstbewusstem Auftreten« und mit »zufriedenem/motiviertem Personal«?

Was konkret sind denn seine wichtigen und privaten Dinge? Und wie sieht denn **seiner Vorstellung nach** selbstbewusstes Auftreten aus? Und was macht zufriedenes/motiviertes Personal denn anders als jetzt?

Um die **Motiv- und Wertewelt** des potenziellen Kunden wirklich betreten zu können, brauchen wir **weitergehende Information**. Lassen Sie uns herausfinden, was ihn bewegt, die genannten Beispiele als seinen Nutzen darzustellen. Dabei sollten wir beachten, dass wir nicht alle seine Wünsche/Nutzen befriedigen können und wollen – zumindest nicht gleichzeitig. Es ist daher unabdingbar, herauszufinden, welche ihm die wichtigsten sind. Diesen Schritt haben wir ja nun schon hinter uns. Deshalb holen wir weitere Informationen, die **dezidiertere Erkenntnisse** erlauben.

Die zuvor gestellten Fragen nach der Konkretisierung seiner Wünsche/Ziele zeigen dem potenziellen Kunden, dass wir **echtes Interesse** haben. Wir liefern damit ein hohes Maß an Empathie, Respekt und Achtsamkeit. Wir wollen genau wissen, was wir tun können, um ihn beim **Erreichen seiner Ziele** zu unterstützen. Wir wollen ihm das permanent gute Gefühl geben, bei uns absolut richtig aufgehoben zu sein. Wir sind das Sprungbrett, mit dem er seine Hürden überwindet.

Ein paar Beispiele, wie wir ihn fragen können, ohne dass er sich »ausgefragt« fühlt:
1. Was genau meinen Sie mit Ihren »wichtigen und privaten Dingen«?
2. Was muss ich mir vorstellen unter »selbstbewusstem Auftreten«?
3. Wie verhalten sich »zufriedene/motivierte Mitarbeiter« in Ihrem Sinne?

Mit solchen Fragen treffen wir unsere potenziellen Kunden **mitten ins Herz**. Er wird uns nun mit seiner ganzen Offenheit erzählen, was er sich darunter vorstellt. Dabei kommen sehr häufig Gedanken zum Vorschein, an die wir als Verkäufer niemals gedacht hätten. Mögliche Antworten in dem hier beschriebenen Beispiel können sein:
1. Ich möchte mehr Zeit für meine Familie haben. Meine Tochter ist jetzt eineinhalb Jahre alt und ich will auf jeden Fall mehr an ihrer Entwicklung teilhaben. Außerdem plane ich ein Projekt auf meinem Grundstück, weil mein sechsjähriger Sohn ein begnadeter Kartfahrer ist. Wir wollen dort eine kleine Kartbahn bauen, damit er täglich trainieren kann. Ich halte ihn für talentiert genug, eines Tages in der Formel 1 mitfahren zu können.
2. Unter selbstbewusstem Auftreten verstehe ich, dass alle meine Mitarbeiter auch in schwierigen Zeiten hinter dem Unternehmen stehen. Egal, was ihnen seitens unserer Kunden oder auch durch Mitbewerber entgegenschlägt, sie sollten immer aufrecht genug sein, damit umgehen zu können – entsprechend unserer Philosophie und unseres Unternehmensleitbildes. Bei Neukunden sollten sie sich immer

wieder ihrer persönlichen Stärken bewusst sein, entschlossen unsere Produkte vertreten und sich auch von etwaigen Nachteilen nicht in die Defensive drängen lassen. Ich will einfach, dass sie unsere Topqualität in jeder Sekunde nach außen bringen.

3. Zufriedene/motivierte Mitarbeiter verhalten sich immer teamorientiert. Sie helfen einander, ohne darum gefragt werden zu müssen. Wenn mal Not am Mann ist, verstecken sie sich nicht hinter irgendwelchen Gründen, sondern sind bereit, in die Bresche zu springen. Es macht ihnen nicht nur nichts aus, über die Arbeitszeit hinaus noch Aufgaben zu erledigen, sondern sie machen es aus Überzeugung. Weil sie wissen, dass sie damit dem gesamten Unternehmen etwas Gutes tun, was schlussendlich auch zu ihrem eigenen Vorteil gereicht. Sie verhalten sich absolut loyal, vor allem auch im Umgang mit unseren Kunden. Sie sollen die jeweiligen Stärken ihrer Kollegen anerkennen und nutzen, um das gemeinsame Ziel zu erreichen. Dafür erhalten sie immer die entsprechende Unterstützung und ehrliche Wertschätzung.

Die Bandbreite möglicher Antworten ist riesig und ich habe Ihnen lediglich ein paar Beispiele genannt. Es ist mir wichtig zu zeigen, dass die Motiv- und Wertewelt eines jeden Einzelnen völlig unterschiedlich sein kann und meistens auch ist. Hüten Sie sich davor, diese Werte zu be- oder gar zu verurteilen. Respektieren Sie sie und zeigen Sie am besten noch Wertschätzung dafür. Es ist nicht Ihre Aufgabe, die innere Welt des Kunden zu bewerten, sondern die richtigen Erkenntnisse daraus zu ziehen, um ihm die bestmögliche Lösung zu präsentieren.

Die Lösung

Um dem Kunden nun die bestmögliche Lösung zu bieten, fehlt nur noch ein Schritt. Wir müssen nun herausfinden, welcher der drei wichtigen Nutzen die höchste Priorität genießt und vor allem, **warum**. Auch hier haben wir wieder eine einfache Frage parat:

»Vielen Dank, lieber Kunde, dass Sie mir so viel Offenheit entgegenbringen. Nun möchte ich gerne noch wissen (alternativ: nun interessiert mich zuletzt), welche der drei Herausforderungen die wichtigste für Sie ist.«

Antwort des Kunden: »*Die Zeit für meine Familie, insbesondere meinem Sohn eine Karriere als Formel-1-Fahrer zu ermöglichen.*«

Wow, damit habe ich am Anfang unseres Gespräches nicht gerechnet. Da wäre ich niemals draufgekommen. Also auf zum Finale und die absolute Zielfrage stellen:

»*Warum ist gerade das Ihr wichtigstes Ziel?*«

Erinnern Sie sich noch an die eingangs gestellte Frage? Die nach den drei wichtigsten Zielen? Und an die Antwort unseres potenziellen Kunden? Sie lautete: »*Mehr Zeit für die wichtigen und privaten Dinge*«, »*selbstbewussteres Auftreten*« und »*zufriedenere/ motiviertere Mitarbeiter*«.

Und erst jetzt erfahren wir den wahren Grund, das **wahre Motiv**, das seiner Antwort auf die Frage nach dem wichtigsten Nutzen zugrundeliegt. Der **Nutzen hinter dem Nutzen** kommt erst jetzt zum Vorschein. Ich konstruiere eine finale Antwort:

»*Ich bin selbst begeisterter Autofahrer. Schon früh habe ich mich für Autos interessiert. Auch ich war öfter auf der Kartbahn, aber leider waren meine Eltern nicht in der Lage, das so zu fördern, wie ich es mir gewünscht habe. Ich habe nach der Schule gleich eine Ausbildung gemacht, um meine Eltern frühzeitig finanziell zu entlasten. Später bin ich dann häufig mit Freunden zu Formel-1-Rennen gereist. Wir haben das ganze Wochenende im Zelt geschlafen und vom freien Training bis zum Rennen alles mitgenommen. Mein großer Favorit war Ayrton Senna, den ich sehr verehrt habe. Nun bin ich ein erfolgreicher Unternehmer und sehe bei meinem Sohn dieses große Talent und die Freude am Rennsport. Ich würde alles geben, um ihm die Möglichkeit zu eröffnen, seinen Traum zu verwirklichen.*«

Bingo!

Jetzt wissen wir ganz genau, was ihn antreibt. Wenn wir uns nicht vollkommen unprofessionell verhalten, ist es ein Leichtes, **ihn bei seiner Zielerreichung zu begleiten**. In diesem Fall sieht es dann so aus: Wir eröffnen ihm ein Konzept, das die Förderung der Motivation und die Loyalität seiner Mitarbeiter herausstellt. Gleichzeitig arbeiten wir dabei am selbstbewussteren Auftreten, indem wir die Stärken der einzelnen Mitarbeiter weiterentwickeln. **Es führt dazu, dass er immer mehr seine Aufgaben delegieren kann. Und genau das verschafft ihm die Zeit, sich um die Dinge zu kümmern, die ihm das Wichtigste in seinem Leben sind.**

Glauben Sie ernsthaft, dass der Preis für Ihre Dienstleistung oder Ihr Produkt jetzt noch eine so große Rolle spielt, nachdem er Ihnen eröffnet hat, dass er alles geben würde, um seinem Sohn diese Möglichkeit zu bieten?

Sie können dieses Beispiel auf alles im Verkauf anwenden. Egal, ob Sie ein Produkt oder eine Dienstleistung vermarkten. **Es geht immer darum, dem Kunden seinen Nutzen hinter dem** Nutzen zu bieten! Wer ein Auto kauft, will selten nur von A nach B fahren. Der eine will nicht schalten, der andere braucht während der Fahrt Musik in Orchesterqualität, der dritte liebt Leder und der vierte muss im Winter einen warmen Rücken haben. Es geht immer darum, herauszufinden, was das wahre Motiv ist. Wenn

Sie die richtigen Fragen stellen, erfahren Sie die richtigen Beweggründe. Und Verkaufen wird zu dem, was es ist – der einfachste Job der Welt.

Lessons Learned

Die wichtigste Voraussetzung, einen potenziellen Kunden zum dauerhaften Kunden zu machen, ist, sich **aufrichtig** für seine Belange zu interessieren. Dies eindrucksvoll zu zeigen schaffen wir, indem wir die **richtigen Fragen** stellen. Es macht schon einen Unterschied zu fragen: »Wie geht es Ihnen?« oder »Wie geht es Ihnen **heute**?« Intime Antworten setzen empathische Fragen voraus. Offenheit auf der einen Seite bedingt Ehrlichkeit auf der anderen. Wir können nicht glücklich sein, wenn sich das, woran wir glauben, nicht mit dem deckt, was wir tun. So etwas spüren die Menschen.

Gehen Sie also behutsam vor, wenn Sie von Ihrem Gegenüber möglichst viel erfahren wollen. **Begleiten Sie ihn während der gesamten Kommunikation**, geben Sie ihm ständig das Gefühl, bei ihm zu sein. **Er ist der Held** und Sie sind sein Adjutant. Wenn Sie es schaffen, dass er kontinuierlich das Gefühl hat, alle Lösungen beruhen auf seinen Gedanken, Ideen und seinen Werten, haben Sie leichtes Spiel. Weil Sie ehrlich sind und all seine Wünsche und Motive nicht nur berücksichtigen, sondern herausstellen!

Viel Erfolg!

Hinweise zum Autor

ULI BAUM

Uli Baum verfügt über langjährige Erfahrung in Führung, Service und Vertrieb:
- 40 Jahre Vertriebserfahrung,
- davon fast 20 Jahre Personalverantwortung,
- 12 Jahre Coaching und Training.
- Seit 2017 Partner der INtem-Gruppe.
- Verschiedene Zertifizierungen/Fortbildungen wie integratives Führen, Limbic Sales, Best Performing, Kundengewinnung, Kommunikationswege, Strategisches Denken und Handeln.

Zudem bringt er seine Erfahrung und Fachwissen als Trainer und Projektmanager bei Milz & Comp. für vertriebliche Optimierung ein.

Kontaktdaten
Internet: www.ulibaum.de

Jahresgespräche – Vorbereitung, Durchführung und Nachbereitung

Dennis Schülke
Senior Key Account Manager & Hochschuldozent

Die Vorbereitung von Jahresgesprächen in hybriden Organisationen

Seit 2009 führe ich in unterschiedlichen Branchen Jahresgespräche verschiedenster Art. Meine direkten Kunden sind dabei meist große internationale wie auch nationale Retail-/Handelsunternehmen wie etwa OTTO (Hamburg), Media Saturn Holding (Ingolstadt), Amazon (München/London), ElectronicPartner (Düsseldorf/Brüssel), ROSSMANN (Burgwedel und Landesgesellschaften) oder die expert AG (Langenhagen und Landesgesellschaften). Ergänzt wurde dieses Portfolio zwischenzeitlich um Verbände und klassische B2B-Kunden sowie um Dienstleister der Kommunikations- und Eventbranche.

Vertrieblich habe ich dabei als Kunden-/Channelverantwortlicher stets Umsatz- und Ergebnisverantwortung von mehr als 40 Million Euro getragen und einkaufs- bzw. marketingseitig Volumina im hohen einstelligen Millionenbereich teils federführend verantwortet.

Da ich meine akademische Ausbildung zum LL.B. und MBA berufsbegleitend durchführte, war ich zeitweise jüngster Key Account Manager aller Zeiten in der deutschen Niederlassung eines japanischen Großkonzerns und kann nun mit Mitte 30 auf **weit über 100 Jahres-, Halbjahres-, und Quartalsgespräche** zurückblicken.

Mit jedem einzelnen Gespräch erweiterte sich mein Horizont, genau wie mit jedem Training, Seminar, Buch oder Podcast, und mit jeder Diskussion zeigen sich Elemente, die »funktionieren«, während sich andere ändern – wie immer gilt: Retail is Detail oder Handel ist Wandel! Ich möchte Ihnen in diesem Kapitel gerne zeigen, wie ich heute Jahresgespräche angehe, führe und zum erfolgreichen Abschluss bringe.

Die Vorbereitung eines Jahresgesprächs

Es ist ein Schauspiel, das sich jedes Jahr wiederholt. Kaum geht das Geschäftsjahr zu Ende, schwenkt der Blick auf das Folgejahr. Für diesen Beitrag setzen wir die Prämisse, dass sämtliche »Hausaufgaben« wie das Verhandeln von internen und externen Budgets, das Vorbereiten großer wie kleiner Produktneueinführungen und das Ineinander-Greifen von Unternehmensprozessen vorab und fortwährend gemanaged wurden.

Gibt es bereits hier Fragezeichen, dann kann es nur heißen: »Zurück auf Los!« Sitzen die internen Prozesse und Abläufe nicht bzw. sind sie nicht marktgerecht oder widersprechen sie gar dem strategischen Unternehmensziel (typisch etwa »Wachstum der Marktanteile«, »Vordringen in neue Märkte«, »Ausweitung des Portfolios« u. v. a. m.), so kann keine Verhandlung gut ausgehen.

Was muss ich über den Markt wissen?

Mit den einleitenden Zeilen haben wir nun einiges Generisches dargelegt und mit Metaphern unterlegt. Werden wir konkret – und schildern, wie wir den Markt, manche Kollegen sprechen von »unserem« Markt, analysieren.

Im Kontext dieses Beitrags meint »meine« Marktanalyse eine klassische Umfeldbetrachtung; hier darf sich des PESTEL-Akronyms bedient werden – denn auch wenn es sich um ein theoretisches Modell handelt, so wollen wir an dieser Stelle aufzeigen, wie scharf und wie präzise diese Betrachtungshilfe sein kann.

P – Politics

Wir erleben seit Beginn der 20er-Jahre des aktuellen Jahrtausends ein auf bequemes und zeitgleich schnelleres Kundenverhalten fokussiertes Handeln. Waren hier vor Kurzem noch lange Verweilzeiten und tiefgreifende Beratungsgespräche von Person zu Person gefordert und gefördert, ist dies nun durch Chats oder Videokonferenzen verändert.

Dass man ein Smartphone auch zum Telefonieren nutzen kann, musste ebenfalls wieder im Kopf reaktiviert werden; ebenso die Tatsache, die sich sukzessive mit Datenmaterial belegen lässt, nämlich dass der E-Commerce ein wichtiges Standbein im Omnichannel bleiben wird.

Die Politik greift aktuell pandemiebedingt massiv in Märkte, Berufe und Branchen ein – welche konkreten Auswirkungen dies auf »mein« aktuelles Gespräch und »meine« aktuelle Kundensituation haben kann, sollte mir stets bewusst sein. Macht es vielleicht vor dem oben beschriebenen Hintergrund Sinn, auf digitale Kanäle und Hilfsmittel umzuschwenken?

Kurzum: Haben Sie, liebe Leser, immer ein wachsames Auge auf die Politik und die Implikationen, die sich hieraus ergeben. Ein Lockdown ist nur eines, wenngleich sehr schwerwiegendes Beispiel!

E – Economy

Die wirtschaftliche Leistungsfähigkeit einer Gesellschaft und damit das de facto zur Verfügung stehende Konsumeinkommen beeinflusst unsere Tätigkeit im Konsumgütersektor massiv. Vereinfacht gesprochen: Ist kein Budget da, wird nicht eingekauft. Hier kann es sich anbieten, umzudenken und die Verhandlungsmasse zu erweitern, etwa durch ein Angebot von Finanzierungsmöglichkeiten für Endverbraucher, Valutaschritte für Kunden, Aussetzen oder durchaus auch im krassen Gegenteil das Einführen von Preiserhöhungen, denn auch die unternehmenseigene Marge will gesichert sein und bleiben.

Ja, wir werden dabei Kunden verlieren – allerdings hinterlassen nur manche eine Lücke. Andere schaffen Platz für Neues, weil sich beispielsweise ein Key Account Manager eben nicht mehr mit dem Eintreiben von Zahlungen oder dem Nachverfolgen von Abrechnungslücken aufhalten muss, sondern neue Accounts entdecken oder eben allen voran vorhandenes, z. T. unentdecktes Potenzial analysieren und dann heben kann.

Fragen Sie sich an dieser Stelle: Habe ich oder hat mein Unternehmen das Potenzial aller Kundenkanäle richtig entdeckt, wirtschaftlich richtig bewertet und mit aller sinnvollen Anstrengung bedient und bearbeitet? Meiner Erfahrung nach lautet die Antwort meistens: Nein. Spätestens jetzt ist die Chance da!

S – Social

Soziale Aspekte knüpfen unmittelbar an ökomische Aspekte an; im betriebswirtschaftlichen Sinne ist hier das Kaufverhalten in Verbindung mit dem eigenen Rollenverständnis sowie der demografischen Struktur der Zielgruppen bzw. des Zielmarktes gemeint.

Wir fokussieren uns an dieser Stelle auf das (Ein-)Kaufverhalten der Zielgruppe, denn jederzeit wollen wir den Konsumenten in der Mitte unserer Strategien wissen.

Ich unterscheide dabei im Kern vier Kaufverhaltenstypen. Meiner Meinung nach sind diese im Jahr 2021 die wichtigere Möglichkeit zur Kundendifferenzierung – wichtiger als etwa Einkommen, Herkunft, Alter o. ä.:

- Extensive Kaufentscheidungen
  Entscheidungen mit starker kognitiver Steuerung, hohem Informationsbedarf und aufwendiger Informationsverarbeitung, sprich langer Entscheidungsdauer.

Es werden alle verfügbaren internen und externen Informationen aufgenommen und rational verarbeitet, begrenzt nur durch individuelle kognitive Restriktionen. Besonders relevant ist dies, wenn noch keine Entscheidungsmuster vorliegen wie dies etwa bei einem Erstkauf vorkommt.

Allerdings schränken situative Faktoren wie etwa »Zeitdruck« den Handlungsspielraum regelmäßig ein, was zum Abbruch der extensiven Kaufentscheidung und zum Rückgriff auf bewährte Kauferfahrungen oder ein vereinfachtes Kaufverhalten führt.

- Limitierte Kaufentscheidungen

  Es läuft ein vereinfachtes Entscheidungsprogramm ab, welches den Käufer entlastet und mögliche Konflikte verringert. Die limitierten Kaufentscheidungen sind durch einen mittleren Informationsbedarf und mittlere Informationsverarbeitung gekennzeichnet. Schlüsselinformation haben dabei eine große Bedeutung. Nur wenige Alternativen aus einer als kaufrelevant wahrgenommenen Alternativmenge werden hier geprüft.

  Es wird in der Regel nicht eine »optimale« Alternative ausgewählt, sondern eine Alternative, die das Anspruchsniveau des Entscheiders erfüllt.

- Habitualisierte Kaufentscheidungen

  Diese sollen zu schnellen, bewährten und risikoarmen Käufen führen. Sie entstehen durch Adoption von Verhaltensmustern oder durch Beibehalten bewährter Entscheidungen. Sie sind gekennzeichnet durch geringen Informationsbedarf und eine schnelle Verarbeitung der Information. Es entstehen Langzeiteffekte wie verfestigte Kaufpläne, was sich etwa durch große Marken- bzw. Produkttreue bemerkbar macht.

  Habitualisierung beruht auf dem Persönlichkeitsmerkmal des generellen Strebens nach Vereinfachung des täglichen Lebens und einer begrenzten Risikoneigung. Sie steigt mit zunehmendem Alter und sinkt mit zunehmendem sozialem Status.

- Impulsive Kaufentscheidungen

  Hier haben wir es mit emotionalen, schnell ablaufenden, spontanen Kaufreaktionen zu tun. Sie unterliegen nur geringer kognitiver Steuerung und werden meist durch produktbezogene Stimuli ausgelöst.

T – Technology

Herzlichen Glückwunsch! Sie haben Skype entdeckt? Toll! Und Microsoft Teams haben Sie nun auch endlich lizenziert? Was hat sie so lange gehindert? Warum ist dies so lange verhindert worden? Ich habe im privaten Umfeld schon längst Zoom-Partys gefeiert oder über GoToMeeting im nebenberuflichen Kontext gearbeitet. Hochschulen waren zum großen Teil schneller als Gymnasien – und manche Unternehmen haben den datenschutzrechtlichen Zeigefinger mahnend gehoben, statt aktiv zu managen. Was zeigt uns dies? Sorgen Sie dafür, dass ein technologischer Backbone aktiv gemanaged ist und Sie auch jederzeit weiterhin Kunden, Endverbraucher und Lieferanten ansprechen bzw. mit diesen interagieren können. Weiterhin: Bilden Sie sich weiter und seien regelmäßig mit den neuesten Entwicklungen vertraut, damit Sie sich nicht nach einem Dreivierteljahr wundern, dass Sie in Konferenzen niemand versteht, nur weil Sie »auf stumm geschaltet sind«.

Technology in diesem Kontext meint vor allem die Anwendung von lebenslangem Lernen – schreiben Sie Mails, die Ihre Kunden interessieren, beachten Sie auch im Geschrieben den guten Ton, seien Sie schnell, antworten zügig und wählen Sie bitte aussagekräftige Betreffzeilen!

E – Ecological

Zur Durchführung einer Kundenanalyse ist auch das Bewerten der physischen Umwelt von elementarer Bedeutung. Nachhaltigkeit etwa ist längst jenseits eines bloßen »Greenwashings«, eines Marketingtools, angekommen, sondern ist etwas, wonach Kunden heute verlangen. Was für Verhandlungen gilt, gilt auch hier: Seien Sie konsequent und führen Sie sinnvolle Initiativen zu Ende. Nur bitte nicht halbseiden »das eine tun und das andere lassen«: Nachhaltige Verpackungen herzustellen, indem Sie diese schrumpfen und so auf nicht notwendiges Material verzichten, birgt die Gefahr, dass die Produkte im Regal untergehen. Maßnahmen wie diese können keine zielführende Option sein. Stattdessen Druckpartner herausfordern, auf Recyclingpapier zu drucken und dabei ein »schönes« Bild abzugeben oder die Ozeane von Plastik zu befreien und gleichzeitig den Kunststoff nachhaltig zu recyclen – das ist Führen von Veränderungen und Treiben von umfeldbeeinflussenden Erfolgsfaktoren!

L – Legal

Sind Sie Jurist? Hervorragend, dann wissen Sie um die Bedeutung von Worten oder eben auch um die Kraft des Weglassens von Worten. Sind Sie kein Jurist – dann holen Sie sich bereits beim Verhandeln Juristen an Bord. Können Anwälte aktiv managen und gestalten, kommen unentdeckte Kostbarkeiten zu Tage – mehr als Sie glauben, und weitaus bessere als die notwendigen Einschränkungen in der nachrangigen Prüfung einer Einigung oder eines Vertrages.

Was muss ich über den Kunden wissen?

Kennen Sie ihren Kunden? Wissen Sie, was ihn bewegt, was ihn treibt, wo er sich strategisch sieht? Die meisten Menschen neigen dazu, »kennen« mit »mögen« zu verwechseln. Sie neigen dazu, »kennen« mit der Hypothese zu verknüpfen, dass man seit Jahren oder manchmal auch Jahrzehnten mit dem gleichen Ansprechpartner zu tun hat – manchmal gar wird es davon abhängig gemacht, ob man sich duzt.

Wenngleich wir als Menschen tiefenpsychologisch nach Verbündeten oder mindestens Gemeinsamkeiten suchen, ist es schön, wenn es diese gibt – mehr aber auch nicht.

Wir müssen keine »besten Freunde« sein, oft hilft sogar das Gegenteil. Was dennoch unabdingbar ist: Wir müssen zunächst den Menschen verstehen, manchmal gar durchdringen, um sein Handeln in der Vergangenheit, in der Gegenwart und vor allem auch in der Zukunft zu verstehen. Dazu ist und bleibt der zurzeit häufig verpönte Smalltalk wichtig. Denn erst, wenn wir die Menschen verstehen – was nicht gleichbedeutend damit ist, dass man Weltbildern oder Glaubenssätzen zustimmt –, haben wir die Möglichkeit, zu verstehen, was sie tun und wie sie es tun. Dann fällt es uns leichter, Entscheidungen der Gegenseite zu verstehen, es fällt uns leichter, sie zu antizipieren und vorher entgegenzuwirken.

Gleichzeitig müssen wir die Zukunft und auch die Zukunftsfähigkeit unserer Partner und Lieferanten im Auge behalten – ein Aspekt, den uns Corona erneut als sehr wichtig aufgezeigt hat und der allzu oft vernachlässigt wurde.

Mein Tipp, meine Regel, an die ich mich stets selbst zu halten versuche: Wenden Sie zwischen 10 und 15 % Ihrer wöchentlichen Arbeit auf, sich mit Ihren Kunden zu beschäftigen. Nutzen Sie sämtliche Möglichkeiten – lesen Sie die gleiche Tageszeitung, die gleichen Bücher. Statt sich zu beschweren: Seien Sie dankbar für die Vielzahl an Quellen und seien Sie schnell – hier mehr denn je. Hören Sie Podcasts, analysieren Sie Interviews – versuchen Sie, das Innere und das Äußere des Kunden zu verstehen. Manchmal führt das gar bis zum Analysieren des Schreibstils in Mails oder dem Wahrnehmen von Aussagen auf »inoffiziellem« Wege wie Telefongesprächen außerhalb der Verhandlungsrunden usw. Lesen und abonnieren Sie Newsletter von relevanten Verbänden, legen Sie sich Google Alerts an und tun Sie alles, was notwendig ist, um über Ihre Kunden auf dem Laufenden zu bleiben.

Diese Masse an Erkenntnissen, dieses Wissen ersetzt mehr, als Sie mit Budget oder Kondition kaufen können – Sie müssen ihrem Kunden nicht zustimmen, sie müssen ihn und seine DNA jedoch verstehen!

Wie sollte mein Team aufgestellt sein?

Wenn wir also den Kunden und dessen Umwelt sowie Umfeld verstanden haben, geht es daran, das richtige Team zusammenzustellen. In diesem Kontext geht es explizit nicht um Headcount oder um klassische Personalplanung. Vielmehr soll der Aspekt herausgearbeitet werden, wer wann welche Rolle in Kundengesprächen allgemein und in der Jahresverhandlung im Besonderen einnimmt. Hier ist es wichtig zu analysieren, mit welchem Mindset und mit welcher Aufstellung der Kunde das Gespräch bzw. unterjährige Verhandlungen über E-Mail, Telefon, auf Messen oder digital wahrnimmt.

Hier gehen nun die Meinungen oder Erfahrungen auseinander und ich möchte an dieser Stelle zwei Optionen skizzieren und damit jeweils einen Impuls liefern:

Die Teilnehmer – Fachdisziplinen gleichlautend und paritätisch besetzt

Hier liegt der Klassiker vor: Der Vertrieb verhandelt mit dem Einkauf. Was geht dabei verloren? Unheimlich viel – und das unheimlich schnell. Einerseits liegt es daran, dass wir als Menschen ungerne ernsthaft Konflikte austragen. D.h. hier, dass die Wahrscheinlichkeit einer (vor)schnellen Einigung sehr groß ist. Schließlich glauben wir zu wissen, was möglich ist und was nicht.

Mindestens den klassischen blinden Fleck des bekannten Johari-Fensters lassen wir außen vor:

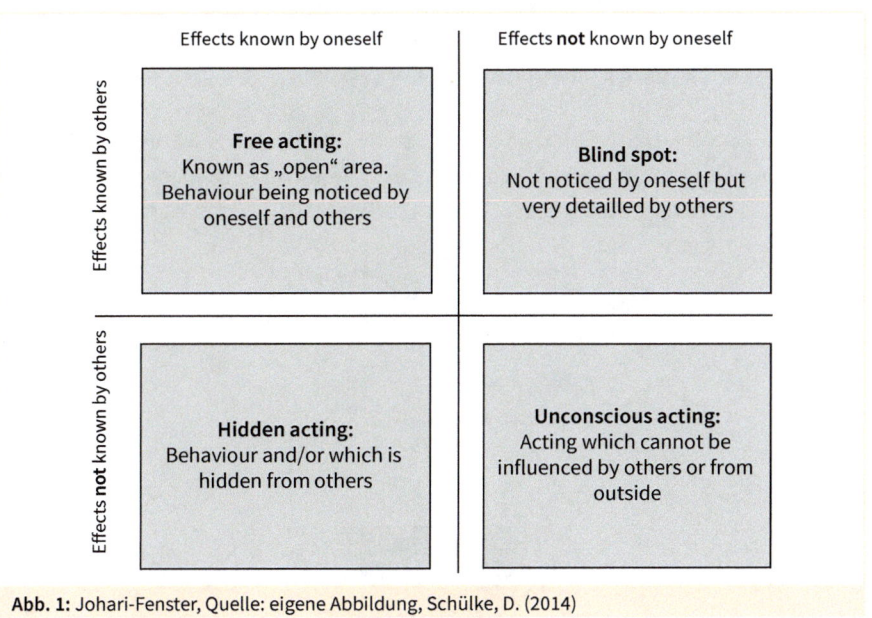

Abb. 1: Johari-Fenster, Quelle: eigene Abbildung, Schülke, D. (2014)

Gleiches passiert allzu häufig, wenn einerseits Fachanwender miteinander verhandeln (z.B. im Soft-/Hardwarevertrieb) und das Verhandlungsergebnis durch Detailversessenheit bzw. Leidenschaft für das Produkt oder die Anwendung aus den Augen verloren wird oder wenn unerfahrene Fachkräfte mit am Verhandlungstisch sitzen.

Die Teilnehmer – unterschiedliche Gruppengrößen & unterschiedliche Fachdisziplinen

Mit der Teilnahme von Vertretern anderer Fachbereiche wird das Verhandlungsfeld/ der Verhandlungstrichter taktisch oder strategisch erweitert. So können z. B. klassische Konditionsgespräche um die Optimierung der Supply Chain oder Vereinfachung der Abrechnung von Konditionselementen über die Bande gespielt und entsprechend der Fokus erweitert bzw. geschärft werden.

Der Vorteil der größeren Besetzung ergibt sich aus der Tatsache, dass das Verhandlungsfeld vergrößert wird und Zugewinne in Bereichen möglich werden, die wahlweise kostenseitig einen Hebel haben oder, wenn wir an Zugeständnissen denken, nicht zu sehr ins Kontor schlagen. Gleichzeitig bieten wir unserem Verhandlungspartner die Chance, schneller oder mehr Verhandlungspunkte für sich zu sammeln.

Gemeinsame Story & Leadership

Bei beiden Optionen ist es vonnöten, »eine gesamtheitliche Story aufzubauen«. Sie benötigen Leadership mehr als alles andere. Sie führen nicht nur durch die Verhandlung, nein, Sie führen die Verhandlung mit allen Sinnen und mit allen Ideen, im Kern mit aller Expertise, die Sie mitbringen!

Als unsere Lessons Learned lassen sich zusammenfassen, dass wir in den Verhandlungen generell und mit hybriden Teams im Besonderen mehr brauchen – konkret die folgenden Elemente, die ich »Best-in-Class Account Management« nenne:

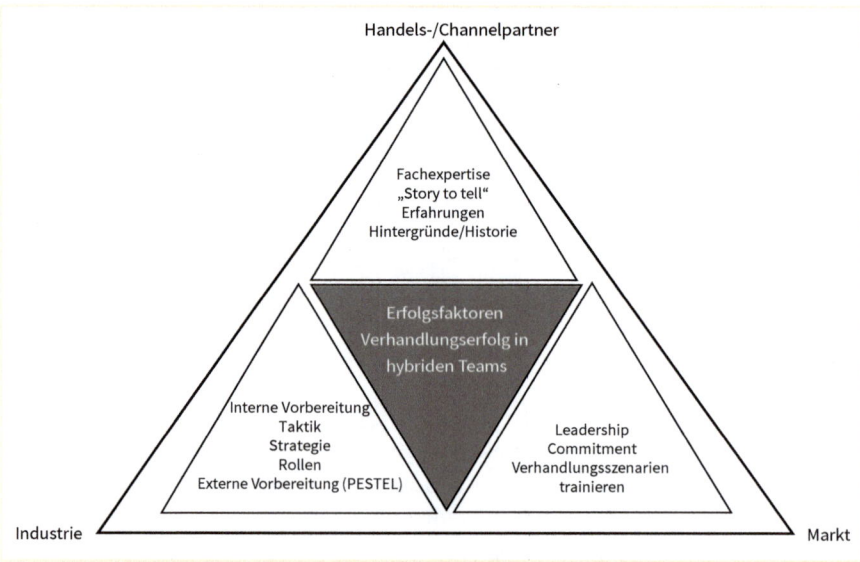

Abb. 2: Erfolgsfaktoren in hybriden Teams, Quelle: eigene Darstellung (2021)

Haben Sie all dies für Ihre Verhandlung abgehakt, so können Sie mit voller Schlagkraft und maximaler Erfolgsaussicht in Verhandlungen eintreten und jederzeit die gesamte Klaviatur der Verhandlungen spielen! Erst dann haben Sie eine Chance auf das Best-in-Class Account Management in seiner ganzen Vielfalt und Wortbedeutung, einzeln wie zusammengefasst!

Ist die Vorbereitung einmal abgeschlossen, ist jegliche Ressource dem Verhandlungsziel unterzuordnen und ist das einzelne Verhandlungsziel einmal erreicht, so ist jede Ressource zielführend auszurichten, um das Gesamtergebnis zu erreichen. Wie können wir dieses Ziel erreichen? Hierzu möchte ich Ihnen einige Impulse geben. Auch wenn so manches trivial klingt – fragen und hören Sie bitte tief in sich hinein, ob die einzelnen Aspekte jeweils mit voller Kraft auf Sie zutreffen.

Durchführung des Jahresgesprächs

Sprechen wir nun also über den aus meiner Sicht wichtigen ersten, häufig unterschätzten Baustein der Kunden- und Marktführung – das Framing.

Framing: Es gibt kein Jahresgespräch mehr. Gespräche finden das ganze Jahr statt!
Das Framing, die Rahmung oder der Kontext, unter dem »das Gespräch« stattfindet, steckt unter Zuhilfenahme psychologischer Strategien und Taktiken den Zielkorridor der Verhandlung ab und hilft, den Fokus zu halten.

Was heißt das? Die Zeiten, in denen mit einer Jahresvereinbarung ein gesamtheitliches Geschäftsjahr zu Papier gebracht wurde, sind vorbei. Stattdessen wird heute unterjährig und jederzeit sichtbar – anstatt wie teilweise noch zu Vor-Compliance-Zeiten ggf. unter der Hand – verhandelt: Völlig überraschend steht etwa ein neues Datenauswertungs-Tool zur Verfügung, eine neue Werbekampagne wird lanciert oder ein einzelner Artikel aus dem Lieferprogramm wird in Frage gestellt.

In diesen gesamtheitlichen Verhandlungen gilt es, Ruhe zu bewahren – Nervosität und Fahrigkeit sind mehr denn je fehl am Platz. Stattdessen sollten vorher und vor allem fortwährend die Kunden und der Markt mit allen Facetten, allen Treibern und Blockaden verstanden werden – oder besser noch: zu durchdringen, wie bereits oben erläutert. Mit soliden Fachkenntnissen und idealerweise auch mit Erfahrungswissen muss der neue Verhandlungseinwurf, der im Kern nicht anderes ist als ein Ein- oder Vorwand in einem Verkaufsgespräch, behandelt werden – nothing is agreed until everything is agreed!

Wichtig an dieser Stelle: Werden Sie niemals zum Advocatus Diaboli – Sie verhandeln für sich, für Ihre Abteilung, Ihr Team und vor allem Ihr Unternehmen! An dieser Stelle zitiere ich Boris Grundl: »Verstehen heißt nicht, einverstanden sein«. Dieses Mantra hilft handelnden Personen in hybriden Organisationen über die Klippe, mental oder/ und inhaltlich, hinweg.

Dies ist zuweilen anstrengend, folgt es doch der Idee des »Scheinwerfereffektes« – mit eben diesem Lichtkegel muss das gesamte Verhandlungsumfeld ausgeleuchtet werden. Dazu gehören viele Gespräche, viele iterative Schleifen, viel Kommunikation und Zuhören, Zuhören, Zuhören.

Was kann schiefgehen?

Wird das Ziel der partnerschaftlichen Zusammenarbeit gefährdet, so sind die beteiligten Verhandlungspartner auf genau diesen Umstand anzusprechen; wirkt dies nicht – so ist diese Person nach Möglichkeit vom Verhandlungstisch zu entfernen. Zur Klarstellung und Vorbeugung etwaiger Missverständnisse: Eine Verhandlung ist dabei bei aller Größe und Wichtigkeit »nur« eine Runde am Pokertisch. Neben tatsächlichen spieltheoretischen Modellen hilft mir diese Metapher, ganz gleich ob Poker oder Monopoly, Angriffe nicht persönlich zu nehmen und sinnvoll, taktisch und strategisch – je nach Situation – zu (re)agieren.

Mir hilft dabei stets das Gedankenspiel oder Bild des Schiedsrichters: Pfeifen Sie zur Halbzeit, unterbrechen Sie die Verhandlungen für eine Kaffeepause oder »entfernen« nach vorheriger interner Abstimmung diese Person zwecks Organisationsaufgaben (z. B. Holen von Getränken/Flipcharts/Beamer o. ä. …) vom Verhandlungstisch.

Weniger rabiat und taktisch eleganter ist es, sich vorher oder nachher mit Ihrem Verhandlungspartner im »ausgeschalteten Kampfmodus« zu treffen oder vor Ort z. B. vor/ nach dem tendenziell eher formalen Abendessen auf einen Drink zu treffen. Sehr gut funktionieren auch andere Kommunikationskanäle – findet die Verhandlung z. B. per Videokonferenz statt, schreiben Sie parallel Nachrichten über WhatsApp, LinkedIn o. ä.

Das Aufstellen des richtigen Teams und mithin die Führung dieses Teams ist insbesondere in hybriden Organisationen oft schwierig, da hier unterschiedlichste Glaubenssätze und Ansichten, zum Teil bedingt durch unterschiedliche Fachbereichsaspekte-/ Ausbildungen, zum Vorschein treten.

Wird also bspw. im Vertrieb ein Verhandlungsfehler begangen, so kann dies eine komplette Produktstrategie torpedieren – genauso wie Fehler im Marketing strategische Marktwachstums- und Kundenziele gefährden können.

Hier ist Leadership gefordert und derjenige, auf dessen Schultern die Umsatz- und Ergebnisverantwortung liegt, muss jederzeit vor dem Kunden und in der Organisation das Heft des Handelns in der Hand halten – diesem Manager obliegt das finale »Go« oder »No-Go« einer jeden Maßnahme. Er muss das Ergebnis zum Abschluss einer jeweiligen Verhandlung oft symbolisch mit seiner Unterschrift, immer jedoch auch rechtsverbindlich abgeben.

Nachbereitung und Commitment

Ihr Vertrag ist geschlossen und mithin ist die Jahresverhandlung abgeschlossen? Mitnichten! Nun sind alle Beteiligten wie in der Einleitung erwähnt aufgefordert, das gegebene Commitment auch zu halten. Hier gilt es nun, anhand der durchdachten und verhandelten Strategie das Ergebnis abzusichern und bei etwaigen Einflüssen unternehmensadäquat zu handeln – die Optionen sind vielfältig und gehen von Vertragsöffnungsklauseln bis in die feinsten Nuancen eines jeden Unterpunktes. Entscheidend ist, dass das interne Commitment stets das berühmte Minimum größer ist als das nicht beeinflussbare von außen!

Summary und Lessons Learned

»Wenn Du Dich und den Feind kennst, brauchst Du den Ausgang von 100 Schlachten nicht zu fürchten. Wenn Du Dich selbst kennst, doch nicht den Feind, wirst Du für jeden Sieg, den du erringst, eine Niederlage erleiden. Wenn Du weder den Feind noch Dich selbst kennst, wirst Du in jeder Schlacht unterliegen.«[1]

Warum beginne ich meine Zusammenfassung mit einem der wohl berühmtesten Zitate der Strategielehre? Was hat das Militär bzw. das Planen von Schlachten überhaupt mit modernen Verhandlungen zu tun? Kurzum: jede Menge!

Ich möchte Ihnen als Lessons Learned aus weit über 100 aktiv geführten Jahres-, Halbjahres-, und Quartalsgesprächen, in denen es mal »nur« um Konditionen, aber auch oft genug um das große Ganze eines (Rahmen-)Vertrages ging, meine Top 4 für strategisch wichtige, oft stressige, jedoch im Kern immer zielorientierte Gespräche mitgeben – diese Punkte sind einzeln bereits hochwirksam, in Summe entfalten sie ihre volle Schlagkraft.

1. Bereiten Sie sich vor und bleiben Sie (dennoch) flexibel!
   Vorbereitungen sind enorm wichtig, wie alle obigen Punkte zeigen. Bleiben Sie dennoch flexibel; wenn der Wind sich dreht, drehen Sie ihre Segel und wenn es eine (sinnvolle) Chance zum Abschluss gibt, dann schließen Sie ab! Es werden im-

---

1 Sun Tzu, »Die Kunst des Krieges«, erstmals erschienen ca. 500 v. Chr.

mer letzte Unsicherheiten bleiben. Statt den Abschluss zu verpassen, managen Sie den Abschluss unterjährig.

2. Kennen und verstehen Sie Ihren Kunden!

Sie können nur erfolgreich sein, wenn Sie Ihren Kunden, dessen »Trigger«-Punkte, seine Motivation und Ziele kennen. Passen Sie Ihre Strategie und Taktik entsprechend an!

3. Stellen Sie ihr Team zusammen

Es klingt banal – wenn Sie sich jedoch »trauen«, Ihr Team zusammenzustellen, dann können Sie überhaupt erst 100%ig fokussiert sein! Erlauben Sie sich und ihrer Organisation wechselnde Teams und ziehen Sie die Spezialisten einerseits zu Rate und nehmen Sie diese andererseits in die Verantwortung!

4. Den Rücken zur Wand? – Das ist nicht das Ende, sondern der eigentliche Beginn!

Bedenken Sie immer: Die Abhängigkeit ist in aller Regel wechselseitig! Deshalb sitzen Sie am Tisch – ganz egal, ob im Vorstands-Boardroom oder virtuell im Homeoffice. Allein, dass Sie zur Verhandlung geladen wurden, zeigt, dass ein großes Interesse am Abschluss und an der Zusammenarbeit besteht!

Führen Sie sich dies stets, vor allem in schwierigen Passagen der Verhandlung, vor Augen!

Ob mit dem Summary oder der Langtextvariante – ich wünsche viel Freude beim Verhandeln in hybriden Organisationen und jederzeit tolle Abschlüsse!

Hinweise zum Autor

DENNIS SCHÜLKE

Dennis Schülke hat über zwölf Jahre Marketing- & Vertriebspraxis im Konzern von der Pike auf gelernt.

- Branchenerfahrung: FMCG & Consumer Electronics
- Lehrauftrag seit 2017 für strategisches Management mit Fokus auf Vertrieb & Marketing
- Auslandserfahrung durch das Management internationaler (Key) Accounts
- Akademischer Background eines Master of Business Administration (MBA) & juristisches Know-how eines Bachelor of Laws (LL.B.).
- Mit 35 Jahren bereits über 100 Jahres-, Halbjahres- und Quartalsgespräche

Eine Lanze für Facebook, Xing, LinkedIn & Co.

Soziale Medien für Kundenakquisition und effektive Kundenansprache nutzen – nicht nur in der Pharmabranche

Dr. Björn Seidel
Geschäftsführer
BSC Concepts & Consulting GmbH/Milz & Comp. Partner

Status quo

Inflation der Verkaufstechniken

Wenn ich den Vertrieb und die Entwicklung der besten Verkaufsstrategien bzw. Verkaufstechniken in den letzten Jahren und Jahrzehnten in Unternehmen und Organisationen rückblickend betrachte, so hat sich sehr viel getan – und es tut sich nach wie vor viel. Auf ein Verkaufsmodell folgt das nächste. Die ständigen Veränderungen im Verkauf, immer die aktuellste Verkaufstechnik einzusetzen, hat insbesondere für die betroffenen Vertriebsmitarbeiter schon teilweise zwanghafte Züge. Was gestern noch angesagt war, ist heute schon wieder nicht up-to-date. »Die nächste Sau wird durchs Dorf getrieben.« Das sind Aussagen, die ich als Coach und Verkaufstrainer sehr häufig, insbesondere von Außendienstmitarbeitern aus dem Vertrieb, zu hören bekomme.

Jedes Unternehmen, so ist meine Erfahrung, verfolgt seine eigene Verkaufsstrategie. Wurde gerade noch Hard Selling als die Methode der Wahl gehypt, sind andere davon überzeugt, dass Emotional Selling die Lösung im Vertrieb ist. Irgendwann kam SNAP Selling um die Ecke, gefolgt von Value Base Selling oder N.E.A.T. Selling und die Erkenntnis, dass diese Techniken vielleicht doch besser sind. SPIN Selling wird in einigen Unternehmen nach wie vor als die Krönung der Verkaufstechniken angesehen, andere betrachten Solution Selling als die beste Verkaufsstrategie. Mit der Miller-Heimann-Methode rückte bei einigen Unternehmen das strategische Verkaufen in den Vordergrund. Seit der Bankenkrise 2008/2009 ist der Challenger Sale in so mancher Vertriebseinheit en vogue. Mit dem Customer Centric Selling oder dem PFI (Patient-Focused-Interaction) kam bei einigen Unternehmen wieder die Einsicht, dass man den Kunden oder Patienten doch wieder in den Mittelpunkt rücken sollte.

Insgesamt habe ich beobachtet, dass die zahlreichen Methoden im Laufe der Jahre leicht verändert wurden, neue Namen erhielten und wieder auf den Markt kamen. Die zahlreichen und immer wieder wechselnden Methoden zeigen jedoch auch, dass es ein 100 %iges Erfolgsrezept nicht gibt.

Verkaufsmethoden und Techniken als unterschiedliche Werkzeuge zu betrachten, die je nach Anwendungsbereich erfolgreich sein können, wird von Milz & Comp. in ihrer SALESTOOLBOX® effektiv umgesetzt. In der SALESTOOLBOX® findet sich eine Übersicht aller in Unternehmen benötigten Vertriebsprozesse und Vertriebsstrukturen.

Schnelle Adaption macht Unternehmen erfolgreicher

Gerade in der Pharmabranche erlebe ich den schnellen Wechsel der unterschiedlichen Verkaufsmethoden und Techniken ständig. Das ist nachvollziehbar. Man möchte, insbesondere in einem starken Verdrängungswettbewerb, in dem häufig verschiedene Medikamente um den Einsatz bei einer Indikation ringen, besser sein als der Mitbewerber. Man will erfolgreicher im Verkauf seiner Produkte sein, und deshalb ist jede Methode, die das ermöglicht, genau in diesem Moment die richtige. Insofern ist der stete Wandel in diesem Bereich wichtig und auch überlebensnotwendig. Wenn hier Widerstände seitens der Mitarbeiter auftreten, ist meist nicht das neue Modell die Ursache, sondern fehlende Transparenz und die schlechte Kommunikation in den Unternehmen selbst. Den Mitarbeitern wurde das neue Modell einfach schlecht verkauft, hier ist die Einbindung externer Trainer sehr hilfreich.

Gerade die Pharmabranche ist auch unter anderen Gesichtspunkten sehr interessant, um Verkaufsmodelle zu beleuchten und zu prüfen, ob diese erfolgreich sind. Die Pharmabranche ist unter Verkaufsaspekten ein extrem herausfordernder Bereich. Man hat hier als Außendienstmitarbeiter i. d. R. niemals direkt mit dem Anwender seines Produktes – also dem Patienten – zu tun, sondern immer nur mit dem Vermittler, dem Arzt. Man muss diesem Arzt von seinem Produkt so überzeugen, dass er genau dieses Produkt als das richtige für seinen Patienten ansieht. Oft muss der Arzt wiederum den Patienten von einer Behandlungsmethode überzeugen. Hier ist letztendlich der Arzt dann der Verkäufer. Gerade bei Krankheiten, die – unabhängig der Behandlungsmethode – für den Patienten trotz der positiven Aspekte eine Belastung darstellen können, ist das der Fall. Die Behandlung von Parkinson ist so ein Beispiel. Häufig ist der Arzt vom Produkt überzeugt, schafft es aber nicht, den Patienten und/oder die Angehörigen ebenfalls für sein vorgeschlagenes Vorgehen zu gewinnen.

Weiterhin ist es in der Pharmabranche nicht möglich, mit der gängigen Option in Gespräche zu gehen, dem Kunden Rabatte einzuräumen. Es gibt zwar unterschiedliche Präparate, die unterschiedliche Preise haben, aber die Möglichkeit, die es meist in anderen Branchen gibt, dass man den Kunden z. B. 10 % Rabatt einräumt, wenn er 100 abnimmt, gibt es nicht. Die Sprüche der Einkäufer in den meisten Branchen, dass da am Preis immer was zu machen ist, kennen viele, und es ist ja auch meist so. In der Pharmabranche ist diese Art des Verkaufens nicht möglich. Pharmareferenten können hier nicht – anders als Apothekenberater, Vertriebsingenieure oder Autoverkäufer – ein günstigeres Angebot machen.

Herausforderung Remote Calls und digitales Verkaufen

Derzeit dreht sich das Rad der Verkaufstechniken aus meiner Coach- und Trainerperspektive betrachtet coronabedingt wieder sehr schnell. Jetzt geht es darum, aus Mangel an persönlichen Kontakten Produkte remote bzw. digital zu verkaufen. Man versucht, online einen Kontakt zu seinen Kunden herzustellen. Der Zustand, dass Kunden sich auch in den nächsten Monaten, vielleicht auch noch in den nächsten Jahren in geringerer Frequenz als bisher persönlich besuchen lassen, wird wohl, auch nach Corona, längerfristig andauern. Dadurch hat das digitale Verkaufen branchenübergreifend gerade absolute Hochkonjunktur. Wer das Online-Verkaufen besser als die Mitbewerber realisiert, ist in der Regel erfolgreicher.

Der Zusammenhang von Sympathie und Kundenansprache

Wie schafft man es z. B., einen Remote Call erfolgreich umzusetzen, sodass die online kontaktierte Person einem zuhört und ein paar Minuten seiner Aufmerksamkeit schenkt? Erst dann ist es ja als Verkäufer möglich, mit der jeweils aktuellen Verkaufstechnik die eigenen Produkte zu platzieren und zu präsentieren – erst dann ist man im Verkauf auch erfolgreich.

Letztendlich geht es also um die richtige Kundenansprache im virtuellen Raum, aber auch im persönlichen, realen Kontakt. Die Grundvoraussetzungen sind hier derzeit für alle Verkäufer die gleichen, die Herangehensweisen jedoch beliebig unterschiedlich.

Die Grundprinzipien des Verkaufens sind unverändert

Unter verkaufspsychologischen Aspekten hat sich in den letzten Jahren wenig verändert. Unabhängig davon, welche Methode eingesetzt wird oder in welchem Raum der Kontakt stattfindet, ob persönlich, per Remote Call, E-Mail oder telefonisch: Der Kunde tritt mit einem Verkäufer näher in Kontakt, weil

a)   er den Verkäufer sympathisch findet,

b)   er das Produkt oder die Dienstleistung interessant findet und einen Nutzen sieht

c)   oder im besten Fall, weil eine Mischung aus a) und b) vorliegt, also der Verkäufer sympathisch ist und ein passendes Produkt anbietet.

Daran hat sich und wird sich nichts ändern. Kein Verkaufsmodell, keine Verkaufstechnik, ob Face-to-Face oder digital, wird diese erste Phase eines Verkaufsgesprächs und das Verkaufsprinzip der Sympathie aushebeln. Die Grundmechanismen erfolgreichen Verkaufens haben auch immer ihre Gültigkeit. Dass die Sympathie eine der wesentlichen Überzeugungsfaktoren repräsentiert, hat bereits Robert Cialdini in seinem Buch »The Power of Persuasion« deutlich herausgestellt.[1] Fakten, Argumente etc. helfen in einem Erstkontakt zunächst überhaupt nicht. Man braucht einen Zugang zum Kunden.

Der Beziehungsmanager lebt – das Comeback des Beziehungsmanagers

Der Abgesang auf den sogenannten Beziehungsmanager, der in vielen Verkaufstechniken und Modellen ausgedient hat, ist meiner Meinung nach de facto falsch. Das zeigt sich in der derzeitigen Krisensituation eindrucksvoll. Man bekommt als Verkäufer nur dann einen digitalen Draht zu seinen Kunden, wenn die Beziehungsebene vorhanden ist. Es ist extrem hilfreich als Verkäufer, mittels E-Mail, SMS oder WhatsApp vorab mit den Kunden in Kontakt zu treten, um anschließend die Möglichkeit zu bekommen, ihn anzurufen, remote Daten zu zeigen oder zu einer virtuellen Veranstaltung einzuladen. Das ist aber nur möglich, wenn eine persönliche Ebene bereits besteht.

Problemlösung

Was Partnerbörsen mit NLP zu tun haben

Wenn man als Verkäufer erfolgreich sein will, muss man – wie oben erwähnt – also sympathisch rüberkommen und es schaffen, Neugierde bzw. Interesse bei Kunden zu wecken. Wie schafft man es aber, als Verkäufer sympathisch zu wirken? Eine Frage, die einfach zu beantworten ist, wenn man die Fragestellung leicht verändert. Wann finden wir Menschen sympathisch? Wir finden Menschen sympathisch, die uns ähnlich sind. Dies ist unter dem sogenannten Similar-to-me Effect bekannt geworden. Der besagt, dass wir uns bei Menschen gut fühlen, in denen wir uns wiederfinden. Verschiedene Artikel und die berufliche Praxis zeigen auch, dass Bewerber im Vorstellungsgespräch bei der Jobvergabe bevorzugt werden, wenn der Interviewer sich in Kandidaten wie-

---

1   Robert Cialdini: Die Psychologie des Überzeugens, 2017

dersieht[2]. Ähnliche Kleidung, gleiche Hobbys, gleiche Autos, vergleichbare Berufe und Ansichten, ähnliche Mimik, Sprache, Dialekt und Gestik etc. können Faktoren sein. Je größer die Anzahl an solchen sogenannten Matches ist, desto höher ist die Chance, dass wir andere sympathisch finden. Auf der Basis nach einer möglichst hohen Anzahl an Matches funktionieren viele Partnerschafts- und Datingplattformen. Das Matching-Verfahren ist hier die Grundlage dafür, welche Vorschläge man erhält.

Auch das bekannte Kommunikationsmodell NLP (Neurolinguistisches Programmieren) nutzt die Sympathie als wesentlichen Aspekt. In der NLP-Welt wird durch den Aufbau des sogenannten Rapports Sympathie erzeugt. Rapport wiederum wird bei NLP als die Fähigkeit bezeichnet, die Welt eines anderen zu betreten und zu ihm eine Brücke zu bauen. Rapport ist gekennzeichnet durch Zustimmung und Ähnlichkeit. Rapport bedeutet auch, Menschen mit einer ähnlichen Sprache und einem ähnlichen Niveau anzusprechen. Alles Aspekte, die Sympathie erzeugen und für erfolgreiches Verkaufen wichtig sind.

Nur zwei Fragen

Ist die Sympathie des Kunden zum Verkäufer vorhanden, kann im nächsten Schritt der Verkäufer Interesse beim Kunden und insbesondere für das Produkt wecken. Hier unterscheiden sich meiner Erfahrung nach gute von weniger guten Verkäufern. Der gute Verkäufer hat einen Hook (dt. Haken), also einen Gesprächsaufhänger, an dem der Käufer interessiert hängenbleibt, der schlechte nicht.

Unabhängig davon, ob Verkaufsgespräche auf virtueller Basis oder im realen Kontext stattfinden sollen, fragt sich der Kunde – bewusst oder unbewusst – immer grundsätzlich zwei Dinge, wenn ein Verkäufer mit ihm in Kontakt tritt:
1. Warum erzählst Du mir das bzw. warum soll ich Dir zuhören?
2. Was hat das, was Du mir erzählst, mit mir zu tun?

Auf diese zwei Fragen muss man als Verkäufer eine Antwort haben. Immer. Der Kunde will wissen, was auf ihn zukommt. Im virtuellen Raum noch viel schneller als im persönlichen Kontakt. Und er will wissen, ob das, was der Verkäufer äußert, in irgendeiner Form für ihn relevant ist. Ist das gegeben, hat man für seine Kunden einen interessanten Aufhänger und somit die Aufmerksamkeit als Verkäufer.

---

2   Sears, Greg J, Rowe, and Patricia M. (2003). A personality-based similar-to-me effect in the employment interview: Conscientiousness, affect-versus competence-mediated interpretations, and the role of job relevance. Canadian Journal of Behavioural Science. Vol 35(1), Jan 2003, 13-24. http://dx.doi.org/10.1037/h0087182

Bedeutung für die Praxis

Wenn man den Kunden schon länger und gut kennt, fällt es guten Verkäufern i. d. R. sehr leicht, Sympathie beim Kunden zu erzeugen. Man weiß, welche »Tasten gedrückt« werden müssen, um vom Kunden gemocht zu werden. Man kennt sich einfach, teilweise auch auf privater Ebene.

Fehlende Beziehungsebene = keine Remote Calls

Wenn aber diese Ebene nicht vorhanden ist, wenn es sich um Erstkontakte, also um Kaltakquise handelt, oder wenn man den Kunden zwar bereits kennt, es aber noch nicht geschaffen hat, eine Beziehungsebene aufzubauen, kein tiefergehendes Gespräch führen konnte? Wie agiert man dann als Verkäufer? Gerade im virtuellen Raum ist der Aufbau einer Beziehungsebene extrem schwer. Im persönlichen Gespräch hat man als Außendienstmitarbeiter beim ersten Kundenbesuch oft noch den Nimbus des Neuen. Kunden finden den neuen Vertriebsmitarbeiter oft spannend, anders und interessant und lassen sich auf ein erstes Gespräch gerne ein. Das funktioniert online nur bedingt, oft überhaupt nicht. Die körperliche Präsenz, ein wesentlicher Faktor im persönlichen Gespräch, fehlt virtuell.

Wie tickt der Kunde?

Zu wissen, wie der Bestandskunde wirklich tickt, was ihn interessiert und insbesondere stets auch eine Idee zu haben, wie ich den Neukunden effektiv ansprechen kann, das wäre es doch!

Um herauszufinden, wie der Kunde denkt, was seine Motive und Präferenzen sind, spielen seit langem Persönlichkeits-, Motiv-, oder Denkstilanalysen wie MBTI, Insights MDI, Persolog, DISG, Reiss, HBDI etc. eine große Rolle. Ich arbeite in großem Umfang insbesondere mit HBDI. HBDI ist sehr leicht zu erklären und kann in Vertriebseinheiten einfach implementiert werden. Dadurch, dass bei HBDI der Fokus auf den Präferenzen des Kunden und nicht auf dessen Verhalten liegt, ist dieses Instrument im Erkennen von unterschiedlichen Kundentypen und der effektiven Kundenansprache m. E. sehr wirkungsvoll.

Wenn man weiß, was den Kunden interessiert und was nicht, kann ein Verkaufsgespräch ganz anders geführt werden. Der anfängliche Smalltalk beinhaltet dann nur Themen, die auch wirklich für den Kunden interessant sind. Zahlen, Daten und Fakten zu dem Produkt werden umfänglich seitens des Verkäufers nur dann ausführlich erzählt, wenn er weiß, dass der Kunde genau das auch hören möchte. Wenn der Verkäufer weiß, dass er z. B. einen emotionalen Kunden vor sich hat, bekommt dieser Kunde ein Verkaufsgespräch, in dem Emotionen eine Rolle spielen. Verkaufsgespräche genau auf den jeweiligen Kunden adaptiert zu führen machen gute Verkäufer intuitiv; dies ist für sie nichts Neues.

Kaltakquise und schwierige Kunden

Was macht man aber bei einem Neukundenkontakt, bei einer Kaltakquise? Wie geht man am besten vor, wenn man den Kunden nicht kennt, damit das Erstgespräch auch ein gutes Gespräch wird?

Tests oder Analyseverfahren, wie der Kunde tickt, greifen zunächst nicht, man hatte ja noch keinen Kontakt, sodass eine Einschätzung nicht möglich ist. Eventuell informiert man sich über das Unternehmen im Internet, studiert die Kennzahlen und die weiteren Infos, die öffentlich zugänglich sind oder fragt Kollegen. Im Endeffekt hat man als Verkäufer aber letztendlich häufig das Gefühl, man tappt bei Erstkontakten etwas im Dunkeln oder ist im Blindflug unterwegs.

Aber nicht nur die Kaltakquisition kann diesbezüglich herausfordernd sein. Wie geht man strategisch bei Kunden vor, die man zwar schon kennt, die aber im Gespräch selbst nicht nahbar sind? Gespräche, die den Verkäufer nach einem Gespräch ab und zu ratlos zurücklassen, weil man nicht weiter kommt? Was macht man mit dem Vielredner, der dauernd spricht oder dem Wenigredner, dem man jedes Wort aus der Nase ziehen muss?

Hier sind typologische Verfahren, um den Kunden besser einschätzen zu können, im Gespräch meist nicht sehr hilfreich. Es kommt ja oft kein richtiges Gespräch zustande.

Einsatz der sozialen Medien im Kundengespräch

Wenn ich von Verkäufern die Planung und die Verkaufsgespräche analysiere, bin immer wieder irritiert, wie wenig Zeit für die Vorbereitung auf ein Kundengespräch über die verfügbaren sozialen Medien und das Internet allgemein eingesetzt wird. Möglichkeiten, die offen verfügbar sind, die aber oft gerade für die Vorbereitung auf Erstgespräche verschenkt werden.

Ich staune, wie selten Google, Xing, LinkedIn, Facebook, Instagram und Co. genutzt werden. Klar, das Unternehmen, das man besucht oder das erste Mal kontaktiert, wird gegoogelt, vielleicht auch der Kontakt, aber oft nur mit dem Ziel, zu schauen, wie derjenige, den man trifft, aussieht.

Xing und LinkedIn werden zur Vorbereitung je nach Branche bereits stärker genutzt. Hier versuchen gute Verkäufer im Vorfeld in irgendeiner Form an die jeweiligen Schlüsselpositionen heranzukommen, sich möglichst zu vernetzen, damit aus einem kalten ein warmer Kontakt wird. Der Geschäftsführer, der Key Accounter oder Vertriebsleiter, mit dem man online bereits vernetzt ist, kann dann der Türöffner sein oder den Zugang zum Kunden ermöglichen.

Facebook und Instagram werden meiner Erfahrung nach nur begrenzt zur Kundenrecherche verwendet. Warum? Im privaten Bereich sind viele fit bei Facebook & Co., nutzen diese Medien aber nicht in der Vorbereitung auf Kundengespräche und in der Akquisition, also nicht im beruflichen Kontext.

Bei Nachfragen bzgl. der geringen Nutzung von Facebook & Co. kommt dann häufig, das ist privat, das will man nicht, man hat selbst keinen Facebookaccount, da steht nur Blödsinn drin etc. Ich finde es wichtig, dass man diese Chance nutzt. Wenn ein potenzieller Kunde auf Facebook z. B. ein Bild seines neuen Autos zeigt, will er ja, dass das Auto gesehen und bestenfalls geliked wird. Nutzen andere das im beruflichen Kontext aus, ist das Part of the Game.

Umsetzung und Lessons Learned

Im nachfolgenden werde ich eine exemplarische Recherche darstellen, wie man zur Gesprächsvorbereitung vorgehen und die Medien nutzen kann. Hier können dann auch wieder die o. g. Analysetools eine große Rolle spielen.

Google als Recherchetool für Kundengespräche

Jede Recherche sollte mit Google beginnen. Ich google hier das Unternehmen und meinen möglichen Kontakt. Insbesondere auch in Google News. Gibt es in Google z. B. Neuigkeiten, Hinweise, Links zum Unternehmen? Was kommt bei ersten Suchabfragen? Gibt es für das Umfeld des jeweiligen Unternehmens, den Arzt oder Apotheker News, die für dessen Arbeit relevant sind? Beispielsweise Änderungen im politischen Umfeld, Unternehmensfusionen, neue Produkte etc.? Wenn es diese gibt, habe ich automatisch einen Gesprächsaufhänger, einen Hook, der den Kunden mit hoher Wahrscheinlichkeit automatisch interessiert, weil es etwas mit ihm zu tun hat. Damit ist die zuvor erwähnte Frage »Warum erzählst Du mir das?« auch sofort beantwortet, weil es dann Themen sind, die mich als Kunde betreffen.

Aber auch Dinge, die auf den ersten Blick nur im Kleinen relevant sind, aber für das Kundengespräch einen extrem hohen Nutzen haben können, wie z. B. ist das Unternehmen, die Arztpraxis oder Apotheke in Google gut auffindbar? Was wird bei Google My Business ausgeworfen? Sind die Einträge hier korrekt? Wie sind die Bewertungen? Gut oder schlecht? Man hat automatisch Wissen über den Kunden, das man im Gespräch nutzen kann, aber nicht muss.

Auch wenn ich das im Internet recherchierte Wissen nicht aktiv nutze, bekomme ich ein Gefühl von Sicherheit, weil ich über meinen Gesprächspartner bereits etwas weiß. Ich kann diese Informationen auch sehr offensiv in einem Gespräch nutzen.

Ich höre dann ab und zu in Trainings, dass man das nicht machen kann, da es an Stalking grenzt, wenn klar wird, dass man sich über die Gesprächspartner bereits informiert. Ist das so? Was hat man bei schwierigen Kunden, bei denen sowieso nichts läuft, zu verlieren? Kann es auch sein, dass der Kunde es wertschätzt, dass ich mich über ihn informiert habe? In einem Vorstellungsgespräch wird fast schon vorausgesetzt, dass man sich über den Jobanbieter informiert hat. Wieso also nicht auch über die Person direkt oder die Klinik, Apotheke oder Arztpraxis? Ich habe selbst oft genug erlebt, dass es gerade Apothekern und Ärzten nicht bewusst war, wieviel Informationen, auch falsche, bereits in Google über sie vorhanden waren, ohne dass sie selbst diese Medien nutzen. Hier ist man dann automatisch der Ansprechpartner der Wahl und als Kunde häufig auch sehr dankbar, dass die Informationen geteilt werden. Das ist für mich eine sehr gute Möglichkeit, das Wissen, das ich hier bekomme, auch in Erstkontakten zu nutzen.

Was gibt die Webpage her?

Wie ist der Internetauftritt allgemein über das Unternehmen, die Apotheke, Arztpraxis konzipiert? Hier sind kleine Unternehmen, Praxen oder Apotheken besser als Rechercheobjekt geeignet als große, die ihren Internetauftritt komplett managen lassen. Bei großen Firmen kommen i. d. R. wenig nutzbare Infos rüber für die direkte Kundenansprache. Das sind naturgemäß Infos, die ein Unternehmen gut und professionell im Netz präsentieren, aber nicht viele Infos über die jeweiligen Personen bereitstellen. Besser sind die Pages, die im Kleinen und semiprofessionell gemanagt werden, bei denen auch die Texte nicht von professionellen Schreibern verfasst werden, sondern von den verantwortlichen Personen selbst. Wie ist hier der Schreibstil? Nüchtern und sachlich oder emotional und verbindend? Welche Wörter werden verwendet? Wie ist das Team dargestellt? Wer steht im Vordergrund? Das Team oder der Chef? All das sind Infos, die Gold wert sind, die im Gespräch genutzt werden können. Infos, die viel über den jeweiligen Typ Auskunft oder Unternehmen geben und zur Kundenansprache genutzt werden können.

Xing und LinkedIn sind mehr als Netzwerken

Xing und LinkedIn sind die Klassiker für die Recherche von Personen. Versucht wird oft – wie bereits erwähnt – sich mit möglichen Kunden zu vernetzen oder Laufbahnen und Lebensläufe von Personen zu recherchieren. Eine Stufe weiter ist dann zu schauen, mit wem die jeweilige Person bereits vernetzt ist. Viele haben diese Funktion nicht eingeschränkt. Hier erhält man teilweise tiefergehende Einblicke über Netzwerke und andere Konstellationen, die perfekt für das eigene Kundengespräch nutzbar sind. In unseren Workshops trainieren wir Vertriebsmitarbeiter, wie man die erhaltenen Informationen bestmöglich nutzt. Was finde ich? Wie sind die Lebensläufe, die man erhält, aufgebaut? Findet man hier detailliert jede Ausbildung oder Position seit dem Abitur in exakten Daten aufgelistet? Ist es dann evtl. wahrscheinlich, dass ich hier einen exakten und gewissenhaften Key Account Manager, Geschäftsführer oder Bereichsleiter vor mir habe? Das ist Spekulation, aber man liegt hier häufig richtig. Was bedeutet das für das Verkaufsgespräch? Ist das vielleicht jemand, bei dem ich fundierte Zahlen, Daten, Fakten präsentieren kann? Jemand, den ich vielleicht mit viel Smalltalk oder heißer Luft langweile? Probieren Sie es aus, die Trefferquote wird hoch sein.

Sie finden nichts oder kaum Infos über die betreffende Person? Weder allgemein im Netz noch in Xing oder LinkedIn? Genau das ist dann die Info, die Sie bekommen und brauchen. Diejenige Person möchte nicht gefunden werden bzw. es soll nicht viel über sie in Erfahrung zu bringen sein. Gehen Sie dann offensiv in ein Verkaufsgespräch? Ich würde es nicht tun. Es kann ihr erster und einziger Versuch sein.

Facebook und Instagram als Informationsquelle

In Deutschland gibt es ca. 30 Millionen aktive Facebooknutzer[3]. Dieses Potenzial für die Vorbereitung für Kundengespräche, Kundenakquisition und Kundenansprache nicht zu nutzen, ist fahrlässig. Auf keiner anderen Plattform bekommt man so viele Infos über potenzielle Kunden, die für die Kundenansprache und Kundenanalyse genutzt werden können. Anders als auf normalen Firmenaccounts, auf Xing oder LinkedIn präsentieren sich hier die Nutzer meistens auch im privaten Kontext. Urlaubsbilder werden gepostet, Musik, Bücher, Filme, die der Nutzer gern hat, werden geliked und sind oft für jeden sichtbar.

Es fällt schwer, sich hier keinen Eindruck über die Person zu machen, wie die Person ist oder wie sie gern wahrgenommen werden möchte. Wie eine Person tickt, wo ihre

---

3   https://allfacebook.de/wp-content/uploads/2018/11/market-snapshot_dach_q4_2018.pdf, abgerufen am 10.6.2021.

Präferenzen sind, wird hier teilweise mehr als deutlich. Ähnliches gilt für Instagram, wobei hier mehr die geposteten Bilder den wichtigsten Teil darstellen. Beide Plattformen sind für die Gesprächsvorbereitung eine Quelle an nutzbaren Informationen. Die Verkaufsleiterin, die sich z. B. auf LinkedIn mit wenig Infos darstellt und auf Facebook Urlaubsbilder von Mallorca und ihrer Familie postet, der Apotheker, der auf der eigenen Homepage mit weißem Kittel und Krawatte posiert und sich auf Facebook tätowiert und in einer Rockband spielend zeigt. Der Key Accounter, der auf Instagram fantastische selbstgemachte Bilder postet … Alles erlebt, alles real. Mit diesen Infos kann sich jeder Verkäufer eine individuelle Ansprache erarbeiten. Dabei geht es nicht darum, den Kunden darauf anzusprechen, dass er wohl gern nach Mallorca fliegt oder Fotografie als Hobby hat. Das kann ich zur Kundenbindung machen, wenn ich den Kunden besser kenne. Ich kann mir aber einen Eindruck über die Präferenzen des Kunden machen.

Hier kommen die Stärken von HBDI etc. zum Einsatz. Wie und was zeigt der Kunde? Der Extrovertierte wird auf Facebook & Co. i. d. R. sehr viele Infos preisgeben, der Introvertierte wenige, wenn er überhaupt etwas zeigt. Auch das sind dann Hinweise. Dieses Wissen nutze ich. Der Kunde bekommt Zahlen, Daten und Fakten, wenn ich denke, dass es passt. Ich versuche schnell, eine persönliche Bindung zum Kunden aufzubauen, wenn ich weiß, dass ihm das wichtig ist. Ich zeige dem Kunden neue Möglichkeiten, die er mit meinem Produkt haben kann, wenn ich davon ausgehe, dass meinem Kunden Abenteuerlust, Interesse an neuen Dingen etc. von Bedeutung ist. Dann werde ich nicht mit Sicherheit oder mit dem altbewährten in den Gesprächen argumentieren. Genau das wird ihn nicht interessieren.

Derartige Beispiele können beliebig erweitert werden. So baue ich dann exemplarisch meine individuelle Kundenansprache auf. Kann das schiefgehen? Ja. Haben Sie etwas zu verlieren? Nein. Die Chancen auf ein effektives Erstgespräch oder bei einem schwierigen Kunden einen Schritt weiterzukommen, sind jedenfalls größer.

Lessons Learned und Next Steps

Es ist richtig: Um effektiv zu recherchieren, brauchen Sie bei LinkedIn oder Xing ebenso wie bei Facebook ein Profil. Hier sollte ein Unternehmen generell überlegen, ob es gerade bei Xing und LinkedIn einen Business-Firmenaccount erstellt. Ein Firmenaccount, der neutral gehalten ist, den aber die Vertriebsmitarbeiter für ihre Recherchen nutzen können. Man kann nicht erwarten, dass Mitarbeiter sich einen kostenpflichtigen Premiumaccount für Recherchen zulegen – das sollte vom Unternehmen selbst kommen.

In vielen unserer Trainings merken wir, dass hier ein generelles Hemmnis besteht. Man möchte vielleicht selbst nicht auf Facebook, LinkedIn oder Xing gefunden werden, möchte aber diese Medien dann auch nicht für die Kundenakquise nutzen. Wenn man Mitarbeiter hier mitnimmt und ihnen die Vorteile, gerade auch für den Businesskontext darstellt, schwinden die Widerstände schnell.

Internetrecherche auf Google oder den sozialen Netzwerken braucht Zeit. Das ist ein extrem wichtiger Faktor, den man berücksichtigen muss. Wenn man recherchiert, kann man keinen Remote Call führen oder direkt beim Kunden vor Ort sein. Diese investierte Zeit lohnt sich aber im Nachhinein mehrfach. Diese Zeit sollte den Mitarbeitern gegeben werden.

Ein anderer Aspekt ist der, dass sehr viele Vertriebsmitarbeiter derzeit im Homeoffice sitzen. Es sind keine oder nur wenig persönliche Kundengespräche coronabedingt möglich, sondern nur Remote Calls oder andere digitale Zugangsmöglichkeiten. Es gibt also die Möglichkeit, Vertriebsmitarbeiter diesbezügilch fitzumachen, für die Zeit nach Corona. Es gibt die Zeit, auch mal über Bestandskunden zu recherchieren oder sich Strategien für eine Neukundenakquise zu erarbeiten. Die Zeit jetzt wäre dazu perfekt geeignet. Nutzen Sie sie sinnvoll!

Hinweise zum Autor

DR. BJÖRN SEIDEL

Dr. Björn Seidel ist Gründer und Geschäftsführer von BSC Concepts & Consulting GmbH und Passion & Wine®. Es ist Coach, Trainer und Sommelier. Björn Seidel ist gefragter Trainer und Coach für die Pharmaindustrie und für Forschungsorganisationen genauso wie für mittelständische Unternehmen. Durch die jahrelangen Erfahrungen als Fieldcoach bei der Begleitung von Produktlaunches und beim Vertrieb etablierter Produkte, versteht er die Bedürfnisse und Herausforderungen des Außendienstes ganz genau.

Seine zusätzliche Sommelier-Expertise kommt in der Beratung von Weingütern und am Abend beim Ausklang von Führungskräftetrainings voll zur Geltung. 2020 ist es ihm und seinem Team gelungen, mit Virtual Winetasting® eine Marke zu etablieren, die mit führend im Bereich von Online-Weinverkostungen für Unternehmen ist.

So wird der B2B-Vertrieb zum enthusiastischen Social Seller

Andrea Grosse
Geschäftsführerin
Just 4 People GmbH

Die folgenden Empfehlungen und Tipps basieren auf eigenen Erfahrungen. Begonnen habe ich das Thema Social Selling als Marketingleiterin eines mittelständischen IT-Dienstleisters. Hier galt es, eine kleine Marketing- und Vertriebsmannschaft für den digitalen Vertrieb fit zu machen. Dieser IT-Dienstleister wurde durch ein internationales Systemhaus gekauft und dort durfte ich die Aufgabe im Rahmen des Aufbaus des Demand Managements übernehmen. So konnte ich über mehrere Jahre viele Erfahrungen sammeln, positive wie auch negative, die ich hier mit Ihnen teilen möchte. Es war eine nicht immer einfache Reise und ein Lern- und Reifeprozess, der mich in die Lage versetzt hat, heute meine Kunden auf dieser Reise zu begleiten. Ich habe über die Erfahrungen aus diesen Jahren ein Vorgehensmodell entwickelt, wie man Mitarbeiter, die im Demand-generierenden Bereich tätig sind, schult und über einen längeren Zeitraum in diesem Veränderungsprozess begleitet. Die Einführung von Social Selling ist nichts anderes als ein Changeprozess und Veränderung hat mit dem Verlassen von gewohntem Verhalten zu tun, was für die meisten erstmal eine Herausforderung ist.

Social Selling hat in den letzten Jahren massiv an Bedeutung gewonnen, aber das Pandemiejahr 2020 hat die Bedeutung von digitalem Vertrieb und Social Selling nochmals deutlich verstärkt. Keine Messen und Veranstaltungen, um Neukunden zu gewinnen, das war die große Herausforderung im harten Jahr 2020, aber auch die Chance, sich der Veränderung zu stellen.

Meine Definition von Social Selling

Social Selling ist eine neue Möglichkeit für Vertriebsmitarbeiter und ihr Supportnetzwerk, um Umsatz zu generieren, indem sie potenzielle Kunden
- online erkennen,
- sich mit ihnen verbinden,
- sie ansprechen und mit ihnen zusammenarbeiten

und in »ihren Köpfen« bleiben und mehr Geschäfte abschließen, indem sie Social Media nutzen, um vertrauenswürdige Beziehungen zu Kunden im digitalen Zeitalter aufzubauen.

Social Selling versus Digital Selling

Für mich ist Social Selling ein Bestandteil des Digital Selling oder auch des digitalen Vertriebsprozesses. Dazu gehören alle Elemente des digitalen Vertriebsprozesses wie Webseiten bzw. Landingpages, Content Marketing, Marketing Automation sowie Lead Management.

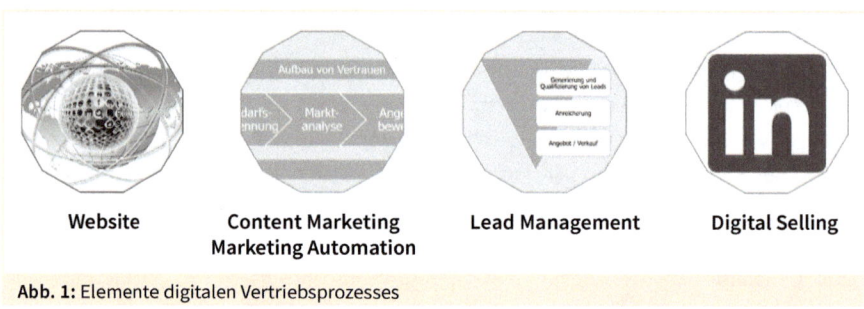

| Website | Content Marketing Marketing Automation | Lead Management | Digital Selling |

Abb. 1: Elemente digitalen Vertriebsprozesses

Warum hat die Bedeutung von Social Selling in den letzten Jahren so zugenommen?

Informationsverhalten

Das ist eigentlich ganz einfach zu erklären. Es liegt am Informationsverhalten jedes Einzelnen als Kunde. Wenn ich vor einer Kaufentscheidung stehe – z.B. für ein E-Bike, so nutze ich auch weiterhin klassische Informationskanäle wie Erfahrungen von Freunden, aber selbstverständlich recherchiere ich auch im Internet. Ich treibe über verschiedene Seiten, Artikel und Produkttests meinen Entscheidungsprozess (Customer Journey) dabei voran. Beginnend bei allgemeinen Informationen welche Art von

E-Bike das richtige ist, bis zu technischen Details und Erfahrungen über die einzelnen Modelle.

Und so, wie ich mir als privater Kunde Informationen über ein Produkt verschaffe, genauso so fallen Kaufentscheidungen im B2B. Dieses Wissen haben wir uns zunutze gemacht, wenn unser potenzieller Kunde vor einem Problem steht, sich über mögliche Lösungsansätze Gedanken macht und sich die notwendigen Informationen im Netz sucht. Dieser Informationsprozess (Customer Journey) ist in drei Phasen gegliedert:

Phase	Kommunikationsart
Problem erkennen	Mehrwert Kommunikation
Lösungsmöglichkeiten recherchieren Lösungsmöglichkeiten bewerten Bedarf konkretisieren	Lösungskommunikation
Anbieter recherchieren Angebote vergleichen	Angebotskommunikation

Als Anbieter werden wir nur noch gefunden, wenn wir im Netz unser Angebot digital zur Verfügung stellen. Denn es werden vermehrt die Anbieter in die Auswahl kommen, die auf der digitalen Kundenreise relevante Mehrwert-Informationen zur Verfügung stellen.

Datenschutzgrundverordnung

Seit Mai 2018 hat sich für viele Marketingverantwortliche die Kommunikation mit Interessenten deutlich erschwert, da am 18. Mai 2018 die Übergangsfrist zur bereits im Jahr 2016 in Kraft getretenen Datenschutzgrundverordnung endete und somit Newsletter und ähnliche Werbeaussendungen per E-Mail nicht mehr möglich waren bzw. ein DOI (Double-Opt-In) erfordert haben. Doch auch uns ging es wie den meisten B2B Unternehmen, denn wir verfügten nicht immer über diese notwendige Zustimmung, wodurch sich der Newsletter-Versand zur Neukundengewinnung drastisch eingeschränkt hat.

Hier kommen nun die Business-Netzwerke wie Xing und LinkedIn in Spiel! Denn jeder, der in einem der Netzwerke Mitglied ist, hat zugestimmt, über das Netzwerk kontaktiert werden zu dürfen. Das heißt, wir haben als Anbieter weiterhin die Möglichkeit, unsere potenziellen Kunden anzusprechen – und das datenschutzkonform.

Das sind die beiden Gründe, warum Social Selling in den letzten Jahren auch im B2B-Vertriebsprozess so an Gewicht gewonnen hat.

Von der Kaltakquise zum strukturierten digitalen Vertrieb

Egal, ob wir unseren Vertrieb für Cold Calling genutzt oder dafür spezialisierte Call-center eingesetzt hatten, dies war meist keine geliebte bzw. besonders erfolgreiche Aufgabe, um werthaltige Leads zu genieren. Unser eigener Vertrieb hatte meist kein großes Interesse, diverse Excellisten abzutelefonieren. Und in der Zusammenarbeit mit Callcentern haben mich meine eigenen Erfahrungen gelehrt, dass es in der Bewertung von Leads eine immense Bandbreite gibt. Aus Sicht der Callcenter Agentur, die ihre KPIs erreichen muss, sind es heiße Leads – aus Sicht des Vertriebs besteht beim Lead kein oder nur sehr geringes Interesse.

Daher gilt es, gemeinsam mit der Vertriebsleitung, den Marketing- und Vertriebsmit-arbeitern einen gemeinsamen Vertriebsprozess zu definieren, um aus der Kaltakquise einen strukturierten Prozess zu erarbeiten. Damit ist es möglich, aus einem Vertriebs-mitarbeiter einen »trusted Advisor« (vertrauensvollen Berater) für den Kunden zu ma-chen, der dem **Interessenten relevanten Inhalt zur richtigen Zeit auf dem richtigen Kanal zur Verfügung stellt**. Das heißt, es gilt hier, sich gemeinsam in den potenziellen Kunden hineinzuversetzen und aus seiner Sicht die Problemstellung zu verstehen. Wo können wir helfen, diese Herausforderung zu lösen, und mit welchem Content ist das möglich? Wenn diese Voraussetzungen erfüllt sind, kann der relevante Content ent-lang der Customer Journey ausgespielt werden und somit das notwendige Vertrauen, dass wir der richtige Anbieter sind, bei dem potenziellen Kunden entstehen.

Vorbereitung Social Selling

Eine gute Vorbereitung ist die halbe Miete, um Social Selling erfolgreich einzuführen. So war bei uns neben der Vorbereitung auch die Betonung der strategischen Bedeu-tung des digitalen Vertriebs ein zentraler Punkt. Eine aktive Unterstützung durch unsere Geschäftsführung bzw. die Vertriebsleitung hat die strategische Relevanz des Digitalen Vertriebs/Social Selling für unseren Unternehmenserfolg betont. Ein weite-rer elementarer Baustein für eine erfolgreiche Umsetzung ist die Projektleitung – ich war gut im Unternehmen vernetzt und verfügte über Expertise im Marketing wie auch im Vertrieb.

Wir haben die Erfahrung gemacht, das Social Selling nicht zu Beginn für das gesamte Vertriebsteam bzw. für die gesamte Produktpalette umzusetzen. Wir haben mit einem kleinen Pilotteam begonnen, das eine gewisse Offenheit gegenüber neuen Themen mitgebracht hat.

In der Vorbereitungsphase hatten wir folgende Punkte geklärt:

- Ziel des Social Selling
- Vertriebsprozess und Rollenverständnis
- Pilot: Teilnehmer und Produkt
- Content Durchsicht (roter Faden)
- Ausbildungs- und Redaktionsplan

Ziel des Social Selling

Zu Beginn unseres Social-Selling-Projektes habe ich als Verantwortliche mit der Geschäftsführung geklärt, welches Ziel wir verfolgen sollten. Bei uns ging es nicht gleich um die Generierung von neuen Leads, sondern erst einmal darum, Bewusstsein im Netzwerk für ein Thema zu schaffen und das Netzwerk zu den relevanten Entscheidern aufzubauen. Wir haben gelernt, wie unterschiedliche Ziele auch die Zusammensetzung des Teams, das die Aufgabe übernehmen soll, beeinflussen.

Ich selbst habe diesbezüglich vollkommen unterschiedliche Erfahrungen gemacht und kann nur empfehlen, sich Gedanken zu machen und diese Zielstellung auch klar zu kommunizieren. Es gab Kunden, denen es zuerst um die reine Awareness der Firma zu einem Thema ging, andere haben hier den Fokus auf dem Erlernen neuer Herangehensweisen gelegt und wieder anderen ging es darum, schnellstmöglich Leads zu generieren.

Welche Kanäle sind die richtigen für mein Unternehmen, das ist eine weitere Entscheidung, die wir bereits im Vorfeld getroffen haben. Dabei ist nicht relevant, wer welchen Kanal besser, mit höherer User Experience oder intuitiver findet, sondern nur die Frage, »auf welchem Kanal informieren sich meine potenziellen Kunden«. Wenn sich bei der Kanalauswahl herauskristallisiert, dass die Kunden sowohl auf Xing wie auch auf LinkedIn unterwegs sind, dann spielte bei uns die Netzwerkgröße der einzelnen Mitarbeiter eine Rolle. Der Kollege mit dem größeren vorhandenen Netzwerk wurde ausgewählt, um auf dem entsprechenden Kanal aktiv den entsprechenden Content zu teilen.

Vertriebsprozess und Rollenverständnis

Unser Vertriebsprozess, die Verantwortlichkeiten und Übergabepunkte waren bei uns zu Beginn zwar definiert – wurden aber so nicht gelebt. Wir haben den Vertriebsprozess visualisiert und mit den Beteiligten besprochen, wo aus deren Sicht Verbesserungspotenzial besteht. Hier ist es essenziell, zu definieren, in welcher Phase welche Rolle für den Kontakt zum Kunden/Interessenten verantwortlich ist. Wie weit ist das Marketing im Lead, wann kommt der Vertrieb ins Spiel und wie erfolgt die Übergabe des Leads? Aus meiner Erfahrung: Je größer das Unternehmen ist und je mehr Personen hier involviert sind, desto notwendiger wird es, einen klaren Übergabeprozess zu definieren. Wir haben gelernt, dass es weniger erfolgversprechend ist, die Leads lediglich zu übergeben, vollkommen gleich, ob im CRM-System oder per Excel-Liste, ohne die Details zu besprechen. Aus meiner Erfahrung hat sich ein Regeltermin zur Besprechung der aktuellen Leads bewährt, damit individuelle Details geklärt werden können und eine konstante Kommunikation zwischen den Abteilungen gewährleistet wird. Im persönlichen Austausch können viele Fälle direkt geklärt und besprochen werden, die eventuell noch nicht »reif« für den Vertrieb sind, bei denen aber der Vertriebskollege beispielsweise den Kunden bzw. Ansprechpartner kennt. So kann frustrierendes Nebeneinander vermieden werden, bei dem der Marketeer sich über die vom Vertrieb nicht weiterbearbeiteten Leads beschwert und der Vertrieb unreife Leads aus dem Marketing moniert. Auch sollte in der Vorbereitungsphase bereits klar sein, wer bzw. welche Rolle z. B. die Recherche von relevanten Unternehmen/Personen übernimmt.

Pilotprojekt

Unsere Vertriebsmannschaft hatte keine oder nur sehr geringe Erfahrungen mit Business Netzwerken und Content Marketing und so sind wir mit einem Pilotprojekt und einem kleinen Team gestartet.

Es hat uns ungemein geholfen, für das Pilotteam Kollegen auszuwählen, die eine prinzipielle Offenheit für neue Themen und Technologien hatten und auch gerne neue Herangehensweisen ausprobieren wollten. Ferner sind wir nicht mit der gesamten Produktpalette gestartet, sondern haben uns ganz bewusst für ein einzelnes Produkt entschieden, das wir pushen wollten. So überforderten wir zu Beginn unser Team nicht damit, welche Produkte/Services derjenige in den Kanälen pusht, und konnten gut vergleichen, ob unsere Strategie funktioniert hat.

Content Durchsicht

Nachdem wir das Produkt ausgewählt hatten, ging es darum, zu sichten, welchen Content wir bereits verfügbar und in welcher Phase der Customer Journey dieser einsetzbar war. Aus meiner Erfahrung heraus ist das oftmals bereits sehr produktnaher Content. Uns hat es am neutralen Content zu Beginn der Customer Journey gefehlt.

Welche Content Arten eignen sich für welche Phase der Customer Journey?
- **Phase Bedarfserkennung**: neutrale Fachartikel, Blogbeiträge zu allgemeinen Themen, Studien
- **Phase Marktanalyse**: E-Book, Checkliste, Webinar, Infografik, Video
- **Phase Angebotsbewertung:** Webinar, Produktvideo, Success-Story

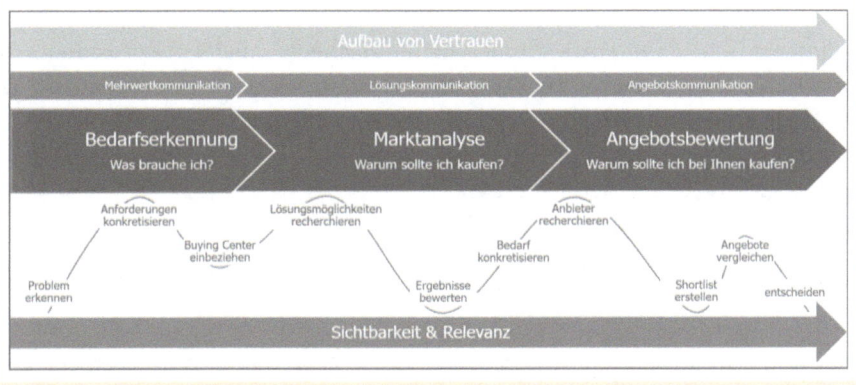

Abb. 2: Customer Journey

Ausbildungs- und Redaktionsplan

Für eine erfolgreiche Einführung von Social Selling hat uns ein durchdachter Ausbildungsplan geholfen, da nicht alle Mitarbeiter die gleichen Fähigkeiten einsetzen müssen. Daher war es sinnvoll, sich im Vorfeld Gedanken zu machen, wer welche Aufgaben übernimmt, damit klar ist, für wen ein weitergehendes Enablement notwendig ist.

Um das zu veranschaulichen: Für einen Vertriebsmitarbeiter, der für die Betreuung der Bestandskunden verantwortlich ist, wird der Einsatz der Potenzialsuche im LinkedIn Sales Navigator nicht hilfreich sein. Es ist sinnvoll, nur die Mitarbeiter in den speziellen Details zu schulen, die diese Kenntnisse zur Neukundengewinnung auch einsetzen werden.

Der Aufbau eines Redaktionsplans hat uns geholfen, allen vorhandenen Content zu sammeln, zu strukturieren und die Ausspielung zu planen. In diesem Redaktionsplan wird deutlich, für welche Phase der Customer Journey der Content genutzt werden kann, wann der Content aus dem Firmenkanal auf welchem Medium ausgespielt wird und welche Mitarbeiter diesen ebenfalls nutzen können/sollen.

Das Pilotprojekt

Nach Abschluss der Vorbereitungen haben wir unseren Piloten gestartet. Wir haben dies mit einem eintägigen Präsenz-Workshop umgesetzt. Präsenz ist nicht unabdingbar, aber sie fördert doch in hohem Maße das Teambuilding der Teilnehmer, insbesondere wenn diese wie bei uns aus unterschiedlichen Bereichen bzw. Standorten kommen.

Enablement-Workshop

In diesem Workshop ging es erst einmal darum, das Verständnis dafür zu wecken, warum Social Selling relevant ist und wie sich das Informationsverhalten verändert hat. Wir haben gleich zu Beginn das Ziel des Piloten kommuniziert.

Der Workshop gliederte sich in drei Bereiche.
1. Profiloptimierung (Xing und LinkedIn)
2. Die Marke »Ich« und Social Branding
3. Social Listening und Being Social

Alle Teilnehmer haben bereits während des Workshops ihre Profile in den entsprechenden Netzwerken optimiert. Aus meiner Erfahrung reicht es nicht aus, zu zeigen, wie ein gutes Profil aussieht. Im Nachgang nimmt sich selten jemand die Zeit, um sein Profil zu optimieren.

Zeitplan

Wir haben im Workshop bereits den erstellten Ausbildungs- und Zeitplan vorgestellt. Somit haben wir Transparenz darüber geschaffen, wie der Ablauf des Pilotprojektes sein wird und wie viel Zeit die Kollegen dafür einplanen sollen. Hilfreich war es auch, gleich nach Ende des Workshops die Termine für den Pilotzeitraum einzustellen. Aus meiner Erfahrung reichen drei Monate nicht aus, um die gewünschte Verhaltensänderung zu erzielen. Meine Empfehlung ist daher ein Zeitraum von vier bis sechs Monaten. In dieser Zeit sollten die Teilnehmer immer die Möglichkeit haben, mit dem Projektleiter oder der begleitenden Agentur ihre Fragen zu klären, gemeinsam Posts zu überarbeiten, neutralen Content zu bewerten oder auch relevante Hashtags zu finden.

Tools

Die momentan zentralen Tools im B2B sind Xing und LinkedIn, wenn es um einen vertrieblichen persönlichen Kontakt geht und das Teilen von Content zum Aufbau von Vertrauen. Twitter sehe ich als Awareness-Kanal. Das momentan sehr gehypte Clubhouse bleibt zu beobachten. Insbesondere, da es momentan nur für iPhone Nutzer verfügbar ist, schließt dies einen zu großen Personenkreis aus. Darüber hinaus ist Clubhouse in Bezug auf den Datenschutz im B2B sehr kritisch zu bewerten.

Wenn Sie auf Xing und LinkedIn unterwegs sind, dann gilt es noch zu klären, welche der Vertriebslösungen Sie einsetzen. LinkedIn Sales Navigator ist für viele das Maß der Dinge. Wobei Xing mit ProBusiness nachgezogen hat. Beide Lösungen haben ihre Vorteile:
- bei Xing sind die Events und die Gruppen ein schlagkräftiges Argument,
- bei LinkedIn sind es die hohe User Experience und insbesondere Smart Links, die in Team- bzw. Enterprise-Lizenzen zur Verfügung stehen.

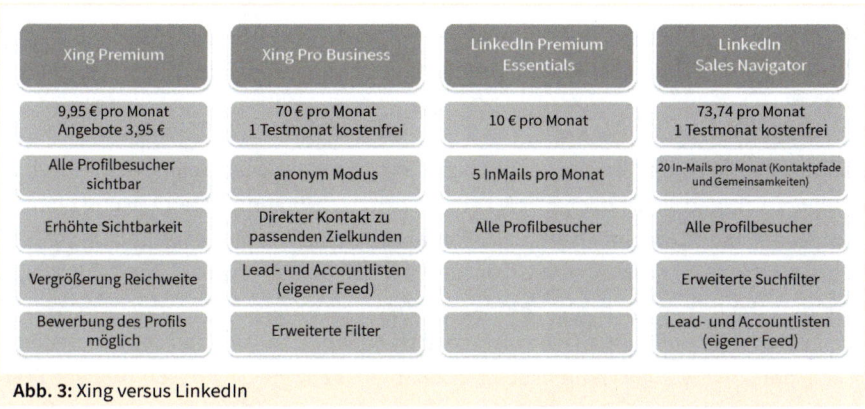

Xing Premium	Xing Pro Business	LinkedIn Premium Essentials	LinkedIn Sales Navigator
9,95 € pro Monat Angebote 3,95 €	70 € pro Monat 1 Testmonat kostenfrei	10 € pro Monat	73,74 pro Monat 1 Testmonat kostenfrei
Alle Profilbesucher sichtbar	anonym Modus	5 InMails pro Monat	20 In-Mails pro Monat (Kontaktpfade und Gemeinsamkeiten)
Erhöhte Sichtbarkeit	Direkter Kontakt zu passenden Zielkunden	Alle Profilbesucher	Alle Profilbesucher
Vergrößerung Reichweite	Lead- und Accountlisten (eigener Feed)		Erweiterte Suchfilter
Bewerbung des Profils möglich	Erweiterte Filter		Lead- und Accountlisten (eigener Feed)

Abb. 3: Xing versus LinkedIn

Die erste Frage ist, wo informiert sich Ihr potenzieller Kunde – und damit entscheidet sich auch die Kanal- und Toolfrage.

Mit beiden Tools ist es möglich, für sich Potenziale zu generieren. Hier bleibt aber zu beachten, dass sich in beiden Netzwerken nur ein Teil des wirklichen Potenzials befindet. Alle Unternehmen, die auf diesem Kanal nicht aktiv sind, würden somit aus Ihrem Fokus fallen. Es gibt verschiedene Lösungsanbieter, die eine komplette Sicht auf den Markt bieten.

Transparenz

Die Transparenz in einem Social-Selling-Pilotprojekt geht in zwei Richtungen. Zum einen ist es notwendig, die Unterstützung aus der Geschäfts- bzw. Vertriebsleitung klar in Richtung der am Projekt Beteiligten zu kommunizieren, und zum anderen aber auch in die Richtung der anderen Mitarbeiter des Unternehmens. Was tun die Kollegen in diesem Projekt? Welches Ziel steckt dahinter? (Umsatz für das Unternehmen über diesen Kanal zu generieren.)

Changeprozess

Die Einführung von Social Selling ist keine kurzfristige Leadgenerierungsmaßnahme, sondern eine massive Veränderung in der Zusammenarbeit von Marketing, Vertrieb und allen vertriebsrelevanten Bereichen. Diese Veränderung kann nach meiner Erfahrung nur gelingen, wenn das Verständnis für das veränderte Informationsverhalten der Kunden und die Offenheit, einen digitalen Vertriebsprozess aktiv zu begleiten, vorhanden sind. In den ersten Jahren, als wir das Thema Social Selling in unserer Vertriebsmannschaft etablieren wollten, sind wir immer wieder an genau diesem Punkt ins Straucheln gekommen. Wir haben Workshops durchgeführt, Tools angeboten und geschult und haben uns dann gewundert, warum die Kollegen sie nicht eingesetzt haben. Uns war zu dem damaligen Zeitpunkt (2015 bis 2018) nicht klar, welcher Veränderungsprozess das im täglichen Arbeiten für die Kollegen bedeutet hat. Erst als wir die Kollegen über einen längeren Zeitraum geschult, uns aktiv ausgetauscht und sie unterstützt haben, wurde Social Selling erfolgreich genutzt.

4 bis 6 Monate und Begleitung

Das war der Zeitraum, der bei uns funktioniert hat, um Social Selling erfolgreich zu etablieren. Es gab viele Kollegen, die sehr schnell den Nutzen verstanden und über die Business-Kanäle Content ausgespielt, Kontakte geknüpft sowie Leads und Opportunities geniert haben. Meistens dauert es aber deutlich länger, bis das Gros der Kollegen ganz selbstverständlich postet und die richtigen Hashtags, Tags etc. verwendet. Es ging uns darum, die Nutzung zum selbstverständlichen Bestandteil des Arbeitstages zu machen. Und was wir weiter festgestellt haben – ganz gleich, für wann wir den Start des Piloten geplant hatten, immer gibt es Ereignisse im Jahresablauf, die dem Ablauf »stören« – die »Jahresend-Rallye«, Feiertage im Mai und Juni oder die Sommerferien. Wir haben im Vorfeld ganz bewusst mit der Vertriebsleitung einen realistischen Zeitraum gewählt. Und was uns ebenfalls sehr geholfen hat, war die externe Unterstützung im Projekt; jemand, der diese Erfahrungen bereits gemacht hat und uns sehr individuell betreuen konnte. Es war zudem eine wichtige Erkenntnis, wie unterschiedlich die Pilotteilnehmer lernen und umsetzen. Auch darauf haben wir Rücksicht genommen, um die einen nicht zu überfordern und die anderen nicht zu langweilen. Wichtig war, für den Einzelnen Zeit zu haben, ihn individuell zu unterstützen, zu bestätigen und zu coachen. Die dafür notwendige Kapazität haben wir zu Beginn deutlich unterschätzt.

Regelcall

Neben vertiefendem Input ist der Erfahrungsaustausch unter den Teilnehmern ein wichtiger und fester Bestandteil in diesen Terminen. Wir haben die Erfahrung gemacht, dass es sinnvoll ist, in diesen Terminen einige Themen zu wiederholen, die im Workshop zwar angesprochen, aber noch nicht von allen Teilnehmern verinnerlicht wurden. Für diesen Erfahrungsaustausch hat es mir geholfen, dass ich als Projektleiter vor dem Regelcall mit den Teilnehmern gesprochen und sie ermutigt habe, ihre Erfahrungen zu teilen – positive wie auch negative. Wir haben zu diesem Regelaustausch Partnerunternehmen eingeladen, die in Sachen Social Selling bereits ein Stück weiter waren, und mit ihren Erfahrungen unseren Austausch weiter aufgewertet.

Vertiefung Wissen

Das im Kick-off vermittelte Wissen ist erst der Start in das Thema Social Selling und es gibt viele Themen, die wir im weiteren Verlauf des Piloten noch intensiver vermittelt haben. Dies ist uns gut gelungen, da wir dafür externe Experten hinzugezogen haben.

Weiterführende Themen können sein:
- Potenzialsuche mit Sales Navigator bzw. Xing ProBusiness
- Nutzung von Hashtags und Taggen

- Erstellen von Smart Links (Sales Navigator)
- Wo und wie finde ich neutralen Content?

Storytelling

Für was stehe ich? Das ist eine wichtige Frage, die sich jeder stellen sollte. Ich habe es oft erlebt, dass Kollegen nach einem Social-Selling-Workshop angefangen haben, wild den Content des Unternehmens zu teilen, ohne sich dabei zu fragen, was der mit ihm/ihr vernetzte Leser sich dabei denken soll. Das vermittelte mehr den Eindruck einer digitalen Litfaßsäule als der eines vertrauensvollen Beraters. Daher sollte man sich die Frage stellen, für welchen Bereich oder für welches Thema möchte ich stehen und mit welcher Geschichte kann ich dem potenziellen Kunden helfen, sein mögliches Problem zu lösen. Die Authentizität jedes Einzelnen ist die Basis des Erfolges.

Lessons Learned und Hürden

Hürden

- Kollegen bzw. Vorgesetzte, die keine neuen Wege gehen wollen.
- Budget – die Einführung von neuen Arbeitsweisen und Tools kostet nicht nur Geld, sondern es dauert auch eine gewisse Zeit, bis aus den neuen Arbeitsweisen ein verinnerlichtes Handeln entsteht.

Die wichtigsten Learnings aus meiner Sicht sind:

- Nicht einfach einmal loslegen, sondern sich eine Strategie überlegen und Ziele definieren.
- Unterstützung – und das in zweifacher Hinsicht. Zum einen aus dem Management, um die Relevanz zu unterstreichen, und zum anderen durch erfahrene Experten, die das Projekt mitplanen und durchführen – insbesondere dann, wenn es um das Betreuen der einzelnen Teilnehmer geht.
- Social Media Guide erstellen, als eine Art Leitplanken, an denen sich Ihre Mitarbeiter orientieren sollen, wenn sie sich in den Social Media Kanälen bewegen.
- Incentivierung und Gamification – wenn es einen Preis zu gewinnen gibt, spornt das noch den Sportsgeist der Teilnehmer an.
- Erfolge feiern – zum Abschluss eines erfolgreichen Piloten gilt es, die gemeinsame Anstrengung zu feiern.
- Aus den Pilotteilnehmern Multiplikatoren machen und Social Selling weiter im Unternehmen ausrollen.

Hinweise zur Autorin

ANDREA GROSSE

Andrea Grosse, studierte Betriebswirtin, ist Expertin für digitale Vertriebsstrategien. Sie sammelte in unterschiedlichen Positionen in der Wirtschaft, vom Weltkonzern bis zur Agenturwelt, eine umfassende Expertise in den Bereichen Vertrieb, Marketing und Kommunikation. Seit 2015 beschäftigt sie sich umfassend mit der Veränderung durch digitale Ansätze im Marketing und Vertrieb. Seit 2019 ist sie Geschäftsführerin der **Just 4 People GmbH,** einem Beratungsunternehmen, das sich mit den Themen digitale Transformation, Geschäftsmodellentwicklung, Strategie- und IT-Beratung beschäftigt.

Storytelling im digitalen Vertrieb

Aufmerksamkeit gewinnen, Vertrauen aufbauen und dauerhaft Resultate erzielen

Günter W. Heini
Manufaktur für Business- und Verkaufstexte

Warum eine jahrtausendealte Erzählkunst heute wichtiger denn je ist, um in der digitalen Welt sichtbar zu bleiben

Als Maschinenbau-Ingenieur arbeitete ich seit rund 20 Jahren im internationalen Vertrieb und Marketing in führenden Positionen; u. a. für einen japanischen Konzern und für deutsche Mittelständler im Maschinenbau. 2012 machte ich mich selbstständig und berate seither als Unternehmensberater für Vertrieb und Marketing mittelständische Unternehmen, wie sie mit Storytelling und Content in der digitalen Welt sichtbar bleiben.

Häufig stellte ich seither fest: Unternehmen haben sich noch nicht auf den dramatischen Wandel im Markt eingestellt. Begriffe wie Social Selling, Sales Drive oder Online-Preisverhandlungen sind längst Realität geworden. Manche Experten sprechen gar vom Vertrieb im digitalen Anzug. Vertriebsleute müssen sich schnellstens auf diese Veränderungen am Markt einstellen. Welche Chancen sich daraus ergeben und wie Storytelling hier den entscheidenden Unterschied ausmacht, erfahren Sie in diesem Artikel.

Die Ausgangssituation: Womit der Vertrieb heute in der digitalen Welt konfrontiert wird

Wer heute im Vertrieb unterwegs ist, kann auf eine enorme Vielfalt von digitalen Hightech-Tools zurückgreifen, die ihm beim aktiven Verkaufen helfen. Doch nach wie vor gibt es eine Methode, die allen anderen Methoden weit überlegen ist. Ich spreche vom Storytelling. Durch das Erzählen einer guten Geschichte kann der Verkäufer den Nutzen von Produkten und Dienstleistungen bildhaft beschreiben und den Teil des Gehirns ansprechen, der Entscheidungen trifft.

Nackte Zahlen, Fakten und Daten verkaufen schlecht, weil wir sie schnell wieder vergessen. Wenn wir uns etwas merken, erinnern wir uns selten an Fakten – stattdessen an Geschichten, verknüpft mit Emotionen. Und darum wirken Botschaften, die in Geschichten verpackt sind, stärker und nachhaltiger und wir erinnern uns länger an sie.

Nichts behalten wir länger im Gedächtnis, wie eine spannende Geschichte. Darum besteht für Unternehmen in der digitalen Welt die größte Herausforderung darin, gute Geschichten zu finden und sie packend zu erzählen. Und sie im Internet dort zu platzieren, wo sich die Zielgruppe aufhält.

Als ich Storytelling erstmals bewusst und erfolgreich im Vertrieb einsetzte

Aus eigener Erfahrung weiß ich: Eine packende Story verkauft bestens und verbessert zudem die Kundenbeziehung. Vor Jahren arbeitete ich für ein Schwarzwälder Hightech-Unternehmen aus dem Maschinenbau im technischen Vertrieb. Das Unternehmen wurde kurz vor dem Zweiten Weltkrieg von zwei Brüdern gegründet. Ihre Produkte waren Präzisionsteile für die Schwarzwälder Uhrenindustrie.

Heute fertigt das Unternehmen schon lange keine Präzisionsteile für die Uhrenindustrie mehr. Aber in der DNA des Unternehmens steckt immer noch der Hang zur Präzision. Die Produkte von heute sind allesamt in ihrer Klasse führend. Das gilt auch für das Unternehmen. Deshalb begann ich die meisten Gespräche bei Kunden oder Interessenten mit dieser Story: »Als die beiden Brüder 1938 in einer wirtschaftlich herausfordernden Zeit die Firma gründeten, produzierten sie Präzisionsteile für die Uhrenindustrie. Höchste Präzision war gefordert. Sie wussten: Präzision macht den Unterschied. Noch heute ist Präzision die DNA unseres Unternehmens. Unsere Pressensysteme sind mechanisch hochpräzise. Das ermöglicht unseren Kunden damit ebenfalls höchst präzise Produkte herstellen. Wir können gar nicht anders als präzise zu arbeiten.«

Mit dieser Story hatte ich einen entscheidenden Verkaufsvorteil, weil jedem sofort klar war: Wir waren technologisch führend. Und dass dieses Merkmal seinen Preis hat, war jedem klar. Und falls die Diskussion auf die Preisebene wechselte, konnte ich die Verhandlung mit Hinweis auf die Story des Unternehmens schnell wieder zurück auf eine andere Ebene heben, wo wir nicht mehr über den Preis diskutierten.

Wie Storytelling das Dilemma des Vertriebs in einer digitalen Welt löst

Aus meiner Erfahrung im technischen Vertrieb und Marketing entwickelte ich diese Dienstleistung:

- Ich entwickle relevanten Content für den Maschinen- und Anlagenbau.
- Ich berate Unternehmen beim Content Marketing und beim Erstellen von nutzhaltigem Content entlang der Customer Journey.
- Ich helfe ihnen beim Entwickeln guter Verkaufsstorys.

Und dies mit der Erfahrung von rund 20 Jahren im internationalen Vertrieb. Kunden kommen zu mir meist mit einer ähnlichen Aufgabenstellung: »Herr Heini, wir wollen neue Kunden gewinnen. Unser Vertrieb macht das schon gut, doch in jüngster Zeit wird es zunehmend herausfordernder, neue Kunden zu gewinnen. Wenn sich Kunden bei uns melden, haben sie im Internet recherchiert und sich bereits zu 50 bis 70 % für eine Lösung und damit einen Wettbewerber entschieden. Sie melden sich lediglich bei uns, um ein Angebot einzuholen.«

Es stellt sich die Frage: Wie stellen Sie es geschickt an, dass sich der Kunde für Sie entscheidet und sich bei Ihnen meldet? Die Antwort ist ganz einfach: Er muss sie während der Customer Journey, die mit einer Suche im Internet und in Social Media beginnt, finden. Er muss dort Ihre Storys finden, in die Sie geschickt Zahlen und Fakten einbauen und somit die Interessenten von Ihrer Expertise überzeugen. Denn gute Storys wecken Emotionen und verankern diese im Gedächtnis des Kunden. Darum hat das Storytelling im digitalen Vertrieb eine überragende Bedeutung.

Warum Storytelling im digitalen Vertrieb der Treibstoff für mehr Erfolg bei der Kundengewinnung ist

In einer digitalen Welt geht Verkauf anders als in der »analogen«. Es ist nicht mehr der Verkäufer, der den Kunden aufklärt und überzeugt. Sondern Kunden suchen heute im Internet nach der bestmöglichen Lösung. Sie machen sich selbst ein Bild über den Markt und suchen nach überzeugenden Anbietern. Vor allem Millennials nutzen während der Customer Journey fast ausschließlich das Internet als Rechercheplattform.

Unternehmen bauen digitale Sales-Funnels mit relevantem Content auf, um Interessenten über einen digitalen Verkaufsprozess hinweg zu Kunden zu machen. Werden Interessenten mit spannenden Geschichten an das Thema herangeführt, werden sie beeinflusst und entscheiden sich am Ende, dieses Unternehmen zu kontaktieren. Deshalb gehört die Zukunft den Unternehmen, die mit guten Storys und relevantem Content Kunden über das Web erreichen.

Wie wir die Macht und Magie von einzigartigen Geschichten nutzen, um Interessenten bei der Kaufentscheidung positiv zu beeinflussen

Geschichten zu erzählen, also Storytelling, ist eine der erfolgreichsten Techniken moderner Unternehmens-Kommunikation. Gerade der digitale Vertrieb braucht gute Geschichten, die Interessenten und Kunden während der Customer Journey finden. Denn der Vertrieb kommt erst später ins Spiel, nachdem Kunden zu 50 bis 70 % bereits eine Kaufentscheidung getroffen haben. Ganz egal, ob Sie Vertriebsleiter oder Marketingleiter sind, Sie werden zukünftig ohne gutes Storytelling in ihrem Sales-Funnel weniger Erfolg haben. Die Herausforderung und gleichzeitig die Kunst ist: Interessenten durch packende Storys und relevanten Content so zu beeinflussen, dass sie auf die Shortlist des Interessenten kommen. Auf der Shortlist stehen die 3 bis 5 Unternehmen, die als mögliche Lieferanten kontaktiert werden.

Warum gerade Storytelling? Ist doch ein alter Hut, oder?

Stimmt, Storytelling ist ein alter Hut – aber brandaktuell. Weil Menschen nach großartigen Geschichten mit Lösungspotenzial hungern. Denn Menschen sind von Natur aus neugierig. Jedoch nicht nach nackten Zahlen und Fakten, sondern nach einzigartigen Geschichten, die noch nie so erzählt wurden. *»Was Menschen umtreibt, sind nicht Fakten und Daten, sondern Gefühle, Geschichten und vor allem andere Menschen.«* Manfred Spitzer, Hirnforscher

Das Interessante ist: Unser Gehirn unterscheidet kaum zwischen Dingen[1], die wir selbst erleben, und Dingen, die sich in Storys ereignen. Geschichten wirken, als sei das Erzählte unsere eigenen Erfahrungen und Ideen. Wir fühlen mit und unser Herz schlägt schneller

- Kommunikation hat im Geschäftsleben vor allem eine Funktion: Menschen zu informieren und zu überzeugen.
- Überzeugung ist der Treibstoff aller kommunikativen Aktivitäten in Unternehmen und Organisationen.

Der vielleicht größte Vorteil von mitreißenden Geschichten ist: Jede spannende Geschichte ist einzigartig und individuell. Mit Ihrer unverwechselbaren Geschichte stechen Sie aus der Masse der Wettbewerber heraus, während Produkte und Dienstleistungen zunehmend vergleichbarer und austauschbarer werden.

---

1   Tell me! Wie Sie mit Storytelling überzeugen | Rheinwerk Computing

Warum Storytelling im Business heute wichtiger ist denn je – und alle Türen öffnet

Storytelling ist weit mehr als ein Trend und wird in Zeiten von Informationsüberflutung und sinkender Aufmerksamkeitsspanne immer wichtiger. Es ist die wirkungsvollste Kommunikationsform der Welt, weil Menschen Geschichten lieben. Kaufentscheidungen werden nicht allein auf intellektueller Ebene getroffen. Überraschenderweise gibt das Bauchgefühl selbst bei großen Käufen wie einem Auto oder einer Wohnung den Ausschlag.

Die Fakten über mitreißende Storys:

Storys ...
- bleiben 22-mal besser in unserer Erinnerung als Fakten, sagt die Stanford-Professorin Jennifer Aaker[2].
- verkaufen mindestens doppelt so gut wie pure Fakten, wie ein Experiment an der Stanford-Universität zeigt[3].
- setzen unser Kopfkino in Gang, weil sie mehr Hirnareale ansprechen als dies Daten, Fakten und Zahlen tun.
- wecken unsere Neugier, bieten Unterhaltung und Entspannung und verschaffen Aufmerksamkeit.
- unterhalten und bleiben länger im Gedächtnis.
- können harte Fakten und komplexe Sachverhalte spannender verpacken und in vereinfachter Form leichter vermitteln.
- sprechen unser Unterbewusstsein an, fesseln unser Gehirn und beeinflussen unser Denken und Handeln.
- wecken Assoziationen, geben Raum für Interpretationen und sorgen dafür, dass sich im Gehirn etwas bewegt.
- werden eher weitererzählt oder geteilt als nüchterne Fakten.

Mit anderen Worten: Mit packenden Geschichten erreichen Sie Ihre Kunden während der Customer Journey am besten. Weil mit guten Geschichten jeder digitale Sales-Funnel lebendig wird und zum Weiterklicken- und Lesen einlädt.

---

2 Jennifer Aaker: Harnessing the Power of Stories. https://www.youtube.com/watch?v=9X0weDMh9C4
3 Jennifer Aaker: The Power of Story. https://www.youtube.com/watch?v=CdO9a41WUss

Welche Struktur hat eine gute Story im Unternehmenskontext?

Eine gute Story muss nicht besonders komplex und lang sein. Im Gegenteil: Sie sollte kurz, prägnant und leicht verständlich sein. Sie enthält in der Regel diese fünf Elemente:

1. **Einen Helden/Protagonisten:** Jede gute Story hat einen Helden. Und die Zielgruppe sollte sich mit ihm identifizieren können. Der Held durchlebt im Laufe der Geschichte eine Veränderung.
2. **Ein Ziel:** Was soll mit der Story erreicht werden?
3. **Einen Konflikt:** Hindernisse, die den Helden daran hindern, sein Ziel zu erreichen.
4. **Eine Dramaturgie:** Sie besteht aus Ausgangssituation, Komplikation und Auflösung.
5. **Zielerreichung:** Was lernt der Zuhörer daraus?

Eine typische Story ist die weltbekannte Heldenreise des griechischen Helden Odysseus. Nach der siegreichen Schlacht von Troja will er nach Hause segeln. Doch der Meeresgott Poseidon will seine Heimfahrt verhindern und legt ihm viele Hindernisse in den Weg. Odysseus überwindet erfolgreich alle Hindernisse und erreicht nach zehn Jahren seine Heimat.

Eine andere weltbekannte Geschichte ist die Einführung des iPhones. Steve Jobs erzählte dabei folgende Story: »Wir haben uns die besten Smartphones angesehen und festgestellt, dass sie alle schwer bedienbar sind (Ausgangssituation). Wir wollten ein Smartphone entwickeln, das ganz einfach zu bedienen ist und trotzdem viel mehr kann. Es gab viele Herausforderungen auf dem Weg dahin, aber wir haben es geschafft (Konflikt). Hier ist das Ergebnis (Ziel erreicht).

Storytelling im Business folgt den gleichen Regeln. Mittels Geschichten erzeugen wir Aufmerksamkeit, um Menschen zu einer Aktion zu bewegen.

Im Unternehmenskontext können diese Dinge/Menschen der Held/Protagonist einer guten Geschichte sein:

1. Das Unternehmen
2. Ein Produkt/eine Dienstleistung
3. Handelnde Personen oder Personal Brands im Unternehmen
4. Der Kunde

Die Story im Unternehmenskontext hat das Ziel, beim Kunden einen Wandel herbeizuführen. Fragen Sie sich bei jeder Story, die Sie schreiben oder erzählen:
- Wer ist der Held/Protagonist in dieser Story?
- Wie kann ich ihn mit dieser Story zum Handeln bewegen?

Sie sollten immer im Blick haben: Jede gute Geschichte lebt von der Emotionalität und Relevanz für die Zielgruppe. Außerdem sollte sie mit Unternehmenszielen verknüpft sein – wie mehr Bekanntheit, mehr Branding, mehr Umsatz oder mehr Reichweite.

Warum Storys Mehrwert transportieren und Sie dadurch deutlich mehr verkaufen

Die Journalisten und Sprachwissenschaftler Joshua Glenn und Rob Walker[4] führten ein aufsehenerregendes Experiment durch. Sie kauften 100 gewöhnliche Gegenstände wie einen Holzhammer, einen Flaschenöffner oder einen Nussknacker von Flohmärkten und Haushaltsauflösungen – zu einem Durchschnittspreis von 1,29 US-Dollar. Jetzt baten sie eine Reihe von Autoren kurze, fiktive Geschichten über jeden dieser Gegenstände zu schreiben. Dann stellten sie alle Teile auf der Plattform eBay ein. Anstelle einer simplen Beschreibung neben dem Bild veröffentlichten sie dort die fiktiven Geschichten, die für jeden der Gegenstände geschrieben wurden. Sie achteten darauf, dass klar wurde, dass die Geschichten erfunden waren, um nicht den Eindruck zu erwecken, es wären besonders exotische Gegenstände.

Innerhalb von fünf Monaten waren alle Gegenstände verkauft. Sie hatten die Gegenstände für 128,74 US-Dollar gekauft und verkauften sie jetzt für 3.612,51 US-Dollar. Das entspricht einem Gewinn von 2.800 %.

Die Erkenntnis aus diesem Experiment: Einfache, selbst fiktive Geschichten verwandeln sogar Alltagsgegenstände in wertvolle Objekte und erhöhen die Verkaufsmarge um ein Vielfaches.

Damit ist klar: Spannende und authentische Geschichten geben einen echten Mehrwert und »verkaufen« besser. Suchen Sie deshalb nach guten Ideen in Ihrem Unternehmen für packende Geschichten.

Mit Storytelling werden Sie in der Informationsflut erst wahrgenommen

Experten zufolge hören wir bis zu 10.000 Werbebotschaften täglich – das ist unfassbar viel! Wie werden Sie da mit Ihrer Botschaft wahrgenommen? Lauter und schriller zu sein bringt nichts, sondern persönlicher und emotionaler. Um Gehör zu finden, müssen Sie die besseren Geschichten erzählen. Und dabei den Nerv Ihrer Kunden treffen, indem Sie persönlicher, emotionaler und authentischer kommunizieren als Ihre Kon-

---

4   Sell with a Story: How to capture attention, build trust and close the sale, AMACOM, Paul Smith

kurrenz – und die wahren Sehnsüchte Ihrer Kunden ansprechen. Finden Sie deshalb die geheimen Sehnsüchte und Kaufmotive Ihrer Kunden und geben Sie darauf in Ihren Storys eine Antwort.

Wie beginnen packende Geschichten, die uns in ihren Bann ziehen und im Verkauf überzeugen?

Sie wissen sofort, wenn eine spannende Geschichte beginnt, weil sie meist ähnlich anfängt. Typische einleitende Formulierungen sind:

- »Ein Kunde rief mich kürzlich an und …«
- »Als ich zum ersten Mal davon hörte …«
- »Ich möchte Ihnen eine Geschichte erzählen …«
- »Das beste Beispiel, das ich jemals gesehen habe …«
- »Das lernte ich …«
- »Einer meiner kritischsten Kunden kam zu mir …«
- »Wissen Sie, was mich neulich ein Kunde gefragt hat?«
- »Wovor ich meine Kunden um jeden Preis schützen möchte …«
- »Letzte Woche führte ich ein interessantes Gespräch …«

20 perfekte Themen für eine richtig packende Story rund ums Unternehmen

Im Gespräch mit Geschäftsführern und Marketing- und Vertriebsleitern stelle ich häufig fest, wie groß die Herausforderung ist, gute Geschichten zu finden. Und sie spannend zu erzählen. Oft fehlt den Beteiligten die Übung. Wenn ich im Gespräch frage: »Welches sind typische Geschichten über das Unternehmen, die Produkte oder die Dienstleistungen?« folgt meist peinliche Stille. Zögernd kommen dann Aussagen wie:

- »Wir haben keine Geschichten, weil wir noch ein junges Unternehmen sind.«
- »Solche Details interessieren die Leute doch gar nicht.«
- »Das ist doch alles nichts Aufregendes.«

Auf den ersten Blick mag das sein. Doch es sind genau diese einzigartigen, unverwechselbaren Geschichten aus dem Unternehmen, die Menschen interessieren. Und dafür müssen Sie meist tiefer graben und gezielt Fragen stellen, um all die Geschichten über Produkte, Menschen, Erfahrungen und Versagen zu finden. Oft wollen Unternehmen nur ein rosiges Bild von sich zeigen, doch Sie müssen auch die Probleme, die Schwierigkeiten, den Kampf und die Leiden zeigen.

Hier sind 20 Themen für überzeugende Verkaufsstorys, die Sie erzählen und im digitalen Vertrieb nutzen können:
1. Wie die Firma entstanden ist.
2. Warum wir anders sind als der Wettbewerb.

3. Welchen Firmen wir helfen und wie wir ihnen helfen.
4. Wie Kunden uns erleben und wie sie sich fühlen, nachdem wir ihnen geholfen haben.
5. Welche Werte für uns wichtig sind und wie Kunden davon profitieren.
6. Warum wir manchmal Nein sagen, auch wenn es für uns weniger Gewinn bedeutet.
7. Warum wir ausgerechnet dieses Produkt entwickelt haben und wie es dazu kam.
8. Wie aus einer völlig verrückten Idee unser bestes Produkt entstanden ist.
9. Warum wir knapp an der Insolvenz vorbeischrammten und wie unsere Kunden uns aus der Patsche geholfen haben.
10. Wie wir einem Kunden in einer dramatischen Lage geholfen haben.
11. Wir sind nicht das Unternehmen, für das Sie uns halten.
12. Wie wir die ersten Maschinen in die USA verkauften.
13. Wie es war, als erste Frau im Unternehmen eine Abteilung zu leiten.
14. Wie wir eine Idee, die der Firmengründer schon vor 30 Jahren hatte, umsetzten und damit einen Riesenerfolg erlebten.
15. Was war die verrückteste Geschichte, die Ihnen jemals ein Einkäufer erzählt hat?
16. Wie wir in der größten Krise unser bestes Produkt entwickelten.
17. Welche Herausforderungen wir bei der Entwicklung des neuen Produktes meisterten.
18. Welche Hindernisse wir überwanden, bevor wir für Mitarbeiter ein attraktives Unternehmen wurden.
19. Welche unvorstellbaren Schwierigkeiten wir bei der Unternehmensnachfolge überwinden mussten.
20. Warum uns schnelle Geschäfte ohne Fortsetzung nicht interessieren.

Das Geheimnis: Wählen Sie für Ihre Story die passende Sprache und die richtigen Worte

Es gibt eine Regel, die Sie unbedingt befolgen müssen, damit Ihre Story packend und interessant klingt:

- Schreiben Sie stets in einer aktiven Sprache.
- Schreiben Sie so plakativ wie möglich. Reden Sie nicht lange um den heißen Brei herum.
- Schreiben Sie so, als würden Sie die Geschichte mündlich erzählen ohne komplizierte Fachbegriffe.
- Lassen Sie lebendige Bilder im Kopf des Publikums entstehen.
- Begeistern Sie mit Synonymen und variieren Sie Ihren Sprachstil.
- Erzählen und schreiben Sie in allen Details. Je mehr Details, desto besser kann sich der Leser in die Situation hineinversetzen.

Zum Schluss: Was lernen wir daraus für unser Business? Und wie nutzen wir zukünftig Storytelling

- Gute Geschichten zu erzählen ist im digitalen Vertrieb wichtiger denn je. Weil Produkte und Dienstleistungen austauschbarer sind. Worin sich Unternehmen heute unterscheiden, sind unverwechselbare Geschichten, wie das Unternehmen, Produkte und Dienstleistungen entstanden sind und wie sie das Leben von Menschen verändern.
- Mit gutem Storytelling gelangt Ihre Geschichte direkt ins Gehirn Ihrer Kunden. Und zwar dorthin, wo der Mensch Entscheidungen trifft.
- Fesselnde Geschichten vermitteln Informationen und Emotionen in der unpersönlichen Welt von Sales Funnels. Sie begeistern, fesseln und reißen mit. Und sie hauchen nackten Zahlen Leben ein. Kunden behalten sie bis zu 22-mal länger im Gedächtnis als Zahlen, Fakten und Daten.
- Spannende Geschichten über Mitarbeiter, Produkte und Dienstleistungen machen das Unternehmen persönlicher. Es entsteht Vertrauen.
- Suchen Sie ab sofort nach guten Geschichten im Unternehmen, verwandeln Sie sie in packende Storys und nutzen Sie sie gewinnbringend im Vertrieb.
- Fangen Sie jetzt an! Warten Sie nicht auf morgen! Viel Erfolg!

Hinweise zum Autor

GÜNTHER W. HEINI

Nach rund 20 Jahren im internationalen technischen Vertrieb hat sich Günter Heini (Diplom-Ingenieur Maschinenbau) vor 8 Jahren selbstständig gemacht. Heute berät er Mittelstandskunden, vornehmlich aus dem Maschinenbau, und entwickelt mit seinen Kunden packende Verkaufsstorys, die sie im Content Marketing und im Vertrieb gewinnbringend nutzen können. Mit gutem Storytelling hilft er ihnen, im digitalen Dschungel sichtbar zu bleiben.

Steigerung der Verhandlungsperformance einer Vertriebsmannschaft

Dr. Alexander Hoeppel
Gründer und
Geschäftsführer
nachnordosten GmbH

Stephan Näder
Chief Sales Officer
Synsero Experts GmbH

Philipp Ufelmann
CEO
SYNSERO Beteiligungs-
holding GmbH

Verhandlungsperformance in der Personalberatung

Wie kann die Performance eines Vertriebsteams gesteigert werden? Um diese Frage zu beantworten, stellen wir nachfolgend die Konzeption und Umsetzung eines Entwicklungsprogramms bei einem jungen mittelständischen Unternehmen vor. Beim Unternehmen handelt es sich um einen auf die Bereiche Finance und HR spezialisierten Personaldienstleister.

Dieser Markt ist umkämpft, niedrige Eintrittshürden sorgten in den letzten Jahren für eine hohe Dynamik im Markt und für schwindendes Vertrauen bei den Kunden – zum Teil auch wegen eines unprofessionellen oder unverbindlichen Geschäftsgebarens einzelner Anbieter. Für den Vertrieb bedeutet das im Umkehrschluss, dass Vertrauen neu aufgebaut bzw. erstmalig verdient werden musste. Während zu Beginn vor allem die Akquise von Neukunden und die Durchführung erster Projekte im Vordergrund stand, rückte mit dem Unternehmenswachstum die Etablierung fester interner Prozesse, die Aus- und Weiterbildung neuer und bestehender Mitarbeiter und die weitere Professionalisierung der Zusammenarbeit mit den Kunden in den Vordergrund. Wir haben unsere Mitarbeiter geschult zuzuhören, die richtigen Fragen zu stellen, Kundenwünsche zu erkennen und Lösungen zu erarbeiten, um uns als verlässlichen Partner für unsere Kunden im Markt zu etablieren. Der Erfolg ließ nicht lange auf sich warten, immer mehr Kunden intensivierten die Zusammenarbeit mit uns und die gemachten Umsätze sorgten für eine höhere Aufmerksamkeit in den Einkaufsbereichen. Verhandlungen mit Senioreinkäufern oder Leitern des Einkaufsbereichs unserer Kunden waren plötzlich Teil unserer täglichen Arbeit.

Sie ahnen es bestimmt schon: Die Kollegen aus dem Einkauf unserer Kunden fanden ebenso wie die anderen Ansprechpartner unserer Kunden Gehör bei unseren Mitarbeitern und unsere Margen befanden sich trotz steigender Umsätze plötzlich im Sinkflug. Wir hatten unseren Vertrieb nicht nachhaltig auf das Thema Verhandlungsführung vorbereitet und mussten jetzt einen hohen Preis für unsere Nachlässigkeit bezahlen. Also ergriffen wir die Chance und bündelten unser Wissen, um die Welt des Vertriebs mit der Welt des Verhandelns im Rahmen unserer Organisationsentwicklung in Einklang zu bringen. Dabei wurden wir von der nachnordosten GmbH, einem auf die Verbesserung von Verhandlungsperformance spezialisierten Anbieter, unterstützt. Nachfolgend geben wir Ihnen gemeinsam einen Einblick in die ersten sechs Monate unseres Projektes.

Für den Unternehmensaufbau gilt ebenso wie für den Hausbau: Misslingt das Fundament, gerät der ganze Bau in Schieflage. Daher stellen wir nachstehend zunächst die wichtigsten Grundlagen zum Thema Verhandeln dar, bevor wir uns der konkreten Umsetzung widmen.

Die Grundlagen: Sind Ihre Vertriebler vom Mars oder von der Venus?

Die Frage, was professionelles Verhandeln bedeutet, wird teils sehr unterschiedlich beantwortet. Dies richtig zu verstehen, ist die Voraussetzung für jede Verbesserung.

Die moderne Verhandlungslehre befasst sich heute mit nahezu allen Aspekten des Verhandelns, sei es im geschäftlichen, im privaten oder im politischen Kontext. Eine intensivere akademische Auseinandersetzung mit dem Verhandeln begann in den 1970er-Jahren. Das in Deutschland unter dem Titel »Das Harvard-Konzept« 1981 veröffentlichte Werk »Getting to Yes« (Fisher/Ury/Patton 2019) markiert einen ersten Meilenstein der modernen Verhandlungslehre. Seitdem wurde aus dem Blickwinkel unterschiedlicher Disziplinen wie der Spieltheorie, der Psychologie und der Wirtschaftswissenschaften unser Wissen Jahr für Jahr erweitert. Es ist wichtig, sich dieser Tatsache bewusst zu sein, um nicht in einen bis heute ausgetragenen Grabenkampf zwischen zwei verfeindeten Lagern zu geraten.

Auf der einen Seite stehen jene, die das – als geschlossenes Konzept ohnehin nicht existente – »Harvard-Konzept« vertreten und in jeder Verhandlung nach einem Win-win-Ergebnis suchen. Auf der anderen Seite positionieren sich jene, die Verhandeln als Kampf sehen. Zum Missverstehen zwischen den zwei »Lagern« trägt zudem bei, dass der Begriff Win-Win völlig beliebig verwendet wird. Doch zunächst zu den zwei Lagern, die man als »Idealisten« und »Realisten« bezeichnen oder sich als Bewohner von Venus und Mars vorstellen kann.

Venus und Mars – über zwei verfeindete Lager

Die Marsianer sind ein grundsätzlich kriegerisch gestimmtes Volk. Sie wissen, mit welchen fiesen Tricks und Kniffen andere Marsianer in Verhandlungen agieren. Daher gilt es, sich selbst auch noch für die härteste Verhandlung zu wappnen. Einen Beliebtheitspreis gewinnt man damit vielleicht nicht, dafür erzielt man die besseren Ergebnisse. Die Marsianer sehen mit Unverständnis auf die Bewohner der Venus. Die scheinen Verhandeln mit einem sozialpädagogischen Seminar zu verwechseln – effektiv ist das jedenfalls nicht. Marsianer neigen dazu, sich von Trainern ausbilden zu lassen, die Erfahrungen mit allerlei feindseligen Situationen vorzuweisen haben. Wer mit einem Geiselnehmer oder einem Bankräuber verhandelt hat, der wird schließlich wissen, wie Verhandeln funktioniert.

Die Bewohner der Venus bauen auf die Stärke der Kooperation. Was sind schon kurzfristige Gewinne durch Ausnutzung, wenn langfristig Ideale verwirklicht werden können? Konfrontation und Egoismus verschwenden nur Energie und lösen keine Probleme! Die Bewohner der Venus sehen daher mit Unverständnis auf die Marsianer; diese scheinen zu glauben, man befinde sich heute noch in der Steinzeit. Im modernen Wirtschaftsleben und beim Verhandeln geht es aber nicht um die größte Keule, sondern um smarte Kooperation. Sich zu benehmen wie die Axt im Wald ist jedenfalls nicht professionell. Venusianer verfeinern die Techniken des Verhandelns gerne in Trainings, in denen die auf Kooperation ausgerichtete Verhandlung im Mittelpunkt steht. Schließlich sollen am Ende alle zufrieden sein und ein Win-Win realisiert werden.

Bevor Sie entscheiden, ob Sie eher Richtung Mars oder Richtung Venus aufbrechen wollen, sollten Sie sich mit dem Begriff »Win-Win« beschäftigen. Was bedeutet eigentlich »Win-Win«?

Getting Win-Win right – Missverständnisse zur Wertschöpfung

In zahlreichen Trainings, Seminaren und Büchern wird »Win-Win« häufig anhand eines Beispiels von zwei Schwestern erzählt, die sich um eine Orange streiten. Wie könnte der Streit zwischen großer und kleiner Schwester wohl entschieden werden?

Einige sehen die große Schwester im Vorteil und gehen davon aus, dass sie der Schwächeren die Orange einfach wegnimmt. Doch auch die kleinere Schwester hat ein mächtiges Werkzeug. Sie schreit und heult, bis die Mutter den Streit zu ihren Gunsten entscheidet und die große Schwester ihr die ganze Orange überlassen muss. Etwas zivilisierter läuft der Streit in jenen Haushalten ab, in denen die Orange zu gleichen Teilen aufgeteilt wird. Noch etwas fairer wird der Prozess, wenn eine Schwester schneidet und die andere Schwester sich zuerst ein Stück aussuchen darf (»Ich teile, du wählst.«). Damit sind die meisten zufrieden und halten diese Lösung für die bestmögliche. Bei dieser Lösung handelt es sich jedoch um etwas, das Verhandlungsprofis nicht allzu hoch schätzen: einen Kompromiss. Der Kompromiss ist vor allem in Deutschland beliebt. Ich habe meine Ziele nicht erreicht, die Gegenseite dafür aber auch nicht.

Was wäre eine bessere Lösung des Orangenstreits? Die eine Schwester fragt die andere: »Wozu möchtest du denn die Orange?« Die Antwort ist absehbar: »Was für eine unnötige Frage, ich möchte die Orange essen!«. Darauf erwidert die andere: »Das trifft sich aber gut, ich möchte einen Kuchen backen und brauche dafür noch etwas Orangenschale.« Die eine Schwester erhält also das Fruchtfleisch und die andere die Schale. Plötzlich haben beide zu 100 % ihre Interessen befriedigt. Möglich wird diese Lösung nur, wenn sich die Schwestern nicht auf die Positionen (»Ich will die Orange!«), sondern auf die dahinter liegenden Interessen (»Wozu möchtest du die Orange?«) konzentrieren. Das Großartige an der kleinen Geschichte von den Schwestern ist die Einfachheit, mit der sich alle Konflikte in Wohlgefallen auflösen. Zugleich ist das ihre größte Schwäche.

Wer ein Venusianer ist, der könnte versucht sein, zukünftig immer nach einer ähnlichen Lösung zu suchen. Wenn es diese nicht zu geben scheint, muss man sich eben noch etwas anstrengen und im Zweifel Zugeständnisse machen. Der Marsianer lacht über so viel Naivität. Bei ihm geht es auch selten um Orangen und wenn, dann wollen beide Parteien sie aufessen – und zwar ganz.

Für den Vertrieb und die Verbesserung der Verhandlungsperformance kann diese Klassifizierung sehr hilfreich sein, da intuitive, also ungelernte Verhandler, zu einem der Glaubenssysteme neigen (Haft 2000: 20–33). Marsianer vergrellen mitunter den einen oder anderen Kunden durch zu hartes Verhandeln, haben wenig Geduld und sind öfter unter den Huntern anzutreffen. Venusianer fokussieren sich auf die langfristige Beziehung, weisen eine hohe Konzessionsbereitschaft auf und sind häufiger unter den Farmern zu finden.

Um dem Streit der Lager zu entgehen, lohnt sich ein genauerer Blick auf den Begriff des »Win-Win«. Denn als »Win-Win« wird zum einen die Qualität eines Ergebnisses mit Blick auf die Zufriedenheit der Parteien bezeichnet und zum anderen das, was die Spieltheorie ein Nicht-Nullsummenspiel nennt.

Ob sich beide Parteien als Sieger »fühlen«, ist jedoch ein denkbar schlechtes Definitionskriterium. Tatsächlich kann man sich als Sieger fühlen, aber dennoch ein miserables Ergebnis erzielt haben. Es ist daher nützlicher, Win-Win als Wertschöpfung zu definieren.

Doch was bedeutet das konkret? Nehmen wir an, ein mittelständisches Handwerksunternehmen aus dem Sanitärbereich erhält den Anruf der Einkäuferin eines Milliardenkonzerns: Es wurde ausgewählt, um einen Großteil der Sanitäranlagen zu sanieren. Dieser Auftrag wäre mit Abstand der größte der gesamten Firmengeschichte. Der Inhaber des Sanitärgeschäfts, Herr Röhrich, fängt bereits zu rechnen an, welche Investitionen er tätigen müsste, um das Mammutprojekt umzusetzen. Eine Sache erweist sich jedoch als großes Problem. Die Einkäuferin hat bereits darauf hingewiesen, dass das Zahlungsziel 90 Tage betrage. Das sei »Firmenpolitik« und daran könne man auch nichts ändern.

Herrn Röhrich ist klar, dass er auf gar keinen Fall alle Investitionen vorfinanzieren kann. Er bräuchte schon einen Kredit bei der Bank, um den Auftrag annehmen zu können. Kommt es nun zu einer Vereinbarung mit 90 Tagen Zahlungsziel – z. B. weil die Einkäuferin hart geblieben ist oder weil Herr Röhrich sich gar nicht traute zu verhandeln –, würde mit hoher Wahrscheinlichkeit Wert vernichtet. Zu einer Wertschöpfung würde es hingegen kommen, wenn der Konzern Herrn Röhrich beim Zahlungsziel und dieser dem Konzern dafür bei den Gesamtkosten entgegengekommen wäre. Denn für den Konzern sind geringere Gesamtkosten deutlich attraktiver als die Einhaltung des Zahlungsziels und für Herrn Röhrich ist ohne Weiteres eine Reduktion des Gesamtpreises möglich, solange er nicht selbst über 90 Tage vorfinanzieren muss. Geschieht dies nicht, wurde Wert verbrannt. Hervorzuheben ist, dass die unterschiedliche Priorisierung der Interessen die Voraussetzung für Wertschöpfung ist. Daher ist es Unsinn zu behaupten, in schwierigen Verhandlungen sei kein Win-Win möglich. Schwierig sind Verhandlungen in der Regel dann, wenn unterschiedliche Interessen bestehen. Das ist zugleich die Voraussetzung für Wertschöpfung.

Jede Maßnahme zur Verbesserung Ihrer eigenen Verhandlungsperformance oder der Ihres Teams läuft ins Leere, wenn sie auf einem falschen Verständnis professionellen Verhandelns beruht. Professionelles Verhandeln zeichnet sich dadurch aus, dass sowohl die Aspekte des Wertverteilens als auch des Wertschöpfens beachtet werden.

Verkaufen und Verhandeln: Ähnliche Werkzeuge, unterschiedliche Baustellen?!

Unterschiede zwischen Verkaufen und Verhandeln führen zu speziellen Anforderungen, die wir nachstehend beschreiben. Wie diese Anforderungen konkret gemeistert werden können, erfahren Sie in Abschnitt »Das Ganze ist mehr als die Summe seiner Teile«.

Der Mythos des erfahrenen Verhandlers

Ein Kardinalfehler ist die Annahme, ein guter Vertriebler sei auch immer ein guter Verhandler. Grundlage dieser Fehleinschätzung ist der Mythos, man lerne das Verhandeln durch Erfahrung. Selbstverständlich braucht es *auch* Erfahrung, um Kompetenzen zu entwickeln. Knowledge (»Wissen, dass«) ist nicht Know-how (»Wissen, wie«). Jeder Vertriebsmitarbeiter kennt diese Erfahrung aus seiner Anfangszeit. Auch ein intensives Studium der Bedienungsanleitung des Telefons und der Ratschlag, man solle bei der Kaltakquise auf den Kunden eingehen und durch Fragen steuern, macht niemanden zum Vertriebsprofi. Es braucht immer eine Kombination von Wissen und Erfahrung.

Es gibt allerdings einen wesentlichen Unterschied zwischen dem Verkaufen und dem Verhandeln. Beim Verkaufen bekommen Sie immer eine unmittelbare Rückmeldung zu Ihrem Erfolg. »Wir haben nicht verkauft, aber sonst lief es ganz gut« ist ein Satz, den ein Vertriebsmitarbeiter höchstens in der Anfangsphase einmal ungestraft äußern darf. Beim Verhandeln ist es anders. Hier hört man häufiger einen Satz wie, dass man »zwar nicht alle Ziele erreicht habe, es aber ganz gut lief«. Noch schlimmer ist aus Sicht des professionellen Verhandlers jedoch die Aussage, man habe alle Ziele erreicht, weil es sich hierbei um ein untrügliches Zeichen für zu geringe Ziele handelt (Hoeppel 2018: 81). Aber woher weiß man dann, wie gut man verhandelt hat? Letztlich kommt niemand nach einer Verhandlung zu Ihnen, beglückwünscht Sie und teilt Ihnen dann mit, es wären noch 10 % mehr drin gewesen. Falls Ihnen 10 % unrealistisch erscheinen, überlegen Sie einmal selbst, wie viel bei Ihnen selbst bei größeren Aufträgen noch an Preisreduktion möglich gewesen wäre vor dem endgültigen Abbruch der Verhandlungen.

Auch die wissenschaftliche Untersuchung von Verhandlungsperformance macht deutlich, wie groß häufig die Abweichungen sind. In einem Verhandlungsexperiment mit erfahrenen Verhandlungspraktikern erzielten die Probanden in der Rolle des Einkäufers Verhandlungsgewinne von 5.000 bis 50.000 € (Voeth/Herbst 2015: 45). Dennoch halten sich viele erfahrene Verhandler auch für besonders gute Verhandler. Letztlich lässt sich die eigene Performance jedoch nur durch realitätsnahe Simulationen evaluieren. Der erfolgreiche Vertriebler kann also am Abschluss seinen Verkaufserfolg, nicht aber seinen Verhandlungserfolg erkennen.

Die Fragetechnik als Werkzeug – »Was ist letztes Interesse?«

Dennoch bringt der gut ausgebildete Vertriebsmitarbeiter viele Fähigkeiten mit, die für das Verhandeln überaus wertvoll sind. Dazu gehört insbesondere eine gute Fragetechnik. Sowohl für das Verhandeln als auch den Vertrieb ist die Fragetechnik eines der wichtigsten Werkzeuge. Das gilt in besonderem Maße für den Vertrieb erklärungsbedürftiger Produkte und Dienstleistungen. Spätestens mit Neil Rackhams Ansatz des SPIN-Selling (Rackham 1995) hat sich vertriebliche Tätigkeit vom Produktverkauf zum Lösungsverkauf entwickelt. Rackham definierte 1988 vier Fragen als Kern des SPIN-Ansatzes:

1. **S**ituationsfragen (Fragen, um die Ausgangssituation des Kunden zu verstehen)
2. **P**roblemfragen (Fragen nach Schwierigkeiten und Potenzialen)
3. **I**mplikationsfragen (Fragen nach den Auswirkungen eines Problems)
4. **N**eed-Payoff-Fragen (Fragen nach dem Wert, den eine Lösung für den Kunden hätte)

Über die Fragearten steuert der Vertriebler den Prozess und leitet den Kunden zur Problemlösung. Das funktioniert jedoch nur, wenn die Fragen in der richtigen Reihenfolge gestellt wurden. Eine zu schnelle Präsentation der Lösung verpufft, wenn noch kein Problembewusstsein besteht. Interessant ist, dass Rackham über das Thema Verhandeln zum Vertrieb gelangte. Ursprünglich hatte er sich mit der Frage auseinandergesetzt, welche Eigenschaften einen erfolgreichen Verhandler ausmachen (Rackham 1978). Erst danach führte er im Auftrag von IBM und XEROX jene Studie durch, aus der SPIN-Selling entstand. Das datengestützte Fundament unterscheidet den Ansatz von den unzähligen Titeln der allgemeinen Ratgeberliteratur, die sich meist im Recycling von Motivations- und Kalendersprüchen erschöpft.

Sowohl für Vertriebler als auch Verhandler lässt sich feststellen: »Wer fragt, der führt.« Das gilt in besonderem Maße bei einer steigenden Komplexität des Produktes oder des Verhandlungsgegenstandes. Im Bereich der erklärungsbedürftigen Produkte und Dienstleistungen erarbeitet der Vertriebsmitarbeiter gemeinsam mit dem Kunden Lösungen. Das ist auch einer der Gründe dafür, dass die vielfach totgesagte und vor allem in Deutschland seit jeher kritisch beäugte Kaltakquise weiterhin eines der effektivsten Kommunikationsmittel darstellt. Nur im persönlichen Gespräch kann geklärt werden, ob und welche Lösungen für den Kunden attraktiv sind. Sowohl für den (potenziellen) Kunden als auch den Vertriebsmitarbeiter ist das die effizienteste Variante. Das gilt gerade auch für neuere Ansätze wie den Challenger Sale (Dixon/Adamson 2019), bei dem sich der Schwerpunkt von der Beziehungspflege und der Serviceorientierung auf eine offensivere Herangehensweise verlagert. Challenger haben auch sehr gute Voraussetzungen, um kooperativ-wertschöpfend zu verhandeln, dabei aber die eigenen Interessen effektiv durchzusetzen.

Eine weitere Fähigkeit guter Vertriebler ist die Analyse des Buying Centers. Wer sind Entscheider, Influencer, Budgetverantwortliche und Anwender? Wer muss wann und wie beeinflusst werden, damit sich die Wahrscheinlichkeit eines Abschlusses erhöht? Dabei steigen mit den sozialen Medien die Möglichkeiten der Einflussnahme im Vorfeld klassischer vertrieblicher Akquise. Wie bedeutend die Dimensionen jenseits des Tisches für das professionelle Verhandeln sind, haben zuletzt James Sebenius und David Lax (Lax/Sebenius 2006) kongenial ausgearbeitet. Verhandlungen werden nur zum

Teil am Verhandlungstisch, also auf der Ebene taktischen Verhaltens entschieden. Die verschiedenen Interessen auf Kundenseite genau zu analysieren und entsprechend zu agieren ist eine der Voraussetzungen für erfolgreiches Key Account Management.

Verhandler können also einiges von guten Vertrieblern lernen (Abramowitz 2017: 427–428). Doch wieso bedarf es dann einer auf die Verhandlungsperformance fokussierten professionellen Weiterbildung des Vertriebs?

Wer schreibt, der bleibt – Zielsetzung und mentale Einstellung

Ein wichtiger Unterschied zwischen dem Verkaufen und Verhandeln ist die Zielsetzung. Dem Vertriebsmitarbeiter geht es darum, den Abschluss zu erreichen. Das Verhandeln gehört – falls hierfür nicht eigens eine Funktion geschaffen wurde – häufig zwar zu den Aufgaben eines Vertriebsmitarbeiters, wird aber eher als lästiger Bestandteil des Vertriebsprozesses betrachtet. »Muss denn dieses Geschachere immer sein?« ist eine Klage, die nicht selten auch von Vertriebsmitarbeitern zu hören ist. Der einfachste Weg ist es daher häufig, der Gegenseite etwas entgegenzukommen, um schnell den Abschluss zu machen. So entsteht nicht selten eine Art »Rabattkultur«. Auf die Frage des Kunden, »ob man da noch etwas machen« könne, folgt nicht selten die erste Preisreduktion in Höhe von ein paar Prozentpunkten. Gerade für kleinmargige Geschäftsfelder bedeutet eine solche Entwicklung den Tod auf Raten. Hier kann ein Rabatt von 5 % je nach Situation den Gewinn um 50 % schmälern. Falls die Marge größeren Spielraum bietet, erhöht sich zum einen die Gefahr leichtfertiger Konzessionen, die Kundenzufriedenheit steigt dadurch jedoch nicht. Ein viel zu selten beachteter Aspekt sind die psycho-logischen Effekte (Birkenbihl 2019). Ein schneller Preisnachlass führt auf der Gegenseite leicht zu Kaufreue[1]. Durch das schnelle Entgegenkommen entsteht beim Käufer das Gefühl, es wäre noch ein deutlich höherer Rabatt möglich gewesen oder es stimme irgendetwas mit dem Produkt nicht. Eine für den Vertrieb besonders wichtige Erkenntnis besteht darin, dass man den Kunden durch das Verweigern von Rabatten glücklicher macht. Diese psychologischen Aspekte professionellen Verhandelns lassen sich am besten in einer Kombination von Training und Praxistransfer vermitteln. Nur durch das »Erleben« bestimmter Verhandlungsdynamiken wird das Fundament für eine Verhaltensveränderung gelegt.

---

[1] Mitunter wird in der Verhandlungslehre statt von Buyer's Remorse (= Kaufreue) auch von Winner's Curse gesprochen (Bazerman/Neale 1992: 49–55). Der Fluch des Gewinners ist jedoch in der Auktionstheorie eindeutig definiert und beschreibt den Effekt, dass der Meistbietende in Versteigerungen tatsächlich einen zu hohen Preis bezahlt.

Im Silo gibt's nur kleine Körner – Schatzsuche im Unternehmen

Auch wenn professionelles Verhandeln erlernt werden muss wie ein Handwerk, verfügt jedes Unternehmen über einen großen Schatz als Startkapital: das Wissen der Mitarbeiter. Für eine nachhaltige Unternehmensentwicklung ist es daher empfehlenswert, über einzelne Trainings hinaus einen kontinuierlichen Verbesserungsprozess anzustoßen. Der erste Schritt besteht in der Bergung des Wissens der Mitarbeiter. Denn häufig leidet die Performance – wie auch in vielen anderen Bereichen – an einem ausgeprägten Silodenken. Verschiedene Divisionen und Funktionen sind sich häufig nicht darüber im Klaren, wie wertvoll ihr Wissen für andere im Unternehmen sein könnte. Einem Verkäufer leuchtet das in der Kommunikation mit potenziellen Kunden sofort ein. Hier wird häufig der Versuch unternommen, den Einkauf zu umgehen (sogenanntes Maverick Buying). Gelingt das, so liegt das auf Kundenseite an Silodenken und mangelhaftem Austausch der Abteilungen untereinander. Doch auch auf der Seite des vertreibenden Unternehmens werden verhandlungsrelevante Informationen häufig nicht zwischen den Abteilungen ausgetauscht. Die Information, ob und in welchem Umfang z. B. ein Kunde Service in Anspruch nimmt oder Rückfragen stellt, kann für den Vertriebler sehr nützlich sein, wenn der Einkäufer ihm gerade versichert, es gehe ausschließlich um den Preis. Falls Fachabteilungen für die Implementierung eines Produktes im Austausch miteinander stehen, eröffnet das häufig den Weg zu weiteren Verkäufen, sofern der Vertrieb im ergebnisorientierten Austausch mit der Fachabteilung steht. Die Unternehmensinteressen im Blick zu haben, lohnt sich für den einzelnen Vertriebler dann auch in taktischer Hinsicht. So können zur psychologischen Optimierung des Verhandlungsprozesses Forderungen für andere Abteilungen gestellt werden (»Ich komme Ihnen hier entgegen, Herr Kunde, habe aber zugleich eine Bitte: Im Moment führt das Qualitätsmanagement eine Evaluation durch; können Sie uns hier unterstützen?«). Im Vertrieb sollte idealerweise jede Konzession zugleich mit einer Forderung verbunden werden. Je größer der Katalog an Forderungen im Sinne des Unternehmens, desto einfacher ist es für den Vertriebsmitarbeiter, die passende Forderung auszuwählen.

Bei komplexen Verhandlungen mit vielen Verhandlungsgegenständen (»Issues«) und Optionen sollten in der Vorbereitung und zur Bewertung möglicher Einigungen die entsprechenden Fachabteilungen eingebunden werden. Das passiert auf Käuferseite deutlich häufiger, z. B. durch das Erstellen von Balanced Scorecards, als im Vertrieb. Der Aufwand muss hier in Relation zum Nutzen stehen, aber gerade im Bereich der Investitionsgüter kann es sich lohnen, verschiedene Optionen der Vertragsgestaltung vorzubereiten. Verhindert werden sollte in jedem Fall eine systematische Wertvernichtung durch zu starre Vorgaben oder eine unflexible Grundhaltung (»Das Zahlungsziel ist konzernweite Vorgabe, hier lässt sich nichts machen.«).

Folgende Arten des Wissens über das Verhandeln sollten in den Blick genommen werden:

1. Wissen darüber, wie aktuell verhandelt wird
2. Wissen darüber, wie verhandelt werden sollte
3. Wissen, das für das Verhandeln nützlich ist

Das bereits vorhandene Wissen bildet das Fundament für die Verbesserung der Verhandlungsperformance. Ein solcher Ansatz ist für die Unternehmensentwicklung deutlich effektiver und nachhaltiger als einzelne Trainingsmaßnahmen.[2]

»Andere Kunden haben auch schönes Geld« – Missverständnisse zur BATNA

Wie mächtig jemand in einer Verhandlung ist, hängt von seinen Alternativen ab. Daher ist die Kenntnis der sogenannten BATNA – der Best Alternative to a Negotiated Agreement – eine zwingende Voraussetzung für das professionelle Verhandeln (Fisher/Ury/Patton 2019: 147–159). Daher wird häufig empfohlen, der Vertriebsmitarbeiter müsse eben für eine volle Pipeline sorgen.

Doch was bedeutet eine volle Projektpipeline vor dem Hintergrund der BATNA? Aus der Unternehmens- und Managementsicht bedeutet eine volle Projektpipeline vor allem eine höhere Wahrscheinlichkeit für unternehmerischen Erfolg, mehr Synergieeffekte durch ähnliche Anforderungen bei unterschiedlichen Kunden und dabei eine ansteigende Effizienz im Dealmaking-Prozess. Daher ist es grundsätzlich ein guter Rat, für eine volle Projektpipeline zu sorgen, um für sich als Unternehmen oder Team gute Alternativen zu schaffen. Selbstverständlich tragen weitere potenzielle Kunden dazu bei, dass man als Anbieter nicht aus Mangel an Alternativen jeder Forderung zustimmen muss und selbstbewusster mit dem Kunden umgehen kann.

Am Konzept der BATNA geht das jedoch vorbei. Seine BATNA zu kennen bedeutet, sich vor der Verhandlung zu überlegen, was die beste Alternative zu einer möglichen Einigung ist. »Was tue ich, wenn die Verhandlung scheitert, und wie viel ist das für mich wert oder: Wie viel kostet mich das?«

Diese Frage kann im Commodity-Bereich viel leichter beantwortet werden als beim Vertrieb erklärungsbedürftiger Produkte und Dienstleistungen. Dazu ein Beispiel: Ein Account Manager hat für das Unternehmen X einen Interim-CFO für ein Projekt im Bereich Unternehmensakquisition gesucht und mit Berater Müller, mit einem Tagessatz von 2.500 EUR, auch gefunden. Am selben Tag kommt ein weiteres Projekt von dem

---

2   Das Konzept orientiert sich an: Nonaka/Takeuchi 2012.

Unternehmen Y rein mit exakt den gleichen Anforderungen wie im Projekt von Unternehmen X.

Eine konkrete BATNA hat der Account Manager nur, wenn er Berater Müller zeitgleich bei Unternehmen X und Y vorstellt und ihn im Falle des Scheiterns der Verhandlung mit Unternehmen X direkt an Unternehmen Y vermitteln könnte.

In diesem Fall würde er in der Verhandlung mit Unternehmen X nicht unter den Tagessatz gehen, den er bei Unternehmen Y realisieren kann. Das entspricht hier und in vielen anderen Bereichen jedoch nicht der Realität. Gerade wenn passgenaue Lösungen für einen potenziellen Kunden erarbeitet wurden, kann diese Lösung nicht einfach anderweitig verkauft werden.

Für das Vertriebsmanagement führt diese Erkenntnis zu einer doppelten Herausforderung: Dem Vertriebsmitarbeiter muss eine Entscheidungsgrundlage an die Hand gegeben werden und gleichzeitig darf diese nicht zu einem Konzessionsautomatismus bis zur Untergrenze führen (»Uns wurde gesagt, es darf bis zu 10 % Rabatt gegeben werden.«). Falls keine konkreten Möglichkeiten des Verkaufs an einen anderen Kunden bestehen, errechnet sich die BATNA aus der Summe der bis dahin entstandenen Kosten zuzüglich etwaiger Opportunitätskosten. Diese Rechnung wird jedoch der einzelne Vertriebsmitarbeiter kaum vor jeder Verhandlung vornehmen.

Für die effektive Verbesserung bedarf es daher nicht nur eines Trainings für die Mitarbeiter. Die Verbesserung und Anpassung von Prozessen, Systemen und Werkzeugen sollte die Weiterentwicklung individueller Performance begleiten.

Das Ganze ist mehr als die Summe seiner Teile – Verbesserung der Verhandlungsperformance als Unternehmensentwicklung

Aufgabenstellung und Ziel

Was war nun in der Folge unser gemeinsames Ziel für die Verbesserung der Verhandlungsperformance? Wie ließ sich nun konkret ein Programm zur Steigerung der Verhandlungsperformance in der Personalberatung umsetzen und welche Ziele wurden gesetzt?

Zum einen sollte mit den Trainings und daraus folgenden Prozessen eine Margensteigerung um 3 % erreicht werden, die klar und messbar auf Ergebnisse aus Verhandlungen zurückzuführen war. Die bestimmenden Faktoren dabei sind die Stunden- und Tagessätze für die Leistungen der vermittelten Berater sowie die erzielten Provisionen im klassischen Headhunting.

Ein Ziel war es daher auch, in der Organisation eine Transparenz im Bereich Verhandlungsführung durch ein gemeinsames Dokumentationsmodell und ein einheitliches Vorgehen in Verhandlungen zu etablieren, um somit Verhandlungsprozesse auf allen Ebenen nachvollziehen zu können.

Bestandsaufnahme und Schatzsuche

Wie erfolgte die Umsetzung in die Praxis? Wir standen zunächst vor der Herausforderung, ein Fundament für die Verbesserung der Verhandlungsergebnisse zu schaffen. Das Unternehmen hat sich wie eingangs dargestellt auf die Bereiche Finance und HR spezialisiert und vermittelt freiberufliche Spezialisten sowohl zur Überbrückung vorübergehender Vakanzen als auch für den Einsatz in komplexen Projekten. Ergänzt wird das Portfolio um klassisches Headhunting zur Besetzung von Führungspositionen im Finance-Bereich (»Perm«). Die Herausforderung besteht darin, sich in einem umkämpften Markt durchzusetzen, passgenaue Profile ausfindig zu machen (Aufgabe der »Researcher«) und sowohl mit Freelancern, Kandidaten als auch Kunden eine langfristige und wertschätzende Beziehung aufzubauen.

Das Projekt begann zunächst mit einer Bestandsaufnahme. Zu klären war zunächst die Frage, wie mit dem Thema Verhandeln im Unternehmen aktuell umgegangen wird. Hierfür wurde auf zwei Instrumente zurückgegriffen: einen Online-Survey und qualitative Interviews.

Im Survey wurde zunächst in verschiedenen Kategorien nach dem aktuellen Stand im Umgang mit dem Thema Verhandlungen gefragt. Dabei bezogen sich die Fragen vor allem darauf, inwiefern im Unternehmen bereits ein gemeinsames Verständnis zum Thema Verhandeln bestand. Verhandelte jeder, wie er mochte, oder gab es in einzelnen Bereichen bereits Standards und Best Practices, die für das gesamte Unternehmen nützlich sein könnten? Inwiefern wurden Verhandlungserfolge anerkannt und Misserfolge benannt? Der Survey diente zum einen dazu, einen Reflexionsprozess in Gang zu setzen, und legt zum anderen für das Management offen, inwiefern das Thema Verhandeln bereits professionalisiert war.

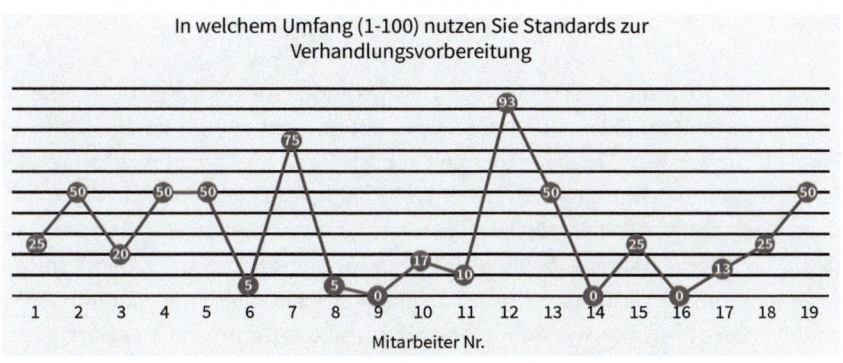

Abb. 1: Beispiel für ein Teilergebnis des Surveys: Mitarbeiter bewerten auf einer Skala von 0–100, inwiefern Standards zur Vorbereitung von Verhandlungen existieren.

Selbst bei einem hohen Grad der Professionalisierung ist es nicht unüblich, dass trotz bereits bestehender Prozesse und Automatismen das Thema Verhandlung nirgends Eingang in die bestehende Organisationsstruktur gefunden hat. So war es auch hier: Man verhandelte zwar fast täglich mit Entscheidern aus Fachbereich und Einkauf, dies geschah meist jedoch nur spontan – basierend auf Erfahrungswerten der Senior-kollegen im Sales – und nach dem Motto: »Das gehört eben dazu, entgegenkommen müssen wir immer irgendwo.« Vielfach bestanden auch gänzlich unterschiedliche Grundüberzeugungen zum Thema Verhandeln. Der eine Mitarbeiter sah in der dauerhaften, wertschätzenden Beziehung einen guten Grund, schnell nachzugeben, eine andere Mitarbeiterin glaubte, gar nicht verhandeln zu müssen, obwohl sich auch in ihrer Funktion viele Verhandlungssituationen ergaben.

Der Survey war hilfreich, um einen ersten Überblick zu erhalten und Potenziale zu identifizieren. Zudem war es im Nachgang einfacher, bestimmte Veränderungen umzusetzen, z. B. Standards zur Vorbereitung, wenn die Mehrheit der Mitarbeiter sich im Survey dafür ausgesprochen hatte.

Während der Survey dem ersten Flug über das Gebiet glich, wurde in den qualitativen Interviews das Gelände erkundet. Mitarbeiter verschiedener Funktionen wurden zu ihren Erfahrungen und ihrem individuellen Vorgehen befragt. Dabei lag der Fokus nicht darauf, Fehlverhalten zu identifizieren, sondern bereits vorhandenes Wissen, erste Ideen und Verbesserungsvorschläge zu sammeln. Es zeigte sich zudem, dass über die Funktionen hinweg wertvolles Wissen nicht kommuniziert worden war. Die qualitativen Interviews glichen daher eher einer »Schatzsuche«. Das Wissen, das bereits vorhanden war, sollte sichtbar und für alle zugänglich gemacht werden (Nonaka/ Takeuchi 2012: 78-114).

Expeditionsplan – die Definition der Route

Auf dem Weg zu unseren gemeinsamen Zielen standen wir vor der Herausforderung, das oben dargestellte klassische Muster der Basarverhandlung zwischen Sales und Einkauf (»Ein bisschen Entgegenkommen gehört dazu!«) zu durchbrechen und neue Automatismen und Routinen in den Vertriebseinheiten zu etablieren, um diese zu befähigen, den größten Teil der täglich aufkommenden Verhandlungssituationen eigenständig und wertschöpfend im Sinne des Unternehmens zu meistern. Damit soll eine Augenhöhe mit den Verhandlern auf Kundenseite erreicht werden, was zu Verhandlungen führt, bei denen man wertschöpfend für das eigene Unternehmen agiert, einfach weil verstanden wurde, dass man für ein Entgegenkommen auch etwas bekommen muss. Und manchmal mussten Verhandlungen auch gar nicht mehr geführt werden, weil plötzlich auch ein »Nein, tut mir leid« Teil des Wortschatzes geworden war.

Für das Erreichen dieser Ziele war es auch notwendig, bereits bestehende Kundenbeziehungen noch einmal neu zu betrachten und Potenziale aufzudecken, die vorher nicht bewusst waren, einfach weil man nie darüber nachgedacht hatte, was man selbst eigentlich vom Kunden fordern könnte. Auch wir sind schließlich in der Lage, Verhandlungen zu starten, um beispielsweise bestehende Konditionen in Rahmenverträgen zu verbessern oder neue Geschäftsbedingungen durchzusetzen, die für jedes neue Projekt eine Profitabilitätssteigerung bedeuten. Diese Steigerung der Profitabilität ist schlussendlich auch der Maßstab, an dem sich die neuen Methoden des professionellen Verhandelns und der damit einhergehenden Organisationsentwicklung messen lassen müssen. Denn es bringt nichts, neue Kniffe und Taktiken gelernt zu haben, wenn am Ende des Tages alles nur bloße Theorie bleibt und die Margen stagnieren oder im schlimmsten Fall sogar sinken. Unser Anspruch war es, Verhandeln alltäglich werden zu lassen und im Vertrieb neben Kaltakquise und Kundenbesuch ein weiteres Werkzeug im Koffer zu haben, das man kontinuierlich nutzt und verbessert. Zur Auswertung kamen daher nicht nur die Entwicklung von Margen und Zahlungszielen pro Projekt, sondern auch der Weg vom initialen Angebot in Form von Beraterprofilen mit Stunden- oder Tagessatz hin zum tatsächlichen Ergebnis bei Vertragsschluss. Wie dies genau dokumentiert, Verhandlungsverläufe somit nachvollziehbar und die Performance in der jeweiligen Verhandlung messbar gemacht werden sollte, wird nun im Folgenden näher beleuchtet. Darüber hinaus werden wir genau auf die nützlichen Tools eingehen, durch die Verhandeln in einer Organisation alltäglich und gelebt wird und sich das Wissen rund um dieses Thema verbreitet und damit fest im Unternehmen verankert.

You can't start a fire without a spark – wie gut verhandeln die Mitarbeiter aktuell?

Da – wie eingangs erwähnt – niemand im »echten« Leben die eigene Verhandlungs-performance beurteilen kann, braucht es zunächst eine Rückmeldung. Diese erfolgte durch ein eintägiges Seminar mit drei realistischen und quantifizierbaren Verhand-lungssimulationen.

Für die erste Annäherung an das Thema »professionelles Verhandeln« ist es – entgegen der häufig in Unternehmen anzutreffenden Meinung – deutlich effektiver, wenn Cases verwendet werden, die nicht der alltäglichen Erfahrungswelt der Teilnehmer entstam-men. Daher waren die Cases so gewählt, dass sie unterschiedliche Verhandlungsdyna-miken erfahrbar machten. Die Ergebnisse waren überraschend für die Teilnehmer, da jeder in mindestens einer Verhandlung feststellen konnte, dass ein besseres Ergebnis möglich gewesen wäre oder ein wichtiger Aspekt übersehen worden war. Das liegt auch an den eingangs bereits beschriebenen intuitiven Verhandlungsstilen. Der be-ziehungsorientierte »Kuschler« zahlt auf der Ebene der Wertverteilung und der »harte Hund« versäumt es, Wertschöpfungspotenziale zu realisieren.

Die Erkenntnis der eigenen Inkompetenz in einem Bereich ist Voraussetzung für jede Art des Lernens. Durch einen Input des Trainers zu den grundlegenden Aspekten pro-fessionellen Verhandelns wurde jeweils das Bewusstsein für die wichtigsten »Hebel« und ein Verständnis verschiedener Verhandlungsarten geschaffen. Nur ein reflektier-tes Verständnis über das Verhandeln ermöglicht später die Optimierung sowohl auf der Ebene der Wertverteilung als auch der Wertschöpfung. Ein Verhandlungsstil, der zwar zu guten Ergebnissen auf der Verteilungsebene führt, dafür aber die Beziehung mit Key Accounts schädigt, muss vermieden werden.

Die praktische Durchführung von Verhandlungen legte zudem Defizite in der Ver-arbeitung verhandlungsrelevanter Informationen, in der Kommunikation und der Vor-bereitung von Verhandlungen offen. Das eintägige Seminar legte den Grundstein für den weiteren Prozess. Zum einen hatten die Mitarbeiter eine Rückmeldung zu ihrer Performance in verschiedenen Verhandlungen erhalten, zum anderen verfügten nun alle über das notwendige Grundwissen für ein professionelles Verhandeln. Für die nachhaltige Verbesserung braucht es einen Mix aus Praxis und Theorie, Reflexion und einem kontinuierlichen Sichbefassen mit dem Thema. Daher wurden mehrere Follow-ups umgesetzt.

Dazu zählten sowohl zweistündige Online- und Präsenzworkshops zu Kommuni-kationstechniken (aktives Zuhören, paraphrasieren, Fragen stellen) als auch die Durchführung weiterer Verhandlungscases in Zweiergruppen mit anschließendem Videofeedback und individuellen Transferaufgaben.

Über das erste Halbjahr verteilt wurde so gewährleistet, dass man sich kontinuierlich mit dem Thema befasste, ohne den gesamten Geschäftsbetrieb aufzuhalten. Parallel hierzu wurde das vorhandene Wissen gesammelt und evaluiert und für die Unternehmensleitung wurde ein »Logbuch« angelegt, in dem die wichtigsten Erkenntnisse aus den Workshops und den individuellen Feedbacks festgehalten wurden. Zur nachhaltigen Steigerung der Verhandlungsperformance müssen neben dem Training individueller Fähigkeiten auch Prozesse etabliert werden. Welche Werkzeuge, Vorlagen und Systeme für ein Unternehmen besonders nützlich sind, unterscheidet sich von Fall zu Fall. Dennoch lassen sich viele der nachstehend beschriebenen Werkzeuge und Prozesse auch auf andere Branchen übertragen.

Verhandeln mit System

Verhandeln ist eine Fähigkeit, die individuell erlernt werden muss. Das bedeutet, dass die Performance nicht ausschließlich durch die Vorgabe bestimmter Prozesse oder Ziele verbessert werden kann. Individuelle Fertigkeiten sind zugleich immer abhängig vom System, in dem der Verhandler eingebunden ist. Beides bedingt sich. Daher finden Sie nachstehend einige der Faktoren, die auf organisatorischer Ebene zur Verbesserung der Verhandlungsperformance umgesetzt wurden.

Der einzelne Vertriebsmitarbeiter steht für jede Verhandlung vor der Herausforderung, den eigenen Verhandlungsspielraum zu bewerten. Im Unternehmen wurde dieser Spielraum über eine relativ ambitionierte Zielmarge bestimmt. In der Praxis bestand jedoch Unsicherheit darüber, wie weit man sich von dieser Zielmarge entfernen durfte und wie in der Verhandlung Konzessionsschritte definiert werden sollten. Das führte auch zu einer häufigen Einbindung und damit erhöhten Arbeitsbelastung des Managements. Dieses Vorgehen ist problematisch, weil Verhandlungspartner sich darauf einstellen, erst die Rückfrage bei der nächsten Hierarchiestufe abzuwarten (»Chefbonus«). Zudem führt eine Vorgabe von Maximalrabatten (oder Mindestmargen) häufig zu der Annäherung an die Untergrenze, wenn die Kennzahlen nicht in einen Gesamtprozess eingebunden sind.

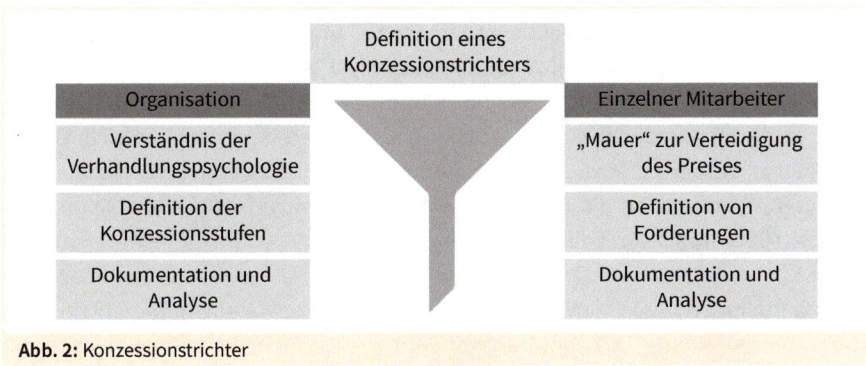

Abb. 2: Konzessionstrichter

Die formalen Anforderungen an den »Konzessionstrichter« (Rosner/Winheller 2016: 274) sind einfach: Konzessionen sollten dynamisch und abnehmend sein. (Good-paster 1997: 29) Wenn das erste Zugeständnis bei 10 % liegt, sollte das zweite nur noch 5 % und das dritte z. B. 1,5 % entsprechen. Deutlich anspruchsvoller ist die weitere psychologische Optimierung. Vor dem Konzessionstrichter muss eine »Mauer« errichtet werden. Der Preis sollte also verteidigt werden. In den praxisnahen Simulationen hatten die Vertriebsmitarbeiter erleben können, wie sich Konzessionen auswirken und wie schnell »Kaufreue« oder weitere Forderungen bei zu schnellem Entgegenkommen entstehen. Die Erfahrung im Rahmen des Action Learning ist die erste Voraussetzung für die effektive Umsetzung. Die zweite Voraussetzung ist die Umsetzung durch den einzelnen Mitarbeiter im Rahmen eines definierten Prozesses. Das heißt konkret, dass im Rahmen eines Workshops der Konzessionstrichter erarbeitet wird und jeder Mitarbeiter »seinen« Konzessionstrichter anpasst. Hierfür sollten z. B. folgende Fragen beantwortet werden:

- Wie reagiere ich auf Forderungen nach Preisnachlass?
- Wie bewerte ich unterschiedliche Verhandlungsgegenstände?
- Welche Forderungen stelle ich für ein Entgegenkommen?

Hierfür wurden den Mitarbeitern u. a. Kenntnisse aus den Bereichen der Behavioral Economics und der Verhandlungslehre vermittelt und der Trichter wurde entsprechend angepasst. Zudem wurde das Kommunikationsverhalten der Mitarbeiter für die maximale Wirksamkeit der konzipierten Tools trainiert. Diese Kombination erhöhte unmittelbar die Sicherheit der Vertriebsmitarbeiter in der Verhandlung.

Die individuelle Herangehensweise fügte sich in den Prozess ein, der für das gesamte Unternehmen definiert wurde. Durch ein Gruppentraining wurde ein gemeinsames Verständnis für grundlegende Verhandlungsdynamiken geschaffen, die Zahlenwerte der einzelnen Konzessionsstufen wurden gemeinsam definiert und die notwendigen Tools zur Dokumentation zur Verfügung gestellt.

Dank des so definierten Konzessionstrichters erhielt die Geschäftsführung auch die Möglichkeit, das Vorgehen einzelner Mitarbeiter zu evaluieren. Ganz konkret kann so im Nachgang danach gefragt werden, wie auf die erste Forderung reagiert wurde, wieso und wie man die zweite Konzessionsstufe betreten hat und wie sich die Verhandlungen bei verschiedenen Accounts unterscheiden. Zudem wurden Eskalationsszenarien definiert. Für die dritte Konzessionsstufe muss der einzelne Mitarbeiter zunächst Rücksprache mit der Führungskraft halten.

Die Mitarbeiter unterschiedlicher Funktionen des Unternehmens (Researcher, Account Manager Interim, Account Manager Permanent) stehen jeden Tag im Austausch mit Kandidaten und Kunden, erhalten dabei wertvolle Informationen zu Preisen, Markt- und Margenentwicklungen, zu wirklich seltenen Fähigkeiten und solchen Skills, die zur Genüge im Markt vorhanden sind. Aus einer vertrieblichen Perspektive wurden alle diese Informationen bereits fortlaufend dokumentiert und genutzt. Allerdings wurde in vielen Fällen nicht der Wert für Verhandlungssituationen erkannt oder die Informationen waren nicht in der geeigneten Weise abrufbar. So wurde hier – wie auch sonst in professionellen Vertriebsorganisationen – zwar jeder Kundenkontakt festgehalten und klassifiziert (Akquisegespräch, Qualitätskontakt etc.), aber nicht die Ergebnisse von Verhandlungsrunden. Das erschwert es im Nachhinein, die Verhandlungsperformance auch über die Berechnung einer Gesamtmarge hinaus zu analysieren. Das Management sieht nicht, wann, wie und aus welchen Gründen dem Kunden Zugeständnisse gemacht worden sind, und der Key Account Manager kann – ohne erheblichen Mehraufwand – nicht einsehen, wie sich sein Verhandlungsverhalten auf die Performance auswirkt oder wie sich Verhandlungen mit verschiedenen Accounts entwickeln.

- Zur Dokumentation wurde im CRM-System eine Lösung für Verhandlungen und die darin festzuhaltenden Informationen definiert. Das erlaubt es im Nachgang, Konzessionsverhalten, Unterschiede zwischen Accounts und Auswirkungen auf die Margenentwicklung zu analysieren. Pro Key Account wurde zusätzlich eine Übersicht erstellt, die Ausgangspunkt, Gegenstand und Ergebnis jeder Verhandlung dokumentiert und Kennzahlen gegenüberstellt. So kann die Entwicklung der jeweiligen Key Accounts betrachtet werden, was wiederum Eingang in ein allgemein implementiertes Tracking der Entwicklung von Verhandlungs- und Vertriebskennzahlen (Margenentwicklung, Entwicklung von Zahlungszielen auf Kunden- und Kandidatenseite, Anzahl von Anfragen, Laufzeit von Projekten etc.) findet. Für Key Accounts wurde zudem ein »Buch der guten Taten« (Limbeck 2019: 524) angelegt, in dem jedes Entgegenkommen festgehalten wird.

Eine Erweiterung der Dokumentation ist immer ein zweischneidiges Schwert. Häufig werden weitere Dokumentationspflichten als Last empfunden. Daher ist es besonders wichtig, den unmittelbaren Mehrwert hervorzuheben. Dieser besteht für den einzelnen Vertriebsmitarbeiter in einer vereinfachten Vorbereitung auf Verhandlungen und einer gesteigerten Verhandlungsmacht, da direkt festgestellt werden kann, in welchen Punkten bereits in der Vergangenheit Zugeständnisse gemacht worden sind. Durch eine eigene Kontaktart »Verhandlungskontakt« wurde die Grundlage für weitere Auswertungen geschaffen. Im konkreten Fall wurde ein »Qualitätskontakt« immer dann als Verhandlungskontakt klassifiziert, wenn Forderungen erhoben wurden oder eine Konzession gemacht wurde. So kann auf der Ebene einzelner Accounts oder Ansprechpartner der Verlauf von Verhandlungen nachvollzogen werden. Zudem ließen sich die Kriterien für die Dokumentation aus dem Konzessionstrichter ableiten. Jeder Mitarbeiter kann somit sagen, wann, mit welcher Begründung und mit welchem Ergebnis er der Gegenseite entgegengekommen ist.

Dadurch wurde auch dem oben beschriebenen Zug zur Untergrenze entgegengewirkt. Die genauere Dokumentation ermöglichte es der Geschäftsführung zudem, Zielvorgaben und Incentivierungen zu überdenken. Im konkreten Fall wurde die Ausbildung der Mitarbeiter in Verhandlungsführung mit einer Erhöhung der Zielmarge verbunden. Zudem wurde die BATNA auf Ebene der Geschäftsführung konkretisiert. Wie oben beschrieben ist die BATNA in diesem wie auch in anderen Fällen, nicht einfach ein weiterer potenzieller Geschäftsabschluss. Tatsächlich ergibt sich die BATNA aus der Gewichtung von Istkosten, erzielter Marge und weiteren strategischen Überlegungen. Wenn es nicht zu einem Abschluss kommt, werden im Vertrieb von Non-Commodity-Dienstleistungen und -Produkten immer Verluste realisiert. Daher ist die BATNA selten wirklich gut. Wenn der Interims-CFO nicht an den Kunden A verkauft wird, stehen in der Regel nicht zwei weitere Kunden in der Schlange, die spontan beschlossen haben, einen CFO einzukaufen. Daher ist es im Non-Commodity-Bereich von besonderer Bedeutung, die Ausbildung individueller Verhandlungsfähigkeiten immer in einen Gesamtprozess einzubinden. Der Geschäftsführung muss im Einzelfall klar sein, bis zu welcher Untergrenze sie gehen kann und will. Dieses Problem über statische Zahlen zu lösen (»Wir gehen nie unter XY Prozent«), ist nicht immer die beste Lösung.

Wenn ein Zielkunde besonders viel Potenzial bietet, weitere Projekte exklusiv vergibt und der Verhandlungsprozess gemäß den erarbeiteten Vorgaben geführt wurde, ist auch der Abschluss unterhalb der Zielmarge als Erfolg zu bewerten. Hier muss jedoch sichergestellt werden, dass nicht durch leichtfertiges Entgegenkommen eine geschäftsschädigende Präzedenzwirkung (»Wenn es hier ging, wieso nicht bei anderen Projekten?«) oder eine falsche Bewertung auf Kundenseite (»Da wäre noch mehr drin gewesen.«) die Ergebnisse sind.

Von der Geschäftsführung wurden verschiedene Parameter (strategisches Potenzial des Kunden, Marge, Zahlungsziele etc.) in einer Bewertungsmatrix gesammelt, um im Verhandlungsprozess effizient agieren zu können. Das heißt konkret: Der Mitarbeiter verhandelt meist selbstverantwortlich anhand des gemeinsam erarbeiteten Prozesses. Ab einer Stufe bindet er die Führungskraft mit ein. Diese bewertet anhand der definierten Kriterien, ob und an welcher Stelle ein weiteres Entgegenkommen möglich ist. Der Prozess klingt zunächst aufwendig, spart aber tatsächlich viel Zeit, da Verhandlungen nicht mehr spontan und intuitiv abgestimmt werden müssen. Zugleich ist den Vertriebsmitarbeitern klar, dass es zur Überschreitung bestimmter Schwellen einer überzeugenden Argumentation bedarf. »Ich frag noch mal beim Chef, ob da noch was geht« wird damit zur Ausnahme. Der Verweis auf den Genehmigungsvorbehalt sollte ohnehin sparsam eingesetzt werden. Auf Kundenseite wird sonst auf Dauer der »Chefbonus« schon von Anfang an eingepreist.

Im Verhandlungstraining, den individuellen Follow-ups und den Workshops zur Erarbeitung von Werkzeugen wie dem Konzessionstrichter wurde fortlaufend das Wissen über professionelles Verhandeln erweitert. Dieses Wissen wurde als Onboarding-Material für Junior Account Manager aufbereitet und im Intranet zugänglich gemacht. Hier wurde die Empfehlung umgesetzt, auf bestehende Systeme zurückzugreifen, die deutlich häufiger und intensiver genutzt werden als Seminardokumentationen oder Zugänge zu externen Plattformen. Zudem haben die Mitarbeiter so die Möglichkeit, ihre eigenen Erfahrungen und Best Practices innerhalb der ohnehin verwendeten Plattform mit den Kollegen zu teilen. So wächst über einzelnen Trainings hinaus das firmeninterne Know-how.

Evaluierung, Zielabgleich, Ergebnis und Fazit

»Mir hat das Ganze richtig den Druck genommen und bei Verhandlungen für innere Ruhe gesorgt«. Diese Rückmeldung eines Mitarbeiters zeigte uns, dass wir mit unserem Vorgehen auf dem richtigen Weg waren. Konkret ging es in diesem Fall um die Reaktion des Mitarbeiters auf die Forderung nach Preisnachlass beim Tagessatz eines Beraters durch den Einkäufer unseres Kunden. Der Mitarbeiter verfiel nicht in das übliche Muster und machte direkt den – womöglich auch noch undefinierten – ersten Konzessionsschritt, sondern reagierte mit dem Verweis auf andere und günstigere Profile. Man könnte sich doch diese noch mal anschauen und den Prozess von vorne beginnen. Das Ergebnis: Der Tagessatz blieb bestehen. Ein erster wichtiger Schritt hin zur Margenerhöhung war damit schon gegangen. In unseren vierteljährlichen Performance-Reviews registrierten wir eine nachhaltig positive Margenentwicklung hin zu unserer ursprünglichen Zielvorgabe.

Möglich war dies durch ein neu geschaffenes Verständnis von Verhandlungen und davon, wie diese im Unternehmen gelebt werden. Wie reagiere ich auf Forderungen und was kann ich als Gegenleistung einfordern? Diese Fragen hatte man sich früher nie gestellt und das sorgte jetzt für ein neues Selbstbewusstsein und vor allem Selbstverständnis aufseiten des Vertriebes. In der konkreten Umsetzung bedeutete dies, dass ein klares Vorgehen in den Verhandlungen und klare KPIs in Bezug auf deren Ergebnis definiert worden waren (Tagessatz/Stundensatz/Zahlungsziele bei Anfrage und Vertragsabschluss) und diese Zahlen quartalsweise mit Bezug auf die dokumentierten Verhandlungskontakte auch überprüft wurden. Hier wurde klar ersichtlich, an welchen Stellschrauben noch gedreht werden musste, um die Verhandlungsperformance weiter zu steigern. Denn eines war allen Kollegen bewusst: Wenn wir nicht mehr verhandeln, dann machen wir was falsch.

Zudem wurde der zuvor erarbeitete Konzessionstrichter grafisch aufbereitet, ausgedruckt und für alle sichtbar in den Büroräumen aufgehängt. Zur Verankerung des Themas Verhandlung in der Organisation wurde ein Verhandlungschampion (Movius/Susskind 2009: 55) gekürt, der ein Quartal lang der Sparringspartner für alle Kollegen war, Best Practices sammelte und komplexe Verhandlungen gemeinsam mit den Kollegen vor- und nachbereitete. Eines war dadurch klar feststellbar: Das Wissen, wie professionell verhandelt wird und welch enormes Wertschöpfungspotenzial für jeden Einzelnen und das Unternehmen darin liegt, hatte Eingang in die tägliche Arbeit gefunden. Dies war möglich, weil eben nicht nur eines von vielen Trainings veranstaltet wurde, nach dem die Mitarbeiter sich freundlich bedankten und die Trainingsunterlagen danach in der Schublade verstaubten. Das Wissen wurde hier klar in die Organisation verankert und durch die Mitarbeiter Tag für Tag auf eine spielerische Art erlebt und gelebt.

Lessons Learned

Zehn Gebote für die Steigerung der Verhandlungsperformance Ihres Unternehmens

Grundlagen

1. Um die Verhandlungsperformance verbessern zu können, bedarf es eines gemeinsamen Verständnisses von professionellem Verhandeln (im Unternehmen oder zumindest im Vertrieb).
2. Professionelles Verhandeln bedeutet, sowohl Wertschöpfung als auch Wertverteilung zu beherrschen.

Voraussetzungen

3. Erfahrene Mitarbeiter sind nicht automatisch gute Verhandler. **Alle** Mitarbeiter, die in den Verhandlungsprozess wissentlich und aktiv eingebunden sind, sollten das Verhandeln lernen.
4. Gute Vertriebsmitarbeiter beherrschen viele Techniken, die für das Verhandeln nützlich sind. Es bedarf aber eines Transfers.
5. Prozesse und Rahmenbedingungen müssen so definiert werden, dass Vertriebsmitarbeiter entscheidungsfähig sind, aber keine Konzessionsautomatismen entstehen.
6. Das Wissen zum Verhandeln muss geborgen, gesammelt und verbreitert werden.

Umsetzung

7. Bewerten Sie den Istzustand durch Mitarbeiterbefragungen und die Durchführung von Verhandlungscases.
8. Schaffen Sie ein gemeinsames Verständnis für professionelles Verhandeln durch Trainings mit hohem Praxisanteil.
9. Erarbeiten Sie mit den Mitarbeitern die wichtigsten Tools zur Vereinfachung des Verhandlungsprozesses.
10. Dokumentieren und verbreitern Sie das Wissen im Unternehmen.

Literaturverzeichnis

Ava J. Abramowitz, What Negotiators can learn from Modern Sales Theory, in: Chris Honeyman/Andrea Kupfer Schneider, The Negotiator's Desk Reference, Saint Paul (MN) 2017, S. 421–433.

Max H. Bazerman/Margarete A. Neale, Negotiating Rationally, New York 1992, S. 49–55.

Vera F. Birkenbihl, Psycho-logisch richtig verhandeln. Professionelle Verhandlungstechniken mit Experimenten und Übungen, München 2019.

Matthew Dixon/Brent Adamson, The Challenger Sale. Kunden herausfordern und erfolgreich überzeugen, München 2019.

Roger Fisher/William Ury/Bruce Patton, Das Harvard-Konzept. Die unschlagbare Methode für beste Verhandlungsergebnisse. München 2019.

Gary Goodpaster, A Guide to Negotiation and Mediation, New York 1997.

Fritjof Haft, Verhandlung und Mediation. Die Alternative zum Rechtsstreit, München [2]2000, S. 20–33.

Alexander Hoeppel, Skeptische Zielsetzung und selbstbewusste Umsetzung, in: Christian Wermke, Exzellente Kommunikation im Wirtschaftsleben, Weil im Schönbuch 2018, S. 70–78.

David Lax/James Sebenius, 3D Negotiation. Powerful Tools To Change The Game In Your Most Important Deals, Boston 2006.

Martin Limbeck, Verkaufen. Das Standardwerk für den Vertrieb, Offenbach 2019.

Hallam Movius/Lawrence Susskind, Built to Win. Creating World-Class Negotiating Organizations, Boston 2009.

Ikujiro Nonaka/Hirotaka Takeuchi, Die Organisation des Wissens. Wie japanische Unternehmen eine brachliegende Ressource nutzbar machen, [2]2012 Frankfurt.

Neil Rackham, SPIN Selling, New York 1995.

Neil Rackham, The Effective Negotiator. The Behaviour of Successful Negotiators, in: Journal of European Industrial Training II (6/1978), S. 6–11.

Siegfried Rosner/Andreas Winheller, Gelingende Kommunikation – revisited. Ein Leitfaden für partnerorientierte Gesprächsführung, professionelle Verhandlungsführung und lösungsfokussierte Konfliktbearbeitung, München 2016.

Markus Voeth/Uta Herbst, Verhandlungsmanagement. Planung, Steuerung und Analyse, Stuttgart 2015, S. 45.

Hinweise zu den Autoren

DR. JAN ALEXANDER HOEPPEL

Dr. Alexander Hoeppel ist Gründer und Geschäftsführer der nachnordosten GmbH und verbessert praxisnah und wissenschaftlich fundiert die Verhandlungsperformance seiner Kunden. Als Lehrbeauftragter für Verhandlungslehre an der Universität Erlangen-Nürnberg und der Rheinischen Fachhochschule Köln entwickelt er neue Ansätze zur effektiven Vermittlung professioneller Verhandlungsfähigkeiten. Als Board-Mitglied des Europa-Instituts für Erfahrung und Management befasst er sich mit neuen Formen des Wissenstransfers zwischen Wissenschaft, Wirtschaft und Gesellschaft.

PHILIPP UFELMANN

Als Investor und Unternehmer begleitet Philipp Ufelmann Unternehmen entlang ihrer Entwicklungsphasen beginnend mit der Markt- und Zielgruppenanalyse, der Unternehmensstrukturierung über den Aufbau des operativen Geschäfts bis hin zu Internationalisierung und Verkauf. Seine Erfahrungen im erfolgreichen Aufbau und in der Beratung verschiedener Unternehmen sowie ein renommiertes Expertennetzwerk bilden das praxisorientierte Fundament für das Programm zur Unternehmensentwicklung von der nachnordosten GmbH.

STEPHAN NÄDER

Stephan Näder ist seit über acht Jahren in den Bereichen Personaldienstleistung und SAP-Beratung aktiv und begleitet als Chief Sales Officer und Board-Mitglied die Entwicklung der jeweiligen Vertriebsstrukturen. Schwerpunkte sind dabei die Professionalisierung in den Bereichen Key Account Management, Prozessautomatisierung und Verhandlungsführung.

Kontaktdaten
nachnordosten GmbH
Sonnenstraße 19
80331 München
E-Mail: info@nachnordosten.de

STRUKTUREN UND SYSTEME:
Was brauchen wir konkret, um unsere Ziele zu erreichen?

Personal, Führung, Steuerungssysteme und Organisation

Vertriebliches Wachstum braucht ein Fundament

Rolf Heimfarth
Director Sales & Marketing

Praxisbeispiel kleiner Mittelstand in der Verfahrenstechnik – Ausgangslage

Ein mittelständisches Unternehmen der Verfahrenstechnik erlebte über mehrere Jahre heftige Umsatzschwankungen und stagnierte schließlich bei einem mittleren zweistelligen Millionenbetrag, trotz Wirtschafts- und Branchenaufschwung. Das Unternehmen schrieb bei diesem niedrigen Umsatzniveau rote Zahlen, bei weiter steigenden Kosten.

Mithilfe externer Beratung wurde eine Analyse der Istsituation vorgenommen. Als eine Maßnahme wurde beschlossen, eine neue Vertriebsausrichtung mit einem neuen Vertriebsleiter vorzunehmen. Dazu wurde mit mir ein Vertriebsleiter mit Konzernhintergrund eingestellt, der Erfahrungen mit modernen Vertriebsmethoden hatte, um ein nachhaltiges Umsatzwachstum wiederzugewinnen und dauerhaft sicherzustellen.

Eine von Realismus geprägte Aufnahme der Istsituation zeichnete ein diffuses Bild. Das Unternehmen hatte technisch hochwertige Produkte, eine lange Historie und eine sehr gute Reputation im Markt. Die fachliche Eignung der Vertriebsmitarbeiter war ebenfalls vorhanden. Trotzdem reichte das alles nicht aus, um den Umsatzrückgang zu verhindern. Ein genauer Blick auf die Vertriebsprozesse offenbarte, dass es sich im Wesentlichen um unsystematische Vorgehensweisen handelte, die man als gewohnte Abläufe, aber nicht als Prozesse bezeichnen konnte. Es herrschte eine große Bandbreite an Tätigkeiten und Aktivitäten in unterschiedlichen Märkten. Die Leistungsträger waren langjährige Mitarbeiter mit persönlichen Beziehungen zu wenigen Kunden und mit individuellem Fachwissen. In der Vergangenheit hatte man sich lange Zeit darauf verlassen können, dass die Firma in der Technik und den Produkten

544

einige Wettbewerbsvorteile hatte. Dieses altbewährte Geschäftsmodell war schleichend unter massiven Druck geraten. Ausländische Wettbewerber haben technisch aufgeholt, bieten akzeptable bis gleichwertige Produkte an. Sicher geglaubte Kunden kaufen globaler ohne Rücksicht auf langjährige Lieferantenbeziehungen. Altgediente Mitarbeiter der Kunden gehen in Pension, Einkäufer wechseln häufiger, bisherige Einkaufskontakte gehen dadurch verloren.

Vor diesem Hintergrund haben wir in Workshops Markt- und Wettbewerbsanalysen durchgeführt, die Produkte nach Wettbewerbsfähigkeit und Wachstumspotenzialen eingeordnet und auf dieser Basis eine Vertriebsstrategie mit bewusst realistischen Wachstumszielen erarbeitet. Danach haben wir die Vertriebsmethoden ausgewählt und die Aktivitäten gestartet, um die Vertriebsstrategie umzusetzen und die Wachstumsziele zu erreichen.

Das Ergebnis war ernüchternd. Kurz gesagt, in der Umsetzung haben die eingesetzten Vertriebsmethoden nicht gegriffen und die durchgeführten Vertriebsaktivitäten nicht zu einem Umsatzwachstum geführt.

In der darauffolgenden Ursachenforschung und den Lessons-Learned-Analysen der Misserfolge hat sich immer wieder gezeigt, dass mit den vorhandenen, aber unsystematischen Vertriebsstrukturen kein systematisches Umsatzwachstum erzielt werden konnte. Die Erkenntnis reifte, dass Organisationen und Individuen ein tragfähiges Fundament brauchen, um vertriebliches Wachstum zu generieren.

Im Folgenden wird beschrieben, wie ein solches Fundament aussehen kann, auf dem bewährte Vertriebsmethoden ihre geplante Wirkung entfalten können.

Festes Fundament in der Vertriebsorganisation als Basis für den Vertriebserfolg

Verbindliche Struktur in Organisation und Prozess

In der darauffolgenden Zeit haben wir in weiteren Gesprächen und Analysen herausgefiltert, wo denn in diesem konkreten Fall die entscheidenden Lücken in den Strukturen, sowohl in der Aufbau- als auch der Ablauforganisation, und den Prozessen sind.

Vollständiges Organigramm im Vertrieb

Die allermeisten Firmen haben Unternehmensorganigramme. Mitunter weisen sie aber nur die Kernfunktionen mit den jeweiligen Bereichsverantwortlichen aus. So auch im konkreten Fall. Der Vertriebsleiter war im übergreifenden Funktionsorganigramm eingezeichnet. Es gab aber kein detailliertes Vertriebsorganigramm mit allen Mitarbeitern.

Als ersten Schritt haben wir ein vollständiges Organigramm für den Vertrieb erarbeitet und alle Abteilungen, Funktionen und Personen konsequent abgebildet. Es hat sich als sehr bedeutsam herausgestellt, dass alle Vertriebsmitarbeiter namentlich aufgeführt werden und ihre Positionen einer Funktionsgruppe eindeutig zugeordnet sind. Vielen Mitarbeitern ist erst dadurch bewusst geworden, wo sie innerhalb der Organisations- und Vertriebsstruktur angesiedelt sind und wie die Funktionsbereiche zusammen- hängen. Zur Verdeutlichung haben wir das geänderte Vertriebsorganigramm an allen schwarzen Brettern der Firma ausgehängt und im digitalen QS-System hinterlegt. Als weitere Folge sind danach auch die Anfragen aus anderen Bereichen zielgenauer an die zuständigen Mitarbeiter gerichtet worden.

Persönliche Festlegung fachlicher und regionaler Zuständigkeiten

Es hat sich in den Analysen herausgestellt, dass die Vertriebsmitarbeiter oft Vorgänge bearbeitet haben, weil sie intern darauf angesprochen wurden oder Kundenanfragen zufällig direkt bei ihnen gelandet sind. Durch nicht eindeutige Zuständigkeiten haben viele Vertriebsmitarbeiter sehr unterschiedliche Themen und Kunden bearbeitet. Nach intensiven Diskussionen haben wir für jeden Vertriebsmitarbeiter verbindlich festgelegt, auf welchem Gebiet seine persönlichen Zuständigkeiten und Verantwort- lichkeiten liegen, sowohl in fachlicher als auch regionaler Hinsicht. In beiden Aspek- ten sind abgegrenzte Zuständigkeiten geschaffen worden. Dadurch haben sich in der Folge deutliche Synergien bei der Bearbeitung von Kunden- und Projektanfragen er- geben. Auch für die Schnittstellen im Unternehmen haben sich klare Vorteile durch die zielgenaue Ansprache der zuständigen Vertriebsmitarbeiter ergeben, sowohl inhalt- lich als auch in zeitlicher Hinsicht durch kürzere Antwortzeit.

Individuelle und aussagefähige Stellenbeschreibungen

Für einige Mitarbeiter lagen Stellenbeschreibungen mit unpräzisen Formulierungen in freier Formatform vor. Das ließ sich so zusammenfassen, dass bei allem, was man tut, immer das Wohlergehen der Firma im Vordergrund stehen muss. Darunter kann man sich alles oder auch nichts vorstellen. Genau das haben die Mitarbeiter auch getan.

Nach vielen Gesprächen haben wir erkannt, was eigentlich nötig ist: eine eindeutige Formulierung der Erwartungshaltung an den Mitarbeiter. Anschließend haben wir in den neuen Stellenbeschreibungen genau formuliert, welche Aufgabenfelder abge- deckt sein müssen, welche Kunden und Märkte die eigene Verantwortung sind, wel- che Tätigkeiten ausgeführt werden sollen und welche Kompetenzen dafür nötig sind. Manchmal haben wir bei vergleichbaren Tätigkeiten identische Formulierungen ver- wendet und in einigen Aspekten auf weitere Regelungen verwiesen.

Für das Commitment der Mitarbeiter hat es sich als sehr förderlich erwiesen, wenn jede Stellenbeschreibung individuelle Bestandteile aufweist, die nur dem jeweiligen Mitarbeiter zugewiesen sind.

Zusätzlich haben wir ein einheitliches Dokumentformat definiert und für alle Stellenbeschreibungen verwendet. Das hat in der Wahrnehmung der Mitarbeiter den offiziellen und verbindlichen Charakter noch erhöht.

Der größte Vorteil ist jedoch, dass jedem Vertriebsmitarbeiter jetzt verbindlich bewusst ist, welchen Raum er abdecken muss und in welchem Zuschnitt er sich bewegen soll.

Definition der Vertriebsprozesse

In mehreren Workshops haben wir einfache, aber eindeutige Vertriebsprozesse definiert, um den Interpretationsspielraum zu minimieren. In klassischer Manier wurde der Ablauf der einzelnen Tätigkeiten isoliert und im Zusammenspiel mit anderen Vertriebsstellen festgelegt, danach definiert, in welcher Abfolge die Aktionen erfolgen sollen und wie alle verschiedenen Tätigkeiten zu einem gewünschten Ergebnis zusammengeführt werden. Dabei haben wir sehr darauf geachtet, dass jeder Funktion und damit jedem Stelleninhaber eine eindeutige Position in den jeweiligen Prozessen zugewiesen werden kann. In Nachhinein betrachtet, hat das vielen Mitarbeitern erstmals auch den eigenen Beitrag zum Erfolg plastisch vor Augen geführt und durch die Sichtbarmachung der Verantwortung auch das eigene Commitment erhöht.

Digitalisierung des Angebotsprozesses

Ein Paradebeispiel für die Vorteile digitaler Vertriebsprozesse ist der Angebotsprozess. In diesem konkreten Fall ist es mithilfe eines IT-Beraters des ERP-Anbieters in relativ kurzer Zeit gelungen, den neu definierten Angebotsprozess im System abzubilden und die Abläufe und Verantwortlichkeiten durch entsprechende Rollen zu individualisieren. Dadurch wurde jeder Prozessschritt sicherer und die Fehleranfälligkeit deutlich reduziert.

Bisher wurden Angebote von den zuständigen Verkäufern in anderen Programmen erarbeitet und dem Innendienst zur Anlage im ERP-System übergeben. Nach einigen Korrekturschleifen wurde das finale Angebot ausgedruckt und dem Vertriebsleiter zur Unterschrift vorgelegt. Nach erfolgter Unterschrift wurde das Angebot per Fax oder E-Mail zum Kunden geschickt.

Dank der erfolgten Digitalisierung hat der zuständige Vertriebsmitarbeiter das Angebot im ERP-System erarbeitet. Nach seiner Fertigstellung wird es digital zum zuständigen Vorgesetzten geschickt, der es im System freigeben kann. Dazu wurden Genehmigungsschleifen eingeführt, mit entsprechenden Freigabegrenzen für die Führungskräfte. Diese Freigabe erfolgt nun zeitnah und ortsunabhängig, man muss sich nur ins System einloggen. Danach hat das System ein PDF-Dokument für den zuständigen Mitarbeiter erstellt, der das Angebot dann per E-Mail an den Kunden versandt hat. Dadurch wird der bisherige Zeitaufwand bei Angebotserstellung und -versand signifikant verkürzt, die Fehleranfälligkeit reduziert und die Genehmigungssicherheit erheblich erhöht. Die Effizienz hat sich merkbar verbessert. Zudem hat sich bei den Vertriebsmitarbeitern nach kurzer Zeit nicht nur eine Routine in der Abarbeitung herausgebildet, sondern auch ein stetig wachsendes Vertrauen in den Prozess.

Einheitliches Preiskalkulationsmodell im System

Eine weitere Baustelle war die Preiskalkulation. Trotz vorhandener Wiederholungsquote von etlichen Produkten war in der Regel jede Preiskalkulation unterschiedlich, variierte sowohl von Mitarbeiter zu Mitarbeiter als auch bei Wiederholungsaufträgen.

Das führte einerseits zu internen Problemen, da bei identischen Produkten in der Nachkalkulation völlig unterschiedliche Margenausschläge vorkamen, andererseits auch vermehrt zu Diskussionen mit den Kunden, spätestens wenn ein temporärer Vertreter oder ein neuer Vertriebsmitarbeiter zu völlig anderen Preisangeboten kam als bisher. Durch diese Diskussionen wurden die Wachstumsanstrengungen in der Umsetzung sehr stark behindert.

Auch in diesem Punkt reifte schnell die Erkenntnis, dass die Lösung in der Schaffung eines gemeinsamen Fundamentes in Form eines für alle verbindlichen Preiskalkulationsmodelles lag.

Es lag bereits ein rudimentäres Kalkulationsmodell vor, das aber nicht vollständig ausgearbeitet war, daher war die Anwendung des Modells bei der Erarbeitung von Angeboten nicht verpflichtend. In einer Arbeitsgruppe haben wir das Modell überarbeitet und verfeinert. Alle kaufmännischen und technischen Faktoren zur Preisermittlung sind in einem definierten Berechnungsalgorithmus in einer obligatorischen Berechnungsreihenfolge festgeschrieben. Nach mehreren Iterationsschritten war das Modell schließlich technisch ausgereift und lieferte wiederholbare, vergleichbare Ergebnisse. Danach haben wir das Preiskalkulationsmodell als verpflichtende Anwendung in den digitalisierten Angebotsprozess hineingebracht.

Commitment der Mitarbeiter zu den Wachstumszielen durch Einbindung und Vereinbarung – Wollen und Entschlossenheit

Ein wichtiger Aspekt in der Erarbeitung eines festen Fundamentes ist, das Commitment der Mitarbeiter nicht nur für Strukturen und Prozesse zu erlangen, sondern vor allem für die Wachstumsziele. Nach langen Jahren der Anwendung definiere ich den englischen

Begriff Commitment gerne als das Zusammenfinden des Wollens und der Entschlossenheit. Wollen des Erfolges und der Ziele, Entschlossenheit in der Umsetzung.

Das erreicht man nach meiner Erfahrung am besten durch Einbindung der Mitarbeiter in die Festlegung der Ziele und durch Vereinbarung der jeweils persönlichen Zielbeiträge.

Persönliche Budgetvereinbarungen als Schlüssel zum Wollen

Die übliche Vorgehensweise bei der Festlegung des Umsatzbudgets für das Folgejahr war bisher die Extrapolation der Umsatzzahlen der letzten Jahre. Dazu gab es dann unterschiedliche Zuschlagsfaktoren, wie Wachstumsvorgaben der Geschäftsführung oder Vorgaben aus dem Controlling zur Beruhigung der kreditgebenden Banken.

In der Vertriebsorganisation hatte man sich an diese Vorgaben gewöhnt. Eine Konkretisierung auf Kunden oder Projekte wurde nicht durchgeführt. Auf diese Weise wurde Jahr für Jahr ein Budget festgelegt, aber nie erreicht. Konsequenzen hatte das allerdings nicht.

Dieser bisherige Usus hat sich sehr schnell als ernstes Hindernis für das geforderte und geplante Umsatzwachstum herausgestellt. Professionelle Vertriebsarbeit an Umsatzpotenzialen ist so schlichtweg nicht möglich, genauso wenig wie Vertriebsaktionen ohne konkrete Kunden und Projekte. Ambitiöse Wachstumsziele kann man so nicht erreichen.

Auch in diesem Aspekt braucht vertriebliches Wachstum ein festes Fundament. Um das zu erreichen, haben wir den Budgetprozess grundlegend umgestellt.

Jeder Vertriebsmitarbeiter muss für seinen Zuständigkeitsbereich konkrete Kundenpotenziale erarbeiten. Am Anfang haben insbesondere altgediente Vertriebsmitarbeiter auf fehlende Informationsgrundlagen verwiesen. Wir haben zur Lösung auf Onlineausgaben relevanter Fachmagazine und auf das Netzwerk bei Fachverbänden zurückgegriffen. Schließlich haben wir die offensichtlichste Möglichkeit der Informationsbeschaffung genutzt. Wir haben bestehende und potenzielle Kunden angesprochen und um entsprechende Hinweise gebeten. Der Kunde ist an einem lebhaften Wettbewerb zwischen Lieferanten interessiert, ebenso daran, dass Lieferanten sich auf mögliche Kapazitätserhöhungen rechtzeitig vorbereiten können. Ich habe das auch immer gerne als Frühindikator gesehen. Wenn die Kunden dem Vertrieb eines Lieferanten keine Indikationen über zukünftige Projekte geben wollen, dann gehört man sehr wahrscheinlich nicht zur engeren Auswahl. Folgerichtig haben wir in solchen Fällen die Erfolgswahrscheinlichkeit für diese Umsatzpotenziale nicht hoch angesetzt.

Das Prinzip bei der Benennung der Projekte muss Realismus sein. Nur konkret benennbare Potenziale dürfen aufgenommen werden. Dummies oder Geisterprojekte sind nicht erlaubt. Es ist die Aufgabe des Vertriebsleiters, die Tragfähigkeit der aufgelisteten Umsatzpotenziale in diesem Sinne kritisch zu hinterfragen.

Nächster Schritt war die Einschätzung der Erfolgswahrscheinlichkeit für die verifizierten Wachstumspotenziale anhand der Faktoren technischer und kommerzieller Wettbewerbsfähigkeit sowie Historie der Kundenbeziehung auf einer einfachen Skala:
- 75 %: hohe Erfolgswahrscheinlichkeit: budgetrelevant
- 50 %: mittlere Wahrscheinlichkeit: starker Wettbewerb, intensiver Preiswettbewerb
- 25 %: geringe Wahrscheinlichkeit: technische Gründe, sehr niedriges Preisniveau

Nach meiner Erfahrung ist die Akzeptanz umso höher, je einfacher die Abstufungen gehalten sind. Das hat sich auch in diesem Fall deutlich bewiesen.

Im ersten Schritt haben wir nur Umsatzpotenziale mit 75 % Wahrscheinlichkeit in das Budget aufgenommen. Es gab dazu mehrere Diskussionsrunden, um diese Erfolgswahrscheinlichkeiten belastbar zu verifizieren.

Nichtsdestotrotz ist es vorgekommen, dass die so identifizierten Umsatzpotenziale nicht ausreichten, um ein allseits akzeptiertes Budgetniveau zu erreichen, sei es wegen Kostenstrukturen, Wachstumsambitionen oder strategischen Gründen. In dieser kritischen Situation ist es allzu leicht, in die alten Muster zurückzufallen.

Ein Ausweg aus dieser Situation ist in einem zweiten Schritt die Aufnahme einer zusätzlichen Hilfskategorie von neu definierten Zielprojekten:
- 70 %: Erfolgswahrscheinlichkeit nur bei besonderen Anstrengungen

Dazu haben wir die Projekte mit bisher geschätzten 50 % Wahrscheinlichkeit erneut geprüft und diskutiert. Anschließend haben wir gemeinsam mit dem jeweiligen Vertriebsmitarbeiter diejenigen Projekte ausgewählt, bei denen mit einer außergewöhnlichen Anstrengung die Chance auf Auftragsgewinnung realistisch erhöht werden könnte. Das können Paketleistungen, zusätzliche Bemühungen seitens Vertriebsleitung und Geschäftsführung, letztlich auch das deutliche Senken des Angebotspreises sein. Diese ausgewählten Potenziale haben wir auf 70 % Erfolgswahrscheinlichkeit gesetzt und ins Budget eingefügt. Durch diese distinktive Kennzeichnung wird für alle Beteiligten deutlich dokumentiert, dass es nicht nur die unmittelbare Verantwortung des Vertriebsmitarbeiters ist, das Projekt zu gewinnen, sondern dass darüber hinaus weitere Stellen beteiligt sind.

Wir haben vermieden, die Wahrscheinlichkeit ohne Begründung anzuheben. Sonst hat der betroffene Vertriebsmitarbeiter den Schwarzen Peter und er wird es genauso empfinden. In der Folge wird sein Commitment sinken.

Es hat eine gewisse Lernkurve für alle Beteiligten gebraucht, bis valide Budgetpläne auf diese Weise erarbeitet werden konnten. Als sich aber erst der praktische Nutzen und schließlich der Erfolg zeigte, ist die Akzeptanzkurve rasant angestiegen.

Es ist eminent wichtig, dass das Teilbudget vom Mitarbeiter erarbeitet und vorgeschlagen wird. Auf diese Weise schließen Vertriebsleiter und Vertriebsmitarbeiter quasi auf Augenhöhe einen Vertrag über den angestrebten Erfolg. Auf diesem Fundament stehen dann alle Anstrengungen und Diskussionen.

Durch die Einbindung in die Budgetfestlegung und durch die Vereinbarung auf Augenhöhe wird das Wollen des Zieles und damit des Erfolges beim Mitarbeiter zementiert. Der erste Schritt zum persönlichen Commitment ist erreicht.

Persönliche Zielvereinbarungen als Schlüssel zur Entschlossenheit
Auf Basis dieser Budgetvereinbarungen haben wir anschließend für jeden Vertriebsmitarbeiter individuelle Zielvereinbarungen abgeschlossen.

Die Zielvereinbarung erfolgte ausschließlich in schriftlicher Form. Mit Absicht haben wir die Vereinbarung wie ein offizielles Firmendokument mit Logo und Briefkopf gestaltet. Je mehr der Eindruck eines offiziellen Vertrages zwischen Geschäftspartnern erzeugt wird, umso stärker ist die Wirkung auf den Vertriebsmitarbeiter. Die Zielvereinbarung wird dann von Mitarbeiter und Vertriebsleiter unterschrieben. Bei großen oder strategisch wichtigen Umsatzpotenzialen ist es förderlich, wenn zusätzlich der Geschäftsführer unterschreibt. Damit wird die Bedeutung der Zielvereinbarung betont und der offizielle Charakter deutlich kommuniziert.

Ich habe gute Erfahrungen damit gemacht, für die Unterschrift eine Bedenkzeit von 24 Stunden einzuräumen. In dieser Zeit kann der Vertriebsmitarbeiter die Bedeutung der Vereinbarung und den Charakter eines Quasivertrages noch einmal selbst reflektieren. Er muss verinnerlichen, dass das »seine« Vereinbarung ist, die auf Basis »seines« Budgets festgelegt worden ist. Wer eine solche Vereinbarung nicht abschließen will, wer kein Vertrauen in seine selbst vorgeschlagenen Umsatzpotenziale oder seine Umsetzungsfähigkeit hat, der ist nicht der richtige Mitarbeiter für den Vertrieb. Man kann ihm jedes Budget, jedes Ziel geben, er wird es nicht erreichen.

Der nächste Schritt ist, die Zielerreichung an einen Bonus zu koppeln, der einen wahrnehmbaren Gehaltsbestandteil darstellt. Die Höhe des Bonus wurde je nach Funktionsstufe und Budgetanteil individuell ausgestaltet. Wir haben sehr darauf geachtet, dass die Summe immer einen signifikanten Anteil am Gesamtgehalt darstellte, um einen ausreichenden Ansporn zur Zielerreichung sicherzustellen.

In Fokusländern, in denen wir den Marktanteil strategisch steigern wollten, haben wir die Zielerreichung mit einer Ober- und Untergrenze versehen, um zusätzliche Motivation in den Vorgang zu bringen. Der zusätzliche Anreiz besteht einerseits in der Möglichkeit, bei Übererfüllung einen proportional prozentualen Zuschlag zu bekommen. Wir haben diesen Zusatzbonus mit einem Deckel bei 120 % versehen. Es empfiehlt sich im Falle von eigenständigen Landesorganisationen, Ziele und Boni in abgestufter Form auf lokalen Vertriebsleiter, Gebietsverkäufer und Innendienst herunterzubrechen. Auf diese Weise haben wir alle Funktionen zu Beteiligten gemacht.

Eine Untergrenze für die Bonusauszahlung hat sich als sinnvolle Absicherung der persönlichen Motivation erwiesen. Bei Unterschreitung des Zielwertes wurde der Bonus prozentual anteilig gekürzt, unterhalb von 80 % Zielerreichung gar kein Bonus mehr ausgezahlt.

Die Absicht bei dieser Vorgehensweise ist, zusätzlich zu dem Wollen des Zieles und des Erfolges, nun auch die Entschlossenheit in der Umsetzung bei den Vertriebsmitarbeitern zu fördern und zu fordern. Das persönliche Commitment ist damit komplett.

Konsequenz im Belohnungssystem – Vertrauen in den Prozess

Wir haben konsequent darauf geachtet, dass jeder Vertriebsmitarbeiter 100 % seines Bonus bekommen hat, wenn er seine Umsatzziele zu 100 % erfüllt hat, bei Übererfüllung bis zur Deckelung anteilig entsprechend mehr. Diese Konsequenz haben wir auch bei Untererfüllung angewendet. Werden die Ziele nicht erreicht, wird der Bonus anteilig gekürzt. Diese Kürzung immer durchzuhalten ist weitaus schwieriger als die Erhöhung im Erfolgsfall. Nichtsdestotrotz ist das ein entscheidender Baustein des Fundamentes. Dieses Vorgehen hat den Mitarbeitern die Verbindlichkeit der persönlichen Budget- und Zielvereinbarung und zusätzlich auch das Commitment der Führung zu den Zielen und Vereinbarungen gezeigt.

Diese Konsequenz hat bei allen Beteiligten das Vertrauen in den Prozess und in die Ernsthaftigkeit der Zielverfolgung deutlich gefördert. In den Folgejahren wurde dadurch das Commitment der Vertriebsmitarbeiter gestärkt, weil alle die Erfahrung gemacht haben, dass persönliche Leistung und Zielerreichung der Schlüssel zum monetären Erfolg sind.

Resultat der darauf aufbauenden Vertriebsaktivitäten

Die Umsetzung der Erarbeitung eines festen Fundamentes für das geplante vertriebliche Wachstum hat insgesamt neun Monate gedauert. In diesem Zeitraum war kein signifikantes Wachstum im Auftragseingang oder Umsatz zu verzeichnen. Nachdem dann die Maßnahmen umgesetzt waren, haben auch die Vertriebsmethoden und

-aktivitäten gegriffen. In der Folge stieg der Auftragseingang in zwei aufeinanderfolgenden Jahren um jeweils 50 %. Der Umsatz ist in diesem Zeitraum zeitversetzt um jeweils 30 % gestiegen und erreichte im dritten Jahr schließlich einen neuen Rekordwert. Zusammenfassend konnte der Umsatz auf diesem Fundament innerhalb von drei Jahren fast verdoppelt werden.

Lessons Learned: Vertriebliches Wachstum braucht ein Fundament

- Nach wie vor sind für eine erfolgreiche Wachstumsinitiative vertriebsstrategische Festlegungen unbedingt nötig. Eine Wachstumsstrategie braucht zu Beginn eine Aufnahme der Istsituation, Markt- und Wettbewerbsanalysen, Bewertungen der Produkte und ihrer Wachstumspotenziale, die in eine schlüssige Vertriebsstrategie und realistische Wachstumsziele münden. In der Umsetzung empfiehlt sich dann der Einsatz ausgewählter Vertriebsmethoden. In diesem konkreten Praxisbeispiel haben die eingesetzten Vertriebsmethoden nicht gegriffen und der angestrebte Erfolg blieb aus.
- Die Ursachenanalyse hat gezeigt, dass Organisationen und Individuen für den Erfolg zusätzlich ein tragfähiges Fundament brauchen, um vertriebliches Wachstum zu generieren. Ohne das können auch bewährte Vertriebsmethoden ihre geplante Wirkung nicht entfalten. Als Konsequenz haben wir im konkreten Fall ein solches Fundament erarbeitet, das aus mehreren aufeinander aufbauenden Bestandteilen besteht.
- Erstens brauchen Organisationen ein festes Fundament, sowohl in Aufbau und Ablauf. Das haben wir erreicht durch Festlegung von verbindlichen Strukturen in der Vertriebsorganisation und in den Prozessen des Vertriebes. In der Aufbauorganisation sind vollständige Organigramme, individuelle Stellenbeschreibungen und eine klare Festlegung der fachlichen und regionalen Zuständigkeiten entscheidende Bestandteile. In der Ablauforganisation spielen die eindeutige Definition der Vertriebsprozesse und die anschließende Digitalisierung z. B. von Angebotsprozess und Preiskalkulationsmodell wichtige Rollen.
- Zweitens brauchen auch Individuen ein festes Fundament. Nicht nur in der eindeutigen Bestimmung der eigenen Position in der Organisation und im Prozess. Eine der besten Voraussetzungen für den Vertriebserfolg ist das persönliche Commitment der beteiligten Personen. In diesem Praxisbeispiel haben wir dieses Commitment gefördert und gefordert durch die konsequente Einbindung der Vertriebsmitarbeiter in die Erarbeitung von Budgetzielen, durch den offiziellen Abschluss von persönlichen Zielvereinbarungen und Bonusanreizen, letztlich auch durch gelebte Konsequenz im Belohnungssystem.
- Als Folge davon kennen die Vertriebsmitarbeiter ihre persönliche Verantwortung und ihren individuellen Anteil am Erfolg. Die Erwartungshaltung an alle ist festge-

legt und kommuniziert. Persönliches Commitment in Form von Wollen des Zieles und Entschlossenheit ist in der Umsetzung erreicht. Sicherheit und Schnelligkeit ist in der Umsetzung digital implementiert und Vertrauen in den Prozess hergestellt.

So hat vertriebliches Wachstum ein festes und verbindliches Fundament. Dann kann eine Vertriebsorganisation sicher agieren und Erfolge erzielen.

Hinweise zum Autor

ROLF HEIMFARTH

Rolf Heimfarth ist tätig als Leiter Vertrieb & Marketing in einem mittelständischen Unternehmen der Verfahrenstechnik. Davor arbeitete er in mehreren Führungs-positionen in internationalen Konzernen in den Industrien Elektrische Verbindungs-technik & Elektronik, Automobilzulieferer, Maschinenbau, Werkstoffgroßhandel und Chemie. Er hat dabei verschiedene Funktionsschwerpunkte in Vertrieb, Marketing und Strategie verantwortet. In allen seinen bisherigen Firmen hat er durch seine Arbeit einen konkreten Beitrag für nachhaltiges Umsatzwachstum erzielen können. Zusätzlich arbeitet Rolf Heimfarth seit mehreren Jahren nebenberuflich als Berater im Bereich Vertrieb und Strategie.

Marketing- und HR-Strategie müssen zusammenwachsen

Carsten Bode
Geschäftsführer
Bode Recruiting Business GmbH

Mein Unternehmen ist seit mehr als 20 Jahren am Recruitingmarkt tätig. Ich bin inzwischen seit sieben Jahren Geschäftsführer bei der PROGNOSIS AG und war vorher bereits 15 Jahre in Führungspositionen tätig. In dieser Zeit hatte ich mit den unterschiedlichsten Menschentypen zu tun gehabt. Eines hatten alle gemeinsam: Sie hatten sich auf ausgeschriebene Positionen beworben. Sie alle hatten ihre Besonderheiten, doch dem Arbeitsmarkt haben sie sich angepasst.

Nun drängen mit der Generation Y (kurz: Gen Y, geb. 1981-1995, Streben nach Freiheit und Selbstbestimmung) und der Generation Z (kurz: Gen Z, geb. ab 1995, Digital Natives mit Fokus auf Umwelt und Soziales) zwei neue Typen an den Arbeitsmarkt. Trotz aller Warnungen, die seit Jahren immer wieder ausgesprochen werden, sind 90 % der Entscheider – sie gehören in der Regel zur Generation X (kurz: Gen X, geb. 1965–1980, großes Verlangen nach beruflicher Erfüllung) – nicht darauf vorbereitet. Die Gen Y und die Gen Z sind spürbar anders – und sie passen sich nicht dem Arbeitsmarkt an. Konflikte sind vorprogrammiert, wenn die Unternehmen es nicht sind.

Viele meiner Kunden schalten Stellenausschreibungen wie immer – und erhalten keine Bewerbungen mehr. Kandidaten nehmen weitere Strecken bei gleichwertigen Positionen in Kauf und die Unternehmen verstehen nicht, was die Kandidaten davon abhält, stattdessen zu ihnen zu kommen.

Wir haben daher im Jahr 2019 und 2020 mehrere Projekte zur Besetzung von Positionen durchgeführt, deren spätere Positionsinhaber der Gen Y angehören. Die Erkenntnisse dieser Projekte sind verblüffend: **Nutzt ein Unternehmen Marketingprozesse, ist die Stellenbesetzung signifikant schneller und erfolgreicher.**

Das Fazit der Projekte: Der Kandidatenmarkt hat sich in den letzten Jahren verändert. HR-Prozesse dagegen nicht oder nicht in derselben Geschwindigkeit. Die handelnden Personen sind ständig mit neuen Generationentypen konfrontiert und damit häufig überfordert. Es braucht einen zielgerichteten Prozess, der die Besetzung von Stellen sicherstellt.

An dieser Stelle empfehlen die »Experten« die Einführung von Employer Branding. Ein Prozess, der über Jahre und Jahrzehnte hinweg sicherstellen soll, dass Kandidaten Ihnen die Tür ebenso einrennen, wie dies den »Großen Playern« heute passiert. Doch glauben Sie wirklich, Sie werden ein Unternehmen wie Google, SAP oder Apple? Haben Sie zehn Jahre Zeit, um eine solche Marke zu werden? Für den Hidden Champion, der sein Unternehmen am Markt ausrichtet und ein stetes Wachstum mit 10, 50 oder 100 Stellen pro Jahr weiterentwickeln möchte, ist Employer Branding in seiner reinen Form nicht die Lösung zur Besetzung der offenen Positionen im nächsten Quartal, Halbjahr oder Jahr.

Für diese Unternehmen – das konnten wir durch alle Projekte nachweisen – ist die Einführung von digitalem Recruiting der notwendige Schritt zur Besetzung der offenen Positionen und somit zum Erreichen der strategischen Unternehmensziele.

Als Vorlage für diese Prozesse diente uns die SALESTOOLBOX ® von Milz & Comp., die in die RECRUITINGTOOL BOX transformiert wurde:

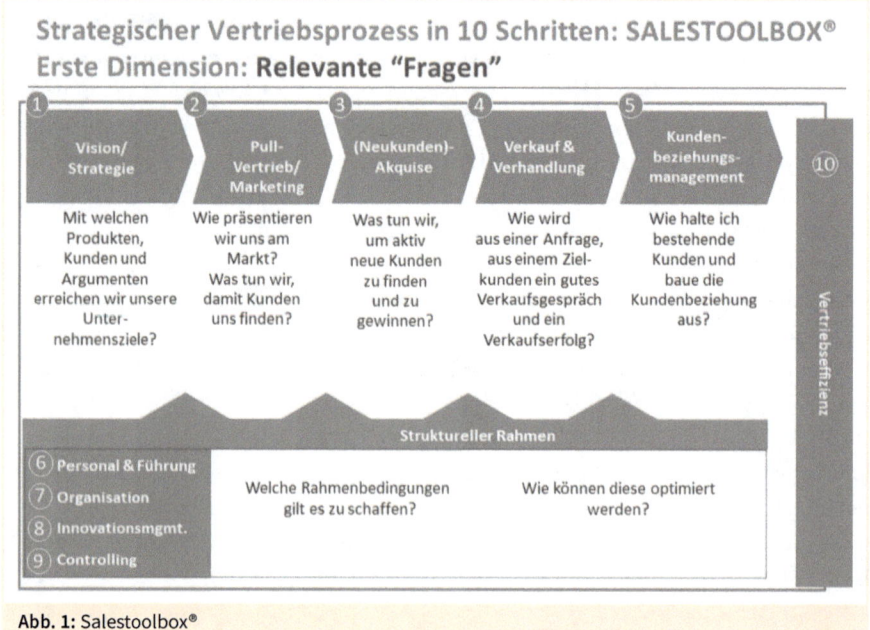

Abb. 1: Salestoolbox®

Abb. 2: Recruitingtool Box®

Vision/Strategie

Unsere Kunden sind i.d.R. »Hidden Champions«, oft eigentümergeführt und somit stark von den Entscheidungen des Eigentümers beeinflusst. Bei allen Projekten war der Eigentümer gleichzeitig auch der Geschäftsführer, zwischen 47 und 61 Jahren alt und verfügte über hohes Detailwissen hinsichtlich der Prozesse des eigenen Hauses. Dadurch ergab sich in allen Projekten die Situation einer HR-Abteilung, die stark administrativ und reaktiv tätig – und unterbesetzt – war. Zum Jahreswechsel wurde ein Stellenplan von den Abteilungen abgefragt, die Zahlen wurden aggregiert und die Geschäftsführung entschied zu gegebener Zeit über die Ausschreibung. HR wurde als Kostentreiber in der GuV gesehen und behandelt. Warum wird Marketing nicht ebenso behandelt? Marketing ist doch auch nur eine unterstützende Abteilung. Zum Ende unserer Projekte haben die Entscheider verstanden, dass HR das Unternehmen und die Arbeitsplätze »bewirbt« – genau wie Marketing die Produkte »bewirbt«.

Folgende Veränderungen konnten zum Ende der Projekte in den Unternehmen umgesetzt werden:

Unternehmensziele bilden den Rahmen für die Hiring-Strategie

Die wohl wichtigste Entscheidung über die Suche und Einstellung neuer Mitarbeiter trifft das Unternehmen bereits lange vor der eigentlichen Entscheidung für einen Kandidaten im Rahmen der strategischen Planung der Unternehmensziele für die nächste und übernächste Periode.

Onboarding-Kapazitäten im Unternehmen sichern

Kernkompetenzen des Unternehmens sind mit internen Experten zu besetzen. Aufgaben, die ausgelagert werden können, müssen nicht mit internen Mitarbeitern besetzt werden. Limitierender Faktor, der signifikante Auswirkungen auf das Erreichen der Unternehmensziele hat, ist, wie viele neue Mitarbeiter das Unternehmen zu einem Einstellungstermin aufnehmen und in die neue Position erfolgreich einarbeiten kann. Ab einer Einstellungsquote von 15 % der Belegschaft wird die Integration eher ein Kraftakt, für den sich das Unternehmen bewusst entscheiden muss. Ab einer Vergrößerung der Mitarbeiterzahl von 30 % wird dies massive Auswirkungen auf das Jahresergebnis haben.

Invest in neue Mitarbeiter beginnt im Bewerbungsprozess

Integration, also das Mitarbeiterbindungsmanagement, ist ein langfristiges Investment, das mit dem Bewerbungsprozess beginnt und nicht endet, wenn der Vertrag mit dem Kandidaten unterschrieben ist. Ist die Integration gut vorbereitet und erfolgreich abgeschlossen, wird sich der Ertrag für das Unternehmen von selbst einstellen.

Fragen

Eine gut vorbereitete strategische Planung wird daher folgende Fragen beantworten:
- Welche Key-Positionen sind zum Erreichen der Unternehmensziele unbedingt zu besetzen?
    - Priorisieren Sie die Positionen
    - Notwendige Seniorität
    - Notwendiges Fachwissen
- Welche Zielgruppen sind dafür im Fokus?
    - Generation X, geb. 1965-1980, großes Verlangen nach beruflicher Erfüllung
    - Generation Y, geb. 1981-1995, Streben nach Freiheit und Selbstbestimmung
    - Generation Z, geb. ab 1995, Digital Natives mit Fokus auf Umwelt und Soziales
- Warum sollen Bewerber zu uns kommen? Warum sind wir für viele Kandidaten **das eine** Unternehmen und nicht nur ein Unternehmen von vielen?
    - Besondere Aus- und Fortbildungsmaßnahmen
    - Mentorenprogramme
    - Außergewöhnliche Sozialleistungen

Fazit: Wenn Sie eine Position dreimal zu besetzen haben und sich die Anforderungen lediglich durch den Grad der Seniorität und durch Fachkenntnis unterscheiden, braucht es dennoch drei völlig unterschiedliche Wege, die Kandidaten zu erreichen und vom eigenen Unternehmen zu überzeugen.

Pull-Suche/Internetstrategie

Eine, wenn nicht **die Erkenntnis** des Projektes ist die Adaption von bekannten Generationenkonflikten, wie sie täglich zwischen Eltern und Kindern ausgefochten werden, im Moment der Stellenausschreibung. Die Entscheider (Babyboomer oder Gen X) sind anders erzogen und haben andere Wertvorstellungen als die vermutlichen Bewerber. In einem Fall sagte mir ein Geschäftsführer, dass Bewerbungen immer erst am fünften Tag beantwortet werden, damit das Unternehmen nicht den Anschein erweckt, den Kandidaten zu benötigen. »Schließlich bewirbt sich der Kandidat beim Unternehmen.« Während also bereits 30 % der Arbeitnehmer der Gen Y angehören und immer mehr dieser Kandidaten auf den Markt drängen, sind große Teile der Führungspositionen mit Vertretern der Gen X besetzt. Dabei trifft dann ein Freiheitsliebender, der von den Eltern das Recht auf Selbstbestimmung mitbekommen hat, auf einen Menschen, dem Werte sowie Hierarchie und Respekt wichtig sind. Die Herausforderung liegt somit darin, das gegenseitige Verständnis sicherzustellen.

Auch hier haben wir die Marketingprozesse angewendet und uns überlegt, wie wir Aufmerksamkeit erregen, in welcher Sprache wir jemanden ansprechen und auf welchem Kanal anzusprechen ist. Zum Ende des Projektes haben wir folgende Veränderungen in den Unternehmen gestartet:

Social-Media-Strategie entwickeln

Den Spruch »Der Wurm muss dem Fisch schmecken und nicht dem Angler« kennt jeder, nur handeln die wenigsten Unternehmen in den eigenen HR-Prozessen danach. Dabei bildet das Fundament für die erfolgreiche Besetzung von Positionen die Etablierung eines eigenen Anspracheprozesses für jede Generation. Der Anspracheprozess für die Gen X ist i. d. R. vorhanden. Kandidaten, die eine Position suchen, finden durch exaktes Googeln eine Stellenausschreibung mit den Infos zu »wir suchen«, »das erwarten wir«, »das bieten wir«.

Die Bewerber der Gen Y und Z sind es gewohnt, die Grundlagen für ihre Entscheidung im Internet zu finden – und Bewerbung ist eine bewusste und fundamentale Entscheidung. Um diese Kandidaten zu erreichen, bedarf es einer Social-Media-Strategie. Das Unternehmen muss sich klar für zwei bis drei Kanäle entscheiden und die anderen bewusst nicht bedienen. Eine halbherzige Nutzung eines Kanals wird potenziell schädlicher sein als die Nichtnutzung eines Kanals.

Welchen Kanal wie nutzen

Der Kanal ist die eigene Karriereseite. Ähnlich der Präsentation der vom Unternehmen hergestellten Produkte stellt sich hier das Unternehmen sehr ausführlich und mit »Verbraucherberichten« in Form von Filmen und/oder Interviews eigener Mitarbeiter dar. Erfolgskritisch ist es dabei, die Mitarbeiter authentisch wirken zu lassen. Der Ausbau der eigenen Internetseite kann dabei eine böse Überraschung mit sich bringen. Veraltete Technik behindert oder verhindert sogar die Sichtbarkeit in Google.

Ein weiterer Kanal kann Instagram sein. Wenn Sie an dieser Stelle an YouTube denken, sind Sie wahrscheinlich ein Vertreter der Gen X. Hier werden kurze Storys mit Originalfotos von gemeinsamen dienstlichen und privaten Aktivitäten dargestellt. Der Bewerber kann bereits mit seinen künftigen Kollegen in Interaktion treten.

Innovative Unternehmen »müssen« Twitter nutzen. Wenn die Zielgruppe kommunikative innovative Digital Natives sind, dann ist Twitter der Kanal, um diese Kandidaten zu erreichen und als Follower an sich zu binden.

Fragen
- Findet jede Generation die Informationen auf der Karriereseite, die sie sucht?
    - Filme/Interviews von künftigen Kollegen
    - Menschen, die ihren Karrierepfad innerhalb des Unternehmens erzählen
    - Mentoringprogramme zur Aus- und Fortbildung
- Ist die Internetseite auf dem neuesten Stand der Technik?
    - Stellen SEO-Experten die Sichtbarkeit auf der ersten Ergebnisseite sicher?
    - Findet Google for Jobs die Ausschreibung und ist sie auf der ersten Ergebnisseite?
    - Kann die Seite durch Partnerschaften verlinkt werden und so den Kreis der Angesprochenen erweitern?
- Welche Kanäle bediene ich und welche bediene ich nicht?
    - Sind geeignete Mitarbeiter verfügbar, die in Interaktion treten können?
    - Sind adäquate Antwortzeiten sichergestellt, wenn Fragen über die Kanäle hereinkommen?
    - Wie reagiert das Unternehmen auf Kritik oder gar einen Shitstorm?

Fazit: Recruitingprozesse benötigen dieselbe Aufmerksamkeit wie Marketing-/Vertriebsprozesse. Das gilt ebenso für das Recruitingbudget wie entsprechende Fachkompetenz in der Internet(-Selbst-)Darstellung.

(Kandidaten-)Akquise

In den Projekten haben wir die Maßnahmen der einzelnen Firmen, um Positionen sichtbar zu machen, hinterfragt. Dabei war der Grundgedanke: »Positionen müssen auf die teure Karriereseite.« In einigen Fällen wurde die Position mit großem Innovationsgeist bereits in der Du-Form geschrieben. Der Erfolg blieb jedoch aus. Wir haben daher die vertrieblichen Maßnahmen der (Kalt-)Akquise angewendet, um Kandidaten auf die Unternehmen aufmerksam zu machen.

Durch dieses neuartige Vorgehen konnten wir folgende Prozessänderungen im Unternehmen anstoßen:

Maßnahmen der Kampagnensteuerung im HR-Bereich etablieren

Das Recruitingmanagement bzw. die Recruitingplanung hat ein zentrales Ziel im Bewerbungsverlauf: Jedem Kandidaten sollen die passenden Informationen mit dem richtigen Kommunikationsstil und über den richtigen Kommunikationskanal zum richtigen Zeitpunkt vermittelt werden. Die Erwartung der Kandidaten steht bei der Planung des Recruitingprozesses im Mittelpunkt. Recruitingmanagement kann somit als ein zentraler Teil des Bewerbermanagements erklärt werden. Wie auch im Marketing lässt sich die Kampagnensteuerung im HR in drei fundamentale Phasen unterteilen:

- die Planung,
- die Steuerung sowie
- die Auswertung der Ausschreibung.

Diese haben wir eingeführt.

Geschwindigkeit, Geschwindigkeit, Geschwindigkeit

Die Halbwertszeit des Interesses eines Kandidaten, der in die digitale Kommunikation mit Ihrem Unternehmen eintritt, ist maximal 48 Stunden. Das bedeutet, auch eine E-Mail, die am Freitag um 23.00 Uhr bei Ihnen ankommt, muss bis zum Sonntag beantwortet werden. Dabei reicht es nicht, den Eingang zu bestätigen. Der Frager erwartet eine Antwort – so wie er es auch von den innovativen Unternehmen wie Amazon täglich erlebt.

Ein Kandidat, der drei Tage nach einer Anfrage noch keine Antwort erhalten hat, wird Ihr Unternehmen als veraltet und als Unternehmen mit schlechten Prozessen wahrnehmen. Ob der Kandidat in einem solchen Unternehmen arbeiten möchte, ist fraglich. Unsere Kunden haben nun entsprechende Prozesse und beantworten alle Nachrichten innerhalb von zwei Tagen.

Den Kandidaten dort erreichen, wo er sich aufhält

Um den Verlauf der Stellenausschreibung und -besetzung exakt planen zu können, werden alle digitalen Aufenthalte der Kandidaten (Touch Points) näher betrachtet und analysiert. Dazu zählen beispielsweise Kontakte über die eigenen Unternehmenskanäle, Hochschulen/Alumni, Teilnahme an Kongressen oder in digitalen Diskussionsrunden und weitere relevante vom Kandidaten genutzten Kanäle. Mithilfe von Google Analytics und ähnlichen Produkten können zentrale Erkenntnisse über den Kandidaten gewonnen und konkrete Maßnahmen bzw. Schritte abgeleitet werden, wie z.B. Verlinkungen, Ads oder Gewinnspiele, E-Mail-Kampagnen oder auch Darstellungen in Bewertungsplattformen. Die interne IT hat nun neben Marketing einen weiteren an den Analyticergebnissen interessierten internen Kunden: die eigene HR-Abteilung.

Den Kandidaten zur eigenen Karriereseite leiten

Die Kandidaten der Gen Y und Gen Z erreicht man digital. Als Generationen, die sich eine Zeit »ohne Smartphone« nicht vorstellen können und daher immer und überall online sind, muss man sie digital auf sich aufmerksam machen. Ähnlich wie Wahlplakate, die an Hauptstraßen und Ampeln aufgestellt werden, muss das Unternehmen digitale Karrieretafeln im Internet platzieren.

Die Maßnahmen des Guerillamarketings helfen uns beim Finden und Aufstellen der richtigen Stellen für die digitalen Tafeln. Unsere Aktionen und der Überraschungseffekt beim Kandidaten führen zu einem Klick auf die Karriereseite. So können wir durch …

- … eine überraschende Aktion trotz der Reizüberflutung die Aufmerksamkeit erreichen.
- … Anregungen zur Interaktion beim Kandidaten Interesse oder Emotionen auslösen und uns so im Gedächtnis verankern.
- … unkonventionelle Maßnahmen eine viral gehende Aktion auslösen.

Virale Kandidatenansprachen

Ambient Recruiting	Änderungen im Straßenbild oder im Inneren von Gebäuden durch Graffitis oder Projektionen, in unseren Fällen in Spielen und Werbeanzeigen
Ambush Recruiting	Assoziationen zwischen der eigenen Firma und Großveranstaltungen oder medienrelevanten Ereignissen herstellen, in unserem Fall als Sponsoren einer digitalen Veranstaltung
Virales Recruiting	Die Originalität einer Aktion nutzen und diese sich selbst dem Viralgehen überlassen, in unserem Fall Umweltschutzspenden

Fazit: Die Verantwortlichen müssen die Sprache der Kandidaten sprechen. Businesspartner reichen nicht mehr. Auch Übersetzer in die Generationenansprache sind künftig notwendig.

Einstellungsprozess und Vertragsverhandlung

In unseren Projekten waren die Einstellungsprozesse klar definiert. Jede Abteilung hatte ihre Aufgaben und Verantwortlichkeiten. Leider wusste die Fachabteilung nicht genug von den HR-Prozessen und vice versa. In einem Gespräch mit dem Kandidaten auf den jeweils anderen zu verweisen ist nicht mehr zeitgemäß.

Jeder kennt den Spruch: »Man hat keine zweite Chance, einen ersten Eindruck zu hinterlassen.« Daher sollten Sie alles tun, dass es ein Topeindruck ist. Leider sind sich die wenigsten Unternehmen darüber bewusst, dass dies auch für Firmen gilt. Unabhängig von den Projekten, über die ich hier berichte, mache ich immer wieder folgende Erfahrung:

Bereits im Einstellungsprozess nimmt der Kandidat das Unternehmen wahr. Obwohl er sich für den neuen Arbeitgeber entscheidet, findet er bereits erste Schwächen. Ähnlich wie ein Bonusheft im Baumarkt bekommt das Unternehmen so seine ersten Stempel in das Kündigungsheft und wenn dieses voll ist, wird der Kandidat das Unternehmen wieder verlassen.

Stempel zu verhindern ist einfach:
- Stellen Sie sicher, dass **jede** Vereinbarung und **jedes** Versprechen, und sei es nur ein Rückruf zu einer bestimmten Uhrzeit, eingehalten wird.
- Machen Sie keine vertraglichen Zusagen, die Sie nicht auch selbst einhalten können. Binden Sie ggf. HR oder die Fachabteilung ein, **ehe** Sie eine Zusage machen.
- Bleiben Sie in der Kommunikation. Der Abriss der Kommunikation ist für Kandidaten ein Indiz, nicht die erste Wahl für Sie zu sein.

Wir haben daher die Prozesse dahingehend verändert, dass jeder Kontakt des Kandidaten mit dem Unternehmen einen guten Eindruck hinterlässt. Im Detail haben wir folgende Veränderungen angestoßen:

Ein Ansprechpartner für alles
Ähnlich wie ein Key Account Manager kann sich der Kandidat mit allen Fragen an einen HR-Manager wenden, der Fragen beantwortet oder Antworten besorgt.

Vertragsverhandlung ist Vertragsverhandlung
»Rauf geht's nimmer, runter immer« ist eine Vertriebsweisheit für Preisverhandlungen. Ein Preis, der sich festgesetzt hat, kann aus Sicht des Endverbrauchers nur noch verbessert werden. Gleiches gilt auch in der Kandidatenkommunikation. Sie fordern zu einem bestimmten Zeitpunkt im Bewerbungsprozess die Gehaltserwartung an. Dieser nicht zu widersprechen bzw. danach im Prozess voranzugehen ist gleichbedeutend mit stillschweigender Zustimmung.

Einen Katalogpreis erhöhen Sie schließlich auch nicht, wenn der Kunde die Bestellung abgibt.

Fragen
- Haben Sie die Stelle wirklich so beschrieben, wie der Kandidat sie künftig wahrnimmt?
- Passt die Gehaltserwartung des Kandidaten zu Ihrer Gehaltserwartung?
- Haben Sie einen klaren, schnellen und transparenten Prozess, der dem Kandidaten zu jedem Zeitpunkt zeigt, wo Sie mit ihm stehen?

Fazit: Einstellungsprozesse sollten genauso transparent und schnell strukturiert sein wie Bestellprozesse.

Mitarbeiterbindungsmanagement

Im Rahmen der Einstellungen haben wir auch die Zeit nach der Vertragsunterschrift betrachtet. Es ist mir immer noch ein Rätsel, warum ein Mitarbeiter, der mit einer dreimonatigen Vorlaufzeit in ein Unternehmen kommt, am ersten Tag keinen Rechner hat, die E-Mail-Adresse nicht funktioniert oder an diesem Tag erst das Telefon bestellt wird. Wir haben daher die Kundenbindungsprozesse des Vertriebs auf die neu eingestellten Mitarbeiter angewendet. Einigen Entscheidern war nicht klar, wie sehr die Herausforderungen für die Neukundengewinnung im Vergleich zum Bestandskundengeschäft gleichermaßen für die Mitarbeiterbindung gelten. Im Detail haben wir folgende Prozesse etabliert:

Soziale Bindung

Bindung ist eine Frage von Emotionen und sozialen Kontakten. Es gilt also, den »neuen« Mitarbeiter vom ersten Moment an an das Unternehmen und seine Kollegen zu binden. Überlegen Sie bei der Definition des Angebots, was es ein Unternehmen kostet, eine Position nachzubesetzen, wenn der ursprüngliche Positionsinhaber nach drei Jahren das Unternehmen verlässt. Ein Grillabend oder das Sponsoring der Betriebssportrunde ist auf die Dauer preiswerter.

Zielvereinbarungen und ehrliche Gespräche

Für Führungskräfte sind Zielvereinbarungen und Jahresgespräche oft zeitaufreibend. Sie verstehen dies als Diskussion mit dem Mitarbeiter um Ziele und Bonusvereinbarungen. Sie erleben dies als regelmäßige Abwehr von Mitarbeiterforderungen, die sie ohnehin nicht erfüllen können (Gehaltserhöhung, Seminare, Aufstieg). Dies sorgt auf beiden Seiten für Frustration. Wenn die Führungskräfte dann die Jahresgespräche unterbinden oder auf ein Minimum beschränken, lösen sie unbewusst, aber systematisch die Bindung der eigenen Mitarbeiter zum Unternehmen.

Unternehmen sind aufgefordert, besonders hinzuschauen, wenn es in diesen Runden keine Beschwerden gibt. Beschwerden stehen für eine Auseinandersetzung. Hier wird offensichtlich die Abstimmung mit dem Mitarbeiter geführt. Ruhe während der Zielgesprächsrunden sollte jedem Geschäftsführer zu denken geben.

Aus- und Fortbildung ist gut für das Unternehmen

Vor einiger Zeit las ich folgende Sätze:

CFO: Was, wenn wir in Mitarbeiter durch Fortbildung investieren und sie gehen?

CEO: Was, wenn wir sie nicht ausbilden und sie bleiben?

Mehr muss man aus Sicht des Unternehmens nicht sagen. Für den Mitarbeiter ist eine Fortbildung eine Belohnung, die ihn an Ihr Unternehmen bindet. Für das Unternehmen braucht es Fortbildung, um Ideen ins Haus zu holen. In unseren Projekten haben wir die Inhaber nach ihrer Meinung dazu befragt. Sie haben uns vollständig zugestimmt und sich gewundert, warum dies nicht aus dem eigenen Haus gekommen ist.

Lessons Learned

In Projekten haben Sie sicher bereits Lessons Learned eingeführt, damit Ihnen Fehler nicht noch einmal passieren. Dieser Prozess ist auch für die Mitarbeiterbindung unabdingbar. Wenn ein frustrierter Mitarbeiter das Unternehmen verlässt, dann hören Sie diesem Mitarbeiter zu und lernen Sie daraus (Installation von Exitgesprächen). Gegebenenfalls ist es gut, von einem externen Partner das Gespräch anonym führen zu lassen.

Fragen

- Haben Sie Ziel- und Mitarbeitergespräche etabliert? Sind Sie wirklich sicher, dass Ihre Mitarbeiter diese Gespräche als Bereicherung sehen und am Ende nicht frustriert dastehen?
- Ergeben sich aus den Gesprächen Maßnahmen für Ihre Mitarbeiter, die eine emotionale Belohnung/Bindung darstellen?
- Haben Sie einen effektiven Lessons-Learned-Prozess im Einsatz, der ehrliche Antworten ermöglicht?

Fazit: Für die Summe der Kosten, die für das Recruiting und Onboarding eines neuen Mitarbeiters anfallen, können Sie fünf bis sieben Mitarbeitern eine Anerkennung zukommen lassen. So binden Sie die Mitarbeiter langfristig ans Unternehmen.

HR und Führung

Um die vorgenannten Punkte zu erreichen, mussten wir Rahmenbedingungen schaffen. HR und Führungskräfte sind neu ausgerichtet worden. Dabei ist allen Beteiligten klar, dass es sich um einen langen Lernprozess handelt, der auch Fehler mit sich bringen kann.

Emotional sein

Recruiting und Führung sind für emotional ausgerichtete Menschen nicht einfacher, aber sie sind erfolgreicher. Sie können sich besser auf den Gesprächspartner einstellen und sich in den Gesprächspartner hineinversetzen. Faktisch ausgerichtete Menschen haben es schwerer, emotional besetzte Themen (Mitarbeiterbeurteilung, Mitarbeiterförderung) zu vermitteln.

Menschen, die Kinder erzogen haben, wissen, wie es ist, einen Wunsch gegen den ursprünglichen Willen des Kindes durchzusetzen. Früher war das eine übliche Erklärung dafür, warum »Frauen die besseren Führungskräfte« sind. Seit der Möglichkeit, Elternzeit zu trennen, werden auch deutlich mehr Männer als gute emotionale Führungskräfte wahrgenommen. Leider sind wir in Deutschland noch nicht so weit, dass »Männer in Elternzeit« akzeptiert werden. Es gibt immer noch genug Beispiele, in denen Firmeneigner vom alten Schlag eine Elternzeit von Männern als Karriereknick ansehen oder gar als Illoyalität gegenüber dem eigenen Unternehmen.

Dieser Appell an die Förderung der richtigen Personen in HR und als First Line Manager soll nun die faktenorientierten Führungskräfte nicht bloßstellen oder sie als unfähig zur Führung verurteilen. Es gibt genügend Aufgaben in einem Unternehmen, die eine faktenbasierte Entscheidung erfordern und emotionale Menschen eher unter Druck setzen.

Fazit: HR und Führung basieren auf der Fähigkeit, sich auf emotionaler Basis auf den Kandidaten/Mitarbeiter einzustellen. Prüfen Sie Ihre dafür verantwortlichen Mitarbeiter auf deren Eignung und fördern Sie diese Mitarbeiter ggf. durch entsprechende Coaches/Mentoren.

Organisation

Auch hier galt es, neue Rahmenbedingungen zu schaffen. Prozesse sind auf die neuen (Marketing-/Recruiting-)Prozesse auszurichten. Eine wichtige Erkenntnis aus Befragungen von Kandidaten, die das Unternehmen in der Probezeit bereits wieder verlassen haben, war der fehlende Umgang mit Fehlern und Kritik.

Hat es das Unternehmen versäumt, einen guten ersten Eindruck zu hinterlassen, muss dies korrigiert werden. Unterlässt das Unternehmen dies, zeigt auch das die Unfähigkeit, Prozesse einzuführen und sie zu leben. In einem solchen Fall muss man davon ausgehen, dass dies nicht nur für den Einstellungsprozess gilt, sondern auch für die anderen Prozesse des Unternehmens. Schlimmstenfalls stellt sich das Unternehmen nur bei internen Prozessen derart dar. Außen hui, innen pfui. Dies wird nicht lange »innen« bleiben. Seit es Arbeitgeberbewertungsplattformen gibt, können Sie das jeden Tag Hunderte Male lesen.

Die Gen Y und Gen Z lesen es. Sie lesen es so genau, dass ich sehr oft höre: »Wenn nur die Hälfte davon stimmt, will ich nicht in dieses Unternehmen.« Wenn Sie also bei der nächsten Entscheidung zur Organisation und zu Prozessen Ihres Hauses an die Kosten für eine interne Lösung denken, denken Sie auch daran, was es Sie kostet, wenn deswegen die guten Kandidaten nicht zu Ihnen kommen.

Fazit: Unternehmen müssen Arbeitgeberbewertungsplattformen als »Stiftung Warentest« verstehen. Sie müssen sie genauso beobachten und genauso handeln, wie sie es tun, wenn ihre Produkte schlecht bewertet werden.

Innovationsmanagement

Wir haben in allen Unternehmen Prozesse zu »Verbesserungsvorschlägen« vorgefunden. Diese wurden seit Monaten/Jahren jedoch nicht mehr bedient, was niemandem aufgefallen war. Wir haben daher die Basis geschaffen, damit die Unternehmen die eigenen Prozesse verbessern können:

Mitarbeiter wissen sehr genau, wie man Prozesse vereinfachen, schneller machen oder den Materialeinsatz verbessern kann. Mit Kunden sind regelmäßige Zufriedenheitsbefragungen geplant, die in die Verbesserung/die Innovationen der eigenen Produkte einfließen. Haben Sie so etwas schon einmal zu den Themen Recruiting und Onboarding gehört? Warum also nicht auch die Betroffenen befragen und daraus lernen.

Fazit: Innovationsmanagement gehört in der Produktentwicklung selbstverständlich dazu. Es muss auch im Recruiting etabliert werden.

Controlling

Controlling im HR-Bereich ist heute die Frage der Besetzung von Positionen oder der Kosten für Personalberater. Schlimmstenfalls werden noch die Koste für die HR-Mitarbeiter aufaddiert. Dabei hat das Unternehmen alle Infos, um Kandidaten zu verstehen. Wir haben Analytics eingeführt, um das Wissen über sich selbst, die Kandidaten und die Positionen erstmals wahrzunehmen.

Controlling im Recruitingprozess heißt Analytics
Das klassische Controlling im Marketing/Vertrieb befasst sich u. a. mit der Frage, ob die richtige Zielgruppe angesprochen ist oder ob die Zielgruppe wirklich erreicht wurde.

Im Recruiting ist dies insbesondere für die Gen Y und Gen Z sehr zeitnah und erfolgreich möglich, da die gesamte direkte und indirekte Kommunikation digital erfolgt.

Mithilfe von Google Analytics (oder adäquaten Produkten) lassen sich die im Marketing/Vertrieb bereits eingesetzten Produkte auch für das Recruiting einsetzen, u. a.

- Heatmaps
  Wie weit scrollen die Besucher?
- Absprungpunkte/Abbruchstellen
  Sorgt eine Frage für einen Abbruch oder ist der Prozess zu langwierig?
- Suchen
  Welche Begriffe werden in die Suche eingegeben – gibt es Antworten?
- Soziodemografische Informationen
  Woher kommen die Besucher? Gibt es eine Stellenbörse oder eine Messe, von der die Links besonders häufig angeklickt werden?
- Weiße Flecken
  Wohin klicken Besucher und wohin nicht? Gibt es Informationen, die niemanden interessieren und die durch andere Informationen ersetzt werden sollten?

Mithilfe von UTM-Parametern können Sie genau prüfen, wo Sie Werbung, Stellenanzeigen, Informationen platzieren müssen, um die größtmögliche Menge Ihrer Zielgruppe zu erreichen. Der Marketingbereich kennt dies seit Jahren, u. a. durch das Scannen von Codes auf u. a. Wurfwerbung.

SEO ist ein Fulltime-Job

Positionen, die auf der eigenen Internetseite ausgeschrieben werden, müssen für Google sichtbar sein. Viele Unternehmen setzen heute iFrames mit Datenbankanbindung zur Bewerberdatenbank ein, um die Agenturkosten gering zu halten. Leider findet Google solche Positionen nicht. Ebenso wie in der Produktwerbung gilt auch im Recruiting: Ihre Position unterliegt SEO-/SEA-Algorithmen und kann heute an Stelle 1 und morgen an Stelle 5 liegen. Es gilt also täglich zu prüfen, ob Ihre Stellenausschreibung an einer sichtbaren und adäquaten Position liegt.

Wenn Ihnen die Kosten für einen eigenen SEO-Mitarbeiter zu hoch sind, können Sie diese Aufgabe regelmäßig extern einkaufen. Ein guter und innovativer Personalberater wird diese Leistung für die eigenen Kunden anbieten.

Controlling nach der Einstellung des Kandidaten fortführen

Kundenbefragungen sind heute üblich. Hat der Kunde die Einhaltung der Versprechen erlebt und würde er Ihr Produkt weiterempfehlen? Fragen Sie Ihre Bewerber, ob sie den Bewerbungsprozess so erlebt haben, wie Sie es auf Ihrer Homepage versprochen haben.

Prüfen Sie die Geschwindigkeit und die Qualität des Prozesses. Insbesondere die zeitlichen Komponenten führen immer wieder zu Abbrüchen durch Kandidaten.

Fragen

- Wissen Sie, woher Ihre Onlinebewerber kommen und wohin sie gehen?
- Wissen Sie, an welchen Stellen Kandidaten den Onlineprozess abbrechen?
- Wissen Sie, welche Informationen Kandidaten suchen und welche sie sich anschauen?
- Haben Sie Maßnahmen ergriffen, um Ihre Position im Internet darzustellen und dadurch gefunden zu werden?

Fazit: Analytics ist das Informationsgold der Zukunft, je mehr Vertreter der Gen Y und Gen Z auf den Markt kommen.

Lessons Learned

- Die Fazits der einzelnen Absätze gelten hier entsprechend.
- Vertriebskonzepte, Vertriebsprozesse und Vertriebskompetenz bilden die Basis für das Recruiting der Generationen Y und Z (sowie der in den Startlöchern stehenden folgenden Generationen) und somit die Zukunft des Unternehmens. Mit genau dieser Wichtigkeit sollte man sie auch behandeln.
- Das Internet, soziale Medien und Onlinebewerbungen haben die klassischen Recruitingprozesse abgelöst. Das Unternehmen muss sich danach ebenso ausrichten, wie dies schon in den letzten Jahren im Vertrieb erfolgt ist. Ein Unternehmen ohne Social-Media-Strategie ist ein Unternehmen ohne Zukunft.
- Analytics als Controllingwerkzeug wird immer wichtiger zum Erreichen der Zielgruppen über den erfolgversprechendsten Kommunikationskanal. Dabei muss HR in die Strategieplanungen und Definition der Unternehmensziele eingebunden werden. Nur so werden die richtigen Kanäle bespielt.
- Geschwindigkeit im Vertrieb ist notwendig, um der Erste zu sein. Geschwindigkeit im Recruiting ist fundamental, um nicht der Letzte zu sein. HR-Mitarbeiter, die heute noch nicht per WhatsApp mit Kandidaten in Kontakt stehen, sollten dringend digitale Nachhilfe im Umgang mit Digital Natives erhalten.
- Eine Marketingagentur kann Marketing – eine Personalberatung kann Recruiting. Diese Kompetenzen sollten sich unterstützen, man sollte nicht versuchen, die Marketingagentur die Karriereseiten erstellen zu lassen.

Hinweise zum Autor

CARSTEN BODE

Carsten Bode ist Inhaber der Bode Recruiting Business GmbH und Geschäftsführer bei der Prognosis AG.

Vor seiner aktuellen Tätigkeit war Carsten Bode als international tätige Führungskraft mit Fokus Consulting und Vertrieb für Financial Services und IT-Projekte tätig. Als systemisch ausgebildeter Coach fördert er Menschen nach deren Talent und Entwicklungswünschen. In dieses Buchkapitel fließen 15 Jahre Vertriebserfahrung mit 10 Jahren Recruiting Excellence, um die Positionen seiner Kunden zu besetzen, ein.

Zum Verkauf ausgebildet – zum Vertrieb geboren

Oder: Der Anteil der Persönlichkeit am Erfolg

Michael Kordus
General Manager Western Europe, North America
NRW.Global Business GmbH

Die drei Stufen: Verkauf – Vertrieb – Key Account Management

Als General Manager Western Europe and North America der NRW.Global Business GmbH stehe ich häufig auf beiden Seiten des Vertriebes: Auf der einen Seite werbe ich bei internationalen Investoren für den Standort Nordrhein-Westfalen, auf der anderen Seite bieten diverse Dienstleister ihre Leistungen für unser Haus an. Zuvor habe ich viele Jahre im Contract-Logistics-Vertrieb für börsennotierte Logistikunternehmen gearbeitet. Nicht zuletzt als Mensch und Privatperson nehme ich quasi ständig die Position eines die Leistung von Verkäufern bewertenden Kunden ein. Vor diesem Hintergrund nehme ich für mich in Anspruch, einen der zentralen Erfolgsfaktoren für erfolgreichen Vertrieb erkannt zu haben.

Bevor ich die interessierten Leser mit der eigentlichen, zentralen These dieses Buchbeitrages konfrontiere, möchte ich mich notwendigerweise nochmals vorab mit ein paar Definitionen zu Wort melden, um das Thema Verkauf, Vertrieb und Key Account Management näher zu beleuchten.

Diese drei Teilelemente der im Allgemeinen als Vertrieb bezeichneten Organisationseinheit eines Unternehmens beinhalten nach meiner Auffassung – bei allen inhaltlichen Unterschieden – eine wesentliche Gemeinsamkeit:

Der Erfolg oder Nichterfolg jeder in diesem Zusammenhang ausgeübten Tätigkeit ist letztendlich nach wie vor, trotz aller Digitalisierungsmaßnahmen, von Menschen oder von einer Person abhängig.

Das heißt, für ein Unternehmen ist es von enormer Bedeutung, diese Funktionen mit entsprechend qualifiziertem und auch geeignetem Personal zu besetzen. Aber dazu später.

Vorab gilt es, die Unterschiede noch einmal kurz zu beleuchten, um die späteren Ausführungen besser einordnen zu können. Ich habe die folgenden Definitionen der Einfachheit halber Wikipedia entnommen und zusammengefasst, wohlwissend, dass es hierzu vielfältige Lehrmeinungen in der Literatur gibt, die aber den meisten Lesern – aus dem »Fach« kommend – bekannt sein dürften. Es geht mir nur darum, nochmals kurz und prägnant eine Abgrenzung der Begriffe darzustellen.

Demnach ist der **Verkauf**[1]
- »im rechtlichen Sinne die Übertragung einer Sache oder eines Rechts gegen Entgelt
- speziell der bestimmte Rechtsbegriff der Veräußerung
- ein wirtschaftlicher Vorgang«

Der **Vertrieb**[2] dagegen ist »eine betriebliche Funktion im Unternehmen mit dem Ziel, Produkte und/oder Dienstleistungen dem Kunden oder Endverbraucher verfügbar zu machen. In diesem Zusammenhang wird sogar von Vertriebspolitik gesprochen, die als Kernelement auf einer Vertriebsstrategie zur effizienten Umsetzung des Vertriebsprozesses beruht.«

Key Account Management[3] definiert sich als
- »Betreuung von Schlüsselkunden mit hohem Kundenwert
- Ausbau der Geschäftsbeziehungen mit Altkunden sowie die Anwerbung von Neukunden und die Sicherung der lokalen Marktnähe
- Optimierung der Kundenprozesse/Performance bei den Top-Kunden.«

Ich glaube, anhand der zuvor aufgezeigten Definitionen, wenn auch etwas verkürzt dargestellt, wird die Bedeutung der Personalauswahl für die jeweiligen Tätigkeitsbereiche besonders deutlich.

---

1   https://de.wikipedia.org/wiki/Verkauf
2   https://de.wikipedia.org/wiki/Vertrieb
3   https://de.wikipedia.org/wiki/Key-Account-Management

Die 3-P zum erfolgreichen Vertrieb: Preis-Produkt-Persönlichkeit

Preis, Produkt und Persönlichkeit sind aus meiner Sicht die wesentlichen Erfolgsfaktoren in der Vertriebsarbeit. Faktoren, die jeweils ein Drittel des Gesamtpakets ausmachen und in einer Art Gleichgewicht stehen müssen:

Preis

Produktion

Persönlichkeit

Der Preis muss passen, zur Branche, zum Produkt und zur einhergehenden Leistung.

Das Produkt ist schon wieder etwas differenzierter zu betrachten. Hier muss neben Preis und Qualität meistens auch der Bedarf stimmen. Ein Produkt am realen Bedarf des Kunden vorbei wird sich zu 99 % nicht durchsetzen, es sei denn, der Bedarf wird »geweckt«. Und hier greift dann die Vertriebs- oder Marketingstrategie.

Diese wiederum wird dann von den Vertriebsmitarbeitern umgesetzt, mal mehr und mal weniger erfolgreich.

Stellen Sie sich einfach vor, Sie verschieben **einen** Balken des o. a. Schaubildes nach links oder rechts, ohne die anderen Balken mitzunehmen. In diesem Fall verändert sich schon das angesprochene Gleichgewicht, das ausgewogen bleiben sollte.

Beispiel: Sie schieben den Preisbalken nach rechts, das heißt Sie erhöhen den Preis, dann liegt dieser über dem »Wert« des Produktes und Sie müssten zumindest am dritten Balken der »Persönlichkeit« arbeiten, um halbwegs wieder ein Gleichgewicht herzustellen. Gleiches gilt, wenn Sie die Qualität des Produktes herabsetzen oder nicht halten können und den Balken nach links verschieben. Wieder ruht der Erfolg auf der Persönlichkeit, die ein vermeintlich schlechtes Produkt zum übertriebenen Preis verkaufen muss/soll.

Und so lässt sich vereinfacht mit den Balken spielen, aber im Endeffekt erreiche ich den sichersten Erfolg bei einem Gleichgewicht der 3 Faktoren, wobei die Persönlichkeit ein starkes Fundament des Erfolges ist.

Anforderungen an den Vertriebsmanager

Jeder Bereich der drei Stufen, die ich zuvor beschrieben habe, hat grundsätzlich unterschiedliche Anforderungen an die Ausbildung und Qualifikation der jeweils handelnden Person. Aber ist das wirklich alles? Gehört zu einem erfolgreichen Verkauf/Vertrieb/Key Account Management nicht auch ein »Charakter«, eine Persönlichkeit? Ich für meinen Teil könnte diese Frage nahezu uneingeschränkt mit »ja« beantworten.

Als ich zum ersten Mal das Thema inhaltlich mit einem der Co-Initiatoren/Autoren dieses Buches besprochen habe, war seine Reaktion für mich zunächst etwas überraschend: »Das ist aber eine sehr kontroverse These – etwas provokant …« Aber warum eigentlich? Es gibt heutzutage zum Thema Vertrieb/Verkauf unzählige Veröffentlichungen, eine schier unüberschaubare Auswahl an Seminaren, Workshops und Trainings-/Coaching-Angeboten, Heerscharen von Trainern/Beratern/Vertriebsexperten »tummeln« sich zu dem Thema am Markt, in den sozialen Netzwerken und das alles versehen mit der Botschaft (und auch mit dem Anspruch), den Vertrieb/Verkauf **noch** erfolgreicher zu machen. Dem Verkäufer/Vertriebsexperten immer noch effizientere Methoden an die Hand zu geben und ihn damit **noch** besser im Rennen um die Neukundengewinnung zu qualifizieren … Und damit den Neuumsatz und hoffentlich auch den Profit zum Wohle des jeweiligen Unternehmens zu steigern.

Immer vorausgesetzt, dass alle mit dem Thema Verkauf und Vertrieb befassten Personen nach »Genuss« wenigstens einer ausreichenden Anzahl der vielfältigen angebotenen Aus- und Weiterbildungsprogramme diese auch inhaltlich und mental verinnerlicht haben, dürfte es heutzutage nur noch erfolgreiche Verkäufer/Vertriebsmitarbeiter geben.

Aber ist dem wirklich so? Warum ist es nach wie vor so, dass es in einem Unternehmen in den mit dem Verkauf befassten Organisationseinheiten erfolgreiches und weniger erfolgreiches Vertriebspersonal gibt? Das Personal hat doch i. d. R. eine vergleichbare Ausbildung durchlaufen und nutzt zudem bei der täglichen Arbeit auch das gleiche »Handwerkszeug«. Dennoch ist das Leistungsgefälle gerade im Vertrieb am deutlichsten ablesbar. Warum sind die Vertriebsbereiche im Unternehmen vielfach die Bereiche mit der höchsten Personalfluktuation?

Vielleicht gibt es tatsächlich noch etwas anderes außer einer Basisausbildung, Vertriebstools- und Tipps, das den Erfolg ausmacht? Und genau an diesem Punkt – davon bin ich überzeugt – sind wir bei der Persönlichkeit, der Ausstrahlung, dem Charisma und der Empathie der jeweils handelnden Person.

An dieser Stelle werden sicherlich einige Leser etwas zusammenzucken und innerlich denken »… um Gottes Willen, was soll jetzt dieser Esoterikquatsch?«

Aber Halt – es gilt die These, der Vertrieb ist das »Heart of Operations« und zwar nicht nur als Herzstück und Dreh- und Angelpunkt des Unternehmens. Ich spreche hier im wahrsten Sinne von dem Herz der Vertriebsperson, der »Fleisch gewordenen« Visitenkarte des Hauses. Sie ist in der Regel die Institution der Firma, die als erste und am häufigsten mit dem Kunden in Kontakt tritt. Sie muss dem Kunden Preis und Produkt nahebringen und gleichzeitig – und das gilt insbesondere in der Kaltakquise – auf die Bedürfnisse und Befindlichkeiten der Kontaktperson eingehen. Es geht schlicht darum, mit Emotionen zu spielen.

Ganz ehrlich, wer von uns kennt sie nicht, die »Didaktikhaie« an den Universitäten, hochgebildete, hochqualifizierte Professoren, die mit ihren Vorlesungen Hundertschaften von Studenten ins Wachkoma getextet haben? Gleiches gilt leider auch noch heutzutage für viele Verkäufer und Vertriebler, die im Kundengespräch oder in der Präsentation ihr Produkt/Konzept nicht oder nur wenig überzeugend an den Mann oder die Frau bringen können und das trotz ausgefeilter Präsentationstechnik und unter sachlichen Gesichtspunkten einwandfreier, in sich schlüssiger Fakten in technischer und wirtschaftlicher Hinsicht in Bezug auf das beworbene Produkt.

Stellt man hier wiederum die Frage nach dem Warum, liegt die Antwort auf der Hand: Die »Chemie« hat nicht gestimmt. Dem Verkäufer ist es nicht gelungen, auch emotional zum Kunden durchzudringen und sich als Repräsentant seines Unternehmens/Produktes nachhaltig positiv beim Gegenüber zu platzieren.

Das Resultat einer solchen finalen Einschätzung seitens des Kunden kann enorme Konsequenzen in Hinblick auf die Erfolgswahrscheinlichkeit der Platzierung eines Produktes/Projektes oder der Konzeption haben. Ich möchte dies nachfolgend anhand unterschiedlicher realer und selbst erlebter Beispiele kurz verdeutlichen:

Beispiel A:
Ein Projektkonsortium stellte sich bei einem Unternehmen mit einem Konzept zur Errichtung einer Sporttrainingsstätte vor. Die vorab eingereichten Unterlagen zur Projektbeschreibung reichten im ersten Schritt zu einer Entscheidung zur weiteren Verfolgung des Ansatzes aus. Daher wurde das Konsortium gebeten, das Konzept persönlich zu präsentieren. Trotz ausgefeiltem technischen Ansatz des Konzeptes und einem sogar vorhandenen Bedarf des Marktes für das Produkt ist es bis heute nicht zur Umsetzung gekommen. Wie konnte das passieren? Die Antwort darauf ist schnell gefunden:
- Die Zielgruppe der Zuhörer bestand größtenteils aus Kaufleuten. Gespür für den spezifischen Informationsbedarf der Entscheider wurde durch den Vortragenden nicht vermittelt – auch auf Nachfrage wurde nicht nachgebessert.
- Das Gesamtkonzept wurde ohne jegliche Emotion vorgetragen, frei nach dem

Motto und der Überzeugung, der technische Ansatz ist in seiner »Brillanz« nicht zu übertreffen und »spricht für sich«.

- Der Allgemeineindruck der Vortragenden durch ihr generelles Auftreten während und nach der Präsentation in der anschließenden Diskussion führte unisono bei allen Beteiligten auf der Entscheidungsseite zu »Unbehagen«. Man war einfach nicht mehr bereit, auf Einwände »vorbehaltslos« einzugehen.

Beispiel B:

Im Rahmen der Bewerbung um Fördermittel für die Umsetzung eines Digitalprojektes im produzierenden Gewerbe erfolgte eine Präsentation durch zwei Projektteams unterschiedlicher Zusammensetzung und Herkunft. Projektteam 1, vom Erfahrungshintergrund auf Basis der Papierlage höchst professionell und einheitlich branchenbezogen, Auftreten »raumgreifend« und selbstsicher, Inhalt und Konzeption technisch ausgefeilt. Projektteam 2, Erfahrungshintergrund uneinheitlicher Werdegang, im ersten Auftritt etwas unorganisiert, Inhalt und Konzeption sehr technikaffin.

Beide Teams haben es bis zum Zeitpunkt des Verfassens dieses Beitrages nicht geschafft, sich endgültig zu platzieren. Bei Team 2 greift in diesem Fall nahezu die gleiche Begründung wie unter Beispiel A aufgezeigt.

Bei Team 1 liegt das Problem noch etwas anders: Die handelnden Akteure haben gleich alle Vertriebshandbücher-/Tools auswendig gelernt und angewandt. Was ich zuvor als »raumgreifend« beschrieben habe, war nur eine politisch korrekte Beschreibung für herausragende Arroganz im Auftreten, die zumindest bei den erfahrenen Entscheidern zu einer ersten Abwehrhaltung geführt hat.

Beispiel C:

Gerade im B2B-Geschäft wird als häufiges Argument in der vertrieblichen Arbeit das Thema »One face to the customer« bemüht, gerne auch von beiden Seiten der potenziellen Vertragspartner. Und genau hier liegt das Problem oder die Chance: im «Face«.

In Zusammenhang mit einer Ausschreibung für einen größeren Logistikvertrag im Transportbereich wurden seitens des Kunden neben den konzeptionellen und wirtschaftlichen Rahmendaten auch Informationen über die Unternehmensstruktur und Unternehmenskultur abgefragt. Am Ende der Verhandlungen konnten die Vertriebsmitarbeiter mit der vertraglichen Zusage nach Hause gehen, obwohl im Vergleich zu den Mitbewerbern nicht das wirtschaftlichste Angebot unterbreitet wurde. Der Entscheider begründete seinen Entschluss später damit, dass ihn das »Auftreten« des Vertriebsduos am besten gefallen hat und er durch den Gesamteindruck der beiden von der Leistungsfähigkeit des Konzeptes und des Unternehmens überzeugt wurde. Besser ausgedrückt – vom Leistungswillen. Den Mitarbeitern war es gelungen, sich das **Vertrauen** des Entscheiders zu erarbeiten.

Beispiel D:
Persönlichkeit definiert sich nicht ausschließlich über Merkmale wie Selbstbewusstsein, sicheres Auftreten und Überzeugungsfähigkeit durch Fachwissen. Vielmehr gehört auch eine gewisse »Nehmerqualität« dazu, ohne »das Gesicht zu verlieren.« Theatralisch ausgedrückt – eine gesunde Leidensfähigkeit.

Wer jemals mit Einkäufern, speziell aus dem Handel, verhandelt hat, weiß, wovon ich spreche. Diese Gespräche verlaufen zumindest gefühlt i. d. R. relativ einseitig, unabhängig davon, ob es sich um Preisverhandlungen/Kontraktverhandlungen handelt oder aber um die Aufnahme von Produkten in das gelistete Sortiment. Kleinste Unsicherheiten, ob bei der Person, dem Produkt oder auch dem Preis, werden gnadenlos ausgenutzt, um das Gegenüber zu Zugeständnissen zu zwingen bzw. um ihm den Vertrag zu diktieren. Hier gilt es umso mehr, nicht überheblich, arrogant oder gar aggressiv aufzutreten, sondern vielmehr eine »gelassene Selbstsicherheit« an den Tag zu legen, bei der mit Argumenten gearbeitet wird. In diesem Fall sind Emotionen unangebracht.

Die bislang angeführten Beispiele können den Bereichen Vertrieb und Key Account Management zugeordnet werden. Im Vordergrund steht dabei im weitesten Sinne das Thema »Relationship Awareness und Management«.

Aber was noch nicht in die Betrachtung eingeflossen ist, ist das Thema Verkauf, der eingangs als statischer Prozess der Veräußerung definiert wurde. Brauche ich in dieser Funktion keine »Persönlichkeit« und reicht hier die bloße Anwendung von Verkaufstools aus, um (langfristig) erfolgreich zu sein?

Ich finde nicht und möchte das nachfolgend an drei weiteren Beispielen aus dem Vertriebsleben kurz verdeutlichen:

Beispiel E:
Ein Kunde betritt ein Autohaus und fragt den Verkäufer nach der Verfügbarkeit eines bestimmten Modells als Jahreswagen. Die Antwort des Verkäufers kommt ohne Umschweife: »Im Moment ist da nichts zu machen, aber wenn Sie sich für das Modell als Neuwagen interessieren, gebe ich Ihnen hier ein paar Unterlagen an die Hand und meine Karte. Bei Interesse, einfach melden.« – Ende des Verkaufsgespräches.

So viel zum Thema »Vorsprung durch Motivation und Beratungskompetenz«. Interesse für den Kunden: Fehlanzeige; Interesse für die Belange des Kunden: auch nicht vorhanden.

Beispiel F:

Ein schon etwas älterer Kunde hat in einem Autohaus einen Gebrauchtwagen der gehobenen Klasse gekauft. Er wendet sich im Nachgang nochmals an einen Verkäufer mit der Bitte, für das eben erstandene Modell noch Prospektmaterial zu bekommen. Antwort des Verkäufers: »Tut mir leid, aber seit diesem Monat werden keine Printunterlagen mehr erstellt. Sie können sich die Informationen von unserer Website downloaden.« – Wiederum Ende des Kundengespräches, zurück blieb ein etwas ratloser, älterer Kunde.

Auch an dieser Stelle keine Spur von Empathie/Einfühlungsvermögen in Hinblick auf die Bedürfnisse des Kunden. Wenigstens hatte der Verkäufer sich einleitend noch der Höflichkeit halber entschuldigt.

Beispiel G:

Auch die sonst im Vertriebsgeschäft sehr gut aufgestellten Briten fallen nicht immer nur positiv auf, und zwar selbst Unternehmen, die sich mit dem Thema Marketing befassen und das Wort sogar im Unternehmensnamen führen. Der nachfolgend beschriebene Versuch der Kaltakquise eines am Markt agierenden Unternehmens erreichte mich per E-Mail.

»Hi Michael, we assist companies increase their sales in the UK and Ireland healthcare market. Can you let us know your requirements in this regard please?«

Mehr an Informationen war dem Anschreiben nicht zu entnehmen. Mir war das Unternehmen bislang nicht bekannt. Eine für mich im Rahmen einer Kaltakquise selbstverständliche Vorstellung des Unternehmens und der handelnden Person ist nicht erfolgt. Wahrscheinlich hat sich das Unternehmen noch nicht einmal die Mühe gemacht, unser Unternehmen auf die Eignung als Zielkunde zu untersuchen. Hier fehlt es an Wertschätzung des (potenziellen) Kunden, abseits der Missachtung aller Regeln der Kaltakquisetools.

Bewertung

Sinn und Zweck der zuvor gemachten Ausführungen ist in der Hauptsache, die Wechselwirkungen einer gezielten qualifizierten Ausbildung auf dem Gebiet des Verkaufs/ des Vertriebs mit dem durchaus weniger quantifizierbaren Element der »Persönlichkeit« der jeweils handelnden Person aufzuzeigen.

Ich bin davon überzeugt, dass eine noch so gute Ausbildung und Weiterbildung für sich genommen alleine nicht ausreichen, um dauerhaft Erfolge zu generieren. Sie sind – und ich betone das ausdrücklich – unabdingbare Basis für alle weiteren Aktivitäten. Aber ohne nach außen hin wahrnehmbare/spürbare Persönlichkeit ist sie nur die »halbe Miete«. Es kommt darauf an, das angeeignete Wissen nicht nur einfach anzuwenden, sondern seinem Gegenüber glaubhaft und ehrlich zu vermitteln. Das gilt nicht nur, aber insbesondere, im personalisierten Vertrieb, wenn ich eine langfristige, vertrauensvolle Kundenbeziehung aufbauen will. Die Chemie muss stimmen, wie in jeder privaten Beziehung (natürlich auf anderer Ebene) – auch wenn wir immer wieder gerne betonen, Privates und Berufliches strikt zu trennen.

Der Verkauf ist ein wirtschaftlicher Vorgang, hier müssen Preis und Produkt stimmen, aber der Vertrieb ist eine Funktion mit Strategie, die besondere Kompetenzen/Anforderungen an den Durchführenden stellt. Man spricht letztendlich nicht umsonst in diesem Zusammenhang zu Recht von einer »Vertriebspersönlichkeit«, die sich in hohem Masse durch Ausstrahlung definiert.

Persönlichkeit wird sicherlich auch geformt durch Erfahrung und verbundene Zeitdauer (Lebenserfahrung), aber der Versuch, sie einfach anhand eines Vorbildes zu adaptieren, ist meistens zum Scheitern verurteilt und führt nur zu einem gekünstelten Verhalten, bestenfalls zu einer Kopie, die sehr schnell entlarvt wird.

Die kurz beleuchtete These ist eine Abwandlung eines Statements eines erfolgreichen US-Managers, Ben Rich von der damaligen Firma Lockheed Coporation, in anderem Zusammenhang:

»Führungskräfte werden geboren, Projektmanager ausgebildet.«[4]

Aber das ist eine andere Geschichte …

Literaturverzeichnis

Ben R. Rich / Leo Janos, Skunk Works, Seite 304ff, dt. sprachige Ausgabe Voron Blue, Mülheim a.d. Ruhr, 2019

Seite »Verkauf«. In: Wikipedia, Die freie Enzyklopädie. Bearbeitungsstand: 15. Dezember 2019, 13:17 UTC. URL: https://de.wikipedia.org/w/index.php?title=Verkauf&oldid=194923393 (Abgerufen: 21. Mai 2021).

---

4   Ben R. Rich, Skunk Works, Seite 304ff, dt. sprachige Ausgabe Voron Blue, Mülheim a.d. Ruhr, 2019.

Seite »Vertrieb«. In: Wikipedia, Die freie Enzyklopädie. Bearbeitungsstand: 5. Dezember 2019, 09:32 UTC. URL: https://de.wikipedia.org/w/index.php?title=Vertrieb&oldid=194649702 (Abgerufen: 21. Mai 2021).

Seite »Key Account Management«. In: Wikipedia, Die freie Enzyklopädie. Bearbeitungsstand: 6. Oktober 2019, 22:11 UTC. URL: https://de.wikipedia.org/w/index.php?title=Key-Account-Management&oldid=192915142 (Abgerufen: 21. Mai 2021).

Hinweise zum Autor

MICHAEL KORDUS

Michael Kordus ist seit 2010 als General Manager für die NRW.Global Business GmbH, der Außenwirtschaftsgesellschaft des Landes Nordrhein-Westfalen, Düsseldorf tätig und leitet den Bereich der Investorenakquisition und Key Account Management für ausländische Unternehmen in NRW, mit Regionalschwerpunkt Westeuropa und Nordamerika. Davor bekleidete er unterschiedliche Positionen im Bereich Kontraktlogistik bei der britischen P&O Gruppe, DHL Fulfilment und Wincanton PLC. Michael Kordus hat Betriebswirtschaft an der Universität der Bundeswehr in München studiert.

High-Performance im Vertrieb

Erfolgreiche Vertriebsteams zusammenstellen und formen: Von der Steinzeit ins »Hier und Jetzt«

Meik Wrozyna
CEO
Omnestum Prüfservice GmbH

Jäger und Sammler im Vertrieb

Im Vertrieb brauchen wir Jäger und Sammler. Wie erkenne ich Diese Typen und forme ein homogenes, erfolgreiches Team?

Ich freue mich, dass wir Sie für unser Werk begeistern konnten. Sie haben sicherlich schon einiges über den Vertrieb – vor allem über den erfolgreichen Vertrieb gelesen und gelernt. Ich möchte Ihnen in meinem Abschnitt meine Erfahrungen im Aufbau und der Zusammensetzung eines erfolgreichen Vertriebsteams näherbringen. Ich war bereits über 10 Jahre erfolgreich im Vertrieb tätig, als mir die Stelle des Vertriebsleiters angeboten wurde. Ich hatte zu diesem Zeitpunkt schon einige unglaublich schlechte Vorgesetzte erlebt. Damit wir uns nicht falsch verstehen, alle waren sehr erfolgreiche und sehr gute Vertriebler. Von Führung hatten diese Menschen jedoch keine Ahnung. Ein Phänomen, welches mit Sicherheit die meisten von Ihnen bereits erlebt haben. Man neigt dazu, Mitarbeiter, die sehr gut in ihrem Job sind, auf Führungspositionen zu hieven. Die Führung unterschiedlichster Charaktere in einem Team stellt diese Menschen vor unlösbare Aufgaben und zieht deren Scheitern. Das wollte ich selbstverständlich vermeiden.

Ich trat die mir angebotene Stelle an. Es war ein Team von 9 Vertriebsaußendienstmitarbeitern, Männer und Frauen aus allen Altersgruppen. Die Gesamtperformance war das Gegenteil von gut. Es gab 4 Mitarbeiter, die schon länger im Unternehmen waren und ihre Zahlen brachten. Das restliche Team war nicht länger als ein Jahr im Unternehmen.

581

Teilweise kannten sich die Vertriebler nicht und lernten sich auf dem Vertriebsmeeting, in dem ich als neuer Vertriebsleiter vorgestellt wurde, erst kennen. Man muss sich vorstellen, dass diese Leute nicht nur das erste Mal miteinander sprachen, teilweise hörten sie die Namen der Kollegen das erste Mal. Meine Aufgabe war es folglich nicht nur, die Performance des Vertriebes zu steigern, ich musste die Vielzahl von Einzelkämpfern zu einem Team formen.

Ich habe mir also einen genauen Überblick über die Mitarbeiter und deren Charaktere verschafft. Jetzt muss man im Vertrieb grundsätzlich zwischen zwei Typen unterscheiden: »Jäger« und »Sammler«.

Der »Jäger« zeichnet sich dadurch aus, dass er sehr stark in der Akquise und im Erstgespräch beim Interessenten ist. Er sucht jede Gelegenheit für seinen nächsten Abschluss – hat daher auch immer seine Visitenkarten dabei. Der Jäger ist sehr kontaktfreudig, auch im eigenen Team. Diese Typen sehen ihren Job als Sport, und hier wollen sie sich stetig verbessern, um »der Beste« zu sein. Dies führt dazu, dass er keine Probleme in der Neukundenakquise hat, weil die Hürde des »Erstgesprächs mit dem Unbekannten« für ihn praktisch nicht existent ist.

Jäger sind häufig Einzelkämpfer, die erfolgsbesessen ihre Ziele verfolgen, hierbei jedoch oft Regeln und Grenzen nicht einhalten.

Ich kann jeder Führungskraft nur ans Herz legen: Sie brauchen diese Typen. Wenn Sie aber zulassen, dass der Jäger Ihre Regeln nicht immer einhält, müssen Sie ihm unbedingt zeigen, dass Sie es bemerkt haben – und es nur tolerieren, weil er gut ist. Dies ist jedoch ein sehr schmaler Grat! Anfangs wird er es als Kompliment ansehen, es jedoch immer wieder tun – und mit immer größeren Schritten über die Grenzen jagen. Hier müssen Sie unbedingt darauf achten, dass es nicht zur Gewohnheit wird. Er wird es nämlich als sein Recht ansehen! Ganz besonders, wenn Sie mehrere Jäger im Team haben – die völlig selbstverständlich in Konkurrenz zueinander stehen.

Jäger motivieren Sie am besten mit Wettbewerben/Incentives. Ich habe immer wieder, auch in meiner eignen Vertriebstätigkeit, bemerkt, dass Wettbewerbe nicht für möglich gehaltene Ergebnisse erzielen können.

Wie bereits in der Steinzeit benötigen Sie für die Entwicklung Ihres Teams allerdings auch »Sammler«.

Die besten »Key Account Manager« sind oftmals »Sammler«. Dieser Typ pflegt seine Kunden und baut kontinuierlich seine Geschäftsbeziehungen aus. Sie werden feststellen, dass »Sammler« die Geburtstage, Interessen/Hobbys und Familiensituationen seiner Kunden kennen. Dieser Typ Verkäufer ist im Gegensatz zum Jäger ein sehr geduldiger Zuhörer, der tatsächliches Interesse an seinen Geschäftsbeziehungen hat und sich nicht nur über diese informiert, um den nächsten Abschluss zu realisieren.

Sammler sind sehr gewissenhaft in ihrer Tätigkeit und sammeln strukturiert alle Informationen. Diese Vertriebler verstehen sich oft als Berater des Kunden, der seinem »Partner« nichts aufschwätzen will. Hier werden Sie als Führungskraft immer wieder feststellen, dass diese Typen das Produktportfolio Ihres Unternehmens bestens kennen und einen genauen Plan haben, welches Produkt sie wann einem Kunden vorstellen wollen. Ein Sammler fühlt sich in der Neukundenakquise sehr unwohl und verliert seine Selbstsicherheit oft beim Erstgespräch mit dem Fremden.

Ich musste damals feststellen, dass 2 der 4 »alten Hasen« in meinem neuen Team keinem von beiden Vertriebstypen angehörten. Diese zwei waren einfach in Gebieten mit sehr lukrativen Bestandskunden eingesetzt. Sie waren weder aktiv in der Neukundenakquise noch haben Sie ihre Kundenbeziehungen ausgebaut und die Kunden mit neuen Produkten und Dienstleistungen konfrontiert. Die Kunden bestellten jedes Jahr, weil Sie es schon jahrelang taten …

Neukunden waren bei diesen Beiden eigentlich nur darauf zurückzuführen, weil Kunden das Unternehmen empfohlen hatten. Wie ich das mitbekommen habe? Die Neukunden meldeten sich über das Kontaktformular auf unserer Homepage oder per Telefon in der Zentrale.

Nachdem ich die beiden mit meinen Eindrücken konfrontiert habe, stieß ich selbstverständlich auf größte Gegenwehr. Ich hatte sie »ertappt« und ihnen blieb nur die Flucht nach vorne. Leider äußerste sich das nicht in vertrieblicher Tätigkeit, sondern in einem Gespräch mit der Geschäftsführung.

Ich hatte alle Argumente auf meiner Seite und eine wirkliche Diskussion kam zum Glück zwischen mir und der Geschäftsführung nicht auf. Die folgenden Einzelgespräche mit den jeweiligen Mitarbeitern waren sehr emotional. Beide nahmen keine Verbesserungsvorschläge an oder waren nicht bereit, etwas an der Arbeitsweise zu ändern.

Auch hier kann ich jedem Vertriebsleiter nur raten: Diese Typen haben sich daran gewöhnt, ohne Arbeit ihren Lohn abzugreifen. Solche Typen bringen Sie, Ihr Team und das Unternehmen in keiner Art und Weise nach vorne. Ich gehe sogar so weit, dass ich behaupte: diese Antivertriebler sind Gift für Ihr Team. Denn auf eins können Sie sich verlassen, die anderen Vertriebler merken es nach einiger Zeit und sprechen darüber.

Neid kann man nie gänzlich ausschalten, jedoch müssen Sie diese Typen zum Performen bringen oder sie loswerden. Ich habe die Erfahrung gemacht, dass letztere Option leider meistens am besten greift. Diese Menschen werden nie zugeben, dass sie nichts für ihre Vertriebsergebnisse tun. Auch wird es dem Unternehmen nicht schaden, wenn diese Mitarbeiter nicht mehr im Team sind.

Die Kunden haben keine Bindung zu den Personen und merken oftmals nicht, dass es einen neuen Ansprechpartner gibt – und falls doch: in einer solchen Geschäftsbeziehung stört es Kunden nicht.

Ich hatte mir also ein Bild von der Truppe gemacht. Wir hatten ein paar Jäger, einen Sammler und letztendlich ein paar Neue im Team, die frischen Wind in das Ganze gebracht haben.

Bitte verstehen Sie mich nicht falsch, die von mir beschriebenen Typen gibt es selbstverständlich nicht in ihrer Reinform – aber die Anlagen sind stark ausgeprägt.

Ganz selten hat man das Glück und trifft auf Vertriebler, die beides vereinen. Ein sehr guter Freund von mir aus dem Raum Hannover ist ein solcher. Marcel, er hat auch bereits über ein Jahrzehnt Erfahrung im Vertriebsaußendienst, ist der klassische Jäger. Sehr stark in der Akquise von Kunden, immer heiß auf den Abschluss und ständig im eigenen Wettbewerb zu allen anderen Vertriebsmitarbeitern im eigenen Unternehmen. Marcel hat über die Jahre gelernt, wie man gewonnene Kundenbeziehungen ausbaut. Die Kunst besteht, den Kunden nicht mit einem Bauchladen zu überfallen, sondern ihn und seine Bedürfnisse zu kennen und die Produkte und Dienstleistungen des eigenen Unternehmens im richtigen Zeitpunkt zu platzieren. Was so einfach klingt, scheitert meistens an einer simplen Sache: der Motivation des Vertrieblers. Wie oben beschrieben, wollen Jäger immer den neuen Kunden, Sammler haben Schwierigkeiten den neuen Kunden zu gewinnen.

Warum erwähne ich es erneut? Als Vertriebsleiter müssen Sie es schaffen, diese beiden Typen an die Stärken des jeweils Anderen heranzuführen. Die Lernbereitschaft Ihrer Mitarbeiter muss neu aktiviert werden. Sie müssen dieses »ich bin schon jahrelang erfolgreich im Vertrieb tätig, mir bringt keiner mehr was bei« aus den Köpfen bekommen.

Ein sehr gutes Beispiel hierfür war ein erfahrener Außendienstmitarbeiter meines Teams aus Norddeutschland. Ein klassischer Sammler, knapp 50 Jahre alt. Er begrüßte mich, indem er mir sagte, ich sollte jetzt nicht bei ihm mit Vertriebstrichtern oder ähnlichem anfangen, wenn er meine Unterstützung benötige, meldet er sich. Als ich mich näher mit ihm beschäftigte, stellte ich fest, dass er sehr wenig Neukunden an Land zog – zu den Bestandskunden aber eine enge und funktionierende Bindung hatte. Es frustrierte ihn, keine Neukunden zu gewinnen – und er reagierte hierauf auch sehr genervt. Ich begleitete ihn bei einigen Terminen und zeigte ihm, indem ich die

Gesprächsführung übernahm, wie man Neukunden gewinnt. Es waren Kleinigkeiten, die er umstellen musste. Aber, indem er sah, dass es funktionierte, war seine Lernbereitschaft geweckt. Wir schafften es, seine Erfolgsquote bei Neukunden deutlich zu verbessern.

Noch einmal: Jedes Vertriebsteam braucht diese beiden Typen. Diese müssen sich gegenseitig respektieren, zusammenarbeiten und voneinander lernen wollen. Ich stellte damals das Vertriebskonzept um. In den jeweiligen Regionen Deutschlands waren »Jäger-Typen« unterwegs. Ich implementierte zwei Key-Accounter – klassische Sammler – die Großkunden (meist Filialisten mit einem deutschlandweiten Netzwerk) betreuten und weiter ausbauten. Ich organisierte das ganze jedoch so, dass beide Abteilungen miteinander arbeiten mussten.

Die Provisionen wurden bei gemeinsamen Kunden geteilt. Wenn der Jäger zum Beispiel einen Großkunden gewonnen hatte und diesen nach einiger Zeit ins Key Account Management übergab oder der Sammler Hilfe bei weiteren Standorten eines Großkunden benötigte.

Keiner von Beiden hatte das Gefühl benachteiligt zu sein, sie arbeiteten gemeinsam am und für den Kunden. Dies steigerte das »Wir-Gefühl« im Team.

Die unbeachteten Helden

An dieser Stelle muss ich auf einen dritten Bereich eingehen, den ich schnell eingerichtet hatte. Den Vertriebsinnendienst – bzw. das Callcenter. Ich nenne es sehr bewusst den »Vertriebsinnendienst«, weil »Callcenter« in vielerlei Hinsicht zu negativ belastet ist. Diese Abteilung war ausschließlich für die Neukundenakquise zuständig. Ich bin der festen Überzeugung, dass eine solche Abteilung ins eigene Haus gehört und sehr eng mit dem Vertriebsaußendienst zusammenarbeiten muss.

Alle waren Jägertypen, die kein Problem mit Zurückweisungen am Telefon hatten. Die Diskussion, ob Außendienstler ihre Termine am besten selbst vereinbaren sollten, sogar müssen, weil nur gute Vertriebler die Königsdisziplin der telefonischen Kaltakquise beherrschen, kenne ich nur zu gut. Selbstverständlich sind gute Jäger auch stark am Telefon und sollten daher Ihre wichtigsten Zielkunden selbst am Telefon angehen. Jedoch geht es mir hier um die breite Masse. Der Verkaufsbesuch beim Interessenten ist essenziell für den Aufbau einer Geschäftsbeziehung und ein Vertriebler sollte so viele Termine wie möglich (natürlich nach Zielgruppen, Größe etc. aussortiert) wahrnehmen. Die Zeit, die er für Kaltakquise im Office benötigt, kann er nicht bei seinen potenziellen Kunden verbringen.

Daher ist die gute Zusammenarbeit eines Vertriebsinnendienstes und des Außendienstes ausschlaggebend für den Erfolg. Der Innendienst organisiert neue Termine, während der Außendienst diese wahrnimmt. Es empfiehlt sich jedoch, dem Außendienst 1, 2 feste Tage zur Nachbereitung seiner Termine einzuräumen.

Effizienter kann man die Zeit nicht nutzen.

Das Wir-Gefühl

Das zusammengestellte Team muss sich als solches identifizieren und agieren. Nachdem Sie die Grundlagen eines funktionierenden Teams gelegt haben, also die Mitarbeiter ins Team implementiert haben, muss das ganze Konstrukt jetzt auch zu einem Team werden.

Mir geht es um das »Wir-Gefühl«. Zusammen haben wir Kunden gewonnen und das Unternehmen weiter aufgebaut, die Marktstellung erweitert. Hierfür müssen sich Alle vertrauen und an einem Strang ziehen. Es beflügelt jeden Einzelnen, Teil eines funktionierenden Teams zu sein, in dem es selbstverständlich einen gesunden Konkurrenzkampf gibt.

Fördern Sie dieses »Wir-Gefühl« mit Incentives – nicht mit Geldprämien, sondern mit Events, die außerhalb des Unternehmens stattfinden. Dies fördert den Austausch über das Berufliche hinaus. Das Angebot an Teamevents und Teambuildingmaßnahmen ist schließlich nicht ohne Grund in den letzten Jahren stetig gewachsen.

Wenn sich Ihre Mitarbeiter respektieren und im besten Fall mögen, werden Sie als Führungskraft feststellen, dass deutlich weniger Probleme an Sie herangetragen werden. Das Team löst schwierige Situationen unter sich.

Diese Events sollten in jeder Phase des Teambuildings stattfinden. Die Phasen (Forming, Storming, Norming, Performing) beschreibt Bruce Tuckman in seinem Modell sehr anschaulich. Obwohl ich ein bestehendes Team übernommen hatte, mussten wir alle vier Phasen durchlaufen.

In der ersten, der **Formingphase**, mussten die Teammitglieder sich erst einmal kennenlernen. Teilweise mussten welche gehen, Neue kamen hinzu. Die Mitarbeiter erklärten ihre Ziele und Erwartungen. Jeder musste erst einmal seinen Platz finden. Ich stellte klare und definierte Zielvorgaben und Prozesse auf. Es wurde ein Event organisiert, in dem 2 Mannschaften (per Zufall bestimmt) den ganzen Tag »Minispiele« in Form von »Schlag den Raab« (dem bekannten TV-Programm) gegeneinander bestritten. Abends gingen wir essen und abschließend in eine Bar.

In dieser Phase muss sich jedes Teammitglied vom Vertriebsleiter wahrgenommen fühlen, damit Vertrauen aufgebaut werden kann.

Die zweite Phase (**Storming**) kam deutlich schneller als damals von mir erwartet. Die einzelnen Teammitglieder brachten ihre Eigeninteressen deutlich zur Sprache und wollten in der »Hackordnung« ganz nach oben. Konkret wurde um Kunden gekämpft. Hier wurden die Grenzen der Verkaufsgebiete übergangen und Bestandskunden der ausgeschiedenen Vertriebler kontaktiert. Auch wurde der Vertriebsinnendienst vereinzelt als Sekretariat benutzt und der Außendienst versuchte eine Stellung über dem Innendienst einzunehmen.

In dieser Zeit musste ich immer wieder für Ordnung sorgen, Grenzen klar definieren und immer wieder auf aufgestellte Prozesse pochen. Ich war Katalysator und Vermittler. Hier forderte ich auch regelmäßig Lösungsvorschläge von meinem Team. Durch diese Maßnahme zwang ich alle beteiligten Parteien dazu, miteinander konstruktiv zu kommunizieren.

In dieser Phase mussten bestehende Prozesse jedoch auch umgestaltet werden, da einige Eventualitäten vorher von mir nicht bedacht wurde. Dies stärkte aber den Zusammenhalt des Teams enorm. Die Mitglieder des Vertriebsteams wussten, dass Verbesserungsvorschläge angenommen wurden, und dies hatte zur Folge, dass sich fast jeder mit dem Thema Verbesserungen beschäftigte.

Hier konnte man erkennen, dass die dritte Phase (**Norming**) eingesetzt hatte. Ein deutlich offener Austausch fand statt. Man verstand sich als Team und wollte in dieselbe Richtung. Hier steuerte ich überwiegend die Prozesse zwischen den einzelnen Abteilungen. Jeder kannte seine Aufgabe und den Platz im Team.

In dieser Zeit waren wir mit dem Team auf einer Wildwassertour. Die Bootsbesatzungen wurden gelost und in jedem dieser Boote waren die zwischenmenschlichen Beziehungen nach diesem Tag deutlich besser als vorher. Dieses Event war totaler Erfolg auf allen Ebenen. Man erlebte »brenzlige Situationen« (Stromschnellen), in denen man als Team agieren musste, sehr lustige Situationen (das Kapern eines anderen Bootes), in denen man über und, vor allem, miteinander lachte. Noch heute kommt bei zufälligem Aufeinandertreffen zwischen mir und den damaligen Mitarbeitern immer wieder die Sprache auf diesen Tag.

Die **Performingphase** und somit letzte Phase setzte nach ca. 6 Monaten ein. Hier unterstütze ich überwiegend, gab regelmäßiges Feedback und half jedem, seine Ziele zu erreichen.

Wenn in dieser Phase neue Mitglieder zum Team stoßen, beginnt der Prozess von vorne. Nicht für das gesamte Team, aber dort, wo der Neue im engen Austausch mit anderen Teammitglieder ist, wird es zu neuen Spannungen kommen. Dies ist ganz natürlich, da jeder seinen eigenen Charakter einbringt und sich von seinem Vorgänger unterscheidet.

Hier ist es für die Führung enorm wichtig, dass man nicht nur den neuen Mitarbeiter in der Onbaording-Phase fachlich begleitet, sondern auch immer wieder den Austausch mit den alten Mitarbeitern sucht. Hier hat es sich für mich bewährt, einen Mentor einzusetzen.

Sie sollten in Vorstellungsgesprächen schon sehr genau auf die Art und die Charakterzüge des potenziellen neuen Mitarbeiters achten. Jedes Unternehmen mit Ambitionen, das Neukundengeschäft aktiv nach vorne zu bringen, braucht Jäger-Typen. Man muss aber auf eine gesunde Mischung der Typen achten und von Anfang an deren Zusammenarbeit forcieren.

Eine Mannschaft von Einzelkämpfern wird langfristig nicht den Erfolg eines zusammenarbeitenden Teams haben.

Sie sollten es schaffen, dass jeder Mitarbeiter jeden Tag sein Bestes geben will. Ich persönlich hatte immer die Einstellung, dass man morgens im Bett bleiben sollte, wenn man nur durchschnittlich performen will. Das klingt übertrieben für Sie? Hinterfragen Sie sich doch kurz selbst. Wollen Sie nur ein durchschnittlicher Elternteil für Ihre Kinder sein? Wollen Sie nur ein durchschnittlicher Ehepartner sein? Gehen sie zum Sport, um ihn nur halbherzig zu betreiben?

Stehen Sie morgens mit dem Ziel auf, heute alles für ihren Erfolg zu tun. Der Erfolg wird sich einstellen.

Ich versuche dies an meine Mitarbeiter zu übertragen. Auch in meiner jetzigen Position. Sie sollten diese Einstellung jeden Tag vorleben. Und wenn Sie diese als zu übertrieben erachten, sollten Sie sich bewusst sein, dass eine Führungskraft Jeden Tag vorleben muss, was sie einfordert.

Ich hoffe, ich konnte Ihnen ein paar nützliche Tipps geben, um ein funktionierendes Team aufzustellen und dieses auf Kurs zu bringen. Ich wünsche Ihnen viel Erfolg!

Lessons Learned

- Achten Sie bereits beim Vorstellungsgespräch auf die Charaktere und die Stärken der Bewerber.
- Achten Sie beim Zusammenstellen des Teams unbedingt darauf, wie viele Jäger oder Sammler benötigt werden.
- Formulieren Sie die Ziele jedes einzelnen Mitarbeiters und des gesamten Teams klar und in jeder Phase des Teambuildings.
- Begleiten und unterstützen Sie Ihre Teammitglieder in jeder Phase des Teambuildings.
- Fördern Sie das »Wir-Gefühl« mit Incentives.
- Wenn Sie zu der Erkenntnis kommen, dass ein Teammitglied nicht die geforderte Leistung bringt oder nicht ins Team passt, zögern Sie nicht zu lange mit der Entscheidung zur Trennung. Je länger Sie überlegen, sich von dem Mitarbeiter zu lösen, um so öfter kommt der Moment, an dem Sie es hätten tun müssen.

Hinweise zum Autor

MEIK WROZYNA

Nach seinem Studium der Rechtswissenschaften wechselte Meik Wrozyna 2009 in den Vertrieb. 2015 schloss er seine berufsbegleitende betriebswirtschaftliche Weiterbildung als »Bachelor professional of Business« ab. 2018 wechselte er ins Key Account Managment und betreute Großkunden Deutschlandweit. Mitte 2019 wurde Meik Wrozyna Vertriebsleiter eines Mittelständischen Unternehmens. Seit Oktober 2020 ist er Geschäftsführer der Omnestum Prüfservice GmbH.

Führen und Empowern: Die menschliche Seite des Vertriebs

Sandra Claus
Geschäftsführung in der Managementberatung

Ausgangssituation und Herausforderung

Große Ziele ohne geführten Vertrieb erreichen?!

Vor etwa zehn Jahren übernahm ich die Vertriebs- und Marketingleitung eines bundesweit tätigen, mittelständischen und inhabergeführten Personaldienstleisters und -beraters, dessen Vertrieb bis dahin ausschließlich regionaler Ausprägung war, sprich über die lokalen Niederlassungen getätigt wurde. Aufgrund der Bedeutung des Großkundengeschäfts fehlte es an einem durchgängig strukturierten zentralen Key-Account Vertrieb, der die Ziele des Gesamtunternehmens durchsetzt. Ich startete meine Aufgabe mit einer vertrieblich sehr ambitionierten Kollegin und fünf verstaubten Ordnern, die eine Reihe »lebloser« Rahmenverträge beherbergten.

Es stand für mich, neben der Markenbildung für das Unternehmen, eine zu gleichen Teilen herausfordernde wie bereichernde Aufgabe an: Der Aufbau eines zentralen Vertriebssystems, das bundesweit weitgehend länderübergreifend aus unterschiedlichen Standorten heraus agiert. Hierbei waren drei Etappen zu bewältigen: Erstens der Aufbau eines Teams über die einzelnen Standorte hinweg, das zweitens prozessbezogen miteinander in einer homogenen Organisationsstruktur zu verbinden und drittens im operativen Tagesgeschäft erfolgreich zu führen war.

Problemlösung

Zunächst habe ich mich intensiv damit beschäftigt, *wen* ich suche, *wie* ich mein Team führe und *wie* ich es dauerhaft motiviert halte – **wie ich also ein permanentes Grundrauschen an Empowerment herstelle**?!

- Sind Vertriebler »anders« und wie genau sind sie wirklich?
- Was ist das Besondere an dieser Spezies und ist sie überhaupt führbar?

Vorweg die gute Nachricht – **Ja**! Vertriebler sind nach meiner Erfahrung ausgezeichnet führ- und »empower-bar«, wenn man sich ausreichend mit diesem besonderen Typus Mensch beschäftigt, ihn mit all seinen Facetten versteht, wertschätzt und sich als Führungskraft auf ihn einlässt.

»Sie sind also im Vertrieb tätig ?!« – häufig wird der Vertriebler bereits mit dieser Frage in eine Schublade gesteckt, die in der Regel nicht positiv besetzt ist. Vor unserem geistigen Auge erscheint der »Klinkenputzer« oder »Staubsaugervertreter«. Blicken wir in die Ebenen der Führungskräfte im Vertrieb, so begegnen uns auch hier häufig Vorurteile – gelten sie nicht zuletzt als diejenigen, die sich alles erlauben dürfen, die zudem maßgeblichen Einfluss auf die Geschäftsleitung haben, denn ihr Erfolg steht unmittelbar mit dem Erreichen der Umsatz- und Margenziele eines jeden Unternehmens im Zusammenhang.

Wie ticken Vertriebler?

Ticken Vertriebler tatsächlich anders und welche Verbindung besteht zwischen dem Erfolg und der Persönlichkeit dieser Spezies?! Dieser Frage ist u. a. der Bundesverband der Vertriebsmanager (BdVM) gemeinsam mit der Humboldt-Universität zu Berlin (HU) und dem HU-Spin off IQP nachgegangen.[1]

Das Ergebnis lässt sich für mich mit einem kurzen Satz zusammenfassen: Vertriebler sind Menschen, die manches nicht und manches nur unvollständig tun, jedoch die Bereitschaft mitbringen, ein gewisses Risiko dafür einzugehen – kurzum, wir haben es mit einer Spezies zu tun, die in beruflicher Hinsicht »Mut zur Lücke« hat. Der Abgleich im Rahmen der Studie mit 2.000 Personen anderer Professionen verdeutlichte, dass Vertriebler im Schnitt eine vergleichsweise geringe Gewissenhaftigkeit, eine weit überdurchschnittliche Risikoneigung und unterdurchschnittliche Teamorientierung aufweisen. Der überwiegende Teil der im Mittel 42 Jahre alten Studienteilnehmer, die zu 77 % männlich waren, übernimmt Führungsverantwortung im Vertrieb.

---

1 Quelle: Vertriebsmanager »Egozentrisch und erfolgreich«, Jens Nachtwei.

Aus meiner praktischen Erfahrung kann ich die Ergebnisse der Studie vollumfänglich unterstreichen. Ergänzend lohnt es sich aus meiner Sicht, bei der »Erforschung der Spezies Vertriebler« einen Blick auf ihre Motivation zu werfen. Warum entscheiden sich Menschen für diesen vermeintlich oft anstrengenden Beruf, der viel Flexibilität verlangt, eine häufig hohe Arbeitsbelastungen und einen unregelmäßigen Alltag mit zum Teil nicht unerheblichen Auswirkungen auf das Privatleben verursacht? Liegt es »nur« an der häufig attraktiven Bezahlung?!

Ich würde sagen, es ist ein Sowohl-als-Auch. Ich habe häufig Vertriebler erlebt, die eine für andere Kollegen vermeintliche Arbeitsbelastung als positiven Stress ansahen, der sie zu Höchstleistungen motivierte. Wird er am Ende des Tages durch seinen Einsatz mit Erfolg belohnt, nimmt der typische Vertriebler diese Extrameile sehr gern in Kauf. Sprich – folgt der Belastung eine attraktive Belohnung, so ist diese dem Vertriebler nicht unrecht. Menschen im Vertrieb lieben die »lange Leine«, sind häufig kreative Gestalter und Pioniere. Dazu gehört auch, den Mut zu haben, zu scheitern.

Meistens erkennen Sie Vertriebler an ihrer extrovertierten Art, die ich häufig bei den Herren der Schöpfung beobachtet habe. Weibliche Kollegen überzeugten mich oft mit ihrer emotionalen Intelligenz. Sie sind früher in der Lage, den Kunden zu lesen und verfügen über ausgeprägtes Organisationstalent. Diese Eigenschaften haben mir stets die Sicherheit gegeben, dass ich dazu in der Lage bin, sowohl mich selbst als auch mein Team bestehend aus teilweise egozentrischen und von Zeit zu Zeit chaotischen Vertrieblern zu steuern und zu führen. Ob männlich oder weiblich – Vertriebler streben stets nach dem »Pokal«. Gewinnen wir die Ausschreibung, erhalten wir einen Termin beim Entscheider, setzen wir auf das richtige Pferd in der Preisverhandlung – all diese Fragen, dieses Kribbeln und der Kick des Gewinnens sind neben einer attraktiven Vergütung eine von vielen Belohnungen für den Vertriebler. Eine derartige Anerkennung, auf die ich persönlich direkten und maßgeblichen Einfluss habe, bieten nach meiner Auffassung nur die wenigstens Berufsfelder.

Empowerment als Geheimwaffe der Führung im Vertrieb

Die Weitergabe von Entscheidungsbefugnissen und Verantwortung vom Vorgesetzten an den Vertriebler sowie das Ermöglichen eigenverantwortlicher Gestaltung des Arbeitsablaufs, der bestenfalls uneingeschränkte Zugang zu Informationen und ein intensiver Austausch mit der Führungskraft und den Kollegen sind erste Schritte, um ein Vertriebsteam effizient und quasi der Spezies gerecht zu führen. In der Personalentwicklung wird der Begriff Empowerment heute inflationär behandelt, gern auch im Zusammenhang mit agilem Management.

Schauen wir uns die Theorie des Empowerments durch die praktische Brille an. Ich empfehle ein konsequentes Empowerment – das heißt einen echten »Teamspirit« zu verbreiten, zu motivieren und größtmögliche Gestaltungsspielräume zu gewähren.

Das sollten Sie als Führungskraft im Vertrieb mitbringen:
- Vertrauen Sie – lassen Sie los und lassen Sie die »Leine lang«
- Haben Sie ein Gespür und Wertschätzung für den Vertriebler
- Seien Sie Coach und Enabler des Teams
- Seien Sie stets Bindeglied des Teams
- Schaffen Sie möglichst uneingeschränkten Zugang zu Ressourcen
- Bieten Sie Entwicklungsmöglichkeiten an
- Lassen Sie das Team an Entscheidungen teilhaben, wenn dies nicht möglich ist, erläutern Sie die Gründe dafür
- Schaffen Sie eine positive Fehlerkultur

Das dürfen Sie von Ihrem Vertriebsteam erwarten:
- Erwarten Sie ein hohes Maß an Flexibilität
- Fordern Sie starke Eigenverantwortung ein
- Fordern Sie proaktives Handeln
- Lassen Sie Ihr Vertrauen wertschätzen
- Wecken und fördern Sie Pioniergeist und Offenheit für neue Impulse
- Erwarten Sie das Teilen von Wissen im Team
- Setzen Sie crossfunktionales Denken voraus
- Erwarten Sie Eigenreflexion und Kritikfähigkeit

Ergebnis und Umsetzung

Der Weg ist das Ziel

Mit dem Bewusstsein um die besondere Spezies von Vertriebsmitarbeitern und den beschriebenen Führungs- und Empowerment-Ansätzen habe ich mich mit einer großen Portion Optimismus und gesundem Menschenverstand der Herausforderung gestellt, die ich rückblickend nicht ohne Rückschläge gemeistert habe.

Es ist gelungen, innerhalb von zwei Jahren, ein erfolgreiches zehnköpfiges Vertriebs- und Marketingteam zu etablieren. Entscheidend war hierbei für mich, mir Zwischenziele zu stecken, Supporter und Mitstreiter an meiner Seite zu wissen, die mit mir gleiche Ziele und Werte verfolgen und hungrig nach Erfolg sind.

Wenn Sie in den Genuss kommen, ein solches Team aufzubauen oder zu führen, vergessen Sie niemals, ein Teil des Teams und stets Vorbild zu sein. Nicht unerwähnt möchte ich lassen, dass auch mir viel Freiraum und Vertrauen gewährt wurde, um diesen Weg erfolgreich zu beschreiten.

Lessons learned

Die Erfolgsfaktoren auf einen Blick

Einer der wichtigsten Faktoren ist und war für mich meine eigene **Leidenschaft** für den **Vertrieb** und die **Führung von Menschen**.

Ich vertrete die Meinung, dass selbst ein Vertriebsteam, das nach den vorgenannten Ausführungen theoretisch ähnliche Eigenschaften aufweisen müsste, zwingend **divers** und **heterogen** sein sollte. Ein wesentlicher Erfolgsfaktor ist für mich die Zusammensetzung des Teams mit Blick auf diesen Aspekt.

Der extrovertierte Oscar, dem keine Tür zu verschlossen schien und der am liebsten von Montag bis Freitag durch die Welt reiste. Die exzentrische Karina, die es mit den vertraglichen Details oft nicht so genau nahm, dafür mit Charme und Witz jeden Termin am Telefon generierte und niemals der Tür verwiesen wurde. Der eher zurückhaltende Manuel, der sich hervorragend in Ausschreibungen vertiefte und in Verträgen jeden noch so kleinen Fehler fand. Nicht zu vergessen – Marius – vereinte bayerischen Charme mit tiefgründigem Fachwissen und Kalkulationen, die stets auf den Punkt vorbereitet waren und jeder Verhandlung standhielten. Sehen Sie stets das **Team als Einheit** – das **Individuum als Teil** davon. Ich empfehle für die Auswahl und die Entwicklung von Vertriebsteams die Anwendung von **Persönlichkeitsanalysen** (gute Erfahrungen habe ich beispielsweise mit DISG gemacht). Was im vorgenannten Beispiel etwas flapsig daherkommt, wird mithilfe der Analysen wissenschaftlich untermauert und unterstützt die Führungskraft bei jedem Entwicklungsgespräch, gibt Anhaltspunkte für die Gesprächsführung.

Trotz der viel zitierten **langen Leine** ist es essenziell, **permanent im Gespräch** zu bleiben. Seien Sie das Netz, das ihr Team umspannt. Eine fest geschriebene **Meetingkultur**, regelmäßige **Jour Fixe Termine** und die klassischen Vertriebs-**KPIs** sind unabdingbare Erfolgsgaranten, ebenso wie ein Rahmen für **Erfahrungsaustausch**, den ich gefordert und gefördert habe. **Führen auf Distanz** kann nur mit viel Vertrauen gelingen, das berühmte »Kontrolle ist besser« wird dadurch nicht ausgehebelt. **CRM-Systeme** helfen der Führungskraft die Aktivitäten der Mannschaft zu steuern und zu reporten.

Im Vertrieb gehört **Scheitern** zum Handwerk – ich habe gelernt Scheitern zuzulassen, die Gründe dafür gemeinsam zu analysieren, ohne zu urteilen.

Vertriebler feiern gern, vor allem natürlich ihre **Erfolge**. Schaffen Sie gemeinsame **Erlebnisse**, setzen Sie Reize durch Neues (z. B. haben wir in einer Workshop-Reihe unsere eigene Struktur hinterfragt).

Regen Sie das Team zum **Netzwerken** an – nicht nur mit Ihren Kunden, sondern in den eigenen Reihen.

Der **Austausch zwischen Abteilungen**, die für- und miteinander agieren müssen, ist Gold wert und erspart manche dem Vertriebler so unliebsame Extrameile. Ein gemeinsames Projekt zum Aufsetzen einer neuen Dienstleistung im Angebotsportfolio gelang nur durch die erfolgreiche Vernetzung mit der IT- und Marketingabteilung. Die Kollegen der Marketingabteilung waren zudem in jedem monatlichen Jour Fixe Teil der Agenda. Gerade die **Vernetzung von Vertrieb & Marketing** hat häufig frühe und schnelle Synergien freigesetzt und das gegenseitige Verstehen und Handeln gefördert.

Eine **leistungsorientiertes Vergütungsmodell** hat ebenso wesentlich zum Erfolg beigetragen. Es sei erwähnt, dass dieses Modell die jeweiligen Stärken der Einzelnen bepunktet und berücksichtigt hat. So war es möglich, dass ein Vertriebler, der eher als Farmer anstatt Hunter agierte, trotzdem die Möglichkeit hatte, einen attraktiven Bonus zu erreichen. Ebenso wurde das Netzwerken und die Förderung von Kooperationen belohnt.

Nicht unerwähnt sollte bleiben, dass es mir stets wichtig war nicht nur mit dem Team, sondern mit jedem Einzelnen **im Gespräch zu bleiben**. Sei der Vertriebler noch so extrovertiert, so ist er trotzdem »Mensch« und fühlt sich im Zweiergespräch wertgeschätzt und gut aufgehoben. Dieses Gespräch darf gern nicht nur einmal jährlich in Form eines Zielvereinbarungsgesprächs passieren, regelmäßige 1:1 haben sich hier bewährt.

Schlusswort

Das, was ich Ihnen hier präsentiert habe, sind meine praktischen Erfahrungen der letzten 20 Jahre, die ich überwiegend als Führungskraft im Vertrieb verbracht habe. Abgerundet werden diese durch meine Erfahrungen in der Personal- und Führungskräfteentwicklung und in der Managementberatung.

Ein Tipp zum Abschluss – entscheidend ist, dass Sie mit Leidenschaft und Freude Ihrer Aufgabe nachgehen. Wenn Ihnen gelingt, dies in Ihr Team zu transportieren, haben Sie bereits die halbe Miete. Dafür wünsche ich Ihnen viel Erfolg und das nötige Quäntchen Glück.

Hinweise zur Autorin

SANDRA CLAUS

Sandra Claus blickt nach ihrem BWL-Studium und Fortbildungen zur PR-Beraterin (Univ) und Beraterin für Changemanagement auf 25 Jahre Berufs- und Führungserfahrung (zuletzt als Prokuristin und im Management eines mittelständischen Personaldienstleisters zurück). Seit mehr als 1 Jahr ist sie in der Geschäftsführung einer lokalen Managementberatung in Nordbayern tätig, wo sie neben der Beratung die Felder Vertrieb, Marketing und Personal verantwortet.

Die Bedeutung der menschlichen Seite

Vertrieb zwischen Systematisierung und persönlicher Beziehung

Dirk Lenzner

Wie kommt nun ein ausgewiesener Nichtverkäufer dazu, sich an einem Buch über Vertriebspraxis zu beteiligen? In einem Standardwerk für die akademische Lehre über die Praxis des Vertriebs wären doch nur Beiträge von ausgewiesenen Vertriebsprofis mit langjähriger praktischer Erfahrung zu erwarten! Genau diese Fragen stellte ich mir, als ich erstmals auf dieses Buchprojekt angesprochen wurde. Nahezu gleichzeitig aber dachte ich an die vielen Vertriebserlebnisse »von meiner Seite des Tisches« als Adressat von Verkäufern in den letzten Jahrzehnten und wie selten mir, um eine etwas abgenutzte, aber treffende Metapher weiterzuführen, der Wurm geschmeckt hatte. Warum, diese Frage hatte ich mir schon oft gestellt, erschöpft sich ein Erstkontakt mit mir als potenziellem Kunden – den zu vereinbaren, wie mir meine Kollegen im Vertrieb versichern, immer schwieriger wird – häufig im Durchblättern austauschbarer Powerpoints? Aus diesen Überlegungen entstand dann die Idee zu diesem Beitrag: Warum nicht mal die Position wechseln und den Vertriebsprozess von der Seite des Empfängers betrachten?

Mein Ausgangspunkt

In meiner langjährigen Tätigkeit bei großen Industrie- und Logistikunternehmen war ich meist in der Position des »Bedarfsträgers« von Beratungs- und Logistikleistungen, nie als Einkäufer, sondern immer als derjenige, der mit den bezogenen Leistungen leben und die eigenen Aufgaben erbringen musste. Der Verkauf von Dienstleistungen ist sicher komplizierter als der von Produkten, da es sich um nichtmaterielle und meist auch nicht komplett determinierbare »Produkte« handelt. Aufseiten des Beschaffers ist immer ein gewisser Anteil an Glaube und Hoffnung erforderlich: Glaube an die Zusagen des Dienstleisters und Hoffnung, dass dieser sie über die möglicherweise längere Laufzeit eines Vertrags auch durchgängig und zuverlässig erfüllen wird. Insbesondere bei einem erstmaligen Zusammenarbeiten ist also neben den Hard Facts wie Leistungsbeschreibung, Preisen etc. auch Vertrauensbildung erforderlich. Vertrauen entsteht aber nur zwischen Menschen – natürlich muss ich überzeugt sein, dass das Unternehmen, das der Verkäufer repräsentiert, in der Lage sein wird, die gewünschte Leistung grundsätzlich zu erbringen, aber das ist nur die notwendige Voraussetzung. Entscheidend für die Vergabe eines Auftrags bzw. das gute Gefühl dabei ist immer die Überzeugung, dass der Partner in kritischen Situationen – warum und von wem verursacht diese auch immer eintreten sollten – alles Notwendige und Mögliche tun wird, um das Problem zu lösen. Das gilt gerade auch in der Logistik, wo geringe Ursachen wie die Verzögerung oder der Ausfall einzelner Sendungen zu erheblichen Schäden in Form von Bandstillständen, Fertigstellungsverzögerung etc. mit im Vergleich zu den Kosten der Dienstleistung gigantischen Folgeschäden führen kann.

Erstkontakt

Ich kann mich an zwei Fälle erinnern, bei denen sich der Verkäufer offensichtlich mit meinem Unternehmen vorab auseinandergesetzt hatte: In einem Fall lenkte er das Gespräch auf ein von uns gerade neu eröffnetes Werk in China und die damit verbundenen logistischen Herausforderungen. Im anderen Fall fragte er nach kurzer Einführung, mit welchen Problemen oder Optimierungsideen ich gerade beschäftigt sei, bei deren Lösung er mich unterstützen könnte. In beiden Fällen entwickelte sich schnell ein inhaltliches Gespräch über gemeinsame Lösungen völlig losgelöst von Preisen und Konditionen.

Abgesehen von diesen Einzelfällen verliefen Erstgespräche nach dem Schema: Persönliche Vorstellung, Präsentation des Unternehmens – auf Basis der auf der Homepage verfügbaren Powerpoints – und Erklärung der spezifischen Leistungsfähigkeit, die sich allerdings meist in den austauschbaren Standards zu weltweitem Netzwerk, Branchenwissen, Logos von Referenzkunden etc. erschöpfte.

Kundenbeziehung

Im Zeitalter von Compliance sind die früher durchaus üblichen Wege des Beziehungsmanagements in der Grauzone des ethisch und rechtlich Zulässigen glücklicherweise weitestgehend vorbei. Fälschlicherweise wird aber vielfach deshalb der Aufbau und Erhalt von persönlichen Beziehungen häufig mit der Compliancebegründung komplett vernachlässigt.

Beziehungsmanagement umfasst den Aufbau eines Vertrauensverhältnisses zwischen den Repräsentanten der Vertragspartner. Im Fall eines reinen Commoditygeschäfts ist dies nicht zwingend erforderlich – aber wer verkauft denn Commodities? Jeder ist doch überzeugt, dass er ein Produkt oder eine Dienstleistung mit ganz spezifischen Eigenschaften und hoher Bedeutung für die Wertschöpfung seines Kunden anbietet. Dann muss für den Kunden aber die Risikominimierung im Vordergrund stehen, er muss nicht primär für den Normalfall einkaufen, sondern überzeugt sein, dass der Partner ihn im Problemfall, also bei Qualitätsproblemen, Störungen der Lieferkette, plötzlicher Bedarfssteigerung etc. mit »whatever it takes« unterstützen wird. Selten wird jemand wegen 5 % zusätzlicher Kostensenkung befördert, aber ein Bandstillstand hat schon den einen oder anderen Karriereknick verursacht. Da es sich in der Regel um theoretische Risiken handelt, kann der Kunde nicht auf Erfahrungswerte zurückgreifen, sondern muss sich auf die Leistungsversprechen verlassen. Dies fällt leichter, wenn er zu dem Anbieter das persönliche Vertrauen hat, dass er alles Machbare möglich machen wird. Dieses Vertrauen entsteht nur zwischen Menschen, nicht zwischen Unternehmen.

Der Aufbau einer solchen belastbaren Kundenbeziehung erfordert Zeit, Kontinuität der Ansprechpartner und nicht zuletzt auch Kundendaten: Vertrauen entsteht auch über erkennbares Interesse am anderen, vergleichbare Werte etc. Ob dieses Wissen nun dem speckigen Notizbuch des Oldschoolverkäufers, dem CRM-System oder der Internetanalyse von LinkedIn, Facebook und Co. entstammt, ist nebensächlich. Wichtig ist das erkennbare Interesse an Person und Unternehmen und die Bereitschaft, dafür zu investieren.

Die Ausschreibung

Obwohl schon aus Gründen der Compliance die meisten Ausschreibungen die Form standardisierter Tabellen/Datenbanken haben, gibt es immer in Form ergänzender Leistungsbeschreibungen und persönlicher Kurzpräsentationen die Möglichkeit, individuelle Highlights zu setzen. Meist wird diese Chance verpasst, indem dort nochmals die bekannten Plattitüden zum eigenen Unternehmen, die (meist nicht erkennbaren) Alleinstellungsmerkmale und die absoluten Commitments, z. B. durch Präsentation einer höheren Managementebene im Meeting, dargestellt werden. Spätestens nach dem dritten derartigen Auftritt eines Wettbewerbers verliert das an Originalität und Überzeugungskraft. Welche verpasste Chance!

Formal werden Ausschreibungen immer nach Leistungsbeschreibung und Preis entschieden; damit ist es die Stunde des Einkäufers, dessen primäres Ziel – und bonusbelegte Zielvorgabe – die Reduzierung der Einkaufkosten ist. Bei Dienstleistungen ist dies meist der Commodityeinkauf, in dem sonst Büromaterial, Energie etc. beschafft werden. Da die grundsätzliche Leistungsfähigkeit und ein marktübliches Preisniveau die Voraussetzungen für die Teilnahme an einer Ausschreibung sind, liegt die Einkaufsstrategie in einem Bieterwettbewerb über den Preis.

Letztendlich hat der eigentliche »Bedarfsverursacher« aber kein Interesse am niedrigsten Preis, sondern an einer (siehe oben) sicheren und stabilen Qualität, an zusätzlichen Leistungen, die seinen Aufwand im Tagesgeschäft reduzieren, am Vermeiden von Risiken etc. Er und nicht sein Kollege im Einkauf muss mit dem Dienstleister die nächsten Monate oder Jahre leben und seine eigenen Zielvorgaben erreichen. Die meisten Kunden haben vor der Ausschreibung schon eine klare Präferenz für einen Anbieter. Ziel der »freien« Präsentation in dem Tenderprozess ist es deshalb, dem eigentlichen Kunden und potenziellen Geschäftspartner für eine abschließende interne Angebotsbewertung Argumente gegenüber dem Einkauf zu liefern, warum nicht allein der Preis ausschlaggebend für die Vergabe sein sollte. Neben möglichen Zusatzleistungen kann das die Reduzierung von – tatsächlichen oder angenommenen – Risiken sein. Wenn Leistungen vergleichbar und Preise ähnlich (nicht identisch) sind, kann Risikominimierung – insbesondere die Vorstellung, wer ggf. einen Störfall an die Geschäftsleitung zu berichten hat – den Ausschlag geben. Und hier kommt wieder das Vertrauen ins Spiel: Welchem Dienstleister, repräsentiert durch den Vertrieb, traue ich zu, mögliche Probleme in meinem Sinne zu vermeiden oder zu beseitigen?

Vertrieb zwischen People's Business und Systematik

Wenn ich für einen Vertrieb mit Schwerpunkt auf Beziehungsmanagement und persönliche Kontakte plädiere, bedeutet dies gleichzeitig, dass systematische Vertriebsprozesse und -systeme überflüssig sind? Ganz im Gegenteil – CRM-Systeme, Kundenanalyse, Marktforschung, Social-Media-Analysen liefern Informationen über Kundenanforderungen, die in der Vergangenheit undenkbar waren, über Erwartungshaltungen und persönliche Einstellungen von Entscheidern und stellen diese der gesamten Vertriebsorganisation zur Verfügung, statt als Herrschaftswissen in den Notizbüchern einzelner Vertriebsveteranen zu verstauben. Noch nie konnte ein Verkäufer im Vorfeld eines Kundenkontaktes so viel über sein Zielobjekt wissen – und vielfach scheint es, dass diese Informationen noch nie so wenig genutzt wurden.

Ein systematisches Vertriebsmanagement über Zielkundenanalyse, klare Vertriebsprozesse und ein für beide Seiten faires Vergütungssystem sichern eine effiziente Steuerung der gesamten Vertriebsmannschaft und erhöhen so die Erfolgswahrscheinlichkeit für jeden Verkäufer. In Verbindung mit gezielten, individuellen Trainings der Vertriebsmitarbeiter sinkt damit die Abhängigkeit von einzelnen Superstars unter den Verkäufern, dadurch steigt nicht nur der Vertriebserfolg insgesamt, sondern die Kunden werden zu »Unternehmenskunden«.

Bei dieser notwendigen und positiven Systematisierung des Vertriebs sind m. E. die »einfachen« Vertriebstugenden wie die Ausrichtung auf die Interessen des Kunden – bzw. der unterschiedlichen Interessengruppen bei einem Kunden – und die Bedeutung der Kundenbeziehung in den Hintergrund getreten. Verkauf und auch der Einkauf sind bei aller Strukturierung emotionale Prozesse. Eine perfekte Zielkundenanalyse reduziert die Streubreite, ein Incentivesystem sorgt für zielgerichteten Einsatz des Vertriebsteams, Verhandlungstrainings verbessern die Angebotsposition im Tender. Final kaufen aber immer Menschen von Menschen und auch das objektivste Bewertungssystem eines Tenders lässt Platz für weiche Faktoren.

Aber bereiten wir den Verkäufer auch auf die menschliche Komponente ausreichend vor? Der altgediente Haudegen im Außendienst verfügt meist über die entsprechende Persönlichkeit, er »kann mit Menschen umgehen«, reagiert instinktiv auf die Werte und Vorstellungen seines Gesprächspartners, wodurch er eine positive Beziehung aufbaut. Persönlichkeit lässt sich nicht lernen, wohl aber ein Verständnis dafür, warum persönliche Beziehung und Vertrauensbildung wichtig sind, wie durch einen »geistigen Seitenwechsel« die tatsächlichen Ziele der unterschiedlichen Personen und Funktionen auf Kundenseite verstanden und erfüllt werden können. Insofern komplettieren »Softskill-Trainings« und individuelle Coachings eine konsequente Vertriebsentwicklung.

Lessons Learned

- Die Systematisierung des Vertriebsprozesses und der Vertriebsorganisation bildet als Betriebssystem die Grundlage für effizientes Verkaufen, aber
- der Vertrieb ist hochemotional und findet immer zwischen Menschen statt.
- Vertrauensbildung und Erkennen der unterschwelligen Kundenbedarfe liefern die Basis für einen Vertriebserfolg abseits reinen Preiswettbewerbs.

DIRK LENZNER

Dirk Lenzner ist von seiner Ausbildung und immer noch bestehenden Neigung her Ingenieur für Maschinenbau. Nach vielen Jahren in unterschiedlichen Führungsfunktionen in Produktion, IT, Organisation, Service und Logistik in den Branchen Maschinenbau und Automotive (Mercedes-Benz, Heidelberger Druckmaschinen, Schaeffler …) ist er seit über zehn Jahren für einen globalen Logistikdienstleister tätig. Sein Schwerpunkt lag dabei immer im Aufbau und der operativen Optimierung globaler Netzwerke (Produktion, technischer Service/Logistik).

Gute Vertriebstrainings sind kein Selbstzweck – was zählt ist der Erfolg!

Thomas Bohn
Partner und Leiter der Akademie
Milz & Comp. GmbH

Ausgangsituation: Nach dem Training ist vor dem Spiel!

Stellen Sie sich vor, Sie wären Trainer einer Fußballbundesligamannschaft. Vereinsvorstand, Sportdirektor etc. haben Ihnen ihr Vertrauen ausgesprochen und Ihnen ihr teuerstes und wertvollstes Gut – die Spieler – anvertraut. Sie bereiten sich auf diese Aufgabe akribisch vor, entwickeln und besprechen Spieltaktiken, trainieren die Mannschaft einzeln und/oder in Gruppen entsprechend der jeweiligen Aufstellungspositionen, üben Standardsituationen und motivieren das Team im Hinblick auf die anstehenden Herausforderungen. Dann kommt der Spieltag … und Sie sind nicht dabei!

Das bedeutet, Sie können die Umsetzung der Trainingsinhalte in die Praxis nicht beobachten und schon gar nicht ggf. korrektiv eingreifen. Es gibt keinen Abgleich zwischen Performance im Training und im Spiel, zumeist bekommen Sie sogar das Ergebnis gar nicht mitgeteilt!

Dieses Bild – natürlich wie jede Metapher nur bedingt vergleichbar – beschreibt eine grundsätzliche Herausforderung und Problematik der Mitarbeiterentwicklung durch einen externen Trainer. Häufig endet die Einflussmöglichkeit des Trainers auf die Umsetzungsperformance der Mitarbeiter exakt mit dem Zeitpunkt, an dem die Trainingsteilnehmer den – derzeit und/oder auch zukünftig virtuellen – Seminarraum verlassen.

Perspektivenwechsel: Was passiert bei den Teilnehmern in den Trainings?

Es gibt grundsätzlich zwei Richtungen bzgl. Kompetenz- und Wissensaufbau (vgl. Lernphasenmodell von Bandura, Ross & Ross):

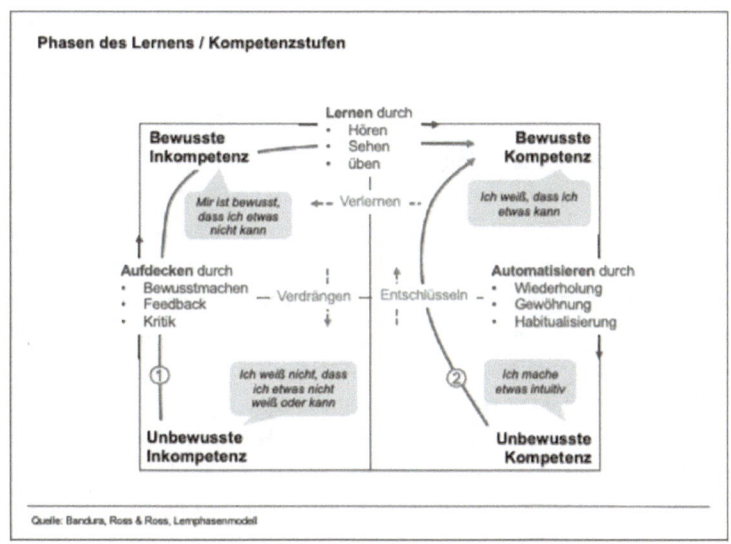

Abb. 1: Phasen des Lernens/Kompetenzstufen; Quelle: Badura, Ross und Ross: Lernphasenmodell

1. **Von der unbewussten Inkompetenz zur bewussten Kompetenz**

   Von unbewusster Inkompetenz spricht man, wenn ein Seminarteilnehmer eine bestimmte Vertriebsmethodik oder -technik nicht beherrscht, was ihn aber zumeist nicht weiter bedrückt, da er gar keine Kenntnis darüber hat, dass es diese Technik/Methodik überhaupt gibt. In einem guten Training wird den Teilnehmern über das »Hochladen« einer typischen Herausforderung im Vertriebsalltag bewusst gemacht, dass zu deren Bewältigung eine Technik oder Methodik hilfreich wäre, die ihnen aber bis dato unbekannt war. Damit ist bereits eine weitere Stufe erreicht, die sogenannte bewusste Inkompetenz. Die tut erfahrungsgemäß ein bisschen weh, da dem einen oder anderen Teilnehmer jetzt sein methodisches Unvermögen bzw. seine »Kompetenzlücke« offenbar wird. Nach meiner Erfahrung ist damit aber auch eine wichtige Basis für den nächsten Schritt geschaffen: Die Vermittlung von technischem oder methodischem Know-how fällt jetzt auf fruchtbaren Boden und das Interesse an neuer »Kompetenz« ist geweckt. Im nächsten Schritt wird das für diese Situation oder Herausforderung passende vertriebliche Handwerkszeug erklärt, diskutiert, teilweise angepasst, wenn möglich in individuelle Gesprächsleitfäden überführt und maximal praxisnah geübt und somit die nächste Stufe »bewusste Kompetenz« erreicht!

2. **Von der unbewussten Kompetenz zur bewussten Kompetenz**

   Jedem Trainer – zumindest mir – ist vollkommen klar, dass auch bereits vor dem Training viele v. a. erfahrene Vertriebsmitarbeiter durchaus sehr erfolgreich sind. Die Herausforderung besteht darin, herauszuarbeiten warum sie erfolgreich sind, damit ihre Kompetenz auch auf die Kollegen übertragen werden kann. Das ist schwierig, da der Mitarbeiter zwar weitgehend richtig und erfolgreich agiert, dies aber kaum erklären kann, da er die zugrunde liegenden Methoden oder Techniken häufig nicht kennt und quasi intuitiv einsetzt. In diesem Fall spricht man von unbewusster Kompetenz. Das Ziel ist hier analog zu 1., mit dem Unterschied, das dem Mitarbeiter aufgezeigt wird, dass hinter seinem erfolgreichen Handeln eine praxiserprobte und/oder wissenschaftlich belegte Methodik oder Technik steht. Damit wird die bis dato unbewusste Kompetenz in eine bewusste Kompetenz überführt und es kann evtl. noch an der einen oder anderen Ecke gefeilt und poliert werden.

Ein konkretes Beispiel für das Durchlaufen dieser Lernphasen ist das Autofahren: Als Kleinkinder waren wir auf dem Bobbycar noch unwissentlich voller Überzeugung, exzellente Fahrer zu sein, um dann später in der Fahrschule festzustellen, dass dies so einfach wohl doch nicht ist. In den ersten Fahrstunden waren wir dann hoch konzentriert und bewusst damit beschäftigt, Kupplungs- und Gaspedal im richtigen Verhältnis zu treten, Blinker zu setzen, über die Schulter zu schauen und parallel Verkehrsschilder zu beachten. Mit steigender Fahrpraxis setzen wir dies heute zunehmend automatisch und unbewusst um.

Am Ende eines Trainings haben die Teilnehmer – vergleichbar mit dem Zeitpunkt der Fahrprüfung – vermutlich die für die betreffenden spezifischen Methoden höchste Ausprägung an bewusster Kompetenz erreicht. Nach einem guten Training auch gepaart mit hoher Umsetzungsmotivation! Diesen Ball gilt es aufzunehmen und sicherzustellen, dass das Erlernte auch tatsächlich in der Praxis konsequent ein- bzw. umgesetzt wird, bis es quasi in Fleisch und Blut übergeht und automatisch bzw. unbewusst angewandt wird.

Das Problem ist nur: Ohne weiteres Zutun und Unterstützung geht es mit der erlernten Kompetenz und häufig auch mit der Umsetzungsmotivation ab dem Verlassen des Seminarraums konsequent entlang der Vergessenskurve abwärts. Viel vom Erlernten wird sukzessive wieder vergessen und damit in der Praxis kaum, häufig auch inkonsequent und mit der Zeit nur sporadisch bis gar nicht umgesetzt und mittel- bis langfristig verdrängt. In diesem Fall ist das Training nicht nachhaltig und wird entsprechend kaum zu spürbaren Vertriebserfolgen führen.

Problemlösung: Ball bzw. Kurve flach halten!

Wissenschaftlich belegt ist, dass bereits eine Stunde nach dem Lernen nur noch ca. 40 % der Lerninhalte korrekt wiedergegeben werden können, nach einem Tag nur noch 30 %, nach einer Woche nur noch 20 % (vgl. Vergessenskurve, Ebbinghaus).

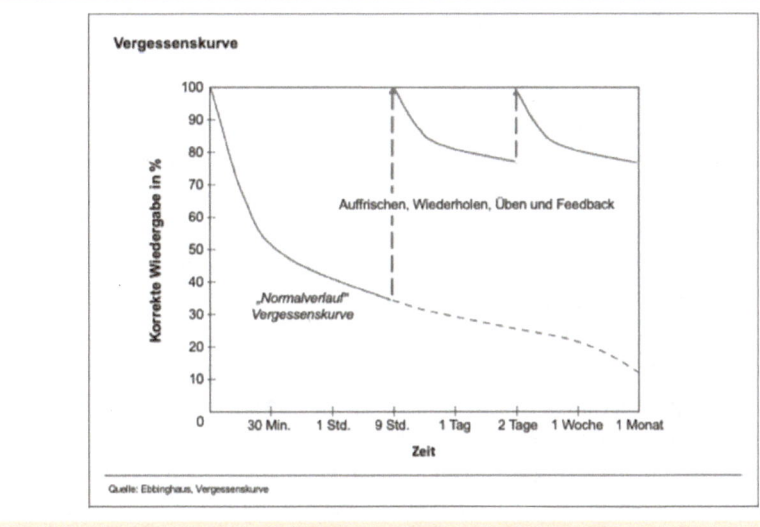

Abb. 2: Vergessenskurve; Quelle: Ebbinghaus: Vergessenskurve

Um die Nachhaltigkeit von Trainings zu erhöhen, gilt es also, die Vergessenskurve so flach wie möglich zu halten. Im Folgenden möchte ich zunächst zwei nach meiner Erfahrung bewährte Ansätze aufführen und im Anschluss ausführlicher auf einen dritten »neu gedachten« Ansatz eingehen.

- **Wiederholung und Umsetzungsbegleitung: Dranbleiben!**

  Die größte Wirkung im Kampf gegen die Vergessenskurve bieten aus meiner Erfahrung regelmäßige Wiederholungen, Begleitung von Kundenterminen durch den Trainer mit Feedback und systematisches Umsetzungscoaching.

  Dabei gilt: Je stärker der Trainer in die sogenannte Transferphase nach den Trainings eingebunden wird, umso besser kann die Umsetzung beurteilt, ggf. zielgerichtet korrigiert und kontinuierlich verbessert werden.

- **Trainingsgruppenzusammensetzung und Austausch: Die Mischung macht‹s!**

  Vorab: Grundsätzlich sollten ausschließlich Mitarbeiter an Trainingsmaßnahmen teilnehmen, deren Inhalte und Zielsetzungen für sie im Tagesgeschäft relevant sind. Von dem Ansatz, Mitarbeiter in Trainings nach dem Motto »Schaden kann es nicht« zu schicken, um damit z. B. die Trainingskosten pro Teilnehmer zu senken, halte ich in aller Deutlichkeit und kurz und knapp: nichts!

  Die betroffenen Teilnehmer langweilen sich, das gesamte Energielevel der Veranstaltung wird gedrückt, die Gruppengröße unnötig erhöht und damit die interaktive Arbeitsmöglichkeit mit einzelnen Teilnehmern reduziert.

  Durchaus gute Erfahrungen habe ich aber mit heterogenen Trainingsgruppen hinsichtlich Erfahrung, vorhandener Kompetenz und derzeitigem Vertriebserfolg gemacht. Vorausgesetzt Lern- und Entwicklungsbereitschaft ist bei allen gleichermaßen vorhanden. Die Vertriebstrainings, auf die ich mich beziehe, zielen nicht auf die Entwicklung einzelner Personen ab, sondern auf die Entwicklung der gesamten Vertriebsorganisation. Mein Anspruch ist, den Vertriebsmitarbeitern für jede ihrer täglichen Herausforderungen die besten und erfolgreichsten Methoden und Techniken zu geben und so ihren vertrieblichen »Werkzeugkoffer« – unsere sogenannte SALESTOOLBOX® – aufzurüsten. Daher ist es sinnvoll, den gesamten Vertrieb zunächst auf einen einheitlichen Stand zu bringen, damit sich alle Mitarbeiter einer Vertriebsorganisation im Anschluss auch in einheitlicher Terminologie über spezifische Tools und Methoden und deren Einsatz austauschen können. **Von Best Practice Sharing sollten alle Vertriebsmitarbeiter profitieren können!** Auch erfahrene bzw. stärkere Kollegen können immer weiter an ihrer Entwicklung arbeiten, indem sie sich ihr Wissen bewusst machen, sich mit Kollegen austauschen und ihre Erkenntnisse an unerfahrene oder schwächere Kollegen weitergeben.

Auch Führungskräfte sind für mich im Training immer willkommen! Eine gute Führungskraft gibt heute nicht nur Ergebnisziele vor (Was soll erreicht werden?), sondern unterstützt auch mit Maßnahmenzielen (Wie soll das erreicht werden?). Das setzt aber voraus, dass auch die Führungskraft die im Training vermittelten Methoden und Tools kennt, um deren Einsatz in Zukunft zu fördern und zu fordern. Häufig wird mit Anwesenheit der Führungskraft im Training nicht nur ein guter Vorsatz, sondern bereits ein konkretes Commitment für die Umsetzung, d. h. den verpflichtenden Einsatz bestimmter Methoden und Tools im Team erreicht.

- **Trainingshandout: Dabei haben ist alles!**
  Eine neuer und sehr erfolgreicher Ansatz, die Vergessenskurve flach zu halten, setzt auf einem Klassiker auf: dem Seminar- oder Trainingshandout! Dies wird manchmal vor, zumeist aber mehr oder weniger unmittelbar nach Durchführung der Trainingsmaßnahme an die Teilnehmer versendet.

Aber mal ehrlich: Wie viele ausgedruckte Trainingshandouts werden spätestens mit dem zweiten Büroumzug entsorgt oder verschwinden in digitaler Form in einem »Wenn-dann-da-Ordner« im hintersten Teil interner Verzeichnisstrukturen – ohne dass jemals wieder ein Blick darauf geworfen wurde?

Es gibt meines Wissens keine Statistik hierzu, ich persönlich schätze den Anteil der Teilnehmer, die ein Trainingshandout gewissenhaft nacharbeiten auf unter 20 %. Und genau hierzu haben wir uns etwas einfallen lassen!

Wenn man das Thema neu und vor allem aus Teilnehmersicht denkt, ergeben sich drei grundsätzliche Anforderungen, die erfüllt sein müssen, um eine stärkere und sinnvolle Nutzung von Trainingshandouts zu erreichen:

1. **Verfügbarkeit**
   Jedem Impuls eines Teilnehmers, Trainingsinhalte nachzulesen, aufzufrischen etc., sollte unabhängig von Zeit und Ort entsprochen werden können. Wenn die Unterlage für die Teilnehmer nicht einfach und jederzeit verfügbar ist, wird sie kaum genutzt werden. Was nutzt der beste Werkzeugkoffer, wenn Sie ihn nicht

dabeihaben? Damit ist die erste wesentliche Anforderung festgelegt: Das Handout muss den Teilnehmern auf ihren mobilen Devices zur Verfügung stehen!

2. **Nutzerfreundlichkeit**

Selbst wenn die Unterlage gerade dann, wenn sie benötigt wird, im Zugriff ist, müssen Inhalte wie die Erklärung spezifischer SALESTOOLS schnell und einfach gefunden werden können. Hat der Teilnehmer nach dem Seminar zumindest noch die Bezeichnung des Tools oder der Methode im Kopf reicht eine einfache Suchfunktion. Hat er das nicht, braucht es mehr. Entsprechend unserem SALESTOOLBOX®-Ansatz, »für jede vertriebliche Herausforderung das passende Handwerkszeug« anzubieten, muss es auch möglich sein, über das Erkennen und Finden dieser Herausforderungen zu den passenden Tools zu gelangen. Wenn Sie z. B. einen lockeren Wasserhahn an Ihrer Geschirrspüle befestigen wollen, werden Sie im Internet wohl auch eher nach »Wasserhahn befestigen« und nicht nach »Standhahnmutterschlüssel« suchen.

Diesem Grundsatz folgt zumeist schon der prozessorientierte Aufbau unserer Seminare. Trainings im Bereich Neukundengewinnung sind entsprechend dem Vertriebstrichter, Kundenbeziehungs- oder -dialogtrainings nach Gesprächsphasen, Verhandlungstrainings nach dem Ablauf etc. strukturiert. Damit genügt es schon, wenn der Vertriebsmitarbeiter (z. B. in Vorbereitung eines Kundentermins) die passende Stufe im Trichter (z. B. Identifikation Neukunden), die Phase des Gesprächs (z. B. Analysephase) oder der Verhandlung (z. B. Abschluss) identifiziert und über eine intuitive Menüsteuerung findet. Das passende Handwerkszeug muss dann der jeweiligen Herausforderung zugeordnet und der fachgerechte Einsatz erklärt werden. Damit gehen die Anforderungen aber auch schon deutlich über eine »statische« Unterlage hinaus und es wird bereits eine mobile Anwendung bzw. Applikation (APP) mit entsprechenden Such- und Menüfunktionen benötigt.

3. **Individualisierung**

Nachgewiesenermaßen fühlen sich Nutzer in Anwendungen wohler, die der Farbwelt/Corporate Identity ihres Unternehmens entsprechen. Dies mag keine elementare Anforderung sein, wenn es aber um die Attraktivität und Nutzung einer Anwendung geht, sollte man nicht darauf verzichten. Und wenn damit bereits kundenindividuelle Versionen geschaffen werden, können die genannten Tools und Methoden nicht nur um allgemeine, generelle Erklärungen, sondern vor allem auch um kundenindividuelle Anwendungsbeispiele in Form konkreter Gesprächsleitfäden, Fragen, Argumente etc. ergänzt werden. Die Anwendung kann vom Mitarbeiter praxisorientiert im Tagesgeschäft (z. B. bei der Kundenterminvorbereitung) oder sogar während eines bereits laufenden (Online-)Kundentermins genutzt werden. Technisch gesehen benötigt die App damit ein Frontend für den User und ein Backend/Content-Management-System, in dem je Kunde individuelle Trainingsstrukturen und -inhalte angelegt und mit konkreten Beispielen ergänzt werden können.

Zusammengenommen ergibt sich daraus die Anforderung, den Trainingsteilnehmern das Handout bzw. dokumentierte Trainingsinhalte und -ergebnisse im Anschluss in Form einer prozess- bzw. ablauforientiert strukturierten, intuitiv nutzbaren und visuell und inhaltlich (kunden-)individuell anpassbaren App zur Verfügung zu stellen.

So einfach und überschaubar sich dies anhört – wir haben lange gesucht, ob wir dafür eine bereits bestehende Lösung nutzen können – haben aber nichts gefunden, das unserem Anspruch gerecht geworden wäre. Also kein Buy, sondern ein Make!

Ergebnis: Immer nah »am Mann« – die iSALESTOOLBOX®-App!

Auf der Basis der oben dargestellten Anforderungen haben wir eine entsprechende Anwendung programmieren lassen: die iSALESTOOLBOX®-App. Sie kann nach den Trainings von den Teilnehmern entweder über den Google-Play-Store (Android) oder den Apple-App-Store (Apple) auf ihre mobilen Devices geladen werden. Das Login der User erfolgt über ihre E-Mail-Adresse und ein individuelles Passwort, sodass über die Vergabe entsprechender Zugriffsrechte auch festgelegt werden kann, dass einzelne User nur auf einige Teile bzw. Module der App zugreifen können.

Nach dem Einloggen erscheint eine Übersicht über die einzelnen Trainingsmodule, die sich zumeist an den vertrieblichen Kernprozessen orientieren. Hier kann bereits über ein Suchfeld direkt nach einem bestimmten SALESTOOL gesucht werden, oder – von der Herausforderung kommend – ein Modul/Prozess ausgewählt werden, der auf der nächsten Ebene auf die einzelnen Phasen, Stufen oder Schritte heruntergebrochen wird.

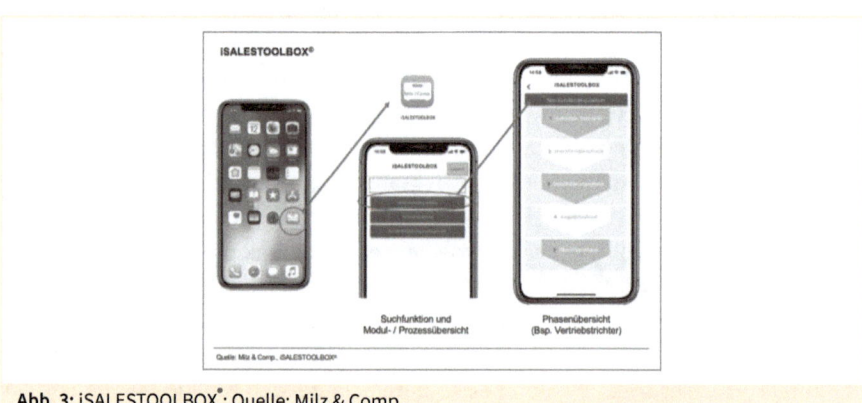

Abb. 3: iSALESTOOLBOX®; Quelle: Milz & Comp.

Nach Auswahl der entsprechenden Phase, wird eine kurze Erläuterung und vor allem eine Aufstellung der für diese Phase hilfreichen Werkzeuge im Sinne von SALESTOOLS angezeigt. Diese werden nach Auswahl ebenfalls erklärt. Über die Menüsteuerung können je SALESTOOL

- kurze Erklärvideos (Tutorials),
- ergänzende Softskills,
- individuelle Beispiele

aufgerufen werden.

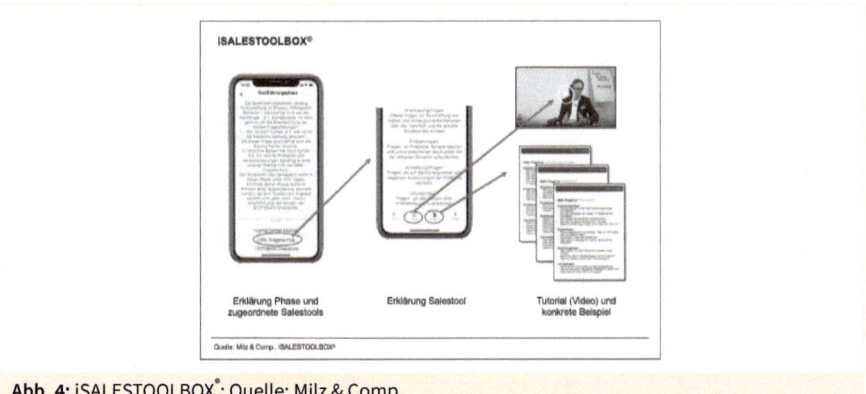

Abb. 4: iSALESTOOLBOX®; Quelle: Milz & Comp.

Die Abbildungen 3 und 4 sind aus der Milz-&-Comp.-Basisversion im Sinne eines »Showcase« entnommen und zeigen daher weitgehend allgemeingültige Anwendungsbeispiele. Im Falle einer kundenindividuellen Lösung wird die App zum einen an die Corporate Identity (Logos, Farben etc.) angepasst, zum anderen werden Beispiele hinterlegt, die bereits im Training oder nach dem Training mit dem Kunden in Form von Mustern, Vorlagen oder Gesprächsleitfäden umsetzungsreif ausgearbeitet wurden. Selbstverständlich können diese Beispiele kontinuierlich verbessert und um weitere Best Practices ergänzt werden.

Die App ist in individuellen Versionen mittlerweile bei vielen unserer Trainingskunden im Einsatz und erfreut sich hoher Akzeptanz bei den Mitarbeitern.

Erste Auswertungen der Zugriffe zeigen, dass die App im Durchschnitt von über zwei Dritteln der Trainingsteilnehmer regelmäßig genutzt wird. Im Vergleich zu der geringen Nutzung gedruckter oder digitaler Handouts leistet die iSALESTOOLBOX® damit einen deutlich überlegenen Beitrag zur Nachhaltigkeit.

Natürlich ist da noch Luft nach oben und wir arbeiten gemeinsam mit unseren Kunden weiter daran, die Attraktivität der App und den Anteil der aktiven Nutzer kontinuierlich zu erhöhen.

Lessons Learned: Entscheidend ist auf'm Platz!

Im Laufe des Entwicklungs- und Realisierungsprozesses gab es zahlreiche und vielfältige Aspekte zu verstehen und zu lernen. Ich möchte im Folgenden die aus meiner Sicht wichtigsten Erkenntnisse teilen.

Aus (Kunden-)Teilnehmersicht denken

Wir lernen und lehren, konsequent immer aus Kundensicht zu denken. Mir ist gerade bei diesem Thema deutlich geworden, wie sinnvoll es tatsächlich ist, alle Elemente eines Vertriebstrainings – von der Ermittlung des Trainingsbedarfs über die Trainingsdurchführung bis zur Sicherstellung der Nachhaltigkeit – einer grundlegenden diesbezüglichen Überprüfung zu unterziehen. Auch wenn ich unsere bisherigen Trainingshandouts als gut hinsichtlich Struktur, Inhalt und Darstellung klassifizieren würde, erfüllen sie kaum einen hohen Anspruch an Kunden- bzw. Nutzerfreundlichkeit. Auf der Basis der Leitfrage: »Was würde mir als Trainingsteilnehmer helfen, erlernte Trainingsinhalte in meine tägliche Praxis zu übernehmen« empfand ich die Identifikation der Anforderungen und die Konzepterstellung für die iSALESTOOLBOX®-App letztendlich nur als eine einfache und logische Konsequenz dieser Fragestellung.

Entwicklung eng und gemeinsam mit einem (Pilot-)Kunden

Die erfolgreichsten Innovationen entstehen ja bekanntermaßen gemeinsam mit den Kunden, was ich auch für diesen Fall ausdrücklich bestätigen kann. Wir haben die App in engem Austausch mit einem unserer Key Accounts entwickelt. So konnten wir unsere konzeptionellen Anforderungen besser konkretisieren und um weitere Anforderungen ergänzen, die sich im Nachhinein als sehr hilfreich und sinnvoll erwiesen haben, die wir selbst so aber nicht auf dem Radar hatten.

Eine App-Programmierung dauert

Die Programmierung von Apps gehört zweifellos nicht zu den Kernkompetenzen einer Unternehmensberatung bzw. eines Trainingsanbieters. Hinzu kommt, dass wir aus betriebswirtschaftlichen Gründen einerseits und andererseits wohl auch aus »sportlichem Ehrgeiz« den Nervenkitzel mit der Entscheidung, die App offshore programmieren zu lassen, deutlich erhöht haben.

Dies wäre sicher nicht ohne die Unterstützung eines IT-Experten möglich gewesen, der unsere Anforderungen für die Programmierer übersetzt und den weiteren Prozess bzgl. der Koordination und des Testings übernommen hat und dem ich an dieser Stelle ausdrücklich danken möchte!

Im Folgenden gehe ich auch nur auf Erfahrungen aus der Offshoreprogrammierung anhand der Kriterien Time, Quality und Budget ein.

- Budget: Auch mit den wohl unvermeidlichen Nachträgen, die im Rahmen der Umsetzung als zusätzliche Anforderungen umgesetzt werden mussten, sind wir budgetseitig in der Summe beider Releases deutlich unter 30 % der Angebote inländischer Dienstleister gelandet. Der absolute Differenzbetrag beläuft sich damit durchaus auf eine Höhe, die eine Offshoreentscheidung rechtfertigt.
- Quality: Die Qualität sowohl des ersten als auch des zweiten Releases haben sowohl meine als auch die fachkundigeren Erwartungen unseres IT-Experten vollumfänglich erfüllt. Wobei wir auch zu keiner Zeit an diesem Punkt Kompromisse eingegangen wären!
- Time: Die wesentliche Lesson Learned betrifft aus meiner Sicht diesen Punkt. Auch aus dem Erfahrungsaustausch mit spezialisierten Softwareentwicklungsunternehmen mussten wir lernen, dass solche Projekte wohl fast nie innerhalb der initialen Zeitplanung umgesetzt werden und man andere Maßstäbe als die an Beratungsprojekte ansetzen muss. Die Größenordnung der Abweichung hat mich allerdings trotzdem überrascht und alle Beteiligten (mehrmals) an den Rand eines Nervenzusammenbruchs getrieben. Der Zeitplan für das erste Release auf der Basis des Angebots betrug ca. drei Monate, hat sich aber tatsächlich über ein Jahr hingezogen und wurde damit um den Faktor vier überschritten. Bei der Programmierung des zweiten Releases – angesetzt auf ca. einen Monat – sind wir am Ende bei dreieinhalb Monaten rausgekommen und damit etwa beim selben Überschreitungsfaktor gelandet. Die Gründe hierfür sind zahlreich, vielschichtig und auf allen Seiten zu finden. Sie reichen von Timelags aufgrund unterschiedlicher Zeitzonen, Missverständnissen, hartnäckigen Bugs bei der Wiedergabe der Videos bis zu zeitlich unkalkulierbaren Freigabeprozessen für den Google-Play- und vor allem den Apple-Store. Wir haben natürlich viel gelernt und würden so zukünftig die eine oder andere Verzögerung minimieren oder vermeiden können. Meine wesentliche Lesson Learned ist dennoch, dass ich jede initial geplante bzw. vom Dienstleister kommunizierte Realisierungszeit mal drei oder besser vier nehmen würde, um vor allem den Kunden einen realistischen Go-live-Termin zu kommunizieren.

Was wirklich zählt

Nach 20 Jahren Trainererfahrung und unzähligen »Trainingseinheiten« darf ich heute selbstbewusst sagen, dass unsere Trainings von den Teilnehmern im Nachgang ausnahmslos mit »sehr gut« bis »Erwartungen übertroffen« beurteilt werden. Früher waren diese Trainingsfeedbacks für mich als Akademieleiter wesentliche Bestätigung und Antrieb zu gleich. Sie sind mir auch heute noch wichtig – als wesentlicher für die Selbstreflexion bzgl. Qualität unserer Trainertätigkeit empfinde ich mittlerweile aber,

1. dass Teilnehmer nach dem Training von sich aus auf uns zukommen, um uns ihre Erfahrungen aus der Anwendung der gelernten Tools und Methoden mitzuteilen,

sich mit uns über neue Herausforderungen austauschen oder weitere Anregungen einholen und

2. dass messbare Vertriebserfolge, wie gewonnene Neukunden, gestiegene Hit Rates oder erfolgreiche Preisverhandlungen bzw. -anpassungen, von unseren Kunden (auch) auf unsere Trainings zurückgeführt werden.

Gute Trainings sind kein Selbstzweck und in keiner betrieblichen Funktion ist der Erfolg so einfach messbar wie im Vertrieb. Vertriebstrainings können und sollten auch am Vertriebserfolg gemessen werden. Dafür ist es elementar, ihre Nachhaltigkeit sicherzustellen und kontinuierlich zu verbessern!

Entscheidend ist eben auf'm Platz!

Hinweise zum Autor

THOMAS BOHN

Thomas Bohn
- Studium der Betriebswirtschaftslehre an der Julius-Maximilians-Universität, Würzburg, und der Universidad de Zaragoza, Spanien,
- Senior Consultant bei PriceWaterhouseCoppers (PwC), Frankfurt (1997–2001),
- Manager/Projektleiter bei RölfsPartner Management Consultants, Düsseldorf und Ebner Stolz Management Consultants, Köln (2001–2007),
- Geschäftsführender Gesellschafter Thomas Bohn Consult GmbH (ab 2007),
- Partner und Leiter Akademie Milz & Comp. GmbH, Köln (ab 2018),
- Autor verschiedener Publikationen zum Thema Vertrieb,
- langjährige Erfahrung als Interimsmanager Vertrieb, zertifizierter Business Coach und Trainer (BDVT).

Moderne Vertriebsführung: Wann Zuckerbrot und Peitsche ausreichen

Dr. Thomas Bittner
Geschäftsführer
Organomics GmbH

Der Autor ist Geschäftsführer einer Gesellschaft für organisationspsychologische Beratung in Köln. Die Beratungsanlässe kreisen zumeist um das Thema der Mitarbeiterführung. Vielfach sind es die Vertriebsbereiche der Unternehmen, die mit Unterstützungsbedarf auf uns zukommen. Oder es ist das Topmanagement, das eine Überarbeitung der Vertriebsführungsprinzipien anordnet, so wie in dem konkreten Projekt, über das hier berichtet wird.

Ausgangssituation

Eine bundesweit tätige Versicherungsgesellschaft hatte im Vertriebsbereich bereits alle Register klassischer Vertriebsführung gezogen, um den Absatz von Versicherungsverträgen von Schaden-, Unfall- und Lebensversicherungsprodukten zu erhöhen[1]. Bei Versicherungen sind das in der Regel monetäre Leistungen und Sachleistungen, wie mehrstufige Provisionen und Boni, Agentursubventionsleistungen (für Agenturausstattung, -werbung oder -unterstützung), Incentives (wie Reisen) und »Club der Besten«-Mitgliedschaften. Der zuständige Vertriebsvorstand suchte nun nach alternativen Ansätzen, um die Vertriebsleistung zu erhöhen, weil die Optimierung der klassischen Belohnungsinstrumente in der jüngeren Vergangenheit nur noch einen geringen Mehrwert brachte und letztendlich auch kostspielig ist.

Unser Auftrag war es, ein alternatives Führungskonzept zu implementieren, das zum Kunden passt und vornehmlich die intrinsische Motivation der Mitarbeiter stärkt.

---

1   Zu Schaden-/Unfallprodukten gehören Kfz, private Haftpflicht, Hausrat, Wohngebäude, Unfall, Rechtsschutz, Kredit, Transport, Schutzbrief und verbundene Produkte.

Denn in einer ersten Analyse zeigte sich, dass im Vertrieb fast ausschließlich mit externen Anreizen (Zuckerbrot und Peitsche) geführt wurde und eine durchgängige Führungskultur fehlte. Darüber hinaus ist eine weitere Spezifität der Versicherungsbranche, dass die Versicherungsvertreter in der Regel freie Handelsvertreter (nach § 84 HGB) sind und somit ein eigenes Geschäft führen und weisungsungebunden sind, was das Ganze nicht einfacher macht. Nichtsdestotrotz gibt es Führungskräfte (zumeist sogenannte Organisationsleiter und -direktoren), die diese Vertreter betreuen.

Hintergrundinformationen

Damit verständlich wird, warum wir hier ein bestimmtes Vorgehen gewählt haben, sind einige Hintergrundinformationen zur Arbeit mit externen Anreizen und der Mitarbeitermotivation hilfreich. Externe Anreize sind als Führungsinstrumente beliebt, weil sie (scheinbar) leicht zu handhaben sind – und sich damit auch gute Ergebnisse erzielen lassen. Es geht darum, ein gewünschtes Verhalten hervorzurufen oder zu stabilisieren und ein nicht gewünschtes Verhalten zu vermeiden. Zuckerbrot und Peitsche lassen sich auch als Belohnungen und Bestrafungen interpretieren. Die im Vertrieb häufig gewählten finanziellen Anreize wirken psychologisch gesehen wie Belohnungen. Und es gibt auch die andere Seite: Das kann die Wegnahme einer Belohnung/eines Privilegs sein (z. B. die Werbekostenunterstützung für eine Versicherungsagentur), was auch als »Entbelohnung« bekannt ist. Eine konkrete Bestrafung wäre beispielsweise die Versetzung an einen anderen, schlechteren Standort. Mit der Vergabe von Belohnungen soll erreicht werden, dass ein bestimmtes Verhalten künftig häufiger vorkommt, mit Bestrafungen soll ein gezeigtes Verhalten künftig vermieden werden.

Daraus ergibt sich das in Abbildung 1 dargestellte Schema.

Abb. 1: Folgen von Belohnung und Bestrafung für das Verhalten

Das heißt also, die Vergabe von Belohnungen wirkt wie der Entfall von Bestrafungen. Und der Entzug von Belohnungen wirkt wie eine Bestrafung. Insofern wird man im Berufsleben statt auf eine Bestrafung eher auf eine Entbelohnung setzen. Wobei die Entbelohnung eigentlich nur dann gut wirkt, wenn seitens des Verkäufers fest mit einer Belohnung (Prämie, Bonus etc.) gerechnet wird.

Belohnungen und Bestrafungen im Vertrieb

Im Vertrieb sind die Verkäufer es häufig gewohnt, für ihren (besonderen) Verkaufserfolg (besonders) belohnt zu werden. Dabei dienen Prämien oder Boni nicht nur als Aufwandsentschädigungen, sondern auch als Rückmeldung an den Verkäufer für den besonderen Erfolg (Anerkennung) und durchaus auch als Signal an die Kollegen (oder das soziale Umfeld), dass er erfolgreich ist. Beides ist gut für den Selbstwert des Verkäufers bzw. auch die Selbstwirksamkeit, also die Einschätzung, ein bestimmtes Verhalten erfolgreich ausführen zu können.

Wer gute Verkäufer in seinen Reihen weiß, wird versuchen, sie zu binden und glücklich zu machen. Das einfachste Instrument ist dabei die Zielvereinbarung. Wer sein Mindestziel erreicht, bekommt nichts extra oder nur ein bisschen. Wer sein Ziel weit übertrifft, bekommt in der Regel einiges »on top«. Versicherungen sind wahre Meister darin, ausgeklügelte Zielsysteme für ihre Versicherungsvertreter zu entwickeln und Belohnungen (und Entbelohnungen) zu kombinieren.

Jetzt könnte man meinen: Wer so viele unterschiedliche, individuell passende Anreize setzt, der erfreut sich zufriedener Mitarbeiter. Aber das muss nicht unbedingt so sein. Die Fluktuation im Versicherungsaußendienst ist eher hoch. Mitarbeiter nur aufgrund von extrinsisch wirkenden Anreizen zu halten, funktioniert nur dann, wenn das Ziel-Anreiz-System dem der Konkurrenz überlegen ist. Dies bedeutet, dass
- die Ziele so gewählt sind, dass sie zwar ehrgeizig, aber nicht unerreichbar sind. Sogenannte Stretch Goals (Ziele, die so hoch sind, dass es kaum möglich ist, sie zu erreichen) mögen für das Management verlockend erscheinen, für die Mitarbeiter sind sie es gewiss nicht[2]. Sie erzeugen eher Reaktanz und Frustration.
- die gesetzten Anreize bei Zielerreichung bzw. -übererfüllung von der Höhe und Art (Provisionen, Prämien, Incentives etc.) her den Geschmack der Mitarbeiter treffen.

Wer hier ein vermeintlich attraktiveres Angebot unterbreiten kann, gewinnt schnell neue Vertriebsmitarbeiter[3].

---

2   Bittner, Th. (2015): Mitarbeiter mit ambitionierten Zielen motivieren. In: Controlling & Management Review, 15. Jg., H. 4, S. 8–17.
3   Freilich wird der Vertriebsmitarbeiter noch weitere Punkte in seine Wechselentscheidung einbeziehen: Verbundenheit zum bisherigen Produktgeber, Qualität der Produkte, Einsatzort, Einschätzung der neuen Führungskraft etc.

Die Rolle der Mitarbeitermotivation

An dieser Stelle müssen wir unseren Blick auf das Motivationsthema lenken, denn die Nutzung von Anreizen kann ohne die Beachtung der motivationalen Lage der Mitarbeiter ins Leere laufen.

Dafür müssen wir zwischen der sogenannten intrinsischen und der extrinsischen Motivation unterscheiden. Die intrinsische Motivation ist diejenige Motivation (= aktivierender Prozess mit richtungsgebender Tendenz), die durch die Ausübung der Tätigkeit selbst entsteht. Das Verhalten selbst bereitet Freude, beispielsweise Fußballspielen in der Freizeit. Bei der extrinsischen Motivation kommt der Anreiz, das Verhalten auszuführen, von außen.

Wenn ein Individuum Freude an einer Tätigkeit hat, wird er sie beständiger, erfolgreicher ausführen als jemand, der dafür belohnt wird, dies zu tun.

Aber welchen Effekt haben intrinsische vs. extrinsische Motivation auf die Vertriebsmitarbeiter und wie kann man dies effizient steuern?

Intrinsische vs. extrinsische Motivation und ihr Effekt auf die Vertriebsleistung

Wir wissen, dass die konsequente (monetäre) Belohnung von Verkäufern signifikant positive Effekte auf ihre Vertriebsleistung hat[4]. Hier sprechen die Führungskräfte also mittels Zuckerbrot die extrinsische Motivation der Mitarbeiter an. Dies ist vor allem bei denjenigen Tätigkeiten Erfolg versprechend, die einfach zu erledigen sind und standardisiert mit geringer Eigenverantwortung ablaufen. Hierbei ist kein hoher Anspruch zu erfüllen.

Sind die Tätigkeiten allerdings komplexer, anspruchsvoll und mit Entscheidungsfreiheit der Ausführenden verbunden, basiert die Leistung im Wesentlichen auf der intrinsischen Motivation. Gleichwohl muss man im Hinterkopf behalten, dass auch bei den einfachen Aufgaben eine geringe intrinsische Motivation für die Leistung verantwortlich ist. Umgekehrt stimmt dies auch für die extrinsische Motivation bei komplexen, anspruchsvollen Aufgaben.

Jetzt gilt es also herauszufinden, welcher Art die Vertriebstätigkeit ist. Ist sie einfach wie beispielsweise das Verkaufen (oder besser: Verteilen) von Produkten im In-

---

4   Siehe auch Luthans, F./Paul, R./Baker, D. (1981): An experimental analysis of the impact of contingent reinforcement on salespersons' performance behavior. Journal of Applied Psychology, 66. Jg., H. 3, S. 314–323.

bound-Callcenter, das von fest definierten Erfassungsprozessen bestimmt wird? Oder handelt es sich um eine beratungsintensive Vertriebstätigkeit kundenindividueller Produkte, bei der der Berater seine Zielkunden selbst bestimmt, anspricht und mit ihnen und eigenen, weiteren Experten individuelle Lösungen spezifiziert?

Im ersten Fall ist aufgrund der Tätigkeit von einem weitaus höheren Anteil extrinsischer Motivation auszugehen: Zuckerbrot (Belohnung) und Peitsche (Entbelohnung) wären in diesem Fall probate Steuerungsinstrumente. Im zweiten Fall wird die intrinsische Motivation einen größeren Einfluss auf die Vertriebsleistung haben als die extrinsische.

Was die hier dargestellten Zusammenhänge für das Vertriebsführungsprojekt bedeuteten, wird im Folgenden erläutert.

Vorgehen im Vertriebsführungsprojekt

In ersten Workshops mit dem Auftraggeber konnten wir feststellen, wie umfangreich die Versicherungsgesellschaft ihre Vertreter verzielt hatte und wie umfassend das Belohnungssystem die extrinsische Motivation bediente. Die Beratung zu Versicherungsprodukten ist jedoch ein komplexer, anspruchsvoller Prozess, der mit Entscheidungsfreiheiten der Vertreter verbunden ist, in dem also die intrinsische Motivation eine entscheidende Rolle spielt. Leider hatten wir es hier aufgrund der dominanten Incentivierung mit einem sogenannten Verdrängungseffekt zu tun: Mit steigender extrinsischer Motivation aufgrund von externen Anreizen (wie Prämien und Boni) wird die intrinsische Motivation verdrängt[5]. Daraus ergab sich als operationales Zwischenziel, die intrinsische Motivation wieder zu erhöhen, um das Vertriebspotenzial freizusetzen. Dies gelingt durch das passende Führungsverhalten.

Mit transformationaler Führung zu mehr intrinsischer Motivation

Unsere Aufgabe war also, ein Führungskonzept bei der Versicherungsgesellschaft in die Umsetzung zu bringen,

- das leicht erlernbar ist,
- die intrinsische Motivation anspricht und damit
- zu mehr Versicherungsabschlüssen führt.

---

5   Deci, E. L./Koestner, R./Ryan, R. M. (1999): A meta-analytic review of experiments examining the effects of extrinsic rewards on intrinsic motivation. Psychological Bulletin, 125. Jg, H. 6, S. 627–668.

Unsere Wahl fiel auf das Konzept der transformationalen Führung (Transformational Leadership – TFL). Es existiert bereits seit mehr als 30 Jahren[6], basiert auf der Führung mit Zielen (transaktionale Führung) und ist der am intensivsten beforschte Führungsansatz weltweit. Seine motivations- und leistungssteigernde Wirkung ist in einer Vielzahl von Studien nachgewiesen worden[7]. TFL wirkt positiv auf die intrinsische Motivation und hat vier Bestandteile:

1. **Vorbildhandeln:** Die Führungskraft ist sich zu jeder Zeit ihrer Vorbildrolle bewusst und handelt dementsprechend. Sie kommuniziert ihre Werte der Zusammenarbeit und handelt danach.

2. **Inspirierende Motivation:** Die Mitarbeiter werden durch eine ambitionierte und attraktive Vision (im Sinne eines positiven Zukunftsbilds) begeistert. Die Sinnstiftung der Tätigkeit und die besondere Rolle der Organisation werden herausgestellt.

3. **Geistige Anregung:** Selbstverständliches (Strukturen, Prozesse etc.) wird von der Führungskraft und den Mitarbeitern infrage gestellt. Die Führungskraft wird zum Problemsucher (statt -löser) und fordert von ihren Mitarbeitern Lösungen und Verbesserungen ein. Die Mitarbeiter werden also aktiviert, um sich mit ihrer Expertise und ihren Ideen einzubringen.

4. **Individuelle Beachtung:** Die Führungskraft erkennt Mitarbeiterleistungen, -bedürfnisse und -potenziale. Sie übernimmt aktiv die Rolle eines Coaches/Trainers/Förderers, um die Weiterentwicklung der Mitarbeiter voranzutreiben.

Diese Art der Führung operiert auf positive Art und Weise mit dem Selbstwert der Mitarbeiter. Die Ziele des Unternehmens[8], des Bereichs oder der Abteilung werden zu eigenen Zielen der Mitarbeiter. Zudem steigt die Selbstwirksamkeit der Mitarbeiter, d. h., sie fühlen sich stärker in der Lage, ihre Aufgaben erfolgreich zu bewältigen.

Ein wichtiges Forschungsergebnis zu TFL ist, dass es den Führungskräften gelingt, Mitarbeiter über die eigentlich selbst gesetzten Ziele hinaus zu motivieren: Die Mitarbeiter erzielen eine höhere Leistung, als sie selbst erwartet haben[9].

Damit TFL seine Wirkung entfalten kann, bedarf es allerdings einer gründlichen Vorbereitung aufseiten der Führungskräfte.

---

6   Bass, B. M. (1985): Leadership and performance beyond expectations. New York.

7   Vgl. Felfe, J. (2006): Transformationale und charismatische Führung – Stand der Forschung und aktuelle Entwicklungen. Zeitschrift für Personalpsychologie, 5. Jg., H. 4, S. 163–176; tatsächlich ist kein anderes Führungskonzept empirisch so intensiv untersucht worden.

8   Die in der Regel aus der Vision ableitbar sind.

9   Bass, B. M./Avolio, B. J. (1997): Full range leadership development. Manual for the Multi-factor Leadership Questionnaire. Palo Alto.

Die Projektschritte im Einzelnen

Erstbefragung der Vertreter

Zu Beginn der Arbeit mit den Führungskräften fand eine inhaltliche Bestandsaufnahme statt: Wie wird das aktuelle Führungsverhalten erlebt? Auch wenn es für die eine oder andere Führungskraft unangenehm werden könnte, lohnt es sich doch, genauer hinzuschauen und das aktuell wahrgenommene Führungsverhalten zu analysieren. Dabei wurde die Befragung der Vertreter mit einem validierten Instrument (Multifactor Leadership Questionnaire – MLQ) vorgenommen. Dies hatte den Charakter einer Nullmessung – sozusagen das Startniveau der Ausbildung.

Da wir auch zeigen wollten, wie das Führungsverhalten auf die Vertreterleistung wirkt, erhielten wir aus dem Vertriebscontrolling die Vertragsbestandsdaten der Vermittler (Anzahl der vermittelten Versicherungsverträge etc.). Somit konnten wir eine Analyse des Zusammenhangs von Befragungsergebnissen (aus dem MLQ) und verfügbaren Mitarbeiterleistungsdaten durchführen. Diese Erkenntnisse halfen zum einen den Führungskräften, die Wirksamkeit von Führung zu erkennen, und zum anderen machten sie dem Auftraggeber deutlich, was effektive Führung für die Mitarbeiterleistung auf der Makroebene bedeuten kann.

Vermittlung des neuen Führungskonzepts

Die o. g. TFL-Bestandteile wurden den Teilnehmern in einem mehrtägigen Seminar vermittelt[10]. Neben Kurzvorträgen wurden auch Videos eingesetzt, um die Inhalte zu transportieren. Die beste Wirkung für Verständnis und Erinnern hatten jedoch die interaktiven Verfahren wie Fallstudien, Selbsttests, Diskussionen und Rollenspiele. Zwar sind Vertriebsführungskräfte darin geübt, Ziele mit ihren Mitarbeitern zu vereinbaren, es zeigte sich aber, dass es durchaus lohnenswert ist, auch hier noch einmal die »Basics« zur Durchführung ambitionierter Zielvereinbarungen (also die transaktionale Seite der Mitarbeiterführung) zu wiederholen.

Führungsinhalte wirksam umsetzen

Damit das neu Gelernte umsetzungswirksam werden konnte, wurden die Führungskräfte von uns eng begleitet. Dazu gehörte ein eintägiges Einzelcoaching, bei dem die Führungskräfte direkt in Kontakt mit ihren Vertriebsmitarbeitern traten. Jede dieser Interaktionen wurde vorbereitet (Diskussion von Zielstellung und möglichen Hürden; Ableitung des effektiven Vorgehens in der Interaktion) und von uns beobachtet. Anschließend erhielten die Führungskräfte ein Feedback dazu. Die Führungskräfte empfanden diesen gemeinsamen Tag als sehr wertvoll, weil sie mit unserer Hilfe manche

---

10 Vgl. Bittner, Th. (2018): 6.186 Konzept und Umsetzung Transformationaler Führung. In: Orthey, A./Laske, S./Schmid, M. (Hrsg.): PersonalEntwickeln, 233. Erg.-Lfg., September 2018. S. 1–20. Köln.

Führungsprobleme mit Vertretern lösen konnten. Für uns war das Einzelcoaching ein wichtiges Instrument, um den Führungskräften zu zeigen, wie Führungsprobleme mittels TFL angegangen werden können.

Um das neu erworbene Führungswissen auf einem möglichst hohen Niveau zu halten, ließen wir inhaltliche Kernpunkte von TFL wiederholen. Um dies möglichst effizient zu lösen, haben wir ein E-Learning-Programm aufgesetzt, das die Inhalte aus dem Führungsseminar aufgreift, neue Aufgaben stellt und gleichzeitig mittels Onlinetests eine Möglichkeit zur Überprüfung von Verständnis und Anwendung bietet. Dies gefiel nicht allen Führungskräften, weil sich der eine oder die andere an seine/ihre Schulzeit erinnert fühlte. Für uns war es jedoch eine gute Möglichkeit, Wissens- oder Verständnislücken einzelner Führungskräfte zu erkennen und im Folgenden anzusprechen.

Dazu nutzten wir auch die monatlich stattfindenden einstündigen Telefoncoachings. Hier hatten die Führungskräfte die Gelegenheit, aktuelle Führungsthemen oder -probleme mit uns zu diskutieren. Ähnlich wie schon bei den Einzelcoachings wurden die individuellen Problemfälle diskutiert und die Führungskräfte dann von uns zu einer Lösung hingeführt. Mit der Zeit (die Telefoncoachings erfolgten über einen Zeitraum von sieben Monaten) waren die Führungskräfte immer besser dazu in der Lage, ihre Fragen selbst zu beantworten.

Nachbefragung der Vertreter

Nach einem Jahr erfolgte eine erneute Befragung der Vertreter mit dem gleichen Befragungsinstrument, um eine Veränderung im wahrgenommenen Führungsverhalten messen zu können. Es ergab sich eine signifikante und deutliche Verbesserung in den gemessenen Werten. Mit anderen Worten: Die Führungskräfte waren dazu in der Lage, transformationales Führungsverhalten (umfänglicher) zu zeigen, mit positiver Wirkung für die intrinsische Motivation der Vertreter. Die Führungskräfte berichteten uns ihrerseits über positive Führungserfahrungen, weil sie häufiger dazu in der Lage waren, schwierige Führungssituationen zu meistern.

Eindeutige Steigerung der Vertriebsleistung

Da wir aus dem Vertriebscontrolling wieder die Leistungsdaten zum Zeitpunkt der Nachbefragung nutzen konnten, war es uns möglich, nicht nur Veränderungen im Führungsverhalten abzubilden, sondern auch die Wirkung dieser Veränderung auf die Performance der Vertreter darzustellen. Je stärker transformationale Führung umgesetzt wurde, desto deutlicher sind zum einen die Leistungseffekte und zum anderen der Abstand zur klassischen Führung mit Zielen (transaktionale Führung). Wenn die Mitarbeiter stärker transformational geführt werden, zeigt sich das auch unmittelbar im Vertriebserfolg.

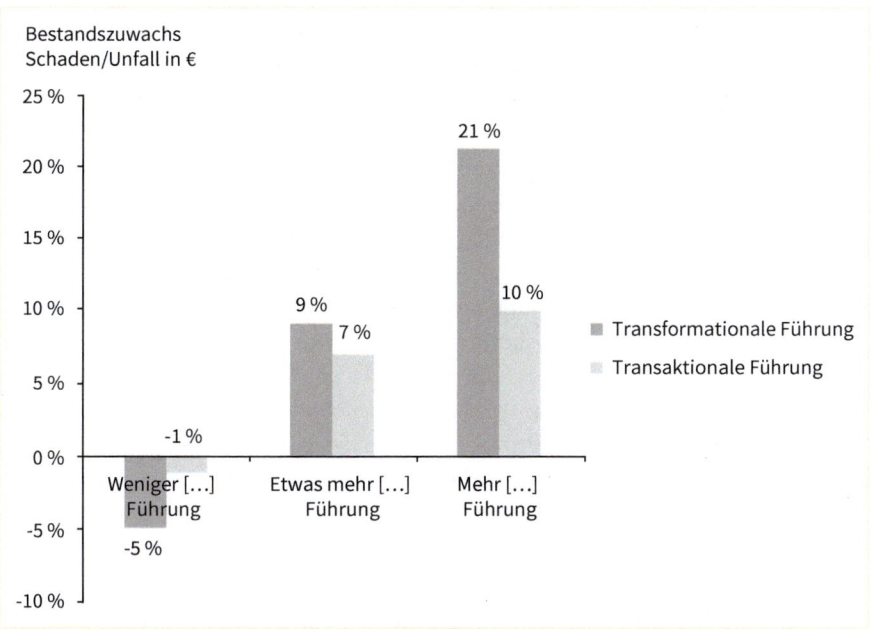

Abb. 2: Veränderung des Vertragsbestands im Vertriebsgebiet, abhängig von der Veränderung des Führungsstils; Quelle: Bittner, Th./Felfe, J. (2019)[11]

Aus Abbildung 2 wird deutlich, dass diejenigen Vertreter, die eine besonders starke Veränderung im Führungsverhalten ihrer Vertriebsführungskräfte wahrnehmen (»Mehr [...] Führung«), auch wesentlich mehr zusätzliche Verträge vermitteln, die den Vertragsbestand im Schaden-/Unfallsegment stark ansteigen lassen. Und hier ist auch ein zweiter Effekt erkennbar, dass nämlich eine Zunahme von transformationalem Führungsverhalten zu besseren Ergebnissen führt als eine Zunahme des klassischen transaktionalen Führungsverhaltens. Schließlich konnte durch die gleichzeitig stattfindende Konsolidierung der externen Anreize auch eine unmittelbar positive Wirkung bei den Vertriebskosten generiert werden.

Der Weg ist das Ziel – Learnings und Anwendungshinweise

Je nach Aufgabencharakteristik und (damit verbundenem) Motivationsschwerpunkt sind Zuckerbrot und Peitsche wirksame Führungsinstrumente. Im Vertrieb sollte ihr Anteil im Vergleich zur Förderung der intrinsischen Motivation jedoch nicht dominant ausgeprägt sein:

---

11 Bittner, Th./Felfe, J. (2019): Wie Führung gelernt werden kann: Umsetzung und Überprüfung eines transformationalen Führungskräfteprogramms. In: Bergner, S./Fleiß, J./Gutschelhofer, A. (Hrsg.): Wandel gestalten – Beiträge der Managementforschung zu Herausforderungen der Unternehmensführung. S. 110, Graz.

- Je komplexer, anspruchsvoller und autonomer die Aufgaben sind bzw. bearbeitet werden können, desto leistungsrelevanter ist die intrinsische Motivation. Einfache Belohnungsschemata (Zuckerbrot und Peitsche) sind dann nicht mehr allein zielführend.
- S.M.A.R.T. definierte Ziele gehören allerdings nach wie vor zu einem wirksamen Führungsverhalten dazu. Selbst wenn die intrinsische Motivation gestärkt werden soll, damit sich die Leistung signifikant verbessert, werden externe Anreize nicht von heute auf morgen entfallen. Sie sind allerdings dosiert bzw. gezielt einzusetzen, um die intrinsische Motivation entscheidender zur Entfaltung zu bringen. Somit können auch die Vertriebskosten gesenkt werden.
- Diese Entfaltung oder Intensivierung intrinsischer Motivation gelingt vor allem über das Führungsverhalten. Die transformationale Führung ist ein bewährter und Erfolg versprechender Ansatz, der allerdings den Führungskräften zunächst vermittelt und dann eingeübt werden muss. Wenn er jedoch einmal implementiert ist, dann wirkt er aufgrund der äußerst positiven Erfahrungen und Ergebnisse selbstverstärkend in der Anwendung und nachhaltig auf den Vertriebserfolg.

Zusammenfassend lässt sich sagen: Der erfolgreiche Verkäufer freut sich über den Bonus. Über den Chef, der ihn wertschätzt und werteorientiert führt, freut er sich noch mehr. Und diese Freude wird ihren Ausdruck im Vertriebserfolg finden.

Literaturverzeichnis

Bass, B. M. (1985): Leadership and performance beyond expectations. New York.

Bass, B. M./Avolio, B. J. (1997): Full range leadership development. Manual for the Multi-factor Leadership Questionnaire. Palo Alto.

Bittner, Th. (2015): Mitarbeiter mit ambitionierten Zielen motivieren. In: Controlling & Management Review, 15. Jg., H. 4, S. 8–17.

Bittner, Th. (2018): 6.186 Konzept und Umsetzung Transformationaler Führung. In: Orthey, A./Laske, S./Schmid, M. (Hrsg.): PersonalEntwickeln, 233. Erg.-Lfg., September 2018. S. 1–20. Köln.

Bittner, Th./Felfe, J. (2019): Wie Führung gelernt werden kann: Umsetzung und Überprüfung eines transformationalen Führungskräfteprogramms. In: Bergner, S./Fleiß, J./Gutschelhofer, A. (Hrsg.): Wandel gestalten – Beiträge der Managementforschung zu Herausforderungen der Unternehmensführung. S. 97–114. Graz.

Deci, E. L./Koestner, R./Ryan, R. M. (1999): A meta-analytic review of experiments examining the effects of extrinsic rewards on intrinsic motivation. Psychological Bulletin, 125. Jg, H. 6, S. 627–668.

Felfe, J. (2006): Transformationale und charismatische Führung – Stand der Forschung und aktuelle Entwicklungen. Zeitschrift für Personalpsychologie, 5. Jg., H. 4, S. 163–176.

Luthans, F./Paul, R./Baker, D. (1981): An experimental analysis of the impact of contingent reinforcement on salespersons' performance behavior. Journal of Applied Psychology, 66. Jg., H. 3, S. 314–323.

Hinweise zum Autor

DR. THOMAS BITTNER

Dr. Thomas Bittner, Jahrgang 1965, ist Geschäftsführer der Organomics GmbH, Köln. Studium der Betriebswirtschaftslehre in Köln, Paris und Montréal. Promotion im Fach Wirtschaftspsychologie. Stationen im mehreren Beratungsgesellschaften. Vorstand in einem großen deutschen Marktforschungsunternehmen. 2011 Gründung der Organomics GmbH, Gesellschaft für organisationspsychologische Beratung mit Schwerpunkt Mitarbeiterführung. Systemischer Coach.

Führen einer Vertriebsorganisation im Homeoffice

Fünf Erfolg versprechende Ideen

Nina Hottinger
Organisationsberaterin,
Managementtrainerin und Coach
nhconsulting GmbH/
Milz & Comp. Partner

Tobias Utz
Geschäftsführer
Tobias Utz Consulting/
Milz & Comp. Partner

Neue Arbeitswelt Homeoffice – dank Corona?!

Vertriebsleiter, die eine klassische Außendienstorganisation leiten, führten ihre Mitarbeiter schon lange vor Corona über räumliche Distanz. Was aber, wenn die Kollegen, die normalerweise im Unternehmen vor Ort arbeiten, auch plötzlich im Homeoffice arbeiten? Wie muss sich der »Innendienst« organisieren? Wo gibt es Chancen und was sollte beachtet werden? Und wie sieht es auf der Kundenseite aus?

Klar – der Treiber für mobiles Arbeiten ist neben der Globalisierung die Minimierung des Infektionsrisikos durch Corona. Wir haben hierzu mit Verantwortlichen aus dem Vertrieb und dem Einkauf rund 80 Interviews geführt.

Ob namhafter Automobilzulieferer, Pharmaunternehmen oder bedeutende Mittelständler – viele Unternehmen haben mit ihren Betriebsräten bereits Lösungen erarbeitet, um pragmatisch neue Arbeitswelten zu gestalten. Dabei geht der Trend schon jetzt einen Schritt weiter: Es soll nicht nur das Homeoffice – also das ursprüngliche Büro im Unternehmen – in private Räumlichkeiten verlegt, sondern mobiles Arbeiten generell ermöglicht werden. Mobiles Arbeiten bedeutet, dass Mitarbeiter – standortunabhängig – von überall arbeiten können.

Eine Vielzahl von Gesprächen, die wir führten, zeigen, dass viele Führungskräfte ihr Führungsverhalten noch nicht an diese neue Situation angepasst haben und sich Unterstützung dabei wünschen. Die häufigsten Fragen sind:

- Wie koordiniere und führe ich mein Team aus der Distanz?
- Wie kommuniziere ich richtig?
- Wie ermögliche ich eine gute Kommunikation der Mitarbeiter untereinander?
- Wie halten wir auch über die Distanz unseren Teamgeist – oder können diesen sogar ausbauen?
- Welche Rahmenbedingungen brauchen meine Mitarbeiter von mir, um motiviert, gesund und leistungsfähig zu bleiben?
- Wie baue ich eine Vertrauenskultur auf?
- Wie gelingt aus Führungssicht Vertrieb im Homeoffice?

Chancen und Herausforderungen

Mobiles Arbeiten bietet enorme Chancen und gleichzeitig Herausforderungen auf Unternehmer- sowie Mitarbeiterseite. Die Möglichkeit, ihre Arbeitszeiten flexibel einzuteilen und dabei mobil zu arbeiten, hat für viele Mitarbeiter einen großen Motivationscharakter. Übereinstimmend zeigt sich ein positiver Effekt von Homeoffice auf die Arbeitszufriedenheit und auf die positiven Emotionen (Allen et al., 2015; Charalampous et al., 2019). Dies wird auf Gründe wie eine höher erlebte Autonomie über die zeitliche, räumliche und inhaltliche Gestaltung der Arbeit, eine höher erlebte Produktivität und unterbrechungsfreieres Arbeiten sowie den Wegfall der Reisezeiten zurückgeführt.

Selbst wenn Ihr Unternehmen in weniger attraktiven Gegenden angesiedelt ist, können so z. B. leichter Toptalente eingestellt werden, wenn sich die Tätigkeit von überall erledigen lässt. Eine Zusammenarbeit länderübergreifend bis hin zum weltweiten Arbeiten ist möglich – bei vielen global aufgestellten Unternehmen schon heute gängige Praxis.

Gerade in Innenstädten ist Platz wertvoll und rar. Mitarbeiter im Homeoffice brauchen keinen eigenen Büroarbeitsplatz mehr und bieten dem Unternehmer die Chance, die Kosten für Büroräume zu reduzieren.

Nicht nur die Arbeitszufriedenheit, sondern auch die subjektive Wahrnehmung, Arbeit und Freizeit unter einen Hut zu bekommen, kann durch mobiles Arbeiten verbessert werden. Unsere Kunden berichten, dass dadurch bereits signifikant Krankentage reduziert wurden. Produktivitätssteigerung insbesondere bei Aufgaben, die eine erhöhte Konzentration benötigen, sind oftmals positive Effekte.

Gleichzeitig werden auch Risiken von Homeoffice berichtet. Laut Badura et al. (Fehlzeitenreport, 2019) berichten Homeofficenutzende von leicht erhöhten Werten bezüglich Erschöpfung, Lustlosigkeit und Schlafstörungen. Dies kann auf eine größere psychische Belastung und auf eine generelle Aufweichung der Grenzen zwischen Arbeit und Freizeit hindeuten. Auch ist eine Verschiebung und Ausweitung der Arbeitszeit auf den Abend oder das Wochenende feststellbar (Eurofound und ILO, 2017).

Laut Stürz et al. (2021) antworten besonders Führungskräfte, dass das Zugehörigkeitsgefühl bei einem hohen Homeoffice-Anteil ihrer Mitarbeiter sinkt. Das liegt auch daran, dass sich die Rolle von Führungskräften, die Mitarbeiter im Homeoffice betreuen, verändert. Sie nehmen dann vor allem die Rolle eines Coaches oder eines sozialen Bindeglieds ein.

Unternehmen können ihre Führungskräfte unterstützen, indem sie ihnen Ressourcen und Werkzeuge zur Verfügung stellen, die ihnen dabei helfen, ihre Teams zu coachen und mit ihnen in Verbindung zu bleiben. Unternehmen, die schon vor und während der Krise neue Kommunikationstechnologien einsetzten, erzielen höhere Werte beim Zugehörigkeitsgefühl als Befragte in Unternehmen, die solche Technologien nicht oder nur langsam einführen.

Führen aus der Distanz braucht **Vertrauen** und ein **positives Menschenbild**. In unseren Interviews hörten wir immer wieder, wie schwer es Führungskräften fällt, Vertrauen in ihre Mitarbeiter zu haben und das Kontrollbedürfnis zu reduzieren. Eine verbreitete Haltung hierbei war oft, dass man Mitarbeiter dazu motivieren oder sogar antreiben muss, dass sie arbeiten. Wenn es Gelegenheit gibt, andere Dinge zu tun, dann tun sie es. Diese Haltung ist mehr denn je antiquiert und absolut nicht zielführend. Führungskräfte, die überzeugt sind, dass Mitarbeitende nur arbeiten, wenn man sie ständig kontrolliert, werden im Homeoffice eine schwere Zeit haben. Hier ist zwischen Laisser-faire und Kontrollwahn eine gute Balance zu finden.

Gerade im Vertrieb können relevante Zahlen und Fakten wie Umsatz, Deckungsbeitrag etc. einfach gemessen und als Zielgrößen verwendet werden. Nur schon dieser Umstand sollte Führungskräfte im Vertrieb von einem kontrollierenden Führungsstil absehen lassen. Regelmäßige Gespräche auf dem Weg zum individuellen Entwicklungsziel können auch über virtuelle Systeme gewinnbringend eingesetzt werden.

Und doch zeigen unsere Erfahrungen, dass viele Mitarbeiter das Team und den informellen Austausch vermissen. Informationen werden nicht mehr in gleicher Weise ausgetauscht. Der Flurfunk findet nicht mehr statt. Gerade in Pandemiezeiten kann dies auch bedeuten, dass Mitarbeiter sich einsam und isoliert fühlen. Eine neue Art und Weise zu finden, wie der Teamzusammenhalt und der Austausch als Führungskraft neu gestaltet und gefördert werden können, ist hier eine wichtige Herausforderung.

Im Außendienst werden Kundenkontakte oft genauso wichtig erlebt wie die Kontakte zu Teammitgliedern. Auch Gespräche mit Kunden können immer besser über die richtigen virtuellen Systeme gemacht werden. Zoom, MS Teams etc. sind hier wichtige Instrumente, durch die man das Gegenüber sieht, sich Notizen machen kann, gemeinsam etwas skizziert etc. Je mehr man sich daran gewöhnt hat, umso mehr Normalität kann auch im Homeoffice bei der Kundenpflege oder Neuakquise entstehen.

Immer wieder hören wir auch, dass die Kunden momentan Gespräche mit Lieferanten besonders schätzen. Hier erscheint vor allem der Austausch über wirtschaftliche Themenfelder spannend. Es scheint so, als würde dieser Austausch umso mehr geschätzt, je unsicherer die Wirtschaftslage ist. Stellen Sie sicher, dass Ihre Mitarbeiter darauf vorbereitet sind.

Sinnvolle Ansätze – eine Auswahl

Mitarbeitende brauchen Nähe – keine engen Zügel

Gerade in unsicheren Zeiten mit vielen Veränderungen ist es ein menschliches Grundbedürfnis, Halt zu finden. Wer glaubt, er kann auf Distanz mit engen Zügeln führen, muss allein schon aus physikalischen Gründen scheitern. Führungskräfte müssen deutlich mehr Zeit für Führung aufwenden, wenn sie remote führen. Das bedeutet, dass weniger Zeit für Fach- und Marktdetails bleibt. Gerade im Vertrieb erscheint diese Aufgabe schwierig, da sich hier Führungskräfte besonders oft mit marktrelevanten Fachaufgaben beschäftigen und die Überzeugung groß ist, selbst den Markt am besten kennen zu müssen.

Der Reifegrad Ihrer Organisation spielt dabei eine große Rolle. Wenn Sie bislang vor allem transaktional geführt haben, also mit vorab definierten klaren und transparenten Zielen und entsprechender Belohnung bei Zielerreichung, kann es nun sinnvoll sein, den Fokus für Führung zu weiten und transformale Elemente in Betracht zu ziehen. Dabei geht es darum, als Führungskraft authentisch und spürbar zu werden und die Mitarbeitenden intellektuell herauszufordern, anstatt ihnen vorzugeben, was sie zu tun haben. Es geht darum, gemeinsam mit dem Team eine attraktive Vision mit Sogwirkung zu entwickeln, für die Mitarbeiter gerne die Extrameile gehen, weil sie Sinn und Zugehörigkeit vermittelt.

Befragungen (S. Eggenweiler, 2020) zeigen, dass Mitarbeiter und Führungskräfte immer häufiger die Frage nach der Sinnhaftigkeit des eigenen Tuns und des Unternehmens stellen. Durch die Coronakrise wird dies verstärkt. Hier liegt ein bedeutsamer Hebel als Unternehmer und Führungskraft. Es ist nicht nur wichtig, sich als Führungskraft auf die neue Motivationslage der Mitarbeiter im Homeoffice einzustellen, sondern auch den Zweck der Unternehmung vorzuleben. Stark an Bedeutung gewinnen sinnstiftende Faktoren auch beim Wettbewerb um die besten Köpfe. In Großunternehmen ist die Diskussion um den Unternehmenszweck – neudeutsch »Purpose« – bereits im Gange, viele Mittelständler haben hier noch Potenzial.

Mitarbeiter, gerade im Vertrieb, die täglich direkt mit Kunden kommunizieren, wissen in der Regel viel mehr, welche Bedürfnisse am Markt und somit bei den Kunden existieren. Fordern Sie Ihre Mitarbeiter heraus, neue Wege zu denken und auszuprobieren. Wasser sucht sich permanent neue Wege – und zwar die einfachsten den Berg runter. Lassen Sie Ihre Mitarbeiter die Wassertropfen sein, die neue Wege ausprobieren. Gelegentliches Scheitern muss dabei erlaubt sein. Seien Sie dabei das Flussbett, das alle Tropfen zusammenbringt. Das gilt insbesondere auch für die Mitarbeiter im »Innendienst«, die ebenfalls viel mit ihren Kunden kommunizieren. Denn wenn auch diese es schaffen, bei Fehlern, die in Unternehmungen nun mal passieren, den Kunden trotzdem zufriedenzustellen, und dabei der gesamten Organisation helfen, aus diesen Fehlern zu lernen, dann wird aus dieser Kombination ein unschlagbarer Wettbewerbsvorteil. Wo weniger oder in einer neuen Art und Weise kommuniziert wird, kann sich das Konfliktpotenzial erhöhen. Um dies zu verhindern, müssen beide Parteien lernen, achtsamer und sorgfältiger zu kommunizieren. Hier kann es helfen, einmal mehr zum Telefonhörer zu greifen als in die Tastatur zu hauen, das gilt insbesondere auch in Verbindung zum Kunden.

Klar wird, die meisten Führungskräfte müssen ihren Führungsstil anpassen. Vom Homeoffice aus lediglich die KPIs zu überwachen und mit den Mitarbeitern zu sprechen, wenn es Abweichungen gibt, reicht schon lange nicht mehr aus. Es gilt hingegen die Mitarbeiter zu inspirieren und auf die Reise mitzunehmen, um die innere Motivation zu stärken.

Nehmen Sie sich Zeit für den regelmäßigen Austausch mit ihren Mitarbeitern. Dies meint einerseits den Austausch über Zahlen, Daten und Fakten sowie den Raum für Gespräche zu neuen Ideen und Gedanken. Andererseits braucht es Raum für den Austausch über Befindlichkeiten und Sorgen, denn gerade heute sind Arbeit und Privatleben schwer zu trennen und bedingen sich gegenseitig.

Seien Sie dabei nicht überrascht, wenn diese strukturierten bilateralen Gespräche anfänglich nur schleppend verlaufen. Gerade wenn Mitarbeiter es nicht gewohnt sind, auch über eigene Sorgen und Nöte zu sprechen, dem Chef ein Feedback zu geben oder Ideen einzubringen, braucht es Zeit, Vertrauen, Ermutigung und ein Vorangehen als Vorbild. Erzählen Sie, was Sie beschäftigt, geben Sie Ihren Mitarbeitern Zeit und halten Sie auch mal Stille im Gespräch aus. Lassen Sie Ihren Mitarbeitern Zeit, sich an die neue Gesprächskultur zu gewöhnen, und fordern Sie den neuen Gesprächsstandard empathisch und konsequent ein. Es lohnt sich, mindestens jede Woche mit jedem Mitarbeiter ein solches Gespräch zu führen. Stärken Sie dabei das, was schon gut läuft, und erkennen Sie Potenziale Ihres Gegenübers.

Teamkommunikation

Neben den bilateralen Gesprächen ist jedoch auch die Teamkommunikation ein wesentlicher Erfolgsfaktor. Manche Teams berichten, dass sie ein morgendliches Stand-up-Meeting als besonders nützlich empfinden und dies auch gerne mal eine Stunde dauern darf. Andere Teams hingegen bevorzugen es, die morgendliche Besprechung bei maximal 15 Minuten zu belassen. Lassen Sie Ihr Team verschiedene Varianten ausprobieren. Holen Sie sich nach jedem Teammeeting Feedback, ob Ziel und Zweck mit dieser Form erfüllt wurden, und beginnen Sie so, strukturiert und kontinuierlich zu lernen und sich als Team ständig weiterzuentwickeln. Denn solche Teams haben am Markt die größten Chancen, sich schnell und agil auf neue Herausforderungen einzustellen und sie erfolgreich zu meistern.

Bereiten Sie die Sitzungen gut vor und bestehen Sie darauf, dass Ihre Mitarbeiter gut vorbereitet dazukommen. Nutzen Sie die Meetingzeit so effizient und strukturiert wie möglich. Fällen Sie Entscheidungen und unterbinden Sie unproduktive und langwierige Diskussionen. Planen Sie stattdessen Zeit für den Austausch im Team ein. Dies kann mit einer Anfangsrunde zu wichtigen Erfolgen oder Misserfolgen starten und mit einer abschließenden Feedbackrunde enden. Stellen Sie mehr Fragen, als dass Sie Antworten liefern, denn wer fragt, der führt.

Mitarbeiter, die beispielsweise nah mit der Produktion zusammenarbeiten, empfinden es oftmals als schwerer, ihr Tun ins Homeoffice zu verlegen. Kurze Abstimmungen gestalten sich schwieriger. Ermutigen Sie diese, neue Kommunikationswege auszuprobieren. Lernen Sie auch hier als Team dazu. Denn eine gute Kommunikation mit einer Menschengruppe vor Ort kann ganz schön herausfordernd sein. Es hat sich bewährt, einem der Mitarbeiter vor Ort den Hut des Moderators aufzusetzen, sodass dieser die Brücke zu den virtuell zugeschalteten Kollegen bauen kann. Vielleicht ist es zudem hilfreich, virtuelle Projekt- oder Kundenübersichten zu visualisieren, ein virtuelles Kanban-Board im Team zu nutzen, Informationen über Blogartikel zu teilen usw.

Teamgeist fördern

In unseren Gesprächen mit Mitarbeitern hörten wir immer wieder, dass Teammitglieder sich seit über einem Jahr nicht mehr gesehen haben. Für die meisten Mitarbeiter stellt das soziale Miteinander eine der wichtigsten Ressourcen dar. Umso wichtiger ist es daher, als Führungskraft auch im virtuellen Raum Mittel und Wege zu finden, den Teamgeist aufrechtzuerhalten und zu entwickeln.

Führen Sie neben regelmäßigen Teamsitzungen, in denen der Austausch nicht nur über fachliche Themen gefördert wird, andere soziale Elemente ein. Laden Sie zu virtuellen Kaffeepausen ein, in denen die Möglichkeit zu informellem Austausch besteht. Laden Sie dazu ab und an Kollegen aus anderen Abteilungen, insbesondere Marketing und F&E, aber auch aus weiteren Abteilungen, ein. So findet ein Austausch über Abteilungen hinaus statt und verringert ein Silodenken.

Ermutigen Sie Ihre Mitarbeiter, bilaterale Besprechungen mit Kollegen auch einmal an der frischen Luft bei einem Spaziergang zu machen oder laden Sie Ihr Team zu einem gemeinsamen virtuellen »Kaffeegang« ein. Hier kann es hilfreich sein, dass abwechslungsweise ein Kollege am Computer sitzt, um wichtige Beschlüsse schriftlich festzuhalten, während die anderen Kollegen per Smartphone an der frischen Luft miteinander verbunden sind.

Warum nicht die Mittagspause gemeinsam beim Essen im virtuellen Raum verbringen und eine kleine Challenge machen, wer das gesündeste Essen zubereitet hat?

Als Teamevent kann ein gemeinsames Kochen in der eigenen Küche, verbunden über Computer oder Smartphone, Spaß machen und das oft vermisste Teamgefühl stärken.

Ein tolles Team wird – auch virtuell – viel lachen. Sorgen Sie für eine Atmosphäre in der gelacht werden kann. Und unterstützen Sie Ihre Mitarbeiter auch dann, wenn diese mal einen Durchhänger haben.

Um die technologischen Herausforderungen der virtuellen Zusammenarbeit zu meistern, bietet es sich an, technisch weniger versierten Teammitgliedern einen Teamkollegen an die Hand zu geben, der sie im virtuellen Dschungel unterstützen kann.

Verhandlungen sind sowohl auf Einkaufs- als auch auf Vertriebsseite schwierig digital zu führen. Wer mit den virtuellen Werkzeugen bestens vertraut ist und schnell auch virtuell Vertrauen zu seinen Kunden aufbauen kann, gehört dabei schnell zu den Gewinnern.

Vertrauen gewinnt

Als Führungskraft wurde uns spätestens in diesem Jahr bewusst, dass Führen ohne Vertrauen ganz schön anstrengend und eigentlich fast unmöglich ist. In den Interviews hörten wir von einigen Führungskräften, dass sie es kaum erwarten können, ihre Führungsarbeit wieder vor Ort auszuüben, da sie überzeugt sind, dass die Mitarbeiter zu Hause nur das Minimum arbeiten und die Homeofficesituation ausnutzen. Von Mitarbeitern hingegen hörten wir teilweise, dass sie aus lauter Angst um ihren Arbeitsplatz bis zu 16 Stunden pro Tag arbeiten. Viele Mitarbeiter empfinden sogar eine moralische Verpflichtung, eine Art Schuldgefühl, zu beweisen, dass sie im Homeoffice mindestens gleich viel bewerkstelligen. Auf beiden Seiten keine optimalen Zustände. Viele Unternehmen hatten übrigens im Jahr 2020 keinen Produktivitätseinbruch bedingt durch Homeoffice erlebt, sondern eher das Gegenteil (DAK, 2020). Generell zeigen Untersuchungen, dass Mitarbeiter, die von zu Hause arbeiten, einsatzbereiter und zufriedener sind. Höhere Leistung, mehr Engagement und weniger (innere) Kündigungen konnten verzeichnet werden (Stütz et al., 2021).

Wir glauben, dass Vertrauen gewinnt. Ja, es mag den ein oder anderen Mitarbeiter geben, der im Homeoffice weniger leistet. Wir sind uns aufgrund der vielen Gespräche, die wir geführt haben, und der publizierten Studien, die wir gelesen haben, sicher, dass die meisten Mitarbeiter im Homeoffice sogar mehr leisten.

Vertrauen aufzubauen heißt in erster Linie, die gegenseitigen Erwartungen zu klären. Ist es sinnvoll, die Anwesenheitszeit des Mitarbeiters zu messen, oder macht es eher Sinn, die Leistung an den Ergebnissen zu messen? Wann müssen Mitarbeiter erreichbar sein? Welche Informationen brauche ich als Führungskraft von meinen Mitarbeitern, um vertrauensvoll loszulassen? Was müssen meine Mitarbeiter tun? Was müssen sie unterlassen? Wie sind die neuen Spielregeln im virtuellen Raum? Klären Sie solche Fragen möglichst schnell, damit keine schwierigen Gedanken und Verhaltensweisen entstehen. Voraussetzung dabei ist, dass Sie selbst für sich klären, welche Rahmenbedingungen Sie brauchen, um Ihren Mitarbeitenden zu vertrauen. Geben Sie Ihren Mitarbeitern im Zweifelsfall einen Vertrauensvorschuss. Führen heißt auch, die eigene Prägung und Persönlichkeit regelmäßig zu reflektieren oder reflektieren zu lassen, um Weiterentwicklung zu ermöglichen. Für Führungskräfte wird es zunehmend wichtiger, sich zusätzliche Kompetenzen im Bereich Changemanagement, Resilienz, Transformation, Empathie, Herzlichkeit, Authentizität, offene Kommunikation und werte- und sinnorientiertes Führen und Handeln aufzubauen.

Etablieren Sie zudem als Führungskraft eine tragende und ehrliche Feedbackkultur. So können erste Gefühle von Misstrauen zeitnah angesprochen und geklärt werden. Geben Sie Ihren Mitarbeitern die Instrumente an die Hand, die es braucht, um eine gute Kultur der Rückmeldung umzusetzen, und fordern Sie Feedback ein. Idealerweise regelmäßig in den bilateralen Gesprächen und in Teamsitzungen. Je mehr ich als Mitarbeiter aufgefordert werde, ein gesundes Feedbackverhalten zu leben, umso normaler wird es für mich.

Gesundheit im Homeoffice

Ist es gesünder, im Homeoffice zu arbeiten, abgesehen von der Ansteckungsgefahr durch ein Coronavirus? Die Datenlage dazu ist uneinheitlich, aber ganz klar ist auch der Gesundheitsschutz der Mitarbeiter eine Führungsaufgabe. Diese ist über die Distanz schwieriger zu erfüllen.

Mitarbeiter, die remote arbeiten, arbeiten Studien zufolge sechs Stunden mehr pro Woche als ihre Kollegen im Büro (P. Plickert, 2020). Das birgt die Gefahr, dass die Life-Work-Balance schnell ins Wanken geraten kann.

Zwar sparen Heimarbeiter die Anfahrtszeiten ins Büro. Dafür sind sie früher am Schreibtisch und schreiben mehr E-Mails, vor allem auch länger nach Dienstschluss. Offenbar können viele nach dem offiziellen Feierabend nicht loslassen. Außerdem sind Angestellte in mehr Meetings als früher, allerdings sind die digitalen Meetings deutlich kürzer (Grundau et al., 2019).

Die erhöhte Flexibilität ist ein zweischneidiges Schwert: Während die Hälfte der Beschäftigten mit Homeoffice darin den Vorteil einer besseren Vereinbarkeit von Beruf und Privatleben sieht, berichten beinahe ebenso viele von Problemen bei der Trennung zwischen beidem. Etwa zwei Drittel der Beschäftigten, die derzeit nicht von zu Hause arbeiten, lehnen diese Möglichkeit grundsätzlich ab. Jedoch hat auch jeder neunte Beschäftigte einen unerfüllten Homeofficewunsch und nach eigener Einschätzung eine dafür geeignete Tätigkeit. Beschäftigte mit unerfülltem Homeofficewunsch sind unzufriedener als diejenigen, die zumindest gelegentlich während der Arbeitszeit von zu Hause arbeiten können, zeigt eine Studie des Instituts für Arbeitsmarkt und Berufsforschung (IIAB) in Kooperation mit dem Leibniz-Zentrum für Europäische Wirtschaftsforschung (Grunau et al., 2019).

Umso wichtiger ist es als Führungskraft, den gesundheitlichen Aspekt neben den wirtschaftlichen im Hinterkopf zu haben und aktiv anzusprechen oder nachzufragen. Denken Sie dabei an die physischen, die psychischen und die sozialen Aspekte von Gesundheit. Es ist nicht Ihre Aufgabe als Führungskraft, gesundheitliche Themen von Mitarbeitern zu lösen. Es kann jedoch sein, dass Sie der Einzige sind, mit dem sich Ihr Mitarbeiter über dieses Thema austauscht. Ziel eines solchen Austauschs soll es sein, dass der Mitarbeiter selbst wieder in einen Handlungsmodus kommt und nächste Schritte zur Verbesserung der gesundheitlichen Situation in Angriff nimmt, weil er durch Ihre Fragen zu wichtigen Antworten kam.

MS Teams, Zoom & Co.

Gute Kommunikation im Homeoffice in Pandemiezeiten kommt nicht ohne gute virtuelle Instrumente aus. Je besser ein Tool hilft, den realen Kontakt zu Mitarbeitern oder Kunden etc. zu simulieren, desto einfacher wird es als neue Normalität angenommen.

Eine wichtige Aufgabe der Führungskraft mit einem Team im Homeoffice ist es daher, gemeinsam mit dem Team zu eruieren, welche Instrumente am besten zu den Bedürfnissen der Mitarbeitenden und Kunden passen. Danach heißt es, sich mit dem System vertraut zu machen. Die meisten virtuellen Kommunikationshelfer bieten weit mehr als nur Videotelefonie. Da gibt es virtuelle Pinnwände, gemeinsam nutzbare Whiteboards und vieles mehr. Wir meinen, dass Mitarbeitende dies als Wettbewerbsvorteil nutzen können.

Achten Sie zudem darauf, dass Sie und Ihre Teammitglieder einen ruhigen, ansprechenden und sichtbaren Hintergrund haben. Überlegen Sie sich, ob es sogar sinnvoll ist einen virtuellen Hintergrund vorzugeben, der der Corporate Identity entspricht.

Führen auf Distanz als Zukunftskonzept

Wir haben keine Glaskugel, die uns die Zukunft voraussagt – trotzdem sind wir davon überzeugt, dass die Arbeit zu Hause – zumindest teilweise – zur Regel wird. Vieles spricht dafür, dass die Arbeitswelt nach Corona eine andere sein wird als vor Beginn der Pandemie. Die hohe Zufriedenheit der Arbeitnehmerinnen und Arbeitnehmer ist die eine Seite, ein Umdenken auf der Arbeitgeberseite die andere.

Sie als Führungskraft haben dabei die spannende und herausfordernde Aufgabe, die Schnittstelle zwischen Technologie und Teamspirit zu schließen und dafür zu sorgen, dass sich Ihre Mitarbeiter motiviert und zugehörig fühlen. So wird es auch darum gehen, die Vorzüge von Homeoffice mit den Vorteilen der Präsenzarbeit zu verknüpfen und negative Folgen einer übermäßigen Homeofficenutzung zu vermeiden. Hier ist immer wieder neue Kreativität als Führungskraft gefragt und eine gewisse Neugierde bezüglich der neuesten technischen Verbindungsmöglichkeiten, die momentan entwickelt werden. Der Markt erscheint momentan unübersichtlich. Diejenigen Führungskräfte, die sich selbst als Dienstleister für ihr Team verstehen und den Arbeitstag mit der Frage beginnen: »Wie kann ich euch heute bestmöglich in eurer Arbeit unterstützen?«, werden es schneller schaffen, die Vorteile beider Welten miteinander zu verbinden.

Die Erkenntnisse während der Pandemie sollten Anstöße dafür liefern, dass Arbeitgeber- und Arbeitnehmerseite sinnvolle Regelungen für die Homeofficenutzung finden.

Deshalb haben wir die Erfahrungen aus unserer Beratertätigkeit für Führungskräfte und Mitarbeiter in einer Nussschale zusammengefasst:

Tipps für die Arbeit im Homeoffice für Führungskräfte

1. Führen Sie täglich ein kurzes Onlinemeeting mit klarer Agenda durch:
   - Mit dieser einfachen Struktur, die Klarheit und Sicherheit vermittelt, kann eine tägliche Abstimmung im Team erreicht werden, die nicht länger als fünf Minuten pro Person dauert.
2. Laden Sie zum Onlinekaffeetratsch ein:
   - Vereinbaren Sie mit Ihrem Team Zeiten, in denen Sie sich virtuell zum Kaffee oder Feierabendbier treffen, um sich auch informell auszutauschen.
   - Diese Teampausen eignen sich auch gut, um sich gemeinsam etwas zu bewegen und zu dehnen. Das reduziert Stress und verbindet.
3. Erstellen Sie ein klares Regelwerk:
   - Definieren Sie als Team gemeinsam, an welche Regeln Sie sich alle halten, um effizient und angenehm arbeiten zu können.
   - Es ist wesentlich, dass für jeden ersichtlich ist, wer wann erreichbar ist, bei wem für was die Verantwortung liegt und auch welche konkreten Erwartungen an die Arbeit von zu Hause gestellt werden.
4. Etablieren Sie eine Feedbackkultur:
   Gerade jetzt ist konkretes klares Feedback wichtig. Fragen Sie verstärkt nach, wie es Ihren Mitarbeitern mit den Aufgaben, der aktuellen Situation geht – Sie sehen nämlich nicht mehr, wenn diese genervt sind oder fluchen.
5. Etablieren Sie eine gute virtuelle Sitzungskultur:
   - Stellen Sie vorgängig eine klare, strukturierte Agenda mit Verantwortlichkeiten zur Verfügung.
   - Fragen Sie nach Feedback, wie die virtuellen Sitzungen verbessert werden können. Fordern Sie ggf. Verbesserungsvorschläge ein.
6. Führen Sie regelmäßig One-on-One-Telefonate:
   - Führen Sie mindestens einmal pro Woche ein One-on-One-Telefonat mit jedem Ihrer Mitarbeiter. Dabei geht es nicht nur um fachliche Fragen, sondern auch um den persönlichen Austausch.
7. Definieren Sie gemeinsame Ziele statt Arbeitszeit:
   - Gute Führung findet über Zielvorgaben und individuelles Coaching statt, nicht über Präsenzkontrolle und Mikromanagement. Ihre Aufgabe ist es nicht, Ihre Mitarbeiter zu kontrollieren, sondern diese zu begeistern.
8. Vereinbaren Sie Kommunikationszeiten:
   - Es kann sinnvoll sein, Zeiten festzulegen, zu denen die Mitarbeiter im Chat, per E-Mail oder am Telefon erreichbar sind. Auch zu Hause sollten Arbeitszeit und Freizeit getrennt werden.

9. Unterstützen Sie Ihre Mitarbeiter beim Selbstmanagement:
   - Nicht jeder gute Mitarbeiter ist auch gut darin, von zu Hause zu arbeiten. Auf der einen Seite gibt es die Burn-out-Kandidaten, auf der anderen Seite gibt es die Kollegen, denen es schwerfällt, sich zu fokussieren. Beiden helfen feste Strukturen, regelmäßiges Feedback und eine lösungsorientierte Gesprächsführung.
   - Wie die Mitarbeiter zu Hause am besten arbeiten, müssen diese selbst herausfinden. Dennoch können Sie ihnen Tipps geben, wie sie ein geeignetes Homeoffice einrichten. Sorgen Sie dafür, dass die Mitarbeiter bei technischen Problemen eine Ansprechperson für IT-Anliegen haben.

Tipps für die Arbeit im Homeoffice für Mitarbeiter

1. Richten Sie Ihren Arbeitsplatz ein:
   - Suchen Sie einen geeigneten Platz in Ihrer Wohnung, der nur zum Arbeiten reserviert ist.
   - Hier sollten Sie sich gut konzentrieren können und nicht gestört werden.
   - Richten Sie diesen Arbeitsplatz nach ergonomischen Kriterien ein.
2. Halten Sie sich an Ihre Routine:
   - Stehen Sie möglichst immer zur gleichen Uhrzeit auf und bereiten Sie Ihren Geist und Körper auf einen produktiven Arbeitstag vor.
   - Bewegen Sie sich vor der Arbeit. Tanzen, Seilspringen, ein paar Körperübungen oder einfach tief atmen am offenen Fenster bringen den Kreislauf in Schwung.
   - Kleiden Sie sich so, als würden Sie zur Arbeit gehen. Damit sind Sie auch gewappnet, falls kurzfristig ein Onlinemeeting oder ein Kundentermin mit Kamera einberufen wird.
3. Halten Sie die Produktivität hoch:
   - Erstellen Sie Ihre To-do-Liste. Was muss heute erledigt werden und was ist besonders wichtig? Welche Kunden müssen angerufen, welchen Angeboten nachgefasst werden? Erledigen Sie geistig schwierige Aufgaben am besten direkt morgens, leichte Aufgaben nach der Mittagspause.
   - Gönnen Sie sich genug Pausen zu festen Pausenzeiten, in denen Sie nicht vor dem Bildschirm sitzen. Idealerweise nutzen Sie die Pausen, um sich zu bewegen, die Augen zu entlasten und dem Körper etwas Gutes zu tun.
   - Vermerken Sie Ihre Pausen im Kalender – dann weiß jeder, wo Sie sind.
   - Nutzen Sie die Gelegenheit, sich mit Ihren TeamkollegInnen informell auszutauschen (virtueller Kaffeeklatsch).
   - Beginnen und beenden Sie Ihre Arbeit rechtzeitig, um eine Grenze zwischen Arbeits- und Privatleben zu ziehen.

4. Kommunizieren Sie:
   - Melden Sie sich von Zeit zu Zeit bei Ihrem Team. Informieren Sie über Ihre Erreichbarkeit, Ihren Zeitplan und Ihre Arbeitsergebnisse.
   - Seien Sie sich bewusst, dass Ihr Vorgesetzter und Ihre Kollegen genauso wenig von Ihnen mitbekommen wie Sie selbst. Fördern Sie daher gegenseitiges Vertrauen und informieren Sie grundsätzlich eine Prise mehr, als Sie annehmen, dass es nötig ist.
   - Holen Sie sich Feedback zu Ihren Arbeiten ein.
   - Wenn Sie Fragen haben – greifen Sie zum Telefon. E-Mails sind hierfür unpraktisch, da sie länger dauern, Missverständnisse schneller aufkommen und unpersönlicher sind.
5. Eliminieren Sie Ablenkung:
   - Im Homeoffice zu arbeiten, birgt ein Prokrastinationsrisiko. Hier kann Zeit schnell verfliegen. Nutzen Sie Instrumente, die Ihnen helfen, die eigene Produktivität – ähnlich wie im Büro – aufrechtzuerhalten (z. B. Rescue Time, Stay Focused, Manic Time etc.)
   - Eliminieren Sie Störfaktoren und arbeiten Sie bei Bedarf mit Ohrstöpseln oder Noise-Cancelling-Kopfhörern. Außengeräusche haben so kaum eine Chance, Ihnen den Fokus zu rauben.

Literaturverzeichnis

Allen et al (2015): Psychological Science in the Public Interest, Volume 16, Issue 2, October 2015, pp 40–68, How Effective Is Telecommuting? Assessing the Status of Our Scientific Findings.

Benoy, Ch. (2020): COVID-19 – Ein Virus nimmt Einfluss auf unsere Psyche. Einschätzungen und Maßnahmen aus psychologischer Perspektive, Kohlhammer.

Charalampous, M. et al. (2019): Systematische Überprüfung des Wohlbefindens von Remote-Arbeitnehmern am Arbeitsplatz: ein multidimensionaler Ansatz, European Journal of Work and Organizational Psychology Bd. 28.

DAK (2020): Digitalisierung in der Corona-Krise, Sonderanalyse zur Situation in der Arbeitswelt vor uns während der Pandemie.

Eggenweiler, S. (2020): Manager Barometer, Odgers Brendtson, S. 18.

Grunau, Ph. et al. (2019): Mobile Arbeitsformen aus Sicht von Betrieben und Beschäftigten – Homeoffice bietet Vorteile, hat aber auch Tücken, IAB-KURZBERICHT 11/2019.

Grunau, Ph. et al. (2019): Homeoffice bietet Vorteile, hat aber auch Tücken. Mobile Arbeitsformen aus Sicht von Betrieben und Beschäftigten, ZEW-Kurzexpertise 19-03, 24.06.2019.

Hammermann, A./Stettes, O. (2019): Mobiles Arbeiten in Deutschland und Europa: Eine Auswertung auf Basis des European Working Conditions Survey 2015 , IW-Trends – Vierteljahresschrift zur empirischen Wirtschaftsforschung Bd. 44, 3/2017, S. 1–23.

https://www.spiegel.de/netzwelt/homeoffice-was-die-duschspitze-ueber-die-zukunft-der-arbeit-verraet-kolumne-a-bb94b729-736e-4f26-a4e4-a636934cc335

Kopp, L. (2020): Leadership im Homeoffice – der praktische Guide für die dezentrale Mitarbeiterführung, LUVE-Verlag.

Plickert, P. (2020): Die meisten machen Überstunden im Homeoffice, FAZonline.

Preusser, I./Bruch, H.: Leadership 2.0 – Führung in digitalen Zeiten: Leadership – Chancen und Herausforderungen der Digitalisierung, Universität St. Gallen, energy factory St. Gallen.

Stürz et al. (2021): Digitalisierung durch Corona? Homeoffice im Februar Bayerische Forschungsinstitut für Digitale Transformation (bidt).

Hinweise zu den Autoren

TOBIAS UTZ

Tobias Utz ist Geschäftsführer von Tobias Utz Consulting. Er war tätig vom globalen Automobilhersteller über Premium-Automobil-Zulieferer bis hin zum Mittelständler und vom Einkäufer, Vertriebsleiter bis zum Business-Unit-Leiter. Die aus der Praxis gewonnenen Erkenntnisse, untermauert mit weitreichenden Fortbildungen, machen ihn heute zu einem gefragten Berater im Bereich Leadership und Transformation. Zudem bringt er seine Erfahrung und sein Fachwissen als Trainer und Projektmanager bei Milz & Comp. für vertriebliche Optimierung ein.

Kontaktdaten

E-Mail: tobias-utz.com

NINA HOTTINGER

Nina Hottinger ist Organisationsberaterin, Managementtrainerin und Coach. Ihr Arbeitsschwerpunkt liegt in der Begleitung von Unternehmen bezüglich nachhaltiger Führungskräfteentwicklung, Veränderungsprojekten, Kulturentwicklung sowie betrieblicher Gesundheitsförderung. Die Freude an der Arbeit mit Menschen in Systemen begleitet Nina Hottinger von der ersten Stelle nach dem Studium bei einem Beratungsunternehmen bis heute als selbstständige Beraterin, Projektleiterin und Trainerin. Dazu gehört vor allem das Sichtbarmachen von Unsichtbarem in Organisationen mit einer ressourcenorientierten und wertschätzenden Haltung. Auch sie bringt ihre Erfahrung und Fachwissen als Trainerin und Projektmanagerin bei Milz & Comp. für vertriebliche Optimierung ein.

Kontaktdaten

E-Mail: www.nhconsulting.ch

IT und Systeme für einen effizienten Vertrieb

Kundenfokus leicht gemacht?

Der steinige Weg von Daten zum Kundenverstehen

Dr. Norbert Jesse
Geschäftsführung
QuinScape GmbH

Christian Schneider
Bereichsleiter Data & Analytics
QuinScape GmbH

Digitalisierung für den Vertrieb

Digitalisierung und Datafikation verändern bekanntermaßen die Welt. Nur Unternehmen, die das disruptive Potenzial von Software nutzen, haben eine Zukunft. Die »alte« IT mit ihren strukturierten Daten verschafft im besten Fall etwas Zeit, aber keine Wettbewerbsfähigkeit. *Business heute ist schnell, transparent und datengetrieben.* Die sprudelnden Datenquellen mit ihren semi- und unstrukturierten Daten – wie etwa E-Mails, Kommentare in Social Media, geomarkierte Bilder, Sensordaten u. v. a. m. – erfordern völlig neue IT-Strukturen, Werkzeuge und Kompetenzen, um diesen Anforderungen zu genügen. Unerlässlich sind eine Datenstrategie und die Fähigkeit zur datenbasierten Entscheidung auch in Echtzeit.

Die QuinScape GmbH steht für eine hohe IT-Engineeringkompetenz, für Datenstrategien und Entscheidungssysteme. Als Spezialist für moderne und hochwertige Dateninfrastrukturen sowie als Berater für Daten- und Analysestrategien verfügt QuinScape über eine lange Geschichte mit anspruchsvollen Projekten für die digitale Transformation.

Beide Autoren haben an der Erfolgsgeschichte von QuinScape mitgeschrieben: Christian Schneider als Leiter des Bereichs Data & Analytics, Dr. Norbert Jesse als einer der Gründer und Geschäftsführer. In diesem Beitrag skizzieren sie IT-Herausforderungen im Vertrieb und zeigen in einer Success Story auf, wie Probleme zu Chancen werden.

Unternehmen bewegen sich bei ihren Entscheidungen mehr denn je in einem Spannungsfeld zwischen Komplexität und Dynamik. Zunächst: Nicht nur große Unternehmen bestehen aus vielen, z. T. Hunderten Einzelunternehmen, verteilt über viele Länder. Selbst kleine Unternehmen verfügen oft über Entwicklungs-, Produktions- oder Verkaufsorganisationen im nahen und fernen Ausland. Aber diese internationale Verflechtung ist nicht allein Ursache für den schwierigen Entscheidungskontext und die verschärften Anforderungen an Reaktionszeiten. Neben soziopolitischen Veränderungen sind als zentrale Ursachen die technischen Disruptionen und die massive Digitalisierung der Geschäftsmodelle auszumachen. Alle unternehmerischen Bereiche sind mehr denn je gefordert, einen essenziellen Beitrag zum wirtschaftlichen Erfolg zu leisten. An dieser Stelle werden wir ausloten, wie die Digitalisierung den Vertrieb als Treiber des Umsatzes fordert und welchen Beitrag die IT als Partner des Vertriebes leisten muss.

Spätestens Ende der 1990er-Jahre zeichnete sich ab, dass das Internet alle Lebensbereiche der Menschen durchdringen wird und der Vertrieb den Zugang zum Kunden komplett überdenken muss. Heute findet die Kundenentwicklung – von der Ansprache über die Leadbearbeitung bis hin zu Maßnahmen der Kundenbindung – massiv digital statt. Unternehmen sind gezwungen, die Vielzahl der digitalen Vertriebskanäle gekonnt und flexibel zu »bespielen«. Die Trennung in Marketing und Vertrieb erscheint zunehmend künstlich. Resultat: eine ungeheure Flut an Daten aus verschiedenen Quellen über Kunden und Interessenten.

Fünf Dimensionen spannen den Raum auf, in dem Unternehmen ihre vertriebliche Gestaltungskraft beweisen müssen:

- **Kundengewinnung und -bindung schaltet um von Push- auf Pull-Logik**
  Zielkunden werden nicht mehr »bedrängt« (push), sondern mittels attraktiver Informationen zu Produkten und Services in einen Verkaufsprozess hineingezogen (pull). Angebote sollen mittels Search Engine Optimization (SEO) gefunden werden und der Onlineverkaufsprozess muss attraktiv gestaltet sein (User Experience). Die Präsenz in den sozialen Medien erfordert Überzeugungskraft (Content), z. B. mithilfe von Whitepaper und Blogbeiträgen, Webinaren u. a. m.
- **360-Grad-Sicht auf Kunden**
  Notwendig ist es, die bei jedem Kundenkontakt (Customer Journey) entstehenden Daten zu erfassen und für Entscheidungen nutzbar zu machen. Die Spannbreite reicht von der Identifikation abgebrochener Bestellungen über das Bezahlverhalten bis hin zu Lieferpräferenzen (Logistik) und Reklamationsdetails. Die Zahl der digitalen Touch Points wächst immens und die physischen Touch Points (insbesondere die Shops) treten in ihrer Bedeutung in den Hintergrund.
- **»Verschneiden« von Kundendaten mit zugekauften Daten**
  Daten werden weithin zu einer Handelsware. So mag etwa die Verwendung zugekaufter Wetterdaten einen wesentlichen Beitrag leisten, um Lagerbestände oder

Preise zu optimieren. Die Analyse von raumbezogenen Verkaufsmustern kann ebenso interessant sein wie die Einbindung fremder Informationen (Daten) zu komplementären Produkten im Webshop (von Straßenkarten bis hin zu Koppelprodukten, wie z. B. im Reisemarkt üblich).

- **Personalisierung von Angeboten und digitalen Erlebnissen**
  Personalisierung setzt ein gutes Verständnis der Motivationen, Wünsche und Interessen der Zielgruppen voraus. Verkaufsfördernd sind etwa ein Dynamic Pricing oder intelligente Empfehlungsmechanismen.

- **Plattformen als Ersatz für Brick-and-Mortar-Einkaufszentren und -straßen**
  Verkaufsplattformen wie Amazon und Ebay sind nur zwei exponierte Beispiele für die Entwicklung hin zu Verkaufsplattformen, auf denen Drittanbieter einen großen Teil ihrer Geschäfte abwickeln. Die Hotelplattform Expedia z. B. bietet den Zugang zu Webseiten anderer Anbieter, um Flüge, Autos und natürlich Hotelräume zu buchen – und erzeugt damit 90 % ihres Umsatzes (in 2019 rd. 12 Mrd. US-Dollar).

Jede der fünf genannten Dimensionen allein erzwingt den Einsatz modernster Softwarelösungen für das Zusammenführen und die Aufbereitung von Daten. Für die IT-Verantwortlichen ergeben sich hieraus erhebliche Konsequenzen.

Kundendaten als Asset

Die wesentlichen Kundendaten liegen typischerweise in CRM-Systemen (Customer-Relationship-Management), die je nach Unternehmensgröße und Geschäftsmodell verschiedene Schwerpunkte setzen (Kumar/Reinartz, 2018). So mag es sich um

- operatives CRM handeln, die vor allem die alltägliche Kommunikation mit den Kunden abbilden,
- kollaboratives CRM, die den Fokus auf die gemeinschaftliche Arbeit der CRM-Nutzer legen (CRM als Teamarbeit), oder
- analytisches CRM, mit der Vertrieb und Marketing über Kennzahlen gesteuert werden sollen.

Dieser Fokus auf CRM-Software ist natürlich nicht falsch, greift aber absehbar viel zu kurz. Angesichts der exponentiell wachsenden Mengen an Daten (Informationen) über Kunden und Interessenten, die über die digitalen Kanäle hereinströmen, werden die Fragen an den Vertrieb (und das Marketing) immer herausfordernder. So interessieren im Sales Engineering etwa Fragen wie:

- Wie zufrieden waren die Kunden mit einem Einkauf?
- War die Lieferung erfolgreich bzw. welche Probleme traten auf?
- Geht ein Kauf auf eine Social-Media-Werbekampagne zurück?
- Welche Beträge geben Kunden aufgrund einer spezifischen Kampagne aus?
- Wie bewerten meine Kunden meine Angebote in sozialen Medien?

- Welche Kaufmuster korrespondieren mit Kundengruppen?
- Wie erreiche ich spezifische Zielgruppen am besten?
- Wie erkenne ich frühzeitig Kunden, die mit Angeboten nicht zufrieden sind?
- Wie erkenne ich Kunden mit einem hohen Wachstumspotenzial?

Um diese und ähnliche Fragen beantworten zu können, müssen Daten aus allen Datenquellen herangezogen werden: Logistikdaten, Twitter-Statements, E-Mails, Finanzdaten, Wetterdaten – um nur einige zu nennen. Die Auswertungen beziehen sich dann auf eine Vielzahl an Produkten, Brands, Regionen oder Länder.

Die Ausrichtung der IT auf klassisches CRM und Altsysteme der IT (die sogenannte Legacy IT) reicht für die Beantwortung solcher Fragen bei Weitem nicht aus. Die digitale Transformation des Vertriebsprozesses kann nur gelingen, wenn Kundendaten als zentrales Unternehmenskapital (»Asset«) behandelt werden. Dies erfordert eine moderne, anpassungsfähige IT. Die technologischen Instrumentarien sind heute verfügbar, um die Vielfalt der Daten – Zahlen, Texte, Bilder, Videos – zu speichern, zu integrieren und auszuwerten. Technologien für Data Warehouses, Data Lakes oder Data Virtualization ermöglichen eine flexible Datenspeicherung. Hochperformante Tools für die Orchestrierung der Datenflüsse und Schnittstellen (Konnektoren, API-Management) garantieren, dass Daten in Echtzeit fließen und den Datennutzern für Analysen zur Verfügung stehen. Sie brechen bestehende Datensilos und Datenfragmentierung auf – und schaffen damit die Voraussetzung für die Beantwortung der skizzierten Fragen.

Angesichts der exponentiellen technologischen Entwicklungen und dynamischen Veränderung der Geschäftsmodelle bedarf es einer klaren Datenstrategie und einer flexiblen Architektur für das Datenmanagement. Ziel muss eine Art »Data Fabric« sein, die sich aller Möglichkeiten bedient, um die relevanten Daten zu managen – und dies wenn nötig in Realzeit.

In der Datenanalyse bewegen sich Unternehmen zunehmend von einem klassischen Business-Intelligence-Ansatz (im Sinne eines standardisierten Reportings) hin zu der Fähigkeit, tiefergehende Analysen zu betreiben. Unter dem Stichwort »Analytics« stehen seit geraumer Zeit Werkzeuge zur Verfügung, die stark sind in der Visualisierung von Zusammenhängen und die Self-Serviceauswertungen ermöglichen. Es ist nur eine Frage der Zeit, bis Maschinelles Lernen (Machine Learning, Data Mining), also das Erkennen von Mustern und Trends in Kundendaten, zum Standardrepertoire der Vertriebsstrategie gehört. Wie schnell Ansätze des Deep Learning (KI) im Vertrieb eine Rolle spielen werden, bleibt abzuwarten. Erste Einsatzfelder im Kontext von Sentiment Analysis (Stimmungsanalyse), Bildanalysen und Empfehlungssystemen sind schon heute erfolgreich besetzt.

Im Folgenden wollen wir den Fokus jedoch nicht auf Self-Service- oder Machine-Learning-Verfahren legen, sondern auf die spezifischen Herausforderungen des Datenmanagements und die Notwendigkeit, IT-bezogen organisatorische Konsequenzen zu ziehen.

Datenmanagement als zentrale Aufgabe der IT

Flexible Datenarchitekturen

Es zeichnet sich ab, dass die Erzeugung oder das Schürfen von Kundendaten, von Daten zu Geschäftstransaktionen und zur Kundenzufriedenheit, nicht das zentrale Problem ist. Mit jedem Kauf im Onlineshop, mit jedem Download einer Produktinformation und mit jedem Kommentar zu einem produktnahen Thema auf einer Social-Media-Plattform wird eine Fülle an neuen Daten erzeugt. Herausfordernd ist nicht diese Datenflut per se, sondern ihre gut organisierte Integration in die IT-Systeme und die Aufbereitung mit geeigneten Softwarewerkzeugen (»Data Wellness«). Nur wenn Daten strukturiert und in einer bereinigten Form zur Verfügung gestellt werden, lassen sich die notwendigen Entscheidungen für das Business ableiten. Es ist der Bereich zwischen den Rohdaten auf der einen Seite und den verschiedenen Nutzern (Analysten, Data Scientist, Produktmanager u. a. m.) auf der anderen, der eine besondere Herausforderung darstellt. Es sind die Datenflüsse von den Datenbanken für die initiale Datenspeicherung hin zum Datennutzer mit seinen Analysewerkzeugen, die komplex sind. Und es geht um die Orchestrierung der Datenflüsse mit unterschiedlichen Geschwindigkeiten.

Daten sind allerdings selten einfach, sondern meistens anspruchsvoll und bedürfen sorgfältiger Pflege. Pointierter formuliert: Datenvolumen, Datenqualität, Datenarchitekturen, Datenvernetzung, Datenauswertung – und das in einem dynamischen Umfeld – erfordern eine moderne, agile IT-Infrastruktur, die performante Werkzeuge einzusetzen versteht.

Analysiert man IT-Architekturen in modernen Unternehmen, so ist augenfällig, dass heute eine Vielzahl datenhaltender Systeme und Softwerkzeuge zusammenspielen. Allein die Integration von CRM-Daten aus verschiedenen Landesgesellschaften ist herausfordernd. Die Integration weiterer Datenquellen – etwa aus der Logistik oder der Reklamationsannahme – setzt die Aneignung geeigneter IT-Kompetenz voraus. Die Datenarchitektur muss anpassungsfähig sein und Schritt halten mit den wachsenden Anforderungen der Datennutzer. Die IT muss zu einem Treiber werden, der alle technologischen Optionen in die Geschäftsentwicklung und damit auch den Vertrieb einbringt – egal ob On-Premise, in (Multi-)Cloud-Architekturen oder hybrid. Dies setzt aufseiten der IT zweifellos ein ausgeprägtes Verständnis der Vertriebs- und Marketing-bedürfnisse voraus.

Datenqualität als Voraussetzung

Einige wenige Zahlen von Larisa Bedgood (Bedgood, 2015), Spezialistin für Omnichannel-Marketing, veranschaulichen die Relevanz einer mangelnden Datenqualität:

- Nahezu 40 % aller Unternehmensdaten sind nicht akkurat genug.
- 92 % der befragten Unternehmen gestehen es sich zu, dass ihre Daten nicht gut genug sind.
- 66 % der befragten Unternehmen glauben, hieraus Nachteile zu haben.

Etwa 40–50 % des IT-Budgets und 40 % der operativen Kosten eines Unternehmens könnten nach Bedgood langfristig durch eine »Data Quality Initiative« reduziert werden – wobei sich der Umsatz um 15–20 % steigern ließe. Dem TDWI (The Dataware-house Institute) zufolge verursachen Fehler in Adressdatenbanken allein in den USA Wirtschaftsschäden von rd. 600 Mrd. US-Dollar. Schätzungen gehen davon aus, dass eine gut gepflegte Datenbank zwischen 2 und 10 %, eine schlecht gepflegte zwischen 20 und 30 % Dubletten enthält. Kosten sind programmiert und schlechte Qualität ist stets schlecht für das Geschäft. Was für Güter und Dienstleistungen gilt, trifft auch auf Daten in Unternehmen zu. In diesem Punkt verhalten sich Daten nicht anders als andere Assets.

Die Ursache für schlechte Kundendaten sind vielfältig und reichen von falschen manuellen Eingaben, ländertypisch unterschiedlichen Schreibweisen und Duplikaten bis zu Übertragungsfehlern. Und manchmal sind Daten auch nur schlicht veraltet. »Data is always dirtier than we imagine«, stellt Carl Anderson, angesehener Data Scientist, lapidar fest. Das Problem gewinnt zunehmend an Schärfe angesichts explodierender Datenmengen, der Notwendigkeit eines immer schnelleren Erkenntnisgewinns, mächtiger Datensilos und natürlich der gegebenen Grenzen für IT-Investments.

Für jede Art von Auswertung, Analysen und Vorhersagen sind unvollständige, nicht kohärente, schlicht fehlerhafte oder verrauschte Daten schädlich. Datenqualität ist gleichermaßen relevant für einfachste Reports, komplexe Analysen zur Vorhersage und Maschinelles Lernen (ML). Im einfachen operativen Fall führen falsche Lieferanschriften zu erheblichen Kosten in der Logistik und zu Ärger mit Kunden. Die besten statistischen Verfahren und ML-Modelle performen nicht, wenn sie auf einem unzulänglichen Datenbestand arbeiten. Mit einer schlechten Datenbasis für die Modellierung eines Empfehlungssystems lässt sich das Umsatzpotenzial nicht ausschöpfen. Auch hier gilt: Garbage in, garbage out. Im Kern stellt sich folglich die Frage, wie sehr Unternehmen ihren Daten vertrauen können (»Trust Level«).

Data Cleaning treibt Data Science

Im Kontext von Data-Science-Projekten ist eine strikte Qualitätssicherung von Daten unerlässlich. Die Realität beschreibt Thomson Nguyen, Data Scientist mit vielfältiger praktischer Erfahrung, mit diesen Worten: »80 % of my time was spent cleaning the data. Better data will always beat better models.« (Anderson, 2015)

Data Cleaning setzt gute Domänenkenntnis voraus. Es geht stets um die Identifikation von Problemen in der Datenqualität und die Einleitung geeigneter Gegenmaßnahmen. Die fundamentalen Aufgaben bestehen typischerweise darin:

- einzelne Instanzen (Datenreihen) oder Variables bzw. Features (Spalten) zu entfernen, wenn Werte fehlen oder nur wenige Werte vorliegen
- Instanzen zu entfernen, sofern die Variablen nur eine geringe Varianz aufweisen;
- Duplikate in den Instanzen zu bereinigen;
- fehlende Werte abzuschätzen und einzusetzen (Imputation)
- Ausreißer zu eliminieren.

Zwei Erläuterungen mögen die Aufgaben veranschaulichen. Erstens: Fehlende Daten sind insbesondere für Machine-Learning-Algorithmen ein beträchtliches Problem. Ein populärer Weg für die Abschätzung von guten Näherungswerten führt über pragmatische statistische Abschätzungen. Häufig eine gute Wahl ist auch der sogenannte k-Nearest-Neighbor-Algorithmus, ein Klassifikationsverfahren, bei dem fehlende Werte unter Berücksichtigung der nächsten (Daten-)Nachbarn kalkuliert werden.

Zweitens: Eine besondere Bedeutung kommt der Identifikation und Entfernung von Ausreißerdaten (Outlier) zu. Datensätze können extreme Werte enthalten, also Werte, die weit außerhalb des erwartbaren Wertebereiches liegen. Was genau »weit« ist, hängt stets von der Domäne ab. Wahrscheinlichkeitsbasierte Methoden zur Identifizierung von Outliern etwa gehen davon aus, dass sich zulässige Daten nur in Bereichen mit einer hohen Wahrscheinlichkeit in der Definition eines stochastischen Modells befinden. Ansätze des Maschinellen Lernens nutzen z. B. Klassifikationsverfahren.

Datenvorbereitung ist mehr als Data Cleaning

Data Cleaning ist ein essenzieller Arbeitsschritt im Rahmen der Datenvorbereitung. Insbesondere dort, wo es um Data Science geht, ist Data Cleaning von tragender Relevanz.

Grundsätzlich lassen sich jedoch die folgenden Arbeitsschritte unterscheiden:
1. Data Cleaning: Identifizierung und Korrektur von Datenfehlern
2. Feature Selection: Identifizierung der besonders bedeutsamen Variablen für die jeweilige Fragestellung

3. Data Transformation: Veränderung des Formats oder der Struktur von Variablen, um Datenkompatibilität zu schaffen (z. B. Normierung auf die Skala 0–1; Transformation von klassifikatorischen Werten wie »männlich«/»weiblich« in Zahlen)
4. Feature Engineering: Ableitung neuer Daten aus den vorhandenen
5. Dimensionality Reduction: Projektion eines hochdimensionalen Datensatzes in einen niedrigerdimensionalen Raum (z. B. Aggregation mehrerer hoch-korrelierender Variablen zu einer neuen)

Nicht ohne Grund steht Data Cleaning hier an erster Stelle: Ohne »saubere« Daten werden die Folgearbeiten nur bedingt erfolgreiche Ergebnisse erbringen.

Effiziente Datenvorbereitung mit performanten Werkzeugen

Die wenigen Hinweise sollen zeigen, dass Datenmanagement ein wesentliches Element in der Datenkultur eines Unternehmens ist. Diese Kompetenz ist unerlässlich, um die statischen und »fließenden« Daten von Clickstreams oder Kampagnen für weitere Analysen vorzubereiten. Um mit Jason Brownlee (Brownlee, 2020) zu sprechen: »Knowing how to properly clean and assemble your data will set you miles apart from others in your field.«

Es ist offensichtlich, dass manuell ausgerichtete »Pflegearbeiten« spätestens in Zeiten von Big Data und Realzeitanwendungen nicht weit tragen. Daten-zentrische Unternehmen setzen daher schon seit geraumer Zeit auf Automatismen, die intelligente Methoden der Fehleridentifizierung umfassen und integraler Teil des gesamten Prozesses der Datenvorbereitung sind. In dem Maße, wie Daten an Komplexität gewinnen und Vertrauenswürdigkeit unerlässlich wird (Trusted Data), entwickeln sich auch diese Werkzeuge weiter.

Datenkompetenz und Verantwortlichkeiten

Organisatorische Implikationen

Es spricht einiges dafür, die Verantwortlichkeit für die Weiterentwicklung des »Datengeschäftes« in eine Hand zu legen, die sich als Brückenbauer zwischen Fachabteilungen (hier: dem Vertrieb) und der IT-Welt versteht. Schon länger in der Diskussion ist die Relevanz eines Chief Data Officer (CDO). Ob man es bei einem CIO belässt oder einen CDO installiert, die Aufgaben bleiben dieselben: Es ist notwendig, die digitale Transformation auf ein neues Niveau zu heben. Dem CDO/CIO kommt es zu, alle Dimensionen der Unternehmensdaten in den Blick zu nehmen und im Sinne einer Data Governance die unternehmensinternen Rahmenbedingungen für die Zuweisung von

Entscheidungsstrukturen und die Nutzung von Daten zu regeln. Themenfelder in diesem Zusammenhang sind:

- Datenkatalogisierung (Data Catalog)
- Data Compliance (Konformität mit rechtlichen Vorgaben)
- Datenherkunft (Data Lineage)
- Datensouveränität
- Datenschutz und -sicherheit

Weiter muss die Pflicht des Datenverantwortlichen sein:

- eine Vision und Strategie für das Datenmanagement zu entwickeln und durchzusetzen
- Master- und Meta-Daten zu harmonisieren
- Standards und Regeln für das Datenmanagement einzufordern
- Metriken und KPIs für Datenmanagement und -qualität zu entwickeln
- die notwendige Datenarchitektur für das sogenannte Line of Business zu entwickeln (DWHs, Data Lakes, Data Sandboxes etc.)
- das Zusammenspiel von On-Premise und Cloud zu organisieren.

Der CDO steht nicht allein. Unterhalb dieser C-Ebene entwickeln sich vielfältige Berufsbilder, die für die operative Umsetzung verantwortlich zeichnen. Data Engineers, Data Scientists, Data Stewards, Data Analytics Officer, Coding Data Scientist, Applied Data Scientist oder Data Service Providers bringen neue Kompetenzen in die IT ein. Dass diese neuen Rollen und entsprechende Teams nur Schritt für Schritt aufgebaut werden sollten, liegt auch angesichts fehlender Blaupausen nahe. Letztendlich bedarf es aber sorgfältiger Aufgabenbeschreibungen für die jeweiligen Tätigkeiten.

Tabelle 1 skizziert einige der Anforderungen, die über die Fachlichkeit hinausgehen (beim Data Scientist etwa die Kompetenz in der mathematischen Statistik und dem Machine Learning). Es wird deutlich, dass die kundenbezogene digitale Transformation erfordert, alle eingefahrenen organisatorischen Strukturen und Prozesse zu hinterfragen (Organizational Design).

Rolle	Charakteristik
Data Scientist	• Verbindung zum Business Developer in der Strategieabteilung • Verständnis für den Nutzen der Auswertung von Daten schaffen • Schnittstelle zwischen der IT und den Fachabteilungen • Support einer erweiterten Kooperation über alle Fachbereiche hinweg
Data Steward	• Link zu den Fachabteilungen • Mitwirkung an allen Aktivitäten für Data Governance • Führende Rolle bei der Definition der Daten • Sicherstellung der notwendigen Transparenz (wo kommen die Daten her, wer nutzt diese etc.?) • Identifizierung der Probleme in der Datenqualität über alle Abteilungen hinweg (Horizontal View)
Data Service Provider	• Verantwortlich für externe Daten, etwa zur Demografie, soziostrukturelle, geografische oder statistische Daten, Wetterdaten, Verkehrsdaten, Daten von Wettbewerbern …

Tab. 1: Ausgewählte Rollen und zugeordnete Aufgaben

Kompetenz erfordert Kooperation

Viele Unternehmen haben erst begonnen, ihre internen Strukturen an die neuen Anforderungen anzupassen und ihre Expertise im Datenmanagement und der Datenauswertung auszubauen. Wenn Daten und Algorithmen zunehmend überlebenswichtig sind für Unternehmen, bedarf es einer Expertise in Analytics, KI, Datenquality oder Data Governance. Angesichts der Notwendigkeit, in schwierigem Terrain passgenaue Lösungen für die unternehmerischen Bedarfslagen zu finden, benötigt die IT Freiraum zur Entfaltung, zum Experiment oder Rapid Prototyping. War sie ursprünglich angetreten, Standardsysteme für ERP und Lagerwirtschaft zu betreiben und schrittweise an neue Bedürfnisse anzupassen, so ist sie nun einem hohen Veränderungsdruck ausgesetzt.

Aufgabe der C-Ebene, vor allem des CEO und des CFO, ist es, der IT die Freiräume und die Budgets bereitzustellen für die uneingeschränkte Unterstützung des Vertriebsprozesses. Um es klar zu sagen: Es ist Gefahr im Verzug für viele Geschäftsmodelle, aber für den, der schnell dort hingeht, wo die Kunden sind, bieten sich auch erhebliche Chancen.

Am Ende wird die enge Kooperation zwischen IT und kundennahen Abteilungen über den Erfolg entscheiden. IT muss ein tiefes Verständnis für die Marktentwicklung aufbauen und Vertrieb und Marketing werden die Chancen nur nutzen, wenn sie ein angemessenes Verständnis für die Möglichkeiten der digitalen Technologien besitzen.

Use Case für Datenmanagement

Digital befeuerter Vertrieb meint die digitale Kontinuität aller Prozessschritte – vom Erstkontakt bis zur Abwicklung einer Bestellung. Es bedarf hier eines holistischen Ansatzes, um alle Interaktionen kontinuierlich zu bewerten und anzupassen.

Genau vor dieser Herausforderung stand einer unserer Kunden, bei dem wir zuvor ein KPI-Reporting umgesetzt hatten. Bereinigt um saisonale Effekte aus Vorjahresvergleichen zeichnete sich entgegen der Erwartung eine Stagnation der Verkäufe ab. Zwar hatten das Reporting und die prädiktive Analyse sehr frühzeitig Warnhinweise gegeben, allerdings war die Ursache angesichts der hohen Verdichtung der Daten nicht erkennbar. Erst im Zuge einer sorgfältigen Projektanalyse konnten die Hintergründe herausgearbeitet werden.

Wie bereits festgestellt, verschiebt sich der Zugang zum Entscheidungsprozess des Kunden in »frühe Phasen«. Der Prozess findet bis zu einem gewissen Punkt außerhalb des eigentlichen Vertriebsprozesses statt und führt meist bereits zu einer Vorentscheidung. Die Datenlage verschiebt sich also auf der Zeitachse nach vorne. Die initialen digitalen Interaktionen und der eigentliche Vertrieb verschmelzen.

In dem konkreten Fall wurden die Vertriebsprozesse zunehmend auf digitale Kanäle verlagert, angefangen bei Social Media bis hin zu Informationsportalen für Endkunden. Interaktionsdaten wurden erfasst und verarbeitet, um den Erfolg der Marketingmaßnahmen zu messen, zu optimieren und Conversation Rates zu ermitteln. Und genau hier lag das Problem: Zwar machen die üblichen Conversion-Rate-Frameworks für hochfrequente Kommunikationen auf diversen Kanälen Wirkungen sichtbar, aber dies sagt noch lange nichts über die Ursachen aus.

Durch die unterschiedlichen Informationsmöglichkeiten mit Kunden bekommt das Marketing und damit der frühe informelle Zugang beim Kunden eine zunehmend wichtige Bedeutung in der Kontaktanbahnung. Aber welche Marketingaktivität ist relevant für einen Vertriebskontakt? Wie schnell muss ein Unternehmen auf verändertes Kundenverhalten reagieren? Sepp Herberger hat die Grundlage des Closed Looped Marketing auf den Punkt gebracht: »Nach dem Spiel ist vor dem Spiel.«

Moderne CRM-Systeme sind in der Lage, Interaktionen von Kunden zu erfassen und sie zuzuordnen. Um den Kunden im Zentrum entsteht ein Datenlabyrinth mit gezielten Suchen und Sackgassen, die – richtig ausgewertet – wertvolle Informationen über die Kaufintention enthalten. Eine flexible Speicherung immer neuer Informationsquellen bedarf einer flexiblen Datenbasis, die Änderungszyklen klassischer Data Warehouses oder der Transformationslogik sind hier die limitierenden Faktoren, wenn – wie in diesem Use Case – eine hohe Datenqualität notwendig ist.

Aus Sicht des klassischen Vertriebsprozesses hatte unser Kunde nichts falsch gemacht. Die erweiterte Analytik auf den Marketing- und Vertriebsdaten haben dem Management frühzeitig Handlungsbedarf gemeldet. Dann erfolgte eine Analyse, um daraus die notwendigen Schritte einzuleiten. Die Vertriebsmitarbeiter selbst waren in diesem Fall aber eher Befragte und weniger die handelnden Akteure. Die Rückkopplung gerade von hochfrequenter Kommunikation und der Interaktion mit Kunden wurde zwar aggregiert gemessen, aber – um der Datenflut Herr zu werden – in genau diesem Aggregationszustand weiterverarbeitet. Und hier nähern wir uns dem eigentlichen Kern der Auswirkungen der digitalen Transformation – und warum für den Kunden eine Flexibilisierung der Datenarchitektur unerlässlich war.

Um die Aggregation unterschiedlicher Datenquellen in eine sich in kurzen Zyklen anpassbare Struktur zu gewährleisten, werden in modernen IT-Architekturen Data Vaults eingesetzt. Sie vereinen stabile Auswertbarkeit mit den Vorteilen von Data Warehouses. Ein in klassischen Modellen gern vernachlässigter Faktor ist die Stabilität der bestehenden Modellartefakte und somit die weitgehende Vermeidung von regressiven Änderungen und somit Gefährdung von Datenqualität und Prozessstabilität. Eine professionell aufgesetzte Data Vault garantiert den benötigten Mix aus Stabilität und Flexibilität und erfüllt die postulierte Forderung nach einer flexiblen Datenhaltung.

Zusätzlich herausfordernd war für den Kunden eine schnelle technologische Weiterentwicklung in der Cloud. Cloud Computing, die gestiegene Verfügbarkeit von Rechenleistung und Speicherplatz, boten im holistischen Gesamtkonzept ganz neue Aspekte in der Planung der Datenarchitektur. War es bisher zu teuer, eine Hochleistungsinfrastruktur über das Jahr zu hosten, nur um sie viermal im Jahr auszureizen, können elastische Cloudkonzepte erhebliche wirtschaftliche Vorteile bringen.

Im konkreten Kundenprojekt hat sich gezeigt, **dass die verdichteten Daten zwar schlüssig waren, aber aufgrund der Datenmenge nicht mehr abgeleitet werden konnte, welche der Einzelaktivitäten welchen Effekt hatten.** Konkret hatte man in Hinblick auf die bestehende Infrastruktur und der Sorge vor Überlastung darauf verzichtet, auf den Einzeldaten zu arbeiten. So simpel wie diese Erkenntnis hier steht, so sehr ist sie in Unternehmen oft ein Hindernis. Um es an einem trivialen Beispiel zu veranschaulichen: Wenn die Aufgabe darin besteht, drei positive ganze Zahlen zu der Zahl 5 zu addieren, und wenn bekannt ist, dass eine der Zahlen eine 3 war, dann ist die Lösung klar und kein Abstimmungsmeeting erforderlich. Wenn sich nun 3 Zahlen zu 10 addieren sollen, dann ist die Datenlage trotz der kleinen Änderungen um Faktoren komplexer geworden.

Letztlich geht es darum, Daten aus unterschiedlichen Quellen bzw. unterschiedlichen Kommunikationskanälen zu bewerten und den Verlauf ihrer Verdichtung nachzuvollziehen – ohne dafür Datenanalyst zu sein. Im Gegensatz zu klassischen Ansätzen sind schon heute Softwarewerkzeuge verfügbar, die unterschiedliche Cloudspeicher in den Prozess integrieren können. Somit ist es möglich, auch in stark iterativen, immer kürzeren Änderungszyklen des Marktes und des Kundenverhaltens wichtige Erkenntnisse zu gewinnen.

Auch das ist keine neue Erkenntnis: Auf eine Aktion erfolgt eine Reaktion. Allerdings verfügen wir mittlerweile über immer mehr digitale KPIs (z. B. Conversion Rates), die aus Daten berechnet werden können. Eine KPI muss jedoch immer im Kontext ihrer Erhebung und den Rahmenbedingungen betrachtet werden, in der sie definiert ist. Und hier schließt sich der Kreis zur notwendigen Datenqualität. Die Grundlage einer KPI ist eine hohe Verdichtung der Eingangsdaten. Soll diese zudem wieder als Basis für eine weitere Betrachtung dienen, so kann sich schon ein kleiner Fehler potenzieren. Eine KPI muss nachvollziehbar und im Rahmen der Data Lineage (der Rückverfolgung von Daten zu ihren Quellen) im Drilldown verifizierbar sein. Und hier hat sich der Markt gerade in den letzten Jahren rasant weiterentwickelt und bietet Plattformen, die genau diese Ansprüche bedienen.

Als **Ergebnis dieser Erkenntnis** sind zwei Schwachpunkte zu adressieren:
1. Zum einen wurde zwar ein sehr effizienter und guter Weg geschaffen, um die Datenflut in für Menschen überschaubare Übersichten zu transformieren; gleichzeitig wurde aber die Interpretierbarkeit und Zugänglichkeit der Daten durch den Vertriebsmitarbeiter vernachlässigt, da die Aggregation zu grobgranular war und der Zugang zu den Detaildaten nur den Datenexperten mit der entsprechenden technischen Expertise vorbehalten war.
2. Die Analytik wurde als reine KPI-Analytik verstanden. Eine Investition in die Unterstützung des gesamten Vertriebsprozesses und damit aller Vertriebsmitarbeiter wurde als unnötig angesehen, da man sich erhofft hatte, dass die Zyklen zur Vertriebssteuerung hinreichend lang sind und ein früher fachlicher Zugang des Vertriebs zu den Interaktionsmetriken unnötig ist. Diese Fehleinschätzung ist zwar aufgefallen, jedoch hätten die Mitarbeiter schon viel früher in den Datenfluss einbezogen werden können.

Zu Recht erlebt die Datenvirtualisierung (Davis/Eve, 2011) eine Renaissance. Sie kann ein wichtiges Bindeglied zwischen den technisch optimierten Datenmodellen und den Ansprüchen an eine logische Abbildung durch Fachabteilungen sein. Das klassische Data Warehouse ist aus der Notwendigkeit entstanden, viele Daten aus vorgelagerten Systemen zu extrahieren und zu verarbeiten. Zum einen, um diese Systeme nicht zu belasten, zum anderen, weil die Latenzen des Transfers eine Verarbeitung in einem akzeptablen Zeitraum unmöglich gemacht hätten. Das bedeutet aber auch, dass Informationen zum einen repliziert und dadurch dann auch kontinuierlich synchronisiert werden müssen – bei zeitkritischen Daten durchaus ein Problem. Die Datenvirtualisierung geht einen anderen Weg. Sie greift direkt auf die Ursprungsdaten zu, auch wenn sie aus verschiedenen Quellen kommen, und stellt sie homogen als eine Datenquelle für die Auswertung zur Verfügung. Die Notwendigkeit zur Replikation und damit zu Synchronisierungsmechanismen entfällt in einem Logical Data Warehouse und kommt somit nicht on top, sondern schmiegt sich als Baustein in die Architektur ein. Und hier spielt sie ihre Stärke für den Fachbereich aus. Die Transformation von einem technischen in ein fachliches Objekt benötigt keine unnötige Zwischenspeicherung und Synchronisation mehr. Das Arbeiten auf einer fachlichen Sicht der Daten mit der ihr eigenen Nomenklatur und Struktur erhöht die Zugänglichkeit und sichert damit die Qualität. Genau hier ist der Übergang von der technischen Verarbeitung zu einer fachlichen Analyse. Und genau hier entscheidet sich oft der Grad der Qualität eines analytischen Prozesses und dessen Nutzen.

Letztlich haben wir mit dem Kunden einen Blueprint erarbeitet, mit dem Vertriebsmitarbeiter über die logische Abbildung der Daten in die Lage versetzt werden, die Metriken zu analysieren, die für ihre Arbeit relevant sind. Dies reicht bis auf die Ebene der Ansprechpartner hinunter und erlaubt das Erkennen von Mustern im Kaufverhalten. Die DSGVO-konforme Verarbeitung der Daten ebenso wie die fachliche Abbildung haben sich durch eine deutliche Steigerung der Abschlüsse letztlich rentiert, da Informationen schneller, punktgenauer und verlässlicher verfügbar waren.

Zusammenfassend lässt sich für den Use Case feststellen, dass die fortgeschrittene Digitalisierung zu einem Umdenken auch im Vertrieb führen muss und wird. Insbesondere die Veränderung im persönlichen Kontakt und der Anbahnung kann kompensiert werden. Die technischen Plattformen helfen, die neue Komplexität zu beherrschen. Sicherlich benötigt man Experten, um eine solche Infrastruktur effizient aufzubauen, gleichzeitig bietet sie aber gerade in der jetzigen Zeit die Möglichkeit, sich für zukünftige Herausforderungen sicher aufzustellen. Dabei muss die technische Expertise einhergehen mit dem Willen des Managements, die Prozesse mit Weitsicht zu beurteilen.

Erstaunlicherweise wird der digitale Vertrieb über die Analytik wieder ein Stück weit in die Hände derjenigen Menschen gelegt, die letztlich und nach wie vor der ausschlaggebende Faktor für den Erfolg sind: die Vertriebsmitarbeiter.

Lessons Learned

- Kundengewinnung erfordert eine substanzielle Digitalisierung von Marketing und Vertrieb.
- Kundendaten sind das zentrale Asset eines Unternehmens und müssen auch so behandelt werden.
- Datenintegration und -analytics erfordern ein Invest in Software.
- Die IT muss neue Rollen und Verantwortlichkeiten im Kontext der Daten ausprägen.
- Es ist sinnvoll, mit überschaubaren Use Cases zu beginnen, diese aber in eine globale Digitalisierungsstrategie einzubetten.

Literaturverzeichnis

Anderson, C. (2015): Creating a Data-Driven Organization. Practical Advices from the Trenches. Beijing u. a.

Bedgood, L. 2015): The Ultimate Guide to Data Quality and Business Intelligence, in: https://www.linkedin.com/pulse/ultimate-guide-data-quality-business-intelligence-larisa-bedgood/, abgerufen am 2.2.2021

Brownlee, J. (2020): Data Preparation in Machine Learning. Data Cleaning, Feature Selections, and Data Transforms in Python, Edition v1.1., eBook

Davis, Judith R./Eve R. (2011): Data Virtualization. Going Beyond Traditional Data Integration to Achieve Business Agility. U.S.

Kotler, Ph./Rackham, N./Krishnaswamy, S. (…): Ending the War Between Sales and Marketing. From the Magazine, (July-August 2006)

Kumar, V./Reinartz, W. (2018): Customer Relationship Management. Concepts, Strategy, and Tools. 3rd Edition, Berlin

Plotkin, D. (2014): Data Stewardship. An Actionable Guide to Effective Data Management and Data Governance. Amsterdam u. a.

Hinweise zu den Autoren

DR. NORBERT JESSE

Dr. Norbert Jesse ist Mitgründer und einer der Geschäftsführer der QuinScape GmbH, ein IT-Dienstleister mit Schwerpunkten auf Data Management und Analytics. Jesse hat einen breiten praktischen und wissenschaftlichen Background. Er verfügt über vielfältige internationale Erfahrungen und ist (Co-)Autor von mehr als 50 Konferenzbeiträgen und sechs Büchern. Als Lecturer im MSc-Programm »Engineering Management« und Gastprofessor an der TU Wien trägt er regelmäßig zu Management- und IT-Themen vor.

CHRISTIAN SCHNEIDER

Christian Schneider ist der Bereichsleiter Data & Analytics bei der QuinScape GmbH. Als Senior Consultant war er langjährig in internationalen Großprojekten tätig und kennt die vielfältigen Herausforderungen von Digitalisierungsprojekten aus der praktischen Arbeit. Im Rahmen der strategischen Ausrichtung des Data-&-Analytics-Bereichs veröffentlicht er regelmäßig Blogbeiträge und veranstaltet Webinare rund um das Thema Datenstrategie.

Agile Methoden im Vertrieb

Mit Kanban Arbeitsprozesse effizient visualisieren

Dr. Cora Keil
Verkaufsleiterin/Sales Managerin
MEGGLE GmbH & Co. KG

Ausgangssituation: Dynamisches Wachstum – nur nicht in den Strukturen

In den letzten Jahrzehnten hat sich der pharmazeutische Markt zunehmend verändert. Ein gestiegener Wettbewerb mit einem damit verbundenen Druck zur Kostensenkung und Qualitätssteigerung erfordert immer höhere Flexibilität von den Unternehmen. Diese wird auch benötigt, um der steigenden Marktdynamik und den hochwertigen Kundenwünschen gerecht werden zu können.

Die Strukturen des vorliegenden Unternehmens, bei dem es sich um einen früheren Arbeitgeber von mir handelt, waren innerhalb der letzten 40 Jahre entstanden und wurden von Mitarbeitern, die stellenweise über Jahrzehnte in der Firma beschäftigt waren, im Rahmen der Routinearbeit eingeführt, optimiert und weiterentwickelt. Die Strukturen waren auf eine kleine Firma mit einer überschaubaren Mitarbeiterzahl und Anzahl an Projekten ausgerichtet, waren dann aber den gestiegenen Anforderungen der heutigen Zeit und der aktuellen Größe der Firma nicht mehr gewachsen.

Die Produkte, die in dem Unternehmen hergestellt wurden, waren größtenteils ebenfalls seit Jahrzehnten im Produktportfolio enthalten und wurden seit Beginn für Stammkunden in unveränderter Art und Weise produziert. Dies bedeutete, dass es eine große Zahl an Routine-Produktionen gab, mit denen das Unternehmen seinen Gewinn machte. Die veränderte Situation auf dem pharmazeutischen Markt mit
- Verschärfungen in den regulatorischen Anforderungen,
- erhöhten Qualitätsansprüchen,
- erhöhtem Preisdruck,
- verändertem Marktbedarf und damit,

- Veränderungen der Chargengrößen und
- zunehmenden Neuanfragen durch Expansion der Herstellkapazitäten

erforderte nun eine Organisation, die zusätzlich zu dem bestehenden Routinebetrieb vermehrt Zeit und Ressourcen für neue Projekte bereitstellte. Es mussten zehnmal so viele Angebote wie bisher sowohl für Bestandskunden als auch für Neukunden geschrieben werden.

Allerdings war kein Budget für neue Mitarbeiter vorhanden und die Belastung musste durch das vorhandene Personal abgedeckt werden.

Als zusätzliche Herausforderung hatte ich selbst als alleinerziehende Mutter in der Führungsrolle nur bedingt Möglichkeiten, Überstunden zu machen, ebenso wie Teile meines Teams, die nur in Teilzeit arbeiteten. Nichtsdestotrotz brauchte es Transparenz und Überblick darüber

- wie viele Aufgaben wir gerade bearbeiteten,
- wie viele Aufgaben noch in der Pipeline auf Bearbeitung warteten,
- wer an welcher Aufgabe arbeitete,
- wie (un-)gleichmäßig die Aufgabenbelastung im Team war,
- in welchem Stadium welche Aufgabe war, um überraschende Krankheiten im Team abdecken zu können,
- an welcher Stelle nichts voranging und Hilfe oder Rückmeldung von anderen notwendig war,
- welche Aufgaben bereits erledigt waren,
- welche Angebote zwar abgeschlossen waren, aber beim Kunden nachgehalten werden mussten,
- welche Aufgaben welche Priorität hatten

und nicht zuletzt mussten die teilweise sehr kurzen Fristen zur Angebotsabgabe zwingend eingehalten werden.

Problemlösung

Nachdem die Ressourcen in der Arbeit immer weniger wurden und die Arbeit immer mehr, hatte ich dann irgendwann intuitiv und aus dem Bauch heraus angefangen, eine Magnetwand mit Karten zu bestücken, in dem Versuch, den Überblick zu behalten. Dieselbe Methode implementierte ich übrigens auch zuhause.

Irgendwann erzählte mir dann die Operational-Excellence-Abteilung des Unternehmens, dass das, was ich da in der Arbeit und später zuhause intuitiv erstellt hatte, ein sogenanntes Kanban-Board war. Und so bekam die Methode einen Namen. Und genau das ist eine der großen Stärken dieser Methode – sie lässt sich weitgehend intuitiv und problemlos in bestehende Strukturen und Organisationen implementieren, ohne dass es dazu eines großen Veränderungsprozesses mit den damit verbundenen potenziellen Widerständen aus der Belegschaft bedarf.

Einführung in Kanban

Kanban ist eine mittlerweile weit verbreitete Methode aus dem Lean Management. Sie wird besonders in der IT-Branche, aber auch in produzierenden Gewerben verwendet, findet aber auch immer mehr Einzug in Büros und administrative Managementbereiche. Das liegt daran, dass die Methode sehr schnell implementierbar ist, kaum Veränderung der bestehenden Prozesse bedarf und die Vorteile sehr schnell für alle Beteiligten spürbar sind.

Die Entstehung der Methode geht bereits auf das Jahr 1947 zurück. Damals wurde das System von Taiichi Ohno, einem Ingenieur und Geschäftsmann von dem Autohersteller Toyota in Japan entwickelt. Für die Methodik ließ er sich von einer völlig anderen Branche inspirieren – von Supermärkten und ihrer Verwaltung von Lagerbeständen. Dort entnimmt ein Kunde eine Ware und die Lücke wird im Regal wieder aufgefüllt. Supermärkte haben aber auch nur so viele Produkte auf Lager wie gerade notwendig, um die Nachfrage der Verbraucher erfüllen zu können. In Anlehnung daran änderte Toyota das bisherige Prinzip, eine bestimmte Menge an Autos zu produzieren und auf den Markt zu bringen und wechselte zur auftragsbasierten oder auch »Just-in-Time«-Produktion. Das bedeutet, die Herstellung eines Fahrzeugs wurde erst dann gestartet, wenn der Bedarf für das Fahrzeug auch tatsächlich vorhanden war und als solcher in Form einer Bestellung adressiert wurde.

Das Wort »Kanban« stammt aus dem Japanischen und setzt sich aus den zwei Symbolen bzw. Worten »Kan« (visualisieren) und »ban« (Schild) zusammen. Wörtlich übersetzt bedeutet Kanban daher so viel wie »visuelles Signal«.

Abb. 1: Die zwei Symbole für die Wörter, aus denen sich der Begriff Kanban zusammensetzt

Dieses Schild ist das Herzstück jedes Kanban-Prinzips und funktioniert in der Produktion wie folgt:

Die benötigten Materialien werden zusammen mit einer Kanban-Karte an die verbrauchende Stelle angeliefert. Sobald die Materialien aufgebraucht sind, wird die Kanban-Karte als Signal wieder an die zuständige liefernde Stelle zurückgeführt. Diese ist dann dafür verantwortlich, das benötigte Material rechtzeitig der Verbrauchsstelle bereitzustellen. Dafür wird eine Bestellung beim Lieferanten ausgelöst, die Herstellung bzw. Zusammenstellung des benötigten Materials beginnt und wird bei Fertigstellung wieder mit einer Kanban-Karte an die Verbrauchsstelle transportiert. So entsteht ein sich selbst steuernder Regelkreis ohne zentrale Planungsinstanz.

Auch wenn das Kanban-Prinzip ursprünglich für produzierende Betriebe und die Materialverwaltung entwickelt wurde, funktioniert das »Hol-Prinzip« des Kanban auch fantastisch für die Selbstorganisation im Büro. In diesem Fall stehen die Kanban-Karten nicht für Materialien, sondern für Aufgaben. Der Zyklus der Karten bewegt sich nicht zwischen Abteilungen (Vertrieb – Lager – Produktion – Einkauf – Lager), sondern innerhalb verschiedener Spalten bzw. »Schwimmbahnen« auf einem sogenannten Kanban-Board. Dieses Board ermöglicht die Abbildung und Visualisierung der Arbeitspakete und ist in drei grundlegende Abschnitte unterteilt, die den Status der Aufgaben darstellen:

- Zu erledigen
- In Bearbeitung
- Erledigt

Die vier Grundprinzipien des Kanban

Es braucht nicht viel, um Kanban einzuführen und genau das ist das Schöne an der Methode. Es gibt kaum Vorschriften oder Regeln, es gibt lediglich einige Prinzipien, die einem bei der Umsetzung helfen sollen:

- **Beginne mit dem, was Du jetzt tust** oder anders ausgedrückt: »**Fang einfach an.**«
- **Inkrementelle, evolutionäre Veränderungen verfolgen** oder anders ausgedrückt: »**Verbessere kontinuierlich.**«
- **Aktuelle Prozesse, Rollen und Verantwortlichkeiten berücksichtigen** oder anders ausgedrückt: »**Respektiere das, was bereits da ist.**«
- **Zu Führungsverantwortung auf allen Ebenen ermutigen** oder anders ausgedrückt: »**Erlaube jedem einzelnen, sich einzubringen.**«

Und was bedeutet das jetzt konkret für die Einführung eines Kanban-Boards?

Ein Kanban-Board soll den beruflichen Alltag nicht umkrempeln und es soll auch keine großen Veränderungen von jetzt auf gleich mit sich bringen. Der Mensch an sich scheut sich vor Veränderungen und steht diesen in der Regel sehr skeptisch gegenüber. Eine Veränderung erzeugt Widerstand und somit würde eine Methode zur Strukturierung des Alltags nicht den erhofften Mehrwert bringen, wenn dadurch zunächst große Schritte notwendig wären.

Machen Sie sich also keine Gedanken, wie der perfekte Prozess oder das perfekte Board aussehen sollte und verschwenden Sie keine Zeit damit, sich etwas auszudenken, das man dann allen anderen Beteiligten mühsam erklären müsste. Wichtig beim Kanban ist, einfach mal anzufangen. Ziel sollte es zunächst sein, den Start möglichst wohlwollend zu gestalten und damit größtmögliche Akzeptanz bei den Mitarbeitern zu erhalten.

Die sechs Kanban-Praktiken am Beispiel Vertrieb

Zusätzlich zu den vier Grundprinzipien des Kanban gibt es auch sechs Kanban-Praktiken, die wesentlich über den Erfolg der Einführung des Kanban-Prinzips entscheiden. Diese möchte ich im Folgenden vorstellen:

Den Arbeitsablauf sichtbar machen

Es ist wichtig, dass alles, was die Beteiligten wissen müssen, auch am Board sichtbar ist. Und dabei gibt es keine Regel, wie diese Sichtbarkeit umgesetzt wird. Sie können schreiben, malen, zeichnen, skizzieren, was auch immer Ihnen einfällt. Auch in diesem Fall gilt das Prinzip »fangen Sie einfach an«. Generell sollten Arbeitspakete sehr schnell und mit einem Blick erfassbar sein, vermeiden Sie daher Romane zu schreiben und halten Sie sich kurz. Der Arbeitsablauf im Vertrieb besteht in meinem Falle zum Beispiel aus den einzelnen Schritten Machbarkeitsanalyse, Angebotserstellung, Kundengespräch/Nachbearbeitung und Nachhalten. Schreiben Sie diese einzelnen Prozessschritte als Spalten oder Schwimmbahnen auf ihr Board und erstellen Sie für jede Anfrage eine eigene Karte, die Sie dann je nach Status der Anfrage durch die einzelnen Prozessschritte am Board schieben. Auf dieser Karte sollten nur die essenziell wichtigen Informationen stehen.

Laufende Arbeit begrenzen

Wir kennen das alle – zu viele Arbeitspakete können schnell das Gefühl der Überforderung erzeugen und man tut sich schwer, zu priorisieren und zu fokussieren. Am Ende erreicht man keines der zuvor gesetzten Ziele und das motivierende Gefühl, voranzukommen und etwas geschafft zu haben, bleibt aus.

Ein fundamentaler Aspekt beim Kanban ist daher die Begrenzung der laufenden Arbeit. Ohne ein solches Limit ist es kein Kanban.

Setzen Sie also ein Limit, wie viele Aufgaben sich maximal im Bereich »in Bearbeitung« befinden dürfen. Mehr als drei sollten es keinesfalls sein. Übertragen auf Ihren Vertriebsprozess bedeutet dies, dass sich in dem primären Bearbeitungsprozessschritt, also z. B. der Spalte Angebotserstellung, nicht mehr als drei Angebote (pro Teammitglied) befinden sollten. Erst wenn aus dieser Spalte ein Angebot fertiggestellt wurde und auf dem Kanban-Board in die Spalte Kundengespräch/Nachbearbeitung gerutscht ist, kann eine neue Karte (stehend für eine Anfrage) von der Spalte Machbarkeitsprüfung in die Angebotserstellung weitergeschoben werden.

Achte auf die Durchlaufzeit

Der Fokus im Kanban soll darauf gerichtet werden, Aufgaben fertigzustellen. Ähnlich wie es kontraproduktiv im Sinne eines motivierenden Gefühls ist, zwischen zu vielen Aufgaben hin und her zu wechseln, ist es auch demotivierend, die gesetzten Aufgaben nicht in absehbarer Zeit abschließen zu können. Achten Sie daher darauf, die Durchlaufzeit, d. h. die Zeit von Beginn der Arbeit bis zur Fertigstellung, möglichst gering zu halten. Dies sollte auch im Interesse des Kunden sein, das Angebot in absehbarer bzw. angekündigter Zeit zu erhalten. Vielleicht haben Sie sich sogar ein firmeninternes Zeitlimit gesetzt, in welcher Zeitspanne Sie Angebote fertigstellen wollen. Vielleicht haben Sie dies sogar nach extern kommuniziert? Achten Sie darauf diese Zeitspanne auch einzuhalten. Für den externen Eindruck beim Kunden genauso wie für die Motivation der Mitarbeiter.

Prozessrichtlinien transparent machen

Wollen Sie Regeln aufstellen, an die sich jedes Teammitglied halten soll? Dann halten Sie sich auch in diesem Fall an die Visualisierung. Machen Sie die Regeln sichtbar, sodass sie jeder sehen kann und keiner vergisst. Damit vermeiden Sie bereits im Vorfeld Missverständnisse. Regeln sichtbar machen bedeutet, sie auf das Board zu schreiben. Gibt es eventuell einen Entscheidungsbaum, wer eine Projektfreigabe verantwortet oder speziell definierte Verantwortlichkeiten für die Prüfung von Angeboten? Schreiben Sie diese auf das Board. So vermeiden Sie Missverständnisse und Ihr Prozess ist auch für neue Teamkollegen sofort ohne viel Erklärung ersichtlich.

Rückmeldungsschleifen

Damit positive Veränderungen passieren können – und zwar erfolgreich und kontinuierlich – sollten Sie und Ihr Team sich regelmäßig fragen und gemeinsam diskutieren, was an dem Konzept gut ist und wo es eventueller Verbesserungen bedarf. Resultierend aus diesem Gespräch können Sie jederzeit Anpassungen einführen, um Ihre Bedürfnisse passgenauer abzudecken. Probieren Sie an dieser Stelle auch einfach aus, was gut funktioniert und womit Sie und Ihr Team gut klarkommen. Einfach machen ist auch hier die Devise, nichts muss von Anfang an perfekt sein. Und wenn Sie feststellen, dass es vorher besser war, dann passen Sie es eben wieder an. Dies ist nicht schlimm und gehört zum Lernprozess und zur Entwicklung des Kanban-Boards dazu. Sicherlich haben Sie mit Ihrem Vertriebsteam regelmäßige Abstimmungsmeetings? Machen Sie doch einfach ein sogenanntes Shopfloor-Meeting daraus und treffen Sie sich nicht sitzend im Meetingraum, sondern stehend vor dem Board. Besprechen Sie direkt am Board den Status der einzelnen Arbeitspakete und diskutieren Sie Probleme, die gelöst werden müssen und Entscheidungen, die getroffen werden müssen. Idealerweise können Sie bei Bedarf zu diesen Shopfloor-Meetings auch gleich die technischen Kollegen dazu einladen. So kann die ein oder andere Frage schnell und unkompliziert ohne große Wartezeiten gemeinsam geklärt und auch gleich als Ergebnis am Board festgehalten werden. Auch die Abstimmung zur Häufigkeit dieser Treffen, Teilnehmer, Agenda etc. sollte Teil dieser Rückmeldungsschleifen sein. Am besten nehmen Sie den Punkt »Optimierungen« gleich mit auf Ihre Standardagenda. Der Prozess an sich wird somit kontinuierlich verbessert und immer wieder an die notwendigen Gegebenheiten und Bedürfnisse angepasst.

Die Zusammenarbeit verbessern

Wenn man Dinge und Prozesse kontinuierlich und nachhaltig verbessern möchte, dann braucht es eine gemeinsame Vision und ein gemeinsames Verständnis. Wenn man sich als Team mit der Gestaltung und Optimierung des Kanban-Boards beschäftigt, dann wird sich auch das gemeinsame Verständnis von Sachverhalten und Herausforderungen innerhalb des Teams und wie man diese angeht und löst, verbessern. Sie werden feststellen, dass sich mit der interaktiven Zusammenarbeit am Board auch die Zusammenarbeit in anderen Bereichen verbessern wird.

Ergebnis und Umsetzung

Mit den bisherigen theoretischen Erklärungen sind Sie nun bestens gerüstet, um alles praktisch umzusetzen. Es wird mit drei Elementen gearbeitet:

Karten

Schreiben Sie alle Aufgaben und To-Dos oder zum Beispiel die zu erstellenden Angebote, die Ihnen einfallen, zunächst auf Karten. Wichtig ist, dass auf jeder Karte nur je eine Aufgabe steht. Große Aufgaben unterteilen Sie in kleinere, kurzfristig anstehende Aufgabenpakete.

Mit der Darstellung der Aufgaben auf Karten ist der erste Teil der Visualisierung schon geschafft. Was auf Karten steht, kann nicht mehr vergessen werden; und was den Kopf nicht mehr belastet, macht frei für andere Dinge. Eine Karte kann dabei für ein Angebot stehen oder für ein Kundengespräch oder für eine Produkt-Neuentwicklung. Sie definieren Ihren Prozess und welche Arbeitspakete Ihren Prozess durchlaufen.

Schauen Sie jetzt alle Karten an und versuchen Sie, sie zu sortieren, in Gruppen einzuteilen und bei Bedarf zu markieren. Sie können auch verschiedene Kartenfarben für verschiedene Kategorien verwenden. Oder Sie nutzen verschiedenfarbige Karten je nach Mitarbeiter bzw. zuständigem Bearbeiter der Aufgabe. Sie und Ihr Team bestimmen, welche Markierungen oder Gruppen hilfreich für Sie sind, es ist Ihr System und soll dazu dienen, Sie zu unterstützen. Das System hat keine Regeln und keine Vorgaben und passt sich komplett Ihren Bedürfnissen an.

Damit haben Sie bereits den sogenannten »Backlog« erstellt, das ist Ihre Sammlung an abzuarbeitenden Arbeitspaketen.

Kanban-Board

Alle Karten übertragen Sie dann (evtl. haben Sie es bereits während des Prozesses des Sortierens gemacht) auf das sogenannte Kanban-Board. Das kann im einfachsten Falle eine Tür sein, z. B. die Bürotür, an die man Post-its klebt, das kann ein großes Stück Papier oder Pappe sein, eine Kork- oder Pinnwand, man kann mit einem Whiteboard oder einer Magnetwand arbeiten, mit einer Tafel oder einer Wand. Auch Kanban am Computer in einer Excel-Tabelle ist möglich. Dies hängt sicherlich auch davon ab, ob Ihre Teammitglieder alle vor Ort sind oder von verschiedenen Orten arbeiten. Probieren Sie auch an dieser Stelle einfach aus, womit Sie und Ihr Team am besten arbeiten können und was für Sie am passendsten ist.

Spalten

Unterteilen Sie nun das Board in Spalten und/oder Bahnen. Die einzelnen Spalten repräsentieren den jeweiligen Prozessschritt, den Ihr Arbeitspaket durchlaufen muss und gibt damit je nach Lokalisation der Karte bereits ein visuelles Signal über den Status der jeweiligen Aufgabe. Es gibt eine eigene Spalte für den Backlog bzw. der zu erledigenden Aufgaben und hier haben Sie bereits alle Karten mit den einzelnen Aufgaben gesammelt. Nun fügen Sie eine weitere Spalte »in Arbeit« und eine Spalte »erledigt« hinzu.

Ich verwende an dieser Stelle die allgemeinen Begriffe »zu erledigen«/»in Arbeit«/»erledigt«. Sie definieren für sich, wie diese Spalten zu benennen sind. Passende Namen für Ihre Spalten könnten zum Beispiel folgende sein:

»Machbarkeitsanalyse«/»Neuanfrage«/»Angebotserstellung«/»Kundengespräch«/»Nachhalten«. Ebenso können auch noch Reihen oder sogenannte Schwimmbahnen unterteilt werden, wenn man zum Beispiel den Status der Arbeitspakete einzelner Teammitglieder sichtbar machen möchte. Oder zum Beispiel zwischen Bestandskunden und Neukunden unterscheiden möchte. Oder zwischen Angeboten für Herstellungen und für Serviceleistungen.

Das war es auch schon, was die Vorbereitung bzw. Implementierung des Systems betrifft. Jetzt kann es auch schon losgehen.

Fangen Sie einfach an, probieren Sie Dinge und Darstellungen aus und eruieren Sie einfach, womit Sie und Ihr Team am besten arbeiten können. An der einen oder anderen Stelle wird Ihnen dann im Laufe der Zeit selbst auffallen, was man noch verbessern könnte, welche Details noch fehlen oder was keinen Sinn macht. Jeder Prozess und jedes Team ist anders und so braucht jeder eine andere Unterstützung im Alltag. Deshalb gibt es auch kein allgemeingültiges Layout. Sie und Ihr Team müssen für sich herausfinden, was das passende Konzept für Ihre Bedürfnisse ist. Und genau das ist ebenfalls eines der Grundprinzipien von Kanban: Das System sollte vom Team gemeinsam entwickelt werden. Denn das Team muss damit arbeiten und nur die Beteiligten selbst wissen am besten, was sinnvoll für sie und ihre Bedürfnisse ist. Das heißt aber auch, dass jeder einzelne hier ein Mitspracherecht bei den Verbesserungen und Anpassungen haben sollte. Mitdenken und sich einbringen ist ausdrücklich von jedem Beteiligten erwünscht. Und dabei ist es vollkommen irrelevant, ob es sich um Vorgesetzte oder Sachbearbeiter handelt. Jeder verdient den Respekt auf Augenhöhe, Vorschläge zu machen, die dann auf Sinnhaftigkeit geprüft und besprochen werden und letztlich eventuell eingeführt werden – oder eben nicht. Auch im Falle von Veränderungen und Anpassungen gilt im Zweifel: einfach ausprobieren. Nichts muss von Anfang an perfekt sein. Die Praktikabilität eines Vorschlags zeigt sich meist erst in der praktischen Umsetzung. Dies ist das bereits weiter oben gelernte Prinzip der Rückmeldungsschleifen.

Fangen Sie einfach mal mit dem einfachsten Kanban-Board an und erstellen Sie die drei Spalten »zu erledigen«/»in Arbeit«/»erledigt« bzw. wie auch immer Sie Ihren Grundprozess unterteilen wollen. Achten Sie darauf, dass Sie nicht zu viele Einzelschritte definieren. In die Spalte »zu erledigen« hängen Sie dann alle Aufgaben/Arbeitspakete, die Sie bereits auf einzelnen Karten notiert und gesammelt haben:

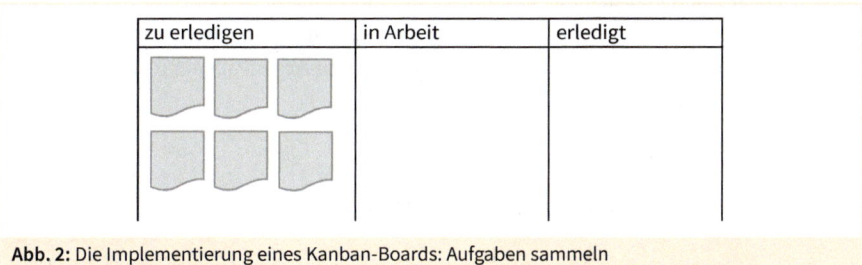

Abb. 2: Die Implementierung eines Kanban-Boards: Aufgaben sammeln

Ablauf von Kanban

Ziehen Sie nun ein, zwei oder drei Aufgaben aus der Backlog-Spalte und hängen Sie sie in die »In-Arbeit«-Spalte. An dieser Stelle erinnern Sie sich an das Prinzip der Limitierung. In der Spalte »in Arbeit« sollten sich nicht mehr als maximal drei Aufgaben befinden. Dieses Prinzip hilft dabei, sich zu fokussieren und man verschwendet weniger Zeit dafür, zwischen (zu vielen) Aufgaben hin und her zu wechseln. An dieser

Stelle kann man auch eine weitere Klassifizierung von Zuständigkeiten einführen. Sie können hier unterschiedliche Kartenfarben je Mitarbeiter verwenden oder kleine Avatar-Magnete auf den jeweiligen Karten positionieren. Auch können Sie jedem Teammitglied eine eigene Schwimmbahn zuordnen, in der sich dann pro Spalte nicht mehr als drei Karten im Hauptprozessschritt befinden.

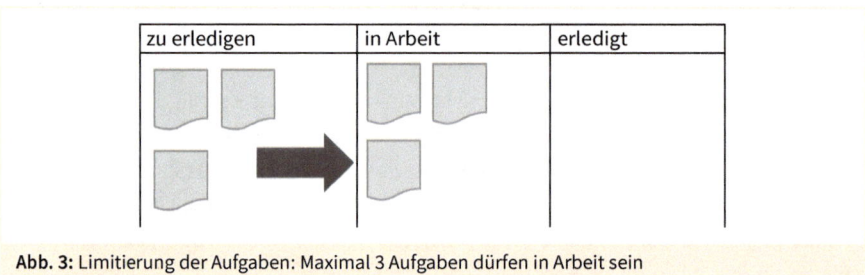

Abb. 3: Limitierung der Aufgaben: Maximal 3 Aufgaben dürfen in Arbeit sein

Erledigen Sie bzw. Ihre Teammitglieder nun diese Aufgaben, schließen Sie sie vollständig ab und hängen Sie sie dann – und zwar wirklich erst, wenn die jeweilige Aufgabe auch abgeschlossen ist – in die Spalte »erledigt« bzw. in die nächste Spalte, die den nächsten Prozessschritt repräsentiert. Mit dem Akt des Umhängens aktiviert man automatisch das innere Belohnungssystem und man fühlt unmittelbar, »etwas geschafft zu haben«. Sobald eine Aufgabe in die nächste Spalte weitergewandert ist, kann man auch wieder eine neue Karte aus der vorherigen Spalte bearbeiten und nach Abschluss dieses Prozessschritts in die nächste Spalte umhängen. Dabei definieren Sie selbst die Kriterien, die für die Auswahl einer neuen Aufgabe angesetzt werden und können diese Kriterien auch bei jeder Auswahl von Neuem definieren. Die Entscheidung, welche Aufgabe als nächstes ausgewählt wird, kann von folgenden Punkten abhängen:

- Der Zeit, die zur Erledigung zur Verfügung steht (achten Sie z. B. auch darauf, dass immer eine Mischung aus schnell zu erledigenden und langwierigen Aufgaben in Arbeit sind).
- Der Dringlichkeit
- Der Wichtigkeit

Damit haben sich dann bereits alle Spalten gefüllt:

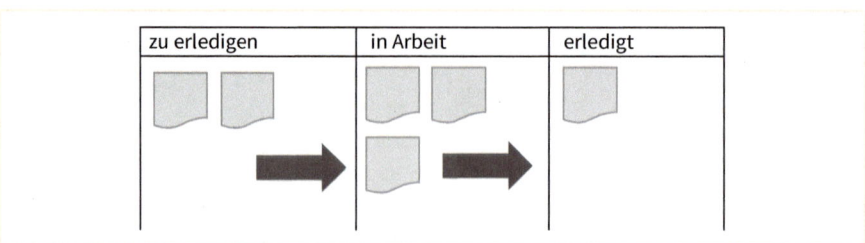

Abb. 4: Abgeschlossene Aufgaben wandern in die Erledigt-Spalte und ermöglichen das Nachziehen neuer Aufgaben

Das erklärte Ziel sollte es stets sein, Aufgaben möglichst schnell vom ersten Prozessschritt, der durch die erste Spalte repräsentiert wird, zur letzten Spalte und damit zum Abschluss des Arbeitspakets zu bekommen. Sie werden bald feststellen, welchen Spaß es macht, Aufgaben auf diese Art zu bearbeiten. Sowohl das Verschieben von Karten von Spalte zu Spalte als auch das Betrachten der vollen Spalte nach einem bestimmten Zeitabschnitt (z. B. einer Woche) hinterlässt ein freudiges und motivierendes Gefühl.

Einbau von Rückmeldungen

Mit der Zeit werden Sie selbst herausfinden, wie das System funktioniert und wie Sie es nach dem ersten Start Schritt für Schritt optimieren können. Dabei sollten Sie und Ihr Team sich immer wieder Zeit nehmen, darüber nachzudenken, an welcher Stelle es andere Vorgehensweisen bräuchte oder wie die Methode Sie noch besser unterstützen könnte. An dieser Stelle möchte ich aus meiner Erfahrung ein paar Tipps nennen, die man implementieren kann, aber nicht muss. Auch hier gilt wieder das Prinzip, dass jedes Team die für sich passende Vorgehensweise finden muss.

- Man kann unterschiedliche Kartenfarben verwenden, um zwischen verschiedenen Aufgaben-Kategorien (z. B. Angebot für Bestandskunde oder Neukunde) oder auch Zuständigkeiten zu unterscheiden. Man kann dafür aber auch unterschiedliche Spalten oder Schwimmbahnen einführen.
- Gewöhnen Sie sich an, Aufgaben, die schnell zu erledigen sind, auch unmittelbar zu erledigen. Diese sind Ihre Durchlaufsprinter und daher wahre Motivationsschübe. Eventuell macht es für Sie auch Sinn, in der ersten Spalte bereits eine gewisse Sortierung der Aufgaben nach Zeitdauer vorzunehmen?
- Beobachten Sie die Verweildauer der Karten in der Bearbeitung/mittleren Spalte(n). Gibt es hier Kandidaten, die sehr lange dort hängen und damit den Fortschritt anderer Aufgaben in der Erledigung blockieren? Dann fragen Sie sich, woran das liegen könnte. Sind die Aufgaben nicht so wichtig? Dann hätten Sie vielleicht eher eine andere Aufgabe aus dem Backlog wählen sollen? Brauchen Sie Hilfe zur Bearbeitung? Warten Sie auf Rückmeldung von jemand anderem? Oder ist die Aufgabe zu groß? Auch für diese Fälle kann man Signale einbauen, wie zum Beispiel Magnete oder extra Spalten (z. B. »warten auf Rückmeldung«). Mit der Zeit werden Sie und Ihr Team lernen, wie die Karten zu formulieren sind, um überschaubare Arbeitspakete zu erhalten.

Machen Sie regelmäßig, am besten einmal in der Woche, aber auf jeden Fall einmal im Monat, einen Check, ob das System noch Ihre Bedürfnisse abdeckt (manchmal ändern sich diese ja auch im Laufe der Zeit) und ob es noch Potenzial zur Verbesserung hat. Stellen Sie dazu zum Beispiel folgende Fragen:

- Ist das Aufgabenlimit richtig gesetzt? Sollten es mehr oder weniger sein? Mehr als drei sollten Sie aber unbedingt vermeiden, da Sie sonst Gefahr laufen, Ihren Fokus zu verlieren.

- Welche Aufgaben waren besonders knifflig? Kann man vergleichbare Aufgaben das nächste Mal besser identifizieren und gleich Unterstützung mit einbauen?
- Haben Sie die richtigen Prioritäten gesetzt? Ist es hilfreich, eine Vorab-Sortierung durchzuführen oder bremst das eher aus? Braucht es zusätzliche Spalten, um die Priorisierung abzudecken?
- Welche Leistungen verdienen es, besonders hervorgehoben zu werden? Vielleicht motiviert es Ihr Team noch mehr, wenn Sie in der »Erledigt«-Spalte ein Extra-Smiley ergänzen? Vielleicht hilft Ihnen ein Extra-Feld auf dem Board mit »Highlight der Woche«?
- Sammeln sich Karten lange Zeit in einer bestimmten Spalte an? Brauchen Sie hier evtl. eine zusätzliche Spalte oder reicht es, Aufgaben in kleinere Arbeitspakete zu unterteilen?

Abschließend gebe ich Ihnen noch ein konkretes Beispiel, wie ein Kanban-Board in einer Vertriebsstruktur aussehen könnte. Auch hier wieder der Hinweis, dass es sich nur um ein Beispiel handelt, Sie müssen das für Ihre Strukturen und Bedürfnisse passende Konzept selbst herausfinden. Übrigens – ein ähnliches Prinzip lässt sich auch gut im Bereich Marketing implementieren, um einen Überblick über die geplanten und in Bearbeitung befindlichen Kampagnen zu behalten:

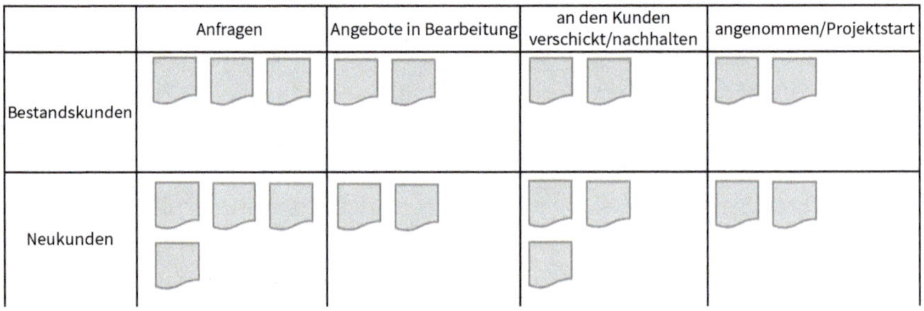

Abb.5: Beispiel eines Vertriebs-Kanban-Boards

Lessons Learned

Man muss nicht unbedingt mehr Mitarbeiter einstellen, um mehr zu schaffen. Man muss nicht unbedingt große Veränderungen in den Strukturen einführen, um mehr Transparenz zu erreichen.

Manchmal reichen ein Board und ein paar Karten, um den Überblick darüber zu behalten,
- wie viele Aufgaben gerade in Bearbeitung sind,
- wie viele Aufgaben noch in der Pipeline auf Bearbeitung warten,
- wer an welcher Aufgabe arbeitet,

- wie (un-)gleichmäßig die Aufgabenbelastung im Team ist,
- in welchem Stadium welche Aufgabe ist, was besonders hilfreich ist, wenn ein Teammitglied überraschend krank wird,
- an welcher Stelle nichts voran geht und Hilfe oder Rückmeldung von anderen notwendig ist,
- welche Aufgaben bereits erledigt sind,
- welche Angebote zwar abgeschlossen sind, aber beim Kunden nachgehalten werden müssen und
- welche Aufgaben welche Priorität haben.

Die Vorteile von Kanban liegen auf der Hand:
- Im Vergleich zu einer normalen To-Do-Liste ist auf einen Blick der Status der einzelnen Aufgaben erkennbar.
- Alle Aufgaben sind sichtbar und man muss sie nicht immer im Kopf haben. Der Kopf ist so frei für den Fokus auf die Bearbeitung der anstehenden Aufgaben.
- Man sieht genau, an was gerade gearbeitet wird und kann sich vollständig darauf fokussieren. Das Hin- und Herwechseln zwischen (zu vielen) verschiedenen Aufgaben entfällt, wodurch man wertvolle Zeit sparen und auch selbst mehr das Gefühl gewinnen kann, zielorientiert zu arbeiten.
- Das Umhängen von Karten von »in Arbeit« zu »erledigt« leistet einen direkten Beitrag zum körpereigenen Belohnungssystem und schenkt ein Glücksgefühl. Wenn man die Karten in der Spalte »erledigt« noch eine gewisse Zeit hängen lässt, dann sieht man am Ende auch, was alles geschafft ist, wodurch sich die Motivation im Team steigern lässt.
- Durch das definierte Limit, nicht mehr als maximal drei Aufgaben in der Bearbeitung zu haben, wird man gezwungen, Aufgaben auch abzuschließen. Dadurch wird das Aufschieben von unangenehmen Aufgaben vermieden.

Hinweise zur Autorin

DR. CORA KEIL

Mit einem Studium der Biologie und einer Promotion in Chemie ist Dr. Cora Keil naturwissenschaftlich bereits sehr breit aufgestellt. Ihre erste Berufserfahrung sammelte sie dann in der pharmazeutischen Industrie als Projektleiterin eines forschenden und dienstleistenden Pharma-Unternehmens (Scil Technology GmbH). Sie ergänzte ihre Ausbildung mit einem berufsbegleitenden MBA und hat mittlerweile mehr als fünf Jahre Erfahrung, u. a. in leitenden Positionen in der Kundenbetreuung von herstellenden Pharmaunternehmen (Pharmpur GmbH, Recipharm AG, MEGGLE GmbH & Co. KG)

Produktivitätssteigerung im Vertrieb durch CRM und Vertriebsmethodik

Geht das wirklich? Zwei Stellschrauben, die tatsächlich helfen und Ihren Unternehmenswert signifikant steigern

Michael Knauff
geschäftsführender Gesellschafter
1CTec Group GmbH

Aktuelle Situation in einer Vielzahl mir bekannter Mittelstandsunternehmen

Als Geschäftsführer eines Unternehmens, das durch strategische und konzeptionelle Beratung sowie Optimierung von Kundenservice- und Kommunikationsprozessen mittelständischen Unternehmen dabei hilft, ihre Gewinne und Unternehmenswerte signifikant zu steigern, höre ich auf Kundenseite seit Jahren sinngemäß die folgenden Aussagen:

- *Mehr und bessere Ergebnisse (wahlweise auch Umsatz, Profit, Marktanteil, Volumen) erzielen wir nur durch Neueinstellungen.*
- *Wenn wir ein CRM hätten und mehr Personal, dann würden wir auch mehr Umsatz generieren.*
- *Nur mit einem CRM bekommen wir Bestandskunden und Neukunden zielgerichtet gesteuert.*

So oder so ähnlich wird auf Geschäftsführer- bzw. Vertriebsleiterebene diskutiert, wenn die Ergebnisse oder die Umsätze hinter den Erwartungen zurückbleiben.

Ist das wirklich so – oder stehen heute nicht auch andere Möglichkeiten zur Verfügung, um Vertriebsergebnisse nachhaltig und signifikant zu steigern und damit profitables Wachstum zu generieren?

Nach den aktuellen Managementlehren setzen sich Unternehmen vor allem aus vier Kernbereichen zusammen: Entwicklung, Fertigung, Marketing und Vertrieb. Alle anderen Prozesse wie HR, Finanzen, Einkauf, Qualität usw. werden als unterstützende Prozesse deklariert.

Legen wir diese Lehren zugrunde, so sehen wir eine erhebliche Entwicklung in den Bereichen Entwicklung und Fertigung. Lange Zeit wurden Produktivitätssteigerungen auch in diesen Abteilungen durch die Einstellung neuer Entwicklungs- und Fertigungsmitarbeiter realisiert. Jedoch wurde schnell erkannt, dass dies auch über Prozesse (Begriffe wie Lean Management, Kaizen, ISO 9000 machten die Runde) sehr gut oder sogar besser erreicht werden kann. Rationalisierungsmaßnahmen machten vor keiner Fertigung und Entwicklung halt.

Im Vertrieb sehen wir jedoch immer noch Neueinstellungen oder die Einführung einer sogenannten Vertriebssteuerungssoftware (CRM) als erstes Mittel, wenn es darum geht, mehr oder bessere Resultate (Umsatz, Profit, Marktanteil, Volumen) zu erzielen. Jedoch greifen auch im Vertrieb Prozesse.

Wie geht es besser? Oder: Was sind die Alternativen?

Die Alternative zu Neueinstellungen ist eine **Prozess- und Methodenentwicklung** und deren Implementierung nach gängigen Standards. Und ein CRM einzuführen, ist nur dann effektiv und effizient, wenn die Kernprozesse einer Ist- und Soll-Analyse unterzogen und die daraus resultierenden Ergebnisse den Vertriebsmitarbeitern in einer Software pragmatisch, nachvollziehbar und unterstützend bereitgestellt werden.

Teil 1: Anfragemanagementprozess – ein Baustein für systematischen Vertrieb

In Teil 1 dieses Artikels zeigen wir am **Beispiel des Anfragemanagementprozesses**, wie Sie signifikante Vorteile erzielen und Ihre Vertriebsmitarbeiter – bzw. alle am Prozess Beteiligten – dafür begeistern, eine CRM-Software zu nutzen.

Sie kennen bestimmt diese Situation: Täglich erreichen Sie telefonisch, per Mail und über Social-Media-Kanäle Informations- und Angebotsanfragen. Die Erwartung Ihrer Kunden ist es, schnell und präzise Antworten zu erhalten und mit den richtigen Ansprechpartnern in Kontakt zu treten, um ihren Bedarf zügig zu befriedigen.

Wie sieht die Praxis aus? Anfragen »kreisen« im Unternehmen, die notwendigen Details werden nicht erfasst, teilweise werden Anfragen von einer Abteilung in die andere verschoben, Zwischenbescheide gibt es nicht und am Ende ist viel Zeit vergangen und möglicherweise hat sich Ihr Interessent (= Ihre Umsatzchance) schon von Ihrem Unternehmen »verabschiedet«.

Wie können Sie solche Szenarien vermeiden bzw. mit identischer Personalausstattung Ihr Umsatzpotenzial erhöhen? Systematischer Vertrieb und definierte Prozesse sind der Schlüssel zum Erfolg!

Wie ein solcher Ablauf aussehen kann, haben wir exemplarisch erarbeitet und zeigen Ihnen zunächst die Ist-/Soll-Analyse und dann nachfolgend die (notwendige) Umsetzung mittels unseres CRM-Tools pio xRM.

Dargestellt sind die jeweiligen Prozessschritte 1 bis 7 von der Annahme der Anfrage bis zur Angebotsverfolgung. Zu jedem Prozessschritt wurden im Workshop mit den Vertriebsmitarbeitern unseres Kunden Aktivitäten erarbeitet und festgelegt, die den Ablauf nachvollziehbar, wiederholbar und vor allem auch von mehreren Mitarbeitern umsetzbar machen. Für telefonische Anfragen wurde ein Telefonleitfaden erarbeitet und eine Gesprächsnotiz als CRM-Vorlage hinterlegt, die es unmittelbar erlaubt, die Anfrage als »Aufgabe« an den zuständigen Mitarbeiter oder Fachbereich weiterzuleiten (einzustellen). In der Qualifizierungsstufe erfolgt dann die Priorisierung anhand sogenannter BANT-Kriterien (Definition: Budget-Authority-Need-Timeframe) und ein erster Zwischenbescheid an den Interessenten bzw. Kunden.

Falls gewünscht, kann der Prozessschritt erst dann weiterdelegiert werden, wenn z. B. zu den BANT-Kriterien definierte Informationen erfragt bzw. recherchiert wurden und eine bestimmte Einstufung (Score) erreicht ist.

Um Ihnen ein **Beispiel** zu geben: Solange ein Mitarbeiter nicht ins System eingegeben hat, aus welchen Personen sich das Entscheidergremium (Authority, Buyer's-Center) auf Kundenseite zusammensetzt – weil er es nicht weiß – **wird ihm eine Terminvereinbarung untersagt**.

Oder es erfolgt ein Hinweis, dass die Angaben zur Einschätzung des Kundenpotenzials oder zu den Personen, mit denen man ein Gespräch führen möchte, unter Effizienzgesichtspunkten den mit einem Gesprächstermin verbundenen Aufwand (Reisekosten, Zeit) nicht rechtfertigen. Auch könnte systemseitig die Empfehlung erscheinen, einen Termin (noch) nicht wahrzunehmen, solange die zwingend notwendigen Angaben (Mussvorgabe) laut Vorbereitungscheckliste noch nicht abgearbeitet bzw. eingegeben sind.

So ausgestattet »schleusen« Sie die Anfrage dann durch die weiteren Prozessschritte.

1 Annahme Anfrage	2 Erste Qualifizierung	3 Vorangebots-gespräch	4 Zweite Qualifizierung	5 Kalkulation / Machbarkeit	6 Angebots-erstellung	7 Angebots-verfolgung
Telefonische Annahme Anfrage. Aufnahme Informationen. Weiterleitung an Verantwort-lichen.	Informations-sammlung und Überprüfung auf Relevanz, Attraktivität und entsprechende Priorisierung. Zwischenfeed-back an Kunde.	Bedarfs- und Entscheider-analyse. Termin-vereinbarung für Angebots-abgabe.	Informations-sammlung und – aufbereitung. Lösungsfindung und Differen-zierung. Repriorisierung für weitere Bearbeitung.	In der Regel im ERP-System	Angebots-erstellung und ggf. -präsentation. Formulierung Begleitschreiben. Terminverein-barung Angebots-besprechung (Wiedervorlage)	Follow-up nach Wiedervorlage. Entscheidungs-status und „Angebots-ranking" erfragen. Ggf. weitere Termin-vereinbarung (Wiedervorlage)
1. Telefon-leitlinie 2. Gesprächs-notiz 3. Verantwort-lichkeits-matrix	1. BANT-Checkliste für Priorisierung 2. Vorlage Feedback an Kunde	1. Muster-profile und OPAL-Fragen 2. BC-Analyse 3. NUTBASER-Checkliste	1. NUTBASER-Checkliste (Priorisierung)		1. Leitfaden Angebots-erstellung 2. Vorlage Begleit-schreiben (inkl. Termin-vereinbarung)	1. Nachfass-schreiben / -leitfaden

Abb. 1: Darstellung Anfragemanagementprozess; Quelle: Milz & Comp GmbH + EBO GmbH

Der Königsweg: der Prozess im CRM hinterlegt

Die Soll-Analyse verliert natürlich dann schnell ihre Wirkung, wenn weiterhin mit Excel, PowerPoint oder Wordvorlagen gearbeitet wird. Die Abläufe sind nicht nachvollziehbar, Informationen bleiben weiterhin »auf der Strecke«, gezielte Auswertungen sind nicht möglich.

Aus diesem Grund haben wir den Anfragemanagementprozess in unser CRM integriert und hierüber einen nachvollziehbaren, sicheren, validen Vertriebsworkflow etabliert, der von allen beteiligten Vertriebsmitarbeitern (Innen- und Außendienst) mit Konsequenz gelebt wird, spart er doch erhebliche Zeit und gibt jedem Vertriebsmitarbeiter die Gelegenheit, sich intensiv mit seinen Kunden zu beschäftigen und Mehrwertangebote zu erarbeiten.

Natürlich ist es sinnvoll, den Prozess zu trainieren. Der Aufwand für die Ist-/Soll-Analyse und das anschließende Training ist jedoch sehr überschaubar; der Erfolg – in Zeiteinsparung und Geld ausgedrückt – enorm. Ein echter »Quick-Win«, wenn der Prozess richtig umgesetzt wird.

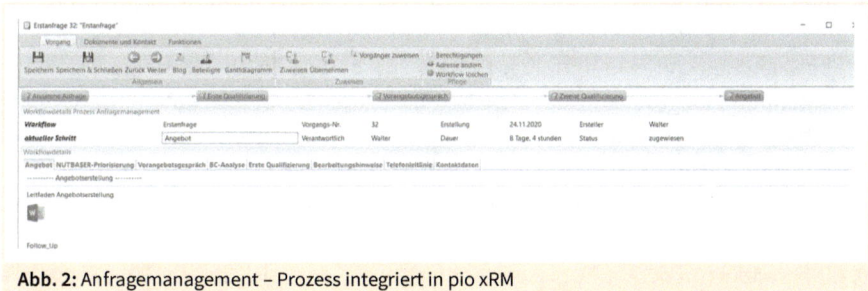

Abb. 2: Anfragemanagement – Prozess integriert in pio xRM

Teil 2: Vertrieb ist Produktion! Einsatz der NUTBASER-Vertriebsmethodik

Sie sind im B2B-Vertrieb unterwegs? Sie beschäftigen sich mit komplexen Vertriebsprozessen? Auf der Kundenseite sind mehrere Personen an der Entscheidung beteiligt? Der Verkaufszyklus dauert drei bis sechs Monate oder länger und ein Projektcharakter ist gegeben? Dann sollten Sie den Einsatz und die Implementierung einer Vertriebsmethodik (natürlich wieder integriert in Ihre CRM-Software) ernsthaft in Erwägung ziehen.

In Teil 2 zeigen wir Ihnen, wie Sie durch den Einsatz der **NUTBASER**-Vertriebsmethodik
- Ihre Forecast-Trefferquote auf > 90 % erhöhen,
- eine Optimierung Ihrer Kommunikationszeit um bis zu 50 % realisieren,
- eine Umsatzsteigerung von typischerweise zwischen 10–15 % erzielen.

Systematisches Vorgehen kann die Erfolgschancen wesentlich verbessern und vor allem sicherstellen, dass wertvolle Ressourcen bzw. Energie nicht für aussichtslose Fälle verschwendet werden. **Intelligenter Vertrieb (oder Sales Intelligence)** stellt in diesem Zusammenhang einen Oberbegriff dar, unter dem mehrere Disziplinen zusammengefasst sind. Sie dienen dazu, den Reifegrad des Vertriebs nachhaltig zu erhöhen, und bestehen aus:

1. Einsatz einer intelligenten Qualifizierungsmethodik, die die Kundenanforderungen in den Mittelpunkt stellt und dadurch idealerweise zum Kaufwunsch führt (»Kaufen-Lassen-Methode«).
2. Kontinuierliches Messen und Analysieren der Qualität von Informationen über die Kundenbeziehung und das jeweilige (Verkaufs-)Projekt. Dies verleiht der Verkäuferintuition einen rationalen Unterbau und zeigt ggf. Korrekturbedarf frühzeitig auf. Idealerweise erfolgt dies mittels Software, deren Bewertungsmethode nicht nur den Prozessfortschritt bewertet, wie es beim Einsatz einer CRM-Software immer noch üblich ist. Die Bewertung erfolgt hochgradig objektiv und ist von der formalen Prozessphase unabhängig.
3. Darauf aufbauend das Treffen fundierter, intelligenter Entscheidungen über Maßnahmen/Aktivitäten während des Verkaufszyklus.
4. Konsequente Abbildung der gewählten Vertriebsmethode mittels Einführung geeigneter, standardisierter Prozesse für den operativen Vertriebsalltag. Dies führt bei allen Beteiligten unmittelbar zu einer spürbaren Effektivitätssteigerung.
5. Mittel- und langfristig besteht die Möglichkeit einer deutlich differenzierteren (= intelligenteren) Steuerung des Vertriebs auf der Basis von Lernen aus fundiertem Wissen. Letzteres ist wiederum ein Produkt der regelmäßigen Analyse der über die Zeit gesammelten Informationen aus den dokumentierten Verkaufszyklen (Win-Loss-Analysen).
6. Differenziert bedeutet in diesem Kontext auch, dass sich für die Führungskräfte mehr Handlungsalternativen erschließen, um die gesteckten Ziele zu erreichen. Wo

früher aus Mangel an fundierten Erkenntnissen Daumenschrauben angezogen oder Mitarbeiter ausgetauscht werden mussten, können heute gezielt und zeitnah Maßnahmen zur Förderung (Coaching) eingeleitet werden. Dazu gehören wirkungsvolle und nachhaltige Trainingskonzepte genauso wie die individuelle Förderung einzelner Verkäufer oder die Neupositionierung von Teams und deren Mitgliedern, um die verfügbaren Stärken an der richtigen Stelle zum Einsatz bringen zu können.

Die NUTBASER-Methode

Die NUTBASER-Methodik unterstützt diesen Prozess wirkungsvoll. Implementiert in unsere CRM-Software (pio xRM) ermöglicht diese Komplettlösung für das Verkaufschancenmanagement zuverlässige Vorhersagen im Vertriebsprozess, senkt die Akquisitionskosten und führt zu einer Umsatzsteigerung durch mehr aktive Verkaufszeit.

Die Bezeichnung »NUTBASER« ist dabei ein Akronym – ein sprechender Name, der die Systematik auf den Punkt bringt. Anhand der wichtigsten Kriterien, die für eine Kaufentscheidung relevant sind, werden damit die Verkaufschancen systematisch qualifiziert und bewertet. Dadurch wird transparent, in welchen Bereichen der jeweils wirkungsvollste Handlungsbedarf besteht.

8 NUTBASER®-Kriterien

Systematisch Kaufsituationen analysieren führt über ...

NEEDS
Was macht den **Bedarf** Ihres Kunden aus?

UNIQUES
Positionierung: Was **unterscheidet** Ihr Angebot wirklich von Anderen?

TIMEFRAME
Wie ist der **Zeitrahmen** für die Entscheidung?

BUDGET
Welcher **finanzielle Rahmen** besteht für die fachliche Entscheidung?

AUTHORITY
Wer sind die tatsächlichen **Entscheider**?

SOLUTION
Wie gut **lösen** Sie die Anforderungen des Kunden?

ENEMY
Welcher **Wettbewerb** ist relevant?

Relationship
Welches sind die Beeinflusser, also die „grauen Eminenzen"?

Abb. 3: Die 8 NUTBASER-Kriterien im Überblick; Quelle: NUTBASER GmbH

An erster Stelle stehen dabei die »Needs« des Kunden – seine Probleme, sein Leidens-druck oder auch seine Gewinnabsicht. Oft stehen zunächst die formalen Anforde-rungen des Kunden im Vordergrund. Aus den Zielen und Motiven, die hinter diesen Anforderungen stehen, lässt sich der Handlungsdruck des Kunden erst ableiten und verstehen. Solche Einblicke helfen dann, eine optimal ausgerichtete Lösung zu posi-tionieren.

Wichtig sind aber auch die »Uniques«, die eigenen Alleinstellungsmerkmale und die des Kunden. Denn nur wenn der Anbieter seinem Kunden glaubhaft darstellen kann, dass er die richtige Lösung für sein Problem so nur bei diesem Anbieter bekommt, er-geben sich realistische Chancen im Wettbewerb. Dabei ist es bedeutsam, die eigenen »Uniques« in einem Kontext zum Bedarf, zu den Anforderungen und zu den Motiven des Kunden zu setzen, damit die angebotene Lösung einen echten Mehrwert schafft.

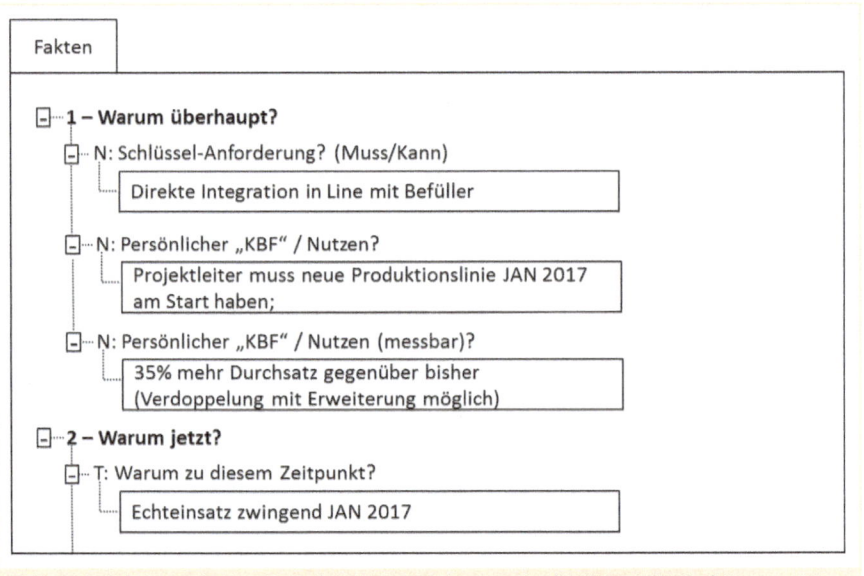

Abb. 4: Der Faktencheck, Einstieg in den NUTBASER-Prozess; Quelle: NUTBASER GmbH

Über den Punkt »Budget« wird gerne diskret hinweggesehen. Im Sinne der »Kaufen-Lassen-Idee« ist es sogar eine Pflicht, mit dem Kunden sicherzustellen, dass der fi-nanzielle Rahmen kompatibel ist. Auch hier helfen Fragen als Impulsgeber. Das aus Erfahrung wichtigste Kriterium ist »Authority«. Welche Personen in welchen Rollen sind an einer Entscheidung beteiligt? Wie setzt sich das sogenannte »Buying-Center« zusammen? Wer das weiß, kann angemessen reagieren und konzentriert sich im Ver-triebsprozess nicht auf die »falschen« Personen. Gerade hier gilt es, unternehmeri-sche Vorteile, aber auch persönliche Motive, die auf eine Kaufentscheidung Einfluss nehmen, von den konkreten Personen herauszuarbeiten.

Systematische Fragestellung und eine Stoffsammlung möglicher Antworten unterstützt hierbei im Vertrieb enorm und liefert sehr gute Impulse in der Identifizierungs- und Qualifizierungsphase (siehe Abbildung 5).

Needs	Budget
Wie müsste Ihrer Meinung nach eine optimale Lösung aussehen?	Wie viel wurde dafür budgetiert?
Wenn Sie eine Lösung entwickeln würden, wie würde sie aussehen?	Wie können Sie etwas bekommen, was Sie wirklich wollen, das aber nicht im Budget ist?
Warum suchen Sie/Ihre Firma eine solche Lösung?	Unter welchen Umständen würde Ihr Chef einer nicht budgetierten Lösung zustimmen?
Was würde es für Sie persönlich bedeuten, wenn diese Lösung implementiert wäre?	Wie haben Sie in der Vergangenheit nicht budgetierte Lösungen erhalten?
Was sind Ihre wichtigsten Ziele/Aufgaben?	Für welche Bereiche haben Sie am meisten Budget vorgesehen?
Welches sind die wichtigsten Geschäftsziele?	Warum haben Sie Budgetrestriktionen?
	METAFRAGE: Warum sollen wir anbieten?
	Wie wichtig ist der Preis? Gibt es relevante Schwellenwerte?

Abb. 5: Fragen als Stoffsammlung zur Unterstützung im Vertrieb; Quelle: 1CTec Group GmbH

Die weitgehende Übereinstimmung der angebotenen Lösung (»**Solution**«) mit dem Bedarf des Kunden ist eine Grundvoraussetzung für den Vertriebserfolg. Denn nur wenn der Kunde einen echten Mehrwert, einen wirklichen Nutzen sieht, ist er bereit, Zeit und Geld (Ressourcen) in seinen Kaufprozess zu lenken.

Natürlich müssen auch die Wettbewerber (**Enemy**) – ob intern oder extern – genau ermittelt werden. Interner Projektwettbewerb hat schon so manches Projekt, von dem der Verkäufer meinte, er stehe kurz vor dem Abschluss, scheitern lassen.

Schließlich sollte noch das Beziehungsnetzwerk (»**Relationship**«) an den Schlüsselpositionen des Kunden genau analysiert werden. Denn neben den offiziellen Entscheidern auf den verschiedenen Ebenen spielen oft auch noch weitere Personen im Hintergrund eine Rolle, die ein guter Verkäufer kennen muss – seien es externe Berater oder Spezialisten, die vor einer wichtigen Entscheidung zurate gezogen werden. In den Fachabteilungen wird diese Person gerne »Dobermann« genannt.

Ein junger Projektleiter wird ihn vorher befragen oder sogar in die Meetings mitbringen. Deshalb ist es für einen erfolgreichen Vertriebler wichtig, diesen »Dobermann«

frühzeitig zu identifizieren und ihn für sich und die Lösung zu gewinnen. An ihm geht im betreffenden Fachbereich üblicherweise keine Entscheidung vorbei.

Sind die acht Kriterien objektiv bewertet, ergibt sich ein klares Profil der Verkaufschance, inkl. Ermittlung der Engpässe.

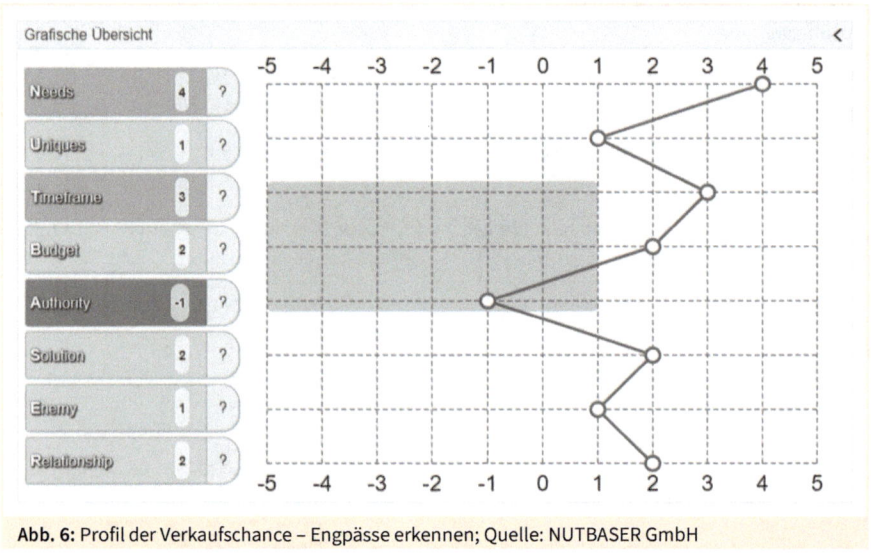

Abb. 6: Profil der Verkaufschance – Engpässe erkennen; Quelle: NUTBASER GmbH

Nun reicht es nicht aus, »mal eben« ein CRM ggf. ergänzt mit NUTBASER-Methodik einzuführen. Eine Entscheidung für dieses Vorgehen bedeutet Training, Coaching und regelmäßigen Austausch im Vertriebsteam (z. B. über Win-Loss-Analysen, »Lernen von den Besten«).

So eingeführt, ergeben sich nachvollziehbare, pragmatische Erfolgserlebnisse, die jeder Verkäufer gerne nutzt und weitergibt.
- Kein Verkäufer will jede Woche seitenlange Reports schreiben, sondern lieber den Kontakt zu seinen Kunden pflegen.
- Jeder Verkäufer will mit wenigen Klicks – ohne aufwendige Texteingabe – alle erfolgskritischen Daten einer Verkaufssituation oder eines Interessenten erfassen.
- Verkäufer und Management sehen und erfassen gemeinsam, was nun wirklich wichtig ist für ein Vertriebsprojekt. Ein Blick auf das Cockpit zeigt sofort alle Fakten, schnell und bequem erreichbar. Und dazu müssen weder lange Berichte gelesen noch das Bauchgefühl beurteilt werden. Eine übersichtliche Grafik informiert auf einen Blick über Stärken und Schwächen. Im Vertriebstrichter wird farbig dargestellt, wie erfolgreich die jeweilige Phase durchlaufen ist und wann der Schritt in die nächste Phase sinnvoll ist.

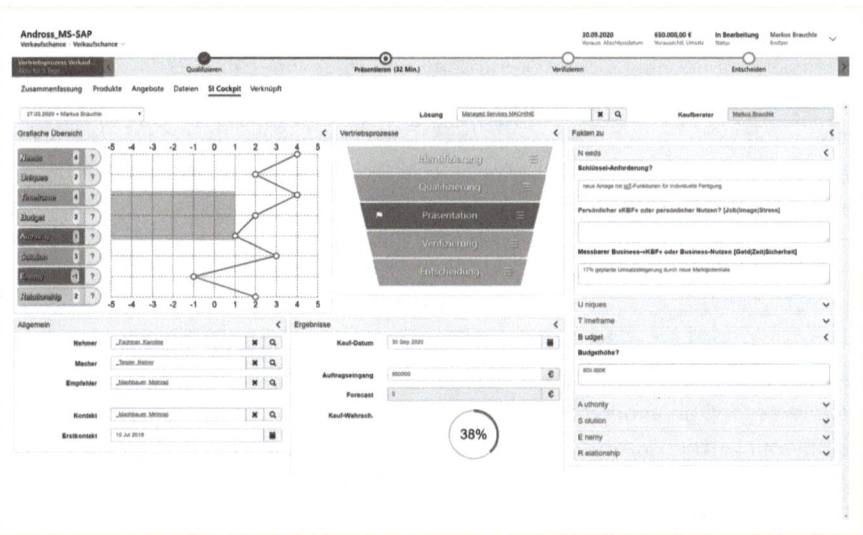

Abb. 7: Das »NUTBASER-Vertriebscockpit« mit allen bedeutsamen Informationen und Bewertungen »auf einem Blick«; Quelle: NUTBASER GmbH

UMSATZ-PROGNOSE

„Abfallprodukt" von objektiver Bewertung

Die Kauf-Wahrscheinlichkeit berechnet sich aus den 8 Kriterien und einigen Einflussfaktoren. Das Ergebnis einer objektiven, realistischen Bewertung ist also automatisch ein objektiver und damit zuverlässiger Forecast.

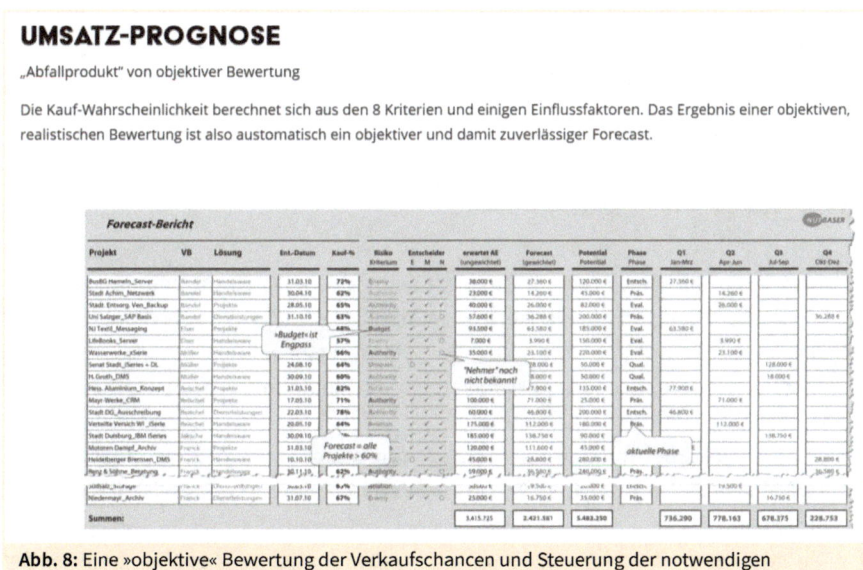

Abb. 8: Eine »objektive« Bewertung der Verkaufschancen und Steuerung der notwendigen Aktivitäten bzw. Zuweisung von Ressourcen; Quelle: NUTBASER GmbH

Wer sich die Zeit nimmt und im Vorfeld eines Termins oder einer Präsentation alle erforderlichen Punkte beantwortet, verbessert seine Erfolgschancen enorm. Die Methodik forciert grundlegend, die Kundensituation besser zu verstehen und damit noch viel besser einzuschätzen, ob eine Verkaufschance wirklich Erfolg versprechend ist.

Und schließlich kann Vertrieb, fachlicher PreSales oder auch die unterstützende Geschäftsleitung viel zielgerichteter und damit überzeugender auftreten.

Denn erfolgreich im Vertrieb zu sein heißt, sich von Anfang an nur auf die Fälle mit einer entsprechend hohen Erfolgswahrscheinlichkeit zu konzentrieren. Für die Effizienz im Vertriebsprozess ist dies entscheidend. Blindleistung gilt es zu vermeiden. Denn nur dann gewinnen Sie dringend notwendige, zusätzliche aktive Verkaufszeit und steigern Ihre Vertriebsproduktivität.

Die Qualität der vorhandenen oder eigens recherchierten Informationen zu den einzelnen Punkten bestimmt dabei die Kaufwahrscheinlichkeit beim potenziellen Kunden. Wie schon an anderer Stelle beschrieben: Vor allem für B2B-Unternehmen mit komplexen Vertriebsprozessen ist ein solches systematisches Vorgehen sinnvoll: Sobald auf Kundenseite mehrere Personen an der Entscheidung beteiligt sind, der Zyklus drei bis sechs Monate oder länger dauert und ein Projektcharakter gegeben ist, lohnt es sich auf jeden Fall.

Denn die praktische Erfahrung lehrt, dass selbst **Topverkäufer** durch die konsequente Anwendung der NUTBASER-Methodik ihr Ergebnis noch einmal um **10 % steigern** können. Bei bisher eher **durchschnittlichen Vertriebsmitarbeitern** liegt das Potenzial durch die systematische Vorgehensweise sogar bei bis zu **35 % mehr Umsatz** in kürzerer Zeit.

Lessons Learned

- Integrieren Sie **Best-Practice-Prozesse** (hier am Beispiel **Anfragemanagementprozess**) auf der Basis des Wissens aller Beteiligten und wirken Sie darauf hin, dass dieser Prozess, unterstützt durch CRM-Software, eingehalten wird. Der Nutzen ist immens (weitere Prozesse übrigens: Bestandskundenmanagementprozess, Neukundenmanagementprozess etc.).
- Eine **Vertriebsmethodik wie NUTBASER** hebt vor allem den B2B-Vertrieb/Projektvertrieb auf ein neues Niveau und **macht Vertrieb planbar** – das **schafft Sicherheit** für Sie.
- Die Integration der Methodik in eine **CRM-Lösung** ist der Schlüssel zum Erfolg. Auf diese Weise kann in der wichtigen Identifizierungs- und Qualifizierungsphase, aber auch über den gesamten Vertriebsprozess hinweg **direkt mit NUTBASER** kommuniziert werden. So stehen dem Vertrieb die relevanten Fakten und Fragen/Antworten immer als Hilfestellung bei der Zielerreichung zur Verfügung.

Durch die NUTBASER-Vertriebsmethodik

- erhöhen Sie die Forecast-Trefferquote auf > 90 %,
- ist eine Umsatzsteigerung zwischen 10–15 % typisch,
- ist eine Optimierung der Kommunikationszeit um bis zu 50 % realisierbar.

Hinweise zum Autor

MICHAEL KNAUFF

Michael Knauff ist geschäftsführender Gesellschafter der 1CTec Group GmbH aus Würselen (https://www.1ctec.de). Durch strategische und konzeptionelle Beratung sowie Optimierung von Kundenservice- und Kommunikationsprozessen hilft er seinen Kunden, ihre Gewinne und Unternehmenswerte signifikant zu steigern. Dabei kann Michael Knauff auf mehr als 35 Jahre Erfahrung als Senior Communication Expert in den Bereichen Digitalisierung, UC&C, Contact-Center, CRM zurückgreifen. Erfahrungen als Managementberater, Entrepreneur, Coach, Beirat und Aufsichtsrat sowie Zertifizierungen als Miller Heiman Certified Sales Professional und für NUTBASER-Methodik runden sein Profil ab.

Künstliche Intelligenz (KI) im Vertrieb – Stand und Ausblick

Mathieu Sticker Garcia
Student an der Dublin Business
School (DBS)
Trust- and Safety Associate bei
CPL@Twitter

Gerhard Sticker
Regional Head of Finance & Controlling
Western Europe
ALPLA Group

Ausgangssituation

In den letzten Jahren beobachtete einer der Autoren als Regional Head of Finance and IT Western Europe bei ALPLA, einem weltweit tätigen Marktführer in der Entwicklung und Produktion von Kunststoffverpackungen, Beschwerden von Freunden, Kollegen und auch der Fachpresse (Dickie J., 2017) über einen stetigen Rückgang der Zielerreichung im Vertrieb, während sich zeitgleich ein systematischer und methodischer Ansatz für Vertriebsprozesse als State of the Art zwar nicht unbedingt überall durchgesetzt hat, aber zumindest dessen Vorteile rumgesprochen haben sollten.

Gleichzeitig feierte die gleiche Fachpresse die nächste große Veränderung, die man wirklich als disruptiv bezeichnen kann. Doch schien sich das nur in Geschichten aus dem Silicon Valley abzuspielen und nicht in meinem persönlichen Umfeld.

Die Sorge, dass diese Entwicklung nur an ihm vorbeigegangen sei, führte ihn in die peinliche Situation, seinen Sohn zu diesem Thema befragen zu müssen. Er ist der Stereotyp des modernen Digital Natives, der an der Dublin Business School Fächer studiert, deren Namen ältere Semester noch nicht einmal richtig einordnen können, u. a. *Applied IT Science and Artificial Intelligence*. Vielleicht sollte es aber auch nur etwas Bestätigung geben für die horrenden Studiengebühren? In seiner neuen Aufgabe als Trust- und Safety Associate bei Twitter wird er dies beweisen können.

Nach einem leicht herablassenden Lächeln, das dem Vater das Gefühl gab, wirklich alt und nicht mehr auf der Höhe der Zeit zu sein, folgte die Aufklärung durch den Sohn, dass Künstliche Intelligenz anscheinend auch im Vertrieb langsam Einzug halte und die Erwartungen zwar hoch, aber nicht alle darauf vorbereitet seien.

Ob einer gewissen Ungläubigkeit entwickelte sich ein Vater-Sohn-Projekt, durch das beide überprüfen wollten, ob es sich hier wirklich um die nächste disruptive Entwicklung handelt oder doch nur um den bisher favorisierten methodisch strukturierten Ansatz mit etwas IT-Unterstützung.

Damals konnten wir nicht ahnen, wie sehr dieses Vater-Sohn-Projekt unsere Sichtweise auf ein Thema verändern würde, in dem jeder glaubte, ein Experte zu sein.

Einleitung

»AI is one of the most important things humanity is working on. It is more profound than [...] electricity or fire«, beschrieb Sundar Pichai, CEO von Google, bei der Vorstellung einer neuen Google-Hardware bereits 2016 seine Einschätzung hinsichtlich der Bedeutung Künstlicher Intelligenz für unser zukünftiges Leben (Clifford C., 2018).

Dies ist nur ein Höhepunkt in der beeindruckenden exponentiellen Entwicklung, die sich vollzogen hat, seit der Begriff der Künstlichen Intelligenz 1956 erstmals benutzt wurde (Stanford University, 2016). Seitdem hat das Thema immer wieder polarisiert. Übertriebene kurzfristige Erwartungen an den Heiligen Gral des Fortschritts, die zu den zwei Wintern der KI-Forschung in den 1970er-Jahren und um die Jahrtausendwende geführt haben, mussten genauso relativiert werden wie die Ängste vor Robotern, die die Weltherrschaft übernehmen und dem Menschen die Arbeit wegnehmen. Die Vertreter beider Pole teilen die Gewissheit, dass KI die Welt verändern wird.

Die Erfolge und Fortschritte werden mit Euphorie beschrieben, aber auch mit Häme, wenn es zu Rückschlägen kommt, wie z. B. im Falle von Microsofts Chatbot Tay, der in kürzester Zeit ziemlich vulgär und politisch unkorrekt wurde (Vincent J., 2016).

Alle Ängste können auch nicht als völlig unberechtigt abgetan werden, auch wenn dies vor allem charakteristisch für die zweite Welle der digitalen Transformation gegolten hat (Wladawsky-Berger I., 2019). In den USA sind seit dem Jahr 2000 geschätzt fünf Millionen Stellen in der Industrieproduktion verloren gegangen, die Hälfte davon durch Effizienzsteigerungen und Automatisierungen (Daugherty P. R., Wilson H. J., 2018).

Auf der anderen Seite der Waagschale stehen die bahnbrechenden Fortschritte im Bereich des autonomen Fahrens und der Medizinforschung, die teilweise euphorisch angepriesen werden. Hier scheint sich das Bill Gates zugeschriebene Zitat zu bewahrheiten, in dem er behauptet: »Wir überschätzen immer die Veränderungen, die in den nächsten zwei Jahren stattfinden werden, und unterschätzen die Veränderungen, die in den nächsten zehn Jahren stattfinden werden.« (Zitate berühmter Personen, 2019)

Eins ist zumindest sicher: Auch Bereiche, bei denen man nicht gleich an die Einsatzmöglichkeiten von KI denkt, werden sich grundlegend verändern – so z. B. der Vertrieb.

Entwicklung

Den Einfluss, den KI in der Forschung, aber auch in der Industrie hat, aber auch den Wandel, den das Thema durchlaufen hat, kann man recht gut an der Anzahl der veröffentlichten Publikationen ersehen. Hierzu haben wir aus der Computer Science Bibliography des Leibniz Center for Informatics (Schloss Dagstuhl – Leibniz Center for Informatics, 2021) die Publikationen der letzten 25 Jahre aus drei Clustern abgefragt – Künstliche Intelligenz im Allgemeinen sowie Machine und Deep Learning im Speziellen.

Das Ergebnis ist sehr eindeutig. Künstliche Intelligenz im Allgemeinen hat eine beachtliche Entwicklung hinter sich, die Anzahl der jährlichen Publikationen hat sich über diesen Zeitraum um 1.500 % erhöht, aber noch beeindruckender sind die beiden Spezialthemen, die sich in den letzten fünf Jahren allein exponentiell gesteigert haben.

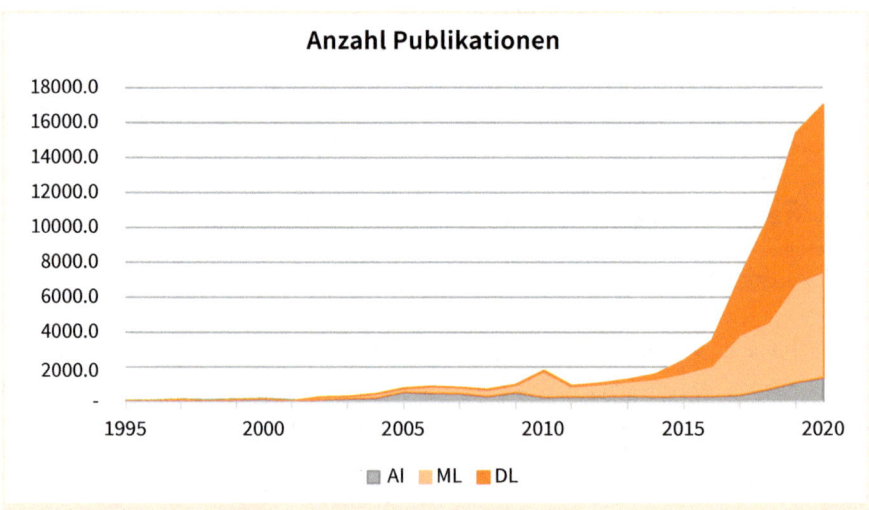

Abb. 1: Zuwachs an Publikationen in den Bereichen Künstliche Intelligenz, Machine Learning und Deep Learning zwischen 1995 und 2020

Warum kommt es gerade jetzt zu dieser Entwicklung und nicht schon einige Jahre früher?

- Unter anderem durch die Entwicklung des Internets ist es zu einer wahren Datenexplosion gekommen, die früher nicht beherrschbar gewesen wäre.
- Cloud Computing stellt die Kapazitäten erstmals skalierbar zur Verfügung. Jeder kann sich die Rechenleistung von Amazon, Microsoft oder IBM mieten.
- Verbesserte Algorithmen zur Analyse dieser Daten stehen erst jetzt zur Verfügung, v. a. im Bereich Deep Learning.
- Open Source hat die Möglichkeit geschaffen, dass sich wahre Communities fasziniert diesem Thema widmen und die Werkzeuge hierzu weiterentwickeln.

Da müsste man doch erwarten, dass diese Themen auch für den Vertrieb eine erhöhte Relevanz erreichen müssten. Leider weit gefehlt. Die Anzahl der Neuerscheinungen, die sich diesem Thema widmen, ist doch sehr überschaubar.

Heißt das etwa, dass man sich hier keinen Fortschritt erhofft, es keine methodischen Ansätze gibt, auch hier neue Potenziale zu schaffen, und dass man weiterhin nur auf menschliche Intelligenz und Intuition setzt?

Umfrage

Im Januar 2021 haben wir dann unter deutschsprachigen Managern eine Umfrage zum Thema »Künstliche Intelligenz im Vertrieb« durchgeführt. Die Teilnehmer gaben an, dass zwar nur knapp 6 % ein Expertenwissen vorweisen können, aber immerhin weitere 63 % glauben, dass sie ein solides Wissen zu diesem Thema haben. Begriffe wie »Machine Learning« und »Deep Learning« waren immerhin 54 % bzw. 48 % der Teilnehmer geläufig, aber über die gängigen Schlagworte hinausgehende Begriffe wie »Theory of Mind« und »Limited Memory« waren 84 % bzw. 79 % der Teilnehmer nicht geläufig.

Nur 5 % der Teilnehmer gaben an, dass von ihnen Künstliche Intelligenz eher als Bedrohung denn als Lösung für viele Probleme empfunden wird. Große Bedenken wurden allerdings in Bezug auf die Risiken bei Datenschutz (62 %) und Cybersicherheit (47 %) geäußert. Die klassischen Ängste wie Kontroll- oder Jobverlust spielen eher eine untergeordnete Rolle (30 %), wobei einem Großteil der Beteiligten klar ist, dass sich die Jobprofile ändern werden oder gar ganz neue Jobs entstehen werden.

Bei den Erwartungen und Hoffnungen rangiert das Thema der Innovationen mit 84 % überraschend weit vorne, gefolgt von Kosteneinsparungen (74 %), Aufwertung von Stellen (70 %) und Umsatzsteigerungen (68 %).

Die größten Potenziale werden in der Robotik und Automatisierung (95 %) sowie in der IT- und Telekommunikationsbranche (91 %) und der Automobilbranche (85 %) gesehen. Hier hat die Berichterstattung über autonomes Fahren in den Medien ganze Arbeit geleistet. Medizintechnik und Pharma folgen dichtauf. Überraschend häufig wurden Energieversorger (72 %) genannt.

Einer der Bereiche, der in den letzten Jahren einige Veränderungen durch KI erfahren hat, nämlich der der Finanzdienstleistungen, wurde dagegen sehr wenig erwähnt (14 %).

In den Fachbereichen IT (82 %) und den Bereichen um die Produktion und Supply Chain (>75 %) verspricht man sich offenbar die größten Möglichkeiten.

Auffällig ist, dass zwar der Einfluss der mit KI verbundenen Technologien als extrem hoch eingeschätzt, gleichzeitig aber die disruptive Wirkung auf die eigene Branche und das eigene Unternehmen deutlich niedriger bewertet wird und man sich entsprechend nicht darauf vorbereitet. Immerhin 54 % sehen Möglichkeiten im Vertrieb und hier 67 % im Marketing.

Zusätzlich werden vertriebsspezifisch der After Sales Service (60 %), Vertriebsinnovationen (66 %) und die Angebotsverfolgung als sehr erfolgversprechend genannt. Führung, Personal und Organisation liegen mit weniger als 20 % ganz hinten in den Erwartungen.

42 % der Manager gaben an, dass sich ihr Unternehmen in den nächsten zwölf Monaten mit KI beschäftigen wird, obwohl sich nur 4 % gut darauf vorbereitet fühlen – aber nur 13 % glauben, dass das Thema im Jahr 2021 auch in der Vertriebsorganisation ankommt. Immerhin sind nur 15 % der Meinung, dass die Pandemie keinen Einfluss darauf hatte, dass das Thema eine höhere Priorität bekommt; das heißt aber, dass 85 % dies anders sehen.

Kundenerwartungen

Ein besseres Kauferlebnis für den Kunden ist das Ergebnis eines besseren Kennens und Verstehens des Kunden. Diese stehen durch Digitalisierung und KI in Vertriebsprozessen vor Veränderungen und neuen Möglichkeiten, denen sie sich anpassen. Der Kunde hat sich auch in Kenntnis der technischen Möglichkeiten und das Benchmarking durch die Pioniere auf dem Markt in seinen Anforderungen an den Markt entwickelt. Aber auch das Einkaufserlebnis hat sich gerade in den letzten Jahren deutlich geändert. KI hat nicht nur Marketingstrategien, sondern auch reziprok das Verhalten der Konsumenten beeinflusst (Davenport T., 2020).

- Der Kunde erwartet, dass man ihn kennt und versteht. Die Kundenhistorie und jegliche Interaktion müssen bekannt sein. Er möchte sich nicht wiederholen und die Kommunikation muss personalisiert sein.

- Er erwartet schnellste Antworten. Eine E-Mail zwei oder drei Tage später reicht nicht mehr aus.
- Er möchte auf allen Kanälen bedient werden, sowohl online als auch offline (omnichannel). Ein Onlineshop mit E-Mail-Betreuung war gestern, heute muss man Präsenz auf allen Online- und Offlineplattformen zeigen.
- Ein gutes und preiswertes Produkt ist nicht mehr genug. Der Kunde möchte wissen, wofür sein Lieferant steht. Der Lieferant muss eine Vision bieten und kommunizieren, woran er glaubt und wie er die Welt verbessern will.
- Die Leidenschaften und Schmerzen des Kunden müssen angesprochen werden. Wie wird der Lieferant mir helfen, meine Wünsche im Leben zu erreichen?
- Der Kunde gibt seine Privatsphäre preis, möchte aber die Kontrolle darüber haben und erwartet eine Gegenleistung dafür.
- Zudem möchte er auch noch für seine Loyalität belohnt und als Partner auf Augenhöhe wahrgenommen werden, der nicht nur das Produkt und die Kommunikation dazu erhält, sondern mit dem interagiert wird.
- Vor allem erwartet der Kunde, dass dies alles immer mehr der menschlichen Kommunikation und dem menschlichen Verhalten ähnelt. Wohlwissend, dass dem nicht so ist, möchte er nicht das Gefühl haben, dass er es hier mit Rechnern und Maschinen zu tun hat.

In Umfragen (Kellogg School of Management, 2020) hat sich bestätigt, dass
- für 80 % der Kunden die Einkaufserfahrung ebenso wichtig ist wie das erworbene Produkt selbst,
- 95 % der Kunden einer Firma, der sie trauen, loyal gegenüber sind,
- 67 % deutlich höhere Erwartungen an das Kauferlebnis haben als früher.

Demgegenüber sagen aber auch über 50 % der Kunden, dass ihre Erwartungen nicht erfüllt werden und sie nicht glauben, dass die Firmen wirklich im Interesse der Kunden agieren.

Die Zyklen der Vertriebsprozesse werden kürzer, die Volatilität nimmt zu und die Vorhersehbarkeit, und damit die Planbarkeit, wird immer geringer.

Dies heißt im Umkehrschluss, dass selbst der charismatischste Vertriebler der Herausforderung, die Lücke zwischen der Realität und diesen Anforderungen zu schließen, ohne technische Unterstützung nicht gewachsen sein kann und kritische Entscheidungen auf smarten Entscheidungen aufbauen muss (Schrage M., 2017). Nach »Empower your people« folgt nun »Empower your algorithm«, so schmerzhaft das auch sein mag. Denn nur mit diesem Wandel wird man die Menge an Daten, die für eine Entscheidungsfindung in diesem veränderten Umfeld nötig sind, bewältigen können.

Wie W. Edwards Deming es so treffend gesagt hat: »**Without data, you're just another person with an opinion.**« (Deming W. E., 2012) und »**In God we trust; all others bring data.**«(Deming W. E., 2012)

SALESTOOLBOX®

Auch wenn es unterschiedliche Meinungen über den Einfluss von Digitalisierung und v. a. von KI in Vertriebsprozessen gibt, die zudem vehement diskutiert werden, gibt es noch weniger Klarheit, wie sich das Berufsbild Vertrieb zum einen und die Vertriebsmitarbeiter auf der anderen Seite in Zukunft entwickeln werden (Singh J., 2019).

Collective[i], Chorus.ai, Brainshark und People.ai sind nur ein paar Beispiele für Firmen, die erkannt haben, wie man mit KI die Performance im Vertrieb steigern kann, indem der Vertriebsprozess und die Anwendung von neuen Schulungsmaßnahmen und Best Practices beobachtet und analysiert und z. B. durch Real-Time-Coaching gestärkt werden (Dickie J., 2017).

Von Markus Milz (Milz M., 2017) wurde der Vertriebs-Lifecycle in zehn sogenannten Toolboxen zusammengefasst. Jede dieser Toolboxen hat ihre eigenen Charakteristika und ihre eigene Position auf der Strategiepyramide. Das Besondere ist aber der methodische Ansatz und die klare Strukturierung und Definition der Akteure, Prozesse und Daten.

Wenn wir diese zehn Werkzeugkisten der Einfachheit halber in drei gröberen Rubriken zusammenfassen, nämlich Bedarfsweckung, Auftragsbearbeitung und Kundenservice ergeben sich einige Möglichkeiten der Anwendung von KI für jeden dieser Bereiche (Kellogg School of Management, 2020).

	Bedarfsweckung	Auftragsbearbeitung	Kundenservice
SalesToolBox	• Vision • Marketing • Kundenakquise • Innovation	Verkaufsabwicklung • Organisation	CRM
KI Anwendung	• Lead Scoring • Fake-Lead-Erkennung • NLP-Lead-Qualifizierung • Account Scoring und Modellierung • Channelauswahl • Werbung und Branding (Li H., 2019) • Content Management	• Forecasting • Virtuelle Agents für Upsell- und Cross-Sell-Empfehlungen • ML-gesteuerte Zielquotengenerierung • Vorhersage von Abbruch-quoten • Preisoptimierung • Vorgehensempfehlungen (Microsoft, 2020) • Sales Conversation Analysis	• Automatische Triage • Churn Prediction • Eskalationswahrscheinlichkeit • Realtime-Sentiment-Analyse (TranslateMedia, 2020) • Terminvereinbarungen • Stakeholderengagement

Abb. 2: Toolboxen des Vertriebs

Hinzu kommen noch die Toolboxen Personal, Controlling und effiziente Vertriebsprozesse, wo es weitere Einsatzmöglichkeiten für KI gibt, die teilweise erst in den Anfängen stecken. In Echtzeit KI-gesteuerte Vertriebscoaches sind bereits weit aus der experimentellen Phase hinaus. Und dies ist nur ein kleiner Ausschnitt der Möglichkeiten, die es für jede Stufe des Vertriebs-Lifecycle gibt. Die weitere Forschung und Entwicklung werden uns sicherlich in Zukunft noch weitere Anwendungsgebiete eröffnen. Diese sollten aber immer der Prämisse folgen, was der Kunde erwartet und was das für Aufgaben für den Vertrieb mit sich bringt, um diese Erwartungen bestmöglich zu erfüllen oder gar zu übertreffen. Sie wollen dies nicht? Machen Sie sich keine Sorgen; jemand anderes wird es schon tun und Ihnen den Kunden wegnehmen.

Auch hier möchten wir wieder W. Edward Deming bemühen, der meinte: »**It is not necessary to change. Survival is not mandatory.**« (Deming W. E., 2012)

AI Canvas

Mittels des strategischen, aber doch einfachen Toolkits »AI Canvas« können Unternehmen bei der Umsetzung und dem nachhaltigen und angemessenen Einsatz einer KI-Lösung unterstützt werden.

Die »AI Canvas« (AIC) gibt es mittlerweile in verschiedenen Ausprägungen. Gemeinsam haben sie alle, dass sie als Onepager auf dem Business Model Canvas (BMC) von Alexander Osterwalder (Osterwalder A., 2010) aufbauen. Am geläufigsten für KI sind das AIC von Prolego (Dewalt K., 2017) oder Ajy Agrawal (Agrawal A., 2018), die die verschiedenen Perspektiven einer Geschäftsentscheidung zusammenführen. Hier wird von einer Geschäftsidee (Value Proposition, Prediction oder Business Problem) ausgegangen und die damit verbundenen Entscheidungen und Implikationen aufgeführt. Das Ausfüllen dieses AIC sagt nichts darüber aus, wie die nächsten Entscheidungen aussehen, aber es hilft zu klären, was KI dazu beitragen wird, wie sie mit Menschen zusammenarbeiten wird, wie sie Entscheidungen beeinflussen und den Erfolg messen soll, und bestimmt die Art der Daten, die zum Trainieren, Betreiben und Verbessern der KI benötigt werden.

Die Fragen, die hier beantwortet werden sollen, lauten (Agrawal A., 2018):
- Prognose: Was wird zu einer Entscheidungsfindung benötigt?
- Beurteilung: Wie werden die verschiedenen Ergebnisse und Fehler bewertet?
- Aktion: Was soll erreicht werden?
- Ergebnis: Was sind die Erfolgsfaktoren und deren Metrik?
- Eingabe: Welche Daten werden für den Algorithmus benötigt?
- Lernen: Welche Daten werden benötigt, um den Algorithmus zu trainieren?

Ferner ist zu definieren, wie notwendige Daten erhoben und welche statistischen Methodiken angewendet werden sowie inwieweit das Modell durch Trainingsdaten modifiziert werden muss (Dorard L., 2019). Am wichtigsten ist es aber, den Mehrwert für den Kunden, der hier generiert werden soll, zu bewerten (Dewalt K., 2018. Wie können die gestiegenen Kundenerwartungen hiermit sinnvoll ge- bzw. übertroffen werden?

Erfolgsgeschichten

Die Pioniere und Treiber dieser KI-Revolution sind sicherlich die unter GAFAM bekannten Techgiganten Google, Amazon, Facebook, Apple und Microsoft, aber es gab schon frühzeitig reale Erfolgsgeschichten. Harley-Davidson z. B. hat schon relativ früh auf Albert Technologies (albert.io) als KI-Plattform gesetzt. Albert war in der Lage, Kunden für Harley-Davidson zu identifizieren, die sonst nie als aktiver Lead identifiziert worden wären (Power B., 2017).

Die Daten von Besuchern der Webseite, die Interesse bekundet hatten, mit einem Vertriebsmitarbeiter zu sprechen, wurden mit vorhandenen Daten aus dem CRM von Harley-Davidson abgeglichen und Mustern zugeordnet, die besonders wertvolle Kunden aus der Vergangenheit identifizieren. Albert generierte aus den Interessierten sogenannte Mikrosegmente, die testweise gezielt mit Werbekampagnen angesprochen wurden. Die variablen Parameter dieser Kampagnen setzten sich aus Inhalten, aber auch aus der Form (Farben, Schlagzeilen etc.) und den verschiedenen möglichen Kanälen zusammen. Sobald an den Reaktionen eine erhöhte Erfolgswahrscheinlichkeit messbar war, wurde diese für eine größere Gruppe freigegeben. Hierdurch wurde die Leadgenerierung um fast 3.000 % gesteigert.

Aussicht

KI definiert neu, wie Industriejobs heute auszusehen haben: menschlicher und immer weniger roboterhaft. Es läuft darauf hinaus, dass Menschen das machen, was sie am besten können, und Maschinen das, was Maschinen am besten können (Wladawsky-Berger I., 2019).

Die Ergebnisse dieser Studie im europäischen Raum mit einer Mehrheit von deutschsprachigen Teilnehmern weist hier deutliche Abweichungen zu Studien auf globaler Ebene (McKinsey Analytics, 2019) auf. In Deutschland gibt es anscheinend noch einen großen Nachholbedarf, KI in Geschäftsprozessen anzuwenden.

Wie wir gesehen haben, sind die Anwendungsgebiete auch im Vertrieb sehr vielfältig. Beim Betrachten der aktuellen Entwicklung von Systemen, die auf KI, Machine Learning oder auch Deep Learning aufbauen, und vor allem, was absehbar ist, was in Zukunft auf uns zukommt, kann man sagen, dass Bill Gates sich geirrt hat. Wir unterschätzen nicht, was in zehn Jahren stattfinden wird. Momentan wird in der Industrie noch nicht erkannt, was in fünf Jahren passieren wird. Wir werden dies nicht verhindern. Wir können uns nur darauf vorbereiten, indem wir schleunigst unsere Hausaufgaben machen und unsere Vertriebsprozesse strukturiert und methodisch organisieren und unsere Daten endlich in den Griff bekommen, denn ohne diese solide Basis wird uns die nächste disruptive Welle wegschwemmen, anstatt uns auf ihr reiten zu lassen.

Veränderungen, wie wir sie uns bisher nicht vorstellen können, werden in immer kürzeren Zyklen stattfinden. Der Wechsel von »Shopping-then-Shipping«-Modellen hin zu »Shipping-then-Shopping«, bei denen der Kunde Sachen geliefert bekommt, bevor er überhaupt weiß, dass er sie braucht und haben möchte, ist bereits mehr als nur eine abenteuerliche Science-Fiction-Vorstellung.

Entscheidungen und Aktionen sowie der Einfluss auf diese werden immer hinter den Möglichkeiten zurückbleiben, solange unzureichende Methodenkompetenz, ein daraus resultierendes fehlendes Vertrauen in die neuen Möglichkeiten sowie auf veralteten Methoden basierende Steuerungsmodelle nicht überwunden werden können (Treitz R., 2020).

Vorhersagen werden immer schwieriger, aber immer notwendiger. Die Entscheidungen für das nächste Jahr können nicht auf den Prämissen vom letzten Jahr aufbauen. KI wird sich weiterhin von einer Analyseperspektive zum Entscheider entwickeln.

Und wie immer gilt es, zuerst die Low Hanging Fruits zu ernten. Die größten Erfolge haben Unternehmen, die als KI-Pioniere gelten, vor allem da erreicht, wo M2M-Prozesse (Machine-to-Machine-Prozesse) schon implementiert sind, aber Verbesserungspotenzial aufweisen und sofortige Auswirkungen auf den Umsatz und die Kosten zu erwarten sind (Ramaswamy S., 2017).

Und auch für Menschen, die Angst haben, die Entscheidungsgrundlagen der KI nicht mehr nachvollziehen zu können, gibt es noch gute Nachrichten. Es sind bereits Systeme auf der Basis von Deep Learning in Entwicklung, die Narrative entwickeln, um den Menschen solche Entscheidungen zu erklären (Schrage M., 2017).

Literaturverzeichnis

»Microsoft AI powers better conversations between sellers and customers,« Microsoft, 2020. [Online]. Available: https://www.microsoft.com/en-us/itshowcase/microsoft-ai-powers-better-conversations-between-sellers-and-customers.

»Zitate berühmter Personen,« 2019. [Online]. Available: https://beruhmte-zitate.de/zitate/1976087-bill-gates-wir-uberschatzen-immer-die-veranderungen-die-in-d/.

Agrawal, A., Gans, J. und Goldfarb, A., »A Simple Tool to Start Making decisions with the Help of AI,« *Harvard Business Review,* pp. 2–6, 18.4.2018.

Clifford, C., »Google CEO: A.I. is more important than fire or electricity,« 01.02.2018. [Online]. Available: https://www.cnbc.com/2018/02/01/google-ceo-sundar-pichai-ai-is-more-important-than-fire-electricity.html.

Daugherty, P. R., and Wilson, H. J., »The self-aware factory floor: AI in production, supply chain, and distribution,« Bd. 38, pp. 53–60, 2018 und N. Correll, »How Investing in Robots Actually Helps Human Jobs,« 02.04.2017. [Online]. Available: https://time.com/4721687/investing-robots-help-human-jobs/.

Davenport, T., Guha, A., Grewal, D. und Bressgott, T., »How artificial intelligence will change the future of marketing,« *Journal of the Academy of Marketing Sciences,* Bd. 48, pp. 24–42, 2020.

Deming, W. E., Orsini, J. und Deming Cahill, The Essential Deming: Leadership Principles from the Father of Quality, McGrawHill, 2012.

Dewalt, K., »The AI Canvas – The strategic framework for enterprise deep learning,« Prolego, 18.9.2017. [Online]. Available: https://blog.prolego.io/the-ai-canvas-7a8717cddbe9.

Dewalt, K., Become an AI company in 90 days, prolego.io, 2018.

Dickie, J., Salespeople face an uphill battle, and AI is ready to help, DestinationCRM.com, 2017.

Dorard, L, The Machine Learning Canvas, machinelearningcanvas.com, 2019.

Kellogg School of Management, »Artificial Intelligence Strategies for Leading Business Transformation,« Kellogg School of Management, Syracuse, 2020.

Li, H., »Artificial Intelligence and Advertising,« *Journal of Advertising,* Bd. 48, pp. 333–337, 2019.

McKinsey Analytics;, »Global AI Survey: AI proves its worth, but few scale impact,« McKinsey&Company, 11 2019. [Online]. Available: https://www.mckinsey.com/featured-insights/artificial-intelligence/global-ai-survey-ai-proves-its-worth-but-few-scale-impact.

Milz, M., Praxis Buch Vertrieb – Die Strategie für maximale Vertriebseffizienz, Campus Verlag, 2017.

Osterwalder, A. und Pigneur, Y., Business Model Generation: A Handbook for Visionaries, Game Changers, and Challengers, John Wiley & Sons, 2010.

Power, B., »How Harley-Davidson used artificial intelligence to increase New York sales by 2.930 %,« *Harvard Business Review,* Bd. 5, pp. 2–5, 2017.

Ramaswamy, S., How companies are already using AI, Harvard Business School Publishing Corporation, 2017.

Schloss Dagstuhl – Leibniz Center for Informatics, »dblp computer science bibliography,« [Online]. Available: https://dblp2.uni-trier.de/. [Zugriff am 10.01.2021].

Schrage, M., »4 models for Using AI to make decisions,« *Harvard Business Review,* Bd. 2, 2017.

Singh, J., Flaherty, K., Sohi, R., Deeter-Schmelz, D. und Habel, J., »Sales profession and professionals in the age of digitization and artificial intelligence technologies: concepts, priorities, and questions,« *Journal of Personnal Selling & Sales Management,* Bd. 39, Nr. 1, pp. 2–22, 2019.

Stanford University, »Stanford One Hundred Year Study on Artificial Intelligence (AI100),« 2016. [Online]. Available: https://ai100.stanford.edu/sites/g/files/sbiybj9861/f/ai_100_report_0831fnl.pdf.

TranslateMedia, »How Machine Translation Can Support Multilingual Sentiment Analysis Projects,« 2020. [Online]. Available: https://www.translatemedia.com/translation-blog/machine-translation-multilingual-sentiment-analysis-projects/.

Treitz, R. und Seufert, A., »Controlling und Technik – Eine unvollendete Erfolgsgeschichte,« *Modernes Kostenmanagement, Haufe,* pp. 147–156, 2020.

Vincent, J., »Tay, Microsoft's AI chatbot, gets a crash course in racism from Twitter,« *The Guardian,* 24.03.2016.

Wladawsky-Berger, I., »A collection of observations, news and resources on the changing nature of innovation, technology, leadership, and other subjects.«, 29.04.2019. [Online]. Available: https://blog.irvingwb.com/blog/2019/04/navigating-the-sociopolitical-challenges-of-our-digital-evolution.html.

Hinweise zu den Autoren

MATHIEU STICKER GARCIA

Mathieu Sticker Garcia – Jahrgang 1999 – die nächste Generation und Digital Native. Schulabschluss 2017 in Mexiko-City, danach verschiedene Stationen mit unterschiedlichsten Interessenfeldern u. a. in Mailand (Italienisch) , Madrid (Barkeeperausbildung) und Dublin (Studium Business). Nach einer Ausbildungszeit im Bereich Logistik in Köln jetzt in seinem letzten Jahr an der Dublin Business School, wo er sich ausgiebig mit den Möglichkeiten der Künstlichen Intelligenz für Geschäftsprozesse auseinandergesetzt hat. Seit neuestem für Twitter in Irland tätig.

GERHARD STICKER

Gerhard Sticker – Regional Head of Finance & Controlling Western Europe bei der Firma ALPLA. Seit 30 Jahren in leitenden Positionen in den Bereichen Finanzen, Controlling und IT, davon 25 Jahre in Nord-, Mittel- und Südamerika tätig mit Hauptwohnsitz in Mexiko. Glücklich, dass er als digitaler Pionier die aufregenden Zeiten der IT und die damit verbundenen Veränderungen für Geschäftsprozesse mitbegleiten durfte. Dieser Artikel entstand nach einer Diskussion mit seinem Sohn, nachdem er sich erfolgreich an der Kellogg School of Management der Northwestern University in Chicago mehrere Monate mit dem Thema »*Artificial Intelligence: Strategies for Leading Business Transformation*« auseinandergesetzt hatte.

UMSETZUNGSFAHRPLAN:
Transformation und Change

Der Vertrieb in einer Zeit der stetigen Veränderung

Wolfgang Geurden
Director Sales & Marketing
Firma Wessel Werk GmbH

Kennen Sie noch Nokia, Quelle oder Blackberry? Ahnen Sie, was diese Unternehmen gemeinsam haben und warum sie nur als Spitze eines Eisbergs neben vielen anderen Unternehmen gesehen werden können?

Beispiele solcher Großunternehmen bleiben im Gedächtnis, doch an ihrem Verschwinden auf dem Markt wird deutlich, dass Methoden und Prozesse sowie die Aktualität von Produkten einem schnellen Wandel unterlegen sind. Betroffen sind hiervon nicht nur Unternehmen im produzierenden Industriebereich, sondern auch zahlreiche Unternehmen im Handel oder Dienstleistungssektor. Sie werden feststellen, dass sich die Märke verändert haben, und das häufig rascher und unerwarteter als angenommen. Um Dynamik und Veränderungen im Markt aktiv und erfolgreich sowohl mitzugestalten als auch zu steuern, hieraus langfristig einen unternehmerischen Nutzen zu schlagen, heißt es, sich mit geeigneten Mitteln und Methoden anzupassen. Hierfür zählt als wichtiger Bestandteil der Vertrieb.

Lassen Sie mich Ihnen im Nachfolgenden am Beispiel meines Unternehmens aufzeigen, wie wir erfolgreich diese Aufgabe gemeistert haben. Als verantwortlicher Leiter für Sales und Marketing war es nicht nur anspruchsvoll, sondern im Nachgang auch sehr interessant und aufschlussreich, sodass ich mich entschieden habe, Ihnen hier diesen Einblick zu geben. Sie werden damit Zeuge, welche Vielfalt an Aufgaben ein moderner Vertrieb heute zu leisten hat.

Das Unternehmen und die Ausgangssituation

Wessel Werk GmbH ist ein mittelständisches Unternehmen mit ca. 500 Mitarbeitern. Es wurde 1931 mit Firmensitz in Wildbergerhütte gegründet und produziert weltweit seit mehr als 60 Jahren Staubsaugerzubehör für viele Hersteller von Staubsaugern. Der Wettbewerb war bis 2013 sehr überschaubar, und nur wenige Hersteller produzierten das Hauptprodukt, die Bodendüse, selbst. Zu diesem Zeitpunkt hatte man ein Werk im Hauptsitz und eine Fertigungsstätte in China, in der Nähe von Shanghai. Das Unternehmen galt in der Branche als Weltmarktführer, Technologieführer und größter Hersteller in einem Nischenmarkt, war jedoch unbekannt im Handel.

Was also waren in diesem Industriesektor die wesentlichen Marktveränderungen, die dazu geführt haben, dass sich Wessel Werk anfangs nicht nur anpassen musste, sondern im späteren Verlauf auch neue Pfade eingeschlagen hat?

Der Wandel im Markt

Globale Marktveränderungen

Was in den 1990er-Jahren seinen Mainstream hatte, war die Verlagerung von Fertigungsstätten von Europa nach Asien, fast ausschließlich nach China. Heute besitzen dort alle großen Marken eine Staubsaugerproduktion, Werke in Europa wurden hingegen geschlossen. Somit haben bekannte Marken wie Dyson, Philips, Elektrolux, Hoover alle eines gemeinsam: komplette Verlagerung. Andere Großunternehmen betreiben immer noch Werke in Europa, gründeten allerdings ebenso Werke in Asien. Dazu gehören fast alle anderen Marktführer wie Miele, Bosch, Siemens, Rowenta.

Eine weitere starke Veränderung betraf die Tatsache, dass chinesische Hersteller begannen, unter dem Begriff »private Label«[1] für Hersteller weltweit zu produzieren. Bekannte Marken wie Dirt Devil, Hoover oder Philips, das später sogar das eigene Werk in China auflöste, können heute daher nur noch als »Quasi-Hersteller«[2] bezeichnet werden. Auch wenn diese Unternehmen eigene Konstruktionen und Designs als Exklusivprodukte in den Markt bringen, haben sie doch einen weiteren Wettbewerber geschaffen: die chinesischen Hersteller.

Neben einer Vielzahl kleinerer Hersteller gibt es nun einige große chinesische Hersteller, die anfangen, den weltweiten Mark zu erobern. Marken wie Midea, Ecovacs, Haier

---

1   http://www.preneur.de/was-ist-private-labeling/
2   Nach der Definition in § 4 Abs. 1 S. 2 ProdHaftG ist Quasi-Hersteller, »wer sich durch das Anbringen seines Namens, seiner Marke oder eines anderen unterscheidungskräftigen Kennzeichens als Hersteller ausgibt«

sind derzeit bereits im direkten Handel zu finden, auch durch aufgekaufte Markennamen oder Firmenübernahmen wie z. B. Toshiba, Candy Hoover.

Was nicht unerwähnt bleiben sollte, sind die noch fehlenden Handelsgesellschaften oder Handelsmarken, die große Mengen an Staubsaugern in den Markt über den Cash-and-Carry-Vertriebsweg, also Discounter, den Lebensmittelhandel oder Versandhäuser wie Otto, Kaufland, Aldi, Lidl, REAL und zu guter Letzt den Onlinehandel, einbringen. All diesen Marken, sei es FIF, Lloyd oder Alaska, ist gemein, dass sie von den vielen hundert Geräteherstellern Standardgeräte einkaufen und mit einem eigenen Markennamen versehen.

Wessel Werk war durch die Gründung seines chinesischen Werks im Jahr 2002 für den direkten Kanal als Anbindung an die großen Hersteller bereits gut aufgestellt. Mit dem Zugang des Handels an die chinesischen Hersteller änderte sich jedoch auch die Kontaktebene gravierend, denn wer beeinflusst, wie die Staubsauger für die einzelnen Märkte ausgestattet werden? Es sind nicht die Hersteller in China, sondern die Produktmanager der Handelsketten und Marken, die aber nicht beim Hersteller sitzen, sondern verteilt in der ganzen Welt. Die Lösung dieser sehr anspruchsvollen Aufgabe für einen Vertrieb haben wir gelöst, indem wir ein Netzwerk von geänderten Kontaktebenen für die diversen Unternehmensstrukturen aufgebaut haben, um den direkten Zugang zu den Entscheidungsträgern zu erhalten.

Wir sind da, wo man uns nicht erwartet, direkt an den Wurzeln der Produktentscheidung: Vor Ort auf der größten Industriemessen in Guangzhou, Cantonmesse in China, stellen wir als einziger deutscher Hersteller unter den chinesischen Herstellern aus und sind bei den Herstellern mit auf deren Verkaufsplattform. Auf diese Weise kann den Entscheidungsträgern wie Produktmanagern, Entwicklern oder Einkäufern direkt zur Verfügung gestanden werden, was sehr häufig bereits auf der Messe zu gemeinsamen Projektgesprächen mit Kunden, Herstellern und uns führt: schnell, effizient und mit direkten Entscheidungen.

Politisch verursachte Marktveränderungen

Einer der entscheidenden Faktoren, um ein Unternehmen langfristig erfolgreich auf dem Markt zu führen, ist das frühzeitige Erkennen von Marktveränderungen und deren Folgen. Jeder kennt das aktuelle Beispiel der Autoindustrie, was eventuell zur Folge haben kann, dass Deutschland seinen Spitzenplatz und damit eine der Grundlagen unseres erfolgreichen Exporthandels verliert. Sie werden jetzt nicht überrascht sein, dass diese Marktentwicklung auch Wessel Werk betrifft. Sie erinnern sich vielleicht noch an das Jahr 2014, in dem das Energielabel für Staubsauger eingeführt wurde. Statt bis zu 3000 W Boostersauger durften durch die im September 2014 eingeführte

Energieverordnung nur noch Staubsauger mit maximal 1600 W und später, ab dem Jahr 2017, nur noch 900 W Stromaufnahme verkauft werden. Gleichzeitig wurde eine Leistungsangabe für Staubaufnahme und Lautstärke zur Kennzeichenverpflichtung. Sie müssen sich vorstellen, dass eine Bodendüse den gleichen Effekt wie bei einem Rennwagen hat. Nur mit guten Reifen werden Sie ein Rennen gewinnen bzw. leistungsstarker Testsieger bei Stiftung Warentest oder vergleichbaren internationalen Testinstituten.

Was passierte in dieser Phase ab 2014 und wie reagierten hier die Staubsaugerhersteller? Alle Hersteller versuchten, die Staubsauger, speziell die Saugleistung, entsprechend zu verbessern und erkannten dabei, wie wichtig und zentral die Bodendüse hierfür ist. In vielen Fällen wurde bei den Herstellern daher die Entscheidung getroffen, die Komponente Bodendüse als strategische Baugruppe zu definieren. Dies hatte zur Folge, dass die Bodendüse Bestandteil der Gesamtkonstruktion wurde und dadurch eigene Entwicklungen auslöste, mit dem Fokus, diese strategische Komponente selbst zu produzieren. Gab es bis ins Jahr 2014 nur wenige Entwickler und Hersteller von Bodendüsen, gibt es heute eine Vielzahl.

So weit die veränderte Marktsituation entstanden durch eine neue Gesetzgebung!

Wie stellt man sich nun vertriebsseitig auf so eine Veränderung ein? Denn man glaubt doch am Anfang, man sei gut darauf eingestellt. Weit gefehlt, denn jeder Staubsaugerhersteller ist ja in der gleichen Situation und versucht, seine Marktposition zu halten oder besser daraus Nutzen zu ziehen. Also mussten wir feststellen, dass fast jeder große Hersteller seine eigene Strategie zu entwickeln versuchte.

Was also haben wir gemacht?

Zunächst einmal haben wir unsere Stellung im Markt untersucht, die Vor- und Nachteile analysiert, um das herauszuarbeiten, was uns einzigartig macht und uns einen Wettbewerbsvorteil verschafft. Langjährige Erfahrung am Markt, technische Kompetenz und vor allem Beratung waren hier ein wichtiger Faktor. Aber entscheidend war zudem, im Vorfeld auf der Topmanagementebene zu untersuchen, inwieweit Produktentwicklung, Vertrieb und Marketing gefordert waren. Also haben wir uns an die Arbeit gemacht und für die neue Energieverordnung neue Produkte für den Markt entwickelt, die bis heute speziell bei den Großkunden, aber auch bei vielen anderen kleineren Staubsaugerherstellern im Einsatz sind. Ein weiterer Erfolgsfaktor sind die umfassenden Mitarbeiterschulungen im Vertrieb mit dem Ziel, gegenüber Kunden als qualifizierter Ansprechpartner aufzutreten. Dazu zählte auch die Dienstleistung der Staubsaugeroptimierung, im Rahmen derer die Produktberatung und die Labortests stattfinden. Dies hat am Ende dazu geführt, dass ein neues Produktprogramm entstanden ist, das den unterschiedlichen Marktbedürfnissen gerecht geworden ist.

Neben gesetzlichen Rahmenbedingungen haben wir als Global Player immer häufiger auch mit internationalen Zoll- und Handelsbeschränkungen zu tun. Wir haben Handelsembargos kennengelernt durch länderspezifische Sanktionen in Russland, der Türkei und aktuell in China, ausgelöst durch die USA. Wir als ein internationales Unternehmen mit Vertriebsgesellschaft in den USA waren ebenso betroffen wie die Staubsaugerhersteller und somit hatten diese Strafzollbesteuerungen auch für uns kurzfristig Auswirkungen auf den Markt. Also war es an uns, auch für diese weitere Anforderung an den Vertrieb eine Lösung zu erarbeiten und Kompetenzen aufzubauen, um dann eine effiziente Vertriebsstrategie zu entwickeln. Hier waren wir erfolgreich durch eine Standortanpassung der Produktion, die es dem Kunden ermöglichte, auf legalem Weg eine Besteuerung zu vermeiden und den Kostennachteil zu kompensieren. Dies geht aber nur mit den Kunden und bedarf neben logistischen Vereinbarungen auch vertraglicher Regelungen.

Marktveränderungen durch Produktänderungen

Die wohl gravierendsten Auswirkungen auf ein Unternehmen verursachen Produktveränderungen im Markt, d. h., wenn sich innerhalb kürzester Zeit Produkte massiv verändern und substituiert werden. Diese disruptiven Innovationen[3] stellen für jedes renommierte Unternehmen besonders große Gefahren dar, die sehr schnell den eigenen Markt wegbrechen lassen können. Am erwähnten Beispiel von Nokia und Blackberry, die beide die Marktentwicklung durch die Einführung der damaligen Innovation des Smartphones verkannt hatten, was letztendlich zum kompletten Verlust ihres Markts führte. Hier lässt sich die Brisanz von Produktveränderungen gut nachvollziehen. Auch für uns hat sich eine ähnliche Marktsituation und Herausforderung dargestellt, die ein unternehmerisches Handeln und spezifische Anforderungen an meinen Bereich, den Vertrieb erfordert hat: der Akkuhandstaubsauger.

Durch die vorab beschriebene Veränderung, ausgelöst durch das Energielabel seit 2014 mit neuer Leistungsorientierung, ergaben sich gesteigerte Anforderungen: mehr Staubaufnahme bei geringerem Stromverbrauch. Fast zeitgleich hierzu startete im Staubsaubermarkt eine Marktveränderung durch die sehr erfolgreiche Einführung des Akkuhandstaubsaugers der Firma Dyson. Anfangs von allen Staubsaugerherstellern also unseren Kunden belächelt, zeigt sich jedoch hieran explizit, was eine erfolgreiche Vermarktung ausmacht und auslösen kann. Aktuell ist jeder zweite gekaufte Staubsauger ein batteriebetriebener Handstaubsauger, ein Markt, der mit großem Abstand von Dyson dominiert wird. Noch 2014 kaum verkauft, hat sich die Beliebtheit

---

3   Geht auf Clayton M. Christensen (Harvard Business School) und sein 1995 erschienenes Buch »The Innovators Dilemma« beziehungsweise den Fachartikel »Disruptive Technologies: Catching the Wave« zurück. Der Begriff steht in Abgrenzung zur inkrementellen Innovation.

dieser Produktklasse in nur wenigen Jahren stark zum Positiven gewandelt. Der traditionelle Markt für Bodenstaubsauger, gleich ob mit oder ohne Filterbeutel betrieben, schrumpfte um 50%, mit steigender Tendenz. Worin sich die Akkuhandstaubsauger von den bisherigen Bodenstaubsaugern unterscheiden, ist ihr Aufbau: Um eine Reinigungsleistung zu erhalten, muss statt einer Bodendüse eine Elektrobürste verwendet werden. Dies ist aber ein gänzlich neues Produkt mit einer Vielzahl neuer Anforderungen, individuell für ein Gerät entwickelt.

Wenn man sich die kurz zusammengefasste Entstehungsgeschichte anschaut, dann lässt sich feststellen: Unsere Kunden belächelten über mehrere Jahre Dysons Produkt, aus technischer Sicht auch durchaus verständlich, da nach sieben bis fünfzehn Minuten keine Akkuleistung mehr vorhanden war. Doch obwohl die Konkurrenz den Handstaubsauger im ersten Ansatz als ungeeignetes Produkt betrachtete, schaffte es Dyson, dem Kunden die Handhabungsvorteile durch eine exzellente Vermarktung zu vermitteln, sodass die technischen Nachteile nicht mehr verkaufsrelevant waren. Was dann natürlich folgte: Dyson schaffte es, dass jede Staubsaugermarke ein eigenes Akkuhandstaubsaugermodell entwickelte oder sich des großen Fundus der vielen chinesischen, anonymen Hersteller bediente. Mit der Vielfältigkeit der Anbieter beschleunigte sich der Modellwechsel und damit einhergehend die technische Weiterentwicklung. Für unser Unternehmen bedeutete diese Entwicklung eine enorme Herausforderung, da hier komplett andere Produktanforderungen im Vordergrund stehen. Was jeder privat durch die immer aktuelleren Handymodelle von Apple, Samsung oder anderen Anbietern erlebt, ist mittlerweile in allen anderen Konsumentenmärkten angekommen: viel kürzere Lebenszyklen, aber auch Entwicklungszyklen durch kontinuierlich neuere Modelle mit sehr dynamischen Entwicklungssprüngen. Konkret bedeutet das für den Staubsaugermarkt, dass die heutigen Akkuhandstaubsauger innerhalb weniger Jahre in punkto Leistung und Nutzungsdauer gleichgezogen sind, gleichzeitig aber auch ein Preisverfall am Markt wahrnehmbar ist.

Was haben wir nun als Hersteller von Bodendüsen für Bodenstaubsauger getan?

Spannende Frage, denn wir sind ja nur der Reifen am Auto. Ohne geht nicht, aber wenn er nicht passt, ist das beste Auto schlecht.

Um hier als Hersteller gut aufgestellt zu sein, gilt es, in den Anfängen eine genaue Marktbeobachtung durchzuführen, die fachlich von den jeweiligen Abteilungen beurteilt wird und als Ergebnis eine Grundlage der Produkt- und Marketingstrategie sein sollte. Das ist der entscheidende Punkt, der den Vertrieb wieder wesentlich ins Spiel bringt: die Tatsache, dass Marketing und Produktentwicklung heute eine weitaus größere Schnittstelle zum Vertrieb haben als es noch früher der Fall war. Erschwerend für Wessel Werk war der Umstand, dass die Elektrobürste mit dem Sauger eine technische und optische Einheit bilden sollte. Da es keinen Industriestandard gab, wie z. B. bei

Steckdosen, war eine universelle Auslegung der Geräte fast unmöglich. Also musste eine Lösung gefunden werden, die zum einen der Erwartungshaltung an Wessel Werk als weltweitem Technologieführer gerecht wurde und zum anderen das Problem einer aufwendigen und damit teuren Schnittstellenanpassung löste.

Marktveränderungen durch geänderte Absatzkanäle

Sie mögen glauben, dass es einem Komponentenhersteller egal sein könnte, wie und wo bzw. über welchem Weg seine Kunden, die Staubsaugerproduzenten, ihre Geräte im Markt verkaufen. Die Realität ist: *Quelle existiert nicht mehr, Otto-Versand schon!*

Beides waren Versandhäuser, und wenn Sie damals einmal in Nürnberg/Fürth unterwegs waren, haben Sie gemerkt, dass gefühlt die halbe Stadt aus Quelles Unternehmensaktivitäten bestand. Was ist also passiert?

Marktveränderungen durch Onlinekäufe

Quelle hat versäumt, was Otto rechtzeitig erkannt hat: sich unternehmerisch auf das Onlinegeschäft einzustellen. Der traditionelle Katalog verlor im Laufe der Zeit immer mehr an Bedeutung und wurde fast komplett eingestellt. Die Endkunden haben ihr Bestellverhalten geändert und kaufen lieber in Ruhe online ohne einen Printkatalog ein, der nur schwerlich der schnellen Marktveränderung folgen und Preise und Lieferzeiten stets aktuell präsentieren kann. Durch die immer vielfältigeren Endgeräte wird das Bestellen online auch immer einfacher.

Marktveränderungen durch Absatzkonzentration

Eine weitere, aber schon seit Längerem bekannte Marktveränderung ist die stetige Konzentration des Lebensmitteleinzelhandels auf wenige Unternehmen wie REAL, Tengelmann, Aldi und Lidl, nur um die größten zu nennen. Was grundsätzlich nichts über die Art des Absatzes aussagt, hat jedoch Auswirkungen auf die Absatzmengen und die Form der Belieferung, und damit auch auf die geänderten Anforderungen an den Vertrieb bzw. an die anderen Unternehmensbereiche.

Wie hat sich das auf den Vertrieb ausgewirkt?

Für Wessel Werk hat sich diese Entwicklung daran gezeigt, dass die Staubsaugerhersteller aufgrund ihrer Produktionsverlagerung nach Asien und der veränderten Absatzmärkte immer höhere Anforderungen an Logistik und Auftragskoordination stellten. Die Auftragszentren in den einzelnen Werken wurden daher vom Vertrieb bei den größeren Aktionsgeschäften wie bei den größeren Discountern gestützt. Um die hohen Anforderungen an Mengen und kurze Lieferzeiten, ob im Online- oder Aktionsgeschäft ausgelöst, umsetzen zu können, wurden mit dem Kunden aufwendige

Produktionsmodelle erarbeitet. Diese führten im Idealfall dazu, dass eine direkte Computeranbindung an die Staubsaugerwerke eingerichtet war, sodass die Produktion online angepasst werden konnte. Dies hatte zur Folge, dass Wessel Werk heute unter dem neuen Industriestandard 4.0 eine sehr weite Integrität vorweisen kann.

Maßnahmen des Vertriebs bei Veränderung

Unabhängig von den Grundlagen des Vertriebs, der wie jeder Beruf seine geschulten Fähigkeiten braucht, habe ich Ihnen in den vorrangegangenen Kapiteln dargestellt, dass heute mehr als nur die altbekannten Instrumente notwendig sind, um erfolgreich am Markt bestehen zu können. Wir arbeiten natürlich immer noch mit den bekannten Methoden, um unsere Produkte zu verkaufen, aber das bedarf – und darauf kommt es mir an – spezieller Maßnahmen und besonderer Aufmerksamkeit, um den Vertrieb in einem dynamischen Umfeld zu führen. Wenn man sich in einem oligopolen Staubsaugerherstellermarkt bewegt, der sich stets stark verändert und durch die veränderten Absatzstrukturen sehr volatil geworden ist, reichen die standardisierten und über Jahre eingespielten Instrumente der Kunden- und Marktbetreuung nicht mehr aus.

Was haben wir also zusammengefasst gemacht, das Ihnen als systematischer Ansatz helfen kann, einen modernen Vertrieb zu steuern?

Marktanalyse

Wir als Komponentenhersteller können uns heute nicht mehr auf den Input unserer Kunden verlassen, was die richtigen Produkte für die Zukunft anbelangt. Wir untersuchen und analysieren die Märkte heute weitaus genauer gerade hinsichtlich neuer Markttrends und leiten daraus Maßnahmen für unsere neuen Staubsaugerprodukte für die verschiedenen nationalen und internationalen Märkte ab. Dazu gehört heute bei uns natürlich eine intensive Kundenanalyse hinsichtlich der Produktentwicklung, des Bestellverhaltens und der Bestellfrequenz, um ein möglichst genaues und umfassendes Bild des Markts zu erhalten. Was wir aus dem Beispiel Dyson gelernt haben und für einen wichtigen Ansatz halten, ist die Fokussierung auf den Endkundennutzen, um daraus geeignete Produkte abzuleiten.

Bei der Marktanalyse betrachten wir zudem die veränderten Vertriebswege. Denn wenn wir uns fragen, **wer** an **wen**, **wie** und **wo**, **welche** Ware verkauft, dann haben wir ein umfassendes Bild des Markts.

Wettbewerbsanalyse

Lassen Sie mich den Punkt der Wettbewerbsanalyse der Vollständigkeit halber mit erwähnen, denn es versteht sich von selbst, dass man sich den Wettbewerb anschaut, gerade wenn man im Markt als Technologieführer seinen Platz hat. Aber wir wissen alle, dass das, was wir auf dem Markt als Neuheit vorfinden, bereits mindestens ein Jahr alter Stand der Technik ist und daher nur bedingt taugt, seine Marktposition zu festigen oder auszubauen. Die Wettbewerbsanalyse dient jedoch als Bestandsanalyse und vielleicht noch als Analyse der Gesamtmarktbetrachtung. In geringerem Umfang lassen sich aus ihr Ansätze der Produktentwicklung ableiten.

Innovations- und Produktmanagement

Sie können sich ja vorstellen, dass speziell dieser Punkt im beschriebenen Markt einen noch größeren Stellenwert einnimmt. Daher stellen wir uns heutzutage mehr und mehr der Notwendigkeit, uns dem Thema Innovation zu widmen. Dazu zählt neben den eigentlichen Neuprodukten auch deren Umfeld, also das Produktmanagement und die Absicherung der Innovationen durch ein Patentwesen. Auch hier hat der Vertrieb heutzutage seine neuen Aufgaben gefunden. So sind die Ideenfindungsprozesse und die Marktbeurteilung eine wichtige Aufgabe geworden.

Aber was glauben Sie, hat in unserem Unternehmen einen besonderen Stellenwert erlangt? *Das Marketing!*

Alle bisher aufgeführten Punkte sind aus Ihrer Sicht sicherlich nachvollziehbare Aktionen, was ich Ihnen als besondere Aktion von unserem Unternehmen nun schildere, hat jedoch Charakter.

Wenn Sie ein Unternehmen sind, das eine gute Reputation im Markt hat, sich über viele Jahre ein Netzwerk im B2B-Bereich aufgebaut hat und durch seine Produkte maßgeblichen Einfluss auf die Kundenzufriedenheit des Endprodukts nimmt, ist dies doch ein guter Anlass für die Einführung eines Marketings.

Ein wichtiger Punkt in der Betrachtung der Möglichkeiten für eine Verbesserung der Marktsituation ist das Marketing. Es gab und gibt bis heute keinen Wettbewerber, der sich aktiv um eine Vermarktung kümmert. Als weltweit größter Hersteller für Staubsaugerzubehör genießt Wessel Werk bei den Staubsaugerherstellern einen exzellenten Ruf und steht für Qualität, Leistung und Zuverlässigkeit. Diese im B2B-Bereich anerkannte Reputation ist ein wichtiger Faktor, um, richtig verwendet, für neue Produkte, Technologien und Vertriebskonzepte zu einer besseren Vermarktung zu führen.

Was haben wir also gemacht?

Marketingmaßnahmen

- Aufbau einer Brand- und Vermarktungsstrategie,
- Co-Branding – Kunden erhalten so den Vorteil einer möglichen Vermarktung »Made in Germany« oder »German Engineering«,
- Online-B2C-Konzept, Aufbau einer eigenen Marke – die Awareness im Markt verstärken und damit die Co-Branding-Strategie unterstützen und den Kundennutzen erhöhen,
- Präsentation in diversen Public-Relation-, Social-Media- oder Printmedienkanälen.

Bevor ich Ihnen das Ergebnis aufzeige, lassen Sie mich nur kurz zum Abschluss auf die anderen Bereiche eingehen, in denen wir Veränderungen erlebt haben.

Ergebnis und Umsetzung der Maßnahmen

Rückblickend betrachtet hat sich das Unternehmen in den letzten Jahren durch eine Reihe von Maßnahmen stark verändert, die alle notwendig waren, um dem stetigen Wandel des Markts gerecht werden zu können.

Globale Veränderungen

Globale Kunden erfordern heute flexible Lieferanten, die den Veränderungen am Markt Folge leisten können, um auch langfristig als strategische Lieferanten zu gelten. Unser Vertrieb hat hierzu ein Logistikkonzept erstellt, das Lieferzeiten und Lagerhaltungskonzepte beinhaltet, um ein Premiumpartner zu sein – mit nunmehr drei Werken in Deutschland, Polen und China. Das bedeutete allerdings, dass sich die Beratungskompetenz des Vertriebs deutlich erhöhen musste.

Politisch verursachte Marktveränderungen

Politische Einflussfaktoren wie geänderte Normen führten zu Änderungen in der Produktpalette. Hier hat sich gezeigt, dass der Beratungsaufwand extrem angestiegen ist und jede Anfrage sich mehr und mehr zu einer Projektanfrage gewandelt hat. Der Vertrieb musste daher im Personalbereich in seiner Qualifikation aufgewertet werden, auch speziell mit dem Wissen, dass mehrere Jahre notwendig sind, um eine Kundenberatung eigenständig durchführen zu können. Schulungen und ein intensiverer Austausch von Vertrieb und Entwicklung zur gemeinsamen Beurteilung von Nachfolge- oder Neuprodukten, angepasst an die neuen gesetzlichen Herausforderungen, waren ein erfolgreiches Mittel, sodass Wessel Werk nach wie vor Technologieführer ist.

Marktveränderungen durch Produktänderungen

Die größte Herausforderung war und ist der substanzielle Rückgang des traditionellen Markts, substituiert durch neue Produkte, die eine neue Technologie beinhalten und nicht mehr die Kompatibilität der Produkte ermöglichen. Aus Bodendüsen wurden Elektrobürsten, die nur noch speziell auf einen Akkustaubsauger passen und somit exklusiv entwickelt und hergestellt werden. Zwei Effekte mit gewaltiger Auswirkung traten ein: neue Technologien und ein Wegfall der Kompatibilität. Was wurde erreicht? Durch die sehr gute Reputation haben einige Großkunden auch weiterhin auf die Kompetenz von Wessel Werk gesetzt. Für den großen anderen Bereich der Kunden ist eine Plattform entwickeln worden, die vom Vertrieb aufgrund einer intensiven Marktanalyse ausgearbeitet wurde. Da technische Spitzenwerte nicht allein als Kaufentscheidung auf der Ebene des Point of Sales (POS) ermittelt wurden, hat der Vertrieb maßgeblich an einem neuen Produktkonzept gearbeitet, das auf der IFA 2020 erstmals dem breiten Publikum vorgestellt wurde und bald in Serie geht. Dabei wurde gleichfalls ein Anschlusssystem erarbeitet, das die Kompatibilität und damit die Verwendbarkeit bei verschiedenen Handstaubsaugern erleichtert. Die Aufgaben des Vertriebs gegenüber früheren Jahren waren hierbei weitaus anspruchsvoller, was sich auch in den eingereichten Patenten zeigte.

Zum Abschluss darf ich Ihnen zeigen, was aus unserer Intention wurde, das Unternehmen Wessel Werk durch gezielte Marketingmaßnahmen bekannter zu machen.

Marketing als erfolgreiches Werkzeug des Vertriebs

Abgesehen vom Erstellen eines neuen modernen Corporate Designs haben wir Produkte auf den Markt gebracht, die speziell auf ein Zielgruppenmarketing für Endkunden ausgelegt sind. Neben der erfolgreichen Direktvermarktung unter unserem eigenen Namen dient es gleichzeitig dazu, den Staubsaugerherstellern neue Vermarktungsmöglichkeiten zu geben. Indem Wessel Werk für den Endkunden Awareness schafft, erhöht sich der Nutzen für unsere traditionellen Staubsaugerkunden.

Heute finden Sie bei vielen Herstellern im Markt ein Co-Branding, sodass für beide Geschäftspartner eine Win-win-Situation entsteht. Für den Onlinemarkt hat Wessel Werk eine eigene Aftermarktreihe aufgelegt, die über die großen Onlineverkaufsportale wie Amazon, Media Markt, Saturn, Otto etc. verkauft wird.

All dies wurde dann im Jahr 2020 noch von einem unabhängigen Fachausschuss bestätigt – durch eine Auszeichnung mit dem GERMAN BRAND AWARD 2020.

Ein weiterer Meilenstein, um auf den stetigen Wechsel des Markts besser reagieren zu können.

Abb. 1: Wessel Werk, Auszeichnung German Brand Award 2020

Fazit und Lessons Learned

Sie haben anhand unseres international aufgestellten Unternehmens einen Einblick in die vielfältigen Veränderungen und deren Ausprägungen erhalten. Aufgrund der unausweichlichen Veränderungen, im Rahmen derer sich Unternehmen (und im Speziellen der Vertrieb) auf neue Situation einstellen müssen, konnten Sie auch sehen, dass man durch gezielte Maßnahmen auch trotz widriger Umstände neue Märkte erschließen kann.

Mit dem Marketing haben wir ein starkes Werkzeug dazubekommen, das nicht nur unser Netzwerk verbessert hat, sondern uns auch neue Potenziale schneller erkennen lässt. Denn die Geschwindigkeit, mit der sich heute Märkte ändern, wird in Zukunft nicht langsamer.

Daher ist für mich persönlich ein letzter Hinweis wichtig nicht unerwähnt zu lassen:

Time-to-Market

denn: Nur der frühe Vogel fängt bekanntlich den Wurm

und wissen Sie schon, wer den GERMAN INNOVATION AWARD 2021 für den Bereich Consumer Elektronik gewonnen hat …?

Hinweise zum Autor

WOLFGANG GEURDEN

25 Jahre internationale Vertriebserfahrung als Bereichsleiter bei der Wessel Werk GmbH, einem mittelständischen Weltmarktführer für die Staubsaugerindustrie, stehen für ein umfassendes Wissen und Erfolg für die Leitung eines Vertriebs. Insbesondere die erfolgreiche Einführung eines Marketings, ausgezeichnet 2020 mit dem German Brand Award und 2021 mit dem German Innovation Award, das an Unternehmen und Produkte verliehen wird, um deren herausragende Markenführung zu präsentieren und zu honorieren, zeigt seine erfolgreiche Handschrift.

Transformation, Marke und neue Wege

Ein Unternehmen und den Vertrieb durch frisches Denken inspirieren und beflügeln

Dietrich Busch
Geschäftsführer
GRONENBERG GmbH & Co. KG

Manchmal mag man denken, dem Vertrieb seien in seinen Möglichkeiten keine Grenzen gesetzt. Man müsse es nur mit Leidenschaft und Chuzpe angehen, dann könne man jedem alles verkaufen. Ein oder zwei Verkaufstrainings, den alten Hasen über die Schulter schauen und die Sache läuft.

Die Wirklichkeit ist anders. Ich möchte Sie in unsere Geschichte mit hineinnehmen, die auf meinen Erfahrungen beruht und die den Fokus darauf richtet, wie vielfältig, facettenreich und komplex das Thema Vertrieb letztlich ist. Was alles zusammenkommen und geleistet werden muss, um Vertrieb mit echten Erfolgsaussichten auszustatten.

Die Gronenberg-Story

Diese Geschichte handelt von Tradition und Transformation. Sie beginnt wie bei vielen deutschen mittelständischen Unternehmen zu Beginn des letzten Jahrhunderts. Emil Gronenberg machte sich 1912 als Drucker selbstständig und gründete in Gummersbach die Druckerei Gronenberg. Sie können sich sicherlich vorstellen, welche Höhen und Tiefen das Unternehmen bis heute durchlebt hat.

Aktuell ist das Unternehmen nicht mehr die Traditionsdruckerei. Fast 100 Jahre lang konnte Gronenberg ganz klassisch Printprodukte wie Bücher, Broschüren, Briefbögen, Visitenkarten, Magazine in erster Linie über einen regionalen Außendienst vertreiben. Zwar änderten sich Drucktechnik und -prozesse, alles wurde zunehmend digitaler, aber das eigentliche Geschäftsmodell blieb lange unangetastet. Bis zur Jahrtausendwende das Internet aufkam und neue Möglichkeiten eröffnete, aber auch neue Rahmenbedingungen schuf.

Das Internet und die Internetdruckereien

Tatsächlich sind uns ab 2001 Schritt für Schritt Marktanteile und Umsätze abhandengekommen. Immer mehr Kommunikation verlagerte sich ins Web und Marketingbudgets, die zuvor für Printprodukte ausgegeben wurden, wanderten in den Aufbau von Webseiten und Digitalkanälen. Zudem standen viele Kunden unter Kosten- und Wettbewerbsdruck und versuchten zu sparen, wo sie nur konnten. Da sprach es sich schnell herum, dass bei den Onlinedruckern mit dem .de im Namen die Preise deutlich niedriger sein könnten. Der Vertrieb bekam ganz schön was auf die Ohren. Plötzlich war auch die Druckqualität nicht mehr Thema Nr. 1 – Abstriche wurden, was vorher kaum denkbar war, vom Kunden klaglos hingenommen.

Die Preise rutschten abwärts, nicht zuletzt auch, weil dank technischer Entwicklung die Druckgeschwindigkeit und damit die Druckkapazitäten insgesamt zunahmen. Die Folge: ein kontinuierlicher und weiterhin anhaltender Konsolidierungsprozess. Ein kurzer Blick auf die Zahlen: Waren im Jahr 2000 in der deutschen Druckindustrie über 220.000 Mitarbeiter in fast 14.000 Betrieben beschäftigt, waren im Jahr 2019 die Zahlen beinahe um 50 % gesunken und es gab nur noch knapp über 120.000 Beschäftigte in ca. 7.000 Betrieben in Deutschland. (Quelle: Bundesverband Druck und Medien e. V., Berlin)

Was nun?

Schon früh war uns klar: Wir mussten aktiv werden, wir brauchten eine neue Ausrichtung und für unseren Vertrieb neue, für Kunden wertvolle und für uns lukrative Produkte. Wir gingen gemäß Darwin den Weg der evolutionären Anpassung und suchten für Gronenberg eine ökonomische Nische im Markt des Druckens.

Eine der Initialzündungen auf diesem Weg war ein Projekt, das wir im Rahmen der CeBIT 2002 gemeinsam mit Audi und Kodak realisiert hatten. CeBIT-Besucher konnten über einen digitalen Konfigurator ihren individuellen Audi TT Roadster zusammenstellen. Diese Konfigurationen wurden von uns in Verkaufsbroschüren verwandelt. Die individuellen und personalisierten Broschüren zeigten in Bild und Text all das, was sich die Kunden ausgewählt hatten. Wir machten den Kundennutzen nicht nur mit personalisiertem Druck, sondern auch mit kurzfristigem Versand direkt erlebbar. Der Kunde hatte am nächsten Tag einen Prospekt mit seinem Wunschfahrzeug in der Hand.

Erst später haben wir erkannt, dass mit diesem Projekt ein Geschäftsmodell vorweggenommen wurde, welches wir heute fokussieren. Wir haben uns verändert, verwandelt und sind nun der Spezialist, der projekt- und kundenindividuell druckt und das Produkt **zum richtigen Zeitpunkt** dort hinbringt, wo es gebraucht wird. Aus der Druckerei Gronenberg ist Gronenberg print + logistik geworden. Ein neues Marktsegment, in dem wir mittlerweile die Erfahrung und Expertise, den passenden Maschinenpark sowie den entsprechenden Kundenstamm haben. Ein Marktsegment, das wir neu eröffnet haben.

Zukunftsmodell Print?

Vielleicht denken Sie jetzt: Ups, ist das mit dem Druck auf Papier perspektivisch gesehen tatsächlich eine so gute Idee? Wir sind davon überzeugt, auch in Zukunft ein wichtiger Baustein im Dialog mit dem Kunden zu sein. Zahlreiche Untersuchungen geben uns darin recht. Das lässt sich in zwei Worten zusammenfassen: **Print wirkt!**

Hier einige Argumente aus der Studie »Dialog Marketing Monitor 2017« der Deutschen Post: »Print wirkt, weil Printwerbung eine positive Imagewirkung hat sowie glaubwürdig, unterhaltend und kaufanregend ist. Weil die Werbewirkung von E-Mails (Öffnungsrate) nachlässt, Onlinewerbung User nachweislich nervt und Printwerbung bei Konsumenten eine höhere Akzeptanz aufweist als alle anderen Werbemittel.« (Quelle: Markt-Media-Studie Best4Planning 2016/II, aus Deutsche Post: Print wirkt)

Print bringt Umsatz. Wussten Sie z. B., dass Onlineshops mit Printmailings sehr, sehr hohe Responsequoten erreichen? »Bei 41 teilnehmenden Online-Shops lag die durchschnittliche Conversion Rate von versandten Print-Mailings zu eingelösten Gutscheincodes bei 4,9 %. Ein großer Vorteil gegenüber dem Newsletter: Auf dem postalischen Weg erreicht man Bestandskunden datenschutzkonform ohne zusätzliches Double Opt-In.« (Quelle: »CMC DIALOGPOST-Studie 2020«, erarbeitet vom Collaborative Marketing Club)

Gestern erhielt meine Frau ein personalisiertes Mailing eines Onlineshops mit einem 30-Euro-Gutschein. Sehr ansprechend, feminin gestaltet mit der Überschrift »Die beste Zeit für einen Neuanfang ist jetzt!« und ausstaffiert mit Wünschen wie »Liebe, neue Wege, Lichtblicke, Chancen, Freude etc.«. Nun sind drei Paar Schuhe unterwegs zu uns nach Hause, die hätte sie sich sonst so sicherlich nicht gekauft. Sie erinnern sich bestimmt: **Print wirkt** nachweislich, und das nicht nur als Mailing.

Abb. 1: Personalisiertes Mailing

print + logistik ganz konkret

Vielleicht fragen Sie sich, was print + logistik über den Versand von Mailings hinaus eigentlich bedeutet? Lassen Sie uns einen Blick auf den Nutzen unseres neuen Leistungsportfolios werfen.

Im Kern geht es darum, den Übergang vom Digitalen zum Analogen (und auch wieder zum Digitalen) über einen individuellen und beschleunigten Workflow zu realisieren. Ein Beispiel ist unser Leistungsbereich Bedienungsanleitungen für die Industrie 4.0.

Bedienungsanleitungen 4.0

Können Sie sich vorstellen, wie viele Bedienungsanleitungen, Gefahrenhinweise und Packungsbeilagen Tag für Tag weltweit gedruckt werden? Nun stellen Sie sich ein Industrieunternehmen vor, das die Produkte seines breiten Portfolios weltweit vertreibt. Eine Herausforderung dabei ist es, jedem Produkt die passende Anleitung oder einen passenden Beileger in den jeweiligen Sprachen der Zielmärkte und der richtigen Version beizufügen.

Früher haben die Unternehmen die Druckunterlagen entsprechend der erwarteten Abverkäufe vorproduziert und eingelagert. Das bringt deutliche Nachteile: hohe Lagerkosten und Organisationsaufwand, Überschüsse, Neudruck und Entsorgung der Bestände bei Änderungen. Die Methode war letztlich kostspielig und wenig nachhaltig.

Wir haben für unsere Kunden eine bessere Methode entwickelt und produzieren Bedienungsanleitungen und Packungsbeilagen quasi auf »Zuruf« just in time. Dazu binden wir uns über Schnittstellen an das jeweilige IT-System des Kunden im Kontext von Industrie 4.0 ein. Löst das Produktionstool der Warenwirtschaft einen Produktionsauftrag aus, z. B. die Fertigung von 5.000 Einheiten, produzieren wir automatisch die erforderlichen 5.000 Bedienungsanleitungen, zeitnah und passend in Sprache und Ausführung. Die entsprechende Rechnung stellen wir in einem abgestimmten Format für die direkte Übernahme in die Buchhaltung zur Verfügung. Schneller und einfacher geht es nicht.

Damit sparen unsere Kunden Lagerraum, Lagerkosten und organisatorischen Aufwand, minimieren die Kapitalbindung und produzieren nur die Bedienungsanleitungen und Packungsbeilagen, die sie wirklich benötigen. Zudem punkten sie in Sachen Nachhaltigkeit, weil sie keine überproduzierten oder veralteten Druckunterlagen mehr entsorgen müssen.

Abb. 2: Bedienungsanleitungen 4.0

Mit neuen vereinfachten, integrierten Abläufen reduzieren wir signifikant Aufwand und Kosten und schaffen gleichzeitig mehr Sicherheit.

Personalisierung per Print-on-Demand

Unser Motto ist: Drucken, was gebraucht wird, genau zu dem Zeitpunkt, an dem es gebraucht wird. So arbeiten wir beispielsweise für einen Schulungsanbieter, der deutschlandweit jährlich über 400 Veranstaltungen an unterschiedlichsten Orten durchführt. Zu jedem Seminar werden verschiedenste Druckunterlagen benötigt, die speziell für jeden Termin von uns produziert werden. Das sind z. B. personalisierte Seminarunterlagen.

Das »händische« Erstellen der Unterlagen, insbesondere wenn sich die Seminarteilnehmer erst wenige Tage vor Seminarbeginn anmelden, war immer ein sehr aufwendiger Prozess, der zu Hektik, Aufwand und letztlich oft auch zu Fehlern und zu schnell veralteter Lagerhaltung führte.

Für unseren Kunden haben wir ein spezielles »Print-on-Demand«-System geschaffen. Kurz vor Schulungsstart erhalten wir die Teilnehmerdaten. Erst dann drucken wir die Unterlagen personalisiert und konfektionieren diese in Seminarordnern. Die Teilnehmerlisten, Zertifikate, Handouts, Namensschilder, Seminardokumentationen, individuellen Gutscheine etc. werden zusammen mit den Ordnern von uns verpackt und so versendet, dass alles sicher und pünktlich im Seminarhotel oder Konferenzzentrum eintrifft und dort vom Seminarleiter nur noch ausgepackt und verteilt werden muss.

Für den Kunden lohnt es sich, er spart 40 % Kosten in der Abwicklung und hat einen um 90 % reduzierten internen Abstimmungs- und Konfektionierungsaufwand.

Mit Mailings begeistern, Erfolg generieren

Aber wie machen wir Print im direkten Dialog mit dem Endkunden für unsere Kunden wirksam? Alles, was versendet werden kann wie: Mailings, Selfmailer, Postkarten, Flyer, Broschüren, Kataloge, Kundenmagazine, Zeitschriften etc. drucken wir nicht nur, sondern schicken es auch optimiert auf den Weg.

Wir kümmern uns aber nicht nur um Druck und portooptimierten Versand, sondern auch um die Response und damit die Kontinuität des Dialogs. Response kann interaktiv z. B. per QR-Code auf eine Landingpage führen und dort eine Aktion auslösen oder ganz klassisch per Antwortkarte erfolgen. Auf diese Reaktion hin wird die nächste Dialogstufe gezündet. Egal ob Produktbroschüren, Kataloge, Produktmuster, Incentives oder anderes Werbematerial, auf jeden Fall ist es stets möglich, zwischen analog und digital, zwischen Print und online interaktiv zu wechseln. Dialog wird konkret.

Im Vergleich dazu ist bei einem E-Mail-Newsletter schon viel Glück nötig: Entweder lässt der Spamfilter ihn erst gar nicht durch oder er wird direkt weggeklickt. Ganz anders die Wirksamkeit eines Magazins: Versendet in einem personalisierten Kuvert mit personalisiertem Inhalt, hat es eine viel höhere Wertigkeit, Corporate Publishing wird gelebt und Wertschätzung wird begreifbar und wirksam. Nur, dass Sie es nicht vergessen: **Print wirkt!**

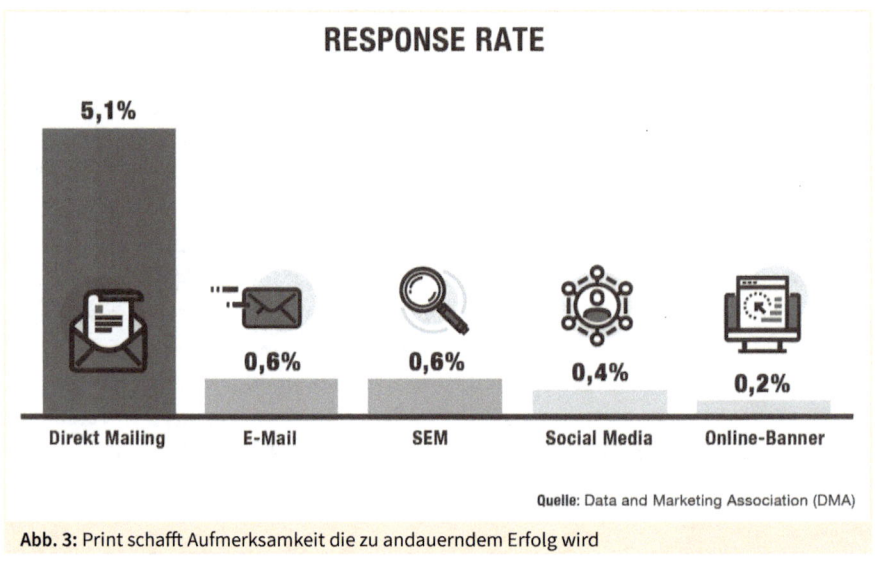

Abb. 3: Print schafft Aufmerksamkeit die zu andauerndem Erfolg wird

Marketinglogistik – Werbung einfach auf Abruf

Werbemittel der verschiedensten Art werden von verschiedensten Unternehmen in verschiedenster Form permanent gebraucht.

Denken Sie an all die Werbemittel rund um den Point of Sale (POS), die Gestaltungselemente in den Showrooms, die Ausstattung von Geschäften und Filialen, Messeauftritten oder auch von Kundenevents. Bei Gronenberg haben wir Lösungen rund um die Werbemittel unserer Kunden entwickelt. Wir können sie drucken, personalisieren, lagern und auf Abruf kurzfristig versenden.

Ein Beispiel aus der Praxis: Für eine Restaurantkette mit Filialen in Deutschland, Österreich und der Schweiz kümmern wir uns um ein breites Portfolio. Bislang war es eine aufwendige Herausforderung, die einzelnen Filialen mit dem jeweils Benötigten zu versorgen. Die Lieferprozesse waren nicht definiert und durch die Einbindung unterschiedlicher Anbieter kam es oft zu langen Reaktions- und Lieferzeiten sowie zu Fehllieferungen.

Wir haben für den Kunden über unser Bestellportal für alle Restaurantfilialen eine zentrale Lösung geschaffen. In diesem Portal kann ein Restaurantleiter auswählen und bestellen, was er braucht. Dazu gehören u. a. Schulungsunterlagen, Zertifikate, Gutscheine, Aktionsartikel, Namensschilder, Plakate, Aufkleber. Selbstverständlich kann er diese Artikel innerhalb definierter Layouts für sein Restaurant individualisieren.

Die bestellten Produkte werden aus dem Lager entnommen oder on demand produziert und versendet. Weil alle Abläufe definiert und automatisiert sind, profitieren Franchisegeber und -nehmer gemeinsam von Kosten- und Zeitvorteilen. Zudem wird Bestell- und Lieferchaos konsequent vermieden. Insgesamt konnte unsere Lösung die Reaktions- und Lieferzeiten um 60% reduzieren und den Kommunikationsaufwand sogar um 80%.

Abb. 4: Marketing-Logistik

Agile neue Infrastruktur

Veränderungen fangen immer im Kopf an, sicher keine wirklich neue Erkenntnis, aber wichtig zu erwähnen. Natürlich mussten wir einiges investieren, um all das professionell nutzbar zu machen. Neue Technik für neue Ideen, entsprechend unserem Markenkern »Agil« möglichst schnell und flexibel. Aber der wirkliche Wandel ist viel intensiver. Wir stellen heute ganz andere Fragen. Wir denken heute nicht mehr nur »in Druckerzeugnisse«, sondern denken auch über Prozesse, Verwendung und Nutzen, Nachhaltigkeit in der Herstellung und Wirkung nach. Für unsere Kunden wollen wir ganzheitliche Lösungen schaffen. Mittlerweile arbeiten bei uns eben nicht mehr nur klassische Drucker, sondern auch Spezialisten, die in Schnittstellen, Datenmanagement und Workflows denken. Wir wollen Systempartner sein, Nutzen auf vielen Ebenen konkret realisieren.

Eine neue Marke Gronenberg

Wie Sie sehen, haben wir uns insgesamt neu erfunden und befinden uns im Rahmen der Digitalisierung weiter in einem Transformationsprozess. All das funktioniert heute nicht mehr komplett im Markenkorsett der Traditionsdruckerei Gronenberg. Deshalb haben wir die Marke überarbeitet und neu positioniert. Denn schnell wurde uns klar, dass wir eine Fortschrittsmarke brauchen, die auf Innovation, Digitalisierung und in der Perspektive auf Print 4.0 setzt. Dementsprechend haben wir eine Markenstory formuliert, die uns neue Perspektiven eröffnet – gerade auch für den Vertrieb:

> Gronenberg ist eine hemdsärmelige Marke, die in der digitalen Transformation agil und progressiv Herausforderungen in Chancen und Nutzen verwandelt. Mit Lust an der Veränderung wird das Neue gelebt und in Produkte, Leistungen, Services, Kundennutzen umgesetzt.
> Jeder Mitarbeiter arbeitet in der jeweiligen Funktion an der Veränderung durch progressiven Fortschritt mutig, ideenreich, entschlossen, teamorientiert mit.
> Gronenberg kombiniert die energiegeladene, frische Aura eines Start-ups mit dem Know-how und der Erfahrung eines Traditionsunternehmens. Es bereitet Freude zu erleben, wie sich Gronenberg verändert, entwickelt und letztlich neu erfindet.

Zusätzlich haben wir über ein markenkonformes Corporate Design die Marke Gronenberg in Kommunikation übersetzt. Ein neues, frisches, freches Erscheinungsbild, in der eine Biene zum Symbol für unsere zunehmende Logistikkompetenz wird, macht die neue Marke jetzt auch sichtbar: »BEE GRONENBERG!«

Abb. 5: Beispiele für das neue »Lock and Feel« der Marke

Transformation Vertrieb

Was bedeutet all das für unseren Vertrieb? So wie sich das Unternehmen neu definiert und eine neue Ausrichtung gegeben hat, integriert sich auch der Vertrieb in die agile Organisation und wird zum Mitgestalter.

Gleich vorneweg zur Klarstellung: Ich bin davon überzeugt, dass die originären Fähigkeiten eines Verkäufers auch in Zukunft gebraucht werden. Ein Vertriebler muss nach wie vor abschlusssicher sein und Nutzen argumentieren können. Er steht an der Seite des Kunden, braucht heute aber noch mehr als in der Vergangenheit die Fähigkeit, durch Fragen und aktives Zuhören Kundenbedürfnisse zu erfassen, neue Strömungen zu erkennen und dies konkret als Anforderungen zu formulieren.

Agiler Vertrieb vs. agile Organisation

Vertrieb ist in einem Unternehmen allerdings nicht mehr die Aufgabe von einigen wenigen.

Vertriebler sind keine Lonesome Rider, sie brauchen zwingend ein starkes Team um sich. Ein Team, das die Stärken aller synergetisch bündelt, um insgesamt leistungsfähiger und kundenorientierter agieren zu können. Die Fähigkeiten und Ideen von möglichst vielen Beteiligten wollen wir als Schwarmintelligenz bündeln und in Kundenvorteile und Kundennutzen übersetzen. Vertrieb ist Gesamtaufgabe einer lebendigen Firma.

Über das Handeln finden wir gemeinsam neue Wege und entwickeln Leistungen, die dem Kunden signifikante Vorteile bieten, die ihn begeistern und letztendlich stärker binden.

Wichtiges Bindeglied zum Kunden und damit zentral wichtig für die operative Kundenentwicklung ist der Kundenbetreuer. Er ist nahe dran am Geschehen und ist der Kümmerer, der sprichwörtlich weiß, wo der Schuh den Kunden drückt und wie wir diese Druckstellen beseitigen können. Um das durchgehend, geschickt, zielgerichtet und erfolgreich tun zu können, ist eine nahtlose Zusammenarbeit zwischen allen Bereichen und deren Mitarbeitern notwendig. Jeder muss für sich erkennen, dass er, wenn er für seine Kunden das Beste erreicht, letztlich selbst profitiert.

Ein Beispiel: die monatliche Abrechnung der Bestellungen eines Kunden in unserem Visitenkartenportal. Früher wurde die Zuordnung der Bestellungen auf die verschiedenen Filialen und Kostenstellen aufwendig manuell ausgeführt. Heute bekommt der Kunde zusammen mit der monatlichen Rechnung eine detaillierte Aufstellung als Datei für eine automatisierte Zuordnung. Der Aufwand beim Kunden wurde um 80 % reduziert.

Der Zweck heiligt nur die Mittel, die dem Kunden Nutzen bringen

Die Leute wollen keinen 4-mm-Bohrer kaufen, sie wollen ein 4-mm-Loch.
Theodore Levitt (Zitat: nach Clayton M. Christensen, Michael E. Raynor.
The innovator's solution, Seite 99)

So weit das Zitat. Ich erlaube mir, zu ergänzen, um dem Kern näher zu kommen: Eigentlich wollen die Leute nur ein Bild aufhängen!!

Genau da beginnt die Suche nach dem eigentlichen Bedürfnis, nach dem Ziel. Die Aufgabe ist es, die eigentliche Herausforderung des Kunden zu finden und in Lösungen umzusetzen. Der Zweck von bedrucktem Papier ist vom Wesen her gleich geblieben, Funktion und Aufgabe im Gesamtkontext von Kommunikation haben sich hingegen stark verändert. Wir konzentrieren uns heute darauf, Druck und Papier als Medium im Übergang analog/digital nutzbar zu machen. Dabei war es uns immer wichtig, unsere Wurzeln nicht zu verleugnen, sondern sie kreativ zu nutzen, auf Bestehendem aufzubauen und dort stark zu sein, wo unsere Talente liegen, wo wir über viele Jahrzehnte für unsere Kunden erfolgreich Nutzen erarbeitet haben. Wir transformieren unsere Erfahrung in die Zukunft.

Kurze, flexible Entscheidungsprozesse

Wir mussten flexibler werden, ohne uns ständig zu verbiegen. Schneller entscheiden, Entscheidungsprozesse entschlacken: Kreative Lösungen suchen, Risiken gegen Chancen abwägen und losgehen! In der Folge mussten wir die Entscheidungen zeitnah überprüfen und eventuell nachschärfen oder korrigieren. In diesem Kontext spielt der Vertrieb eine zentrale Rolle.

Unser Unternehmen und die Marke Gronenberg vertreten ihre Werte engagiert, zuverlässig und progressiv. Daraus leitet sich eine Kultur ab, die den Einzelnen befähigt und fördert, sich zu entwickeln. Als Unternehmen kümmern wir uns um unsere Kunden, motivieren aber auch unsere Mitarbeiter, indem wir ihnen Raum für kreative Entfaltung und Vertrauen geben. Damit schaffen wir ein Umfeld, das auf Entwicklung abzielt. Deshalb leben und fördern wir bei Gronenberg eine offene Kommunikation, die jedem erlaubt, seine Ideen, Anmerkungen, Kritik und Möglichkeiten weiterzugeben und initiativ zu werden. Daraus entstehen die Lösungen, Leistungen und Produkte, mit denen wir für unsere Kunden Vorteile generieren und die unser Unternehmen Schritt für Schritt weiterbringen.

Fazit

Die Welt ändert sich, wir sind den Weg mitgegangen und schaffen über einen Transformationsprozess den Übergang ins Zeitalter der digital geprägten Kommunikation. Damit konnten wir die Weichen auf Zukunft stellen und einem Traditionsunternehmen – sowie all seinen Mitarbeitern – neue Perspektiven geben. Mit dazu passenden neuen Maschinen, einem neuen Produkt- und Leistungsportfolio sowie einem neuen Denken, mit dem wir immer wieder neue Übergänge zwischen analog und digital, zwischen Software, Systemen, Print und Logistik, schaffen, sind wir gut aufgestellt. Auch in Zukunft werden wir Druck mit Expertise und Leidenschaft betreiben, wir werden weiter selbst drucken, weil uns in dem Metier so schnell niemand etwas vormacht. In diesem Sinne gestalten wir für uns und unsere Kunden Zukunft und bauen unsere Kompetenz in Produktion und Vertrieb weiter in Richtung Industrie 4.0 und Print 4.0 aus.

Lassen Sie mich mit einem Zitat enden:

> *Erstaunlich viele Menschen treffen in diesen Tagen echte Entscheidungen. Sie schenken Vertrauen. Sie hören auf, immer nur auf das Schlechte zu starren. Sie werden zukünftig. Sie holen die Zukunft in die Gegenwart, indem sie sich für den Wandel verantworten, der jetzt überdeutlich vor uns liegt.*
> Matthias Horx, 25.01.2021, Focus Online

Lessons Learned

1. **Kundenbedürfnisse müssen klar sein**. Sich empathisch in die Kundenrolle begeben, aktiv zuhören und nachspüren, wo der Schuh wirklich drückt, wo die echten Engpässe sind. Dazu passend dann ein Leistungs- und Produktportfolio aufbauen. Das muss in eine stimmige, die Stärken betonende Marken- und Marketingstrategie eingebunden sein. Ist das erreicht, steht ein Fundament, auf dem der Vertrieb erfolgreich agieren kann.
2. **Vertrieb agil gestalten.** Der Vertrieb muss reagieren und agieren können. Das braucht Dynamik und Geschwindigkeit. Die lässt sich nur im Team gestalten. Es braucht die interne und selbstverständliche Bündelung von Erfahrung, Know-how und Kompetenz. Vertrieb braucht einen starken, agilen Background.
3. **Den Mitarbeitern Raum geben.** Das klingt vielleicht ein wenig vage, ist aber ein oft unterschätztes Thema. Um Kunden nachhaltig zu begeistern, braucht es mehr als Standard. Dazu muss eine Atmosphäre des Fortschritts etabliert sein, von der Entwicklungsimpulse ausgehen. Anstöße und Möglichkeiten, neu, anders zu denken. Unternehmen brauchen Initiative, Vertrauen, Erfindungsgeist der Mitarbeiter. All das gilt es aktiv zu fördern, indem man Raum zur Entfaltung gibt.

4. **Klug agieren.** Innovationen, neue Leistungen nicht gleich breit in den Markt tragen. Funktionieren sie nicht perfekt, leiden Marke und Vertrauen. Deshalb: Den Vertrauensvorschuss der Bestandskunden nutzen. Sie ins Boot holen und mit ihnen die Innovationen schrittweise etablieren und zur »Serienreife« bringen. Ihr Kunde profitiert als Erster von der Innovation und gewinnt einen Vorsprung.

Wie Sie sehen, ist das ein individueller Weg und keine Blaupause. Gehen Sie Ihren Weg, drehen Sie an den Stellschrauben und gestalten Sie Zukunft. Das ist aufregend, kostet auch Nerven, ist oft anstrengend, verlangt einigen Veränderungswillen, lohnt sich aber definitiv.

Hinweise zum Autor

DIETRICH BUSCH

Als Unternehmer aus Leidenschaft nimmt Dietrich Busch Herausforderungen an, stellt sich der Verantwortung, denkt aus Kundenperspektive und führt sein Team aktuell durch einen spannenden Transformationsprozess in Richtung Print 4.0. Technisch ausgebildet wechselte Dietrich Busch früh in den Vertrieb und leitet heute als Gesellschafter und Geschäftsführer das Unternehmen gronenberg gmbh + co. kg print + logistik. Sein Fokus: Customer Relationship. Wie kann ich Kunden über Mehrwerte in Print & Kommunikation begeistern und binden? Sein Wertegerüst ist die Basis für das Zusammenbringen von Tradition und Zukunft.

Kontaktdaten
QR-Code scannen für direkten Kontakt zu Dietrich Busch oder einfach, um die zitierten Studien anzufordern.

Taste the Future – Umsetzung Omnichannel-Vertrieb in voller Fahrt

Dr. Axel Drösser
CEO/Vorstand
RITZENHOFF AG

Ausgangssituation – Status quo Vertriebsorganisationen

Unternehmen und insbesondere große Vertriebsorganisationen stehen seit Jahren unter Veränderungsdruck. Sich wandelnde Anforderungen von Kunden, Gesellschaft und Mitarbeitern sowie kontinuierlich verschärfte rechtliche Rahmenbedingungen sind vielfach beschrieben. Der Handlungszwang wird mitunter durch neu in den Markt tretende Wettbewerber verstärkt und »die digitale Transformation schreitet schneller voran, als man das auf Powerpoint Charts darstellen kann« (Graf, A., 2020, S. 54–55).

Nicht automatisch bewältigen solche Unternehmen diese Herausforderungen zwingend erfolgreich, die der Papierform nach eigentlich die besten Voraussetzungen für eine Transformation ihrer Geschäftsmodelle mitbringen. Im Gegenteil: Unternehmen und ihre Mitarbeiter haben mitunter auf der einen Seite einen Rucksack voll wertvoller Erfahrungen, die auf der anderen Seite aber auch eine Belastung darstellen und schwer wiegen können, wenn es gilt »out of the box« zu denken, um die am Horizont bereits klar erkennbaren Veränderungserfordernisse in konkretes Managementhandeln zu übersetzen. Statt die hervorragende Ausgangsbasis im jeweiligen Marktsegment zu nutzen, investieren Unternehmen nicht selten mit dem Fokus der Perfektion in die Effizienzsteigerung, um die Dinge im Sinne des S-Kurven-Prinzips immer noch ein Stück besser zu machen. Viele Unternehmen wie Quelle und Neckermann, Brockhaus, Kodak, Gerry Weber, Kettler, Loewe, Tupper, Großbanken-Filialnetze etc. sind allseits bekannte Beispiele: Geschäftsmodelle und Vertriebssysteme in BtB- und BtC-Märkten verlieren gleichermaßen ohne kontinuierliche Adaptionen an Attraktivität.

In der Folge tappt man in die Falle der Begrenzung des Horizonts innerhalb des betriebenen Geschäftsmodells. »Es ist schon brutal, wie sehr die Dominanz des Tagesgeschäftes zum Killer für innovative Strukturen werden kann [...], [...] dass sie aus einer guten Lage heraus an die Zukunft denken sollten. Doch genau das fällt den meisten Unternehmen schwer.« (Buck, M., 2021, S. 69). Und auch Frank Thelen geht mit vielen Hidden Champions hart ins Gericht, wenn er unzureichende Investitionsbereitschaft sowohl in die eigene Sache als auch in kluge Köpfe und neue Technologien beklagt. 58 % der Handelsunternehmen mit mehr als 100 Mitarbeitern sehen sich in Deutschland bei der Digitalisierung als Nachzügler (brand eins, 2020, S. 106).

Eine gute Ausgangssituation als Hidden Champion im Sinne einer Poleposition zu nutzen, gelingt Unternehmen jedoch zweifelsohne. Hierfür gibt es eine große Anzahl gelungener Beispiele wie Birkenstock, VARTA, Jägermeister, Viessmann u. v. m. Ohne unternehmerischen Mut wären viele dieser Firmen bereits heute nicht mehr am Markt vertreten. So hat sich Netflix seit seiner Gründung mehrfach neu erfunden und sein Vertriebssystem verändert. Auch andere Märkte werden durch die Vernetzung traditioneller Offlineabsatzkanäle in Kombination mit Internetlösungen (Click & Collect) teilweise redefiniert.

Deshalb: Nichts ist so beständig wie der Wandel – und der fordert Vertriebsorganisationen immer wieder neu heraus. Aus diesem Grund kann es nur eine Vorwärtsstrategie geben, bei der die Klaviatur sämtlicher Vertriebskanäle professionell gespielt wird, ohne die unternehmenseigene DNA aus dem Blick zu verlieren. Nicht selten hilft hier auch ein Blick über die eigenen Branchengrenzen hinaus, um die strategischen Potenziale in Bezug auf das eigene Geschäftsmodell zu erfassen.

Die nachfolgenden Ausführungen des Autors speisen sich aus dem Erfahrungsaustausch mit Kollegen anderer Unternehmen sowie der Verantwortung für einen Marktführer mit insgesamt über 6.000 Mitarbeitern in Deutschland – davon über 5.000 Vertriebsmitarbeiter. Es galt den klassischen Vertriebskanal des persönlichen Verkaufs im **Direktvertrieb von Lebensmitteln** durch **Digitalisierung** sowie **Serviceneuerungen** zu modernisieren und andererseits durch ergänzende **neue Vertriebskanäle** im Sinne einer Kundenfokussierung und Serviceindividualisierung die verschiedenen **Vertriebskanäle** miteinander zu **vernetzen**. Salesrenovierung in voller Fahrt bedeutet in diesem Zusammenhang: **Digitalisierung schafft Umsatzchancen – Omnichannel-Vertrieb realisiert sie!**

Die nachfolgenden Ausführungen stellen die Etablierung neuer Vertriebskanäle und deren Vernetzung mit tradierten Wegen in den Mittelpunkt.

Strategische Anforderungen und Ziele im Omnichannel-Vertrieb

Sich konsequent an den Bedürfnissen der Kunden auszurichten, bedeutet je nach Vertriebsmodell und Größe der Vertriebsorganisation einen umfangreichen Change. Dieser ist in mittel- und langfristiger Perspektive in vielen BtB- und BtC-Geschäftsmodellen gleichermaßen zwingend, wollen sich die Unternehmen dauerhaft wettbewerbsfähig und profitabel am Markt positionieren. Aktuell sind es auch Unternehmen in BtB-Märkten, die ihre Absatzkanäle in mehrstufigen Vertrieben infolge der Digitalisierung neu justieren (Eberhardt, H., 2021, S. 66–69).

Dafür braucht es als **Grundlage** in Unternehmen eine **Kultur**, die im gelebten Sinne wirklich für Team, Offenheit und Innovation steht. Diese Werte schaffen die Voraussetzungen für internen aktiven Wandel und versetzen Unternehmen in die Lage, sich selbst immer wieder neu zu erfinden. Change bedeutet in diesem Kontext eine kontinuierliche Weiterentwicklung von Vertriebssystemen über eine hohe Anzahl von Jahren anhand eines strategischen Leitstrahls. Man kann sich mitunter vom Tagesgeschäft (um nicht zu sagen »vom Bauch« her) treiben lassen; besser ist jedoch, sich systematisch mit den Rahmenbedingungen auseinanderzusetzen und eine **Unternehmensstrategie** zu formulieren, aus der die mittel- und langfristige Vertriebsausrichtung abgeleitet wird. Strategische Fragestellungen erfordern grundsätzliche Antworten und keine kurzfristigen Aktionen. Unternehmens- und Vertriebsstrukturen sind konsequent aus dem strategischen Kontext zu entwickeln.

Die entsprechenden Kundenerwartungen sind daher genau zu analysieren und bilden die Grundlage der strategischen Festlegungen. Dazu zählen u. a. auf der **Kundenseite** in Bezug auf Lebensmittel eine zunehmend kritische Hinterfragung im Hinblick auf die Nachhaltigkeit und Wahrnehmung der gesellschaftlichen Verantwortung (CO_2-/Klima-Neutralität, ökologischer Konsum, Lieferketten) sowie erhöhte Anforderungen an Servicefreundlichkeit und -relevanz (Service-/Öffnungszeiten, Bezahlsysteme, Pünktlichkeit im Home Delivery etc.), Zielgruppen- bzw. Sortimentsdifferenzierung (Veganer, Vegetarier, Pescetarier, Biosortimente, veränderte Essgewohnheiten im Familienverbund u. v. m.) und die Multikanalnutzung.

Hinzu kommen auch die sich entwickelnden Anforderungen der internen Kunden, d. h. der **Mitarbeiter** und der jungen Generationen (Generation Z) im Kampf um die besten Talente mit ihren Vorstellungen an eine wertschätzende Führungskultur, Forderungen nach Selbstverwirklichung und Flexibilisierung der Arbeitswelt.

Auch das **Wettbewerbsumfeld** ändert sich fortwährend. So sind z. B. in den Markt der Lebensmittelbelieferung in den letzten Jahren neue Wettbewerber eingetreten (Flaschenpost, PICNIC, Rewe Lieferservice, Delivero Hero, Hello Fresh, lokale Lieferdienste wie »Gorillas Service« etc.) und der stationäre Handel wartet mit innovativen Sortimenten, Lieferservices und Kundenbindungsmaßnahmen auf. Auch andere Märkte sind vom Eintritt neuer Wettbewerber sowie Verschiebungen zwischen den Vertriebskanälen betroffen. Filialschließungen stationärer Vertriebsformate (Kosmetik, Banken etc.) sind die Folge.

Generell gilt, dass man sich aus der Innensicht einer Organisation heraus nicht mit dem Status quo der Dinge zufriedengeben darf. Dies gilt zudem, wenn der Blick über den Tellerrand zeigt, dass das Wettbewerbsumfeld sich zunehmend kundennäher aufstellt. Das bedeutet auch für **Traditionsmarken** im Allgemeinen, dass man über die Historie hinauswächst und bereit ist, Traditionen zu überwinden – ohne die eigenen Wurzeln zu vergessen. Erfolgsgeschichten, wie z.B. Jägermeister oder Birkenstock, zeigen, dass dies gelingen kann.

Ausgangspunkt bildet daher eine **SWOT-Bewertung** (Strength, Weaknesses, Opportunities, Threats) der strategischen Gesamtsituation und eine darauf basierende Unternehmensstrategie, die in Bezug auf die nachfolgenden Ausführungen u.a. folgende zentrale **Unternehmensziele** umfasst:

- Etablierung neuer Sales Channel zur Erschließung von **Zusatzumsätzen** und
- Gewinnung **neuer Zielgruppen** sowie eine **Verjüngung** des bestehenden **Kundenstamms**,
- Stärkung der Kundenbindung und Verbesserung des **Customer Lifetime Value** durch individualisierte Leistungsangebote über sämtliche Marketing-/Salesinstrumente,
- Erhöhung der **Attraktivität als Arbeitgeber** durch eine klare Zukunftsstrategie (s. TOP Marken als Arbeitgeber, 2021, S. 71).

Zentral ist die Vernetzung und Koordination sämtlicher Sales-, Service- und Marketingaktivitäten, um eine positive Gesamtwahrnehmung auf der Kundenseite zu erreichen. Dies bedingt eine **prozessgetriebene Organisation**, die nicht im Sinne einer Säulenorganisation agiert, sondern **Prozesse »End-to-End«** denkt und etabliert. Dies zieht wiederum zumindest kontinuierliche Investitionen in die IT/Digitalisierung nach sich, die damit zum Schlüsselfaktor einer erfolgreichen Omnichannel-Etablierung avanciert. Ein zentrales Element jedoch ist die **Anpassung** der **Unternehmensstrukturen**. Dies umfasst die Neuordnung von Verantwortlichkeiten, die **Aufnahme neuer Mitarbeiter mit bisher nicht vorhandenem Skill Set** und vor allem auch die **Weiterentwicklung der teilweise seit Jahrzehnten etablierten Mitarbeiter**. Solcherweise sind die Unternehmensstrukturen der Strategie folgend zu verändern; hier ist entsprechende Konsequenz gefordert.

Zweifelsohne sind mit dem Versuch, sich auf das Terrain neuer Vertriebswege und Zielgruppen vorzuwagen sowie mit Denkschablonen zu brechen, Herausforderungen verbunden. Vor dem Hintergrund der dynamischen Entwicklungen sowohl in BtB- als auch BtC-Märkten wird die Fortführung des Status quo nicht funktionieren (Körbel, A., 2020, S. 70–77). Sind die Chancen eines Omnichannel-Vertriebs nicht deutlich größer als die Risiken – und was wäre die Alternative?

Der **Vertrieb** bildet vielmehr als zentrale Drehscheibe die **Speerspitze der Veränderung**, um gesetzte **Ziele** wie

1. Etablierung einer Plattform für profitables Kunden- und Ergebniswachstum,
2. Steigerung der Kundenzufriedenheit und Verjüngung der Kundenbasis,
3. Stärkung des Customer Focus von Verkäufern am Point of Sale

zu erreichen. Die Integration von Absatzkanälen zu einem digitalisierten Omnichannel-Vertrieb bis zum Verkäufer/Point of Sale war daher ein zentraler Bestandteil bei der Sicherung der Zukunftsfähigkeit, die es zu realisieren galt.

Umsetzung Omnichannel-Vertrieb

Omnichannel am Beispiel Telesales

Ausgangspunkt war das Ziel, Kunden mit geringer Direktvertriebsaffinität und unregelmäßig kaufenden oder gar verlorenen Kunden einen Vertriebskanal zur Verfügung zu stellen, der ihren spezifischen Anforderungen entspricht; gleichzeitig galt es, Kostenvorteile zu heben. Jedoch hat jeder als Endverbraucher Kontakt zu Callcentern – und macht persönlich sicher unterschiedliche Erfahrungen. Manche sind von geringer Kundenausrichtung geprägt; Customer Care bleibt mitunter eine Worthülse. Ein Vorgehen, das für ein mittelständisches Unternehmen, das auf seine Markenreputation achtet und diese pflegt, undenkbar ist. Daher ist bei der Umsetzung eines Telesales Channel die Einbettung in die **Gesamtstrategie** des Unternehmens zu beachten und es sind die Ableitungen für die Marktbearbeitungs- und Kundenstrategie so zu definieren, dass diese zur jeweiligen Firmenphilosophie passen. Dies sind keine abstrakten Entscheidungen: Beispielsweise ist die Etablierung einer gestaffelten IVR-Führung (Interactive Voice Response) aus Kundensicht nicht immer ein echter Zugewinn, weshalb in unserem Fall – betriebswirtschaftlich begründet – darauf verzichtet wurde. In Abhängigkeit von den jeweiligen unternehmensindividuellen Zielsetzungen sind die Steuerungsinstrumente eines Telesales Channel im Spagat zwischen Wirtschaftlichkeit und Kundenfreundlichkeit auszutarieren.

Es gibt Kundengruppen, für die der Telefonverkauf mit seiner zunehmenden Verschmelzung von In- und Outbound der genau passende Kanal ist. Diese Kunden sind wiederum im BtC-Geschäft häufig der Gruppe der »Best Ager« zuzuordnen. Bei Teilen dieses Segments liegt eine geringe Affinität bezüglich eines direkten Face-to-Face-Verkaufs vor.

Die Herausforderung beim Aufbau oder Ausbau dieses Vertriebskanals zum aktiven Verkauf ist es, einen Partner zu finden, der einerseits über ausgewiesene Erfahrungen im Bereich des Customer Service und des aktiven Selling verfügt, andererseits aber auch Verständnis entwickelt, die Kultur und die Anforderungen an die Umsetzung eines mittelständischen Auftraggebers zu verstehen. Wie stark soll z. B. der Umsatz mithilfe welcher Sales Tools gepusht werden? Damit ist der **erste Baustein** des Erfolgs die richtige **Auswahl** des **Dienstleisters**, mit dem man eine langfristige Kooperation eingeht. Hier gilt es klare Anforderungskriterien festzulegen und die Dienstleister daraufhin zu bewerten. Dabei spielt auch dessen Größe und seine Kundenstruktur eine wichtige Rolle: Welche Erfahrungen hat er mit seinen bisherigen Kunden gemacht? Wie ist er personell und strukturell sowie technisch aufgestellt? Wie stark ist seine Auftraggeberorientierung ausgeprägt? Usw.

Und wichtig: Es kommt selbstverständlich zu Spannungsfeldern zwischen »bezahlbaren« Servicelevel-/Sales-KPI-Anforderungen (Key Performance Indicator) auf der einen Seite und den Idealvorstellungen auf der Seite als Auftraggeber. Aus diesem Grund braucht es ein gemeinsam entwickeltes Verständnis der Gesamtausrichtung und betriebswirtschaftlichen Zielsetzungen, die mit einem solchen Projekt verbunden sind.

Entsprechend sind die Mitarbeiter solch **crossfunktionaler Teams** (HR, Call Center, Prozessmanagement, IT, Vertrieb etc.) punktgenau auszuwählen und auf beiden Seiten mit erfahrenen Mitarbeitern zu staffen, die Kultur, Prozesse und Aufbau von Strukturen gemeinsam vorantreiben – und diesbezüglich eine tiefe Wissensbasis aufweisen. So ist als Auftraggeber schrittweise ein qualifiziertes Team aufzubauen, das einerseits Skills von außen zum Aufbau und zur Steuerung von Telesales-Strukturen mitbringt und andererseits etablierte prozessfeste Mitarbeiter aus der »alten Welt« des traditionellen Vertriebskanals, um beide Ebenen miteinander zu verzahnen. **Der schrittweise Aufbau dieser Strukturen und die Auswahl des Personals war der zentrale Erfolgsfaktor und führte dazu, dass das geplante Ziel deckungsbeitragspositiver Zusatzumsätze** früher als geplant erreicht wurde.

Um Konflikte im Nachgang zu vermeiden, zählt die Schaffung von Vertragsgrundlagen im Vorfeld sicher zu den Basics. Schließlich sind Fragen von großer Tragweite im Hinblick auf die Umsetzbarkeit und die festzulegenden Anforderungen zu beschreiben und auf der Prozessseite ins Feld zu bringen. Jedoch gilt: Es ist vor allem im Sinne einer **80/20-Kultur** zu starten und nicht auf die perfekte Lösung zu warten, will man auf der Umsetzungsseite zügig vorankommen. Dies bedeutet wiederum, **Erwartungen aufseiten der Mitarbeiter und Kunden gleichermaßen zu steuern** – mit dem passenden

Dienstleister an Bord. In diesem Fall fiel die Wahl auf ein inhabergeführtes, mittelständisches Unternehmen mit einer **gleichartigen Philosophie** und **gleichartigem kulturellem Fit** – mit ganz praktischen Auswirkungen: So entscheidet die Offenheit des Dienstleisters gegenüber Verbesserungsansätzen anhand konkreter Fälle/Defizite statt vorgetragene Abwehrhaltungen maßgeblich über die Schnelligkeit in Bezug auf die Erhöhung der Salesqualität und damit letztlich über die Akzeptanz aufseiten der Kunden und Mitarbeiter.

Dies gilt auch in Bezug auf das beiderseitige Verständnis von Auftraggeber und -nehmer, wie man gemeinsam die Schritt für Schritt zu etablierende hohe **Mitarbeiteridentifikation** vor Ort umsetzt. Vor allem dann, wenn es über die gängigen Maßnahmen (Logo, Schulungen) hinausgeht. Nicht jeder Dienstleistungspartner lässt meiner Erfahrung nach in gleichem Umfang Aktivitäten des Auftraggebers zu, die die Identität mit dem eigenen Arbeitgeber gar in den Hintergrund rücken. Doch die Begeisterung für die zu verkaufenden Produkte, das Wissen um die USPs der Produkte oder gar die Schaffung von 1:1-Beziehungen zwischen Agent und den immer gleichen Kunden sind es, die nachhaltigen Verkaufserfolg sichern.

Diese Aktivitäten sind die eine Seite der Medaille, die andere Seite ist, dass das **Verständnis** in der **klassischen Salesorganisation** für diesen neuen Vertriebskanal zu schaffen ist. Wie bei allem Neuen passieren Fehler, Prozessabläufe sind noch nicht End-to-End in den Systemen hinterlegt, Kunden beschweren sich, warum und wieso sie jetzt telefonisch kontaktiert werden, und einige Verkäufer sehen sich ihrer besten Kunden beraubt. Hier helfen **Piloten** und Tests in Teilen der Organisation, um Defizite in Prozessabläufen herauszufiltern und die gewonnenen Erfahrungen in der Roll-out-Phase durch glaubwürdige Multiplikatoren zu kommunizieren. **Glaubwürdigkeit** entsteht jedoch nur dann, wenn Defizite klar zum Ausdruck gebracht werden (dürfen) und Lösungsorientierung im Vordergrund steht.

Zentrale **Erfolgsfaktoren** sind daher:
- Die **passende Dienstleisterauswahl** und -mentalität, verbunden mit der Bereitschaft, kontinuierlich an den Organisationsstrukturen und der Qualifikation des Teams zu arbeiten. Die Grundlage bildet eine offene Kommunikation und Transparenz zwischen Auftraggeber und -nehmer.
- Ein Auftraggeber, der durch **Prozess-Know-how** unterstützt, bei der Vernetzung der IT-Systeme und der gemeinsamen Umsetzung von Verbesserungsvorschlägen und der bei der Durchführung von Piloten aktiv Lösungen schafft.
- Und sehr wichtig: **Kommunikation und Dialog im Vorfeld** mit allen Stakeholdergruppen.
  - Erstens: Frühzeitige Kommunikation in Richtung **Kunde**, welche Veränderungen auf ihn zukommen und welche Auswirkungen diese für ihn haben. Wir haben uns damals entschieden, den Kunden auch Wahlmöglichkeiten zu lassen,

d.h., wer absolut mit seiner betriebswirtschaftlich basierten Zuordnung auf den neuen Verkaufskanal Telesales nicht einverstanden war, konnte sich weiter traditionell an der Haustüre Face-to-Face persönlich bedienen lassen.

- Zweitens: Die Kommunikation mit und durch die **Führungskräfte** selbst ist der Schlüssel. Aus diesem Grund sind im Sinne eines Changemanagements die Führungsebenen frühzeitig einzubinden, dass »Warum« der Veränderung ausführlich darzulegen und die Gegenargumente aufzugreifen. Der Kulturfaktor ist für das Tempo erfolgreicher Veränderung absolut entscheidend. Dazu zählt auch, ggf. im Vorfeld in die **Changemanagement Skills** der Führungskräfte zu investieren. Dies ist nach meiner Erfahrung sehr lohnend und als Erfolgsfaktor elementar. Unsere kulturelle Prägung ist vom Streben nach Perfektionismus dominiert. Dieser Mentalität mit einem 80/20-Umsetzungsanspruch für eine beschleunigte Realisierung zu begegnen, erfordert zwingend hohe kommunikative Fähigkeiten seitens der Führungskräfte in anspruchsvollen Veränderungsphasen.

- Drittens: Direkte Kommunikation in Richtung der **Mitarbeiter** und der Arbeitnehmerorganisation mit einer offenen Dialogkultur, um sich offenen Fragen zu stellen. Es sind gemeinsam Lösungen zu erarbeiten und auch kritische Themen, wie Fragen nach der Veränderung von Vergütungssystemen, frühzeitig aufzunehmen und gemeinsam weiterzuentwickeln. (Beispiele: Wie hoch soll der Verkäufer vor Ort vergütet werden, wenn der eigentliche Verkauf am Telefon bereits stattgefunden hat? Was ist mit den Zusatzverkäufen vor Ort – wie sollen diese im Unterschied zum vorverkauften Telefonumsatz bezahlt werden? Vor allem: Was heißt das auf der P&L-Seite und im Hinblick auf die Anpassung der Prozesse für die IT – und in welcher Zeit sind diese realisierbar?) Auch hier sind die gesamten internen Kommunikationskanäle zu nutzen und aufeinander abzustimmen: von internen Onlineplattformen über schriftliche Informationen bis hin zu Fragerunden der Führungskräfte vor Ort im direkten Dialog. Ein hoher personeller Aufwand, der sich allemal im Hinblick auf Verkürzung der Umsetzungszeit und der Erreichung der angestrebten Ziele lohnt.

Am Ende ist entscheidend, dass es der Führung gelingt, die weit überwiegende Mehrheit (im Sinne einer realistischen Betrachtung) der Mitarbeiter auf die mit der Veränderung angestrebten Ziele einzuschwören und sich den daraus ergebenden Diskussionen zu stellen. Mit Erfolg wurde der neue **Telesales Channel** dann schrittweise zum etablierten Teil einer Vertriebsorganisation, der großen Nutzen stiftet:

- für das Unternehmen, weil es zu **geringen Kosten** Umsatz generiert (niedrigere Stoppkosten im Vergleich persönlicher Besuch versus Telefonanruf) und vor allem weil es **Zusatzumsätze** erzielt, die diese Kundengruppe ansonsten nicht oder bei Wettbewerbern platziert hätten;
- für die »richtig« ausgewählten Kunden, weil sie eine **höhere Zufriedenheit** aufweisen, weil es der für sie und ihre Bedürfnisse passende Verkaufskanal ist;

- und den **Verkaufsmitarbeitern**, weil sie **entlastet** werden und sich auf solche Kunden konzentrieren können, die eine persönliche Beratung präferieren; ihre aktive Verkaufszeit aber nicht auf eine Kundengruppe verwenden, die Face-to-Face nicht bzw. lediglich unregelmäßig kaufen.

Im Ergebnis entsteht ein individuell an den jeweiligen Präferenzen der Kunden ausgerichteter Vertriebskanal, der – professionell aufgebaut – den Interessen aller Stakeholder entspricht.

Omnichannel am Beispiel Webshop

Nicht zuletzt die Erfahrungen in den Jahren 2020/2021 haben durch die Pandemie endgültig vor Augen geführt, dass der Onlinekanal heute zu einem festen Bestandteil der Vertriebsaktivitäten geworden ist. Nicht nur für große Handelsstrukturen, sondern auch für die individuellen Anbieter im BtC-Geschäft »um die Ecke«, aber auch im BtB-Segment. Auch hier lösen Onlineplattformen zunehmend den Telefonkanal ab bzw. ergänzen diesen. Dabei ist der Aufbau eines professionellen Onlineumfelds keineswegs trivial, wenn eine etablierte Organisation hier über vergleichsweise geringe Erfahrungswerte verfügt. Dies gilt vor allem, wenn neue Kundengruppen mit anderen Erwartungen an Produkte und Serviceleistungen erschlossen werden und die angestrebte Verbreiterung der Kundenbasis zum Erreichen von Zusatzumsätzen gelingen soll. Schließlich sind im **Onlinekanal andere Spielregeln** hinsichtlich des Content Management, der Vernetzung mit Social-Media-Aktivitäten und des Kooperationspartnermanagement zu beachten. Ziel war die Entwicklung hin zu einem aus Kundensicht relevanten Onlineauftritt bzw. Webshop, der performant und klar auf Umsatzgenerierung ausgerichtet ist.

Das abzuarbeitende **Aufgabenspektrum** ist dabei umfangreich und bedarf von Beginn an eines professionellen ganzheitlichen Managements. Es reicht von der Erarbeitung der aus der Unternehmensstrategie abgeleiteten Onlinestrategie, den dahinter liegenden Prozessen, dem Aufbau der Organisationsstrukturen mit den spezifischen Onlineskills bis hin zur Auswahl der IT-Systeme – und vor allem der schrittweisen Vernetzung der Systeme. In Abhängigkeit von der jeweiligen Ausgangs-Know-how-Basis im Unternehmen ist die Hinzuziehung externer Dienstleister und Berater zur Beschleunigung des Aufbaus eines solchen Verkaufskanals und der Vermeidung von teuren Fehlern, vor allem in der IT, sowie des Know-how-Transfers unabdingbar.

Die Aufgaben sind vielfältig und dazu zählen:
- Formulierung der Onlinestrategie und der Zielsetzungen im Kontext der weiteren Verkaufskanäle – aus Mitarbeiter- und Kundensicht,
- Auswahl der Softwareplattform unter Berücksichtigung der bestehenden IT-Infrastruktur,

- Weiterentwicklung von (Web-)Design- und Markenauftritt,
- Aufbau und Ausbau eines entsprechend qualifizierten Teams, das die Möglichkeiten der Onlinewelt ausschöpft und die erforderliche Expertise in vielen relevanten Themenfeldern aufweist (User Experience, Content Management, Conversion-Optimierung, Affiliate Management usw.),
- Festlegung der neuen End-to-End-Prozesse bis zum Point of Sale – inkl. Analysen (z. B. Check-out-Prozess),
- frühzeitige Kommunikation einer Onlinestrategie und der mit der Umsetzung verbundenen Aufgaben (z. B. Organisationsänderungen),
- Aufbau eines Onlinekennzahlensteuerungssystems.

Die **Ausformulierung** einer **Onlinestrategie** bildet die Handlungsgrundlage für die jeweiligen Teams und setzt den Rahmen, an dem sich alle orientieren. Die Ausrichtung kann ein breites Spektrum einnehmen und ein Aufbau als echter Verkaufskanal hat spezifische Implikationen z. B. hinsichtlich Colour Codes, Usability, Markenauftritt. Diese stehen mitunter in Konkurrenz zu anderen (Corporate-)Zielen. Die strategischen Entscheidungen sind am Beginn zu treffen, weil diese Auseinandersetzungen – wenn sie »on the flight« immer wieder diskutiert werden – zu Verzögerungen oder gar einer unklaren Gesamtausrichtung führen.

Diese Top-Down beschlossene Veränderung ist nun folgerichtig auch durch das Topmanagement und das gesamte Führungsteam gemeinsam in die Organisation zu tragen. Dieser **Gleichklang** der ersten **Führungsebene** ist die Grundvoraussetzung für eine zügige Etablierung und Weiterentwicklung eines Verkaufskanals, soll sie nicht im Kompetenzgerangel einer Organisation hängen bleiben. Denn auch hier gilt: Es ist Erfahrungswissen aufzubauen, Prozesse sind schrittweise anzupassen und die Verzahnung der Verkaufskanäle bringt Herausforderungen im Informationsfluss mit sich, die immer auch zu Widerständen führen, die ein gemeinschaftlich und miteinander agierendes Führungsteam erfolgreich bewältigt, wenn es eng abgestimmt agiert.

Für eine erfolgreiche Umsetzung solch umfangreicher Projekte sicher trivial ist das Aufsetzen eines **systematischen Projektmanagements** mit entsprechenden Teilprojekten. Weniger trivial ist, die Vernetzung solcher Themen von Anfang an zu denken und wichtige Querschnittsfunktionen, wie z. B. Human Resources, von Beginn an eng einzubinden.

Nicht nur in die **Hard- und Software** sind **Investitionen** vorzunehmen, sondern auch und vor allem in die **Menschen**. Es lässt sich eben nicht alles mit eigenen Bordmitteln beim Aufbau eines neuen Sales Channels bewerkstelligen, sondern es ist rechtzeitig auch am Skill Set der eigenen Organisation zu arbeiten. Es sind die auf dem Arbeitsmarkt zum Teil nur schwer zu gewinnenden Mitarbeiter für ein professionelles Onlinemanagement aufzubauen. Wer hierfür nicht die erforderlichen Mittel bereitstellt, kann sich auch die Investitionen in Hard- und Software sparen, denn es ist zentral, die eigene Organisation konsequent im Hinblick auf die Ziele frühzeitig auszurichten. Allerdings: Hard- und Softwareinvestitionen müssen auch hier der Strategie folgen und eine Verlängerung des Webshops auf mobile Devices ist ebenso zwingend wie die kontinuierliche Weiterentwicklung einer App etc.

Daher gilt es auch in Bezug auf den »Onlinestatus« eine SWOT-Analyse vorzunehmen, um die komplementären Dienstleister auszuwählen und die betroffenen Organisationseinheiten in diesen Prozess einzubinden. Im anderen Fall könnten diese beweisen, dass der externe Dienstleister nicht den gedachten Mehrwert bringt, und es entstehen in den Teilprojekten und im Gesamtprojekt Reibungsverluste, die das Gesamtprojekt gefährden. Dies gilt zumal, wenn es sich um sensible Themenfelder handelt, wie die Auswahl von Dienstleistern für die Implementierung der Software oder Berater für die fachliche Weiterentwicklung der jeweiligen (Online-)Teams.

Demzufolge handelt es sich beim Umbau einer Salesorganisation in Richtung Omnichannel um **echte Querschnittsaufgaben,** die die gesamte Organisation betreffen. Diese umfassen eben nicht nur die klassischen Bereiche der IT und des (Online-)Marketing, sondern beispielsweise des Prozessmanagements, des Human-Resources-Bereichs und des Category-Managements bis hin zur etablierten Sales-Organisation, deren Prozesse sich verändern. Es sind Onlinebestellungen zu gewünschten Lieferzeitfenstern auszuliefern oder es sind die Verkäufer selbst, die Fragen der Kunden zu Onlinethemen beantworten müssen.

Auch für das Category-Management gilt, dass der Onlinebereich anders »tickt« und andere Mechanismen im Vergleich zu den klassischen Vertriebskanälen greifen. Dies führt in der Folge zu anderen Absatzzahlen. Dies wiederum ist frühzeitig in der Supplychain zu berücksichtigen, sollen Stockouts vermieden werden. Das heißt, dass der Lernprozess mit der Einführung eines solchen neuen Kanals fast sämtliche Bereiche einer Organisation bis hin zum Controlling umfasst.

Aus diesem Grund gilt auch hier: Kommunikation ist maßgeblich und daher sind die Voraussetzungen im Vorfeld zu schaffen und zu fördern. Dialog- und Speak-up-Kultur stellen sicher, dass Umsetzungsdefizite schnell an die Oberfläche kommen, Gegenmaßnahmen ergriffen und gemeinsam konzentriert am Projektziel weitergearbeitet werden kann. Dies bedingt ein klares und verlässliches Commitment der gesamten Führung, die sich selbst als Topmanagement solcher Schlüsselprojekte annimmt und Verantwortung übernimmt. Und nicht nur das: Es bedeutet auch die Bereitschaft, auf der Topebene in Details einzusteigen und nicht nur im Sinne eines »Helikoptermanagers« zu agieren.

Zum **Umsetzungsmanagement** zählen auch sensible Themen, wie z. B. die Frage nach den Vergütungs- und Provisionsmodellen. Neue Sales Channel erfordern im Rahmen der Aufbauphase Investitionen. Es sind aber auch Grundfragen aus der Verzahnung mit dem tradierten Kanal des Verkäufers z. B. hinsichtlich der Vergütung von Onlineaufträgen und damit bezüglich der Gesamtwirtschaftlichkeit zu beantworten. Schließlich steht hier nicht der aktive Verkauf an der Haustür, sondern das Ausliefern im Vordergrund. Hier sind im Dialog mit den Mitbestimmungsorganen konstruktive Lösungen zu erarbeiten, wobei es sich dann auch um zeitlich begrenzte Modelle während der Etablierung der Verkaufskanäle bzw. Testphasen handeln kann, um den Mehraufwand in der Startphase zu honorieren.

In jedem Fall ist auf eines im Sinne eines Schlüsselfaktors zu achten, wie viele Beispiele im stationären Handel bei der Etablierung des Onlinekanals lehren: Es darf zu keiner Kannibalisierung oder Konkurrenz zwischen traditionellen Verkaufskanälen und den Onlineverkaufswegen kommen. Hier sind intelligente Lösungen zu erarbeiten, die den Interessen der verschiedenen Stakeholder von Unternehmen und Mitarbeitern gleichermaßen entsprechen. Hierauf ist großes Augenmerk von Beginn an zu richten. Übersieht man diesen Aspekt, gefährdet man die gesteckten Ziele oder verpasst gar den Anschluss an die Marktentwicklung und befindet sich irgendwann in einer anstrengenden Aufholjagd – sollte diese noch möglich sein. Hierzu gibt es eine Reihe von Beispielen aus dem Retailsektor.

Die **Toperfolgsfaktoren** im Rahmen der sprunghaften Weiterentwicklung des Onlinekanals oder gar der Neuetablierung sind:
- Formulierung der Bereichsstrategie als Handlungsrahmen für alle Beteiligten – basierend auf einer SWOT-Analyse und der Unternehmensstrategie (inkl. der Investitionsbudgets).
- Die Organisation: klares Commitment der gesamten Führung und Schaffung eindeutiger Verantwortung – inkl. des frühzeitigen Aufbaus entsprechend qualifizierter Onlineorganisationseinheiten (fordern, fördern, führen).
- Ein Projektmanagement, das insbesondere auf die Querschnittsaktivitäten und deren Vernetzung zwischen allen Unternehmensbereichen abstellt sowie die externen Dienstleister koordiniert.
- Die enge Zusammenarbeit mit dem HR-Bereich, um frühzeitig das erforderliche Skill Set im Unternehmen zu implementieren und zu akquirieren.
- Eine Unternehmenskultur im Sinne einer Fehlerkultur, die es zulässt, auf der Zeitachse zu lernen und so immer besser zu werden.

Gut und richtig umgesetzt werden profitable Zusatzumsätze erreicht, neue/jüngere Kundengruppen erschlossen und vor allem: Man ist auf »die jungen Alten von morgen« vorbereitet, die sich von den heutigen Kunden der vergleichbaren Altersklasse dadurch unterscheiden, dass sie in ihrem Kaufverhalten fordernder sind. Und die Teams können sich schließlich über die erreichten Ergebnisse (z. B. Auszeichnung als »Bester Onlineshop – Kategorie Lebensmittel« 2019) freuen.

Vernetzung von Vertriebskanälen – der Kunde im Mittelpunkt

Die eigentliche große Herausforderung besteht jedoch in der **Vernetzung aller Ver-kaufskanäle**. Es ist der Kunde, der entscheidet, wann und ob er online geht, wann er für eine Bestellung bzw. Serviceanfrage zum Hörer greift – oder ob er stationär beim Händler einkauft, zu welcher Uhrzeit er sein Paket in einer Packstation abholt oder gar – wie im Direktvertrieb – ob er persönlich beim Verkäufer das von ihm gewollte Produkt nachfragt.

Diese Vernetzung bedingt höchste Transparenz aller Prozesse und eine entsprechen-de IT-Infrastruktur und CRM-Systeme, die jedem Mitarbeiter den Status des Kunden transparent machen und die Mitarbeiter im Kundenkontakt in die Lage versetzen, die Kundenwünsche zufriedenzustellen. Entsprechend sind die Prozesse aus Kunden-sicht sauber zu definieren und kontinuierlich weiterzuentwickeln. Diese Customer Journeys ziehen dementsprechend häufig Folgeinvestitionen in die State-of-the-Art-Infrastrukturausstattung aller am Point of Sale beteiligten Mitarbeiter nach sich: Userfreundliche Bestell- und Bezahlfunktionen zählen heutzutage beispielsweise zum Marktstandard und es sind vielmehr solche Prozesse zu definieren, die aus Kun-densicht den entscheidenden Unterschied machen.

So ist in die **Digitalkompetenz** der **Mitarbeiter** in allen Unternehmensbereichen zu in-vestieren. Dazu zählt auch, dass alle (Marketing- und Verkaufs-)Aktivitäten aufeinander einzahlen und alle Verantwortlichen abgestimmt agieren. Dies erfordert sowohl wei-terentwickelte Skills der Mitarbeiter als auch eine Anpassung der Organisationsstruk-turen in Abhängigkeit von deren jeweiligem Stand, da die zu managende Komplexität über die verschiedenen Verkaufskanäle mit ihren jeweils spezifischen Anforderungen zunimmt. Die Expertise zur Erstellung eines Katalogs unterscheidet sich signifikant von der Wissensbasis zum erfolgreichen Betrieb eines Onlineshops. Und wenn man aufgrund der Kundenstruktur oder des Geschäftsmodells von »traditionell« bis »mo-dern« alle Vertriebskanäle bedient, ist dies organisatorisch qualifiziert abzubilden. Dies kann z. B. im Bereich des Category-Managements eine Funktion beinhalten, die im Sinne einer Schnittstellenfunktion die Anforderungen der unterschiedlichen Ver-triebskanäle bündelt, steuert und koordiniert. Auch sind die Steuerungsparameter für das Gesamtunternehmen und die unterschiedlichen Vertriebskanäle durch das Cont-rolling anzupassen und die gewonnenen Kundendaten sind zielgerichtet einzusetzen.

Mit der Etablierung neuer Sales Channel verbunden sind klare Zielsetzungen, wie z. B. die **Erschließung neuer (Special-Interest-)Zielgruppen**. Diese wiederum haben nicht selten andere Anforderungen an Leitungsparameter des Vertriebs als die traditio-nellen Zielgruppen. In der Folge erstreckt sich der Changebedarf keinesfalls auf die jeweiligen neu zu etablierenden Kernbereiche, sondern auch auf den traditionellen Vertrieb selbst. So gilt es dann die Serviceanforderungen jüngerer Zielgruppen z. B. in

Direktbelieferungssystemen nach Lieferflexibilität, Belieferung in den Abendstunden oder Kommunikationstools abzubilden. 65 % der Menschen in Deutschland würden gerne selbst über Tag und Zeitpunkt einer Belieferung bestimmen (brand eins, 2020, S. 107). Das bedeutet, dass die teilweise divergierenden Anforderungen des etablierten Kundenstamms ebenso zufriedenzustellen sind wie die der neu zu gewinnenden Zielgruppen. Insofern sind nicht nur die Vertriebskanäle selbst miteinander zu vernetzen, vielmehr sind **sämtliche Unternehmensbereiche Teil des Changeprogramms**, da sie erst alle aufeinander abgestimmt die Voraussetzungen dafür liefern, dass jeder Kanal mit seinen eigenen Spielregeln erfolgreich im Wettbewerb besteht. Geht man diesen Weg nicht konsequent zu Ende, bleibt es lediglich bei einem Multikanalangebot, das den Kundenanforderungen nur unzureichend Rechnung trägt.

Der Kundennutzen im Sinne einer hohen Zufriedenheit und langfristigen Bindung entsteht abschließend, wenn die Verkäufer über ein entsprechend qualifiziertes Mobile Salestool verfügen. In diesem Fall war es eine androidbasierte **Tabletlösung** für die Verkäufer, die alle relevanten Kundeninformationen enthält und im Sinne eines CRM kontinuierlich weiterentwickelt wird, um Umsatzpotenziale zu heben (Digital Leader Award 2019, 2. Platz). Unsere Verkäufer waren in die Entwicklung von Beginn an eingebunden, um deren wertvolle Erfahrungen im direkten Kundenkontakt zu berücksichtigen und Akzeptanz auf der Userebene zu schaffen.

Dies ist die Basis aufgrund derer die Ergebnisse eines Omnichannel-Vertriebs auch tatsächlich erreicht werden:

- Umsatzsteigerungen in traditionellen Kundengruppen und gleichermaßen die Erschließung neuer/junger Kundengruppen,
- Steigerung der Kundenzufriedenheit und Kundenbindung mit geringeren Kundenverlustquoten,
- Erschließung zusätzlicher Ergebnispotenziale.

Hierfür braucht es in jedem Fall einen detaillierten und durchdachten **Masterplan**. In diesem sind die Aktivitäten der verschiedenen Unternehmensbereiche nicht nur in ihrer zeitlichen Abfolge, sondern insbesondere in ihren Abhängigkeiten zu verfolgen, um die Auswirkungen einzelner Verzögerungen frühzeitig zu erkennen und Gegenmaßnahmen zu initiieren. Dazu zählen – bei aller Ambition – auch realistische Einschätzungen hinsichtlich der Zeitachse, des Einfahrens des Nutzens und möglicher Risiken, damit der eingeschlagene Pfad erfolgreich beschritten und konsequent zu Ende gegangen wird. Zu viel Rücksichtnahme auf alte Pfründe verlängert die Umsetzungszeit erheblich oder gefährdet gar die Erreichung der gesetzten Ziele; hier ist Klarheit und Führung zwingend.

Dies bedeutet wiederum im Sinne des Changemanagements, nicht nur die Kundenbrille aufzusetzen, sondern auch adäquate Lösungen aus Mitarbeitersicht im Hinblick auf Arbeitszeitmodelle, Trainings etc. zu entwickeln. In jedem Fall setzt ein umfangreicher Umbau einer Organisation in Form einer Weiterentwicklung traditioneller Vertriebskanäle – gepaart mit dem Aufbau neuer Kanäle – ein umfangreiches Changemanagementprogramm voraus. Hierzu muss die **Führung** vor allem den **Kompass** fest in die Hand nehmen und **dauerhaft Kurs halten**; d. h., den eingeschlagenen Weg konsequent voran und auch zu Ende gehen. Nur, wenn man sicher ist, den hierfür erforderlichen langen Atem zu haben, machen solche Umbauprogramme und die Etablierung einer Omnichannel-Organisation nachhaltig Sinn.

In jedem Fall ist Ausdauer erforderlich und die Bereitschaft aller in der Organisation, die berühmte **Extrameile** zu gehen. Es ist ein Umfeld zu schaffen, in dem sich die Mitarbeiter gleichermaßen in der Zentrale wie in der Fläche in die Lösungsfindung einbringen – über Niederlassungen und Regionengrenzen sowie über Funktions- und Bereichsgrenzen hinweg. Mitarbeiter zu gewinnen, aktiv eigene Lösungsvorschläge einzubringen und diese strukturiert umzusetzen, setzt in einer Organisation positive Energien frei und schafft durch ein echtes »**Wirgefühl**« die Basis für den Erfolg von morgen.

Diejenigen, die Bereitschaft zeigen, neue Wege zu gehen, sind demzufolge vonseiten der Führung zu unterstützen. Dies bedeutet daher auch immer, nicht nur die Ziele und erreichten Erfolge zu kommunizieren, sondern den Sinn der Veränderungen mit allen Stakeholdern offen zu besprechen. Dies gilt es gerade auch dann klar zu benennen, wenn Dinge anders als erwartet anlaufen. In Anbetracht der Komplexität der Themen und bei hohem Change-Tempo sind das miteinander agierende Führungsteam sowie die Cross-Channel-Kommunikation der Mitarbeiter untereinander die zentralen Erfolgsfaktoren.

Es bedarf einer **Dialogkultur** für einen in der Organisation nachhaltig getragenen Change, hinter dem alle Stakeholder, vom Shareholder, dem Topmanagement über das erweiterte Führungsteam bis zu den Mitarbeitern und deren Vertretern, stehen. Interne Reibungsverluste zu minimieren und den Fokus konsequent auf den Kunden und den Markt zu richten, schafft die Grundlage für eine nachhaltige Unternehmensentwicklung. In jedem Fall gilt: Wenn alle miteinander in die gleiche Richtung laufen, wird **Taste the Future** zur Realität – nicht erst morgen, sondern schon heute im Rahmen der Umsetzung einer Omnichannel-Vertriebsorganisation.

Lessons learned – Fitnessprogramm Omnichannel

Schaffen Sie beim Start eine Changemanagementbasis durch ein **klares Commitment** aller Entscheiderebenen und analysieren Sie die mit der Realisierung verbundene Komplexität (Multichannel versus Omnichannel) im Vorfeld – in Abhängigkeit vom Ausgangspunkt Ihres Unternehmens.

Das Omnichannel-Bekenntnis verkörpert eine **Grundhaltung** und beinhaltet die konsequente Fokussierung auf den Kunden. Omnichannel-Vertrieb schafft durch die Vernetzung aller Sales- und Marketingaktivitäten aus Kundensicht echten Zusatznutzen und bietet Unternehmen die Plattform für Zusatzumsätze und nachhaltige Kundenbindung.

Die Umsetzung eines Omnichannel-Vertriebs ist ganzheitlich zu betrachten und umfasst die gesamte (Neu-)Ausrichtung der Unternehmensorganisation. Es handelt sich um ein **Fitness-, Changemanagement- und Digitalisierungsprogramm** für die komplette Organisationsstruktur.

Die Omnichannel-Etablierung kommt einem **Marathon** gleich und erfordert Konsequenz in der Organisations- und Personalentwicklung sowie vor allem in der Ausrichtung des Geschäftsmodells und ist daher strategisch zu verankern.

Diese Form der kundenzentrierten Vernetzung setzt ein umfangreiches Handlungsprogramm in Gang, das professionell über eine lange Zeitachse hinweg zu steuern ist, und vor allem in der Konsequenz ein **kontinuierliches Verbesserungsprogramm** darstellt – zum Nutzen ihrer Kunden und damit ihrer Wettbewerbsfähigkeit.

Literaturverzeichnis

Buck, M.: Absatzwirtschaft 1/2 2021.

brand eins, Heft 11/2020, S. 106–107

Drösser, A.: Wettbewerbsvorteile durch Qualitätskommunikation – dargestellt am Beispiel zertifizierter Managementsysteme, Gabler Verlag, Wiesbaden 1997.

Eberhardt, H.: absatzwirtschaft 1/2 2021, Ein Mittelständler wird Digitalpionier, S. 66–69.

Körbel, A., brand eins, Heft 11/2020, S. 70–77.

Laloux, F.: Reinventing Organizations – Ein Leitfaden zur Gestaltung sinnstiftender Formen der Zusammenarbeit, München 2015.

Lorenz, A.: Die Führungsaufgabe – Ein Navigationskonzept für Führungskräfte, Wiesbaden 2009.

Mönnighoff, J.: Führen hat Folgen – selbstbewusst und erfolgreich miteinander, Lengerich 2015.

Hinweise zum Autor

DR. AXEL DRÖSSER

Axel Drösser verfügt über eine mehrere Jahrzehnte umfassende Expertise in der Neuausrichtung und Weiterentwicklung von Unternehmen mit vertriebsorientierten Geschäftsmodellen. Axel Drösser ist CEO/Vorstand der RITZENHOFF AG und war davor elf Jahre beim Marktführer für Direktvertrieb von Lebensmitteln (bofrost*) – zuletzt als Sprecher der Geschäftsführung. Darüber hinaus ist Axel Drösser Co-Founder und Mitglied des Beirats der WEW GmbH (Water Electrolysis Works). Ziel ist, die Herstellung von grünem Wasserstoff auf technologisch innovativer Basis zu erneuern und eine entsprechende Vertriebsplattform aufzubauen.

Den Wandel gestalten

Win-win-win-Situation für Kunde, Umwelt und Unternehmen

Michael Schrameyer
Senior Regional Director/Managing Director Central Europe
Schoeller Allibert GmbH

Die Ausgangssituation

Frustration auf vielen Seiten. Was tun, wenn ein guter alter Behälter genau das nicht mehr sein darf, ein Behälter nämlich, der sein Verpackungsgut verlässlich aufnimmt und geschützt von A nach B transportierbar macht? Was ist, wenn der Kunde, in diesem Fall die krisengeschüttelte Automobilindustrie, sinkenden Bedarf an dem Behälter anzeigt und gleichzeitig selbst einen tiefgreifenden Wandel des eigenen Produktes durchmacht?

So geschehen in den letzten Jahren. Die Automobilindustrie befindet sich seit längerem in einer Krise, hervorgerufen durch den Wechsel von Verbrennerfahrzeugen hin zu Elektromobilität und weiteren Antriebskonzepten. Die hierdurch hervorgerufene Unsicherheit führt zu Zurückhaltung bei Investitionen, da nicht klar ist, wohin die Reise geht. Hinzu kam es Anfang 2020 durch das COVID-19 Virus zu massiven Lockdowns, was die Krise der Automobilindustrie weiter verstärkt hat.

Damit nicht genug: Auch die Ursache für den beschleunigten Wandel in der Automobilindustrie, der Trend hin zu mehr Nachhaltigkeit und der Schutz der Umwelt und der Ressourcen, führt zu neuen Anforderungen an das bisherige Verpackungssystem.

Wie also reagiert man als Vertrieb, der genau diese Verpackungssysteme anbietet, die Behälter nämlich, in einer solchen Situation? Den Kopf in den Sand zu stecken und sich der Situation einfach hinzugeben ist keine Option. Vielmehr steckt in solchen Situationen auch immer eine Chance. Diese zu entdecken und konsequent zu entwickeln war und ist die Aufgabe, der sich Vertrieb und Entwicklung von Schoeller Allibert erfolgreich gestellt haben.

Ein kurzes Wort zu mir und dem Unternehmen:

Die Schoeller Allibert GmbH ist als Teil der Schoeller Allibert Gruppe seit mehr als 50 Jahren führend in der Entwicklung, dem Entwurf und der Produktion von Mehrwegverpackungslösungen. Diese Produkte finden in folgenden Marktsegmenten Verwendung: Getränkeindustrie, Nahrungsmittel und Nahrungsmittelverarbeitung, Landwirtschaft, Automobilindustrie, industrielle Fertigung, Einzelhandel und Pooling. Hierfür werden Produkte wie Flaschenkästen, faltbare Groß- und Kleinladungsträger, starre Großladungsträger, Nest- und Stapelbehälter, UN-zertifizierte Eimer, Kunststoffpaletten und Transportwagen hergestellt und vertrieben.

Ich bin seit dem 1. Mai 2019 als Senior Regional Director Central Europe und als Geschäftsführer für den Geschäftsbetrieb in den Ländern Deutschland, Österreich und der Schweiz sowie im zentralen Osteuropa verantwortlich.

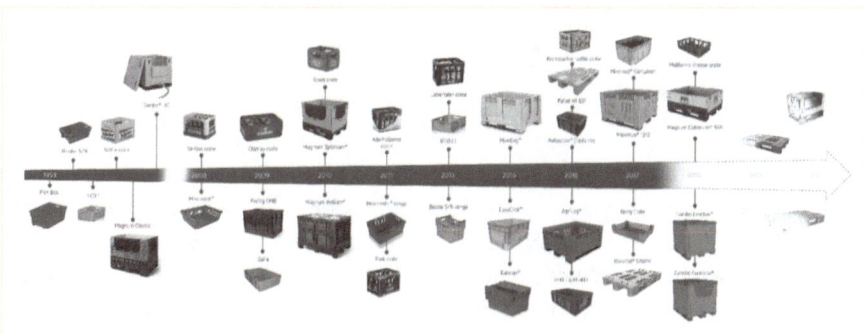

Abb. 1: Innovative Produkte von Schoeller Allibert seit über 60 Jahren

Die Herausforderung bestand darin, sich frei zu denken. Wäre es nicht genau im Kundeninteresse, wenn aus dem Behälter die sprichwörtliche eierlegende Wollmilchsau würde? Doch was genau würde einen Behälter für die Automobilindustrie zu genau dieser phänomenalen Allzweck-Verpackung machen?

An dieser Stelle waren Kreativität, exzellente Fachkenntnis, sensible Kundennähe und die Fähigkeit zu interdisziplinärer Zusammenarbeit gefragt.

Experteninterviews und Kundenbefragungen hinsichtlich der horizontalen und vertikalen Integration entlang der Supply Chain wurden durchgeführt, die dabei ermittelten Anforderungen wurden zusammengetragen und mithilfe interdisziplinärer fachlicher Expertise umgesetzt.

Aber was waren die Anforderungen überhaupt?

Die Behältnisse sollten viel und sicheren **Platz** für die zu transportierenden Güter bieten, beim Leertransport jedoch quasi **keinen Raum einnehmen**, aber jederzeit **Flexibilität** und **Modularität** bieten. Sie sollten ihren **Weg** in optimaler Weise **alleine finden**, sowohl im Lager als auch beim Beladen der Transportfahrzeuge. Im Idealfall würden sie **sich sogar selbst be- und entladen**, die Transportbedingungen sensibler Güter überwachen und rückmelden, **ständig ihren Aufenthaltsort melden, stabil, hygienisch zu reinigen und leicht** sein. Sie sollten beim Umgang mit ihnen hohe **Arbeitssicherheit** bieten, **wenig kosten** und sich am Ende ihrer Lebensspanne vollumfänglich **recyceln lassen**. Mehr Nachhaltigkeit geht nicht.

Und so entstand der Magnum Optimum 1208:

Abb. 2: Magnum Optimum 1208

Bei diesem Behälter kann wahlweise durch einen Aufsetzrahmen die Höhe und das **Fassungsvolumen** vergrößert werden. Für verschiedenste Anforderungen können Verpackungsmaterialien, Textil- oder Weichgefache an speziell vorgesehenen Stellen angebracht werden, um empfindliche Teile aufzunehmen. Beim Rücktransport kann das Verpackungsmaterial im Palettenboden untergebracht werden. Für unterschiedliche Handling- und Lagerkonzepte sind vielfache Palettenbodenoptionen verfügbar, wie z. B. 2 oder 3 Kufenlösungen oder Füße für vierseitigen Zugang. Letztendlich sorgt das Polypropylen-Material für ein geringes Geräuschniveau in automatisierten Lagersystemen.

Um dem **Kostendruck** zu begegnen, wurde ein Produkt entwickelt, das zusammenfaltbar ist und die beste Faltrate auf dem Markt bietet. So können im Leerfall fast viermal so viele Behälter in einem LKW untergebracht werden wie im aufgefalteten Fall. Hierdurch werden Transportkosten für den Rücktransport drastisch reduziert. Darüber hinaus ist durch die Modularität der Einsatz verschiedenster Behältersysteme nicht erforderlich und die Anzahl der Behälterarten kann verringert werden. Auch sorgen ein optimiertes Gewicht und maximales Nutzvolumen für einen möglichst niedrigen Kraftstoffverbrauch. Gute Handhabbarkeit und Ergonomie für den Anwender fördern die Arbeitssicherheit, aber reduzieren durch die nichtsequenzielle Faltung und einfach zu bedienende Verriegelungen auch die Kosten: So wird durch Einhandbedienung die Bearbeitungszeit reduziert und es reicht eine Person für das Handling des Behälters aus. Im Falle von Beschädigungen ist eine Reparatur einfach möglich und Reparaturkosten können geringgehalten werden. Defekte Seitenteile oder Kufen können mit geringem Aufwand ausgetauscht werden.

Abb. 3: Vergleich Anzahl Ladungsträger auf einem LKW im gefüllten bzw. entleerten, zusammengefalteten Fall

Vor allem die **Nachhaltigkeit** wurde bei der Entwicklung des Magnum Optimum 1208 berücksichtigt. Durch die hohe Faltrate und die mögliche komplette Auslastung eines LKW wird die Anzahl an notwendigen Lastwagen auf der Straße und der damit verbundene CO_2-Ausstoß deutlich gesenkt. Ferner kann der Behälter am Ende seines Lebenszyklus vollständig recycelt und das gewonnene Regenerat zu 100 % zur Herstellung neuer Behälter verwendet werden. Wie bereits gesagt: Mehr Nachhaltigkeit geht nicht.

Hinsichtlich der **Digitalisierung** bietet der Magnum Optimum 1208 vielfältige Nutzungsmöglichkeiten: An allen Seiten bestehen versenkte und damit widerstandsfähige Stellen zur Anbringung von Etiketten mit z. B. Strichcodes oder QR-Codes. Auch Halter für Papierkennzeichnungen sind vorhanden. RFID-Etiketten können angeboten werden zum kontakt- und scanlosen Auslesen der Containerdaten. Somit ist der Magnum Optimum 1208 geeignet, um mit den geläufigsten aktuellen Digitalisierungsmerkmalen ausgerüstet zu werden.

Zusammenfassend ist ein Produkt entwickelt worden, das für die Herausforderungen des Wandels der Anforderungen seitens der Automobilindustrie genau diejenigen Eigenschaften mitbringt, um den anstehenden Wandel mitzugestalten und sowohl die Verpackungslösung für die vielfältigen neuen Herausforderungen zu meistern als auch den aktuellen Anforderungen des Marktes zu genügen.

Und das Ergebnis?

Mithilfe der o. g. Merkmale wurde das Interesse der Industrie geweckt. Es wurden Pilotversuche mit Behältern durchgeführt, worauf größere Bestellungen ausgeführt wurden. Mittlerweile gibt es bereits fast 100.000 Behälter Magnum Optimum 1208 im Markt und sie **erfüllen die Verpackungs- und Transportaufgaben der jeweiligen Kunden**. Weitere Anfragen sind derzeit in der Projektphase.

Es zeigt sich, dass für einen Markterfolg eine genaue Analyse des Bedarfs und der Kernanforderungen der Kunden ermittelt werden muss. Nur dann hat man insbesondere in einem sich wandelnden Marktumfeld die Gelegenheit zum Erfolg. Und dies sowohl zum Nutzen des Kunden als auch zum Nutzen der Umwelt und des eigenen Unternehmens. Somit eine echte Win-win-win-Situation.

Aber auch der Zurückhaltung bei Investitionen wurde begegnet: So hat Schoeller Allli-bert ein Vermietungskonzept erstellt, im Rahmen dessen die Behälter (unter anderem auch der Magnum Optimum 1208) anstelle eines Kaufs für einen bestimmten Zeitraum gemietet werden können. Mittels dieses Konzeptes wird der Kapitalbedarf für die Nutzung des innovativen Verpackungs- und Transportkonzeptes auf den Nutzungs-zeitraum gestreckt und dadurch der Cashflow positiv beeinflusst. Um dieses Konzept zu fördern, wird der Magnum Optimum 1208 im Falle der Vermietung mit einer IoT-Funktionalität ausgestattet: Er ist mit einem smarten Trackingsystem ausgerüstet. Hierdurch kann der Kunde zu jedem Zeitpunkt sehen, wo sich der Behälter befindet. Außerdem sind weitere Trackingfaktoren denkbar, z. B. Temperatur oder Erschütte-rungen. Einem immer wieder als Problem genannten Schwund der Behälter kann mit dieser Technologie ebenfalls entgegengewirkt werden.

Lessons Learned

Unser Beispiel zeigt sehr gut, dass auch in sich wandelnden Marktumfeldern Chancen vorhanden sind. Um diese zu finden und erfolgreich zu vermarkten, ist eine systemati-sche Analyse der sich ändernden Anforderungen nötig. Hier ist der Vertrieb gefordert, um mithilfe seiner Kontakte und seines Marktwissens genau diese Anforderungen zu benennen und zu bewerten. Ein Vertrieb ist somit dann erfolgreich, wenn es ge-lingt, Kundenbedarfe und Experten-Know-how zu neuen bedarfsgerechten Lösungen zu verschmelzen. Hierzu ist viel Detailarbeit notwendig, um den Kunden umfassend wahrzunehmen und dann auch erfolgreich zu sein. Wir haben in der Krise die Weichen richtig gestellt, weil der Vertrieb genau hingeschaut hat und die Experten die gewon-nenen Erkenntnisse bedarfsorientiert und interdisziplinär umgesetzt haben.

Hinweise zum Autor

MICHAEL SCHRAMEYER

Michael Schrameyer ist als Senior Regional Director Central Europe und Geschäfts-führer der Schoeller Allibert GmbH verantwortlich für den gesamten Geschäfts-betrieb des Unternehmens in den Regionen DACH und Zentrales Osteuropa. Sicherstellen der Marktführerschaft bei Mehrwegtransportverpackungen in allen Marktsegmenten ist hierbei das Ziel. Die Aufgabenschwerpunkte liegen dabei neben dem Vertrieb auch in der Produktion, der Supply Chain und den Finanzen.

Vertrieb goes Marketing

Wie wir die Modernisierung von Unternehmen und Vertrieb geschafft haben

Oliver Lockowandt
Leiter Marketing
Milz & Comp. GmbH

Ausgangslage: Wir haben was nachzuholen.

Das Jahr 2020 wird sicherlich als ein Jahr der Wendepunkte in die Geschichte einge-hen. Neben vielen unangenehmen Folgen der Coronapandemie für Mensch und Ge-sellschaft hat dieses Krisenjahr doch eines geschafft: uns unsere Baustellen und nicht gemachten Hausaufgaben vor Augen zu führen.

Unter anderem hat es uns gezeigt, welchen Aufholbedarf die deutsche Gesellschaft, staatliche Institutionen, aber zweifelsfrei auch unsere Unternehmen im Bereich Di-gitalisierung hatten und haben. Dass wir in kurzer Zeit plötzlich Innovationsschritte machen, für die wir sonst noch Jahre gebraucht hätten, ist der positive Aspekt der aktuellen Krise.

Die Entwicklung, die wir, die Unternehmensberatung & Akademie Milz & Comp., im letzten Jahr bis heute gemacht haben, passt genau in dieses Bild. Als Marketing-verantwortlicher bei Milz & Comp. möchte Ihnen in diesem Artikel schildern, wie wir uns erfolgreich modernisiert und neue Wege für unseren Vertrieb gefunden haben. Dabei geht es nicht um »technische Spielereien«, sondern vor allem um neue Struktu-ren und Prozesse. Und um eine neue Kultur.

Zunächst möchte ich vorausschicken, dass uns die Krise hart getroffen hat. Denn unser Business ist es, intensiv mit Menschen zu kommunizieren. Wir beraten Unter-nehmensentscheider, wie diese ihr Unternehmen erfolgreicher machen können – und entwickeln erst nach einer ausführlichen Diagnose (wie ein verantwortungsbewuss-ter Arzt, der seine Patienten auf »Herz und Nieren« untersucht) die wirklich passende Strategie und erarbeiten gemeinsam mit dem Kunden die optimalen Prozesse und Strukturen, mit denen die gesteckten Ziele dann auch tatsächlich erreicht werden können. Dann kommt eine weitere entscheidende Phase: Neue Strukturen und Spielregeln müssen auch von den Mitarbeitern verstanden und gelebt werden. Neues und wichtiges Wissen muss verinnerlicht werden. Hier kommt unsere Akademie ins Spiel. Unsere 40 Trainer in den Themenfeldern Strategie, Führung und Vertrieb schulen und bilden Führungskräfte und Mitarbeiter in Kleingruppen oder im Coaching weiter.

Unsere Berater und Trainer haben bis vor Corona überwiegend vor Ort beim Kunden gearbeitet. Kurz: Unser tägliches Brot verdienen wir eigentlich »draußen« – in ganz Deutschland und über Deutschland hinaus.

Im Frühjahr 2020 kamen zwei ganz unangenehme Faktoren auf uns zu. Zum einen konnten wir nicht mehr uneingeschränkt reisen. Zum anderen wurden zahlreiche geplante Vor-Ort-Veranstaltungen von unseren Kunden abgesagt. Wir waren in Zugzwang, neue Lösungen zu finden, um die neuen Umstände gut zu überstehen.

Problemlösung: Seine Kräfte richtig einsetzen!

Mit den Kunden wichtige Termine durchführen, ohne am gleichen Ort zu sein? Vor der Herausforderung standen ja nicht nur wir – es war die ganze Welt. Und die gemeinsame Antwort war: die bereits vorhandenen digitalen Tools zu nutzen.

Äußerst zuversichtlich waren wir bei kurzen Terminen. Aber ganze Workshops und tagesfüllende Veranstaltungen digital durchführen? Unser Geschäftsführer Markus Milz ist zudem in gesamten DACH-Bereich und weiteren europäischen Ländern als Experte und Speaker unterwegs. Konnte man seine Vorträge auch wirkungsvoll auf ein digitales Medium übertragen? Technisch kein Problem. Aber konnten wir das den Kunden antun? Wie sich später herausstellte, konnten wir das. Und ich bin der Meinung, dass unsere digitalen Events mittlerweile mindestens gleichwertig zu Live-Events sind – und dass unsere Kunden es auch so sehen. Es kommt halt auch immer auf die Konzeption an. Aber dazu etwas später.

Ein anderes Feld war unser Vertrieb. Hier zeigte sich bei uns ein ähnliches Bild wie bei den meisten anderen Unternehmen. Die Kunden waren extrem zurückhaltend, weil sie nicht wussten, wie es weiter geht. Bereits geplante Kundentermine fielen reihenweise aus. Und damit ein großer Teil der vertrieblichen Tätigkeiten. Eigentlich logisch, dass wir unseren Vertrieb in Kurzarbeit schicken mussten. Das taten wir auch – allerdings nur für kurze Zeit. Bis wir eine weitaus bessere Lösung fanden, die frei gewordenen Kapazitäten im Vertrieb gewinnbringend einzusetzen. Das Stichwort ist Social Selling. Sind soziale Medien nicht Marketing-Sache? Nur zum Teil. Es gibt mehrere Gründe, warum sich gerade der Vertrieb ernsthaft damit beschäftigen sollte.

Benutzen Sie noch Karteikästchen oder eine Rollkartei für Ihre Visitenkarten? Wer das noch tut, der macht es doch mehr aus Sammelleidenschaft. Denn letztendlich vernetzt man sich im Anschluss über LinkedIn oder Xing. Beim Social Selling nutzen Sie nicht Ihre Visitenkarten-Kartei oder Ihr CRM-System. Es sind Ihre Kontakte auf den Social-Media-Kanälen Ihrer Wahl. Sich ein Netzwerk aufzubauen, ist traditionelle Vertriebsarbeit – und auf LinkedIn, Xing, Facebook und Co. können Sie allen Ihren Kontakten zugleich durch Ihre Posts in Erinnerung (und im »Relevant Set«) bleiben oder diese gar gezielt anschreiben.

Welchen Social-Media-Kanal Sie für sich wählen sollten, hängt letztendlich daran, wo Ihre Kunden unterwegs sind. Unsere Kunden sind Unternehmens-Entscheider – und LinkedIn war die ideale Plattform für uns. Uns kam bereits zugute, dass wir sowohl bei unserem Unternehmens-Account aber vor allem bei unserem Geschäftsführer-Account nicht bei Null anfangen mussten und wir schon über eine Followerschaft verfügten.

In Zielmärkten bzw. bei seinen Zielkunden bekannt zu sein, sollte generell Ziel eines Vertrieblers sein. Und je bekannter jemand ist, desto größer ist die Nutzenvermutung. Wie mache ich mich bekannt? Nützlichen Content zur Verfügung stellen und die Probleme Ihrer Zielgruppe lösen! Wenn Sie z. B. auf LinkedIn Content posten, tun Sie das sozusagen vor den Augen Ihrer bestehenden LinkedIn-Kontakte, die – wenn Sie nichts falsch gemacht haben – zu einem großen Teil Ihre Zielkunden sind. Und Sie steigern Ihre Reichweite und gewinnen neue Kontakte. Hier greift das Empfehlungsmarketing, denn auch der Kontakt eines Kontaktes sieht, wenn dieser einen Beitrag liked oder kommentiert. Und wenn der Content gut ist, vernetzt er sich mit Ihnen.

Um aus meinen Kontakten nun Leads zu machen, benötige ich einen Sales Funnel. Und in diesem kommen Lead-Magnet und – zumindest bei uns – das Webinar zum Einsatz.

Content posten, Sales Funnel, Lead-Magnet? Aber das ist doch jetzt wirklich alles Marketing?! Ja. Ich würde soweit gehen und sagen: Der Vertriebler muss immer mehr zum Marketer werden. Es gibt aber Grenzen, die er nicht überschreiten muss.

Die Grundlage im Vertrieb bleibt das Customer-Relationship-Management. Übrigens: Den Social-Media-Kanal LinkedIn kann ich sogar als schlankes CRM-System nutzen und hier Kunden klassifizieren sowie den Stand der Gespräche festhalten. Das kostenpflichtige LinkedIn-Tool Sales Navigator macht es möglich.

Das schönste daran ist: Ich kann mir hier sehr genau meine Zielkunden im Netzwerk anzeigen lassen. Filtern können Sie zum Beispiel nach Unternehmensgröße, Position, Tätigkeit und Karrierestatus. Innerhalb Ihres Unternehmensprofils können alle Ihre Vertriebler ihre persönlichen Kundenlisten anlegen. Und diese auch untereinander freigeben und teilen.

Eine genaue Vorstellung seiner Zielkunden zu haben, ist immer enorm wichtig. Auch wenn es bei B2B und beim Kanal LinkedIn noch reicht zu wissen: Mein Zielkunde ist Geschäftsführer eines mittelständischen Unternehmens in der Abfallwirtschaft. Aber um den Content zu erstellen und zu posten, mit dem ich ihm einen Mehrwert bieten möchte: Dafür muss ich mehr wissen. Wie sieht seine Customer Journey aus? Für welche Probleme sucht er Lösungen? Daher mein Rat: Erstellen Sie im Vorfeld Ihrer Tätigkeiten umfangreiche Personas! Sie wollen Endkunden auf Facebook erreichen? Sie sollten auch deren Interessen und Hobbys kennen.

Umsetzung: Vertrieb und Marketing Hand in Hand.

Den Content erstellen klingt nach einer Menge Arbeit? Das ist es auch. Aber der Vertrieb profitiert an dieser Stelle von den Gewerken des Marketings. Ich sprach bereits von Grenzen des Marketings, die ein Vertriebler nicht überschreiten muss.

Idealerweise bilden Marketing und Vertrieb ein Team. Das heiß nicht, dass Vertrieb und Marketing jetzt in ein gemeinsames Büro ziehen müssen. Für mich bedeutet es in erster Linie: gegenseitige Wertschätzung. Und das Bewusstsein dafür zu haben, dass man die gleichen Ziele verfolgt. Dass man gemeinsam an einem Strang zieht, sogar dass das Marketing für den Vertrieb arbeitet (und ggf. umgekehrt) – was dem Vertrieb nicht immer bewusst ist. Im stressigen Alltag werden die Anfragen aus dem Marketing schon mal als Belastung wahrgenommen.

Ohne die qualitativ hochwertige Zuarbeit aus dem Vertrieb kann das Marketing jedoch seinen Job nicht machen. Ein simples Beispiel: Die Vorteilsargumentation zu einer Lösung muss aus dem Vertrieb kommen. Hier kennt man Kunde und Produkt am besten. Daraus einen guten Text zu machen und auch visuell auf die Website zu bringen – das ist Sache des Marketings.

Nach dem Entschluss, unseren Vertrieb zu modernisieren, führten wir einmal im Monat einen gemeinsamen Jour fixe ein. Hier wurden die Marketingaktionen im Rückblick bewertet. Was war gut gelaufen, was weniger gut? Wo hat es bei der Zusammenarbeit gehakt? Seitdem weiß der Vertrieb bei uns genau, warum er dem Marketing welche Fragen beantworten und warum welcher Content bis wann angeliefert werden soll.

Durch diese Transparenz verfügte bei uns der Vertrieb nun über ein hohes Involvement. Und nutzte das Marketing immer wieder als »Dienstleister« – wenn er Ideen hatte, mit welchen Inhalten eine Kundengruppe erfolgreich aktiviert werden könnte. Das Marketing erstellte daraufhin das passende Material – verbreitet wurde es vom Vertrieb.

Lösen sich somit nicht die Grenzen zwischen Marketing und Vertrieb auf? Etwas! Aber genau das kann die Effizienz der gemeinsamen Maßnahmen deutlich steigern! Und Effizienz bedeutet: Mehr Leads! Womit wir bei dem Prinzip des Funnels angelangt sind, das wir erfolgreich für uns nutzen.

Kennen Sie das Gefühl: »Wenn wir ein Angebot abgegeben haben, ist der Wettbewerb immer schon drin.«? Immerhin waren Sie im »Relevant Set« und durften ein Angebot abgeben. Manchmal ist das sogar anders. Die Frage ist, wie Sie sich gegenüber dem Wettbewerb einen Vorteil verschaffen. Die Antwort ist: Sich so früh wie möglich beim Kunden positionieren. Am besten, er weiß noch nicht, welches Produkt – und damit welchen Anbieter er braucht. Wir möchten ihn direkt erwischen, sobald er ein Problembewusstsein entwickelt hat.

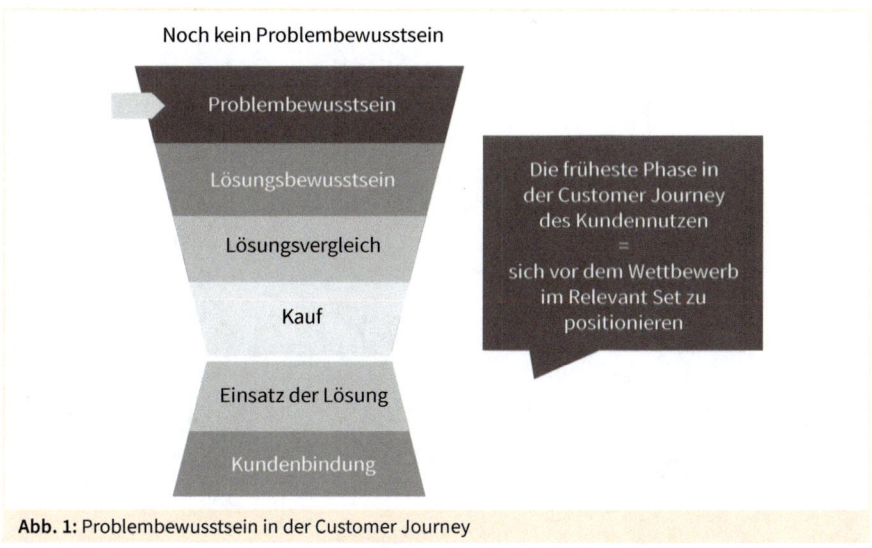

Abb. 1: Problembewusstsein in der Customer Journey

Schon wieder der Hinweis: Sie müssen die Probleme Ihrer Zielkunden kennen! Aber auch dokumentiert und präsent haben. Dann können Sie jederzeit die passenden Lead-Köder schmeißen. Und »dokumentiert« bedeutet: Die Customer Journey seiner Zielkunden genau zu kennen und schriftlich in einem Konzept festzuhalten. Dieses Konzept, die Onlinemarketing-Strategie, ist dann das Fundament aller Ihrer Marketing-, aber auch Ihrer Vertriebsaktivitäten.

Dass das Marketing die Onlinemarketing-Strategie nicht ohne Hilfe des Vertriebes erstellen kann, haben Sie bestimmt schon erraten. Nachdem wir Marketing und Vertrieb durch gemeinsame Strukturen zusammengebracht hatten, begannen wir in wöchentlichen Meetings, die Onlinemarketing-Strategie zu erarbeiten. Im Zentrum stand zunächst, die Schlüsselstellen des Buying Centers zu analysieren. Und zu definieren, welche Person wir hier tatsächlich überzeugen mussten. Ebenfalls mussten wir für alle

Phasen des Beschaffungsprozesses beim Kunden – von der Bedarfsermittlung bis zur Anbieterauswahl – definieren, welche Informationsbedürfnisse und Ziele jeweils vorlagen. Gemeinsam einen Plan zu entwerfen, wie wir für den Kunden in seiner Customer Journey sichtbar und unverwechselbar werden, war dann fruchtbares Teamwork.

Abb. 2: Zusammenarbeit Marketing & Vertrieb

Doch zurück zum Lead-Köder: Unser Marketing platzierte bereits vor dem Frühjahr 2020 Lead-Magneten auf unterschiedlichen Kanälen, die von unseren Zielkunden frequentiert wurden. Neu war nun allerdings, dass wir für die Verteilung unseres Contents verstärkt unseren Vertrieb einsetzten.

Es wurden nun regelmäßig Social-Media-Beiträge veröffentlicht, die den Vertriebs-Kontakten einen Mehrwert brachten, weil sie ihnen kostenlos einen Hinweis für die Lösung ihrer Probleme und Herausforderungen gaben. Meistens war es so, dass anschließend noch auf eine ausführliche und detaillierte kostenlose Ausarbeitung hingewiesen wurde, zum Beispiel eine Schritt-für-Schritt-Anleitung oder ein Whitepaper. Um dieses zu erhalten, muss sich der Kunde nur mit seiner E-Mail registrieren. An diese sendeten wir nun (nach dem rechtlich sauberen Double-Opt-In-Verfahren) den Downloadlink zum Whitepaper.

Wir kannten nun also die Bedürfnisse unserer neuen E-Mail-Kontakte und wussten somit nun, welche Lösungen sie wahrscheinlich benötigten. Zudem konnten wir in unserem Automations- und Mailing-Tool ab sofort die unterschiedlichen Interessen und Bedürfnisse mit »Tags« (Schlagworten) versehen, sodass wir hier direkt eine effiziente Kundensegmentierung vornehmen konnten.

Mit unseren E-Mail-Kampagnen konnten wir jetzt unterschiedliche Interessengruppen personalisiert mit den für sie passenden Themen ansprechen. Das erhöhte die Konversionswahrscheinlichkeit enorm.

Wir merkten jedoch sehr schnell, dass wir noch eine andere Art von Lead-Magnet brauchten. Eines, das uns von vorneherein noch enger an den Kunden heranbrachte. Eines mit dem wir »Gesicht zeigen« konnten. Webinare waren – und sind immer noch – en vogue. Wir hatten bis dato jedoch noch keine durchgeführt. Das hatte unterschiedliche Gründe. Einer war die Skepsis unserer Vertriebsmitarbeiter. Dadurch, dass Marketing und Vertrieb bei uns nun so eng zusammenrückten, bestanden erfreulicherweise plötzlich viel weniger Bedenken.

Ein Webinar wurde (und wird immer noch) gemeinsam konzipiert. Das Marketing lieferte die Struktur, der Vertrieb den Inhalt. Der Lead-Magnet war zunächst ein kostenloses kurzes Video, das ein typisches und häufiges Zielkundenproblem erklärte und bereits eine Lösung dafür präsentierte. Wer mehr Details dazu erfahren wollte, konnte sich zum kostenlosen Webinar anmelden. Natürlich innerhalb eines Double-Opt-In-Verfahrens, in dem der Anmelder dem Empfang von Informationen per Mail zustimmt.

Ein Webinar hat den großen Vorteil, dass wir unsere Zielkunden bereits persönlich kennenlernen können. Und diese bauen im Webinar bereits eine Beziehung zu unserem Unternehmen auf – und zu ihrem zukünftigen Ansprechpartner. Im Anschluss an die Webinare vergeben wir kurze Termin-Slots, in denen man sich – wer dies möchte – kostenlos beraten lassen kann. Durch diese Gespräche können wir unsere Kundenbeziehung vertiefen oder sogar einen Abschluss erzielen.

Wenn es an dieser Stelle mit dem Kunden nicht weitergeht, kennen wir aber seine Themenpräferenz und können ihn zu seinen Interessensthemen regelmäßig anschreiben.

Ein einstündiges Webinar durchzuführen, war für unsere Vertriebskollegen zunächst ungewohnt. Aber das Marketing trug zahlreiche Tipps für das Präsentieren und Überzeugen am Bildschirm zusammen, sodass wir eine kompakte und zielführende Schulung durchführen konnten. Diese haben wir immer wieder erweitert, denn auch unser technisches Equipment erweiterte sich ständig. Ging unser Vertrieb zu Beginn nur mit der eingebauten Laptop-Webcam »live«, verfügen wir mittlerweile über ein komplettes Video-Studio. Auch hier bedurfte es natürlich der fachkundigen Einweisung. Der »Dozent« des Webinars ist zugleich sein eigener Regisseur und steuert selbst, welche von den drei Kameras ihn wann zu welchem Zweck zeigt; und wie er per Knopfdruck ausschließlich seine Präsentation oder den Bildschirm des digitalen Whiteboards zeigt. Aber in den Genuss einer umfangreichen Schulung kam nicht nur unser Vertrieb – es waren auch unsere Trainer, welche die vorhandenen Präsentationskonzepte und das Video-Studio für Workshops und längere Veranstaltungen nutzten.

Ein weiterer wichtiger Faktor unserer Modernisierung war die Marketing Automation. Eine typische Situation im Jahr 2019: Hatte jemand ein Whitepaper angefordert, erhielt unser Backoffice eine Benachrichtigung. Die Antwortmails wurden manuell von den Kollegen beantwortet, was natürlich bei erfolgreichen Lead-Magnet-Kampagnen viel Zeit kostete. Dies ist noch nicht lange her, es kommt mir jedoch vor wie eine Erinnerung aus längst vergangenen Zeiten. Mittlerweile erhalten Personen, die einen Veranstaltungskatalog oder eine Studie downloaden wollen (nach ihrer Erlaubnis zum Empfang von Informationen per Mail) selbstverständlich eine automatisierte und personalisierte Mail mit Downloadlink.

Mittlerweile nutzen wir die Automation für sich wiederholende Aufgaben wie z. B. für Webinar-Erinnerungsmails an angemeldete Teilnehmer, für Newsletter-Versand sowie für die Steuerung und Auswertung mehrstufiger, zielgruppenspezifischer und crossmedialer Kampagnen.

Ergebnis: Nachhaltig reformiert!

Seit dem Frühjahr 2020 haben wir uns von einem klassischen Vor-Ort-Dienstleister zu einem digitalen Dienstleister entwickelt. Aber auf Kundenwunsch und wenn die äußeren Umstände es zulassen, sind wir jederzeit vor Ort zur Stelle.

Wir mussten nie auf die Schlagkraft unseres Vertriebes verzichten, wie viele andere Unternehmen, die diesen in Kurzarbeit behielten. Dadurch, dass wir unsere Lead-Generierung stark digitalisiert haben und wir das Know-how sowie die Manpower des Vertriebes in digitale Prozesse einbinden konnten, gelang es uns auch, weiter Kunden zu gewinnen – Bestandskunden zu »enteisen« und Neukunden zu erschließen.

Durch die Marketing-Automation konnten wir Arbeitszeit einsparen, die wir sinnvoll nutzen konnten, um unseren ROI signifikant zu steigern. Zudem machte sie uns unsere

Kontakte, Leads und Kunden so transparent wie noch nie. Deren Potenziale waren für uns noch nie so leicht zu erschließen wie jetzt.

Schließlich konnten wir auch die Erfahrungen und Learnings, die mit der Modernisierung unseres Unternehmens und unseres Vertriebes verbunden waren, an unsere Kunden weitergeben und unser Dienstleistungsspektrum diesbezüglich erweitern.

Lessons Learned

Geplant – gemacht – erfolgreich.

Aus unternehmerischer Sicht, so schlimm sich die Situation im Frühjahr 2020 darstellte, haben wir die richtigen Entscheidungen getroffen und sind die beschlossenen Schritte konsequent gegangen – ohne dabei zurückzublicken.

Einer der entscheidenden Erfolgsfaktoren war die enge und strukturierte Zusammenarbeit zwischen Vertrieb und Marketing. Diese Symbiose funktionierte nicht nur in der abgestimmten Durchführung von Marketing-Aktivitäten.

Er begann bereits bei der Überarbeitung unserer Marketing-Strategie, die wir im Frühsommer 2020 angingen und das Know-how des Vertriebes viel stärker als sonst einbanden. Es war enorm wichtig, dass wir unsere Zielkunden aus unterschiedlichen Perspektiven beleuchteten, Personas erstellten und deren Bedürfnisse innerhalb der Phasen der Customer Journey analysierten und klar definierten.

Sie kennen wahrscheinlich den Ausspruch »Content is King«. Er ist so wahr. Denn die Inhalte sind immer das, womit Sie Ihre Kunden begeistern!

Über den Autor

OLIVER LOCKOWANDT

Oliver Lockowandt ist Leiter des Marketings bei Milz & Comp. Nach seinem Studienabschluss in Theater, Film- & Fernsehwissenschaft und seiner Tätigkeit für Hörfunk und Fernsehen wechselte er als Onlineredakteur in die digitalen Medien. Hier arbeitete er viele Jahre als Teamleiter Onlinemarketing für die Düsseldorfer Internetagentur TWT. Nach Erfahrungen als Medientrainer im Bildungsbereich treibt er seit Mitte 2019 das Marketing bei Milz & Comp. voran.

Geht nicht, gibt's nicht: Meine persönliche Entwicklung im IT-Vertrieb

Vertrieb in unruhigen Zeiten oder: Wenn der Kunde ein Problem hat, aber kein Produkt sucht

Jürgen Däumler
Sales Manager
Assentis Technologies GmbH/Smart Communications

Wenn das Gespräch mit meinem potenziellen Kunden am Telefon an den Punkt kommt, an dem ich seine uneingeschränkte Aufmerksamkeit benötige, dann hat mein Gegenüber bereits erste, wichtige Informationen über das Unternehmen, in dessen Namen ich ihn kontaktiert habe, erhalten: dass dieses Unternehmen ein weltweit führender Lösungsanbieter ist, der sich auf die Optimierung sämtlicher textbasierter Kommunikationswege spezialisiert hat – analog wie digital, one-way, aber auch interaktiv. Genau in diesem Moment könnte ich auch sehr viel mehr als nur meine Rolle im Verkaufsprozess beschreiben:

»Ich mache es nicht, weil mir langweilig ist oder weil ich glaube, dass Sie zu viel Zeit haben. Ich mache es auch nicht, weil ich es muss oder jemand oder etwas mich dazu zwingt. Ich mache es, weil es mein Job ist. Ich mache es, weil es mir Spaß macht zu kommunizieren. Sie sind mein Kunde und ich bin die Schnittstelle zu Ihnen.

Es macht mir Spaß, mit Ihnen zu reden und Ihnen zuzuhören. Denn nur so können wir gemeinsam Lösungen entwickeln. Weil wir nur im persönlichen Gespräch herausfinden können, ob das, was wir anbieten, auch etwas ist, was Ihnen hilft.

Ich bin Verkäufer, Sales, Account Manager. Kundenglücklichmacher: Kommunikation ist mein Job. Deswegen rufe ich an.«

Ein Sprung in der Zeit – zurück zu den Anfängen: Menschen werden nicht als Verkäufer geboren. Man erwirbt im Leben kontinuierlich Fähigkeiten und baut diese durch Erfahrungen aus, erweitert stetig sein Wissen. Als junger Mensch habe ich früh »erfahren«, dass sich herausragende Leistungen immer dann einstellten, wenn sie mit einer Leidenschaft für dieses Tun verbunden waren. Ich wurde zwischen Studium und den ersten Beratertätigkeiten vom »Vertriebsgen« infiziert. In einem traditionsreichen Augsburger Kaufhaus hatte ich die Chance bekommen, erstmals aktiven Verkauf zu erleben. Kunden von den »eigenen« Produkten zu begeistern, sie vom ersten Kontakt bis zum Abschluss bzw. Warenverkauf aktiv zu begleiten, dies hat meinen persönlichen Weg immens geprägt. Nach einer kurzen Zeit der Selbstständigkeit als Berater, in der ich meine Fähigkeiten (IT-Fachkompetenz) selbst vermarkten musste, habe ich die Chance genutzt, dieses Potenzial in einem mittelständischen Softwareunternehmen im Rheinland ab Mitte der 1990er-Jahre weiterzuentwickeln. Beratungstätigkeit hatte schon hier implizit auch das Ziel, den Kunden die spezifischen Dienstleistungen und damit die eigene Person immer aufs Neue zu »verkaufen«. Das war keine Frage der Stellenbeschreibung, da war kein Warten auf Marketing und Vertrieb. Durch eigenes aktives Handeln systematisch erfolgreich zu sein – jetzt hatte ich mein Handlungsfeld klar erkannt! Ich war im Vertrieb angekommen: Kundenbedürfnis und -erwartung verstehen und in Kaufimpulse zu verwandeln, herausragende Produkte und Leistungen über den klassischen Vertriebsweg im B2B-Geschäft über alle Phasen des Sales Cycle bis zum Vertragsabschluss zu führen.

Das haben wir schon immer so gemacht …

Es sind eigentlich genau zwei Dinge, die den Verkauf von Produkten und Dienstleistungen an Kunden so unendlich spannend machen: Der erste Kontakt, das Wahrnehmen eines ersten Interesses, die Entdeckung, dass Erwartungen auf beiden Seiten einen optimalen Weg zu nehmen scheinen, und dann: »Sie können uns ja mal ein Angebot senden …«. Und wenn sich dann in diesem Angebot erneut eine perfekte Verbindung der Erwartungen ergibt, dann ist es so weit. Fühlt sich großartig an, dieses Hochgefühl, wenn der Kunde sagt: »Wir machen das … mit Ihnen, ihrem Unternehmen«. Wenn das Angebot oder der Vertrag unterzeichnet auf dem Tisch liegt. Und dazwischen liegen natürlich unendlich viele weniger angenehme Momente: wenn das Angebot nicht angenommen wird, die Terminabsage, das Nichtzustandekommen eines ersten telefonischen Kontaktes. Oder auch und gerade in der Informations- und Kommunikationsflut der Gegenwart: wenn die wohlgemeinte Kontaktaufnahme in den sozialen Medien ignoriert wird.

In Zeiten der Datenschutzdominanz wird die Neukundengewinnung zunehmend zur Herausforderung. Da heißt es, mit dem richtigen Ansatz voranzugehen. Hartnäckigkeit reicht nicht mehr. Auf einem toten Pferd zu reiten, führt in die falsche Richtung. Wer bereit ist, sich auch bei der Erschließung von Märkten und Kunden immer wieder neu zu orientieren, dem werden sich Möglichkeiten bieten. Und das gilt insbesondere für die Unternehmen, die den Verkauf/Vertrieb ihres Leistungsangebotes mit einer zielgerichteten Systematik entwickeln und kontinuierlich an sich verändernde Umgebungsvariablen anpassen. Eben nicht mit der ständigen Rückbesinnung auf die Vergangenheit das Pferd wieder zum Galopp überreden wollen.

Und hier nähern wir uns in großen Schritten der Situationsbeschreibung von vielen Unternehmenslebensläufen. Die beständige Fähigkeit, sich angesichts eines veränderten Einkaufverhaltens immer wieder aufs Neue die Frage zu stellen, ob Marketing und Vertrieb genau das tun, was für den Unternehmenserfolg erforderlich ist. Also jene fundamentale Herausforderung für ein mittelständisches Unternehmen, das über viele Jahre erfolgreich über den Verkauf von Produkten ein Profil mit Markencharakter entwickelt hat; Produkte, genauer gesagt Software, zur Lösung eines bestimmten betriebswirtschaftlichen Problems; erst von Disketten, später von CD zu installieren. Was so etwas kurzzeitig »haptisches« mit sich bringt. Vier Tage Schulung, weiteres Coaching über sechs Wochen, das war so einfach. Und als junger Mitarbeiter mit dem richtigen Setup hatte man den Kunden sehr schnell von den Möglichkeiten überzeugt; eine endlose Liste an Funktionen, zwei bis drei Differenzierungsmerkmale zum Wettbewerber.

Produktverkauf ist ein einträgliches Geschäft, solange, bis die Differenzierung nicht mehr groß genug ist. Und plötzlich werden der Preis oder zusätzliche Services immer wichtiger. Irgendwann ist der Markt dann mit genau dieser Problemlösung gesättigt. Und dann? Vorausgesetzt, dass im Unternehmen nicht bereits eifrig und erfolgreich neue »Produkte« erschaffen wurden, ist dieser Weg nicht mit einem dauerhaften Spaßfaktor verbunden. Auch für den Kunden nicht, da er sich ebenfalls ständigen Veränderungen seiner Arbeitswelt ausgesetzt sieht: Integrationserfordernisse, Veränderungen der Architekturen in der Unternehmens-IT, ein permanenter Zwang zur Optimierung von Geschäftsprozessen und der damit erforderlichen Anpassung einer Softwarelösung. Eine Software, die auf genau nur einen Zweck ausgerichtet ist, wird früher oder später mit den zunehmenden individuellen Anforderungen kaum noch »Standard« bleiben. Der Standard reicht irgendwann nicht mehr aus, um weitere Kunden und Marktanteile zu gewinnen und Wachstum zu ermöglichen. Damit verändern sich auch die Anforderungen an die Vorgehensweise im Vertrieb, an den Verkäufer, an die Unternehmen.

Genauso kam es. Bedürfnis, Markt und Kunden änderten sich. Einmal ganz abgesehen von den immer schnelleren technologischen Herausforderungen, die sich aus dem Diktat der Oligopole (IBM, Microsoft) ergaben.

Das Spielfeld wurde kleiner, die Mitbewerber holten immer weiter auf, zogen gleich. Preisschlachten folgten. Unvergessen ist, wie mir Kunden nach Präsentationsterminen in einer ruhigen Ecke davon berichteten, dass ihnen die Alternative unter bestimmten Konstellationen auch als »unentgeltlich« angeboten wurde.

Neue Akteure zeigten sich und diese waren ausgezogen, die kleinen Nischenanbieter an den Rändern mit ihren Hochglanz-Prospekten und mit Heerscharen bestausgebildeter Berater aus dem Zustand der zwischenzeitlichen Glückseligkeit herauszureißen. Also musste das Unternehmen sich anpassen, neue Lösungen zur Marktreife führen.

In einem enger werdenden Marktumfeld verblieben letztlich nur eine Handvoll Wachstumsoptionen:

- Sich ebenfalls gezielt auf die Kunden der Mitbewerber fokussieren und aktiv die Verdrängung und Ablösung herbeiführen. Aber wer will schon die »Preisführerschaft« um jeden Preis, wenn mit dem anstehenden Betriebssystemwechsel enorme Vorinvestitionen bereits am Horizont aufleuchteten?
- Neue und ergänzende Produkte im Kompetenzumfeld entwickeln, Cross-Selling und Up-Selling systematisch anwenden. Genau dies war die Primär-Strategie, hier ergaben sich in kurzer Zeit immer neue Quick-Wins. Bis der »Rahm« vollkommen abgeschöpft war …
- Anorganisch wachsen (Kunden, Produkte) um damit neue Chancen aufzubauen. Diese Option hat zumindest in der hier von mir ausgewählten Phase keine signifikante Rolle gespielt.
- Neue Märkte erschließen – mithilfe eines funktionierenden Produktmanagements und professioneller Marketingunterstützung –, mit Innovationen bis an die »blauen Ozeane« vorstoßen (»Oh, wie schön ist Panama«).

In unserer Situation waren die »weißen« Flecken auf der Landkarte irgendwann nicht mehr existent. Der Markt für das Produkt A in der Branche 1 war limitiert. Für das Produkt B war erkennbar, dass dieses nur bedingt über die Funktionsmerkmale vom Wettbewerber differenzierbar war. Für eine schrittweise Erschließung dieses Marktes war zudem schnell transparent geworden, dass sich ein Erfolg nur dadurch realisieren ließ, dass man einen sehr lang andauernden Sales-Cycle »from the scratch« mit vielen Etappen durchlaufen musste. Der einzige Ausweg war radikales Umdenken. Weg vom Produkt mit Service, hin zum lösungsorientierten Vertrieb, zum beratenden Vertrieb. Die Softwarelösung wurde im Kern erhalten, aber der Vertrieb sollte über das Lösungsversprechen erfolgen. Projekte anstelle des Produktverkaufs.

Vom Produkt- zum Projektvertrieb, vom Verkauf zum Solution Selling

Der Einzelkämpfer hatte hier nichts mehr zu lachen. Kunden erwarten kompetente Ansprechpartner, mit denen Sie auch über konkrete fachliche Probleme sprechen können. Neue Rollen wurden etabliert, um im Kundengewinnungsprozess den komplexen Anforderungen in fachlicher wie technischer Hinsicht gewachsen zu sein. Vertriebsteams, kombiniert mit PreSales-Einheiten bildeten sich heraus, damit konnte in frühen Phasen der Neukundenakquisition mit entsprechend fachlicher Kompetenz im Dialog mit dem Interessenten eine zweite Gesprächs- und Kommunikationsebene eingerichtet werden. Vertrauensbildende Maßnahme, die allerdings den personellen Einsatz in der frühen Phase (und damit gleichzeitig die Vorlaufkosten) bereits deutlich erhöht.

Vertriebsarbeit wurde Koordinationstätigkeit. Vom Erstkontakt bis zu einem ersten Präsentationstermin wurde der Sales Manager noch allein auf die Piste gelassen. Spätestens mit Vorlage weiterer Rahmenparameter wurde das Team dann um qualifizierte PreSales-Experten oder Projektmanager ergänzt. Verkaufsprozesse entwickelten sich zu Mini-Projekten mit vielen Meilensteinen. War es beim Verkauf einer Software noch eine Kundenreferenz, die mithin über die Präferenz des Kunden entschied, so trat diese nun hinter einen ersten, breit angelegten Test der Software mit Laborcharakter zurück. Darauf musste sich das Unternehmen aber mit seinen Strukturen erst neu ausrichten. Die oftmals sektoriell aufgestellten Einheiten mussten mehr und mehr in eine Problemerkennungs- und Lösungsorganisation umgebaut werden. Damit veränderten sich viele Parameter der Unternehmensorganisation, aber letztendlich auch Anforderungen an die Qualifikation der Mitarbeiter im Vertrieb.

In der Unternehmensorganisation wurden die bestehenden Produktsäulen durch eine Matrixorganisation mit hoher Flexibilität und Durchlässigkeit ersetzt. Erstmals ergab sich dadurch die Situation, dass viele Faktoren auf den Kunden und seine funktionalen Anforderungen und unternehmensinterne Rahmenbedingungen ausgerichtet wurden. Das entstehende Vorhaben entwickelte sich in der Abstimmung aller Leistungsparameter zu einem konkreten »Lösungsansatz«. Eingepackt in ein umfassendes Leistungsangebot konnte der Kunde (damals noch oftmals auf Basis eines Gewerkes) nun eine nahezu individuelle Leistung erwarten.

Letztlich führten die umgesetzten Veränderungen zum gewünschten Ergebnis. In der Tat wurde in einem Zeitraum von wenigen Jahren die Transformation in diese Art eines intelligenten Lösungsvertriebs mit Orientierung an fachlicher Kompetenz erfolgreich vorgenommen. Großkunden zu gewinnen und nachfolgend zu entwickeln, verbunden mit der Entwicklung zunehmend komplexer Projektlösungen, nahm in der Unternehmensorganisation einen zunehmend breiten Raum ein. In jeder Hinsicht, personell, monetär, zeitlich. Aber in der Folge zeigte die starke Fokussierung auf diesen Weg auch Nachteile für die Fortentwicklung des Unternehmens auf. Die Zielsetzung, über Großprojekte das Wachstum kontinuierlich zu fördern, bindet Kapazitäten. Und dann stellt sich irgendwann die Frage, wer ist denn nun verantwortlich für die Neukundengewinnung und wer übernimmt das Key Account Management. Verfügt das Unternehmen über den gesamten Unterbau in Form eines aktiven Marketings, mit dem Ziel der ständigen Zuführung neuer Leads, einer Vertriebsmannschaft die aus diesen Chancen echte Potenzialkunden »qualifiziert«? Und welche Methoden und Werkzeuge setzt das Unternehmen zur ständigen Bearbeitung von Zielmärkten und -kunden ein?

Erfolg im Vertrieb ist auch eine Frage der Systematik

Menschen und Werkzeuge für sich allein betrachtet machen nicht den nachhaltigen vertrieblichen Erfolg aus. Eine softwaretechnische Vertriebsunterstützung ist kein Selbstläufer, ein CRM-System (»Software für das Kundenbeziehungsmanagement«) liefert nicht per se Ergebnisse. Auf der Mitarbeiterseite ist es letztendlich erforderlich, sich an dem geltenden Verkaufsprozess zu orientieren.

Dieser erfordert neben der persönlichen Fähigkeit auch ein Umfeld, das eine systematische Generierung neuer »Leads« ermöglicht. Der Vertriebsmitarbeiter mit »Hunter«-Rolle kann nicht die Arbeit des Farmers übernehmen, die Vermischung dieser Rollen führt nicht nur zu nachlassender Produktivität, sondern den Mitarbeiter auch in die Frustration.

Hier zeigten sich die Grenzen des eingeschlagenen Weges. Ohne jetzt weiter ins Detail zu gehen – der kontinuierliche Prozess zur Erkennung und Identifikation neuer potenzieller Kunden war stark ausbaufähig und wenig systematisch.

Wir stellten uns die Frage nach dem Weg über eine gewisse Zeit nicht konsequent. Wir waren ja aus der Vergangenheit heraus so nah am Markt, dass wir die Sensoren ständig aktiviert hatten und Veränderungen (sichtbarer Art) auch ausreichend schnell antizipierten.

Aber wie erreiche ich eine stetig gefüllte Pipeline und werde nicht abhängig von einzelnen Großprojekten?

Man unterschätzt diese Frage sehr häufig. Solange der Erfolg mit einem Produkt, einem Kundensegment quasi immer wieder Nahrung durch Empfehlungsmarketing erfährt. Eine Marke eine »magische« Anziehungskraft ausstrahlt. Und gerade darum ist es so enorm wichtig, mit ständiger Penetration auch potenziell neue Kunden (mit neuen, anderen Produkten, in anderen Märkten … aber das ist ein anderes Thema) mit einer systematischen Marktbearbeitung und Kommunikationsstrategie anzusprechen. Aber nicht auf der Basis von Karteikarten und vereinzelten Telefonkampagnen.

Eine Vertriebsorganisation muss sich stetig neu ausrichten

»Das haben wir schon immer so gemacht« kann man ganz leicht auskontern. »Stillstand ist Rückschritt« und führt letztendlich – das ist der Worst Case – zum Verlust des Vorteils im Markt, den man sich über Jahre herausgearbeitet hat. Es geht darum, sich so aktiv und sichtbar am Markt zu bewegen, dass man ständig im Kontakt mit potenziellen, aber auch den bestehenden Kunden ist. Und hier setzen erfolgreiche Unternehmen an. Mit dem gezielten Einsatz von Key Account Managern oder Kundenbetreuern (heutzutage Customer Success Manager) wird man bei Bestandskunden signifikant mehr Erfolg haben. Der gezielte Aufbau klarer (aktiver und passiver) Touchpoints für den Kunden ermöglicht es, die Pipeline mit immer neuen Leads und Opportunities zu füllen.

Nicht zu unterschätzen ist auch der kontinuierliche Aufbau zusätzlicher kommunikativer und methodischer Kompetenzen in der Vertriebsmannschaft. Vom Inbound-Sales mit dem Ziel der systematischen Leadgenerierung bei der Kaltakquise, über die Mitarbeiter, die den systematischen Kontakt zu möglichen Zielkunden auf unterschiedlichen Hierarchien und in den Leistungsbereichen aufbauen. Bis hin zu den »Kundenglücklichmachern«, die das Customer Development auf ihrer Agenda haben.

Marketing & Sales – Konversation ist der Schlüssel für nachhaltigen Erfolg

Rückblickend habe ich in unterschiedlichen Organisationen einige Facetten der Ausgestaltung des Vertriebsprozesses wahrnehmen dürfen. Gerade im B2B-Vertrieb kann vielfach auch durch den persönlichen Einsatz vieler Akteure im Unternehmen ein herausragendes Ergebnis erzielt werden. Es sind ja nicht allein die Mitarbeiter der Organisationseinheit »Vertrieb«, welche für den Erfolg eines Produktes oder eines Unternehmens im Markt verantwortlich sind. In der Literatur wird man hierzu das Zusammenfallen vieler Faktoren, die in einem System ihre Wirkung optimal in Kombination entfalten, nachlesen können. Aus meiner persönlichen Perspektive kann ich hier einige subjektive Erkenntnisse erwähnen.

Mit *systematischer Marktbearbeitung*, die durch eine *klare Ausrichtung* auf Märkte, Lösungsfelder und Kontakthierarchien ausgerichtet ist, wird ein stetiger Zulauf neuer Chancen ermöglicht. Dafür müssen in Unternehmen auch zyklisch alle Leistungsparameter der Vertriebsorganisation kritisch hinterfragt werden.

Der Vertrieb komplexer IT-Lösungen ist *kein Produktverkauf*. Wenn der Vertrieb hier Wirkung erzielen will, müssen viele Rädchen für einen Kundenerfolg bewegt werden. Und dazu bedarf es vieler Informationen. Daten sind auch das Öl der Vertriebsmaschine. Sie müssen allerdings auch ständig angereichert, geprüft, für die jeweiligen Prozesse (Kunden gewinnen, Kunden binden, Kunden ausbauen) genutzt werden. Nicht zuletzt im B2B-Marketing und -Vertrieb ist heute auch die Generierung von Daten und deren Verwendung in den sozialen Medien unerlässlich. Es geht heute nicht mehr um die Anzahl der Leistungsmerkmale, Kunden wollen in den Geschichten, die Ihnen von den Produzenten erzählt werden, Ihr Unternehmen, ihre Aufgaben, Ziele und Herausforderungen erkennen.

Für eine *klare Systematik* auch im *Solution Selling* reicht die Darstellung einer Pipeline im CRM-System nicht aus. Dafür kann sich der Head of Sales auch eine Excel-Tabelle im Unternehmens-Sharepoint einrichten. Für den Customer Lifecycle bedarf es einer weitaus professionelleren Lösung. Meine persönliche Philosophie aus etwa zwei Jahrzehnten in beratender und kundengewinnender Tätigkeit ist untrennbar verbunden mit einem Tool-basierten Ansatz über alle Phasen eines aktiven, systematischen Vertriebs. Jeder Vertragsabschluss, jeder Verkauf von Leistungen an Kunden wird in den allerseltensten Fällen das Produkt zufälliger Begegnung sein. Es bedarf eines zielgerichteten Handelns, von der Absicht getragen, maximalen Nutzen aus dem optimalen Einsatz von Mitteln zu ziehen.

Wir leben in einer von extremer Veränderungsgeschwindigkeit und allgegenwärtiger Disruption geprägten Zeit. Vor allem im Rückblick erscheint dies verstörend. War es damals ein ausgezeichnetes, wettbewerbsfähiges Produkt (oder eine Dienstleistung), welches über den persönlichen Kontakt an die Kunden gebracht werden musste, so finden wir heute im B2B-Sales eine Maschinerie, die sich immer stärker an den Methoden und Werkzeugen des Direct Sales im B2C-Bereich orientiert. Am Ende sind auch die Entscheider, Gatekeeper, Beeinflußer allesamt Menschen, die es neben den harten Fakten auch zu begeistern gilt.

Vertrieb bleibt aber im Kern unverändert – es ist die »richtige« Kommunikation, nein, eher die Konversation und Interaktion zwischen den relevanten Akteuren, die über Erfolg und Mißerfolg entscheidet. Dann klappts auch mit dem Vertrag …

Lessons learned im Laufe der Zeit

Ich bin als Quereinsteiger gestartet und auf Umwegen in den Vertrieb komplexer, erklärungsbedürftiger Produkte für Unternehmen und relevanter Geschäftsprozesse gelangt. Ein spannender Weg durch nunmehr drei Unternehmen, klassisch mittelständisch, mit sehr selektiver Markt- und Kundenausrichtung.

In diesen rund 20 Jahren haben sich unglaublich viele Rahmenbedingungen verändert, deren Aufzählung diesen Beitrag sprengen würde. Aber die Kernelemente sind nach wie vor: der erste Kontakt, die Präsentation, die Meetings und Gespräche zur Schärfung der beiderseitigen Erwartungen, das Angebot, der Vertrag. Allerdings ist es heutzutage nicht mehr nur das »Peoples Business«, das über den Erfolg entscheidet.

Dazu vier wesentliche Erkenntnisse am Ende:

- Die Neukundengewinnung muss in jedem Fall systematisiert sein und sich klar aus der Unternehmensstrategie ableiten lassen. Welcher Zielmarkt, mit welchen Produkten, welche Zielkunden, wer sind die »Key Personas«? Nichts dem Zufall überlassen, sich proaktiv mit notwendigen Anpassungen auseinandersetzen.
- Wir gewinnen heute Kunden nur, wenn wir gezielt alle Möglichkeiten des Marketings für den Push- und Pull-Vertrieb einsetzen. Produkte sind heute in gesättigten Märkten nicht mehr allein Differenzierungsmerkmal. Ein USP hat heute eine immer kürzere Halbwertszeit. Vertrauen ist ein wesentlicher Entscheidungsfaktor, daher ist die Kommunikation über alle Kanäle hinweg (mit allen heute verfügbaren Techniken) zentrales Instrument über alle Phasen des Vertriebsprozesses. Das beginnt mit den Markenbotschaften, dem Storytelling, dem Thought Leadership, den Success Storys u. v. m.
- Erfolgreicher Vertrieb ist eine Frage der Organisation. Marketing und Vertrieb sind im B2B – Vertrieb der zentrale Hebel für erfolgreiche Unternehmen. Spezialisierung ist das Zauberwort. Geben wir die Erstellung der Marketinginformationen in Expertenhände, lassen wir gezielt Inside Sales Agents die Erstansprache durchführen, überlassen wir das Geschäft über Partner einem eigenen Team, unterstützen wir die elementare Phase zwischen Erstkontakt und Angebot mit einem Team aus Presales Consultants. Damit gewinnt der Vertriebsmitarbeiter den erforderlichen Freiraum, um sich der intensiven Kommunikation mit den unterschiedlichen Stakeholdern auf der Kundenseite zu widmen.

Die Arbeit im Vertrieb verändert sich, nicht allein geschuldet den aktuellen Rahmenbedingungen einer globalen Pandemie. In Zukunft werden deutlich mehr Touchpoints mit Interessenten und Kunden auf virtuellen Plattformen zur Verfügung stehen. Aber das ist nur die Sicht auf Methoden, Werkzeuge, Tools, Systeme. Was bleibt ist, den oder die Menschen auf der Kundenseite mit Begeisterung für die Produkte und Leistungen zu erfüllen. Dafür braucht es auch in Zukunft Menschen mit der Fähigkeit zu kommunizieren und einer klaren Leidenschaft hierfür.

Hinweise zum Autor

JÜRGEN DÄUMLER

Jürgen Däumler hat über 25 Jahre Erfahrung als Berater und im Vertrieb komplexer Softwarelösungen, mit Branchenschwerpunkt im Bereich Financial Services. Hinzu-kommt seine langjährige Führungserfahrung in unterschiedlichen Organisations-formen. Im Mittelpunkt steht für ihn dabei immer die Kundenzufriedenheit als Ausgangsbasis für eine langfristige Geschäftsbeziehung mit Potenzial. Er hat eine starke Affinität zu Technik, Systemen und einer systematischen Nutzung aller Kommunikationsdimensionen.

Die Sales Due Diligence

Analyse der Vertriebsfunktion im Rahmen von Unternehmenstransaktionen

Thomas Knauff
Geschäftsführer
1CTec Group GmbH

Stellen Sie sich vor, Sie bekommen als Geschäftsführer, Manager oder Investor ein interessantes Unternehmen zum Kauf angeboten oder sind in einem angestrebten Unternehmenskauf als treibende Kraft involviert. Nun werden Sie sich fragen, warum Sie genau dieses Unternehmen erwerben und dafür einen hohen Kaufpreis zahlen sollen. Darüber hinaus werden Sie sich vermutlich die Frage stellen, wie sich das Unternehmen nach dem Kauf (und damit in Ihren Händen) weiterentwickelt und wie schnell Sie es schaffen werden, die angestrebten Synergien zu realisieren oder das Unternehmen zu vergrößern und damit langfristig profitabler zu machen.

Was ist eine Due Diligence?

Aus der Sicht jedes Unternehmenskäufers wird ein Unternehmen nur dann erworben, wenn sich der Kauf als ein für ihn vorteilhaftes Investment darstellt. Um dies einschätzen zu können, werden vor dem Erwerb entsprechend aussagefähige Informationen über das Unternehmen eingehend geprüft: Due Diligence.

Im Rahmen unternehmerischer Transaktionsprozesse wie z.B. bei Unternehmensakquisitionen führt der Erwerber in der Regel eine sogenannte »Due Diligence«[1] des Zielunternehmens durch. Dabei wird, häufig mithilfe von externen Beratern sowie Rechtsanwälten und Wirtschaftsprüfern, das gesamte Unternehmen in den erfolgstragenden Bereichen detailliert durchleuchtet: von der strategischen Positionierung und Ausrichtung über das Zielsystem, das Geschäftsmodell, die technologischen

---

[1] »Due Diligence« (engl.) für »gebotene Sorgfalt«. Für mehr Details siehe: https://de.wikipedia.org/wiki/Due-Diligence-Pr%C3%BCfung, zuletzt aufgerufen am 15.01.2021 um 17.07 Uhr.

Standards und das Personal bis hin zu operativen Geschäftsanalysen der Betriebswirtschaft sowie Steuern, Finanzen und dem Vertragswesen. Hierbei ist festzuhalten, dass die rechtliche, steuerliche und finanzielle Due Diligence (besser bekannt unter ihren englischen Bezeichnungen »Legal«, »Tax« und »Financial« Due Diligence) als Pflichtbestandteile bei Transaktionen angesehen werden können und bei nahezu allen M&A-Prozessen durchgeführt werden.

Hintergrund einer Due Diligence ist neben der Identifizierung von Chancen- und Synergiepotenzialen insbesondere auch die Suche nach Risiken. Der Käufer möchte vor der Unterzeichnung eines Unternehmenskaufvertrags vollständige Transparenz über alle zu übernehmenden Werte, Opportunitäten, Fähigkeiten und Bedrohungen haben, damit er entscheiden kann, ob die Transaktion – trotz ggf. hohem Risiko – stattfindet und zu welchem Preis; z. B. können aufgedeckte Risiken kaufpreismindernd in die Vertragsverhandlungen einfließen.

Sales Due Diligence: Inhalt und Vorgehensweise

Die Sales Due Diligence bezieht sich auf eine intensive Durchdringung des Vertriebsbereichs und ist Bestandteil der »Commercial Due Diligence«. Diese beschäftigt sich insgesamt mit der analytischen zukunftsorientierten Aufarbeitung der strategischen Unternehmensentwicklung, des Geschäftsmodells sowie der operativen Performance der Unternehmung mit seinen Leistungsbereichen und Produkten in ihrem jeweiligen absatzmarktpolitischen Wettbewerbsumfeld. Die Erfolgsfähigkeit der Vertriebsfunktion ist hierbei von zentraler Bedeutung. Eine Due Diligence des Vertriebsbereichs kann u. U. aus der Commercial Due Diligence ausgelagert und separat bzw. exklusiv durchgeführt werden, dann spricht man von einer Sales Due Diligence (nachfolgend kurz »SDD«).

Eine separate SDD wird dabei entweder aus Kostengründen durchgeführt (eine vollständige Commercial Due Diligence kostet, selbst bei kleineren Unternehmenstransaktionen mit einstelligen Millionenbeträgen als Kaufpreis, schnell 100.000 EUR und mehr) oder weil der Käufer bereits über eine sehr gute Informationslage des Geschäftsmodells, der Branche oder der Wettbewerbsintensität des Zielunternehmens verfügt (z. B. weil er als sogenannter strategischer Käufer in der gleichen Branche tätig ist und einen Wettbewerber aufkaufen möchte) und damit auf eine vollständige Commercial Due Diligence nicht angewiesen wäre.

Die SDD kann dabei als eine Querschnittsanalyse betrachtet werden, die sich aus Komponenten einer Financial (z. B. wegen der Analyse von Umsätzen nach Kunden) und einer Commercial (z. B. wegen der Einschätzung der zugrunde liegenden Salesstrategie) Due Diligence speist.

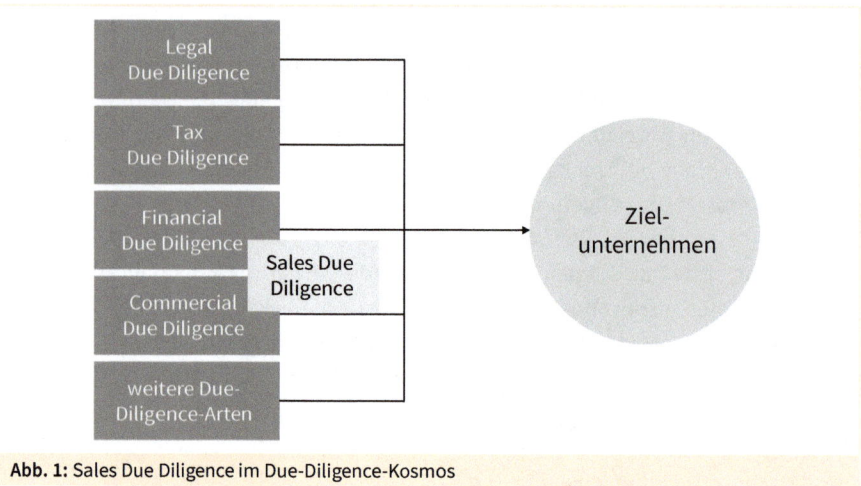

Abb. 1: Sales Due Diligence im Due-Diligence-Kosmos

Doch wie genau sollte man an eine SDD herangehen und welche Informationen benötigt man vom Unternehmensverkäufer? Als wesentlicher Bestandteil der SDD sollte neben der Analyse diverser Unterlagen, Dokumente und Informationen, insbesondere ein fokussierter (ein bis zwei Tage) Sales Workshop zusammen mit dem Verkäufer und seinen Beratern, stattfinden. Darüber hinaus kann (sofern der Verkäufer diesem zustimmt, was in der Praxis häufig problematisch ist), eine anonyme Kundenbefragung im Rahmen der SDD mit durchgeführt werden, über die man ein direkteres und »ungeschminktes« Kundenfeedback erhalten kann.

Die Vorarbeiten für eine SDD inkludieren dabei die Erstellung einer Unterlagenanforderungsliste, Fragelisten für den Workshop sowie die Ausarbeitung eines Fragebogens zur Ermittlung des Kundenfeedbacks.

Je nach Größe des Zielunternehmens und Ausgestaltung der SDD (wenn eine SDD durch einen Berater durchgeführt werden soll, dann definiert der Auftraggeber einer SDD in einem sogenannten »Scope of Work«, was genau er analysiert haben möchte; somit kann es vorkommen, dass nicht die gesamte unternehmensweite Salesfunktion betrachtet wird, sondern nur ausgewählte Bereiche) kann eine solche Liste sehr umfangreich oder auch nur sehr kompakt sein. Wesentlich bei der Erstellung ist dabei, sich von vornherein genau zu überlegen, was man über die Salesfunktion im Detail erfahren möchte und welche Unterlagen und Informationen hierbei helfen würden.

Sales Due Diligence Anforderungs- und Frageliste		Projekt: XXXX Mandant: XXXX GmbH			Stand: XX.XX.2021 Bearbeiter: XXXX	
Lfd.-Nr.	Anfrage / Frage	Angefordert	Erhalten	Von	Kommentar / Rückfrage	
1	Ist ein CRM System im Einsatz? Wenn ja, welches CRM System ist im Einsatz (Screenshot)?					
2	Welche weiteren IT-Systeme sind im Sales-Bereich im Einsatz?					
3	Gibt es ein standardisiertes Vertriebscontrolling? Wie ist dieses aufgebaut?					
4	Auszüge der Vertriebscontrollingberichte der letzten 3 Jahre sowie aktuellster Vertriebscontrollingbericht.					
5	Musterverträge (Rahmenverträge, Projektverträge, Wartungs- und Serviceverträge, Abrufverträge)					
6	Kundenübersicht (der Top-10 Kunden) mit Umsätzen / Anzahl Aufträgen / Anzahl Anfragen der letzten 3 Jahre sowie zum aktuellen Status					
7	Beispiele für Angebotsvorlagen, Vorkalkulationen, Standardtexte, kaufmännische Bedingungen					
8	Wie ist das Unternehmen im Bereich Social Media aufgestellt (Website, Xing, Linkedin, Facebook etc.)					
9	Beschreibung eines typisierten Kundengewinnungsprozesses					
10	Arbeitsverträge der Sales-Mitarbeiter (auch für ausgeschiedene Mitarbeiter der letzten 3 Jahre)					
11	Incentivierungsvereinbarung der Sales-Mitarbeiter (auch für ausgeschiedene Mitarbeiter der letzten 3 Jahre)					
12	Gibt es regionale Aufteilungen je Sales-Mitarbeiter? Wenn ja, wie sind diese aufgeteilt?					
13	Falls relevant: Churn-Rate über die letzten 3 Jahre					
14	Verträge mit Handelsvertretern, Agenturen, externen Sales-Beratern, sonstige Absatzmittler					
15	Darstellung der aktuellen Pricing-Strategie					
16	Letzte (anonymisierte) Besuchsberichte der aktuellen Top-5 Kunden (Bestand und Neukunden)					
17	Beispiele für Marketing- und Werbeunterlagen					
18	Übersicht über die wesentlichen Wettbewerber mit einer Einschätzung zur Positionierung und Gefahr					

Abb. 2: Beispiel für eine Unterlagenanforderungs- und Frageliste

Um diesen Informationsbedarf zu segmentieren, kann die SDD in Teilbereiche runtergebrochen werden. Die wesentlichen Teilbereiche einer SDD lassen sich dafür in die vier nachfolgenden Segmente unterteilen:

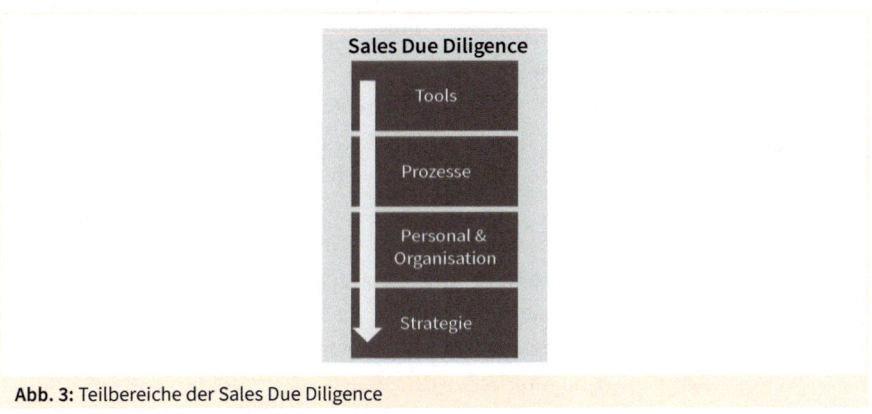

Abb. 3: Teilbereiche der Sales Due Diligence

Um bei der SDD einem strukturierten Prozess zu folgen, empfiehlt es sich, die Teilbereiche nacheinander zu analysieren und sich dabei von den Tools über die Prozesse und das Thema Personal und Organisation und erst zum Schluss dem Thema der Salesstrategie des Zielunternehmens zu widmen. Dies hat auch den Vorteil, dass man sich bei (manchmal durchaus auch hitzigen) Gesprächen mit dem Unternehmensverkäufer (und ggf. seinen Beratern) nicht in unnötig lange strategische Diskussionen verfängt. Denn die drei anderen Bausteine sind wesentlicher für eine gute Salesfunktion in einem Unternehmen. Daher sollten Defizite hier schnellstmöglich vor dem Kauf aufgedeckt werden.

Im Bereich Tools sollten insbesondere die nachfolgenden Fragen durch die SDD beantwortet werden:

- Gibt es im Zielunternehmen ein CRM? Wenn ja, welche Funktionen bietet es?
- Gibt es im Einsatz befindliche ACD-Lösungen (z. B. automatische Anrufverteilung, Anrufsteuerung etc.)?
- Welche weiteren IT-Systeme werden als Unterstützung im Vertrieb eingesetzt?
- Gibt es ein standardisiertes Vertriebscontrolling und wie ist es aufgebaut (z. B. nach Ländern, Kundengrößen oder -arten, Produkten etc.)?
- Analyse der Kundenbasis: Gibt es ABC-Analysen der Kunden (Umsatz je Kunde, Entwicklung Umsatz je Kunde, Aufträge je Kunde etc.)? Wie haben sich diese über einen Zeitraum von drei Jahren entwickelt?
- Wie hoch ist das Volumen an jährlich bearbeiteten Anfragen und Angeboten (jeweils in Euro und Stück) und wie hoch ist die Auftragserteilungsquote (englisch »hit rate«)?
- Gibt es (optisch ansprechende) und inhaltlich logische Vorlagen wie z. B. Angebotsvorlagen, Vorkalkulationen, Standardtexte, einheitliche kaufmännische Bedingungen, die den Angeboten beigefügt werden?
- Gibt es eine Website und ist sie aus vertrieblicher Sicht sinnvoll aufgebaut?
- Gibt es Kunden- und Servicehotlines und Chatbots? Wie ist das Unternehmen im Bereich Social Media (Xing, LinkedIn, Facebook) aufgestellt und gibt es sogar ggf. einen Webshop oder Ähnliches?
- Welche sonstigen Marketing- und Werbeunterlagen gibt es im Unternehmen?

Im Bereich Prozesse sollte die SDD bei der Einschätzung der folgenden Fragen und Themen weiterhelfen:

- Wie werden Neukunden gewonnen (Kaltakquise, Ausschreibungen etc.) und wird z. B. eine regelmäßige und standardisierte Bonitätsprüfung von Neukunden durchgeführt?
- Wie stellt sich ein typisierter Kundenbestellprozess dar?
- Wie lange dauert ein typischer Neukundenprozess?
- Gibt es dezidierte Pre- und After-Sales-Prozesse (und -Produkte)?
- Landen Kundenanfragen an eine zentrale Stelle immer nur bei ausgewählten Personen im Unternehmen (z. B. dem jetzigen Firmeninhaber) oder ggf. sogar in ganz anderen Funktionsbereichen wie z. B. der Konstruktion?
- Wie werden Angebote erstellt und freigegeben? Wie werden sie nachverfolgt?
- Woran wird festgemacht, ob ein potenzieller Kunde ein ernsthaftes Kaufinteresse hat?
- Was sind die wesentlichsten Arten von Verträgen mit Kunden (Rahmenverträge, Projektverträge, Wartungs- und Serviceverträge, Abrufverträge, Kombinationen davon)?

- Welche regionalen oder internationalen Besonderheiten gibt es aus Sicht des Vertriebs bei gewissen Kunden bzw. Ländern und wie wird bis heute auf diese Besonderheiten reagiert?
- Gibt es ein regelmäßiges (proaktives) Kundenfeedback?
- Werden z. B. regelmäßig aussagekräftige und auswertbare Besuchsberichte durch die Vertriebler erstellt?

Im Bereich Personal & Organisation sollten insbesondere die folgenden Fragestellungen beantwortet werden:
- Wie viele Mitarbeiter (ggf. unterteilt nach Außen- und Innendienst, Remote-Teams) gibt es im Bereich Vertrieb des Zielunternehmens?
- Wie werden diese Mitarbeiter vergütet und incentiviert? Werden sie überhaupt incentiviert?
- Wie lange sind die Vertriebsmitarbeiter im Unternehmen und gibt es ggf. eine untypisch hohe Fluktuation (auch zu Wettbewerbern)?
- Gibt es festgelegte Salesregionen/Umsatzgrößen/Anwendungsbereiche nach Mitarbeitern und wie werden Kunden auf die (aktiven) Vertriebler aufgeteilt?
- Gibt es Handelsvertreter und Agentennetzwerke und wie werden diese gesteuert?
- Wie lange bräuchte (qualifiziertes) neues Personal schätzungsweise für die sogenannte Ramp-up-Phase (damit ist die Anlaufphase gemeint, ab der ein neuer Vertriebsmitarbeiter voll eingearbeitet und einsatzfähig ist)?
- Werden externe Partner im Bereich Sales eingesetzt (z. B. Leadgeneratoren, externe Berater, sonstige »Absatzmittler«)?

Im Bereich Strategie werden die Fragen deutlich komplexer und sind in der Regel nicht in einfacher Form zu beantworten. Dennoch sollte Ihnen der Verkäufer (zumindest zu einem Teil) die nachfolgenden Fragestellungen beantworten können:
- Welchen generellen Ansatz verfolgt das Unternehmen im Bereich Vertrieb? Gibt es überhaupt eine erkennbare und klare Salesstrategie?
- Hat das Unternehmen eine Einschätzung über den gehaltenen Marktanteil und die Höhe des gesamten Marktpotenzials?
- Welche geografischen Merkmale der Sales-Strategie gibt es?
- Wie ist die Kundenzufriedenheit einzustufen, wie wird diese gemessen und wie wird auf Beschwerden reagiert?
- Wie hat sich die Neukundengewinnung über den Betrachtungszeitraum der Due Diligence entwickelt? Wie hoch sind ggf. die Churn-Rates (deutsch »Abwanderungsquoten«)?
- Welche Informationen über den Wettbewerb und deren Salesansatz gibt es (z. B. Preisaggressivität)?
- Muss regelmäßig/häufig nach dem ersten Angebot rabattiert werden?
- Welche Ziele werden dem Vertrieb im Bereich Neukundenakquise vorgegeben?
- Werden »Altkunden« regelmäßig kontaktiert und »reaktiviert«?

- Welchen Einfluss haben die Themen Digitalisierung, Industrie 4.0, IoT etc. auf das Unternehmen und was wurde dort unternommen?
- Zu guter Letzt: Fragen Sie einfach mal nach, wie in der Coronapandemie 2020/2021 die vertrieblichen Aktivitäten ausgesehen haben.

Für die Durchführung einer SDD, die Durchführung einer (anonymen) Kundenbefragung sowie die Vorbereitung, Begleitung und Nachbereitung eines SDD Workshops hat es sich in der Praxis bewährt, neben (ausgewählten) eigenen Salesmitarbeitern ggf. auch spezialisierte Unternehmensberater zu involvieren. Gerade bei größeren Unternehmenstransaktionen in stark wettbewerbslastigen Branchen und bei saleslastigen Geschäftsmodellen kann durch etablierte Berater noch ein Benchmarking mit Best-Practice-Lösungen integriert werden, worauf in diesem Beitrag aber aufgrund der Komplexität nicht weiter eingegangen wird.

Das Ergebnis – der Sales-Due-Diligence-Bericht und seine Verwendung

Die Ergebnisse der SDD werden in der Regel in einem Due-Diligence-Bericht zusammengefasst und sollten dem Käufer die Möglichkeit geben, frühzeitig den (Post-Merger-Integration-)Arbeitseinsatz im Bereich Sales einzuschätzen, ggf. notwendige Personalmaßnahmen frühestmöglich abzusehen und notwendige Investments im Bereich Sales (z. B. für ein CRM) in der Businessplanung, die der Kaufpreisfindung und -finanzierung zugrunde liegt, zu antizipieren.

Neben dem Auftraggeber für die SDD gibt es häufig weitere Adressaten für den SDD-Bericht, dazu gehören z. B. Finanzierungspartner und Führungskräfte des Unternehmenskäufers, Behörden und im Worst Case möglicherweise sogar Gerichte, nämlich dann, wenn aus einer schiefgelaufenen Unternehmenstransaktion nachfolgende Rechtsstreitigkeiten resultieren. Dementsprechend ist die Erstellung eines solchen Berichts häufig sehr zeitaufwendig und wird mehrfach durch den Ersteller überprüft. Zusätzlich ist noch zu beachten, dass externe Due-Diligence-Berater meistens eine Haftung für ihre Arbeitsergebnisse gegenüber dem Auftraggeber übernehmen müssen. Daher ist eine saubere, stringente, nachvollziehbare und optisch ansprechende Aufarbeitung der SDD in einem gut strukturierten Bericht essenziell.

Lessons Learned

1. Bei Unternehmenstransaktionen besteht für den Käufer häufig eine Informationsasymmetrie, die sich auch auf die Vertriebsfunktion des Zielunternehmens bezieht. Um diese Asymmetrie aufzuheben, sollten Käufer eine Due Diligence

durchführen. Teil dieser Due Diligence sollte immer auch die Sales Due Diligence sein (stand-alone oder als Teil der Commercial Due Diligence).

2. Im Idealfall beinhaltet die Sales Due Diligence einen Workshop mit dem Unternehmensverkäufer und ermöglicht die Durchführung einer anonymen Kundenbefragung (in der Praxis aber durchaus schwierig umsetzbar, wenn der Verkäufer dies nicht wünscht).

3. Die Sales Due Diligence sollte die vier Teilbereiche Tools, Prozesse, Personal/ Organisation und Strategie der Salesfunktion durchleuchten. Dort aufgedeckte Defizite sollten (wenn möglich) im Rahmen der Kaufpreisfindung (z. B. für die Anschaffung eines CRM) berücksichtigt werden.

4. Es kann sinnvoll sein, neben eigenen (Sales-)Mitarbeitern auf spezialisierte Unternehmensberater für die Sales Due Diligence zurückzugreifen. Diese verfügen häufig über hohes Sonderwissen, was die Einschätzung der Vertriebskompetenz vereinfacht und die Interpretierbarkeit der Einschätzung ermöglicht.

5. Das Ergebnis der Sales Due Diligence wird in einem aussagefähigen Bericht zusammengefasst und dem Auftraggeber zur Verfügung gestellt. Häufig gibt es noch weiterführende Adressaten für diesen Bericht, wie etwa Finanzierungspartner des Unternehmenskäufers oder Behörden.

Hinweise zum Autor

THOMAS KNAUFF

Thomas Knauff ist Geschäftsführer der 1CTec Group GmbH aus Aachen (www.1ctec.de) und verantwortet in dieser Position u. a. M&A-Projekte.

Nach dem Berufseinstieg in einer Wirtschaftsprüfungsgesellschaft folgten Stationen als Senior Consultant in einer auf Due-Diligence-Leistungen spezialisierten Beratungsgesellschaft, als Investmentmanager in einem Private-Equity-Haus und als Commercial Director/Prokurist eines international tätigen Sondermaschinenbauers.

Der Vertrieb als Konfliktthema in der Unternehmensnachfolge

Tim Richter
Inhaber
Tim Richter Unternehmensberatung/Milz & Comp. Partner

Die Unternehmensnachfolge – Eine besondere Herausforderung für jedes Unternehmen

Eine Unternehmensnachfolge stellt nicht nur für alle Beteiligten, sondern auch für das Unternehmen eine besondere Herausforderung dar. Insbesondere für Familienunternehmen bzw. familiengeführte Unternehmen ist die Nachfolgeregelung essenziell für den zukünftigen Unternehmenserfolg. Je nach Quelle bzw. Studie und Definition einer Unternehmensnachfolge sowie nach dem Zeitpunkt, wann diese erfolgreich verlaufen ist, schwanken die Angaben über die Erfolgsquote erheblich. Realistisch betrachtet liegt die Erfolgsquote bei nur ca. 50 %. Sie kann allerdings signifikant verbessert werden, wenn die Planung, Vorbereitung und Umsetzung der Nachfolgeregelung von einem spezialisierten Berater für Unternehmensnachfolge begleitet wird.

Einer der Hauptgründe für das Scheitern von Unternehmensnachfolgen sind zwischenmenschliche und psychologische Konflikte zwischen den Akteuren. Wie es zu Konflikten kommen kann bzw. wie sich diese darstellen können, wird an einem kurzen Praxisbeispiel erläutert. Jede Unternehmensnachfolge ist individuell und so können die potenziellen Konflikte sehr stark variieren. Das folgende Praxisbeispiel soll dabei helfen, ein Gespür für potenzielle Konflikte zu bekommen und wie diese vermieden werden können.

Die Mustermann GmbH – ein Praxisbeispiel

Wie Konflikte im Rahmen der Unternehmensnachfolge den Vertrieb und Kunden beeinflussen

Die Mustermann GmbH ist ein mittelständisches und inhabergeführtes Unternehmen. Es wurde von Erwin vor mehr als 30 Jahren gegründet. Über Jahrzehnte arbeitete das Unternehmen profitabel und war für seine Kunden stets ein verlässlicher Partner mit etablierten und langjährigen Kundenbeziehungen.

Für Erwin war die Nachfolgeplanung schnell abgeschlossen. Seine Tochter Lisa soll das Unternehmen als Alleingeschäftsführerin weiterführen. Nach dem Studium hat Lisa Berufs- und Führungserfahrung in anderen Unternehmen gesammelt. Die eigentliche Nachfolgeplanung sah vor, dass sich Erwin nach einer Einarbeitungszeit von einem Jahr langsam aus dem Unternehmen zurückzieht. Nach insgesamt eineinhalb Jahren sollte Lisa die alleinige Geschäftsführung übernehmen. Dieser Zeitplan wurde allen Mitarbeitern vorgestellt. Auch gegenüber den Kunden wurde dieses Vorhaben kommuniziert, aber erst als Lisa ins Unternehmen gekommen war.

Aktuell stellt sich die Situation jedoch so dar, dass Lisa bereits seit drei Jahren als »Geschäftsführerin Vertrieb« im Unternehmen tätig ist. Erwin ist weiterhin als Geschäftsführer für die übrigen Bereiche aktiv. Vor eineinhalb Jahren, als die Nachfolge eigentlich vollständig abgeschlossen sein sollte, ist weder an Mitarbeiter noch an Kunden eine offizielle Information zum weiteren Verlauf der Unternehmensnachfolge geflossen.

Nachdem sich Erwin gemäß der ursprünglichen Planung nicht aus dem Unternehmen zurückzog, führte Lisa verschiedene Gespräche mit ihrem Vater. Nach diesen Gesprächen war Lisa oftmals der Meinung, dass beide eine neue zeitliche Regelung bezüglich der Nachfolgeregelung getroffen hätten. In Gesprächen mit Mitarbeitern und Kunden teilte Lisa die aus ihrer Sicht vereinbarte neue Planung mit. Erwin wiederum äußerte sich gegenüber Mitarbeitern und Kunden dahingehend, dass aus seiner persönlichen Einschätzung Lisa noch weitere Zeit benötige, um die Alleingeschäftsführung zu übernehmen. Aus diesem Grund könne er sich noch nicht aus dem Unternehmen zurückziehen. Die nicht einheitliche Kommunikation von Lisa und Erwin führte bei den Mitarbeitern zu Spekulationen über den weiteren Verlauf der Nachfolgeregelung und erzeugte eine gewisse Unruhe im Unternehmen. Darüber hinaus brachte Lisa dies schon oft in prekäre Situationen gegenüber Mitarbeitern und Kunden.

Zwischen Lisa und Erwin kam es immer wieder zu Unstimmigkeiten über die zukünftige Ausrichtung des Unternehmens. Insbesondere hinsichtlich Unternehmens- und Vertriebsstrategie, Vertriebsprozessen, Preisgestaltung bzw. Kalkulation und Erschließung neuer Kundensegmente sowie Märkte. Es gab wiederholt (zum Teil hitzige

771

und lautstarke) Diskussionen zwischen Lisa und Erwin, zum Teil direkt vor Mitarbeitern. Auch Kunden blieb diese Unstimmigkeit nicht verborgen, über widersprüchliche Aussagen bzw. Informationen von Erwin und Lisa oder indirekt über Mitarbeiter.

Lisa überarbeitete sämtliche Vertriebsprozesse und Abläufe anhand von Best-Practice Beispielen. Bei dieser Erarbeitung wurden die Vertriebsmitarbeiter von Lisa nicht mit einbezogen. Die Implementierung der neuen Prozesse sollte durch die Einführung eines CRM-Systems unterstützt werden. Dabei wurden die Vertriebsmitarbeiter weder in die Auswahl mit einbezogen noch über die geplante Einführung informiert. Das Vertriebsteam hatte von der anstehenden Einführung nur über den »Flurfunk« Kenntnis erhalten. Entsprechend war die Reaktion der Vertriebsmitarbeiter ausgefallen, als Lisa diese beiden Vorhaben vorstellte. Aufgrund der fehlenden Akzeptanz vonseiten der Vertriebsmitarbeiter verzögerten sich beide Vorhaben und konnten noch nicht umgesetzt werden.

Weiterhin sah sich Lisa der Herausforderung gegenüber, dass seit ca. fünf Jahren die Umsätze stagnierten bzw. rückläufig waren und die Profitabilität des Unternehmens abnahm. Daraus ergab sich ein weiterer Konfliktpunkt. Lisa musste immer wieder die Angebotskalkulationen korrigieren. Die Verkaufspreise wurden durch den Vertrieb zu niedrig angesetzt und so wurde kaum oder gar kein Deckungsbeitrag erwirtschaftet. Dies traf bei den Vertriebsmitarbeitern auf wenig Verständnis. Oft ging der jeweilige Außendienstmitarbeiter im Anschluss auf Erwin zu und stellte die Preise als nicht marktgerecht bzw. nicht durchsetzbar dar. In Absprache mit Erwin wurden die Preise wieder nach unten korrigiert und versendet. Lisa wurde darüber nicht informieren. Dies brachte Lisa bereits einige Male in eine kritische Situation gegenüber Kunden, da Lisa eine andere Angebotsversionen vorlag als den Kunden.

Alle diese Punkte und Konflikte haben dazu geführt, dass Lisa zunehmend an ihrer Entscheidung zweifelte, die Unternehmensnachfolge anzutreten. Sie erwischte sich immer wieder bei dem Gedanken, ob sie das Familienunternehmen nicht verlassen solle. Auch wenn dies das Scheitern der familieninternen Nachfolge bedeuten und das Unternehmen somit vor ganz neuen Herausforderungen in Bezug auf die Unternehmensnachfolge und die zukünftige Existenz stehen würde.

Lisa informierte ihren Vater darüber, dass sie überlegte das Unternehmen zu verlassen. Erwin war über diese Reaktion sehr erstaunt. Beide erörterten die Hintergründe, die Lisa zu dieser Überlegung veranlassten. Daraufhin beschlossen beide gemeinsam sich durch einen externen Berater mit dem Spezialgebiet der Unternehmensnachfolge unterstützen zu lassen.

Spannungsfelder der Unternehmensnachfolge

Die Gründe, warum Unternehmensnachfolgen scheitern, sind sehr vielfältig. Oft können diese jedoch auf zwischenmenschliche Konflikte bzw. psychologische Aspekte zwischen den Akteuren zurückgeführt werden.

In Abbildung 1 werden die potenziellen Spannungsfelder der Unternehmensnachfolge dargestellt, aus denen Konflikte entstehen können. Dabei lassen sich interne wie auch externe Spannungsfelder unterscheiden:

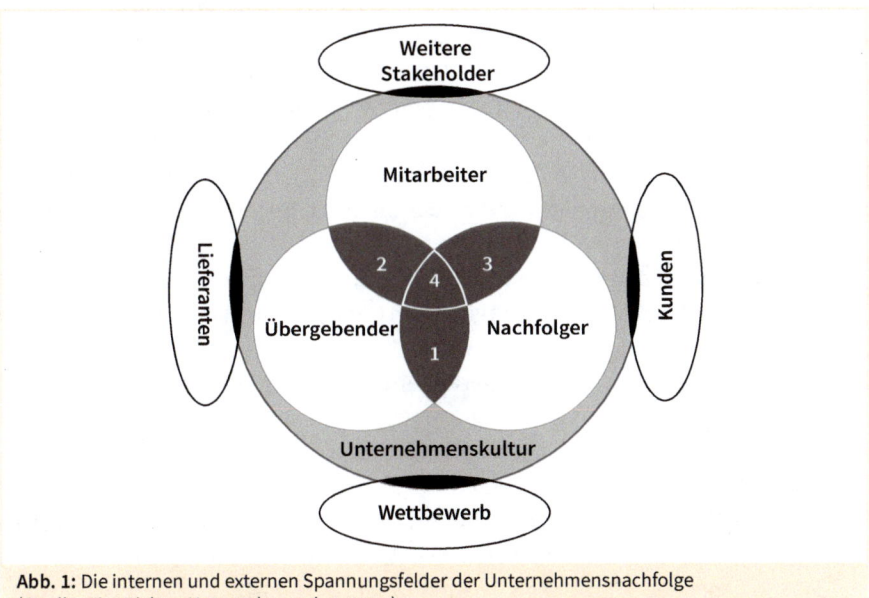

Abb. 1: Die internen und externen Spannungsfelder der Unternehmensnachfolge (Quelle: Tim Richter Unternehmensberatung)

Das Spannungsfeld 1, zwischen Übergebenden und Nachfolgern, erhält in der Praxis oftmals die meiste Aufmerksamkeit. Werden Probleme und Unstimmigkeiten zwischen Übergebenden und Nachfolgern nicht gleich in der Entstehung angesprochen und gelöst, können sie zu großen Konflikten heranwachsen und die gesamte Nachfolge gefährden. Es ist immer wieder zu beobachten, dass die weiteren potenziellen internen Spannungsfelder unberücksichtigt gelassen werden.

Das Spannungsfeld 4, die Unternehmenskultur ist das gesamtheitliche Resultat der Interaktion zwischen Übergebenden, Nachfolger und Mitarbeiter sowie der Mitarbeiter untereinander.

Die externen Spannungsfelder erhalten in der Praxis ebenfalls selten die nötige Aufmerksamkeit. Die Spannungsfelder ergeben sich maßgeblich aus der Interaktion oder auch einer nicht vorhandenen Interaktion mit den externen Interessengruppen. Alle internen Akteure und die Unternehmenskultur haben durch Art und Umfang der Interaktion maßgeblichen Einfluss auf die Wahrnehmung der Unternehmensnachfolge durch die externen Interessengruppen, z. B. durch Kunden.

Nachstehend werden die einzelnen Spannungsfeder aus dem Praxisbeispiel zusammengefasst und den jeweiligen internen Spannungsfeldern zugeordnet:

1. **Fehlender verbindlicher Übergabeplan:** Der eigentliche Nachfolgeprozess war ursprünglich auf eineinhalb Jahre ausgelegt. Nach drei Jahren ist die Unternehmensnachfolge noch immer nicht vollzogen. Spannungsfelder 1, 2, 3 und 4.
2. **Keine einheitliche Kommunikation:** Mitarbeiter und Kunden erhalten von Lisa und Erwin widersprüchliche bzw. unterschiedliche Informationen. Zum einen in Bezug auf den weiteren Verlauf der Nachfolgeregelung, aber auch was Themen wie Strategie, zukünftige Ausrichtung des Unternehmens etc. betrifft. Spannungsfelder 1, 2, 3 und 4.
3. **Nicht loslassen können/Übersteuerung:** Erwin nimmt immer wieder Einfluss auf die Verantwortungsbereiche von Lisa. Erwin verändert Angebote, ohne Lisa darüber zu informieren. Spannungsfelder 1 und 4.
4. **Zu viele, zu schnelle zeitgleiche Veränderungen:** Lisa will zu viele Veränderungen zeitgleich vornehmen. Dies führt nicht nur zu Konflikten zwischen Lisa und Erwin, sondern auch zwischen Lisa und den Vertriebsmitarbeitern. Spannungsfelder 3 und 4.
5. **Fehlende Einbeziehung der Mitarbeiter:** Lisa plant erhebliche Veränderungen im Vertrieb, ohne im Vorfeld die Vertriebsmitarbeiter mit einzubeziehen. Lisa stellt diese vor vollendete Tatsachen. Spannungsfelder 3 und 4.
6. **Vernachlässigung des operativen Geschäfts:** Seit ca. fünf Jahren stagnieren Umsätze und Gewinne des Unternehmens bzw. sind zum Teil rückläufig. Spannungsfelder 1 und 4.

Darüber hinaus veranschaulicht das Praxisbeispiel, wie die Unstimmigkeiten in der Nachfolgeplanung nicht nur die Mitarbeiter verunsichert, sondern auch zu Verunsicherung bei Kunden (externes Spannungsfeld) führen kann.

Vom Konflikt zur Lösung: Wie die Unternehmensnachfolge doch noch zum Erfolg geführt wurde

Nachstehend wird dargestellt, wie die im vorherigen Abschnitt genannten Spannungsfelder bei der Mustermann GmbH gelöst werden konnten.

Fehlender verbindlicher Übergabeplan

Wie im vorliegenden Fall, fällt die Nachfolgeplanung in der Praxis oftmals rudimentär aus. Im optimalen Fall hat der Nachfolger Berufs- und Führungserfahrung in anderen Unternehmen gesammelt und tritt ins Familienunternehmen ein. Es werden keine verbindlichen Vereinbarungen getroffen, wie und wann die Nachfolge bzw. die Übergabe von Zuständigkeiten/Verantwortlichkeiten erfolgen soll. Es wird oft nach dem Motto verfahren: »Das wird sich schon im Tagesgeschäft einpendeln. Wir sind immer gut miteinander klargekommen«.

Am Beispiel der Mustermann GmbH zeigt sich, dass dies nicht immer der Fall ist. Um die Nachfolgeplanung doch noch zu einem Erfolg zu führen, wurden zwischen Lisa und Erwin, gemeinsam mit einem spezialisierten Berater für Unternehmensnachfolge, die folgenden Punkte erarbeitet, schriftlich definiert und vereinbart:

- **Klare Zuständigkeiten**
  Es wurde eine klare und eindeutige Regelung darüber getroffen, wer für welchen Bereich zuständig ist und welche Aufgaben, Verantwortungen und Befugnisse in den jeweiligen Bereich fallen. Unter anderem wurde klar vereinbart, dass Lisa für die zukünftige Ausrichtung und Strategie des Unternehmens die Verantwortung trägt.
- **Übertragung von Verantwortung**
  Es wurde eindeutig definiert, zu welchen Zeitpunkten weitere Verantwortlichkeiten von Erwin auf Lisa übergehen.
- **Eindeutiger und verbindlicher Zeitplan**
  Erwin und Lisa haben eindeutig geregelt, zu welchem Zeitpunkt sich Erwin vollständig aus der Geschäftsführung zurückzieht.
- **Erwins zukünftige Rolle**
  Ab dem Zeitpunkt, an dem Lisa die alleinige Geschäftsführung übernimmt, wird Erwin ihr nur noch beratend zur Seite stehen. Für den Fall, dass Mitarbeiter, Kunden oder andere Interessengruppen auf Erwin zukommen, wird er diese an Lisa verweisen.
- **Übergabe von implizitem Wissen**
  Bei implizitem Wissen handelt es sich um unternehmensspezifisches Know-how und Erfahrungen, die Erwin im Laufe seiner Rolle als Unternehmer gesammelt hat. Wissen über Mitarbeiter, Prozesse, Abläufe, Stakeholder etc.

Keine einheitliche Kommunikation

Nachdem Lisa und Erwin die verbindliche Übergabeplanung vereinbart hatten, wurden alle Mitarbeiter über den weiteren Verlauf der Unternehmensnachfolge im Rahmen einer Belegschaftsversammlung informiert. Weiterhin wurde den Mitarbeitern die genauen Verantwortungsbereiche von Lisa und Erwin vorgestellt, sowie das Datum, an dem Erwin vollständig aus der Geschäftsleitung ausscheiden wird.

Im Anschluss wurden im Rahmen eines Vertriebsmeetings von Lisa und Erwin noch einmal gemeinsam ausgeführt, dass allein Lisa die Verantwortung für Vertrieb, Kunden, Preisgestaltung, Kalkulation etc. trägt. Erwin stellte dabei klar, dass er künftig stets an Lisa verweisen wird, wenn Mitarbeiter oder Kunden mit einem Thema aus Lisas Verantwortungsbereich auf ihn zukommen.

In den darauffolgenden Wochen wurden sämtliche A- und die wichtigsten B-Kunden persönlich durch Lisa und Erwin über den weiteren Verlauf der Nachfolgeregelung informiert. Alle anderen Kunden wurden durch die Vertriebsmitarbeiter auf den aktuellen Stand gebracht.

Nicht loslassen können/Übersteuerung

Es ist nachvollziehbar, dass »Loszulassen« für Erwin nicht einfach ist. Über die letzten Jahrzehnte widmete er einen Großteil seiner Lebenszeit und -energie dem Unternehmen. Er war in allen unternehmerischen Entscheidungen federführend. Er war stets ein gefragter Ansprechpartner für Mitarbeiter, Kunden, Lieferanten und andere Stakeholder und er war für Erfolg und Misserfolg (allein) verantwortlich.

Zwischen Lisa und Erwin gab es zusammen mit einem spezialisierten Berater mehrere klärende Einzel- und Gruppengespräche. Dabei hat sich herausgestellt, dass die Einmischung von Erwin nicht in böser Absicht geschah. Vielmehr versuchte er, Lisa vor schlechten Erfahrungen bzw. falschen Entscheidungen zu bewahren. Um Erwin diese Sorgen zu nehmen, wurde gemeinsam mit Lisa ausführlich über ihre bisherigen Erfahrungen und Kompetenzen gesprochen. Darüber hinaus wurde Erwin aufgezeigt, dass auch er eine Vielzahl von Erfahrungen auf die »harte Tour« erlernen musste bzw. durfte. Genau diese Erfahrungen haben ihn zu dem Unternehmer gemacht, der er heute ist. Durch das Einmischen bzw. das nicht »Loslassen« können verweigert er Lisa die Chance, aus eigenen Erfahrungen und aus ihren eigenen Fehlern zu lernen. Erwin sollte ihr vielmehr ausschließlich beratend zur Seite stehen und Lisa an seinen Erfahrungen teilhaben lassen. Diese Beratung durch Erwin muss von Lisa eingefordert werden, andernfalls könnte dies von Lisa als Einmischung bzw. Bevormundung angesehen werden.

Zu viele, zu schnelle und zeitgleiche Veränderungen

Viele Nachfolger tendieren dazu, zu viele Veränderungen zu schnell und zeitgleich zu initiieren. In Lisas Fall hat dies zu verschiedenen Konflikten mit Erwin und mit den Vertriebsmitarbeitern geführt. Aus diesem Grund wurden zunächst durch den spezialisierten Berater mit den drei Parteien Einzelgespräche geführt. Aus den Erkenntnissen der Einzelgespräche wurden im Anschluss Gespräche zwischen dem Berater, Lisa und Erwin geführt.

Bei den Gesprächen zwischen Lisa und Erwin zeigte sich, dass Erwin der Neuausrichtung des Unternehmens, der neuen Strategie etc. nicht kritisch gegenüberstand. Allerdings fühlte er sich und seine bisherige Arbeit, von der Anzahl und Tiefe der Veränderungen, nicht wertgeschätzt. Dies hatte er Lisa bisher so noch nie mitgeteilt. Von Lisa war dies auch nie als fehlende Wertschätzung gemeint. Weiterhin stellte sich heraus, dass Lisa und Erwin in vielen Punkten die gleichen Ziele verfolgten. Aufgrund der Art und Weise ihrer Kommunikation konnten sie sich diese gegenseitig nicht vermitteln. Lisa kam sich mehrfach wie das kleine Mädchen früherer Jahre vor, die sich von ihrem Vater bevormundet fühlte. Dies hat dazu geführt, dass die Kommunikation zwischen den beiden oft lautstark eskalierte und kein gemeinsamer Weg gefunden wurde. Erst durch die Inanspruchnahme des neutralen Beraters konnten die Gemeinsamkeiten herausgestellt und objektiv bewertet werden.

Vergleichbare Gespräche wurden auch zwischen den Vertriebsmitarbeitern und Lisa geführt. Dabei stellte sich heraus, dass sich die Mitarbeiter durch die vielen zeitgleichen Veränderungen überfordert fühlten. Die Vertriebsmitarbeiter erkannten weder den Nutzen für das Unternehmen noch für den eigenen Arbeitsbereich. Einige Vertriebsmitarbeiter fassten die vielen Veränderungen ebenfalls als fehlende Wertschätzung auf und hatten das Gefühl, dass ihre bisherige Arbeit von Lisa als schlecht angesehen wurde. Die Vertriebsmitarbeiter kritisierten ferner, dass Lisa sie nicht in die Konzeption der neuen Vertriebsprozesse, -strategien usw. mit einbezogen hatte. Auf diesen Punkt wird im nächsten Abschnitt genauer eingegangen.

Die Unstimmigkeiten zwischen Lisa und Erwin führten zu einer zunehmenden Verunsicherung bei der gesamten Belegschaft und insbesondere bei den Vertriebsmitarbeitern. Aus diesem Grunde wandten sich die Vertriebsmitarbeiter immer wieder an Erwin.

Fehlende Einbeziehung der Mitarbeiter

Die meisten Veränderungsprojekte scheitern an der fehlenden Einbeziehung der Mitarbeiter und dies bereits in der Konzeptionsphase.

Wie im vorherigen Abschnitt beschrieben, wurden durch den Berater verschiedene Einzel- und Gruppengespräche mit Lisa und den Vertriebsmitarbeitern geführt. Als Ergebnis dieser Gespräche hat Lisa den Mitarbeitern detailliert dargelegt, warum sie Neuerungen bei Vertriebsstrategie, -prozessen, CRM-System etc. vornehmen möchte bzw. muss. Dieses Hintergrundwissen war den meisten Vertriebsmitarbeitern bisher nicht bekannt. Auch der Umstand, dass seit einigen Jahren die Marge des Unternehmens rückläufig war und Lisa aus diesem Grund Preisanpassungen vornehmen musste, erzeugte beim Vertrieb ebenfalls erstaunen.

Basierend auf den Erkenntnissen der aufklärenden Gespräche zwischen Lisa und den Vertriebsmitarbeitern wurde eine Priorisierung der anstehenden Veränderungsprojekte durchgeführt. Dadurch konnte eine Überforderung der Organisation vermieden werden.

Die Einbeziehung der Mitarbeiter hatte den Vorteil, dass ihr Wissen und Know-how mit einflossen. Dadurch konnten die Strategie und die Prozesse noch einmal verbessert werden. Ein weiterer Vorteil zeigte sich bei der Umsetzung der Maßnahmen, die schneller als geplant verliefen, da Aufgaben auf das gesamte Vertriebsteam verteilt werden konnten.

Vernachlässigung des operativen Geschäfts

In Familienunternehmen bleiben in den Jahren vor einem anstehenden Generationswechsel Potenziale oft ungenutzt. Dies passiert meist aus einem der folgenden Gründe:
- Die Notwendigkeit für Veränderungen wird nicht erkannt. Ganz nach der Devise, »das war schon immer so« bzw. »das haben wir schon immer so gemacht«.
- Veränderungen werden wissentlich nicht angestoßen, um der Folgegeneration vermeintlich volle Gestaltungsfreiheit zu lassen und ihr keine Hindernisse (z. B. in Form von Krediten) aufzubürden. Es wird nur noch der aktuelle Zustand verwaltet und nicht mehr weiterentwickelt.

Die aus diesen Sichtweisen entstehenden Wettbewerbsnachteile lassen sich durch die Nachfolgegeneration nicht ohne Weiteres aufholen. Bei der Mustermann GmbH wurde fast zu spät auf die rückläufigen Umsätze und Margen reagiert.

Die von Lisa entwickelte Vertriebsstrategie wurde gemeinsam mit den Vertriebsmitarbeitern optimiert. Dies beinhaltete u. a. – anders als ursprünglich von Lisa angedacht – die Erschließung neuer Kundensegmente und Märkte. Darüber hinaus wurde die bestehende Kundenstruktur genau analysiert: Welche Kunden und Produkte erwirtschafteten Gewinn oder mindestens einen positiven Deckungsbeitrag bzw. welche waren defizitär.

Der Weg zu einer erfolgreichen Unternehmensnachfolge – ein strukturierter Prozess

Bei den oben dargestellten Punkten handelt es sich um klassische Spannungsfelder im Zuge einer Unternehmensnachfolge. Konfliktpotenziale sind oftmals auf der zwischenmenschlichen bzw. psychologischen Ebene anzutreffen. Dabei variieren die Konfliktpotenziale stark von Unternehmen zu Unternehmen. Eine Unternehmensnachfolge ist stets ein sehr individuelles Thema, das vom Übergebenden und Nachfolger maßgeblich geprägt wird, aber auch von den Mitarbeitern sowie der vorherrschenden Unternehmenskultur.

Die beschriebenen Problemfelder sind sowohl im Vertrieb als auch in anderen Bereichen eines Unternehmens anzutreffen. Im Vertrieb kommt der besondere Umstand hinzu, dass Konflikte direkte wie auch indirekte Auswirkungen auf die Kundenbeziehungen und somit auf die Umsatz- und Ertragslage des Unternehmens haben können.

Die Grundvoraussetzung für eine erfolgreiche und konfliktfreie Unternehmensnachfolge ist, dass man sich intensiv und frühzeitig mit der Nachfolgeplanung befasst.

Darüber hinaus sollte ein externer Berater mit dem Spezialgebiet Unternehmensnachfolge hinzugezogen werden. Dieser kann objektiv und strukturiert durch die Nachfolgeplanung leiten und steht auch bei der Umsetzung unterstützend zur Seite. Damit sind primär nicht Steuerberater, Rechtsanwälte, Notare etc. gemeint. Für eine ganzheitliche Nachfolgeplanung werden natürlich diese Experten benötigt. Insbesondere bei der Lösung bzw. Vermeidung von zwischenmenschlichen bzw. psychologischen Konfliktpotenzialen und für eine ganzheitliche sowie strukturierte Planung, sind diese oft nicht die richtigen Ansprechpartner. Hierzu wird zum einen ein strukturierter Prozess benötigt, zum anderen braucht man Erfahrung mit den vielfältigen Spannungsfeldern, die im Rahmen einer Nachfolgeregelung aufkommen können.

Ein Beispiel für einen strukturierten Prozess zur Planung, Vorbereitung und Durchführung einer Unternehmensnachfolge, bietet das Sieben-Phasen-Modell© der Unternehmensnachfolge, siehe Abbildung 2.

Durch die oben beschriebenen Maßnahmen verlief die Unternehmensnachfolge der Mustermann GmbH doch noch erfolgreich. Erwin zog sich zum vereinbarten Termin vollständig aus der Geschäftsleitung zurück.

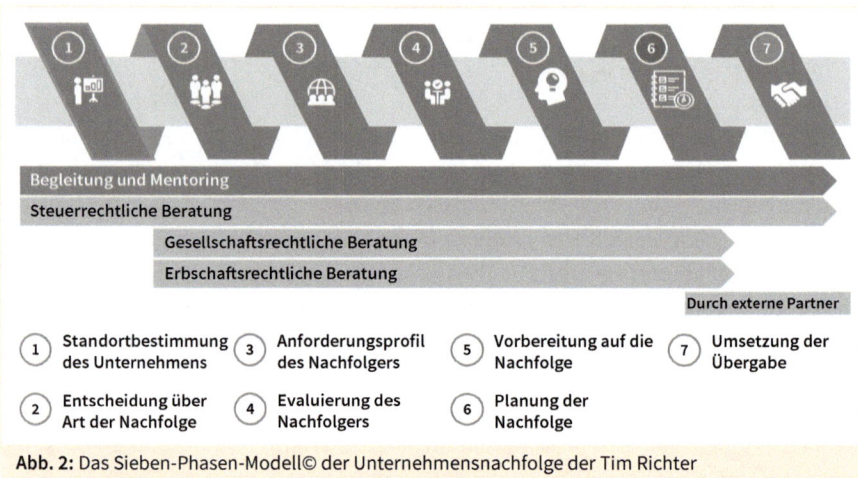

Abb. 2: Das Sieben-Phasen-Modell© der Unternehmensnachfolge der Tim Richter Unternehmensberatung

Mit der neuen Unternehmens- und Vertriebsstrategie ist es gelungen, sowohl neue Kunden zu gewinnen als auch neue Märkte zu erschließen. Dadurch wurden sowohl die Umsätze als auch die Gewinne des Unternehmens gesteigert. Die Zusammenarbeit zwischen Lisa und dem Vertriebsteam läuft partnerschaftlich, Prozesse und Abläufe werden gemeinsam kontinuierlich weiterentwickelt.

Nachdem Lisa das Unternehmen erfolgreich weiterentwickelte, hat Erwin ihr weitere Unternehmensanteile übertragen. Lisa ist heute Alleingeschäftsführerin und Mehrheitsgesellschafterin.

Lessons Learned

Nachstehend sind fünf konkrete Handlungsempfehlungen aufgeführt, die im Rahmen der Nachfolgeplanung berücksichtigt werden sollten:

Vorbereitung der Nachfolge
Mindestens drei bis fünf Jahre vor dem geplanten Ausscheiden der übergebenden Generation aus dem Unternehmen sollte man sich umfassend mit der Unternehmensnachfolge befassen. Die Nachfolgeplanung sollte mit Unterstützung von einem externen spezialisierten Berater durchgeführt werden. Zum einen, damit die Nachfolgeplanung auf Basis eines strukturierten Prozesses durchlaufen wird, zum anderen, damit die Nachfolgeregelung objektiv bewertet wird.

Eine strukturierte Nachfolgeplanung berücksichtigt dabei u. a. folgende Punkte:

- Die aktuelle und zum Zeitpunkt der Nachfolge wahrscheinliche Situation des Unternehmens, um die benötigten Kompetenzen des Nachfolgers zu ermitteln.
- Welche Art der Unternehmensnachfolge in Erwägung gezogen werden kann. Familienintern, familienextern, durch einen Mitarbeiter oder den Verkauf des Unternehmens.
- Über welche Fach-, Sach- und Methodenkompetenzen sowie Soft-Skills muss der mögliche Nachfolger verfügen und wie könnten diese ggfs. erworben werden, wenn sie nicht umfänglich vorhanden sind.
- Darüber hinaus ist eine verbindliche Planung der Übergabe von großer Bedeutung. Dabei ist die Übertragung von implizitem Wissen auf die Nachfolgegeneration zu berücksichtigen.

Bei einem familieninternen Generationswechsel ist wichtig, dass mit den potenziellen Nachfolgern offen darüber gesprochen wird, ob diese das Unternehmen überhaupt übernehmen und weiterführen wollen.

Ein oft vergessener Bestandteil bei der Nachfolgeplanung betrifft explizit die übergebende Generation. Diese sollte sich frühzeitig damit befassen, wie die zukünftige freie Zeit gestaltet werden kann. Wenn dies nicht erfolgt, ist leider oft zu beobachten, dass Unternehmer nicht »loslassen« können und/oder in ein emotionales Loch fallen können.

Verbindliche Zeitplanung

Zu einer gelungenen Unternehmensnachfolge gehört für alle Beteiligten ein verbindlicher Zeitplan, der definiert: wann die Zuständigkeiten und Verantwortungen übertragen und die Unternehmensnachfolge abgeschlossen ist. Eine mündliche Vereinbarung der Übergabeplanung ist nicht ausreichend. Im Verlauf der Übergabe kann es zu Diskussionen kommen, da mündliche Vereinbarungen von beiden Parteien anders ausgelegt bzw. verstanden werden können.

Um dies zu vermeiden, muss die Übergabeplanung schriftlich erfolgen und messbare Kriterien enthalten, unter welchen Voraussetzungen die Übergabe erfolgt. Weiterhin muss definiert werden, um welchen Zeitraum die Übergabe einzelner Bereiche bzw. Zuständigkeiten noch einmal verschoben wird, wenn diese Kriterien noch nicht erfüllt sein sollten. Dies darf aber nur ein einmaliges Vorkommnis sein. Eine immer wieder verschobene Übergabe führt dazu, dass das Ansehen und Vertrauen in den Nachfolger bei Mitarbeiter, Kunden und weiteren Stakeholdern schwindet.

Kommunikation

Dieser Punkt betrifft gleich mehrere Ebenen bei der Unternehmensnachfolge. Von entscheidender Bedeutung ist die Kommunikation zwischen Übergebenden und Nachfolgern – in Bezug auf die Planung, Vorbereitung und Durchführung der Nachfolge, aber auch hinsichtlich dessen, wie mit Problemen und Unstimmigkeiten umgegangen wird. Treten diese im Rahmen der Nachfolge auf, bedarf es einer umgehenden Klärung. Ansonsten können sich ursprünglich kleine Probleme bzw. Unstimmigkeiten zu größeren Konflikten aufschaukeln.

Auch Mitarbeiter müssen kommunikativ in die Unternehmensnachfolge mit einge-bunden werden. Allerdings erst zu dem Zeitpunkt, wenn die Nachfolgeplanung ab-geschlossen ist. Die Kommunikation einer nicht abgeschlossenen Nachfolgeplanung führt zu Spekulationen und Verunsicherung bei den Mitarbeitern. Gleiches gilt aller-dings auch für den Umstand, wenn für die Mitarbeiter nicht erkennbar ist, dass man sich mit der Nachfolgeplanung befasst.

Andere Stakeholder (insbesondere Kunden) sind über die Nachfolgeregelung zu in-formieren. Seit einigen Jahren ist zunehmend zu beobachten, dass Unternehmen dem Thema Unternehmensnachfolge im Rahmen des Lieferanten-Controllings eine größere Beachtung schenken. Entsprechend interner Vorgaben werden durch die Kunden Maßnahmen veranlasst, wenn sich eine ungelöste Unternehmensnachfolge abzeichnet oder zu erkennen ist, dass eine Nachfolgeregelung nicht erfolgreich ver-laufen könnte. In diesen Fällen werden auf Kundenseite oftmals alternative Beschaf-fungsquellen aufgebaut, was dazu führen kann, dass der Umsatz mit diesem Kunden zurückgeht oder unter Umständen vollständig wegfällt.

Schrittweise Veränderungen

Viele Nachfolger tendieren dazu, zu viele Veränderungen zu schnell und zeitgleich zu initiieren. Dies kann zu Konflikten zwischen Übergebenden und Nachfolgern führen. Solange der Übergebende im Unternehmen ist, kann dies vom Übergebenden als feh-lende Wertschätzung für seine bisherige Arbeit und Kompetenz aufgefasst werden.

Auch zwischen den Mitarbeitern und dem Nachfolger kann dies zu Konflikten führen, da der Eindruck entstehen kann, dass von den Mitarbeitern früher vieles falsch ge-macht wurde. Hier muss der Nachfolger motivierend einwirken, indem er herausstellt, dass »Altes« sicherlich für lange Zeit passend war, Veränderungen aber nötig sind, um am Markt weiter bestehen zu können.

Darüber hinaus dürfen nicht zu viele Veränderungsprozesse zeitgleich angestoßen werden, da dies die Organisation überfordern kann.

Einbeziehung von Mitarbeitern

Der Nachfolger muss sicherstellen, dass Veränderungsprojekte von Mitarbeitern mit-getragen werden. Dazu gilt es, die Projekte mit allen Beteiligten zu erörtern, zu priori-sieren, zu erarbeiten und umzusetzen. Der Nachfolger kann sein neues Ziel vor Augen haben und im Team das Ziel ansteuern. Miteinbezogene Mitarbeiter sind motivierter und zeigen ein loyales Verhalten gegenüber dem Unternehmen.

Hinweise zum Autor

TIM RICHTER

Aktuelle Position: Inhaber Tim Richter Unternehmensberatung
Werdegang: Tim Richter ist Unternehmensberater mit Schwerpunkt Unternehmensnachfolge. Er blickt auf eine langjährige Berufserfahrung u. a. als Geschäftsführer,
Vorstand und Aufsichtsrat im Mittelstand zurück und hat selbst eine Unternehmensnachfolge als Nachfolger und als Übergebender durchlaufen. Unternehmern bietet
er eine praxisorientierte Nachfolgeberatung auf Augenhöhe. Er kann sich mit den
jeweiligen Perspektiven aller Beteiligten identifizieren und auf die individuellen Bedürfnisse und Fragen eingehen.

Stichwortverzeichnis